Physik für Mediziner

Von Dr. phil. Detlef Kamke
em. Professor an der Universität Bochum

und Dr.-Ing. Dr. rer. nat. h.c. Wilhelm Walcher
em. Professor an der Universität Marburg

2., überarbeitete und erweiterte Auflage
Mit 533 Bildern und 112 Beispielen

T0255520

B. G. Teubner Stuttgart 1994

Prof. Dr. phil. Detlef Kamke

Geboren 1922 in Hagen/Westfalen, Studium der Physik in Tübingen und Göttingen. Diplom-Physiker 1946 Göttingen. Promotion 1951 Marburg/Lahn, dort anschließend wissenschaftlicher Assistent. 1958 Habilitation und Oberassistent in Marburg. 1959/61 California Institute of Technology, seit 1963 o. Professor für Experimentalphysik an der Ruhr-Universität Bochum, 1967/68 Oak Ridge National Laboratory, USA. Seit 1.9.1987 emeritiert.

Prof. Dr.-Ing. Dr. rer. nat. h.c. Wilhelm Walcher

Geboren 1910 in Kaufbeuren/Allgäu. Studium in München und Berlin. Dipl.-Ing. 1933. Bis 1937 wiss. Assistent TH Berlin. 1937 Promotion. 1937 bis 1942 Assistent Universität Kiel; dort 1942 Habilitation. 1942 bis 1947 Oberassistent und Dozent Universität Göttingen. Seit 1947 o. Prof. und Direktor des Physikalischen Instituts der Universität Marburg. Seit 1.10.1978 emeritiert.

Die Deutsche Bibliothek – CIP-Einheitsaufnahme

Kamke, Detlef:
Physik für Mediziner : mit 112 Beispielen / von Detlef Kamke
und Wilhelm Walcher. – 2., überarb. und erw. Aufl. – Stuttgart :
Teubner, 1994

   ISBN-13: 978-3-519-13048-2   e-ISBN-13: 978-3-322-80144-9
   DOI: 10.1007/978-3-322-80144-9

NE: Walcher, Wilhelm:

Das Werk einschließlich aller seiner Teile ist urheberrechtlich geschützt. Jede Verwertung außerhalb der engen Grenzen des Urheberrechtsgesetzes ist ohne Zustimmung des Verlages unzulässig und strafbar. Das gilt besonders für Vervielfältigungen, Übersetzungen, Mikroverfilmungen und die Einspeicherung und Verarbeitung in elektronischen Systemen.

© B. G. Teubner, Stuttgart 1994

Umschlaggestaltung: Ulrike Weigel, www.CorporateDesignGroup.de
Satz: Fotosatz-Service Köhler OHG, Würzburg

Aus dem Vorwort zur 1. Auflage

Physikalische Vorgänge sind elementare Bestandteile der Natur- und Lebensvorgänge, die Gewinnung wissenschaftlicher Erkenntnisse und der wissenschaftliche Fortschritt in diesen Disziplinen setzen Grundkenntnisse der Physik voraus. Physikalische Methoden sind die Grundlagen vieler Laboruntersuchungen im gesamten biologisch-medizinischen Bereich, und ohne die Kenntnis physikalischer Erscheinungen und Effekte, ohne die Anwendung physikalischer Entwicklungen – etwa auf den Gebieten der Röntgenstrahlung, der Radioaktivität, des Ultraschalls, der Elektronenmikroskopie, der Registrierung von Biosignalen – sind viele Bereiche biologisch-medizinischer Praxis nicht mehr denkbar.

Das vorliegende Buch ist aus Vorlesungen entstanden, die die Verfasser an ihren Hochschulen speziell für angehende Mediziner gehalten haben und die auf deren besondere Bedürfnisse abgestellt waren: durch geeignete Stoffauswahl, durch Betonung medizinischer Aspekte sowie durch Beispiele und Rechenaufgaben, die ans Quantitative heranführen. So will dieses Buch dem Leser Einsicht in die Verknüpfung der Physik mit biologisch-medizinischen Teilbereichen geben und ein Gefühl für die dabei vorkommenden Größenordnungen vermitteln.

Dabei mußte der Versuchung widerstanden werden, Physiologie anstelle von Physik zu lehren; das Buch ist ein Lehrbuch der Physik, das der Methode der Physik folgt und vom experimentell erarbeiteten und mit Worten beschriebenen Sachverhalt zum exakt definierten Begriff kommt, mit solchen Begriffen Gesetze formuliert, die mit Hilfe der Regeln der Mathematik die Berechnung von Quantitäten ermöglichen.

Wie ein Blick auf das Inhaltsverzeichnis dieses Buches lehrt, haben wir das Gesamtgebiet der Physik etwas anders als herkömmlich aufgeteilt, gleichartige Erscheinungen zusammengefaßt, vor allem aber die atomistische Betrachtungsweise in den Vordergrund gestellt. Dies entspricht nicht nur dem modernen physikalischen Weltbild; wir haben uns überzeugen lassen, daß auch das Verständnis biologisch-medizinischer Vorgänge und Prozesse durch diese Betrachtungsweise – konsequent von Anfang an durchgeführt – erleichtert wird.

Bochum und Marburg, im Juni 1981   D. Kamke, W. Walcher

Vorwort zur 2. Auflage

Bei der gründlichen Durchsicht der ersten Auflage unseres Buches sind wir zu der Überzeugung gelangt, daß wesentliche Änderungen nicht notwendig sind. Wir haben daher zunächst nur dort, wo der Fortschritt der Wissenschaft es erforderte, kleinere Änderungen angebracht oder Ergänzungen hinzugefügt. Die Neuauflage bot uns darüber hinaus die Gelegenheit, einen schon lange gehegten Wunsch zu erfüllen, nämlich ein Kapitel über „Physikalische Grundlagen einiger bildgebender Verfahren der Medizin" hinzuzufügen. Um dadurch den Umfang des Buches nicht zu sehr anwachsen zu lassen, mußte allerdings auf ein Kapitel der ersten Auflage verzichtet werden. Am ehesten schien uns dies für das Kapitel „Information" möglich.

Es zeigte sich, daß ein Teil der Grundlagen bildgebender Verfahren schon in verschiedenen bisherigen Kapiteln dargestellt ist, so daß wir insoweit auf diese zurückgreifen konnten. Es mußten jedoch Gegenstände aus der modernen Physik hinzugefügt werden, die an die jüngeren Studierenden, die sich um ein wirkliches Verständnis der bildgebenden Verfahren bemühen, nicht geringe Anforderungen stellen. Dafür hoffen wir aber auch, dem Fortgeschrittenen und dem in der Praxis Stehenden eine solide, physikalisch richtige Darstellung gegeben zu haben.

Vielen Mitarbeitern und Kollegen haben wir für ihre Unterstützung bei dieser neuen Auflage zu danken. Prof. Dr. P. H. Heckmann und Dr. Th. Sauerland in Bochum haben uns eine nahezu vollständige Sammlung von Druckfehlern zur Verfügung gestellt sowie eine Anzahl verbessernder Textvorschläge gemacht. Prof. Dr. U. Quast (Universitätsklinikum Essen) und Prof. Dr. med. R. Heckemann (Augusta-Krankenanstalt Bochum) sowie Dr. O. Krafft und Dr. H. Schmid in Bochum haben uns bei der Abfassung des Kapitels 18 durch Diskussion und Rat geholfen. Dank des Entgegenkommens von Prof. Dr. H. Koch (Institut für Experimentalphysik I, Ruhr-Universität Bochum) konnten wir bei Zeichnungen, Berechnungen und Schreibarbeiten auf bewährte Mitarbeiterinnen seines Lehrstuhls (Doris Runzer, Dagmar Hiltscher, Barbara Hoheisel, Astrid Jackowski) zurückgreifen, insbesondere für das neue Kapitel. Schließlich haben wir dem Verlag B.G. Teubner zu danken, daß er uns die notwendig gewordene Umfangsvermehrung gestattete.

Bochum und Marburg, im Januar 1994   D. Kamke, W. Walcher

Inhalt

8   Thermische Energie (Wärme)

9 Strömungsvorgänge

Griechisches Alphabet

α	β	γ	δ	ε	ζ	η	ϑ	ι	$\varkappa$	λ	μ
Alpha	Beta	Gamma	Delta	Epsilon	Zeta	Eta	Theta	Jota	Kappa	Lambda	My

ν	ξ	o	π	ρ	σ	τ	υ	φ	χ	ψ	ω
Ny	Xi	Omikron	Pi	Rho	Sigma	Tau	Ypsilon	Phi	Chi	Psi	Omega

A	B	Γ	Δ	E	Z	H	Θ	I	K	Λ	M
Alpha	Beta	Gamma	Delta	Epsilon	Zeta	Eta	Theta	Jota	Kappa	Lambda	My

N	Ξ	O	Π	P	Σ	T	Y	Φ	X	Ψ	Ω
Ny	Xi	Omikron	Pi	Rho	Sigma	Tau	Ypsilon	Phi	Chi	Psi	Omega

1 Methode der Physik: beobachten und schließen

Die Physik stellt ein vielfach verwobenes Netz von Naturbeobachtungen und Naturgesetzen dar. Am Anfang jeder physikalischen Tätigkeit steht die Beobachtung der Umwelt mit ihrer ganzen Mannigfaltigkeit von Tatbeständen und Vorgängen. Die Konzentration des Beobachtens auf ausgewählte Vorgänge – was eine wichtige, evtl. später wieder aufzuhebende Beschränkung ist – gestattet das Sammeln von speziellen Erfahrungen. Aus dem Beobachtungs- und Erfahrungsmaterial schließt man auf *vermutete Gesetzmäßigkeiten*, die das Geschehen beherrschen. Jede solche Vermutung ist eine *Hypothese*, die mittels planvoll angestellter Experimente zu prüfen ist. Hält sie der Prüfung stand, so wird sie zur *Theorie*, die so lange als gültig betrachtet wird wie nicht neue Beobachtungen zu einer Modifizierung zwingen. Bis in die neueste Zeit hinein mußten auch als fundamental geltende Gesetze abgeändert werden – insbesondere in der atomistischen Physik –, weil neue Beobachtungen mit diesen „Fundamenten" nicht vereinbar waren.

Bei der Erarbeitung von Hypothesen und Theorien vertrauen wir dem *Kausalitätsprinzip*, d. h. der eindeutigen Verknüpfung von Ursache und Wirkung. Diese Verknüpfung kann kompliziert sein, jedoch darf immer die Wirkung erst auf die Ursache *folgen*, nicht umgekehrt. Bei biologischen Prozessen ist das Aufspüren der Kausalkette häufig schwierig, vielfach ist sie bis jetzt nicht gefunden: solche Prozesse gelten als nicht verstanden.

Wir lassen uns ferner vom *Invarianzprinzip* leiten: die Naturgesetze sind gültig unabhängig von dem speziellen im Experiment gewählten Koordinatensystem. Sie können an einem beliebigen Ort der Erde oder des Weltraumes – was einer Verschiebung oder Verdrehung des Koordinatensystems entspricht – gefunden werden und erweisen sich in der Formulierung als überall gleich; sie sind z. B. auch davon unabhängig, ob man ein rechts- oder linkshändiges Koordinatensystem zu ihrer Formulierung benützt.

Beide Prinzipien werden als Grundlage für die Denkprozesse der Physik benutzt. Insbesondere das Kausalitätsprinzip wird häufig rein intuitiv angewandt, auch vom Arzt, der eine Krankengeschichte auswertet und Möglichkeiten eines Eingriffs und seiner Folgen untersucht.

Die Physik ist damit das exemplarische Muster einer Wissenschaft, in der von der Naturbeobachtung zum Experiment fortschreitend schließlich die wesentlichen Fakten und Phänomene enthüllt werden. Durch sinnvolle Definition meßbarer Größen wird ein Gerüst von Begriffen und sie verknüpfenden Naturgesetzen gefunden, in

Fig. 1.1 Spiralentäuschung

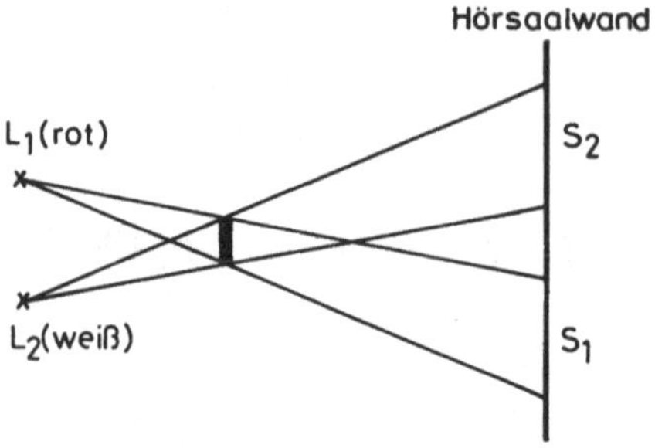

Hörsaalwand

L_1(rot)

L_2(weiß)

S_2

S_1

Fig. 1.2 Farbige Schatten: bei S_1 wird die Farbe grün gesehen

welchem der Wissensstand übersichtlich dargelegt und verstanden werden kann. Die Physik hat deshalb grundlegende Bedeutung, weil ihre Denkweise in allen Naturwissenschaften, auch in der Medizin, angewandt wird und in schnellem Vordringen ist. Überall wird versucht, beobachtete Tatbestände und Vorgänge zu quantifizieren und meßbar zu machen. Am augenfälligsten tritt dies bei den „Laboruntersuchungen" hervor, ohne die eine erfolgreiche Patientenbehandlung heute kaum mehr denkbar ist.

Die Abhängigkeit der Beobachtung vom menschlichen Wahrnehmungsapparat, den Sinnesorganen, verlangt eine Überprüfung der Verläßlichkeit dieser Organe. Daß Anlaß zur Vorsicht gegeben ist, zeigen die bekannten *Sehtäuschungen*. Fig. 1.1 enthält ein Beispiel: umfahren der „Spiralen" zeigt, daß es sich tatsächlich um Kreise handelt. Das Interessante ist, daß selbst bei einer großen Zuschauermenge in einem großen Hörsaal alle Zuschauer das gleiche sehen und sich in gleicher Weise täuschen lassen. Der optische Sinneseindruck muß demnach durch ein Hilfsmittel, den Tastsinn, ergänzt werden.

Die *Farbwahrnehmung* ist besonders kompliziert. Entsprechend der in Fig. 1.2 wiedergegebenen Anordnung werde eine Holzlatte mit zwei Lichtquellen L_1 und L_2 beleuchtet, von denen die eine (L_2) weißes, die andere (L_1) rotes Licht (Rotfilterlicht) abstrahlt. Schaltet man L_1 allein ein, so erscheint die Wand rot bis auf den Schatten S_1; desgleichen erscheint die Wand weiß bis auf den Schatten S_2, der „schwarz" bleibt, wenn L_2 allein eingeschaltet wird. Nun schalten wir L_1 *dazu*, also die rote Lampe. Dabei ändert sich an der Stelle S_1 *objektiv* gar nichts, S_1 müßte *weiß* bleiben, stattdessen erscheint S_1 jetzt olivgrün. Das Phänomen ist physikalisch nicht zu erklären und gehört in den Bereich der Physiologie und Psychologie. Objektive Daten erhält man nur mit Meßgeräten, die diese subjektiven Eigenschaften des Lichtwahrnehmungssinnes ausschließen[1]).

---

[1]) Man versteht hier, wie schwer sich Goethe als Naturforscher tat, der in seinen „Maximen und Reflexionen" sagt: Der Mensch an sich selbst, insofern er sich seiner gesunden Sinne bedient, ist der größte und genaueste physikalische Apparat, den es geben kann; und das ist eben das größte

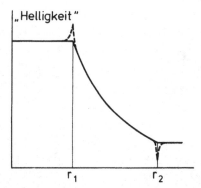

Fig. 1.3 Beim beleuchteten, umlaufenden Stern werden die Machschen Streifen gesehen: Kontrasterhöhungen bei Änderungen des Helligkeitsgradienten

Auch der direkten Beobachtung von Bewegungen und *zeitlichen Abläufen* sind Grenzen gesetzt. Beleuchtet man etwa einen weißen Stern auf schwarzem Hintergrund (Fig. 1.3) mit dem Licht einer Glühlampe und versetzt die Scheibe in Umdrehung, so kann man zunächst die Drehbewegung erkennen. Bei schnellerer Umdrehung verschwindet die Struktur, die Helligkeit ist im zentralen Bereich maximal und sinkt im Bereich der Zacken kontinuierlich ab. Jeder lichtempfindliche Teil des Auges wird hier von einer Folge von Lichtblitzen getroffen. Zwischen zwei Lichtblitzen klingt die Erregung der Sehzellen nicht vollständig ab, so daß eine mittlere Erregung übrig bleibt, die der jeweiligen mittleren Helligkeit entspricht. Interessant ist dabei das Phänomen der *Machschen Streifen:* an der Grenze des weißen bzw. des schwarzen Bereichs erscheint das Weiß verstärkt, das Schwarz vertieft. Diese Kontrasterhöhung ist ebenfalls ein physiologisches Phänomen.

Ändert man einen äußeren Parameter der Beobachtung, so kann sich das Beobachtungsergebnis drastisch ändern. Der umlaufende Stern der Fig. 1.3 möge statt mit Glühlicht mit Wechsellicht einer Lichtblitzlampe beleuchtet werden (sog. stroboskopische Beleuchtung). Je nach der gewählten Lichtimpulsfrequenz sieht man ein stillstehendes Bild eines 6-, 12-, 18-Zacks usw., oder auch langsamen oder schnellen Vor- oder Rückwärtslauf dieser Zackenfiguren. Das Auge erhält eine Folge von Momentanbildern der sich drehenden Figur. Sie können aufeinanderfallen, dann sieht man ein „stehendes Bild". Ist das nicht der Fall, dann komponiert das Bewußtsein aus der Abfolge der Bilder den Vorwärts- oder Rückwärtslauf je nach der Lage der aufeinanderfolgenden Bilder, obwohl die Drehung immer in der gleichen Richtung und mit gleicher Drehgeschwindigkeit erfolgt.

Zwar kann der Mensch Täuschungen unterliegen, aber er besitzt auch die Fähigkeit, Wahrnehmungen zu einem vollständigen Bild zu ergänzen. Fig. 1.4 enthält eine Folge

---

Unheil der neuen Physik, daß man die Experimente gleichsam vom Menschen abgesondert hat und bloß in dem, was künstliche Instrumente zeigen, die Natur erkennen, ja, was sie leisten kann, dadurch beschränken und beweisen will.

a)   b)

c)   d)

e)   f)

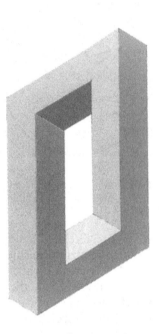

Fig. 1.4 Bilderkennung benötigt eine Mindest-Informationsmenge

Fig. 1.5 Das gesehene Bild ist nicht deutbar

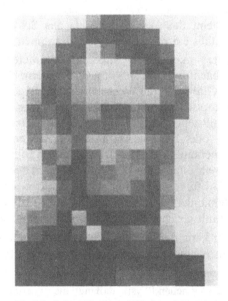

Fig. 1.6 Junges Mädchen und alte Frau in der gleichen Figur (Bartlett)

Fig. 1.7 Intensitäts-Rasterbild einer elektronischen Bildübertragung (Bildnis Abraham Lincoln)

von Bildern mit wachsendem Informationsgehalt. Erst von der Teilfigur c oder d an wird das Bild richtig gedeutet. Fig. 1.5 dagegen kann überhaupt nicht gedeutet werden, und Fig. 1.6 läßt zwei Deutungen zu. Auf den ersten Blick (jedenfalls war dies bei den Verfassern so) erkennt man den Kopf eines Mädchens, das mit Kopf-Federschmuck und Halskette ausgestattet nach rechts abgewandt blickt. Nach einiger Zeit springt das Bild um, man sieht eine alte Frau. Das Auge erhält zwar genaue und einfache Informationen in Form einer Schwarzweißzeichnung. Sie reichen nicht aus, um das Bild eindeutig zu machen. Schließlich enthält Fig. 1.7 ein Intensitäts-Rasterbild einer elektronischen Bildübertragung. Sobald der Betrachter durch Abstand und Zusammenkneifen der Augen für unscharfe Abbildung sorgt, tritt das Bild deutlich hervor, obwohl an dem Informationsgehalt nichts geändert wurde. Die zuletzt beschriebenen Beispiele haben eigentlich nichts mehr mit Physik zu tun, weil sie *Bewertungen* von präzisen Informationen betreffen. Diese Abgrenzung entspricht den Grenzen auch der modernen Informationstheorie, einem neuen Zweig der Naturwissenschaften, der große Bedeutung für die Nachrichtenübertragung durch die Nervenbahnen haben wird.

Neben der Erhebung von Befunden sind in der Physik in immer größerem Umfang Meßgeräte entwickelt worden, um Beobachtungen unabhängig von Sinneseindrücken zu machen und sie in quantitativer Form auszudrücken. Elektrische Erscheinungen sind ohne Meßgeräte überhaupt nicht erfaßbar, und auch in anderen Gebieten werden Meßgeräte benutzt, die den Erfahrungs- und Meßbereich wesentlich über die Sinneswahrnehmungen hinaus erweitern (Ultrarot- und Ultraviolett-Strahlung, Röntgenstrahlung usw.). Es versteht sich dabei, daß auch Meßgeräte daraufhin zu überprüfen sind, ob und in welchem Bereich sie Signale korrekt übertragen. Außerdem werden wir kennenlernen, daß jeder aufgefundene, quantitativ faßbare Zusammenhang zur Entwicklung von Meßverfahren genutzt werden kann und damit auch für die Medizin ein wachsendes Angebot von Meßverfahren entsteht.

2   Raum und Zeit

Die elementare Erfahrung unserer Anschauung ist der *Raum:* die Umwelt ist erfüllt von Dingen (Körpern), dazwischen ist es leer. Nach Wegnahme der Körper bleibt der *leere Raum* übrig. Erfahrbar ist der Raum aber nur durch die Anwesenheit von Körpern. Sie nehmen selbst einen Teil des Raumes ein, haben also ein Volumen, und sie können sich im Raum bewegen. Wir orientieren uns im Raum an Hand eines Koordinatensystems, mit dem wir den Raum überziehen, und wir verfolgen Bewegungen, indem wir aufeinanderfolgende Lagen eines Körpers vergleichen. Die Ausmessung des Raumes und die Festlegung der Lage eines Körpers erfordert die Einführung von Maßstäben, die Verfolgung von Zeitabläufen von Bewegungen die Einführung von Uhren.

2.1 Physikalische Größe; Länge und Längeneinheit

Bei der Beobachtung unserer Umwelt machen wir eine Erfahrung qualitativer Art: die Körper sind groß oder klein, weit voneinander entfernt oder nahe beieinander. In dieser Beobachtung liegt die Möglichkeit der Quantifizierung: wir vergleichen die Größe zweier Körper und stellen fest, daß sie gleich groß sind, oder daß der eine größer (bzw. kleiner) als der andere ist. Beim Vergleich mehrerer Körper können wir es bei diesen Feststellungen nicht belassen. Wir wählen daher einen Körper als Einheit aus und vergleichen alle anderen Körper mit dieser Einheit. Der Vergleich wird als *Messung* ausgeführt: wir stellen fest, *wieviel mal* größer der Körper als die Einheit ist.

Damit haben wir schon das *Schema für alle Definitionen physikalischer Größen und ihrer Messung* gefunden. Zuerst wird begrifflich geklärt, mit welcher physikalischen Größe man sich befaßt: der Abstand zweier Punkte, die Länge eines Seiles, die Dicke eines roten Blutkörperchens, der Durchmesser des Trommelfells, usw. „Abstand", „Länge", „Dicke", „Durchmesser" sind physikalische Größen, sie gehören alle zur gleichen *Größenart*, nämlich zur *Größenart Länge*, und die physikalische Größe „Länge" wird durch das Meßverfahren definiert, das wir im vorliegenden Fall wie folgt

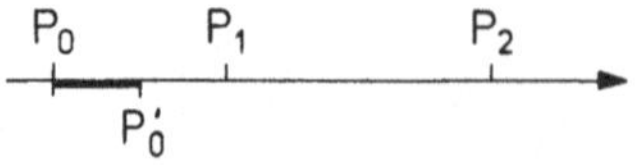

$$\overline{P_0P_1} = 2\overline{P_0P_0'} \ , \quad \overline{P_0P_2} = 5\overline{P_0P_0'}$$

Fig. 2.1

Längenmessung: $\overline{P_0P_0'}$ ist die Längeneinheit

beschreiben. In Fig. 2.1 seien die Abstände $\overline{P_0 P_1}$ und $\overline{P_0 P_2}$ zu messen. Zu diesem Zweck wählen wir eine Einheit, also eine Einheitsstrecke $\overline{P_0 P_0'}$, und stellen fest, wie oft die Einheit in der zu messenden Größe enthalten ist. Die Einheit muß also von der gleichen Größenart sein wie die zu messende Größe (Längeneinheit zur Messung einer Länge), ansonsten soll die Einheit „praktisch" sein.

Wird mit G eine physikalische Größe bezeichnet (hier Länge), mit $[G]$ ihre Einheit, dann ist der Zahlenwert $\{G\}$ das Verhältnis von Größe und Einheit (wie oft ist die Einheit in G enthalten),

$$\{G\} = \frac{G}{[G]} \tag{2.1}$$

und ist eine reine Zahl, ohne irgendeine Hinzufügung. Für die physikalische Größe G folgt damit

$$G = \{G\} \cdot [G], \quad \text{Größe} = \text{Zahlenwert} \times \text{Einheit.} \tag{2.2}$$

Die quantitative Angabe über eine physikalische Größe ist also stets das *Produkt von Zahlenwert* (oder *Maßzahl*) *und Einheit*. Für die physikalische Größe führt man meist ein Formelzeichen (ein „Stenogramm") ein, etwa l für die Länge. Ist dann – wie wir gleich kennenlernen werden – die Längeneinheit 1 Meter = 1 m, so bedeutet die Angabe $l = 5$ m für eine Länge, daß die Einheit 1 m in der zu messenden Länge 5mal enthalten ist. Die gleiche Größe (Länge) wird durch die Angabe $l = 500$ cm dargestellt: die Einheit wurde um den Faktor 100 verkleinert (1 cm = 1/100 m), dafür der Zahlenwert um den Faktor 100 erhöht. Wir schließen: die physikalische Größe selbst ist „invariant" gegen Änderung der Einheit. Das entspricht der Vorschrift, daß man die Einheit beliebig wählen darf. Es gilt ferner, daß Größen der gleichen Art addiert und subtrahiert werden dürfen: 5 m + 3 m = 8 m; 5 m + 2 Sekunden ist Unsinn.

Von den mittelalterlichen und früheren *Verkörperungen der Längeneinheit*, wie Fuß, Spanne, Klafter hat man sich durch die *Meter-Konvention* gelöst (1875): 1 Meter sollte der 10millionste Teil des Erdquadranten sein. Ein damals geschaffener Stab der Länge 1 m hat sich mit fortschreitender Meßkunst als um etwa 0,2tausendstel Meter zu kurz erwiesen, auch kann man bei ihm von gewissen kleinen, säkularen Veränderungen nicht absehen. Um eine in aller Welt in jedem Laboratorium reproduzierbare Einheit zu gewinnen, die – soweit überschaubar – unveränderlich ist, hat man sich im Jahr 1983 entschlossen, die Längeneinheit 1 Meter aus der Basiseinheit für die Zeit (1 Sekunde, Abschn. 4) und der als universelle Konstante mit dem Festwert $c = 299\,792\,458$ m/s definierten Lichtgeschwindigkeit abzuleiten: 1 m ist die Länge der Strecke, die das Licht im Vakuum in $1/299\,792\,458$ s zurücklegt.

Zum Système International gehört, daß man *Untereinheiten* und *größere Einheiten* nach einem bestimmten Verfahren bildet, in welchem dezimale Teile und Vielfache mit abkürzenden *Vorsilben* bezeichnet werden. Diese Vorsilben sind für *sämtliche Einheiten* irgendwelcher physikalischer Größen zu verwenden. Sie sind daher in Tab. 2.1 ohne Hinzufügung einer bestimmten Einheit zusammengestellt. Man beachte dabei, daß die Vorsilben nicht die Einheit selbst sind, sondern diese hinzugefügt werden muß;

Tab. 2.1 Vorsilben zur Bezeichnung von dezimalen Vielfachen und Teilen von Einheiten

Vorsilbe	Zeichen	Zehnerpotenz	Vorsilbe	Zeichen	Zehnerpotenz
Exa	E	10^{18}	Dezi	d	10^{-1}
Peta	P	10^{15}	Zenti	c	10^{-2}
Tera	T	10^{12}	Milli	m	10^{-3}
Giga	G	10^{9}	Mikro	μ	10^{-6}
Mega	M	10^{6}	Nano	n	10^{-9}
Kilo	k	10^{3}	Piko	p	10^{-12}
Hekto	h	10^{2}	Femto	f	10^{-15}
Deka	da	10	Atto	a	10^{-18}

also nicht 1 μ (früher als 1 Mikron bekannt), sondern $1\,\mu m = 10^{-6}\,m = 1$ Mikrometer. Einheit und Vorsilbe sind unmittelbar aufeinanderfolgend zu schreiben. Die Rechenregel heißt $1\,mm^2 = 1\,(mm)^2 = 1\,(10^{-3}\,m)^2 = 10^{-6}\,m^2$. Grundsätzlich ist die Verwendung von Doppelvorsilben nicht gestattet; also nicht 1 μμm, sondern 1 pm; nicht 1 mμm, sondern 1 nm.

Beispiele: Durchmesser der roten Blutkörperchen 7,5 μm, größte Dicke 1,5 μm, Durchmesser einer Nervenfaser 1 bis 20 μm. – Da in der angelsächsischen Literatur noch vielfach das „inch" vorkommt, so sei noch angegeben: 1 (metrisches) inch = 25,400 mm und $1\,mil = 10^{-3}$ inch.

2.2 Praktische Längenmessung

An die zu messende Länge wird der Maßstab angelegt, man registriert zwei Koinzidenzen, nämlich diejenige des einen und des anderen Endes mit Teilstrichen des Maßstabes. Bruchteile werden geschätzt. Werden die Messungen wiederholt, so treten in aller Regel kleine Abweichungen der Resultate zutage. Sie zeigen, daß jede Messung nur mit einer begrenzten Genauigkeit ausführbar ist. Die „Meßunsicherheit" muß auch in das Endergebnis einer sich anschließenden Berechnung übertragen werden. Jede Messung muß mit einer Genauigkeitsangabe versehen werden (s. Abschn. 17). Bei der Ausführung der Messung kann man sich zur Verbesserung der *Ablesegenauigkeit* eines *Nonius* bedienen (Fig. 2.2). Neben der Hauptskala befindet sich eine verschiebbare Nebenskala, in welcher die Teilung so gewählt ist, daß 10 Teile der Nebenskala genau 9 Teilen der Hauptskala entsprechen: der Strichabstand der Nebenskala ist um 1/10 kleiner als der der Hauptskala. Bei der Längenmessung werden zunächst die vollen Werte der Hauptskala abgelesen. Dann wird festgestellt, welcher Teilstrich der Nebenskala mit irgendeinem der Hauptskala übereinstimmt. Ist dies der *n*-te, dann ist das der Ablesung hinzuzufügende Reststück gerade *n*/10 der Hauptskala. Die Ablesegenauigkeit ist um den Faktor 10 verbessert worden, weil noch Zehntelteile der Hauptskala sicher abgelesen werden können. – Wir haben den einfachsten Nonius

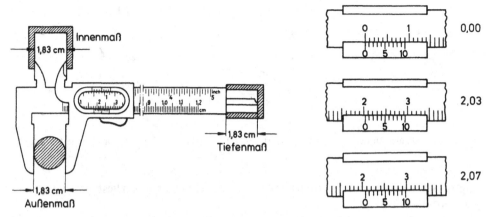

Fig. 2.2 Schiebelehre mit Nonius zur Verbesserung der Ablesegenauigkeit

beschrieben. Man versuche zur Übung den Nonius der inch-Skala in Fig. 2.2 zu entziffern (beachte: die inch-Teilung wird durch halbieren gewonnen: 1/2, 1/4, 1/8, 1/16, ...). Insbesondere Kreisnonien für Winkelablesungen (z. B. Drehung der Polarisationsebene von Licht zur Bestimmung des Zuckergehaltes einer Lösung) erfordern ein sorgfältiges Kennenlernen.

Im mikroskopischen Bereich, wo Längen von der Größenordnung Mikrometer zu messen sind, benutzt man unter dem Mikroskop Spezial-Skalen, die besonders fein unterteilt sind und in das Beobachtungsfeld eingebracht werden. Eine andere Methode besteht darin, während der Betrachtung des Präparates den Mikroskopiertisch mittels Präzisions-Schraubenmikrometern zu verschieben. Die Verschiebung ist die gesuchte Distanz.

2.3 Ausmessung des Raumes; Koordinatensystem

Die Ausmessung des Raumes ist Aufgabe der Geometrie. Die Lage von Punkten auf einer *Geraden* geben wir an, indem wir ihren Abstand von einem Anfangspunkt P_0 durch eine Messung festlegen (Fig. 2.1). Dieser Abstand ist die *Koordinate* des Punktes. Die Gesamtheit der Punkte der Gerade ist ein *lineares* oder *eindimensionales Kontinuum*.

Liegt ein Punkt in einer *Ebene* an einer beliebigen Stelle, so benötigen wir *zwei Koordinaten* zu seiner Festlegung: wir wählen zwei beliebige sich schneidende und in der Ebene liegende Geraden als die Koordinatenachsen und definieren die beiden Längen l_1 und l_2 (Fig. 2.3) als die Koordinaten des Punktes. Alle Punkte der Ebene bilden ein zweidimensionales Kontinuum. Ein spezielles, einfaches und daher sehr häufig benutztes Koordinatensystem ist das kartesische. Hier stehen die beiden Koordinatenachsen senkrecht aufeinander und bilden einen rechten Winkel (Fig. 2.4). Die beiden Längen x_1 und y_1 sind die rechtwinkligen Koordinaten des Punktes P_1. Die

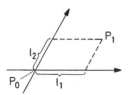 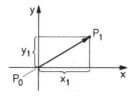 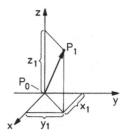

Fig. 2.3 Koordinaten in der Ebene   Fig. 2.4 Kartesische Koordinaten in der Ebene   Fig. 2.5 Kartesische Koordinaten im Raum

Koordinatenachsen selbst werden mit x und y bezeichnet, an ihnen liest man die x- und y-Koordinaten ab.

Punkte außerhalb einer Ebene, also allgemein im *Raum*, benötigen zur Festlegung eine dritte Koordinate: der Raum bildet ein *dreidimensionales Kontinuum*. Im einfachsten und am häufigsten benutzten Verfahren wählt man ein drei-dimensionales kartesisches Koordinatensystem: drei Koordinatenachsen (x, y, z), die sich in einem gemeinsamen Punkt schneiden und wechselweise aufeinander senkrecht stehen (Fig. 2.5). Aus dem eingeschlagenen Verfahren sehen wir, daß zur Festlegung von Punkten im Raum, also zur Ausmessung des Raumes, drei Längenmessungen notwendig sind.

Aus Fig. 2.5 und 2.4 sieht man, daß anstelle von 3 oder 2 Längenkoordinaten auch noch eine andere Art der Koordinaten möglich wäre: man mißt den *Abstand des Punktes vom Koordinatenanfangspunkt* und gibt noch die Richtung der Verbindungsgerade an. Das erfordert im Fall des Raumes die Angabe zweier weiterer Winkel (auf der Erdkugel geographische Länge und Breite), in der Ebene nur noch eines Winkels. In jedem Fall braucht man wieder 3 bzw. 2 Koordinaten. Die Lage eines Punktes mit Bezug auf einen fest gewählten Raumpunkt P_0 kann also auch bestimmt werden durch den Endpunkt einer gerichteten Strecke (die man mit einem Pfeil versieht), und diese wird *Vektor* genannt, speziell Ortsvektor von P_1. Mit solchen Vektoren kann man vielen quantitativen Formulierungen von Beziehungen eine einfache, vollständige und einprägsame Form geben. Wir kommen darauf später an geeigneten Stellen zurück.

2.4 Flächen- und Rauminhalt

Zeichnet man in der Ebene zwei Parallelenpaare, die sich unter rechten Winkeln schneiden (Fig. 2.6), so wird dadurch ein *Flächenstück* definiert. Es wird verdoppelt, wenn l_1 oder l_2 verdoppelt werden, es vervierfacht sich aber, wenn sowohl l_1 als auch l_2 verdoppelt werden. Daher definiert man als *Flächeninhalt des Rechtecks* (Flächengrößen erhalten den Formelbuchstaben A) die Größe

$$A = l_1 \cdot l_2 . \tag{2.3}$$

Man könnte dafür eine neue Einheit einführen (man denke etwa an den „Morgen“ als

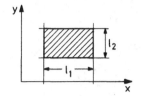

Fig. 2.6
Ein Flächenstück zwischen Geradenpaaren

Flächenmaß), das ist aber weder nötig noch zweckmäßig. Die Definitionsbeziehung
(2.3) zeigt, daß die Flächeneinheit aus der Längeneinheit (Basiseinheit) *ableitbar* ist;
die Fläche wird dadurch zu einer *„abgeleiteten Größe"*. Ist z.B. $l_1 = 5$ m, $l_2 = 3$ m, so
folgt aus Gl. (2.3)

$$A = 5\,\text{m} \cdot 3\,\text{m} = 3 \cdot 5 \cdot \text{m} \cdot \text{m} = 15\,\text{m}^2.$$

Wir erhalten für die Größe A ein Produkt aus Zahlenwert und Einheit und entnehmen
daraus für die *Einheit der Fläche* im Internationalen Einheitensystem (SI)

$$[A] = \text{m}^2. \tag{2.4}$$

Man kann zur Veranschaulichung auch sagen: die Einheit der Fläche wird durch ein
Quadrat von 1 m Kantenlänge verkörpert. Werden die Kantenlängen in verschiedenen
Einheiten des SI angegeben, dann erhält man das Resultat durch Ersatz der Vorsilben durch die entsprechenden Zehnerpotenzen nach Tab. 2.1. Beispiel: $l_1 = 3$ mm,
$l_2 = 2$ cm. Daraus folgt $A = 3 \cdot 10^{-3}\,\text{m} \cdot 2 \cdot 10^{-2}\,\text{m} = 6 \cdot 10^{-5}\,\text{m}^2$. Oder: mit
$l_2 = 2 \cdot 10^{-2}\,\text{m} = 20 \cdot 10^{-3}\,\text{m} = 20$ mm folgt $A = 3\,\text{mm} \cdot 20\,\text{mm} = 60\,\text{mm}^2$. Dies ist
wieder $A = 60 \cdot (10^{-3}\,\text{m})^2 = 60 \cdot 10^{-6}\,\text{m}^2 = 6 \cdot 10^{-5}\,\text{m}^2$.

In Fig. 2.7 ist eine Reihe von Flächen dargestellt einschließlich der Formeln zur Berechnung des Flächeninhaltes. Man beachte: auch dreidimensionale, räumliche Gebilde (Körper) haben eine Oberfläche, die einen Flächeninhalt hat (z.B. Kugel-

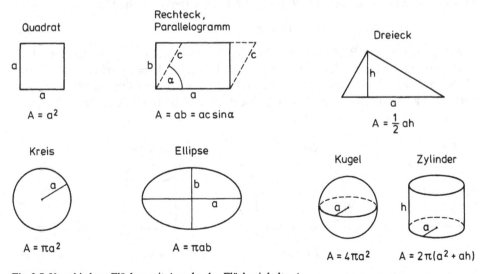

Fig. 2.7 Verschiedene Flächen mit Angabe der Flächeninhalte A

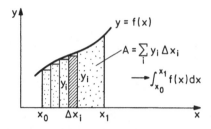

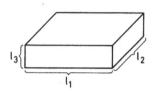

Fig. 2.8 Flächeninhaltsberechnung bei nicht-geradliniger Begrenzung

Fig. 2.9 Paarweise parallele Ebenen im Raum begrenzen einen Quader

oberfläche, Zylinderoberfläche). Allgemein sieht man, daß alle Flächen immer das Produkt zweier Längen enthalten und einen von der Form abhängigen Zahlenfaktor: alle Flächen sind zweidimensional.

Ergänzend ist in Fig. 2.8 noch dargestellt, wie der Flächeninhalt unter einer Kurve mit den Mitteln der Integralrechnung berechnet wird: man denkt sich die Fläche in schmale Rechtecke zerlegt, die Summe strebt, wenn man die Unterteilung immer feiner wählt, zum exakten Flächeninhalt. An der allgemeinen Integralformulierung sieht man bestätigt, daß wieder immer das Produkt zweier Längen auftritt.

Im *dreidimensionalen Raum* wird ein spezielles Raumstück (ein Volumen) abgegrenzt, indem man drei paarweise parallele Ebenen nimmt, die sich in den Kanten und Ecken unter rechten Winkeln schneiden (Fig. 2.9). Es entsteht ein Quader der Kantenlängen l_1, l_2, l_3. Die gleichen Überlegungen wie beim Flächenstück führen zu der Definition des *Rauminhaltes*

$$V = l_1 \cdot l_2 \cdot l_3 . \tag{2.5}$$

Das *Volumen* ist ebenfalls eine *abgeleitete Größe*, seine SI-Einheit ist

$$[V] = [l_1][l_2][l_3] = m \cdot m \cdot m = m^3 . \tag{2.6}$$

Diese Einheit wird z. B. durch einen Würfel der Kantenlänge 1 m verkörpert. Eine besondere Einheit des Volumens im SI ist 1 Liter = 1 l = 1 dm³ = 1 · (10⁻¹ m)³ = 10^{-3} m³. Fig. 2.10 enthält für einige einfache Körper die Formeln zur Volumenberechnung. Abgesehen von einem Zahlenfaktor tritt immer das Produkt dreier Längen auf, was zu erwarten war.

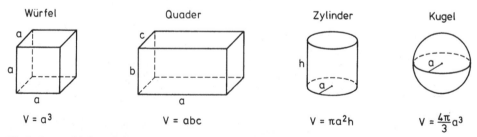

Fig. 2.10 Verschiedene einfache Körper mit Angabe ihrer Volumina V

2.5 Ebener und räumlicher Winkel (Raumwinkel)

In einer Ebene bilden zwei sich schneidende Geraden einen Winkel. Schlägt man um den Schnittpunkt einen Kreis vom Radius r (Fig. 2.11) und teilt seinen Umfang in 360 Teile, genannt (Winkel-)*Grad*, so kann man an den Schnittpunkten der Geraden mit dem Kreis den Winkel in Grad abzählen. Ein rechter Winkel hat 90 Grad = 90°, ein gestreckter 180°, und der „Vollwinkel" hat 360°. Unterteilungen sind 1 (Winkel-)Minute = $(1/60)° = 1'$, 1 (Winkel-)Sekunde = $(1/60)' = 1''$. Es sind also $0,5° = 30'$, $0,2' = 12''$. Als Formelzeichen für Winkel bevorzugt man kleine griechische Buchstaben, z. B. α, β, φ.

Der Winkel wird auch durch eine andere Vorschrift definiert. In Fig. 2.11 bestimmt man auf dem Kreis die Bogenlänge s, die zwischen den Schnittpunkten ausgeschnitten wird. Der Winkel α (alpha) „im Bogenmaß" (hier φ (phi) genannt) ist dann

$$\varphi = \frac{s}{r}. \tag{2.7}$$

Ist z. B. $s = 3\,\text{mm}$, $r = 1\,\text{cm}$, dann ist $\varphi = 3 \cdot 10^{-3}\,\text{m}/10^{-2}\,\text{m} = 0,3$. Die Einheiten heben sich fort! Man erhält eine reine Zahl. Um Winkelangaben aber von gewöhnlichen Zahlen zu unterscheiden, hat das SI für *Winkelangaben* für das Einheitenverhältnis m/m den Einheitennamen *Radiant*, abgekürzt rad, eingeführt, so daß unsere Angabe lautet $\varphi = 0,3\,\text{rad}$ (gesprochen 0,3 Radiant). Zwischen dem Gradmaß und dem Bogenmaß gibt es natürlich einen Zusammenhang: Für den Vollkreis ist einerseits $\alpha = 360°$, andererseits $\varphi = 2\pi r/r = 2\pi\,\text{rad}$; für den Halbkreis ist $\alpha = 180°$, oder $\varphi = \pi\,\text{rad}$. Bezeichnen wir also den Winkel, gemessen in rad mit φ, gemessen in grad mit α, dann gilt

$$\frac{\varphi}{\text{rad}} = \frac{2\pi}{360}\frac{\alpha}{\text{grad}}. \tag{2.8}$$

Einsetzen von $\varphi = 1\,\text{rad}$ gibt demnach $\alpha = 57°\,17'45''$. Bei Benutzung von Gl. (2.8) setze man immer den Winkel mit Zahlenwert mal Einheit ein.

Beispiel: Der menschliche Oberschenkelknochen (Oberschenkelhals) zum Hüft-

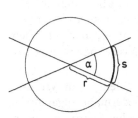

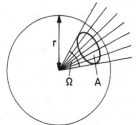

Fig. 2.11 Ebener Winkel α zwischen zwei sich schneidenden Geraden

Fig. 2.12 Ein Geradenbündel mit einem gemeinsamen Schnittpunkt definiert einen räumlichen Winkel Ω

gelenk hat einen Knickwinkel von $\alpha = 127°$ (Fig. 6.5). Einsetzen in Gl. (2.8) ergibt $\varphi = 2,21$ rad.

Ein Geradenbündel mit einem gemeinsamen Schnittpunkt nach Art eines Spitzkegels definiert einen *räumlichen Winkel* oder *Raumwinkel* (Fig. 2.12). Quantitativ wird er wie folgt bestimmt und zahlenmäßig angegeben. Man zeichnet um den Schnittpunkt als Zentrum eine Kugel vom Radius r. Die die Kugel durchstoßenden Geraden grenzen auf der Kugeloberfläche eine gekrümmte Fläche A ab (sehr häufig auch ΔA, gesprochen ‚Delta A', genannt, wenn man andeuten will, daß diese Fläche ‚klein' ist). Der Raumwinkel ist das Verhältnis dieser Fläche zum Quadrat des Kugelradius,

$$\Omega = \frac{A}{r^2} \quad \text{oder} \quad \Delta\Omega = \frac{\Delta A}{r^2}. \tag{2.9}$$

Hieraus folgt die SI-Einheit (als abgeleitete Größe), indem man A und r^2 in m^2 einsetzt. Es entsteht m^2/m^2. Im SI soll dieser Bruch bei der Raumwinkeleinheit nicht gekürzt werden, sondern er erhält den Namen *Steradiant*, Kurzzeichen sr. Wenden wir die Definition auf die Vollkugel an, so ergibt sich der ‚volle Raumwinkel' zu $\Omega = 4\pi$ sr, weil die Oberfläche der Vollkugel $A = 4\pi r^2$ ist; entsprechend findet man für die Halbkugel $\Omega = 2\pi$ sr.

2.6 Zeit und Frequenz

Der Mensch erhält durch die Sinneseindrücke ein Bild der Gegenwart. Das Gedächtnis gestattet das Ordnen der Ereignisse in „vorher" und „nachher", und damit eine Verknüpfung der Vergangenheit mit der Gegenwart. Diese Verknüpfung erfolgt quantitativ mittels einer neuen Größe, der *Zeit*. Zeitabhängige Größen, Bewegungen, Alterungserscheinungen, usw. sind solche, die eine *Funktion der Zeit* sind, $G = G(t)$. Ist ein solcher Zusammenhang als Gesetzmäßigkeit gefunden, so können auch Voraussagen über die zukünftigen Werte von G gemacht werden, indem Zeiten t eingesetzt werden, die der Zukunft angehören (z.B. Vorausberechnung des Standes der Gestirne).

In der unaufhörlich verrinnenden Zeit müssen wir eine Einheit der Zeitspanne schaffen, indem wir Zeitmarken setzen, deren Abstände wir vergleichen können, und durch deren Abzählen der Ablauf der Zeit registrierbar ist. Z.B. zeigt die Sanduhr das Verrinnen der Zeit, das wiederholte Umkehren gibt abzählbare Zeitmarken. Die Schwingung eines Pendels gestattet durch die Periodizität der Bewegung ebenfalls das Abzählen von Zeitspannen, und die Penduluhr war lange Zeit die genaueste Uhr, die man herstellen konnte. Auch der menschliche Pulsschlag wäre als Zeitmesser verwendbar, wenn er völlig gleichmäßig wäre, was bekanntlich nicht der Fall ist.

Ohne daß es besonderer Einrichtungen bedurfte, hatte der Mensch im Wechsel zwischen Tag und Nacht und im Wechsel der Jahreszeiten eine jedermann zugängliche Folge von Zeitmarken zur Hand. Sie diente der ursprünglichen astronomischen Definition der Zeiteinheit 1 Sekunde: der 86400ste Teil des mittleren Sonnentages, eingeteilt in 24 Stunden zu je 60 Minuten, 1 Minute zu 60 Sekunden. Um vom Wandel

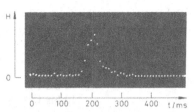

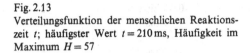

Fig. 2.13
Verteilungsfunktion der menschlichen Reaktions-
zeit t; häufigster Wert $t = 210\,\text{ms}$, Häufigkeit im
Maximum $H = 57$

der Gestirne mit seinen kleinen Schwankungen und systematischen Veränderungen unabhängig zu werden, entschloß sich die 13. Generalkonferenz für Maß und Gewicht im Jahr 1967 zu einer atomphysikalischen Definition der Zeiteinheit 1 Sekunde (Formelzeichen s): *eine Sekunde ist die Zeitdauer von 9192631770 Schwingungen der Strahlung eines „Übergangs" im Atom* [133] Cs. Atomuhren werden benutzt, um Zeitnormale zu schaffen, mit denen dann einfachere Uhren (auch die Quarzuhr, die mit einem Schwingquarz arbeitet) verglichen werden.

Zeitmessungen erfolgen stets als Messungen von Zeitspannen: man stellt fest, bei welchem Stand einer Uhr ein Vorgang beginnt und wann er beendet ist. Die Uhr zeigt die verflossene Zeit. Es handelt sich also um die Feststellung von zwei *Koinzidenzen*, nämlich von Anfang und Ende des Vorgangs mit dem Uhrenstand. Soweit der Mensch an der Feststellung solcher Koinzidenzen beteiligt ist, hat man seine *Reaktionszeit* zu beachten. Sie liegt im Bereich von 150 bis 300 ms und wird durch die Zeiten verursacht, die Reizaufnahme, Verwertung und Signaltransport durch die Nervenbahnen in Anspruch nehmen. Die Reaktionszeit selbst ist also ein sehr wichtiges physiologisches Datum, und sie hängt von vielen Umständen ab und ist auch beim Einzel-Individuum Schwankungen unterworfen. Es ist zweckmäßig, sich eine quantitative Vorstellung von der Reaktionszeit zu verschaffen. Zu diesem Zweck läßt man eine elektronische Uhr, die Zeitmarken im Abstand von 10 ms abgibt, zu unregelmäßigen Zeiten starten. Die Versuchsperson stoppt die Uhr mit einem Schalter, sobald sie den Start bemerkt hat. In einem elektronischen Speicher wird registriert, bis zu welcher Zeitmarke die Uhr beim Stoppen gelaufen ist. Fig. 2.13 gibt das Ergebnis wieder. Die Ordinate gibt die Häufigkeit an, mit der eine bestimmte Zeitspanne, dargestellt durch die Abszisse, auftrat. Am häufigsten kommt die Zeitspanne 210 ms vor, aber man sieht auch, daß eine beträchtliche *Streuung* der Reaktionszeiten besteht. Das Bild selbst bezeichnet man als *Häufigkeitsverteilung* der Reaktionszeit; die mittlere Reaktionszeit ist 211,5 ms. Die hierher gehörenden Fragen der Statistik werden in Abschn. 17, speziell Beispiel 17.3, besprochen.

Bei *periodischen Vorgängen* gibt man den Quotienten „Anzahl n der Vorgänge durch Zeit t in der sie vorgehen" als *Frequenz* an,

$$f = \frac{n}{t}, \qquad [f] = \frac{1}{s} = s^{-1} = \text{Hertz} = \text{Hz}. \tag{2.10}$$

Ist T die Zeitdauer für *einen* aus den periodischen Vorgängen, dann erfolgen in der Zeit t gerade $n = t/T$ solcher Vorgänge. Einsetzen in Gl. (2.10) ergibt

$$f = \frac{1}{T}. \tag{2.11}$$

Tab. 2.2 Pulsfrequenz verschiedener Lebewesen

Elefant	$f=$ 25 bis 50 min^{-1}	$=$ 0,42 bis 0,83 Hz
Pferd	32 bis 55	0,53 bis 0,92
Schwein	60 bis 80	1,00 bis 1,33
Hund	70 bis 120	1,17 bis 2,0
Katze	110 bis 180	1,83 bis 3
Meerschweinchen	200 bis 300	3,33 bis 5,0
Maus	600 bis 700	10,00 bis 11,67

Um wenig sinnvolle Einheitenkombinationen zu vermeiden, wurde festgelegt, daß nur für periodische Vorgänge die Einheit s^{-1} mit dem Namen Hertz bezeichnet werden darf. – Beim gesunden Menschen werden in Ruhestellung etwa $n=80$ Pulsschläge in einer Minute gezählt (Säugling etwa 130 in einer Minute). Damit ist nach Gl. (2.10) die Frequenz $f=80/60$ s $= 1,33$ s$^{-1}=1,33$ Hz. Es folgt daraus der zeitliche Abstand zwischen zwei Pulsschlägen (entsprechend Gl. (2.11)) zu $T=1/f=0,752$ s $=752$ ms. – Ein Pendel der Mechanik von etwa 1 m Länge führt auf die Frequenz von rund 0,5 Hz. Der Hörschall hat $f \approx 1000$ Hz, Ultraschall $f \approx 1$ MHz, Frequenz des technischen Wechselstroms $f=50$ Hz, medizinische „Kurzwelle" $f \approx 100$ MHz, sichtbares Licht $f \approx 500$ THz ($\approx$ bedeutet: ungefähr gleich, von der Größenordnung).

3 Grundbegriffe der Mechanik

3.1 Geradlinige Bewegung, Geschwindigkeit und Beschleunigung

3.1.1 Geschwindigkeit

Nachdem die Hilfsmittel zur Bestimmung von Ort und Zeit bekannt sind, können Bewegungen von Körpern längs einer Geraden, in der Ebene und im Raum quantitativ beschrieben werden. Dieser Teil der Mechanik ist die *Kinematik*. In der *Dynamik* erfolgt die Verknüpfung der Bewegung mit ihrer Ursache, wozu die Begriffe Kraft und Masse benötigt werden.

Aus den vielen möglichen Bewegungsarten greifen wir als einfachste die Bewegung eines Körpers (Wagen) auf einer geraden Bahn (Schiene) heraus. Man muß dabei die Reibung möglichst klein halten können (Benützung z.B. einer Luftkissenbahn; über Gesetze der Reibung s. Abschn. 7.6.3.3). Die Schiene wird horizontal ausgerichtet und die Bewegung eines Wagens durch einen kleinen manuellen Anstoß eingeleitet. Der Bewegungsablauf wird quantitativ verfolgt, indem etwa zu Metronomschlägen die erreichten Orte auf einer Tafel längs der Bahn markiert werden, oder indem elektronische Uhren, die vom Wagen selbst geschaltet werden, die Zeiten festhalten, zu denen die Aufstellungsorte der Uhren passiert werden. Wir notieren den Zusammenhang zwischen Ort und Zeit in einer *Tabelle* und schlagen dabei grundsätzlich folgendes *Verfahren* ein (Tab. 3.1). Die Zahlen in der Tabelle sollen die Zahlenwerte der Messung sein. Daraus folgt, daß der Kopf einer Tabellenspalte immer mit dem

Tab. 3.1 Zurückgelegter Weg als Funktion der gebrauchten Zeit bei einer gleichförmig geradlinigen Bewegung

Zeit $\dfrac{t}{s}$	Weg $\dfrac{s}{m}$	$\dfrac{\Delta s}{m}$	$\dfrac{\Delta t}{s}$	$\dfrac{\Delta s}{\Delta t}\bigg/\dfrac{m}{s}$
0	0			
0,8	0,25	0,25	0,8	0,31
1,6	0,51	0,26	0,8	0,32
2,4	0,73	0,24	0,8	0,30
3,2	0,96	0,23	0,8	0,29
4,0	1,22	0,26	0,8	0,32

Mittlere Geschwindigkeit $0,31 \, \mathrm{m \, s^{-1}}$

Quotienten Größe/Einheit zu beschriften ist (s. Gl. (2.1); hier $t/$s und $s/$m). Der Vorteil ist klar: man erkennt sofort, zu welcher Einheit die Zahlenwerte gehören. Man gewöhne sich daran, Tabellen möglichst in dieser Form zu erstellen.

Aus den in Tab. 3.1 wiedergegebenen Meßdaten sehen wir, daß die untersuchte Bewegung eine solche ist, bei der in gleichen Zeitspannen ungefähr gleiche Wegstrecken zurückgelegt werden; Abweichungen beruhen auf Meßfehlern, und sie schlagen sich auch in der letzten Spalte nieder. Abstrahieren wir von den Meßfehlern, so kann die Bewegung durch eine einzige, neu zu definierende Größe gekennzeichnet werden, nämlich durch die

$$\text{Geschwindigkeit} \overset{\text{def}}{=} \frac{\text{Wegstrecke}}{\text{Zeitspanne}}, \qquad v = \frac{s_2 - s_1}{t_2 - t_1} = \frac{\Delta s}{\Delta t}. \qquad (3.1)$$

Aus dieser Definition folgt gleichzeitig die *Einheit der Geschwindigkeit*

$$[v] = \frac{[\Delta s]}{[\Delta t]} = \frac{[s]}{[t]} = \frac{\text{m}}{\text{s}}. \qquad (3.2)$$

Die SI-*Einheit der Geschwindigkeit* ist „Meter durch Sekunde"[1]).

Neben der Wertetabelle verschaffen wir uns einen Überblick über den Bewegungsablauf durch eine *graphische Darstellung*. Wir zeichnen in einem kartesischen Koordinatensystem ein *Weg-Zeit-Diagramm* (Fig. 3.1) und sehen, daß der Bewegungsverlauf im Mittel einen linearen Zusammenhang ergibt. Wieder haben wir darauf geachtet, daß an den Achsen nur Zahlenwerte erscheinen: es wird Größe/Einheit angegeben. Es wird also ein $s/$m, $t/$s-Diagramm gezeichnet, aus dem für jeden Punkt die korrekte Einheit und der Zahlenwert abgelesen werden können. So gezeichnete Diagramme gestatten die Entnahme von Meßwerten. Der lineare Zusammenhang in Fig. 3.1 kann durch eine einzige Größe gekennzeichnet werden, nämlich die Neigung der entstehenden Geraden. Das entspricht genau dem Befund auch aus der Tab. 3.1,

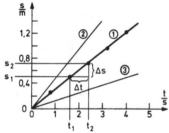
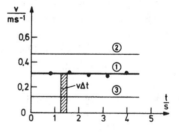

Fig. 3.1 Weg-Zeit-Diagramm der gleichförmig geradlinigen Bewegung. Zahlenwerte für ① aus Tab. 3.1. ②: Bewegung mit höherer Geschwindigkeit, ③: mit niedrigerer. – Die Größe $\bar{v} = \Delta s/\Delta t$ ist die mittlere Geschwindigkeit im herausgegriffenen Weg-Zeit-Intervall

Fig. 3.2 Geschwindigkeits-Zeit-Diagramm der gleichförmig geradlinigen Bewegung. Zahlenwerte für ① aus Tab. 3.1, ② und ③ entsprechen den Daten von Fig. 3.1

---

[1]) Der Quotient m/s wird „Meter durch Sekunde" gesprochen. Das in der Umgangssprache übliche „pro" ist physikalisch-mathematisch (Quotient) und dazu noch sprachlich (lat. pro = vor, für, ...) falsch.

denn die Steigung einer Geraden in einem x-y-Koordinatensystem ist $\Delta y/\Delta x$, also hier gerade die Größe $\Delta s/\Delta t$. So stellt sich in Fig. 3.1 eine Bewegung mit großer Geschwindigkeit durch eine Gerade mit großer Steigung, eine solche mit kleiner Geschwindigkeit durch eine Gerade mit kleiner Steigung dar. Ansonsten ist die Bewegung, die hier gefunden wurde eine *geradlinig gleichförmige Bewegung*, ihre Geschwindigkeit ist konstant. Zeichnet man ein *Geschwindigkeits-Zeit-Diagramm* (*v, t*-Diagramm), so erhält man eine horizontale Gerade, Fig. 3.2. Man beachte: die Achsenbezeichnung muß nach unserer Vorschrift lauten v/ms^{-1} und t/s.
In Tab. 3.2 sind die Größenwerte einiger Geschwindigkeiten zusammengestellt. Tab. 3.3 enthält einige *Ausbreitungsgeschwindigkeiten* für Wellenvorgänge. – Wir bemerken noch, daß das Wort „Geschwindigkeit" auch in anderem Zusammenhang benützt wird, nämlich dort wo es sich um die Zeitveränderung einer anderen Meßgröße als des Ortes im Raum handelt: Fieberanstiegsgeschwindigkeit (Temperaturanstieg/Zeitspanne), Abkühlungsgeschwindigkeit bei Unterkühlung (Temperaturverminderung/Zeitspanne). Man achte in solchen Fällen darauf, daß Größe und Einheit korrekt angegeben werden, z. B. °C/s.

Tab. 3.2 Beispiele von Geschwindigkeiten

Wachstum des Fingernagels	$0,000\,000\,001\,\text{m s}^{-1}$	$= 1\,\text{nm/s}$
Wachstum des Haares	$0,000\,000\,003$	$= 3\,\text{nm/s}$
Blutsenkung (1. Stunde nach Entnahme)		
Mann	$0,000\,001\,4$	$= 1,4\,\mu\text{m/s}$
Frau	$0,000\,002\,2$	$= 2,2\,\mu\text{m/s}$
Gletscher	$0,000\,006$	$= 6\,\mu\text{m/s}$
Kapillarströmung des Blutes	$0,000\,5$	$= 0,5\,\text{mm/s}$
Schnecke	$0,001\,5$	$= 1,5\,\text{mm/s}$
Strömung in kleinen Arterien und Venen	$0,07$	$= 7\,\text{cm/s}$
Fußgänger	$1,5$	
Sprinter	10	
Schwalbe	90	
Punkt am Äquator	466	
Luftmoleküle bei Zimmertemperatur	500	
Geschoß moderner Handfeuerwaffen	$1\,320$	
Anfangsgeschwindigkeit eines Körpers, der aus dem Schwerefeld der Erde entweichen kann (sog. Fluchtgeschwindigkeit)	$11\,000$	
Erde um die Sonne	$29\,760$	

Tab. 3.3 Ausbreitungsgeschwindigkeiten

Elektromagnetische Wellen (Festwert im SI) (Licht, Radiowellen, Röntgenstrahlen)	$299\,792\,458\,\text{m/s}$ ($\approx 3 \cdot 10^8\,\text{m/s}$)
Schall in Wasser	$1\,480$
Schall in Luft	330
Nervenreizleitung	1 bis 120

3.1.2 Schreibende Meßgeräte

Eine wichtige Anwendung konstanter Geschwindigkeit ist aus der heutigen Meßtechnik nicht mehr wegzudenken. Es handelt sich um schreibende Meßgeräte. Ein Registrierstreifen wird unter dem Schreibstift eines Meßgerätes mit konstanter Geschwindigkeit hindurchgezogen. Der Schreibstift wird entsprechend der Meßgröße senkrecht zum Papiervorschub bewegt. Kennt man die Vorschubgeschwindigkeit v des Registrierstreifens, dann kann aus dem Ort s auf dem Streifen auf die Zeit t geschlossen werden, denn es ist dann $t = s/v$. Die üblichen Geräte zur Registrierung eines EKG arbeiten mit der Vorschubgeschwindigkeit $v = 50\,\text{mm/s}$. Der zeitliche Abstand zweier Pulsschläge ist z.B. 752 ms (Abschn. 2.6), so daß das EKG auf einer Papierlänge von jeweils $s = 50\,\text{mm/s} \cdot 0{,}752\,\text{s} = 37{,}6\,\text{mm}$ geschrieben wird.

Der *Elektronenstrahl-Oszillograph* ist ebenfalls ein schreibendes Meßgerät. Mit Hilfe einer sog. Elektronenspritze wird ein feiner Elektronenstrahl geformt, der im Hochvakuum mit Hilfe von elektrischen Spannungen an Ablenkplatten (Fig. 3.3) über einen Leuchtschirm (Fluoreszenzschirm) wie bei einer Fernsehbildröhre geführt werden kann und dabei eine leuchtende Schreibspur hinterläßt. Die horizontale Führung bewirkt ein Ort-Zeit-Diagramm (x, t-Diagramm), das sägezahnförmig, periodisch verläuft. Eine solche Bewegung wird auch Kipp-Bewegung genannt. Während der Vorlaufzeit T_V wird der Strahl mit konstanter Geschwindigkeit (der Zusammenhang $x(t)$ ist linear) über den Schirm geführt. In der Rücklaufzeit T_R erfolgt eine möglichst schnelle Rückführung zum Anfangspunkt, wo der Vorgang neu beginnen kann. Meist wird während der Rücklaufzeit der Strahl „dunkel getastet", denn die Rücklaufspur würde verwirren. Die gesamte Periodendauer ist $T = T_V + T_R$. Damit ist die *Kippfrequenz* $f = 1/T$. Die Geschwindigkeit des Vorlaufs ist

$$v_V = \frac{x_2 - x_1}{T_V},$$

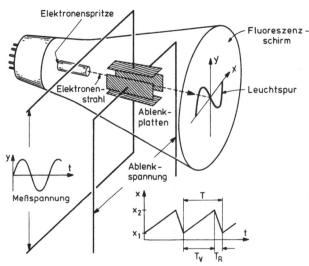

Fig. 3.3
Schema eines Elektronenstrahl-Oszillographen. x und y stellen die Weg-Zeit-Diagramme der Bewegung in x- und y-Richtung dar. Ursache ist eine entsprechende elektrische Spannung an den Ablenkplatten

wobei $x_2 - x_1$ etwa die Bildschirmbreite ist. Sie sei z. B. 10 cm. Ist die Kippfrequenz $f = 100 \text{ MHz} = 10^8 \text{ s}^{-1}$, dann ist T_v rund 10^{-8} s, also die Vorlaufgeschwindigkeit $v_v = 10^9$ cm/s oder immerhin 1/30 der Lichtgeschwindigkeit. Der Oszillograph eignet sich daher besonders zur Sichtbarmachung von schnellen Vorgängen. Bei modernen Geräten kann die Kippfrequenz auch bis zur Größenordnung 1 Hz und darunter eingestellt werden, so daß auch sehr langsame Vorgänge beobachtet werden können. In Fig. 3.3 ist angedeutet, wie der Meßvorgang $y(t)$ durch Anlegen der Meßspannung an das zweite Plattenpaar sichtbar gemacht wird.

3.1.3 Beschleunigung

An der in Abschn. 3.1.1 benutzten Anordnung von Schiene und Wagen bringen wir eine kleine Veränderung an, indem wir die Schiene ein wenig neigen. Ausführung der gleichen Messung wie bisher zeigt eine veränderte Bewegungsart. Es werden nicht mehr in gleichen Zeitspannen gleiche Wegstrecken zurückgelegt, sondern bei gleicher Zeitspanne werden die Wegstrecken immer größer. Die Berechnung der Geschwindigkeit v für jede einzelne Wegstrecke zeigt, daß v zunimmt: wir haben eine *beschleunigte Bewegung* (*Ab*nahme der Geschwindigkeit heißt verzögert oder „negativ" beschleunigt). Zur Sichtbarmachung der Bewegungsart wählen wir die graphische Darstellung (Fig. 3.4). Sie zeigt, daß der s, t-Zusammenhang als Verbindung der Meßpunkte $\bullet$ (①) in Fig. 3.4) nicht mehr linear ist. Eine glatte Kurve durch die Meßpunkte führt auf eine Parabel; Kurven ② und ③ gehören zu einer stärker bzw. weniger stark beschleunigten Bewegung. Die Neigung der Sekante zwischen den Punkten P_1 und P_2 entspricht der *mittleren Geschwindigkeit* in diesem Intervall. Die *glatte Kurve* hat aber *in jedem Punkt* eine wohldefinierte *Tangente*, und ihre Neigung findet man, wenn man die Intervallgröße immer kleiner macht, d. h. als Grenzprozeß gegen Null gehen läßt. Das ist aber mathematisch die bekannte Vorschrift, wie man den Differentialquotienten bildet,

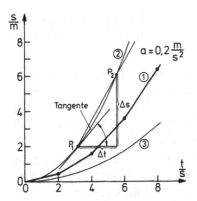

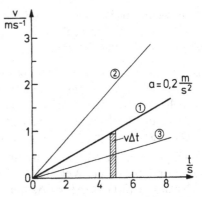

Fig. 3.4 Weg-Zeit-Diagramm der geradlinigen, beschleunigten Bewegung, Erläuterung im Text

Fig. 3.5 Geschwindigkeits-Zeit-Diagramm für die Bewegungen in Fig. 3.4

$$v = \lim_{\Delta t \to 0} \frac{\Delta s}{\Delta t} = \frac{\mathrm{d}s}{\mathrm{d}t} = \dot{s}. \tag{3.3}$$

Es ist unmittelbar einleuchtend, daß diese Größe die *Momentangeschwindigkeit* ist. Sie wächst bei den Verläufen ② und ③ in Fig. 3.4 dauernd an. In der Regel meint man mit Geschwindigkeit die Momentangeschwindigkeit; die mittlere oder durchschnittliche Geschwindigkeit bezeichnet man als solche besonders. – Die mittlere Geschwindigkeit bei einer PKW-Reise errechnet man als Quotient aus gefahrener Entfernung und verflossener Zeit. Die momentane Geschwindigkeit liest man unterwegs jederzeit am Tachometer ab.

Quantitativ wird die *Beschleunigung* angegeben gemäß der Definition

$$\text{Beschleunigung} \overset{\text{def}}{=} \frac{\text{Geschwindigkeitsänderung}}{\text{Zeitspanne}}, \qquad a = \frac{v_2 - v}{t_2 - t_1} = \frac{\Delta v}{\Delta t}. \tag{3.4}$$

Entsprechend wie bei der Bildung der Momentangeschwindigkeit, erhalten wir die *Momentanbeschleunigung* aus dem Grenzübergang

$$a = \lim_{\Delta t \to 0} \frac{\Delta v}{\Delta t} = \frac{\mathrm{d}v}{\mathrm{d}t} = \dot{v}. \tag{3.5}$$

Die SI-*Einheit der Beschleunigung* folgt aus den beiden Gleichungen (3.5) und (3.3)

$$[a] = \frac{[v]}{[t]} = \frac{\mathrm{m\,s^{-1}}}{\mathrm{s}} = \mathrm{m\,s^{-2}} = \frac{\mathrm{m}}{\mathrm{s^2}}, \tag{3.6}$$

gesprochen: Meter durch Sekunde(n)quadrat. Beide Beziehungen zeigen, daß die Beschleunigung eine Größe der „Dimension" Länge durch (Zeit)^2 ist. Das kommt mathematisch auch dadurch zum Ausdruck, daß man die Beschleunigung als zweiten Differentialquotienten schreiben kann,

$$a = \dot{v} = \frac{\mathrm{d}v}{\mathrm{d}t} = \frac{\mathrm{d}}{\mathrm{d}t}\left(\frac{\mathrm{d}s}{\mathrm{d}t}\right) = \frac{\mathrm{d}^2 s}{\mathrm{d}t^2} = \ddot{s}. \tag{3.7}$$

Sie ist die zweite Ableitung des Weg-Zeit-Gesetzes bzw. der Weg-Zeit-Kurve nach der Zeit. Den inneren Zusammenhang von s, v und a erkennt man durch Vergleich der Figuren 3.2 mit 3.1 und 3.5 mit 3.4.

Ergänzungen: 1. Liegt ein Weg-Zeit-Zusammenhang nur als graphische Darstellung in Form einer Kurve vor, dann ermittelt man die *Ableitung* (hier v aus s, a aus v) gelegentlich graphisch. In einem Punkt der Kurve (z. B. P_1 in Fig. 3.4) zeichnet man die *Tangente*, wählt ein Abszissenintervall Δt und liest das zugehörige Ordinatenintervall Δs ab. Dann ist $\Delta s/\Delta t$ die Ableitung (hier Geschwindigkeit).

2. In den Figuren 3.2 und 3.5 ist auch eingezeichnet, wie man umgekehrt aus dem Wert der Geschwindigkeit v die Wegstrecke, d.h. den Wegzuwachs Δs im Zeitintervall Δt findet. Nach Gl. (3.1) ist $\Delta s = v\,\Delta t$, und dieses Stück wird dort gerade durch das schraffierte Flächenelement dargestellt. Die Ermittlung des ganzen Weges s läuft darauf hinaus, den Flächeninhalt unter der v, t-Kurve zu bestimmen. Dieses Problem haben wir schon in Fig. 2.8 dargestellt. Danach ist $s = \int v \, \mathrm{d}t$ und auch $v = \int a \, \mathrm{d}t$. Das entspricht dem bekannten Zusammenhang von Integral und Differentialquotient. Man überzeuge sich an Hand einer kleinen Rechnung, daß eine Bewegung mit *konstanter Beschleunigung a*, beginnend am Ort s_0 zur Zeit t_0 mit der Anfangsgeschwindigkeit v_0 durch die Funktion

$$s = s_0 + v_0(t - t_0) + \frac{1}{2}a(t - t_0)^2 \qquad (3.8)$$

beschrieben wird, also durch ein quadratisches Weg-Zeit-Gesetz.

3. Ähnlich wie beim Wort Geschwindigkeit findet man auch eine Übertragung des Wortes Beschleunigung auf andere Vorgänge, wobei es in zweierlei Bedeutung verwendet wird. Einmal meint man, daß der Wert einer Größe gegenüber dem Normalwert erhöht ist (analog für das Wort verzögert): wenn man sagt, Puls oder Atmung seien beschleunigt, meint man, daß Puls- oder Atemfrequenz erhöht sind. Zum anderen meint man eine kontinuierliche zeitliche Zunahme (oder Abnahme) einer Größe, die selbst eine Geschwindigkeit ist. Man achte darauf, daß die Größen eindeutig definiert und mit den zugehörigen Einheiten versehen werden.

3.1.4 Beschleunigung des freien Falls

Als Beispiel einer beschleunigten Bewegung untersuchen wir den freien Fall von Wassertropfen und wenden zur Beobachtung eine besondere Technik an. Eine Folge von Wassertropfen (tropfender Wasserhahn) wird mit einer Blitzlichtlampe beleuchtet, deren Frequenz mit dem Tropfrhythmus durch Variation der Blitzfrequenz *synchronisiert* wird. Man beobachtet dann ein „stehendes Bild", s. Fig. 3.6, und erkennt, daß die durchfallenen Wegstrecken zwischen zwei Lichtblitzen zunehmen. Die Auswertung ergibt ein quadratisches Weg-Zeit-Gesetz, also erfolgt nach Gl. (3.8) die Fallbewegung mit konstanter Beschleunigung, und für sie ermittelt man $a_{Fall} = 9{,}81\,\mathrm{m\,s^{-2}}$, also rund $10\,\mathrm{m\,s^{-2}}$ (Fehler 2%). Die Beschleunigung des freien Falls beruht auf der Anziehung aller Körper durch die Erde und wird mit dem besonderen Formelzeichen *g* bezeichnet. *Alle Körper* erfahren an der Erdoberfläche die *gleiche Fallbeschleunigung*, bei der Messung muß man aber evtl. den Luftwiderstand beseitigen, also Messungen im Vakuum ausführen. Da die Erde nicht genaue

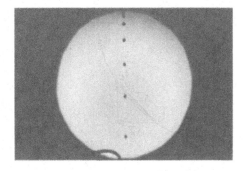

Fig. 3.6
Photographische Aufnahme fallender Wassertropfen bei stroboskopischer Beleuchtung mit konstanter Blitzlichtfrequenz

Kugelgstalt hat, variiert g vom Pol zum Äquator etwas. Wenn daher bei Normungs- oder Definitionsfragen ein Standardwert von g zu benutzen ist, hat man die „Norm-Schwerebeschleunigung" $g_n = 9{,}80665\,\mathrm{m\,s^{-2}}$ zu verwenden. Wir werden hier fast immer mit $g = 10\,\mathrm{m\,s^{-2}}$ auskommen.

3.2 Bewegung in der Ebene

3.2.1 Bahnkurve, Geschwindigkeitsvektor, Addition von Vektoren

In Fig. 3.3 ist auf dem Fluoreszenzschirm des Oszillographen die Bahnkurve des Leuchtflecks sichtbar. In einem ebenen Koordinatensystem (Fig. 2.4) wird die Bahnkurve einer Bewegung in der Ebene dadurch beschrieben, daß y eine Funktion von x ist: zu jedem Wert von x trägt man den zugehörigen Wert von y ein; mathematisch abgekürzt $y = f(x)$, oder noch kürzer $y = y(x)$. Um kinematische Größen zu ermitteln reicht diese Kurve nicht aus, wir benötigen auch noch die Angabe, zu welchen Zeiten t welche Koordinaten x, y erreicht werden. Trägt man noch t in die Bahnkurve ein, so entsteht ein Bild wie in Fig. 3.7.

Tragen wir Zeiten ein, die *gleichen* Zeitspannen Δt entsprechen, so sehen wir unmittelbar, ob die mittleren Geschwindigkeiten in den Intervallen konstant oder veränderlich sind. Quantitativ geht man so vor, daß aus der Bahnkurve die den Zeitspannen entsprechenden Bogenlängenstücke Δs_i entnommen werden und dann $\bar{v}_i = \Delta s_i / \Delta t$ gebildet wird. Die momentane *Bahngeschwindigkeit* ist dann wie bisher $v = \mathrm{d}s/\mathrm{d}t$.

Hier bietet es sich an, zur *Vektorschreibweise* überzugehen, weil die Bahnkurve mit Zeitmarken auch erkennen läßt, in welcher *Richtung* die Bewegung erfolgt. Als Näherung für das Bogenstück Δs nimmt man das die Endpunkte verbindende Sehnenstück $\Delta \vec{s}$, das durch *Länge* und *Richtung* gekennzeichnet ist, also ein Vektor ist. Dividiert man es durch Δt, dann erhält man den *Vektor der Geschwindigkeit*, der für $\Delta t \to 0$ die Richtung der Bahntangente hat und dessen Länge die schon definierte Bahngeschwindigkeit ist. Es ist damit

$$\vec{v} = \frac{\mathrm{d}\vec{s}}{\mathrm{d}t} \tag{3.9}$$

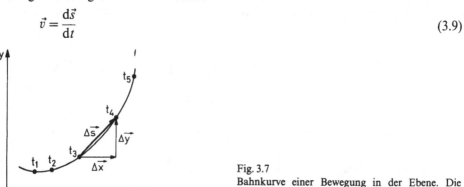

Fig. 3.7
Bahnkurve einer Bewegung in der Ebene. Die Zeitspannen $t_{i+1} - t_i$ sollen gleich groß sein

der allgemeinste Ausdruck für die (Momentan-)Geschwindigkeit, der sowohl die Angabe über den Betrag der Geschwindigkeit (Einheit m s^{-1}) enthält, als auch über die Richtung. Nun kann die Vorrückung $\Delta\vec{s}$ auf der Sehne durch zwei Teilschritte $\Delta\vec{x}$ und $\Delta\vec{y}$ ersetzt werden, die „gleichzeitig" erfolgen, so daß $\Delta\vec{s} = \Delta\vec{x} + \Delta\vec{y}$. Die Summe wird gemäß Fig. 3.7 gebildet, indem an der Spitze von $\Delta\vec{x}$ der Vektor $\Delta\vec{y}$ unter Erhaltung seiner Richtung angefügt wird. Dividiert man $\Delta\vec{s}$ durch Δt, um den Geschwindigkeitsvektor zu ermitteln, so muß dies auch bei $\Delta\vec{x}$ und $\Delta\vec{y}$ ausgeführt werden. Schließlich lassen wir wie bisher $\Delta t \to 0$ gehen, und damit ist

$$\vec{v} = \frac{\mathrm{d}\vec{s}}{\mathrm{d}t} = \frac{\mathrm{d}\vec{x}}{\mathrm{d}t} + \frac{\mathrm{d}\vec{y}}{\mathrm{d}t} = \vec{v}_x + \vec{v}_y, \tag{3.10}$$

d. h. die Geschwindigkeit ist die *Summe zweier Vektoren*, die selbst Geschwindigkeiten sind, nämlich die Komponenten in x- und y- Richtung.

In Fig. 3.8 haben wir die allgemeine Regel zur Bildung von Vektorsummen aufgezeichnet. Wie man unmittelbar sieht, bilden Summe und Differenz zweier Vektoren die beiden Diagonalen des durch $\vec{v}_1$ und $\vec{v}_2$ aufgespannten Parallelogramms. Wir werden auf solche Summen noch öfter stoßen, z. B. bei der besonders wichtigen Addition von Kraftvektoren (Abschn. 6.1).

Die Zerlegung des Geschwindigkeitsvektors in zwei Komponenten hat erhebliche praktische Bedeutung, da man sich die Zerlegung geschickt auswählen kann, und das ist deshalb vorteilhaft, weil die den beiden Komponenten entsprechenden Bewegungen *unabhängig* voneinander erfolgen. Das werde an dem Beispiel der Fig. 3.9 erläutert. Die Pistolenkugel verläßt den Lauf mit einer Geschwindigkeit, die wir in die Horizontal- und die Vertikalkomponente zerlegen. Die Horizontalkomponente wird im weiteren Verlauf nicht beeinflußt, der Weg in x-Richtung wächst einfach proportional zur Zeit. Anders liegen die Verhältnisse bei der Vertikalkomponente: an der Erdoberfläche besteht immer die Fallbeschleunigung vertikal nach unten. Also wird die zunächst nach oben gerichtete Vertikalkomponente der Geschwindigkeit aufgezehrt, es kommt zu einem Scheitelpunkt der Bahn, wo die Vertikalkomponente

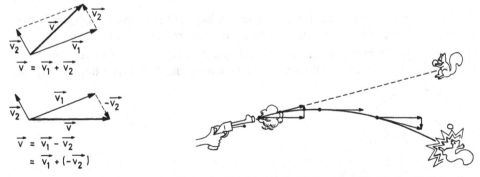

Fig. 3.8 Bildung von Summe und Differenz zweier Vektoren

Fig. 3.9 Unglücklicherweise läßt sich das Eichhörnchen beim Schuß (wenn es das Mündungsfeuer sieht) frei fallen und wird getroffen!

Null geworden ist, und danach wächst sie entsprechend der Fallbeschleunigung wieder an. So kommt die parabelförmige Bahnkurve zustande, und man kann zeigen, daß die Pistolenkugel immer ihr Ziel erreicht, wenn dieses seine Bewegung im freien Fall genau dann beginnt, wenn der Abschuß erfolgt ist. Die Vertikalbewegung der Pistolenkugel erfolgt nach dem gleichen Gesetz wie die des Zieles, unabhängig von der Horizontalbewegung der Kugel.

3.2.2 Kreisbewegung als Spezialfall

3.2.2.1 Kreisbewegung Ein Körper, der sich um eine Achse dreht, etwa ein Rad, führt eine Bewegung aus, bei der alle Punkte auf einem Schnitt senkrecht zur Drehachse eine ebene Kreisbewegung ausführen. Besonders einfach wird die Beschreibung, wenn wir dafür den *Drehwinkel* benutzen. Alle Punkte auf einem Radius oder Durchmesser durchlaufen bei der Rotation den gleichen Winkel (Fig. 3.10), die Bahnkurve jedes Punktes ist ein Kreis, dessen Radius umso größer ist, je weiter entfernt der Punkt von der Drehachse ist. Die *Bahngeschwindigkeit* folgt wie bisher aus dem im Zeitabschnitt $\Delta t = t_2 - t_1$ zurückgelegten Weg Δs auf der Bahnkurve, $v = \Delta s / \Delta t$. Der Zusammenhang zwischen Winkel und Bogenlänge ist aus Gl. (2.7) bekannt, $\Delta \varphi = \Delta s / r$, also ist auch $v = r \, \Delta \varphi / \Delta t$. Die Bahngeschwindigkeit ist demnach proportional zum Abstand von der Drehachse und im übrigen bestimmt durch $\Delta \varphi / \Delta t$, die

$$\text{Winkelgeschwindigkeit} \stackrel{\text{def}}{=} \frac{\text{überstrichener Winkel}}{\text{Zeitspanne}} \tag{3.11}$$

Lassen wir wie früher $\Delta t \to 0$ gehen, so erhalten wir die momentane *Winkelgeschwindigkeit*, für die das Formelzeichen ω üblich ist,

$$\frac{\mathrm{d}\varphi}{\mathrm{d}t} = \dot{\varphi} = \omega, \qquad [\omega] = \frac{\text{rad}}{\text{s}}. \tag{3.12}$$

Damit ist die Bahngeschwindigkeit

$$v = r \cdot \omega. \tag{3.13}$$

Die Punkte eines mit konstanter Winkelgeschwindigkeit rotierenden Körpers haben also nicht alle die gleiche Bahngeschwindigkeit, sondern diese wächst nach außen an. Die Winkelgeschwindigkeit bestimmt auch die *Umlaufzeit*, die Zeit für eine volle Umdrehung. Es ist die Zeit, die verstreicht bis einmal der Vollwinkel durchlaufen ist,

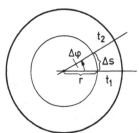

Fig. 3.10
Zur Definition der Winkelgeschwindigkeit

$$T = \frac{2\pi\,\text{rad}}{\omega} \quad \text{oder} \quad T = \frac{2\pi r}{v}, \qquad [T] = \text{s.} \tag{3.14}$$

Nach Gl. (2.11) ist damit die *Umlaufsfrequenz* oder *Drehfrequenz* $f = 1/T$, und es gilt in Kombination mit Gl. (3.13) auch die Beziehung

$$\omega = \frac{2\pi\,\text{rad}}{T} = 2\pi\,\text{rad} \cdot f. \tag{3.15}$$

Wegen der hier auftretenden Multiplikation von f mit 2π nennt man ω auch die *Kreis-* oder *Winkelfrequenz* (die Einheit rad wird in Gl. (3.15) häufig fortgelassen!).

Ebenso wie eine veränderliche Bahngeschwindigkeit einer Beschleunigung entspricht, hat man bei veränderlicher Winkelgeschwindigkeit eine *Winkelbeschleunigung* einzuführen durch die Beziehung

$$\dot{\omega} = \frac{d\omega}{dt} = \frac{d^2\varphi}{dt^2} = \ddot{\varphi}, \qquad [\dot{\omega}] = \frac{\text{rad}}{\text{s}^2}. \tag{3.16}$$

Auch hier läßt man häufig die Einheit rad weg, wenn Verwechslungen ausgeschlossen sind.

Beispiel 3.1 Im Handel sind *Ultrazentrifugen* mit Drehfrequenzen erhältlich bis zu $f = 60\,000\,\text{min}^{-1} = 60000/60\,\text{s} = 1 \cdot 10^3\,\text{s}^{-1} = 1\,\text{kHz}$. Die zugehörige Kreis- oder Winkelfrequenz ist nach Gl. (3.15) $\omega = 2\pi\,\text{rad} \cdot f = 6{,}28 \cdot 10^3\,\text{rad/s} \approx 6{,}3\,\text{krad}\,\text{s}^{-1}$. Die Umlaufszeit ist $T = 1/f = 1\,\text{ms}$. In dieser Zeit wird ein voller Umlauf vollendet. Läuft die Zentrifuge mit voller Umdrehungsfrequenz, so ist die Bahngeschwindigkeit in 10 cm Abstand von der Drehachse nach Gl. (3.13)

$$v = r \cdot \omega = 10\,\text{cm} \cdot 6{,}3 \cdot 10^3 \frac{\text{rad}}{\text{s}} = 0{,}1\,\text{m} \cdot 6{,}3 \cdot 10^3 \frac{\text{m}}{\text{m}} \frac{1}{\text{s}} = 630 \frac{\text{m}}{\text{s}}.$$

Das ist etwa zweifache Schallgeschwindigkeit.

Beispiel 3.2 Die *Bohrmaschinen des Zahnarztes* erreichen bei Antrieb mit Elektromotoren die Umdrehungsfrequenz $f = 40000\,\text{min}^{-1} = 667\,\text{Hz}$. Mit Turbinen, die mit Preßluft angetrieben werden, lassen sich $f = 400000\,\text{min}^{-1} = 6667\,\text{Hz}$ erreichen. Bei einem Durchmesser des Bohrkopfes von 1 mm wird von der Turbine die Umfangsgeschwindigkeit (genannt Schnittgeschwindigkeit)

$$v = r \cdot \omega = 0{,}5 \cdot 10^{-3}\,\text{m}\,2\pi\,\frac{400000}{60\,\text{s}} = 20{,}9 \frac{\text{m}}{\text{s}} = 75 \frac{\text{km}}{\text{h}}$$

gemäß Gl. (3.13) erreicht. Der Standardbohrer würde auf 1/10 dieses Wertes führen. Die höhere Bahngeschwindigkeit der Turbine führt zu einer beträchtlichen Vermehrung der Reibungswärme am Zahn und kann eine Temperaturerhöhung bewirken, durch die das Gewebe im Zahninnern zerstört wird. Es muß daher auf gute Kühlung des Zahnes, aber auch des Bohrkopfes geachtet werden.

Beispiel 3.3 In Werkstätten findet man *Werkzeug-Schleifscheiben*, für die z.B. eine Drehfrequenz von $f = 2800\,\text{min}^{-1} = 46{,}7\,\text{s}^{-1}$ angegeben wird. Beim Schleifen fliegen Späne tangential von der Scheibe ab. Ist der Radius 10 cm, dann ist die Anfangsgeschwindigkeit der Späne $v = 29{,}32\,\text{m/s} = 105\,552\,\text{m/h} = 105\,\text{km/h}$. Diese Geschwindigkeit ist so hoch, daß Augenverletzungen leicht entstehen können, daher müssen beim Schleifen Schutzbrillen getragen werden.

Beispiel 3.4 Die *Drehung der Erde* um die Nord-Süd-Achse erfolgt in einem Tag, also ist die Winkelgeschwindigkeit nach Gl. (3.11)

$$\omega = \frac{2\,\pi\,\text{rad}}{86\,400\,\text{s}} = 0{,}73 \cdot 10^{-4}\,\frac{\text{rad}}{\text{s}}.$$

Der Erdradius am Äquator ist $r = 6{,}38 \cdot 10^6\,\text{m}$, also ist dort die Bahngeschwindigkeit $v = 6{,}38 \cdot 10^6\,\text{m} \cdot 0{,}73 \cdot 10^{-4}\,\text{rad/s} = 465{,}7\,\text{m s}^{-1} = 0{,}466\,\text{km s}^{-1} = 1678\,\text{km h}^{-1}$.

3.2.2.2 Zentripetalbeschleunigung; allgemeine Beschleunigung Die Kreisbewegung unterscheidet sich auch bei *konstanter Winkelgeschwindigkeit* von der in den vorhergehenden Abschnitten untersuchten geradlinigen Bewegung, weil sie stets eine Bewegung *mit Beschleunigung* ist. Zeichnet man an aufeinanderfolgenden Zeitpunkten die Lage des Geschwindigkeitsvektors auf (Fig. 3.11a), dann sieht man, daß er zwar nicht seine Länge, wohl aber seine Richtung ändert. Die Änderung $\Delta \vec{v}$ ist in jedem Punkt der Bahn zur Drehachse hin gerichtet (Fig. 3.11 b) und steht damit senkrecht auf dem Vektor der Bahngeschwindigkeit. Wir nennen diese Beschleunigung, die die Richtungsänderung (Drehung) des Geschwindigkeitsvektors *beschreibt*, *Zentripetalbeschleunigung* (Formelzeichen a_z). Aus Fig. 3.11b lesen wir für ihren Wert $a_z = \dfrac{\Delta v}{\Delta t} = v\,\dfrac{\Delta \varphi}{\Delta t}$ ab, und daraus folgt

$$a_z = v \cdot \omega = r \cdot \omega^2 = \frac{v^2}{r}. \tag{3.17}$$

Die Kreisbewegung ist die einfachste Bewegung auf einer gekrümmten Bahn. Auf Grund der hier gewonnenen Erkenntnisse erweitern wir die *Definition der Beschleunigung* durch die *Vektorbeziehung*

$$\vec{a} = \frac{d\vec{v}}{dt}, \tag{3.18}$$

so daß die kinematische *Beschreibung von Bewegungen* vollständig mittels *Geschwindigkeitsvektor* und *Beschleunigungsvektor* erfolgt. Beschleunigt sind allgemein alle Bewegungen, bei denen entweder der Betrag der Geschwindigkeit (Bahngeschwindigkeit) oder die Richtung des Geschwindigkeitsvektors, oder beides gleichzeitig sich ändert.

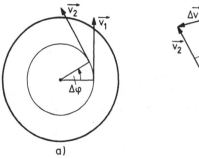
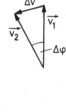

a)   b)

Fig. 3.11
Die Vektoren der Bahngeschwindigkeit bei der Drehbewegung. Es ist $|\vec{v}_1| = |\vec{v}_2|$: die Bahngeschwindigkeit ist konstant

Beispiel 3.5 Der Drehung der Geschwindigkeitsvektoren in der in Beispiel 3.1 angegebenen Ultrazentrifuge entspricht die Zentripetalbeschleunigung (bei 10 cm Abstand von der Drehachse) nach Gl. (3.17)

$$a_z = v^2 \frac{1}{r} = (630)^2 \frac{m^2}{s^2} \frac{1}{0,1\,m} = 3,97 \cdot 10^6 \frac{m}{s^2} \approx 4 \cdot 10^5 \, a_{Fall}.$$

Weiter zur Achse hin wird sie immer kleiner und verschwindet im Drehzentrum ($r = 0$) ganz. Die weitere Behandlung der Ultrazentrifuge erfolgt in Abschn. 6.4.3 und 9.1.6.

Beispiel 3.6 Wird der Mensch einer Beschleunigung von $a \approx 3\,g$ ausgesetzt, so steigt die Herzfrequenz deutlich an, und es setzt Schmerzgefühl ein. Diese Verhältnisse kann man in einem Simulator erzeugen, indem man ein Drehkarussel baut, in welchem die Versuchsperson sich in etwa 8 m Abstand von der Drehachse befindet. Die einzustellende Winkelgeschwindigkeit ω folgt aus Gl. (3.17)

$$\omega^2 = \frac{a_z}{r} = \frac{32\,m\,s^{-2}}{8\,m} = 4\,s^{-2}, \qquad \omega = 2\,s^{-1}.$$

Die Umlauffrequenz ist nach Gl. (3.15) $f = \omega/2\pi = 0,318\,s^{-1}$ und die Umlaufzeit nach Gl. (3.14) $T = 3,14\,s$. Schließlich ist die Bahngeschwindigkeit nach Gl. (3.13) $v = 8\,m \cdot 2\,s^{-1}$ $= 16\,m\,s^{-1} = 57,6\,km/h$.

Beispiel 3.7 Hochgeschwindigkeitsflugzeuge mit einer Geschwindigkeit von etwa „Mach 2", d. h. $v =$ zweifache Schallgeschwindigkeit $= 660\,m\,s^{-1}$, können leicht $a_z = 3,2\,g$ erreichen, wenn der Bahnradius beim Kurvenfliegen zu klein gewählt wird. Soll gerade $3,2\,g$ erreicht werden, so ist der einzuhaltende Radius gegeben durch Gl. (3.17), $v^2/r = 3,2\,g$,

$$r = \left(660\,\frac{m}{s}\right)^2 \Big/ 32\,\frac{m}{s^2} = 13\,612,5\,m \approx 13,6\,km.$$

3.3 Bewegung im Raum

Ein Körper (oder ein Punkt eines Körpers) durchläuft im Raum eine Bahnkurve (Fig. 3.12). Der Geschwindigkeitsvektor hat – ebenso wie bei der Bewegung in der Ebene – die Richtung der Bahntangente. Man kann die Bewegung entsprechend den drei Koordinatenachsen in drei Teilbewegungen zerlegen, die unabhängig voneinander ablaufen. Die Geschwindigkeit ist dann

$$\vec{v} = \vec{v}_x + \vec{v}_y + \vec{v}_z, \qquad v = \sqrt{v_x^2 + v_y^2 + v_z^2}. \tag{3.19}$$

Die Summe der drei Vektoren bildet man entsprechend Fig. 3.8 durch Hintereinanderfügen der Vektorpfeile. – Wird eine *gekrümmte Bahn* durchlaufen, dann ist die Bewegung immer beschleunigt, weil schon jede Änderung der Richtung der Geschwindigkeit eine Beschleunigung bedeutet und wieder der allgemeine Zusammenhang Gl. (3.18) zwischen Beschleunigung und Geschwindigkeit, $\vec{a} = d\vec{v}/dt$, als Vektorgleichung gilt.

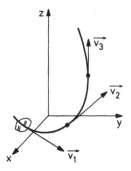

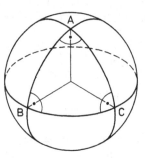

Fig. 3.12 Bewegung eines Körpers im Raum auf einer Raumkurve

Fig. 3.13 Sphärisches Dreieck *A*, *B*, *C* mit der Winkelsumme von 270°

3.4 Ergänzungen

3.4.1 Der gekrümmte Raum

In unserer zugänglichen Umwelt gilt die *Euklidische Geometrie*, die eine wesentliche, diese Geometrie charakterisierende Aussage enthält: die Winkelsumme im Dreieck ist zwei Rechte oder 180°. Geht man zur Geometrie auf der gekrümmten Erdoberfläche über, so sieht man an einfachen Beispielen, daß dieser Satz nicht mehr richtig ist. In Fig. 3.13 ist ein sphärisches Dreieck gezeichnet, in welchem die Winkelsumme drei Rechte ist. Würde man nun etwa in astronomischen Dimensionen Abweichungen von dem Euklidischen Satz über die Winkelsumme im Dreieck finden, müßte man folgern, daß der Raum gekrümmt ist. Bisher sind solche Abweichungen nicht gefunden worden.

3.4.2 Raum-Zeit-Kontinuum, hohe Geschwindigkeiten

„Relativistisch hohe" Geschwindigkeiten sind solche, bei denen v ein merklicher Bruchteil der Lichtgeschwindigkeit c ist, also das Verhältnis $\beta = v/c$ sich dem Wert 1 nähert. Solche Geschwindigkeiten sind tatsächlich nicht utopisch: der Arzt hat damit zu tun, wenn er z. B. Elektronen benützt, die in einem Betatron zu Bestrahlungszwecken auf relativistisch hohe Geschwindigkeiten gebracht werden. Auch die Ultrastrahlung, der die Menschen auf der Erde unterliegen und die aus dem Weltraum zu uns kommt, enthält extrem schnelle Teilchen.

Einstein hat mit der Relativitätstheorie grundlegende Ergebnisse für die Physik bewegter Körper gefunden, die sich gerade dann bemerkbar machen, wenn die Geschwindigkeit v eines Körpers sich der Lichtgeschwindigkeit c annähert, die nach Einstein von einem materiellen Körper nicht überschritten werden kann. Sie hat als eine Art „Grenzgeschwindigkeit" zu gelten und ist eine universelle Naturkonstante.

Raum und *Zeit* erfahren wir zunächst als *unabhängige* Wahrnehmungen unserer Sinne und unseres Gedächtnisses und messen sie mit Maßstäben und Uhren. Ein Beobachter in einem bewegten System wird in seinem Raum das gleiche tun. Beide Systeme sind aber aufeinander beziehbar, denn sie bewegen sich relativ zueinander mit der Geschwindigkeit *v*. Quantitativ muß der Bezug durch die relativistische Transformation von Raum *und* Zeit, also des *ganzen Raum-Zeit-Kontinuums* hergestellt werden. Das erwies sich als notwendig, wenn man mit vielfach geprüften *experimentellen* Ergebnissen der Physik in Einklang bleiben wollte.

Die praktische Konsequenz ist insbesondere, daß in jedem bewegten System eine *Eigenzeit* mit abgeänderter Zeitskala gilt. Das berücksichtigt man, wenn Vorgänge in einem „schnellen" System im Labor (als dem ruhenden System) gemessen werden sollen. Voraussichtlich werden solche Überlegungen auch für den Arzt von Bedeutung, wenn in der Zukunft Strahlungsarten der Hochenergiephysik zu Bestrahlungen benutzt und dabei Teilchen verwendet werden, die auf ihrem Weg radioaktive Umwandlungen erfahren.

3.5 Kraft und Masse

3.5.1 Ursachen von Beschleunigung und Trägheit

Die Einführung der Begriffe Kraft und Masse ist ein Musterbeispiel für zweckmäßige, auf Erfahrung basierende Begriffsbildungen, die Beobachtungen, Meßverfahren und Definitionen vereinigen. Der Kraftbegriff entspricht dem menschlichen Vermögen, „Kräfte auszuüben". Der starke Mann vermag „Gewichte zu heben", Hufeisen zu verbiegen, Expanderfedern zu spannen. In den letztgenannten Beispielen bewirken die ausgeübten Kräfte Formänderungen, die *wiederholbar* und im Falle des Spannens einer Feder *meßbar* sind, wenn man als Maß für die Größe der Kraft die Längenänderung der Feder heranzieht. Dies ist zunächst qualitativ möglich, weil man gefühlsmäßig feststellt, daß die Verlängerung der Feder umso größer ausfällt, je größer die Kraft ist. Ein quantitatives Maß für die Kraft steht damit allerdings noch nicht zur Verfügung, weil beim Anschluß der „Größe Kraft" an die Längenänderung einer Normfeder spezielle Eigenschaften der Feder in dieser Kraftdefinition enthalten wären. Eine spezielle und nach einer Vorschrift gespannte Normfeder gibt jedoch die Möglichkeit, *mit Kräften zu experimentieren.*

An einem Wagen auf der in Abschn. 3.1.1 beschriebenen, horizontal ausgerichteten Schiene läßt man die Kraft der speziellen Normfeder angreifen. Wir beobachten, daß der Wagen aus dem Stand *beschleunigt* wird. Eine Messung des zurückgelegten Weges als Funktion der Zeit zeigt, daß ein quadratisches Weg-Zeit-Gesetz vorliegt. Also ist die Beschleunigung gemäß Abschn. 3.1.3 konstant. Damit haben wir die wichtige neue Erkenntnis gewonnen: *konstant wirkende Kräfte* erzeugen eine *konstante Beschleunigung.* Insgesamt haben wir gefunden: *Kräfte bewirken Formänderungen und/oder Beschleunigungen.*

Wiederholung des Experimentes mit der gleichen Kraft, jedoch 2, 3, ... gleichen Wagen, also der 2, 3, ... fachen Menge an Materie zeigt, daß die Beschleunigung auf 1/2, 1/3, ... der ursprünglichen sinkt. Daraus folgt, daß bei konstanter Kraft das Produkt aus Beschleunigung und „Anzahl der Materiestücke" konstant ist. Dabei ist es gleichgültig, ob wir die Materiestücke als Wagen oder in anderer Form bereitstellen. Die Tatsache, daß bei Einwirkung einer Kraft auf einen Körper nicht sofort beliebig hohe Geschwindigkeiten erreicht werden, sondern daß eine bestimmte Beschleunigung erzielt wird und nach ihrer Maßgabe die Geschwindigkeit ansteigt, nennt man *Trägheit der Materie*, und diese ist eine *Eigenschaft jedes materiellen Körpers*. Quantitativ erfolgt die Berücksichtigung der Trägheit, indem man jedem Körper eine *Masse* zuschreibt. Sie ist die Größe, die den Zusammenhang zwischen Kraft = Ursache und Beschleunigung = Wirkung bestimmt. Grundsätzlich ist man in der Wahl der *Einheit der Masse* frei. Die seit der Meter-Konvention (1875) gültige Masseneinheit ist 1 *Kilogramm*, Einheitenzeichen kg, *verkörpert durch einen Klotz aus einer Platin-Iridium-Legierung*, der im Bureau International des Poids et Mesures in Sèvres bei Paris aufbewahrt wird, und von dem die Physikalisch-Technische Bundesanstalt in Braunschweig eine Kopie als Normal besitzt.

Das im vorigen Absatz geschilderte Verfahren gibt die Möglichkeit, die *Masse* eines beliebigen Körpers mit der Masse des Einheitskörpers, nämlich 1 Kilogramm, zu vergleichen, d.h. auch zu *messen*, indem beide Körper (Masse m und Vergleichsmasse 1 kg) mit der gleichen gespannten Feder beschleunigt und die Beschleunigungen gemessen werden. Dann ist nämlich

$$m\,a = 1\,\text{kg} \cdot a_1 \quad \text{oder} \quad m = \frac{a_1}{a}\,1\,\text{kg}. \tag{3.20}$$

In der Praxis ist dieses Verfahren zu umständlich, daher werden Massen besser mit der Waage verglichen und gemessen (Abschn. 6.2).

Das experimentelle Ergebnis, daß bei fester Kraft das Produkt aus Masse und Beschleunigung konstant ist, und die Beobachtung, daß eine stärker gespannte Feder gefühlsmäßig einer stärkeren Kraft entspricht, und daß diese einen Versuchswagen stärker beschleunigt als eine kleinere Kraft legt es nahe, die Kraft einfach durch das Produkt zu definieren

$$\text{Kraft} \stackrel{\text{def}}{=} \text{Masse} \times \text{Beschleunigung}, \quad F = m\,a. \tag{3.21}$$

Die Beschleunigung ist nach Abschn. 3.2.2.2 eine vektorielle Größe, d.h. sie hat im Raum eine bestimmte Richtung. Auch die *Kraft* hat natürlicherweise eine bestimmte Richtung (nach links, rechts, oben, ...), auch sie ist also ein *Vektor*. Die Masse hingegen, die die Trägheit eines Körpers mißt, hat keine im Raum ausgezeichnete Richtung, sie ist ein *Skalar*. Dementsprechend lautet die Definitionsbeziehung für die Kraft vollständig

$$\vec{F} = m\,\vec{a}, \tag{3.22}$$

und *Kraft* und *Beschleunigung* haben die *gleiche Richtung*. Wie aus der Definition folgt, ist die Kraft im SI eine abgeleitete Größe, ihre Einheit erhält zu Ehren von Newton seinen Namen; aus Gl. (3.22) folgt

$$[F] = [m][a] = kg\,\frac{m}{s^2} = Newton = N. \tag{3.23}$$

Die Kraft hat die „Dimension" Masse mal Länge durch Zeitquadrat.

Der Zusammenhang Gl. (3.22) wird II. *Newtonsches Axiom* genannt. Es enthält auch das I. *Newtonsche Axiom:* ein Körper verharrt im Zustand der Ruhe ($\vec{v} = 0$) oder der gleichförmig geradlinigen Bewegung ($\vec{v}$ = konstant), wenn keine Kraft auf ihn wirkt. Beides gehört in der Tat zu $\vec{a} = 0$, also $\vec{F} = 0$. Allgemein ist zu schließen: Kräfte müssen überall wirken, wo Materie (Masse) beschleunigt werden soll. Das gilt auch im menschlichen Körper, wenn z.B. dem Blut beim Austritt aus dem Herzen in die Aorta und in das Gefäßsystem eine Geschwindigkeit erteilt wird. Der Herzmuskel und die Elastizität der Gefäße bringen diese Kraft auf.

Die *Schwerkraft* ist bekanntlich an der Erdoberfläche von größter Bedeutung. Wir begegnen ihr bei allen *Gleichgewichts*fragen, s. Abschn. 6.2.

Beispiel 3.8 Alle Körper erfahren nach Abschn. 3.1.4 bei freiem Fall an der Erdoberfläche die gleiche Beschleunigung g. Ursache dafür muß nach Gl. (3.22) eine Kraft sein, für die $F = m \cdot g$ gilt. Auf einen Menschen der *Masse* $m = 75$ kg, oder wie man im täglichen Leben sagt, vom *Gewicht* $m = 75$ kg (die Wörter *Masse* und *Gewicht* sind synonym!) wirkt also die Kraft $F = 75\,kg \cdot 10\,m\,s^{-2} = 750\,N$. Diese Kraft wird Gewichts*kraft* oder Schwerkraft genannt. Sie beruht auf der Anziehung durch die Erde (vgl. Abschn. 7.2).

Beispiel 3.9 Ein Fahrzeug der Geschwindigkeit $v_0 = 50$ km/h (Stadtverkehr) und der Masse $m = 1000$ kg muß plötzlich abgebremst werden, und die *Bremsung* soll in 2 s beendet sein, sie soll ferner mit konstanter Verzögerung erfolgen. Wie groß ist der *Bremsweg* und wie groß ist die anzuwendende Kraft? Nach 2 s soll die Geschwindigkeit Null geworden sein. Aus Gl. (3.8) entnehmen wir die anzuwendende Beziehung, indem wir s einmal differenzieren und als Anfangszeit $t_0 = 0$ einsetzen. Dann entsteht

$$v = v_0 + a \cdot t,$$

oder, mit den hier gegebenen Zahlenwerten

$$v(t = 2\,s) = 0 = v_0 + a \cdot t = 50\,\frac{km}{h} + a \cdot 2\,s,$$

d.h. $$a = -50\,\frac{km}{h}\frac{1}{2\,s} = -\frac{50 \cdot 10^3\,m}{3,6 \cdot 10^3\,s}\frac{1}{2\,s} = -6,94\,\frac{m}{s^2} \approx -0,7\,g,$$

wobei das Minus-Zeichen die Verzögerung kennzeichnet. Durch diese Verzögerung wird die Geschwindigkeit aufgezehrt. Zur Ermittlung des Bremsweges benützen wir Gl. (3.8) direkt, tragen aber $s_0 = 0$ (Beginn der Bremsung) und $t_0 = 0$ ein, benutzen also für den Bremsweg die Beziehung

$$s = v_0 t + \frac{1}{2}a\,t^2 = \frac{50 \cdot 10^3\,m}{3,6 \cdot 10^3\,s} \cdot 2\,s - \frac{1}{2}\,6,94\,\frac{m}{s^2}\,(2\,s)^2 \tag{3.24}$$

$$= 27,8\,m - 13,9\,m = 13,9\,m \approx 14\,m.$$

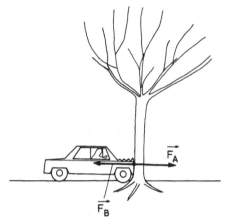

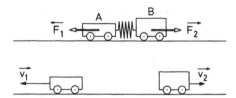

Fig. 3.15 Die Kräfte auf A und B sind als Wechsel-
wirkungskräfte entgegengesetzt gleich.
Sie erzeugen verschiedene Geschwindigkeiten, weil die Massen der beiden Körper
ungleich sind

Fig. 3.14 Der bremsende Baum übt auf das Fahrzeug die gleiche Kraft aus wie das Fahrzeug auf den Baum

Die aufzuwendende Kraft folgt aus Gl. (3.21) zu $F = m \cdot a \approx 1000\,\text{kg} \cdot 7\,\text{m/s}^2 = 7000\,\text{N}$. – An diesem Beispiel sieht man zwei wichtige Dinge: erstens bedeutet Abbremsung immer, daß eine gewisse Zeit vergeht und in dieser Zeit ein Bremsweg zurückgelegt wird; zweitens erfordern extrem kurze Abbremszeiten (und -Wege) die Wirkung extrem großer Kräfte. Will man das eben angenommene Automobil in $1/30\,\text{s}$ abbremsen, so gelingt dies nur mit Hilfe eines gehörigen Baumes (Fig. 3.14), der mit der Kraft $F_B = 417\,000\,\text{N}$ das Fahrzeug auf $0{,}23\,\text{m}$ Weg (Knautschweg!) bremst.

3.5.2 Wechselwirkung, actio = reactio

Im menschlichen Körper sind viele Kräfte wirksam, die die verschiedensten Funktionen haben. Daher ist es zweckmäßig, sich alle Aussagen über Kräfte zunutze zu machen, die die Physik uns gibt. Zu einer solchen allgemeinen Aussage kommt man, wenn man die schon öfter benutzte Schiene mit Wagen zu einem weiteren Experiment verwendet. Wir nehmen *zwei* Wagen verschiedener Massen m_1 und m_2 und verbinden sie durch eine zusammengedrückte Spiralfeder (Fig. 3.15) mit einer zunächst vorhandenen Hemmung. Das System ist also zur Zeit $t = 0$ in Ruhe ($v_1 = 0, v_2 = 0$), und es wirken keine äußeren Kräfte. Aufhebung der Federhemmung führt zur Beschleunigung *beider* Wagen, und zwar in *entgegengesetzter Richtung.* Man kann mit Uhren wieder Zeiten und damit Geschwindigkeiten messen und findet, daß die Endgeschwindigkeiten (nach Aufhören der Federkraft) im Verhältnis stehen

$$\frac{v_1}{v_2} = \frac{m_2}{m_1}, \tag{3.25}$$

woraus $m_1 v_1 = m_2 v_2$ folgt. Beachtet man noch, daß die Geschwindigkeits*vektoren* entgegengesetzt gerichtet sind, dann gilt also

$$m_1 \vec{v}_1 = -m_2 \vec{v}_2, \qquad m_1 \vec{v}_1 + m_2 \vec{v}_2 = 0. \tag{3.26}$$

Die letzte Beziehung war aber auch schon *vor* dem Experiment gültig. Man nennt das

Produkt mv nach dem Vorgang von Newton „Bewegungsgröße", und damit lautet das Ergebnis: wirken keine äußeren Kräfte, dann ist die vektorielle Summe aller Bewegungsgrößen konstant (hier speziell Null). Das ist ein sogenannter Erhaltungssatz der Mechanik, und er wird meist als *Impulssatz* bezeichnet, weil man sich angewöhnt hat, statt Bewegungsgröße *Impuls* zu sagen.

Mit etwas verfeinerter Meßtechnik kann man auch die Beschleunigungen und damit die Kräfte messen, die beim Entspannen der Feder wirksam waren. Auch die Beschleunigungen sind entgegengesetzt gerichtet, so daß das Ergebnis in der Form

$$m_1 \vec{a}_1 + m_2 \vec{a}_2 = 0 \tag{3.27}$$

geschrieben werden kann. Das Produkt aus Masse und Beschleunigung ist aber die wirkende Kraft, und daher lautet der gewonnene Satz für die beiden durch die gespannte Feder ausgeübten Kräfte (Fig. 3.15)

$$\vec{F}_1 + \vec{F}_2 = 0 \quad \text{oder} \quad \vec{F}_1 = -\vec{F}_2. \tag{3.28}$$

Der zweite Teil dieser Beziehung stellt das III. *Newtonsche Axiom* dar: übt ein Körper A auf einen Körper B eine Kraft $\vec{F}$ aus, so übt B auf A die gleich große, entgegengesetzt gerichtete Kraft $-\vec{F}$ aus; kurz: *actio = reactio*. Dem ist der erste Teil der Beziehung (3.28) völlig äquivalent: die Summe der inneren Kräfte während des Beschleunigungsvorganges ist null.

Hier haben wir die einander entgegengesetzt gleichen Kräfte mit Hilfe einer Feder erzeugt, ohne irgendeinen äußeren Eingriff: das System unterlag nur *inneren Kräften*. Wir nennen sie auch *Wechselwirkungs-Kräfte*. Wir werden im Laufe unserer Betrachtungen verschiedene Erscheinungsformen von Kräften (Abschn. 7) kennenlernen und sehen, daß sie *immer* als Wechselwirkungen auftreten. Das gilt für den atomaren Bereich in der gleichen Weise wie für den makroskopischen. Ein nochmaliger Blick auf Fig. 3.14 lehrt, daß Automobil und Baum von der Berührung an als System anzusprechen sind, das nur inneren Kräften unterworfen ist. Der Baum übt eine Kraft $\vec{F}_B$ auf das Fahrzeug aus, bremst und verbeult es. Die entgegengesetzte Kraft $\vec{F}_A = -\vec{F}_B$ übt das Fahrzeug auf den Baum aus und verbiegt (oder entwurzelt) ihn. – Der Bizeps-Muskel, der den Unterarm anhebt, übt gleichzeitig eine Kraft auf das Schulterblatt aus und zieht es „herunter".– Die Kraft, mit welcher ein Zahn eine harte Nuß bearbeitet, wird von der Nuß auch auf den Zahn ausgeübt und führt u.U. zum Absplittern von Zahnschmelz.

Eine großtechnische Anwendung des *Impulssatzes* (3.26) ist uns heute geläufig: es ist der *Rückstoß*, mit dem Düsenflugzeuge und Raketen angetrieben werden, und der auch zum Lenken von Satelliten im Weltraum benötigt wird. Wird aus einem Körper Masse mit einer bestimmten Geschwindigkeit ausgestoßen, dann bedeutet dies Impulsabgabe. Die gleiche Impulsänderung muß auch der abgebende Körper erfahren, d.h. er erhält ebenfalls eine Geschwindigkeit, die derjenigen der ausgestoßenen Masse entgegengerichtet ist.

3.5.3 Drehmoment, Kräfte bei der Kreisbewegung

3.5.3.1 Drehmoment Ein Körper K wird um eine Achse A in Drehbewegung versetzt, wenn eine Kraft angreift, deren *Wirkungslinie* (WL) nicht durch die Drehachse geht, Richtung ① oder ② in Fig. 3.16a. Je nachdem, ob die Drehachse in Kraftrichtung gesehen rechts oder links von WL liegt, erfolgt die Drehung *im* oder *entgegengesetzt* zum Uhrzeigersinn. Sowohl Drehsinn als Wirkung der angreifenden Kraft erfaßt man vollständig durch die Definition des „*Drehmomentes*" als *Produkt* zweier Vektoren, nämlich des Ortsvektors $\vec{r}$ des Angriffspunktes und der Kraft $\vec{F}$,

$$\vec{M} \overset{\text{def}}{=} \vec{r} \times \vec{F}. \tag{3.29}$$

Dieses Produkt ist ein für Vektoren eigentümliches und wird „äußeres" oder „Vektor"-Produkt genannt. Es stellt einen Vektor dar, der sowohl auf $\vec{r}$ als auf $\vec{F}$ senkrecht steht. Die *Richtung* von $\vec{M}$ folgt der Rechtsschraubenregel (auch Korkzieherregel genannt): dreht man $\vec{r}$ in die Richtung von $\vec{F}$ auf dem kürzesten Wege, so entspricht die Richtung von $\vec{M}$ der dieser Drehung zugeordneten Fortschreitungsrichtung einer Rechtsschraube, wie in Fig. 3.16b gezeichnet. Würde an K nur die Kraft $\vec{F}$ angreifen, so würde der Körper sich beschleunigt nach rechts bewegen (Gl. (3.22)). Damit er dies nicht tut, sondern nur eine Drehung um die Achse A ausführt, muß die Achse A mit der *Reaktionskraft* (actio = reactio) $-\vec{F}$ festgehalten werden. Auf den Körper K wirkt also ein *Kräftepaar*, zwei gleich große entgegengesetzt gerichtete Kräfte, deren Wirkungslinien nicht gleich sind; die Wirkung des Kräftepaares wird durch das Drehmoment Gl. (3.29) bestimmt.

Die *Größe des Drehmomentes* (Länge M des Vektors) ist durch mehrere Beziehungen gegeben, die gleichwertig sind,

$$M = r \cdot F \cdot \sin\alpha = (r \sin\alpha) \cdot F = r_F \cdot F = r \cdot (F \sin\alpha) = r \cdot F_t. \tag{3.30}$$

Es ist also das Drehmoment gleich *Kraftarm* r_F (Abstand des Drehpunktes von der Wirkungslinie der Kraft) mal Kraft, oder Abstand des Angriffspunktes r mal

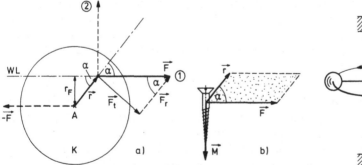

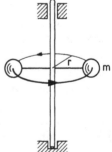

Fig. 3.16 Eine Drehbewegung wird durch eine Kraft verursacht, deren Wirkungslinie WL nicht durch das Drehzentrum geht. Der Drehmomentenvektor steht senkrecht auf $\vec{r}$ und $\vec{F}$ im Sinne einer Rechtsschraube (rechte Teilfigur), weist also in die Zeichenebene hinein

Fig. 3.17 Das Trägheitsmoment von zwei Massen m im Abstand r von der Drehachse ist $J = 2 m r^2$

Tangentialkomponente F_t im Angriffspunkt. In Fig. 3.16b sieht man, daß die Größe von M auch durch den Flächeninhalt des von r und F aufgespannten Parallelogramms gegeben ist (vgl. Fig. 2.7). Die Beziehung (3.30) gibt überdies nochmals die Vorzeichenregel wieder: M wechselt das Vorzeichen, wenn α über 180° wächst.

Die *Einheit des Drehmomentes* folgt als abgeleitete Einheit aus der Definition (3.29) oder (3.30), $[M] = [r]\,[F]$, also Meter mal Newton. Da das Einheitenzeichen mN mit Milli-Newton verwechselt werden kann, schreibt man die Einheit *Newton · Meter* $= N\,m$.

Die Folge der *Wirkung eines Drehmomentes* auf einen Körper ist eine *Drehbeschleunigung* um eine Achse, ausgedrückt durch die *Winkelbeschleunigung*, definiert in Gl. (3.16). In Analogie zu Kraft = Masse × Beschleunigung gilt jetzt die Beziehung

Drehmoment = Trägheitsmoment × Winkelbeschleunigung   (3.31)

$$M = J\dot{\omega} = J\ddot{\varphi}.$$

Wir haben der hierher gehörenden Beziehung eine sehr einfache Formulierung gegeben. Das *Trägheitsmoment J* beschreibt durch *einen* bestimmten Zahlenwert die *Verteilung* der Masse des rotierenden Körpers um die Drehachse. Es kann in einfachen Fällen berechnet werden und ist für eine ,,Punktmasse" m im Abstand r von einer Drehachse $J = m\,r^2$. Die Trägheitsmomente der Teile eines Körpers bezüglich der Drehachse sind zu addieren, s. Fig. 3.17 für zwei Punktmassen, vgl. Abschn. 7.7.2. Die SI-*Einheit des Trägheitsmomentes* ist $kg\,m^2$, was aus Gl. (3.31) folgt.

3.5.3.2 Kräfte bei der Kreisbewegung Eine Masse m, die auf einer Kreisbahn um ein Drehzentrum umläuft, führt nach Abschn. 3.2.2.2 eine beschleunigte Bewegung aus mit der zum Drehzentrum gerichteten Zentripetalbeschleunigung $a_z = v^2/r = r\,\omega^2$ (Gl. (3.17)). Nach dem II. Newtonschen Axiom kann die Beschleunigung nur dadurch zustande kommen, daß ständig eine Kraft wirkt, die die Masse auf der Kreisbahn führt. Bestünde diese Kraft nicht, dann wäre die Bewegung kräftefrei, die Bahn also geradlinig: die Masse würde sofort die Kreisbahn verlassen und geradlinig und gleichförmig weiterfliegen. Die anzuwendende Kraft bewirkt demnach ein ständiges Zurückholen der Masse auf die Kreisbahn. Diese Kraft wird *Zentripetalkraft* genannt, ihre Größe folgt aus dem II. Newtonschen Axiom zu

$$F_z = m\,\frac{v^2}{r} = m\,r\,\omega^2.$$ (3.32)

Sie kann zum Beispiel von einem Seil, an dem die Masse befestigt ist vom Zentrum aus als Zugkraft ausgeübt werden. So unterliegen auch die Küvetten in einer Zentrifuge entsprechenden Zugkräften, da sie um das Drehzentrum geführt werden.

Ein mit dem rotierenden Körper mitbewegter Beobachter spürt die wirkenden Kräfte unmittelbar. An ihm muß die gleiche Zentripetalkraft wirken, sonst würde er nicht an der Kreisbewegung teilnehmen. Die Kraftübertragung erfolgt z.B. mit Hilfe eines Sitzes, der auf ihn ,,drückt". Der Beobachter hat das Gefühl, daß ihn eine Kraft in den

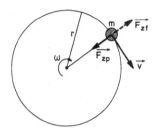

Fig. 3.18 Zentripetal-($\vec{F}_{zp}$) und Zentrifugal-($\vec{F}_{zf}$)-Kraft. $\vec{F}_{zf}$ ist entgegengesetzt gleich $\vec{F}_{zp}$

Sitz hineinpreßt und nennt diese Kraft *Zentrifugalkraft*; sie ist entgegengesetzt gleich der Zentripetalkraft. In Fig. 3.18 sind diese Kräfte skizziert.

Werden leicht biegsame Körper wie eine Kette oder ein Seil (Lasso) durch geschickte Handhabung in Rotation versetzt, so daß sie selbst die Form eines Kreises annehmen, dann haben sie eine beachtliche *dynamische Stabilität* (ähnlich einer gespannten Saite): längs des Umfangs wird die Schleife einer Zugspannung ausgesetzt, die wegen der Krümmung des Körpers eine nach innen wirkende Kraft erzeugt, die gerade die Zentripetalkraft ausübt, die nötig ist, um die kreisförmige Form aufrecht zu erhalten. – Ebenso sind auch massive, in Drehung versetzte Körper (wie Rotoren von Zentrifugen) inneren Spannungen unterworfen, die nicht zu hoch werden dürfen, sonst kann es wegen Zerreißens zu Unfällen kommen.

Da die allgemeine, krummlinige Bewegung eines Körpers im Raum stets mit Beschleunigung verbunden ist, müssen bei einer solchen Bewegung immer Kräfte wirken. Im Planetensystem ist es die Gravitationskraft (Abschn. 7.2), bei der Bewegung der Elektronen im Atom sind es elektrische Kräfte (Abschn. 7.3.5.1), die die Zentripetalkraft ausüben.

3.6 Beispiele für die „Trägheit der Materie"

Einige überraschende Beobachtungen der Mechanik schreibt man der „Trägheit der Materie" zu. Es soll an einigen instruktiven Beispielen besprochen werden, daß sie tatsächlich Auswirkungen der Beziehung $F = m \cdot a$ sind, was ihnen einiges des „Überraschenden" nimmt.

1. Entsprechend Fig. 3.19 wird an einem *dünnen Faden* die *Masse m aufgehängt* (z. B. 5 kg). Über einen gleichen Faden wird eine Zugkraft ausgeübt. Wird langsam gezogen, so reißt der Faden oberhalb *m*, bei ruckartigem Ziehen reißt er unterhalb *m*. Im zweiten Fall sagt man, die Trägheit der Materie (nämlich der Masse *m*) verhindere, daß der Faden oben reißt. Beim ruckartigen Ziehen erreicht die Zugkraft in der Tat schnell Werte, die größer als die Zerreißkraft des Fadens sind, und die wirkende Kraft erzeugt eine Beschleunigung $a = F/m$ der Masse *m*. Ist die Masse *m* groß, dann wird sie kaum bewegt (ist „träge"), der obere Faden wird also fast gar nicht gespannt und reißt nicht.

2. Eine *Holzlatte* werde *hochgeschleudert* und dann ein schneller Schlag auf sie ausgeübt (Karate!), die Latte wird also nicht festgehalten: sie zerbricht dennoch. Der

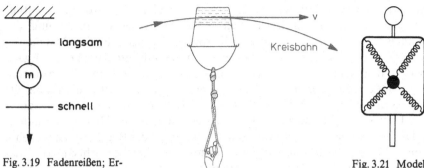

Fig. 3.19 Fadenreißen; Erläuterung im Text

Fig. 3.20 Trägheit der Materie: ist die Bahngeschwindigkeit v im Kulminations-
punkt genügend groß, fließt kein
Wasser aus

Fig. 3.21 Modell für
die Aufhängung
innerer Organe
im menschli-
chen Körper

Schlag erzeugt eine große Beschleunigung der Lattenmitte, jedoch nicht der Enden der
Latte. Sie können nur dadurch beschleunigt werden, daß Biegekräfte entstehen, dazu
muß die Latte gebogen werden. Da eine hohe Beschleunigung verlangt wird,
überschreitet die Durchbiegung schnell die Bruchbiegung.

3. *Schleudern eines mit Wasser gefüllten, offenen Eimers* (Fig. 3.20). Bei hinreichend
hoher Bahngeschwindigkeit fließt am Scheitelpunkt kein Wasser aus. Eimer und
Wasser haben dort eine Geschwindigkeit, die *horizontal* gerichtet ist. Durchtrennen
des Halteseiles würde also zu horizontalem Wegfliegen führen, die Bahn wäre eine
Parabel. Sie ist flacher als die Kreisbahn, wenn die Geschwindigkeit genügend groß ist.
Durch das Halteseil werden Eimer und Wasser auf die Kreisbahn von kleinerem
Radius gezwungen, es kann also wegen der „Trägheit des Wassers" nichts ausfließen.

4. Jede *Beschleunigung* (oder *Verzögerung*) *eines Fahrzeuges*, in welchem man sitzt,
fühlt man. Wird das Fahrzeug beschleunigt, dann muß auch der Fahrgast, um sich
relativ zum Fahrzeug in Ruhe zu befinden, die gleiche Beschleunigung, also eine Kraft
erfahren. Das geschieht mit Hilfe des Sitzes, der den Fahrgast „nach vorne schiebt".
Er hat das Gefühl, „jemand" drücke ihn in den Sitz. – Beim Abbremsen müßte der
Fahrgast die gleiche Bremsverzögerung erfahren wie das Fahrzeug. Der Fahrgast
stützt sich ab, denn er würde sonst gleichförmig, geradlinig weiterfliegen, nämlich
kräftefrei, bis zu einem Aufprall. An Stelle des Abstützens können auch Gurte den
Fahrgast auffangen, d.h. ihn abbremsen.

5. *Fahrstuhlgefühl.* Der in Ruhe befindliche oder geradlinig gleichförmig sich
bewegende Fahrstuhl macht keine Sensationen. Anfahren und Abbremsen werden als
unangenehm empfunden, also diejenigen Bewegungen, die mit Beschleunigung
verbunden sind. Zur physikalischen Erklärung nehmen wir ein einfaches Modell des
menschlichen Körpers: ein Rahmen, in welchem die inneren Organe mittels Federn
aufgehängt sind (Fig. 3.21); sie entsprechen dem Bindegewebs-Halteapparat im
Körper. Im Ruhezustand erfolgt mittels elastischer Spannung des Halteapparates die

Übertragung der Gewichtskraft der Organe auf den „Rahmen". Wird der Fahrstuhl abwärts beschleunigt, z.B. im freien Fall, dann bedarf es der Spannung des Halteapparates nicht mehr, weil ja alle Körper die gleiche Fallbeschleunigung erfahren. Daraus folgt, daß die vorher bestehenden Spannkräfte die inneren Organe „nach oben" treiben. Umgekehrt liegen die Verhältnisse beim Abbremsen. Die inneren Organe werden dadurch gebremst, daß der Halteapparat gespannt und dadurch die notwendige Kraft übertragen wird. D.h. der Spannungszustand muß geändert werden, und das geschieht, indem die Organe sich zunächst merklich „nach unten" bewegen. Die beschriebenen Organbewegungen werden in der Regel als unangenehm empfunden. – Die ungewohnte Organbewegung im Gleichgewichtsapparat des Innenohres ist der Auslöser für die Seekrankheit.

3.7 Schwerelosigkeit

Die durch Schwerelosigkeit aufgeworfenen Probleme sind physiologischer, nicht physikalischer Natur. Der menschliche Körper ist der Anziehung der Erde unterworfen und hat sich daran gewöhnt. Er ruht auf der Erde, weil seiner Gewichtskraft G_T eine sie kompensierende Reaktionskraft $G_r = - G_T$ des Bodens das Gleichgewicht hält (Kräftegleichgewicht, Abschn. 6.1). Die Reaktionskraft wird über die Beine als Stützkraft auf den Rumpf übertragen (Fig. 3.22). Schließlich „hängt" der Arm an der Schulter vermittels Muskeln und Bändern (in Fig. 3.22 als Feder symbolisiert), die durch die auf den Arm wirkende Schwerkraft (Gewichtskraft G_A) in bestimmter und *gewohnter* Weise gespannt werden. Hält man den Arm hoch, so besteht eine Spannung in anderer, *ungewohnter* Weise, was zu frühzeitiger Ermüdung führt, obwohl die Gewichtskraft die gleiche geblieben ist. In unserem Bild Fig. 3.22a müssen die Haltekräfte den Arm nach oben ziehen, es besteht eine Dehnung im

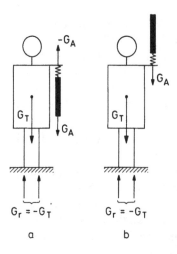

Fig. 3.22
Belastung der Schulter durch den herabhängenden und den erhobenen Arm. Erläuterung im Text

Halteapparat, bei angehobenem Arm (Fig. 3.22b) besteht eine Stauchung (vgl. die Diskussion in Abschn. 3.6, Beispiel 5)).

Neben dem durch die Schwerkraft verursachten Spannungszustand wird durch die Schwerkraft in den mit Flüssigkeit gefüllten Gefäßen (Gefäßsystem des Blutkreislaufes und des Gleichgewichtsorgans, das sehr empfindlich auf Drücke reagiert) eine bestimmte Druckverteilung erzeugt derart, daß der Druck unten größer als oben ist (Abschn. 6.4.2).

Nimmt man die Stützkraft weg und läßt den Körper frei fallen, dann wirkt natürlich auf jeden Teil des Körpers die Gewichtskraft unverändert fort (auch auf den Körper des Kosmonauten, der im Satelliten die Erde umkreist). Der Körper ist also keineswegs schwerelos! Alle Teile erfahren aber dabei die gleiche Beschleunigung, die Fallbeschleunigung, die auch als Zentripetalbeschleunigung zum Herumführen auf einer Erdumlaufbahn notwendig ist (was auch ein ständiges „Fallen" auf die Erde zu darstellt). Damit ist an keiner Stelle mehr eine Stützkraft notwendig, um eine Gewichtskraft zu kompensieren und die Muskeln und Bänder entspannen sich sämtlich. Und was noch wichtiger ist: die Druckverteilung im Gefäßsystem ändert sich, insbesondere diejenige im Gleichgewichtsorgan, mit den entsprechenden Rückwirkungen auf den Gleichgewichtssinn. Was sich also geändert hat, ist *nur* die Spannung von Muskeln und Bändern und die Druckverteilung im Flüssigkeitssystem des Organismus.

4 Größen- und Einheitensysteme

4.1 Basisgrößen und Basiseinheiten

Im *Système International d'Unités* (SI), welches wir hier benutzen, sind sechs physikalische Größen als *Basisgrößen* definiert worden: Zeit, Masse, elektrische Stromstärke, Temperatur, Stoffmenge und Lichtstärke. Die weiteren physikalischen Größen werden als abgeleitete Größen definiert und ihre Einheiten folgen aus den sie definierenden Beziehungen (Geschwindigkeit = Länge durch Zeit, Kraft = Masse mal Beschleunigung) und den *Basiseinheiten* Sekunde, Kilogramm, Ampere, Kelvin, Mol und Candela [1]). Man wählt möglichst wenige Basisgrößen, und man wählt sie unter dem Gesichtspunkt der Zweckmäßigkeit aus, z. B. der leichten meßtechnischen Zugänglichkeit, der Unveränderlichkeit der ausgewählten Einheit usw. Werden neue Phänomene oder neue Präzisions-Meßverfahren gefunden, so kann es durchaus sein, daß andere Basiseinheiten gewählt werden, oder in ihrer Definition eine Veränderung erfolgt. So wurde innerhalb der Meterkonvention die Einheit der Länge nunmehr an den Festwert der Lichtgeschwindigkeit angeschlossen (Abschn. 2.1) und die Einheit der Zeit, die ursprünglich an den Wandel der Gestirne angeschlossen war, atomphysikalisch definiert.

Das *Gesetz über Einheiten im Meßwesen* vom 2. Juli 1969 hat für den Geschäftsverkehr die SI-Einheiten als gesetzliche Einheiten eingeführt, was zu mancherlei Änderungen geführt hat: Ersatz der Pferdestärke durch das Kilowatt, der Kalorie durch das Joule (gesprochen „dschuhl"), um nur zwei wichtige Veränderungen zu erwähnen.

4.2 Bezogene Größen

Die Masse ist eine wichtige Meßgröße eines *Körpers*. Verschiedene *Stoffe* werden verglichen, indem man die Masse gleicher Volumina vergleicht. Man definiert daher die *Dichte eines Stoffes* durch die Beziehung

$$\text{Dichte} \stackrel{\text{def}}{=} \frac{\text{Masse}}{\text{Volumen}}. \tag{4.1}$$

Es wird dafür häufig das Formelzeichen ϱ (rho) benutzt. Die SI-*Einheit der Dichte* folgt

---

[1]) Gesprochen: Cand<u>e</u>la.

aus der Definition (4.1) zu

$$[\varrho] = \frac{\text{kg}}{\text{m}^3} = \text{kg}\,\text{m}^{-3}. \tag{4.2}$$

Die Dichte ist die *auf das Volumen bezogene Masse* eines Stoffes. Wir werden noch weitere solcher *bezogenen Größen* kennenlernen. Andere Stoffeigenschaften werden auch häufig *auf die Masse bezogen*, sie werden *spezifische Größen* genannt. Zum Beispiel ist das *spezifische Volumen* = Volumen durch Masse mit der Einheit m³/kg, und diese Größe ist offensichtlich gleich $1/\varrho$.

In ähnlicher Weise werden *flächen-* und *längenbezogene Größen* gebildet. Als Beispiele seien genannt die längenbezogene Masse von Garnen = Masse durch Länge mit der Einheit kg/m (1 tex = 10^{-6} kg/m), der *Druck* = Kraft durch Fläche als flächenbezogene Größe mit der Einheit N/m² = Pascal = Pa, die *Oberflächenspannung* einer Flüssigkeit als Kraft durch Länge mit der Einheit N/m (Abschn. 12.1).

Das SI gibt nicht nur Regeln für einen konsequenten und durchsichtigen Aufbau eines Einheitensystems, man hat sich auch auf eine bestimmte Art der *Einheitenschreibung* geeinigt: Einheitennamen, die sich auf Personennamen beziehen, sollen mit großen Buchstaben beginnen. So „Newton = N", „Pascal = Pa", „Hertz = Hz", usw.; dagegen beginnen Einheiten, die sich auf Kunstwörter beziehen, mit kleinen Buchstaben: „Meter = m", „Radiant = rad", „Steradiant = sr", usw.

In Tab. 4.1 sind Werte der Dichte einiger Stoffe zusammengestellt. Es handelt sich meist um einheitliche Stoffe. Die Dichte einer Legierung (Edelstahl) oder eines keramischen Stoffes (Porzellan) und anderer Stoffe kann schwanken, weil die Zusammensetzung verschieden ist. Über Begriffe, die sich auf *Stoffgemenge* beziehen s. Abschn. 5.5.3. Die Umrechnung der Angaben von kg/m³ in g/cm³ folgt aus der Einheitenbeziehung 1 kg = 1000 g   und   1 m³ = $(10^2$ cm$)^3$ = 10^6 cm³,   also   1 kg/m³ = 10^3 g/10^6 cm³ = 10^{-3} g/cm³. Dichtedaten der Elemente s. Periodensystem Fig. 5.10.

Tab. 4.1 Dichte ϱ einiger Stoffe (meist auf 3 Stellen gerundet)

	$\varrho/\text{kg}\,\text{m}^{-3}$	$\varrho/\text{g}\,\text{cm}^{-3}$		$\varrho/\text{kg}\,\text{m}^{-3}$	$\varrho/\text{g}\,\text{cm}^{-3}$
Aluminium	2 700	2,7	Wasser		
α-Eisen	7 860	7,86	4 °C; 1,013 bar*)	999,972	0,999972
Blei	11 300	11,3	Äthylalkohol**)	789	0,789
Quecksilber	13 600	13,6	Diäthyläther**)	719	0,719
Gold	19 300	19,3	Chloroform**)	1 500	1,5
Platin	21 400	21,4	Halothan**)	1 860	1,86
Edelstahl	7 800	7,8			
Porzellan	2 400	2,4	Luft		
Teflon	2 200	2,2	0°C; 1,013 bar*)	1,293	$1,2929 \cdot 10^{-3}$

*) 1 bar = 10^5 Pa   **) 20 °C

Tab. 4.2 Dichten aus dem Bereich der Medizin, Einheit g/cm^3

Mittlere Dichte		Blut	1,06
des Menschen	1,036 bis 1,08	Blut-Plasma	1,03
Fettgewebe	0,92	Erythrozyten	1,1
Muskelgewebe	1,04	Muttermilch	1,031
Knochen	1,2	Kuhmilch	1,031
Mineralstoffe		Schafsmilch	1,036
im Knochen	3,0	Menschenhaar	1,47

Der *menschliche Körper* besteht aus Organen, Muskeln und Knochen. Der Quotient Gesamtmasse (Gewicht) durch Gesamtvolumen ist die *mittlere Dichte*. Davon weicht die Dichte des Skeletts ab, ebenso wie die einzelner Organe: der menschliche Körper ist bezüglich der Dichte *inhomogen* (s. auch Tab. 4.2). Man wendet den Dichtebegriff bei inhomogenen Körpern im strengen Sinn – ähnlich wie bei der Geschwindigkeit (Abschn. 3.1.3), wo mittlere und momentane Geschwindigkeit zu unterscheiden waren – nur auf kleine homogene Teilbereiche an. Letztlich sieht man, daß die Dichte definiert werden muß durch $\varrho = \lim_{\Delta V \to 0} \Delta m / \Delta V$, und damit eine Funktion des Ortes in einem inhomogenen Körper ist.

4.3 Ergänzung: Centimeter-Gramm-Sekunde (c-g-s)-System und technisches Einheitensystem

Das c-g-s-System war ein in der Vergangenheit viel benutztes System, daher werden in der Literatur und in Tabellen noch viele Größen und Zahlenangaben in diesen Einheiten gefunden. Die Basis*größen* sind (in der Mechanik) die gleichen wie im SI, Länge, Masse und Zeit, jedoch mit den Basis*einheiten* cm, g und s. Die Einheit der Geschwindigkeit ist cm s^{-1}, der Beschleunigung cm s^{-2}; die Kraft erhält die Einheit dyn, wobei dann

$$1 \, \text{dyn} = 1 \, \text{g cm s}^{-2} = \frac{1}{1\,000} \, \text{kg} \, \frac{1}{100} \, \text{m s}^{-2} = 10^{-5} \, \text{N}.$$

Bei der Energie stoßen wir auf die Einheit (Abschn. 7.6.1)

$$1 \, \text{erg} = 1 \, \text{dyn cm} = 10^{-5} \, \text{N} \cdot 10^{-2} \, \text{cm} = 10^{-7} \, \text{Nm} = 10^{-7} \, \text{J}.$$

Flächen- und längenbezogene Größen sind z. B. der Druck mit der Einheit dyn/cm^2, die Oberflächenspannung mit der Einheit dyn/cm = erg/cm^2.

Das *technische Größen- und Einheitensystem* geht von anderen Basisgrößen aus: Länge, Zeit und *Kraft*. Die Masse wird damit als abgeleitete Größe definiert, $m = F/a$. Die *Krafteinheit* ist das *Kilopond*, Einheitenzeichen kp, Untereinheit pond = p = 10^{-3} kp. Es ist diejenige Kraft, die auf das Massenstück 1 kg an der Erdoberfläche ausgeübt wird (und an Hand der Dehnung oder Stauchung einer Feder demonstriert werden kann). Da die Anziehung durch die Erde von der geographischen Lage abhängt, so muß für eine eindeutige Verknüpfung der Einheiten des SI mit dem technischen Einheitensystem hier die Norm-Schwerebeschleunigung eingesetzt werden (Abschn. 3.1.4). Damit ist nach Definition

$$1 \, kp = 9,80665 \frac{m}{s^2} 1 \, kg = 9,80665 \, N \approx 10 \, N.$$

Ein Kilopond ist mit einem Fehler von nur 2 % gleich 10 Newton. Die Umrechnung ist demnach einfach.

Mit dem Entfallen des kp als Krafteinheit sind auch die darauf gegründeten weiteren Einheiten nicht mehr zu verwenden, insbesondere die technische „Atmosphäre" als Druckeinheit (1 kp/cm²), die Pferdestärke (PS) als Leistungseinheit (75 kpm/s). – Es sei abschließend betont, daß die Masseneinheit 1 kg zum SI gehört, die technische Masseneinheit verwenden wir hier nicht.

4.4 Unsaubere Größenbezeichnungen

In Wissensgebieten, die sich neu entwickeln, werden manchmal Größen und Einheiten gebildet, die vom Praktiker als bequem und leicht „vorstellbar" angesehen werden. Der Anschluß solcher Größen an das SI verhilft aber in aller Regel zu größerer begrifflicher Klarheit, befreit von unnötigem Ballast, und – was noch wichtiger ist – er verleiht größere Sicherheit bei Berechnungen. So ist klar, daß der „Stundenkilometer" keine Einheit für die Geschwindigkeit = Weg durch Zeit sein kann, es muß korrekt Kilometer durch Stunde (km/h) heißen. Das Wort Stundenkilometer hingegen hat die Bedeutung Stunde mal Kilometer (vgl. Einheit des Drehmomentes Newtonmeter = Newton mal Meter). Ähnlich falsch sind die Worte *Atemzeitvolumen, Atemminutenvolumen, Herzminutenvolumen* gebildet, denn diese Größen sind definiert als ein Volumen, das geatmet bzw. durch die Herzkammern dem Blutkreislauf in einer bestimmten Zeit zugeführt wurde. Diese Volumina werden durch die Zeit dividiert, also kann die Einheit nur sein cm³/s, l/min oder dm³/min. Bei der Atmung nennt man die Größe auch „Ventilation" und vermeidet durch ein neues Wort die Suggestion, es handele sich um das Produkt aus Volumen und Zeit. Das SI sieht korrekt die Größe *Volumenstrom* oder *Volumendurchfluß* vor mit der Einheit m³/s. Die Ventilation ist demnach der (mittlere) Luftvolumenstrom, und bei der Blutströmung handelt es sich um den mittleren Blutvolumenstrom. Da die Strömungen mit einem Massetransport verbunden sind, so kann auch die Angabe des entsprechenden *Massestroms* oder des *Massedurchflußes* (Einheit kg/s) notwendig sein.

Rein empirische Bezeichnungsweisen sollte man nach Einführung des SI vermeiden. So wird chirurgisches Nahtmaterial (Catgut, Edelstahldraht) noch in einer „Stärkeskala" gehandelt: Stärke 2 ≙ 0,2 bis 0,24 mm ⌀, Stärke 3 ≙ 0,25 bis 0,29 mm ⌀. Ohne aber den Durchmesser zu kennen, kann man Fragen der elastischen Eigenschaften, der Zerreißfestigkeit u.a. nicht nachgehen.

5 Grundlagen der Struktur der Materie

Die Beobachtung der Umwelt mit Hilfe unserer Sinne gibt uns ein Bild der Makrowelt, auch wenn wir gelegentlich unter Zuhilfenahme von Geräten – etwa des Mikroskops – sehr feine Details dieser Makrowelt der sinnlichen Wahrnehmung zugänglich machen. Diese Makrowelt besitzt – wie wir heute wissen – eine atomistische (Mikro-)Struktur, und die Geschehnisse in der Makrowelt werden weitgehend durch atomistische Vorgänge bedingt und verständlich. Es ist daher aus heutiger Sicht sinnvoll und notwendig, die hinter den Makrovorgängen stehenden atomistischen Prozesse aufzuspüren und das Makrogeschehen aus der Atomistik zu begründen. Daß der historische Prozeß des Erkennens der atomaren Welt langwierig war und daß wir ihn hier nicht nachvollziehen können, versteht sich von selbst. Wir stellen daher in diesem Abschnitt die für uns wichtigen – einfachen – Ergebnisse zusammen, damit wir in den folgenden Abschnitten immer wieder darauf zurückgreifen können. Eine Vertiefung der Kenntnisse der Mikrowelt folgt in den späteren Abschnitten.

5.1 Eigenschaften und Formen der Materie

Als *Eigenschaften* materieller Körper haben wir bisher kennengelernt: 1. ihre Raumerfüllung: sie haben ein Volumen V; 2. ihre Gestalt: sie haben eine geometrische Form; 3. ihre Trägheit: sie haben eine Masse m; 4. ihre Fähigkeit, eine Kraft aufeinander auszuüben, sie „wechselwirken" (actio = reactio); schließlich 5. ihre Fähigkeit, ihren Ort im Raum zu verändern, sich zu bewegen, gekennzeichnet durch Geschwindigkeit v und Beschleunigung a. Volumen, Form und Masse sind zweifelsfrei „*Eigen*"schaften, also Kennzeichen, die den Körpern *eigen* sind. Beim Volumen der Gase wird man schon nicht mehr unmittelbar von einer Eigenschaft sprechen können, weil sie jedes ihnen zur Verfügung stehende Volumen ganz ausfüllen; der Begriff wird also präzisiert werden müssen. Bei der Wechselwirkung wird man die Anziehung der Körper durch die Erde, die Schwere oder Gravitation, ohne Zweifel ebenso als eine Eigenschaft der Körper anerkennen; die gegenseitige Anziehung oder Abstoßung vermittels einer zwischen zwei Körpern gespannten Feder hat jedoch mit „Eigen"-schaft nichts mehr zu tun. Auch die Fähigkeit der Bewegung im Raum schließlich kann man wohl nicht mehr als Eigenschaft im engeren Sinne bezeichnen.

In Abschn. 4.2 haben wir den Begriff der *Dichte* ϱ als Quotient der beiden Eigenschaften Masse m und Volumen V ($\varrho = m/V$) kennengelernt; die Dichte ist eine den *Stoff* kennzeichnende Größe und insofern eine Eigenschaft homogener Körper im weiteren Sinn. Derartige, die Stoffe kennzeichnende Eigenschaften werden wir noch weitere kennenlernen und die sie beschreibenden Größen einführen.

Wenn wir die verschiedenen Stoffe unserer Umwelt betrachten, so stellen wir fest, daß sie in drei verschiedenen *Aggregatzuständen* auftreten: sie können fest, flüssig oder gasförmig sein (fester Körper, Flüssigkeit, Gas). Fest sind bei Zimmertemperatur z. B. die Metalle Eisen, Kupfer, Stahl, Kristalle wie Kochsalz und Quarz; fest sind Kunststoffe wie Teflon und Plexiglas; fest ist auch Wasser („Eis") bei einer Temperatur kleiner oder gleich 0 °C. Flüssig sind Quecksilber und Wasser bei Zimmertemperatur; gasförmig sind die Atemluft und der Wasserdampf. Am Stoff Wasser sehen wir besonders deutlich, daß eine chemisch einheitliche Substanz in allen drei Aggregatzuständen vorkommen kann, je nach den ausgewählten makroskopischen Zustandsgrößen: mit wachsender Temperatur ändert sich der Aggregatzustand. Eis schmilzt beim Normdruck 1,013 bar bei 0 °C, d.h. es geht vom festen in den flüssigen Aggregatzustand (Wasser) über; Wasser siedet beim Normdruck 1,013 bar bei 100 °C, d.h. es geht vom flüssigen in den gasförmigen Aggregatzustand (Wasserdampf) über. Darüber hinaus verdampft sowohl der feste Körper (Eis) als auch der flüssige Körper (Wasser) bei jeder Temperatur (mehr oder weniger, je nach Größe der Temperatur), so daß die Aggregatzustände auch *nebeneinander* bestehen. Man spricht – speziell in diesem Zusammenhang – von den Aggregatzuständen auch als *Phasen*, jedoch ist der Begriff der stofflichen Phase ein wenig spezieller, denn man hat Anlaß, z.B. im festen Zustand je nach der Struktur des Körpers noch verschiedene Phasen zu unterscheiden, die ineinander umgewandelt werden können. Als *einfache*, weil leicht meßbare, *Zustandsgrößen* bezeichnet man dabei die Größen *Druck*, *Volumen* und *Temperatur*.

5.1.1 Feste Körper

Feste Körper sind gekennzeichnet durch Formstabilität: Kräfte, die auf den Körper wirken, bewirken Formänderungen, nach Verschwinden der Kraft geht die Form des Körpers in den Ausgangszustand zurück. Diese Eigenschaft wird als *Elastizität* bezeichnet und genauer in Abschn. 6.3 untersucht, wo auch die Abweichungen vom „elastischen Verhalten" zu besprechen sind. Feste Stoffe in diesem Sinn können einerseits in einer regulären Form als *Kristall* vorkommen. Fig. 5.1 gibt die Photographie eines Quarz-Einkristalls als Beispiel wieder. Fig. 5.2 zeigt die Mikroskop-Aufnahme der polierten Oberfläche eines Zirkon-Metall-Stückes. Bei Betrachtung mit dem bloßen Auge kann man keinerlei kristalline Struktur erkennen. Die Mikroskopaufnahme zeigt jedoch auch hier einen kristallinen Aufbau, den man als *polykristallin* bezeichnet. – Andererseits gibt es *amorphe* feste Stoffe, bei denen auch unter dem Mikroskop keine kristalline Struktur erkennbar ist. Beispiele sind der geschmolzene Quarz, gewöhnliches Glas, Teer, Bernstein, Kunststoffe wie Teflon, Gießharze (Araldit), ferner Gummi.

Fig. 5.1 Quarz-Einkristall, hexagonal kristallisiert, ca. 6 cm lang

Fig. 5.2 Oberfläche eines polierten Zirkon-Metall-Stückes, lichtmikroskopische Aufnahme, horizontale Bildbreite 370 μm (überlassen von E. Leitz, Wetzlar)

5.1.2 Flüssigkeiten

Im flüssigen Zustand haben die Stoffe wohl eine bestimmte Masse und ein bestimmtes Volumen, jedoch keine bestimmte Form: sie lassen sich in verschieden geformte Gefäße umgießen und nehmen die durch das Gefäß gegebene Form an. Will man jedoch bei gegebener Masse ihr Volumen (durch Kompression) verkleinern, so sind große Kräfte anzuwenden (Abschn. 6.4).

Da die Flüssigkeiten ein bestimmtes Volumen haben, ihre Gestalt aber leicht veränderlich ist, können sie eine *freie Oberfläche* ausbilden, deren Form durch die wirkenden Kräfte bestimmt ist: die *Kraft* steht *senkrecht auf der Oberfläche*. In Gefäßen, die nur der Erdanziehung unterworfen sind, ist daher die freie Oberfläche streng horizontal (senkrecht zur Richtung der Schwerkraft). Die wirkenden Kräfte können durch Rotation des flüssigkeitsgefüllten Gefäßes um eine vertikale Drehachse geändert werden (Fig. 5.3). Die Form der Flüssigkeitsoberfläche ist dann ein Rota-

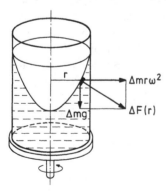

$\Delta m r \omega^2$

$\Delta F(r)$

$\Delta m g$

r

Fig. 5.3
Die freie Oberfläche einer rotierenden Wassermasse ist ein Rotationsparaboloid

tions-Paraboloid: die Vektoraddition der wirkenden Kräfte auf ein Flüssigkeitsteilchen (Schwerkraft vertikal nach unten und Zentrifugalkraft horizontal, d.h. radial nach außen) ergibt einen nach außen und unten weisenden Vektor, woraus die Parabelform der Flüssigkeitsoberfläche folgt.

5.1.3 Gase

Bringt man eine Probe eines sichtbaren Gases (Bromdampf) in ein leeres (oder luftgefülltes) Glasgefäß beliebiger Form, so sieht man, daß das Gas den zur Verfügung gestellten Raum vollständig ausfüllt und die etwa darin enthaltene Luft vollständig durchdringt: Gase haben *kein* Eigenvolumen, sie füllen einen Raum ganz aus, lassen sich in diesem Sinne also beliebig „verdünnen". Sie besitzen auch keine Formstabilität, sind aber träge, was man etwa durch „Fächeln" leicht feststellen kann, haben also eine träge Masse. Gase haben auch eine „schwere Masse", die durch Wägung bestimmt werden kann und unabhängig von der Größe des Volumens ist, in dem das Gas eingeschlossen ist.

5.2 Atome und Moleküle

Die Materie kann durch makroskopische Verfahren in immer kleinere Stücke aufgeteilt werden. Selbst bei mikroskopisch feinen Unterteilungen bleibt die Stoffart ungeändert. Die Lösung fester Stoffe in Flüssigkeiten (Zucker in Wasser), die Mischung von Flüssigkeiten (Alkohol und Wasser), schließlich der Übergang eines einheitlichen Stoffes in die verschiedenen Aggregatzustände (Eis – Wasser – Dampf) zeigen, daß ein Stoff bis zur Auflösung des kompakten Materieverbandes zerlegt werden kann ohne daß die Stoffart geändert wird. Die dabei übrig bleibenden einheitlichen Stoffteilchen nennen wir *Moleküle*. Aber auch sie sind nicht unteilbar, können sie doch aus anderen Stoffen, den *Elementen* gebildet werden: Wasserstoff verbindet sich mit Sauerstoff zu Wasser, und zwar immer in einem solchen Verhältnis, daß 2 kg Wasserstoff und 16 kg Sauerstoff sich zu 18 kg Wasser verbinden. Es gibt viele weitere Beispiele, etwa die Reihe der Verbindungen, die Stickstoff (Elementsymbol N) mit Sauerstoff (Elementsymbol O) eingeht. Die Verhältnisse der Sauerstoffmassen ergeben sich in fünf verschiedenen Verbindungen zu $1:2:3:4:5$ (Gesetz der konstanten und multiplen Proportionen). In diesen Beobachtungen sah Dalton zu Beginn des 19. Jahrhunderts eine quantitative Bestätigung der Atomhypothese: die chemischen Elemente bestehen aus kleinsten Einheiten, den *Atomen*, die sich in den chemischen Verbindungen in bestimmter, für jeden Stoff eindeutiger Weise zu den Molekülen des Stoffes verbinden. Für Wasser bedeutet es in symbolischer Schreibweise die Bildung des Moleküls H_2O aus zwei Wasserstoff- (Elementsymbol H) und einem Sauerstoff-Atom, und für die eben genannten Stickstoffverbindungen lauten die Molekülformeln N_2O, NO, N_2O_3, NO_2, N_2O_5. Damit sind die Atome der chemischen Elemente als Strukturelemente der Moleküle und letztlich aller Stoffe erkannt worden. Lange Zeit galten die Atome als nicht weiter unterteilbar, als die „letzten Bausteine" der Materie.

Die Ähnlichkeit gewisser Elementgruppen hinsichtlich bestimmter chemischer Eigenschaften, insbesondere hinsichtlich der Anzahl der Atome, die sich zu Verbindungen vereinigen (chemische Wertigkeit), führten D.I. Mendelejew und L. Meyer zur Aufstellung des *Periodensystems* der Elemente (1869). Es enthielt zunächst noch viele Lücken, die aber im Laufe systematischer Untersuchungen gefüllt wurden. So waren schließlich 92 Elemente bekannt, bis das Periodensystem wegen der kernphysikalisch möglichen Neuerzeugung von Elementen (Aktinoide) darüber hinaus erweitert wurde. Die heutige Zusammenstellung der Elemente enthält Fig. 5.10. Die dort verwendete Symbolik (abgesehen von den Dichteangaben) erläutern wir im folgenden.

Man kann einzelne Atome weder einzeln betrachten noch auf die Waage legen. Ihre Eigenschaften werden auf Grund der Wechselwirkung mit anderen Teilchen (als Sonden) erschlossen. Man findet, daß die Atome 1. ein bestimmtes Volumen erfüllen, 2. ihnen also unter der Annahme einer kugelförmigen Gestalt ein Radius zugeordnet werden kann, 3. eine Masse haben, also Trägheit besitzen, und schließlich 4. mit anderen atomaren Teilchen in Wechselwirkung stehen, was in Abschn. 7.3.5 besprochen wird. Die Atome haben also alle Eigenschaften materieller Körper, und so kann man mit ihnen modellmäßig wie mit kleinen Kügelchen umgehen. Chemie und Physik haben gezeigt, daß die Atome gleichwohl eine innere Struktur besitzen, die zu verfeinerten Modellen geführt hat.

Die *Radien der Atome* sind von der Größenordnung $0{,}1$ nm $= 10^{-10}$ m. In Tab. 5.1 sind einige Zahlenwerte angegeben. Sie zeigen, daß die Atomradien in den verschiedenen Verbindungen eines Elementes zwar gewisse Variationen aufweisen, aber doch charakteristisch für die individuelle Größe des Atoms sind. So ist das Cl-Atom deutlich größer als das H- oder C-Atom, aber dennoch deutlich kleiner als der Abstand H-Atom – Cl-Atom in HCl.

Die *Masse der Atome* ist wegen ihrer Kleinheit nicht direkt durch eine Wägung zu messen. Man kann aber das *Verhältnis der Atommassen* untereinander außerordentlich genau mittels *Massenspektrographen* bestimmen. Man kann damit ein ganzes System *relativer Atommassen* schaffen, und schließt dieses System an die Basisgröße 1 kg an, indem man eine Vielzahl von Beziehungen auswertet, die die Ermittlung der

Tab. 5.1 Atomradien in nm

H-Atom im Wasserstoffmolekül H_2	0,037
H-Atom in H_2O	0,030
H-Atom in CH_4	0,032
C-Atom in Diamant	0,0772
Cl-Atom in Cl_2-Gas	0,099
Abstand H-Atom – Cl-Atom in HCl	0,127

Masse *eines bestimmten Atoms* in kg gestattet. Als dieses Bezugsatom nehmen wir heute das Kohlenstoff-Atom mit der Bezeichnung ^{12}C (der obere Index „12" wird in Abschn. 5.3 erläutert). Zum SI gehört damit als *atomare Masseneinheit* 1/12 der Masse dieses Bezugsatoms, und sie ist

$$m_u \overset{\text{def}}{=} \frac{1}{12}\, m\,(^{12}C) = 1\, u = 1{,}660\,5402 \cdot 10^{-27}\, kg\,^1).\tag{5.1}$$

Unter der *relativen Atommasse eines Elementes* versteht man nunmehr das Verhältnis der Atommasse des Elementes zur atomaren Masseneinheit, also

$$A_r \overset{\text{def}}{=} \frac{\text{Masse eines Atoms}}{\dfrac{1}{12}\text{Masse des }^{12}\text{C-Atoms}} = \frac{m_a}{m_u}.\tag{5.2}$$

Diese Größe wurde früher *Atomgewicht* genannt (unter Bezug auch auf eine etwas andere atomare Masseneinheit), sie ist jedoch eine dimensionslose Größe, weil die Einheiten von m_a und m_u sich bei Berechnung des Quotienten wegheben! Aus den Messungen relativer Atommassen findet man damit zum Beispiel die Daten von Tab. 5.2 (s. auch Periodensystem der Elemente Fig. 5.10).

Die Messung der relativen Atommassen zeigte, daß ihre Werte sämtlich in der Nähe von ganzen Zahlen liegen. Für grobe Abschätzungen ersetzt man sie auch durch ganze Zahlen: H, $A_r = 1$; Be, $A_r = 9$; Na, $A_r = 23$. Betrachtet man daraufhin das Periodensystem (Fig. 5.10), dann sieht man, daß es an einzelnen Stellen schwierig ist, statt der relativen Atommasse eine ganze Zahl zu nehmen, z.B. bei Chlor, wo $A_r = 35{,}45$. Solche Schwierigkeiten konnten aufgeklärt werden und haben zu einem tieferen Verständnis über den Aufbau der Atom*kerne* geführt (Isotopie der Nuklide, Abschn. 5.3).

Tab. 5.2 Relative Atommassen und Atommassen einiger Elemente

Element	rel. Atommasse A_r	Atommasse $m_a = A_r\, m_u$
Wasserstoff (^{1}H)	1,007825	$1{,}6735 \ \cdot 10^{-27}$ kg
Beryllium (^{9}Be)	9,012181	$14{,}9651 \ \cdot 10^{-27}$ kg
Kohlenstoff (^{12}C)	12,000000	$19{,}92648 \cdot 10^{-27}$ kg
Sauerstoff (^{16}O)	15,9949	$26{,}5602 \ \cdot 10^{-27}$ kg
Natrium (^{23}Na)	22,989767	$38{,}1754 \ \cdot 10^{-27}$ kg

---

[1]) 1 u (Abkürzung des Wortes unit) ist eine atomphysikalische *Einheit*, nämlich 1 u = $1{,}6605402 \cdot 10^{-27}$ kg (so wie 1 inch = $2{,}54 \cdot 10^{-2}$ m). Es besteht die Absicht, für diese Einheit den Namen Dalton einzuführen.

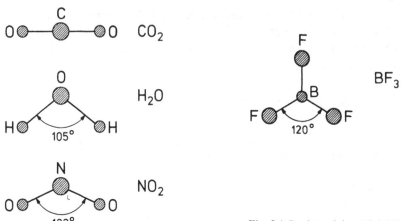

Fig. 5.4 Struktur einiger Moleküle (schematisch)

Die *Moleküle* setzen sich aus den Atomen der Konstituenten zusammen: CO_2 mit gestreckter, H_2O, BF_3, NO_2 mit gewinkelter Struktur (Fig. 5.4). In den Molekülen nehmen die Atome Plätze ein, die Gleichgewichtslagen sind, d.h. in denen ein Gleichgewicht aller Anziehungs- und Abstoßungskräfte zwischen den Atomen besteht. Die Aufklärung der Struktur der Moleküle ist insbesondere bei Molekülen aus vielen Atomen in der Regel schwierig, bei vielen Naturstoffen bisher nicht gelungen, und hat andererseits bei besonderen Molekülen entscheidende Fortschritte für das Verständnis des organischen Lebens gebracht. An Beispielen seien nur genannt das Hämoglobin, der rote Blutfarbstoff als Sauerstoffträger, die Desoxyribonukleinsäure DNS als Träger des genetischen Codes. Eine Grundsubstanz für die Proteine ist das Glycin (Glykokoll), und an ihm sieht man, wie auf einfache Weise sehr lange Molekülketten gebildet werden können. Glycin ist eine Aminosäure der Art

$$NH_2 - CH_2 - COOH.$$

Bei der Aneinanderfügung entsteht eine Kette

$$\ldots \boxed{H}HN - CH_2 - CO\boxed{OH + H}HN - CH_2 - CO\boxed{OH + H}HN - CH_2 - \ldots$$

Unter Abspaltung von Wasser (H_2O) bildet sich eine Peptidkette:

$$
\ldots - CH_2 - \overset{\overset{\displaystyle O}{\|}}{C} - \overset{\overset{\displaystyle H}{|}}{N} - CH_2 - \overset{\overset{\displaystyle O}{\|}}{C} - \overset{\overset{\displaystyle H}{|}}{N} - CH_2 - \ldots
$$

Bei der Definition der *relativen Molekülmasse* lassen wir uns von der Definition der relativen Atommasse leiten. Die Molekülmasse selbst ist die Summe der Atommassen der beteiligten Atome, und daraus folgt für die relative Molekülmasse (früher Molekulargewicht genannt)

$$M_r \overset{\text{def}}{=} \frac{\text{Masse eines Moleküls}}{\text{atomare Masseneinheit}} = \frac{m_m}{m_u} = \frac{\sum_i m_a(i)}{m_u} = A_r(1) + A_r(2) + \dots . \quad (5.3)$$

Sie ist also gleich der Summe der relativen Atommassen der Konstituenten. Wenn die Bruttoformel des Moleküls bekannt ist, läßt sich die relative Molekülmasse nach Gl. (5.3) berechnen. Insbesondere bei großen Molekülen muß dagegen häufig auf experimentelle Methoden der Bestimmung von M_r zurückgegriffen werden. Tab. 5.3 enthält einige Zahlenwerte; es wurden dabei ganze Zahlen für die relativen Atommassen genommen. Bei den anorganischen Molekülen hat man es in der Regel mit niedrigen Werten von M_r zu tun, während die Moleküle des organischen Lebens große relative Molekülmassen haben. Das ist von großer Bedeutung für den osmotischen Druck (Abschn. 8.4.3) und die Gefrierpunkterniedrigung (Abschn. 8.10.4) von Körperflüssigkeiten.

Tab. 5.3 Relative Molekülmassen

Stoff	M_r
Wasserstoffgas H_2	2
Wasser H_2O	18
Sauerstoffgas, O_2	32
Kochsalz NaCl	58
Glycin $C_2H_5O_2N$	75
Adenosin-Triphosphat (ATP) $C_{10}H_{16}N_5O_{13}P_3$	507
Insulin	11 466
Hämoglobin	64 500
Tabak-Mosaik-Virus	40 000 000
Eiweiße	bis 10^7

5.3 Atome und Atomkerne

Die Beobachtung, daß die relativen Atommassen nahezu ganzzahlig sind, ist am einfachsten dadurch zu erklären, daß die Atome selber aus *gleichen* Teilchen aufgebaut sind, die ungefähr die Masse des Wasserstoffatoms haben (oder von 1/12 der Masse von ^{12}C). Daß die Atome nicht unteilbar sind, folgte auch schon daraus, daß Materie unter bestimmten Bedingungen den elektrischen Strom leitet: man fand flüssige Leiter (Elektrolyte), und man fand auch, daß Gase in der Lage waren, den elektrischen Strom zu leiten. Aus beiden Beobachtungen folgte, daß aus den Atomen elektrische Ladungsträger werden konnten. Im Jahre 1911 zeigte schließlich Lord Rutherford, daß das Atom scharf strukturiert ist. Es besitzt einen gegenüber dem Atomradius etwa 10 000mal kleineren *Atomkern*, in welchem im wesentlichen die gesamte Masse des

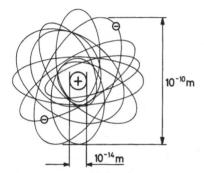

Fig. 5.5
Elektronenbahnen um einen Kern im klassischen
Bild

Atoms enthalten ist, und eine Hülle, die genauso viele *Elektronen* enthält, die negativ
geladen sind, wie andererseits der Atomkern positive Ladungen enthält. Das Atom
ist also normalerweise elektrisch neutral. Die Elektronen bilden eine relativ lockere
Hülle. Man kann sagen, daß die Hülle wesentlich „leer" ist. Aus dieser Erkenntnis
entwickelte N. Bohr 1913 das einfachste *Modell des Atoms*, bei dem sich die
Elektronen um den Atomkern auf Bahnen ähnlich wie die Planeten um die Sonne
bewegen (Fig. 5.5). Das heute allgemein anerkannte Atommodell der Quantenphysik
beschreibt die Verteilung der Elektronen um den Kern mehr als eine Elektronenwolke,
die aber eine innere Struktur besitzt.

Das *Elektron* ist ein sogenanntes *Elementarteilchen*. Es hat die Masse $m_e = 9,11 \cdot 10^{-31}$ kg,
es besitzt also Trägheit. Die einfachste modellartige Vorstellung, nämlich die eines
kleinen Kügelchens liefert den Radius $r_e = 2,8 \cdot 10^{-15}$ m = 2,8 fm; neueste Untersuchungen der Elementarteilchenphysik haben gezeigt, daß seine räumliche Ausdehnung
kleiner als 10^{-17} m ist (es ist „punktförmig"). Daneben trägt das Elektron eine negative
elektrische Ladung $q_e = -1,602 \cdot 10^{-19}$ Coulomb; sie ist gleich dem negativen Wert
der *Elementarladung* ($q_e = -e$), die das „Atom der elektrischen Ladung" darstellt. Aus
der angegebenen Masse des Elektrons folgt die relative Atommasse A_r(Elektron)
$= m_e/m_u = 0,000549$. Für das Verhältnis von Wasserstoff- zu Elektronenmasse
($=$ Verhältnis der relativen Atommassen) ergibt sich

$$\frac{A_r(H)}{A_r(e)} = 1837. \tag{5.4}$$

Verglichen mit dem Wasserstoffatom besitzt das Elektron demnach sehr viel geringere
Trägheit, und auch sein Radius ist sehr viel kleiner als derjenige der Atome. – Daneben
besitzt das Elektron noch weitere Eigenschaften, die man messen kann: Eigendrehimpuls (Spin) und ein magnetisches Moment.

Auch vom *Atomkern* ist die einfachste Modellvorstellung, daß es sich um eine kleine
Kugel handelt; der Radius der Atomkerne ist 10^{-15} bis $10 \cdot 10^{-15}$ m, also im Mittel
einige fm. Nach unserer heutigen Kenntnis besteht der Atomkern aus *zwei* Teil-
chensorten: *Protonen* und *Neutronen*, zusammenfassend als *Nukleonen* bezeichnet.
Sie sind gleichfalls als kleine Kügelchen vorstellbar, ihre Radien sind je rund 1 fm.
Bedeutsamer sind andere Eigenschaften, durch die sie sich unterscheiden: das *Proton*

ist *elektrisch geladen* und trägt die Ladung $q_p = +e = +1{,}602 \cdot 10^{-19}$ Coulomb, also die Elementarladung, das *Neutron* dagegen ist *elektrisch nicht geladen*, seine Ladung ist null. Die Masse der beiden Nukleonen ist nahezu gleich, jedoch ist der Unterschied der Massen von fundamentaler Bedeutung für die Stabilität der beiden Teilchen. Die Masse des Protons ist $m_p = 1{,}673 \cdot 10^{-27}$ kg, also fast gleich derjenigen der atomaren Masseneinheit m_u, seine relative Atommasse ist $A_r(p) = 1{,}007276$. Die Masse des Neutrons ist $m_n = 1{,}67493 \cdot 10^{-27}$ kg, also etwas größer als diejenige des Protons (relative Atommasse des Neutrons $A_r(n) = 1{,}008665$). Dieser Massenunterschied bedeutet, daß das *freie Neutron* ein *instabiles Teilchen* ist, das in einem radioaktiven Zerfall zum Proton (vgl. Abschn. 15.4.6.5) zerfällt. Auch für die Nukleonen hat man weitere Eigenschaften gefunden (Eigendrehimpuls (Spin) und magnetisches Moment), die für die Eigenschaften des Kerns und der Atome wichtig sind.

Wir finden demnach bei allen Bausteinen der Atome die gleichen Eigenschaften wie bei makroskopischer Materie, und mittels dieser Eigenschaften läßt sich der *Atomaufbau* heute vollständig verstehen. Eine grundsätzliche Frage ist, ob mit den genannten Elementarteilchen der Mikrokosmos abgeschlossen ist. Das ist nicht der Fall, wie Untersuchungen der neueren Zeit ergeben haben. In der *Elementarteilchen-* oder *Hochenergiephysik* sind bisher um die hundert weitere Elementarteilchen entdeckt worden (Leptonen, Mesonen, Baryonen) und man ist auf der Suche danach, ob diese wiederum sich aus einfacheren Teilchen zusammensetzen (Quarks, Partonen). Bisher ist diese Richtung der Physik für die Medizin noch nicht von Bedeutung. Es wird jedoch damit zu rechnen sein, daß zumindest bestimmte Teilchenstrahlungen der Hochenergiephysik in der Medizin Verwendung finden werden (Abschn. 15.4.6).

Beim *Aufbau der Atome* sieht man jetzt, daß die *Masse* im wesentlichen im Kern konzentriert ist und durch die Protonen- und Neutronenmassen gebildet wird. Die Protonen haben insgesamt die Ladung Ze, und Z nennt man die *Kernladungszahl* (= Anzahl der Protonen im Kern). Sie ist identisch mit der *Ordnungszahl* des Elementes im Periodensystem und wird als linker unterer Index an das Elementsymbol angefügt ($_1$H = Wasserstoff, $_2$He = Helium, usf.) (Fig. 5.6). Die *Anzahl der Neutronen* im Kern

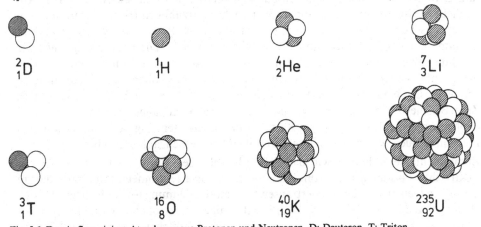

Fig. 5.6 Der Aufbau einiger Atomkerne aus Protonen und Neutronen. D: Deuteron, T: Triton

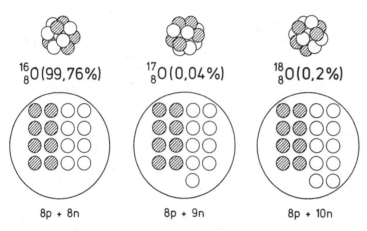

$^{16}_{8}O\,(99,76\%)$ $^{17}_{8}O\,(0,04\%)$ $^{18}_{8}O\,(0,2\%)$

8p + 8n   8p + 9n   8p + 10n

Fig. 5.7 Das chemische Element Sauerstoff besteht aus drei isotopen Nukliden. Die angegebenen Zahlen in Klammern sind die Atomzahlanteile (relativen Häufigkeiten) im natürlichen Isotopengemisch

wird mit N bezeichnet. Da Protonen und Neutronen praktisch die gleiche Masse haben, so ist diese wesentlich durch die *Nukleonenzahl* $A = Z + N$ bestimmt. Fügt man zu dem Atomkern mit A Nukleonen noch die Z Elektronen der Hülle hinzu, um das Atom als elektrisch neutrales Teilchen herzustellen, so haben wir damit ein *Nuklid*. Mit Massenspektrometern konnte man zeigen, daß die in der Natur vorkommenden Elemente häufig Mischungen von Nukliden *verschiedener Massen*, aber gleicher Kernladungszahl = Ordnungszahl des Elementes sind (Fig. 5.7). Solche Nuklide, die an der gleichen Stelle des Periodensystems stehen, also *gleiche chemische Eigenschaften* haben, nennt man *Isotope*. In den natürlichen Elementen sind in der Regel mehrere Isotope enthalten mit einem bestimmten, durch die Entstehungsgeschichte des Elementes gegebenen *Isotopen-Mischungsverhältnis*. Z.B. sind in dem Element *Chlor* die Isotope mit den Nukleonenzahlen $A = 35$ und 37 etwa im Verhältnis 3 : 1 enthalten, und daraus resultiert die nicht ganzzahlige relative Atommasse $A_r = 35,453$. Auf ähnliche Weise kommen auch die übrigen nicht ganzzahligen relativen Atommassen der chemischen Elemente zustande; es gibt aber auch Reinelemente, wie etwa Aluminium, bestehend nur aus dem einen Nuklid mit $A = 27$. Die *Bezeichnungsweise* der Nuklide läßt erkennen, wie der Kern zusammengesetzt ist: links unten vor das Elementsymbol wird die Kernladungszahl Z geschrieben, links oben die Nukleonenzahl A vermerkt. Die Neutronenzahl N läßt sich dann aus $N = A - Z$ berechnen (Fig. 5.7). Zum Beispiel zeigen bei dem Nuklid $^{16}_{8}O$ die Zahlenangaben $A = 16$, $Z = 8$, daß die Neutronenzahl $N = A - Z = 8$ ist. Im Periodensystem Fig. 5.10 sind bei einigen Elementen auch wichtige Nuklide durch ihre Nukleonenzahl angegeben.

Zusammenfassend halten wir das folgende Bild des Atoms fest: Ein Kern der elektrischen Ladung $q = Ze$ vom Durchmesser einiger femtometer (10^{-15} m), darum herum ein Gebiet von der hunderttausendfachen Ausdehnung (im einfachsten Modell als Kugel gedacht), in dem sich Z „punktförmige" Elektronen der Ladung $q = -e$ „aufhalten" (bewegen). Nur an diesen winzigen „Pünktchen" des „großen" Raumgebietes um den Kern sitzt Materie, es ist also materiell „leer". Wegen der elektrischen Ladung der „Pünktchen" herrscht allerdings in diesem Raumgebiet ein elektrisches Feld und dieses übt auf eindringende fremde „Pünktchen" – sofern sie elektrisch geladen sind – Kräfte aus. Damit wird verständlich, daß sich Atome (Atomhüllen) einerseits mehr oder weniger durchdringen können, andererseits aber Kräfte aufeinander ausüben. Das Modell des Atoms als starre Kugel (ähnlich einer Stahlkugel) ist also nur bedingt brauchbar, es ist aber in vielen Fällen nützlich.

In dem entwickelten Modell des Atoms ist jetzt klar, daß bei Abtrennung eines (oder mehrerer) Elektronen aus der Hülle, wenn also Elektronenmangel besteht, ein positiv geladenes Teilchen entsteht, das *positive Ion*. Besteht in der Elektronenhülle andererseits ein Überschuß von Elektronen, so haben wir ein *negatives Ion*. Die Ladung der Ionen ist immer ein positives oder negatives ganzzahliges Vielfaches der Elementarladung *e*.

5.4 Aufbau der zusammenhängenden Materie

Atome und Moleküle sind die Einheiten des Aufbaus der Materie. Die verschiedenen *Aggregatzustände* sind gleichbedeutend mit verschiedenen *Ordnungszuständen* der Moleküle in den Stoffen. Der *feste Körper* mit der bestmöglichen Ausbildung einer Ordnung der Moleküle ist der Ein-Kristall, wie er etwa als Photographie in Fig. 5.1 wiedergegeben wurde. In diese Ordnung eines *Kristallgitters* kann man auch Groß-Moleküle (Viren) des organischen Lebens bringen, wie in Fig. 5.8 gezeigt ist. Zwischen den Molekülen eines solchen Gitters müssen anziehende Kräfte wirksam sein, sonst käme keine Bindung zustande; es müssen aber auch bei kleinen Abständen abstoßende Kräfte vorhanden sein, sonst kämen keine bestimmten Gleichgewichtslagen der Moleküle zustande, wo sich die Kräfte gerade aufheben. Modellmäßig kann man ein

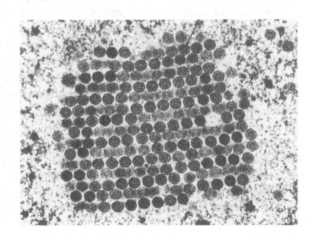

Fig. 5.8
Kristallisiertes Adeno-Virus mit Ikosaeder-Form der Proteinhülle (elektronenmikroskopische Aufnahme von Morgan und Rose aus: Davis, B. D.; Dulbecco, R.; Eisen, H. N.; Ginsberg, H. S.; Wood, B.: Microbiology 2. Aufl. New York 1973)

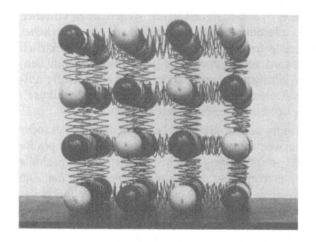

Fig. 5.9
Modell eines kristallisierten Festkörpers (das Modell entspricht
dem Aufbau des NaCl-Kristalls):
Dehnbarkeit, Komprimierbarkeit
und mögliche Änderung der rechten Winkel entsprechen den elastischen Eigenschaften fester Stoffe
(Abschn. 6.3)

Kristallgitter zusammenbauen aus durch Stahlfedern verbundenen Holzkugeln
(Fig. 5.9). An diesem Modell sieht man sofort, zu welchen Folgen Kräfte führen, die
von außen angewandt werden: durch Druck und Zug werden die Gitterabstände
verändert, durch ein tangentiales Kräftepaar werden die Winkel zwischen den
Gitterachsen verändert. Entfällt die angewandte Kraft, dann geht der Körper in seine
ursprüngliche Form zurück. Weiter sei noch erwähnt, daß es vierzehn Grundtypen von
Kristallgittern gibt, ferner, daß die Teilchen eines Kristallgitters nicht starr an ihre
Lagen gebunden sind, sondern sich um diese herum bewegen, insbesondere
Schwingungen ausführen können, ohne daß sich der Kristall im ganzen bewegt. Wegen
der großen Zwischenräume zwischen den Atomen bzw. Molekülen als Bausteine des
Gitters, können sich andere Teilchen durch das Gitter hindurchbewegen.

In den *Flüssigkeiten* ist zwar die räumlich regelmäßige Anordnung der Moleküle
aufgehoben, aber es gibt noch einen gut definierten mittleren Gleichgewichtsabstand
der Moleküle. Dieser mittlere Abstand der Moleküle bestimmt das Eigenvolumen der
Flüssigkeiten. Die leichte Verschieblichkeit der Moleküle gegeneinander ist gleichbe-
deutend damit, daß die Winkel zwischen den Molekülverbindungslinien nicht wie im
Gitter fixiert sind, sondern leicht verändert werden können. Es sind außerdem leicht
Platzwechselvorgänge möglich. Will man aber aus dem Flüssigkeitsverband ein
Molekül ganz ablösen, so müssen die Molekül-Anziehungskräfte überwunden werden.
Die Flüssigkeiten können daher eine wohl abgegrenzte freie Oberfläche ausbilden.

Die *amorphen festen Körper*, die keine Kristallstruktur aufweisen, werden aus
Flüssigkeiten beim Erkalten gebildet. Die Verhältnisse können so liegen, daß beim
Erkalten einer Flüssigkeit die Zähigkeit des Stoffes so stark ansteigt, daß die Moleküle
sich nicht in ein Kristallgitter zusammenfügen können: charakteristisch dafür sind
z.B. Glas oder Teer. Bei wachsender Temperatur beginnen diese Stoffe wie
Flüssigkeiten zu fließen, bei niedriger Temperatur verhalten sie sich gegenüber Kräften
wie kristallisierte Festkörper, haben eine Formstabilität und können sogar recht
spröde sein.

Bei *Gasen* ist der Ordnungszustand der Moleküle so weit aufgelöst, daß auch kein fester Abstand der Moleküle mehr besteht. Die Moleküle üben zwar noch aufeinander Kräfte aus, aber diese reichen nicht aus, um sie noch aneinander zu binden. Sie haben eine gegenüber den Flüssigkeiten viel kleinere Dichte, die durch Vergrößerung des zur Verfügung stehenden Volumens beliebig variiert werden kann. Im molekularen Bild bedeutet dies, daß die Moleküle sich frei durch den Raum bewegen und damit jedes Volumen ausfüllen. Bei Zusammenstößen untereinander tauschen die Moleküle Impuls aus (Abschn. 7.7.1), und als Folge haben sie nicht alle die gleiche Geschwindigkeit, sondern es besteht eine „Verteilung" der Molekülgeschwindigkeiten (Abschn. 8.1). Außerdem stoßen die Moleküle mit der Gefäßwandung zusammen. Würde man ein Wandstück durch die menschliche Hand ersetzen, würde man ein fortwährendes Trommelfeuer der auftreffenden Moleküle „fühlen" und zudem, daß man ihnen „entgegenhalten" muß, sonst würden sie aus dem Gefäß austreten. Das ist aber die Vorstellung, die man sich vom *Gasdruck* machen muß: im Sinne der Kinematik werden durch Reflexion der Moleküle an der Wand die Geschwindigkeitsvektoren umgedreht, also geändert. Die Dynamik fordert, daß dies nur unter der Wirkung einer Kraft geschehen kann: die Wand übt diese Kraft auf die Moleküle aus, und umgekehrt muß dann das Gas eine gleich große Kraft auf die Wand ausüben, eben den Gasdruck.

5.5 Stoffmenge

Die *Strukturelemente* der Stoffe sind Atome (Eisen, Kupfer usw.), oder Moleküle (Wasser, Zucker usw.) oder auch sehr große Makromoleküle, etwa auch Viren, oder auch extrem lange Moleküle, wie sie in hochpolymeren Stoffen zu den Kunststoffen verknäuelt sind. Wir unterscheiden zwischen *reinen Stoffen*, bei denen die Strukturelemente gleiche Teilchen sind, und *gemischten Stoffen*, bei denen verschiedene kleinste Strukturelemente vorliegen, z.B. in einer Kochsalzlösung oder auch im Zytoplasma. Der Stoff ist *homogen*, wenn die Strukturelemente gleichmäßig in dem Raumgebiet, das sie erfüllen, verteilt sind; bei gemischten Stoffen muß die Mischung gleichmäßig sein.

5.5.1 Einfache Mengengrößen

Als Maß für die *Menge eines Stoffes* kann man nach unserem Wissen vom Aufbau der Materie einfach die *Teilchenanzahl N* nehmen. Sie ist eine reine Zahl, also $[N] = 1$. Die entsprechende, auf das Volumen bezogene Größe (Abschn. 4.2) ist die *Anzahldichte* $n = N/V$ mit $[n] = 1/m^3 = m^{-3}$ im SI. Damit ist keinerlei Aussage über die physikalischen Eigenschaften der Teilchen gemacht. Der Begriff ist daher auch auf viele makroskopische Größen anwendbar, was das folgende Beispiel verdeutlichen soll.

Beispiel 5.1 Für die *Erythrozyten* im menschlichen Blut findet man als Normalwert für den Mann die Angabe 4,2 bis 5,5 Millionen/mm³. Es handelt sich um eine Anzahldichte, die man im

SI ausdrückt durch

$$n_{\text{E}} = 4{,}2 \text{ bis } 5{,}5 \cdot 10^6 \, \text{mm}^{-3} = 4{,}2 \text{ bis } 5{,}5 \cdot 10^{12} \, \text{l}^{-1} = 4{,}2 \text{ bis } 5{,}5 \, \text{pl}^{-1}.$$

D. h. in einem Pikoliter (10^{-12} l) befinden sich 4,2 bis 5,5 Erythrozyten (der entsprechende Wert für die Frau ist 3,6 bis 5,0 pl^{-1}). – Für die *Thrombozyten* findet man die Angabe 150 000 bis 400 000/mm^3, im SI auszudrücken durch

$$n_{\text{Th}} = 150 \text{ bis } 400 \cdot 10^9 \, \text{l}^{-1} = 150 \text{ bis } 400 \, \text{nl}^{-1} = 0{,}15 \text{ bis } 0{,}4 \, \text{pl}^{-1}.$$

D. h. in einem Nanoliter (10^{-9} l) befinden sich 150 bis 400 Thrombozyten, oder im Pikoliter 0,15 bis 0,4.

Makroskopische Mengengrößen sind vor allem die *Masse m* eines Körpers und das *Volumen V*. Masse und Volumen sind einfach zu messen. Im Gegensatz dazu kann man zwar die Teilchenanzahl gedanklich erfassen (und im Einzelfall durch Abzählen bestimmen, s. Beispiel 5.1), die Teilchenanzahlen im Mikrobereich kann man aber nicht auf diese Weise ermitteln. Es ist jedoch notwendig, die Teilchenanzahl anzugeben, weil es physikalische Sachverhalte gibt, in die nur die Teilchenanzahl als bestimmende Größe eingeht, oder die sich besonders einfach verstehen lassen, wenn man den Bezug zur Teilchenanzahl herstellt. Daher hat man eine zur Teilchenanzahl proportionale, aber durch Wägung meßbare neue *Basisgröße* im SI, die *Stoffmenge v* mit der Einheit $[v] = $ mol eingeführt. Die Basiseinheit Mol (Einheitenzeichen: mol) wird durch die Anzahl der Teilchen in einem *Normkörper* festgelegt: 1 Mol *ist die Stoffmenge eines Systems, das ebenso viele gleiche Teilchen* (Atome, Moleküle, Ionen, Elektronen, oder was sonst interessiert) *enthält, wie in genau* 12 g *des reinen Kohlenstoff-Nuklids* ^{12}C *enthalten sind*. Es entspricht daher die Stoffmenge $v = 1$ mol ^{12}C gerade der Masse $m = 12$ g ^{12}C, in Formeln: 1 mol ^{12}C $\hat{=}$ 12 g ^{12}C. Durch die gegebene Definition ist über die Anzahl der Teilchen selbst noch nichts gesagt. Sie konnte erst in neuester Zeit mit der für Basiseinheiten notwendigen Genauigkeit gemessen werden (s. Gl. (5.9)).

5.5.2 Mengenbezogene Größen

5.5.2.1 Stoffmengenbezogene Größen oder molare Größen In einem Körper der Stoffmenge v seien N Teilchen enthalten. Die Stoffmengeneinheit enthält N/v Teilchen. Diese, auf die Stoffmenge bezogene Teilchenanzahl nennt man *molare Teilchenanzahl*: man nennt *jede* auf die Stoffmenge bezogene Größe eine „*molare Größe*", also gilt die Definition

$$\text{molare Größe} \overset{\text{def}}{=} \frac{\text{Größe}}{\text{Stoffmenge}}, \tag{5.5}$$

speziell

$$\text{molare Teilchenanzahl} \overset{\text{def}}{=} \frac{\text{Teilchenanzahl}}{\text{Stoffmenge}}, \tag{5.6}$$

in Formelzeichen

$$N_A = \frac{N}{\nu} \tag{5.7}$$

mit der SI-Einheit

$$[N_A] = \frac{1}{\text{mol}} = \text{mol}^{-1}. \tag{5.8}$$

Nach der Definition der Stoffmenge enthält die Stoffmengeneinheit immer die durch den Normkörper festgelegte Teilchenanzahl, also ist die *molare Teilchenanzahl* eine *universelle Konstante*: sie heißt *Avogadro-Konstante*. Ihr derzeitiger bester Meßwert ist

$$N_A = 6{,}0221367 \cdot 10^{23}\,\text{mol}^{-1}. \tag{5.9}$$

(Man beachte: wann auch immer diese Größe zu benutzen ist, setze man sie immer mit der korrekten Einheit ein.)

Die zweite wichtige stoffmengenbezogene Größe ist die *molare Masse:*

$$\text{molare Masse} \stackrel{\text{def}}{=} \frac{\text{Masse}}{\text{Stoffmenge}}, \qquad M_{\text{molar}} = \frac{m}{\nu} \tag{5.10}$$

mit der SI-Einheit

$$[M_{\text{molar}}] = \frac{\text{g}}{\text{mol}} = \frac{\text{kg}}{\text{kmol}}. \tag{5.11}$$

Für den aus ^{12}C bestehenden Normkörper ist die molare Masse definitionsgemäß

$$M_{\text{molar}}(^{12}\text{C}) = 12\,\frac{\text{g}}{\text{mol}} = 12\,\frac{\text{kg}}{\text{kmol}}. \tag{5.12}$$

Der Zusammenhang zwischen molarer Masse und molarer Teilchenanzahl ergibt sich aus der Definitionsbeziehung (5.10) für die molare Masse durch Erweiterung des Bruches m/ν mit N und Umformung,

$$M_{\text{molar}} = \frac{m}{\nu}\frac{N}{N} = \frac{N}{\nu}\frac{m}{N} = N_A m_a, \tag{5.13}$$

denn es ist $N/\nu = N_A$ nach Gl. (5.7) und $m/N = m_a$ die Masse eines Atoms. Demnach ist das Verhältnis der molaren Massen zweier Stoffe A und B gleich dem Verhältnis der Massen ihrer Atome. Ist A unser Normstoff ^{12}C, so gilt

$$\frac{M_{\text{molar}}(B)}{M_{\text{molar}}(^{12}\text{C})} = \frac{m_a(B)}{m_a(^{12}\text{C})},$$

oder unter sukzessiver Umformung

$$M_{\text{molar}}(B) = M_{\text{molar}}(^{12}\text{C})\,\frac{m_a(B)}{m_a(^{12}\text{C})} = 12\,\frac{\text{g}}{\text{mol}}\,\frac{m_a(B)}{m_a(^{12}\text{C})} = \frac{m_a(B)}{\frac{1}{12}\,m_a(^{12}\text{C})}\,\frac{\text{g}}{\text{mol}}$$

$$= \frac{m_a(B)}{m_u}\,\frac{\text{g}}{\text{mol}} = A_r\,\frac{\text{g}}{\text{mol}} \quad \text{bzw.} \quad M_r\,\frac{\text{g}}{\text{mol}}.$$

Die molare Masse ist also durch die relative Atommasse (bei atomar aufgebauten Stoffen) bzw. die relative Molekülmasse (bei Stoffen, die aus Molekülen aufgebaut sind) bestimmt,

$$M_{\text{molar}} = A_r \frac{g}{\text{mol}} \quad \text{bzw.} \quad M_{\text{molar}} = M_r \frac{g}{\text{mol}}. \tag{5.14}$$

Diese wichtige Beziehung besagt, daß man 1 mol eines Stoffes dadurch erhält, daß man mit der Waage A_r bzw. M_r Gramm abwägt. Damit haben wir das Meßverfahren für die Stoffmenge gefunden: die Wägung. Die Beziehung (5.14) lautet in Worten: 1 Mol eines Stoffes entspricht A_r bzw. M_r Gramm. Der Ersatz einer Zählung durch eine Wägung ist nicht unüblich: die Zählung von Münzen, also lauter gleichen Teilchen, kann durch eine Wägung erfolgen.

5.5.2.2 Volumenbezogene Größe oder „Dichte" Entsprechend dem allgemeinen Verfahren wird die spezielle Definition von Abschn. 4.2 erweitert zu

$$(\text{Größen-)Dichte} \overset{\text{def}}{=} \frac{\text{Größe}}{\text{Volumen}}. \tag{5.15}$$

Die Massendichte haben wir schon früher (Abschn. 4.2) – wie üblich – einfach als Dichte schlechthin bezeichnet. In anderen Fällen (z. B. elektrische Ladung) muß man die Ausgangsgröße nennen. – Eine weitere, in diesem Zusammenhang wichtige Größe haben wir schon in Abschn. 5.5.1 definiert, die *Teilchenanzahldichte*,

$$\text{Teilchenanzahl-(Molekülanzahl-)Dichte} \overset{\text{def}}{=} \frac{\text{Teilchenanzahl (Molekülanzahl)}}{\text{Volumen}}. \tag{5.16}$$

Die Größe wird auch einfach Anzahldichte genannt; in Formelzeichen ist

$$n = \frac{N}{V}, \qquad [n] = \frac{1}{m^3} = m^{-3}. \tag{5.17}$$

Sind in einem Körper der Masse m und der Stoffmenge v im Volumen V gerade N Teilchen der Masse m_a enthalten, so ist $m = N m_a$, und damit die (Massen-)Dichte

$$\varrho = \frac{m}{V} = \frac{N m_a}{V} = n m_a. \tag{5.18}$$

Die *Stoffmengendichte* (fälschlich manchmal als „molare Dichte" bezeichnet) ist

$$\varrho_{\text{St}} = \frac{\text{Stoffmenge}}{\text{Volumen}} = \frac{v}{V} = \frac{1}{V} \frac{N}{N_A} = \frac{n}{N_A} = \frac{n \cdot m_a}{N_A \cdot m_a} = \frac{\varrho}{N_A m_a} = \frac{\varrho}{M_{\text{molar}}}. \tag{5.19}$$

5.5.2.3 Massenbezogene oder spezifische Größen Die allgemeine Definition lautet

$$\text{spezifische Größe} \overset{\text{def}}{=} \frac{\text{Größe}}{\text{Masse}}. \tag{5.20}$$

Das bereits in Abschn. 4.2 gegebene Beispiel ist das spezifische Volumen $V_s = V/m = 1/\varrho$; die Einheit ist in diesem Fall m^3/kg.

5.5.3 Stoffgemische

Bei Stoffgemischen kann es sich um Gasgemische (Atemluft, bestehend aus Stickstoff und Sauerstoff und einigen kleineren Beimengungen; Narkosegas, bestehend aus dem Narkosemittel und Luft oder Sauerstoff) oder um flüssige Mischungen und Lösungen (Alkohol mit Wasser, Zucker in Wasser, physiologische Kochsalzlösung, Zellinhalt als Lösung verschiedener Bestandteile in Wasser) handeln. Es gibt auch Lösungen von Gasen in Flüssigkeiten (Sauerstoff in Wasser, Kohlendioxid im Blut) und feste Lösungen (Legierungen) sowie Lösungen von Gasen in festen Stoffen (Wasserstoff in Palladium). Wir interessieren uns vor allem für die wäßrigen Lösungen. Ihre Eigenschaften sind wesentlich durch ihre Zusammensetzung bestimmt, und diese wird durch verschiedene Größen angegeben.

Die Bestandteile der Gemische und Lösungen nennt man *Komponenten*. Wir besprechen hier nur zweikomponentige Gemische, die Erweiterung auf mehr als zwei Komponenten ist ohne weiteres möglich. Von den beiden Komponenten mögen N_1 Teilchen der Komponente 1, N_2 der Komponente 2 in der Mischung vorhanden sein. Die Massen der Komponenten seien m_1 und m_2, die Atommassen $m_a(1)$ und $m_a(2)$. Die *Gesamtmasse* ist

$$m = m_1 + m_2. \tag{5.21a}$$

Für die *Stoffmengen* gilt wegen $N = N_1 + N_2$

$$\frac{N_1 + N_2}{N_A} = \frac{N_1}{N_A} + \frac{N_2}{N_A}, \quad \text{also} \quad v = v_1 + v_2. \tag{5.21b}$$

Hier wird besonders deutlich, daß die Stoffmenge eine eigene (Basis-)Größe ist: die beiden Stoffmengen v_1 und v_2 lassen sich mittels Gl. (5.10) zu $v_1 = m_1/M_{molar}(1)$ und $v_2 = m_2/M_{molar}(2)$ ermitteln. Die auf der rechten Seite der zweiten Gleichung in (5.21b) stehende Größe v (Summe der Einzelstoffmengen) läßt sich aber nicht einfach aus $m = m_1 + m_2$ und Division durch eine molare Masse der Mischung berechnen. Die *Summe* der *Stoffmengen* ist dennoch definiert und gibt den Quotienten aus Gesamt-Teilchenanzahl und Avogadro-Konstante an. Zur genaueren Charakterisierung der Mischung benötigt man weitere Angaben über die Art und die Anteile der Komponenten (Abschn. 5.5.3.2). Hier wird auch deutlich, warum die Definition der Stoffmenge (Abschn. 5.5.1) sich ausdrücklich auf ein System *gleicher* Teilchen bezieht.

5.5.3.1 Relative Häufigkeit der Teilchen Sie wird definiert durch

$$f_1 = \frac{N_1}{N_1 + N_2}, \qquad f_2 = \frac{N_2}{N_1 + N_2}. \tag{5.22}$$

Man sieht sofort, daß stets $f_1 + f_2 = 1$.

5.5.3.2 Anteil (Gehalt) der Komponenten im Gemisch Wir definieren als Anteil (Gehalt) einer Komponente im Gemisch

Z = Ordnungszahl = Kernladungszahl = Protonenzahl

ζ = Anzahl isotoper Nuklide; ohne Klammer = Anzahl stabiler Nuklide, ( ) = Anzahl langlebiger natürlicher Nuklide, { } = Anzahl der Nuklide als Glieder natürlicher radioaktiver Reihen (für $Z > 80$), [ ] = Anzahl wichtiger künstlich hergestellter Nuklide.

ϱ_n = Dichte in $g\,cm^{-3}$ (bei den gasförmigen Stoffen in $mg\,cm^{-3}$) unter den Normbedingungen $p_n = 1,01325\,bar$, $T_n = 273,15\,K$ ($\vartheta_n = 0\,°C$), α, β, γ: Phasen.

A. Z. = Aggregatzustand unter Normbedingungen.

A_r = relative Atommasse des natürlichen Isotopengemisches, ^{12}C-Skala, Werte 1975 der Internationalen Atomgewichtskommission, Unsicherheit ± 1, bei gesternten Werten $\pm$ Einheiten der letzten Ziffer; [ ] A_r des wichtigsten Nuklids, i.a. desjenigen mit der größten Halbwertszeit. Bei Elementen, die im terrestrischen Material erhebliche Abweichungen im Isotopenmischungsverhältnis aufweisen, ist im Zahlenwert von A_r entsprechend weniger Stellen angegeben (s. z.B. Schwefel). { } = Glieder der natürlichen radioaktiven Reihen (für $Z > 80$), ( ) = langlebige natürliche Nuklide.

A = Nukleonenzahl radioaktiver Nuklide, die bisher in der Medizin Verwendung finden. Gruppierung in 4 Halbwertszeitgruppen: $T_{1/2}$ bis zu 2h: kursiv; $T_{1/2}$ = 2h bis 5 d: Magerdruck aufrecht; $T_{1/2}$ = 5 d bis 100 d: Fettdruck kursiv; $T_{1/2} > 100$ d: Fettdruck aufrecht. Nicht besetzte Gruppe: –. Zusatz „m" bedeutet „metastabiler (langlebiger) Zustand". Von $Z = 101$ bis 109 nur Angabe bisher hergestellter Nuklide, ohne medizinische Anwendung.

Fette Umrandung = Gase.

Symbole der Elemente, die nicht in der Natur vorkommen – weder stabil noch radioaktiv sind im Magerdruck gegeben. Elementnamen: International empfohlen: Hydrogen, Carbon, Nitrogen, Oxygen, Sulfur, Bismut, Lanthanoide, Actinoide.

Bei Ku/Rf, Ha und 106 noch keine Internationale Einigung (1993).

Ia

1	2
0,090 (H₂)	
gasf	
H	
Hydrogen	
Wasserstoff	
1,0079	
-; -; -; 3;	

IIa

3	2	4	1
0,534		1,87	
fest		fest	
Li		**Be**	
Lithium		Beryllium	
6,941*		9,01218	
		-; -; 7; -;	

11	1	12	3
0,97		1,74	
fest		fest	
Na		**Mg**	
Natrium		Magnesium	
22,98977		24,306	
-; 24; -; 22;			

IIIb   IVb   Vb   VIb   VIIb   VIII

19 2+(1)	20 6	21 1	22 5	23 1+(1)	24 4	25 1	26 4	27
0,86	1,55	2,99	4,52	5,96	6,93	7,20	7,86	8,90
fest	fest	fest	fest	fest	fest	fest	fest	fest
K	**Ca**	**Sc**	**Ti**	**V**	**Cr**	**Mn**	**Fe**	
Kalium	Calcium	Scandium	Titan	Vanadium	Chrom	Mangan	Eisen	
39,0983	40,08	44,9559	47,90*	50,9414*	51,996	54,9380	55,847*	58,9332
-; 42; -; -;	-; 47; -; 45;	-; 44; 46; -;	-; -; -; 44;	-; -; 48; 49;	-; -; 51; -;	-; -; 52; 54;	-; 52; 59; 55;	-; -; 58;

37 1+(1)	38 4	39 1	40 5	41 1	42 7	43 [3]	44 7	45
1,53	2,60	4,50	6,50	8,55	10,21	11,50	12,60	12,40
fest	fest	fest	fest	fest	fest		fest	fest
Rb	**Sr**	**Y**	**Zr**	**Nb**	**Mo**	**Tc**	**Ru**	**Rh**
Rubidium	Strontium	Yttrium	Zirconium	Niob	Molybdaen	Technetium	Ruthenium	
85,4678	87,62	88,9059	91,22	92,9064	95,94	[96,906]	101,07	102,9055
-; 81; 86; -; 84;	-; 87; 89; 90; 85;	-; 90; 91; 88;	-; -; 95; -;	-; -; 95; -;	-; 99; -; 93;	-; 99; -; -;	-; -; 103; 106;	-; -; 192;

55 1	56 7	57 1+(1)	72 5+(1)	73 1+(1)	74 5	75 1+(1)	76 6	77
1,87	3,50	6,18	13,36	16,60	19,30	20,53	22,48	22,42
fest	fest	fest	fest	fest	fest	fest	fest	fest
Cs	**Ba**	**La**	**Hf**	**Ta**	**W**	**Re**	**Os**	
Caesium	Barium	Lanthan	Hafnium	Tantal	Wolfram	Rhenium	Osmium	
132,9054	137,33	138,9055*	178,49*	180,9479*	183,85*	186,207	190,2	192,22*
-; 129; 131; 134; 137;	137m; -; 131; -; 140; -;	-; 140; -; -;	-; -; 175; -; 181;	-; -; -; 182;	-; 187; 185; 181;	-; 188; 184; -; 186; 183;	-; 193; 101; -;	-; -; 192;

Lanthanoide:

58 3+(1)	59 1	60 6+(1)	61 [1]	62 4+(3)	63
6,70	6,70	6,90	–	7,50	5,245
fest	fest	fest	fest	fest	fest
Ce	**Pr**	**Nd**	**Pm**	**Sm**	**Eu**
Cer	Praseodym	Neodym	Promethium	Samarium	151,96
140,12	140,9077	144,24*	[144,913]	150,4	-; -; -; 15
-; 143; 141; 139; ; 144;	-; -; 143; -; 142;	-; -; 147; -;	-; -; -; 147;	-; 153; -; -;	15 15

87 {1}	88 {4}	89 {2}	104 [37]	105 [37]	106 [27]	107 [2]	108 [2]	109
–	5,00	–						
fest/ flüssig	fest	fest	**Ku**	**Ha**	**106**	**Ns**	**Hs**	**Mt**
Fr	**Ra**	**Ac**	Kurchatovium	Hahnium		Nielsbohrium	Hassium	Meitr
Francium	Radium	Actinium	**Rf**					
{223,0198}	{226,0254}	{227,028}	Rutherfordium	257,263		[264,265]	[266]	
			255; 257; 261;	257; 260; 262;				

Actinoide:

90 {1}+{5}	91 {2}	92 {(2)}+{1}	93 [4]	94 [6]	95
11,72	15,37	18,97	20,45	19,74	13,67
fest	fest	fest	fest	fest	fest
Th	**Pa**	**U**	**Np**	**Pu**	**Am**
Thorium	Protactinium	Uran	Neptunium	Plutonium	243,061
{(232,0389)}	{231,0359}	238,029	[237,0482]	[244,064]	[243,061]
					-; -; -; 241

Fig. 5.10 Periodensystem der Elemente

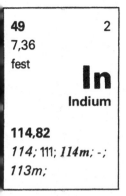

49   **2**
7,36
fest

In
Indium

114,82
114; 111; 114m; -;
113m;

VIIIa

2	2
0,178	
gasf	**He**
	Helium
4,00260	

IIIa	IVa	Va	VIa	VIIa

5 2	6 2	7 2	8 3	9 1	10 3
2,34 fest **B**	2,24 Graphit / 2,22 Diamant fest **C**	1,25 (N₂) gasf **N**	1,43 (O₂) gasf **O**	1,70 (F₂) gasf **F**	0,90 gasf **Ne**
Bor	Carbon Kohlenst.	Nitrogen Stickstoff	Oxygen Sauerstoff	Fluor	Neon
10,81	12,011 / *11; -; -; 14;*	14,0067 / *13;-; -; -;*	15,9994* / *15 ;-; -;-;*	18,998403 / *18; -; -; -;*	20,179*

13 3	14 3	15 1	16 4	17 2	18 3
2,70 fest **Al**	2,42 fest **Si**	1,82 fest (weiß) **P**	1,96 fest (monokl.) **S**	3,21 (Cl₂) gasf **Cl**	1,78 gasf **Ar**
Aluminium	Silicium	Phosphor	Sulfur Schwefel	Chlor	Argon
26,98154 / *-; -; -; 26;*	28,0855	30,97376 / *-; -; 32; -;*	32,06 / *-; -; 35; -;*	35,453 / *-; -; -; 38;*	39,948

Ib	IIb

5 29 2	30 5	31 2	32 5	33 1	34 6	35 2	36 6
8,92 fest **Ni** / **Cu**	7,14 fest **Zn**	5,91 fest **Ga**	5,35 fest **Ge**	5,72 fest **As**	4,82 fest **Se**	3,12 flüssig **Br**	3,74 gasf **Kr**
Nickel / Kupfer	Zink	Gallium	Germanium	Arsen	Selen	Brom	Krypton
63,546 / *-; 64; -; -;*	65,38 / *-; -; -; 65;*	69,72 / *68; 72; -; -;*	72,59* / *-; -; 71; -;*	74,9216 / *-; 76; 74; -;*	78,96* / *-; -; -; 75;*	79,904 / *-; 82; -; -; 77;*	83,80 / *81; -; -; -;*

6 47 2	48 8	49 2	50 10	51 2	52 8	53 1	54 9
10,50 fest **Pd** / **Ag**	8,65 fest **Cd**	7,36 fest **In**	α5,75 β7,28 fest (weiß) **Sn**	6,69 fest **Sb**	6,25 fest **Te**	4,93 fest **I**	5,90 gasf **Xe**
adium / Silber	Cadmium	Indium	Zinn	Antimon	Tellur	126,9045 lod	Xenon
107,868 / *-; -; 111; 110m;*	112,41 / *-; 115m; -; 109; 115;*	114,82 / *114;111;114 m;-; 113m;*	118,69 / *-; 121; -; 113;*	121,75* / *-; 122; 124; 125;*	127,60 / *-;127; 121; 127m; 132;*	*-;121; 125;-;* / *132; 131; 130; 123;*	131,30 / *-; -; 133; -;*

5+(1) 79 1	80 7	81 2+{4}	82 3+(1)+{4}	83 1+{5}	84 {7}	85 {3}	86 4
19,29 fest **Pt** / **Au**	13,6 flüssig **Hg**	11,85 fest **Tl**	11,34 fest **Pb**	9,80 fest **Bi**	— fest **Po**	— fest **At**	— gasf **Rn**
Platin / Gold	Quecksilber	Thallium	Blei	Bismut	Polonium	Astat	Radon
196,9665 / *-; 198; -; -; 199;*	200,59* / *-; 197 m; 203; -; 197;*	204,37* / *-; 201; -; 204;*	207,2	208,9804 / *-; -; 206; 207; 205;*	[208,982]	[209,987]	{4} {222,018}

6+(1) 65 1	66 6+(1)	67 1	68 6	69 1	70 6	71 1+(1)
8,25 fest **Gd** / **Tb**	8,45 fest **Dy**	8,76 fest **Ho**	9,05 fest **Er**	9,29 fest **Tm**	7,00 fest **Yb**	9,82 fest **Lu**
linium / Terbium	Dysprosium	Holmium	Erbium	Thulium	Ytterbium	Lutetium
158,9254 / *51; -; -; 161; -;* / *53; 160;*	162,50*	164,9304 / *-; 166; -; -;*	167,26* / *-; -; 169; -;*	168,9342 / *-; -; -; 170;*	173,04 / *-; 175; 169; -;*	174,97 / *-; -; 177; -;*

[5] 97 [2]	98 [5]	99 [3]	100 [5]	101 [4]	102 [2]	103 [2]
Cm / **Bk**	**Cf**	**Es**	**Fm**	**Md**	**No**	**Lr**
urium / Berkelium	Californium	Einsteinium	Fermium	Mendelevium	Nobelium	Lawrencium
[247,070]	[251,080]	[254,088]	[257,095]	255, 256, 257, 258	255; 257	255; 256;

$$\text{Anteil (Gehalt)} \overset{\text{def}}{=} \frac{\text{Teilmenge}}{\text{Gesamtmenge}}. \tag{5.23}$$

Speziell ist der

$$\text{Massenanteil (Massengehalt)} \overset{\text{def}}{=} \frac{\text{Teilmasse}}{\text{Gesamtmasse}}, \tag{5.24}$$

also – mit dem Formelzeichen w_i für die Komponente i –

$$w_1 = \frac{m_1}{m_1 + m_2}, \qquad w_2 = \frac{m_2}{m_1 + m_2}, \qquad w_1 + w_2 = 1.$$

Eine veraltete Bezeichnung für den Massenanteil ist „Gewichtsprozent" (Gew. %), s. Abschn. 5.5.3.5.

Aus der Definition Gl. (5.23) folgt, daß der

$$\text{Stoffmengenanteil} \overset{\text{def}}{=} \frac{\text{Teilstoffmenge}}{\text{Summe der Stoffmengen}} \tag{5.25}$$

ist, also – mit dem Formelzeichen x_i für die Komponente i –

$$x_1 = \frac{v_1}{v_1 + v_2}, \qquad x_2 = \frac{v_2}{v_1 + v_2}, \qquad x_1 + x_2 = 1.$$

Den Stoffmengenanteil nennt man auch *Molenbruch*.

Während die Angabe des Stoffmengenanteils und des Massenanteils keine begrifflichen Schwierigkeiten mit sich bringt, muß bei der Angabe des *Volumenanteils* auf folgendes hingewiesen werden: werden zwei Flüssigkeiten, die unter gleichen äußeren Bedingungen (Temperatur und Druck) stehen, gemischt, so beobachtet man häufig, daß das Gesamtvolumen *nicht* gleich der Summe der Volumina vor der Herstellung der Mischung ist. Das liegt daran, daß die Moleküle aufeinander Kräfte ausüben. Wegen des im Mittel viel größeren Abstandes der Moleküle in einem Gas, ist bei Gasmischungen die Volumenänderung immer zu vernachlässigen (bei den idealen Gasen, Abschn. 8.3.3, verschwindet sie). Ist es von Interesse festzustellen, ob sich das Volumen der Mischung geändert hat, dann greift man zu besonderen Verfahren zur Bestimmung der „Partialvolumina" in der Mischung. Definieren wir den Volumenanteil – Formelzeichen φ_i für die Komponente i – durch

$$\text{Volumenanteil} \overset{\text{def}}{=} \frac{\text{Teilvolumen}}{\text{Gesamtvolumen}}, \tag{5.26}$$

so meint man mit „Teilvolumen" dasjenige in der Mischung, und das Gesamtvolumen ist das der fertigen Mischung. Nach dem eben Gesagten kann man nicht erwarten, daß diese Größen bei flüssigen Mischungen mit denjenigen vor der Mischung übereinstimmen. Ein solcher Vorbehalt braucht beim Stoffmengenanteil und Massenanteil nicht gemacht zu werden. – Bei Alkohol-Wasser-Gemischen (Spirituosen, Wein) ist es üblich, den Alkohol-*Volumen*-Anteil „Grad" (°) zu nennen.

Wie man aus der Definition der Größe „Anteil" sieht, heben sich die für Teilmenge und Gesamtmenge einzusetzenden Einheiten grundsätzlich heraus: der „Anteil" ist eine dimensionslose Größe. Es kann aber zweckmäßig sein, die Benennungen g/g (kg/kg) für den Massenanteil, mol/mol für den Stoffmengenanteil, sowie cm^3/cm^3 oder l/l für den Volumenanteil beizubehalten. – Wegen des Weghebens der Einheiten, kann auch die Prozent-Schreibweise benutzt werden. Es sei etwa $m_1 = 0,5\,g$, $m = 20\,g$. Dann ist der Massenanteil $w_1 = 0,5\,g/20\,g = 0,025$, oder $w_1 = 0,025 \cdot 100 \cdot 1/100 = 2,5\,\%$.

5.5.3.3 Konzentration der Komponenten im Gemisch

Die Konzentration einer Komponente ist die auf das Gesamt*volumen* bezogene Teilmenge

$$\text{Konzentration} \overset{\text{def}}{=} \frac{\text{Teilmenge}}{\text{Gesamtvolumen}}. \tag{5.27}$$

Demnach ist die

$$\text{Massenkonzentration (Formelzeichen } \varrho_i) \overset{\text{def}}{=} \frac{\text{Teilmasse}}{\text{Gesamtvolumen}} \tag{5.28}$$

und die

$$\text{Stoffmengenkonzentration (Formelzeichen } c_i) \overset{\text{def}}{=} \frac{\text{Teilstoffmenge}}{\text{Gesamtvolumen}}. \tag{5.29}$$

Die Einheiten sind $kg\,m^{-3}$ bzw. $mol\,m^{-3}$. Beide Größen sind volumenbezogene Größen, die wir früher mit „Dichte" bezeichnet haben. Man kann daher auch ϱ_i die Partialdichte nennen, c_i wird auch kurzweg Konzentration genannt. Die vielfach noch verwendete Bezeichnung für die Stoffmengenkonzentration ist „Molarität", und man spricht z.B. von einer 0,1-molaren Lösung. Nachteilig ist bei dieser Formulierung, daß man die Einheit nicht erkennen kann. Besser sagt man: die Molarität der Lösung ist $c = 0,1\,mol/l$. Falsch ist die Bezeichnung „molare Konzentration", denn molare Größen sind anders definiert (Abschn. 5.5.2.1).

Beispiel 5.2 In einer Tabelle über *Normal-Labordaten* für den Menschen findet sich die Gegenüberstellung: Glukose, Normalwert 70 bis 100 mg/100 ml entspricht 3,89 bis 5,55 mmol/l, d.h.

$$1\,mg/100\,ml \triangleq 0,0555\,mmol/l \quad \text{bzw.} \quad 1\,mmol/l \triangleq 18,02\,mg/100\,ml.$$

Es handelt sich um Entsprechungen von Massen- und Stoffmengenkonzentrationen. – Aus der Definition der molaren Masse M_{molar}, Gl. (5.10), folgt für den Zusammenhang von Masse m und Stoffmenge ν

$$m = \nu M_{molar} = \nu M_r \frac{g}{mol}.$$

Setzt man hierin $\nu = 1\,mol$ ein, so wird $m = M_r\,g$. Wir erhalten also die Entsprechung

$$\nu = 1\,mol \triangleq m = M_r\,g.$$

Zur Auswertung benötigen wir die relative Molekülmasse von Glukose. Sie folgt aus der Bruttoformel $C_6H_{12}O_6$ zu $M_r = 180,2$. Für diesen Stoff gilt also

$$1\,mol \triangleq 180,2\,g.$$

Es folgt für die Konzentrationen

$$1 \frac{mmol}{l} = 180,2 \cdot 10^{-3} \frac{g}{l} = 18,02 \frac{mg}{100\,ml}$$

und $\quad 1 \frac{mg}{100\,ml} = \frac{1}{180,2} 10^{-3} \frac{mol}{100\,ml} = 0,0555 \frac{mmol}{l}.$

Beispiel 5.3 Für die *Zusammensetzung der Zelle* findet man die Daten der Tab. 5.4 (Giese, A.C.: Cell Physiology. 3. Aufl. Philadelphia-London-Toronto 1968).

Tab. 5.4 Zusammensetzung der Zelle

Stoff	Massenanteil	relative Molekülmasse	Molarität c = Stoffmengen-konzentration	relative Mole-külanzahl
	%	M_r	in mol/l	$f/f_{Protein}$
Wasser	85	18	47,2	$1,4.10^4$
Protein	10	36 000	0,0028	1
DNS	0,4	10^6	4.10^{-6}	–
RNS	0,7	40 000	$1,75 \cdot 10^{-4}$	–
Lipide	2	700	0,028	10
andere organische Stoffe	0,4	250	0,016	6
anorganische Stoffe	1,5	55	0,272	100

Die Umrechnung des Massenanteils in die Molarität sei am Stoff RNS demonstriert. Der Massenanteil ist immer eine Angabe, die sich auf die Masse der Lösung bezieht, während die Molarität eine Konzentration ist, die sich auf das Volumen der Lösung bezieht. Masse und Volumen lassen sich nur mit Hilfe der Dichte der Lösung ineinander umrechnen. Wir nehmen hier an, was durch Messungen gerechtfertigt ist, daß die Dichte praktisch $\varrho_{Lösung} = 1\,g\,cm^{-3}$ ist, so daß 1000 g Lösung praktisch 1000 cm³ Lösung entsprechen. Die in 100 g Lösung ($\hat{=}$ 100 cm³ Lösung) gelöste Stoffmenge RNS ist dann $v_{RNS} = 0,7\,g/40000\,g\,mol^{-1} = 1,75 \cdot 10^{-5}\,mol$, also die Molarität $c_{RNS} = 1,75 \cdot 10^{-5}\,mol/100\,cm^3 = 1,75 \cdot 10^{-4}\,mol/l$.

5.5.3.4 Molalität Diese Größe ist durch die Definition

$$\text{Molalität} \overset{def}{=} \frac{\text{Stoffmenge des gelösten Stoffes}}{\text{Masse des Lösungsmittels}} \qquad (5.30)$$

gegeben (Formelzeichen b_i für die Komponente i), oder $b_i = v_i/m$ mit der Einheit mol kg^{-1}. Die Ausdrucksweise „0,05 molale Lösung" ist zwar üblich, besser ist: die Molalität der Lösung ist $b = 0,05\,mol\,kg^{-1}$.

5.5.3.5 Einige Ergänzungen Das (dimensionslose) Verhältnis zweier Größen (Massen, Stoffmengen, Volumina, z.B. zweier Komponenten in einem Gemisch) kann man unter Benutzung verschiedener Abkürzungen angeben. Ein solches Verhältnis sei z.B. $a = 0,02$. Man kann die Umschreibung vornehmen

$$a = 0,02 = 2 \cdot 10^{-2} = 2 \cdot 10^{-2} \cdot 100 \cdot \frac{1}{100} = 2\%,$$

oder $\quad a = 2 \cdot 10^{-2} \cdot 1\,000 \cdot \frac{1}{1\,000} = 20\%_0 \cdot$

Ist ein solches Verhältnis noch kleiner, so bevorzugt man auch die Angabe in „ppm" = partes per millionem (englisch: parts per million),

$$a = 0,0002 = 2 \cdot 10^{-4} \cdot 10^6 \frac{1}{10^6} = 200\,\text{ppm}\,.$$

Es sei noch darauf hingewiesen, daß es unklare Angaben gibt, die man unter Verwendung der in den vorhergehenden Abschnitten definierten Größen vermeiden sollte, und die hier nur erwähnt werden, weil man in der älteren Literatur noch entsprechende Angaben findet. Z.B. wird bei festen Mischungen für die (kleine) Komponente die Teilmasse in mg angegeben, die in einer Gesamtmasse von 100 g enthalten ist. Oder bei Lösungen wird die Teilmasse des gelösten Stoffes in mg angegeben, enthalten in 100 g Lösung. Das Verhältnis der beiden jeweiligen Größen ist tatsächlich der Massenanteil, der in ppm oder $\%_0$ anzugeben ist. Statt dessen findet man noch die Angabe in „Milligrammprozent" (mg%),

$$1\,\text{mg}\,\% \overset{\text{def}}{=} \frac{10^{-3}\,\text{g gelöster Stoff}}{100\,\text{g Lösung}},$$

also $\quad 1\,\text{mg}\,\% \triangleq w_i = 10^{-5} = 10^{-3}\% = 10\,\text{ppm}.$

Man findet auch für Lösungen noch Angaben in mg%, und es wird damit eigentlich die Massenkonzentration gemeint: Milligramm des gelösten Stoffes in $100\,\text{cm}^3$ Lösung.

Beispiel 5.4 Die Anzahl N der Aspirin®-Moleküle in einer Tablette der Masse $m = 0,5\,\text{g}$ berechnet man mittels der relativen Molekülmasse M_r des Stoffes mit der chemischen Bruttoformel $C_9H_8O_4$, $M_r = 9 \cdot 12 + 8 \cdot 1 + 4 \cdot 16 = 180$. Es ist

$$\frac{N}{N_A} = \frac{m}{M_{\text{molar}}} = \frac{0,5\,\text{g}}{180\,\text{g mol}^{-1}}, \qquad N = 6 \cdot 10^{23}\,\text{mol}^{-1} \frac{0,5}{180}\,\text{mol} = 1,67 \cdot 10^{21}.$$

Löst man eine Tablette in einer mit 250 l Wasser gefüllten Badewanne auf (obwohl Acetylsalicylsäure in Wasser schwer, in Äthanol leicht löslich ist), so erhält man eine Lösung mit dem Massenanteil

$$w = \frac{0,5\,\text{g}}{250 \cdot 10^3\,\text{g} + 0,5\,\text{g}} = 2 \cdot 10^{-6} = 10^{-5,7}.$$

Wir haben dabei den Massenanteil, wie in der Homöopathie üblich, als Exponenten von 10 berechnet. Man gibt die Verdünnung mit Dx an, wobei $x = -\log w$ der negative Zehnerlogarithmus des Massenanteils ist, also ist hier die Verdünnung $D\,5,7$. – In einem Teelöffel ($4\,\text{cm}^3$) dieser Mixtur befinden sich dann immer noch $m = 4\,\text{g} \cdot 2 \cdot 10^{-6} = 8\,\mu\text{g}$ des gelösten Stoffes, und das sind $N = 2,67 \cdot 10^{16}$ Moleküle Aspirin®.

Beispiel 5.5 Für das Präparat Alymphon® wird in der Roten Liste für 100 g Gesamtmasse die folgende Zusammensetzung angegeben: Calcium carbonicum H. (= Hahnemanni = nach

Hahnemann) $D\,30$, Fucus (= Blasentang) $D\,6$, Graphites $D\,30$, Lycopodium (=Bärlapp-samen) $D\,30$, Sulfur $D\,30\ \overline{a}\overline{a}$ (= zu gleichen Teilen) 0,2 g, Faex (= Hefe) 20 g. Normalpackung 80 g. – Wir berechnen die Anzahl N_S der Schwefelatome in der Handelspackung. Der Massenanteil 0,2 g/100 g trägt die Bezeichnung $D\,30$, d.h. der Schwefel-Massenanteil ist

$$w_S = 10^{-30}\,\frac{0,2\,\text{g}}{100\,\text{g}} = 2 \cdot 10^{-33},$$

und daher die Schwefelmasse in der Handelspackung

$$m_S = 80\,\text{g} \cdot 2 \cdot 10^{-33} = 1,6 \cdot 10^{-31}\,\text{g}.$$

Die Anzahl der Schwefelatome in der Handelspackung ist (Berechnung wie in Beispiel 5.4)

$$N_S = N_A\,\frac{m_S}{M_{\text{molar,s}}} = 6 \cdot 10^{23}\,\text{mol}^{-1}\,\frac{1,6 \cdot 10^{-31}\,\text{g}}{32\,\text{g/mol}} = 3 \cdot 10^{-9}$$

Atome. Die Menge, die man kaufen müßte, um dabei ein Schwefelatom mitzubekommen wäre demnach

$$m = 80\,\text{g}\,\frac{1}{3 \cdot 10^{-9}} = 2,7 \cdot 10^{10}\,\text{g} = 2,7 \cdot 10^7\,\text{kg} = 27\,000\ \text{Tonnen}.$$

Gemäß Aussage der Homöopathen ist allerdings der Massenanteil des relevanten Stoffes in der Arznei nicht relevant. Im Falle einer Lösung in Weingeist zum Beispiel soll nach Hahnemann der gelöste Stoff die *Struktur* des Lösungsmittels verändern. Bei Verdünnung der Urtinktur, die mit Schütteln verbunden ist, darf der gelöste Stoff ausgeschwemmt werden, wohingegen die veränderte Struktur des Lösungsmittels (Wasser, Weingeist, ...) durch das Schütteln potenziert wird.

Die moderne Physik stellt viele äußerst empfindliche Strukturbestimmungsmethoden zur Verfügung, wodurch eine derartige Hypothese geprüft werden könnte.

6 Körper und Materie im mechanischen Gleichgewicht

6.1 Gleichgewicht, Kräfteaddition und Kräftezerlegung

Im menschlichen Körper kommt es zu einer Vielzahl von Bewegungen, die von Kräften verursacht werden: Bewegung der Gliedmaßen, Strömung des Blutes und der Atemluft, Bewegung von Ionen durch Zellmembranen, usf. Bei vielen Wirkungen von Kräften kommt es aber nicht auf Bewegungen sondern auf die erzielten Verformungen der Materie an. In diesem Fall hat man physikalisch das Verhalten der Materie im *Gleichgewicht* zu untersuchen, d. h. in einem Zustand, wo der Körper (und seine Teile) in Ruhe ist (der Zustand der gleichförmig, geradlinigen Bewegung braucht nicht betrachtet zu werden, er liefert nichts Neues). Das erfordert nach dem I. und II. Newtonschen Axiom Gl. (3.22), daß keine resultierende Kraft auf den Körper wirkt. Zusätzlich darf aber auch kein resultierendes Drehmoment vorhanden sein, damit auch keine Drehbewegungen auftreten. Beide physikalischen Forderungen werden durch Vektorbeziehungen ausgedrückt. Die *Vektorsumme der Kräfte* muß verschwinden,

$$\vec{F}_1 + \vec{F}_2 + \vec{F}_3 + \ldots + \vec{F}_n = \sum_{i=1}^{n} \vec{F}_i = 0, \tag{6.1}$$

das gleiche muß für die *Vektorsumme der Drehmomente* gelten,

$$\vec{M}_1 + \vec{M}_2 + \vec{M}_3 + \ldots + \vec{M}_m = \sum_{j=1}^{m} \vec{M}_j = 0. \tag{6.2}$$

Zur Illustration sind in Fig. 6.1 bis 6.4 einige einfache Beispiele aufgezeichnet. Der in Fig. 6.1 dargestellte Körper bleibt nur dann in Ruhe, wenn die angreifende Kraft $\vec{F}$ durch eine entgegengesetzte, gleich große Kraft $\vec{F}_1 = -\vec{F}$ kompensiert wird. Die Kraft kann aber längs ihrer Wirkungslinie WL verschoben werden (s. auch Fig. 3.16), also

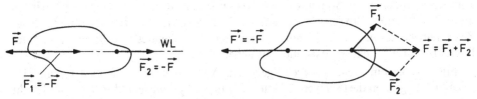

Fig. 6.1 Die angreifende Kraft $\vec{F}$ wird durch $\vec{F}_1$ oder $\vec{F}_2$ kompensiert

Fig. 6.2 Die beiden Kräfte $\vec{F}_1$ und $\vec{F}_2$ werden durch *eine* Kraft $\vec{F}'$ kompensiert

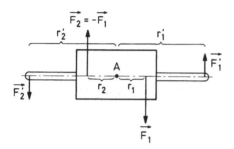

Fig. 6.3
Das rechts-drehende Kräftepaar $\vec{F}_1$, $\vec{F}_2$ wird durch ein links-drehendes Kräftepaar $\vec{F}_1'$, $\vec{F}_2'$ kompensiert. Die Beträge der Kräfte sind paarweise gleich: $F_1 = F_2$ und $F_1' = F_2'$

kann die Kraft $\vec{F}$ auch durch die Kraft $\vec{F}_2 = -\vec{F}$ aufgehoben werden. Damit ist ebenfalls die Beziehung (6.1) erfüllt, und der Körper ist im Gleichgewicht.

In Fig. 6.2 setzen wir die angreifenden Kräfte zunächst zu einer resultierenden Kraft $\vec{F} = \vec{F}_1 + \vec{F}_2$ zusammen, indem wir in der Zeichnung $\vec{F}_2$ an $\vec{F}_1$ anfügen (oder $\vec{F}_1$ an $\vec{F}_2$; vgl. auch Abschn. 3.2.1) und damit das „Parallelogramm der Kräfte" bilden. Der Körper ist dann im Gleichgewicht, wenn wir die resultierende Kraft $\vec{F}$ durch die Kraft $\vec{F}' = -\vec{F}$ kompensieren, die an einem beliebigen Punkt der Wirkungslinie von $\vec{F}$ angreifen kann.

Das Beispiel in Fig. 6.3 zeigt, daß durch die Wahl von $\vec{F}_2 = -\vec{F}_1$ zwar der Beziehung (6.1) Genüge getan ist, aber es bleibt ein Drehmoment übrig, weil die Wirkungslinien der beiden Kräfte nicht zusammenfallen: das *Kräftepaar* $\vec{F}_1$, $-\vec{F}_1$ antiparalleler Kräfte erzeugt ein Drehmoment. Wir berechnen es nach Gl. (3.30). Der Kraftarm zur Kraft F_1 bezüglich des Drehpunktes A ist r_1, derjenige der Kraft F_2 ist r_2. Damit ist das Drehmoment $M = F_1 r_1 + F_2 r_2 = F_1 (r_1 + r_2)$. Das Drehmoment ist aber ein Vektor, der im vorliegenden Beispiel senkrecht auf der Zeichenebene steht und in diese *hinein*weist. Das Drehmoment würde eine Drehung „rechts herum" einleiten. Es muß durch ein „links-drehendes" Drehmoment aufgehoben werden, z. B. ausgeübt durch die Haltekräfte $\vec{F}_1'$ und $\vec{F}_2'$ in Fig. 6.3. Für dieses muß, um die Beziehung (6.2) zu befriedigen, gelten

$$F_1' r_1' + F_2' r_2' = F_1 r_1 + F_2 r_2, \quad F_1' (r_1' + r_2') = F_1 (r_1 + r_2). \tag{6.3}$$

Da es nur auf die Gleichheit der Drehmomente ankommt, also das Produkt von Kraft und Kraftarm, so hat man eine gewisse Freiheit, diese Gleichheit zustande zu bringen: große Kraft und kleiner Arm oder kleine Kraft und großer Arm (wie in Fig. 6.3 gezeichnet). – Interessant ist auch die Frage nach der Richtung des Vektors des kompensierenden Drehmomentes. Wir wissen schon, daß es „links herum" wirken muß. Das bedeutet, daß sein Vektor auf der Zeichenebene senkrecht steht und aus der Zeichenebene *heraus* weist. Damit können sich antreibendes und kompensierendes Drehmoment als Vektor tatsächlich aufheben.

In Fig. 6.4a ist ein Gehänge wiedergegeben. An dem über die Rollen R_1 und R_2 gelegten Seil greifen die (Schwer-)Kräfte $F_1 = m_1 g$, $F_2 = m_2 g$ und $F = mg$ senkrecht nach unten an. Durch R_1 wird die Seilkraft F_1 zum Aufhängepunkt A von m umgelenkt, ebenso durch R_2 die Kraft F_2. Dabei bleibt die Größe der Kräfte F_1, F_2

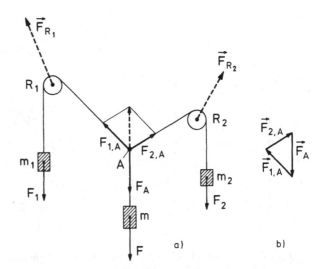

Fig. 6.4
Kräftegleichgewicht an einem der
Schwerkraft unterworfenen Ge-
hänge

erhalten, nur ihre Richtungen ändern sich (Seilzugrichtung), es ist (vgl. Fig. 6.4a) $F_{1,A}$ $= F_1$ und $F_{2,A} = F_2$. Im Gleichgewicht ist der Punkt A in Ruhe, d. h. die Summe der Kräfte in A ist gleich null, oder $\vec{F}_{1,A} + \vec{F}_{2,A} + \vec{F}_A = 0$ (s. Fig. 6.4b). Aus dem geschlossenen Vektordreieck ergeben sich die Winkel, unter denen sich die beiden Seile in A einstellen. – Damit das *ganze System* im Gleichgewicht ist, müssen den nach unten wirkenden Kräften F_1, F_2 und F nach oben wirkende Kräfte das Gleichgewicht halten: es sind die in den Rollenlagern wirkenden Reaktionskräfte (Auflagerkräfte) $\vec{F}_{R_1}$ und $\vec{F}_{R_2}$. Ihre Vertikalkomponenten kompensieren die Schwerkräfte F_1, F_2 und F, ihre Horizontalkomponenten die Horizontalkomponenten der Seilzüge.

Die besprochenen Beispiele waren so beschaffen, daß die Kräfte in einer Ebene lagen. Besondere Schwierigkeiten bei der Bildung der Summe von Kräften treten dann auf, wenn die *Wirkungslinien windschief* sind, sich also nicht schneiden. Man kann aber zeigen, daß jeder Versuch der *Zusammensetzung von beliebigen Kräften* dazu führt, daß eine *Einzelkraft* und ein *Einzel-Kräftepaar* übrig bleibt. Werden sie kompensiert, dann ist das System im Gleichgewicht. – Neben der Bildung der Summe von Kräften ist die *Zerlegung von Kräften* von ebenso großer Bedeutung. Dabei ist unter Zerlegung eine „geeignete" Zerlegung zu verstehen, nämlich eine Zerlegung mit deren Hilfe eine vorgelegte Aufgabenstellung durchsichtig und lösbar gemacht wird.

Beispiel 6.1 Fig. 6.5 enthält eine Skizze der menschlichen Beckenknochen. Die Gewichtskraft des Rumpfes ist $\vec{G}_0$. Sie wirkt vertikal nach unten und muß durch Stützkräfte aufgehoben werden, sonst würde der Mensch frei fallen. Die Stützkräfte werden mit Hilfe der Beine ausgeübt, und zwar an den Punkten A und A'. Daher müssen wir $\vec{G}_0$ in die beiden parallel-orientierten Kräfte $\vec{G}_0/2$ zerlegen, die beide vertikal nach unten wirken. Sie werden durch die Stützkräfte $-\vec{G}_0/2$ in den Punkten A und A' genau aufgehoben.

Beispiel 6.2 Um die Belastung insbesondere des Oberschenkelhalsknochens zu verstehen, ist in Fig. 6.6 eine weitere Zerlegung der Kräfte vorgenommen. Die Gewichtskräfte $\vec{G}_0/2$ wurden in zwei Komponenten $\vec{F}_1$, $\vec{F}_1'$ zerlegt, die senkrecht zur Verbindungslinie AB (bzw. $A'B'$) wirken

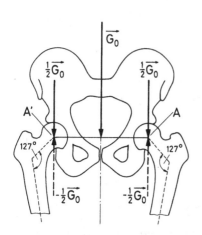

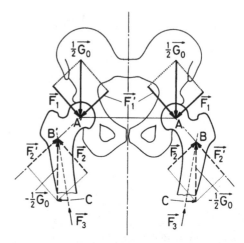

Fig. 6.5 Die Gewichtskraft $\vec{G}_0$ des Rumpfes wird durch zwei halb so große Stützkräfte in A und A' aufgehoben

Fig. 6.6 Die über die Beine übertragenen Stützkräfte $\vec{F}_3$ bewirken am Oberschenkelhals eine Druck- und eine Drehmomentbelastung

bzw. in Richtung dieser Verbindungslinie. Die gleiche Zerlegung erfolgt mit den Stützkräften in den Punkten B und B'. Man erkennt, daß die Kräfte $\vec{F}_1'$ und $\vec{F}_2'$ den Oberschenkelhals auf Druck beanspruchen. Die Kräfte $\vec{F}_1$ und $\vec{F}_2$ dagegen bilden ein Kräftepaar, welches versucht, den Knochen im Hüftgelenk zu drehen. Diesem wird das Gleichgewicht durch Muskelkräfte gehalten, die den Knochen „festhalten". Insgesamt ist also der Oberschenkelhalsknochen zwei physikalisch verschiedenen Beanspruchungen unterworfen: einer Druckkraft und einem Drehmoment. Weiteres hierzu s. Abschn. 6.3.3.1.

Beispiel 6.3 Durch die *Kaumuskulatur* werden die Kaukräfte erzeugt (Fig. 6.7). Die Muskeln M_1 und M_2 (musculus temporalis und musculus masseter) können zwei sich ergänzende und verstärkende Drehmomente der Kräfte $\vec{F}_1$ und $\vec{F}_2$ um den Drehpunkt A des Unterkiefers aus-

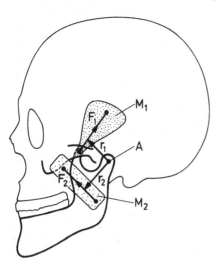

Fig. 6.7
Kaumuskulatur, Kaukräfte und Kaudrehmomente (schematisch)

üben. Das Gesamtdrehmoment ist $r_1 F_1 + r_2 F_2$. Befindet sich das Kaugut im Abstand r vom Drehpunkt A, so ist die dort ausgeübte Kaukraft

$$F_{Kau} = \frac{1}{r}(r_1 F_1 + r_2 F_2).\qquad(6.4)$$

Sie ist um so größer je kleiner r ist, es werden die größten Kaukräfte also mit den Backenzähnen ausgeübt.

Beispiel 6.4 In Fig. 6.8 und 6.9 sind Skizzen der anatomischen Gegebenheiten am menschlichen Oberarm enthalten. Der Bizepsmuskel B ist an der Schulter und der Speiche (radius) befestigt. Kontraktion dieses Muskels führt zur Hebung des Unterarms (und Drehung der Hand). Der Oberarmmuskel T (Trizeps) ist unten an der Elle (ulna) befestigt, weiter oben am Oberarmknochen. Wird dieser Muskel kontrahiert, dann wird der Unterarm gestreckt. Es handelt sich hier um typische Beispiele für die Betätigung durch Muskeln: sie werden immer nur kontrahiert, ihre Wirkungen können entgegengesetzt sein.

Der *Bizepsmuskel* tritt in Tätigkeit, wenn der Unterarm angehoben wird, in Fig. 6.8 dargestellt mit Belastung durch ein Gewichtsstück. Es herrscht Gleichgewicht zweier Drehmomente. Das eine wird von der Last rechts herum ausgeübt, das andere durch den Bizeps links herum. Infolgedessen gilt die Beziehung

$$F \cdot R_L = F_{B\perp} \cdot r_B\qquad(6.5)$$

in welcher R_L und r_B vom Drehpunkt aus zu rechnen sind (Achse der Rolle, Fig. 6.8). Im Mittel ist beim Menschen $r_B : R_L = 1 : 10$, und damit muß die ausgeübte Muskelkraft

$$F_{B\perp} = 10 \cdot F$$

sein. Hält man ein Gewichtsstück von 10 kg Masse in der Hand, so ist $F = g \cdot 10\,kg = 100\,N$, und damit $F_{B\perp} \approx 1000\,N$. Das ist eine Kraft, die man anwenden müßte, um an der Erdoberfläche ein Gewichtstück von 100 kg Masse anzuheben.

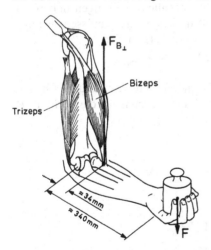

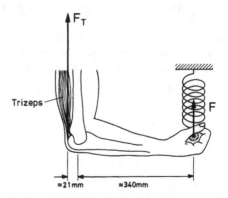

Fig. 6.8 Wird der Bizepsmuskel angespannt, so wird die belastete Hand angehoben. Gezeichnet ist nur die senkrecht nach oben gerichtete Kraft. Die Gesamtkraft hat eine etwas zur Schulter geneigte Richtung

Fig. 6.9 Wird der Trizepsmuskel angespannt, dann wird auf die Feder eine Zugkraft ausgeübt, die entgegengesetzt gleich der Federkraft F ist

Beispiel 6.5 Die geometrischen Verhältnisse sind beim *Trizeps-Muskel* ein wenig anders. In Fig. 6.9 ist ein Belastungsfall dargestellt, der den Trizeps-Muskel in Tätigkeit setzt: man zieht an einer Feder, oder (wegen actio = reactio) die Feder zieht an der Hand mit der Kraft $F = F_{\text{Feder}}$ und erzeugt damit ein Drehmoment, welches links herum wirkt. Ihm wird das Gleichgewicht durch das Drehmoment gehalten, welches der Trizeps auf die Elle ausübt und welches rechts herum wirkt. Die vom Trizeps ausgeübte Zugkraft F_T folgt aus

$$F_T \cdot 21\,\text{mm} = F_{\text{Feder}} \cdot 340\,\text{mm} \quad \text{oder} \quad F_T = 16 \cdot F_{\text{Feder}}.$$

Die Summe der beiden Zugkräfte F_T und F_{Feder} setzt den Oberarmknochen einer Druckkraft aus. Sie ist im wesentlichen durch F_T bestimmt, ist also viel größer als F_{Feder}.

6.2 Schwerpunkt, Massenmittelpunkt, Standfestigkeit

Steckt man durch einen festen Körper (Fig. 6.10) eine beliebige Achse A hindurch und überläßt ihn an der Erdoberfläche sich selbst, so dreht er sich im allgemeinen um diese Achse und kommt nach einiger Zeit in einer bestimmten Lage zur Ruhe. Dann ist Gleichgewicht bezüglich der Drehungen erreicht. Der in Fig. 6.10 gezeichnete Körper begibt sich aus den Lagen 1 und 2 in die Endlage 3. Wir zeichnen eine vertikale Gerade V ein, die den Durchstoßpunkt der Drehachse enthält (sie ist eigentlich die Spur einer Vertikalebene, die die Drehachse enthält). Auf alle Massenelemente Δm_i, in die wir den Körper aufgeteilt denken können, wirkt jeweils die Erdanziehung und erzeugt eine vertikal nach unten gerichtete Kraft $\Delta G_i = \Delta m_i\, g$. Jede dieser Einzelkräfte erzeugt um die Drehachse ein Drehmoment der Größe $\Delta M_i = \Delta m_i\, g\, x_i$, wobei x_i der Kraftarm des Massenelementes Δm_i ist (Fig. 6.11). Die Massenelemente links von der Vertikalen V erzeugen damit ein Drehmoment links herum, alle Massenelemente rechts von V ein Drehmoment rechts herum. Da wir Gleichgewicht bezüglich Drehungen haben, so muß nach Gl. (6.2) die Summe aller Drehmomente Null sein, oder: es müssen die links und die rechts herum wirkenden Drehmomente einander gleich sein,

$$\sum_i \Delta M_{i,\text{links}} = \sum_i \Delta m_i\, g\, x_{i,\text{links}} = \sum_j \Delta M_{j,\text{rechts}} = \sum_j \Delta m_j\, g\, x_{j,\text{rechts}}.$$

Man sieht, daß sich g herauskürzt, d.h. wir erhalten eine Beziehung für die *Massenverteilung*. Der Körper hat sich in eine solche Lage begeben, daß die Vertikale V gerade so liegt, daß, in einer Formel ausgedrückt,

$$\sum_i x_i \Delta m_i = 0 \quad \text{oder} \quad \int_K x\,\mathrm{d}m = 0. \tag{6.6}$$

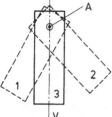

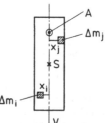

Fig. 6.10 Die Gleichgewichtslage des um A drehbaren Körpers ist die Position 3

Fig. 6.11 Zur Ableitung der Gleichgewichtsbedingung Gl. (6.6)

Wir haben dabei in Gl. (6.6) die Abstände links von der Vertikalen mit negativem Vorzeichen einzutragen, diejenigen rechts von der Vertikalen mit positivem. Das Symbol K am Integral soll heißen, daß die Summation (Integration) über alle Massenelemente des Körpers K auszuführen ist.

Nimmt man irgendeine andere, zur bisherigen parallele Achse und wiederholt den Versuch, so kommt der Körper im allgemeinen in einer anderen Lage zur Ruhe. Die neue Vertikale schneidet sicher die beim ersten Versuch gefundene, und stecken wir die Drehachse genau durch diesen Schnittpunkt, so beobachtet man, daß der Körper jetzt bei jeder Drehung sich nicht mehr in eine neue Lage begibt: geht die Drehachse durch diesen *besonderen Punkt*, dann ist der Körper bei wirksamer Schwerkraft *immer* im Gleichgewicht bezüglich Drehungen. Wir nennen diesen Punkt den *Schwerpunkt des Körpers*. Da wir sahen, daß sich letztlich die Fallbeschleunigung g heraushebt, die Ausnutzung der Schwerkraft also eigentlich nur ein Hilfsmittel war, um den Schwerpunkt S zu finden, so nennt man den Schwerpunkt auch *Massenmittelpunkt*. Es bleibt eigentlich nur noch zu zeigen, daß tatsächlich zu jeder Massenverteilung eines *ausgedehnten Körpers genau ein Schwerpunkt* gehört, den man sich fest im Körper markiert denken kann. Auf diesen Beweis verzichten wir hier. Ist die Dichte eines Körpers homogen, so sieht man bei einfachen Formen ihm an, wo der Massenmittelpunkt ist: Würfel, Kugel, Quader, Zylinder, und viele andere haben einen geometrischen Mittelpunkt, der der Schwerpunkt ist. Eine Hohlkugel hat jedoch auch einen Schwerpunkt: er ist das Zentrum der Kugel, und dieses ist nicht materiell ausgebildet, d.h. der Schwerpunkt braucht selbst nicht zum Körper materiell zu gehören. Bewegt sich der Körper, so bewegt sich der Schwerpunkt mit. In Fig. 6.12 sind zwei einfache Beispiele mit außergewöhnlichen Lagen des Schwerpunktes skizziert.

Die *Bedeutung des Schwerpunktes* liegt darin, daß man die Summe der Schwerkräfte auf die Teile eines Körpers auf eine einzelne Kraft zusammenziehen kann, die im Schwerpunkt angreift und die Gewichtskraft darstellt. Hängt man einen Körper an einer dehnbaren Feder auf (Fig. 6.13) und steckt die Aufhängeachse durch den Schwerpunkt, dann ist der Körper gegenüber Drehungen im Gleichgewicht (Achse

Fig. 6.12 Der Schwerpunkt S eines Körpers braucht nicht im materiellen Teil zu liegen

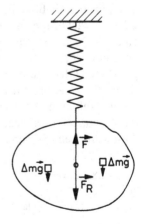

Fig. 6.13 Die Resultierende $\vec{F}_R$ aller Gewichtskräfte $\Delta m\vec{g}$ greift im Schwerpunkt an und wird durch die Federkraft $\vec{F}$ kompensiert

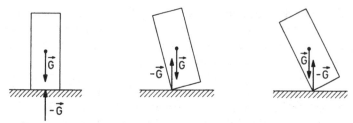

Fig. 6.14 Zur Standfestigkeit eines Körpers: bei zu starker Neigung (rechts) kippt der Körper, $\vec{G}$ und $-\vec{G}$ üben dann ein nach links drehendes Drehmoment aus

geht durch den Schwerpunkt) und die Gewichtskraft, als vertikal nach unten weisender Vektor, wird durch die Federkraft, als vertikal nach oben weisender Vektor, genau kompensiert. Der Körper ist also vollkommen im Gleichgewicht.

Unter der *Standfestigkeit* eines Körpers versteht man, daß es einer endlichen Kraft und eines endlichen Drehmomentes bedarf, um einen Körper zu kippen. Von selbst tritt Kippen ein, sobald die Wirkungslinie der Gewichtskraft, die durch den Schwerpunkt geht, und die Wirkungslinie der Stützkraft nicht übereinstimmen, zusammen also ein Kräftepaar besteht, welches zur Kippung führt. Fig. 6.14 enthält dafür ein Beispiel. – Auch das Gehen des Menschen ist eine Folge von Kippungen, die dadurch verursacht werden, daß der Mensch durch Muskelbewegungen seinen Schwerpunkt verlagern kann, und zwar gerade so, daß er das Kippen dann durch Vorwärtsbewegung eines Beines aufhält.

Man unterscheidet drei *Arten des Gleichgewichts*, für die Fig. 6.15 die drei charakteristischen Beispiele enthält. Die Teilfigur a stellt eine rollfähige Kugel im *stabilen Gleichgewicht* dar: bei einer kleinen Verrückung aus der Gleichgewichtslage im tiefsten Punkt der Schale kann die Stützkraft (ausgeübt von der Schale auf die Kugel) die Gewichtskraft der Kugel nicht mehr voll kompensieren: die Stützkraft kann nur senkrecht zur Schale ausgeübt werden, so daß von der Gewichtskraft die Komponente parallel zur Schalenfläche unkompensiert bleibt, die Kugel rollt zurück. In der Teilfigur c liegt *indifferentes Gleichgewicht* vor: bei Verschiebungen bleiben Stützkraft und Gewichtskraft gleich groß und genau antiparallel mit gleicher Wirkungslinie. In der Teilfigur b schließlich liegt *labiles Gleichgewicht* vor: eine kleine Verrückung aus der Gleichgewichtslage am Scheitel der Schale führt dazu, daß die Stützkraft wieder nur einen Teil der Gewichtskraft kompensiert, und die auftretende Restkraft, parallel zur Schalenfläche, treibt die Kugel noch weiter weg von der Gleichgewichtslage. – Die genannten Gleichgewichte nennt man auch *statisch*. Es gibt daneben viele *dynamische Gleichgewichte*, die mit zeitlich ablaufenden Vorgängen zu tun haben. Wo immer es darauf ankommt, daß ein System „im Gleichgewicht" gehalten wird, legt man es darauf an, daß dieses ein „stabiles Gleichgewicht" ist, bei dem das System bei kleinen Abweichungen (Störungen) „von selbst" in den Ausgangszustand zurückkehrt.

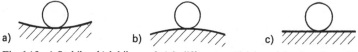

a)   b)   c)

Fig. 6.15 a) Stabiles, b) labiles und c) indifferentes Gleichgewicht einer beweglichen Kugel

Fig. 6.16
Grundmodell einer Waage. Die Waagschalen sind mittels Gelenk
und Vertikalstäben am Waagebalken befestigt, der Zeiger Z ist fest
mit dem Waagebalken verbunden, bei geneigtem Balken schlägt er
aus. Der Unterstützungspunkt A muß nach A' verlegt werden, so daß
der Schwerpunkt S' des Waagebalkens unter dem Unterstützungspunkt liegt, wenn man die Waage praktisch brauchbar machen will

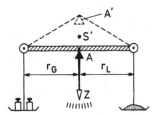

Beispiel 6.6 Die (genaueren) *Waagen* sind Hebelwaagen, heute meist als direkt anzeigende
ausgeführt. Im Prinzip arbeiten sie nach dem Schema von Fig. 6.16. Die Drehmomente von Last
und Gewichtstück um den Drehpunkt A des Waagebalkens werden durch Auflage von
Gewichtstücken einander gleich gemacht. Es gilt dann

$$m_{Last}\, g \cdot r_{Last} = m_{Gewichtstück}\, g \cdot r_{Gewichtstück}, \tag{6.7}$$

auch genannt das *Hebelgesetz*. Aus dieser Beziehung hebt sich die Schwerefeldstärke g heraus.
Mit der *Hebelwaage* wird also tatsächlich ein *Massenvergleich* vorgenommen. Nach Festlegung
der Masseneinheit (1 kg im SI) ist damit jede Masse durch eine Wägung zu bestimmen. Man muß
dazu noch das Verhältnis der Waagarme $r_{Last} : r_{Gewichtstück}$ kennen, wofür der Hersteller eine
bestimmte Wahl getroffen hat. Mit der Massenbestimmung durch Wägung als Massenvergleich
ist man von der Abhängigkeit der Gewichtskraft vom lokalen Wert von g frei geworden. Die
Waage kann somit auch im Weltenraum benützt werden, wenn wenigstens noch eine Rest-
Schwerkraft vorhanden ist.

Die einfache Waage Fig. 6.16 ist *praktisch* kaum verwendbar, weil sie, solange das
Gleichgewicht noch nicht erreicht ist, immer „durchschlägt". Ist Gleichgewicht
erreicht, dann ist die Waage im indifferenten Gleichgewicht. Eine *stabile* Gleichgewichtslage erreicht man nur dadurch, daß der Drehpunkt = Unterstützungspunkt des
Waagebalkens oberhalb des Schwerpunktes des Waagebalkens, A' in Fig. 6.16,
gewählt wird. Bei Auslenkungen der Waage (Übergewicht auf einer Seite) wird der
Schwerpunkt S' zur Seite mitbewegt, und dadurch entsteht ein (kleines) Drehmoment,
welches die Waage zurückzudrehen versucht. Aus dem Ausschlag der Waage kann
man auf den Gewichtsfehlbetrag schließen, den man bei der Wägung noch
auszugleichen hat.

6.3 Dehnung und Scherung fester Stoffe

Da man alle auf einen Körper wirkenden Kräfte zu einer Einzelkraft und einem Einzel-
Kräftepaar zusammenfassen kann, so brauchen wir das Verhalten der Materie nur
gegenüber diesen beiden Belastungsarten zu untersuchen.

6.3.1 Dehnung

Die Anwendung einer Einzelkraft, ohne daß es zur Beschleunigung eines Körpers
kommt, bedeutet, daß diese durch eine zweite Kraft aufgehoben sein muß, die

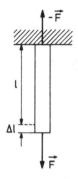

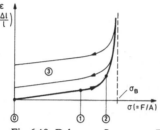

Fig. 6.18 Dehnungs-Spannungs-Diagramm (Ergebnis eines Dehnungsversuches). Im Bereich ⓪–① gilt das Hookesche Gesetz ($\varepsilon \sim \sigma$); bis ② ist der Körper noch elastisch, d. h. bei Wegnahme der Kraft geht er (längs der Kurve ②–⓪) wieder auf seine ursprüngliche Länge zurück. Bei Dehnung über ② hinaus tritt eine plastische Verformung auf: bei Wegnahme der Kraft verkürzt sich der Körper längs einer der Kurven ③ (A Querschnitt des Stabes)

Fig. 6.17 Dehnung
eines Stabes

entgegengesetzt gerichtet ist: man wendet ein Kräfte*paar* an, das kein Drehmoment besitzt. In Fig. 6.17 ist neben der Kraft $\vec{F}$ die Haltekraft $-\vec{F}$ wirksam, die mit Hilfe von Haken, Verschraubung, Klebung erzeugt wird. Kann die Verbindungsstelle die erforderliche Kraft nicht ausüben, dann bricht der Stab aus der Halterung aus und fällt beschleunigt nach unten.

Durch *Zugkräfte* erreicht man eine *Verlängerung* eines Stabes, durch eine *Druckkraft* eine *Verkürzung*, auch *Stauchung* genannt. Variable Zugkräfte übt man am einfachsten durch Anhängen wählbarer Gewichtstücke an den zu dehnenden Stab oder Draht aus. Das Ergebnis einer Messung ist in Fig. 6.18 wiedergegeben. Bei *kleinen Kräften* ist die Längenänderung Δl und auch die relative Längenänderung $\varepsilon = \Delta l/l$ (genannt *Dehnung*) *proportional zur wirkenden Kraft* (Bereich ⓪ – ①). Das ist ein Gesetz, das man für jeden Stoff experimentell neu zu verifizieren hat, und es wird *Hookesches Gesetz* genannt. Der Gültigkeitsbereich ist von der Stoffart abhängig und kann von der Vorbehandlung abhängen. An diesen *Proportionalbereich* schließt sich ein Bereich an, in dem Δl stärker als proportional zur Kraft F wächst (Bereich ① – ②); bei Wegnahme der Kraft geht der Körper in seine *ursprüngliche* Länge zurück. Der Körper ist also immer noch elastisch. Schließlich kommt es bei *großen Kräften* zum „Fließen" des Stoffes und schließlich zum Bruch. Der genaue Verlauf hängt wieder von der Stoffart und der Vorbehandlung ab. Im Bereich des Fließens (meist schon etwas früher) ist die Dehnung nicht reversibel: fällt die Kraft weg, dann bleibt eine dauernde, *plastische Verformung* übrig (Bereich ③). Bei nicht zu großen Längenänderungen allerdings beobachtet man bei manchen Stoffen bei Wegfall der Kraft ein langsames Verschwinden der Dehnung (Relaxation genannt).

Vergleicht man die Dehnung von Stäben verschiedener Länge und verschiedenen Querschnittes *im Proportionalbereich* (⓪ – ①), so findet man, daß die relative Längenänderung $\varepsilon = \Delta l/l$ proportional zum Quotienten Kraft F durch Querschnitt A ist. Das *Hookesche Gesetz* lautet damit

$$\frac{\Delta l}{l} = \varepsilon = \frac{1}{E}\frac{F}{A} = \frac{1}{E}\sigma. \tag{6.8}$$

Die in Gl. (6.8) auftretende Stoffkonstante (als Proportionalitätskonstante) ist der *Elastizitätsmodul E*, die Größe $\sigma = F/A$ nennt man *Zugspannung* (bei Stauchung *Druckspannung, F* und σ negativ). Die Dehnung ist eine Verhältnisgröße und kann in Prozent angegeben werden, z.B. $\varepsilon = 0{,}02\,\text{m/m} = 2 \cdot 10^{-2} = 2\%$. *Zug-* und *Druckspannung* haben die Dimension Kraft durch Fläche (Querschnitt). Für die SI-Einheit hat man daher

$$[\sigma] = \frac{\text{N}}{\text{m}^2} = \text{Pascal} = \text{Pa}. \tag{6.9}$$

Eine besondere Einheit ist hier

$$10^5\,\text{Pa} = 1\,\text{bar}; \tag{6.10}$$

sie ist im Zusammenhang mit dem Luftdruck an der Erdoberfläche eingeführt worden (Abschn. 6.4.2).

In Tab. 6.1 sind elastische Konstanten einiger Stoffe zusammengestellt. Die Daten in Spalte 3 und 4 werden in diesem Abschnitt weiter unten und in Abschn. 6.3.2 erläutert. Aus dem Hookeschen Gesetz folgt, daß die Dehnung bei gegebener Zugspannung umso kleiner ist, je größer der Elastizitätsmodul E ist.

Tab. 6.1 Elastische Konstanten

Stoff	Elastizitäts-Modul E/kbar	Querkontrak-tionszahl μ	Scher-Modul G/kbar	Bruch-spannung σ_B/kbar	Bemerkungen
Aluminium	706	0,34	265	1,47	
Gold	784	0,42	274	1,37	
Messing	981	0,35	363	2,9	
Kupfer	1225	0,35	455	2,21	
Platin	1696	0,39	608	1,37	
Edelstahl (Werkstoff Nr 4571 und 4541)	1991	0,28	700	4,9 bis 7,35	nicht magnetisch
Stahl	2060	0,28	804	9,81	
Nickel	2060	0,31	78,5	4,41	
Osmium	5590	0,25	225,5		größter Elastizitäts-modul
Pyrex-Glas	676				
Quarz-Glas	686	0,17			
Teflon	3,9				
Gummi	0,01	0,5			
Catgut				3	medizinisches Nahtmaterial
Menschenhaar	36				

Beispiel 6.7 Ein Stahldraht von 0,5 mm ⌀ (Querschnitt $A = 0,2\,\text{mm}^2 = 0,2 \cdot 10^{-6}\,\text{m}^2$) werde mit einem Gewichtstück der Masse $m = 1\,\text{kg}$ belastet, das die Zugkraft $F = 10\,\text{N}$ ausübt. Die Zugspannung ist $\sigma = F/A = 10\,\text{N}/0,2 \cdot 10^{-6}\,\text{m}^2 = 5 \cdot 10^7\,\text{N}\,\text{m}^{-2} = 500\,\text{bar} = 0,5\,\text{kbar}$. Damit ist die Dehnung des Stahldrahtes $\varepsilon = \sigma/E = 0,5\,\text{kbar}/2000\,\text{kbar} = 0,25 \cdot 10^{-3}$. Hat der Draht die Länge $l = 1\,\text{m} = 1000\,\text{mm}$, dann ist die Verlängerung $\Delta l = \varepsilon \cdot l = 0,25\,\text{mm}$. – Spalte 5 in Tab. 6.1 besagt, daß für Stahl die Bruchspannung $\sigma_B = 10\,\text{kbar}$ ist. Bei dieser Zugspannung ist die Dehnung des zugrundegelegten Stahldrahtes $\varepsilon = 10\,\text{kbar}/2000\,\text{kbar} = 0,5\,\%$, also sehr klein. Wir haben bei unserer Rechnung allerdings nicht bedacht, daß der Stahldraht vor dem Bruch etwas fließen wird, korrekt ist jedoch immer, daß die Bruchdehnungen höchstens einige Prozent ausmachen.

Eine Sonderrolle spielen die *gummielastischen Stoffe*, die im elastischen Verhalten eine gewisse Ähnlichkeit mit dem Stoff „Muskelgewebe" haben. Fig. 6.19 enthält eine Dehnungs-Zugspannungskurve für vulkanisierten Gummi. Man sieht, daß sie stark geschwungen ist. Der Hooke-Bereich ist offenbar sehr klein, aus der Anfangsneigung findet man $E = 10\,\text{bar} = 0,010\,\text{kbar}$. Dieser kleine Elastizitätsmodul entspricht dem Gefühl, daß Gummi sehr „elastisch" ist. Tatsächlich muß man aber aus Fig. 6.19 entnehmen, daß Gummi an jeder Stelle seiner Dehnungs-Spannungs-Kurve ein anderes Verhalten hat: gegenüber kleinen Spannungsänderungen $\Delta\sigma$ reagiert der Stoff in jedem schon erreichten Spannungszustand anders, dargestellt durch die Neigung der ε, σ-Kurve. Man führt einen differentiellen Elastizitätsmodul ein (man vergleiche damit die Einführung der momentanen Geschwindigkeit) durch

$$\frac{\mathrm{d}\varepsilon}{\mathrm{d}\sigma} = \frac{1}{E_{\text{diff}}}. \tag{6.11}$$

Dort, wo die ε, σ-Kurve steil ist (in Fig. 6.19 bei etwa $\sigma = 10\,\text{bar}$), ist der Elastizitätsmodul klein, dort, wo die Kurve flach ist (zwischen 30 und 40 bar), ist der Elastizitätsmodul groß, d.h. dort ist Gummi weniger elastisch als in anderen Bereichen. Das entspricht auch dem elastischen Verhalten des Muskels: ist er bereits angespannt, dann ist er weniger elastisch.

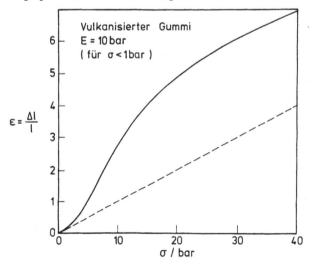

Fig. 6.19
Dehnungs-Spannungs-Diagramm für vulkanisierten Gummi, Gestrichelt: Verlauf nach dem Hookeschen Gesetz mit dem Elastizitätsmodul $E = 10\,\text{bar}$.

Wir ergänzen durch einige weitere Befunde. *Erstens* beobachtet man gleichzeitig mit der Längenänderung eine Änderung der Querdimensionen, genannt *Querkontraktion.* Im Gültigkeitsbereich des Hookeschen Gesetzes ist die relative Radius*verkleinerung* eines runden Drahtes proportional zur relativen *Verlängerung*, als Formel ausgedrückt

$$\varepsilon_r = \frac{\Delta r}{r} = -\mu\,\varepsilon_l = -\mu\,\frac{\Delta l}{l}. \tag{6.12}$$

In Tab. 6.1 sind auch Zahlenwerte der *Querkontraktionszahl* μ (*Poisson-Zahl*) angegeben. – *Zweitens* kann man aus Längenänderung und Querkontraktion berechnen, ob sich bei Dehnung gleichzeitig eine *Volumenänderung* ergibt. Man findet für die relative Volumenänderung

$$\frac{\Delta V}{V} = (1 - 2\,\mu)\,\frac{\Delta l}{l}. \tag{6.13}$$

Wie aus Tab. 6.1 ersichtlich, ist μ durchweg kleiner als 0,5, also wird bei Längen*vergrößerung* das *Volumen* immer *vergrößert*, bei einer Stauchung gilt das Umgekehrte. Die wichtige Ausnahme ist Gummi: $\mu = 0,5$ heißt, daß das Volumen sich nicht ändert. – *Drittens* ist es interessant sich zu überlegen, wie sich das Volumen ändert, wenn man einen Körper einer allseitigen *Druckspannung* $\sigma = p$ aussetzt. Man findet für die relative Volumenänderung

$$\frac{\Delta V}{V} = -3 \cdot (1 - 2\,\mu)\,\frac{p}{E} = -\frac{1}{Q}\,p = -\varkappa p. \tag{6.14}$$

Im allgemeinen erhält man also eine Volumenverkleinerung (was man auch erwartet), nur bei Gummi ist – wieder wegen $\mu = 0,5$ – die Volumenänderung null: Gummi verhält sich beim Versuch, sein Volumen durch Druck zu verändern wie eine inkompressible Flüssigkeit. Man nennt in Gl. (6.14) Q den *Kompressionsmodul*, $\varkappa$ die *Kompressibilität.* Beides sind Stoffkonstanten, die man bei den festen Stoffen aus den anderen elastischen Konstanten berechnen kann.

Beispiel 6.8 Bei Stahl ($E = 2000\,\text{kbar}$, $\mu = 0,28$) ergibt sich die Kompressibilität zu $\varkappa = 3\,(1 - 0,56)/2000\,\text{kbar} = 6,6 \cdot 10^{-4}\,\text{kbar}^{-1}$. Ein Stahlstück, dem zehnfachen des an der Erdoberfläche herrschenden Luftdrucks von $p = 1\,\text{bar}$ ausgesetzt, erfährt eine relative Volumenverkleinerung von $\Delta V/V = -6,6 \cdot 10^{-6} = -6,6\,\text{ppm}$. Diese Größe ist natürlich sehr klein, aber sie ist nicht gleich Null.

Viertens zeigt unser Modell des kristallisierten Festkörpers (Fig. 5.9), daß bei einer makroskopischen Dehnung oder Stauchung alle Abstände der Atome mit gleicher relativer Längenänderung geändert werden: es besteht *im ganzen Material die gleiche Dehnung und die gleiche elastische Spannung.* Ist die Dehnung 1 %, dann werden auch die Abstände der Atome in Dehnungsrichtung um 1 % verändert, quer dazu um μ %.

6.3.2 Scherung

Fig. 6.20 enthält das Grundschema eines Scherungs-Versuches: An einem quaderförmigen Körper der Dicke d wird eine Kraft $\vec{F_t}$ angewandt, die *tangential* zur Körper-

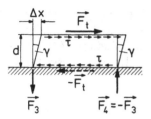

Fig. 6.20
Kräfte und Kräftepaare bei der Scherung

oberfläche angreift. Damit das Materiestück in Ruhe bleibt, muß eine kompensierende Kraft $-\vec{F}_t$ in der gegenüberliegenden Körperoberfläche wirksam sein, und damit sieht man, daß auf *Scherung* beanspruchte Materie einem *Drehmoment* ausgesetzt ist. Die Kraft $-\vec{F}_t$ kann mit Hilfe einer Befestigung an der Unterlage ausgeübt werden. Da der Körper durch das Drehmoment $\vec{F}_t$, $-\vec{F}_t$ nicht in Drehung versetzt werden soll, so muß ein weiteres, kompensierendes Drehmoment, gebildet aus den Kräften $\vec{F}_3$ und $\vec{F}_4$ angebracht werden. Es kann ebenfalls mit Hilfe der Befestigung an einer Grundplatte wirksam werden (Klebung, Verschraubung usw.). An unserem Modell des Festkörpers, Fig. 5.9, sehen wir unmittelbar die erzeugte Verformung: die Fläche, an welcher $\vec{F}_t$ angreift, wird gegenüber der Grundfläche um ein Stück Δx verschoben; die beiden anderen Flächen bleiben ebenfalls parallel zueinander, aber es tritt die Winkeländerung $\gamma = \Delta x/d$ auf. Man beobachtet ferner, wenn man von Hand eine solche Verformung an einem gummielastischen Körper ausführt, daß die Scherung relativ „leicht" erfolgt. Das hat damit zu tun, daß bei der Scherung die Atomabstände in erster Näherung nicht geändert werden. Messungen haben ergeben, daß die Winkeländerung γ proportional zur wirkenden Kraft F_t und umgekehrt proportional zur Größe der Angriffsfläche A ist. Dieser Zusammenhang wird durch die Gleichung ausgedrückt

$$\gamma = \frac{\Delta x}{d} = \frac{1}{G}\frac{F_t}{A} = \frac{1}{G}\tau. \qquad (6.15)$$

Die Stoffkonstante G nennt man den *Scher-* oder *Schubmodul* (auch *Torsionsmodul*, weil bei Drillungen dieser Modul maßgebend für den Drillwinkel ist). Die *Scher-* oder *Schubspannung* τ hat im SI die gleiche Einheit wie Zug- und Druckspannung (und wie der Druck p), $[\tau] = \mathrm{N\,m}^{-2} = \mathrm{Pa}$ (bzw. bar). Einige Zahlenwerte wurden in Tab. 6.1 mit aufgenommen. Sie zeigen quantitativ, daß die Materie gegenüber Scherkräften im allgemeinen „weicher" als gegenüber Dehnungskräften ist.

6.3.3 Elastische Beanspruchung der Materie (Spannungszustand)

Unter elastischer Beanspruchung verstehen wir die Gesamtheit der inneren Spannungen und Dehnungen in der Materie. Man findet den inneren Spannungszustand in einem durch äußere Kräfte beanspruchten Körper, indem man ihn längs eines Schnittes $S - S$ aufschneidet (bzw. aufgeschnitten denkt), und an diesem Schnitt die *inneren* Zug-, Druck- und Schubspannungen als *äußere* Kräfte anbringt, derart, daß die beiden Teilstücke auch nach dem Aufschneiden im Gleichgewicht sind. Fig. 6.21 veranschau-

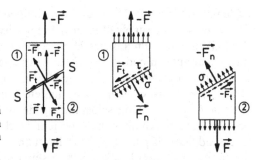

Fig. 6.21
Spannungszustand in einem gezogenen Stab. In Schnitten S–S schräg zur äußeren Kraft treten sowohl Normal-(σ) (Zug-, Druck-) als auch Tangential-(τ) (Scher-, Schub)spannungen auf

licht dies. Im Querschnitt $S - S$ wird die äußere Kraft $\vec{F}$ in eine Normalkomponente $\vec{F}_n$ und eine Tangentialkomponente $\vec{F}_t$ zerlegt ($\vec{F} = \vec{F}_n + \vec{F}_t$). Diese Kräfte sind die Resultierenden der im Querschnitt $S - S$ (mit der Fläche A_S) wirkenden Normalspannungen $\sigma = F_n/A_S$ (normal = senkrecht), die je nach Richtung der äußeren Kräfte Zug- oder Druckspannungen sein können, bzw. der Schubspannungen $\tau = F_t/A_S$. An Hand von Fig. 6.21 überlegt man sich leicht, daß im gezeichneten Fall (Richtung der Kraft F senkrecht) in einem *Horizontal*schnitt $S - S$ nur Zugspannungen, in einem Vertikalschnitt gar keine Spannungen, und unter 45° maximale Schubspannungen auftreten.

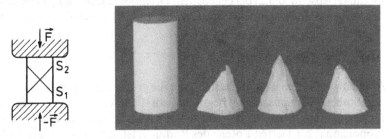

Fig. 6.22 Links: Druckbelastung eines keramischen Körpers. In den Schnitten S_1 und S_2 bestehen Scherspannungen; rechts: Scherbrüche des belasteten keramischen Körpers

Die hier diskutierte Zerlegung des Spannungszustandes macht das Verhalten der Stoffe beim Zerreißen oder beim Bruch verständlich. In der Regel ist die Bruchspannung für Scherung kleiner als für Stauchung (bezüglich Dehnung gelten andere Verhältnisse), bei einer Stauchung kommt es daher zu charakteristischen Scherbrüchen, wovon Fig. 6.22 eine Photographie zeigt.

In Abschn. 6.3.3.1 besprechen wir Beispiele des Spannungs- Dehnungs-Zustandes im menschlichen Körper. Zur Erleichterung der dortigen Diskussion seien hier einfache

Fig. 6.23
Biegung und Verteilung der Dehnungen und (Normal)-Spannungen. Die Kräfte des Halte-momentes $\vec{F}'$, $-\vec{F}'$, das von der Wand ausgeübt wird, nicht maßstabsgerecht

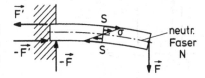

Fälle besprochen: die *Biege-* und die *Torsionsbelastung* eines Körpers. In Fig. 6.23 ist das Grundschema für eine Biegebelastung wiedergegeben. Auf einen Stab (auskragender Balken) wirkt ein äußeres Drehmoment, und dieses erzeugt im Innern Zug- und Druckspannungen und entsprechende positive und negative Dehnungen. Die inneren Spannungen müssen aber so „verteilt" sein, daß sie in jedem Schnitt $S-S$ dem äußeren Drehmoment das Gleichgewicht halten. Das wird dadurch erreicht, daß es eine *neutrale Faser* N gibt, die selbst nicht gedehnt wird und in der keine Normalspannung besteht, aber oberhalb von N besteht wachsende Zugspannung und unterhalb N wachsende Druckspannung. Man kann annehmen, daß die elastische Spannung und die daraus nach dem Hookeschen Gesetz folgende Dehnung linear mit dem Abstand von der neutralen Faser ansteigen. An der Ober- und Unterseite treten also die größten Dehnungen und Spannungen auf. Zerreißt ein auf Biegung beanspruchter Balken, so deshalb, weil an der Oberseite zuerst die Bruchspannung überschritten wird.

Das Grundschema der *Drillung* oder *Torsion* enthält Fig. 6.24. An einem einseitig eingespannten Stab wirkt ein Drehmoment, das den Stab um die Längsachse zu verdrehen versucht, ihm muß durch ein Drehmoment der Einspannung das Gleichgewicht gehalten werden. Skizziert man auf der äußeren Zylinderfläche einen schmalen Längsstreifen, dann sieht man, daß er bei der Drillung tatsächlich seitlich verschoben wird, also eine Scherung besteht. Infolgedessen bestimmt der Scherungsmodul G (Abschn. 6.3.2) bei gegebenem Drehmoment M und gegebenen Abmessungen des Stabes (Länge l, runder Stab vom Radius R) die Größe des Drillwinkels,

$$\Phi = \frac{2\,l}{\pi\,R^4\,G}\,M. \tag{6.16}$$

Ähnlich wie bei der Biegung besteht hier die *größte Scherspannung* am *äußeren Umfang* des Stabes. *Torsionsbrüche* beginnen am äußeren Umfang, weil dort zuerst die Bruchspannung überschritten wird. – Wichtig ist, daß der Drillwinkel Φ umgekehrt proportional zur vierten Potenz des Radius R ist. Änderungen des Radius wirken sich sehr stark auf den Drillwinkel aus; dünne Stäbe (Drähte) ergeben schon bei kleinen Drehmomenten einen großen Drillwinkel.

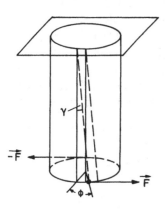

Fig. 6.24
Drillung eines Stabes bedeutet eine Scherungsbeanspruchung des Materials

6.3.3.1 Beispiele des Spannungs-Dehnungs-Zustandes im menschlichen Körper

In Fig. 6.6 haben wir schon das Schema der Kräfte aufgezeichnet, die am *Oberschenkelhalsknochen* wirksam sind. Fig. 6.25 enthält eine daraus entnommene Teilzeichnung. Die als Gewichtskraft und Stützkraft auftretenden Kräfte halten sich das Gleichgewicht, indem in A und B die Druckkräfte $\vec{F}_1'$ und $\vec{F}_2'$ auftreten, die entgegengesetzt gleich sind und die gleiche Wirkungslinie haben: sie ergeben eine Druckbelastung. Außerdem treten die beiden Kräfte $\vec{F}_1$ und $\vec{F}_2$ auf, die auch einander entgegengesetzt gleich sind, aber parallele, nicht zusammenfallende Wirkungslinien haben: sie stellen ein Drehmoment dar und ergeben eine Biegebelastung. Im engsten Querschnitt des Knochenhalses, $S-S$, wurden die Dehnungen bzw. Zug- und Druckspannungen entsprechend Fig. 6.23 eingezeichnet. Die gezeichnete Spannungsverteilung um die neutrale Faser (Verbindungslinie $A-B$) wird jedoch durch die Druckkräfte $\vec{F}_1'$, $\vec{F}_2'$ abgeändert, indem die neutrale Faser etwas nach oben verschoben wird, also die Spannungsverteilung unsymmetrisch wird. In der Natur ist dieser Verteilung der Dehnungsbeanspruchung dadurch Rechnung getragen, daß die Knochensubstanz entsprechend dem Spannungsverlauf verstärkt ist, wie aus der Röntgenaufnahme Fig. 6.26 ersichtlich.

Wir haben hier die elastische Beanspruchung des Oberschenkel-Halsknochens ausschließlich als Biegebeanspruchung angesehen. Daneben besteht auch eine Scherbeanspruchung durch die Kräfte $\vec{F}_1$ und $\vec{F}_2$. Darauf soll hier nicht mehr eingegangen werden. Ein auf Grund einer Überbelastung auftretender Bruch kann seine Ursache in einer zu großen Zug- oder Druck-, oder einer zu großen Scherbeanspruchung haben (vgl. dazu auch Fig. 6.28).

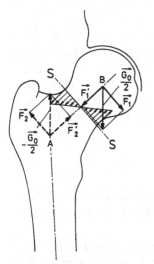

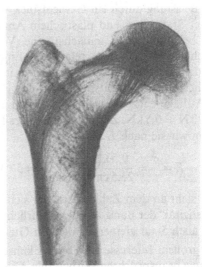

Fig. 6.25 Spannungen im Oberschenkelhalsknochen, herrührend vom Biegemoment

Fig. 6.26 Röntgenaufnahme des Oberschenkelhalsknochens: die Verstärkungen der Knochensubstanz entsprechen dem Spannungsverlauf

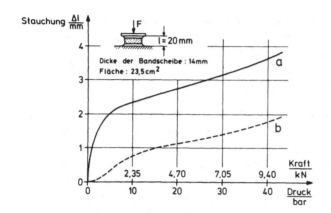

Fig. 6.27
a) Druck-Stauchungs-Diagramm eines Elementes der Wirbelsäule; b) plastischer Anteil an der Stauchung: er bleibt nach Entlastung bestehen (man projiziere auf die Ordinatenachse) und verschwindet langsam (nach Krayenbühl und Mitarbeiter)

Die *Wirbelsäule* bildet die bewegliche Achse des menschlichen Körpers. Sie wird sowohl Druck-, Zug-, Biege- wie Torsionsbelastungen ausgesetzt. Ein wesentliches Bauelement der Wirbelsäule ist die *Bandscheibe*, die die elastische Verbindung zweier Wirbel darstellt. Ihre Eigenschaften ermittelt man zum Beispiel in einem Versuch mit axialer Belastung. Fig. 6.27 enthält das Ergebnis für einen der unteren Lendenwirbelabschnitte. Das Druck-Stauchungs-Diagramm (Stauchung gleich negative Dehnung) zeigt einen stark geschwungenen Verlauf ähnlich wie das Spannungs-Dehnungs-Diagramm von Gummi (Fig. 6.19). Bei kleinen Kräften ist das Element „elastischer" als wenn bereits eine größere Stauchung stattgefunden hat (vgl. die Diskussion bei Gummi). Wie man aber sieht, können erhebliche Kräfte aufgenommen werden, ohne daß es zum Bruch der Bandscheibe kommt. Eine Kraft von 9,4 kN bedeutet immerhin eine Belastung durch ein Gewichtstück von 960 kg Masse! – Die Unterscheidung von totaler Stauchung und plastischem Anteil (Fig. 6.27) gibt den Sachverhalt wieder, daß bei Entlastung zunächst eine Verformung zurückbleibt, die nur langsam verschwindet (man sagt „relaxiert"). Eine physikalisch interessante Zahl könnte man aus dem linearen Anstieg der Kurve in Fig. 6.27 bei kleinen Drücken entnehmen, nämlich den Elastizitätsmodul für den Hooke-Bereich. Zu $\Delta l = 0{,}6$ mm gehört dabei die Auflage eines Gewichtstückes von 50 kg Masse, so daß die wirkende Kraft $F = 500$ N $= 0{,}5$ kN. Zur Berechnung des Elastizitätsmoduls benützen wir die Gl. (6.8), indem wir sie nach E auflösen,

$$E = \frac{\sigma}{\varepsilon} = \frac{0{,}5 \text{ kN}}{23{,}5 \text{ cm}^2} \frac{14 \text{ mm}}{0{,}6 \text{ mm}} = 5 \cdot 10^6 \frac{\text{N}}{\text{m}^2} = 50 \text{ bar}.$$

Man sieht an dem Zahlenwert, der sicher nur als Richtwert aufzufassen ist, daß die „Elastizität" der Bandscheiben natürlich viel größer als diejenige vieler anderer Stoffe, aber auch 5mal kleiner als die von Gummi ist.

Von großem Interesse ist die physikalische Analyse des *Spannungszustandes* der auf *Biegung* beanspruchten Wirbelsäule. Die Grundzüge des Kräfteschemas erkennt man in Fig. 6.28. Der schräg auskragende Balken (Modell der Wirbelsäule) wird mit einer vertikal nach unten gerichteten Gewichtskraft $\vec{F}$ belastet: Körpergewicht, Arme, evtl. ein Gewichtstück, das angehoben werden soll. Zunächst muß die Kraft $\vec{F}$ durch eine

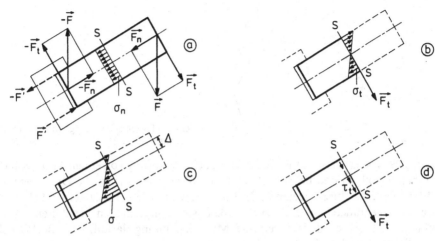

Fig. 6.28 Kräfte und Spannungen bei der belasteten Wirbelsäule. Im Schnitt S – S wirken Druckspannungen (a)), Druck- und Zugspannungen, herrührend vom Biegemoment (b)) und Scherspannungen (d)). Die Teilfigur c) zeigt, daß die Druck- und Zugspannungen von a) und b) zusammen eine Verschiebung Δ der neutralen Faser verursachen

Haltekraft $-\vec{F}$ ergänzt werden, um Gleichgewicht zu bewirken, und außerdem muß im unteren Teil (Beckengürtel) ein Haltedrehmoment $\vec{F}'$, $-\vec{F}'$ wirken, das dem äußeren Drehmoment das Gleichgewicht hält. Wir zerlegen die Kraft $\vec{F}$ in die Teilkraft $\vec{F}_n$, die axial wirkt und eine Stauchung der Wirbelsäule hervorruft, und in die Kraft $\vec{F}_t$, die das Biegemoment bewirkt. In erster Näherung machen wir die Annahme, daß die Wirbelsäule als homogener, elastischer Körper behandelbar ist. Die Kraft $\vec{F}_n$ führt zu einer homogenen Normalspannung in einem Trennschnitt $S - S$. Das Moment von $\vec{F}_t$, $-\vec{F}_t$ führt zu einer Normalspannungsverteilung, wie wir es von Fig. 6.21 kennen: auf der dorsalen Seite ergibt sich Dehnung und Zugspannungsbelastung, auf der ventralen Seite eine Stauchung und Druckspannung. Durch die zusätzliche Normalspannung von $\vec{F}_n$ wird die neutrale Faser zur dorsalen Seite verschoben. Man erkennt, daß im größeren Teil eines Querschnitts die Belastung eine Druckspannung erzeugt, gegenüber welcher eine Bandscheibe sehr widerstandsfähig ist. Als ungünstiger ist anzusehen, daß bei der Belastung in jedem Fall eine Zugbelastung der Bandscheibe auf der dorsalen Seite bestehen bleibt. Es werden daher alle solche Belastungsfälle als besonders schädlich angesehen, bei der es zu einer extremen Biegebelastung kommt. In

Fig. 6.29
a) Absprung vom Reck, b) Eintauchen beim Kopfsprung ins Wasser. Richtige Körperhaltung zur Vermeidung einer gefährlichen Durchbiegung der Wirbelsäule jeweils in der rechten Teilfigur dargestellt

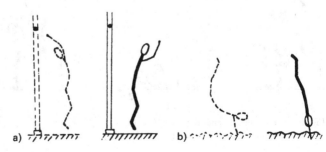

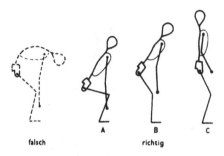

Fig. 6.30
Schwere Lasten sollen mit gestreckter Wirbelsäule
angehoben (A → B → C) und getragen werden

Fig. 6.29 ist skizziert, wie man sich richtig beim Absprung von einem Turngerät (Reck) verhalten soll (a) und beim Eintauchen in Wasser (b): die starke Durchbiegung der Wirbelsäule ist durch geeignete Haltung zu vermeiden. Es ist ferner bekannt, daß Lastenträger (auch Gewichtheber) große Lasten ohne Schaden zu nehmen aufnehmen können. Sie achten durch geeignete Muskelspannung darauf, daß die Wirbelsäule möglichst „gerade" bleibt (Fig. 6.30).

Tatsächlich ist die Wirbelsäule kein homogener Körper, sondern stellt eine Gliederkette dar, deren elastische Verbindungen die Bandscheiben sind, auch sind diese selbst keine homogenen Körper. Die Spannungsverteilung kann in den Bandscheibenabschnitten daher von der Spannungsverteilung der Biegung abweichen und stärker einer Schubspannungsverteilung ähneln. Das kann hier nicht weiter verfolgt werden. Es sei aber noch bemerkt, daß die Muskelanspannung, die für den aufrechten Gang des Menschen sorgt, allgemein die Wirbelsäule einer Druckkraft aussetzt. Bei der Biegebelastung wird diese in der dorsalen Seite der Wirbelsäule herabgesetzt, es wird aber wahrscheinlich immer noch eine Druckbelastung der Bandscheiben bestehen bleiben.

Kurzfristig können große Belastungen entstehen, wenn durch ruckartige Bewegungsänderungen große Kräfte auftreten. In Fig. 6.31 sind zwei Arten des Aufsprungs skizziert: in (a) der weiche, einknickende, in (b) der harte Aufsprung. Vor dem Absprung wirkt auf den Körper eine Stützkraft, die die Gewichtskraft genau kompensiert ($F = G$). Beim freien Fall wirkt keine Stützkraft, der Körper ist „schwerelos" ($F = 0$), er erreicht mit der Geschwindigkeit v den Boden. Die dann wirkenden Kräfte mißt man durch Ausbildung der Bodenplatte als Federwaage: beim

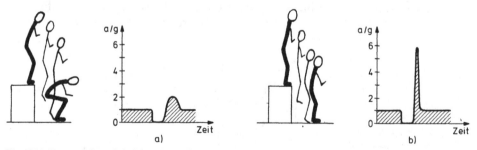

Fig. 6.31 Der weiche, einknickende Aufsprung (a) führt zu geringeren Bremskräften als der harte Aufsprung (b). Während des freien Falls ist der Körper „schwerelos"

Aufsprung wird der Körper durch die an der Federwaage angezeigte Kraft gebremst, die umso größer ist, je kürzere Zeit der Bremsvorgang dauert. Nach Abschn. 7.7.1 ist das Zeitintegral über die Kraft (dort als „Kraftstoß" erklärt) genau so groß wie das Produkt $m \cdot v$ (m Masse des Körpers). Ist die Bremszeit kurz (harter Aufsprung), dann ist die Kraft F groß, ist die Bremszeit lang, dann ist die wirkende Kraft F klein. Anstelle der wirkenden Kräfte trägt man in einem *Akzelerogramm* die Größe $a/g = F/mg$ als Funktion der Zeit auf. Vor dem Absprung ist $a/g = 1$, beim freien Fall ist $a/g = 0$, und wenn der Endzustand erreicht ist, ist wieder $a/g = 1$. Beim harten Aufsprung kann die wirkende Kraft bis zu $a/g = 6$ führen, die Bremsverzögerung also bis zum 6fachen der Fallbeschleunigung (Fig. 6.31).

6.3.3.2 Muskeln als aktiv elastische Stoffe Muskeln sind kein homogenes elastisches Kontinuum (etwa wie Gummi), sie besitzen eine Faserstruktur, und die Fasern ändern ihre Länge, indem im submikroskopischen Bereich zwei Sorten von Myofilamenten aneinander vorbeigleiten, ohne daß diese selbst ihre Länge ändern. Wir brauchen hier auf diesen Prozeß nicht einzugehen. Behandelt man aber einen Muskel wie einen elastischen Stoff, mißt also die Länge, bzw. Verlängerung, als Funktion der Zugspannung, so findet man, daß der Muskel zu großen Längenänderungen fähig ist (bis zu einem Vielfachen seiner Ursprungslänge), aber die Dehnungs-Spannungs-Kurve stark geschwungen ist, ähnlich wie bei Gummi (Fig. 6.19). Hier ist es besonders wichtig, daß also das elastische Verhalten davon abhängt, welcher Dehnungs- bzw. Spannungszustand schon erreicht ist: mit wachsender Anspannung wird der Muskel „härter", also weniger elastisch. Das haben wir im Zusammenhang mit Gl. (6.10) schon diskutiert.

Die Muskeln unterscheiden sich von den üblichen elastischen Stoffen in zwei Punkten. Erstens üben sie im menschlichen Körper nur Zugspannungen aus, zweitens stellen sie aktiv elastische Stoffe dar. Das soll heißen, daß sie willkürlich oder unwillkürlich ihren Dehnungs-Spannungs-Zustand verändern können. Der Mensch, der sich aus gebückter Haltung aufrichtet, spannt zuerst seine Muskeln an, d.h. bei nicht veränderter Länge erzeugt er einen Spannungszustand im Muskel; wird die Spannung etwas verstärkt, dann richtet sich der Mensch auf, unter nur unwesentlicher Änderung des Spannungszustandes. Muskeln können isometrisch (unter Konstanthaltung der Länge) Spannung entwickeln, sie können auch isotonisch (unter Konstanthaltung der Spannung) ihre Länge verändern, und es versteht sich, daß viele verschiedene Kombinationen dieser Belastungen vorkommen. Offenbar sind die Muskeln auch dazu befähigt, den Spannungs-Dehnungs-Zustand schnell zu verändern: wird auf die Hand des gebeugten Unterarmes plötzlich ein Gewichtstück gelegt, so wippt der Arm kurz aus, bis der Muskel die notwendige erhöhte Spannung erzeugt hat. Aus den Darlegungen folgt, daß das Spannungs-Dehnungs-Diagramm des Muskels keine Kurve ist, sondern einen ganzen Bereich bedeckt.

6.3.3.3 Dehnung von Gefäßwandungen In Abschn. 6.4 werden wir sehen, daß die Flüssigkeiten im menschlichen Körper für alle Fragestellungen als inkompressibel zu

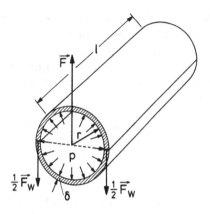

Fig. 6.32 Zur Dehnung von Gefäßwandungen

betrachten sind. Sie werden im Körper durch die großen Gefäße (Aorta) mittels Anwendung von Druck (Blutdruck) hindurchgetrieben. Die Wandungen der Gefäße sind aber nicht starr, sie werden gedehnt, wenn Flüssigkeit in sie hineingedrückt wird (z.B. Auswurf des Blutes aus einer Herzkammer in die Aorta). Zur physikalischen Erfassung des Zusammenhangs von Druckerhöhung und Volumenänderung bei elastischer Wandung (Elastizitätsmodul E) denken wir uns ein Stück eines zylindrischen Gefäßes längs seiner Achse aufgeschnitten: die von dem Flüssigkeitsdruck p auf die obere Schale ausgeübte Kraft $F = p \cdot 2rl$ (Fig. 6.32) wird durch eine Zugkraft kompensiert, die in der Wandschnittfläche $2l\delta$ von der unteren auf die obere Schale ausgeübt wird und die Größe $F_w = 2l\delta \cdot \sigma$ hat, wobei σ die Zugspannung in der Wand ist. Es gilt also $p\,2rl = 2l\delta\sigma$, woraus für den Zusammenhang zwischen Wandspannung σ und Druck p folgt

$$\sigma = p\frac{r}{\delta}. \tag{6.17}$$

Ist bei gegebenem Druck p die Wandung dünn (δ klein), dann besteht in der Wandung eine hohe Zugspannung und, wird der Druck erhöht, dann wird auch die Zugspannung in der Wand erhöht. Wird dabei die Wand gedehnt, dann bedeutet dies, daß der Radius r vergrößert wird, und die relative Längenänderung des Gefäßumfanges ist

$$\frac{2\pi\Delta r}{2\pi r} = \frac{\Delta r}{r} = \frac{1}{E}\Delta\sigma, \tag{6.18}$$

wobei $\Delta\sigma$ die Erhöhung der Zugspannung beschreibt. Volumenveränderung (durch Einpressen von Flüssigkeit) und Radiusveränderung hängen miteinander zusammen (Volumen eines Zylinders $V = \pi r^2 l$, s. Fig. 2.7), die relative Volumenänderung ist

$$\frac{\Delta V}{V} = \frac{\pi\,2r\,\Delta r\,l}{\pi r^2 l} = 2\frac{\Delta r}{r} = 2\frac{1}{E}\Delta\sigma, \tag{6.19}$$

worin wir die letzte Beziehung aus Gl. (6.18) übernommen haben. Um nun die Druckabhängigkeit der Volumenvergrößerung zu erhalten, muß auch noch Gl. (6.17) eingesetzt werden. Dabei muß bedacht werden, daß mit ansteigendem Druck auch der

Radius des Gefäßes verändert wird. Man kann hier in erster Näherung aber schreiben

$$\frac{\Delta V}{V} = 2 \frac{1}{E} \Delta\sigma = 2 \frac{1}{E} \frac{r}{\delta} \Delta p = D \Delta p.$$ (6.20)

Wir haben hier eine neue Größe eingeführt, die *Dehnbarkeit D* des Gefäßes und betrachten diese Größe als experimentell zu gewinnende Größe, unabhängig von unserer Modellrechnung. Jedoch gibt die Modellrechnung die physikalischen Abhängigkeiten richtig wieder: die Dehnbarkeit ist umso größer je dünner die Wandung ist, je größer der Radius und je kleiner der Elastizitätsmodul ist, wenn auch E nicht aus anderen Daten entnommen werden kann. Alterungserscheinungen werden vor allem den Elastizitätsmodul vergrößern und die Dehnbarkeit vermindern. Betrachtet man die Volumenänderung als gegeben (Blutvolumen aus der Herzkammer), dann ist der sich im anschließenden großen Gefäß einstellende Druck umgekehrt proportional zur Dehnbarkeit D. Sinkt D, so muß der Gefäßbinnendruck steigen, also auch die Zugspannung in der Gefäßwandung. –
Es sei noch darauf hingewiesen, daß in der physiologischen Literatur statt Dehnbarkeit die Größe $k = 1/D$ als *Volumenelastizitätsmodul* benutzt wird. Die *Volumenelastizität* E' wird durch die Gleichung $E' = \Delta p/\Delta V$, also $k = E' \cdot V$ eingeführt.

6.4 Flüssigkeiten

6.4.1 Druck, Stempeldruck, Kompressibilität

Wie in Abschn. 5.1.2 beschrieben, wird die Form einer Flüssigkeitsmenge durch die Form des Gefäßes bestimmt, in welchem sie sich befindet, und die freie Flüssigkeitsoberfläche stellt sich senkrecht zur an der Oberfläche wirkenden Kraft ein. Eine *elastische Verformung* betrifft daher nur die *Größe des Volumens*. Man unterwirft die Flüssigkeit einer experimentell einstellbaren äußeren Kraft, indem man sie in einem Zylinder einschließt und auf einen aufliegenden Stempel eine Kraft F ausübt, die senkrecht zur Fläche des Stempels orientiert ist, und die in Fig. 6.33 durch ein

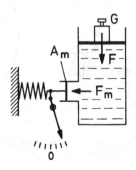

Fig. 6.33 Stempeldruck und Druck-Meßverfahren

Gewichtstück G dargestellt ist. Die angewandte Kraft F dividiert man durch die Fläche A, auf der die Kraft wirkt und definiert den *Druck* als

$$\text{Druck} \overset{\text{def}}{=} \frac{\text{Kraft}}{\text{Fläche}}, \qquad p = \frac{F}{A}. \qquad\qquad (6.21)$$

Die SI-*Druckeinheit* als abgeleitete Einheit ist N/m^2 = Pascal = Pa, vgl. Abschn. 6.3 und Gl. (6.9). Flüssigkeitsdrücke werden meist in der *besonderen Einheit* bar = 10^5 Pa gemessen, häufig werden Drücke, die kleiner als 1 bar sind auch in der Einheit Millibar = mbar angegeben. Es ist dann 1 mbar = 100 Pa. – Eine ältere Druckeinheit, die noch verschiedentlich benutzt wird, ist die „technische Atmosphäre" (s. Abschn. 4.3) 1 at = 1 kp/cm² = 9,81 N/10^{-4} m² = 9,81 · 10^4 Pa = 0,981 bar = 981 mbar. – Der mit Hilfe eines Stempels erzeugte Druck heißt *Stempeldruck*; über Schweredruck s. Abschn. 6.4.2.

Das Schema der Druck*erzeugung* ist auch das Schema der Druck*messung* mittels *Manometer:* eine Meßfläche A_m, die mit einer Feder verbunden ist (Fig. 6.33), erfährt die Kraft $F_m = p \cdot A_m$, und diese wird aus der Zusammendrückung der Feder ermittelt. Man kann auch die Durchbiegung einer Membran zur Druckmessung benutzen. Eine häufig benutzte Variante ist die Bourdon-Röhre (Fig. 6.34). Je nach dem Überdruck in der metallischen, hohlen Meßröhre, verglichen mit dem Außendruck erhält man eine mehr oder weniger starke Aufbiegung, die über Zahnrad und Zeiger beobachtet werden kann. Die Kalibrierung der Manometer geschieht z.B. durch Verbindung mit einem Zylinder wie in Fig. 6.33, in welchem verschiedene Drücke sehr einfach durch Auflage verschiedener Gewichtstücke erzeugt werden können.

Mit einem kleinen Manometer, mit welchem man in der Flüssigkeit, die nur einem *Stempeldruck* unterliegt, herumfahren kann, zeigt man, daß der *Druck* innerhalb der

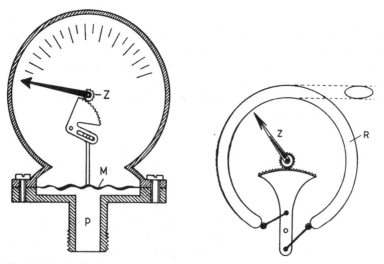

Fig. 6.34 Zwei Manometer zur Druckmessung. Links: die Durchbiegung einer Membran M; rechts: die Aufbiegung eines Hohlrohres R ist das Maß für den Druck; Z Zeiger, p Druck

Flüssigkeit *an jeder Stelle der gleiche* ist. Durch Drehen der Manometerfläche zeigt man ferner, daß der Druck bezüglich sämtlicher Orientierungen der Druckmeßdose, also jeder Richtung, die gleiche Kraft erzeugt, was man „Allseitigkeit" des Druckes nennt: der Druck im Innern einer Flüssigkeit ist also isotrop. Daraus folgt, daß auch die Kraft auf gleiche Flächenstücke der Gefäßwandung überall gleich ist, sei die Wand auch noch so „krumm". Schließlich zeigt Fig. 6.33 an dem Manometeranschluß, daß die Kraft, mit der die Flüssigkeit auf die Manometerfläche wirkt, auch umgekehrt von dieser auf die Flüssigkeit ausgeübt wird (actio = reactio). Die erhobenen Befunde gelten auch für die *Flüssigkeiten im Gefäßsystem des Menschen*. Der lokale Flüssigkeitsdruck (z.B. Blutdruck) bewirkt auf gleiche Wandabschnitte dort die gleiche Kraft. Nach Abschn. 6.3.3.3 wird dadurch die Gefäßwandung gedehnt, und auf diese Weise erzeugt umgekehrt die Wand die notwendige Spannung, um den Druck zu kompensieren. Ist das Bindegewebe lokal geschwächt, dann kommt es dort zu einer Ausbeulung, die erst zum Stillstand kommt, wenn durch Dehnung der Wand die zur Druck-Kompensation notwendige elastische Wandspannung entstanden ist.

Die Allseitigkeit (Isotropie) des Druckes kann man auch mit einer Modellflüssigkeit zeigen, die wesentlich nur die leichte Verschieblichkeit der Flüssigkeitsteile richtig wiedergibt: eine „Flüssigkeit" aus kleinen Stahlkugeln. Führt man einen kräftigen Schlag auf den Stempel in Fig. 6.35a aus, bleibt die Papierhülse unversehrt, bei Einschaltung der Modellflüssigkeit in Fig. 6.35b wird die Papierhülse zerstört, und die Kugeln fliegen mit großer Geschwindigkeit auseinander.

Die *Elastizität der Flüssigkeit* wird bestimmt, indem die *Volumenänderung* ΔV gemessen wird, die bei Druckänderung Δp entsteht. Wir definieren die *Kompressibilität* $\varkappa$ ebenso wie schon mit Gl. (6.14) geschehen durch die Gleichung

$$\frac{\Delta V}{V} = -\varkappa \Delta p. \tag{6.22}$$

Weil sich in der Definitionsgleichung (6.22) für $\varkappa$ die Einheiten auf der linken Seite herausheben, hat die Kompressibilität die Einheit bar^{-1}. Für die wichtigste Flüssigkeit Wasser findet man experimentell bei $20\,°C$

$$\varkappa_{\text{Wasser}} = 45{,}91 \cdot 10^{-6}\,\text{bar}^{-1} = 0{,}4591 \cdot 10^{-9}\,\text{Pa}^{-1}.$$

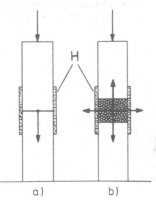

Fig. 6.35
Modellversuch zur „Allseitigkeit des Druckes":
H = Papierhülse

Vergleichswerte sind $\varkappa_{Hg} = 3,9 \cdot 10^{-6}$ bar^{-1}, und für Stahl hatten wir in Beispiel 6.8 den Wert $\varkappa_{Stahl} = 0,66 \cdot 10^{-6}$ bar^{-1} berechnet. Die Kompressibilität der Flüssigkeiten ist rund 10 bis 100mal so groß wie diejenige von Stahl, aber sie ist immer noch sehr klein, verglichen mit der Kompressibilität der Gase (Abschn. 6.5.1), und sie ist auch absolut genommen sehr klein, jedenfalls für alle Drücke, die im menschlichen Körper vorkommen (rund 1 bar). Daher können wir Wasser und alle *Körperflüssigkeiten* als *inkompressibel* behandeln.

Trotz der leichten Verschieblichkeit der Moleküle der Flüssigkeit hat eine Flüssigkeit eine *Zerreißfestigkeit*, verursacht durch die Kräfte zwischen den Molekülen, die ja auch den Flüssigkeitsverband erzeugen. Daher kann man manchmal Flüssigkeiten wie leicht biegbare „feste" Körper behandeln. Beim Flüssigkeitsheber (Fig. 6.36) wirkt die längere Flüssigkeitssäule h_{fl} als treibende Kraft (Schwerkraft), solange die Flüssigkeit nicht zerreißt. – Die Zerreißfestigkeit ist allerdings nicht groß: man nützt dies beim Fieberthermometer aus (Abschn. 8.2.2).

Beispiel 6.9 Auf die Flüssigkeit in einer Injektionsspritze übt der Arzt mittels Daumen und Stempel eine Kraft aus, die die Flüssigkeit mit ausreichendem Druck versieht, um sie durch die Hohlnadel hindurch an die gewünschte Stelle zu bringen. Eine bequem aufzubringende Kraft ist rund $F = 20$ N, was der Auflage eines Gewichtstückes von 2 kg Masse entspricht. Wir vergleichen die Drücke, die in zwei verschiedenen Spritzen erzeugt werden. Die eine sei für $V_1 = 10$ ml vorgesehen und habe den lichten Durchmesser $d_1 = 2$ cm, die andere sei für $V_2 = 2$ ml vorgesehen und habe den lichten Durchmesser $d_2 = 1$ cm. Die beiden verschiedenen Querschnitte sind $A_1 = 3,14$ cm^2 und $A_2 = 0,78$ cm^2. Demnach sind die erzeugten Drücke $p_1 = 20$ N$/3,14 \cdot 10^{-4}$ m$^2 = 0,64 \cdot 10^5$ Pa $= 0,64$ bar, und $p_2 = 2,56$ bar. Wird bei Verwendung einer dünnen Hohlnadel ein hoher Druck benötigt, dann greife man also zu der Spritze mit dem kleineren Querschnitt; bei der größeren müßte man die vierfache Kraft anwenden, was ermüdend ist.

Beispiel 6.10 Im menschlichen Auge besteht ein Flüssigkeitsdruck p, dem durch eine elastische Zugspannung σ in der umschließenden Gewebeschicht das Gleichgewicht gehalten wird. Die Messung des intra-okularen Druckes erfolgt mittels Tonometern. Beim Applanationstonometer wird (unter Beobachtung mit einer Lupe) ein durchscheinender zylindrischer Meßkörper mit wachsender Kraft F auf die Hornhaut gedrückt bis die abgeplattete Fläche einen Durchmesser von $d = 3,06$ mm hat (Fig. 6.37). Die dafür notwendige Kraft wird abgelesen. Sie gestattet die Berechnung des Druckes gemäß Gl. (6.21), $p = F/\frac{1}{4}\pi d^2$. Die anzuwendenden Kräfte liegen bei $F = 1$ pond (s. Abschn. 4.3) $= 10^{-3}$ kp $= 9,81$ mN. Der Druck ist dann

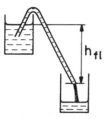

Fig. 6.36 Flüssigkeitsheber

Fig. 6.37 Schema zum Applanations-Tonometer zur Augendruckmessung

$$p = \frac{9,81\,\text{mN}}{7,35 \cdot 10^{-6}\,\text{m}^2} = 13,3\,\text{mbar} \triangleq 10\,\text{mm Hg}$$

(Druckumrechnungstabelle 6.2). Drücke von 10 bis 20 mm Hg gelten als Normalwerte.
Da die Flüssigkeit inkompressibel ist, wird bei der Applanation das Volumen nicht geändert, die Deformation bringt aber eine Vergrößerung der Oberfläche mit sich, d.h. die umschließende Gewebeschicht wird stärker gedehnt, und damit steigt der Druck entsprechend an, die Messung wird also verfälscht. Nimmt man zur Abschätzung eine Kugel vom Radius $r = 12,5$ mm an, dann ist diese Korrektur nur einige Prozent, und sie ist individuellen Schwankungen unterworfen. Eine größere Unsicherheit resultiert daraus, daß die Hornhaut eine eigene Biegesteifigkeit hat, so daß mit Fehlern von bis zu 10 % gerechnet wird.

6.4.2 Schweredruck, Auftrieb, Flüssigkeitsmanometer

Alle Flüssigkeiten sind an der Erdoberfläche der Anziehung durch die Erde unterworfen. Dadurch entsteht im Innern der *Schweredruck*, dem der Stempeldruck überlagert ist. In der Tiefe h (Fig. 6.38) wirkt auf den Querschnitt ΔA die Gewichtskraft der darüberstehenden Flüssigkeitssäule, $F = mg = \varrho \Delta A\,h\,g$, so daß der Druck

$$p = \frac{F}{\Delta A} = \varrho g h \tag{6.23}$$

wird; ϱ ist die Dichte der Flüssigkeit. In großen Tiefen muß evtl. die Kompressibilität berücksichtigt werden, die zu einer tiefenabhängigen Dichte führt (vgl. Gase, Abschn. 6.5). Der Druck steigt nach Gl. (6.23) bei konstanter Dichte linear mit wachsender Tiefe h an. Bei 10 m Wassertiefe ist der Schweredruck $p = 1000\,\text{kg m}^{-3} \cdot 10\,\text{m s}^{-2} \cdot 10\,\text{m}$ $= 10^5\,\text{N m}^{-2} = 1$ bar, bei 100 m schon 10 bar und bei 1000 m ist der Schweredruck 100 bar (die Dichteänderung ist dort nach Gl. (6.22) erst 4,6 $^0/_{00}$).
Von der Voraussetzung konstanter Dichte kann man sich leicht befreien, und das ist bei allen kompressiblen Medien notwendig. Man grenze in der Tiefe h ein würfelförmiges Volumen ΔV mit den Oberflächen ΔA ab und schreibe die Gleichgewichtsbedingung auf, die dazu führt, daß das abgegrenzte Volumen sich nicht bewegt: die durch die Schwerkraft und durch die Drücke an Ober- und Unterseite wirkenden Kräfte sind im Gleichgewicht, sie heben sich auf. Nach Fig. 6.38 heißt dies

$$F = \Delta m g = \varrho \Delta V g = \varrho \Delta A\,\Delta h\,g = (p + \Delta p)\,\Delta A - p\,\Delta A \tag{6.23a}$$

oder

$$\frac{\Delta p}{\Delta h} \quad \rightarrow \quad \frac{dp}{dh} = \varrho g = \frac{F}{\Delta V}. \tag{6.23b}$$

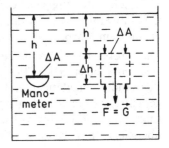

Fig. 6.38
Zum Schweredruck. Die Manometerfläche ΔA kann beliebig orientiert werden (linke Teilfigur). Skizze zur Herleitung des Druckgradienten $\Delta p/\Delta h$ (rechte Teilfigur)

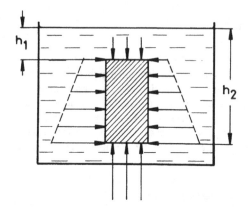

Fig. 6.39
Zur Entstehung des Auftriebes. Die Pfeile stellen die Kräfte $\Delta F = p \cdot \Delta A$ dar, die auf gleich große Flächenelemente des Körpers wirken

Der Druck nimmt zu nach Maßgabe der auf die Volumeneinheit ausgeübten Kraft. Ist die Dichte ϱ nun konstant, dann entsteht Gl. (6.23).

Taucht der *menschliche Körper* in eine der Schwerkraft unterworfene Flüssigkeit ein (schwimmen, sporttauchen), so wird auf ihn ebenfalls ein mit wachsender Tiefe größerer Druck ausgeübt. Diesem gegenüber ist der Mensch unempfindlich, weil das organische Gewebe selbst in der Hauptsache aus Wasser besteht, also die Kompressibilität ebenso gering ist. Schwierigkeiten entstehen nur dort, wo Körperhöhlen mit Luft gefüllt sind (Lunge), die dann mit entsprechend hohem Luftdruck versehen werden müssen (Hochdruck-Atemgas). Das hat wiederum weitere Konsequenzen, die später diskutiert werden (Abschn. 8.4.2).

Die Folge des Schweredrucks ist der *Auftrieb*, den eingetauchte Körper in einer Flüssigkeit erfahren. In Fig. 6.39 sind durch Pfeile die Kräfte angedeutet, die auf die Flächenelemente eines eingetauchten Körpers wirken. Man sieht, daß sich die Seitenkräfte kompensieren, die Kräfte auf die Ober- und Unterseite aber verschieden sind: es bleibt eine der Gewichtskraft des Körpers entgegengesetzt gerichtete Kraft übrig, die Auftriebskraft. Ist ϱ die Dichte der Flüssigkeit, dann ist die Kraft auf die Oberseite $F_1 = p_1 A = \varrho g h_1 A$, die Kraft auf die Unterseite $F_2 = p_2 A = \varrho g h_2 A$, also ist die Auftriebskraft

$$F_A = \varrho g h_2 A - \varrho g h_1 A = \varrho g (h_2 - h_1) A = \varrho g V_e, \tag{6.24}$$

wobei V_e das Volumen des eingetauchten Körpers ist. Der letzte Ausdruck von Gl. (6.24) gilt unabhängig von der Form des Körpers allgemein: der Auftrieb ist gleich der Gewichtskraft des „verdrängten" Flüssigkeitsvolumens, auch bei nur teilweise eingetauchtem Körper.

Die Größe des Auftriebs bestimmt, ob ein Körper in einer Flüssigkeit (obenauf) *schwimmt*, ob er in der Flüssigkeit *schwebt* oder ganz *untersinkt*. Er schwebt, wenn bei vollständig eingetauchtem Körper ($V_e = V_{\text{Körper}}$) der Auftrieb (vertikal nach oben gerichtet) die Gewichtskraft (vertikal nach unten gerichtet) kompensiert. Der Körper sinkt unter, wenn bei vollständigem Eintauchen die Gewichtskraft den Auftrieb überwiegt. Ein Körper schwimmt, wenn der Auftrieb die Gewichtskraft bei

vollständigem Eintauchen überwiegt. Er schwimmt dann so weit auf (taucht nur so weit ein) bis der durch das eingetauchte Volumen V_e verursachte Auftrieb die Gewichtskraft kompensiert. Bei homogenen Körpern kann man die drei Bedingungen auch als Relationen zwischen den Dichten des Körpers und der Flüssigkeit ausdrücken.
– Ein sehr einfaches *Meßgerät* zur Bestimmung der *Dichte von Flüssigkeiten* ist die *Senkspindel* (das *Aräometer*) Fig. 6.40. Es basiert darauf, daß die Eintauchtiefe (Volumen V_e), wenn die Spindel *schwimmt*, gemäß Gl. (6.24) durch

$$V_e = \frac{F_A}{\varrho\, g} = \frac{F_{\text{Gewicht}}}{\varrho\, g}. \tag{6.25}$$

gegeben ist.
Da das Gewicht der Senkspindel eine feste Größe ist, so ist die Eintauch*tiefe* umso größer, je kleiner die Dichte ϱ der Flüssigkeit ist. Zur quantitativen Messung ist eine Kalibrierung der Spindel nötig.

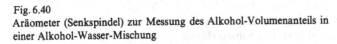

Fig. 6.40
Aräometer (Senkspindel) zur Messung des Alkohol-Volumenanteils in einer Alkohol-Wasser-Mischung

Da die *mittlere Dichte des menschlichen Körpers* ein wenig größer als die reinen Wassers ist (Tab. 4.2), bedarf es einer zusätzlichen Bewegung des Schwimmers (dynamisches Schwimmen), damit er an der Wasseroberfläche bleibt. Das zu therapeutischen Zwecken verordnete Bewegungsbad in Wasser entlastet die Muskulatur von den lokalen Auflagerkräften und wirkt als ultraweiche Bettung: für Hebungen und Verschiebungen muß nur gegen einen Bruchteil der Schwerkraft gearbeitet werden. Nach wie vor sind aber die Aufhängungen der inneren Organe gespannt, der Körper ist nicht schwerelos (vgl. Abschn. 3.7).

Der Schweredruck wird zum Bau einfach konstruierter *Flüssigkeitsmanometer* benutzt. Bei der Anordnung in Fig. 6.41 unterliegt die Flüssigkeit dem Stempeldruck,

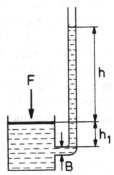

Fig. 6.41 Flüssigkeitsmanometer zur Druckmessung

ausgeübt durch F, der Schwerkraft und schließlich auch der Kraft, die durch den Luftdruck auf die offenen Gefäßteile wirkt. Durch die Kraft F wird der Stempeldruck $p = F/A$ erzeugt, und daher steigt die Flüssigkeit im offenen Steigrohr so weit auf bis *Kräftegleichgewicht* am Boden des Steigrohres herrscht. Dort sind Stempeldruck *und* Schweredruck wirksam. Auf der linken Seite der Bezugsfläche B besteht der Druck

$$p_l = \frac{F}{A} + \varrho g h_1 + p_{\text{Luftdruck}},$$

auf der rechten Seite ist

$$p_r = \varrho g (h + h_1) + p_{\text{Luftdruck}}.$$

Gleichsetzen beider Drücke führt auf die Beziehung

$$\frac{F}{A} = p = \varrho g h. \tag{6.26}$$

Die Steighöhe als *Differenz* der Flüssigkeitsspiegel rechts und links stellt sich genau so ein, daß der Schweredruck der überstehenden Flüssigkeitssäule den angewandten Stempeldruck kompensiert. Das flüssigkeitsgefüllte Steigrohr ist damit ein Manometer. Ist die Dichte ϱ der Manometerflüssigkeit bekannt, so kann aus h der Druck p berechnet werden. Ist der Stempeldruck $p = 0$, dann ist auch $h = 0$, d.h. beide Flüssigkeitsspiegel stehen gleich hoch („kommunizierende Röhren"). Ist der Stempeldruck $p = 1$ bar $= 10^5$ Pa $= 10^5$ N/m^2, dann hat die Steighöhe bei *Wasser als Manometerflüssigkeit* ($\varrho = 1000$ kg/m^3) und mit $g = 10$ ms^{-2} den Betrag $h = 10$ m. Das ist natürlich eine unhandliche Manometerlänge. Wassergefüllte Manometerröhren nimmt man daher nur für kleine Drücke, bzw. kleine Druckdifferenzen. Wesentlich handlicher sind Manometer mit *Quecksilber als Manometerflüssigkeit*. Nach Gl. (6.26) ist die Steighöhe h bei gegebenem Druck p

$$h = \frac{p}{\varrho g}. \tag{6.26a}$$

Da die Dichte von Quecksilber rund 13,6mal größer als die von Wasser ist, so sind die Steighöhen um diesen Faktor kleiner als beim Wassermanometer. Fig. 6.42 enthält zur Illustration einen Anzeigenvergleich für ein Wasser- und ein Hg-Manometer.

Quecksilber-Manometer dienen als Grundlage für die gesetzliche Druckeinheit „mm Quecksilbersäule" oder „mm Hg", die für Blutdruckangaben noch bis 31.12.1985 verwendet werden darf. Der *festgelegte* Zusammenhang mit der Druckeinheit bar wird aus Gl. (6.26a) gewonnen. Die wesentliche Vereinbarung ist diejenige, welcher Wert für die Dichte ϱ des Quecksilbers einzusetzen ist, denn ϱ hängt von der Temperatur ab (s. Abschn. 8.3.2 und Tab. 8.1). Man legt die Norm-Temperatur $\vartheta_n = 0\,°C$ zugrunde, wo die Dichte des Quecksilbers $\varrho(0\,°C) = 13,5951$ g cm^{-3}. Ferner hat man für g die Normbeschleunigung $g = g_n = 9,80665$ ms^{-2} einzusetzen (Abschn. 3.1.4). Dann ergibt sich für die Normsteighöhe $h = 760$ mm $= 0,760$ m der „Normdruck"

$$p_n = 13{,}5951 \cdot 10^3 \frac{kg}{m^3} \cdot 9{,}80665 \frac{m}{s^2} \cdot 0{,}760\,m$$

$$= 101\,325\,N\,m^{-2} = 1{,}01325\,bar. \qquad (6.26\,b)$$

Die genormte Umrechnungsbeziehung lautet damit

$$1{,}01325\,bar \triangleq 760\,mm\,Hg,$$

$$1\,mm\,Hg \triangleq 133{,}322\,Pa \qquad (6.26\,c)$$

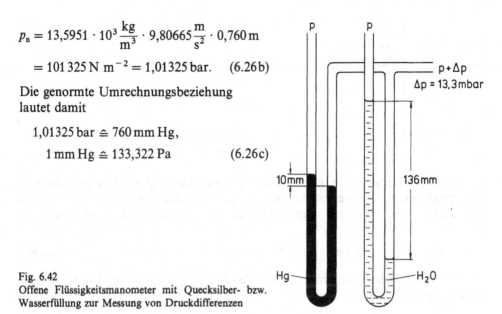

Fig. 6.42
Offene Flüssigkeitsmanometer mit Quecksilber- bzw. Wasserfüllung zur Messung von Druckdifferenzen

Es wurde das Entsprechungszeichen ≙ benutzt, weil eine Druckeinheit mit einer Längeneinheit verknüpft wurde. Bis zum 31. 12. 1977 war wegen dieser Schwierigkeit für „mm Hg" der Name Torr in Gebrauch: 1 Torr war der Druck, den eine Hg-Säule von 1 mm Länge ausübt. In Tab. 6.2 sind einige weitere Druckeinheiten zusammengestellt.

Tab. 6.2 Druckeinheiten

SI-Einheiten	$1\,N\,m^{-2} = 1\,Pa = 10^{-5}\,bar = 10^{-2}\,mbar$
Technische Atmosphäre	$1\,at = 1\,kp\,cm^{-2} = 0{,}980665\,bar$
Physikalische Atmosphäre	$1\,atm = 1{,}01325\,bar = 1013{,}25\,mbar \triangleq 760\,mm\,Hg$
	$1\,mm\,Hg \triangleq 133{,}322\,Pa \approx \frac{4}{3}\,mbar$

6.4.3 Druckgefälle in der rotierenden Flüssigkeit einer Zentrifuge

Wir sehen jetzt von der Schwerkraft ab und grenzen in der Flüssigkeit, die sich in einer umlaufenden Küvette befinden soll (Fig. 6.43) ein kleines Volumen zwischen den Radien r und $r + \Delta r$ ab. Für einen mitrotierenden Beobachter ist die Flüssigkeit in Ruhe, d.h. an einem Volumenelement halten sich Zentrifugal- und Zentripetalkraft das Gleichgewicht. Die Zentrifugalkraft auf ein Massenelement Δm im Abstand r von der Drehachse (Umlauffrequenz f, Winkelgeschwindigkeit $\omega = 2\pi f$) ist uns nach Abschn. 3.5.3.2, Gl. (3.32) bekannt,

$$F_z = \Delta m\,r\,\omega^2 . \qquad (6.26\,d)$$

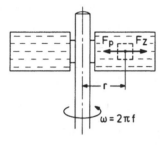

Fig. 6.43
Zur Herleitung des Druckgradienten in einer Zentrifugenflüssigkeit

Die Zentripetalkraft ist ihr gleich, kann aber nur durch den Flüssigkeitsdruck p aufgebracht werden, der demnach an Vorder- und Rückfläche A (bei r und $r + \Delta r$) des Massenelementes sich gerade so unterscheiden muß, daß die Kraftdifferenz gleich F_z ist,

$$F_p = A\,\Delta p = \Delta m\, r\, \omega^2 = \varrho_{fl}\, A\, \Delta r \cdot r\, \omega^2, \tag{6.26e}$$

d.h. der Druck innerhalb der rotierenden Flüssigkeit variiert mit dem Abstand von der Drehachse,

$$\frac{\Delta p}{\Delta r} \rightarrow \frac{dp}{dr} = \varrho_{fl}\, r\, \omega^2. \tag{6.26f}$$

Ein Vergleich mit Gl. (6.23b) zeigt, daß in der Zentrifuge die Schwerebeschleunigung ersetzt ist durch die Zentrifugalbeschleunigung $a_z = r\,\omega^2$, und diese ist noch vom Abstand r von der Drehachse abhängig: sie steigt proportional zu diesem Abstand an. Man kann die Funktion $p = p(r)$ durch eine einfache Integration aus Gl. (6.26f) gewinnen,

$$p = p_0 + \varrho_{fl}\, \frac{1}{2}\, \omega^2\, (r^2 - r_0^2), \tag{6.26g}$$

wobei r_0 der innere Radius ist, bei dem der Druck $p = p_0$ ist. Der Flüssigkeitsdruck steigt also quadratisch mit dem Abstand r von der Drehachse an.

Beispiel 6.11 Von der in Beispiel 3.1 behandelten Zentrifuge übernehmen wir die Winkelgeschwindigkeit $\omega = 6{,}3 \cdot 10^3\,\mathrm{s}^{-1}$, ferner sei die Zentrifugenflüssigkeit Wasser mit $\varrho_{fl} = 10^3\,\mathrm{kg\,m}^{-3}$, und es sei $r_0 = 2\,\mathrm{cm}$; wir interessieren uns für den Druck bei $r = 5\,\mathrm{cm}$. Aus Gl. (6.26g) folgt

$$p = p_0 + 10^3\, \frac{\mathrm{kg}}{\mathrm{m}^3}\, 4 \cdot 10^7\,\mathrm{s}^{-2} \cdot 0{,}5 \cdot (25 - 4)\, 10^{-4}\,\mathrm{m}^2 = p_0 + 420\,\mathrm{bar}.$$

Entsprechend der hohen Zentrifugalbeschleunigung erhält man in der Zentrifuge sehr hohe Drücke.

6.5 Gase

6.5.1 Kompressibilität

Zur Festlegung von Volumen und Druck wird ein Gas in einen Zylinder eingeschlossen und einem bestimmten Stempeldruck ausgesetzt. Außerdem wirkt auf Gase an der Erdoberfläche die Schwerkraft. Das *elastische Verhalten* messen wir, indem wir eine *Druckänderung* vornehmen, und wir achten darauf, daß die *Temperatur* des Gases *konstant* gehalten wird. Die wichtige Temperaturabhängigkeit wird in Abschn. 8.3.3 hinzugenommen. Bei Druckänderung stellt man fest, daß Gase wesentlich leichter zu komprimieren sind (Fahrradpumpe!) als Flüssigkeiten. Man findet für die sog. idealen Gase (Abschn. 8.3.3) – wozu auch Luft bei Zimmertemperatur und 1 bar Druck gehört –, daß das Produkt aus Volumen und Druck konstant ist: dies ist das Gesetz von B o y l e und M a r i o t t e (gültig bei konstanter Temperatur)

$$p V = \text{const}, \qquad V = \frac{\text{const}}{p}. \tag{6.27}$$

Eine graphische Darstellung dieses Zusammenhangs enthält Fig. 8.12c. Wird der Druck erhöht, so wird das Volumen kleiner und umgekehrt. Das Verhalten für kleine Druck- und Volumenänderungen ergibt sich aus Gl. (6.27) durch Differentiation nach p,

$$\frac{dV}{dp} = -\frac{\text{const}}{p^2} = -\frac{V}{p}, \qquad \frac{dV}{V} = -\frac{1}{p} dp = -\varkappa dp, \tag{6.28}$$

worin $\varkappa$ die *isotherme Kompressibilität* ist. Wir lesen aus Gl. (6.28) die sehr einfache Beziehung ab

$$\varkappa = \frac{1}{p} \tag{6.29}$$

mit der Einheit $[\varkappa] = \text{bar}^{-1}$ wie bisher. Speziell ist also für Luft am Erdboden (Druck etwa $p = 1$ bar) die isotherme Kompressibilität $\varkappa = 1 \, \text{bar}^{-1}$, d.h. rund 10 000mal größer als die von Wasser. Allerdings hängt die Kompressibilität der Gase sehr stark vom Druck ab, unter dem sie stehen. Bei Luft mit $p = 100$ bar ist die Kompressibilität nach Gl. (6.29) nur noch $\varkappa = 1/100 \, \text{bar}^{-1}$. Wegen der großen Kompressibilität müssen viele Vorgänge, an denen Gase beteiligt sind unter Berücksichtigung dieser Eigenschaft betrachtet werden.

Die verschiedene Kompressibilität von Flüssigkeiten und Gasen hat erhebliche Bedeutung für das Unfallgeschehen. Hochdruck-*Flüssigkeits*behälter, die dem Druck nicht standhalten, beulen sich aus, und schon bei einer geringen Volumenvergrößerung sinkt der Druck drastisch ab. Anders bei Druck-*Gas*flaschen: eine relative Volumenvergrößerung von 2 % führt nach Gl. (6.28) zu einer Druckverminderung von 2 %, bei $p = 100$ bar also nur zu $\Delta p = 2$ bar. Weitere Volumenvergrößerung des Hochdruckgefäßes führt leicht zum Bruch (s. Beispiel 6.6), die Bruchstücke werden wegen des hohen Drucks mit großer Geschwindigkeit durch den Raum geschleudert. Solche Brüche sind meist potentiell sehr gefährlich.

6.5.2 Druckmessung

Die Druckmessung kann mit dem *Dosen-* oder *Aneroid-Barometer* (Fig. 6.44) erfolgen. Der Luft- oder Gasdruck übt auf die Well-Membran der Fläche A die Kraft $F = pA$ aus. Sie drückt die Spannfeder entsprechend zusammen. – Auch die *Bourdon-Röhre*, Fig. 6.34, findet, besonders bei hohen Gasdrücken, Verwendung. – In Fig. 6.42 ist ein *U-Rohr-Manometer* gezeichnet, wie es sehr häufig zur Messung (geringer) Drücke verwendet wird, z. B. auch bei der Messung des menschlichen Blutdruckes. Mit einem solchen Manometer kann man zeigen, daß der Mensch mit der Atemmuskulatur trotz größter Anstrengung nur einen Druck von etwa 150 mm Hg $\triangleq$ 200 mbar erzeugen kann.

Ein *Quecksilber-Barometer* (Fig. 6.45) stellt man her, indem ein etwa 1 m langes Glasrohr mittels einer Vakuumpumpe oder durch vollständige Füllung mit Quecksilber möglichst luftleer gemacht wird. Man verschließt das Rohr provisorisch (kleines Ventil, Finger(!)), richtet es vertikal auf und bringt es in ein mit Quecksilber gefülltes Gefäß, wonach der Verschluß geöffnet wird. Ist das Rohr leer, dann treibt der äußere Luftdruck den Hg-Vorrat so weit in die Glasröhre, bis der entstehende Druck der Hg-Säule dem äußeren Luftdruck genau gleich ist. War das Rohr vollständig gefüllt (1 m Länge!), dann ist der Druck, den diese Hg-Säule ausübt größer als der äußere Luftdruck, und daher sinkt das Hg-Niveau im Barometer-Rohr ab, bis Gleichheit von „äußerem Druck" und „Druck durch die Hg-Säule" besteht. Im Gegensatz zum offenen U-Rohr-Manometer (Fig. 6.42) stellt das Barometer ein geschlossenes Manometer dar. Ist das Steigrohr kürzer als rund 760 mm, dann ist das Rohr vollständig gefüllt, z. B. auch, wenn es nur 10 oder 20 cm lang ist. Erfolgt die Ausbildung wie in Fig. 6.46 skizziert, dann beobachtet man ein Absinken der Hg-Säule im geschlossenen Schenkel erst dann, wenn der Gasdruck an der offenen Seite unter den Wert abgesunken ist, der im Herstellungszustand dem Unterschied der Hg-Niveaus entspricht. Mit geschlossenen Manometern nach Fig. 6.45 und Fig. 6.46

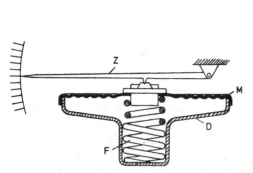

Fig. 6.44 Querschnitt durch ein Aneroid-Baro-
meter zur Messung des Luftdrucks; D
Metalldose, M flexible Membran, F
Feder, Z Zeiger

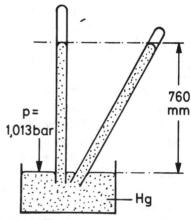

Fig. 6.45 Quecksilber-Barometer zur Messung des
Luftdrucks (Torricelli-Rohr)

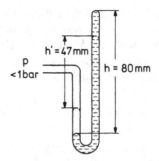

Fig. 6.46
Geschlossenes Hg-Manometer zur Messung von (Grob)Vakuum. Das gezeichnete Manometer ist für Drücke brauchbar, die kleiner sind als 80 mm Hg entsprechend

können Drücke im Bereich von 1 bis 1013 mbar $\hat{=}$ 1 bis 760 mm Hg gemessen werden (sog. Grob-Vakuum).

6.5.3 Schweredruck, Luftdruck in der Erdatmosphäre

Die *Dichte der Gase* kann mit der Waage gemessen werden: man nimmt einen Glaskolben von einigen Liter Inhalt, gefüllt mit Luft von 1 bar Druck und bestimmt die Gesamtmasse durch Wägung. Danach wird der Kolben evakuiert und erneut seine Masse durch Wägung gemessen. Die Differenz beider Resultate ist die Masse der Luft, die bei $p = 1$ bar im Kolben eingeschlossen war. Das Verhältnis aus Masse und Volumen ist die Dichte. Die *Dichte der Luft im Normzustand* ($p_n = 1,01325$ bar $\hat{=}$ 760 mm Hg, $\vartheta_n = 0\,°C$) ist $\varrho_n = 1,2929\,\mathrm{kg\,m^{-3}}$ (Tab. 4.1). Bei höherem Druck wird die Dichte größer. Druck und Dichte sind bei fester Temperatur einander proportional (nicht in allen Fällen). Wir schreiben $p = C\varrho$, wobei der Wert von C von der Gasart und der Temperatur abhängt. In Abschn. 8.3.3 wird gezeigt, daß für die idealen Gase $C = RT/M_{\mathrm{molar}}$ (Gl. (8.15)) gilt.

Ein Gas, das der Schwerkraft unterworfen ist, ist insbesondere die *Erdatmosphäre*. In ihr herrscht ein Druckgefälle von der Erdoberfläche an zu wachsenden Höhen. Zur Berechnung des Luftdruckes als Funktion der Höhe h müssen wir wegen der Kompressibilität der Luft von Gl. (6.23b) ausgehen (da h die Höhe, nicht die Tiefe ist, tritt ein Vorzeichenwechsel ein)

$$\frac{\mathrm{d}p}{\mathrm{d}h} = -\varrho g = -\frac{p}{C}g. \tag{6.30}$$

Gesucht ist die Funktion $p = p(h)$, der Luftdruck als Funktion der Höhe, von der Gl. (6.30) vorschreibt, daß die erste Ableitung bis auf den Faktor g/C und das Vorzeichen die Funktion selber ist (Differentialgleichung 1. Ordnung). Eine solche Funktion ist die *Exponentialfunktion* $y = e^x = \exp(x)$. Für sie ist $y' = e^x = y$, und nach der Kettenregel der Differentiation ist bei $y = e^{-x}$, $y' = -e^{-x} = -y$. Lösung der Gl. (6.30) ist damit

$$p = p(h) = p_0\,e^{-\frac{gh}{C}} = p_0 \exp\left(-\frac{\varrho_0 g h}{p_0}\right) = p_0 \exp\left(-\frac{M_{\mathrm{molar}}\,g}{R\,T}\,h\right), \tag{6.31}$$

genannt die „Barometrische Höhenformel". Sie besagt: in der Erdatmosphäre nimmt der Druck nach oben „exponentiell ab". In Fig. 6.47 ist der Zusammenhang wiedergegeben. Der Druck bei $h = 0$ ist der Druck am Erdboden, z. B. $p_0 = 1,013$ bar, ϱ_0 ist die Dichte an dieser Stelle. Setzt man die Daten für Luft in den Exponenten von Gl. (6.31) ein, dann ergibt sich

$$p = 1,013\,\text{bar} \cdot \exp\left(-\frac{h}{8432\,\text{m}}\right). \qquad (6.32)$$

Damit wurden die Daten in Fig. 6.47 berechnet. Man sieht, daß der Luftdruck in der Höhe $h = 5844$ m auf die Hälfte abgesunken ist (sog. *Halbwertshöhe*), dort ist $p = p_0/2$ $= 0,5$ bar. Für Fig. 6.47 wurde die Temperatur $\vartheta = 15\,^\circ\text{C}$ zugrundegelegt. Wie man dem letzten Teil von Gl. (6.31) ansieht, sinkt der Druck für Gase höherer molarer Masse schneller ab, für solche niedrigerer molarer Masse dagegen weniger schnell. Hochmolekulare Gase sind daher relativ zur umgebenden Luft am Boden stärker konzentriert.

Die barometrische Höhenformel ist eine wichtige Beziehung für die Luftfahrt und Luftfahrtmedizin. Wir müssen hier aber ergänzen, daß die Atmosphäre *nicht* isotherm ist. Auf 1000 m Höhe nimmt am Erdboden die Temperatur um rund 6,5 °C ab und erreicht bei 11 000 m den Wert $\vartheta = -56,5\,^\circ\text{C}$; die nächsten · 10 000 m bleibt die Temperatur etwa konstant und steigt dann an. Die Abweichungen der tatsächlichen Drücke von denen nach Gl. (6.32) betragen nur einige Prozent (vgl. Fig. 6.48).

Beispiel 6.12 Viele Verkehrsflugzeuge halten eine Reiseflughöhe von $h = 10\,000$ m $= 10^4$ m ein. Der Luftdruck der Atmosphäre ist dort nach Gl. (6.32)

$$p = 1,013\,\text{bar}\,e^{-1,186 \cdot 10^{-4} \cdot 10^4} = 1,013\,\text{bar}\,e^{-1,186} = 0,31\,\text{bar} \triangleq 232\,\text{mm Hg}.$$

Im Flugzeug selbst werde z.B. ein Luftdruck von $p_0 = 1,013$ bar aufrechterhalten. Auf jedes Flächenelement der Flugzeughülle wird also eine nach außen gerichtete Kraft ausgeübt. Ein Fenster habe etwa die Fläche $A = 0,1\,\text{m}^2$. Die nach außen gerichtete Kraft ist dann

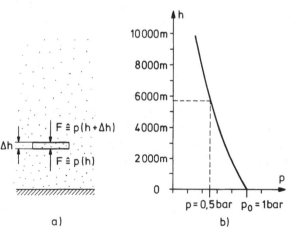

Fig. 6.47
a) Kräftegleichgewicht in der Atmosphäre, b) Barometrische Höhenformel: Luftdruckabnahme in der isothermen Atmosphäre

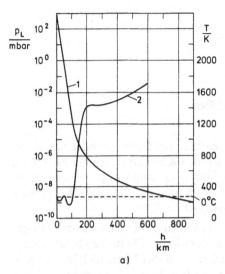

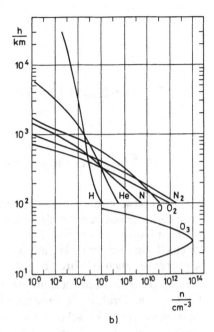

a)

b)

Fig. 6.48 a) Normatmosphäre. Abnahme des Luftdrucks p_L (1) und Änderung der Temperatur T (2) in Abhängigkeit von der Höhe h über Normalnull der Erdoberfläche
b) Änderung der Luftzusammensetzung mit wachsender Höhe h über der Erdoberfläche. n ist die Teilchenanzahldichte

$$F = A(p_0 - p) = 0,1\,\mathrm{m}^2 \,(1,013\,\mathrm{bar} - 0,31\,\mathrm{bar}) = 0,07 \cdot 10^5\,\mathrm{N} = 7000\,\mathrm{N}.$$

Das entspricht der Belastung eines Fensters mit einer Masse von 700 kg.

Im Vorgriff auf die Betrachtung der Gasgemische in Abschn. 8.3.4 berechnen wir hier noch den Sauerstoff-Partialdruck in der Außenluft. Die Zusammensetzung der Luft bis in diese Höhe ist praktisch ungeändert; dann folgt aus den in Tab. 8.2, Abschn. 8.3.4, angegebenen Volumenanteilen der Sauerstoff-Partialdruck $p_{O_2} = 0,209 \cdot 0,31\,\mathrm{bar} = 65\,\mathrm{mbar} \triangleq 48,6\,\mathrm{mm\,Hg}$, der für den Aufenthalt des Menschen zu gering ist.

7 Wechselwirkungen und Felder

7.1 Übersicht; einige Arten von Kräften

Alle Wechselwirkungen von Körpern, mit denen man die Dehnung oder Stauchung einer Feder zeigen kann, bedeuten, daß zwischen den Körpern Kräfte wirksam sind. Wird ein Körper an der Erdoberfläche an eine Spiralfeder angehängt, so beobachten wir eine Dehnung der Feder: auf die Feder wirkt vermittels der Masse des Körpers die Schwerkraft, auch beschreibbar als Anziehungskraft der Erde.

Wir hängen ein Eisenstück an eine Feder an (die sich daher dehnt) und bringen darunter eine Drahtspule an, durch welche ein elektrischer Strom geschickt werden kann. Wird der elektrische Strom eingeschaltet, so wird das Eisenstück in die Spule hineingezogen: die Aufhängefeder wird stärker gedehnt. Es handelt sich hier um eine *magnetische Kraft*, für welche nicht die Masse des Körpers verantwortlich ist, denn ein Aluminiumstück wird nicht in die Spule hineingezogen (Abschn. 7.4).

Zwei metallische Platten (ca. 10 cm ∅) werden horizontal und parallel mit einigen mm Abstand voneinander montiert, und zwar so, daß die untere Platte feststeht, während die obere an eine Spiralfeder angehängt wird, die sich auf Grund des Plattengewichtes dehnt. Wird an diesen „Plattenkondensator" eine elektrische Spannung gelegt, so beobachtet man eine anziehende *elektrische Kraft:* die Aufhängefeder wird stärker gedehnt.

Die beschriebenen Kräfte können an einfachen, makroskopischen Anordnungen sichtbar gemacht werden, ihre Reichweite ist groß. Ganz anders beschaffen ist die Kernkraft, die in den Atomkernen wirksam ist (Abschn. 7.5). Ihre Reichweite ist extrem kurz, sie manifestiert sich daher nur in Wechselwirkungen der Kernbausteine.

7.2 Gravitationskraft

7.2.1 Gravitationsgesetz

Die Bewegung der Planeten um die Sonne, die Bewegung des Mondes um die Erde, die präzise Vorausberechnung und Beherrschung der Bahnen von Satelliten und Raumsonden sind eine großartige Bestätigung der Gültigkeit des *Newtonschen Gravitationsgesetzes* (1687): Zwei Körper mit der „Eigenschaft Masse" (m_1 und m_2),

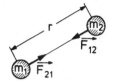

Fig. 7.1
Die Gravitationskraft ist eine anziehende Zentralkraft

die sich im Abstand r voneinander befinden, üben aufeinander eine Kraft aus (sowohl von m_1 auf m_2, wie von m_2 auf m_1; es handelt sich um eine *Wechselwirkungskraft*), die anziehend ist und genau in Richtung der Verbindungslinie der Massenmittelpunkte (Abschn. 6.2) liegt (Fig. 7.1, sogenannte *Zentralkraft*),

$$F_{\text{Grav}} = G_0\, \frac{m_1 m_2}{r^2}. \tag{7.1}$$

In diesem Gesetz ist G_0, die *Gravitationskonstante*, eine im Laboratorium meßbare Konstante (erstmals von Cavendish 1798 gemessen),

$$G_0 = 6{,}67259 \cdot 10^{-11}\, \frac{\text{N m}^2}{\text{kg}^2} = 6{,}67259 \cdot 10^{-11}\, \frac{\text{m}^3}{\text{kg s}^2}. \tag{7.2}$$

Der kleine Zahlenwert von G_0 spricht zunächst dafür, daß die Gravitationskraft klein sei. Die Himmelskörper haben jedoch sehr große Massen, daher sind die Kräfte groß. Im atomaren Bereich dagegen ist die Gravitationskraft immer zu vernachlässigen: sie ist die sog. extrem schwache Wechselwirkung.

Es ist nicht selbstverständlich, daß man im Gravitationsgesetz einfach die trägen Massen einsetzen darf, die mittels Beschleunigungsexperimenten definiert wurden. Mit aller wünschenswerten Genauigkeit ist jedoch gezeigt worden, daß die Eigenschaft „schwer" proportional der trägen Masse ist. Es ist daher gerechtfertigt, in Gl. (7.1) die träge Masse einzusetzen.

7.2.2 Kraftfeld, Feldstärke

Die Gravitationskraft kann im ganzen Raum um die Masse m_1 herum dadurch ausgemessen werden, daß man an verschiedenen Punkten im Raum die Kraft auf irgendeine andere Masse m mißt. Da die Gravitationskraft ein Vektor ist, so wird man auf diese Weise ein ganzes Feld von Kraftvektoren finden, ein *Kraftfeld*, welches ein räumliches Bild von Betrag und Richtung der Gravitationskraft darstellt. Weiterhin zeigt das Gravitationsgesetz, daß die Größe der gemessenen Kraft proportional zur Masse m ist, die man bei der Messung benutzt hat, daß diese also an der allgemeinen Form des Kraftfeldes nichts ändert. Daher dividieren wir die Gravitationskraft durch die Meß-Masse („Probemasse" genannt) und definieren die *Gravitationsfeldstärke* durch

$$\vec{g} \stackrel{\text{def}}{=} \frac{\vec{F}_{\text{Grav}}}{m}. \tag{7.3}$$

Sie ist ebenso wie die Kraft ein Vektor, und die Anheftung des Feldstärkevektors an jeden Punkt gibt die Veranschaulichung des *Gravitationsfeldes* (Fig. 7.2). Die Einführung der Feldstärke hat sich als außerordentlich fruchtbar erwiesen, weil sie

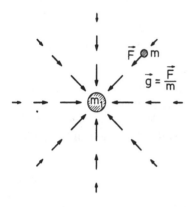

Fig. 7.2
Gravitationsfeld in der Umgebung einer einzelnen
Masse m_1

einen Zustand des Raumes beschreibt, – der hier das Gravitationsfeld enthält –, und die Frage der Entstehung des Feldes ganz entfallen ist (es wurde durch die Masse m_1 erzeugt): mißt man eine Kraft auf eine Masse m, so folgt aus Gl. (7.3) die Feldstärke; ist die Feldstärke g bekannt, so folgt aus Gl. (7.3) die Kraft F auf die Masse m, $F = m\,g$.

Aus der Definitionsgleichung (7.3) folgt für die Dimension der Gravitationsfeldstärke dim (g) = Kraft durch Masse, also im SI für die *Einheit der Gravitationsfeldstärke* $[g] = \text{N/kg} = \text{m}\,\text{s}^{-2}$. Nennen wir im Gravitationsfeld die Beschleunigung, die eine Masse durch die Gravitationskraft erhält, wie bisher „Fallbeschleunigung", so ist die *Gravitationsfeldstärke gleich der Fallbeschleunigung.*

Mit Hilfe des Gravitationsgesetzes können wir damit sagen, daß in der Umgebung einer Masse m_1 die Fallbeschleunigung proportional zu $1/r^2$ mit wachsendem Abstand r abfällt. Diese Form des Feldes läßt die Ableitung der Keplerschen Gesetze der Planetenbewegung zu und bestimmt auch die Bahngestalt von Erdsatelliten. Speziell an der *Oberfläche der Erde* gilt für die Gravitationsfeldstärke

$$G_0\,\frac{M_{\text{Erde}}}{r_{\text{Erde}}{}^2} = g = 9{,}81\,\frac{m}{s^2}.$$

Man sieht, daß man aus dieser Beziehung die Erdmasse ermitteln kann, denn der Erdradius ist aus der alten Meterdefinition bekannt, $r_{\text{Erde}} = 6367\,\text{km}$. Es folgt $M_{\text{Erde}} = 5{,}97 \cdot 10^{24}\,\text{kg}$. Dividieren wir die Erdmasse durch das Erdvolumen, so erhalten wir die mittlere Dichte der Erde zu $\varrho = 5{,}5\,\text{g/cm}^3$. Dieser Wert ist etwa doppelt so groß wie die Dichte der Gesteine an der Erdoberfläche. Es folgt daraus, daß die Erde inhomogen ist, sie muß einen dichteren Kern besitzen.

7.3 Elektrische Kräfte

Beim Studium elektrischer Erscheinungen stößt man auf die Schwierigkeit, daß keiner der menschlichen Sinne zum Nachweis elektrischer Phänomene ausgebildet ist. Man arbeitet daher in einem Gebiet, in welchem fortwährend Meßgeräte zu benutzen sind.

Historisch ist daher die Elektrizitätslehre erst relativ spät entwickelt worden. Die Früchte dieser Entwicklung fielen dann allerdings besonders reichhaltig aus, und die moderne Meßtechnik bedient sich in großem Umfang elektrischer Messungen.

7.3.1 Elektrische Ladung

Der Name „Elektrizität" leitet sich aus dem griechischen Wort für Bernstein ($ήλεκτρν$, Elektron) ab. Am Naturbernstein beobachtet man die ersten grundlegenden Erscheinungen. Naturbernstein, der auf einer Stoffunterlage gerieben wurde, zieht leichte Körper (Papier, Holundermark, usw.) an. Zwischen dem Stück Bernstein und diesen Körpern *wirkt eine Kraft*. Auch andere Körper (Hartgummi, Teflon, Glas) können durch Reiben mit einem Reibzeug (das berühmte Katzenfell, amalgamierter Lederlappen usw.) in den Zustand versetzt werden, wie er vom Bernstein bekannt ist, sie können ebenfalls in einen sog. *elektrischen Zustand* gebracht werden. Man beobachtet auch, daß die zunächst angezogenen leichten Körper *nach dem Berühren* mit dem geriebenen Bernstein (bzw. den anderen geriebenen Körpern) abgestoßen werden. Beim Berühren ist also mit den Körpern eine Veränderung des elektrischen Zustandes vor sich gegangen. Diese Beobachtung benützen wir zu einigen planvollen Experimenten und bedienen uns dazu für den Nachweis der Kräfte einfacher Pendel, bestehend aus einem leichten Pendelkörper (oberflächlich graphitiert), der an einem ca. 1 m langen isolierenden Faden aufgehängt ist (Fig. 7.3, 7.4 und 7.5).

Wird ein Hartgummistab durch Reiben mit einem Reibzeug in den elektrischen Zustand gebracht, dann wird der Pendelkörper des eben beschriebenen Pendels angezogen, nach Berühren mit dem Stab wird er abgestoßen, Fig. 7.3. Das gleiche geschieht, wenn statt des Hartgummistabes ein geriebener Glasstab benutzt wird. Bei der Berührung gehen sicher beide Körper in den gleichen elektrischen Zustand über. Das ist am einfachsten dadurch erklärbar, daß eine (elektrische) Substanz vom einen auf den anderen Körper hinübergeht.

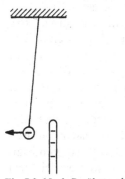  

Fig. 7.3 Nach Berühren eines Pendels mit einem geladenen Hartgummistab wird das Pendel abgestoßen

Fig. 7.4 Ungleichnamige Ladungen üben aufeinander eine anziehende Kraft aus

Fig. 7.5 Gleichnamige Ladungen üben aufeinander eine abstoßende Kraft aus

Die elektrische Substanz, die den elektrischen Zustand hervorruft, nennt man *elektrische Ladung*. Durch Reiben mit einem Reibzeug können Stoffe aus dem „elektrisch neutralen" Zustand in einen Zustand gebracht werden, in welchem sie mit elektrischer Ladung versehen sind, und diese kann durch Berühren auf andere Körper übertragen werden. Tatsächlich können durch Benützung verschiedener Stoffkombinationen genau zwei verschiedene Sorten elektrischer Ladung entstehen, die zu abstoßenden und anziehenden Kräften führen: die beiden Pendel in Fig. 7.4 üben aufeinander eine anziehende Kraft aus, wenn das eine mit elektrischer Ladung des (geriebenen) *Hartgummi*stabes, das andere mit elektrischer Ladung des geriebenen *Glas*stabes versehen wurde. Die beiden Pendel in Fig. 7.5 üben aufeinander eine abstoßende Kraft aus, weil sie beide mit der gleichen elektrischen Ladung versehen wurden, nämlich entweder beide mit Ladung des Hartgummistabes oder beide mit Ladung des Glasstabes. Man nennt (seit Lichtenberg, 1777) die auf Hartgummi (oder Bernstein, Teflon) mit dem Reibzeug hervorgerufene elektrische Ladung *negativ*, die auf Glas hervorgerufene Ladung *positiv*, und man versieht in Formeln, in denen die elektrische Ladung auftritt diese mit dem entsprechenden Vorzeichen + und −. Es gilt also zusammengefaßt:

gleichartige Ladungen   abstoßende Kraft
                     üben aufeinander eine   aus.
ungleichartige Ladungen   anziehende Kraft

Zwei wichtige *Ergänzungen* brauchen wir noch, um auch die Frage der *Erzeugung der elektrischen Ladung* der Körper zu klären. Nähert man die Pendel in Fig. 7.4 so weit einander, daß die Pendelkörper sich berühren, dann hört die Kraftwirkung auf: positive und negative Ladung können sich vollständig kompensieren und die Pendelkörper sind dann elektrisch ungeladen, was wir im vorherigen Absatz als elektrisch neutral bezeichnet haben. − Die zweite Ergänzung ist die Untersuchung des elektrischen Zustandes des Reibzeuges selber: man findet (mittels Elektroskopen, wie sie am Schluß dieses Abschnitts beschrieben werden), daß das Reibzeug beim Reiben immer die entgegengesetzte Ladung wie der geriebene Stab erhält. Wir schließen daraus: *Materie enthält positive und negative elektrische Ladung*, die getrennt werden können. Ein Körper ist elektrisch ungeladen oder elektrisch neutral, wenn negative und positive Ladung in gleicher Menge in ihm enthalten sind. „Elektrisch laden" bedeutet damit Erzeugung einer negativen oder positiven *Überschußladung*. In Abschn. 5.3 haben wir den Aufbau der Atome besprochen und gesehen, daß sie aus Elektronenhülle und Atomkern bestehen. Die Elektronen sind negativ, der Atomkern ist positiv geladen. Durch Benutzung des Reibzeuges können die am leichtesten aus dem Atom abtrennbaren Ladungsträger vom Stab (oder vom Reibzeug) abgetrennt werden, das sind die Elektronen. Der Hartgummistab wird demnach dadurch elektrisch negativ geladen, daß Elektronen vom Reibzeug auf den Hartgummistab übertragen werden. Der Glasstab wird dagegen positiv geladen, weil er (leichter) Elektronen beim Reiben an das Reibzeug abgibt.

Die bisher gewonnenen Ergebnisse reichen aus, um ein einfaches Nachweisgerät für elektrische Ladung zu bauen: Fig. 7.6 enthält die Prinzipzeichnung eines Blättchenelektroskops (Elektro*skop* ist ein Gerät zur Beobachtung von Ladung, Elektro*meter*

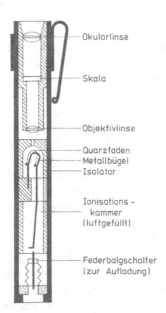

Okularlinse

Skala

Objektivlinse

Quarzfaden
Metallbügel
Isolator

Ionisations -
kammer
(luftgefüllt)

Federbalgschalter
(zur Aufladung)

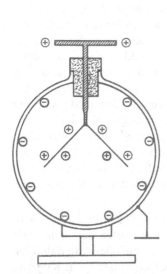

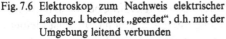

Fig. 7.6 Elektroskop zum Nachweis elektrischer Ladung. ⊥ bedeutet „geerdet", d.h. mit der Umgebung leitend verbunden

Fig. 7.7 Elektrometer zur Strahlungsmessung. Nach Aufladung wird der Quarzfaden vom Drahtbügel abgestoßen (gleichnamige Ladungen)

ist ein Gerät zur Messung elektrischer Ladung und muß kalibrierbar sein). Es besteht aus einem metallischen Gehäuse und einem davon „isolierten" Innensystem, das zwei Aluminium- oder Gold-Folienstücke (Blättchen) besitzt. Bringt man auf diese elektrische Ladung eines Vorzeichens, so lädt sich das Gehäuse – was noch nicht näher erklärt werden kann – mit Ladung des entgegengesetzten Vorzeichens auf. Die Abstoßung der gleichnamig geladenen Blättchen und die gleichzeitige Anziehung durch die entgegengesetzte Ladung des Gehäuses führen zu einer Spreizung der Blättchen, die einen solchen Ausschlag – wie zwei Pendel – machen, daß die elektrischen Kräfte der Schwerkraft der „Pendel" das Gleichgewicht halten.

Ein ähnlich einfach aufgebautes *Elektrometer* findet *als Dosimeter* im Bereich des Strahlenschutzes bei Röntgen- und ähnlichen Anlagen Verwendung. Fig. 7.7 enthält eine Skizze. Das bewegliche System ist ein metallisierter dünner Quarzfaden, der elektrisch leitend mit einem kräftigen Drahtbügel verbunden ist. Das Elektrometergehäuse ist die Metallwandung des etwa füllhaltergroßen Gerätes. Das Gerät wird aufgeladen, indem der kräftige Drahtbügel mit einer elektrischen Batterie verbunden wird. Der Quarzfaden wird dann abgestoßen und mit der eingebauten optischen Einrichtung sieht man einen „Ausschlag" des Quarzfadens. Wird das Dosimeter ionisierender Strahlung ausgesetzt, so verschwindet die Aufladung. Aus der Abnahme der Ladung wird auf die Strahlendosis geschlossen.

7.3.2 Elektrische Leiter, elektrisches Netz und elektrische Ladung

Beim Experimentieren mit elektrischen Ladungen macht man stillschweigend von verschiedenen Arten von Stoffen Gebrauch, die man als *elektrische Leiter* und *Isolatoren* bezeichnet. Lädt man ein Elektroskop auf und berührt es dann mit der Hand, mit einem Stück Metall, Kohle, Holz, Vulkanfiber, Wollfaden (trocken, naß), Kunststoff, Glas usw., dann stellt man fest, daß das Elektroskop entladen wird, d. h. elektrische Ladung kann durch Materie fortgeleitet werden, was wir einen *elektrischen Strom* nennen. Die Entladegeschwindigkeit ist bei den verschiedenen Stoffen aber verschieden groß: Metalle zeigen eine sehr große Entladegeschwindigkeit, die Entladezeit ist unbeobachtbar kurz, d. h *Metalle* sind *sehr gute elektrische Leiter*. Glas, Porzellan, Bernstein, Hartgummi, Kunststoff sind *sehr schlechte Leiter*, genannt *Isolatoren*. Auf Isolatoren können elektrische Ladungen haften bleiben, daher haben wir sie für unsere ersten Experimente benützen müssen. Der menschliche Körper ist ein recht guter Leiter.

An den Polen der elektrischen *Steckdose des elektrischen Leitungsnetzes* wird elektrische Ladung vom Elektrizitätswerk bereitgestellt. Wir prüfen das, indem wir den Versuch machen, Ladung von den Polen des Netzes abzunehmen und damit ein Elektrometer zu laden. Zu diesem Zweck benützen wir eine kleine metallische Kugel an einem isolierenden Griff. Wir berühren mit der Kugel eine Klemme, bewegen dann den „Löffel" zum Elektrometer, berühren dieses und beobachten einen (zunächst kleinen) Ausschlag: das Elektrometer konnte geladen werden. Ist die Steckdose mit den Polbezeichnungen + und − versehen („Gleichstromnetz"), dann kann vom einen bzw. anderen Pol fortwährend positive bzw. negative Ladung abgenommen werden. Handelt es sich um eine Steckdose eines „Wechselstromnetzes", dann bemerkt man sofort, daß man mal positive, mal negative Ladung verschiedener Größe abnimmt. Hier stellt das Elektrizitätswerk periodisch positive und negative Ladung bereit, und zwar mit der Frequenz $f = 50 \, \text{Hz}$.

Die als besonderer Kunstgriff erscheinende Trennung von Ladungen durch Reiben zweier Stoffe ist tatsächlich eine weit verbreitete Erscheinung. Sie kann mit den heutigen hoch-isolierenden Kunststoffen häufig beobachtet werden. Das Hin- und Herrutschen auf einem kunststoffbezogenen Stuhl, ja das Gehen mit hoch-isolierendem Schuhwerk kann Aufladungen des Menschen hervorbringen, die sich unangenehm bemerkbar machen, wenn sich etwa zwei Personen durch Handschlag begrüßen, oder auch wenn die aufgeladene Person ein Metallteil berührt: es springt ein kleiner Funke über, durch welchen der Ladungsausgleich der verschieden aufgeladenen Körper erfolgt. Derartige Funkenüberschläge bergen besondere Gefahren, wenn sie in einer Atmosphäre geschehen, die ein explosibles Gasgemisch enthält. Das kann in Operationssälen vorkommen, wo Narkosegasmischungen explosibel sein können (Äther-Luft- oder Äther-Sauerstoffgemisch). Zufällige Funkenüberschläge versucht man durch nicht-hochisolierende Stoffe zu vermeiden und durch sorgfälige *Erdung* aller Metallteile. Erdung bedeutet, daß man alle metallischen und sonstigen Körper, die Ladungen tragen können, durch eine metallische Leitung untereinander und mit der Umgebung verbindet. Metalle sind sehr gute Leiter, durch sie erfolgt ein sofortiger

Ausgleich von Ladungen verschiedenen Vorzeichens, so daß Funkenüberschläge nicht auftreten. Der Mensch selber wird mit hinreichend leitendem Schuhwerk versehen und ist dann über den Boden, auf dem er steht, ebenfalls geerdet, sofern dieser ebenfalls leitend ist oder gemacht worden ist. Er kann dann ohne Gefahr alle geerdeten Körper berühren.

7.3.3 Elektrisches Feld, Coulomb-Gesetz

Die einfachen Experimente mit isolierten Ladungen zeigen, daß die Folge der Ladung die wirkende Kraft ist. Nennen wir die eine von zwei Ladungen die „Probeladung"q, dann können wir mit ihrer Hilfe im ganzen Raum in der Umgebung der anderen Ladung die Kraft messen, indem wir die Probeladung auf einen kleinen Pendelkörper bringen und den Ausschlag dieses kleinen Kraftmessers beobachten. Prinzipiell kann man damit in jedem Punkt des Raumes einen kleinen Kraftvektor angeheftet denken, und alle diese Kraftvektoren geben ein Gesamtbild der Kraft zwischen zwei Ladungen: wir sehen ein ganzes *Kraftfeld* ganz im gleichen Sinn wie bei der Gravitationskraft (Abschn. 7.2.2). Letztlich müssen wir aber garnicht wissen, welche Ladung der Partner zu unserer Probeladung ist, mit Hilfe der Probeladung können wir immer das Kraftfeld messen. Wir definieren nun die *elektrische Feldstärke* durch die Gleichung

$$\text{elektrische Feldstärke} \stackrel{\text{def}}{=} \frac{\text{Kraft}}{\text{Ladung (der Probeladung)}}, \qquad (7.5)$$

in Formelzeichen

$$\vec{E} \stackrel{\text{def}}{=} \frac{\vec{F}}{q}, \qquad (7.6)$$

wobei wir durch die Pfeile angegeben haben, daß, da die Kraft ein Vektor ist, auch die elektrische Feldstärke einen Vektor darstellt, der durch Betrag und Richtung im Raum gegeben ist. Die SI-Einheit ist nach Gl. (7.6) N/C (s. S. 132 und Gl. (7.54)).

Ob in einem Raum ein elektrisches Feld besteht, wird daran gespürt, daß auf einen geladenen Körper, also einen Träger von Ladung Q, kurz *Ladungsträger* genannt, eine Kraft wirkt. Sie verschwindet, wenn der Körper keine Ladung mehr trägt. Ist die elektrische Feldstärke bekannt, dann folgt aus der Definitionsgleichung (7.5) für die wirkende Kraft

$$\vec{F} = Q\,\vec{E}. \qquad (7.7)$$

Ist die Ladung Q des Ladungsträgers positiv, dann hat die Kraft die gleiche Richtung wie die elektrische Feldstärke, ist sie negativ (z.B. Elektron als Ladungsträger), dann hat die Kraft die umgekehrte Richtung wie die elektrische Feldstärke. Die Gesamtheit der Vektoren der elektrischen Feldstärke im Raum gibt ein *Bild des elektrischen Feldes*, das den Raum erfüllt. In Abschn. 7.3.4 werden wir einige solche Bilder von elektrischen Feldern kennenlernen.

Wir haben bisher die Kraftwirkung zwischen Ladungen nur qualitativ bestimmt. Die quantitative Messung erfordert es, daß man z.B. eine Ladung auf einem metallischen Körper im Raum fixiert und mit der Probeladung an den verschiedenen Stellen des Raumes, gekennzeichnet durch den Abstand r vom fixierten Ladungsträger die Kraft mißt. Dazu muß man die Ladungen selbst verändern können, z.B. halbieren, vierteln usw. Das kann durch Berühren mit gleich großen metallischen Körpern geschehen, von denen der eine geladen, der andere ungeladen ist. Auf diese Weise kann man die Kraftwirkung zwischen zwei Ladungen Q_1 und Q_2 messen, die sich im Abstand r befinden. Das Ergebnis solcher Messungen ist, daß die Kraft proportional zur Ladung Q_1 sowie zur Ladung Q_2, also proportional zum Produkt beider Ladungen ist, und daß die Kraft umso kleiner ist, je größer der Abstand ist; im Fall sogenannter „Punktladungen", d.h. Ladungsträgern, deren Ausdehnung (Durchmesser) klein gegen ihren Abstand ist, findet man umgekehrte Proportionalität zum Quadrat des Abstandes, insgesamt also

$$F = \frac{1}{4\pi\,\varepsilon_0} \frac{Q_1 Q_2}{r^2}. \tag{7.8}$$

Dies ist das *Coulombsche Gesetz* (1785) für die Kraft, mit der zwei elektrische Ladungen aufeinander wirken. Da die Ladungen gleiches oder verschiedenes Vorzeichen haben können, sehen wir im Vorzeichen von F unseren bekannten Befund bestätigt (Fig. 7.4 und 7.5). Die mathematische Form dieses Gesetzes ist gleich der des Gravitationsgesetzes, aber die Ursache der Kraft ist jetzt die elektrische Ladung. Die Proportionalitätskonstante wird im SI in der Form $1/4\pi\,\varepsilon_0$ geschrieben, ε_0 nennt man *elektrische Feldkonstante*. Ihre Größe wird experimentell bestimmt, nachdem die Einheit der elektrischen Ladung definiert ist. Das geschieht im SI auf einem meßtechnisch günstigeren Umweg über die elektrische Stromstärke (Abschn. 9.2.2.2). Wir übernehmen von dort als *Einheit der elektrischen Ladung* 1 Coulomb $= 1$ C. Die elektrische Feldkonstante ist dann

$$\varepsilon_0 = 8,85 \cdot 10^{-12} \, \frac{\text{C}^2}{\text{N}\,\text{m}^2}. \tag{7.9}$$

Die Ladung 1 C ist tatsächlich eine riesige Ladung, mit welcher man es als freier Ladung niemals zu tun hat. Setzen wir etwa $r = 1$ m als Abstand zweier Ladungen von je 1 C in das Coulombsche Gesetz ein, dann ergibt sich die Kraft

$$F = \frac{1}{4\pi \cdot 8,85 \cdot 10^{-12}} \, \frac{\text{N}\,\text{m}^2}{\text{C}^2} \frac{1\,\text{C} \cdot 1\,\text{C}}{1\,\text{m}^2} \approx 10^{10} \, \text{N}.$$

Insbesondere im atomaren Bereich hat man es mit ganz wesentlich kleineren Ladungen und Kräften zu tun (Abschn. 7.3.5).

7.3.4 Elektrisches Feld der Punktladung und des elektrischen Dipols

Die Ladung Q befinde sich auf einer kleinen metallischen Kugel (der Ladungsträger sei eine „Punktladung"), im Abstand r befinde sich die Probeladung q. Wir messen die

Kraft F auf q und dividieren F durch q um die Feldstärke zu finden. Die Kraft kennen wir aber bereits durch das Coulombsche Gesetz, worin $Q_1 = Q$ und $Q_2 = q$ einzutragen ist. Division durch q ergibt für die elektrische Feldstärke der Punktladung

$$E = \frac{1}{4\pi\,\varepsilon_0}\,\frac{Q}{r^2}\,. \tag{7.10}$$

Die elektrische Feldstärke liegt als Vektor genau in der Verbindungslinie von Q und q, also genau radial und weist nach außen, wenn Q positiv ($Q > 0$) ist, sie weist nach innen, wenn Q negativ ist ($Q < 0$). In Fig. 7.8 sind die beiden Fälle aufgezeichnet. Wir haben außerdem die Feldvektoren durch gerade Linien verbunden und „sehen" damit ein *Feldlinienbild:* es handelt sich um ein räumliches, kugelsymmetrisches, radiales Feld, worin der *wachsende Abstand der Feldlinien* mit wachsendem Abstand r der *Abnahme der Feldstärke* mit $1/r^2$ entspricht. Dort, wo die *Feldlinien kleinen Abstand* haben, ist die *Feldstärke groß*, dort wo ihr *Abstand groß* ist, ist die *Feldstärke klein*. Außerdem sehen wir, daß die Feldlinien bei positiven Ladungen beginnen und bei negativen Ladungen endigen: positive Ladungen sind die *Quellen*, negative Ladungen die *Senken* des elektrischen Feldes. Allerdings müssen wir das Bild in Fig. 7.8 auf Grund unserer früheren Ergebnisse über die Trennung von Ladungen (Abschn. 7.3.1) vervollständigen: die zur positiven Zentralladung gehörende negative Ergänzungsladung befindet sich auf den Wänden des Raumes, und entsprechendes gilt für die zur negativen Zentralladung gehörende positive Ergänzungsladung. – Schließlich sei schon jetzt darauf hingewiesen, daß es neben den elektrischen Feldern, die Ladungen verbinden, auch Felder mit geschlossenen Feldlinien gibt („Wirbel"-Felder), wie in der Elektrodynamik gezeigt wird (Abschn. 9.4.3).

Das nächst-komplizierte elektrische Feld wird von einem *elektrischen Dipol* erzeugt. Wir verstehen darunter eine Anordnung von einer positiven Ladung ($+Q$) und einer

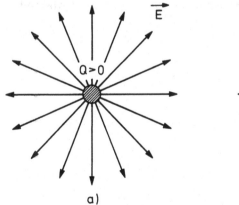
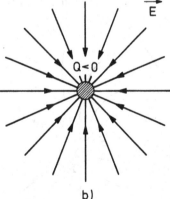

a)   b)

Fig. 7.8 a) Elektrisches Feld in der Umgebung   b) elektrisches Feld in der Umgebung einer
einer positiven Ladung   negativen Ladung

Die zugehörige negative bzw. positive Ladung sitzt weit entfernt in der Umgebung, z.B. auf den Wänden („im Unendlichen")

gleich großen negativen Ladung $(-Q)$ im Abstand d und nennen die Größe

$$p_e \overset{\text{def}}{=} Q\, d \qquad\qquad (7.11)$$

das *elektrische Dipolmoment* der Anordnung dieser beiden Ladungen. Man gibt dem Dipolmoment eine Richtung, nämlich von $-Q$ nach $+Q$, und damit ist das Dipolmoment ein Vektor, $\vec{p}_e = Q\,\vec{d}$, wobei d als Vektor aufgefaßt wird. Die SI-*Einheit des elektrischen Dipolmomentes* ist Coulomb × Meter = Cm. Das *elektrische Feld des Dipols* gewinnt man durch folgende Überlegung: die Feldstärke ist definiert als Kraft durch Ladung. Die Kraft auf eine Probeladung im Dipolfeld ist die Vektorsumme der Kräfte, die von den Feldern, die von $+Q$ und $-Q$ ausgehen, hervorgerufen werden (Superpositionsprinzip). Also ist auch die elektrische Feldstärke des Dipols in einem Raumpunkt (dem *Aufpunkt*) die Vektorsumme der beiden einzelnen Feldstärken. So ergibt sich die in Fig. 7.9 durch Feldlinien wiedergegebene Feldstruktur. Die Pfeilrichtungen deuten die Richtung des elektrischen Feldes an: die positive Ladung ist Quelle, die negative ist Senke des Feldes. Richtung und Größe des elektrischen Feldes gibt der Vektor $\vec{E}$ an, den man am Aufpunkt tangential an die Feldlinien anheftet. Seine Länge zeichnet man proportional dem Betrag der Feldstärke, die ihrerseits am Abstand der Feldlinien sichtbar ist: *kleiner Abstand* der Feldlinien zeigt *großen Betrag der Feldstärke* an, und umgekehrt.

Beim *Dipol* ergibt sich für den Betrag der elektrischen Feldstärke im Aufpunkt, dessen Abstand $r \gg d$ (Ausdehnung des Dipols) ist,

$$E_{\text{Dipol}} = f\, \frac{1}{4\pi\,\varepsilon_0}\, \frac{p_e}{r^3}. \qquad\qquad (7.12)$$

Der Vorfaktor f hat einen Zahlenwert, der vom Winkel zwischen $\vec{p}_e$ und $\vec{r}$ zum Aufpunkt abhängt: $f = 2$ in der Achsenrichtung des Dipols, $f = 1$ senkrecht dazu. Wie man aus Gl. (7.12) sieht, nimmt die Feldstärke mit der dritten Potenz des Abstandes

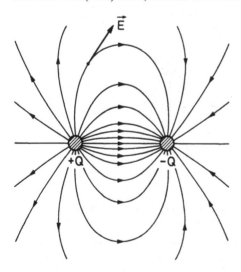

Fig. 7.9
Das elektrische Feld in der Umgebung eines Ladungspaares verschiedenen Vorzeichens

ab, sie fällt also schneller als die Feldstärke der Punktladung (Gl. (7.10)), aber ebenso wie jenes Feld erstreckt sich das Dipolfeld grundsätzlich bis ins Unendliche. Die relativ raschere Abnahme mit wachsendem Abstand kann man sich so vorstellen, daß die Feldlinien sich sozusagen auf dem kurzen Weg von + nach − begeben können.

Der elektrische Dipol ist für viele Formen elektrischer Wechselwirkung in der Natur fundamental. Makroskopisch sind die Stoffe in der Regel elektrisch neutral, mikroskopisch können aber sehr wohl Ladungsträger voneinander getrennt sein, was zu „Dipolkräften" führt. Haben makroskopische Körper eine Ladungsverteilung, die dem Dipol entspricht, so ist auch das von ihnen ausgehende elektrische Feld ein Dipolfeld. Man vergleiche auch Abschn. 9.5.1 (Herzdipol).

7.3.5 Elektrische Wechselwirkung im atomaren und molekularen Bereich

7.3.5.1 Atomhülle Die qualitative Beschreibung des Aufbaus der Atome und Moleküle in Abschn. 5.2 können wir jetzt durch quantitative Überlegungen ergänzen. Die Kraft, mit der die Elektronen der Atomhülle an den Kern gebunden werden, ist die elektrische Coulombkraft zwischen Elektron (Ladung $q = -e = -1{,}6 \cdot 10^{-19}$ C) und Atomkern (Ladung $Q = Ze = Z \cdot 1{,}6 \cdot 10^{-19}$ C) (Fig. 7.10). In einem elektrisch neutralen Atom sind insgesamt genau Z Elektronen in der Hülle vorhanden. Da die Kraft zwischen Kern und Hüllenelektronen anziehend ist, so kann eine stabile Elektronenhülle nur bestehen, wenn sich die Elektronen bewegen. Da Coulomb- und Gravitationsgesetz die gleiche mathematische Form haben, wären die Elektronenbahnen um den Kern Ellipsen, ähnlich wie die Planetenbahnen. Diese Vorstellung führt aber auf grundsätzliche Schwierigkeiten, weil eine elektrische Ladung, die sich um einen Atomkern herum bewegt, stets Strahlung abgeben müßte.

Trotz dieser Schwierigkeiten eines klassischen Atommodells sollen einige Zahlenwerte gewonnen werden, die instruktiv sind. Der Radius der Atome liegt bei einigen 10^{-8} cm $= 10^{-10}$ m. Die Kraft zwischen Elektron und Atomkern des Wasserstoff-Atoms ($Z = 1$) für einen solchen Abstand ergibt sich nach dem Coulombschen Gesetz zu $F = 10^{-8}$ N. Die Gravitationskraft, die ebenfalls zwischen Elektron und Proton besteht, ist demgegenüber völlig zu vernachlässigen, die elektrischen Kräfte beherrschen das atomare Geschehen. Eine stabile Elektronenbahn um den Atomkern erfordert Gleichgewicht zwischen Zentrifugal- und Zentripetalkraft ($=$ Coulombkraft), d.h. für eine Kreisbahn mit Gl. (3.32) und Gl. (7.8)

$$\frac{m_e v^2}{r} = \frac{1}{4\pi\varepsilon_0} \frac{e^2}{r^2}, \qquad\qquad (7.13)$$

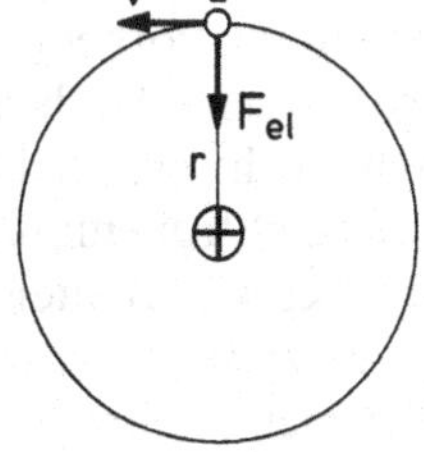

Fig. 7.10
Einfachstes Atommodell: ein Elektron kreist um eine positive Ladung

wobei dann v die Bahngeschwindigkeit ist (Elektronenmasse $m_e = 9,1 \cdot 10^{-31}$ kg, Abschn. 5.3). Im Wasserstoff-Atom ist der Radius der innersten Elektronenbahn $r = a_H = 0,529 \cdot 10^{-10}$ m („Bohrscher Radius", benannt nach Niels Bohr, der das erste quantentheoretische Atommodell entwickelt hat). Aus Gl. (7.13) gewinnt man für die zugehörige Bahngeschwindigkeit

$$v = e \, \frac{1}{\sqrt{4\pi\,\varepsilon_0\, m_e\, a_H}} = 2,18 \cdot 10^6 \, \frac{m}{s} = 2180 \, \frac{km}{s}. \tag{7.14}$$

Diese Geschwindigkeit ist zwar groß, aber doch nur der 137ste Teil der Lichtgeschwindigkeit. Mittels der Umlaufgeschwindigkeit kann man auch die *Umlaufzeit T* nach Gl. (3.14) finden,

$$T = \frac{2\pi r}{v} = 1,52 \cdot 10^{-16} \, s, \tag{7.15}$$

und die *Umlauffrequenz* ist $f = 1/T = 6,5 \cdot 10^{15}$ Hz $= 6,5$ PHz. Derart hohe Frequenzen gehören in den Bereich der Lichtstrahlungsfrequenzen.

Die seit Anfang dieses Jahrhunderts entwickelte Quantentheorie hat eine grundlegende Änderung des Atommodells gebracht. Die Bahnvorstellung muß ganz verlassen werden. Statt dessen kommt es zu einer wolkenartigen Verteilung der Ladung um den Kern. Sie stellt quantitativ die von Raumpunkt zu Raumpunkt unterschiedliche Wahrscheinlichkeit dar, das Elektron bei einer „Momentaufnahme" am betrachteten Raumpunkt zu „sehen".

Gehen wir zum nächsten Element des Periodensystems über, dem Helium-Atom mit der Kernladung $Z = 2$, so sind in der Elektronenhülle zwei Elektronen vorhanden. Die gesamte elektrische Wechselwirkung ist erneut die Hauptwechselwirkung zwischen den beiden Elektronen und dem Kern, aber es kommt noch die elektrische, abstoßende Kraft zwischen den beiden Elektronen untereinander hinzu. Es kommt zu einer gemeinsamen, neu strukturierten Elektronenverteilung. Werden so sukzessive die Elemente aufgebaut und mit den zugehörigen Elektronenhüllen versehen, so stellt sich heraus, daß sich die Gruppen des Periodensystems auch in den Strukturen der Elektronenverteilungen widerspiegeln. Hier soll nur *ein* ergänzendes experimentelles Ergebnis erwähnt werden: die Elektronenkonfigurationen der Edelgase erweisen sich als besonders stabil in dem Sinne, daß sich vom jeweils nächsten Element (Alkalien: Li, Na, K usw.) durch Abtrennung des „äußersten" Elektrons das einfach positiv geladene Ion besonders leicht bilden läßt, wodurch die Elektronenhülle „edelgas-ähnlich" wird. Umgekehrt nimmt das jeweils vorhergehende Element (Halogene: F, Cl, Br usw.) relativ leicht ein Elektron in seine Hülle auf, bildet also ein negatives Ion, wenn dazu eine Möglichkeit besteht, d.h. ein Elektron zur Verfügung steht. Dann wird das bestehende „Loch" in der Elektronenhülle aufgefüllt zur Edelgas-Elektronenkonfiguration. Quantitativ wird dieses Verhalten der Elemente durch die Angabe der *Ablöse-* oder *Ionisierungsarbeit,* bzw. der *Elektronenaffinität* (ebenfalls eine Energie) gekennzeichnet. Wir gehen hier nicht weiter darauf ein.

7.3.5.2 Chemische Bindungskräfte Auch die chemische Bindung wird durch elektrische Kräfte verursacht. Von zentraler Bedeutung ist dabei die *Bindungsenergie* (Abschn. 7.6.5.1 und 7.6.5.2). Daneben ist eine anschauliche Vorstellung über die Kräfte, die wirksam sind, nützlich. Bei großen Abständen der Atome müssen die Kräfte sicher anziehend sein, weil sonst eine Bindung unterbleiben würde. Wir geben im folgenden eine kurz gefaßte Übersicht.

a) *Ionenbindung oder (hetero-)polare Bindung.* Beispiele sind die Moleküle NaCl (Kochsalz), HCl, CO_2, H_2O, von denen wir den Bindungszustand bei NaCl beschreiben. Werden ein Na- und ein Cl-Atom einander so weit genähert, daß die Elektronenhüllen sich zu durchdringen beginnen, dann wirkt sich aus, daß das Na-Atom leicht ein Elektron abgibt, das andererseits leicht in das „Loch" in der Elektronenhülle des Cl-Atoms eingebaut werden kann. Dann stehen sich aber ein positives Na-Ion und ein negatives Cl-Ion gegenüber, die im ganzen zu einer anziehenden Coulombkraft führen und damit zu einer weiteren Annäherung der Ionen. Bei starker Durchdringung der Elektronenhüllen kommt jedoch die starke elektrische Abstoßung der beiden positiv geladenen Atomkerne hinzu und so stabilisiert sich das Molekül bei einem bestimmten Abstand der Na- und Cl-Atomkerne, der für dieses Molekül charakteristisch ist.

Das Ergebnis der ionischen Bindung ist in der Regel ein Molekül mit einem *elektrischen Dipolmoment*, gegeben durch Ladung mal Abstand. In Tab. 7.1 sind einige Dipolmomente zusammengestellt. Als Einheit findet man häufig „1 Debye" $= \frac{1}{3} \cdot 10^{-29}$ C m. Dieses Dipolmoment hat ein Molekül, bei dem sich im Abstand $d = 10^{-8}$ cm $= 10^{-10}$ m die Ladungen $+$ und $-\frac{1}{4,8} e$ (also $\frac{1}{3} \cdot 10^{-19}$ C) gegenüberstehen. Man kann aber nicht sagen, daß ein experimentell gefundenes Dipolmoment etwa gleich dem Produkt aus experimentell gefundenem Kernabstand eines zweiatomigen Moleküls mal Ionenladung ($\pm e$) sei. Z. B. haben wir in Tab. 5.1 den Abstand H-Atom − Cl-Atom für das HCl-Molekül mit $d = 0,127$ nm $= 1,27 \cdot 10^{-10}$ m angegeben. Denkt man bei diesem Molekül an ein H^+-Ion (Proton), das dem einfach geladenen Cl^--Ion gegenübersteht, so wäre rechnerisch das elektrische Dipolmoment $p_e = e \cdot d = 2,032 \cdot 10^{-29}$ C m $= 6,1$ Debye. Der gemessene Wert ist aber

Tab. 7.1 Elektrische Dipolmomente einiger Moleküle

Molekül	p_e/Debye	Molekül	p_e/Debye
HCl	1,02	CO_2	0
H_2O	1,85	Benzol	0
Chloroform	1,05	CCl_4	0
Methanol	1,68		
Harnstoff	8,6		
Glycin (Glykokoll)	15		
Eiweiße	200 bis 1200		

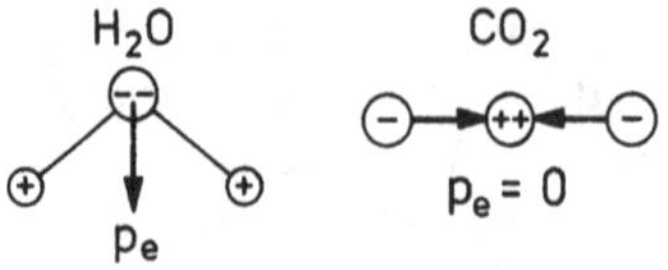

H_2O

CO_2

$p_e = 0$

Fig. 7.11
Elektrisches Dipolmoment des H_2O- und des CO_2-Moleküls: im CO_2-Molekül kompensieren sich zwei Dipolmomente zum Gesamtdipolmoment null

$p_e = 1,02$ Debye nach Tab. 7.1, also nur 1/6 des rechnerischen Wertes. Der Grund für diese großen Abweichungen ist, daß die Ionenladung als Mittelwert über eine Verteilung der Ladungen in den quantentheoretischen Elektronenwolken entsteht.

Unter den leichten Molekülen hat Wasser ein besonders großes Dipolmoment. In Fig. 5.4 haben wir die Struktur des H_2O-Moleküls aufgezeichnet. Man hat es offenbar mit zwei Dipolmomenten zu tun, die zu den beiden O-H-Bindungen gehören (H positive, O negative Ladung tragend), Fig. 7.11. Die beiden Dipolmomente heben sich nicht auf, weil die Molekülstruktur gewinkelt ist. Im CO_2 haben wir ebenfalls zwei Dipolmomente, die sich aber wegen der gestreckten Struktur aufheben. Aus ähnlichen Symmetriegründen verschwinden die Dipolmomente auch von Benzol und CCl_4. Große Moleküle können große Dipolmomente haben, weil die einander gegenüberstehenden Ladungen voneinander einen großen Abstand haben können (z. B. Eiweiße). Selbst wenn einzelne Bindungen in einem Molekül polar sind, so kommt es demnach noch auf die Symmetrie des Molekülaufbaus an, ob ein großes oder kleines Dipolmoment resultiert.

b) *Atombindung, kovalente oder homöopolare Bindung, Elektronenpaarbindung.* Sie kommt ebenfalls durch elektrische Kräfte zustande und ist die am häufigsten vorkommende Bindungsart. Einfache Beispiele sind H_2, O_2, N_2, CO, Cl_2, u.w. Das Zustandekommen erläutern wir zuerst an Hand des H_2^+-*Ions* (Wasserstoff-Molekül-Ion). Die beiden Protonen haben einen Abstand von $1,06 \cdot 10^{-10}$ m. Fügt man zwischen den beiden Protonen genau in der Mitte ein Elektron ein, so folgt aus dem Coulombschen Gesetz, daß man bei jedem Abstand der Protonen eine Anziehungskraft bekommt. Das Molekül würde also zum Abstand Null zusammenschnurren. Die Quantenphysik liefert jedoch die Aussage, daß das Elektron nach Art einer Elektronenwolke um die Protonen verteilt ist, es hält sich also nicht dauernd zwischen den Protonen auf. Damit überwiegt die Anziehungskraft nicht dauernd, und so kommt die stabile Molekülkonfiguration zustande, in der das Elektron insgesamt „bindend" wirkt.

Man könnte meinen, daß also die Atombindung auf Grund des geschilderten „statischen, elektrischen" Modells auch quantitativ die richtigen Werte für die Bindungsenergie ergibt. Das ist nicht der Fall, es müssen typische quantentheoretische Phänomene mit einbezogen werden. Das kann hier nicht weiter ausgeführt werden.

Die nächst-komplizierte Bindung ist diejenige im H_2-*Molekül*. Die Hinzufügung des zweiten Elektrons bringt im Mittel eine Verstärkung der Bindung, der Gleichgewichtsabstand der Protonen wird auf $0,76 \cdot 10^{-10}$ m verkürzt. Die wirksamen Kräfte sind nach wie vor elektrisch, jedoch kann man auch jetzt nur mit der Quantenphysik quantitative Aussagen erhalten, die mit der Wirklichkeit übereinstimmen. Insbesondere wird gezeigt, daß die beiden Elektronen dann bindend wirken, wenn sie selbst eine

Struktur bilden, die man als Elektronenpaar bezeichnet. Die Vereinigung von drei Elektronen zu einem Tripel ist nicht möglich: die Elektronenpaarbindung zeigt „Sättigung". Die Moleküle mit Atombindung haben vielfach kein elektrisches Dipolmoment, oder es ist deutlich kleiner als das der polaren Moleküle. Z. B. ist das Dipolmoment von CO zwar von Null verschieden, aber es ist nur 6,5 % von dem des H_2O-Moleküls.

7.3.5.3 Bindung in festen Stoffen

In den Ionenkristallen, wie z. B. im Kochsalz, NaCl, befinden sich die Atomionen (Na^+ und Cl^-) in einer regelmäßigen Anordnung nebeneinander an festen Plätzen. (Fig. 5.9 stellt das Modell des kubischen Gitters des NaCl-Kristalls dar.) Die Bindung kommt durch die elektrischen Kräfte zustande. Die Elektronenverteilungen um die einzelnen Atome sind gegenüber dem freien NaCl-Molekül abgeändert, aber es bleibt bei der ionischen Wechselwirkung. Ionenkristalle werden von allen Halogenidsalzen gebildet.

Wesentlich anders ist die Bindung in den Metallen (Ag, Cu, Au usw.). Bei ihnen hat man zwar ebenfalls ein Ionengitter von einfach oder zweifach ionisierten Atomen, aber die abgetrennten Elektronen können sich im *ganzen* Kristall aufhalten und sind nicht lokalisiert. Sie stellen gewissermaßen einen über das ganze Metall verteilten fluiden Kitt dar (Fig. 7.12). Er bestimmt ganz wesentlich die hohe elektrische Leitfähigkeit der Metalle. Diese Art der Bindung wird als *metallische Bindung* bezeichnet.

Auch die Atombindung ist zur Kristallbindung fähig, aber es gibt eine Vielzahl von Mischtypen der Bindung, die z. B. bei N_2 (fest), H_2 (fest), CO_2 (fest) vorkommen, auch bei Eis, wo es sich tatsächlich um eine Dipolbindung handelt (Abschn. 7.3.5.4).

Alle stabilen Konfigurationen der Atome, Moleküle und festen Körper enthalten Teilchen mit festen Abständen, deutlich ausgeprägt in den kristallisierten Festkörpern. Diese festen Abstände sind *Gleichgewichtsabstände*, in denen ein Gleichgewicht der anziehenden mit einer abstoßenden Kraft besteht. Eine Veränderung des Abstandes kann durch Anwendung einer zusätzlichen äußeren Kraft erfolgen, und den Erfolg einer solchen Kraft haben wir bei den festen Körpern in Form von Dehnung, Stauchung, Torsion gesehen. Dabei ergab sich, daß Kraft und Dehnung in einem linearen Zusammenhang stehen (Hookesches Gesetz bei kleinen Dehnungen). Auf der anderen Seite sahen wir, daß die ionischen Kräfte eine ganz andere Abstandsabhängigkeit haben (Coulombsches Gesetz). In den Gleichgewichtskonfigurationen der Materie handelt es sich aber immer um eine Ausgangslage mit Kraft null. Von ihr aus ist bei Stauchung immer eine abstoßende, linear ansteigende Kraft vorhanden,

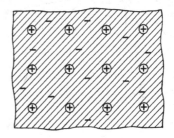

Fig. 7.12
Metallische Bindung durch freie Elektronen

dagegen bei Dehnung eine ebenfalls linear ansteigende, anziehende Kraft. Noch einprägsamer wird dies im Rahmen von Energiebetrachtungen beschrieben (Abschn. 7.6.3.2).

7.3.5.4 Dipolkräfte Wie wir sahen, erfolgt bei den chemischen Bindungen sehr leicht eine Verschiebung der elektronischen Ladungen gegen die Kernladungen und es entsteht ein elektrischer Dipol. Auch in größerer Entfernung vom Molekül besteht dann ein elektrisches Feld (Dipolfeld, Gl. (7.12)). Mittels dieses Feldes wird auf andere Ladungsträger eine Kraft ausgeübt. Z. B. wird auf Ionen in einer wäßrigen Lösung eine Kraft durch die Wasserdipole ausgeübt, und umgekehrt (actio = reactio) üben auch die Einzelladungen (z. B. Na^+ und Cl^- in einer Kochsalzlösung) auf die Wasserdipole eine Kraft aus. Die Folge dieser Kraft ist die orientierte Anlagerung von Wasserdipolen an die Einzelionen, genannt *Hydratation*, von der Fig. 8.19 ein Schemabild enthält. Die Kraft Ladung–Dipol folgt dem Abstandsgesetz des Dipolfeldes, sie ist $\sim 1/r^3$. – Wir besprechen noch zwei weitere Dipolkräfte.

a) *Wechselwirkung permanenter Dipole* (HCl-, H_2O- usw. Moleküle). In Fig. 7.13 haben wir das elektrische Feld eines Dipols aufgezeichnet und in dieses einige andere Dipole in verschiedenen Lagen eingezeichnet. Indem man die durch das elektrische Feld auf die beiden Ladungen eines Dipols wirkenden Kräfte berechnet (Ladung mal Feldstärke), sieht man sofort, daß auf alle Dipole, deren Achsen nicht parallel zu einer Feldlinie orientiert sind, ein Drehmoment ausgeübt wird: sie werden ins Feld hineingedreht. Das resultierende Bild der Dipole erinnert dann an die Verteilung von Eisenfeilspänen im Feld eines Hufeisenmagneten (s. Abschn. 7.4). Daneben gibt es noch eine zweite Wechselwirkung, die zu einer im Mittel anziehenden Kraft führt. Man macht sich das an einem speziellen Beispiel klar: in der Position *A* haben wir einen Dipol eingezeichnet, der schon richtig orientiert ist. Die Feldstärken

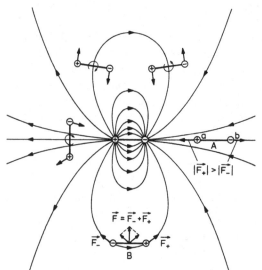

Fig. 7.13
Die elektrischen Kräfte zwischen Dipolen führen zu Drehungen und zur Anziehung der Dipole, letzteres gezeigt in den Lagen *A* und *B*

bei a und b sind verschieden groß, und zwar ist $\vec{E}$ bei a größer als bei b (Feldlinien liegen bei a enger zusammen als bei b). Also ist die (anziehende) Kraft bei a größer also die (abstoßende) Kraft bei b, es resultiert insgesamt eine anziehende Kraft („der Dipol wird ins Feld hineingezogen"). Für diese Dipol-Dipol-Kraft findet man in der speziellen Lage A den Ausdruck

$$F = 3\,\frac{p_1 p_2}{2\pi\varepsilon_0}\,\frac{1}{r^4}. \tag{7.16}$$

Man muß im allgemeinen davon ausgehen, daß die beiden interessierenden Dipole beliebig orientiert sind (z.B. auch Lage B in Fig. 7.13). Dann gilt Gl. (7.16) in abgeänderter Form: statt des Faktors 3 tritt eine Funktion der Winkelorientierung auf. Wichtig ist nur, daß es bei der Proportionalität mit $1/r^4$ bleibt, die Kraft fällt also noch schneller ab als diejenige zwischen zwei Punktladungen ($1/r^2$) oder zwischen Punktladung und Dipol ($1/r^3$). Die Dipol-Dipol-Kraft ist deswegen so interessant und wichtig, weil es sich um eine Kraft handelt, die zwischen Teilchen wirkt, die in Summe keine Ladung tragen, wohl aber ein elektrisches Dipolmoment. Elektrischer Natur ist auch die schwache Bindung der Wassermoleküle untereinander, die den Zusammenhalt des Wassers verursacht und als Wasserstoffbrückenbindung bezeichnet wird.

b) *Wechselwirkung induzierter Dipole.* Sie ist für die Wechselwirkung verantwortlich, die zwischen Atomen und Molekülen besteht, die weder elektrische Ladung noch ein (permanentes) Dipolmoment tragen. Zur Erklärung sind in Fig. 7.14 zwei Modellatome skizziert. Im linken Atom möge sich ein Elektron auf einer Kreisbahn um den Atomrumpf bewegen. In jeder Lage des Elektrons besteht ein Dipolmoment, das aber um den Atomrumpf herumläuft und im zeitlichen Mittel verschwindet. Auf ein in der Nähe befindliches zweites Atom wirkt dieser Dipol durch sein Feld ein und erzeugt dort eine kleine Ladungsverschiebung des Elektrons gegenüber dem Rumpf, was zu einem *induzierten Dipolmoment* führt. Dieses läuft gleichsinnig und im gleichen Rhythmus um seinen Atomrumpf. Die Gleichsinnigkeit ruft eine auch im zeitlichen Mittel dauernd vorhandene Anziehungskraft hervor. Quantitativ kann man dazu folgendes angeben: das Dipolfeld hat am Ort des zweiten Atoms nach Gl. (7.12) eine Feldstärke $\sim 1/r^3$. Ihr ist das induzierte Dipolmoment proportional, und damit ist die gesamte Wechselwirkungskraft nach Gl. (7.16) $\sim r^{-3} \cdot r^{-4}$, sie klingt also sehr schnell, nämlich proportional zu $1/r^7$ ab. Das konnte man erwarten, weil es sich um eine elektrische Wechselwirkung zweier neutraler Atome handelt. Diese Wechselwirkung ist aber deshalb besonders wichtig, weil es sich um eine Anziehungskraft handelt, die grundsätzlich immer vorhanden ist. Sie wird auch als *van-der-Waals-Kraft* bezeichnet (s. Abschn. 8.3.3) und führt z.B. letztlich auch dazu, daß Edelgase trotz ihrer abgeschlossenen Elektronenschalen und der daraus folgenden Kugelsymmetrie der Atome sich bei tiefen Temperaturen verflüssigen und verfestigen.

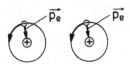

Fig. 7.14
Zur anziehenden Kraft zwischen neutralen Atomen
bzw. Molekülen

Tab. 7.2 Elektrische Wechselwirkungen im atomaren Bereich
(α: Polarisierbarkeit des Atoms)

Teilchen	Wechselwirkungsart	Kraft-gesetz	Bindungsenergie kJ/mol
Elektron – Ion Ion – Ion	Ladung – Ladung	$\dfrac{q_1 q_2}{r^2}$	40 bis 400
Ion – Molekül	Ladung – permanenter Dipol	$\dfrac{q\, p_e}{r^3}$	5 bis 20
Molekül – Molekül	permanenter Dipol – permanenter Dipol	$\dfrac{p_e p_e'}{r^4}$	
Ion – Atom	Ladung – induzierter Dipol	$\dfrac{\alpha\, q^2}{r^5}$	
Molekül – Atom	permanenter Dipol – induzierter Dipol	$\dfrac{\alpha\, p_e^2}{r^7}$	1 bis 10
Atom – Atom	zwei sich wechselseitig induzierende Dipole	$\dfrac{\alpha^2}{r^7}$	

Die soeben beschriebene Bildung induzierter Dipole muß u.U. noch in anderem Zusammenhang berücksichtigt werden: eine Einzelladung wirkt durch ihr elektrisches Feld auf ein anderes *neutrales* Atom ein und verschiebt die negativen Ladungen ein wenig von den positiven Ladungen, d.h. das neutrale Atom wird polarisiert (quantitativ beschrieben durch eine *Polarisierbarkeit* α). Ebenso wird ein *neutrales* Atom von einem Dipolfeld eines Moleküls polarisiert.
In Tab. 7.2 ist eine Zusammenstellung der (elektrischen) Kräfte zwischen Atomen und Ionen enthalten.

7.4 Magnetische Kräfte

Magnetische Kräfte werden zunächst zwischen „Magneten" beobachtet: sie ziehen sich an, stoßen sich ab und drehen sich auch in bestimmte Lagen zueinander. Aus dem Vorhandensein der Kräfte schließen wir wieder, daß im Raum um einen Magneten ein *magnetisches Feld* besteht. Die Aufklärung der fundamentalen Wechselwirkung, die zur magnetischen Kraft führt, hat deutlich länger gedauert, als die Erklärung elektrischer Vorgänge. Wir werden magnetische Phänomene erst in Abschn. 9 be-besprechen, weil der Zusammenhang mit den elektrischen Strömen grundlegend ist. Im Gegensatz zu der großen Bedeutung des Magnetismus in der Physik hat man in

Medizin und Biologie bisher vergeblich nach direkten Wirkungen von magnetischen Feldern gesucht. Im molekularen Bild organischer Materie gibt es gleichwohl magnetische Wirkungen, ganz genau so wie in den Atomen und Molekülen der unbelebten Stoffe. Ihr Studium zum Zweck der Untersuchung des Feinbaus hochmolekularer Stoffe oder biologischer Materie wird in naher Zukunft Bedeutung erlangen. Z.B. wird die Untersuchung der magnetischen Wechselwirkung magnetischer Dipole in organischer Materie möglicherweise Hinweise auf charakteristische Veränderungen in krankhaft veränderter Umgebung von Molekülen ergeben.

7.5 Kernkraft

Die Bindung der Nukleonen Proton und Neutron (Abschn. 5.3) in den Atomkernen erfolgt durch eine Kraft, die nicht auf andere zurückgeführt werden konnte. Sie wird als *Kernkraft* bezeichnet. Im Atomkern stoßen sich die Protonen mit der Coulombkraft ab. Ohne eine zusätzliche anziehende Kraft könnte es keine stabilen Atomkerne geben. Diese, im allgemeinen anziehende, erst bei extrem kleinen Abständen abstoßende Kraft, ist die Kernkraft. Sie wirkt zwischen den Neutronen, die ungeladen sind, zwischen Neutron und Proton und auch, unbeschadet der Coulombkraft, zwischen den Protonen. Die Kernkraft wird als „starke Wechselwirkung" bezeichnet. Mit wachsendem Abstand der Nukleonen fällt sie oberhalb etwa 10^{-15} m sehr schnell ab, ist daher nur im Atomkern von Bedeutung. Es wird erwartet, daß die Elementarteilchenphysik uns dem Ziel der Aufklärung der Kernkraft näher bringt.

7.6 Arbeit, Energie und Leistung

Durch die Newtonschen Axiome ist das Verhältnis von Ursache und Wirkung bezüglich der Bewegung der Körper geklärt. Zunächst in der Mechanik, dann in allen Gebieten der Physik und der Naturwissenschaften, hat der Begriff der *Energie* zentrale Bedeutung gewonnen. Er ist auch dem „Mann auf der Straße" durch die Energiekrise ins Bewußtsein gedrungen. Die Unterscheidung der Begriffe Kraft und Energie (insbesondere der thermischen Energie) ist erst in der zweiten Hälfte des 19. Jahrhunderts gelungen. Vorher sprach man von „lebendiger Kraft", wenn man Energie meinte, auch schrieb Hermann von Helmholtz noch 1847 „Über die Erhaltung der Kraft", meinte aber den Energiesatz. Schließlich sprechen wir heute noch vom Kraftwerk, aus dem wir Energie beziehen. Die verschiedenen Formen der Energie in der Mechanik, Elektrizität und Wärme haben zu verschiedenen Maßeinheiten der Energie geführt, sowie zur Bestimmung von Energieäquivalenten. Durch das SI sind die verschiedenen Einheiten der Energie durch eine einzige ersetzt, wodurch der Einheitlichkeit des Energiebegriffs Rechnung getragen wurde.

In der Quantenphysik ist die Kraft gegenüber der Energie ganz in den Hintergrund getreten, es hat daher Sinn, die Physik mit der „Kraft" nur als Hilfsbegriff aufzubauen.

Die Ursprünglichkeit und Handlichkeit der Kraft im täglichen Leben gebieten es aber, sie auch in der Physik als eine primäre dynamische Größe aufzufassen.

7.6.1 Arbeit in der Mechanik

In der Mechanik erreichen wir durch Anwendung einer Kraft eine Verschiebung eines Körpers (Anheben eines Gewichtstückes), eine Beschleunigung und auch eine elastische Verformung, letztlich also in jedem Fall eine „Verschiebung". Wir definieren daher als *physikalische Arbeit* an einem Körper das Produkt Kraft mal Verschiebungsweg, genauer, – weil Kraft und Verschiebung beides Vektoren sind und ihre Richtungen zu berücksichtigen sind –

$$\text{Arbeit} \overset{\text{def}}{=} \text{Kraftkomponente in Richtung des Verschiebungsweges}$$
$$\text{mal Weg}$$
$$= \text{Kraft mal Komponente des Verschiebungsweges in Richtung der Kraft.} \tag{7.17}$$

Fig. 7.15 enthält eine Skizze einer Kraft-Weg-Kombination. Nach den Regeln, die wir in Abschn. 6.1 und Fig. 6.2 und 6.4 kennengelernt haben, zerlegen wir die Kraft $\vec{F}$ in eine Komponente, die senkrecht auf der Verschiebung $\vec{s}$ steht, die sogenannte „Normalkomponente" $\vec{F}_n$, und in eine Komponente $\vec{F}_s$, die in Richtung der Verschiebung liegt. Die vektorielle Summe ist $\vec{F}_n + \vec{F}_s = \vec{F}$. Die durch $\vec{F}$ und $\vec{F}_n$, sowie $\vec{F}$ und $\vec{F}_s$ gebildeten Dreiecke sind beide rechtwinklig, und es ist $F_s = F\cos\alpha$, $F_n = F\sin\alpha$. Eine ganz entsprechende Zerlegung kann mit dem Verschiebungsvektor $\vec{s}$ ausgeführt werden, insbesondere ist die hier interessierende Verschiebungskomponente in Richtung der Kraft $s_F = s\cos\alpha$. Mit diesen Überlegungen können wir den beiden Definitionsbeziehungen (7.17) die gleiche Formulierung geben,

$$W \overset{\text{def}}{=} F_s s = F s_F = F s \cos\alpha = F s \cos(\vec{F}, \vec{s}) = \vec{F} \cdot \vec{s}. \tag{7.18}$$

Der letzte Teil dieser Gleichung, $W = \vec{F} \cdot \vec{s}$, ist die Schreibweise für das durch die Gl. (7.18) definierte „innere" oder „Skalar-Produkt" zweier Vektoren. Es ist selbst kein Vektor mehr, es ist „skalar", und ebenso ist die Arbeit W eine skalare Größe, ihr ist keine Richtung zugeordnet. Dagegen hatten wir in Abschn. 3.5.3.1 das Drehmoment als „Vektorprodukt" (oder äußeres Produkt) eingeführt, das selbst wieder ein Vektor ist, dessen Richtung den Drehsinn angibt.

Die physikalische Arbeit verschwindet, wenn einer der *drei* Faktoren, aus denen sie gebildet ist, den Wert Null hat: a) $\vec{F} = 0$, gilt z.B. bei reibungsfreien Verschiebun-

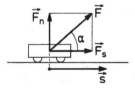

Fig. 7.15
Zur Definition der physikalischen Arbeit

gen (Reibung s. Abschn. 7.6.3.3); *b*) $\vec{s} = 0$, es wird keine Verschiebung ausgeführt; *c*) $\cos\alpha = 0$, d.h. der Winkel zwischen Kraft und Verschiebung ist $\alpha = 90°$, anders ausgedrückt: Kraft und Verschiebung stehen senkrecht aufeinander. Transportiert demnach der Mensch ein Gewichtstück (Gewichtskraft senkrecht nach unten) auf horizontaler Ebene, so wird keine physikalische Arbeit geleistet. Wie wir wissen, ermüdet der Mensch trotzdem. Das ist eine Folge physiologischer Vorgänge, mit denen sich die Physik nicht befaßt. Wir haben aus diesem Grund hier immer von *physikalischer Arbeit* gesprochen, werden aber in Zukunft immer schlechthin von *Arbeit* sprechen.

Aus der Definitionsgleichung (7.18) folgt für die SI-*Einheit der Arbeit*

$$[W] = \text{Newton} \cdot \text{Meter} = \text{N m} = \text{Joule} = \text{J} \qquad (7.19)$$

(„Joule" gesprochen „dschuhl"). Im cgs-System (Abschn. 4.3) ist die entsprechende Einheit

$$[W] = \text{dyn cm} = \text{erg} = 10^{-7}\,\text{N m} = 10^{-7}\,\text{J}. \qquad (7.20)$$

Zur Ergänzung sei angegeben, daß 1 Joule = 1 Wattsekunde = 1 Ws, s. Abschn. 7.6.2.

7.6.1.1 Hubarbeit im Schwerefeld Mit der Kraft $\vec{F} = -\vec{G}$ ($\vec{G}$ Gewichtskraft) kann man die Masse $m = G/g$ freischwebend halten (Fig. 7.16). Dazu ist keine Arbeit erforderlich ($\vec{s} = 0$), obwohl der Mensch dabei ermüdet. Das gleiche gilt für eine Verschiebung parallel zur Erdoberfläche, weil $\alpha = 90°$. Bei einer solchen Verschiebung führen wir eine Bewegung *senkrecht* zu den *Feldlinien des Gravitationsfeldes* aus (Abschn. 7.2.2), das an der Erdoberfläche ein *homogenes Feld* ist, denn die Gravitationsfeldstärke $\vec{g}$ ist an allen Orten praktisch gleich groß. Besteht aber zwischen Kraft und Verschiebung der Winkel $\alpha \neq 90°$, dann ist die Arbeit von Null verschieden. Wir berechnen sie für den einfachsten Fall der *vertikalen Anhebung* der Masse *m* um die Höhe *h* (Hubarbeit). Dabei achten wir darauf, daß die wirkende Kraft $\vec{F}$ immer praktisch gleich $-\vec{G}$ ist, und das heißt, daß die Verschiebung „unendlich langsam" vor sich geht: bei der Verschiebung gehen wir durch lauter Gleichgewichtszustände hindurch (begrifflich von großer Bedeutung für die Thermodynamik). Dann kennen wir aber die Kraft genau und finden mittels Gl. (7.18)

$$W = F_s\, s = G h = m g h. \qquad (7.21)$$

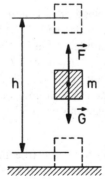

Fig. 7.16 Zur Hubarbeit

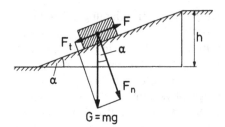

Fig. 7.17
Zur Hubarbeit an der schiefen Ebene zum beque-
men Anheben einer Masse m

Beispiel 7.1 Steigt ein Mensch der Masse $m = 75\,\text{kg}$ zehn Stockwerke hinauf (Stockwerks-
höhe $h = 2,6\,\text{m}$), so ist die verrichtete Arbeit $W = 75\,\text{kg} \cdot 10\,\text{m}\,\text{s}^{-2} \cdot 10 \cdot 2,6\,\text{m} = 19\,500\,\text{Nm}$
$= 19\,500\,\text{J} = 19,5\,\text{kJ}$. Die gleiche Arbeit kann man auch von einem Fahrstuhl verrichten lassen,
den man benutzt. Die Transportkosten drückt man dann besser in elektrischen Arbeitsein-
heiten aus: 1 Kilowattstunde $= 1\,\text{kWh} = 3600\,\text{kWs} = 3600\,\text{kJ}$. Die Arbeit W ist damit auch
$W = (19,5/3600)\,\text{kWh} = 5,4 \cdot 10^{-3}\,\text{kWh}$. Der Preis für $1\,\text{kWh}$ ist $12\,\text{DPfg}$, also sind die
Transportkosten $0,065\,\text{DPfg}$. Dabei haben wir allerdings die Verluste in Maschine und Getriebe
und die Reibungsverluste vernachlässigt, ebenso die Arbeit zur Hebung des Fahrstuhlkorbes.
Ähnlich winzig ist die physikalische Arbeit, wenn etwa ein Berg von 8000 m Höhe bestiegen wird.
Für den Mann mit $m = 75\,\text{kg}$ Masse erhält man $W = 75\,\text{kg} \cdot 10\,\text{m}\,\text{s}^{-2} \cdot 8000\,\text{m} = 6 \cdot 10^{6}\,\text{Nm}$
$= 6000\,\text{kJ} = 1,7\,\text{kWh}$. Die Transportkosten mit einem Lift wären $20,4\,\text{DPfg}$.

Beispiel 7.2 Bei der in Fig. 7.17 gezeichneten schiefen Ebene ist die Haltekraft, um ein
Abrutschen der Masse m zu verhindern kleiner als die Gewichtskraft $G = m\,g$, denn sie muß nur
der Kraftkomponente F_t das Gleichgewicht halten, die parallel zur schiefen Ebene liegt,

$$F_t = m\,g\sin\alpha\,. \tag{7.22}$$

Die Normalkomponente $F_n = m\,g\cos\alpha$ führt nur zur Durchbiegung der schiefen Ebene. Der
Weg, längs dessen die Masse verschoben wird um die Hubhöhe h zu erreichen, ist $s = h/\sin\alpha$.
Damit wird die ganze Hubarbeit

$$W = m\,g\sin\alpha\,\frac{h}{\sin\alpha} = m\,g\,h\,. \tag{7.23}$$

Sie ist also gleich groß wie bei direktem, vertikalem Anheben. Die „schiefe Ebene" und manch
andere Arbeitsgeräte (z.B. Flaschenzug) bringen keine Verminderung der Arbeit mit sich, aber
sie wird bequemer, nämlich mit geringerer Kraft (Anstrengung!) ausführbar.

7.6.1.2 Spannarbeit bei elastischen Federn Bei der Anwendung einer Kraft wird eine
Feder gedehnt, gestaucht oder gedrillt, d.h. es erfolgen Verschiebungen der Atome
oder Moleküle gegeneinander. Eine bestimmte Verlängerung x der Feder erfordert
eine bestimmte äußere Kraft F (Abschn. 6.3), die der Summe der inneren Spannungen
F_r das Gleichgewicht hält. Gilt für die inneren Spannungen und Verformungen
Proportionalität zwischen Spannung und Verformung, dann ist die Kraft F_r
proportional zur Verlängerung der Feder,

$$F = F_r = D\,x\,. \tag{7.24}$$

Man nennt D die *Federkonstante* (die man experimentell bestimmt). Sie hat die
Dimension Kraft durch Länge, im SI ist die Einheit $\text{N}\,\text{m}^{-1}$.

Fig. 7.18 enthält ein Bild der Gl. (7.24): mit Umkehrung des Vorzeichens der Kraft erhält man statt Dehnung eine Stauchung, und umgekehrt. Wird die Feder gedehnt, so ist *Spannarbeit* gegen die elastischen Kräfte zu verrichten. Soll wieder keine Beschleunigung auftreten, so muß erneut durch Gleichgewichtszustände gegangen werden, und die äußere Kraft entsprechend Gl. (7.24) mit wachsender Dehnung vergrößert werden. Insgesamt setzt sich die Arbeit aus der Summe der Einzelbeträge $F \Delta x$ zusammen (Fig. 7.18) und ist durch den Flächeninhalt des Dreiecks unter der F-Geraden bis zur Endverlängerung x_0 dargestellt. Damit ist die Arbeit zum Spannen einer Feder

$$W = \int_0^{x_0} F \, \mathrm{d}x = D \int_0^{x_0} x \, \mathrm{d}x = \frac{1}{2} D x_0^2. \qquad (7.25)$$

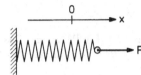

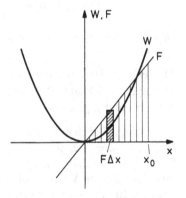

Fig. 7.18
Kraft F und Arbeit W beim Spannen einer Feder

Sie ist proportional zum Quadrat der Längenänderung der elastischen Feder; die quadratische Abhängigkeit (Parabel!) ist in Fig. (7.18) mit eingezeichnet. – Man kann Gl. (7.25) noch eine andere Form geben. Im Rahmen der Gültigkeit von Gl. (7.24) hat die Kraft F_0 zur Erzielung der Verlängerung x_0 die Größe $F_0 = D x_0$, und daher kann man in Gl. (7.25) $D x_0$ durch F_0 ersetzen und erhält

$$W = \frac{1}{2} F_0 x_0 = \frac{1}{2D} F_0^2, \qquad (7.26)$$

d. h. die Spannarbeit ist auch proportional zum Quadrat der Kraft, die man anwenden muß, um die Feder zu spannen (s. auch Abschn. 7.6.3.2, Spannarbeit von Muskeln).

7.6.1.3 Beschleunigungsarbeit Wirkt auf einen Körper keine gleich große Gegenkraft, so wird er nach dem II. Newtonschen Axiom beschleunigt (Gl. (3.21)). Der Körper wird dabei verschoben, zu seiner Beschleunigung wird ,,*Beschleunigungsarbeit*'' verrichtet. Das gilt auch für den freien Fall, wo das Gravitationsfeld bzw. die Gravitationskraft die Arbeit verrichtet. Diese Kraft ist konstant (Gewichtskraft), sie bewirkt die konstante Beschleunigung $a = g$, also die anwachsende Geschwindigkeit $v = g t$. Die Beschleunigungsarbeit ist damit

$$W = Fs = mg \frac{1}{2} g t^2 = \frac{1}{2} m (g t)^2 = \frac{1}{2} m v^2. \tag{7.27}$$

Die Beschleunigungsarbeit ist also proportional zum *Quadrat* der Geschwindigkeit. Gl. (7.27) gilt auch für beliebige andere Kräfte, die Beschleunigungen bewirken: wird die Geschwindigkeit v_1 der Masse m auf die Geschwindigkeit v_2 erhöht, so muß dazu die Arbeit

$$W = \frac{1}{2} m v_2^2 - \frac{1}{2} m v_1^2 \tag{7.28}$$

verrichtet werden.

Beispiel 7.3 Ein PKW der Masse $m = 1000\,\text{kg}$ soll von der Geschwindigkeit $v_1 = 36\,\text{km/h}$ auf die *doppelte* Geschwindigkeit $v_2 = 72\,\text{km/h}$ beschleunigt werden. Nach Gl. (7.28) ist dazu die Arbeit

$$W = \frac{1}{2} 1000\,\text{kg}\,(400\,\text{m}^2\,\text{s}^{-2} - 100\,\text{m}^2\,\text{s}^{-2}) = 1,5 \cdot 10^5\,\text{N m} = 150\,\text{kJ} \tag{7.29}$$

notwendig. Sie ist *dreimal* so groß wie die Arbeit zum Erreichen der *Anfangs*geschwindigkeit $v_1 = 36\,\text{km h}^{-1}$.

Man erkennt jetzt, warum wir bei Hub- und Spannarbeit durch Gleichgewichtszustände gingen und Beschleunigungen vermieden: die Arbeitsbeträge wären zu groß und nicht eindeutig gewesen.

Ergänzung: Bei der Berechnung der Arbeit kann man vor einer rechnerisch schwierigen Aufgabe stehen (z.B. Herzarbeit, Abschn. 9.1.8.1). Als Beispiel diene der Vorgang in Fig. 7.19a: längs des ganzen Weges wirke die konstante Kraft $\vec{F}$ (an jeder Stelle der gleiche Vektor), die eine Berg-auf-Verschiebung und eine Beschleunigung bewirkt. In den beiden Positionen 1 und 2 sind aber die Winkel zwischen $\vec{F}$ und $\Delta\vec{s}$ verschieden, so daß man lauter verschiedene Arbeitsbeträge $F_s \Delta s$ aufsummieren muß. Man greift dann zu einem graphischen Verfahren und trägt F_s als Funktion des Weges auf (Fig. 7.19b): der Flächeninhalt unter der entstehenden Kurve ist die gesuchte Arbeit. Die Berechnung erfolgt wie in Fig. 2.8 skizziert

$$W = \sum_i F_s(i)\,\Delta s(i) \rightarrow \int_{s_1}^{s_2} F_s\,ds = \int_{s_1}^{s_2} F\,ds \cos\alpha = \int_{s_1}^{s_2} \vec{F}\,d\vec{s}. \tag{7.30}$$

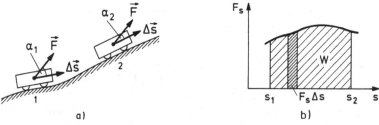

Fig. 7.19 a) Längs des Verschiebungsweges variiert die Projektion F_s der Kraft $\vec{F}$ auf den Verschiebungsweg $\Delta\vec{s}$, weil sich der Winkel α zwischen beiden ändert
b) die Arbeit W ist durch den Flächeninhalt unter der F_s-Kurve bestimmt

7.6.2 Leistung

Man spricht zwar im täglichen Leben häufig davon, daß man Arbeit „geleistet" habe. Diese Ausdrucksweise ist jedoch irreführend und wurde in den vorhergehenden Abschnitten vermieden: Arbeit wurde „*verrichtet*". Die Bezeichnung *Leistung* und dementsprechend die physikalische Größe „Leistung" ist Fragestellungen vorbehalten, wo es darauf ankommt, in welcher Zeitspanne Δt eine bestimmte Arbeit ΔW verrichtet wurde. Wir definieren

$$\text{Leistung} \overset{\text{def}}{=} \frac{\text{Arbeit}}{\text{Zeitspanne}}, \qquad P \overset{\text{def}}{=} \frac{\Delta W}{\Delta t} \quad \text{bzw.} \quad P \overset{\text{def}}{=} \frac{dW}{dt} = \dot{W}. \tag{7.31}$$

Es folgt für die SI-Einheit

$$[P] = [\dot{W}] = \frac{\text{N m}}{\text{s}} = \frac{\text{J}}{\text{s}} = \text{Watt} = \text{W}. \tag{7.32}$$

Sehr häufig läuft ein Vorgang nicht mit konstanter Leistung ab, z.B. treten beim Menschen Ermüdungserscheinungen auf. Dann ist die Leistung eine Funktion der Zeit. Aus ihr ermittelt man die in einer bestimmten Zeitspanne t_1 bis t_2 verrichtete Arbeit. Wir kehren dazu die Definitionsgleichung (7.31) um: Arbeit = Leistung mal Zeitspanne, $\Delta W = P \Delta t$, oder

$$W = \sum_i P(i)\, \Delta t(i) \;\rightarrow\; \int_{t_1}^{t_2} P\, dt. \tag{7.33}$$

Wieder kann ein graphisches Verfahren zur Ermittlung der Arbeit W angewandt werden (Fig. 2.8). – Wir *ergänzen* hier noch als *Einheit der Arbeit* diejenige, die sich aus Gl. (7.33) ergibt: Wird die Leistung in Watt gemessen, dann ist die Einheit der Arbeit eine Wattsekunde, $1\,\text{Ws} = 1\,\text{J}$. Entsprechend ist dann 1 Kilowattstunde $= 1\,\text{kWh}$ $= 10^3\,\text{W} \cdot 3600\,\text{s} = 3{,}6\,\text{MWs}$. – Die Leistung, die der Normalbürger langfristig erbringen kann, ist gering, kurzfristig sind 150 W möglich, der Radfahrer Thurau bringt es auf 575 W (Spiegel, 1977, Nr. 30).

Beispiel 7.4 In Beispiel 7.1 hatte sich ergeben, daß die physikalische Arbeit selbst bei einer „Hochleistung" des Menschen (Aufstieg auf einen „Achttausender") gering ist. Man erhält ein anderes Bild, wenn man nach der *Zeit* fragt, die der Mensch braucht, um die dort angegebenen Arbeiten zu verrichten. Aus Gl. (7.31) ergibt sich für die notwendige Zeitspanne

$$\Delta t = \frac{W}{P},$$

wenn man annimmt, daß die Leistung P über die ganze Zeitspanne Δt konstant ist. Legen wir etwa für den Menschen, der zehn Stockwerke hinaufsteigt die konstante Leistung $P = 100\,\text{W}$ zugrunde, dann würde aus Beispiel 7.1 für die gebrauchte Zeit folgen

$$\Delta t = \frac{5{,}4 \cdot 10^{-3}\,\text{kWh}}{100\,\text{W}} = \frac{5{,}4\,\text{Wh}}{100\,\text{W}} = 0{,}054\,\text{h} = 3{,}24\,\text{min}.$$

Man wird diese Zeit schon für relativ kurz halten. Besser der Erfahrung entspricht die doppelte Zeit, was einer mittleren Leistung dann von nur $P = 50\,\text{W}$ entsprechen würde. – Legt man die

Leistung von $P = 50$ W auch für den Aufstieg auf den Achttausender zugrunde, dann ergibt sich hier die Zeit von

$$\Delta t = \frac{1{,}7\,\text{kWh}}{50\,\text{W}} = \frac{1{,}7 \cdot 10^3\,\text{Wh}}{50\,\text{W}} = 34\,\text{h}.$$

Würde man täglich 8 Stunden mit konstanter Leistung aufsteigen, so würde man schon 4,25 Tage brauchen. Mit Sicherheit nimmt die Leistung in großer Höhe erheblich ab, was man auch aus den Expeditionsberichten weiß.

7.6.3 Energie

7.6.3.1 Energiesatz der Mechanik Wir haben drei verschiedene Arten der Arbeit, die an einem Körper (einem „System") verrichtet werden können, kennengelernt. Ihr Ursprung war die Wirkung einer Kraft längs eines Verschiebungsweges. Es wurden dadurch am System Veränderungen hervorgerufen, die auf verschiedene Weisen rückgängig gemacht werden können:

a) angehobenes Massestück kann in die ursprüngliche Lage gehen und dabei ein anderes heben (etwa mittels eines Seilzuges),

b) gehobenes Massestück kann im freien Fall unter Beschleunigung in seine Ausgangslage zurückkehren und hat nach dem Fall eine bestimmte Geschwindigkeit,

c) herabfallender Schmiedehammer (angehobenes Massestück → beschleunigte Masse) kann andere Körper beim Auftreffen verformen (Verformungsarbeit gegen die elastischen Kräfte in der Materie),

d) gespannte Feder kann ein Geschoß beschleunigen.

Das System konnte also Arbeit verrichten, *nachdem zuvor* an ihm Arbeit verrichtet worden war. Die Art der *vom* System verrichteten Arbeit war nicht unbedingt die gleiche wie diejenige, die *an ihm* verrichtet worden war. In jedem Fall hat das jeweils betrachtete System die *Fähigkeit* erworben, *Arbeit zu verrichten*. Die *Menge dieser Fähigkeit* bezeichnen wir als *Energie* und messen sie durch die Menge Arbeit, die das System verrichten kann, und die zuvor in das System hineingesteckt worden ist. *Energie* und *Arbeit* haben daher die *gleiche Einheit*. Es bedeutet

Arbeit (W) am System	Vermehrung der Energie (E) des Systems (Vergrößerung des Energieinhaltes)
Arbeit (W) durch das System	Verminderung der Energie (E) des Systems (Verkleinerung des Energieinhaltes).

Wir führen ferner die üblichen Namen ein:

potentielle Energie (E_{pot})	Energie der Lage, z.B. im Schwerefeld, Beispiel: Heben eines Körpers, Hubarbeit
	Energie der Lage der Atome oder Moleküle in der Materie, Beispiel: Spannarbeit einer Feder

kinetische Energie (E_{kin})   Energie der Bewegung, Beispiel: Beschleunigung eines Körpers.

Durch Hub- oder Spannarbeit wird die potentielle Energie E_{pot} des Systems geändert, durch Beschleunigungsarbeit seine kinetische Energie E_{kin}.

Der Ausdruck $E_{\text{kin}} = \dfrac{1}{2}\, m\, v^2$ für die kinetische Energie, Gl. (7.27), definiert gleichzeitig eindeutig den *Nullpunkt der kinetischen Energie* durch $v = 0$. Dagegen kann der *Nullpunkt der potentiellen Energie* nur *willkürlich* definiert werden. Für das Anheben eines Körpers vom Fußboden auf den Tisch kann man die potentielle Energie am Fußboden Null setzen, jedoch hat der Körper dort immer noch eine höhere potentielle Energie im Vergleich zur Lage auf dem Fußboden eines darunter befindlichen Raumes. Es kommt tatsächlich immer nur auf die *Differenz von potentiellen Energien* an, so daß der Nullpunkt nicht „absolut" definierbar ist.

Wir haben bisher festgestellt, daß ein System, an welchem Arbeit verrichtet worden ist, dadurch Energie gewonnen hat, und daß diese wieder zur Verrichtung von Arbeit benutzt werden kann. Die dadurch möglichen Energiewandlungen erfolgen im einzelnen unter der Wirkung von Kräften. Wir brauchen diese aber nicht zu kennen, denn es gilt das *Energieprinzip* als *Erfahrungssatz*, der immer erneut an vielen Beispielen geprüft werden konnte und sich als durchweg gültig erwiesen hat: *Ist ein System keinen äußeren Kräften unterworfen, dann ist die Gesamtenergie des Systems, d.h. die Summe der potentiellen Energien und der kinetischen Energien aller seiner Teile, konstant.* Es gibt dafür auch die Formulierung: Energie kann nicht aus dem Nichts geschaffen werden. Wir werden den Energiesatz später noch durch die Hinzunahme weiterer Energien zu erweitern haben.

An einem einfachen Beispiel, in dem man alle wirkenden Kräfte als *innere Kräfte* kennt, kann man die Gültigkeit des Energiesatzes sogar – für dieses System – beweisen. Aber die Gültigkeit in diesem Beispiel reicht nicht aus, um die allgemeine Gültigkeit des Energieprinzips zu beweisen. Fig. 7.20 enthält eine Skizze eines Systems, an welchem durch Anheben des Körpers der Masse m von a nach e Arbeit verrichtet wurde, $W = mgh$ (Hubarbeit im Schwerefeld, Gl. (7.21)). Dadurch wurde die potentielle Energie des Körpers vermehrt. Da wir in der Festsetzung des Nullpunktes der potentiellen Energie frei sind, so setzen wir $E_{\text{pot}}(a) = 0$, und damit ist $E_{\text{pot}}(e) = W_{a \ldots e} = mgh$. Von nun an überlassen wir den Körper sich selbst: er wird im freien Fall durch das

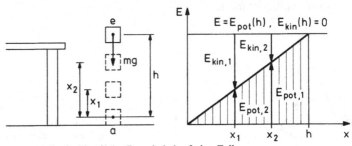

Fig. 7.20 Umwandlung von potentieller in kinetische Energie beim freien Fall

Gravitationsfeld beschleunigt und erhält kinetische Energie. Wir können hier diese Energie an den beiden Orten x_1 und x_2 vollständig ausrechnen und finden

$$E_{\text{kin}}(x_1) = \frac{1}{2}mv_1^2 = \frac{1}{2}m(gt_1)^2 = mg\frac{1}{2}gt_1^2 = mg(h - x_1) = E_{\text{pot}}(e) - E_{\text{pot}}(x_1)$$

$$E_{\text{kin}}(x_2) = \frac{1}{2}mv_2^2 = \frac{1}{2}m(gt_2)^2 = mg\frac{1}{2}gt_2^2 = mg(h - x_2) = E_{\text{pot}}(e) - E_{\text{pot}}(x_2).$$

In beiden Gleichungen addieren wir die kinetische und die potentielle Energie und erhalten für die Gesamtenergie an der Stelle x_1 und x_2

$$E_{\text{gesamt}}(x_1) = E_{\text{kin}}(x_1) + E_{\text{pot}}(x_1) = E_{\text{pot}}(e) = mgh$$
$$E_{\text{gesamt}}(x_2) = E_{\text{kin}}(x_2) + E_{\text{pot}}(x_2) = E_{\text{pot}}(e) = mgh$$

(7.34)

Daraus folgt: die Gesamtenergie ist an beiden Orten gleich, und sie ist außerdem gleich der Gesamtenergie am Anfangsort $x = h$, denn dort ist $E_{\text{gesamt}}(h) = 0 + E_{\text{pot}}(h)$. Beim freien Fall bleibt die Gesamtenergie konstant, das System Körper + Erde ist nur inneren Kräften unterworfen.

Sind keine energieentziehenden Kräfte vorhanden, so kann ein abgeschlossenes System seine *Energie nicht verlieren*. Das sei an einem einfachen Beispiel erläutert. Ein mechanisches Pendel werde von Hand ausgelenkt, etwa so weit, daß die Pendelmasse m um die Höhe h angehoben ist (Fig. 7.21). Identifizieren wir den Nullpunkt der potentiellen Energie mit der Lage des nicht-ausgelenkten Pendels, so ist bei der ausgeführten Auslenkung die potentielle Energie $E_{\text{pot}}(h) = W = mgh$. Die nach dem Loslassen einsetzende Schwingungsbewegung um die Nullage herum ist bei Vernachlässigung der Luftreibung gekennzeichnet durch

$$E_{\text{gesamt}} = mgh = E_{\text{kin}} + E_{\text{pot}}.$$

(7.35)

Beim Passieren der Nullage ist damit

$$E_{\text{gesamt}} = mgh = \frac{1}{2}mv_0^2 + 0,$$

(7.36)

woraus sich die Geschwindigkeit v_0 im Nulldurchgang berechnen läßt ($v_0 = \sqrt{2gh}$). Das Pendel schwingt dann auf die andere Seite hinaus und steigt bis zu einem Umkehrpunkt ($E_{\text{kin}} = 0$) hinauf, dessen Höhe h gleich der Ausgangshöhe ist, und das gilt auch dann, wenn etwa auf der einen Seite die Pendellänge verkürzt wird (Fig. 7.21, genannt Galilei-Pendel).

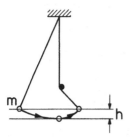

Fig. 7.21
Die Masse m steigt links und rechts bis zur gleichen Höhe h auf, die durch die Gesamtenergie gegeben ist

So wichtig der *Energiesatz* als Satz von der *Erhaltung der Energie* ist, so wichtig sind auch Maßnahmen zum Entzug von Energie. Im Fahrzeugbau versucht man die Stöße, die durch unebene Straßen verursacht werden, in ihrer Wirkung auf den Menschen durch Federung zu vermeiden. Man muß dann aber die Spannungsenergie der Federung möglichst schnell abführen, sonst kommt es zu Schwingungen. Eine solche Energieabfuhr erfolgt in den Stoßdämpfern: es erfolgt eine Umwandlung in Wärme = ungeordnete kinetische Energie (Abschn. 8.1). Katastrophal kann sich der *Energiesatz bei Kraftfahrzeugunfällen* auswirken. Bei einem Zusammenstoß muß die kinetische Energie umgewandelt werden. Geschieht dies nicht, dann schleudern die Fahrzeuge über die Fahrbahn. Der Entzug der kinetischen Energie geschieht durch plastische Deformation aller Fahrzeugteile (und evtl. im Weg stehender Hindernisse) und der Insassen. Es ist daher sicher von ausschlaggebender Bedeutung, Aufprallstoßdämpfer mit schneller Energieumwandlung einzubauen. Geschwindigkeitsbeschränkungen vermindern Unfallfolgen drastisch wegen der Abhängigkeit der kinetischen Energie vom Geschwindigkeitsquadrat. Beispiel 7.3 zeigt auch, daß zur Verminderung der Geschwindigkeit auf die Hälfte schon 3/4 der Anfangsenergie dem System entzogen werden muß.

Beispiel 7.5 Mittels des Energiesatzes kann man Daten sportlicher „Leistungen" analysieren. Wir können z.B. die Anfangsgeschwindigkeit angeben, die ein Hochspringer sich erteilen muß, um eine bestimmte Höhe zu überspringen. Diese Höhe sei $h = 2\,\mathrm{m}$, die Masse des Sportlers sei $m = 70\,\mathrm{kg}$. In der Sprunghöhe h ist die kinetische Energie gerade aufgezehrt, also gilt

$$m\,g\,h = \frac{1}{2}\,m\,v_0^2\,,$$

wenn v_0 die Anfangsgeschwindigkeit des Springers ist. Zunächst sieht man, daß sich die Masse m überhaupt heraushebt: jeder solche Springer muß sich die gleiche Anfangsgeschwindigkeit erteilen. Die Auflösung nach v_0 liefert dann

$$v_0 = \sqrt{2\,g\,h} = \sqrt{2 \cdot 10\,\mathrm{ms}^{-2}\,2\,\mathrm{m}} = 6{,}32\,\mathrm{ms}^{-1} = 22{,}8\,\mathrm{km}\,\mathrm{h}^{-1}\,.$$

Die zu dem Sprung erforderliche Energie hängt dagegen sehr wohl von der Masse ab, $E = mgh$ = 1 400 N m = 1 400 J. – Der Stabhochspringer benützt als Hilfsmittel den Stab, den er nach dem Anlauf biegt und dabei einen Teil der kinetischen Anlaufenergie in Spannungsenergie des Stabes verwandelt (Dehnungsenergie Abschn. 7.6.3.2). Vermöge dieser Energie läßt er sich auf größere Höhe katapultieren. Soll etwa damit die weitere Strecke von 2 m bis zu 5 m überwunden werden, dann muß die Spannungsenergie noch das 1,5fache von 1 400 J sein, das sind 2 100 J.

7.6.3.2 Energieeinhalt des gespannten Muskels Wir betrachten zunächst ein passiv elastisches Material (Edelstahl, Gold usw.). Der Zusammenhang von Dehnung und Spannung ist nochmals in Fig. 7.22 wiedergegeben (vgl. Fig. 6.18 und 6.19). Für eine Dehnung, also Längenänderung durch Verschiebung der Lage der Atome oder Moleküle im Material ist die Spannarbeit zu verrichten (A Querschnitt, l Länge eines Stabes)

$$W = \int F\,\mathrm{d}s = \int \frac{F}{A}\,A\,\mathrm{d}s = \int \sigma\,l \cdot A\,\frac{\mathrm{d}s}{l} = l\,A \int \sigma\,\mathrm{d}\varepsilon = V \int \sigma\,\mathrm{d}\varepsilon\,, \tag{7.37}$$

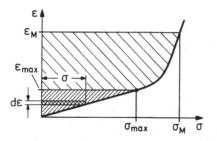

Fig. 7.22
Zur Spannenergie elastischer Körper (auch von Muskeln). Bei großer Dehnung ε_M ist die Spannenergiedichte durch den Flächeninhalt bis ε_M, σ_M gegeben, der evtl. graphisch ermittelt werden muß

wobei $V = l\,A$ das Volumen des Stabes ist. Die Spannarbeit führt zur Spannungsenergie (= potentielle Energie) im Stoff. Die Spannungsenergie-Dichte (über „Dichte" s. Abschn. 5.5.2.2) ist Energie durch Volumen, also

$$w = \frac{W}{V} = \int \sigma\,\mathrm{d}\varepsilon. \tag{7.38}$$

Sie wird im Dehnungs-Spannungs-Diagramm Fig. 7.22 durch die schraffierten Flächen, etwa bis ε_M, σ_M oder ε_{max}, σ_{max} dargestellt, je nachdem wie weit die Dehnung erfolgt ist. Erfolgt die Dehnung bis ε_M, σ_M, so wird man zur Flächenbestimmung wieder zu einem graphischen Verfahren nach Fig. 2.8 übergehen können. Verbleibt man jedoch im Gültigkeitsbereich des Hookeschen Gesetzes (kleine Dehnungen), dann sind Dehnung und Spannung einander proportional, nach Gl. (6.8) ist $\varepsilon = \sigma/E$ oder $\sigma = \varepsilon\,E$ (E der Elastizitätsmodul), und damit kann Gl. (7.38) direkt ausgewertet werden,

$$w = \int_0^{\varepsilon_{max}} \sigma\,\mathrm{d}\varepsilon = E \int_0^{\varepsilon_{max}} \varepsilon\,\mathrm{d}\varepsilon = \frac{1}{2} E\,\varepsilon_{max}^2 = \frac{1}{2}\frac{1}{E}\sigma_{max}^2 = \frac{1}{2}\varepsilon_{max}\,\sigma_{max}. \tag{7.39}$$

(Beachte die Ähnlichkeit mit Gl. (7.25) und (7.26).)
Das elastische Verhalten des Muskels wurde in Abschn. 6.3.3.2 besprochen. Das Dehnungs-Spannungs-Diagramm ist nicht eine bestimmte Kurve, sondern es bedeckt einen ganzen Bereich. Das heißt: die Muskelspannung kann isometrisch, die Dehnung kann isotonisch verändert werden. Z.B. kann der Bizeps-Muskel bei gleicher Armwinkelung eine größere Zugspannung entwickeln, wenn die Hand mit einem größeren Gewichtsstück belastet wird, und dies geht sogar in Zeiten der Größenordnung Millisekunden vor sich. In jedem Fall hat der gespannte Muskel einen bestimmten Energieinhalt, bzw. es besteht eine bestimmte Energiedichte im Muskel. Wird die Spannung erhöht, so wird die Energiedichte erhöht, und dies heißt, daß dem Muskel Energie zugeführt werden muß. Das geschieht letztlich durch die Nahrung, schnelle Energieänderungen werden sicher aus einem Energiereservoir (chemische Energie) des Muskels gespeist, das dann wieder aufgefüllt werden muß. Man beachte: wir haben hier das Energieprinzip schon in einer sehr allgemeinen Form benutzt.

7.6.3.3 Reibung zwischen festen Körpern Wir haben häufig für die Formulierung von Gesetzen der Mechanik von der Reibung absehen müssen. Ebenso häufig wie man durch Schmiermittel die Reibung herabzusetzen versucht (Öl, auch Luft, z.B. bei der

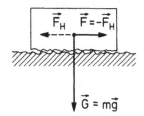

Fig. 7.23
Erst wenn die Kraft $\vec{F}$ die Haftreibungskraft $\vec{F}_H$
übersteigt, bewegt sich der Körper

Luftkissenbahn), muß man sie heraufsetzen. Das gilt für das Anfahren und Bremsen von Fahrzeugen, und auch der gehende Mensch benötigt die Reibung zwischen Schuhwerk und Boden zur Fortbewegung. Wir besprechen hier nur einige Beobachtungen bezüglich der Reibung zwischen *trockenen festen* Körpern, die Reibung in Flüssigkeiten und Gasen untersuchen wir im Zusammenhang mit Strömungsvorgängen (Abschn. 9.1.3).

Die Reibung zwischen festen Körpern rührt von der mikroskopischen Verhakung der sich berührenden Oberflächen her (Fig. 7.23). Aus dem Stillstand heraus findet man, daß es der Wirkung einer *Mindestkraft* bedarf, bis ein Körper sich zu bewegen beginnt. Diese Kraft nennt man die *Haftreibungskraft*. Ist der Körper in Bewegung geraten, dann ist nur noch eine kleinere Kraft nötig, um die Bewegung aufrecht zu erhalten. Man drückt das so aus, daß man sagt, die *Gleitreibungskraft* sei kleiner als die Haftreibungskraft, aber es bedarf der dauernden Wirkung einer Antriebskraft, damit eine *konstante* Geschwindigkeit aufrechterhalten bleibt. Weiter findet man in vielen Fällen, daß Haft- und Gleitreibungskraft proportional der Normalkraft F_n sind, die zwischen den sich berührenden Flächen wirkt, also

$$F_R = \mu \cdot F_n. \qquad (7.40)$$

Die Größe μ nennt man *Reibungszahl*; sie nimmt mit wachsender Geschwindigkeit *ab*. Tab. 7.3 enthält einige Zahlenwerte der Haftreibungszahl μ_0 (Geschwindigkeit gleich null).

Die *Folge der Reibung* ist bei Bewegungen ein dauernder *Energieentzug*, denn die für die Fortbewegung bei konstanter Geschwindigkeit erforderliche Kraft erzeugt keine Beschleunigung mehr, die Arbeit der Kraft wird stetig in Wärme umgesetzt. Die so

Tab. 7.3 Zahlenwerte der Haftreibungszahl μ_0 bei einigen Stoffkombinationen

Teflon/Teflon	0,04	Bremsbelag/Gußeisen,	
Teflon/Stahl	0,04	trocken	0,4
Eis/Eis	0,05 bis 0,15	naß	0,2
Graphit/Graphit	0,1	Stahl/Stahl,	
Holz/Holz	0,25 bis 0,5	trocken	0,58
		geölt	0,105
Ergänzung: Gleitreibung		Eis/Eis, $v = 4\,\mathrm{ms}^{-1}$,	$\mu = 0,02$
		Messing/Eis	0,02

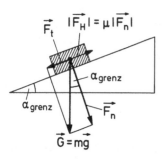

Fig. 7.24
Übersteigt der Neigungswinkel α den Grenzwinkel α_{grenz}, dann rutscht der Körper ab

umgesetzte Leistung ist gleich der auf dem Weg ds erbrachten Arbeit der Reibungskraft, dividiert durch die Zeit dt,

$$P = \frac{\mathrm{d}W}{\mathrm{d}t} = F\frac{\mathrm{d}s}{\mathrm{d}t} = F_{\mathrm{R}}\,v\,, \tag{7.41}$$

wobei F_{R} die Reibungskraft bezeichnet. Für eine Anwendung s. den nachfolgenden Abschn. 7.6.3.4.

Eine besonders niedrige Reibungszahl hat das System Teflon (Kunststoff)/Stahl. Das ist daher eine für Prothesen von Gelenken interessante Kombination, auch unter dem Gesichtspunkt der biologischen Neutralität und der hohen Abriebfestigkeit. – Eine gewisse anschauliche Vorstellung von Gl. (7.40) macht man sich an Hand eines auf einer schiefen Ebene ruhenden Körpers, Fig. 7.24. In dem Augenblick, wo der Steigungswinkel α so weit vergrößert ist, daß der Körper rutscht, also die Haftreibungskraft F_{H} genau gleich der zur schiefen Ebene parallelen Komponente der Gewichtskraft F_{t} ist, gilt die Beziehung

$$F_{\mathrm{H}} = \mu\,F_{\mathrm{n}} = \mu\,G\cos\alpha = F_{\mathrm{t}} = G\sin\alpha\,. \tag{7.42}$$

Es folgt für den Winkel α, bei welchem Rutschen beginnt

$$\tan\alpha = \tan\alpha_{\text{grenz}} = \mu\,. \tag{7.43}$$

Ist der Winkel α größer als α_{grenz}, dann rutscht der Körper mit Sicherheit. Diese anschauliche Deutung läßt sich auf alle vorkommenden Reibungsarten anwenden: Haftreibung wie Gleitreibung, und auch auf die sogenannte Rollreibung, die deutlich geringer als die Gleitreibung ist. – Die *Haftreibungskraft* kann als Konstruktionshilfsmittel benutzt werden. Zwei Bauteile, die mit der Normalkraft F_{n} aufeinandergepreßt werden, können durch eine tangential zur Berührungsfläche angreifende Kraft F_{t} nicht gegeneinander bewegt werden, solange $F_{\mathrm{t}} \leqslant F_{\mathrm{R}}$ nach Gl. (7.40) ist; in diesem Fall wird F_{t} immer durch eine Haltekraft $-F_{\mathrm{t}}$ aufgehoben, die gleichzeitig mit F_{t} entsteht: die Bauteile bleiben in Ruhe.

7.6.3.4 Fahrrad-Ergometer zur Leistungsmessung

Für eine Vielzahl physiologischer Vorgänge müssen Zustandsgrößen des menschlichen Körpers unter Belastung gemessen werden (Puls, Blutdruck, Atmungsfrequenz, Sauerstoff-Umsatz usw.), d.h. während der Verrichtung mechanischer Arbeit. Zur Einstellung und Messung einer bestimmten Leistung bedient man sich z. B. des Fahrrad-Ergometers. Als Modell ist in

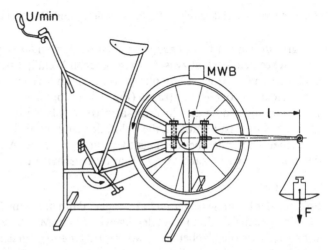

Fig. 7.25 Fahrrad-Ergometer; in modernen Ausführungen wird das durch die Kraft F erzeugte Brems-Drehmoment von einer magnetischen Wirbelstrombremse MWB erzeugt (U/min: Drehfrequenz-messer für das Rad des Fahrrades)

Fig. 7.25 eine Anordnung aufgezeichnet: ein sogenanntes reduziertes Fahrrad, bestehend aus Hinterrad mit Kettenantrieb und Tretkurbel. Der Benutzer übt mittels der Tretkurbel ein Drehmoment aus, welches durch ein Brems-Drehmoment an der Achse genau kompensiert wird, so daß die Winkelgeschwindigkeit des Rades konstant bleibt (sie wird gemessen und abgelesen). Die dann aufgewandte Dreharbeit wird demnach durch Reibung in Wärme umgewandelt. In Fig. 7.25 ist eine einfache Methode zur Erzeugung des kompensierenden Drehmomentes skizziert. Das von außen angewandte Drehmoment ist $M = F \cdot l$. Die am Rand der Nabe (Radius r) wirksame Kraft folgt aus der Gleichheit der Drehmomente,

$$F_{\text{Nabe}} \cdot r = F \cdot l. \tag{7.44}$$

Die sich drehende Nabe erzeugt mit Hilfe der Reibung eine Reibungskraft, die F_{Nabe} genau kompensiert. Die Leistung an der Nabe ist damit

$$P = \frac{dW}{dt} = \frac{F_{\text{Nabe}} \, ds}{dt} = F_{\text{Nabe}} \frac{r \, d\varphi}{dt} = F_{\text{Nabe}} \, r \, \dot\varphi = F l \dot\varphi = M \dot\varphi. \tag{7.45}$$

Stellt man das äußere Drehmoment M ein und läßt die Versuchsperson eine solche Umdrehungsfrequenz f erreichen, daß Gleichgewicht besteht, dann ist die Leistung sofort in $\text{Nm s}^{-1} = \text{W}$ angebbar, wenn die Winkelgeschwindigkeit $\dot\varphi = 2\pi f$ mit M multipliziert wird. Heute verwendet man im praktischen Gebrauch anstelle der mechanischen Bremse eine magnetische Wirbelstrombremse (MWB), deren Kalibirie-rung vom Hersteller mitgeliefert wird. Die Fahrradfelge ist als Kupferring ausgebildet, der durch das Magnetfeld eines Elektromagneten hindurchläuft und dabei eine Bremskraft erfährt (Abschn. 10.6). Die Stärke des Magnetfeldes wird mittels des elektrischen Stromes durch die Magnetwicklung eingestellt (Abschn. 9.4.1).

7.6.4 Arbeit im elektrischen Feld, Spannung und Potential

Die grundlegenden Überlegungen stellen wir für ein *homogenes elektrisches Feld* dar. Ein solches Feld besteht zwischen zwei ebenen Metallplatten, die parallel ausgerichtet sind (genannt ebener Plattenkondensator) und gleich große elektrische Ladung verschiedenen Vorzeichens tragen (Fig. 7.26). Abgesehen vom Rand ist jeder Punkt im Zwischenraum völlig gleichwertig, also ist die elektrische Feldstärke an jeder Stelle gleich, das Feld ist homogen, die Feldlinien sind parallel. Sie beginnen bei der positiv geladenen und enden bei der negativ geladenen Platte. Auf einen Ladungsträger mit der Ladung q wirkt nach Gl. (7.7) im elektrischen Feld $\vec{E}$ die Kraft

$$\vec{F} = q\,\vec{E}. \tag{7.46}$$

Soll sich der Ladungsträger nicht bewegen, dann muß eine äußere Kraft angreifen, die der Kraft nach Gl. (7.46) das Gleichgewicht hält. Mit dieser äußeren Kraft verrichten wir Arbeit: wir verschieben den Ladungsträger entgegen der Richtung des elektrischen Feldes, aber parallel zum Feld vom Ort x_1 zum Ort x_2, also um die Strecke $s = x_2 - x_1$. Die Verschiebungsarbeit ist gemäß Gl. (7.18) (ganz entsprechend der Hubarbeit im Gravitationsfeld)

$$W_{12} = q\,E\,s = q\,E(x_2 - x_1). \tag{7.47}$$

Die Größe W_{12}/q enthält nur Größen, die das Feld beschreiben, nämlich die Feldstärke E und den Abstand $x_2 - x_1$ der beiden betrachteten Punkte. Wir definieren als eine dem elektrischen Feld zugeordnete Größe die

$$\text{elektrische Spannung} \stackrel{\text{def}}{=} \frac{\text{Arbeit}}{\text{Ladung}}, \qquad U \stackrel{\text{def}}{=} \frac{W}{q}. \tag{7.48}$$

Genauer muß noch hinzugefügt werden, um welche beiden Punkte es sich handelt zwischen denen die Spannung U besteht. Gemäß Gl. (7.47) ist die Spannung zwischen dem Ort x_2 und dem Ort x_1 im Feld des Plattenkondensators

$$U_{21} = E(x_2 - x_1) = E\,s = W_{12}/q. \tag{7.49}$$

Wir erkennen aber: diese Spannung besteht auch noch zwischen vielen anderen Punktepaaren, nämlich zwischen allen Paaren, die in Feldrichtung den gleichen

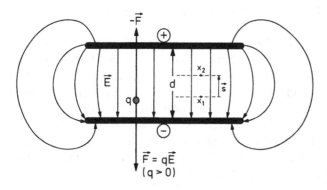

Fig. 7.26
Zur Arbeit im elektrischen Feld
des Plattenkondensators

Abstand s haben. Diese Paare können wir ordnen. Wir zeichnen Ebenen parallel zu den Platten des Kondensators ein, dann kommt es bezüglich der Spannung zwischen zwei Punkten nur darauf an wie groß der Abstand s der beiden Ebenen ist, auf denen die beiden Punkte liegen. In der Tat besteht zwischen zwei Punkten auf der *gleichen* Ebene keine Spannung, denn der Verschiebungsweg würde senkrecht zur Feldstärke liegen. Wir halten fest: im homogenen elektrischen Feld des Plattenkondensators sind die Flächen konstanter Spannung parallele Ebenenpaare, und die *Kondensatorplatten* sind auch selbst *Flächen konstanter Spannung*. Da zwei Punkte auf den beiden verschiedenen Kondensatorplatten den größten vorkommenden Abstand im homogenen Feldbereich haben, so besteht zwischen ihnen die größte vorkommende Spannung, $U_{21} = E d$. Man sagt: das ist die am Kondensator „anliegende" Spannung.

Wir müssen noch zwei Sachverhalte ergänzen. *Erstens* haben wir die Verschiebungsarbeit gegen die Kraft verrichtet, die auf den Ladungsträger vom Feld ausgeübt wird. Kehren wir den Weg um, so verrichtet das elektrische Feld am Ladungsträger Arbeit. Umkehr der Verschiebungsrichtung bedeutet, daß die Arbeit W das Vorzeichen wechselt, Gl. (7.18). So ist die Spannung zwischen x_2 und x_1 genau umgekehrt gleich der Spannung zwischen x_1 und x_2, in Formeln

$$U_{21} = -U_{12}, \tag{7.50}$$

und das gilt in beliebigen elektrischen Feldern. – *Zweitens* können wir uns einigen, die eine der Kondensatorplatten, z.B. die negativ geladene zu „erden" und dann alle Spannungen auf diesen Ort zu beziehen. Die so angegebenen Spannungen nennt man *elektrisches Potential* φ, $U_{x0} = \varphi(x) = E x$: es steigt von der negativen zur positiven Platte bis auf den Wert $\varphi(d) = U_{d0} = E d$ linear an. Die Spannung U_{21} zwischen irgend zwei Punkten im elektrischen Feld ist dann

$$U_{21} = \varphi(2) - \varphi(1) \tag{7.51}$$

(Spannung = Potential*differenz*). Wir hätten auch die positiv geladene Platte erden können, und grundsätzlich kann man jeden Punkt im elektrischen Feld als Normpunkt nehmen, in jedem Fall sind im ebenen Plattenkondensator die Kondensatorplatten und die dazu parallelen Ebenen *Äquipotentialflächen* (Fig. 7.27a). Die im Feld des ebenen Plattenkondensators gefundenen Sachverhalte lassen sich auf *beliebige Felder* übertragen. Es sei $\vec{E}$ die elektrische Feldstärke, und ① und ② seien zwei

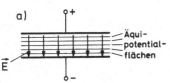

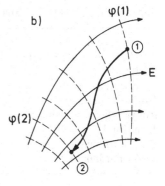

Fig. 7.27
a) Äquipotentialflächen im Plattenkondensator. Die Platten selbst sind ebenfalls Äquipotentialflächen
b) Arbeit zur Verschiebung einer Ladung von ① nach ② im allgemeinen elektrischen Feld. Die Feldlinien stehen senkrecht auf den Äquipotentialflächen, die Spannung U_{21} ist gleich der Potentialdifferenz, $U_{21} = \varphi(2) - \varphi(1)$

Punkte (Orte) im Feld (Fig. 7.27b). Nach der Definitionsgleichung (7.48) zusammen mit Gl. (7.49) ergibt sich – unter Benutzung von Gl. (7.30) – für die Spannung

$$U_{21} = \frac{W_{12}}{q} = \frac{1}{q} \int_1^2 \vec{F} d\vec{s} = \frac{1}{q} \int_1^2 (-q\,\vec{E} d\vec{s}) = -\int_1^2 \vec{E} d\vec{s}. \tag{7.52}$$

Es kommt wieder auf die elektrische Feldstärke $\vec{E}$ und den Verschiebungsweg $d\vec{s}$ an: wird der Verschiebungsweg ständig senkrecht zur Richtung des elektrischen Feldes gewählt, dann ist $U_{21} = 0$: die *Flächen konstanter Spannung und die Feldlinien stehen senkrecht aufeinander.*

Aus der Definitionsgleichung (7.48) folgt für die Dimension der Spannung „Arbeit durch Ladung", also Kraft mal Länge durch Ladung, und die SI-Einheit ist Nm/C. Diese Größe heißt „Volt",

$$[U] = \frac{Nm}{C} = \frac{J}{C} = Volt = V. \tag{7.53}$$

Die in der Bundesrepublik Deutschland übliche Spannung des elektrischen Leitungsnetzes ist 220 V. Handelt es sich um ein Gleichspannungsnetz (selten), dann ist meist ein Pol geerdet, also hat der andere Pol die Spannung + 220 V oder – 220 V. Beim Wechselspannungsnetz wechselt die Spannung am spannungsführenden Pol mit der Frequenz $f = 50$ Hz zwischen + 311 V und – 311 V hin und her (s. Abschn. 10.1). In Tab. 7.4 sind einige Spannungen zusammengestellt. Die *lebende Zelle* hat ebenfalls elektrische Eigenschaften. Zwischen Innen und Außen besteht im Ruhezustand die *Membranspannung* $U_m = -90$ mV (das Innere trägt negative, das Äußere positive Ladung). Diese Spannung wird in der medizinischen Literatur regelmäßig als Membranpotential bezeichnet. Es handelt sich aber bei allen Messungen dieses „Potentials" immer um *Spannungs*messungen. Der korrekte Ausdruck ist demnach Membranspannung. – Es hat erhebliche praktische Bedeutung, eine „Verkörperung" einer „Normspannung" für meßtechnische Zwecke zur Verfügung zu haben. In Meßgeräten wird dafür heute meist die Betriebsspannung einer Zener-Diode benutzt. Zu Eichzwecken wird auch das „Normalelement" eingesetzt, dessen Spannung bei der Temperatur 20 °C den Wert $U = 1{,}101864$ V hat.

Tab. 7.4 Einige elektrische Spannungen

Galvanische Elemente	1 bis 2 V
Blei-Akku als Autobatterie	6 bis 24 V
Städtisches Netz (Effektivspannung)	220/380 V
Hochspannungsnetz	10 bis 380 kV
Röntgen-Betriebsspannung	10 bis 100 kV
1 mm Funke in Luft	≈ 5 kV
Blitz, Kernphysik (Größenordnung)	einige MV

Schließlich bleibt zu ergänzen, daß auf Grund der Spannungseinheit Volt jetzt für die *Feldstärke* ein anderes Einheitenprodukt eingeführt wird: aus Gl. (7.52) liest man ab

$$[E] = \frac{\text{Volt}}{\text{Meter}} = \frac{V}{m} = V\,m^{-1}. \tag{7.54}$$

7.6.4.1 Elektrische Spannung im Feld der Punktladung und des Dipols

Fig. 7.8 enthält das Feldlinienbild der *Punktladung*. Das Feld ist exakt radial gerichtet. Die Äquipotentialflächen, auf denen die Feldlinien senkrecht stehen, sind demnach konzentrische Kugelflächen. Wir berechnen die Spannung zwischen den beiden Flächen mit Radius r_2 und r_1. Fürs erste sei $r_2 > r_1$, und es ist ds = dr. Aus Gl. (7.52) folgt unter Einsetzung der Feldstärke aus Gl. (7.10)

$$U_{21} = -\int_{r_1}^{r_2} \vec{E}\,\mathrm{d}\vec{s} = -\int_{r_1}^{r_2} E\,\mathrm{d}r = -\frac{Q}{4\pi\varepsilon_0}\int_{r_1}^{r_2}\frac{\mathrm{d}r}{r^2} = -\frac{Q}{4\pi\varepsilon_0}\left[-\frac{1}{r}\right]_{r_1}^{r_2},$$

$$= \frac{Q}{4\pi\varepsilon_0}\left(\frac{1}{r_2} - \frac{1}{r_1}\right). \tag{7.55}$$

Die Spannung U_{21} ist als Funktion von r_2 in Fig. 7.28 (rechts) als Kurve 1 aufgezeichnet. Wir sehen, alle Punkte *innerhalb von r_1* haben positive Spannung gegenüber dem Bezugspunkt r_1, alle Punkte *außerhalb von r_1* haben negative Spannung. Da der Bezugspunkt r_1 beliebig gewählt werden konnte, so folgt: von jedem Punkt steigt die Spannung nach innen an, nach außen fällt sie ab. Wir führen jetzt einen besonderen Normpunkt ein, nämlich $r_1 = \infty$; die von dort aus gemessenen Spannungen sind die elektrischen Potentiale, für sie folgt aus Gl. (7.55) (mit $r_2 = r$)

$$\varphi(r) = \frac{Q}{4\pi\varepsilon_0}\frac{1}{r}. \tag{7.56}$$

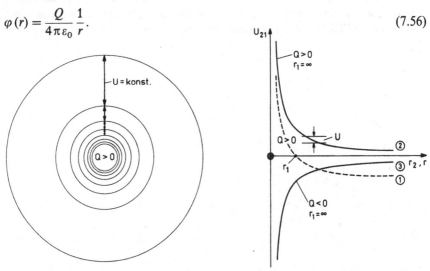

Fig. 7.28 Elektrische Spannung im Feld einer positiven bzw. negativen Punktladung Q. Links: Äquipotentialflächen

Diese Funktion ist in Fig. 7.28 die Kurve 2. Ist die Zentralladung Q negativ, dann entsteht die Kurve 3, das Potential fällt nach innen ins negative ab. Im linken Teil von Fig. 7.28 ist ein Höhenschichtlinienbild des Potentials der Punktladung aufgezeichnet. Um eine Vorstellung von der Größenordnung von Spannungen zu gewinnen, setzen wir in Gl. (7.55) $r_1 = 2\,\text{m}$, $r_2 = 1\,\text{m}$ und $Q = 1\,\text{C}$ ein. Wir erhalten für die Spannung zwischen diesen beiden Punkten im Feld der Zentralladung Q den Wert

$$U_{21} = \frac{1\,\text{C}}{4\pi} \frac{\text{Nm}^2}{8{,}85 \cdot 10^{-12}\,\text{C}^2} \left(\frac{1}{1\,\text{m}} - \frac{1}{2\,\text{m}} \right) = 4{,}5 \cdot 10^9 \frac{\text{Nm}}{\text{C}} = 4{,}5 \cdot 10^9\,\text{V}.$$

Das ist eine riesige Spannung, und darin dokumentiert sich erneut die ungeheure Größe der Ladung $Q = 1\,\text{C}$. – Wie in Abschn. 7.3.5.1 gezeigt, ist die Bindung der Elektronen an den Atomkern durch die elektrische Ladung beider verursacht. Beim Wasserstoff-Atom ist die Kernladungszahl $Z = 1$, also die Zentralladung $Q = e$ (Elementarladung). Ein Elektron, das sich im Abstand $r = a_\text{H} = 0{,}529 \cdot 10^{-10}\,\text{m}$ aufhält (Abschn. 7.3.5.1), befindet sich an einem Ort im Feld des zentralen Protons, wo das elektrische Potential nach Gl. (7.56)

$$\varphi(a_\text{H}) = \frac{1{,}6 \cdot 10^{-19}\,\text{C}}{4\pi} \frac{\text{Nm}^2}{8{,}85 \cdot 10^{-12}\,\text{C}^2} \frac{1}{0{,}529 \cdot 10^{-10}\,\text{m}} = 27{,}20\,\text{V} \qquad (7.57)$$

ist. Die wesentliche radiale Abhängigkeit des *elektrischen Dipolfeldes* war in Gl. (7.12) angegeben worden. Man erhält für die Spannung U gegenüber dem Unendlichen (Normpunkt), also für das elektrische Potential, den Ausdruck

$$\varphi_\text{Dipol} = \frac{p_e \cos \vartheta}{4\pi \varepsilon_0 r^2}, \qquad (7.58)$$

wobei ϑ den Winkel bezeichnet, unter dem der „Aufpunkt" P von der Richtung des Dipols $\vec{p}_e$ aus gesehen wird. Fig. 7.29 enthält eine Lageskizze und den Verlauf der Äquipotentialflächen. In der Symmetrieebene ist bei dem gewählten Normpunkt das

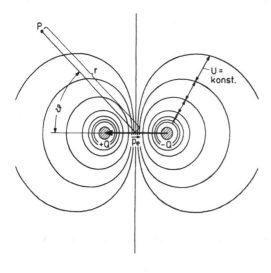

Fig. 7.29
Äquipotentialflächen im elektrischen Feld des Dipols. P ist der „Aufpunkt"

Potential $\varphi = 0$, ebenso wie in unendlich großem Abstand $r = \infty$. Das Potential wird negativ bei Annäherung an die negativ geladene Seite des Dipols, es wird positiv bei Annäherung an die positiv geladene Seite.

Beispiel 7.6 Wir berechnen das elektrische Potential in dem Punkt $r = 5 \cdot 10^{-10}$ m, $\vartheta = 45°$ in der Umgebung eines Wasser-Moleküldipols. Das Dipolmoment ist aus Tab. 7.1 zu entnehmen, $p_e = 1{,}85$ Debye $= 1{,}85 \cdot \dfrac{1}{3} \cdot 10^{-29}$ C m. Aus Gl. (7.58) berechnet man ($\cos 45° = 1/\sqrt{2}$).

$$\varphi_{\text{Dipol}} = \frac{0{,}61667 \cdot 10^{-29}\,\text{C m}}{4\pi\,8{,}85 \cdot 10^{-12}\,\text{C}^2\,\text{N}^{-1}\,\text{m}^{-2}}\,\frac{0{,}7071}{25 \cdot 10^{-20}\,\text{m}^2} = 0{,}157\,\text{V} = 157\,\text{mV}.$$

Der gewählte Abstand entspricht etwa dem Fünffachen der Ausdehnung des Wasser-Moleküls.

Beispiel 7.7 Spannung im elektrischen Feld eines makroskopischen Dipols (Modell des Herzens s. Abschn. 9). Fig. 7.30 enthält die Skizze eines makroskopischen Dipols. Der Abstand der beiden Dipolladungen sei $l = 10$ cm. Zwischen dem Aufpunkt P im Abstand $L = 50$ cm vom Bezugspunkt P_0 auf der Mittelebene $A - A$ bestehe die Spannung $U = 1$ mV. Es entsteht die Frage, wie groß die Dipolladung q sein muß, um eine solche Spannung zu erzeugen. Wir benützen Gl. (7.58) in der Form

$$U = \varphi = \frac{p_e}{4\pi\,\varepsilon_0\,L^2} = \frac{l\,q}{4\pi\,\varepsilon_0\,L^2}$$

(der Meßpunkt befindet sich auf der Dipolachse, also $\vartheta = 0°$). Auflösung nach der Ladung q führt auf

$$q = \frac{4\pi\,\varepsilon_0\,L^2}{l}\,U = \frac{4\pi\,8{,}85 \cdot 10^{-12}\,\text{CV}^{-1}\,\text{m}^{-1}\,0{,}25\,\text{m}^2\,10^{-3}\,\text{V}}{0{,}1\,\text{m}} = 2{,}8 \cdot 10^{-13}\,\text{C}.$$

Das entspricht der Anhäufung von

$$n = \frac{q}{e} = \frac{2{,}8 \cdot 10^{-13}\,\text{C}}{1{,}6 \cdot 10^{-19}\,\text{C}} = 1{,}75 \cdot 10^6$$

Elementarladungen.

Fig. 7.30
Aus der elektrischen Spannung zwischen dem Punkt P und dem Punkt P_0 auf der Achse $A - A$ soll auf die Dipolladung geschlossen werden

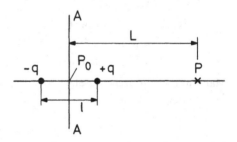

7.6.4.2 Energie; Elektronenvolt als Energieeinheit Die Arbeit W zur Ladungsverschiebung im elektrischen Feld ist gleich der Änderung der potentiellen Energie des Ladungsträgers,

$$E_{\text{pot}}(2) - E_{\text{pot}}(1) = W = Q\,U_{21}. \tag{7.60}$$

Wird die Ladung Q wieder zurückgeführt, oder kann sie die Spannung U_{21} frei durchfallen, dann wird die Energie wieder in Arbeit umgesetzt bzw. in kinetische Energie. Diese ist

$$E_{\text{kin}} = \frac{1}{2}\,m\,v^2 = Q\,U, \tag{7.61}$$

wenn der Ladungsträger die Masse m hat. Ein positiv geladener Träger gewinnt kinetische Energie, wenn er die Spannung von $+$ nach $-$, also *in* Richtung des elektrischen Feldes durchläuft, ein negativ geladener gewinnt kinetische Energie, wenn er die Spannung von $-$ nach $+$ durchläuft. Dies entspricht der Umkehrung der Kraftrichtung ($\vec{F} = Q\,\vec{E}$), wenn Q sein Vorzeichen wechselt.

Energien des atomaren Bereichs drückt man häufig in der besonderen Einheit *Elektronenvolt* (eV) aus. Wird ein *Ladungsträger der Ladung Q = e* (Elementarladung) im elektrischen Feld zwischen zwei Punkten der Spannung U verschoben, so schreibt man für die Arbeit $W = e\{U\}$ $[U] = \{U\}$ eV, und die neue Einheit ist das eV. Andererseits kann man diese Energie als kinetische Energie wiedergewinnen und wird diese in J ausdrücken,

$$E_{\text{kin}} = W = \{U\}\,\text{eV} = \{U\}\,1{,}6 \cdot 10^{-19}\,\text{CV} = \{U\}\,1{,}6 \cdot 10^{-19}\,\text{J}.$$

Mit $\{U\} = 1$ ergibt sich

$$1\,\text{eV} = 1{,}6 \cdot 10^{-19}\,\text{J} = 1{,}6 \cdot 10^{-12}\,\text{erg}. \qquad (7.62)$$

Die Energien der Atom- und Molekülphysik liegen im Bereich 1 bis 10^4 eV, diejenigen der Kernphysik bei 1 bis 100 MeV. – Würde ein Elektron vom $-$ zum $+$ Pol der 220 V Steckdose eines Gleichspannungsnetzes laufen, dann wäre die Energie $E = 220$ eV zu gewinnen.

Ist der Energieinhalt einer makroskopischen Menge eines Stoffes anzugeben, wobei die Energie w für jedes einzelne Teilchen bekannt ist, dann ist die Gesamtenergie das Produkt aus w und der Teilchenanzahl. Z. B. sei w in Elektronenvolt gegeben und es sei die *molare Energie* W_{molar} zu berechnen (stoffmengenbezogene Energie, Abschn. 5.5.2.1); es ist

$$\begin{aligned} W_{\text{molar}} &= w \cdot N_A = w \cdot 6 \cdot 10^{23}\,\text{mol}^{-1} = \{w\}\,\text{eV} \cdot 6 \cdot 10^{23}\,\text{mol}^{-1} \\ &= \{w\}\,1{,}6 \cdot 10^{-19} \cdot 6 \cdot 10^{23}\,\text{J/mol} \qquad (7.63) \\ &= \{w\}\,96\,\text{kJ/mol}. \end{aligned}$$

Man kann also durch Einsetzen von $\{w\} = 1$ die Beziehung angeben

$$1\,\text{eV} \mathrel{\hat{=}} 96\,\text{kJ/mol}. \qquad (7.64)$$

7.6.5 Energieinhalt der Stoffe: Bindungsenergie, chemische Energie

7.6.5.1 Atome Der Energieinhalt der Atome (genauer: der Atomhülle) besteht aus der potentiellen und kinetischen Energie der Elektronen. Wir besprechen exemplarisch das Wasserstoff-Atom. Die Ladung des Kerns (Proton) ist $Q = e = 1{,}6 \cdot 10^{-19}$ C, das negativ geladene Elektron der Hülle ($q = -e = -1{,}6 \cdot 10^{-19}$ C) unterliegt der anziehenden Coulomb-Kraft, Gl. (7.8). Den Nullpunkt der potentiellen Energie legen wir dadurch fest, daß wir $E_{\text{pot}}(\infty) = 0$ setzen: in dieser Lage sind Proton und Elektron unendlich weit voneinander getrennt. Die potentielle Energie des Elektrons im Abstand r ist dann nach Gl. (7.60) gleich dem Produkt aus Ladung des Elektrons und Spannung zwischen dem Ort r und ∞,

$$E_{\text{pot}}(r) = q\,U_{21} = q\,U_{r,\infty} = q\,\varphi(r) = q\,\frac{Q}{4\pi\varepsilon_0}\frac{1}{r} = -\frac{e^2}{4\pi\varepsilon_0}\frac{1}{r}. \tag{7.65}$$

Die klassische Physik sagt, daß dann eine stabile Konfiguration vorliegt, wenn das Elektron sich auf einer Kreis-(oder Ellipsen-)Bahn um den Kern bewegt. Aus Gl. (7.13) folgt für die kinetische Energie auf einer Kreisbahn

$$E_{\text{kin}} = \frac{1}{2}\,m_e\,v^2 = \frac{1}{2}\frac{1}{4\pi\varepsilon_0}\frac{e^2}{r}. \tag{7.66}$$

Sie ist (positiv und) halb so groß wie die potentielle Energie. Die Gesamtenergie ist damit

$$E_{\text{ges}} = E_{\text{kin}} + E_{\text{pot}} = -\frac{1}{2}\frac{1}{4\pi\varepsilon_0}\frac{e^2}{r}. \tag{7.67}$$

In Fig. 7.31 sind die Verläufe von E_{pot} und E_{ges} als Funktion des Abstandes r aufgetragen, die Differenz zwischen den beiden Kurven ist die kinetische Energie E_{kin}. Zunächst schließen wir aus den Verläufen, daß das System Proton + Elektron im Gleichgewicht einen geringeren Energieinhalt E_{ges} hat verglichen mit dem Zustand, wo das Elektron „frei", also vom Proton abgetrennt ist. Ist das Elektron gebunden, hält es sich also im Gleichgewicht beim Radius r auf, dann ist bei dieser *Bindung* die *Bindungsenergie* E_{ges} frei geworden. Soll das Elektron wieder abgetrennt werden, dann muß die gleiche Energie zugeführt werden, genannt die *Abtrennungs-* oder *Ionisationsenergie*. Man beachte: die Bindungsenergie ist nicht gleich der potentiellen Energie im gebundenen Zustand, und das gilt auch allgemein, denn es sind alle atomaren Energien die Summe aus potentieller und kinetischer Energie.

Im atomaren Bereich müssen wir statt der klassischen Physik die Quantentheorie benützen. Die mit ihr zur Beschreibung des Wasserstoffatoms berechneten „Ladungswolken" können zur Berechnung eines mittleren Bahnradius herangezogen werden, und für diesen *Mittelwert* findet man einen Ausdruck, den schon die ältere Bohrsche Theorie geliefert hat. Die „Quantelung" führte dazu, daß nicht alle Radien r als Gleichgewichts„bahnen" gestattet waren, vielmehr wurden die Bahnen durch

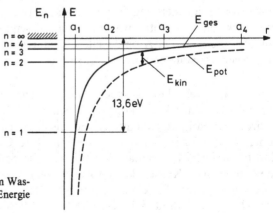

Fig. 7.31
Potentielle, kinetische und Gesamtenergie im Wasserstoff-Atom; n Hauptquantenzahl, die die Energie eines Zustandes bestimmt

Quantenzahlen bestimmt. Die sogenannte *Hauptquantenzahl n*, mit $n = 1, 2, \ldots$ definiert die vorkommenden Bahnradien durch

$$r = a_n = n^2 a_{\text{H}} \, , \tag{7.68}$$

mit $a_{\text{H}} = 0,529 \cdot 10^{-10}$ m (Bohrscher Radius). Setzt man in Gl. (7.67) diese Werte für r ein, dann erhält man diskrete Energiewerte des Wasserstoff-Atoms als seine *Energie-Zustände*,

$$E_n = -\frac{1}{2} \frac{e^2}{4\pi\varepsilon_0} \frac{1}{a_{\text{H}}} \frac{1}{n^2} \, . \tag{7.69}$$

Diese Energiezustände sind im linken Teil der Fig. 7.31 aufgezeichnet, auch sind im rechten Teil die sich aus Gl. (7.68) ergebenden Bahnradien a_n, die quantentheoretische Mittelwerte darstellen, eingetragen. Der *Grundzustand* hat die durch $n = 1$ gegebene Energie (Gl. (7.67))

$$E_1 = -\frac{1}{2} \frac{(1,6 \cdot 10^{-19})^2 \, \text{C}^2 \, \text{Vm}}{4\pi \cdot 8,85 \cdot 10^{-12} \, \text{C}} \frac{1}{0,529 \cdot 10^{-10} \, \text{m}} = -2,176 \cdot 10^{-18} \, \text{J}$$
$$= -13,60 \, \text{eV} \, . \tag{7.70}$$

Zur Kontrolle kann man diesen Wert auch mit Gl. (7.57) vergleichen: dort hatten wir die Spannung bei $r = a_{\text{H}}$ ausgerechnet, und sie führte für ein Elektron auf die potentielle Energie $E_{\text{pot}} = -27,20 \, \text{eV}$. Die Gesamtenergie ist aber nur halb so groß wie die potentielle Energie, also $E_{\text{ges}} = -\frac{1}{2} \, 27,20 \, \text{eV} = -13,60 \, \text{eV}$.

Aus Gl. (7.70) sehen wir jetzt, daß die *Bindungsenergie* des Wasserstoff-Atoms 13,6 eV ist. Dies ist gleichzeitig die Ionisationsenergie. – Der nächst *höhere* Zustand ist durch $n = 2$ bestimmt und hat, wie man aus Gl. (7.69) abliest, die Energie $E_2 = -13,6 \, \text{eV}/4$ $= -3,4 \, \text{eV}$, d. h. die Bindungsenergie ist in diesem Zustand um den Faktor 4 verkleinert, und bei $n \to \infty$ geht die Bindungsenergie gegen Null. Alle Zustände oberhalb des Grundzustandes nennt man *angeregte Zustände*. Will man das H-Atom in den ersten angeregten Zustand bringen, so ist ihm die Energie $E = (-3,4 - (-13,6)) \, \text{eV}$ $= 10,2 \, \text{eV}$ zuzuführen. – Führt man dem Atom mehr als 13,6 eV an Anregungsenergie zu, so wird es ionisiert und die überschüssige Energie findet man als kinetische Energie von Elektron und Proton wieder. – Wir müssen hinzufügen, daß die Quantentheorie zur Beschreibung der Atome weitere Quantenzahlen benötigt, um die richtige Lage von Energiezuständen zu beschreiben.

7.6.5.2 Moleküle Die zwischen zwei Atomen wirkenden anziehenden elektrischen Kräfte (Abschn. 7.3.5.2) können zu einer stabilen Konfiguration, einem *Molekül*, führen, dessen Energieinhalt geringer als der der freien Atome ist. Die frei werdende Energie ist die *Molekül-Bindungsenergie*. Ihre Größe ist durch die potentielle und kinetische Energie aller Elektronen, sowie die potentielle und kinetische Energie der Bewegung der Kerne der Atome gegeneinander, sowie auch eine eventuelle Drehenergie des Moleküls bestimmt. Nur bei einfachen Molekülen ist eine Berechnung der Bindungsenergie mit den Methoden der Quantentheorie möglich.

Ebenso wie ein Atom kann ein Molekül auch in angeregten Zuständen vorkommen, von denen das Molekül in der Regel viele, energetisch eng benachbarte besitzt. Die in Tabellenwerken angegebenen energetischen Daten stammen meist aus Messungen, deren relative Meßunsicherheit heute kleiner als 1 % sein sollte.

Ein einfaches Molekül ist das Wasserstoff-Molekül H_2, zusammengesetzt aus zwei H-Atomen (2 Protonen + 2 Elektronen). Die beiden Elektronen bilden eine gemeinsame Elektronenhülle (Abschn. 7.3.5.2b). Bei der Bildung des H_2-Moleküls wird die Bindungsenergie von 4,5 eV freigesetzt, was man in einer symbolischen Gleichung schreiben kann

$$H + H \rightarrow H_2 + W_R = H_2 + 4,5 \, eV, \tag{7.71}$$

wobei W_R die Bindungsenergie oder die Reaktionsenergie ist, denn man kann die Bildung des Moleküls als eine chemische Reaktion auffassen, bei welcher das Molekül entsteht. Da hierbei Energie *frei* wird, nennt man die Reaktion *exotherm*. Würde eine solche Reaktion von einer makroskopischen Materiemenge ausgeführt, etwa von 1 mol, dann hätte man als insgesamt frei gesetzte Energie die *molare Reaktionsenergie* nach Gl. (7.64)

$$W_{R,molar} = 4,5 \cdot 96 \, \frac{kJ}{mol} = 432 \, \frac{kJ}{mol} = 103,2 \, \frac{kcal}{mol}. \tag{7.72}$$

Für den letzten Zahlenwert (Einheit kcal mol^{-1}) wurde die gesetzlich festgelegte Umrechnung benützt

$$1 \, kcal = 4,1868 \, kJ, \qquad 1 \, kJ = 0,2388 \, kcal.$$

Die „Kalorie" ist ursprünglich eine in der „Wärmelehre" definierte Energieeinheit (Abschn. 8.5.1), die seit dem 1.1.1978 nicht mehr zu verwenden ist.

Ebenso wie Wasserstoff-Gas besteht auch Sauerstoff-Gas aus zweiatomigen Molekülen, O_2, für welche die symbolische Beziehung gilt

$$O + O \rightarrow O_2 + 5,18 \, eV. \tag{7.73}$$

Auch bei dieser Molekülbildung wird Energie freigesetzt, die Reaktion ist exotherm, die molare Reaktionsenergie ist

$$W_{R,molar} = 5,18 \cdot 96 \, \frac{kJ}{mol} = 497,3 \, \frac{kJ}{mol} = 118,8 \, \frac{kcal}{mol}. \tag{7.74}$$

In Tabellenwerken findet man weitere Angaben über Molekül-Bindungsenergien.

7.6.5.3 Chemische Energie Unter chemischer Energie verstehen wir alle Energien, die umgesetzt werden, wenn Atome oder Moleküle zu anderen Atom- oder Molekülgruppen zusammentreten. Für alle beteiligten Teilchen (Elektronen und Atomkerne) wird dabei die potentielle und die kinetische Energie geändert, und die Summe dieser Änderungen ist die bei der Reaktion umgesetzte Energie. Diese kann sowohl positiv (exotherme Reaktion) als auch negativ (endotherme Reaktion) sein. Ist die Reaktion endotherm, so kann sie nur stattfinden, wenn entweder die beteiligten Atome oder

Moleküle sich als ganze bewegen, also aus ihrer kinetischen Energie die Reaktions-
energie entnommen werden kann (Abschn. 7.7.1), oder es muß ein weiterer
Reaktionspartner teilnehmen aus dessen chemischer Energie die Reaktionsenergie zur
Verfügung gestellt wird. Dieser letztere Mechanismus läuft bei endothermen
Reaktionen im biologischen Gewebe ab.

Wie schon aus den symbolischen Gleichungen (7.71) und (7.73) hervorgeht, pflegt man
chemische Umsetzungen in Form von *Reaktionsgleichungen* zu notieren. In solche
symbolischen Gleichungen werden die chemischen Formeln eingesetzt, für die Angabe
der *energetischen Beziehungen* hat man sie aber durch die Bindungsenergien zu
ersetzen. In solchen *Energiegleichungen*, die ein Ausdruck des Energiesatzes sind,
findet man sehr häufig den tatsächlichen Weg der Umsetzung nicht wiedergegeben.
Die Verbrennung von Wasserstoff mit Sauerstoff zu Wasser wird zum Beispiel wie
folgt geschrieben

$$2H_2 + O_2 \rightarrow 2H_2O + 2W_R, \tag{7.75}$$

2 mol Wasserstoff verbinden sich mit 1 mol Sauerstoff zu 2 mol Wasser, und W_R ist die
frei werdende Reaktionsenergie bei der Bildung von 1 mol Wasser. Tatsächlich erfolgt
die Reaktion nicht in einem Schritt, was hier nicht zu diskutieren ist. Wir ersetzen die
chemischen Symbole durch die Molekülbindungsenergien und entnehmen die
Molekülbindungsenergie von H_2O aus einer Tabelle zu $-912,72\,kJ\,mol^{-1}$. Damit
erhalten wir aus Gl. (7.75) für die molare Reaktionsenergie

$$\begin{aligned} W_{R,molar} &= \frac{1}{2}(-2 \cdot 432 - 497,3 + 2 \cdot 912,72)\frac{kJ}{mol} \\ &= +232,1\,\frac{kJ}{mol} = +55,4\,\frac{kcal}{mol}. \end{aligned} \tag{7.76}$$

Ganz ähnlich ist auch die Oxidation von Kohlenstoff zu behandeln. Die Reaktions-
gleichung lautet

$$C + O_2 \rightarrow CO_2 + W_R. \tag{7.77}$$

Die Bindungsenergie des CO_2-Moleküls wird mit $891,2\,kJ\,mol^{-1}$ angegeben. Damit
finden wir aus Gl. (7.77)

$$\begin{aligned} W_{R,molar} &= (-497,3 + 891,2)\,kJ\,mol^{-1} = 394\,kJ\,mol^{-1} \\ &= 94,1\,kcal\,mol^{-1}. \end{aligned} \tag{7.78}$$

Bei der Ersetzung des Symbols „C" durch die Bindungsenergie mußte null eingesetzt
werden, weil das C-Atom als freies Atom vorliegt.

Die hier angegebenen Reaktionen sind sämtlich exotherm, ihre Reaktionsenergie gibt
auch im menschlichen Körper einen wesentlichen Beitrag zur Wärmeproduktion. Im
menschlichen Körper erfolgen jedoch viele Zwischenreaktionen, bis die Nahrungsmittel verbraucht sind, und unter ihnen gibt es viele endotherme Reaktionen. Um für sie
die notwendige Reaktionsenergie aufzubringen, werden andere Moleküle an der
Reaktion mitbeteiligt. In der Zelle wird an hervorragender Stelle das Adenosin-Tri-

Phosphat (ATP) verwendet. Der energieliefernde Prozeß ist die Abspaltung von Phosphorsäure,

$$ATP + H_2O \rightarrow ADP + H_3PO_4 + 0,35\,eV. \tag{7.79}$$

(ADP = Adenosin-Di-Phosphat; für ATP haben wir in Tab. 5.3 die relative Molekülmasse angegeben). Die molare Reaktionsenergie folgt zu $W_R = 33,5\,kJ/mol = 8\,kcal/mol$. Im menschlichen Körper werden täglich etwa 75 kg ATP auf- und abgebaut, also rund 1 g auf ein Gramm Körpergewicht.

Abschließend bemerken wir noch, daß es einen kleinen Unterschied macht, in welchen Aggregatzuständen die Produkte vor und nach der Reaktion vorliegen, z. B. führt die Knallgasreaktion auf Wasser, so daß W_R um die molare Kondensationswärme vermehrt ist, und das wird in Tabellenangaben berücksichtigt.

7.6.5.4 Brennwert der Stoffe

Der Energiebedarf des Menschen wird durch Nahrungsaufnahme befriedigt. Die Nahrungsmittel werden im Körper umgebaut und schließlich in energie-ärmere chemische Verbindungen übergeführt. Der *physikalische Brennwert* der Stoffe (Kohlenhydrate, Fett, Eiweiß) wird durch vollständigen Umsatz in Wasser und Kohlendioxid gemessen. Die Umsetzung erfolgt mit Sauerstoff, der ja auch im Körper mittels der Atmung zur Verfügung gestellt wird. Man findet die folgenden *spezifischen Brennwerte* B_{spez} (auf die Masseneinheit bezogene Brennwerte, s. Abschn. 4.2)

$$\begin{aligned} \text{Kohlenhydrate} \quad & B_{spez} = 17,2\,kJ\,g^{-1} = 4,1\,kcal\,g^{-1}, \\ \text{Fett} \quad & B_{spez} = 39\ \ kJ\,g^{-1} = 9,3\,kcal\,g^{-1}, \\ \text{Eiweiß} \quad & B_{spez} = 23,9\,kJ\,g^{-1} = 5,7\,kcal\,g^{-1}. \end{aligned} \tag{7.80}$$

Die angegebenen Werte sind Durchschnittswerte, größere Schwankungen findet man bei Eiweiß und den Aminosäuren. Der *molare Brennwert* kann angegeben werden, wenn die relative Molekülmasse bekannt ist, denn er ist das Produkt aus spezifischem Brennwert und molarer Masse (Abschn. 5.5.2.1). Z. B. ist für Glukose mit der Bruttoformel $C_6H_{12}O_6$ die relative Molekülmasse $M_r = 180$, also der molare Brennwert

$$B_{molar} = 3,75\,kcal\,g^{-1} \cdot 180\,g\,mol^{-1} = 675\,kcal\,mol^{-1} = 2826\,kJ\,mol^{-1}. \tag{7.81}$$

Im menschlichen Körper werden nicht alle Nahrungsmittel bis zu H_2O und CO_2 abgebaut, insbesondere nicht die Eiweiße, deren *physiologischer Brennwert* tatsächlich etwa gleich dem der Kohlenhydrate ist. Damit gilt für die spezifischen physiologischen Brennwerte

$$\begin{aligned} \text{Kohlenhydrate} \quad & B_{spez,\,physiol} = 17,1\,kJ\,g^{-1} = 4,1\,kcal\,g^{-1}, \\ \text{und Eiweiß} \\ \text{Fett} \quad & B_{spez,\,physiol} = 39\ \ kJ\,g^{-1} = 9,3\,kcal\,g^{-1}. \end{aligned} \tag{7.82}$$

Der *Energieumsatz im menschlichen Körper* ist ein wichtiges physiologisches Datum. Er wird mittels der Atemluft gemessen, indem man die CO_2-Produktion und den O_2-Verbrauch bestimmt. Man stellt ein mit dem Atemgas gefülltes Gasometer zur

Verfügung und mißt die verbrauchte Gasmenge, sowie in der ausgeatmeten Luft die CO_2-Menge. Man arbeitet mit den folgenden Größen:

1. *Kalorisches Äquivalent* α, definiert durch die Gleichung

$$\alpha \overset{\text{def}}{=} \frac{\text{beim Stoffwechsel abgegebene Energie}}{\text{verbrauchte Menge Sauerstoff}}; \tag{7.83}$$

α hat die Dimension Energie/Menge (Sauerstoff). Für Glukose mit dem (oben angegebenen) Brennwert B_{molar} lautet die chemische Umsetzungsbeziehung

$$C_6H_{12}O_6 + 6\,O_2 \rightarrow 6\,CO_2 + 6\,H_2O + B_{molar}. \tag{7.84}$$

Man übersieht hier alle Details und kann daher leicht das kalorische Äquivalent angeben. Aus der Reaktionsbeziehung (7.84) sieht man, daß das stöchiometrische Stoffmengenverhältnis von Glukose und Sauerstoff 1 mol Glukose : 6 mol Sauerstoff = 1 : 6 ist. Demnach ist das kalorische Äquivalent für Glukose

$$
\begin{aligned}
\alpha_{Glukose} &= 675 \, \frac{\text{kcal}}{\text{mol Glukose}} \bigg/ \frac{6 \, \text{mol}\,O_2}{1 \, \text{mol Glukose}} \\
&= 112,5 \, \frac{\text{kcal}}{\text{mol}\,O_2} = 3,51 \, \frac{\text{kcal}}{\text{g}\,O_2} = 5,02 \, \frac{\text{kcal}}{\text{l}\,O_2} = 21 \, \frac{\text{kJ}}{\text{l}\,O_2}.
\end{aligned}
\tag{7.85}
$$

Hierbei handelt es sich für den gasförmigen Sauerstoff (letzte beiden Beziehungen) um eine Volumenangabe als Mengenangabe, die immer auf den *Normzustand* (p_n, T_n) des Gases bezogen ist: Druck $p_n = 1{,}01325$ bar, Temperatur $T_n = 273{,}15$ K ($\vartheta_n = 0\,°C$). Die (durchschnittlichen) kalorischen Äquivalente der für die Ernährung wichtigen Stoffgruppen (7.80) sind, bezogen auf die Menge „Liter im Normzustand" $l\,(p_n, T_n)$,

$$
\begin{aligned}
\alpha_{Kohlenhydrate} &= 5{,}05 \, \text{kcal/l}\,(p_n, T_n)\,O_2 = 21{,}1 \, \text{kJ/l}\,(p_n, T_n)\,O_2, \\
\alpha_{Eiweiß} &= 4{,}48 \, \text{kcal/l}\,(p_n, T_n)\,O_2 = 18{,}8 \, \text{kJ/l}\,(p_n, T_n)\,O_2, \\
\alpha_{Fett} &= 4{,}7 \; \text{kcal/l}\,(p_n, T_n)\,O_2 = 19{,}6 \, \text{kJ/l}\,(p_n, T_n)\,O_2.
\end{aligned}
\tag{7.86}
$$

2. *Respiratorischer Quotient* Q_{resp}, definiert durch die Gleichung

$$Q_{resp} \overset{\text{def}}{=} \frac{\text{Stoffmenge der entstandenen Kohlensäure}\,(CO_2)}{\text{Stoffmenge des verbrauchten Sauerstoffs}\,(O_2)}. \tag{7.87}$$

Man findet dafür die folgenden Werte

$$
\begin{aligned}
&\text{Kohlenhydrate} \quad Q_{resp} = 1 \\
&\text{Eiweiß} \qquad\qquad Q_{resp} = 0{,}81 \\
&\text{Fett} \qquad\qquad\quad Q_{resp} = 0{,}7.
\end{aligned}
\tag{7.88}
$$

Um aus dem O_2-Verbrauch und der CO_2-Erzeugung allein auf den Energieumsatz zu schließen, muß man berücksichtigen, daß die Nahrung aus den drei Bestandteilen Kohlenhydrate, Eiweiß und Fett gemischt ist. Nach Pichotka (in: Keidel: Physiologie, 4. Aufl. Stuttgart 1975, S. 7–14) streut der Massenanteil w_E der Eiweiße an der Nahrung nur sehr wenig und liegt bei $w_E = 15\%$, während die beiden anderen

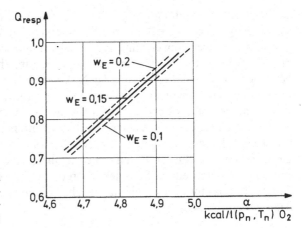

Fig. 7.32
Zusammenhang von respiratorischem Quotienten Q_{resp} und kalorischem Äquivalent α bei verschiedenen Massenanteilen w_E des Eiweißes in der Nahrung

Anteile stärker schwanken. Mit dem Anteil w_K erfolgt die Energieproduktion gemäß $\alpha_{Kohlenhydrate}$, mit w_E gemäß $\alpha_{Eiweiß}$ und mit dem Anteil w_F gemäß α_{Fett}. Wir setzen $w_E = 0,15$, dann ist das kalorische Äquivalent der Nahrung

$$\alpha = 0,15\,\alpha_E + w_F\,\alpha_F + w_K\,\alpha_K; \tag{7.89}$$

die entsprechende Gleichung gilt für den respiratorischen Quotienten,

$$Q_{resp} = 0,15\,Q_{resp,\,E} + w_F\,Q_{resp,\,F} + w_K\,Q_{resp,\,K}\,. \tag{7.90}$$

Schließlich ist die Summe der Massenanteile gleich Eins (Abschn. 5.5.3.2),

$$0,15 + w_F + w_K = 1\,. \tag{7.91}$$

Aus den Beziehungen (7.89) bis (7.91) wurde das Diagramm in Fig. 7.32 aufgebaut. Jeder der Anteile w_F und w_K kann zwischen 0 und 0,85 liegen, doch muß ihre Summe nach Gl. (7.91) immer gleich $1 - 0,15 = 0,85$ sein. Zu jedem Wertepaar w_F, w_K berechnet man das kalorische Äquivalent α und den respiratorischen Quotienten und trägt zusammengehörige Paare auf (Fig. 7.32). Man erhält – wie zu erwarten – einen linearen Zusammenhang. Mißt man in einem Experiment nun die CO_2-Erzeugung und den Sauerstoff-Verbrauch (Stoffmengen!), so ergibt das Stoffmengenverhältnis nach Gl. (7.87) den respiratorischen Quotienten, und zu diesem liest man aus Fig. 7.32 das kalorische Äquivalent ab. Dieses wird mit der verbrauchten Sauerstoffmenge multipliziert, und damit der Energieumsatz ermittelt. – Um die Genauigkeit des Verfahrens zu demonstrieren, wurden in Fig. 7.32 auch zwei Geraden für abweichenden Eiweiß-Anteil eingezeichnet. Die Zahlenangaben würden sich etwas ändern, es wird aber berichtet, daß eine Fehlergrenze von 1 % für den Energieumsatz erreichbar sei.

7.6.6 Energie aus Atomkernen

Die Kräfte zwischen den Bestandteilen der Kerne, also Protonen und Neutronen, führen zu den stabilen Atomkernen, die ähnlich wie die Atome und Moleküle eine bestimmte Kern-Bindungsenergie haben. Die durchschnittliche Bindungsenergie, d.h. die Bindungsenergie geteilt durch die Nukleonenzahl A ist konstant, rund 8 MeV, mit gewissen wichtigen Abweichungen bei leichten und schweren Atomkernen. Nachdem man gefunden hatte, daß Kerne, wenn man sie nur nahe genug aneinander bringt, also bei Stößen, durch Umverteilung der Nukleonen Kernreaktionen ausführen können, konnte man genau so wie in der Chemie der Atome und Moleküle auch eine Kern-Reaktionsenergie messen. Sie liegt in der Größenordnung von MeV, ist also millionenfach größer als die chemische Reaktionsenergie. Die sogenannten radioaktiven Kerne haben verglichen mit den Endprodukten ihres Zerfalls (radioaktive Umwandlung) einen erhöhten Energieinhalt. Sie dürfen also eigentlich nicht existieren. Es gibt jedoch Energiebarrieren, die den sofortigen Zerfall verhindern, so daß der radioaktive Zerfall als statistisches Ereignis experimentell verfolgbar ist, vgl. dazu Abschn. 15.4.3.

7.7 Ergänzung: Impuls und Drehimpuls

7.7.1 Impuls

Neben dem Energiesatz der Mechanik (Abschn. 7.6.3.1) haben wir in Abschn. 3.5.2 den Erhaltungssatz des Impulses kennengelernt: wirken auf ein System von Massen $m_1, m_2, \ldots$ *keine Kräfte von außen ein, dann bleibt der Gesamtimpuls des Systems für alle Zeiten konstant,*

$$\vec{P} = \sum_i m_i \vec{v}_i = \text{const.} \tag{7.92}$$

Dabei ist die Konstante selbst ein Vektor. Ist andererseits eine äußere Kraft $\vec{F}$ wirksam, dann ändert sich der Gesamtimpuls zeitlich nach Maßgabe der Beziehung

$$\frac{d\vec{P}}{dt} = \vec{F}. \tag{7.93}$$

Verglichen mit den Newtonschen Axiomen (Abschn. 3.5.1) stellt Gl. (7.93) die allgemeinere Beschreibung der Wirkung einer Kraft dar. Sie wird zur Untersuchung von Vorgängen benötigt, wo die Masse während des Ablaufs nicht konstant bleibt, wie z.B. Raketenantrieb mit Masseausstoß, und relativistische Massenänderung.

Der Impulssatz gilt auch für eine einzelne Masse: ihr Impuls bleibt konstant, so lange keine Kraft wirkt. Als instruktives Beispiel, das auch für weitere Überlegungen wichtig ist, betrachten wir einen Ball, der im Punkt A (von Hand) auf eine ebene Platte geworfen wird (Fig. 7.33). Im Punkt B wird der Ball elastisch reflektiert (es sollen also keine Verluste auftreten), und er erreicht den Punkt C mit der Vertikalkomponente seiner Geschwindigkeit $\vec{v}_v'$, während die Horizontalkomponente $\vec{v}_h$ sich nicht geändert hat. Durch die Reflexion wird im Punkt B der Vertikalimpuls $mv_v(B)$ genau umgekehrt, er wird damit um $2 \cdot mv_v(B)$ geändert. Die dabei wirksamen, und für diese

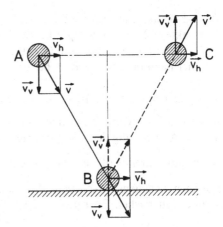

Fig. 7.33
Zusammenstoß eines Balles mit einer Wand; s. Text

Umkehrung notwendigen Kräfte bestehen, solange Ball und Platte sich berühren und (beide) elastisch deformiert sind. Die Kraft ist nur kurze Zeit wirksam: man spricht von einem *Kraftstoß*, und dafür gilt die Beziehung (7.93) für die Addition aller kleinen Impulsänderungen $\Delta \vec{P} = \vec{F} \Delta t$ und ergibt die gesamte Impulsänderung

$$\vec{P}_2 - \vec{P}_1 = (m\vec{v})_2 - (m\vec{v})_1 = \int_{t_1}^{t_2} \vec{F} \, dt \, . \tag{7.94}$$

Zur Illustration ist der Kraftstoß in Fig. 7.34 skizziert: der Flächeninhalt unter der Kurve ist die rechte Seite von Gl. (7.94), und nur auf dieses Integral kommt es für die gesamte Impulsänderung an, Einzelheiten des Kraftverlaufs sind unwichtig.

Das Anwendungsgebiet dieser Betrachtungen sind die *Stöße materieller Körper*: der Stoß von Billardkugeln, der Zusammenstoß von Atomen und Molekülen in Gasen, der Zusammenstoß atomarer Teilchen zum Stattfinden von chemischen Reaktionen, schließlich auch der Zusammenstoß der Teilchen energiereicher Strahlung mit den atomaren und molekularen Bestandteilen des biologischen Gewebes. Ohne daß Einzelheiten der Kraft bekannt sein müssen, ergibt die alleinige Anwendung des *Energie- und des Impulssatzes* Beziehungen, die das Geschehen in jedem Fall beherrschen, und daher genügt hier die exemplarische Behandlung nur des Zusammenstoßes zweier Kügelchen der Massen m und M. Der Einfachheit halber nehmen wir an, daß der Zusammenstoß zentral erfolgt (Fig. 7.35), d.h. der

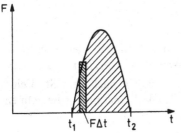

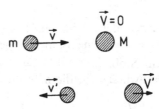

Fig. 7.34 Beispiel des zeitlichen Verlaufs einer kurzzeitig wirkenden Kraft

Fig. 7.35 Geschwindigkeiten beim zentralen Stoß einer kleinen Masse gegen eine große

Geschwindigkeitsvektor $\vec{v}$ der einlaufenden Masse m liege in der Verbindungslinie der Schwerpunkte = Massenmittelpunkte der beiden Massen. Ferner möge die gestoßene Masse M am Anfang in Ruhe sein ($\vec{V} = 0$). Sind $\vec{v}'$ und $\vec{V}'$ die Geschwindigkeiten der Stoßpartner nach dem Stoß, dann besagt der Impulssatz, weil keine äußeren Kräfte wirken,

$$m\,v + 0 = m\,v' + M\,V'. \tag{7.95a}$$

Die linke Seite stellt den Gesamtimpuls *vor* dem Stoß, die rechte Seite *nach* dem Stoß dar. Bei der Anwendung des *Energiesatzes* gehen wir genau so vor. Die Gesamtenergie vor dem Zusammenstoß ist gleich der kinetischen Energie $E_{kin} = \dfrac{1}{2}\,m\,v^2$ des einlaufenden Teilchens. Nach dem Zusammenstoß ist die Gesamtenergie gleich der Summe der kinetischen Energien beider Teilchen,

$$\frac{1}{2}\,m\,v^2 = \frac{1}{2}\,m\,v'^2 + \frac{1}{2}\,M\,V'^2. \tag{7.95b}$$

Wenn keine Energie verloren geht, etwa durch Reibung, nennt man den Stoß *elastisch*, es gilt der Energiesatz in der Form Gl. (7.95b). Geht aber Energie verloren, dann muß diese aus der Anfangsenergie entnommen werden, und damit lautet die Formulierung des Energiesatzes

$$\frac{1}{2}\,m\,v^2 = \frac{1}{2}\,m\,v'^2 + \frac{1}{2}\,M\,V'^2 + \Delta W. \tag{7.95c}$$

Wenn ΔW in Gl. (7.95c) von Null verschieden ist, dann nennt man den Stoß *unelastisch*. Die meiste Energie geht verloren, der Stoß ist am stärksten unelastisch, wenn die beiden Massen m und M nach dem Stoß „zusammenkleben" und sich gemeinsam weiterbewegen. Tatsächlich kann ihre gemeinsame Geschwindigkeit nicht Null sein, der Impulssatz verbietet das! Nur in einem einzigen Fall könnten sie beim Zusammenstoß zur Ruhe kommen, nämlich wenn sich zwei gleichgroße Massen (etwa zwei gleiche Automobile) mit gleicher Geschwindigkeit zum zentralen Stoß aufeinander zu bewegen würden: dann ist ihre Impulssumme vor dem Stoß Null, und auch beim total unelastischen Stoß muß sie nach dem Stoß verschwinden. Die verbrauchte Energie wird zur Deformation der Fahrzeuge verwendet. – Wir geben hier lediglich noch zwei Endformeln für die beiden Extremfälle an:

a) der am stärksten unelastische Stoß. Die vernichtete Energie ist

$$\Delta W = \frac{1}{2}\,m\,v^2\,\frac{M}{m + M},$$

ist also ein durch die beteiligten Massen bestimmter Bruchteil der Einschuß- = Gesamtenergie. Die gemeinsame Endgeschwindigkeit ist $V = m\,v/(m + M)$.

b) der elastische Stoß. Hier ist $\Delta W = 0$. Beide Massen haben nach dem Stoß eine bestimmte Geschwindigkeit, die man aus dem Impuls- und Energiesatz berechnen kann,

$$v' = \frac{m - M}{m + M}\,v \quad \text{und} \quad V' = \frac{2\,m}{m + M}\,v.$$

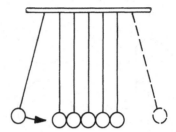

Fig. 7.36
Die Kugelkette überträgt durch elastische Stöße
Impuls und Energie

Ist $M > m$, dann wird v' negativ: die einlaufende Masse kehrt ihre Bewegung um. Die Geschwindigkeit V' ist immer positiv und ungleich Null, d.h. die Masse M wird in Vorwärtsrichtung angestoßen. Wir können das dahingehend formulieren, daß auf die Masse M Impuls (und damit auch Energie) übertragen wird. Ist speziell $m = M$, dann wird $v' = 0$ (die stoßende Masse bleibt stehen); Geschwindigkeit, Impuls und Energie werden vollständig auf das gestoßene Teilchen übertragen. Auf dieser Tatsache beruht die große biologische Wirksamkeit von Neutronenstrahlung, denn die stoßenden Neutronen übertragen beim zentralen Stoß mit den Protonen des biologischen Gewebes ihre ganze Energie auf diese. – Fig. 7.36 enthält zur Illustration das Bild eines Spielzeuges, bei dem der besprochene Fall vorliegt; durch die Kugelkette wird der Impuls bis zur letzten Kugel übertragen, die entsprechend weit ausschwingt.

Die Beziehungen Gl. (7.95a) und (7.95c) sind grundsätzlich verallgemeinerungsfähig, speziell auf den Fall chemischer Reaktionen. Die Reaktion findet statt, indem zwei Moleküle der Masse m und M aufeinandertreffen. Nach wie vor muß die Summe der Impulse vor und nach der Reaktion gleich sein, weil keine äußeren Kräfte wirken sollen. Im Energiesatz übernimmt ΔW die Rolle der Reaktionsenergie. Sie wird, wie in Abschn. 7.6.5.2 dargelegt, aus der Bindungsenergie der Moleküle bereitgestellt oder dafür verbraucht, kann also hier sowohl positiv als auch negativ sein.

7.7.2 Drehenergie

In Fig. 7.37a und b sind zwei Körper wiedergegeben, die um die Achse $A - A$ rotieren sollen. Jeder Teil des Körpers hat eine bestimmte Bahngeschwindigkeit, und damit hat der ganze Körper eine kinetische Energie, die die Summe der kinetischen Energien der Teile ist. Diese kinetische Energie bei der *Drehbewegung um eine Achse* nennt man *Dreh-* oder *Rotationsenergie*. Zur Berechnung greifen wir auf Beziehungen in Abschn. 3.2.2.1 (Kreisbewegung) zurück. Der Einfachheit halber befassen wir uns zuerst mit dem einfachen Körper in Abschn. 3.5.3.1 (Fig. 3.17), bei dem die beiden gleichen Massen m im Abstand r um die Drehachse rotierten. Die Winkelgeschwindigkeit sei ω. Die Bahngeschwindigkeit der Masse m im Abstand r von der Drehachse ist nach Gl. (3.13) $v = r \cdot \omega$. Die Drehenergie ist damit

$$W_{\text{Dreh}} = \frac{1}{2} m v^2 + \frac{1}{2} m v^2 = \frac{1}{2} (m r^2 + m r^2) \omega^2 = \frac{1}{2} 2 m r^2 \omega^2 = \frac{1}{2} J \omega^2 . \quad (7.96)$$

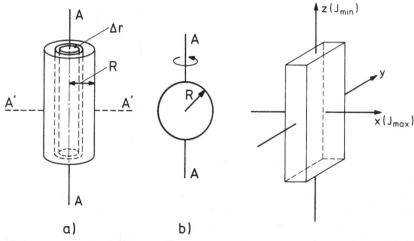

Fig. 7.37 a) Zum Trägheitsmoment eines massiven Zylinders. Drehachsen $A - A$ oder $A' - A'$
b) Das Trägheitsmoment einer Kugel ist um jede Achse durch den Schwerpunkt gleich groß

Fig. 7.38 Ein beliebiger Körper hat drei, im allgemeinen verschiedene, Trägheitsmomente um drei aufeinander senkrecht stehende (Hauptträgheits-)Achsen

Im Ausdruck für die Drehenergie tritt einerseits die Winkelgeschwindigkeit ω auf, die für alle Teile des Körpers gleich ist, und andererseits die Größe

$$J = 2\, m\, r^2, \tag{7.97}$$

die durch die Verteilung der Masse um die Drehachse herum bestimmt ist. Sie heißt *Trägheitsmoment* des Körpers bezüglich der Drehachse $A - A$, und es ist die gleiche Größe, die schon das Drehmoment mit der Winkelbeschleunigung verknüpfte, Gl. (3.31). – Im SI ist die *Einheit des Trägheitsmomentes* $\text{kg}\,\text{m}^2$.
Bei den Körpern in Fig. 7.37a und b berechnet man das Trägheitsmoment durch eine geschickte Zerlegung und Addierung der Einzel-Trägheitsmomente. In Fig. 7.37a beginnt man mit einem Hohlzylinder der Dicke Δr (Trägheitsmoment $\Delta m \cdot r^2$, wenn Δm die Masse des Hohlzylinders ist), die Summation (bzw. Integration) liefert

$$J_{\text{Vollzylinder}} = \frac{1}{2}\, m\, R^2, \tag{7.98a}$$

wenn R der Radius, m die Masse des Vollzylinders ist. Bei dem Körper in Fig. 7.37b (eine Kugel) ergibt sich

$$J_{\text{Vollkugel}} = \frac{2}{5}\, m\, R^2 \tag{7.98b}$$

(R Radius der Kugel, m ihre Masse). Da das Trägheitsmoment stets proportional zum Quadrat des Abstandes der Masse von der Drehachse wächst, so ist z. B. das Trägheitsmoment des Zylinders der Fig. 7.37a bei Rotation um die querliegende Achse $A' - A'$ in der Regel viel größer als bei Rotation um die Achse $A - A$. In Fig. 7.38 ist noch ein quaderförmiger Körper gezeichnet: es gibt eine Drehachse größten und eine Drehachse kleinsten Trägheitsmomentes, das Trägheitsmoment um die y-Achse liegt zwischen beiden. Grundsätzlich gilt dies für alle materiellen Körper für Drehachsen, die durch den Schwerpunkt gehen.

7.7.3 Drehimpuls

Die Mechanik der Drehbewegung kann durch zweckmäßige Einführung von Größen, die dieser Bewegungsart angepaßt sind, wesentlich durchsichtiger dargestellt werden. Tab. 7.5 enthält solche Größen zusammen mit denjenigen der allgemeinen Mechanik, die ihnen entsprechen. Es bleibt noch die Erklärung des *Drehimpulses*, einer Vektorgröße, die eine zentrale Bedeutung für die Drehbewegungen hat. Die allgemeine Definition können wir hier nicht abhandeln, wir greifen für eine vereinfachte Definition auf die Drehbewegung einer Hantel nach Fig. 3.17 zurück.

Wir können dort den Vektor $\vec{r}$ von der Drehachse zur Masse m einzeichnen und auch den Vektor $m\vec{v}$ des Impulses der Masse m, die sich auf der Kreisbahn bewegt: $m\vec{v}$ liegt senkrecht zur Drehachse. Das Vektorprodukt dieser beiden Vektoren im Sinne einer Rechtsschraube (Abschn. 3.5.3.1) liegt *in* der Drehachse und ist der *Drehimpulsvektor* der Masse m. Die zweite Masse m hat einen Drehimpuls, dessen Vektor gleich lang wie der der ersten Masse ist, und er hat auch die gleiche Orientierung. Demnach ist der Drehimpuls der rotierenden Hantel von Fig. 3.17

$$L = 2 \cdot r \cdot mv = 2 mr^2 \cdot \omega = J\omega. \tag{7.99}$$

Die Ersetzung der Größen, die den Impuls definieren durch die entsprechenden Größen für die Drehbewegung nach Tab. 7.5, liefert also den Drehimpuls. Man beachte aber, daß der Drehimpuls ein Vektor ist. – Der letzte Teil der Beziehung (7.99) gilt auch für beliebige Körper, z.B. auch für die in Fig. 7.37a und b dargestellten, und es ist dann deren Trägheitsmoment einzusetzen. Es sei allerdings betont, daß wir hier eine vereinfachte Darstellung gegeben haben, Komplizierungen treten auf, wenn die Drehachse nicht festliegt, also allgemeine Drehbewegungen ausgeführt werden.

Die große Bedeutung des Drehimpulses liegt darin, daß seine zeitliche Änderung durch

Tab. 7.5 Einander entsprechende Begriffe der Translations- und der Drehbewegung

Translationsbewegung		Drehbewegung	
Ort	$\vec{r}$	Winkel	α
Geschwindigkeit	$\vec{v}$	Winkelgeschwindigkeit	$\dot{\alpha}$
Beschleunigung	$\vec{a}$	Winkelbeschleunigung	$\ddot{\alpha}$
Kraft	$\vec{F}$	Drehmoment	$\vec{M}$
Masse	m	Trägheitsmoment	J
Impuls	$\vec{P} = m\vec{v}$	Drehimpuls	$\vec{L}$

die wirksamen Drehmomente $\vec{M}$ gemäß der Beziehung

$$\frac{d\vec{L}}{dt} = \vec{M} \tag{7.100}$$

erfolgt. Zuerst sei der Fall besprochen, daß ein Körper (ein System) *keinem äußeren Drehmoment* unterworfen sei. Dann muß nach Gl. (7.100) der *Drehimpulsvektor zeitlich konstant* sein, d.h. sowohl sein Betrag wie auch seine Richtung. Das gilt z.B. für die Planetenbahnen, denn die genau radial angreifende Gravitationskraft bewirkt kein Drehmoment. Das gleiche gilt in klassischer Rechnung auch für die Bahnen der Elektronen im Atom um den Atomkern herum. Auch die Drehachse der Erde liegt im Raum (fast) stabil fest, weil der Drehimpulsvektor seine Richtung nicht ändern kann. – Bezüglich der Konstanz des Betrages des Drehimpulses gibt es instruktive Beispiele insbesondere im Sport. Der Wassersportler, der vom Sprungbrett ins Wasser springt (Fig. 7.39) und dabei einen mehrfachen Salto ausführt, erteilt sich beim Absprung einen bestimmten Drehimpuls um eine Achse quer zum Körper. Während des Sprungs kugelt er sich soweit möglich zusammen und vermindert damit sein Trägheitsmoment um die Drehachse. Da der Drehimpuls aber konstant bleiben muß (es wirken keine äußeren Drehmomente), so muß wegen der Beziehung $L = J\omega$ die Winkelgeschwindigkeit ω wachsen. Kurz vor dem Eintauchen streckt sich der Springer wieder, erhöht dabei sein Trägheitsmoment und vermindert die Drehgeschwindigkeit, um ein möglichst glattes Eintauchen zu erreichen. – Ein anderes Beispiel ist die Eiskunstläuferin, die eine Pirouette dreht. Zieht sie die Arme an, so verkleinert sie ihr

Fig. 7.39 Der Springer erhöht seine Drehgeschwindigkeit beim Salto durch Verringerung seines Trägheitsmomentes (Heranziehen der Gliedmaßen an den Körper), er vermindert seine Drehwinkelgeschwindigkeit vor dem Eintauchen, um ein möglichst „glattes" Eintauchen zu erreichen

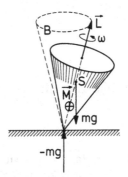

Fig. 7.40
Ein Kreisel, der einem äußeren Drehmoment M
unterworfen ist, führt eine Präzessionsbewegung
aus, hier längs B

Trägheitsmoment und erhöht dabei ihre Drehgeschwindigkeit. Bei ihr spielt aber auch
eine Rolle, daß sie mittels der Schlittschuhe ein antreibendes Drehmoment erzeugen
kann, das zu umso größerer Drehgeschwindigkeit führt, je kleiner das Trägheitsmoment ist.

Wirkt auf ein System mit Drehimpuls $\vec{L} \neq 0$ ein Drehmoment $\vec{M}$, so kommt es häufig
zu überraschenden Bewegungen. Systeme mit Drehimpuls nennt man *Kreisel*
(Kinderspielkreisel, sich drehende Fahrrad- oder Autoräder). In Fig. 7.40 ist das
Modell eines Kinderspielkreisels gezeichnet, $\vec{L}$ stellt seinen Drehimpulsvektor dar, der
die Richtung der Kreiseldrehachse hat. Am Kreisel greift ein Drehmoment an, das
durch seine Gewichtskraft mg verursacht wird: Gewichtskraft und Unterstützungs-
kraft $G = -mg$ am Auflagepunkt bilden ein Kräftepaar, das das Drehmoment
erzeugt. Das Drehmoment $\vec{M}$ ist senkrecht zur Zeichenebene orientiert. Es versucht,
den Kreisel zu kippen. Nach Gl. (7.100) antwortet der Kreisel mit einer Änderung
seines Drehimpulsvektors, die in Richtung von $\vec{M}$ liegt, also senkrecht zur Zeichenebene. Der Kreisel kippt daher nicht, sondern er beginnt eine *Präzessionsbewegung* um die Vertikale (angedeutet durch die Bahn B). – Der Radfahrer, der eine Kurve
fährt, nützt diese Kreiselbewegung gefühlsmäßig richtig aus, denn er neigt sich nach
rechts, um eine Rechtskurve zu fahren, nach links, um eine Linkskurve zu fahren. –

8 Thermische Energie (Wärme)

Mit den Nervenzellen der Haut fühlen wir, daß ein Körper wärmer oder kälter als ein anderer ist und sagen, der eine habe eine höhere bzw. tiefere *Temperatur* als der andere. Das Erfühlen der Temperatur reicht für quantitative Aussagen nicht aus, man hat die *Temperaturmessung* mittels *Thermometern* zu objektivieren. Dazu wird im Internationalen Einheitensystem (SI) neben den in der Mechanik eingeführten Basisgrößen Länge, Zeit und Masse, und neben der durch die elektrischen Erscheinungen gebotenen Einführung der Basisgröße Stromstärke (Abschn. 9.2.2.1) die *Temperatur* als neue *Basisgröße* eingeführt.

Temperaturänderungen erzeugt man z.B., indem man einen warmen mit einem kalten Körper in Berührung bringt. Man beobachtet einen Temperaturausgleich, d.h. die Erreichung eines *thermischen Gleichgewichtes*. Der Temperaturausgleich bedeutet, daß eine *Wärmemenge* vom warmen zum kalten Körper übergeht. Erst im vergangenen Jahrhundert wurde gezeigt, daß die Wärmemenge einer Energie gleich ist, der *thermischen Energie*, und daß daher jeder Körper thermische Energie enthält, die mit seiner Temperatur verknüpft ist.

8.1 Wärme gleich ungeordnete (thermische) Energie

In Abschn. 5.4 haben wir atomistische Modelle der Materie besprochen: in Gasen haben die Moleküle nur geringe Wechselwirkung miteinander, sie durcheilen den ganzen zur Verfügung gestellten Raum und stoßen miteinander und mit der Gefäßwandung zusammen. In Flüssigkeiten liegt ein leicht verschiebliches Molekülnetz vor, und in den festen Stoffen befinden sich die Moleküle an festen Positionen, können sich jedoch um diese in Form von Schwingungen bewegen. Die *thermische, ungeordnete Energie* der Stoffe stellt sich damit als *kinetische und potentielle Energie* der Moleküle dar. Die einfachsten Verhältnisse liegen in den ,,idealen" Gasen vor: außer beim Zusammenstoß üben die Moleküle keine Kräfte aufeinander aus, und damit verschwindet der potentielle Anteil der Energie, der gesamte Energieinhalt eines idealen Gases ist die Summe der kinetischen Energien seiner Moleküle. Bei einatomigen Gasen (Edelgase He, Ne, Ar, Kr, Xe) von N Teilchen ist der Energieinhalt damit

$$W = \frac{1}{2} m v_1^2 + \frac{1}{2} m v_2^2 + \ldots + \frac{1}{2} m v_N^2 = N \, \overline{\frac{1}{2} m v^2}, \qquad (8.1)$$

worin wir die *mittlere kinetische Energie* eines Moleküls mittels der Gleichung

$$\overline{\frac{1}{2}\, m v^2} = \frac{\frac{1}{2}\, m v_1^2 + \ldots + \frac{1}{2}\, m v_N^2}{N} \tag{8.2}$$

eingeführt haben. Wir geben hier gleich weitere Energiegrößen an, die entsprechend den Vorschriften von Abschn. 5.5 gebildet werden:

$$\text{Energiedichte} \stackrel{\text{def}}{=} \frac{\text{Energie}}{\text{Volumen}}, \qquad w_V = \frac{N}{V}\, \overline{\frac{1}{2}\, m v^2} = n\, \overline{\frac{1}{2}\, m v^2}, \tag{8.3}$$

$$\text{molare Energie} \stackrel{\text{def}}{=} \frac{\text{Energie}}{\text{Stoffmenge}}, \qquad W_{\text{molar}} = \frac{W}{N/N_A} = N_A\, \overline{\frac{1}{2}\, m v^2}, \tag{8.4}$$

$$\text{spezifische Energie} \stackrel{\text{def}}{=} \frac{\text{Energie}}{\text{Masse}}, \qquad w_s = \frac{W}{Nm} = \frac{1}{2}\, \overline{v^2}. \tag{8.5}$$

Die SI-Einheiten dieser Größen folgen aus den Definitionsgleichungen

$$[W] = \text{J}, \qquad [w_V] = \frac{\text{J}}{\text{m}^3}, \qquad [W_{\text{molar}}] = \frac{\text{J}}{\text{mol}}, \qquad [w_s] = \frac{\text{J}}{\text{kg}}.$$

Bei Zusammenstößen von Teilchen miteinander wird sowohl der Impulsbetrag (d.h. die Geschwindigkeit) als auch die Richtung der Teilchenbewegung geändert (Abschn. 7.7.1). Durch die ungeheuer vielen Zusammenstöße in einem Gas kommen schließlich alle Geschwindigkeitsrichtungen vor (und zwar mit gleicher Häufigkeit), und für die Geschwindigkeitsbeträge entsteht eine *Verteilung*: kleine und große Geschwindigkeiten kommen mit gewissen, durch ein statistisches Gesetz bestimmten Häufigkeiten vor (über Statistik s. Abschn. 17). Wird ein Gas erhitzt, ihm also thermische Energie zugeführt, so kann diese nur in Form von kinetischer Energie der Moleküle aufgenommen werden, d.h. der relative Anteil der schnellen Moleküle steigt an. Wird das Gas abgekühlt, so wächst umgekehrt der relative Anteil der langsamen Moleküle. Fig. 8.1 enthält als Beispiel für drei verschiedene Temperaturen eines Gases die *Maxwellschen Geschwindigkeits-Verteilungsfunktionen*, die dem beschriebenen Sachverhalt entsprechen. Das kleine Flächenstück $h(v) \cdot \Delta v$ gibt die Anzahl der Moleküle im Geschwindigkeitsintervall v bis $v + \Delta v$ wieder. Die häufigste (oder wahrscheinlichste) Geschwindigkeit v_m gehört zum Maximum der Verteilungsfunktion. Z.B. ist für Stickstoff-Moleküle (Luft) bei Zimmertemperatur $v_m = 417\,\text{m s}^{-1}$. Die zugehörige Energie ist $\frac{1}{2}\, m v_m^2 = 4 \cdot 10^{-21}\,\text{J} = 2,5 \cdot 10^{-2}\,\text{eV} = \frac{1}{40}\,\text{eV}$.

Die Berücksichtigung der statistischen Aufteilung der thermischen Energie führt bei kinetischen Deutungen *makroskopischer Größen* zum Auftreten eines *entsprechenden Mittelwertes*. Das sei für ein Gas erläutert. Wir schließen an Abschn. 5.4 an: der Druck wird durch die Kraft erklärt, die zwischen auftreffendem Molekül und Wand besteht und den Molekülimpuls umkehrt (Fig. 8.2). Ist n die Anzahldichte der Moleküle, dann ist die Anzahl derjenigen Moleküle, die in der Zeiteinheit eine Wandfläche der

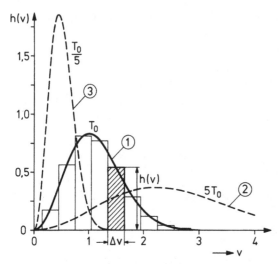

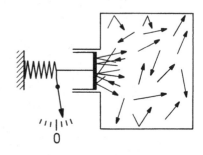

Fig. 8.1 Häufigkeitsverteilung der Geschwindigkeiten v in einem Gas für drei verschiedene Temperaturen

Fig. 8.2 Modellvorstellung zur Entstehung des Gasdruckes

Größe A erreicht, proportional zu n und zur Geschwindigkeit v (Weg, der in der Zeiteinheit zurückgelegt wird), genau: $A \cdot (1/4)\,n\,v$. Jedes von diesen Teilchen erfährt die Impulsänderung $2\,m\,v$ (Fig. 7.33), jedoch nur dann den vollen Betrag, wenn es senkrecht zur Wand auftrifft und ebenso reflektiert wird. Berücksichtigt man die verschiedenen Auftreffwinkel (ein parallel zur Wand „auftreffendes" Teilchen erfährt keine Impulsänderung), dann folgt für den Druck p als Kraft F (Impulsänderung in der Zeiteinheit (s. Gl. (7.93)) durch Fläche A, also den *Gasdruck in kinetischer Deutung*

$$p = \frac{F}{A} = \frac{1}{3}n\,m\,v^2 \,. \tag{8.6}$$

Hier müssen wir nun v^2 durch den *Mittelwert* $\overline{v^2}$ ersetzen, und dabei ist es natürlich zweckmäßig, den Mittelwert $\overline{\frac{1}{2}\,m\,v^2}$ der kinetischen Energie eines Moleküls einzuführen. Außerdem tragen wir $n = N/V$ ein (N die Gesamtzahl der Moleküle, V das zur Verfügung stehende Volumen) und erhalten

$$p \cdot V = \frac{2}{3}N\,\overline{\frac{1}{2}\,m\,v^2} = \frac{2}{3}\,W, \tag{8.7}$$

worin W jetzt die gesamte thermische Energie des Gases ist. Auf eine ähnliche Beziehung, $p \cdot V = \text{const}$, waren wir in Abschn. 6.5.1 bei der Besprechung der Kompressibilität der Gase gestoßen. Es handelte sich um das Gesetz von Boyle und Mariotte, gültig bei konstanter Temperatur. Die „Konstante" ist demnach 2/3 der Gesamtenergie, und sie ist, soweit W von der Temperatur abhängt, ebenfalls temperaturabhängig (Abschn. 8.3.3).

Für die *festen Stoffe* haben wir in Fig. 5.9 ein Modell eines idealen Kristalls wiedergegeben. Die ungeordnete, thermische Energie ist in den mehr oder weniger heftigen Bewegungen der Bausteine des Stoffes um ihre Gleichgewichtslagen enthalten. Da die Teilchen durch Kräfte miteinander gekoppelt sind, so kommt zur kinetischen Energie die potentielle Energie hinzu. Bei Energiezufuhr werden beide Anteile vermehrt, und das geschieht z. B. mittels einer heißen Flamme oder auch, indem mechanische Energie zugeführt wird: beim Schmieden eines Werkstückes (Anstoßen der Moleküle) wird dieses wärmer.

In allen *realen Gasen* üben die Moleküle aufeinander merkliche anziehende Kräfte aus, und darum sind die Gase verflüssigbar. Die ungeordnete, thermische Energie der *Flüssigkeiten* enthält damit sowohl potentielle wie kinetische Energie der Moleküle und ist in der Beschreibung komplizierter.

8.2 Temperaturmessung, Temperaturskalen

8.2.1 Thermometrie

Jede Eigenschaft eines Stoffes oder eines Körpers (Länge, elektrischer Widerstand, Lichtstrahlung), die sich meßbar ändert, wenn der Stoff oder der Körper erwärmt wird, kann zur Temperaturmessung benützt werden: man definiert die Temperatur zunächst durch die veränderliche, meßbare Größe und schafft so eine empirische Temperaturskala, mit der dann andere temperatur-abhängige Daten gemessen werden können. Dieses Verfahren hat zunächst zur Entwicklung der Flüssigkeits-Thermometer, insbesondere des Quecksilber-Thermometers, geführt, später kam das Gasthermometer hinzu, und schließlich haben wir heute eine Temperaturskala, die ganz ohne materiellen Bezug auskommt, die thermodynamische Temperaturskala. Die praktische Temperaturmessung geschieht jedoch in Wissenschaft und täglichem Leben weitgehend mit Thermometern, die auf thermischen Eigenschaften der Materie beruhen, und die zugehörige „Verkörperung" der Temperaturskala ist in bestmöglicher Anpassung an die thermodynamische Temperatur festgelegt worden (letztmalig 1968).

8.2.2 Flüssigkeitsthermometer

Das bekannteste und in der Medizin am häufigsten verwendete Thermometer ist das *Quecksilber-Thermometer*. Es basiert auf der thermischen Volumenänderung des flüssigen Quecksilbers. Eine bestimmte Hg-Masse wird in ein Glasgefäß eingeschlossen, das mit einer passend gewählten Kapillare versehen ist, in welche hinein sich das Hg bei Erwärmung ausdehnen kann (Fig. 8.3). Das Thermometer ist damit gleichzeitig ein (sehr empfindliches) Volumen-Meßgerät. Man taucht das Thermometer in

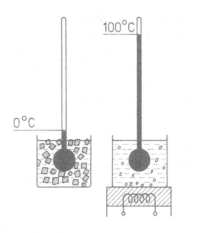

Fig. 8.3 Eichung eines Flüssigkeitsthermometers mittels zweier Fixpunkte: schmelzendes Eis und siedendes Wasser

Fig. 8.4 Fieberthermometer mit Celsius-Teilung

schmelzendes Eis (Luftdruck 1,013 bar) und markiert den Hg-Stand mit der Temperatur $\vartheta = 0°$ Celsius $= 0\,°C$. Dann bringt man das Thermometer in den Dampf über siedendem Wasser (Luftdruck 1,013 bar) und versieht den neuen Hg-Stand mit der Marke $\vartheta = 100\,°C$. Unterteilt man den Abstand der beiden Marken gleichmäßig in 100 Teile, so ist damit die Celsius-Temperaturskala *definiert*. Die Endpunkte dieser Skala sind die durch Bäder festgelegten *Fixpunkte* der Temperatur. Es sei dazu bemerkt, daß man reines Wasser, insbesondere salzfreies zu verwenden hat, weil sonst sowohl Gefrier- wie Siedepunkt verschoben sind (Abschn. 8.10.5).

Das *Fieberthermometer* (Fig. 8.4) ist ein spezielles Quecksilber-Thermometer, das zur Verwendung in der Human- und Tier-Medizin ausgebildet ist. Quecksilber-Volumen und Kapillardurchmesser sind auf den Temperaturbereich 35 bis 42 °C eingestellt. Die Kapillare ist am unteren Ende mit einer Einschnürung versehen, die bewirkt, daß bei Abkühlung der Hg-Faden an dieser Stelle abreißt, die Anzeige also zur Ablesung stehen bleibt.

Die Celsius-Skala kann nach oben und unten fortgesetzt werden, und damit sind auch höhere und tiefere Temperaturen definiert. Zur Messung solcher Temperaturen braucht man evtl. andere Thermometerflüssigkeiten, deren Volumenausdehnung bei wachsender Temperatur gemessen wird. Quecksilber-Thermometer können nur bis zu $-38,86\,°C$ verwendet werden, weil dann Quecksilber erstarrt. Oberhalb etwa 200 °C werden Spezialthermometer eingesetzt, die im Kapillarraum oberhalb der Quecksilberkuppe Stickstoff-Gas hohen Druckes (bis 60 bar) enthalten. Besteht der Thermometerkörper anstelle von Glas aus Quarz, dann können mit Hg-Flüssigkeits-Thermometern Temperaturen bis zu 1000 °C gemessen werden.

Im Bereich niedriger Temperaturen von 0 °C bis $-70\,°C$ wird häufig ein *Alkohol-*

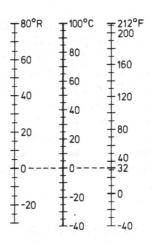

Fig. 8.5 Vergleich der Längen der Flüssigkeitsfäden eines Hg- und eines Alkoholthermometers bei jeweils gleicher Temperatur

Fig. 8.6 Die drei Temperaturskalen nach Celsius, Réaumur und Fahrenheit

Thermometer verwendet. An den Alkohol-Thermometern wird die Schwäche einer stoffabhängigen, empirischen Festlegung der Temperaturskala besonders deutlich. Man eicht ein Alkohol-Thermometer genauso wie ein Hg-Thermometer mittels der Fixpunkte, und man teilt die Skala gleichmäßig in 100 Grad. Bringt man dann ein Hg- und ein Alkohol-Thermometer in das gleiche Bad einer Zwischentemperatur, etwa 50 °C, dann zeigt das Alkohol-Thermometer etwa 2° zu wenig an (Fig. 8.5). Das ist die Folge der tatsächlich bestehenden Nicht-Linearität der thermischen Volumenausdehnung der Flüssigkeiten (Abschn. 8.3.2).

8.2.3 Andere Temperaturskalen

In den angelsächsischen Ländern wird noch häufig die Temperatur-Skala von Fahrenheit (1714) benutzt; eine andere, kaum noch verwendete Skala stammt von Réaumur (1730). Fig. 8.6 enthält eine Gegenüberstellung: eine horizontale Verbindungslinie verbindet gleiche Temperaturen. Es gilt $\{\vartheta_F\} = \frac{9}{5}\{\vartheta_C\} + 32$.

Die Einführung der *thermodynamischen Temperatur* ergab eine stoffunabhängige Skala. Sie wird im Zusammenhang mit Überlegungen definiert, die zum II. Hauptsatz der Thermodynamik gehören (Abschn. 8.7.5). Diese Temperatur werden wir mit T bezeichnen (ϑ soll die Temperatur in der Celsius-Skala kennzeichnen). Da die experimentelle Bestimmung der thermodynamischen Temperatur mit den zur Definition benutzten Hilfsmitteln umständlich und damit unpraktisch ist, wurde eine ganze Serie weiterer Fixpunkte anderer Stoffe mit Temperaturen belegt, die eine möglichst gute Realisierung der thermodynamischen Temperatur darstellen.

Grundsätzlich geht man heute davon aus, daß es einen absoluten Nullpunkt der Temperatur gibt, unabhängig von der Stoffart. Man hat daher nur *einen* Punkt der Temperaturskala zu *definieren*, um die Einheit des Temperaturgrades zu definieren. Das ist durch internationale Übereinkunft geschehen: *Der Tripelpunkt von Wasser* (Abschn. 8.10.4.1) *erhält die thermodynamische Temperatur* $T = 273,16$ Kelvin $= 273,16$ K. Der Temperaturgrad 1 K ist also der 273,16te Teil dieser Temperatur. Dies ist in der Bundesrepublik Deutschland auch die gesetzliche Einheit der Temperatur. Da der Tripelpunkt von Wasser um 0,01 K vom Gefrierpunkt des Wassers bei 1 bar Druck abweicht (Fixpunkt der Celsius-Skala), so gilt die einfache Beziehung zwischen Celsius- und thermodynamischer Temperatur

$$\frac{\vartheta}{°C} = \frac{T}{K} - 273,15, \qquad (8.9)$$

und im übrigen ist die Temperatur*differenz* $1\,°C = 1\,K$.

8.2.4 Andere Thermometer

Wie in Abschn. 8.2.1 dargelegt, kann grundsätzlich jeder Vorgang oder jede Stoffeigenschaft, die temperaturabhängig ist, zur Temperaturmessung ausgenutzt werden. Hier sind die folgenden Thermometer zu besprechen.

8.2.4.1 Widerstands-Thermometer Der elektrische Widerstand von Leitern ist temperaturabhängig, s. Abschn. 9.3.2.2. Ein Widerstandsthermometer besteht häufig aus einem Platin-Draht (0,05 bis 0,5 mm ⌀), dessen Widerstand mit einer geeigneten Schaltung gemessen wird. Die Eichung erfolgt mittels Temperaturbädern und Flüssigkeitsthermometern. Man kann einen sehr großen Temperaturbereich überdecken (10 bis 1000 K), und das Thermometer kann in relativ kleinen Abmessungen ausgeführt werden, auch ist das Thermometer zur Fernmessung geeignet.

8.2.4.2 Thermoelement-Thermometer (thermocouple) Verbindet man zwei verschiedene metallische Drähte miteinander (Fig. 8.7) und schaltet in den einen Draht einen elektrischen Spannungsmesser, dann kann man die *Thermospannung* messen, die entsteht, wenn die beiden Verbindungsstellen (man spricht auch entsprechend der Herstellungsweise von den beiden Lötstellen) verschiedene Temperatur haben (Abschn. 12.5.1). In einem mehr oder weniger großen Temperaturintervall, und

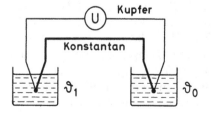

Fig. 8.7
Schema eines Kupfer-Konstantan-Thermoelementes

abhängig von der gewählten Materialkombination, ist die Thermospannung proportional zur Temperatur*differenz* der Lötstellen. Das drückt man durch die Gleichung aus

$$U_{\text{thermo}} = e(\vartheta_1 - \vartheta_0). \tag{8.10}$$

Für e hat sich der Name *Thermokraft* eingebürgert, obwohl die Größe mit „Kraft" nichts zu tun hat, ihre Einheit ist Volt/Kelvin = V/K. Häufig, und bis zu 500 °C, verwendet man die Kombination Kupfer/Konstantan mit $e = 0{,}056\,\text{mV/K}$; heute werden wegen der größeren Thermokraft auch Halbleiter-Kombinationen verwendet. Da man elektrische Spannungen noch bis zur Größenordnung Mikrovolt messen kann, so kann man noch Temperaturdifferenzen von 0,01 K = 0,01 °C messen. Das Thermoelement kann räumlich sehr klein gehalten werden (Drahtdurchmesser im Bereich von 1/100 mm), und daher ist es auch zur Messung von Temperaturen in kleinen biologischen Strukturen und großen Zellen geeignet. Die Eichung erfolgt mit Flüssigkeitsthermometern. Das Thermoelement ist auch zur Fernmessung von Temperaturen geeignet.

8.2.4.3 Strahlungsmesser als Thermometer Im Bereich hoher Temperatur, wo feste Stoffe glühen, also Lichtstrahlung emittieren (Abschn. 15.2), kann diese Strahlung zur Temperaturmessung benützt werden. Nach der Planckschen Strahlungsformel (Gl. (15.3)) ist die abgegebene Strahlungsleistung (Strahlungsenergie durch Zeit) eine Funktion der thermodynamischen Temperatur. Praktische Messungen erfolgen mit Vergleichs-*Pyrometern*, in welchen die unbekannte Strahlung mit derjenigen einer kalibrierten Glühlampe verglichen wird.

Moderne Halbleiter-Dioden können mit so großer Strahlungsempfindlichkeit ausgestattet werden, daß sie auch auf die ultrarote Strahlung der viel niedrigeren Temperatur des menschlichen Körpers ansprechen. Mit solchen Strahlungsmeßgeräten können entzündliche Prozesse an Hand der erhöhten Abstrahlung der Hautoberfläche diagnostiziert werden.

8.2.5 Temperatur des menschlichen Körpers

Die Temperatur des menschlichen Körpers ist im Mittel konstant etwa 37 °C und schwankt während des Tages um ± 0,5 °C (Fig. 13.4). Der konstante Wert stellt einen stationären Zustand dar, bestimmt durch die Gleichheit von Energieerzeugung (Verbrennung der Nährstoffe mit Sauerstoff) und Energieabgabe an die umgebende Luft. Dieser Zustand wird durch einen Regelmechanismus aufrechterhalten (Abschn. 16.2). Messungen an verschiedenen Punkten des Körpers zeigen, daß die Temperatur räumlich nicht konstant ist, sondern daß es sich um ein *Temperaturfeld* handelt: die skalare Größe Temperatur ist eine Funktion des Ortes. In Fig. 8.8 sind zwei verschiedene Temperaturfelder bei niedriger und hoher Außentemperatur skizziert. Sie zeigen, daß die „Kerntemperatur" durch den Regelmechanismus besonders gut konstant gehalten wird, bei Fieber ist jedoch die Kerntemperatur erhöht. Entzündliche Prozesse können auch zu lokal erhöhter Temperatur führen.

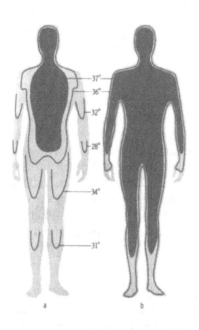

Fig. 8.8
Temperaturverteilung im menschlichen Körper bei
zwei verschiedenen Umgebungstemperaturen (nach
Aschoff und Wever)

8.3 Stoffe bei Änderung der Temperatur (Thermische Zustandsgleichung)

8.3.1 Feste Stoffe

Die Länge eines Stabes hängt von der Temperatur ab. Bei kleinen Änderungen der Temperatur ist die Längen*änderung* Δl proportional zur Temperaturdifferenz $\Delta \vartheta$ und zur ursprünglichen Länge. Die Länge bei der Ausgangstemperatur $\vartheta_0 = 0\,°C$ sei l_0, so daß $\Delta l = l - l_0 = \alpha l_0 \cdot \Delta \vartheta = \alpha l_0 (\vartheta - \vartheta_0) = \alpha l_0 \vartheta$. Es folgt daraus eine lineare Abhängigkeit der Länge von der Temperatur,

$$l = l_0 (1 + \alpha \vartheta). \tag{8.11}$$

Der *lineare, thermische Ausdehnungskoeffizient* α hat die Einheit $1/K = K^{-1}$, weil Temperaturdifferenzen stets in Kelvin auszudrücken sind und die Celsiustemperatur ϑ hier als Temperaturdifferenz zu $0\,°C$ aufzufassen ist. – Bei der Mehrzahl der festen Körper vergrößern sich bei Erwärmung alle Seiten in gleicher Weise, so daß man eine Volumenänderung $\Delta V = V - V_0$ erhält, die in erster Näherung wieder proportional zur Temperaturdifferenz ist. Es folgt daraus die lineare Abhängigkeit des Volumens von der Temperatur

$$V = V_0 (1 + \beta \vartheta), \tag{8.12}$$

mit dem *räumlichen, thermischen Ausdehnungskoeffizienten* $\beta = 3\,\alpha$. – Wir haben hier den *Zustand* des festen Körpers durch Volumen und Temperatur gekennzeichnet. Ihr

Tab. 8.1 Thermischer Ausdehnungskoeffizient einiger fester und flüssiger Stoffe

feste Stoffe, linearer Ausdehnungskoeffizient α/K^{-1}

Kupfer	$16,8 \cdot 10^{-6}$	Dentalmaterial	
Eisen	$12,2 \cdot 10^{-6}$	Zahnsubstanz	$11,4 \cdot 10^{-6}$
Thüringer Glas	$8,5 \cdot 10^{-6}$	Silikatzement	$7,6 \cdot 10^{-6}$
Pyrex-Glas	$3,2 \cdot 10^{-6}$	Dentalamalgam	$25,0 \cdot 10^{-6}$
Invar-Stahl	$1,5 \cdot 10^{-6}$	Porzellan	$4,1 \cdot 10^{-6}$
Quarz-Glas	$0,45 \cdot 10^{-6}$	Polymethylmethacrylat	$81,0 \cdot 10^{-6}$
Edelstahl WSt Nr. 4571	$16,5 \cdot 10^{-6}$		
WSt Nr. 4541	$16,0 \cdot 10^{-6}$		

flüssige Stoffe und Eis, räumlicher Ausdehnungskoeffizient β/K^{-1}

Äthylalkohol	$1100 \cdot 10^{-6}$	⎫
Quecksilber	$182 \cdot 10^{-6}$	⎬ bei 20 °C
Wasser	$207 \cdot 10^{-6}$	⎭
Eis	$230 \cdot 10^{-6}$	(-5 °C bis 0 °C)

Zusammenhang ist die *Zustandsgleichung* (8.12), hier bei konstantem Druck (z.B. 1 bar).

In Tab. 8.1 sind Daten für einige feste und flüssige Stoffe zusammengestellt. Sie zeigen, daß Quarz den geringsten Ausdehnungskoeffizienten besitzt, gefolgt von Invar-Stahl. Wenn es auf besondere Unabhängigkeit der Form von Werkstücken von der Temperatur ankommt, hat man also Quarz (Nichtleiter) oder Invar-Stahl (Leiter) zu verwenden. Im Kontakt mit dem menschlichen Körper ist die thermische Ausdehnung der Stoffe von geringer Bedeutung, allenfalls in der Zahntechnik können durch die Temperatur der Speisen größere Temperaturunterschiede auftreten. Überraschend sind insoweit die großen Unterschiede der Ausdehnungskoeffizienten bei Dentalmaterial. Wir besprechen hier nur wenige Einzelheiten.

a) Die thermische Dehnung der festen Stoffe ist zwar gering, jedoch kann sie sehr große Kräfte auslösen, wenn man sie auf mechanische Weise verhindern will. Erhitzt man etwa einen Eisenstab und spannt ihn in ein festes Gestänge ein, so werden die Haltebolzen beim Abkühlen, wenn sie nicht sehr kräftig ausgebildet sind, gesprengt. Verhindert man die freie Ausdehnung oder Kontraktion, dann treten im Material große innere Spannungen auf.

b) Innere Spannungen treten auch auf, wenn man Materialien mit verschiedenen thermischen Ausdehnungskoeffizienten fest miteinander verbindet und einer Temperaturveränderung aussetzt. Dieser Vorgang kann auch technisch ausgenutzt werden: man walzt zwei Metalle mit verschiedenem Ausdehnungskoeffizienten aufeinander (Bimetall-Streifen) und erhält ein Thermometer, das verschiedene Temperaturänderungen durch Krümmungsänderung des Streifens anzeigt. Die auftretenden Kräfte sind genügend groß, um die Biegung des Streifens zur direkten Betätigung von Schaltern zu verwenden (Fig. 8.9).

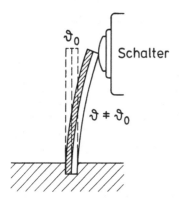

Fig. 8.9
Mit einem Bimetall-Thermometer können Schalt-
vorgänge ausgelöst werden

c) Auch innerhalb einheitlicher Stoffe führen große Temperaturunterschiede zu großen inneren Spannungen und damit evtl. zum Bruch eines Werkstückes. Ein bekanntes Beispiel ist Glas, das man weder rasch erwärmen noch abkühlen darf. Wegen der schlechten Wärmleitung des Materials können sich das Innere und Äußere auf stark verschiedenen Temperaturen befinden, und dann kommt es zum Bruch. Dagegen darf man selbst rotglühendes Quarzglas mit Wasser abschrecken, ohne es zu zerstören.

d) Dehnt man einen Metalldraht und erwärmt ihn dann bei fester Länge, so kann währenddessen die Zugspannung vermindert werden, weil sich der Draht thermisch verlängert. Ganz anders liegen die Verhältnisse bei Gummi und vielen gummielastischen Stoffen: dehnt man sie und erwärmt sie dann bei *fester* Länge, so muß man die Zugspannung *erhöhen*, s. Fig. 8.10. Anders ausgedrückt: belastet man den gummielastischen Stoff mit einer festen Zugspannung und erwärmt ihn, so *verkürzt* er sich. Das abweichende Verhalten von dem der anderen festen Stoffe hat seine Ursache in der andersartigen Struktur. Die gummielastischen Stoffe enthalten lange Molekülketten, die wegen der leichten Drehbarkeit bestimmter atomarer Bindungen stark verknäuelt sind: diese Struktur ist viel wahrscheinlicher als die gestreckte, das

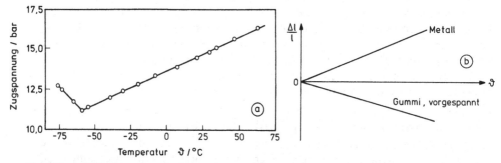

Fig. 8.10 a) Vulkanisierter, auf die dreifache Ursprungslänge gestreckter Gummi entwickelt eine Zugspannung die oberhalb von $\vartheta = -60\,°C$ proportional zur Temperatur *steigt* (unterhalb dieser Temperatur besteht „normales" Verhalten).
b) Vergleich der thermischen Ausdehnung (relative Längenänderung $\Delta l/l$) für ein Metall und für vorgespannten Gummi

Phänomen hat also nichts zu tun mit Dehnung gegen die atomaren Kräfte. Wird nun der Stoff gedehnt, so werden die Molekülketten gestreckt und sie versuchen, sich bei erhöhter Temperatur wieder in den verknäuelten Zustand zu begeben. – Ganz ähnlich verhält sich auch Muskelgewebe, das ebenfalls einen negativen thermischen Ausdehnungskoeffizienten hat.

8.3.2 Flüssigkeiten

Wie aus Tab. 8.1 hervorgeht, ist der thermische Volumenausdehnungskoeffizient der Flüssigkeiten sehr viel größer als der der festen Stoffe. Außerdem findet man, daß schon bei kleinen Temperaturänderungen die Ausdehnung häufig nicht mehr linear (entsprechend Gl. (8.12)) verläuft. Dementsprechend muß für das Volumen als Funktion der Temperatur geschrieben werden

$$V = V_0(1 + \beta \vartheta + \gamma \vartheta^2 + \ldots), \tag{8.13}$$

wobei das Maß für die Nicht-Linearität durch das Verhältnis von γ zu β bestimmt ist. Auf diese Nicht-Linearität wurde schon beim Vergleich des Alkohol- mit dem Quecksilber-Thermometer hingewiesen. Im übrigen ist die Linearität der Celsius-Skala gerade dadurch zustande gekommen, daß das quadratische und die höheren Glieder in Gl. (8.13) für Hg willkürlich gleich Null gesetzt worden sind. – Besonders sorgfältig ist die thermische Ausdehnung von *Wasser* untersucht worden, weil es an den Vorgängen in der Natur entscheidend beteiligt ist. Der Befund ist, daß Wasser sich im Bereich von 0 °C bis 4 °C kontrahiert und sich erst bei weiterer Temperaturerhöhung wieder „normal" verhält, d.h. ausdehnt. Wasser hat also bei 4 °C seine größte Dichte, anders ausgedrückt: sein spezifisches Volumen $V_s = 1/\varrho$ durchläuft bei 4 °C ein Minimum, s. Fig. 8.11. Das „anomale" Verhalten des Wassers bewirkt in offenen Gewässern eine Umschichtung derart, daß bei fortschreitender Abkühlung Wasser mit der größten Dichte ($\vartheta = 4$ °C) nach unten sinkt und Wasser von $\vartheta = 0$ °C, das ja die kleinere Dichte hat, zuerst an der Oberfläche auftritt.

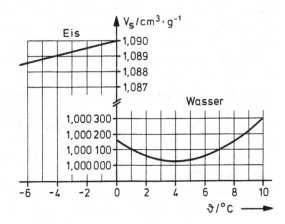

Fig. 8.11
Spezifisches Volumen $V_s = 1/\varrho$ (reziproke Dichte) von Wasser und Eis in Abhängigkeit von der Temperatur

Bei dem Versuch, Wasser auf tiefere Temperaturen als 0 °C abzukühlen, beobachtet man bei $\vartheta = 0$ °C, daß das Wasser gefriert, d.h. es geht vom flüssigen in den festen Aggregatzustand über. Dabei vergrößert sich das spezifische Volumen um etwa 10 % (die Dichte sinkt um 10 %), s. Fig. 8.11. Das ist eine beträchtliche Volumenzunahme. Bei weiterer Abkühlung wird wieder Zusammenziehung beobachtet, jedoch wird selbst bei einer Abkühlung um 100 °C der bei 0 °C aufgetretene Volumensprung nicht wieder wettgemacht. Wasserhaltiges Gewebe wird damit beim Gefrieren beträchtlichen inneren Spannungen ausgesetzt. Für offene Gewässer bedeuten der Dichtesprung, daß Eis an der Oberfläche schwimmt, die Anomalie, daß Gewässer von oben her zufrieren.

8.3.3 Gase

Anders als bei festen und flüssigen Stoffen muß bei den Gasen zur Beschreibung des (thermischen) Zustandes stets ein Satz von *drei Zustandsgrößen* angegeben werden, nämlich *Volumen V, Druck p, Temperatur T*, also Größen, die einfach meßbar sind. Es wurde schon dargelegt (Abschn. 5.4), daß die Gasmoleküle wegen ihrer dauernden thermischen Bewegung jedes zur Verfügung stehende Volumen einnehmen. Sie üben aufeinander in der Regel geringe anziehende Kräfte aus – die elektrischer Natur sind (Abschn. 7.3.5.4) –, welche die Voraussetzung zur Verflüssigung der Gase sind. Solange wir den eigentlichen Gaszustand beschreiben, können wir bei den üblichen Gasen (Atemluft, Wasserdampf in der Atemluft, Edelgase, und andere) von den anziehenden Kräften der Moleküle absehen und besprechen damit die sogenannten *idealen Gase*. Ihre Moleküle bewegen sich im Volumen völlig frei auf geradlinigen (im Schwerefeld parabelförmigen) Bahnen, abgesehen von den Zusammenstößen untereinander und mit den Wänden, wobei dann stark abstoßende Kräfte kurzzeitig wirksam sind.

Zunächst definieren wir den *Normzustand* eines Gases (oder anderen Stoffes) durch

Normtemperatur $T_n = 273{,}15$ K, $\vartheta_n = 0$ °C,

Normdruck $p_n = 1{,}01325$ bar. $\hspace{4cm}$ (8.14)

Diese Zustandsdaten wurden früher auch Standardbedingungen genannt, eine Bezeichnung, die sich im Zusammenhang mit den sogenannten STPD-Bedingungen (standard temperature and pressure, dry) noch erhalten hat (Abschn. 8.3.4). Ausgehend von irgendeinem Zustand V, p, T können mit einem Gas verschiedene Zustandsänderungen ausgeführt werden:

1. *isobare Temperaturerhöhung*, d.h. Erwärmung unter Festhalten des Druckes (ein gasgefüllter Zylinder mit beweglichem, mit einer festen Belastung versehenen Stempel). Dabei mißt man die thermische Volumenausdehnung bei konstantem Druck, d.h. die Größe β in Gl. (8.12): das Volumen ist eine lineare Funktion der Temperatur. Das Ergebnis einer Messung ist der isobare thermische Volumenausdehnungskoeffizient β.

2. *isochore Temperaturerhöhung*, d.h. Temperaturerhöhung unter Fixierung des Volumens (Einschluß des Gases in eine Stahlflasche) und Messung des Gasdrucks als

Funktion der Temperatur. Man findet, daß der Gasdruck eine lineare Funktion der Temperatur ist, die Druckerhöhung ist proportional zur Temperaturerhöhung. Es wird der isochore thermische Spannungskoeffizient β' des Gases gemessen.

3. Eine dritte Zustandsänderung haben wir schon in Abschn. 6.5.1 besprochen, die *isotherme Kompression*, bei der sich das Produkt aus Druck p und Volumen V als konstant erweist. Druckerhöhung führt zur Volumenverkleinerung, Druckverminderung zur Volumenvergrößerung. Alle drei Zustandsänderungen zusammen lassen sich durch eine einfache Beziehung beschreiben,daß nämlich das Produkt

$p \cdot V$ proportional zur thermodynamischen Temperatur T

ist. Wir haben dabei stillschweigend vorausgesetzt, daß die Gasmenge, d.h. die Masse oder Stoffmenge bei allen drei Zustandsänderungen konstant gelassen wird. Wird jedoch bei festem Volumen die Gasmenge vermehrt, so steigt der Druck an, und soll etwa bei konstantem Druck die Gasmenge vermehrt werden, so muß das Volumen entsprechend vergrößert werden. Allgemein gilt damit die *Zustandsgleichung der idealen Gase* in der Form

$$p V = v R T = \frac{m}{M_{\text{molar}}} R T, \tag{8.15a}$$

$$\text{oder} \quad p \frac{V}{v} = p V_{\text{molar}} = R T, \tag{8.15b}$$

oder auch

$$p = \varrho \, \frac{R T}{M_{\text{molar}}}, \tag{8.15c}$$

wobei v die Stoffmenge (Abschn. 5.5.1), m die Masse und M_{molar} die molare Masse (Gl. (5.14)) des Gases bezeichnen. Die Konstante R kann allenfalls noch von der Gasart abhängen, was bedeuten würde, daß auch das Normvolumen von 1 mol eines Gases von der Gasart abhinge. Das trifft aber nicht zu, wie die Messungen an den genähert idealen Gasen gezeigt haben: die *idealen* Gase haben alle im Normzustand das gleiche *molare Normvolumen*

$$V_{\text{molar,n}} = 22{,}414 \, \frac{\text{dm}^3}{\text{mol}} = 22{,}414 \cdot 10^{-3} \, \frac{\text{m}^3}{\text{mol}}. \tag{8.16}$$

Durch Eintragen der Daten des Normzustandes in die Gl. (8.15b) finden wir die (universelle) *allgemeine Gaskonstante*

$$R = \frac{p_{\text{n}} \cdot V_{\text{molar,n}}}{T_{\text{n}}} = \frac{1{,}01325 \, \text{bar} \cdot 22{,}414 \cdot 10^{-3} \, \text{m}^3 \, \text{mol}^{-1}}{273{,}15 \, \text{K}} = 8{,}31 \, \frac{\text{J}}{\text{mol K}}. \tag{8.17}$$

Dividiert man in Gl. (8.15a) das Produkt $p \cdot V$ durch die Temperatur T, so ergibt sich ein nur von der Gasmenge und der universellen Gaskonstante bestimmter Wert, und wird die Gasmenge festgehalten, so gilt für einen beliebigen Prozeß, mit dem man von p, V, T nach p', V', T' gelangt

$$\frac{p \cdot V}{T} = \frac{p' \cdot V'}{T'}. \tag{8.18}$$

Das ist eine andere Formulierung der Zustandsgleichung der idealen Gase. Aus ihr gewinnen wir die Beziehungen für die einfachen bei der Herleitung besprochenen Zustandsänderungen:

1. *Isobare Erwärmung*. Hier ist $p = $ const, also $p = p'$ in Gl. (8.18) zu setzen. Es folgt

$$\frac{V}{T} = \frac{V'}{T'}. \tag{8.19a}$$

Bei Auswahl bestimmter Anfangswerte V' und T' (und damit auch des Druckes), ist also das Volumen V proportional zur thermodynamischen Temperatur T; das ist in Fig. 8.12a wiedergegeben. Beginnt man bei $T' = T_n = 273,15\,\text{K}$ ($\vartheta' = 0\,^\circ\text{C}$) mit dem zugehörigen Volumen $V' = V_0$, so ist nach Gl. (8.19a)

$$\frac{V}{T} = \frac{V_0}{273,15\,\text{K}}, \qquad V = V_0 \frac{273,15\,\text{K} + \vartheta}{273,15\,\text{K}}$$

oder $\quad V = V_0 \left(1 + \frac{\vartheta}{273,15\,\text{K}} \right) = V_0 (1 + \beta\,\vartheta). \tag{8.19b}$

Der thermische Volumenausdehnungskoeffizient der idealen Gase ist infolgedessen $\beta = (1/273,15)\,\text{K}^{-1}$.

Verglichen mit den festen und den flüssigen Stoffen ist die thermische Volumenvergrößerung der Gase bei konstantem Druck wesentlich größer, nämlich nach Gl. (8.19b) $\beta = 3661 \cdot 10^{-6}\,\text{K}^{-1}$. Vergleiche damit die Werte in Tab. 8.1.

2. *Isochore Erwärmung*. Hier ist das Volumen konstant, also $V = V'$ in Gl. (8.18) einzusetzen. Es folgt

$$\frac{p}{T} = \frac{p'}{T'}. \tag{8.20a}$$

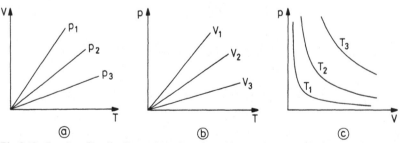

Fig. 8.12 Graphen für die Zustandsgrößen eines idealen Gases: a) isobare, b) isochore, c) isotherme Zustandsänderungen: $p_1 < p_2 < p_3$, $V_1 < V_2 < V_3$, $T_1 < T_2 < T_3$

Bei Auswahl bestimmter Anfangswerte des Druckes (p') und der Temperatur (T') ist der Druck p proportional zur thermodynamischen Temperatur T; Fig. 8.12b enthält ein Bild solcher Zustandsänderungen. – Beginnt man wieder bei $T' = T_n = 273,15\,\mathrm{K}$ ($\vartheta' = 0\,°\mathrm{C}$), wozu der Druck $p' = p_0$ gehören möge, so folgt aus Gl. (8.20a)

$$\frac{p}{T} = \frac{p_0}{273,15\,\mathrm{K}}, \qquad p = p_0 \frac{273,15\,\mathrm{K} + \vartheta}{273,15\,\mathrm{K}}$$

und $\quad p = p_0 \left(1 + \frac{\vartheta}{273,15\,\mathrm{K}} \right) = p_0 (1 + \beta' \vartheta),$ \hfill (8.20b)

wobei sich der „thermische Spannungskoeffizient" β' ergibt, der bei den idealen Gasen exakt gleich dem thermischen Ausdehnungskoeffizienten ist: $\beta' = (1/273,15)\,\mathrm{K}^{-1} = \beta$. Diese Gleichheit trifft bei den realen Gasen nicht zu.

3. *Isotherme Zustandsänderung.* Hier ist die Temperatur T konstant, in Gl. (8.18) ist $T = T'$ zu setzen. Es entsteht

$$p V = p' V' = \mathrm{const} \hfill (8.21)$$

Dies ist das Gesetz von Boyle und Mariotte; es ist in Fig. 8.12c dargestellt.
Nach Kenntnis der Zustandsgleichung der idealen Gase können wir den Zusammenhang zwischen ungerichteter, *thermischer Energie* und der *Temperatur* für die idealen Gase angeben. Einerseits ist nach Gl. (8.15b) $p\,V_{\mathrm{molar}} = R\,T$, andererseits ist nach Gl. (8.7) $p \cdot V_{\mathrm{molar}} = \frac{2}{3} W_{\mathrm{molar}}$, und schließlich kennen wir auch einen Ausdruck für W in kinetischer Deutung, Gl. (8.4). Alles zusammengenommen ergibt sich

$$W_{\mathrm{molar}} = \frac{3}{2} R\,T = N_A \frac{1}{2} m v^2 . \hfill (8.22)$$

Die ungeordnete, thermische Energie der idealen Gase ist proportional zur thermodynamischen Temperatur, und sie ist gleich der Anzahl der Moleküle multipliziert mit der mittleren kinetischen Energie eines Moleküls. Diese können wir damit aus Gl. (8.22) berechnen und finden

$$\frac{1}{2} \overline{m v^2} = \frac{3}{2} \frac{R}{N_A} T = \frac{3}{2} k T . \hfill (8.23)$$

Wir haben hier anstelle der beiden universellen Konstanten R und N_A eine weitere Konstante eingeführt, die *Boltzmann-Konstante*,

$$k \overset{\mathrm{def}}{=} \frac{R}{N_A} = 1,38 \cdot 10^{-23}\,\mathrm{J\,K}^{-1} . \hfill (8.23a)$$

Als Grund für die Proportionalität zwischen molarer thermischer Energie und der Temperatur T ergibt sich also, daß die mittlere kinetische Energie eines Moleküls proportional zur Temperatur T ist.

Unter Einführung der Boltzmann-Konstante kann man die Zustandsgleichung (8.15) wie folgt umformen:

$$p = \frac{v}{V}\, RT = \frac{N}{N_A}\, \frac{1}{V}\, RT = \frac{N}{V}\, \frac{R}{N_A}\, T = n\, k\, T. \tag{8.24}$$

Hier ist n die Teilchenanzahldichte: der Gasdruck ist proportional zur Teilchenanzahldichte und zur Temperatur.

Beispiel 8.1 Eine Hochdruck-Sauerstoff-Flasche mit einem Fülldruck $p = 200$ bar wird bei der Temperatur $\vartheta = 20\,°C$ angeliefert und bleibt versehentlich in der prallen Sonne stehen, wodurch die Temperatur der Stahlflasche auf $\vartheta' = 60\,°C$ ansteigt. Unter welchem Druck steht dann das Gas? Wir benutzen die Gleichung (8.20a) für die isochore Erwärmung. Sie erfolgt von $\vartheta = 20\,°C$, d.h. $T = 293\,K$, auf $\vartheta' = 60\,°C$, d.h. $T' = 333\,K$. Daraus ergibt sich der erhöhte Druck

$$p' = p\, \frac{T'}{T} = 200\, \text{bar}\, \frac{333\,\text{K}}{293\,\text{K}} = 227,3\,\text{bar}.$$

Er ist um $13,6\,\%$ höher als der Fülldruck. Für solche Zwischenfälle muß ausreichende Festigkeit der Stahlflasche vorgesehen sein (Prüfdruck 300 bar).

Beispiel 8.2 Man gebe die Sauerstoffmenge in der Gasflasche nach Beispiel 8.1 an, wenn ihr Volumen $V = 50\,l$ ist. Aus der Zustandsgleichung (8.15a) erhalten wir für die Stoffmenge

$$v_{O_2} = \frac{pV}{RT} = 200 \cdot 10^5\, \frac{\text{N}}{\text{m}^2} \cdot 50 \cdot 10^{-3}\, \text{m}^3 \Big/ 8,3\, \frac{\text{J}}{\text{mol K}} \cdot 293\,\text{K} = 411,2\,\text{mol}.$$

Die molare Masse von Sauerstoff ist $M_{molar} = 32\,\text{g mol}^{-1}$, und daher ist die Masse des Sauerstoffgases $m = v \cdot M_{molar} = 13\,\text{kg}$. Verglichen mit dem Gewicht einer solchen Stahlflasche (rund 65 kg) ist das Gewicht des Gasinhaltes also klein.

Beispiel 8.3 Der Sauerstoff einer Hochdruck-Gasflasche wird für alle Anwendungen mit Hilfe von Reduzierventilen auf einen wesentlich niedrigeren Druck gebracht, z.B. auf den gerade herrschenden Luftdruck von $p' = 0,987$ bar $\cong 740\,\text{mm Hg}$ (atmosphärisches TIEF am Verwendungsort). Unter diesen Bedingungen – und mit der konstanten Temperatur $\vartheta = \vartheta' = 20\,°C$ – erhält man bei der Entspannung des Gases ein Volumen, das man aus Gl. (8.21) errechnet:

$$V'\,(p' = 0,987\,\text{bar}) = V\,(p = 200\,\text{bar}) \cdot \frac{p}{p'} = 50 \cdot 10^{-3}\,\text{m}^3 \cdot \frac{200\,\text{bar}}{0,987\,\text{bar}}$$
$$= 10,13\,\text{m}^3 = 10130\,l.$$

Die *realen Gase* (d.h. *alle* Gase) weichen in ihrem Verhalten von dem durch Gl. (8.15) beschriebenen mehr oder weniger stark ab. Bei geringer Dichte (großer Abstand der Moleküle voneinander, also geringe Beeinflussung durch die anziehenden Molekülkräfte) können die Abweichungen meist vernachlässigt werden. Es gibt Zustandsgleichungen für die realen Gase, sie haben aber immer nur einen begrenzten Gültigkeitsbereich. Eine dieser Zustandsgleichungen ist die *van der Waalssche Zustandsgleichung*. Sie berücksichtigt die anziehenden Molekülkräfte in Form einer

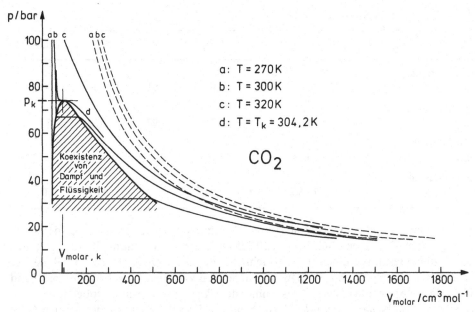

Fig. 8.13 Isothermen von CO_2. Die gestrichelt gezeichneten Kurven sind Isothermen eines idealen Gases. Index k: kritische Zustandsgrößen

Druckkorrektur, und das Eigenvolumen der Moleküle in Form einer Volumenkorrektur. – Fig. 8.13 enthält für das Gas CO_2 einige Isothermen und gleichzeitig die Isothermen, die sich ergeben würden, wäre CO_2 ein ideales Gas. Die Abweichungen sind relativ groß. Interessant ist, daß für Wasserdampf im Bereich der Siedetemperatur die Abweichungen deutlich geringer sind.

8.3.4 Gasgemische

Die für die Medizin wichtigsten Gasgemische sind die normale Atemluft und die Atemluft mit medizinisch wichtigen Zusätzen (Narkosegas, Pharmazeutika). In Abschn. 5.5.3 haben wir bereits zusammengestellt, durch welche Angaben über die *Komponenten einer Mischung* diese charakterisiert wird: die *Anteile* der Komponenten oder ihre *Konzentrationen*. Z.B. ist der *Massenanteil* einer Komponente der Quotient aus Teilmasse und Gesamtmasse, die *Konzentration* der Quotient aus Teilmasse und Gesamtvolumen.

Tab. 8.2 enthält Angaben über die Volumen- und Massenanteile der Komponenten der Luft. In der normalen Atemluft ist auch noch ein variabler Wasserdampfanteil enthalten (über Luftfeuchtigkeit s. Abschn. 8.10.3). Demgegenüber enthält Tab. 8.2 die Daten für Luft der STPD-Bedingungen: standard temperature and pressure, dry, wobei Temperatur und Druck die Normdaten nach Gl. (8.14) sind.

Tab. 8.2 Zusammensetzung der trockenen Luft

Gas		N_2	O_2	CO_2	Ar	Rest	Summe
Volumenanteil in %	φ_i	78,1	20,9	0,03	0,93	0,04	100
Partialdruck in mm Hg	p_i	593,6	158,8	0,228	7,07	0,30	760
Partialdruck in bar	p_i	0,791	0,212	$3 \cdot 10^{-4}$	$9,4 \cdot 10^{-3}$	$4 \cdot 10^{-4}$	1,013
Massenanteil in %	w_i	75,56	23,1	0,045	1,28	0,02	100

Den Volumenanteil veranschaulicht Fig. 8.14: man denkt sich jede Komponente auf den gleichen Druck gebracht ($p = 1{,}01325$ bar), die Teilvolumina V_i addieren sich dann zum Gesamtvolumen V. Tatsächlich bewegen sich aber die Moleküle der Komponenten im ganzen zur Verfügung stehenden Volumen V, und dementsprechend übt jede Komponente einen ihr zukommenden *Partialdruck* p_i aus, wobei die *Summe der Partialdrücke der Gesamtdruck ist,* $\sum p_i = p$. Der Partialdruck der idealen Gase (bei denen sich die Moleküle nicht durch Kräfte beeinflussen) folgt aus Gl. (8.24) zu

$$p_i = n_i k T, \tag{8.25}$$

wobei n_i die Anzahldichte der Komponente i ist. Der Zusammenhang von Volumenanteil und Partialdruck ergibt sich nun daraus, daß man jede Komponente (Fig. 8.14) sich vom Volumen V_i auf das Volumen V ausdehnen läßt, wobei der Druck sich von p auf p_i vermindert. Die Temperatur soll dabei natürlich nicht verändert werden, und damit gilt

$$p V_i = p_i V, \tag{8.26}$$

$$\text{oder} \quad \frac{p_i}{p} = \frac{V_i}{V} = \varphi_i. \tag{8.27}$$

Die erste Zeile der Daten in Tab. 8.2 gibt also gleichzeitig das Verhältnis von Partialdruck zu Gesamtdruck an, und so lassen sich die Daten der Zeilen 2 und 3 leicht berechnen.

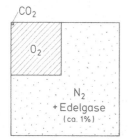
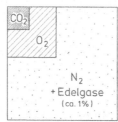

Fig. 8.14
Zusammensetzung der trockenen Atemluft.
Links: Einatmung, rechts: Ausatmung

Zur Berechnung der *Massenanteile*, Zeile 4 in Tab. 8.2 gehen wir auf die Definitionsgleichung zurück, $w_i = m_i / \sum m_i$. Es gilt die folgende Beziehung (mit „Masse gleich
Stoffmenge mal molare Masse")

$$
\begin{aligned}
\frac{m_i}{m} &= \frac{v_i M_{molar}(i)}{v_1 M_{molar}(1) + v_2 M_{molar}(2) + \ldots + v_n M_{molar}(n)} \\
&= \frac{V_i M_{molar}(i)}{V_1 M_{molar}(1) + V_2 M_{molar}(2) + \ldots + V_n M_{molar}(n)},
\end{aligned}
\tag{8.28}
$$

weil $V_i = v_i RT/p$ und p der gemeinsame Druck p aller Komponenten ist, für den das
Partialvolumen V_i definiert wurde. Dividiert man dann Zähler und Nenner von Gl.
(8.28) durch das Gesamtvolumen V, so bleibt die Beziehung für die Massenanteile

$$
w_i = \frac{m_i}{m} = \frac{\varphi_i M_{molar}(i)}{\varphi_1 M_{molar}(1) + \varphi_2 M_{molar}(2) + \ldots + \varphi_n M_{molar}(n)}.
\tag{8.29}
$$

Mit diesem Ausdruck wurden die Massenanteile von Tab. 8.2 berechnet, und für die
molaren Massen wurden ganzzahlige Werte eingesetzt (z. B. $M_{molar}(CO_2) = 44\,g/mol$).

Beispiel 8.4 Umrechnung eines Luftvolumens auf Normbedingungen. Es sei ein Atemvolumen
$V = 1{,}6\,l$ bei der Temperatur $\vartheta = 25\,°C$ $(T = 298\,K)$ und beim Druck $p = 937\,mbar$
$\hat{=} 712\,mm\,Hg$ gemessen worden. Die Normbedingungen sind nach Gl. (8.14) $p' = p_n$
$= 1013\,mbar$ und $\vartheta' = 0\,°C$, $T' = T_n = 273{,}15\,K$. Aus Gl. (8.18) folgt

$$
V' = V(T_n, p_n) = \frac{p \cdot V}{T} \frac{T'}{p'} = V(T,p) \frac{T_n}{T} \frac{p}{p_n} = 1{,}6\,l \frac{273\,K}{298\,K} \frac{937\,mbar}{1013\,mbar} = 1{,}36\,l
$$

Beispiel 8.5 Zur Herstellung eines Narkosegases werde ein leichtflüchtiges Anästhetikum mit
Luft gemischt. Gefordert sei ein 2%iges Ēthrane-Luft-Gemisch (Ēthrane ist ein modernes
Narkosemittel; chemische Formel CHF_2–O–CF_2CHFCl, relative Molekülmasse $M_r = 184{,}5$,
also molare Masse $M_{molar} = 184{,}5\,g\,mol^{-1}$). Die Angabe 2%ig bezieht sich stets (wenn nicht
anders angegeben) auf den Volumenanteil, $\varphi_E = 0{,}02$, so daß der Luft-Volumenanteil $\varphi_L = 0{,}98$
ist. Wir wollen die Ēthrane-Masse bestimmen, die vollständig verdampft werden muß. Der
Massenanteil im Gasgemisch folgt aus Gl. (8.29)

$$
w_E = \frac{m_E}{m_E + m_L} = \frac{\varphi_E M_{molar,E}}{\varphi_E M_{molar,E} + \varphi_L M_{molar,L}}
$$

oder

$$
w_E = \frac{1}{1 + \dfrac{m_L}{m_E}} = \frac{1}{1 + \dfrac{\varphi_L M_{molar,L}}{\varphi_E M_{molar,E}}},
$$

und daraus folgt

$$
\frac{m_E}{m_L} = \frac{\varphi_E M_{molar,E}}{\varphi_L M_{molar,L}}.
\tag{8.29a}
$$

Luft ist zwar kein einheitlicher Stoff und ihre Zusammensetzung kann wegen des variablen
Wasserdampfgehaltes schwanken, jedoch kann man für die molare Masse den Mittelwert
$M_{molar,L} = 29\,g\,mol^{-1}$ angeben. Wir legen ein Volumen der Luft $V_L = 10\,l$ bei $p = 1\,bar$ und

bei der Temperatur $\vartheta = 20\,°C$ zugrunde. Dieses Luftvolumen entspricht einer Luftmasse, die wir der Einfachheit halber unter der Annahme berechnen, daß Luft ein ideales Gas ist. Dann folgt aus Gl. (8.15a) für die Stoffmenge der Luft

$$v_L = \frac{pV}{RT} = \frac{10^5\,N\,m^{-2} \cdot 10 \cdot 10^{-3}\,m^3}{8,31\,J\,mol^{-1}\,K^{-1}\,293,15\,K} = 0,41\,mol,$$

und die zugehörige Luftmasse ist $m_L = 29\,g\,mol^{-1} \cdot 0,41\,mol = 11,9\,g$. Damit können wir mittels Gl. (8.29a) die Masse berechnen, die vollständig verdampft werden muß,

$$m_E = 11,9\,g\,\frac{0,02 \cdot 184,5\,g\,mol^{-1}}{0,98 \cdot 29\,g\,mol^{-1}} = 1,54\,g.$$

Die Dichte von flüssigem Ēthrane ist $\varrho = 1,52\,g\,cm^{-3}$, so daß sich für das zu verdampfende Volumen flüssigen Ēthranes $V_{fl,E} = 1,54\,g/1,52\,g\,cm^{-3} = 1,01\,cm^3 = 1,01\,ml$ ergibt. – Wir prüfen, ob damit wirklich ein Gasgemisch mit dem Volumenanteil $\varphi_E = 2\,\%$ hergestellt wird: Wir verdampfen das Flüssigkeitsvolumen $V_{fl,E} = 1,01\,cm^3$ vollständig in das die Luft enthaltende Gefäß vom Volumen $V = 10\,l$ hinein. Der Druck im Gefäß ($p_L = 1\,bar$) muß dabei ansteigen, weil zu den Luftmolekülen die Ēthrane-Moleküle hinzukommen (s. Gl. (8.24): vorher $p_L = n_L\,k\,T$, nachher $p = (n_L + n_E)\,k\,T$). Wir nehmen an, daß wir den Ēthrane-Dampf als ideales Gas behandeln dürfen. Dann können wir seinen (Partial-)Druck aus der Zustandsgleichung (8.15a) berechnen,

$$p_E = \frac{1}{V}\,\frac{m_E}{M_{molar,E}}\,RT = \frac{1}{10 \cdot 10^{-3}\,m^3}\,\frac{1,54\,g}{184,5\,g\,mol^{-1}} \cdot 8,31\,\frac{J}{mol\,K}\,293,15\,K$$

$$= 2034\,N\,m^{-2} = 2,034 \cdot 10^{-2}\,bar.$$

Der Partialdruck der Luft ist $p_L = 1\,bar$, und damit ist nach Verdampfung des Narkosemittels der Gesamtdruck $p = p_E + p_L = 1,02\,bar$. Daraus folgt für den Volumenanteil, der nach Gl. (8.27) gleich dem Verhältnis von Partialdruck zu Gesamtdruck ist

$$\varphi_E = \frac{2,034 \cdot 10^{-2}\,bar}{1,02\,bar} = 1,99 \cdot 10^{-2} = 2\,\%,$$

die direkte Berechnung der notwendigen Ēthranemasse im ersten Teil des Beispiels war demnach korrekt.

8.4 Diffusion

8.4.1 Diffusion als kinetischer Vorgang

Die ungeordnete, thermische Bewegung der Moleküle eines Gases im zur Verfügung gestellten Raum bedeutet, daß ein Molekül im Laufe der Zeit jedes Volumenelement erreicht, wenn es auch eine gewisse Zeit dauert bis ein bestimmtes Volumenelement passiert wird. Der Grund dafür ist, daß die Moleküle miteinander (und mit den Wänden) zusammenstoßen und daher einen vielfach gewinkelten Weg zurücklegen. Ein Abbild der ungeordneten Bewegung kann an einem kleinen, im Mikroskop sichtbaren Teilchen beobachtet werden: das Teilchen führt eine unruhige Zitterbewegung aus und bewegt sich dabei langsam durch das Beobachtungsgebiet hindurch. Die Erscheinung wird *Brownsche Bewegung* genannt und beruht auf den Zusammenstößen der Umgebungsmoleküle mit dem beobachteten Teilchen.

Der vielfach gewinkelte, mit mehr oder weniger langen geradlinigen Stücken versehene Weg einer Molekel führt zu dem Begriff der *mittleren freien Weglänge* (m.f.W.). Sie ist der Mittelwert $\bar{l}$ der „freien Wege" l einer Molekel zwischen zwei aufeinanderfolgenden Zusammenstößen und ist durch zwei Größen bestimmt: *erstens* ist sie umso größer, je kleiner die Anzahl der Moleküle in der Volumeneinheit ist, und zwar ist sie umgekehrt proportional zur Molekül-Anzahldichte n und damit umgekehrt proportional zum Gasdruck p, denn nach Gl. (8.24) ist $p = n\,k\,T$. *Zweitens* ist die m.f.W. umso größer, je kleiner die Moleküle sind (punktförmige Moleküle stoßen nicht zusammen). Man drückt dies durch die Angabe eines Querschnittes aus, den die Moleküle voneinander als Stoßpartner „sehen". Dieser Querschnitt heißt *Wirkungsquerschnitt*, hier „für gaskinetische Stöße". Der Begriff erweist sich auch für andere molekulare Stoßprozesse als außerordentlich nützlich. Der gaskinetische Wirkungsquerschnitt ist von der Größenordnung $10^{-20}\,\text{m}^2$, weil der Moleküldurchmesser von der Größenordnung $10^{-10}\,\text{m}$ ist. – Die m.f.W. der Luftmoleküle beim Druck von $p = 1$ bar ist $\bar{l} \approx 6 \cdot 10^{-6}\,\text{cm}$. Vermindert man den Druck auf $p = 1\,\mu\text{bar}$, dann ist die m.f.W. 10^6mal größer, also $\bar{l} \approx 6\,\text{cm}$. In einem Kapillarrohr würden die Luftmoleküle sich dann ohne Zusammenstoß untereinander von Wand zu Wand frei bewegen können. Wasserstoff-Moleküle, die einen kleineren gaskinetischen Wirkungsquerschnitt besitzen, haben bei $p = 1$ bar etwa die doppelte m.f.W. wie Luftmoleküle beim gleichen Druck.

Werden in ein Gas Fremdmoleküle gebracht und zunächst an einer Stelle konzentriert (Fig. 8.15a), so teilt sich ihnen durch die Stöße der anderen Moleküle deren ungeordnete thermische Bewegung mit, und damit beginnen die Fremdmoleküle sich im ganzen Volumen auszubreiten (Fig. 8.15b). Schließlich durchdringen sich die Molekülsorten vollständig und sind gleichmäßig über das ganze Volumen verteilt (Fig. 8.15c). Der Vorgang der molekularen Durchdringung zweier Stoffe heißt *Diffusion*. Es handelt sich um einen kinetischen Vorgang, dessen Ursache nicht die Wirkung von Kräften, sondern die ungeordnete thermische Bewegung ist, wobei der zeitliche Ablauf durch die m.f.W. und die Molekülgeschwindigkeit bestimmt wird.

Die Diffusion führt dazu, daß die Teilchenanzahldichte n jeder Komponente eines Gases im zur Verfügung stehenden Raum an allen Punkten gleich wird: die Teilchenanzahldichte ist dann homogen (wir sehen hier von der Wirkung der

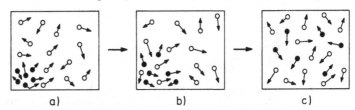

a)   b)   c)

Fig. 8.15 Fremdmoleküle verteilen sich durch Diffusion im ganzen Volumen gleichmäßig

Schwerkraft ab; vgl. Abschn. 9.1.6). Ist das noch nicht der Fall, so besteht z.B. in x-Richtung ein *Dichtegradient* (oder *Dichtegefälle*) dn/dx. Denkt man sich einen Querschnitt im Gas, so werden auf der einen und anderen Seite etwas voneinander verschiedene Teilchenanzahldichten vorhanden sein. Damit gehen durch den Querschnitt mehr Teilchen von der Seite höherer Dichte hindurch als von der anderen Seite: die Seite niedrigerer Dichte wird aufgefüllt. Ist dn/dx positiv, wächst also die Anzahldichte in x-Richtung, so erfolgt der Diffusionsstrom in die $-x$-Richtung. Das *1. Ficksche Gesetz der Diffusion* drückt dies wie folgt aus:

$$j = -D \frac{dn}{dx},$$
(8.30)

wobei j die Diffusions-Teilchenstromdichte ist (Anzahl der Teilchen, die als Überschuß-Strom in 1 Sekunde einen Querschnitt von $1\,m^2$ Fläche passiert; über Stromdichte s. auch Abschn. 9.1.1). Der *Diffusionskoeffizient* D kann für verschiedene Stoffkombinationen Tabellen entnommen werden; er wird meistens in der Einheit $cm^2\,s^{-1}$ angegeben. Das Herumwandern der Moleküle in einem einheitlichen Gas nennt man auch Selbstdiffusion. Wichtig ist, daß die Komponenten einer Gas-*mischung* ihrem *eigenen* Dichtegradienten dn_i/dx folgen und ihn durch einen Diffusionsstrom ausgleichen.

Fig. 8.16 enthält ein Modell für eine Demonstration der *Diffusion durch Wände*. Das Gefäß G und das Steigrohr sind anfänglich mit Luft gleichen Druckes gefüllt, der poröse Tonzylinder T trennt jedoch „innen" von „außen". Leitet man etwas Wasserstoffgas in G ein, so beobachtet man eine schnelle Entwicklung einer Wasserfontäne. Die Diffusion erfolgt hier in der Weise, daß die Wasserstoff-Moleküle sich durch die mit Luftmolekülen gefüllten Poren hindurchbewegen. Die Luftmoleküle kann man sich hier sogar als einigermaßen feststehend denken, die Wasserstoff-Diffusion erfolgt in vielen Zusammenstößen und freien Wegen durch dieses Hindernis hindurch, es kommt aber nicht zu einer kompakten Strömung des Wasserstoffgases.

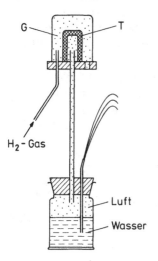

Fig. 8.16
Demonstration der Wasserstoff-Diffusion durch eine poröse Wand

Die Wasserstoffmoleküle, die in das Innere des Tonzylinders gelangen, erhöhen dort den Druck um ihren eigenen Partialdruck, was zur Ausbildung der Wasserfontäne führt. Wird nun die Wasserstoffzufuhr unterbrochen, dann verarmt die Atmosphäre bei G an Wasserstoff, und jetzt diffundiert der innerhalb des Zylinders befindliche Wasserstoff heraus, so daß oberhalb des Wasserniveaus Unterdruck entsteht: statt der Fontäne strömt Luft zurück, sichtbar am Durchperlen von Luftblasen.

Die bisher wegen der größeren Anschaulichkeit auf Gase beschränkte Betrachtung der Diffusion ist ähnlich auf *Flüssigkeiten* und *feste Stoffe* übertragbar. Schichtet man mischbare Flüssigkeiten übereinander (Wasser und Alkohol, Wasser und Kochsalzlösung), dann tritt eine langsame Durchmischung ein und man erhält nach einiger Zeit eine vollkommen homogene Mischung, die ebenfalls eine molekulare Durchmischung darstellt. Auch sie ist durch die thermische Bewegung der Flüssigkeitsteilchen verursacht, doch können die Verhältnisse komplizierter liegen, auch dauert der Vorgang erheblich länger als bei Gasen. Noch viel länger dauert die Diffusion bei festen Stoffen, die zur Berührung gebracht werden. Aber grundsätzlich ist auch hier Diffusion möglich, denn ein fester Stoff ist immer noch ein relativ leeres Gebilde, in welchem Atome auf Zwischengitterplätzen und mit Hilfe von Fehlstellen wandern können. Beobachtbar wird diese Diffusion allerdings erst bei hohen Temperaturen.

Die Diffusion ist wesentlich für den *Stoffaustausch: In* der organischen Zelle diffundieren Moleküle *frei* von Ort zu Ort, durch die *Zellwände* diffundieren Stoffe in das Innere hinein und aus ihm heraus. Durch die Wände der Lungenalveolen diffundiert Sauerstoff in die Blutbahn, und in umgekehrter Richtung das gebildete Kohlendioxid. Durch diese Wände diffundieren auch Zusatzgase, wie z. B. Narkosegase. Der Schadstoffaustausch in der Niere erfolgt durch Diffusion durch Zellwände. Arzneimittel, die durch Einreiben oder durch intramuskuläre Injektion verabreicht werden, diffundieren in das Gewebe. In allen diesen Fällen handelt es sich um molekularen Stofftransport. Bei intravenöser Injektion dagegen erfolgt der Stofftransport zunächst durch Strömung in der Blutbahn, aus ihr heraus aber wieder durch Diffusion durch Wände. Für die Diffusion durch Zellwände ist die Wasserstoffdiffusion durch poröse Körper ein zu grobes Modell. Es muß bei der Diffusion durch Wände lebender Zellen berücksichtigt werden, daß ein elektrisches Feld in der Wand besteht und der Stoffaustausch häufig in Ionenform vor sich geht. Auch sind die einzelnen Mechanismen des Stoffaustausches durchaus noch nicht aufgeklärt. Wir können hier nicht weiter darauf eingehen.

Die *Größe des Diffusionskoeffizienten* bestimmt die Schnelligkeit des Diffusionsvorganges. Es stehen dabei in Konkurrenz die thermische Bewegung, bestimmt durch die thermische Energie kT (Gl. (8.23)), und die Reibungskraft, die ein Teilchen erfährt. Die Reibungskraft kann man hier proportional zur Driftgeschwindigkeit v eines Teilchens annehmen (Abschn. 9.1.6), $F_{Reibung} = f \cdot v$. Man kann zeigen, daß dann in Flüssigkeiten der Diffusionskoeffizient im wesentlichen der Formel folgt

$$D = \frac{kT}{f}. \tag{8.30a}$$

Mißt man einen Diffusionskoeffizienten, dann kann man aus Gl. (8.30a) die Größe f berechnen, die bei der Abschätzung der Sedimentationsgeschwindigkeit gebraucht wird (Abschn. 9.1.6).

8.4.2 Lösungen und Gasaufnahme in Flüssigkeiten

Die *Auflösung eines festen Stoffes* in einer Flüssigkeit erfolgt, indem einzelne Moleküle von der Oberfläche des Körpers in die Flüssigkeit hinübertreten und dann in sie hineindiffundieren und sich so von dem Körper entfernen. Der Lösungsvorgang kann durch Umrühren beschleunigt werden. Wird der feste Körper nicht vollständig aufgelöst, so bildet sich in der Lösung eine bestimmte Konzentration des gelösten Stoffes, die ein dynamisches Gleichgewicht darstellt, das wesentlich durch die Temperatur bestimmt ist: *in* die Flüssigkeit gehen in der Zeiteinheit ebenso viele Moleküle wie sich *aus* der Flüssigkeit wieder an den festen Körper anlagern. Wir haben ein *Lösungsgleichgewicht,* und in diesem Zustand wird die Lösung als *gesättigt* bezeichnet.

Von größter Bedeutung für viele Lebewesen, deren Stoffwechsel auf der Oxidation der Nährstoffe mit Sauerstoff beruht, ist die Gasaufnahme in Flüssigkeiten, also die *Lösung von Gasen in Flüssigkeiten.* In der Anordnung Fig. 8.17 möge eine Flüssigkeit mittels eines Bades auf der Temperatur T gehalten werden. Läßt man ein Gas ein, so beobachtet man nach Schließen des Einlaßventils, daß der Einlaßdruck nach einiger Zeit auf einen niedrigeren Wert abgesunken ist. Da der Gasdruck $p = nkT$ (Gl. (8.24)), so müssen Moleküle aus der Gasphase verschwunden und in die Flüssigkeit aufgenommen worden sein. Die durch thermische Bewegung auf die Flüssigkeitsoberfläche auftreffenden Moleküle können offenbar zum Teil eingefangen werden und diffundieren dann weiter in die Flüssigkeit hinein. Von der in dieser Weise erfolgten Lösung von Sauerstoff in Wasser leben z.B. die Kiemenatmer. Bekannt ist auch die hohe Aufnahme von Kohlendioxid im „Sprudel". Bei der Gasaufnahme kommt es stets zu einem dynamischen Gleichgewicht: es werden in der Zeiteinheit ebenso viele Moleküle in der Flüssigkeit eingefangen wie umgekehrt aus der Flüssigkeit in den Gasraum abgegeben werden: in diesem Zustand heißt die *Lösung gesättigt.*

Wartet man den *Zustand der Sättigung* der Flüssigkeit mit einem Gas i aus der Gasphase ab, dann gilt im Fall kleiner Konzentrationen das *Henry-Daltonsche Gesetz:*

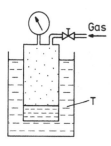

Fig. 8.17
Anordnung zur Messung der Löslichkeit von Gasen in Flüssigkeiten

das Verhältnis von Molekülanzahldichte n_i in der Lösung zur Molekülanzahldichte $n_{i,\text{gas}}$ in der Gasphase ist eine Größe α_i', die nur noch von der Temperatur und der Stoffkombination abhängt

$$\frac{n_i}{n_{i,\text{gas}}} = \alpha_i'. \tag{8.31}$$

Unter der Voraussetzung kleiner Konzentrationen gilt Gl. (8.31) für jede einzelne Komponente einer Gasmischung in der Gasphase, unabhängig von den anderen Komponenten. Wir lassen daher im folgenden den Index i weg, müssen aber dann beachten, daß die abzuleitenden Beziehungen die „Partialgrößen" betreffen. – Die Größe α' in Gl. (8.31) heißt *Ostwaldsche Löslichkeit*. Man schreibt das Henry-Daltonsche Gesetz wie folgt um: die Molekülanzahldichte ist proportional zur Stoffmengenkonzentration c, nämlich $n = N_A c$ ($n = N/V = \nu N_A/V = N_A c$). Die Molekülanzahldichte n hängt nach Gl. (8.24) mit dem Gasdruck p_{gas} (hier Partialdruck in der Gasphase) zusammen, nämlich $n_{\text{gas}} = p_{\text{gas}}/k T$. Wir setzen diese Ausdrücke in Gl. (8.31) ein und erhalten das Henry-Daltonsche Gesetz in der Form

$$c = K \cdot p_{\text{gas}}. \tag{8.32}$$

Die Proportionalitätskonstante K ($= \alpha'/R T$), Einheit z.B. $[K] = \text{mol cm}^{-3} \text{bar}^{-1}$, hängt ebenfalls vom Stoffpaar Gas–Flüssigkeit und von der Temperatur ab. Letzteres kann man z.B. daran erkennen, daß in dem aus der Wasserleitung kommenden Trinkwasser immer gelöste Luft bei Temperaturen $\vartheta = 80$ bis $90\,°C$, also lange vor dem Sieden, in Form von Bläschen aus dem Wasser entweicht. In der Praxis gibt man häufig nicht die Stoffmengenkonzentration an, sondern das *gelöste Gasvolumen*. Das hat aber nur dann Sinn, wenn man gleichzeitig hinzufügt, unter welchen Bedingungen dieses Volumen gemeint ist: es soll stets das auf Normbedingungen ($p_n = 1013\,\text{mbar}$, $T_n = 273{,}15\,\text{K}$) reduzierte Volumen V_n sein (Reduktion wird ausgeführt wie in Beispiel 8.4). Außerdem muß man grundsätzlich angeben, ob man bei der Berechnung der Stoffmengenkonzentration $c = \nu/V$ mit V das Volumen der Lösung $V_{\text{Lösung}}$ oder des Lösungsmittels V_{LM} meint. Man nimmt hier das Volumen des Lösungsmittels, denn beide Volumina sind bei den vorausgesetzten kleinen Konzentrationen mit genügender Genauigkeit einander gleich. Dann kann man in Gl. (8.32)

$$c = \frac{\nu}{V_{\text{LM}}} = \frac{1}{V_{\text{LM}}} \frac{V_n}{V_{\text{molar,n}}}$$

eintragen, mit $V_{\text{molar,n}} = 22414\,\text{cm}^3\,\text{mol}^{-1}$ (Gl. (8.16)), und man erhält

$$\frac{V_n}{V_{\text{LM}}} = V_{\text{molar,n}} K p_{\text{gas}}. \tag{8.33}$$

Eine praktisch besser anwendbare Formel ergibt sich, wenn man den *Bunsenschen Absorptionskoeffizienten* α einführt: er ist das Verhältnis V_n/V_{LM} *für den Fall, daß* $p_{\text{gas}} = p_n$, also gleich dem Normdruck ist. D.h.

$$\alpha \overset{\text{def}}{=} \frac{V_n (p_{\text{gas}} = p_n)}{V_{\text{LM}}} = V_{\text{molar,n}} K p_n, \tag{8.33a}$$

Tab. 8.3 Bunsenscher Absorptionskoeffizient α (Einheit cm³/cm³) für einige Gas-Wasser-Kombinationen (*: moderne Narkosemittel)

$\vartheta/°C$	O_2	N_2	CO_2	Äther	Ēthrane*	Halothan*
10	0,038	0,0186	1,194			
20	0,031	0,0155	0,878			
30	0,026	0,0134	0,665			
37/38	0,024	0,0123	0,567	14	0,76	0,74

und damit wird aus Gl. (8.33)

$$\frac{V_n}{V_{LM}} = \alpha \frac{p_{gas}}{p_n}, \qquad [\alpha] = \frac{cm^3}{cm^3} \quad \text{oder} \quad \frac{1}{1}. \tag{8.34}$$

Tab. 8.3 enthält einige Zahlenwerte für die wesentlichen Komponenten des Atemgases bezüglich der Lösung in Wasser (die Komponente N_2 enthält auch den Rest der Edelgase und wird Luft-Stickstoff genannt).

Die Zahlenwerte sagen nach den obigen Definitionen das folgende aus: In 1 cm³ Wasser wird bei dem äußeren Partialdruck von $p_{gas} = p_n = 1013$ mbar das Volumen $V_n = 0,024$ cm³ (p_n, T_n) Sauerstoff aufgenommen, wenn die Wassertemperatur $\vartheta = 37,5$ °C ist. Bei den gleichen äußeren Bedingungen werden 0,567 cm³ (p_n, T_n) CO_2 aufgenommen, was das 23,6fache der Sauerstoff-Aufnahme ist.

In Tabellen findet man auch gelegentlich den Koeffizienten K von Gl. (8.32) angegeben. Man berechnet daraus α gemäß Gl. (8.33a),

$$\alpha = K \cdot 22\,414 \, cm^3 \, mol^{-1} \cdot 1,013 \, bar,$$

also $\quad \alpha = 22\,705 \dfrac{bar\, cm^3}{mol} \cdot K.$ $\tag{8.35}$

Die Lösung (Absorption) von Gasen in Wasser ist ein wesentlich vereinfachtes Beispiel für die *Gasaufnahme im Blutkreislauf*. Tatsächlich stehen sich Atemgas und Blut nicht direkt gegenüber, sondern der Gasaustausch erfolgt als Wanddiffusion aus den Alveolen der Lunge in die Blutbahn. Fig. 8.18 enthält eine schematische Skizze. Wie in Fig. 8.14 aufgezeichnet, sind die Sauerstoff- und CO_2-Volumenanteile in der Luft, die ausgeatmet wird, gegenüber denen der eingeatmeten Luft stark verändert. In den

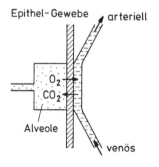

Fig. 8.18
Schema zum Gasaustausch zwischen Lunge (Alveole) und Blutgefäß

Alveolen selbst bestehen wegen des dauernden Gaswechsels im Durchschnitt die folgenden Volumenanteile

$$\varphi_{O_2} = 14\%, \qquad \varphi_{CO_2} = 5{,}7\%, \qquad \varphi_{Rest} = 80{,}3\%.$$

Die Volumenanteile geben nach Gl. (8.27) gleichzeitig die Verhältnisse von Partialdruck zu Totaldruck an. In den Lungenalveolen ist die Luft an Feuchtigkeit „gesättigt" (Abschn. 8.10.3), d. h. der Wasserdampfdruck ist gleich dem Dampfdruck des Wassers bei $\vartheta = 37\,°C$, $p_{H_2O} = 62{,}7\,mbar$. Beim Barometerstand von $1013\,mbar$ ist damit der Partialdruck der Komponenten der Alveolarluft

$$p_{O_2} \ = 0{,}14 \ \cdot (1013 - 62{,}7)\,mbar = 133\,mbar$$

$$p_{CO_2} = 0{,}057 \cdot (1013 - 62{,}7)\,mbar = \ 54{,}17\,mbar$$

$$p_{Rest} = 0{,}803 \cdot (1013 - 62{,}7)\,mbar = 763{,}1\,mbar.$$

Man beachte: wir haben die Volumenanteile unter STPD-Bedingungen benützt (abweichend von Tab. 8.2, weil wir hier die Alveolar-, nicht die Atmungsluft betrachten), die Partialdrücke wurden jedoch für Bedingungen berechnet, die man mit BTPS bezeichnet: body temperature and pressure, saturated.

Der wesentliche Gastransport im Blut erfolgt in chemisch gebundener Form mittels der Erythrozyten. Darauf sind die Gesetze der Gasaufnahme entsprechend dem Henry-Daltonschen Gesetz nicht anwendbar. Sie sind aber anwendbar auf die Gasaufnahme im Blutserum. Der Bunsensche Absorptionskoeffizient für Blutserum ist ungefähr gleich dem für Wasser. Aus den Daten von Tab. 8.3 und den oben angegebenen Partialdrücken kann man mittels Gl. (8.34) die im Blutserum gelösten Gasmengen berechnen. Für $V_{Lösung} = 100\,cm^3$ Blutserum ergeben sich bei der Körpertemperatur $\vartheta = 37\,°C$ mittels der Gleichung

$$V_{n,i} = \alpha_i \, \frac{p_{i,\text{gas}}}{1013\,mbar} \cdot 100\,cm^3 \tag{8.36}$$

die folgenden Werte bei Normbedingungen (T_n, p_n):

$$V_{n,O_2} = 0{,}31\,cm^3, \qquad V_{n,CO_2} = 3\,cm^3, \qquad V_{n,Rest} = 0{,}92\,cm^3.$$

Die Stoffmengenkonzentrationen im Henry-Daltonschen Gesetz sind Gleichgewichtskonzentrationen, die dem angegebenen Alveolardruck entsprechen. Der eigentliche Gasaustausch erfolgt deshalb, weil das venöse Blut eine geringere Stoffmengenkonzentration an Sauerstoff hat als dem Gleichgewichtswert entspricht, und daß andererseits die CO_2-Stoffmengenkonzentration zu hoch ist. Um solche Konzentrationsunterschiede leichter zu vergleichen, hat man für das in der Flüssigkeit gelöste Gas einen *fiktiven Partialdruck* eingeführt. Der fiktive Partialdruck p_i einer Komponente i ist der Druck einer Gasatmosphäre, die in der Flüssigkeit nach Gl. (8.32) gerade die vorhandene Konzentration erzeugt, bzw. erzeugen würde. Gehen wir zum Beispiel auf die Zahlenwerte zurück, die oben aus Gl. (8.36) berechnet wurden, so würde ein gelöstes CO_2-Volumen $V_{n,CO_2} = 6\,cm^3$ (T_n, p_n) in $100\,cm^3$ Serum bedeuten, daß der fiktive Partialdruck $p_i' = 2 \cdot 54.17\,mbar = 108.34\,mbar$ ist, was eine

CO_2-Diffusion aus dem Serum zur Lungenalveole bewirkt, weil ein Gefälle des Partialdrucks besteht.

Die im Blut an das Hämoglobin gebundene Sauerstoffmenge, und damit die *Sauerstoffkonzentration des Blutes* ist weitgehend unabhängig vom Sauerstoff-Partialdruck der Alveolarluft. Die bei Krankheitszuständen angewandte Erhöhung des Sauerstoffanteils in der Atemluft erhöht die Sauerstoffkonzentration im Blut nicht, aber sie führt zu größerer Diffusionsgeschwindigkeit des Sauerstoffs durch die Alveolarwand hindurch. Es ist nämlich durch die Erhöhung des Sauerstoffanteils der Dichtegradient $\Delta n/\Delta x$ in der Alveolarwand erhöht, und damit steigt der Diffusionsstrom nach dem 1. Fickschen Gesetz, Gl. (8.30), an.

Es spielt für den Ausgleich von hohen Blutverlusten eine bedeutende Rolle, ob man „Ersatzblut" herstellen kann, das den Sauerstofftransport übernehmen kann. Derzeit gibt es noch keine befriedigende Lösung dieses Problems.

Beispiel 8.6 Das Henry-Daltonsche Gesetz kann für Überschlagsrechnungen angewandt werden, wenn man sich für die Konzentration von Narkosemitteln im Blut interessiert. Für das Narkosemittel Ēthrane wird für die Lösung in Blut der Bunsensche Absorptionskoeffizient $\alpha = 1{,}91 \ \mathrm{cm^3/cm^3}$ angegeben (der Wert liegt höher als bei der Lösung in Wasser, Tab. 8.3). Bei dem gewünschten Ēthrane-Luft-Gemisch (Beispiel 8.5) mit dem Volumenanteil $\varphi_i = 2\% = 0{,}02$ ist der Partialdruck $p_i = p_{O_2} = 0{,}02 \cdot 1013 \ \mathrm{mbar} = 20 \ \mathrm{mbar}$. Wir nehmen an, daß das auch der Volumenanteil in der Alveolarluft ist (wahrscheinlich ist er etwas niedriger). Die für die Anwendung des Henry-Daltonschen Gesetzes notwendige Konstante K berechnen wir mit Hilfe von Gl. (8.35).

$$K = \frac{\alpha}{22\,705} \ \frac{\mathrm{mol}}{\mathrm{bar\,cm^3}} = 4{,}4 \cdot 10^{-5} \ \alpha \ \frac{\mathrm{mol}}{\mathrm{bar\,cm^3}} = 8{,}4 \cdot 10^{-5} \ \frac{\mathrm{mol}}{\mathrm{bar\,cm^3}}.$$

Mit $p_i = 20 \ \mathrm{mbar}$ ergibt sich die Stoffmengenkonzentration aus Gl. (8.32)

$$c_i = \frac{v_i}{V_{LM}} = K \cdot p_i = 8{,}4 \cdot 10^{-5} \ \frac{\mathrm{mol}}{\mathrm{bar\,cm^3}} \cdot 20 \cdot 10^{-3} \ \mathrm{bar} = 1{,}68 \cdot 10^{-6} \ \mathrm{mol\,cm^{-3}}$$

Die Massenkonzentration ϱ_i von Ēthrane im Blut erhält man durch Multiplikation der Stoffmengenkonzentration mit der molaren Masse von Ēthrane, $M_{molar} = 184{,}5 \ \mathrm{g\,mol^{-1}}$ zu $\varrho_i = 3{,}1 \cdot 10^{-4} \ \mathrm{g\,cm^{-3}} = 0{,}31 \ \mathrm{mg\,cm^{-3}}$. Nur zur Übung werde auch noch der Massenanteil im Blut berechnet. Die Dichte des Blutes ist $\varrho = 1{,}06 \ \mathrm{g\,cm^{-3}}$, das Blut ist das Lösungsmittel, und so finden wir für den Massenanteil

$$w_i = \frac{m(\text{Ēthrane})}{m(\text{Blut})} = \frac{m(\text{Ēthrane})}{V_{LM}(\text{Blut})} \cdot \frac{V_{LM}(\text{Blut})}{m(\text{Blut})} = \varrho_i \frac{1}{\varrho}$$

$$= 0{,}31 \ \mathrm{mg\,cm^{-3}} \ \frac{1}{1{,}06 \ \mathrm{g\,cm^{-3}}} = 3 \cdot 10^{-4} = 0{,}3^0/_{00}.$$

Ergänzung Beim Abstieg des *Sporttauchers* in zum Beispiel 40 m Wassertiefe steigt der Wasserdruck (Schweredruck) auf rund 4 bar an (Abschn. 6.4.2). Damit Brustkorb und Lunge nicht unzulässig komprimiert werden, muß die Atemluft den Druck $p = 5 \ \mathrm{bar}$ haben (bereitgestellt in einer Druckgasflasche). Der Partialdruck des Sauerstoffs ist damit $p(O_2) = 4 \cdot 0{,}212 \ \mathrm{bar} = 0{,}848 \ \mathrm{bar}$ (Anwendung der Daten aus Tab. 8.2). Bei einem so hohen Sauerstoff-Partialdruck im Atemgas steigt die Sauerstoff-Konzentration im Blut unzulässig an, es kommt zu Vergiftungserscheinungen. Für das Tauchen in große Wassertiefen stellt man daher das Atemgas mit vermindertem Sauerstoff-Partialdruck besonders zusammen. – Unabhängig von der Zusammensetzung des Atemgases erfahren bei erhöhtem Druck alle Körperflüssigkeiten (und auch das Gewebe) eine erhöhte Gasbeladung in molekularer Form (Lösung). Daher darf der Wiederaufstieg nur so langsam erfolgen, daß es nicht zur Gasblasenbildung kommt und die überschüssigen Gasmengen abgeatmet werden können. Ähnliche Vorsicht ist unerläßlich bei der Gashochdruckbehandlung von Patienten.

8.4.3 Osmotischer Druck

Der Stoffaustausch im biologischen Gewebe erfolgt durch Diffusion durch die Zellwände hindurch, auf deren beiden Seiten Lösungen verschiedener Zusammensetzung vorhanden sind. Da die gelösten Stoffe sehr häufig in Form von elektrisch geladenen Ionen vorkommen (Abschn. 9.3.4), so wird der Stoffaustausch auch von elektrischen Kräften bestimmt. Hier sehen wir von diesen elektrischen Kräften ab und untersuchen nur die Eigenschaften von Lösungen, soweit sie sich durch die Aufnahme des Gelösten vom reinen Lösungsmittel unterscheiden. Wir brauchen dafür nur wäßrige Lösungen zu betrachten.

Jede Flüssigkeit hat durch die anziehenden Molekularkräfte einen inneren Zusammenhalt, und das findet in der Zerreißfestigkeit seinen Ausdruck. Wird ein Stoff gelöst, so wird er in molekular-verteilter Form aufgenommen, und dabei erfährt die Flüssigkeit eine gewisse Veränderung ihres inneren Gefüges (man denke etwa an die Lösung der großen Zuckermoleküle in Wasser). Wird ein Stoff vollends in Ionenform gelöst, dann gruppieren sich in wässrigen Lösungen die H_2O-Dipole mit Vorzugsrichtungen um das Ion (Fig. 8.19), was man *Hydratation* nennt, es kommen also elektrische Effekte hinzu. Die Änderung des Gefüges findet ihren pauschalen Ausdruck im *osmotischen Druck*. Der osmotische Druck hat für jede bestimmte Lösung einen bestimmten Wert und wird anzugeben sein, wenn diese Angabe von Bedeutung ist.

Man mißt den osmotischen Druck, indem man die Lösung in Kontakt mit dem Lösungsmittel bringt, und das geschieht durch Verwendung einer *permselektiven Wand* (semipermeable Wand). Sie ist so gebaut, daß sie, etwa durch geeignete Größe von Mikroporen, *nur das Lösungsmittel* hindurchdiffundieren läßt, nicht den gelösten Stoff. Solche Wände sind die Zellwände in pflanzlichen und tierischen Stoffen, sie werden heute aber auch industriell hergestellt. Auf den beiden Seiten einer permselektiven Wand, etwa entsprechend Fig. 8.20, befinden sich danach zwei Flüssigkeiten, wobei in der Lösung die Konzentration des Lösungsmittels etwas geringer als im reinen Lösungsmittel ist. Also werden Lösungsmittelmoleküle in die Lösung hinüberdiffundieren und der in Fig. 8.20 gezeichnete Kolben wird sich langsam nach links bewegen. Man kann versuchen, den Kolben festzuhalten und bemerkt, daß dazu erhebliche Kräfte anzuwenden sind, und daß ihre Größe von der Konzentration der Lösung abhängt. Durch Anwendung einer genügend großen Kraft

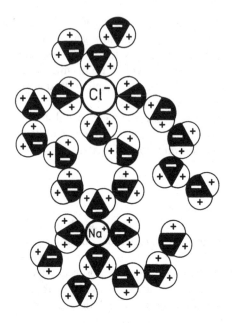

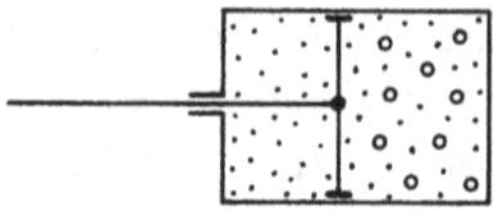

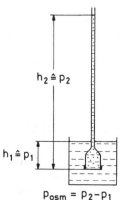

Fig. 8.20 Bei „Osmose" verschiebt sich der Stempel mit permselektiver Wand nach links

$h_2 \hat{=} p_2$

$h_1 \hat{=} p_1$

$p_{osm} = p_2 - p_1$

Fig. 8.19 Hydratation: die Wasserdipole lagern sich orientiert um gelöste Ionen

Fig. 8.21 Pfeffersche Zelle zur Messung des osmotischen Druckes

kann man schließlich die Diffusion unterbinden. Da Kraft durch Fläche gleich Druck ist (Gl. (6.21)), so hat man die Lösung einem solchen Druck ausgesetzt, daß weiteres Lösungsmittel nicht mehr aufgenommen wird. Dieser äußere Druck, den man anwenden muß, um die Eindiffusion von Lösungsmittel zu unterbrechen, ist der osmotische Druck der Lösung.

Eine einfache Demonstration des osmotischen Drucks kann mit der *Pfefferschen Zelle* (Fig. 8.21) erfolgen. Im Steigrohr steigt der Flüssigkeitsspiegel durch Eindiffundieren des Lösungsmittels soweit an, bis die Lösung am Ort der permselektiven Wand unter einem so hohen Druck = Schweredruck steht, daß keine weitere Eindiffusion mehr erfolgt. Der osmotische Druck der Lösung läßt sich am Steigrohr direkt ablesen, denn es stellt selbst ein Flüssigkeitsmanometer dar.

Die Größe des osmotischen Drucks folgt in erster Näherung dem sehr einfachen *van't Hoffschen Gesetz*. Ist V_{fl} das Lösungsvolumen und v die gelöste Stoffmenge, dann gilt bei der Temperatur T

$$p_{osm} V_{fl} = v\, R\, T = \frac{m}{M_{molar}}\, R\, T. \tag{8.37}$$

Eine solche Gesetzmäßigkeit kennen wir formal schon als Zustandsgleichung der idealen Gase. Es versteht sich nicht von selbst, daß der osmotische Druck einen Wert hat, der sich ergeben würde, könnten sich die gelösten Teilchen frei im Volumen V_{fl} bewegen.

Nach Gl. (8.37) ist der osmotische Druck proportional zur Stoffmengenkonzentration des gelösten Stoffes, unabhängig von seiner Art. Dennoch ist die Wirkung verschiedener Stoffarten unterschiedlich, wenn wir ihre Wirkung *bei gleicher gelöster Masse m* vergleichen. Der osmotische Druck ist dann nach Gl. (8.37) umso größer, je kleiner die molare Masse M_{molar}, also die relative Molekülmasse M_r ist. So ist der osmotische Druck, der von gelösten Eiweiß-Molekülen mit M_r von der Größenordnung 10^4 verursacht wird, vernachlässigbar klein: der osmotische Druck der Körperflüssigkeiten wird im wesentlichen durch die „leichten" Teilchen verursacht, also durch Na, K, Cl usw. Zum Beispiel ist der osmotische Druck des Blutes $p_{osm} = 7,3$ bar; der Anteil, der durch die Plasmaeiweißkörper verursacht ist, ist aber nur p_{osm} (Eiweiß) = 33 mbar.

Die *physiologische Kochsalzlösung*, die Blutplasma ersetzen kann, wird als wäßrige Lösung von $m = 9$ g NaCl hergestellt, wobei nach Ansetzen der Lösung so lange Wasser aufgefüllt wird, bis die Lösung das Volumen $V_{fl} = 1000$ cm^3 hat. Die Massenkonzentration in dieser Lösung ist dann $w = 9$ mg cm^{-3}. Die relative Molekülmasse von NaCl ist $M_r = 58,5$, also die molare Masse $M_{molar} = 58,5$ g mol^{-1} und die Stoffmengenkonzentration

$$c = \frac{v}{V_{fl}} = \frac{9\,g}{58,5\,g\,mol^{-1}}\,\frac{1}{1000\,cm^3} = 154\,mol\,m^{-3}.$$

Aus dem van't Hoffschen Gesetz ergibt sich dann der gesuchte osmotische Druck dieser Lösung bei der Temperatur $\vartheta = 37\,°C$ ($T = 310$ K) zu

$$p_{osm} = c\,R\,T = 2 \cdot 154\,mol\,m^{-3} \cdot 8,31\,\frac{Nm}{mol\,K} \cdot 310\,K \tag{8.38}$$

$$= 7,93 \cdot 10^5\,Pa = 7,93\,bar.$$

Man kann die gelöste Salzmenge verkleinern und erhält dann rechnerisch völlige Übereinstimmung mit dem osmotischen Druck des Blutes, jedoch ist die van't Hoffsche Gleichung nicht exakt gültig, so daß man besser empirisch vorgeht. Zuvor sei darauf hingewiesen, daß in der Berechnung des osmotischen Druckes ein Faktor 2 in Gl. (8.38) gegenüber Gl. (8.37) auftritt: er berücksichtigt, daß NaCl in wäßriger Lösung vollständig in die beiden Ionen Na$^+$ und Cl$^-$ aufspaltet, also die Anzahl der gelösten Teilchen – und auf diese kommt es ja nach van't Hoff an (Gl. (8.37)) – verdoppelt ist.

Die empirische Einstellung des osmotischen Druckes des Blutes kann mittels Salzlösungen abgestufter Stoffmengenkonzentrationen erfolgen: Ist die Konzentration zu hoch, dann beobachtet man ein Schrumpfen der roten Blutkörperchen, weil der osmotische Druck der Zellflüssigkeit kleiner als der der Umgebung ist und damit Lösungsmittel (Wasser) aus der Zelle in die Umgebung diffundiert. Ist die Konzentration der Salzlösung zu niedrig, dann diffundiert Wasser in die Zelle hinein, ihr Volumen wird vergrößert, die Zellwandung gedehnt (Erhöhung des Innendrucks) bis zum Zerreißen: man beobachtet *Hämolyse*, d.h. Austritt des roten Blutfarbstoffs in die umgebende Salzlösung. Bei der „richtigen" Konzentration, genannt *isotonische*

Lösung, tritt gerade keine beobachtbare Veränderung der roten Blutkörperchen ein. – Die Methode kann benutzt werden, um experimentell den Wassergehalt der Erythrozyten zu ändern. Sie wird auch als Verfahren zur Messung des osmotischen Druckes angewandt, indem die Erythrozyten in Salzlösungen mit abgestuftem, vorher bestimmtem osmotischem Druck gebracht werden.

8.5 Änderungen der thermischen Energie

8.5.1 Änderung der thermischen Energie eines Körpers durch Wärmeaustausch

Die Änderung der thermischen Energie eines Körpers durch Wärmeaustausch erfolgt mittels eines („thermischen" oder „Wärme"-) Kontaktes mit einem anderen Körper höherer oder tieferer Temperatur: wassergefüllter Topf mit Kochplatte, Werkstück mit Schweißbrennerflamme, Kühlgut mit Kaltluft im Kühlschrank. Im kinetischen Bild der thermischen Energie (Abschn. 8.1) erfolgt der Wärmeaustausch durch die Zusammenstöße der Moleküle der beiden Körper – bzw. der Teilchen, aus denen die Körper bestehen – miteinander in der Berührungszone. Durch diese Stöße wird kinetische Energie übertragen (Abschn. 7.7.1) und damit die thermische Energie des kälteren Körpers vermehrt, diejenige des wärmeren vermindert.

Es ist eine kalorimetrische Grundaufgabe, den Zusammenhang zwischen zugeführter *Wärmeenergie* (*Wärmemenge*, auch kurz *Wärme*) und *Temperaturänderung* eines Körpers zu messen. Fig. 8.22 enthält ein einfaches *Kalorimeter* für solche Messungen an Flüssigkeiten. Mit der Heizvorrichtung (Tauchsieder) können der Flüssigkeit meßbare Wärmemengen zugeführt werden, mit dem Thermometer mißt man die Temperaturerhöhung. Das Kalorimetergefäß selbst ist als Isoliergefäß (Thermosflasche) ausgebildet, es ist doppelwandig, mit verspiegelten Wänden und evakuiertem Zwischenraum zwischen den Wänden (Dewar-Gefäß). Damit wird bezweckt, daß jede Art von Wärmeabgabe nach außen (Verminderung des Temperaturanstiegs) oder

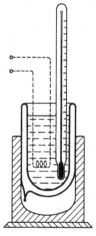

Fig. 8.22
Einfaches Kalorimeter: mittels der Heizspirale wird meßbare (Wärme-)Energie zugeführt und die ansteigende Temperatur am Thermometer abgelesen

Wärmeaufnahme von außen (Erhöhung des Temperaturanstiegs) so gering wie möglich ist, also systematische Fehler vermieden werden.

Wird einem Körper die Wärmemenge Q zugeführt, so werde die Temperaturerhöhung $\Delta T = T_2 - T_1$ gemessen. Wir definieren dann die *Wärmekapazität des Körpers* durch die Gleichung

$$\text{Wärmekapazität} \stackrel{\text{def}}{=} \frac{\text{Wärmemenge}}{\text{Temperaturdifferenz}}, \qquad \Gamma \stackrel{\text{def}}{=} \frac{Q}{T_2 - T_1}. \tag{8.39}$$

Da Wärmemenge = Wärmeenergie ist, so ist die SI-*Einheit der Wärmekapazität* $[\Gamma] = \text{J K}^{-1}$. Verschiedene *Stoffe* werden verglichen, indem man die Wärmekapazität auf die jeweils gleiche Menge des Stoffes bezieht. Das führt auf die spezifischen und molaren Größen

$$\text{spezifische Wärmekapazität,} \; c \stackrel{\text{def}}{=} \frac{\Gamma}{m}, \qquad [c] = \frac{\text{J}}{\text{kg K}} \tag{8.40}$$

$$\text{molare Wärmekapazität,} \; C_{\text{molar}} \stackrel{\text{def}}{=} \frac{\Gamma}{v}, \qquad [C_{\text{molar}}] = \frac{\text{J}}{\text{mol K}}, \tag{8.41}$$

wobei m die Masse, v die Stoffmenge des Körpers bezeichnen. Da nach Gl. (5.10) $v = m/M_{\text{molar}}$, so ist

$$C_{\text{molar}} = c \cdot M_{\text{molar}}. \tag{8.41a}$$

Viele Daten der Wärmekapazität sind mit einem etwas anderen Verfahren gewonnen worden, das aber grundlegende Bedeutung hatte und den Wärme„austausch" besonders deutlich zeigt. Das Verfahren ist auch heute unter bestimmten Bedingungen und bei geringeren Ansprüchen an die Genauigkeit anwendbar. Will man etwa die spezifische Wärmekapazität eines *festen Stoffes* – als Beispiel Kupfer (Index K) – messen, so wägt man eine Stoffprobe der Masse m_K ab und erhitzt diese z. B. im Dampf siedenden Wassers auf die Temperatur $\vartheta_K = 100\,°C$. Gleichzeitig bereitet man ein Kalorimetergefäß mit Wasser (Index W) der Masse m_W bei Zimmertemperatur $\vartheta_W = 20\,°C$ vor und überführt das erhitzte Kupferstück schnell (!) in das Kalorimeter. Die Temperaturen gleichen sich aus, die Kalorimeterflüssigkeit und die Stoffprobe stellen sich auf die gemeinsame *Misch*temperatur ϑ_M ein, die zwischen ϑ_K und ϑ_W liegt. Während des Ausgleichsvorganges hat das Kupferstück die Wärmemenge Q abgegeben, sie wurde vom Wasser aufgenommen: die Wärmemenge Q wurde ausgetauscht. Unter Benutzung von Gl. (8.39) folgt

$$Q = \Gamma_K (\vartheta_K - \vartheta_M) = \Gamma_W (\vartheta_M - \vartheta_W). \tag{8.42}$$

Das *Verhältnis der Wärmekapazitäten,* Γ_K/Γ_W kann man also allein aus der Temperaturmessung gewinnen. Wir führen die spezifischen Wärmekapazitäten durch $\Gamma_K = m_K c_K$ und $\Gamma_W = m_W c_W$ ein und erhalten für die gesuchte spezifische Wärmekapazität des festen Stoffes

$$c_K = c_W \frac{m_W}{m_K} \frac{\vartheta_M - \vartheta_W}{\vartheta_K - \vartheta_M}. \tag{8.43}$$

Sie kann in SI-Einheiten angegeben werden, wenn c_W in diesen Einheiten bekannt ist. – Lange Zeit hat man c_W ($\vartheta = 15\,°C$) $= 1\,cal\,g^{-1}\,K^{-1}$ *gesetzt* und damit alle spezifischen Wärmekapazitäten in der Hilfseinheit 1 cal = 1 Kalorie ausgedrückt. Dabei war 1 cal diejenige Wärmemenge, die man 1 g Wasser zuführen muß, um es um 1 °C von 14,5 °C auf 15,5 °C zu erwärmen. Der Zusammenhang zwischen Kalorie und Joule (früher das mechanische Wärmeäquivalent genannt) ist heute durch Definition festgesetzt: 1 cal $= 4,1868\,J$; damit ist die spezifische Wärmekapazität von Wasser eine Größe, die durch eine *Messung* ermittelt werden muß.

Das geschilderte Verfahren eignet sich auch zur Messung der Wärmekapazität von *Flüssigkeiten:* man nimmt einen festen Körper bekannter Wärmekapazität und erhitzt ihn ganz entsprechend wie im vorangehenden Absatz geschildert. Es gilt wieder die Gl. (8.42), wenn sich die Mischtemperatur ϑ_M eingestellt hat, jedoch löst man diese Gleichung nach c_W, der unbekannten spezifischen Wärmekapazität der Flüssigkeit, auf und erhält eine ganz ähnliche Gleichung wie Gl. (8.43). – Würde man übrigens zwei mischbare Flüssigkeiten ebenso behandeln, so würde man noch eine zusätzliche *Mischungswärme* finden, und schließlich findet man bei der Auflösung eines festen Stoffes in einer (Kalorimeter-)Flüssigkeit auch die *Lösungswärme* (s. auch Abschn. 8.10.4.2).

8.5.2 Spezifische und molare Wärmekapazität der Stoffe

In Tab. 8.4 sind die spezifischen Wärmekapazitäten einiger Stoffe zusammengestellt. Bei den *festen Stoffen* ist die spezifische Wärmekapazität umso kleiner, je größer die relative Atommasse ist. Berechnet man aber nach Gl. (8.41a) die molare Wärmekapazität, so findet man diese als nahezu gleich für alle festen Stoffe, nämlich $C_{molar} \approx 25\,J\,mol^{-1}\,K^{-1}$. Dies wird als *Dulong-Petitsche Regel* bezeichnet. Sie ist nicht allzu gut erfüllt und keinesfalls bei tiefen Temperaturen gültig. Tab. 8.4 zeigt ferner, daß *Wasser* unter den angegebenen Stoffen die größte spezifische Wärmekapazität hat (abgesehen von gasförmigem Wasserstoff). Das hat erhebliche Bedeutung für das Klima, denn Wasser nimmt im Sommer bei Sonneneinstrahlung große Wärmemengen auf ohne sich stark zu erwärmen, es kann im Winter die entsprechenden Wärmemengen wieder abgeben, so daß die Landschaft in der Umgebung großer Wassermengen ein gleichmäßiges Klima hat. Die große spezifische Wärmekapazität macht (neben seinem geringen Preis) Wasser auch zu einem idealen Kühlmittel, weil es ohne große Temperaturerhöhung große Wärmemengen abtransportieren kann.

Die *Dulong-Petitsche Regel* hat eine einfache kinetische Erklärung. Gibt man, ähnlich wie bei Gasen, Gl. (8.23), jedem einzelnen Baustein eines Festkörper-Kristallgitters den gleichen mittleren Energieinhalt (Schwingungsenergie = potentielle + kinetische Energie) von $\frac{3}{2}kT + \frac{3}{2}kT = 3kT$, dann ist der Energieinhalt eines Mols des Körpers, also die molare Energie

$$E_{molar} = N_A\,3\,k\,T = 3\,R\,T. \tag{8.44}$$

Tab. 8.4 Spezifische Wärmekapazität

feste Stoffe, $\vartheta = 20\,°C$

Stoff	A_r	$c/\mathrm{J\,g^{-1}\,K^{-1}}$	$c/\mathrm{cal\,g^{-1}\,K^{-1}}$	Stoff	A_r	$c/\mathrm{J\,g^{-1}\,K^{-1}}$	$c/\mathrm{cal\,g^{-1}\,K^{-1}}$
Aluminium	27	0,896	0,214	Blei	207,2	0,129	0,031
Eisen	55,84	0,452	0,108	Diamant	12	0,502	0,120
Kupfer	63,54	0,383	0,0915	Graphit	12	0,72	0,172
Silber	107,9	0,234	0,056	Eis (0 °C)		2,114	0,505
Gold	197	0,128	0,030	Quarzglas		0,75	0,178

Flüssigkeiten

Stoff		M_r	$c/\mathrm{J\,g^{-1}\,K^{-1}}$	$c/\mathrm{cal\,g^{-1}\,K^{-1}}$	Stoff		M_r	$c/\mathrm{J\,g^{-1}\,K^{-1}}$	$c/\mathrm{cal\,g^{-1}\,K^{-1}}$
Wasser	0 °C	18	4,218	1,0074	Äthylalkohol	20 °C	46,1	2,416	0,577
	20 °C	18	4,182	0,9988	Äther	−18 °C	74,12	2,23	0,532
	100 °C	18	4,216	1,007	Chloroform	20 °C	119,38	0,942	0,225
Pentan	18 °C	36	2,26	0,540	Lachgas	−90 °C	44	1,75	0,42

Gase (T_n, p_n)

Stoff	M_r	$c_p/\mathrm{J\,g^{-1}\,K^{-1}}$	$c_p/\mathrm{cal\,g^{-1}\,K^{-1}}$	Stoff	M_r	$c_p/\mathrm{J\,g^{-1}\,K^{-1}}$	$c_p/\mathrm{cal\,g^{-1}\,K^{-1}}$
Wasserstoff	2,0	14,23	3,4	Luft	28,98	1,00	0,24
Sauerstoff	32	0,92	0,22	Wasserdampf	18	1,85	0,443
Stickstoff	28,02	1,038	0,248	Lachgas	44	0,85	0,203

„c_p" siehe Text

Die notwendige Wärmezufuhr = Energievermehrung, um die Temperatur um $\Delta T = 1\,\mathrm{K}$ zu erhöhen, also die molare Wärmekapazität, folgt daraus zu

$$C_{\mathrm{molar}} \cdot 1\,\mathrm{K} = E_{\mathrm{molar}}(T + 1\,\mathrm{K}) - E_{\mathrm{molar}}(T) = 3\,R \cdot 1\,\mathrm{K} = 25\,\mathrm{J\,mol^{-1}}. \tag{8.45}$$

Das ist aber gerade der Wert, den die Dulong-Petitsche Regel fordert. Man muß jedoch sagen, daß der molare Energieinhalt eines festen Stoffes nur in einem begrenzten Temperaturbereich der einfachen Gl. (8.44) folgt und Gl. (8.45) dementsprechend nur in diesen Grenzen gilt.

Bei *Gasen* kann zur Messung ein offenes Kalorimeter nach Fig. 8.23 nicht verwendet werden. Entweder wird es mit einem Deckel *fest* verschlossen, so daß das Volumen bei

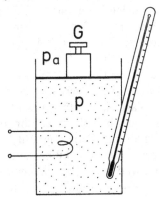

Fig. 8.23
Prinzipanordnung zur Messung der spezifischen Wärmekapazität „bei konstantem Druck" für ein Gas

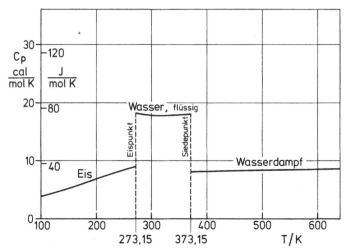

Fig. 8.24 Temperaturabhängigkeit der molaren Wärmekapazität des Stoffes H_2O

der Erwärmung konstant bleibt: dann mißt man die *Wärmekapazität bei konstantem Volumen*, und der Druck steigt gemäß Gl. (8.20) an. Oder es wird ein *beweglicher Deckel* wie in Fig. 8.23 skizziert, verwendet, auf den ein bestimmtes Gewichtsstück G gesetzt wird, so daß das Gas unter dem Druck $p = p_a + \dfrac{G}{A}$ (p_a der äußere Luftdruck) steht, der während der Erwärmung konstant bleibt. Dann vergrößert sich das Volumen gemäß Gl. (8.19), und zwar nach Maßgabe des thermischen Ausdehnungskoeffizienten bei konstantem Druck (Gl. (8.19)); man mißt die *Wärmekapazität bei konstantem Druck*. In den beiden Fällen werden die Wärmekapazitäten mit den Indices v bzw. p gekennzeichnet. Tab. 8.4 enthält für die Gase die spezifische Wärmekapazität c_p. Sie ist etwas größer als c_v, weil bei der Erwärmung zur Messung von c_p auch Hubarbeit verrichtet wird: Anheben des Gewichtsstückes der Anordnung in Fig. 8.23, weil das Gas sich ausdehnt. Man erkennt hier eine stillschweigende Erweiterung des Energiesatzes: die zugeführte Wärmeenergie führt zur Vermehrung der ungeordneten, thermischen Energie der Gasmoleküle *und* zur Verrichtung von Arbeit. Für die idealen Gase (dazu gehört praktisch auch die Luft) ergibt sich für die Differenz der beiden spezifischen Wärmekapazitäten bei konstantem Druck und bei konstantem Volumen $c_p - c_v = R/M_{\text{molar}}$ und damit kann man zu den Daten für die Gase in Tab. 8.4 auch die Größe c_v ausrechnen. – Ein Vergleich der *molaren Wärmekapazitäten der Gase* untereinander zeigt, daß sie umso größer sind, je mehr Atome in einem Molekül vereinigt sind. Einatomige Gase (Edelgase) haben die kleinste molare Wärmekapazität. Dieser Sachverhalt bedeutet, daß die Moleküle eines mehratomigen Gases bei Wärmezufuhr nicht nur ihre translatorische, ungeordnete Bewegungsenergie vergrößern, sondern Energie auch noch in Form von Dreh- und Schwingungsenergie der Molekülbestandteile aufnehmen, so daß zur Temperaturerhöhung um ein Grad mehr Energie benötigt wird als bei einatomigen Gasen.

Die Übertragung der Überlegungen, die bei den Gasen zur Unterscheidung von c_p und

c_v geführt haben, auf die *festen Stoffe* und die *Flüssigkeiten*, zeigt, daß bei ihnen wegen des geringen thermischen Ausdehnungskoeffizienten (Tab. 8.1) c_p und c_v praktisch gleich sind. Die meisten Messungen erfolgen bei dem konstanten Druck $p \approx 1$ bar der Atmosphäre an der Erdoberfläche. Die Daten in Tab. 8.4 beziehen sich auf diesen Druck und sind damit spezifische Wärmekapazitäten bei konstantem Druck.

Wegen der großen Bedeutung des Stoffes *Wasser* ist in Fig. 8.24 der Verlauf der molaren Wärmekapazität $C_{\text{molar},p}$ für einen größeren Temperaturbereich wiedergegeben. Der Sprung der molaren (und der spezifischen) Wärmekapazität bei $\vartheta = 0\,°C$ etwa um den Faktor 2 ist deshalb interessant, weil er zeigt, daß Wasser sich deutlich weniger leicht abkühlen läßt als Eis. Über die Phasenumwandlung Wasser–Eis s. Abschn. 8.10.

8.5.3 Messung von Wärmemengen: Kalorimetrie

Kalorimetrische Messungen werden im besonderen auch dort ausgeführt, wo man Vorgänge untersucht, bei denen Energie umgesetzt wird, die als thermische Energie in Erscheinung tritt, was z.B. für die Stoffwechselvorgänge zutrifft. Die zu messenden Wärmemengen sind häufig klein, und daher werden speziell angepaßte Kalorimeter verwendet, um die Meßfehler klein zu halten. Es werden beispielsweise zwei völlig gleiche Kalorimeter benützt, wo nur in einem der beiden der zu messende Vorgang abläuft, aber die äußeren Einflüsse in beiden gleich sind, und somit beim Meß-kalorimeter abgezogen werden können (*Differential-Kalorimeter*). In einer anderen Anordnung wird das Meßkalorimeter von einem zweiten Gefäß umgeben, das heizbar ist und dessen Temperatur durch geeignete Maßnahmen auf genau der gleichen Temperatur wie das Meßkalorimeter gehalten wird, so daß der Wärmeaustausch mit der Umgebung unterbunden ist (*adiabatisches Kalorimeter*), und überdies die Temperaturmessung an einem günstigeren Platz und damit mit erhöhter Genauigkeit erfolgen kann. – Die eigentliche Messung kann in verschiedener Weise erfolgen: man führt dem Kalorimeter mit einer Heizvorrichtung eine konstante Wärme*leistung* $\dot{Q} = dQ/dt$ (konstanter elektrischer Leistung entsprechend) zu und registriert den Verlauf des Temperaturanstiegs; man kann auch an einem Temperaturfühler den Sollwert der Temperatur in wählbaren Schritten erhöhen und die zuzuführende Energie messen. Fig. 8.25 enthält ein Meßergebnis einer kalorimetrischen Messung an einer wäßrigen DNS-Lösung. Einem schwachen Anstieg der spezifischen Wärmekapazität der Probe ist bei etwa $\vartheta = 75\,°C$ eine „Anomalie" überlagert mit erhöhtem Wärmebedarf: er dient der Umwandlung der DNS-Doppelwendel (Doppelhelix) in eine verknäuelte Form, und diese Umwandlung ist nicht reversibel. Wird das Experiment wiederholt, nachdem einmal $\vartheta = 80\,°C$ überschritten wurde, so wird der durch ∞∞∞ dargestellte Verlauf gemessen. Die Auffindung solcher Umwandlungsvorgänge ist von größtem Interesse.

Schließlich werden auch Kalorimeter verwendet, mit denen der Wärme*strom* und damit die Wärmeerzeugung $\dot{Q}$ in einer Probe gemessen wird: man umgibt die Probe mit einem Kranz vieler Thermoelemente (einige hundert), die einen guten thermischen Kontakt mit der „Umgebung" herstellen, so daß die Probentemperatur nahezu gleich

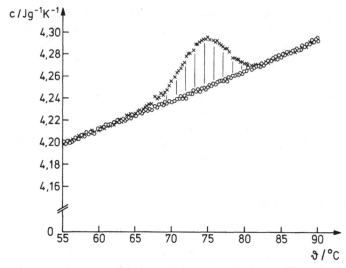

Fig. 8.25 Messung der spezifischen Wärmekapazität einer wäßrigen Lösung von DNS (Massenkonzentration $\varrho_{DNS} = 10\,mg/cm^3$). Mit wachsender Temperatur wird zunächst der Verlauf xxx gemessen. Bei etwa $\vartheta = 80°$ C ist die Helix-Coil-Umwandlung abgeschlossen. Wird abgekühlt und erneut gemessen, dann entsteht die Kurve ooo: die Umwandlung ist nicht reversibel. Der schraffierte Flächeninhalt ist die Gesamtenergie für die Helix-Coil-Umwandlung (nach Ackermann und Rüterjans: Ber. Bunsen Ges. **68** (1964) 850)

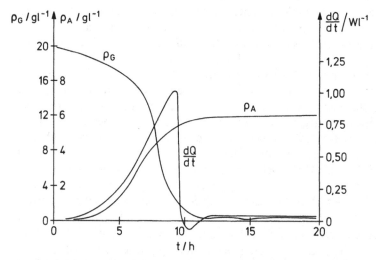

Fig. 8.26 Zeitlicher Verlauf der kalorimetrisch gemessenen Wärmeproduktion dQ/dt einer Hefe in einem Glukose-Nährmedium. Die Wärmeproduktion fällt nach der Zeit $t = 10\,h$ scharf ab, weil die Glukose (Konzentration ϱ_G) dann verbraucht ist. Gleichzeitig steigt die Alkohol-Konzentration ϱ_A an. Nach Verbrauch der Glukose erfolgt weitere Wärmeproduktion durch Verbrennung des Alkohols (nach Schaarschmidt und Lamprecht: Rad. and Environm. Biophysics **14** (1977) 153)

derjenigen der Umgebung ist. Der verbleibende Temperaturunterschied zwischen den inneren und den äußeren Thermoelementen bestimmt den Wärmestrom. Ein typisches Meßergebnis ist in Fig. 8.26 wiedergegeben. Es handelt sich dabei um das Wachstum einer Hefe mit Sacchariden. Man sieht, daß nach einer gewissen Einstellzeit der Wärmestrom, und daher die Wärmeerzeugung je Zeiteinheit dQ/dt exponentiell zunimmt, und daß nach Verbrauch des Nährstoffes die Wärmeerzeugung fast verlischt. Gleichzeitig mit der ansteigenden Wärmeerzeugung nimmt die Glukose-Konzentration ab, die Alkohol-Konzentration nimmt zu, ebenso die Trockenmasse der Hefe. Ist die Glukose verbraucht, dann erfolgt weitere Wärmeerzeugung nur durch die Verbrennung des Alkohols.

Beispiel 8.7 Der „Grundumsatz" des Menschen bedeutet eine Wärmeproduktion von rund 6280 kJ in 24 Stunden, $\dot{Q} = 6280\,\text{kJ}/24\,\text{h} = 72{,}7\,\text{J s}^{-1} = 72{,}7\,\text{W}$, oder $\dot{Q} = 1500\,\text{kcal/d}$. Würde man die Wärmeabfuhr total unterbrechen (Aufenthalt in einem Kalorimeter), was man aus Gründen der notwendigen Atmung – durch die auch Wärmeabfuhr erfolgt – nicht kann, so würde die Temperatur des Menschen kontinuierlich ansteigen. Die spezifische Wärmekapazität des Menschen ist nahezu gleich der des Wassers, demnach können wir für sie $c_{\text{Mensch}} \approx 4\,\text{J g}^{-1}\,\text{K}^{-1}$ setzen. Aus Gl. (8.39) folgt der Zusammenhang

$$\dot{Q} = \frac{dQ}{dt} = \Gamma_{\text{Mensch}} \frac{dT}{dt}.$$

Für die Temperaturanstiegsgeschwindigkeit erhält man daher für einen Menschen von 70 kg Gewicht

$$\frac{dT}{dt} = \frac{1}{\Gamma_{\text{Mensch}}} \frac{dQ}{dt} = \frac{1}{m_{\text{Mensch}}\, c_{\text{Mensch}}} \frac{dQ}{dt} = \frac{1}{70 \cdot 10^3\,\text{g} \cdot 4\,\dfrac{\text{J}}{\text{g K}}}\, 72{,}7\,\frac{\text{J}}{\text{s}}$$

$$= 2{,}6 \cdot 10^{-4}\, \frac{\text{K}}{\text{s}}.$$

Die Temperaturzunahme in einer Minute wäre damit

$$\Delta T = 2{,}6 \cdot 10^{-4}\,\text{K s}^{-1} \cdot 60\,\text{s} = 0{,}0156\,\text{K},$$

oder in einem Tag $\Delta T = 22{,}5\,\text{K}$.

8.6 Allgemeiner Energiesatz: erster Hauptsatz der Thermodynamik

Wir haben bereits kennengelernt, daß mechanische Energie (potentielle und kinetische Energie) und thermische Energie (ungeordnete kinetische Energie) sowie chemische Energie verschiedene Formen einer einzigen Größe *Energie* sind, und daß die (mechanische) Arbeit (Hubarbeit, Spannarbeit, Beschleunigungsarbeit) der Änderung einer mechanischen Energie gleich ist. Früher hat man die verschiedenen Energieformen in verschiedenen Einheiten gemessen. Der Einheitlichkeit des Energiebegriffs ist heute dadurch Rechnung getragen, daß für alle Energieformen nur noch eine Einheit, im SI das Joule, definiert wurde. Insbesondere entfiel dadurch die Einheit Kalorie. In Abschn. 7.6.3.1 haben wir den Satz von der Erhaltung der Energie in der Form kennengelernt: Die Gesamtenergie eines keinen äußeren Kräften unterworfenen Systems (eines abgeschlossenen Systems) bleibt bei allen Vorgängen im System konstant. Wir haben jetzt eine weitere Energieform, die ungeordnete, thermische Energie kennengelernt. Alle *Erfahrung* zeigt, daß die thermische Energie in den Energiesatz einbezogen werden muß, und damit kommen wir zum *allgemeinen Energiesatz* oder *ersten Hauptsatz der Thermodynamik: Die Summe aller Energien einschließlich der thermischen Energie ist für ein abgeschlossenes System konstant.* Diese Gesamtenergie kann nur durch Zufuhr von Energie von außen vermehrt, bzw. durch Abgabe von Energie nach außen vermindert werden. Innerhalb des Systems sind sehr wohl Energieänderungen dadurch möglich, daß Energieumwandlungen und Energieaustausch unter den Teilen des Systems vorkommen, dadurch ändert sich aber die Gesamtenergie des Systems nicht.

Für die *Praxis der Anwendungen* ist es wichtig, eine Vereinbarung über das *Vorzeichen von Energien und Arbeiten* zu treffen, wenn das System mit einem anderen – genannt „Umgebung" – in Wechselwirkung tritt: gibt das System Wärmeenergie Q ab, so wird diese mit negativem Vorzeichen versehen, nimmt es Wärme auf, so ist das Vorzeichen positiv (Fig. 8.27); die vom System verrichtete, also nach außen abgegebene Arbeit W (Ausdehnung eines Gases, Entspannung einer Feder) wird negativ gerechnet, die am System verrichtete Arbeit positiv (Kompression eines Gases, Spannen einer Feder). Die Gesamtenergie eines Systems, das sich nicht selbst als ganzes bewegt, also seine „innere Energie" bezeichnen wir mit dem Formelzeichen U. Nach dem ersten Hauptsatz der Thermodynamik kann dieser Energieinhalt eines Systems nur dadurch geändert werden, daß Wärme zu- oder abgeführt wird, oder daß das System Arbeit verrichtet, oder an ihm Arbeit verrichtet wird, so daß die Änderung der Energie

$$\Delta U = U_{\text{Ende}} - U_{\text{Anfang}} = Q + W. \tag{8.46}$$

Wird weder Wärme mit der Umgebung ausgetauscht ($Q = 0$) noch Arbeit verrichtet ($W = 0$), dann ist $\Delta U = 0$, also U konstant, wie es der erste Hauptsatz verlangt. – Beispiele der Anwendung von Gl. (8.46) werden in Abschn. 8.7 besprochen, um einige grundlegende Vorgänge darzulegen.

Die besondere Bedeutung der Wärmeenergie wie sie in Gl. (8.46) durch die Aufteilung der Energieänderung ΔU in die beiden Anteile Q und W zutage tritt, hat ihren tieferen Grund darin, daß die Wärme mit der *Entropie* in Zusammenhang steht, deren Verhalten bei Vorgängen durch den zweiten Hauptsatz der Thermodynamik beschrieben wird (Abschn. 8.8).

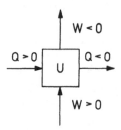

Fig. 8.27
Vorzeichenkonvention bei Ausführung von Prozessen mit einem System

8.7 Einige thermodynamische Prozesse; Carnot-Prozeß und thermodynamische Temperatur

8.7.1 Isotherme Prozesse

Durch experimentelle Maßnahmen wird dafür gesorgt, daß die Temperatur des Systems konstant bleibt: im Prinzip bringt man das System in guten „thermischen Kontakt" mit einem „Wärmebad" der Temperatur T: es ist dadurch definiert, daß es beliebige Wärmemengen an das System abgeben oder von ihm aufnehmen kann, ohne daß sich seine Temperatur dadurch ändert. In Fig. 8.28 ist als System ein Gas in einem Zylinder mit abschließendem, beweglichem Kolben dargestellt. Die damit ausführbaren Prozesse sind eine *isotherme Kompression oder Expansion des Gases*. Dabei bewegt man sich längs einer Isothermen des Gases (T_1, T_2 oder T_3 in Fig. 8.12c). Die vom System (Gas) verrichtete oder an ihm verrichtete Arbeit folgt aus dem Produkt von Kraft und Verschiebungsweg des Kolbens,

$$dW = -F\,dx = -p\,A\,dx = -p\,dV, \tag{8.47}$$

wobei die Vorzeichenwahl unserer Vereinbarung entspricht: ist $dx > 0$, so ist $dV > 0$ (Volumenvergrößerung, Expansion), es wird Arbeit vom Gas verrichtet, dW ist negativ (und umgekehrt bei Kompression, $dx < 0$, $dV < 0$). Erfolgt die Änderung des Volumens insgesamt von V_1 nach V_2, so ist die gesamte Arbeit

$$W = -\int_{V_1}^{V_2} p\,dV. \tag{8.48}$$

Sie heißt *Volumenarbeit* und kann berechnet werden, wenn die Zustandsgleichung $p = p(V)$ mathematisch bekannt ist, oder sie wird graphisch ermittelt, s. Fig. 8.29. Der Ausdruck Gl. (8.48) ist auch für Volumenänderungen gültig, die nicht als geradlinige Kolbenverschiebung erfolgen.

Ist das benutzte Gas ein *ideales Gas*, dann kennen wir erstens die Zustandsgleichung, nämlich $pV = vRT$ nach Gl. (8.15), und zweitens wissen wir, daß die innere Energie U

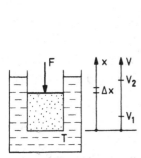

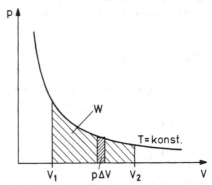

Fig. 8.28 Beim isothermen Prozeß besteht guter Kontakt mit einem Wärmebad

Fig. 8.29 Graphische Darstellung der Arbeit W bei einem isothermen Prozeß bei der konstanten Temperatur T

des Gases nur von der Temperatur, aber nicht vom Volumen abhängt, denn nach Gl. (8.22) ist $U = v \cdot (3/2) \cdot RT$. Da beim isothermen Prozeß die Temperatur konstant bleibt, d.h. $\Delta T = 0$ ist, ist auch $\Delta U = 0$, und in der Gl. (8.46) des ersten Hauptsatzes verschwindet die linke Seite: beim isothermen Expansionsprozeß mit Verrichtung mechanischer Arbeit wird dem Wärmebad das exakte Äquivalent an Wärme $Q = -W$ entnommen und dem Gas zugeführt. Das Gas gibt diese Energie sofort in Form von Arbeit weiter und dient damit nur als Hilfsmedium zur Transformierung von Wärme in Arbeit.

Aus dem Energiesatz Gl. (8.46) folgt quantitativ für ein ideales Gas als Arbeitsmedium

$$Q = -W = \int_{V_1}^{V_2} p \, dV = vRT \int_{V_1}^{V_2} \frac{dV}{V} = vRT \ln \frac{V_2}{V_1} = -W_{\text{isotherm}}. \tag{8.49}$$

Im Prinzip können hiernach unendlich große Wärmemengen vollständig in Arbeit gewandelt werden, wenn $V_2 \to \infty$ geht, was natürlich praktisch nicht ausführbar ist. Der durch Gl. (8.49) dargestellte „ideale Prozeß" ist tatsächlich nicht verwirklichbar. *Erstens* bestehen in einem realen Gas zwischen den Molekülen anziehende Kräfte. Ein Teil der zugeführten Energie Q wird also verbraucht, um die Moleküle „auseinanderzuziehen" und steht nicht als „äußere Arbeit" zur Verfügung, so daß $Q > -W$ ist. *Zweitens* setzt Gl. (8.48) voraus, daß während des Expansions- (bzw. Kompressions-) Prozesses in jedem Augenblick die äußere Kraft F gleich $p \cdot A$ ist. Da der Gasdruck p bei der Expansion auf Grund des Boyle-Mariotteschen Gesetzes, $p \cdot V = \text{const}$, Gl. (8.21), stetig abnimmt, muß F in genau gleicher Weise abnehmen (man sagt, daß man durch lauter Gleichgewichtszustände hindurchgehen müsse), was technisch schwer zu realisieren ist. *Drittens* muß bei jeder kleinen Expansion ΔV gerade die kleine Wärmemenge $\Delta Q = p \cdot \Delta V$ in das Gas einströmen. Dazu ist eine Temperaturdifferenz zwischen Wärmebad und Gas nötig, weil keine Wand einen unendlich großen Wärmeleitwert besitzt (Abschn. 8.9.1). Um die Temperaturdifferenz „unendlich klein" zu machen, d.h. einen isothermen Prozeß zu realisieren, muß man also den Prozeß „unendlich langsam" vor sich gehen lassen, was sich von selbst verbietet. Man kann also niemals die ganze Wärmemenge Q in Arbeit verwandeln.

8.7.2 Adiabatische Prozesse

Adiabatische Prozesse sind Vorgänge, bei denen *keinerlei Austausch von Wärme* mit der Umgebung erfolgt, das System ist „thermisch isoliert". Damit ist $Q = 0$, und der Energiesatz sagt, daß

$$\Delta U = W_{\text{adiabatisch}} = - \int_{V_1}^{V_2} p \, dV. \tag{8.50}$$

Ist die vom System verrichtete Arbeit negativ (Expansion), dann wird die vom System verrichtete Arbeit vollständig der inneren Energie entnommen, die Temperatur des Systems sinkt; das umgekehrte gilt für eine Kompression.

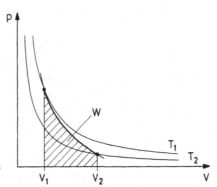

Fig. 8.30
Expansions- bzw. Kompressionsarbeit W bei einem
adiabatischen Prozeß

Die Auswertung von Gl. (8.50) kann nicht wie bei Gl. (8.49) erfolgen, weil die Temperatur nicht konstant bleibt. Statt dessen müssen wir wie folgt schließen: der Abkühlung um ein differentiell kleines Temperaturintervall dT entspricht ein Entzug thermischer Energie dU, die bei *idealen Gasen* gerade $dU = \Gamma \, dT = v \, C_{\mathrm{molar},v} \, dT$ ist. Schreibt man Gl. (8.50) zunächst in die differentielle Form $dU = -p \cdot dV$ um und nimmt die Zustandsgleichung der idealen Gase hinzu, $pV = v \, RT$, dann erhält man für den Zusammenhang zwischen Druck, Volumen und Temperatur für einen adiabatischen Prozeß

$$p_2 V_2^{\varkappa} = p_1 V_1^{\varkappa} \quad \text{also} \quad p V^{\varkappa} = \text{const}, \tag{8.51}$$

$$\text{oder} \quad T_2 V_2^{\varkappa-1} = T_1 V_1^{\varkappa-1} \quad \text{also} \quad T V^{\varkappa-1} = \text{const}. \tag{8.52}$$

In diesen Gleichungen ist $\varkappa = C_{\mathrm{molar},p}/C_{\mathrm{molar},v} = c_p/c_v$ und wird *Adiabatenexponent* genannt. Da $c_p > c_v$, so ist stets $\varkappa > 1$. Fig. 8.30 enthält ein p, V-Diagramm für einen adiabatischen Prozeß. Die „Adiabaten" verlaufen sämtlich steiler als die Isothermen. Das entspricht dem physikalischen Sachverhalt, daß bei adiabatischen Prozessen die thermische Isolierung zur Umsetzung von Arbeit in Wärme (und umgekehrt) führt, also zur Temperaturänderung des Systems. – Die Auswertung von Gl. (8.50) mittels Gl. (8.51) ergibt $W_{\mathrm{adiabatisch}} = (p_2 V_2 - p_1 V_1)/(\varkappa - 1)$.

Auch der beschriebene adiabatische Prozeß ist ein idealer Prozeß, weil eine völlige thermische Isolierung eines Systems nicht möglich ist. Auf der anderen Seite können Prozesse, die von kurzer Dauer sind, praktisch adiabatisch verlaufen, obwohl die thermische Isolierung schlecht oder nicht vorhanden ist. Ein technisches Beispiel ist die Zündung des Öl-Luft-Gemisches im Dieselmotor, hervorgerufen durch den Temperaturanstieg bei der schnellen Kompression. Ein physikalisch interessantes Beispiel betrifft die Vorgänge in einer Schallwelle. Die Verdichtungen und Verdünnungen (Abschn. 13.6.2) verlaufen so schnell, daß zwischen den wärmeren Verdichtungsgebieten und den kälteren Verdünnungsgebieten praktisch kein Wärmeaustausch durch Wärmeleitung stattfinden kann.

8.7.3 Innere Energie U und Enthalpie H

Wir haben aus Anlaß der Besprechung der spezifischen Wärmekapazität der Gase zwischen c_p und c_v (bzw. $C_{\text{molar},p}$ und $C_{\text{molar},v}$) zu unterscheiden gelernt. Bei einem realen Gas liegt der Unterschied beider Größen nicht nur darin begründet, daß bei Erwärmung unter konstantem Druck vom Gas notwendig Arbeit verrichtet werden muß, sondern bei einem realen Gas ist zur Vergrößerung des mittleren Molekülabstandes bei der Volumenvergrößerung auch die Verrichtung „innerer Arbeit" notwendig, wozu ein Teil der zugeführten Wärme verbraucht wird. Das ist nicht der Fall beim Arbeiten mit konstantem Volumen: die Wärmekapazität bei konstantem Volumen c_v, bzw. $C_{\text{molar},v}$ mißt nur den Anteil der Änderung der inneren Energie U, der nicht vom Molekülabstand, also vom Volumen abhängt. Daher schreibt man

$$C_{\text{molar},v}\, dT = dU_{\text{molar}}\,|_{V=\text{const}} \tag{8.53}$$

Eine ähnliche Beziehung kann man für die molare Wärmekapazität bei konstantem Druck $C_{\text{molar},p}$ gewinnen. Wir betrachten die Erwärmung bei konstantem Druck als einen thermodynamischen Prozeß und wenden darauf den ersten Hauptsatz Gl. (8.46) an. In differentieller Form und unter Beachtung unserer Vorzeichenkonvention für die Wärme und die Arbeit ergibt sich

$$dQ = dU - dW = dU + p\,dV = dU + d\,(p\,V).$$

Der letzte Teil der Gleichungskette ist nur in unserem Fall richtig, wo wir ja $p = \text{const}$. annehmen. Wir können also auch

$$dQ_{p=\text{const}} = d\,(U + p\,V)_{p=\text{const}} = v \cdot C_{\text{molar},p}\, dT \tag{8.54}$$

schreiben. Hieraus lesen wir die gesuchte Beziehung ab: Wir nennen

$$H = U + p \cdot V \tag{8.55}$$

die *Enthalpie* des Gases (allgemein: eines Systems), und dann ist die Änderung der molaren Enthalpie bei konstantem Druck gleich der molaren Wärmekapazität bei konstantem Druck,

$$C_{\text{molar},p}\, dT = dH_{\text{molar}}\,|_{p=\text{const}}\,. \tag{8.56}$$

Die Größe $C_{\text{molar},p}$ enthält drei Anteile: die Änderung der inneren Energie bei konstant gehaltenem Volumen (Molekülabstand), die innere Arbeit zur Vergrößerung der Molekülabstände bei der Ausdehnung des Gases und schließlich die äußere Arbeit bei der Ausdehnung des Gases.

8.7.4 Biologische Prozesse

Unter den vielen in der biologischen Zelle ablaufenden Prozessen sind diejenigen hier von Interesse, die zur Energievermehrung führen. Es handelt sich um exotherme Atom- oder Molekülreaktionen, von denen wir in Abschn. 7.6.5.2 Beispiele besprochen haben. Wird in einer Reaktion Energie frei, so bedeutet dies, daß die

Reaktionsprodukte eine höhere kinetische Energie haben als die Anfangspartner der Reaktion. Es bleibt dabei natürlich der Energiesatz gewahrt: die frei werdende Energie stammt aus der chemischen (Bindungs-)Energie. Die Umsetzung der kinetischen Energie der Reaktionsprodukte in thermische Energie, also Wärme, erfolgt durch Zusammenstöße mit den anderen Molekülen in der Zelle. Die Wärme kann dann an die Umgebung abgegeben werden: als thermodynamisches System behandelt, laufen die Prozesse in der Zelle wegen des guten thermischen Kontaktes mit der Umgebung „isotherm" ab. Es kommt wesentlich hinzu, daß durch die Zellwandung hindurch ein Stoffaustausch möglich ist. Die Behandlung derartiger Systeme geschieht mittels weiterer Energiefunktionen der Thermodynamik (chemisches Potential), auf die wir hier nicht eingehen können.

8.7.5 Carnot-Prozeß und thermodynamische Temperatur

Isotherme und adiabatische Prozesse waren geeignet, um thermische Energie in Arbeit zu wandeln. Sie waren vollständig umkehrbar, d.h. sie waren *reversibel*, wenn sie als ideale Prozesse abliefen. Es handelte sich aber nicht um periodisch ausführbare Prozesse, die zur kontinuierlichen Verrichtung von Arbeit hätten herangezogen werden können. Es war daher von grundlegender Bedeutung, als Sadi Carnot (1824) einen *Kreisprozeß* ersann, der als ideale, periodisch arbeitende Einrichtung aus thermischer Energie eines Wärmebades (Wärmereservoir) Arbeit zu gewinnen erlaubte. Wegen der grundsätzlichen Bedeutung dieses Prozesses sei er hier kurz beschrieben, ohne daß wir auf Details eingehen. Gegeben seien *zwei* Wärmebäder der Temperaturen T_1 und T_2 ($T_1 > T_2$). Bringt man diese einfach in thermischen Kontakt, so gleichen sich die Temperaturen aus: davon hat man nichts. Wir können aber eine Verbindung zwischen den Wärmebädern schaffen, mit deren Hilfe Arbeit verrichtet werden kann. Dazu verwendet man ein (zunächst ideales) Gas in einem Zylinder mit Stempel. Man führt 4 Schritte aus, bei denen das Arbeitsgas die Stadien durchläuft, die in Fig. 8.31 in einem p, V-Diagramm dargestellt sind: 1. isotherme Expansion in Kontakt mit dem Wärmebad der Temperatur T_1 ($V_a \rightarrow V_b$); 2. adiabatische Expansion nach thermischer Isolierung, so daß $T_1 \rightarrow T_2$ ($V_b \rightarrow V_c$); 3. isotherme Kompression in

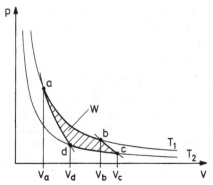

Fig. 8.31
Die Arbeit W beim Carnot-Prozeß zwischen den Wärmebädern der Temperatur T_1 und T_2

Kontakt mit dem Wärmebad der Temperatur T_2 ($V_c \rightarrow V_d$); 4. adiabatische Kompression, so daß die Temperatur des Gases wieder auf T_1 ansteigt ($V_d \rightarrow V_a$). Beim ersten isothermen Prozeß wird die Wärmemenge Q_1 dem System aus dem Wärmebad T_1 zugeführt: der *Zahlenwert von Q_1 ist positiv.* Beim zweiten isothermen Prozeß wird die Wärmemenge Q_2 aus dem System an das Wärmebad T_2 abgeführt: der *Zahlenwert von Q_2 ist negativ.* Nur die algebraische Summe (gleich Differenz der Beträge) $W = Q_1 + Q_2$ kann in Arbeit verwandelt werden, d.h. es konnte nicht die ganze, dem oberen Wärmebad entnommene Wärmemenge Q_1 in Arbeit verwandelt werden. Das ist das grundsätzlich wichtige Ergebnis dieser ideal arbeitenden Maschine. Man definiert ihren *thermodynamischen Wirkungsgrad* durch das Verhältnis von gewonnener Arbeit W zur Wärmemenge Q_1, die zur Wandlung zur Verfügung steht und findet

$$\eta_{\text{Carnot}} = \frac{W}{Q_1} = \frac{Q_1 + Q_2}{Q_1} = \frac{Q_1 - |Q_2|}{Q_1} = \frac{T_1 - T_2}{T_1} = 1 - \frac{T_2}{T_1}. \qquad (8.57)$$

Dieser Wirkungsgrad ist demnach grundsätzlich kleiner als Eins, wenn nicht die zweite Temperatur $T_2 = 0$ ist.

Die Carnot-Maschine ist eine *reversible* Maschine. Man kann die Reihenfolge der Einzelprozesse in völlig gleicher Weise auch umgekehrt ausführen: es würde dann aus dem unteren Wärmebad die Wärmemenge Q_2 entnommen, es würde am System die Arbeit W verrichtet werden und dann dem oberen Wärmebad die Wärmemenge $Q_1 = Q_2 + W$ hinzugefügt werden (Prinzip der Wärmepumpe). Weiterhin kann man das ideale Gas durch jeden anderen Arbeitsstoff ersetzen, denn dieser kehrt jeweils in den identischen Ausgangszustand zurück. Es hat überhaupt jeder andere *reversible*, zwischen zwei Wärmebädern unter Verrichtung von Arbeit ablaufende *Kreisprozeß* den *gleichen Wirkungsgrad* wie der Carnotsche. Daneben hat der Carnotsche Kreisprozeß auch deshalb grundsätzliche Bedeutung, weil bei wirklichen Kreisprozessen die Einzelprozesse weder streng isotherm noch streng adiabatisch sind, und weil Reibungsverluste nicht vermieden werden können. Damit ist also der thermodynamische Wirkungsgrad aller „Wärmekraftmaschinen" kleiner als der Carnot-Wirkungsgrad. Aus Gl. (8.57) resultiert auch die Richtung der technischen Entwicklung von Dampfkraftwerken zu immer höherer Betriebstemperatur. Ein modernes Dampfkraftwerk arbeitet mit Heißdampftemperaturen $\vartheta_1 = 550\,°C$, d.h. $T_1 = 823\,K$. Ist die Endtemperatur, auf die schließlich der Betriebsdampf abgekühlt wird $\vartheta_2 = 37\,°C$, $T_2 = 310\,K$ – was nicht ganz erreicht wird –, so beträgt der maximale thermodynamische Wirkungsgrad $\eta = 1 - 310/823 = 1 - 0{,}38 = 0{,}62 = 62\,\%$. Heute werden Wirkungsgrade bis zu $45\,\%$ erreicht.

Da der Wirkungsgrad eines mit einem beliebigen Arbeitsstoff arbeitenden, reversiblen Kreisprozesses unabhängig von den Stoffeigenschaften und gleich dem des Carnot-Prozesses ist, wird es hier erstmals möglich, die „*Temperatur" stoffunabhängig zu* definieren. Es bedarf erstens der Benutzung der Erfahrungstatsache, daß es eine tiefste Temperatur, den absoluten Nullpunkt, gibt; ihm schreibt man die Temperatur $T = 0\,K$ zu. Zweitens muß man *einen* Fixpunkt festlegen; als solchen wählt man den Tripelpunkt des Wassers (Abschn. 8.10.4.1) und ordnet ihm die Temperatur

$T = 273,16\,\text{K}$ zu. Alle anderen Temperaturwerte erhält man dann – grundsätzlich, praktisch geht man anders vor – durch Messung der von geeignet arbeitenden Carnot-Maschinen verrichteten Arbeitswerte.

Die so definierte *thermodynamische Temperaturskala* ist identisch mit der mit Hilfe des idealen Gases definierten „absoluten Temperaturskala" (die aber grundsätzlich nicht realisierbar ist) und *praktisch* gleich der auf der Ausdehnung des Quecksilbers beruhenden Celsiusskala im Anwendungsbereich dieses Thermometers (Abschn. 8.2.2).

8.8 Entropie, zweiter Hauptsatz der Thermodynamik

8.8.1 Entropie

Beim Carnot-Prozeß wird dem Arbeitsstoff beim ersten isothermen Prozeß die Wärmemenge Q_1 aus dem oberen Wärmebad zugeführt, beim zweiten isothermen Prozeß gibt er an das untere Wärmebad die Wärmemenge Q_2 ab. Für diese beiden Wärmemengen findet man die Beziehung

$$\frac{Q_1}{T_1} = -\frac{Q_2}{T_2} \quad \text{oder} \quad \frac{Q_1}{T_1} + \frac{Q_2}{T_2} = 0. \tag{8.59}$$

Diese Gleichung gilt sogar bezüglich des Arbeitsstoffes für den ganzen geschlossenen Prozeßweg (Kreisprozeß), weil längs der adiabatischen Teile keine Wärme mit den Wärmebädern mehr ausgetauscht wird, und das drückt sich auch darin aus, daß Gl. (8.59) mit der Gleichungskette in Gl. (8.57) übereinstimmt. Ein ähnliches Verhalten einer physikalischen Größe auf einem geschlossenen Weg haben wir schon an anderer Stelle kennengelernt: die Arbeit im Gravitationsfeld und die elektrische Spannung im elektrischen Feld waren solche Größen, die sich bei geschlossenem Weg zu Null ergaben. Wir nennen nun die Größe Q/T die *Entropie S* eines Körpers (Dimension Energie durch Temperatur, SI-Einheit J K^{-1}). Die Entropie ist eine *Zustandsgröße*, sie ist durch die Vorgabe der einfachen Zustandsgrößen Druck p, Volumen V, Temperatur T und die Menge des Stoffes v, m, N eindeutig bestimmt.

Auf dem Weg a bis b (Fig. 8.31) des Carnot-Prozesses wird – wie oben gesagt – dem Arbeitsstoff die Wärmemenge Q_1 zugeführt. Mit Hilfe der neuen Größe „Entropie" können wir auch sagen, daß ihm die Entropie $S_1 = Q_1/T_1$ zugeführt wird. Ist die Anfangsentropie im Zustand a gleich S_a, so ist im Zustand b

$$S_b = S_a + S_1 = S_a + \frac{Q_1}{T_1}. \tag{8.60}$$

Beim anschließenden adiabatischen Prozeß bleibt die Entropie ungeändert. Der darauffolgende isotherme Prozeß war wieder mit Wärmeaustausch verbunden, so daß die Entropie des Arbeitsstoffes auf den Wert gebracht wurde

$$S_d = S_b + \frac{Q_2}{T_2} = S_a + \frac{Q_1}{T_1} + \frac{Q_2}{T_2} = S_a. \tag{8.61}$$

Bei dem letzten Stück des Kreisprozesses ändert sich die Entropie nicht, und damit sagt Gl. (8.61), daß sich die Entropie des Arbeitsstoffes bei dem vollständigen Kreisprozeß nicht geändert hat.

Wir betrachten jetzt die beteiligten Wärmebäder. Dem oberen wurde die Entropie Q_1/T_1 entnommen und dem unteren der gleiche Betrag $|Q_2|/T_2$ zugeführt. Man kann auch sagen: durch den Carnot-Prozeß wird Entropie aus dem Bad mit der höheren Temperatur T_1 in dasjenige der niedrigeren Temperatur T_2 übergeführt, und dabei wird Arbeit gewonnen. – Wir haben damit gezeigt, daß bei dem ganzen System, Arbeitsstoff und Wärmebäder, die Entropie konstant bleibt. Das ist das Kennzeichen für einen reversiblen Prozeß.

8.8.2 Reversible und irreversible Vorgänge

Bei der Einführung der Entropie haben wir stillschweigend bestimmte Annahmen zugrundegelegt, deren Aufklärung nötig ist. Dazu ist in Fig. 8.32 der zeitliche Ablauf einer freien Expansion eines *idealen Gases* skizziert: beim Herausziehen des Schiebers verbreiten sich die Moleküle im ganzen Volumen. Der Endzustand unterscheidet sich vom Anfangszustand dadurch, daß das Volumen vergrößert (und der Druck vermindert), aber die Temperatur konstant geblieben ist, denn beim idealen Gas ist die innere, ungeordnete, thermische Energie *unabhängig* vom Volumen (nämlich unabhängig vom Abstand der Moleküle, Abschn. 8.1). Der skizzierte Vorgang läuft demnach als isothermer Prozeß ab, jedoch ohne Verrichtung von Arbeit, denn wir haben dem Gas die Möglichkeit dazu genommen. Es besteht damit nach dem ersten Hauptsatz auch gar keine Notwendigkeit, aus der Umgebung eine Wärmemenge zu übernehmen. Die isotherme Expansion eines Gases mit und ohne Verrichtung von Arbeit sind dennoch grundlegend verschieden: im ersten Fall ist der Vorgang, also die Zustandsänderung *reversibel*, denn wir können durch eine Kompression mit den gleichen energetischen Bedingungen alles wieder in den Ausgangszustand zurückführen. Im zweiten Fall ist dies nicht möglich, die Zustandsänderung ist *irreversibel*. Wir können sie zwar durch eine Kompression wieder rückgängig machen, aber es bleibt wegen der notwendigen Verrichtung von Arbeit immer eine Änderung der Umgebung

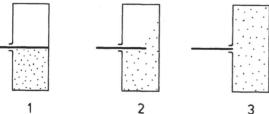

1   2   3
Fig. 8.32 Der zeitliche Ablauf einer Gasexpansion in ein Vakuum: ein irreversibler Prozeß

übrig, wie geschickt man auch den Prozeß führen mag. Eine Ausnahme wäre es nur, wenn das Gas infolge der thermischen Bewegung der Moleküle sich plötzlich wieder in die eine Hälfte des Volumens zurückzöge (und man dann schnell den Schieber einschieben würde), was aber jeder Erfahrung widerspricht.

Das Arbeitsgas selber, das wir als ideal vorausgesetzt haben, um alle Effekte zu vermeiden, die zu der Meinung führen könnten die folgenden Ergebnisse hätten etwas mit der Nicht-Idealität der Stoffe zu tun, hat beim isothermen, reversiblen und beim irreversiblen Prozeß die gleiche Veränderung erfahren: es nimmt bei der gleichen Temperatur einen größeren Raum ein, d. h. die *Zustände am Schluß des reversiblen und des irreversiblen Prozesses sind gleich*. Also muß auch die Entropie nach Ablauf der beiden Prozesse die gleiche sein. Nun haben wir an Hand des reversiblen Prozesses die Entropie quantitativ angeben können (bzw. ihre Änderung, nämlich Q_1/T_1). Da beim irreversiblen Prozeß kein Austausch von Wärme mit der Umgebung erfolgt ist, so muß *beim irreversiblen Prozeß Entropie erzeugt* worden sein, und zwar genau der gleiche Betrag, den wir bei der *reversiblen Ausführung* haben berechnen können. Wir halten fest: die Entropie ist eine Zustandsfunktion der Stoffe, ihre Veränderung bei Vorgängen (Zustandsänderungen) findet man, indem man *erstens* einen *reversiblen* Weg zur Ausführung des Übergangs vom Anfangs- zum Endzustand sucht, *zweitens* die auf den einzelnen kleinen Teilwegen mit der Umgebung ausgetauschten kleinen Wärmemengen δQ_{rev} durch die jeweilige Temperatur T, die das System auf diesem Teilweg hat, dividiert und *drittens* die so gefundenen kleinen Teilbeträge zu- bzw. abgeführter Entropie $dS = \delta Q_{rev}/T$ zur gesamten Entropieänderung des Systems aufaddiert (bzw. integriert),

$$S_{Ende} - S_{Anfang} = \int_{Anfang}^{Ende} \frac{\delta Q_{rev}}{T}. \tag{8.62}$$

Wir haben hier bereits impliziert, daß auf dem Überführungsweg vom Anfangs- in den Endzustand die Temperatur T nicht konstant ist, die Zustandsänderung also nicht isotherm zu sein braucht. Durch die geschilderte Vorschrift ist die Angabe der Entropie eines Stoffes eindeutig möglich, entsprechende Daten kann man Stofftabellen entnehmen.

8.8.3 Zweiter Hauptsatz der Thermodynamik

Es handelt sich um einen Erfahrungssatz vom gleichen Rang wie bei dem ersten Hauptsatz (*Energiesatz*), er wird häufig als *Entropiesatz* bezeichnet. Es gibt mehrere gleichwertige Formulierungen, von denen wir diese an die Spitze stellen: es gibt keine periodisch arbeitende Wärmekraftmaschine, die einen höheren thermodynamischen Wirkungsgrad hat als die Carnot-Maschine.

Hier soll nur eine Konsequenz dieses Satzes erläutert werden. Wir führen einen *irreversiblen Kreisprozeß* aus, d.h. einen Kreisprozeß zwischen den Wärmebädern der Temperaturen $T_1 > T_2$, wobei irreversible Anteile vorhanden sein mögen. Es soll dabei dem oberen Wärmebad die Wärmemenge Q_1' entnommen, dem unteren Q_2' zugeführt werden. Die verrichtete Arbeit ist dann $W' = Q_1' + Q_2' = Q_1' - |Q_2'|$. Nach der oben gewählten Formulierung des zweiten Hauptsatzes gilt dann für den Wirkungsgrad

$$\eta = \frac{W'}{Q_1'} = \frac{Q_1' - |Q_2'|}{Q_1'} = 1 - \frac{|Q_2'|}{Q_1'} < \eta_{\text{Carnot}} = 1 - \frac{T_2}{T_1}, \tag{8.63}$$

und daraus folgt für den irreversiblen Kreisprozeß

$$\frac{|Q_2'|}{T_2} > \frac{Q_1'}{T_1}. \tag{8.64}$$

Aus Gl. (8.64) folgt das *Verhalten der Entropie*. Diejenige des Arbeitsstoffes ändert sich nicht, weil er nach jedem Zyklus in den gleichen Zustand zurückkehrt. Wir betrachten nur noch die Wärmereservoire. Die Entropieänderung des Reservoirs mit der größeren Temperatur T_1 ist $\Delta S_1' = - Q_1'/T_1$, die Entropie nimmt ab (negativer Zahlenwert). Die Entropie des Reservoirs mit der kleineren Temperatur T_2 nimmt zu: $\Delta S_2' = |Q_2'|/T_2$ (positiver Zahlenwert). Die algebraische Summe ist die gesamte Entropieänderung

$$\Delta S = \Delta S_1' + \Delta S_2' = - \frac{Q_1'}{T_1} + \frac{|Q_2'|}{T_2} > - \frac{Q_1'}{T_1} + \frac{Q_1'}{T_1} = 0 \tag{8.65}$$

nach Gl. (8.64). Die Folge der Irreversibilität des Kreisprozesses (gekennzeichnet durch Gl. (8.64)) ist eine *Zunahme der Gesamtentropie*, $\Delta S > 0$, und zwar für das Gesamtsystem. Allgemein gilt: *in einem abgeschlossenen System, in welchem irreversible Prozesse ablaufen* (Modell: der irreversible Kreisprozeß zwischen zwei Wärmereservoiren) *nimmt die Entropie stets zu, sie nimmt niemals ab*, und *nur bei reversiblen Prozessen bleibt sie konstant*. Die Bedeutung des Satzes liegt in der Allgemeingültigkeit für alle in der Natur ablaufenden Prozesse. Es sei aber daran erinnert, daß wiederholt von Entropieentzug, also Entropieverminderung (eines Wärmebades) gesprochen wurde. Das ist nicht im Widerspruch zu dem Entropiesatz, denn in solchen Fällen tauschte das System Wärme mit der Umgebung aus, war also nicht abgeschlossen.

Der Satz über die Entropiezunahme entspricht dem Befund, den wir schon anläßlich der irreversiblen, freien Expansion eines idealen Gases in ein Volumen erhoben haben (Abschn. 8.8.2). Die spontane Beschränkung des Gases auf ein kleineres Volumen, verbunden mit einer Entropieverminderung ist ein nicht-natürlicher Prozeß, der nicht beobachtet wird. Besteht das Gas jedoch nur aus wenig Molekülen, dann ist es ohne weiteres vorstellbar, daß das „Gas" sich für eine gewisse Zeit zufällig nur auf ein Teilvolumen beschränkt. Es hängt demnach von der „Größe des Systems" ab, inwieweit man grundsätzlich mit statistischen Schwankungen der Entropie zu rechnen hat, bei denen die Entropie auch abnehmen kann. L u d w i g   B o l t z m a n n (nach ihm der Name *Boltzmann-Konstante* für $k = R/N_A$, Gl. (8.23a)) hat den Zusammenhang zwischen Entropie und statistischen Aussagen hergestellt. Man kann dann auch zeigen, daß die Entstehung eines geordneten Zustandes mit Entropieabnahme verbunden ist. Die Organisierung der lebenden Materie ist daher mit Entropieabnahme verknüpft.

8.8.4 Stabilität

Die Konsequenzen des zweiten Hauptsatzes werden in quantitativer Form durch die Entropiefunktion S vermittelt. Sie gestattet die Ersetzung der Wärmemenge Q in Gl. (8.46) des ersten Hauptsatzes durch die Größe $T\,dS$, so daß für die Thermodynamik der reversiblen Prozesse der Energiesatz die (differentielle) Form

$$dU = T\,dS + dW \tag{8.66}$$

erhält. Das ist die Grundgleichung der Gleichgewichtsthermodynamik.

Die Kenntnis der Entropie ist insbesondere für die Untersuchung der *Stabilität* von Zuständen notwendig. Das sei an dem Beispiel der freien Expansion des idealen Gases (Fig. 8.32) beschrieben. Die innere Energie U ist ungeeignet zu erklären, warum sich das Gas in das ganze Volumen ausdehnt, denn diese Energie ist ja unabhängig von der Größe des Volumens. In der Mechanik stößt man auf das gleiche Problem. Fig. 6.15 enthielt drei Beispiele verschiedener Arten des Gleichgewichts, die durch ihre Stabilität unterschieden waren: es wurde gezeigt, daß beim stabilen Gleichgewicht die bei einer kleinen Verschiebung aus der Gleichgewichtslage auftretenden Kräfte das System wieder zurückführen. Die Gleichgewichtsarten kann man auch mit Hilfe der Energie unterscheiden, jedoch ist die Gesamtenergie = potentielle + kinetische Energie dazu nicht geeignet, denn sie ist bei den Systemen der Mechanik konstant. Statt dessen hat man *allein die potentielle Energie* zu untersuchen. Wie man in Fig. 6.15 sofort sieht, ist die potentielle Energie in der Lage des stabilen Gleichgewichts ein Minimum, beim labilen Gleichgewicht ein Maximum, und beim indifferenten Gleichgewicht ist sie unabhängig von der Verschiebung aus der Gleichgewichtslage. Für die Untersuchung der *Stabilität thermodynamischer Systeme* führt man eine Energiefunktion ein, die die Entropie mit enthält, am häufigsten werden die *freie Energie*

$$F = U - TS \tag{8.67}$$

und die *freie Enthalpie*

$$G = U - TS + pV = H - TS \tag{8.68}$$

verwendet. Wir behandeln mittels der freien Energie als Beispiel nochmals die freie Gasexpansion. Am Anfang hat das Gas die freie Energie $F_0 = U_0 - TS_0$. Die freie Expansion ist beim idealen Gas isotherm und die innere Energie ändert sich nicht, wohl aber die Entropie, die auf den Wert S zunimmt. Damit wird die freie Energie nach Abschluß der Expansion $F = U_0 - TS$, d.h. es tritt eine Änderung der freien Energie ein, $\Delta F = F - F_0 = -T(S - S_0)$, die negativ ist: die freie Energie nimmt ab, das Gas geht in den Zustand kleinerer freier Energie. Die freie Energie ist geeignet, die Stabilität thermodynamischer Systeme zu untersuchen. Da in allen lebenden Organismen die Temperatur nicht Null ist, so sind die ablaufenden Vorgänge immer unter Berücksichtigung der Entropie und nicht allein der inneren Energie zu diskutieren.

8.9 Wärmeaustausch durch Wärmeleitung und Konvektion

8.9.1 Wärmeleitung und Konvektion

Werden zwei Körper verschiedener Temperatur mit Hilfe eines materiellen Mediums miteinander in thermischen Kontakt gebracht, Fig. 8.33, so erfolgt ein Temperaturausgleich. Der verbindende Körper kann also *Wärme*, d.h. ungeordnete thermische Energie *leiten*, er ist ein *Wärmeleiter:* in Fig. 8.33a handelt es sich um einen geraden Stab vom Querschnitt A und der Länge d. Die in der Zeiteinheit geleitete Energie, d.h. die Energiestromstärke hängt, abgesehen von den geometrischen Abmessungen, von der Stoffart des Wärmeleiters ab, ausgedrückt durch die *Wärmeleitfähigkeit* der Materie. Ursache der Wärmeleitung ist der Temperaturunterschied zwischen zwei Punkten in einem Körper. Dort besteht ein Unterschied der mittleren thermischen Energie der Teilchen. Die „heißeren" übertragen durch Zusammenstöße ihre Energie auf die „kälteren", eine makroskopische Bewegung der Materie findet also bei der Wärmeleitung nicht statt. Erfolgt jedoch eine makroskopische Bewegung, so daß in einem Raumteil kalte durch warme Materie ersetzt wird, so sprechen wir von *Konvektion*.

In der Anordnung Fig. 8.33 ist der Wärmeleiter in ein ideal wärmeisolierendes Material eingebettet, durch welches Wärme weder ein- noch ausströmen kann. Zwischen den beiden Grenzflächen, an denen die Temperaturen T_1 und T_2 $(T_1 > T_2)$ herrschen, wird dann in der Zeitspanne Δt die Wärmemenge ΔQ geleitet, die proportional zur Temperaturdifferenz $T_1 - T_2$ und proportional zur Zeitspanne Δt ist,

$$\Delta Q = G_\mathrm{W}(T_1 - T_2)\Delta t = \frac{1}{R_\mathrm{W}}(T_1 - T_2)\Delta t. \tag{8.69}$$

Die *Wärmestromstärke* (also die Energiestromstärke) folgt daraus zu

$$I_\mathrm{W} = \frac{\Delta Q}{\Delta t} = G_\mathrm{W}(T_1 - T_2) = \frac{1}{R_\mathrm{W}}(T_1 - T_2) \tag{8.70}$$

Isolierschicht

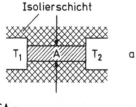

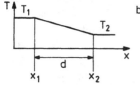

Fig. 8.33
Zwischen zwei Wärmebädern der Temperaturen T_1 und T_2 erfolgt durch den verbindenden Körper Wärmeleitung; in der Anordnung a besteht ein lineares Temperaturgefälle gemäß Teilfigur b

Die Größe G_W ist der *Wärmeleitwert*, $R_W = 1/G_W$ der *Wärmewiderstand* des Leiters. In dem in Fig. 8.33a gezeichneten Stab als Wärmeleiter ist die Wärmestromstärke (kurz gesagt auch „der Wärmestrom") – in völliger Analogie zum elektrischen Strom – proportional zum Querschnitt A, und umgekehrt proportional zur Länge d des Wärmeleiters (man bevorzugt hier die Ausdrucksweise „Dicke" statt „Länge" des Wärmeleiters in Anpassung an die häufig gegebenen Verhältnisse mit großen Flächen und kleinen Dicken)

$$I_W = \dot{Q} = \lambda \frac{A}{d} (T_1 - T_2) = -\lambda A \frac{T_2 - T_1}{x_2 - x_1}, \tag{8.71}$$

oder $\quad \dfrac{I_W}{A} = j_{\text{Wärme}} = -\lambda \dfrac{dT}{dx}.$ (8.72)

Die Größe $j_{\text{Wärme}}$ ist die *Wärmestromdichte* (= Wärmestrom durch Fläche), und λ kennzeichnet den Stoff und wird *Wärmeleitfähigkeit* genannt. Löst man Gl. (8.71) oder (8.72) nach λ auf, so sieht man, daß die SI-Einheit der Wärmeleitfähigkeit

$$[\lambda] = \frac{J}{s} \frac{1}{m^2} \frac{m}{K} = \frac{W}{K \cdot m}. \tag{8.73}$$

Ist der wärmeleitende Stab in Fig. 8.33a homogen und ist die Wärmeleitfähigkeit überall im Stab gleich, dann bildet sich ein *lineares Temperaturgefälle* $(T_1 - T_2)/d = -dT/dx$ (Fig. 8.33b) aus, wobei das Minus-Zeichen korrekt ausdrückt, daß Wärme immer in Richtung des Temperatur*abfalls* geleitet wird (s. auch Gl. (8.72), die übrigens eine Gleichung ist, die lokal, an jedem Punkt des Wärmeleiters gilt). Wir weisen noch auf die formelle Gleichheit von Gl. (8.72) mit der Diffusionsgleichung Gl. (8.30) hin: in beiden Fällen sind die Stromdichten proportional zu den sie verursachenden Gradienten, s. Abschn. 8.4.1.

Der Vergleich von Gl. (8.71) mit Gl. (8.72) ergibt für den Wärmeleitwert, bzw. den Wärmewiderstand eines wärmeleitenden Stabes (einer wärmeleitenden Schicht)

$$G_W = \lambda \frac{A}{d}, \qquad R_W = \frac{1}{\lambda} \frac{d}{A}. \tag{8.74}$$

Tab. 8.5 enthält einige Zahlenwerte der Wärmeleitfähigkeit. Die *Metalle* (gute elektrische Leiter) besitzen auch eine hohe Wärmeleitfähigkeit. Die Wärmeleitfähigkeit von Edelstahl ist relativ gering. Unter den *Flüssigkeiten* ist Wasser gut wärmeleitend, gegenüber den Metallen ist es schlecht wärmeleitend. Für eine thermische Isolierung ist Luft unübertroffen. Daher werden poröse Stoffe zur thermischen Isolierung benützt. Nur das Vakuum hat eine noch geringere Wärmeleitfähigkeit, nämlich theoretisch Null. – Bei den Angaben für die Wärmeleitfähigkeit der *Gase* ist die Druckangabe überflüssig. Erst unterhalb eines Druckes von etwa $p = 1$ mbar sinkt die Wärmeleitfähigkeit ab.

In fluiden Medien wird die Wärmeleitung sehr häufig durch die *Konvektion* an Wirksamkeit völlig überdeckt. Konvektion kommt dadurch zustande, daß ein fluides

Tab. 8.5 Wärmeleitfähigkeit verschiedener Stoffe

Stoff	$\lambda\left/\dfrac{W}{K\cdot m}\right.$	Stoff	$\lambda\left/\dfrac{W}{K\cdot m}\right.$
Silber	427	Wasser (20 °C)	0,60
Kupfer	398	Äthylalkohol	0,167
Gold	315	Diäthyläther	0,137
Aluminium	237	Chloroform	0,103
Messing	84	CCl_4	0,104
Eisen	80,3	Luft (20 °C)	0,0255
Gußeisen	40,2	Wasserstoffgas	0,186
Blei	33,5	Heliumgas	0,15
Edelstahl	14,65	Glas	0,7
Holz		Glaswolle	0,04
(⊥ zur Faser)	0,14	Styropor	0,035
Asbestpapier	0,07	Verbandwatte	0,041

Tab. 8.6 Relative Wärmewiderstände (nach Hensel in: Keidel: Physiologie. 4. Aufl. Stuttgart 1975)

Körperschale des Menschen (Bereich außerhalb des Innern des Rumpfes), je nach Durchblutung	0,25 bis 2
1 cm Fettschicht	1
1 cm Muskulatur	0,35
Straßenanzug	2,5
Winterkleidung	5
Polarkleidung	12,5
Außenwände der Häuser	6,2 bis 9

Medium, das erwärmt wird, sich ausdehnt und dadurch eine kleinere Dichte als die kältere Umgebung erhält. Durch den Auftrieb setzt dann eine makroskopische Bewegung ein: das warme Fluid steigt auf und verbreitet sich im Raum (Fig. 8.34). Es wird an der kalten Wand wieder abgekühlt, sinkt also im Raum wieder ab, und so entsteht eine fortlaufende zirkulierende Konvektions-Strömung. „Erwärmung" bedeutet jetzt, daß das kalte Fluid durch erwärmtes ersetzt wird. Der schnellere Transport von Wärme durch Konvektion beruht darauf, daß am „Heizkörper" dauernd ein hohes Temperaturgefälle zum umgebenden Fluid besteht und der Weitertransport durch Strömung des Fluids erfolgt. Auf diese Weise arbeitet die übliche Raumbeheizung, und auch die Kühlung von Apparaten mittels strömendem Wasser ist als Konvektionskühlung für die Abfuhr großer Wärmemengen besonders geeignet.

Im menschlichen Körper wird Wärme durch die Stoffwechselprozesse im ganzen Körper erzeugt. Lokal erzeugte Wärme wird durch die Flüssigkeitsströme in den Gefäßen und durch Wärmeleitung im Körper ausgebreitet. Wärmeverlust erfolgt unter anderem über die Haut an die umgebende Luft. Man vermindert diesen Verlust durch die Kleidung, indem man die Konvektion unterbindet. An der unbekleideten Haut würde die Luft auf Körpertemperatur erwärmt werden und dann aufsteigen, also Konvektion in Gang setzen. Die Kleidung schafft zwischen der Außenluft und dem Körper eine „stehende" Luftschicht, in welcher nur noch Wärmeleitung stattfindet. Tab. 8.6 enthält einige relative Daten des Wärmewiderstandes.

Wegen der größeren Wärmeleitfähigkeit des Wassers erfolgt im Wasser ein wesentlich erhöhter Wärmeverlust, insbesondere beim Schwimmen, wo durch die Bewegung durch das Wasser hindurch eine Konvektionskühlung erfolgt. Sie kann durch einen „Anzug" wesentlich vermindert werden (Fig. 8.35). Dabei bringt auch der „nasse"

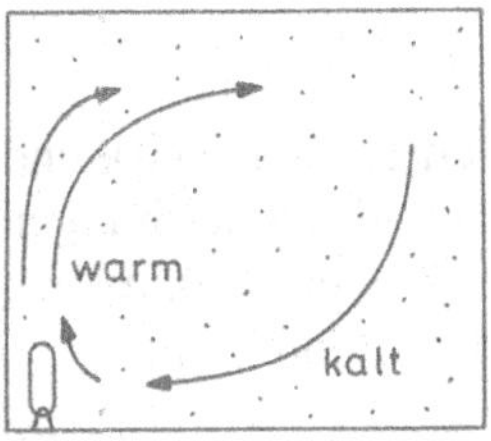

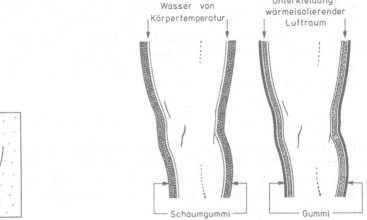

Fig. 8.34 Heizung eines Raumes durch Konvektion

Fig. 8.35 Der Schwimmer kann den Wärmeverlust im Wasser durch einen nassen (links) oder trockenen (rechts) Anzug vermindern

Anzug eine Verbesserung, weil in der Schaumgummischicht das Wasser still steht, dort besteht nur Wärmeleitung. Eine weitere Verbesserung wird im „trockenen" Anzug durch die Unterkleidung erreicht, die für eine stehende Luftschicht sorgt, in welcher die Wärmeleitung noch deutlich geringer ist.

8.9.2 Wärmetransport im Gegenstrom

Die Temperatur des menschlichen Körpers ist nicht überall gleich. In Fig. 8.8a ist dargestellt, daß bei verminderter Außentemperatur die Enden der Gliedmaßen eine erheblich niedrigere Temperatur als der Kernbereich haben können. Innerhalb der Gliedmaßen besteht ein Temperaturgefälle: warme Körperflüssigkeit des Kernbereichs wird auf dem Weg entlang der Gliedmaßen abgekühlt, umgekehrt wird kalte, rückströmende Flüssigkeit erwärmt. Technisch ist eine solche Strömungsweise als Gegenstromprinzip bekannt. Es kann auf größere Gefäße, die nahe beieinander verlaufen, angewandt werden (größere Arterien und Venen).

Fig. 8.36 enthält eine Skizze: längs der oberen Strombahn besteht die Massenstromstärke $\dot{m}$, und damit auch ein durch die Temperatur bestimmter Strom ungeordneter,

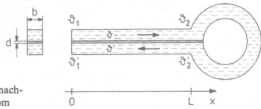

Fig. 8.36 Modell zum Wärmeaustausch benachbarter großer Gefäße im Gegenstrom

thermischer Energie (Wärmestrom) $\dot{Q}$. Sinkt die Temperatur nach rechts ab, so heißt dies, daß nach dem Wegstück Δx nur noch ein kleinerer Wärmestrom besteht. Die Differenz ist durch Wärmeleitung über die Grenzschicht der Dicke d und der Breite b hinweg in den unteren Strömungspfad übertragen worden und hat die dort rückströmende Flüssigkeit erwärmt. Quantitativ ergibt sich für die Änderung des Wärmestromes auf dem Wegstück $\mathrm{d}x$

$$\frac{\mathrm{d}\dot{Q}}{\mathrm{d}x} = -\lambda \frac{\vartheta - \vartheta'}{d} b = c\,\dot{m}\,\frac{\mathrm{d}\vartheta}{\mathrm{d}x} \tag{8.75}$$

für die obere Strömungsbahn (c die spezifische Wärmekapazität der Flüssigkeit), und eine entsprechende Gleichung für die untere Strömung. Die beiden Gleichungen zusammen ergeben, daß die Temperatur*differenz* zwischen den beiden Strömungen längs der ganzen Strecke L sich nicht ändert, d.h. konstant bleibt, und damit

$$\vartheta_1 - \vartheta_1' = \vartheta_2 - \vartheta_2'. \tag{8.76}$$

Außerdem ergibt sich, daß in der oberen Strombahn die Temperatur vom Wert $\vartheta = \vartheta_1$ bei $x = 0$ bis auf $\vartheta = \vartheta_2$ bei $x = L$ linear absinkt, und daß sie dann, weil ja die Temperaturdifferenz konstant bleibt, in der unteren Strombahn von $\vartheta' = \vartheta_2'$ bei $x = L$ auf $\vartheta' = \vartheta_1'$ bei $x = 0$ linear ansteigt (s. Fig. 8.37). Angewandt auf eine Gliedmaße heißt dies, daß längs der Gliedmaße nach außen hin die mittlere Temperatur absinkt und – was das gleiche ist – nach innen, also zum Kernbereich des Körpers hin ansteigt. Trotz der evtl. am Ende der Gliedmaße ($x = L$) bestehenden niedrigen Temperatur fließt in den Kernbereich des Körpers angewärmte Flüssigkeit zurück. Die Ökonomie des Gegenstromprinzips beruht darauf, daß durch Absinken der Temperatur längs der Gliedmaßen die Temperatur am freien Ende reduziert ist, also dort ein geringerer Wärmeverlust nach außen besteht. – Aus dem ersten Teil von Gl. (8.75) folgt für den hier abgehandelten einfachen Fall für den gesamten Wärmestrom, der quer zur Strömungsrichtung übertragen wird

$$|\dot{Q}_{\text{quer}}| = \lambda \frac{bL}{d} (\vartheta_2 - \vartheta_2'). \tag{8.77}$$

Er ist proportional zur Temperaturdifferenz $\vartheta_2 - \vartheta_2'$ am Ende der Gliedmaße.

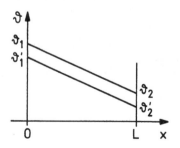

Fig. 8.37
Bei gleichen Daten der Strömung im oberen und unteren Gefäß bleibt die Temperaturdifferenz in den Strombahnen konstant; die mittlere Temperatur steigt bzw. fällt linear

8.10 Schmelzen, Sieden, Verdampfen: Änderung des Aggregatzustandes

8.10.1 Erwärmungsdiagramm, Haltepunkte der Temperatur

Ein fester Körper (Eis, Aluminium als Beispiel) werde in einem offenen Gefäß mittels eines Heizelementes erwärmt (Fig. 8.38). Ist die Heizleistung $\dot{Q} = \Delta Q/\Delta t$ konstant, wird also in jeder Zeitspanne Δt dem Körper die gleiche Wärmemenge ΔQ zugeführt, so steigt nach Gl. (8.39) in jeder Zeitspanne Δt die Temperatur um den gleichen Betrag $\Delta \vartheta = \Delta Q/\Gamma$ (Γ = Wärmekapazität des Körpers), also linear mit der Zeit an (Fig. 8.38b). Führt man dem festen Körper genügend lange Wärme zu ($\dot{Q}$ dabei immer konstant), so beobachtet man von einer bestimmten Temperatur an, daß diese konstant bleibt (Haltepunkt der Temperatur) und der Körper zu schmelzen beginnt: der feste Anteil nimmt zeitlich ab, während der flüssige Anteil zunimmt bis der Körper ganz in den flüssigen Zustand übergegangen, geschmolzen ist. Wir finden auf diese Weise die *Schmelztemperatur* ϑ_E. Für Eis ist $\vartheta_E = 0\,°C$, für Aluminium $\vartheta_E = 660\,°C$, wenn der äußere Luftdruck, dem der Körper unterliegt $p = p_n = 1{,}013$ bar ist (s. auch die Definition der Temperatur $\vartheta = 0\,°C$, Abschn. 8.2.2). Ist der Schmelzvorgang abgeschlossen, dann steigt die Temperatur erneut an, evtl. mit einer anderen „Geschwindigkeit", weil die Wärmekapazität im flüssigen Zustand von derjenigen im festen Zustand verschieden ist, was nach Fig. 8.24 zum Beispiel für Wasser/Eis der Fall ist. Nach einiger Zeit wird ein zweiter Haltepunkt der Temperatur beobachtet, bei welchem die Flüssigkeit siedet, man hat den *Siede-* oder *Kochpunkt* erreicht: $\vartheta_S = 100\,°C$ (Definition in Abschn. 8.2.2) für Wasser, $\vartheta_S = 2467\,°C$ für Aluminium, beide Werte wieder gültig für den äußeren Druck $p = p_n$. Nach Ende des Siedevorgangs ist die ganze Flüssigkeit in den gasförmigen Zustand übergegangen, sie ist vollständig *verdampft*. Die Temperatur steigt dann wieder an, der Dampf wird erwärmt.

Besteht der Temperaturhalt während der Zeitspanne Δt_H, dann ist die während dieser Zeitspanne zugeführte Wärmemenge $\Delta Q = \dot{Q}\,\Delta t_H$. Sie wird (ohne Temperaturerhö-

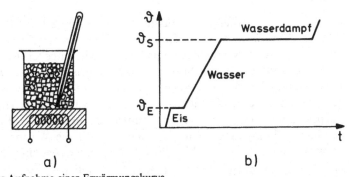

a)   b)

Fig. 8.38 a) Anordnung zur Aufnahme einer Erwärmungskurve
b) Temperaturverlauf in einer Wasserprobe bei konstanter Wärmeleistung und konstantem äußerem Druck

Tab. 8.7 Erstarrungstemperatur ϑ_E, spezifische Erstarrungswärme Λ_E, Siedetemperatur ϑ_S und spezifische Verdampfungswärme Λ_S am Siedepunkt für einige Stoffe beim Druck $p = p_n = 1{,}01325\,\text{bar}$; A_r, bzw. M_r relative Atom- bzw. Molekülmasse der Stoffe

Stoff	A_r bzw. M_r	$\vartheta_E/°C$	$\Lambda_E/\text{J g}^{-1}$	$\vartheta_S/°C$	$\Lambda_S/\text{J g}^{-1}$
Wasser (Eis)	18,01	0	334,6	100	2255
		$p = 0{,}123\,\text{bar}$		50	2382
		$p = 15{,}55\,\text{bar}$		200	1942
		$p = 221{,}2\,\text{bar}$	$\vartheta_k = 374{,}15\,°C$		0
He	4,0	$-272{,}2$ (26 bar)	4,2	$-268{,}9$	23,95
Ne	20,2	$-248{,}7$	16,7	-246	87,1
Ar	40	$-189{,}2$	30,35	$-185{,}7$	162,9
O_2	32,2	$-218{,}8$	13,8	-183	213
N_2	28,01	-210	25,75	-196	192,6
Al	27	660	395,6	2467	10517
Hg	200,6	$-38{,}9$	11,3	356,6	291,8
Au	197	1064	64,06	2807	1578,4
Stickoxidul (Lachgas) N_2O	44,01	$-90{,}8$	148,6	$-88{,}5$	376,1
Äthanol C_2H_6O	46,1	-117	108,9	78,5	879,2
Chloräthyl C_2H_5Cl	64,5	-138	69,1	12,3	410,3
Diäthyläther $C_4H_{10}O$	74,1	-116	98,4	34,5	393,5
Chloroform $CHCl_3$	119,4	$-63{,}5$	73,7	61,7	263,8
Penthrane $C_3H_4OF_2Cl_2$	164,97			104,65	230
Ethrane $C_3H_2OF_5Cl$	184,5			56,5	174,7
Halothan C_2HF_3ClBr	197,4	-118		50,2	146,5

hung) zur Umwandlung fest-flüssig, bzw. flüssig-gasförmig verbraucht und heißt *Schmelz-*, bzw. *Siede-* oder *Verdampfungswärme.* Man erhält die gleichen Wärmemengen wieder zurück, wenn die Aggregatzustände in umgekehrter Richtung durchlaufen werden (Abkühlung eines Stoffes), und zwar ist die *Kondensationswärme = Verdampfungswärme,* die *Erstarrungswärme = Schmelzwärme.* Man findet auch die Bezeichnung „latente Wärme", weil es sich um Wärmemengen handelt, die man einem Körper zuführt, ohne daß dessen Temperatur ansteigt, wohl aber eine innere Umwandlung erfolgt. Eine latente Wärme ist auch die Wärmemenge zur Helix-Coil-Umwandlung, für die Fig. 8.24 das Ergebnis einer Messung enthält.

Aus der Umwandlungswärme eines Körpers erhalten wir eine den *Stoff* kennzeichnende Größe, indem wir diese Wärme auf die Masseneinheit beziehen. Wir definieren damit die *spezifische Erstarrungs-* oder *Schmelzwärme*

$$\Lambda_E = \frac{\Delta Q_E}{m} \tag{8.78}$$

und die spezifische *Verdampfungs-* oder *Kondensationswärme (-enthalpie)*

$$\Lambda_S = \frac{\Delta Q_S}{m}, \tag{8.79}$$

wobei m die Masse der Stoffprobe ist. Die SI-Einheiten dieser beiden Größen sind gleich, $[\Lambda] = J\,kg^{-1}$ oder $J\,g^{-1}$, viele Angaben findet man auch noch in $cal\,g^{-1}$. Die jeweiligen *molaren Größen* folgen aus

$$\Lambda_{molar} = \frac{\Delta Q}{\nu} = \frac{\Delta Q}{m}\frac{m}{\nu} = \Lambda_{spezifisch} \cdot M_{molar}. \tag{8.80}$$

In Tab. 8.7 sind einige Daten zusammengestellt. *Wasser* hat eine besonders große Erstarrungs- und auch eine besonders große Verdampfungswärme (am Siedepunkt). Ein Vergleich mit anderen kalorischen Daten ist instruktiv: die spezifische Wärmekapazität von Wasser hat zwischen $\vartheta = 0\,°C$ und $100\,°C$ etwa den Wert $c = 4,2\,J\,g^{-1}\,K^{-1}$, Tabelle 8.4, so daß man für die Erwärmung von $m = 1\,g$ Wasser von $\vartheta = 0\,°C$ auf $100\,°C$ die Wärmemenge $Q = 4,2\,J\,g^{-1}\,K^{-1} \cdot 1\,g \cdot 100\,K = 420\,J$ braucht. Will man $m = 1\,g$ Wasser aber bei $\vartheta = 100\,°C$ absieden, dann ist dazu die fünffache Wärmemenge, $\Delta Q = 2255\,J$ nötig. Für das *Unfallgeschehen* ist dieser Sachverhalt von großer Bedeutung: heißes Wasser, auf die Haut gebracht, führt der Haut u. U. eine so große Wärmemenge zu, daß es zu Verbrühungen kommt; die zugeführte Wärmemenge ist in diesem Fall durch die spezifische Wärmekapazität des Wassers bestimmt. Überhitzter Dampf, der bei Unfällen auf die Haut strömt, kondensiert dort und setzt dabei noch wesentlich größere Wärmemengen frei, weil in diesem Fall die Kondensationswärme zur Wirkung kommt.

8.10.2 Dampfdruck und Verdampfungswärme

Es ist eine bekannte Erfahrung, daß Flüssigkeiten auch „verdunsten" können. Es können also auch bei niedrigerer Temperatur als der Siedetemperatur Moleküle die Flüssigkeit verlassen: die Moleküle sind in der Flüssigkeit in thermischer Bewegung, und wird einem Molekül in der Oberfläche durch Zusammenstöße mit anderen Molekülen eine genügend große Energie erteilt (s. auch Abschn. 12.3), so kann das Molekül die Flüssigkeit verlassen. Dieser Vorgang heißt Verdampfung, und er findet bei *jeder* Temperatur statt. *Verdunstung* ist *Oberflächenverdampfung*, dagegen entwickeln sich beim *Sieden Dampfblasen im Innern* der Flüssigkeit. Aufgrund des Auftriebes steigen die Dampfblasen in der Flüssigkeit auf und verursachen die sprudelnde Flüssigkeitsbewegung; es handelt sich beim Sieden um *Blasenverdampfung*.

Die verdampften Moleküle lassen sich durch ihren *Dampfdruck* als Gasdruck der Moleküle im Dampfraum nachweisen, und der Dampfdruck läßt sich mit einem Manometer messen. Eine einfache Anordnung zur Demonstration des Dampfdrucks

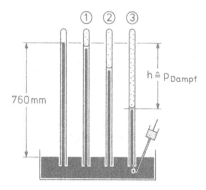

Fig. 8.39 Zum Dampfdruck verschiedener Flüssigkeiten: ① Wasser, ② Äthylalkohol, ③ Äther, bei der Temperatur $\vartheta = 20\,°$C

ist in Fig. 8.39 skizziert. Man verwendet das Torricelli-Rohr (Fig. 6.45) und bringt nach Aufbau der Barometerröhre eine Probe der zu untersuchenden Flüssigkeit von unten in das Rohr ein. Sie steigt wegen des Auftriebs nach oben, sammelt sich als Flüssigkeit auf der Hg-Kuppe und verdampft in den darüber befindlichen luftleeren Raum bis dort ein bestimmter Druck, der Dampfdruck der Flüssigkeit erreicht ist (die Probe muß so groß sein, daß trotz Verdampfung auf jeden Fall noch etwas Flüssigkeit übrig bleibt). Dem sich einstellenden Dampfdruck entsprechend sinkt die Hg-Säule ab, denn nur die Summe aus Dampfdruck und Druck der Hg-Säule muß dem Außendruck das Gleichgewicht halten. Es ist leicht einzurichten, daß das Gewicht der eingebrachten Flüssigkeitsprobe zu vernachlässigen ist, so daß der Dampfdruck entsprechend Fig. 8.39 direkt abgelesen werden kann.

Fig. 8.40 enthält den Verlauf des Dampfdruckes als Funktion der Temperatur für einige Flüssigkeiten. Die *Dampfdruck-Kurven* lassen erkennen, daß der Dampfdruck mit wachsender Temperatur ϑ rapide (angenähert exponentiell) ansteigt. Ist der

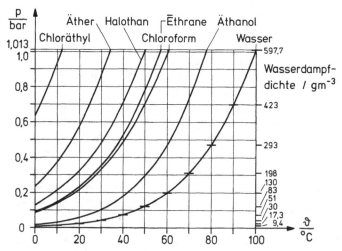

Fig. 8.40 Dampfdruck einiger Flüssigkeiten. Der Dampfdruck des Narkosemittels Penthrane liegt zwischen 0 °C und 60 °C etwas über dem von Wasser, oberhalb 60° unter dem von Wasser

Tab. 8.8 Sättigungs-Dampfdichte von Wasser in Abhängigkeit von der Temperatur

$\vartheta/°C$	0,01	10	20	30	37	40	60	80	90	100
$\varrho/\mathrm{g\,m^{-3}}$	4,8	9,4	17,3	30,4	44	51,1	130	293	423	600

Dampfdruck p_D einer Flüssigkeit als Funktion der Temperatur T bekannt, dann kann man unter Verwendung einer Zustandsgleichung für den Dampf als Gas die im Dampfraum vorhandene *Dampf-*(= Massen-)*Dichte, Teilchenanzahldichte* oder *Stoffmengendichte* berechnen. Häufig ist die Verwendung der Zustandsgleichung der idealen Gase ausreichend. Zur Berechnung der Teilchenanzahldichte n_D kann man dann auf Gl. (8.24), $p_D = n_D\,k\,T$ zurückgreifen. Es zeigt sich, daß n_D mit wachsender Temperatur, ebenso wie der Dampfdruck, sehr stark ansteigt. Entsprechend verläuft auch der Anstieg der Dampfdichte, s. Tab. 8.8. Dampfdruck, Dampfdichte und Teilchenanzahldichte können natürlich nur dann gemessen werden, wenn der Dampfraum abgeschlossen ist, d. h. anstelle des in Abschn. 8.10.1 zur Definition der Haltepunkte benützten offenen Gefäßes muß ein geschlossenes verwendet werden. Dann stellt sich im Dampfraum ein „dynamisches Gleichgewicht" zwischen Flüssigkeit und Dampf ein: ebenso viele Moleküle wie in der Zeiteinheit die Flüssigkeit verlassen, kehren auch wieder in die Flüssigkeit zurück. Man spricht auch von einem *Sättigungsdruck* und einer *Sättigungsdampfdichte*, weil die zufällige Vermehrung der Anzahl der Moleküle im Dampfraum sofort durch vermehrte Kondensation ausgeglichen wird, d. h. der Dampf im Dampfraum ist „gesättigt", obwohl darin noch viel mehr Moleküle Platz hätten.

Bei der *Messung der Verdampfungswärme* mißt man die Wärmemenge, die man braucht, um bei einer bestimmten Temperatur eine bestimmte Menge der Flüssigkeit zu verdampfen. Die Festlegung der Temperatur, bei der man die Messung ausführt, bedeutet gleichzeitig, daß man bei der Messung den Druck des Dampfes festhält. Das geschieht ganz ähnlich wie bei der Messung der Wärmekapazität bei konstantem Druck (Abschn. 8.5.2), indem man im Prinzip ein Gewichtstück zur Fixierung des Druckes benützt (Fig. 8.41). Man wählt es so aus, daß es genau der durch den Dampfdruck erzeugten Kraft $F = p_D\,A$ (A die Kolbenfläche) das Gleichgewicht hält. Wird dann durch Wärmezufuhr Flüssigkeit verdampft, dann wird dabei das Gewichtstück nach oben verschoben, d. h. die gebrauchte Wärme wird auch dazu

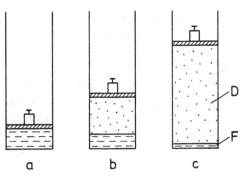

Fig. 8.41
Die Messung der Verdampfungswärme bei einer bestimmten Temperatur erfolgt bei konstantem Druck = Dampfdruck, wobei bei Wärmezufuhr immer mehr Moleküle aus der Flüssigkeit F in den Dampf D übergehen. Man mißt die Verdampfungsenthalpie, s. Text

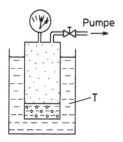

Fig. 8.42
Druckverminderung über einer Flüssigkeit führt
zum Sieden

benutzt, Arbeit zu verrichten. Die Verdampfungswärme enthält die Energie, die
notwendig ist, um die verdampfenden Moleküle aus dem Flüssigkeitsverband
abzulösen und um Arbeit zu verrichten, wobei der Druck konstant bleibt, d.h. man
mißt die *Verdampfungsenthalpie* (Definition der Enthalpie s. Abschn. 8.7.3). In
Tabellen findet man daher auch anstelle der Bezeichnung „Verdampfungswärme" die
Bezeichnung „Verdampfungsenthalpie", und die in Tab. 8.7 angegebenen spezifischen
Erstarrungs- und Verdampfungswärmen sind spezifische Erstarrungs-, bzw. Ver-
dampfungsenthalpien. Sie werden häufig mit ΔH_E bzw. ΔH_S bezeichnet.

Der *Zusammenhang von Dampfdruck und Sieden* folgt aus einem einfachen
Experiment: an ein mit Flüssigkeit der Temperatur T, ihrem Dampf und Luft gefülltes
Gefäß, Fig. 8.42, schließt man eine Pumpe an, mit der man das über der Flüssigkeit
befindliche Gas abpumpt. Man beobachtet, daß die Flüssigkeit zu sieden beginnt,
wenn der Druck der auf der Flüssigkeit lastenden Gase (Luft und Dampf) gleich dem
zu der Temperatur T gehörenden Dampfdruck p_D der Flüssigkeit ist. Daneben mißt
man eine rasche Absenkung der Temperatur, weil beim Sieden die Verdampfungswärme der Flüssigkeit entzogen wird. Die Aufrechterhaltung konstanter Temperatur
erfordert ein Wärmebad, aus welchem die benötigten Wärmemengen hinreichend
schnell der Flüssigkeit zur Verfügung gestellt werden können. – Da Sieden gleich
Blasenverdampfung ist, so siedet eine Flüssigkeit, wenn der Druck in einer
Dampfblase (also der Dampfdruck der Flüssigkeit zur Temperatur T) gleich dem
äußeren Druck ist. Das ist die Erklärung für das beschriebene Experiment. Handelt es
sich um die Erwärmung einer Flüssigkeit in einem offenen Gefäß (Abschn. 8.10.1),
dann verflüchtigt sich der Dampf sofort im Raum, d.h. vom Dampf wird kein Druck
auf die Flüssigkeit ausgeübt (man hat daher auch kein Gleichgewicht), und dann ist der
Luftdruck für den Siedepunkt bestimmend. Ist zum Beispiel der Luftdruck p
$= 0,123$ bar, dann entnimmt man aus Fig. 8.40 für den Dampfdruck $p_D = p$
$= 0,123$ bar die Temperatur $\vartheta = 50\,°C$, und dies ist die bei diesem Druck geltende
Siedetemperatur. Einige solcher Daten wurden in Tabelle 8.7 beim Stoff Wasser mit
eingetragen.

Für Kohlendioxid (CO_2) enthält Fig. 8.13 einige Isothermen des gasförmigen CO_2.
Außerdem ist durch Schraffur das Gebiet kenntlich gemacht, in welchem flüssiges und
gasförmiges CO_2 miteinander (in einem Hochdruckgefäß, etwa einer handelsüblichen
Stahlflasche) im Gleichgewicht vorhanden (koexistent) sind. Komprimiert man CO_2-
Gas der Stoffmenge $v = 1$ mol (Masse $m = 44$ g) bei der Temperatur $T = 270$ K
(Kurve *a*), dann setzt Verflüssigung beim Druck $p = 31$ bar und dem Volumen

$V = 500\,cm^3$ ein. Bei weiterer Kompression wird das Gas vollständig verflüssigt, und danach die entstandene Flüssigkeit komprimiert (steiler Anstieg der Isotherme). Beginnt man bei höherer Temperatur (Kurve b), dann kann das Gas ebenfalls verflüssigt werden, der Koexistenzbereich ist aber schmaler geworden. Längs der Isotherme zur Temperatur $T = 320\,K$ (Kurve c) ist eine Verflüssigung durch isotherme Kompression nicht möglich. Die Grenzkurve ist die Isotherme zur *kritischen Temperatur* T_k ($= 304{,}2\,K$, $\vartheta = 31\,°C$, Kurve d): bei Temperaturen $T > T_k$ kann ein Stoff nur in gasförmigem Zustand vorkommen. Die kritische Temperatur von Wasser ist $T_k(H_2O) = 647{,}3\,K$ ($\vartheta = 374{,}15\,°C$), unterhalb dieser Temperatur kann Wasser – wie bekannt – auch flüssig vorkommen. Physikalisch ist noch von Interesse, daß am *kritischen Punkt* (bei CO_2 gekennzeichnet durch den kritischen Druck $p_k = 73{,}8\,bar$, das kritische molare Volumen $V_{molar,k} = 94{,}4\,cm^3\,mol^{-1}$ und die kritische Temperatur $T_k = 304{,}2\,K$), s. Fig. 8.13, Flüssigkeit und Gas strukturell einander gleich werden: die Verdampfungsenthalpie verschwindet dort (s. auch Tab. 8.7, Zahlenwerte für H_2O).

Beispiel 8.8 *Di-Stickstoffoxid* (*Lachgas*, N_2O) wird in Druckgasflaschen als „Flüssiggas" mit einem Fülldruck von rund 50 bar geliefert. Die Füllung werde isotherm bei der Temperatur $\vartheta = 20\,°C$ vorgenommen. Zunächst bleibt N_2O gasförmig bis der Druck den Wert des Dampfdruckes bei der Fülltemperatur erreicht hat. Das ist nach Fig. 8.43 $p = p_D = 52\,bar$ bei $\vartheta = 20\,°C$. Sodann steigt der Druck nicht mehr weiter an trotz fortschreitender Füllung, das Gas kondensiert in der Flasche (und die Kondensationswärme wird dabei frei (!)). Der Fülldruck ist also gleich dem Dampfdruck bei der Fülltemperatur. Wird dann die gefüllte Flasche bei der Temperatur $\vartheta = 15\,°C$ angeliefert, so zeigt das angeschlossene Manometer den Druck $p = p_D = 45\,bar$ an, nach Verbringung an den Verbrauchsort, wo die Temperatur $\vartheta = 25\,°C$ herrschen möge, zeigt das Manometer den Druck $p = p_D = 57{,}5\,bar$ an. Die schwankende Druckangabe ist ausschließlich durch den stark von der Temperatur abhängigen Dampfdruck verursacht (vgl. Fig. 8.43).

Das Volumen des Flüssiggases sei $V = 5\,l$. Wir wollen das *Gas*volumen berechnen, das der Flasche entnommen werden kann. Beim Fülldruck $p = 52\,bar$ ist die Dichte des flüssigen

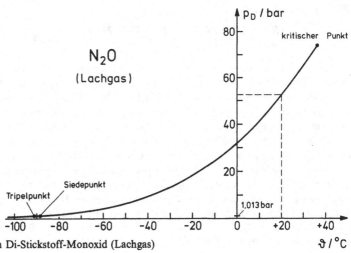

Fig. 8.43 Dampfdruck von Di-Stickstoff-Monoxid (Lachgas)

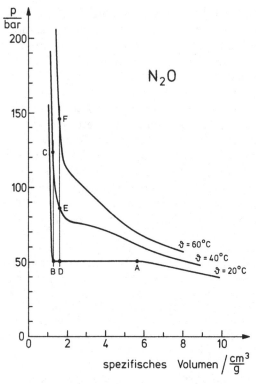

Fig. 8.44
Einige Isothermen von Di-Stickstoff-
Monoxid (Lachgas)

Lachgases $\varrho_{\mathrm{fl}} = 0,7\,\mathrm{g\,cm^{-3}}$, also die eingefüllte Masse $m = 0,7\,\mathrm{g\,cm^{-3}} \cdot 5000\,\mathrm{cm^3} = 3500\,\mathrm{g}$ $= 3,5\,\mathrm{kg}$. Das ist die Stoffmenge $v = m/M_{\mathrm{molar}} = 3500\,\mathrm{g}/44\,\mathrm{g\,mol^{-1}} = 79,5\,\mathrm{mol}$. Das Gas läßt man durch ein Ventil ausströmen und reduziert dabei seinen Druck von rund 50 bar auf rund $p = 1\,\mathrm{bar}$. Zur Berechnung des Gasvolumens, das bei $\vartheta = 20\,°\mathrm{C}$ die Stoffmenge $v = 79,5\,\mathrm{mol}$ einnimmt, das also erhältlich ist, nehmen wir die Zustandsgleichung der idealen Gase, Gl. (8.15a), und erhalten

$$V = \frac{v\,R\,T}{p} = \frac{79,5\,\mathrm{mol}\ 8,31\,\mathrm{J\,mol^{-1}\,K^{-1}}\ 293,15\,\mathrm{K}}{1 \cdot 10^5\,\mathrm{N\,m^{-2}}} = 1,94\,\mathrm{m^3} = 1940\,\mathrm{l}.$$

Flüssiggasflaschen werden vom Hersteller niemals ganz gefüllt geliefert, weil sonst schon bei geringer Erwärmung der zulässige Druck überschritten würde. Dies erkennen wir an den in Fig. 8.44 aufgezeichneten Isothermen von N_2O. Während der Füllung des Flaschenvolumens V_{F} steigt die eingefüllte Gasmasse m an, das spezifische Volumen $V_{\mathrm{s}} = V_{\mathrm{F}}/m$ sinkt ab, bis man den Punkt A erreicht ($V_{\mathrm{s}} = 5,83\,\mathrm{cm^3\,g^{-1}}$). Bei weiterer Füllung setzt Verflüssigung ein, die Masse m wird immer größer, und im Punkt B wäre die Flasche total mit Flüssiggas gefüllt ($V_{\mathrm{s}} = 1/\varrho_{\mathrm{fl}} = 1/0,7\,\mathrm{g\,cm^{-3}} = 1,43\,\mathrm{cm^3\,g^{-1}}$). Steigt nun die Temperatur auf $\vartheta = 40\,°\mathrm{C}$ an, dann ist einerseits die kritische Temperatur $\vartheta_{\mathrm{k}} = 36,5\,°\mathrm{C}$ von Lachgas überschritten, das Gas also nicht mehr flüssig, andererseits steigt der Druck auf $p = 125\,\mathrm{bar}$ an (Punkt C in Fig. 8.44). Wird dagegen nur bis zum Punkt D gefüllt, dann steigt bei der Temperatur $\vartheta = 40\,°\mathrm{C}$ der Druck nur auf $p = 86\,\mathrm{bar}$ an. – Wird, etwa in den Tropen, die Flasche auf $\vartheta = 60\,°\mathrm{C}$ erwärmt, dann steigt der Druck im Punkt F auf $p = 146\,\mathrm{bar}$ an. Daher werden Flüssiggasflaschen mit hoher Druckfestigkeit versehen ($p = 300\,\mathrm{bar}$ Prüfdruck, wie bei Sauerstoffflaschen).

Die angestellten Überlegungen gelten auch für *Kohlendioxid*flaschen mit flüssigem Kohlendioxid. Wie aus Fig. 8.13 hervorgeht, hat der Fülldruck bei der Temperatur $\vartheta = 20\,°C$ den Wert $p = p_D = 57{,}3$ bar. Diese Flaschen werden ebenfalls nicht „voll" geliefert, und der Prüfdruck der Stahlflaschen ist ebenfalls groß.

Beispiel 8.9 Strömt Lachgas aus einer Flüssiggasflasche (über ein Druckmindererventil) aus, so wird über der Flüssigkeit der Druck des Dampfes herabgesetzt, d.h. das Flüssigkeit-Gas-Gleichgewicht gestört. Der Überschuß der verdampfenden über die kondensierenden Moleküle bildet den ausströmenden Dampfstrom. Soll die Verdampfung isotherm erfolgen, so muß der Flüssigkeit ausreichend schnell Verdampfungswärme zugeführt werden. Sie wird der Außenluft entnommen und über den Flaschenkörper zugeführt. Man sieht ohne weiteres, daß – abhängig von der Größe des Dampfstromes – die Temperatur im allgemeinen nicht konstant bleiben, sondern absinken wird. Das kann bis auf $\vartheta = 0\,°C$ oder tiefer erfolgen, und damit werden Flasche und Ventil so kalt, daß die Luftfeuchtigkeit daran kondensiert und gefriert. Es muß also auch das Flüssiggas selber wasserfrei (trocken) geliefert werden, um ein Verstopfen des Ventils zu vermeiden. Wird die Gasentnahme eingestellt, dann steigen Temperatur und Druck wieder an und zwar auf die Ausgangswerte $\vartheta = 20\,°C$, $p = p_D = 52$ bar. Das heißt aber: man kann am Manometer *nicht* den Füllungszustand der Flasche ablesen, solange noch Flüssigkeit vorhanden ist. Der Füllungszustand muß daher durch Wägung gemessen werden. Der Druck sinkt erst dann dauernd ab – und dann entsprechend der entnommenen Gasmenge, ebenso wie bei Sauerstoffflaschen –, wenn nur noch Gas, keine Flüssigkeit mehr vorhanden ist. Die Entnahme von Gas aus einer Flüssiggasflasche für N_2O erfolgt bei der Temperatur $\vartheta = 20\,°C$ längs der entsprechenden Isotherme in Fig. 8.44 vom Punkt D zum Punkt A. In letzterem Punkt berechnen wir die noch in der Flasche vorhandene Masse m bei dem Volumen V_F der Flasche zu $m = V_F/V_s = 5000\,cm^3/5{,}83\,cm^3\,g^{-1} = 858$ g. Das ist von der bei Füllung vorhandenen Masse von $m = 3500$ g (Beispiel 8.8) noch 1/4. Die Restmasse gibt bei Entspannung auf den Druck $p = 1$ bar immerhin noch ein Volumen $V = 1/4 \cdot 1940\,l = 485\,l$.

Wird für Beatmungszwecke etwa ein Gasstrom $dV/dt = \dot V = 6\,l/min$ beim Druck $p = 1$ bar benötigt, dann wäre der Inhalt der in Beispiel 8.8 beschriebenen Flüssiggasflasche für die Zeit $t = 1940\,l/6\,l\,min^{-1} = 323{,}3\,min = 5{,}4$ h ausreichend. Mit Hilfe der Zustandsgleichung der idealen Gase können wir abschätzen, welcher Wärmestrom für die isotherme Verdampfung zugeführt werden muß. Wir berechnen zunächst den Massestrom $dm/dt = \dot m$, der dem Volumenstrom $\dot V = 6\,l\,min^{-1}$ entspricht. Aus Gl. (8.15a) folgt

$$p\,\frac{dV}{dt} = \frac{dm}{dt}\,\frac{R\,T}{M_{molar}},$$

also

$$\frac{dm}{dt} = M_{molar}\,\frac{p\,\dot V}{R\,T} = 44\,\frac{g}{mol}\,\frac{10^5\,N\,m^{-2}\,6\cdot 10^{-3}\,m^3\,min^{-1}}{8{,}3\,J\,mol^{-1}\,K^{-1}\cdot 293\,K} = 10{,}8\,\frac{g}{min}.$$

Um 1 g zu verdampfen, benötigt man eine Wärmemenge, die gleich der spezifischen Verdampfungswärme ist. Obwohl wir hier den Verdampfungsprozeß bei der Temperatur $\vartheta = 20\,°C$ durchgeführt denken, übernehmen wir für die Abschätzung aus Tabelle 8.7 die spezifische Verdampfungswärme am Siedepunkt $\Lambda_s = 376\,J\,g^{-1}$, die etwas zu groß ist. Dann erhalten wir für den notwendigen Wärmestrom

$$\frac{dQ}{dt} = \dot Q = \Lambda_s\,\frac{dm}{dt} = 376\,J\,g^{-1}\cdot 10{,}8\,g\,min^{-1} = 4061\,\frac{J}{min} = 67{,}7\,\frac{J}{s} = 67{,}7\,W.$$

Das entspricht immerhin der elektrischen Leistung einer Glühlampe mittlerer Leistung.

Wird dieser Wärmestrom nicht zur Verfügung gestellt, dann wird er dem vorhandenen Flüssiggas entnommen, das sich alsdann abkühlt, und damit wird auch das Gas, das die Flasche verläßt, kälter. Es muß dann außerhalb der Vorratsflasche besonders erwärmt werden, wenn es einem Patienten als Inhalationsnarkosemittel zugeführt werden soll. Das gleiche gilt auch für einfache Inhalationsverdampfer: streicht Luft über Äther, so wird ohne Vorsichtsmaßnahmen die Temperatur von Äther und darüberstreichender Luft absinken. Es kann dann sein, daß zu wenig Äther verdampft und die Ätherkonzentration in der Inhalationsmischung unerwünscht (und evtl. unbemerkt) absinkt.

Beispiel 8.10 Das Gas *Chloräthyl* ist in kleinen handlichen Glasflaschen als Flüssiggas erhältlich. Bei der Temperatur $\vartheta = 20\,°C$ ist der Dampfdruck $p_D = 1,34\,bar$. Wird die Flasche umgekehrt und das Auslaßventil geöffnet, so preßt der Dampfdruck die Flüssigkeit aus der Flasche heraus. An der Oberfläche des Flüssigkeitsstrahls findet wegen des großen Dampfdrucks heftige Verdampfung statt, dadurch wird der Flüssigkeitsstrahl stark abgekühlt. Auf die Haut gerichtet, wird diese und das darunterliegende Gewebe abgekühlt, was u.U. zum Gefrieren führen kann, Diese „Vereisung" kann bei kleineren Eingriffen eingesetzt werden.

Beispiel 8.11 Da das Sieden einer Flüssigkeit dann eintritt, wenn ihr Dampfdruck gleich dem äußeren Druck ist, so kann die Siedetemperatur vermindert oder erhöht werden, indem der äußere Druck verändert wird. Aus der Dampfdruckkurve läßt sich zum eingestellten Druck die Siedetemperatur entnehmen. Wird z.B. der äußere Druck $p = 0,7\,bar$ über Wasser eingestellt, so siedet es gemäß Fig. 8.40 bei der Temperatur $\vartheta = 80\,°C$. Will man einem temperaturempfindlichen, flüssigen Präparat (z.B. Vermeidung der Denaturierung von Eiweiß) schnell Wasser durch Verdampfen entziehen, dann siedet man dieses unter vermindertem Druck ab (Verwendung einer Saugpumpe).

Zur sicheren Abtötung von Bakterien auf Stoffen oder Instrumenten werden Temperaturen benötigt, die höher als $100\,°C$ sind und die man durch siedendes Wasser beim äußeren Druck von $p = 1,013\,bar$ nicht erreichen kann. Man verwendet ein geschlossenes Gefäß, einen Hochdruckautoklaven, in dem Wasser und Wasserdampf im Gleichgewicht sind, also Sieden unterbleibt und die Temperatur durch Einstellen der Heizleistung auf den gewünschten Wert oberhalb von $100\,°C$ gebracht werden kann. Ein Sicherheitsventil sorgt dafür, daß kein zu hoher Druck entsteht; bei der Temperatur $\vartheta = 120\,°C$ herrscht im Autoklaven der Druck $p = 1,98\,bar$, also schon fast das doppelte wie der normale Druck der Atmosphäre. – Schnelleren Zellaufschluß der Nahrungsmittel erreicht man im Schnellkochtopf („Papinscher Topf"), der ebenfalls ein geschlossenes Gefäß ist. Der maximale Druck und die maximale Temperatur werden durch das eingebaute Sicherheitsventil bestimmt. Nach Abschluß des „Kochens" muß der Druck vermindert werden, ehe der Deckel geöffnet wird. Das geschieht z.B. durch Übergießen mit kaltem Wasser: die Temperatur und damit der Dampfdruck des eingeschlossenen Wassers wird vermindert.

8.10.3 Luftfeuchtigkeit

Die Luft an der Erdoberfläche ist stets feucht. Sie enthält Wasserdampf, ist also ein Gasgemisch der in Tab. 8.2 angegebenen Bestandteile mit Wasserdampf. Wichtig ist der *Partialdruck des Wasserdampfes:* erreicht er den zur herrschenden Temperatur gehörenden Dampfdruck des Wassers – abzulesen aus der Dampfdruckkurve –, dann ist die Luft mit Wasserdampf *gesättigt*. Höherer Partialdruck führt zur Kondensation von Wasser. Das geschieht entweder an Oberflächen (Wandflächen) und wird dann als *Tau* bezeichnet, oder es bildet sich im Raum *Nebel* (= Wassertröpfchen). Da die Wassermoleküle bei feuchter Luft nicht an die Luftmoleküle gebunden sind, so spricht man besser von *Raumfeuchtigkeit* als von Luftfeuchtigkeit.

Die Feuchtigkeit wird durch die für Stoffgemische definierten Größen beschrieben (Abschn. 5.5.3). In einem herausgegriffenen Luftvolumen V sei Wasserdampf der Masse $m(H_2O)$ enthalten. Dann definiert man

absolute Feuchtigkeit $\stackrel{\text{def}}{=}$ Massenkonzentration des Wasserdampfes,   (8.81)

$$f_a = \frac{m(H_2O)}{V} = \varrho(H_2O).$$

Die absolute Feuchtigkeit ist identisch mit der Teil- oder Partialdichte des Wasserdampfes, ihre SI-Einheit ist $kg\,m^{-3}$. Die Zustandsgleichung der idealen Gase gestattet nach Gl. (8.15a) die Berechnung des zugehörigen Wasserdampf-Partialdruckes

$$p_{\text{partial}}(H_2O) = \frac{m(H_2O)}{V}\frac{RT}{M_{\text{molar}}} = f_a\frac{RT}{M_{\text{molar}}}.$$ (8.82)

Die Verwendung der Zustandsgleichung der idealen Gase für den Wasserdampf ist bei den hier zu erwartenden Bedingungen gerechtfertigt, wie man zeigen kann.

Dem *Sättigungsdruck des Wasserdampfes* $p_S = p_D$ bei der gegebenen Temperatur entspricht die *Sättigungs-Dampfdichte* ϱ_S und die *Sättigungsfeuchtigkeit* f_S, mit $f_S = \varrho_S$, und diese Größe ist die *maximale Feuchtigkeit* $f_m = f_S$. Z.B. ist die maximale Feuchtigkeit zur Temperatur $\vartheta = 60\,°C$, wie aus Tab. 8.8 zu entnehmen, $f_m = f_S = 130\,g\,m^{-3}$, d.h. in jedem Kubikmeter des Raumes befinden sich $130\,g$ Wasser in Dampfform (nicht als Nebel!). Ein Raum, der an Wasserdampf gesättigt ist, ist „unbehaglich". Wichtig für die Behaglichkeit ist die Größe

relative Feuchtigkeit $\stackrel{\text{def}}{=}$

$$\frac{\text{absolute Feuchtigkeit}}{\text{maximale (Sättigungs-)Feuchtigkeit bei der herrschenden Temperatur}}$$ (8.83)

$$f_r = \frac{f_a}{f_m} = \frac{\varrho(H_2O)}{\varrho_S} = \frac{p_{\text{partial}}(H_2O)}{p_D}.$$

Während die absolute Feuchtigkeit die Dimension Masse/Volumen hat, ist die relative Feuchtigkeit dimensionslos, sie kann also in „Prozent" angegeben werden.

Für die *Messung der Feuchtigkeit* gibt es verschiedene Geräte. Bekannt ist das *Haarhygrometer* (auch als schreibendes, fortlaufend registrierendes Gerät erhältlich): die Länge des menschlichen Haares hängt von der Feuchtigkeit der umgebenden Luft ab und wird gemessen. Beim *Aspirationspsychrometer* (schematisch in Fig. 8.45) wird mittels eines kleinen Ventilators Luft des Raumes an zwei völlig gleichen Thermometern T_1 und T_2 vorbeigeführt. Das eine, T_2, wird mit einem kleinen nassen Baumwollappen umwickelt, so daß die an ihm vorbeistreichende Luft zusätzlich Feuchtigkeit aufnehmen kann. Die Verdampfung bewirkt einen Wärmeentzug (Verdampfungswärme), und die Temperatur ϑ_2 des nassen Lappens, angezeigt durch das Thermometer T_2, sinkt ab. Der stationäre Zustand ist dann erreicht, wenn die Temperatur ϑ_2 so niedrig ist, daß die zugehörige Sättigungsdampfdichte $\varrho_S(\vartheta_2)$ gleich ϱ im Luftstrom ist, $\varrho = \varrho_S(\vartheta_2), f_a = f_S(\vartheta_2)$. Dann erfolgt keine Verdampfung mehr in den Luftstrom hinein. Die Temperatur ϑ_2 wird abgelesen und $f_S(\vartheta_2)$ aus der Dampfdruckkurve oder -tabelle entnommen. Eine Korrekturanweisung wird mitgeliefert: es wird nicht genau der Zustand erreicht, wo $\varrho = \varrho_S(\vartheta_2)$ ist, denn aus der Umgebung strömt Wärme nach (siehe „Wärmeleitung"), die proportional zu $\vartheta_1 - \vartheta_2$ ist und zur Verdampfung noch zur Verfügung steht (f_a (korrigiert) $= f_S(\vartheta_2$, abgelesen) $- a \cdot (\vartheta_1 - \vartheta_2)$; z.B. $a = 0,5\,\mathrm{g\,m^{-3}\,K^{-1}}$).

Beim *Taupunkthygrometer* wird ein metallischer Körper, dessen Temperatur mittels eines Thermometers abgelesen werden kann, abgekühlt. Ist die Temperatur $\vartheta = \vartheta_{\mathrm{Tau}}$ erreicht, bei der der Dampfdruck zu ϑ_{Tau} gleich dem Partialdruck des Wasserdampfes in der Luft ist, dann setzt Taubildung ein, der Körper beschlägt mit Wasser. Aus der Taupunktstemperatur folgt mittels der Dampfdrucktabelle die absolute Feuchtigkeit. – Ist $\vartheta < \vartheta_{\mathrm{Tau}}$, dann wird so viel Wasser auskondensiert bis der Wasserdampf-Partialdruck auf $p_{\mathrm{Dampf}}(\vartheta)$ abgesunken ist, d.h. ein Flüssigkeits-Dampf-Gleichgewicht bei der eingestellten Temperatur erreicht ist (die Luft ist dann trockener geworden!). Das gilt auch ganz allgemein: bringt man in eine Gasatmosphäre einen Körper der (niedrigen) Temperatur T, dann wird der Partialdruck aller solcher Komponenten i auf $p_i = p_{i,\mathrm{Dampf}}(T)$ festgelegt, die in der ursprünglichen Atmosphäre einen höheren Partialdruck hatten. – Auch bei technischen Gasen findet man Taupunktangaben für den (Rest)-Wassergehalt; die Angabe $\vartheta_{\mathrm{Tau}} = -40\,°C$ bedeutet zum Beispiel den Rest-Wasserdampfdruck $p = 0,1$ mbar.

Zur Bestimmung der *relativen Feuchtigkeit* benötigt man noch einmal die Dampfdrucktabelle. Man entnimmt ihr die zur Raumtemperatur ϑ_R gehörige Sättigungsfeuchtigkeit $f_S(\vartheta_R)$ und erhält dann nach Gl. (8.83) die relative Feuchtigkeit

$$f_r = \frac{f_a}{f_S(\vartheta_R)} = \frac{f_S(\vartheta)}{f_S(\vartheta_R)}, \tag{8.84}$$

wenn ϑ jetzt die Taupunkttemperatur ϑ_{Tau} oder die Temperatur ϑ_2 des Aspirationspsychrometers ist (und für dieses $\vartheta_R = \vartheta_1$ ist).

$T_1 \quad T_2$

Raumluft

Fig. 8.45 Schema eines Aspirationspsychrometers zur Messung der Luftfeuchtigkeit

Beispiel 8.12 Die Raumtemperatur sei $\vartheta_R = 23\,°C$. Man ermittelt eine Taupunktstemperatur $\vartheta_{Tau} = 10\,°C$. Aus Tab. 8.8 ergibt sich $f_a = f_S(\vartheta_{Tau}) = 9{,}4\,g\,m^{-3}$. Zur Raumtemperatur gehört die maximale Feuchtigkeit $f_S(\vartheta_R) = f_S(23\,°C) = 20{,}6\,g\,m^{-3}$, und damit ist die relative Feuchtigkeit

$$f_r = \frac{9{,}4\,g\,m^{-3}}{20{,}6\,g\,m^{-3}} = 0{,}456 = 45{,}6\,\%.$$

Auch in der *Atemluft* ist Wasserdampf enthalten. Sein Anteil an der *Einatmungsluft* unterliegt großen Schwankungen, die durch Klima und Wetterlage bedingt sind. Im Winter ist der Wasserdampfgehalt über großen kalten Flächen extrem niedrig, im sommerlichen, tropischen Klima erreicht die absolute Feuchtigkeit Werte von $50\,g\,m^{-3}$. Die trockene Luft hat dagegen eine konstante Zusammensetzung, die in Tab. 8.2 wiedergegeben ist. Die *Ausatmungsluft* wiederum hat einen festen Feuchtigkeitsgehalt, der dadurch bestimmt ist, daß die Alveolarluft mit der feuchten Gewebewandung bei $37\,°C$ im Gleichgewicht steht. Der Wasserdampfdruck bei dieser Temperatur ist $p_{Dampf}(37\,°C) = 63\,mbar$, und dazu gehört die Dampfdichte $f_a = \varrho(37\,°C) = 44\,g\,m^{-3}$. Will man die Konzentrationen und Anteile der Komponenten der feuchten Luft angeben, dann subtrahiert man vom Totaldruck (= herrschendem Luftdruck, abzulesen an einem Barometer) zunächst den Partialdruck des Wasserdampfes und wendet auf den Rest die Partialdruckverhältnisse der trockenen Luft nach Tab. 8.2 an. Aus den Partialdrücken folgen die Volumenanteile gemäß Gl. (8.27).

Bei der *Atmung* wird die Atemluft an Wasserdampf angereichert. War die Einatmungsluft nach Beispiel 8.12 mit $f_r = 45{,}6\,\%$ relativer Feuchtigkeit behaftet, so enthielt sie die Wasserdampfpartialdichte $\varrho = 9{,}4\,g\,m^{-3}$. Da die Ausatmungsluft die Wasserdampfdichte $\varrho = 44\,g\,m^{-3}$ enthält (Sättigung bei $\vartheta = 37\,°C$), so ist die Zunahme $\varrho = 35\,g\,m^{-3} = 35 \cdot 10^{-3}\,g\,l^{-1}$. Zur Erzeugung dieser Menge Wasserdampf wird dem Körper Wärme entzogen. Beim ruhenden Menschen ist die „Ventilation" $6\,\dfrac{l\,Luft}{min}$. Das bedeutet eine Wasserdampfproduktion von

$$\dot{m} = 35 \cdot 10^{-3}\,\frac{g}{l} \cdot 6\,\frac{l}{min} = 0{,}21\,\frac{g}{min} \approx 100\,\frac{g}{8h}.$$

Die spezifische Verdampfungswärme von Wasser bei der Temperatur $\vartheta = 37\,°C$ kann mit $\Lambda = 2400\,J\,g^{-1}$ angesetzt werden (Tab. 8.7), d.h. der Energieentzug ist

$$\dot{Q} = 2400\,J\,g^{-1} \cdot 0{,}21\,\frac{g}{min} = 504\,\frac{J}{min} = 8{,}4\,W.$$

Es handelt sich nur um etwa $10\,\%$ der beim Grundumsatz je Sekunde erzeugten Wärmemenge, d.h. im betrachteten Fall wird die Wärmeabfuhr nur zu einem kleinen Teil mittels der Atmung bewerkstelligt.

8.10.4 Gefrierpunkterniedrigung, Siedepunkterhöhung und Dampfdruckerniedrigung bei Zweistoffsystemen mit einer nichtflüchtigen Komponente

8.10.4.1 Siedepunkt, Tripelpunkt, Erstarrungspunkt reiner Stoffe Fig. 8.46 enthält als Kurvenzweig $A-B$ die Dampfdruckkurve eines flüssigen Stoffes (z. B. Wasser). Im Punkt S (Siedepunkt) hat der Dampfdruck den Wert $p_{Dampf} = p_n = 1,01325$ bar, dort siedet die Flüssigkeit, wenn der auf ihr lastende (Luft-)Druck diesen Wert hat. Im Punkt B ist der Dampfdruck wesentlich kleiner ($p_{Dampf} = 6,1$ mbar für Wasser), und dort erstarrt die Flüssigkeit (Wasser gefriert). Bei weiterer Abkühlung bleibt der Stoff fest, hat aber immer noch einen Dampfdruck, die zugehörige Dampfdruckkurve ist der Zweig $B-C$ in Fig. 8.46. Wegen des nicht verschwindenden Dampfdrucks kann dort der feste Stoff, ohne daß der flüssige Aggregatzustand durchlaufen wird, direkt in den Gaszustand übergehen, also verdampfen. Einen solchen direkten Übergang aus dem festen in den gasförmigen Zustand beobachtet man bei Jod, Sublimat ($HgCl_2$) und einigen anderen festen Stoffen auch bei Zimmertemperatur und nennt den Vorgang *Sublimation*. Wir sehen: die Dampfdruckkurven des festen und des flüssigen Zustandes schneiden sich im Punkt B, und in diesem Punkt sind die drei Aggregatzustände fest, flüssig und gasförmig miteinander koexistent. Man nennt diesen Punkt den *Tripelpunkt des Stoffes* (Definition der thermodynamischen Temperaturskala: der Tripelpunkt von Wasser hat die Temperatur $T_{tr} = 273,16$ K, s. Abschn. 8.2.3). Experimentelle Messungen der Erstarrungstemperatur erfolgen ganz überwiegend nicht durch Aufsuchen des Tripelpunktes, sondern durch eine Messung bei dem äußeren Luftdruck von etwa $p = 1$ bar. Der „gewöhnliche" Erstarrungspunkt ist nicht identisch mit dem Tripelpunkt: die Abweichung ist bei Wasser nur 0,01 K, der Gefrierpunkt von Wasser (= Fixpunkt der Celsius-Temperaturskala) ist $T_E = 273,15$ K. Die Schmelzdruck-Kurve $B-D$ (Fig. 8.46) verläuft in der Regel sehr steil.

8.10.4.2 Siedepunkterhöhung, Gefrierpunkterniedrigung Die Flüssigkeiten im menschlichen Körper sind wässrige Lösungen mehrerer Salze und anderer Stoffe (s. Tab. 5.4, Zusammensetzung der Zellflüssigkeit). Die gelösten Stoffe sind selbst nichtflüchtig, sie haben keinen merklichen Dampfdruck. Eine Mischung aus Alkohol und

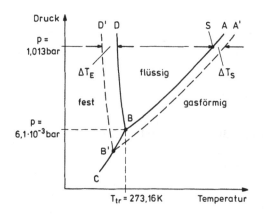

Fig. 8.46
Der Dampfdruck einer Flüssigkeit mit einer nichtflüchtigen Lösungskomponente (Zweig $A'-B'$) ist gegenüber dem des reinen Lösungsmittels (Zweig $A-B$) vermindert; Ordinatenteilung logarithmisch

Wasser ist dagegen ein System mit zwei flüchtigen Komponenten: solche Mischungen werden hier nicht behandelt.

Bei der Herstellung einer Lösung werden in aller Regel auch kalorische Effekte beobachtet, die man mit einem Thermometer leicht verfolgen kann. Zunächst wird für die Auflösung des Gefüges eines festen Stoffes Energie verbraucht, der Einbau in das Gefüge des Lösungsmittels kann Energie erfordern, es kann aber auch Energie frei werden: zum Beispiel lagern sich in wäßrigen Lösungen die Wasserdipole unter Freisetzung von Energie um gelöste Ionen herum orientiert an. Eine Skizze zu dieser *Hydratation* enthält Fig. 8.19. Es ist daher nicht von vornherein klar, ob die *Lösungswärme* positiv oder negativ ist. Wir nehmen hier an, daß die Lösung wieder die Anfangs-Raumtemperatur angenommen hat.

Die Messung der *Siede- und Erstarrungstemperatur der Lösung* eines nicht-flüchtigen Stoffes in einem flüchtigen Lösungsmittel zeigt, daß beide Temperaturen verändert sind, verglichen mit den Daten des reinen Lösungsmittels: man beobachtet eine *Siedepunkterhöhung* und eine *Gefrierpunkterniedrigung* (Erstarrungspunkterniedrigung). Beide Befunde werden durch *eine gemeinsame, neue Tatsache* erklärt. Sieden setzt nach Abschn. 8.10.2 dann ein, wenn die Temperatur so weit erhöht ist, daß der Dampfdruck des Lösungsmittels, d.h. der flüchtigen Komponente (Wasser bei wäßrigen Lösungen) gleich dem äußeren, auf der Flüssigkeit lastenden Druck ist. Da die Temperatur der Lösung über die des Siedepunktes des reinen Lösungsmittels hinaus erhöht werden mußte, bis die Lösung siedet, so folgt, daß der Dampfdruck einer Lösung niedriger sein muß als der des Lösungsmittels: die Lösung weist eine *Dampfdruckerniedrigung* (der flüchtigen Komponente) auf. Fig. 8.46 enthält als Kurvenzweig $A'-B'$ die geänderte Dampfdruckkurve, die Anlaß zur Siedepunkterhöhung gibt. Der Schnittpunkt der Dampfdruckkurve der Flüssigkeit mit derjenigen des festen Lösungsmittels (Sublimationskurve) definiert den Tripelpunkt, und dieser wird also zu niedrigerer Temperatur verschoben. Daraus resultiert letztlich auch eine Verschiebung des „gewöhnlichen" Gefrierpunktes (bei $p \approx 1$ bar) zu niedrigerer Temperatur: man beobachtet eine Gefrierpunkterniedrigung. Es gibt umfangreiche Tabellen der Siedepunkterhöhung und Gefrierpunkterniedrigung für verschiedene interessierende Lösungen. Eine wäßrige Lösung von NaCl mit der Massenkonzentration $\varrho = 100 \, \mathrm{g \, l^{-1}}$ hat die Siedetemperatur $\vartheta_S = 101{,}6\,°C$, und diese steigt auf $\vartheta_S = 104{,}6\,°C$ an, wenn die Massenkonzentration auf $\varrho = 250 \, \mathrm{g \, l^{-1}}$ erhöht wird.

Die *Dampfdruckerniedrigung* des Lösungsmittels erweist sich in erster Näherung als nur von der *Anzahl der gelösten Teilchen* abhängig, nicht von ihrer Art. Eine ähnlich einfache Beziehung gilt auch für den osmotischen Druck (Abschn. 8.4.3), und es gibt in der Tat zwischen beiden Phänomenen einen Zusammenhang, auf den wir hier nicht eingehen können. Ist v_1 die Stoffmenge des gelösten Stoffes und v_0 diejenige des Lösungsmittels, dann folgt die Dampfdruckerniedrigung von p_0 auf $p < p_0$ dem *Raoultschen Gesetz*

$$\frac{p_0 - p}{p_0} = \frac{v_1}{v_0 + v_1} = x_1 \, . \tag{8.85}$$

Die relative Dampfdruckerniedrigung des Lösungsmittels ist gleich dem Stoffmengen-anteil x_1 ($=$ Molenbruch, s. Abschn. 5.5.3.2) des gelösten Stoffes. Dabei ist hinzuzufügen, daß bei dissoziierenden Stoffen (NaCl $\rightarrow$ Na$^+$ + Cl$^-$ in Wasser) alle Ionensorten den gleichen Beitrag zur Dampfdruckerniedrigung – wie beim osmoti-schen Druck – liefern: die einzusetzende Stoffmenge ν_1 ist bei NaCl in Wasser zweimal so groß wie die Stoffmenge $\nu_1 = m/M_{molar}$ der Einwaage m. Eine der wichtigsten Anwendungen des Raoultschen Gesetzes sind die Siedepunkterhöhung und Gefrier-punkterniedrigung. Beide erweisen sich als proportional zur Stoffmengenkonzentra-tion des *gelösten Stoffes*, und die Proportionalitätskonstante ist eine Stoffkonstante des Lösungs*mittels*. Aus gemessenen Temperaturverschiebungen ermittelt man (s. Beispiel 8.13) die Stoffmengenkonzentration des gelösten Stoffes, und aus dieser folgt, wenn die gelöste Masse, genauer gesagt die Massenkonzentration des gelösten Stoffes (Einwaage!) bekannt ist, seine molare Masse. Messungen von Gefrierpunkterniedri-gung und Siedepunkterhöhung sind damit wichtige Methoden zur *Ermittlung unbekannter relativer Molekülmassen*. Da die Temperaturverschiebungen proportio-nal zur gelösten *Stoffmengen*konzentration sind, tragen vor allem die „leichten" Moleküle zur Dampfdruckerniedrigung und zu den entsprechenden Temperaturver-schiebungen bei (ähnliches gilt für den osmotischen Druck, Abschn. 8.4.3), die „schweren" Eiweißmoleküle geben bei gleicher Massenkonzentration einen vernach-lässigbaren Beitrag. Das geht auch aus den in Tab. 5.4 wiedergegebenen Daten der Zellzusammensetzung hervor.

Beispiel 8.13 Für die relative *Siedepunkterhöhung* gilt die Gleichung

$$\frac{\Delta T_S}{T_S} = c_1 \frac{M_{molar}(\text{Lösungsmittel})}{\varrho(\text{Lösungsmittel})} \frac{R\,T_S}{\Lambda_S} \tag{8.86}$$

wobei Λ_S die molare Verdampfungswärme des reinen Lösungsmittels am Siedepunkt und ϱ (Lösungsmittel) die Massenkonzentration des Lösungsmittels ist, welch' letztere bei verdünnten Lösungen praktisch gleich der Dichte des reinen Lösungsmittels gesetzt werden kann. Man erkennt an Gl. (8.86), daß zur Bestimmung der molaren Masse das Wasser eigentlich ein ungünstiges Lösungsmittel ist, weil seine molare Verdampfungswärme besonders groß ist; man verwendet daher zweckmäßig andere Lösungsmittel. Die Größe c_1 ist die Stoffmengenkonzentration des gelösten Stoffes. Setzt man in Gl. (8.86) die bekannten Daten des Lösungsmittels Wasser ein, dann erhält man für die *Siedepunkterhöhung*

$$\Delta T_S = 513 \frac{\text{K cm}^3}{\text{mol}} c_1 = c_1 \cdot K_S \quad \text{mit} \quad K_S = \frac{R T_S^2}{\varrho \Lambda_S}, \tag{8.87}$$

und die das Wasser als Lösungsmittel charakterisierende Konstante ist $K_S(\text{H}_2\text{O}) = 513\,\text{K cm}^3$ mol^{-1}. Setzen wir für c_1 die Stoffmengenkonzentration der physiologischen Kochsalzlösung ein, nämlich $c_1 = 1{,}54 \cdot 10^{-4}\,\text{mol cm}^{-3}$, (Lösung von 9 g NaCl in 1000 cm^3 Lösung), so erhalten wir aus Gl. (8.87) für die Siedepunkterhöhung (man beachte den Faktor 2) $\Delta T_S = 513\,\text{K cm}^3\,\text{mol}^{-1} \cdot 2 \cdot 1{,}54 \cdot 10^{-4}\,\text{mol cm}^{-3} = 0{,}16\,\text{K}$.

Die *Gefrierpunkterniedrigung* ΔT_E ist beachtlich viel größer, weil die dafür maßgebende Schmelzwärme Λ_E viel kleiner als die Verdampfungswärme beim Siedepunkt Λ_S ist. Es gilt

$$\Delta T_E = -1860 \frac{\text{K cm}^3}{\text{mol}} c_1 = c_1 \cdot K_E \quad \text{mit} \quad K_E = -\frac{R T_E^2}{\varrho \Lambda_E}, \tag{8.88}$$

also $K_E(H_2O) = -1860 \, \text{K} \, \text{cm}^3 \, \text{mol}^{-1}$. Für die physiologische Kochsalzlösung ergibt sich $\Delta T_E = -0,57$ K. Interessant ist der Vergleich mit der Gefrierpunkterniedrigung des menschlichen Blutplasmas: sie ist ΔT_E (Blutplasma) $= -0,537$ K. Wie nicht anders zu erwarten, sind die beiden Größen nahezu gleich, d. h. die Kochsalzlösung ist richtig eingestellt.

8.10.5 Gefriertrocknung

Die Lagerung biologischer Objekte kann eine Konservierung erfordern, bei der das Gewebswasser entfernt ist. Abdampfen bei erhöhter Temperatur verbietet sich häufig wegen Zerstörung des Gewebes und Denaturierung des Eiweißes. Es hat sich gezeigt, daß die Trocknung im gefrorenen Zustand ein optimales Mittel der schonenden Trocknung ist. Sie kann heute mit handelsüblichen Geräten erfolgen. Die dabei einzuhaltenden Bedingungen folgen aus der Physik des Vorgangs. Das Einfrieren soll möglichst schnell und bis zu möglichst tiefen Temperaturen erfolgen.

Das möglichst schnelle Einfrieren soll die Auskristallisation von Eis verhindern, die bei der Temperatur $\vartheta = 0\,°C$ zu einer rund 10%igen Volumenausdehnung führt (Fig. 8.11) und damit eine Zerstörung der Zellen verursacht. Beim schnellen Einfrieren wird eine glasige Struktur gebildet, die fast die gleiche Dichte wie Wasser hat und daher zu geringer Zerstörung führt. – Das möglichst tiefe Einfrieren resultiert aus der Zusammensetzung der Zellflüssigkeit. Beim Absinken der Temperatur unter $0\,°C$ tritt wegen der Gefrierpunkterniedrigung nicht sofort Gefrieren ein, und dann wird zunächst Wasser in Form von Eis ausgeschieden, wodurch die Konzentration der Lösung sich vergrößert. Es folgt ein weiteres Absinken der Gefriertemperatur. Es gibt aber für jeden Stoff in wäßriger Lösung eine „eutektische" Temperatur, von welcher an Mischkristalle ausgeschieden werden. Die tiefste hier wichtige eutektische Temperatur liegt bei $\vartheta = -55\,°C$ für $CaCl_2$.

Der eigentliche *Trocknungsvorgang* geschieht mittels der *Verdampfung des Eises*. Fig. 8.47 enthält die Dampfdruckkurven von Eis bei tiefen Temperaturen. Bis zu

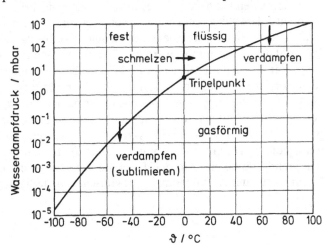

Fig. 8.47
Zustandsdiagramm von H_2O im Bereich von $-100\,°C$ bis $+100\,°C$. Die Kurven stellen die Dampfdruck-Kurven dar. Im Tripelpunkt zweigt die Schmelzdruckkurve ab

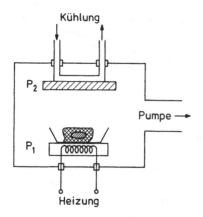

Fig. 8.48
Schema einer Gefriertrocknungseinrichtung. Die Platte P_1 dient der (vorsichtigen) Aufwärmung des Präparates, die Platte P_2 dient als Kondensator für das verdampfte Eis

beliebig tiefen Temperaturen hat Eis (wie jeder Stoff) noch einen endlichen Dampfdruck, in einem geschlossenen Gefäß kommt es zu einer bestimmten Dampfdichte, die von der Temperatur abhängt. Pumpt man diesen Dampf ab, so stört man das Eis-Dampf-Gleichgewicht und damit verliert das Präparat durch fortwährende Verdampfung des Eises an Wassergehalt. Beim Abpumpen wird gleichzeitig der Luftdruck in der Apparatur so weit herabgesetzt, daß die mittlere freie Weglänge der Luft- und H_2O-Moleküle die Größenordnung einiger cm erreicht. In diesem Druckbereich kann man den Pump- und damit Trocknungsvorgang wesentlich vereinfachen: man bringt in die Nähe des Präparates einen „Kondensator" für Wasserdampf. Das ist im einfachsten Fall eine metallische, gekühlte Platte, deren Temperatur so niedrig gewählt wird, daß der Dampfdruck des dort auskondensierenden Eises niedriger als der des Präparates ist, d.h. seine Temperatur muß deutlich niedriger als die Präparat-Temperatur sein (z.B. $-196\,°C$, Siedepunkt des flüssigen Stickstoffs). Ein Schema ist in Fig. 8.48 aufgezeichnet.

Die Geschwindigkeit des Trocknungsvorganges ist bei einer offenen Eisoberfläche vor allem durch den Dampfdruck bestimmt, ist also wie dieser stark temperaturabhängig. Man wird daher die Trocknungstemperatur nur so tief wie nötig wählen. Weiterhin muß man zur Einhaltung einer gewünschten Trocknungstemperatur fortdauernd dem Präparat die Verdampfungswärme zuführen, die rund $2900\,J\,g^{-1}$ ist. Es kann sein, daß diese Wärme nicht ausreichend durch allgemeine Wärmeeinstrahlung zur Verfügung steht, sondern daß das Präparat mit Hilfe einer heizbaren Stellplatte erwärmt werden muß. Die Einstellung dieser Wärmezufuhr erfordert Sorgfalt: ist der Trocknungsvorgang eine Zeitlang fortgeschritten, dann sind die äußeren Bereiche des Präparates trocken, die aus dem Eiskern abdampfenden Moleküle können durch Gewebsspalte in den Gasraum kommen, oder sie müssen durch die getrocknete Masse hindurchdiffundieren, d.h. der Trocknungsvorgang verzögert sich, und dann kann Erwärmung zum Auftauen mit unerwünschter Schädigung des Präparates führen.

8.10.6 Tiefe Temperaturen

Für die Physik waren und sind die Versuche, zu möglichst tiefen Temperaturen vorzustoßen von grundlegender Bedeutung (der absolute Nullpunkt ist „unerreichbar"). Man hat dabei wichtige Entdeckungen gemacht (z.B. die Supraleitung), deren technische Anwendung in vollem Fluß ist. Hier seien nur einige Möglichkeiten der labormäßigen Erzeugung tiefer Temperaturen besprochen, die für Kühlaufgaben benötigt werden.

Die einfachsten *Kühlmittel* sind *Flüssigkeiten mit niedrigem Siedepunkt*. Tab. 8.7 enthält eine Auswahl. Häufig wird im Laboratorium *flüssiger Stickstoff* verwendet (man vermeidet flüssige Luft oder flüssigen Sauerstoff). Der flüssige Stickstoff wird in ein doppelwandiges Dewar-Gefäß gefüllt (Fig. 8.22), in welches der zu kühlende Apparateteil eintaucht. Auf diese Weise zu kühlende Teile erfordern sorgfältige Konstruktion unter Beachtung der thermischen Schrumpfung bzw. Dehnung. Für Zwecke der Tiefkühlung ist auch eine Mischung aus *festem Kohlendioxid* mit einer organischen Flüssigkeit geeignet, die sich auf die Sublimationstemperatur ($\vartheta = -78\,°C$) beim äußeren (Luft-)Druck von etwa 1 bar einstellt.

Mit *Kältemaschinen* werden Temperaturen von $-45\,°C$ bis $-70\,°C$ erreicht. Eine einfache Methode, Kühlbäder herzustellen besteht darin, geeignete *Mischungen von Eis mit Salzen* anzusetzen. Dabei erfolgt eine gewisse Auflösung der Salze in aufgetautem Eis, es entsteht eine Kühlsole niedrigerer Temperatur, denn beim Auflösen der Salze wird die *Lösungswärme* verbraucht, die bei diesen Salzen negativ ist. Zum Beispiel erreicht man mit einer NaCl-Eis-Mischung mit dem Massenanteil $w = 20\,\%$ der Komponente NaCl die Temperatur $\vartheta = -21\,°C$, bei einem Massenanteil $w = 30\,\%$ einer $CaCl_2$-Eis-Mischung kommt man bis zu $\vartheta = -55\,°C$. Die angegebenen Temperaturen sind diejenigen der eutektischen Mischung: kühlt man diese weiter ab, dann kommt es zur Ausscheidung von Eis, Salz und Mischkristallen und die Lösung verfestigt sich, was nicht erwünscht ist.

9   Strömungsvorgänge

Unter einer Strömung versteht man ursprünglich die Fortbewegung eines flüssigen oder gasförmigen, d. h. eines „fluiden" Mediums, etwa die Strömung des Wassers im Flußbett, die Blutströmung in den Adern, Luft- und Gasströmungen , auch mit dem etwa darin enthaltenen Staub, in Rohren oder auch in der Atmosphäre (Wind), und auch die Ein- und Ausströmung der Atemluft in der Luftröhre und in den Bronchien. Wir erweitern den Begriff der Strömung auf die Bewegung von Ladungsträgern in den Drähten einer elektrischen Schaltung (elektrischer Strom), oder auch durch Flüssigkeiten hindurch, und auch auf die Bewegung von geladenen wie ungeladenen Teilchen im Vakuum. Auch „Transporte", die nicht mit materiellen Strömungen identifizierbar sind, werden als Strömungen bezeichnet: von der Sonne besteht zur Erde ein Strahlungsstrom, der die Erde erwärmt, und von einer Schallquelle geht Schallstrahlung zum Ohr. In beiden Fällen wird Energie transportiert, man spricht von einem Energiestrom. Wir haben schon kennengelernt, daß durch Wärmeleitung Wärme, also ungeordnete, thermische Energie transportiert wird, es besteht ein Wärmestrom. Im menschlichen Körper sind Strömungen der Körperflüssigkeiten lebensnotwendige Vorgänge. Sie bringen die energiereichen Moleküle zu den Zellen, wo sie chemische Energie zur Verfügung stellen, mit dem Blutstrom erfolgt der Sauerstoff- und der CO_2-Transport, und schließlich erfolgt mit dem Flüssigkeitsstrom auch der Transport von Medikamenten.

Am einfachsten ist die Behandlung der fluiden Strömungen. Mit ihnen definiert man Grundgrößen, die dann auf die anderen Strömungen übertragen werden.

9.1 Strömung fluider Medien

9.1.1 Stromstärke, Stromdichte, Kontinuitätsgleichung

Ein Bild einer Strömung erhält man durch die Beobachtung mitbewegter Schwebeteilchen oder eingeflossener Farbflüssigkeit. Fig. 9.1 gibt das „Stromlinienbild" einer Wasserströmung um eine eingebrachte Kugel wieder. Es ist das geometrische Bild des Bahnverlaufs von Flüssigkeitsteilchen. Einen Eindruck über den zeitlichen Ablauf gibt eine Kenntnis der *Strömungsgeschwindigkeit* an jeder Stelle. Ein solches Bild ist in Fig. 9.2 skizziert, es stellt ein *Strömungsgeschwindigkeits-Feld* dar.

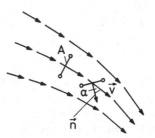

Fig. 9.1 Stromlinienbild einer umströmten Kugel oder eines umströmten Zylinders

Fig. 9.2 Strömungsgeschwindigkeitsfeld einer Strömung. Man mißt die Stromstärke durch den Meßrahmen der Fläche A hindurch. Ist der Winkel $\alpha = 90°$, dann ist die Stromstärke Null

Zur Messung der *Stromstärke* nimmt man einen Meßrahmen der Fläche A und registriert die durch ihn in der Zeitspanne Δt hindurchgehende (hindurchfließende) Materiemenge $\Delta \mathcal{M}$. Dann ist die Stromstärke durch den Meßrahmen hindurch

$$\text{Stromstärke} \overset{\text{def}}{=} \frac{\text{Menge}}{\text{Zeit}}, \qquad I \overset{\text{def}}{=} \frac{\Delta \mathcal{M}}{\Delta t}. \qquad (9.1)$$

Je nach der Größe, die man zur Charakterisierung der „Menge" benutzt, hat die Stromstärke verschiedene (SI-)Einheiten: die Massenstromstärke (der Massenstrom oder Massendurchfluß) $\Delta m/\Delta t$ ist in kg s^{-1} anzugeben, die Stoffmengenstromstärke (der Stoffmengenstrom oder Stoffmengendurchfluß) $\Delta v/\Delta t$ in mol s^{-1}, die elektrische Stromstärke (der Ladungsstrom) $\Delta Q/\Delta t$ in C s^{-1}, die Energiestromstärke (der Energiestrom) $\Delta E/\Delta t$ in $\text{J s}^{-1} = \text{W}$. Jede der angegebenen Mengen ist durch Dichte mal Volumen ausdrückbar, beispielsweise Masse = Massendichte mal Volumen, also folgt aus der Definitionsgleichung (9.1)

$$I = \varrho \frac{dV}{dt}, \qquad (9.2)$$

oder stoffliche Stromstärke = Dichte der betreffenden „Menge" mal *Volumenstromstärke* dV/dt (Volumendurchfluß; SI-Einheit: $\text{m}^3 \text{s}^{-1}$).

Wie man aus Fig. 9.2 erkennt, erhält man für die Stromstärke ganz verschiedene Werte, je nach der Orientierung des Meßrahmens. Wird er parallel zur lokalen Geschwindigkeit orientiert, dann ist die Stromstärke null, den Maximalwert mißt man, wenn der Rahmen senkrecht zum Geschwindigkeitsvektor $\vec{v}$ steht. Eine die Strömung selbst kennzeichnende Größe erhalten wir demnach nur, wenn wir erstens die Fläche A so klein wählen ($A \to \Delta A$), daß wir mit einheitlicher Geschwindigkeit über den Querschnitt der Fläche ΔA rechnen können, und zweitens den Meßrahmen so ausrichten, daß das Lot auf seine Fläche (die „Normale" $\vec{n}$) parallel zum Geschwindigkeitsvektor liegt. Aus dem dann gemessenen Strom definieren wir die

$$\text{Stromdichte } j \overset{\text{def}}{=} \frac{\text{maximale Stromstärke } \Delta I}{\text{Meßfläche } \Delta A} \qquad j \overset{\text{def}}{=} \frac{\Delta I}{\Delta A}. \qquad (9.3)$$

Die Stromdichte ist damit eine flächenbezogene Größe, die Einheiten können beispielsweise sein: $\mathrm{kg\,s^{-1}\,m^{-2}}$, $\mathrm{mol\,s^{-1}\,m^{-2}}$, $\mathrm{C\,s^{-1}\,m^{-2}}$, $\mathrm{W\,m^{-2}}$. Mit Gl. (9.2) ergibt sich für die Stromdichte

$$j = \frac{\Delta I}{\Delta A} = \varrho\,\frac{1}{\Delta t}\,\frac{\Delta V}{\Delta A} = \varrho\,\frac{\Delta s}{\Delta t}\,\frac{\Delta A}{\Delta A} = \varrho\,\frac{\Delta s}{\Delta t} = \varrho v. \tag{9.4}$$

Der letzte Teil der Gleichung folgt daraus, daß bei der Strömungsgeschwindigkeit v der von den Flüssigkeitsteilchen in der Zeitspanne Δt zurückgelegte Weg $\Delta s = v \cdot \Delta t$ ist. Die *Stromdichte* ist – ebenso wie die Strömungsgeschwindigkeit – ein *Vektor*, und damit gilt an jedem Punkt in einer Strömung

$$\vec{j} = \varrho\vec{v}, \qquad j = \varrho v. \tag{9.5}$$

Den Betrag j des Vektors $\vec{j}$ kann man sich an Hand von Fig. 9.3 veranschaulichen: die in dem Zylinder der Länge v sich befindende Materiemenge strömt je Zeiteinheit und je Flächeneinheit durch die Stirnfläche des Zylinders.

Bei allen Strömungen fluider Medien gibt es drei wesentliche Erschwernisse für die quantitative Behandlung: *a*) die *Kompressibilität*, die insbesondere bei den Gasen zu berücksichtigen ist (wenn nicht die Druckdifferenzen klein sind), d.h. die Dichte ist ortsabhängig; *b*) die *innere Reibung (dynamische Viskosität)* führt zum Energieentzug (Abschn. 9.1.3); *c*) die *Turbulenz*, d.h. die Verwirbelung in der Strömung, deren Einsatz von bestimmten Strömungsdaten abhängt (Abschn. 9.1.7). Bei den Strömungen im menschlichen Körper kommen mit verschiedener Gewichtung alle drei Erscheinungen vor. Wir besprechen zunächst eine allgemein gültige Gesetzmäßigkeit.

In den fluiden Medien gilt die *Kontinuitätsgleichung*. Sie besagt, daß keine Materie verlorengeht, daher auch *Massenerhaltungssatz* genannt. In Fig. 9.4 ist eine Strömung durch drei verschiedene Rohrquerschnitte skizziert. Gültigkeit der Kontinuitätsgleichung bedeutet, daß die Materiemengen, die an den Orten 1, 2 und 3 den Rohrquerschnitt in gleichen Zeitintervallen passieren, gleich sein müssen; oder: die Stromstärke ist an allen drei Orten gleich, in Formeln

$$I_1 = A_1\,\varrho_1\,v_1 = I_2 = A_2\,\varrho_2\,v_2 = I_3 = A_3\,\varrho_3\,v_3 \quad \text{oder} \quad A\,\varrho\,v = \text{const.} \tag{9.6}$$

Die *inkompressiblen Medien* haben konstante Dichte (Wasser, wäßrige Lösungen, Blut), *in diesem Fall* kann man durch die Dichte ϱ kürzen, so daß

$$A_1 v_1 = A_2 v_2 = A_3 v_3, \qquad v_1 : v_2 : v_3 = \frac{1}{A_1} : \frac{1}{A_2} : \frac{1}{A_3}. \tag{9.7}$$

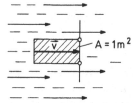

Fig. 9.3 Das abgegrenzte Volumen strömt in der Zeiteinheit durch den Querschnitt $A = 1\,\mathrm{m^2}$ und ergibt die Stromdichte

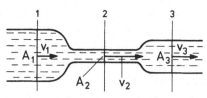

Fig. 9.4 Anwendung der Kontinuitätsgleichung: in kleinen Querschnitten ist die Strömungsgeschwindigkeit groß

In Worten: die Strömungsgeschwindigkeiten verhalten sich umgekehrt wie die Strömungsquerschnitte, in kleinen Querschnitten ist die Strömungsgeschwindigkeit größer als in großen Querschnitten.

Beispiel 9.1 Für eine Injektion wird eine Spritze mit dem Querschnitt $A_1 = 1\ cm^2$ benützt und dabei der Kolben mit der Geschwindigkeit $v_1 = 1\ mm\ s^{-1}$ bewegt. Die verwendete Hohlnadel hat den inneren Durchmesser $d = 0{,}2\ mm$, also den Querschnitt $A_2 = 3{,}14 \cdot 10^{-4}\ cm^2$. Es wird eine wäßrige Lösung injiziert, d. h. eine inkompressible Flüssigkeit. Darauf ist Gl. (9.7) anwendbar, die Strömungsgeschwindigkeit in der Hohlnadel ist $v_2 = A_1 v_1/A_2$, in Zahlen

$$v_2 = \frac{1\ cm^2}{3{,}14 \cdot 10^{-4}\ cm^2} \cdot 1\ \frac{mm}{s} = 3{,}2 \cdot 10^3\ \frac{mm}{s} = 3{,}2\ \frac{m}{s} = 11{,}5\ \frac{km}{h}.$$

Die Injektionsflüssigkeit würde also mit hoher Geschwindigkeit etwa in die Blutbahn schießen.

9.1.2 Bernoullisches Strömungsgesetz für reibungsfreie Strömungen

Das Bernoullische Strömungsgesetz folgt aus dem Energiesatz, wobei wir die Reibung (Abschn. 9.1.3) weglassen, bzw. vernachlässigen. Ein mit der Strömungsgeschwindigkeit v strömendes Fluid besitzt die *Energiedichte = kinetische Energie durch Volumen*

$$w = \frac{\Delta E}{\Delta V} = \frac{1}{2}\Delta m v^2 \frac{1}{\Delta V} = \frac{1}{2}\varrho v^2 \Delta V \frac{1}{\Delta V} = \frac{1}{2}\varrho v^2. \tag{9.8}$$

Die lokale Strömungsgeschwindigkeit v und die lokale Dichte ϱ bestimmen die lokale Energiedichte w der Strömung. Außerdem enthält die Materie noch thermische Energie (Abschn. 8): die Moleküle eines Fluids besitzen ungeordnete, thermische Geschwindigkeiten, denen die Strömungsgeschwindigkeit als Driftgeschwindigkeit überlagert ist. Die thermische Energie wird durch die Temperatur des Fluids angezeigt. Thermische Effekte betrachten wir hier nicht.

Zur Anwendung des Energiesatzes enthält Fig. 9.5 ein einfaches Beispiel: von links strömt Flüssigkeit mit der Strömungsgeschwindigkeit v_1 in einen abgegrenzten Bereich (———) ein, dessen Energiebilanz wir untersuchen. Dabei sei angenommen, daß innerhalb dieses Bereiches von außen Energie zugeführt, oder auch nach außen abgegeben werden kann, wobei die Leistung P umgesetzt werde, also in der Zeitspanne

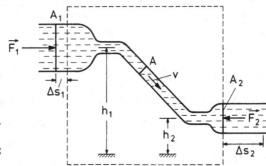

Fig. 9.5
Strömung in einer der Schwerkraft unterworfenen Flüssigkeit
———— Abgegrenzter Raum zur Bestimmung der Energiebilanz

Δt die Energie $\Delta W = P \Delta t$ aufgenommen oder abgegeben wird. Durch den Querschnitt A_1 besteht ein Strom kinetischer Energie in den abgegrenzten Bereich hinein, durch den Querschnitt A_2 aus ihm heraus. In der Zeitspanne Δt sind die zugeführten bzw. abgeführten Energiebeträge gleich dem Energiestrom mal Zeitspanne, also unter Benutzung von Gl. (9.8) und Fig. 9.3

$$\Delta E_1 = w_1 A_1 v_1 \Delta t, \qquad \Delta E_2 = w_2 A_2 v_2 \Delta t. \tag{9.9}$$

Die Drücke p_1 und p_2 am Ein- und Ausgang seien voneinander verschieden. Mit den in Fig. 9.5 angedeuteten Kolben wird Verschiebungsarbeit zum Hineindrücken des Fluids verrichtet, eine entsprechende Arbeit ist am Ausgang gewinnbar,

$$F_1 \Delta s_1 = p_1 A_1 v_1 \Delta t, \qquad F_2 \Delta s_2 = p_2 A_2 v_2 \Delta t. \tag{9.10}$$

Nach dem Energiesatz müssen die Summen der Energiebeträge am Eingang und Ausgang gleich sein bis auf die im Innern hinzugefügte, bzw. aus dem Innern abgegebene Energie. Alle Energiebeträge enthalten als Faktor die Zeitspanne Δt, durch die wir kürzen können, so daß aus der Anwendung des Energiesatzes die Gleichung

$$w_1 A_1 v_1 + p_1 A_1 v_1 + P = w_2 A_2 v_2 + p_2 A_2 v_2 \tag{9.11}$$

folgt. Die Größe P kann zum Beispiel die Leistung einer Pumpe dokumentieren (Herz im Blutkreislauf, s. Beispiel 9.2); sie kann auch den Gewinn an Energie enthalten, den man dann erhält, wenn die Flüssigkeit im abgegrenzten Bereich im Schwerefeld von der Höhe h_1 auf die Höhe h_2 absinkt (Fig. 9.5). Für diese Energie ΔW und die zugehörige Leistung $P = \Delta W/\Delta t$ gilt

$$\Delta W = A v \varrho g (h_1 - h_2) \Delta t, \qquad P = A v \varrho g (h_1 - h_2). \tag{9.12}$$

Diesen Ausdruck setzen wir in Gl. (9.11) ein und erhalten unter Berücksichtigung der Kontinuitätsgleichung $A_1 v_1 = A v = A_2 v_2$,

$$w_1 + p_1 + \varrho g h_1 = w_2 + p_2 + \varrho g h_2, \tag{9.13}$$

das heißt

$$\frac{1}{2} \varrho v^2 + p + \varrho g h = \text{const}. \tag{9.14}$$

In einer der Schwerkraft unterworfenen, reibungsfreien Strömung eines inkompressiblen Fluids ist die Summe aus Dichte der kinetischen Energie, Druck und potentieller Energiedichte konstant: dies ist das Bernoullische *Strömungsgesetz*. Häufig wird eine andere Formulierung gewählt: in Gl. (9.14) tritt neben dem „statischen Druck" (auch „Stempeldruck") p der „Schweredruck" $\varrho g h$ auf, und daher bezeichnet man die Größe $\frac{1}{2} \varrho v^2$ auch als Druck, nämlich als „Staudruck", so daß das Bernoullische Strömungsgesetz die Formulierung

$$\text{Staudruck} + \text{statischer Druck} + \text{Schweredruck} = \text{const} \tag{9.15}$$

erhält. Wir wenden diese Gleichung auf die Strömung in Fig. 9.6 an. Die Anordnung ist mit drei Flüssigkeitsmanometern versehen, mit denen der statische Druck in der

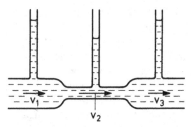

Fig. 9.6 In einer Querschnittsverjüngung besteht erhöhte Strömungsgeschwindigkeit und daher verminderter statischer Druck

Fig. 9.7 Wasserstrahlpumpe

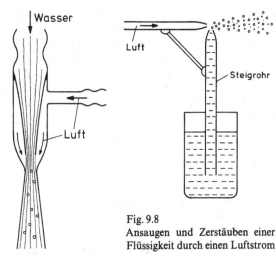

Fig. 9.8
Ansaugen und Zerstäuben einer Flüssigkeit durch einen Luftstrom

Flüssigkeit gemessen wird. Gl. (9.14) ergibt für die drei Meßstellen 1, 2 und 3

$$\frac{1}{2}\varrho v_1^2 + p_1 = \frac{1}{2}\varrho v_2^2 + p_2 = \frac{1}{2}\varrho v_3^2 + p_3 = \text{const} \qquad (9.16)$$

(die drei Höhen h_1, h_2 und h_3 sind bei horizontaler Lagerung gleich, fallen also heraus). Der Wert der Konstanten, auch genannt der „Gesamtdruck" ist durch die Strömungsdaten an der Stelle 1, also „am Anfang" bestimmt. An der Stelle 2 ist die Strömungsgeschwindigkeit nach Gl. (9.7) erhöht, und zwar ist $A_1 v_1 = A_2 v_2$, so daß dort der statische Druck vermindert ist; aus Gl. (9.16) folgt

$$p_1 - p_2 = \frac{1}{2}\varrho v_1^2 \left(\frac{A_1^2}{A_2^2} - 1\right). \qquad (9.17)$$

Diese Druckdifferenz läßt sich an den Flüssigkeitsmanometern bei 1 und 2 ablesen. An der Stelle 3 herrschen wieder die ursprünglichen Verhältnisse, der statische Druck p_3 ist gleich p_1. – Hält man die Strömung an (Stopfen an der Auslaufseite!), dann sind alle drei Strömungsgeschwindigkeiten null, und dann sagt Gl. (9.16), daß alle drei statischen Drucke gleich groß sind: die Manometer stehen alle auf gleicher Höhe, sie sind „kommunizierende Röhren".

Fig. 9.7 und 9.8 enthalten zwei Beispiele des Bernoullischen Strömungsgesetzes. In der Wasserstrahlluftpumpe besteht an der Rohrverengung Unterdruck, so daß Luft von außen in den Strahl gedrückt und mit ihm abgeführt wird. Beim Zerstäuber entsteht an der Luftstromverjüngung Unterdruck, auf Grund dessen der auf der Flüssigkeit des Vorratsgefäßes lastende Druck diese in den Luftstrom hineindrückt, wo dann Flüssigkeit in Form kleiner Tröpfchen mitgeführt wird.

Beispiel 9.2   Für eine sehr vereinfachte Abschätzung der mechanischen Leistung des Herzens als Pumpe des Blutstromes nehmen wir das in Fig. 9.9 skizzierte Modell. Die Höhe h sei beim aufrechten Menschen etwa der Abstand Herz-Gehirn und werde mit $h = 0,3$ m angenommen.

Beim periodischen Pulsschlag (Frequenz $f = 80\,\text{min}^{-1} = 1{,}33\,\text{Hz}$) werden vom Herz rund $70\,\text{cm}^3$ Blut ausgeworfen, von denen rund 15% zum Gehirn abgezweigt werden (Fig. 9.21). Es ist also der mittlere Blutvolumenstrom zum Gehirn $\dot{V}_G = 0{,}15 \cdot 70 \cdot 10^{-6}\,\text{m}^3 \cdot 1{,}33\,\text{Hz}$ $= 14 \cdot 10^{-6}\,\text{m}^3\,\text{s}^{-1}$. Der Einfachheit halber nehmen wir an, daß die Strömungsquerschnitte überall gleich seien, und außerdem nehmen wir an, daß keine Verzweigungen vorkommen. Dann sind nach der Kontinuitätsgleichung die Strömungsgeschwindigkeiten überall gleich, $v_1 = v_2$ $= v_3$. Die Drücke p_1 und p_3 seien gleich, der Druck p_2 wird durch die Pumpe so weit erhöht, daß das Blut auf die Höhe h angehoben werden kann. Wir wenden zunächst Gl. (9.11) auf Eingang und Ausgang der Pumpe an: $A_1 = A_2 = A$ und $v_1 = v_2 = v$, also auch $w_1 = \dfrac{1}{2}\varrho v_1^2 = w_2$ $= \dfrac{1}{2}\varrho v_2^2$, und es folgt aus Gl. (9.11)

$$p_1 A v + P = p_2 A v. \tag{9.18a}$$

Nun ist $A \cdot v = \dot{V}_G$ die (mittlere) Volumenstromstärke, und damit folgt aus Gl. (9.18a) der Zusammenhang von Pumpleistung und Druckanstieg

$$P = \dot{V}_G (p_2 - p_1) \cdot \tag{9.18b}$$

Im zweiten Schritt wenden wir Gl. (9.11) auf die Stellen 1 und 3 an und erhalten wegen $v_1 = v_3 = v$

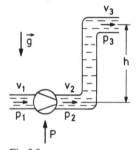

$$p_1 A v + P = p_3 A v + \varrho g h A v, \tag{9.18c}$$

und weil $p_1 = p_3$ sein soll

$$P = A v \varrho g h = \dot{V}_G \varrho g h \tag{9.18d}$$

sowie durch Vergleich mit Gl. (9.18b)

$$p_2 = p_1 + \varrho g h. \tag{9.18e}$$

In Zahlen ergibt sich für die Pumpleistung

Fig. 9.9
Zur Arbeitsweise einer Pumpe,
die Flüssigkeit auf ein höheres
Niveau pumpt

$$P = 14 \cdot 10^{-6}\,\frac{\text{m}^3}{\text{s}}\,10^3\,\frac{\text{kg}}{\text{m}^3}\,10\,\frac{\text{m}}{\text{s}^2}\,0{,}3\,\text{m} = 0{,}042\,\text{W}.$$

Entsprechend dem Verzweigungsverhältnis des Blutstromes (15% zum Gehirn) müßte die Gesamt-Pumpleistung $P = 0{,}042\,\text{W}/0{,}15 = 0{,}28\,\text{W}$ sein. Der so berechnete Wert ist nur 1/4 der tatsächlichen Herzleistung. Der wesentliche Grund ist, daß wir die Reibung vernachlässigt haben. – Der vom Herzen erzeugte Druckanstieg ergibt sich zu $p_2 - p_1 = \varrho g h = 30\,\text{mbar}$ $\cong 22{,}5\,\text{mm Hg}$. In Wirklichkeit wird vom normalen Herzen – wie Messungen ergeben haben – ein Druckanstieg von rund 170 mbar erzeugt.

Die *Messung von Staudruck und statischem Druck* sind grundlegende Messungen in jeder Strömung. Im Grundsatz verfährt man wie folgt. Bringt man einen Körper, wie er in Fig. 9.10a gezeichnet ist, in die Strömung, so umschließt eine glatte, nicht turbulente Strömung den Körper, etwa wie skizziert. Wir wenden auf die markierten Punkte das Bernoullische Strömungsgesetz an. Im Punkt 1 ist die Strömungsgeschwindigkeit $v_1 = 0$, daher wird dieser Punkt *Staupunkt* genannt, und dort ist nach Gl. (9.14)

$$\frac{1}{2}\varrho v_0^2 + p_0 = 0 + p_1 = p. \tag{9.19}$$

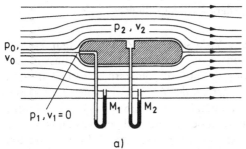
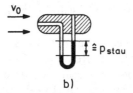

Fig. 9.10
a) Messungen in strömenden Fluiden
b) Prandtlsches Staurohr zur Messung des Staudruckes

Mit dem Manometer M_1 mißt man demnach den *Gesamtdruck* $p =$ Staudruck $\frac{1}{2} \varrho v_0^2$
+ statischer Druck p_0 (in der ungestörten Strömung). – Im Punkt 2 ist die Strömung
wieder ungestört, sie streicht bei geeigneter Ausbildung der Vertiefung (Bohrung) über
diese ohne wesentliche Störung hinweg und das Fluid innerhalb der Bohrung hat einen
Druck, der mit dem statischen Druck der Flüssigkeit im Gleichgewicht steht. Man
mißt mit dem Manometer M_2 den *statischen Druck* $p_2 = p_0$. – Die Differenz der
Druckanzeigen der Manometer M_1 und M_2 ist der *Staudruck*,

$$p_{\text{Stau}} = \frac{1}{2} \varrho v_0^2 = p - p_2 = p - p_0. \tag{9.20}$$

Man kann den Staudruck auch direkt messen, wenn man aus den beiden
Ableitungsrohren zu M_1 und M_2 ein geschlossenes Manometer formt (Fig. 9.10b).
Eine solche Anordnung nennt man P r a n d t l s c h e s *Staurohr*. Aus seiner Druckanzeige
(p_{Stau}) folgt die *Strömungsgeschwindigkeit* mittels Gl. (9.20) zu

$$v_0 = \sqrt{\frac{2}{\varrho} p_{\text{Stau}}}. \tag{9.21}$$

Ein Meßgerät zur Messung des statischen Drucks allein enthält nur das Rohr 2 und
Manometer 2, es wird *Drucksonde* genannt. Solche Drucksonden sind auch die
Manometer in Fig. 9.6, die den Druck in jeweils einer „Bohrung" messen, über die die
Strömung hinwegstreicht. – Ein Meßgerät, das nur das Rohr 1 (mit der in Fig. 9.10a
gezeichneten Orientierung relativ zur Strömung) und das Manometer M_1 enthält, mißt
den Gesamtdruck und heißt *Pitot-Rohr*.

Beispiel 9.3 Ein Herzkatheter wird als flexibler Schlauch mit einem äußeren Durchmesser von
1 bis 5 mm ausgebildet. Etwa 1 cm von seinem geschlossenen Ende entfernt (Fig. 9.11) befindet
sich eine kleine Öffnung, über die die Blutströmung hinwegstreicht. Es wird also der statische
Druck in der Strömung gemessen. Zur Druckfortleitung wird der Katheter luftfrei mit
isotonischer NaCl-Lösung gefüllt, durch welche die Druckpulse zu einem Druckmeßgerät
fortgeleitet werden, in welchem ein elektrisches Signal zum Zweck der Registrierung gebildet
wird (Abschn. 9.2.4.2, Beispiel 9.11).

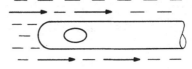

Fig. 9.11 Katheter in der Strömung

9.1.3 Dynamische Viskosität (Zähigkeit, innere Reibung) fluider Stoffe

Reale Flüssigkeiten und Gase besitzen eine Viskosität oder Zähigkeit, man spricht auch von innerer Reibung. Zur Demonstration nehmen wir ein Bassin mit angeschlossenem, horizontalem Auslaufrohr, das mit Manometern besetzt ist, die den statischen Druck messen (Fig. 9.12). Zunächst sei der Auslauf durch einen Stopfen verschlossen. Dann ist die Strömungsgeschwindigkeit Null, am Grunde des Bassins herrscht der zugehörige Schweredruck und dieser ist überall im Auslaufrohr der gleiche, alle Manometer zeigen den gleichen Druck p_{10} an. Nach Entfernung des Stopfens setzt die Strömung ein und die Manometer sinken sämtlich ab und zeigen dadurch an, daß in der Strömung ein Druckabfall (hier linear) besteht. Das steht im Widerspruch zum Bernoullischen Strömungsgesetz, denn die Strömungsgeschwindigkeit ist im ganzen Auslaufrohr gleich. Der Druckabfall ist Kennzeichen dafür, daß die Strömung im Auslaufrohr durch die dynamische Viskosität des Fluids bestimmt wird. Im Bassin selbst besteht ebenfalls eine Strömung, der Flüssigkeitsspiegel sinkt mit der Geschwindigkeit v_0, und zwar langsam, wenn das Bassin einen großen Querschnitt hat („großes Reservoir"). Für die Strömung im Bassin können wir dann die Reibung vernachlässigen und das Bernoullische Strömungsgesetz auf die Einströmungsstelle ins Auslaufrohr und den Flüssigkeitsspiegel im Bassin anwenden. Das ergibt die Gleichung

$$p_0 + \varrho g h + \frac{1}{2} \varrho v_0^2 = p_1 + 0 + \frac{1}{2} \varrho v_1^2. \tag{9.22}$$

Es folgt daraus der statische Druck an der Einströmungsstelle

$$p_1 = p_0 + \varrho g h + \frac{1}{2} \varrho v_0^2 - \frac{1}{2} \varrho v_1^2. \tag{9.23}$$

Wir können bei großem Bassin den Ausdruck mit v_0 vernachlässigen ($v_0 \approx 0$) und sehen, daß der statische Druck an der Einströmungsstelle um den dortigen Staudruck $\frac{1}{2} \varrho v_1^2$ kleiner ist als beim Stillstand der Strömung. Dementsprechend wurde der Druckverlauf in Fig. 9.12 gezeichnet.

Zur *Erklärung des Druckverlaufs in der Rohrleitung* greifen wir auf die Überlegungen im Zusammenhang mit der Reibung fester Körper zurück (Abschn. 7.6.3.3). An jedem Rohrelement der Länge Δl herrscht ein Druckabfall Δp, d. h. an den beiden End-

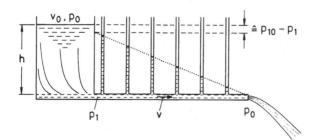

Fig. 9.12
Bei der Strömung eines realen Fluids (mit dynamischer Viskosität) besteht auf der Leitung ein Druckabfall

querschnitten A des Elementes besteht ein Unterschied der Kräfte $\Delta F = A \, \Delta p$. Diese Kraft ist notwendig, um die Strömungsgeschwindigkeit als konstante Geschwindigkeit aufrechtzuerhalten, ohne daß es zu einer Beschleunigung des Fluids kommt. Es wird demnach in jedem Strömungselement die Leistung $\Delta P = v \, \Delta F = v \, A \, \Delta p$ durch *Reibung* entzogen, und ohne daß ständig neue Energie zugeführt wird (Absinken der Flüssigkeit im Bassin) müßte die Strömung zum Erliegen kommen. Der Entzug an Bewegungsenergie erfolgt molekularkinetisch durch den Impuls- bzw. Geschwindigkeitsaustausch der Moleküle untereinander, wenn sie zusammenstoßen. Dabei wird letztlich Driftgeschwindigkeit in ungeordnete, thermische Geschwindigkeit übergeführt.

Einige *Grundbegriffe* im Zusammenhang mit *der Viskosität der Fluide* führen wir an Hand des in Fig. 9.13 skizzierten Experimentes ein. Zwei parallele Platten (wir betrachten nur einen Flächenausschnitt A) sollen in einer Flüssigkeit im Abstand D voneinander parallel und zueinander gegenläufig mit der Relativgeschwindigkeit v bewegt werden. Es bedarf dazu der Wirkung zweier zu den Platten paralleler, aber entgegengesetzt gerichteter Kräfte, also der Wirkung eines Kräftepaares (Abschn. 6.1). Wir können uns vorstellen, daß die untere Platte in Fig. 9.13 festgehalten, die obere mit der Geschwindigkeit v bewegt wird: zur Aufrechterhaltung der konstanten Geschwindigkeit braucht man eine konstante Kraft, die proportional zur Geschwindigkeit v, proportional zur Größe A des herausgegriffenen Flächenstückes, und die umgekehrt proportional zum Abstand D der beiden Platten ist, also der „Wände", zwischen denen die Relativgeschwindigkeit v besteht. Wir drücken dies durch die Gleichung aus

$$F = \eta \, A \, \frac{v}{D}.\qquad(9.24)$$

Wir haben damit als Stoffkonstante des Fluids die *dynamische Viskosität* η (auch *Zähigkeit* oder *Koeffizient der inneren Reibung*) definiert. Es folgt aus Gl. (9.24) die SI-*Einheit der dynamischen Viskosität*

$$[\eta] = \frac{\mathrm{N\,s}}{\mathrm{m}^2}.\qquad(9.25a)$$

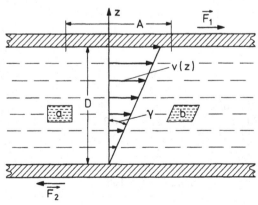

Fig. 9.13
Schichtenförmige Strömung eines Fluids zwischen zwei gegeneinander bewegten Platten („Laminarströmung"). Die Ausdehnung in horizontaler Richtung denke man sich groß gegen D. Quaderförmige Volumenelemente a) werden verformt b). Weitere Erläuterungen im Text

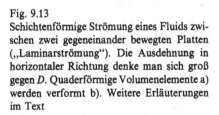

Eine ältere, aber noch häufig benutzte Einheit ist

$$1 \text{ Poise} = 1 \text{ P} = 1 \frac{\text{dyn s}}{\text{cm}^2} = 0,1 \frac{\text{N s}}{\text{m}^2}, \qquad 1 \text{ cP} = 10^{-3} \frac{\text{N s}}{\text{m}^2}. \tag{9.25 b}$$

Ist die Bewegung der oberen Platte in Fig. 9.13 eingeleitet, dann gilt, daß die Flüssigkeit unmittelbar an der Wand die Geschwindigkeit der Wand hat: die *Flüssigkeit haftet an der Wand*. Dementsprechend ist an der ruhenden, unteren Wand die Geschwindigkeit Null, und im Zwischenraum der Dicke D besteht eine Strömung in der Weise, daß die Geschwindigkeit von oben nach unten linear abnimmt: wir haben eine *geschichtete Strömung*, in der sich Flüssigkeitsschichten verschiedener Geschwindigkeiten übereinander hinwegschieben. Es besteht ein *Geschwindigkeitsgradient* $dv/dz = v/D$ senkrecht zur Bewegungsrichtung, und dieser wird durch die Scherkraft F erzeugt. Wir nennen $\tau = F/A$ die Scherspannung, und dann folgt aus Gl. (9.24) die Definitionsgleichung für die dynamische Viskosität η in der Form

$$\tau = \eta \frac{dv}{dz}. \tag{9.26}$$

Man kann auch in dem Ausdruck für den Geschwindigkeitsgradienten $\dfrac{v}{D}$ für v den Verschiebungsweg $\Delta s = v \Delta t$ einführen, und dann ergibt sich

$$\tau = \eta \frac{v}{D} = \eta \frac{1}{\Delta t} \frac{\Delta s}{D} = \eta \frac{\Delta \gamma}{\Delta t} \quad \text{oder} \quad \tau = \eta \dot{\gamma}, \tag{9.27}$$

mit $\Delta \gamma =$ Scherwinkeländerung und $\dot{\gamma} = $ *Scherwinkelgeschwindigkeit*. Man kann demnach die dynamische Viskosität in verschiedener Weise definieren, z.B. als Scherspannung dividiert durch Geschwindigkeitsgradient oder Scherspannung dividiert durch Scherwinkelgeschwindigkeit. – In Tab. 9.1 sind Viskositäten einiger Stoffe zusammengestellt, wobei besonders anzumerken ist, daß die dynamische Viskosität stark temperaturabhängig ist. Bei der Angabe bestimmter Werte ist stets die Meßtemperatur mit anzugeben.

Tab. 9.1 Dynamische Viskosität einiger Fluide

Stoff	$\vartheta/°C$	$\eta/10^{-3} \text{Ns m}^{-2}$	Stoff	$\vartheta/°C$	$\eta/10^{-3} \text{Ns m}^{-2}$
Wasser	0	1,79	Glyzerin	0	12110
	10	1,31		20	1480
	20	1,00	Luft	20	0,018
	30	0,8	(nicht druckabhängig, solange die		
	40	0,65	mittlere freie Weglänge kleiner als		
	50	0,54	Gefäßabmessungen; nimmt mit		
	100	0,28	wachsender Temperatur *zu*)		
Chloroform	20	0,58	Blutserum, Viskosität etwa gleich		
Äther	20	0,233	der von Wasser		
Alkohol	20	1,2	Blutplasma	17	2,0
Blut	23	4		23	1,73
(Scherwinkelgeschwindigkeit				30	1,5
$\dot{\gamma} \gtrless 100 \text{s}^{-1}$, s. auch Fig. 9.16)				37	1,3

Das in Fig. 9.13 gezeichnete Bild erläutert gleichzeitig die Bedeutung der Fluide als *Schmiermittel*. Ohne ein solches würden zwei gegeneinander bewegte Teile einem mehr oder weniger großen Abrieb und damit einer Verformung unterliegen. Das Schmiermittel drängt die Wandungen auseinander (und muß daher eine ausreichende Zerreißfestigkeit haben), und zwar gerade so, daß die Geschwindigkeitsunterschiede nur innerhalb der Flüssigkeit bestehen, denn die den Wänden anliegenden Flüssigkeitsteile haben die gleiche Geschwindigkeit wie die Wand. In den Gelenken des menschlichen Knochengerüstes wird die Schmiermittelfunktion von der Gelenkschmiere übernommen.

Ob die Viskosität von wesentlicher Bedeutung für eine Strömung ist, muß im Einzelfall geprüft werden. In dem großen Bassin der Fig. 9.12 ist die Reibung ohne Bedeutung: nur in einer wandnahen Schicht, der *Grenzschicht*, hätte man die Viskosität zu berücksichtigen. Dagegen ist im horizontalen Auslaufrohr, wo die Geschwindigkeit groß ist und die Wände nahe beieinander sind, die Viskosität die bestimmende Größe. Das gilt auch für die Flüssigkeiten im Gefäßsystem des menschlichen Körpers.

Wir haben schon darauf hingewiesen, daß die Viskosität in der Regel stark temperaturabhängig ist. Bei vielen Stoffen ist sie außerdem gar keine „Konstante", sondern von der Beanspruchung, d.h. der Scherspannung τ abhängig. Infolgedessen muß man bei einem vorgelegten Stoff experimentell prüfen, ob in Gl. (9.26) oder (9.27) η als Konstante einsetzbar ist. Den allgemeinen Zusammenhang zwischen Scherspannung und Geschwindigkeitsgradient kann man in der Form

$$\frac{dv}{dz} = \dot{\gamma} = \frac{1}{\eta(\tau)}\,\tau \qquad\qquad (9.28)$$

angeben, weil man die Scherspannung τ als Ursache des Geschwindigkeitsgradienten ansieht. Wenn $\eta = \eta(\tau)$ unabhängig von der Scherspannung τ ist, so haben wir ein *Newtonsches Fluid*. Fig. 9.14 enthält einige charakteristische Verläufe von dv/dz als Funktion der Scherspannung. Die Gerade ① entspricht der Newtonschen Flüssigkeit. Bei dem Stoff nach Kurve ② nimmt die dynamische Viskosität mit wachsender Scherspannung *zu*, nach Kurve ③ nimmt die dynamische Viskosität *ab*. Solche Verläufe nach ③ findet man bei hochmolekularen Stoffen, wo mit wachsendem Geschwindigkeitsgradienten die Moleküle entknäuelt werden und damit die Reibung sinkt. Bei Stoffen mit einem Verlauf nach Kurve ④ bedarf es einer Mindestscherspannung, um das „Fluid" zum „fließen" zu bringen (gilt z.B. für Zahnpaste). Solche Fluide werden als *Bingham-Fluide* bezeichnet. – Aus den Verläufen der Fig. 9.14 kann man durch Bildung des Quotienten $\tau\left/\dfrac{dv}{dz}\right. = \eta$ die Viskosität ermitteln.

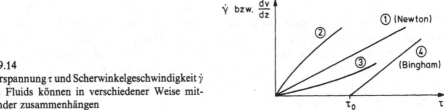

Fig. 9.14
Scherspannung τ und Scherwinkelgeschwindigkeit $\dot{\gamma}$ eines Fluids können in verschiedener Weise miteinander zusammenhängen

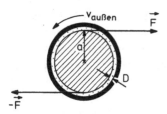

Fig. 9.15 Schema eines Couette-Viskosimeters

Die *Messung der dynamischen Viskosität* kann mit *Durchfluß-Viskosimetern* (Messung von Druck und Durchflußmenge durch eine geeignete Kapillare; s. Abschn. 9.1.4) oder *Couette-Viskosimetern* (Fig. 9.15) geschehen. Bei letzteren werden in der zu untersuchenden Flüssigkeit konzentrisch und um die Längsachse drehbar zwei Metallzylinder angeordnet. Der äußere wird in Umdrehung versetzt, und es wird das Drehmoment gemessen, das nötig ist, um den inneren Zylinder in Ruhe zu halten. Variiert man die Umdrehungsgeschwindigkeit des äußeren Zylinders, so kann auch die Abhängigkeit der Viskosität von der Scherspannung gemessen werden.

Beispiel 9.4 In einem Couette-Viskosimeter (Fig. 9.15) sei der Abstand („Spalt") zwischen innerem und äußerem Zylinder $D = 1$ mm und der innere Zylinder habe den Radius $a = 2$ cm, sowie die Länge $l = 4$ cm (senkrecht zur Zeichenebene). Die Viskosität des Fluids (Wasser) sei $\eta = 1,0 \cdot 10^{-3}$ Ns m^{-2} (Tab. 9.1). Die Umdrehungsfrequenz des äußeren Zylinders sei $f = 1$ s^{-1}. Das System ist zwar zylindersymmetrisch, jedoch kann man bei kleinem Spalt für die Rechnung so tun, als ob es sich um zwei im Abstand D sich gegenüberstehende Ebenen wie in Fig. 9.13 handeln würde. D.h. die im Fluid und am äußeren und inneren Zylinder wirkende Scherspannung kann mit Gl. (9.27) berechnet werden,

$$\tau = \eta \frac{v_{\text{außen}}}{D} = \eta \, a \, 2\pi f \, \frac{1}{D} = 10^{-3} \, \frac{\text{Ns}}{\text{m}^2} \, \frac{2\,\text{cm} \, 2\pi \cdot 1\,\text{s}^{-1}}{0,1\,\text{cm}} = 4\pi \cdot 10^{-2} \, \text{N m}^{-2}. \qquad (9.29)$$

Multiplikation mit der Zylinderfläche $A = 2\pi a \cdot l$ ergibt die am Zylinder tangential wirkende resultierende Kraft, Multiplikation mit dem „Hebelarm" a das auszuübende Drehmoment, um den Zylinder in Ruhe zu halten: $F = \tau \cdot A = 6,3 \cdot 10^{-4}$ N, Drehmoment $M = F \cdot a = 1,26 \cdot 10^{-5}$ Nm. Die Kraft $F = 6,3 \cdot 10^{-4}$ N entspricht derjenigen, die ein Gewichtstück von 64 mg ausübt.

Ergänzung Das *Blut* ist ein besonders kompliziertes Fluid. Es ist eine Suspension von Zellen im Blutplasma. Der Zell-Volumenanteil (zu 99 % Erythrozyten) wird durch den *Hämatokritwert* gegeben. Beim gesunden, erwachsenen Menschen ist er $\varphi_H \approx 0,45 = 45\%$. Plasma, aus dem das Fibrinogen abgetrennt ist, ist das Serum. Die dynamische Viskosität des Serums ist etwa gleich der von Wasser. Bei höheren Geschwindigkeitsgradienten, etwa oberhalb $dv/dz = 300$ s^{-1}, verhalten Blut und Plasma sich wie Newtonsche Fluide, die dynamische Viskosität des Blutes ist dann etwa 4mal so groß wie die von Wasser, diejenige von Plasma etwa 2mal so groß. Die in Tab. 9.1 für Blutplasma angegebenen Daten beziehen sich auf einen Bereich von $dv/dz = 10^{-1}$ bis 10^{-4} s^{-1}, d.h. Plasma ist in einem großen Bereich ein Newtonsches Fluid. – Anders verhält es sich mit Voll-Blut. Fig. 9.16 enthält ein Meßresultat für kleine Geschwindigkeitsgradienten (Couette-Viskosimeter) und zeigt, daß die dynami-

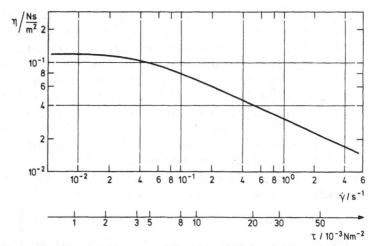

Fig.9.16 Verlauf der dynamischen Viskosität des Blutes bei kleinen Scherspannungen, Hämatokrit $\varphi_H = 44\%$ (nach Chmiel, H.: Biorheology 11 (1974) 87, Temperatur $\vartheta = 23\,°C$)

sche Viskosität bei sehr kleinen Gradienten schließlich gegen einen erhöhten, aber konstanten Wert geht. Das ist interessant, weil die Frage diskutiert wurde, ob Blut eine Bingham-Flüssigkeit ist. – Die Besonderheiten der Blutströmung treten bei den Strömungen in Kapillaren deutlich hervor (Abschn. 9.1.8.2).

9.1.4 Strömung durch Rohre, Hagen-Poiseuillesches Gesetz

An den Enden eines kreisrunden Rohres des Radius a und der Länge L (Fig. 9.17) bestehe die Druckdifferenz $p_1 - p_2$. Im Innern besteht das konstante Druckgefälle

$$\frac{dp}{dl} = \frac{p_1 - p_2}{L} \tag{9.30}$$

wie es in Fig. 9.12 von den Manometern angezeigt wird. An der Rohrwand haftet die Flüssigkeit, die Strömungsgeschwindigkeit $v = v(r)$ steigt von null bei $r = a$ auf einen Maximalwert in der Rohrachse an, im Rohrquerschnitt besteht also ein Geschwindigkeitsgradient. Man nennt $v = v(r)$ das *Geschwindigkeitsprofil* der Strömung und kann zeigen, daß es hier parabelförmig ist

$$v(r) = \frac{1}{4\eta}(a^2 - r^2)\frac{p_1 - p_2}{L}. \tag{9.31}$$

Eine Skizze dieses Geschwindigkeitsprofils enthält Fig. 9.17, Kurve (1). Nach

Fig. 9.17
Geschwindigkeitsprofil $v(r)$ bei drei verschiedenen Annahmen über die dynamische Viskosität (zylindrisches Rohr, laminare Strömung); rechts: Verlauf der Scherspannung $\tau(r)$.
(1) Newtonsche Flüssigkeit, (2) Flüssigkeit nach Kurve ② in Fig. 9.14, (3) Bingham-Flüssigkeit

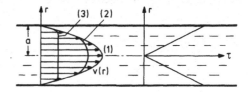

Maßgabe der verschiedenen Geschwindigkeiten schieben sich die Stromröhren bei den Radien r übereinander hinweg. Eine solche Strömung heißt *laminar*. Innerhalb des Fluids besteht eine Scherspannung, die selber vom Abstand von der Rohrachse abhängt und die insgesamt der durch die Druckdifferenz gegebenen Kraft das Gleichgewicht hält. Der Verlauf der Scherspannung ist ganz unabhängig von der Größe der dynamischen Viskosität des Fluids und ist für unseren Fall ebenfalls in Fig. 9.17, rechts, eingezeichnet. An der Rohrinnenseite ist die Scherspannung am größten und ergibt die Gesamtkraft, die vom Fluid auf das Rohr als tangentiale Kraft übertragen wird. Soll Gleichgewicht herrschen, dann muß man also das Rohr festhalten, sonst wird es durch das Fluid mitgeschwemmt.

Da der Verlauf der Scherspannung im Fluid nicht von der dynamischen Viskosität bestimmt wird, so können wir leicht diskutieren, wie der Verlauf des Geschwindigkeitsprofils ist, falls das Fluid *nicht* ein Newtonsches ist. Es ist $\dfrac{dv}{dr} = \dfrac{1}{\eta}\,\tau$, also kann man den Zusammenhang $\eta(\tau)$ etwa aus Fig. 9.14 übernehmen: Kurve (2) in Fig. 9.17 bedeutet, daß die dynamische Viskosität bei kleinen Scherspannungen groß ist (Rohrachse) und nach außen (größere Scherspannung) kleiner wird. Für eine Bingham-Flüssigkeit, bei der eine Mindestspannung bestehen muß, ehe sie sich bewegt, entsteht der Verlauf (3).

Da sich bei der laminaren Strömung die Flüssigkeitsschichten „ungestört" übereinander hinwegschieben, so ist die *Volumenstromstärke I_V* die Summe der Volumina der Stromröhren, die in der Zeiteinheit durch einen Rohrquerschnitt hindurchpassieren. Man findet dafür das *Hagen-Poiseuillesche Gesetz*

$$I_V = \frac{\pi a^4}{8\eta L}\,(p_1 - p_2)\,. \tag{9.32}$$

Die *Massenstromstärke* folgt daraus entsprechend Gl. (9.2) zu

$$I_m = \varrho\, I_V\,, \tag{9.33}$$

und die *Stoffmengenstromstärke* ist

$$I = \frac{1}{M_{\text{molar}}}\, I_m = \frac{\varrho}{M_{\text{molar}}}\, I_V\,. \tag{9.34}$$

Das Hagen-Poiseuillesche Gesetz zeigt, daß die Stromstärke bei laminarer Strömung sehr stark, nämlich mit der 4. Potenz von der Größe des Radius a abhängt. Vergrößerung des Radius um nur 19% führt schon auf eine Verdoppelung der Stromstärke, und beim Einsatz von Pharmaka kann man schon mit geringen Gefäß-Querschnittsänderungen beträchtliche Änderungen der Stromstärke erzielen. – Über Strömungen im menschlichen Körper s. Abschn. 9.1.8.

9.1.5 Strömungswiderstand, Strömungen in verzweigten Systemen

Das Hagen-Poiseuillesche Gesetz Gl. (9.32) sagt, daß Stromstärke und Druckdifferenz einander proportional sind. Die Proportionalitätskonstante

$$R = \frac{p_1 - p_2}{I} \tag{9.35}$$

nennen wir den *Strömungswiderstand* (oder kurz *Widerstand*, wenn klar ist, um was es sich handelt) des Rohres. Er hängt von den geometrischen Daten des Rohres und von der Art des Fluids (ausgedrückt durch die dynamische Viskosität) ab. Ganz allgemein kann man sagen: will man durch ein bestimmtes Rohr – oder allgemein einen Strömungskanal – ein bestimmtes Fluid mit der Stromstärke I strömen lassen, dann benötigt man dazu die durch Gl. (9.35) bestimmte Druckdifferenz $p_1 - p_2 = R \cdot I$. Ist der Strömungswiderstand R zwischen den betrachteten Punkten (z.B. Anfang und Ende einer geraden Rohrleitung) groß, so braucht man bei gegebener Stromstärke eine große Druckdifferenz, ist R klein, dann läßt sich schon mit einer kleinen Druckdifferenz eine große Stromstärke erzielen.

Im allgemeinen Fall ist nicht zu erwarten, daß die Stromstärke I proportional zur Druckdifferenz $p_1 - p_2$ ist. Auch dann behalten wir die Definition des Widerstandes nach Gl. (9.35) bei; wir sind uns klar darüber, daß in diesem Fall der Widerstand *keine* Konstante ist, sondern selbst von I bzw. $p_1 - p_2$ abhängt. Die *Einheit des Strömungswiderstandes* hängt davon ab, welche Stromstärke (Volumenstrom, Massenstrom, Stoffmengenstrom, Teilchenstrom) wir verwenden. Bei Verwendung der Volumenstromstärke $I_V = \Delta V / \Delta t$ ist die SI-Einheit $[I_V] = \mathrm{m}^3 \, \mathrm{s}^{-1}$ und damit die zugehörige SI-*Einheit des Strömungswiderstandes*

$$[R_V] = \frac{\mathrm{N \, m}^{-2}}{\mathrm{m}^3 \, \mathrm{s}^{-1}} = \frac{\mathrm{N \, s}}{\mathrm{m}^5}. \tag{9.36}$$

Zum Beispiel liest man aus dem Hagen-Poiseuilleschen Gesetz Gl. (9.32) für ein gerades Rohr der Länge L und des Radius a den Rohrwiderstand ab

$$R_V = \frac{8 \eta L}{\pi a^4}. \tag{9.37}$$

Die Einführung des Strömungswiderstandes ist sehr zweckmäßig, wenn man an Rohrsystemen Teile ausmachen kann, deren Strömungswiderstand man einzeln in Rechnung setzen kann. In Fig. 9.18 sind etwa zwei Rohre aneinander angeschlossen,

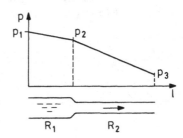

Fig. 9.18
Zur Ableitung des Widerstandsgesetzes bei Aufein-
anderfolge verschiedener Widerstände

die verschiedene Länge und verschiedenen Querschnitt haben mögen, man hat also zwei verschiedene Strömungswiderstände R_1 und R_2 *hintereinander geschaltet*. Nach der Kontinuitätsgleichung besteht durch beide Rohre die gleiche Stromstärke I. Nach Gl. (9.35) lassen sich die beiden Einzel-Druckdifferenzen berechnen, und die gesamte Druckdifferenz ist damit

$$\Delta p = p_1 - p_3 = p_1 - p_2 + p_2 - p_3 = \Delta p_1 + \Delta p_2 = IR_1 + IR_2$$
$$= I(R_1 + R_2) = IR. \tag{9.38}$$

Es folgt, daß der Gesamtwiderstand

$$R = R_1 + R_2, \tag{9.39}$$

in Worten: die Einzelströmungswiderstände sind zum Gesamtwiderstand zu addieren. Für die Einzel-Druckdifferenzen folgt ferner

$$\frac{\Delta p_1}{\Delta p_2} = \frac{R_1}{R_2}, \tag{9.40}$$

d.h. sie verhalten sich wie die Einzelwiderstände; an einem kleinen Strömungswiderstand liegt eine kleine, an einem großen eine große Druckdifferenz.

Anders liegen die Verhältnisse bei einer *Verzweigung* (Fig. 9.19). Nach der Kontinuitätsgleichung muß die Summe der zufließenden Ströme gleich der Summe der abfließenden Ströme sein, also hier

$$I = I_1 + I_2. \tag{9.41}$$

Die beiden Widerstände der Zweigleitungen seien R_1 und R_2. Beide Druckdifferenzen sind gleich, also gilt mit Gl. (9.41)

$$\Delta p_1 = \Delta p_2 = \Delta p, \qquad \frac{\Delta p}{R_1} + \frac{\Delta p}{R_2} = \Delta p \left(\frac{1}{R_1} + \frac{1}{R_2} \right) = \frac{\Delta p}{R}, \tag{9.42}$$

und damit für den Gesamtwiderstand

$$\frac{1}{R} = \frac{1}{R_1} + \frac{1}{R_2}. \tag{9.43}$$

Man führt häufig auch anstelle des Widerstandes den *Leitwert* $G = 1/R$ ein. Dann kann Gl. (9.43) ebenso formuliert werden wie Gl. (9.39),

$$G = G_1 + G_2, \tag{9.44}$$

in Worten: bei einer Strömungsverzweigung ist der Gesamtleitwert gleich der Summe der Einzelleitwerte. – Für das Verhältnis der Teilströme ergibt sich

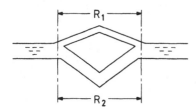

Fig. 9.19
Zur Ableitung des Widerstandsgesetzes bei einer Stromverzweigung

$$\frac{I_1}{I_2} = \frac{\Delta p}{R_1} \frac{R_2}{\Delta p} = \frac{R_2}{R_1} \quad \text{oder} \quad I_1 : I_2 = G_1 : G_2. \tag{9.45}$$

Die Teilstromstärken verhalten sich wie die Leitwerte (und umgekehrt wie die Einzelwiderstände). Für die Strömungen im menschlichen Körper s. Abschn. 9.1.8.

9.1.6 Sedimentation

Läßt man einen (kleinen) Körper der Masse m (Kugel als Beispiel) in einer viskosen Flüssigkeit frei fallen (Fig. 9.20), dann nimmt er nach einer gewissen Anlaufbewegung eine konstante Fallgeschwindigkeit an, die *Sedimentationsgeschwindigkeit* genannt wird. Sie ist durch das Gleichgewicht bestimmt, das zwischen den folgenden Kräften besteht: Gewichtskraft $F_G = mg$, die vertikal nach unten gerichtet ist, Auftriebskraft $F_A = m_{fl}g$ (m_{fl} Masse des verdrängten Flüssigkeitsvolumens, Abschn. 6.4.2, Gl. (6.24)), die vertikal nach oben gerichtet ist und Reibungskraft F_R die der Geschwindigkeit v des Körpers entgegengerichtet ist. An dem sinkenden Körper haftet eine dünne Flüssigkeitsschicht, und daher ist für die Reibung tatsächlich die innere Reibung der Flüssigkeit bestimmend, nicht die Reibung zwischen fallender Kugel und Flüssigkeit. Für die Reibungskraft als Funktion der Geschwindigkeit gilt, daß sie *proportional* und entgegengesetzt gerichtet (daher negatives Vorzeichen) *zur Geschwindigkeit* ist, also

$$\vec{F}_R = -f\vec{v}. \tag{9.46}$$

Speziell, wenn der Körper eine Kugel vom Radius a ist, gilt die *Stokessche Formel*

$$\vec{F}_R = -6\pi a\eta\vec{v}, \qquad f = 6\pi a\eta, \tag{9.47}$$

wobei η die dynamische Viskosität der Flüssigkeit ist.

Konstante Sinkgeschwindigkeit v_S tritt dann ein, wenn die Summe der Kräfte Null ist,

$$mg - m_{fl}g - fv_S = 0, \tag{9.48}$$

woraus sich die Sedimentationsgeschwindigkeit berechnet

$$v_S = \frac{m - m_{fl}}{f}g = m\frac{1 - \varrho_{fl}/\varrho}{f}g = \frac{2}{9}a^2\varrho\frac{1 - \varrho_{fl}/\varrho}{\eta}g; \tag{9.49}$$

der letzte Teil der Gleichung gilt für den Fall kugelförmiger Körper (f aus Gl. (9.47)).

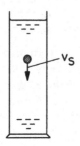

Fig. 9.20
Unter der Wirkung von Schwerkraft, Auftrieb und Reibung sinkt der Körper mit konstanter Geschwindigkeit v_S

Diese Formel findet zum Beispiel die folgenden Anwendungen: *erstens* kann man bei Verwendung einer kleinen Kugel mit bekannten Daten (Masse, Radius) die dynamische Viskosität der Flüssigkeit messen (sog. *Kugelfallmethode*), sofern der Körper wirklich sinkt, also $m > m_{fl}$, $\varrho > \varrho_{fl}$ ist (sonst taucht die Kugel wieder auf und schwimmt an der Flüssigkeitsoberfläche, man erhält Flotation anstelle von Sedimentation). Ist $m = m_{fl}$, $\varrho = \varrho_{fl}$, dann kommt die Kugel zum Schweben. *Zweitens* hängt die Sedimentations-geschwindigkeit von der Schwerefeldstärke ab (ist ihr proportional), und diese ist an der Erdoberfläche eine feste Größe. In Zentrifugen ist aber g durch die Zentrifugalbe-schleunigung a_z nach Gl. (6.26 d) zu ersetzen, die Sedimentationsgeschwindigkeit kann damit variiert werden.

Beispiel 9.5 Die Sedimentation findet im ärztlichen Labor als *Blutsenkung* Anwendung. Die Erythrozyten sind leicht deformierbare Scheibchen von etwa 7,5 µm ∅ und 1,5 µm Dicke. Für eine grobe Abschätzung nehmen wir ihren Radius mit $a = 2,75\,\mu m$ an (Kugel gleichen Volumens). Die Dichte der Erythrozyten ist $\varrho = 1,1\,g\,cm^{-3}$, diejenige des Plasmas $\varrho_{fl} = 1,03\,g\,cm^{-3}$. Die dynamische Viskosität des Plasmas, in welchem die Erythrozyten absinken, hat nach Tab. 9.1 den Wert $\eta = 1,73 \cdot 10^{-3}\,Ns\,m^{-2}$. Es ergibt sich aus Gl. (9.49)

$$v_S = \frac{2}{9}(2,75 \cdot 10^{-6}\,m)^2\,1,1 \cdot 10^3\,kg\,m^{-3}\,\frac{1 - \dfrac{1,03\ 10^3\,kg\,m^{-3}}{1,1\ 10^3\,kg\,m^{-3}}}{1,73 \cdot 10^{-3}\,Ns\,m^{-2}}\,10\,m\,s^{-2}$$

$$= 0,068 \cdot 10^{-5}\,\frac{m}{s} = 2,4\,mm\,h^{-1}.$$

Die leichte Deformierbarkeit der Erythrozyten dürfte der Grund für die tatsächlich deutlich kleinere Reibungskraft und damit größere Sinkgeschwindigkeit sein: die experimentellen Werte sind beim gesunden Mann $v_S = 3$ bis $7\,mm\,h^{-1}$, und bei der gesunden Frau $v_S = 7$ bis $11\,mm\,h^{-1}$. Veränderungen der Blutsenkungsgeschwindigkeit sind wichtige Indizien für Krankheitszustände.

Beispiel 9.6 Es soll die Sedimentationsgeschwindigkeit hochmolekularer Stoffe im Schwerefeld abgeschätzt werden: Serumalbumin in wäßriger Lösung. Die Dichte des Albumins als Trockensubstanz ist $\varrho = 1,36\,g\,cm^{-3}$, die relative Molekülmasse $M_r = 72\,000$. Die Dichten unterscheiden sich nicht wesentlich von denjenigen des Beispiels 9.5. Der wesentliche Unterschied liegt in der Größe der sedimentierenden Partikel. Nimmt man das Serumalbumin-Molekül als kugelförmig an vom Radius a, also vom Volumen $\frac{4\pi}{3}a^3$, und nimmt man für unsere Abschätzung „dichte Kugelpackung" im trockenen Albumin an, dann kann man mit Hilfe der Dichte ϱ und der molaren Masse den Radius zu $a = 2,76 \cdot 10^{-7}\,cm$ berechnen. Er ist etwa um den Faktor 10^{-3} kleiner als der der Erythrozyten (Beispiel 9.5). Da v_S quadratisch von a abhängt (Gl. (9.49)), so ist die Sedimentationsgeschwindigkeit um den Faktor 10^{-6} kleiner als der der Erythrozyten, d.h. rund $v_S = 0,02\,mm/Jahr$ (!) und somit unmeßbar.

Die *Zentrifuge* wird im Laboratorium aus zwei Gründen eingesetzt, einmal um die Sedimentations*geschwindigkeit* von Makromolekülen in den Bereich der Meßbarkeit anzuheben und Eigenschaften der Makromoleküle zu untersuchen, und zum anderen, um eine gute *Trennung* der interessierenden *Komponenten* eines Gemisches zu erreichen. Beides ist möglich, weil anstelle der Schwerkraft die ganz wesentlich vergrößerte Zentrifugalkraft ausgenutzt werden kann (Abschn. 6.4.3). In der Gl. (9.49) ist anstelle von g die Zentrifugalbeschleunigung $a_z = r\omega^2$ einzusetzen, die bis zu $10^7\,\text{m s}^{-2}$ betragen kann, und das heißt, daß die Sedimentationsgeschwindigkeit nach Gl. (9.49) um bis zum Faktor 10^6 gesteigert werden kann.

Da man für große Moleküle über die Gestalt und das Reibungsgesetz keine genaue Angabe machen kann, so benützt man von Gl. (9.49) die ersten beiden Ausdrücke. Die Masse m eines Makromoleküls ist durch die molare Masse ausdrückbar (Gl. (5.13)), $m = M_{\text{molar}}/N_A$. Außerdem zieht man für den Reibungskoeffizienten f den Zusammenhang mit dem Diffusionskoeffizienten D heran: $D = kT/f$ (Abschn. 8.4.1). Im Nenner von Gl. (9.49) tritt dann die Größe $N_A kT = RT$ auf, und es entsteht für die Sedimentationsgeschwindigkeit der Ausdruck

$$v_S = M_{\text{molar}} D \frac{1 - \varrho_{\text{fl}}/\varrho}{RT} r\omega^2. \tag{9.50}$$

Hierin sind nur noch experimentell bestimmbare „Makrodaten" enthalten, sowie M_{molar}. In einem Gemisch aus Stoffen verschiedener molarer Massen ist die Sedimentationsgeschwindigkeit nach Gl. (9.50) verschieden, man wird also eine Entmischung beobachten können, die sich als Dichteänderung der Flüssigkeit bemerkbar macht. Solche sich einstellenden Dichtegradienten kann man bei laufender Zentrifuge messen und damit Schlüsse auf die Stoffe in dem Gemisch ziehen.

Die größte Bedeutung hat die Zentrifuge wegen der vergrößerten Sedimentationsgeschwindigkeit. Wird genügend lange zentrifugiert, dann sammeln sich die nichtflotierenden Komponenten am Boden der Küvette an. Grundsätzlich erhält man aber (wegen der thermischen Bewegung der Moleküle) keine völlig scharfe Trennung der Komponenten, sondern für jede kommt es zu einer Verteilung der Anzahldichte, die stets ihr Maximum beim größtmöglichen Abstand von der Drehachse hat. Von dort klingt die Dichte nach innen ab und verläuft nach der gleichen Gesetzmäßigkeit wie die Dichte der atmosphärischen Luft (Abschn. 6.5.3, Fig. 6.47), wenn man in der dort angegebenen Formel g durch a_z ersetzt. So erhält man für die Anzahldichte der Komponente mit der molaren Masse M_{molar} aus Gl. (6.26g) und (6.31)

$$n(r) = n_0 \exp\left(-\frac{M_{\text{molar}}}{2RT}(1 - \varrho_{\text{fl}}/\varrho)(r_{\text{max}}^2 - r^2)\,\omega^2\right). \tag{9.51}$$

Die Verteilung klingt deutlich schneller ab als die Dichte der atmosphärischen Luft, weil die maßgebende Feldstärke a_z viel größer (und nicht konstant) ist. Bemerkenswert an der Dichteverteilung Gl. (9.51) ist, daß ihre Form nicht mehr vom Diffusionskoeffizienten D abhängt und auch Fragen der Form des Moleküls (Reibung!) keine Rolle spielen. Meßtechnisch bestimmt man die Anzahldichte an zwei verschiedenen Abständen r_1 und r_2 und berechnet daraus M_{molar}.

9.1.7 Turbulenz

Die bisher betrachteten Strömungen waren sämtlich *laminar*. Steigert man die Strömungsgeschwindigkeit, so kommt es bei einem bestimmten Wert zum Umschlag in die *turbulente Strömung*. Dabei schieben sich die Flüssigkeitsschichten nicht mehr geordnet übereinander weg, sondern es kommt zu einer sehr engen Durchwirbelung. Der Strömungswiderstand ist stark erhöht und das Geschwindigkeitsprofil nicht mehr parabelförmig wie in Fig. 9.17 gezeigt, sondern stark abgeflacht (etwa wie Kurve (3), der Grund ist aber ein anderer), und damit „füllt" die Strömung den Leitungsquerschnitt „besser" aus. Bei dem Umschlag laminar-turbulent kommt es auf den Zahlenwert (dimensionslos!) der *Reynolds-Zahl*

$$Re = \frac{\varrho\,\bar{v}\,d}{\eta} \tag{9.52}$$

an. Hier ist ϱ die Dichte des Fluids, $\bar{v}$ die mittlere Strömungsgeschwindigkeit in einem Rohr des Durchmessers d, und η ist die dynamische Viskosität des Fluids. Turbulenz kann auch bei anderen Strömungen auftreten: Umströmen eines Körpers, einer Kante, Durchtritt durch eine Verengung, usw. In all diesen Fällen ist für d eine „charakteristische" Länge einzusetzen. Wenn nun die Reynolds-Zahl einer Strömung die *kritische Reynoldszahl* Re_{krit} überschreitet, dann kommt es nach der Erfahrung zur Turbulenz der Strömung. Bei Strömungen durch Rohre ist $Re_{krit} = 2300$ (es sei nochmals betont, daß es sich bei solchen Zahlenwerten um Erfahrungswerte handelt, die eine Streuung haben).

Beispiel 9.7 Für die Strömungsgeschwindigkeit des Blutes beim Ausstoß aus der linken Herzkammer in die Aorta wird $v = 1\,\mathrm{m\,s^{-1}}$ erreicht, in Kapillargefäßen ist $v = 5\,\mathrm{mm\,s^{-1}}$ (Durchschnittswert). Die Dichte des Blutes können wir hier mit $\varrho = 1\,\mathrm{g\,cm^{-3}} = 10^3\,\mathrm{kg\,m^{-3}}$ annehmen, und für die dynamische Viskosität entnehmen wir $\eta = 4 \cdot 10^{-3}\,\mathrm{N\,s\,m^{-2}}$ aus Tab. 9.1. Einsetzen in Gl. (9.52) mit dem Durchmesser $d = 20\,\mathrm{mm}$ für die Aorta und $d = 8\,\mu\mathrm{m}$ für eine Kapillare führt zu den Reynoldszahlen

$$Re\,(\text{Aorta}) = \frac{10^3\,\mathrm{kg\,m^{-3}} \cdot 1\,\mathrm{m\,s^{-1}} \cdot 20 \cdot 10^{-3}\,\mathrm{m}}{4 \cdot 10^{-3}\,\mathrm{N\,s\,m^{-2}}} = 5\,000,$$

$$Re\,(\text{Kapillare}) = \frac{10^3\,\mathrm{kg\,m^{-3}} \cdot 5 \cdot 10^{-3}\,\mathrm{m\,s^{-1}} \cdot 8 \cdot 10^{-6}\,\mathrm{m}}{4 \cdot 10^{-3}\,\mathrm{N\,s\,m^{-2}}} = 0{,}01\,.$$

Die Strömung in den Kapillaren wird laminar sein, in der Aorta kann es zu Turbulenz kommen. Besteht im Gefäß-System eine (krankhafte) Verengung, so kann ein blutdruckerhöhendes Pharmazeutikum die Strömung in der Verengung turbulent machen, wodurch der Strömungswiderstand erheblich ansteigt und die erwartete Wirkung ins Gegenteil verkehrt wird.

9.1.8 Strömungen im Gefäßsystem des menschlichen Körpers

Diese Strömungen werden mit den Begriffen statischer Druck, Staudruck, Strömungsgeschwindigkeit, dynamische Viskosität, laminar und turbulent beschrieben, die wir kennengelernt haben. Wir behandeln hier nur den Blutkreislauf als Anwendung. In Fig. 9.21 ist schematisch aufgezeichnet, welche Anteile des Gesamtblutstromes auf die verschiedenen Organe und Regionen im menschlichen Körper entfallen. Die Funktion des Herzens stellt sich als eine Druckerhöhungs- und Zweikreispumpe dar. In den

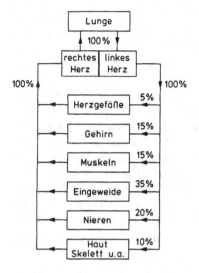

Fig. 9.21 Aufteilung des Gesamt-Blutstromes

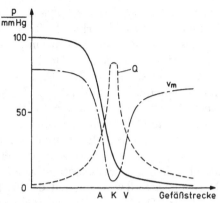

Fig. 9.22
Verlauf des Blutdrucks p längs des Gefäßsystems: bis A Arterien, bei K Kapillaren, ab V Venen. Q Gesamtquerschnitt der Strombahnen, v_m mittlere Strömungsgeschwindigkeit in einem Blutgefäß (nach Wetterer)

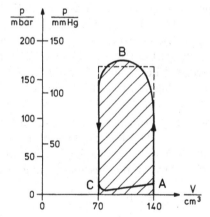

Fig. 9.23
Druck-Volumen-Diagramm der linken Herzkammer, es wird der Zyklus A–B–C–A durchlaufen. Der aufgezeichnete Blutdruck ist tatsächlich der Blut-„Überdruck", nämlich über dem äußeren Druck, dem der Mensch ausgesetzt ist (an der Erdoberfläche ca. 1 bar Luftdruck)

angeschlossenen großen Gefäßen ist der Strömungswiderstand klein gegenüber dem eines kleinen Gefäßes (Arteriole, Venole, Kapillargefäß). Zwar gibt es dafür eine riesige Anzahl parallel geschalteter kleiner Gefäße, deren Gesamt-Strömungsquerschnitt etwa 700mal so groß wie der der Aorta ist, dennoch besteht der Hauptdruckabfall über den kleinen Gefäßen (schematisch dargestellt in Fig. 9.22).

9.1.8.1 Herzarbeit Die Arbeitsweise des Herzens ist dadurch bestimmt, daß es mit einer inkompressiblen Flüssigkeit arbeitet. Die Herzklappen sorgen durch ihre Ventilwirkung dafür, daß ein Blutstrom einheitlicher Richtung besteht. Fig. 9.23 enthält ein Druck-Volumen-Diagramm für die linke Herzkammer. Nach der Füllungsphase (Punkt A in Fig. 9.23) ist das eingeschlossene Blutvolumen $V_1 = 140 \, \text{cm}^3$, der

Anfangsdruck ist $p_1 = 10 \, \text{mbar} \triangleq 7,5 \, \text{mm Hg}$. In der *systolischen Phase*, beginnend im Punkt *A*, wird der Herzmuskel angespannt, der Druck in der Kammer steigt an, das Volumen bleibt konstant, weil das Blut inkompressibel ist (isovolumetrischer Druckanstieg). Noch vor Erreichen des maximalen Druckes von $p = 175 \, \text{mbar} \triangleq 131 \, \text{mm Hg}$ öffnen sich die Arterienklappen und die Austreibungsphase beginnt, bei der das Blut eine Strömungsgeschwindigkeit bis zu $v = 1 \, \text{m s}^{-1}$ erreicht. Die Austreibungsphase endet bei einem Druck von $p = 147 \, \text{mbar} \triangleq 110 \, \text{mm Hg}$. Das eingeschlossene Volumen ist dann auf $V_2 = 70 \, \text{cm}^3$ abgesunken. Der Herzmuskel erschlafft (wieder isovolumetrisch), der Druck sinkt unter $10 \, \text{mbar} \triangleq 7,5 \, \text{mm Hg}$ ab und die *diastolische Phase* beginnt bei *C*: alle Klappen sind geschlossen, dann öffnen sich die Segelklappen zwischen Vorhof und Hauptkammer und die linke Herzkammer wird wieder gefüllt, der Punkt *A* wieder erreicht, es schließt sich eine neue Systole an. Die *physikalische Arbeit des Herzmuskels* ist die „Verschiebe"- oder Volumenarbeit $W = \int p \, dV$, dargestellt durch die schraffierte Fläche in Fig. 9.23, die wir durch eine Rechteckfläche approximieren können. Damit wird die physikalische Arbeit des Herzmuskels, soweit sie die linke Herzkammer betrifft

$$W = \int p \, dV \approx 167 \, \text{mbar} \cdot 70 \cdot 10^{-6} \, \text{m}^3 = 1,17 \, \text{N m} = 1,17 \, \text{J} \, . \tag{9.53}$$

Die rechte Herzkammer verarbeitet das gleiche Volumen, jedoch insgesamt bei einem deutlich niedrigeren Druck von nur 1/5 des systolischen Drucks, d.h. diese Arbeit ist $W = 0,23 \, \text{J}$. Die gesamte physikalische Herzarbeit beläuft sich damit auf rund $W = 1,4 \, \text{J}$. Die Dauer der systolischen Phase beträgt rund $t = 0,3 \, \text{s}$, die physikalische *Herzleistung* ist damit $P = W/t = 4,67 \, \text{W}$. Die *mittlere* Herzleistung ist geringer, weil entsprechend dem Pulsschlag die Herzarbeit nur jede $0,75 \, \text{s}$ erforderlich ist (angenommene Pulsfrequenz des unbelasteten Herzens $80 \, \text{min}^{-1}$). Wir erhalten für die mittlere Leistung $\bar{P} = 1,4 \, \text{J}/0,75 \, \text{s} = 1,87 \, \text{W}$.

Die berechnete Herzarbeit wird nur zu einem geringen Teil zur Beschleunigung des Blutes benutzt. Das ausgestoßene Volumen von $V = 70 \, \text{cm}^3$ wird von der Geschwindigkeit $v = 0$ maximal auf die Geschwindigkeit $v_m = 1 \, \text{m s}^{-1}$ am Eingang zur Aorta gebracht. Dazu ist die Beschleunigungsarbeit

$$\begin{aligned} W_{\text{Beschl.}} &= \frac{1}{2} \, m \, v_m^2 = \frac{1}{2} \, \varrho_{\text{Blut}} \, V_{\text{Blut}} \, v_m^2 \\ &= \frac{1}{2} \cdot 1 \cdot 10^3 \, \text{kg m}^{-3} \cdot 70 \cdot 10^{-6} \, \text{m}^3 \left(1 \frac{\text{m}}{\text{s}} \right)^2 = 3,5 \cdot 10^{-2} \, \text{J} \end{aligned} \tag{9.54}$$

erforderlich. Dies ist nur $3,5 \cdot 10^{-2} \, \text{J}/1,4 \, \text{J} = 2,14 \cdot 10^{-2} = 2,14 \, \%$ der systolischen, physikalischen Herzarbeit. Der Rest der Arbeit, also der Hauptteil, wird verbraucht, um die viskose Flüssigkeit Blut gegen die Reibungskräfte durch das Gefäßsystem des Körpers zu drücken. Der physikalische Sinn der Herzmuskelkontraktion ist es, den dafür erforderlichen höheren Blutdruck zu erzeugen (das Herz arbeitet als Druckerhöhungspumpe).

Beim Auspreßvorgang hat das Blut an der Kammerwand praktisch die Geschwindigkeit $v = 0$, am Eingang zur Aorta rechnen wir mit der maximalen Geschwindigkeit $v_m = 1 \, \text{m s}^{-1}$. An der Kammerwand herrscht der statische Druck p_0, an der Ein-

strömungsstelle in die Aorta sei er p. Dann gilt nach dem Bernoullischen Strömungsgesetz Gl. (9.14)

$$0 + p_0 = \frac{1}{2} \varrho v_m^2 + p .$$ (9.55)

Für den Staudruck $\frac{1}{2} \varrho v_m^2$ finden wir den Wert 5 mbar, er ist also klein gegenüber dem
statischen Druck, und es ist $p = p_0 - p_{Stau} = 150\,\text{mbar} - 5\,\text{mbar} = 145\,\text{mbar}$.

9.1.8.2 Strömung und Druckabfall Das Blut ist ein Fluid mit einem sehr großen
Fremdanteil von Zellen (roten und weißen Blutkörperchen, usw.), der Hämatokritwert liegt bei $\varphi_H = 45\,\%$. Da die dynamische Viskosität des Blutes das 3- bis 5fache
derjenigen von Wasser ist und das Plasma nur etwa die 1,5fache dynamische Viskosität
von Wasser besitzt, so sieht man, daß die Zellbeimischung einen erheblichen Einfluß
auf die Eigenschaften der Strömung hat. In den großen Gefäßen (Aorta und
Arterien) ist dies weniger der Fall, aber sehr wohl in den kleinen Arteriolen und
Venolen, und ganz besonders in den Kapillaren, wo der Durchmesser einer Kapillare
kleiner als derjenige eines nicht-deformierten Erythrozyten sein kann. Insbesondere
die Kapillarströmung ist auch heute ein aktuelles Forschungsgebiet.

Wir schicken einige einfache Abschätzungen voraus. Die sich an die linke Herzkammer
anschließende Aorta habe einen lichten Durchmesser von $d = 2\,\text{cm}$, so daß ihr
Querschnitt $A = \frac{d^2}{4} \pi = 3,14\,\text{cm}^2$ ist. In diese Aorta wird das Schlagvolumen von
$V = 70\,\text{cm}^3$ hineingedrückt. Dabei wird das in der Aorta noch befindliche Blut
vorangeschoben und es kann die Aortenwand (etwas) gedehnt werden. Ohne diese
Dehnung wird zur Aufnahme des Schlagvolumens ein Aortenstück der Länge $l = V/A$
$= 70\,\text{cm}^3/3,14\,\text{cm}^2 = 22,3\,\text{cm}$ benötigt. Wird ein größerer Aortenquerschnitt angenommen, so ist die „Länge des Blutpulses" kleiner, sicher aber nicht unter 14 cm. –
Die Volumenvergrößerung durch Wanddehnung schätzen wir mittels Gl. (6.20) ab. Ist
der Druckanstieg innerhalb der Aorta Δp, dann ist die relative Volumenänderung eines
zylindrischen Rohrstückes des Radius r ($= d/2$) und der Wanddicke δ

$$\frac{\Delta V}{V} = \frac{2}{E} \frac{r}{\delta} \Delta p .$$ (9.56)

Hierin ist E der Elastizitätsmodul des Wandmaterials (s. Abschn. 6.3.3.3). Wir können
einen Wert benutzen, der etwas kleiner als derjenige von Gummi ist (vgl. Fig. 6.19), und
verwenden $E = 6\,\text{bar} = 6 \cdot 10^5\,\text{N m}^{-2}$ (d.h. die Aortenwand ist etwas „weicher" als
Gummi). Mit $\delta = 2\,\text{mm}$, $r = 10\,\text{mm}$ wird dann $\delta/2r = 0,1$ und Gl. (9.56) erhält die
Form

$$\frac{\Delta V}{V} = \frac{2\,\Delta r}{r} = \frac{\Delta p}{0,6 \cdot 10^5\,\text{N m}^{-2}} .$$ (9.56a)

Kennt man den Druckanstieg Δp, dann läßt sich hieraus die Aortenerweiterung
berechnen. Wir setzen $\Delta p = p_{syst} - p_{diast} = 53\,\text{mbar} \,\hat{=}\, 40\,\text{mm Hg}$ ein und erhalten

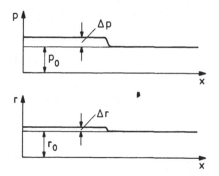

Fig. 9.24
Druckverlauf und Gefäßradius nach dem Blutauswurf aus der linken Herzkammer in der anschließenden Aorta

$\Delta r = 0,44$ mm. Es ist damit $2\,\Delta r/r = 0,088$. Schließlich folgt daraus (Benützung des ersten Teils von Gl. (9.56a)) $\Delta V = 0,088 \cdot V = 0,088 \cdot 70\,\text{cm}^3 = 6,2\,\text{cm}^3$. Bei Berücksichtigung dieser Volumenvergrößerung ist die zur Unterbringung des Schlagvolumens nötige Aortenlänge um 2 cm kürzer. Wenn man die Austreibungszeit als kurz $(0,3\,\text{s})$ gegenüber allen nachfolgenden Ausgleichsvorgängen ansieht, dann ergibt sich demnach ein Zustand, der bezüglich Druck und Rohrradius in Fig. 9.24 skizziert ist. Nach Beendigung der Austreibungsphase sind die Arterienklappen geschlossen, eine Blutrückströmung kann nicht mehr stattfinden, jedoch steht das Blut in dem erfaßten Aortenstück unter einem erhöhten Druck, dem die Wandzugspannung das Gleichgewicht hält. An der Front des Pulses besteht ebenfalls der erhöhte Druck, und damit wird die Kraft $F = A \cdot \Delta p$ auf die sich anschließende Flüssigkeitsmenge ausgeübt. Es breitet sich eine „Stoßwelle" in das Gefäßsystem hinein aus. Das hier geschilderte Nacheinander der Vorgänge erfolgt tatsächlich in der Form ineinander übergehender Vorgänge. Die Druck- und Querschnittssprünge werden verschliffen, und vor dem erneuten Auswurf des Schlagvolumens ist der Aortendruck abgebaut. Die wirkenden Kräfte sind durch die Flüssigkeitsdrücke gegeben, und diese sind mit der mechanischen Zugspannung in den elastischen Gefäßwänden verknüpft. Die Ausbreitung von „Störungen" auf solchen flüssigkeitsgefüllten „Schläuchen" erfolgt mit der Schlauchwellengeschwindigkeit

$$c = \sqrt{\frac{k}{\varrho}} = \sqrt{\frac{E\delta}{2\,r\,\varrho}}, \qquad (9.57)$$

wobei k der „Volumenelastizitätsmodul" (Abschn. 7.3.3.3) ist. Einsetzen der oben benutzten Werte führt auf $c = 7,7\,\text{m s}^{-1}$. Das ist eine Geschwindigkeit, die deutlich größer als alle Strömungsgeschwindigkeiten in der Blutbahn ist. Derartige „Störungswellen" werden sich nun schon während der Austreibungsphase in das Gefäßsystem hinein ausbreiten, und sie werden, wie Störungen auf jeder „Leitung", dann (teilweise) reflektiert, wenn sich der „Wellenwiderstand" der Leitung ändert (s. dazu Abschn. 13.6.3). So nimmt man heute an, daß die Bildung des „fühlbaren" Pulses durch eine Kombination von Austreibungsstoßwelle und Reflexionen zustande kommt. Die rechnerische Behandlung ist wegen der vielen zu berücksichtigenden Parameter schwierig: die Leitung ist nicht homogen (es gibt Abzweigungen), der Querschnitt verjüngt sich, Wellen werden wegen der Reibung gedämpft, usw.

Ein Blick auf Fig. 9.22 zeigt, daß der statische, mittlere Druck vom Herzen beginnend längs der Arterien zunächst nur langsam abfällt. Der Haupt-Druckabfall besteht am Kapillarsystem. Das gesamte Gefäßsystem *vor* den Kapillaren hat eine „Windkessel-funktion". Man denke sich für den Augenblick das System ganz leer. Durch periodische Zufuhr des Schlagvolumens wird das System gefüllt und auf einen solchen Druck gebracht, daß das Kapillarsystem im Mittel gerade das Volumen durchläßt, das in Form des Schlagvolumens periodisch wieder zugeführt wird. Dabei werden Druckanstiege, die beim Hineindrücken des Schlagvolumens entstehen durch das elastische Gefäßsystem aufgenommen und durch Abfluß des Blutes durch das Kapillarsystem abgebaut. Der Blutabfluß während der *Diastole* wird dadurch sehr gut erklärt. Während der *Systole* sind die temporären und lokalen Drücke auch durch die Reflexionen wie oben beschrieben bestimmt.

In den kleineren Gefäßen, herunter bis zu einigen Zehntel mm Durchmesser hat man im wesentlichen laminare Strömung der Hagen-Poiseuilleschen Form mit dem charakteristischen parabelförmigen Geschwindigkeitsprofil. Unterhalb eines Gefäß-durchmessers von etwa $d = 300\,\mu m$ mißt man bei Strömungsexperimenten eine Abnahme der Viskosität des Blutes (Fahraeus-Linqvist-Effekt). Bei einem Kapillar-durchmesser von $d = 6$ bis $8\,\mu m$ (Strömungsgeschwindigkeit $v = 1\,mm\,s^{-1}$) ist die dynamische Viskosität auf $\eta = 1,2 \cdot \eta(H_2O)$ abgesunken, während in den großen Gefäßen $\eta = 4 \cdot \eta(H_2O)$ war (Tab. 9.1). Die mikroskopische Beobachtung zeigt, daß sich in den engen Gefäßen eine gewisse Entmischung abspielt: die Erythrozyten konzentrieren sich unter Verformung in der Achse und bewegen sich nach der Art einer schiefen Geldrolle („plugflow"). In den Kapillaren folgen einzelne Erythrozyten in mehr oder weniger großem Abstand aufeinander und müssen sich in engen Kapillaren stark verformen (Fig. 9.25 und 9.26). Man fand, daß sich die Erythrozyten

Fig. 9.26 Blutströmung durch eine Glaskapillare vom Durchmesser $d = 10\,\mu m$. Strömung von links nach rechts
(überlassen von P. A. L. Gaehtgens)

Fig. 9.25
Blutströmung in Kapillargefäßen
des Kaninchenmesenteriums

Fig. 9.27
Änderung des Geschwindigkeitsprofils in kleinen
Gefäßen durch die mitströmenden Erythrozyten
(nach Gaethgens)

dann um etwa 30 bis 60 % schneller als das Plasma bewegen. Hier muß das
Geschwindigkeitsprofil wesentlich verändert sein: die Erythrozyten haben samt ihrem
Inhalt eine einheitliche Geschwindigkeit, d. h. in der Achse kann das Profil nicht mehr
parabelförmig sein, sondern es ist abgeflacht, in der Randzone ist das Hauptgeschwin-
digkeitsgefälle (Fig. 9.27).

9.1.8.3 Messung des Blutdrucks Sie erfolgt vielfach mittels einer aufblasbaren
Gummimanschette, in deren Zuleitung ein Hg-Manometer eingebaut ist, und unter
Zuhilfenahme eines Stethoskops. Im Oberarm wird mittels der Manschette und eines
kleinen Handgebläses die Oberarmarterie so stark komprimiert, daß im Ellbogenge-
lenk an der Radial- oder der Ulnararterie kein Pulsschlag mehr mit dem Stethoskop
wahrgenommen wird. Der Manschettendruck überschreitet dann den systolischen
Blutdruck. Läßt man den Manschettendruck langsam sinken (Betätigung eines
Luftauslaßventils), dann wird erstmals ein schlagendes Geräusch gehört, wenn der
Manschettendruck gerade den systolischen Druck unterschreitet: der abgelesene
Druck ist der systolische Blutdruck. Wird der Manschettendruck weiter vermindert,
dann werden die Geräusche immer kräftiger bis sie bei völliger Freigabe des
Blutstroms verschwinden: es ist der diastolische Druck erreicht. Das kräftig schla-
gende Geräusch entsteht dadurch, daß beim jedesmaligen Einsetzen der Blutströ-
mung der Druck nach dem Bernoullischen Strömungsgesetz geringfügig absinkt, also die
Manschette das Blutgefäß wieder schließt.

9.1.9 Zwei weitere Anwendungen der Strömungsgesetze

9.1.9.1 Strömungsart in der Luftröhre (Trachea) Die Luftröhre ist der Atemweg
zwischen dem Kehlkopf und den Stammbronchien, die in die beiden Lungenflügel
führen. Ihre Länge ist $l = 12$ cm $= 0,12$ m, ihr Durchmesser $d = 2$ cm $= 2 \cdot 10^{-2}$ m.
Das Atemzugvolumen ist etwa $V = 500$ cm^3 $= 5 \cdot 10^{-4}$ m^3 beim Druck von rund
$p = 1$ bar. Der 20jährige führt 20 Atemzüge in der Minute aus, ein einmaliger Ein- oder
Ausatmungsvorgang werde in $t = 1,5$ s ausgeführt. Die Volumenstromstärke ist nach
Abschn. 9.1.1

$$I_V = \frac{1}{1,5\,\text{s}}\; 5 \cdot 10^{-4}\,\text{m}^3 = 3,3 \cdot 10^{-4}\,\frac{\text{m}^3}{\text{s}}. \tag{9.58}$$

Nach Gl. (9.5) ist die (mittlere) Strömungsgeschwindigkeit gleich der Volumenstrom-
dichte, also gleich Volumenstromstärke durch Querschnitt,

$$\bar{v} = j_V = I_V/\pi \frac{d^2}{4} = 3,3 \cdot 10^{-4} \frac{m^3}{s} /3,14 \cdot 10^{-4} m^2 = 1,05 \, m \, s^{-1}. \tag{9.59}$$

Mit Hilfe der Reynoldszahl (Gl. (9.52)) schätzen wir ab, ob die Strömung laminar oder turbulent sein wird. Die Dichte der Luft ist $\varrho = 1,3 \, kg \, m^{-3}$ (Tab. 4.1), die dynamische Viskosität $\eta = 0,018 \cdot 10^{-3} \, Ns \, m^{-2}$ (Tab. 9.1) Einsetzen in Gl. (9.52) ergibt

$$Re = \frac{\bar{v} \varrho d}{\eta} = \frac{1,05 \, m \, s^{-1} \, 1,3 \, kg \, m^{-3} \, 2 \cdot 10^{-2} \, m}{0,018 \cdot 10^{-3} \, Ns \, m^{-2}} = 1517.$$

Die Strömung könnte demnach noch laminar sein. Wir haben aber Störungen durch die Strukturierung der Wand vernachlässigt, auch besteht am Kehlkopf eine Störung durch die Einlaufströmung. Insbesondere bei erhöhter Atemfrequenz und erhöhtem Atemzugvolumen dürfte die Strömung turbulent sein.

9.1.9.2 Infusionsströmung Aus einem Vorratsgefäß V erfolgt eine Flüssigkeitsströmung durch einen Zuleitungsschlauch S, an den eine Kanüle K angeschlossen ist (Fig. 9.28). Durch ein Rohr R im Vorratsbehälter kann Luft nachströmen, und auf diese Weise wird gewährleistet, daß in der Höhe h_3 der Flüssigkeitsdruck (statischer Druck) immer gleich bleibt und gleich dem äußeren Luftdruck ist, $p(h_3) = p_L$. Wir betrachten zuerst die Anordnung Fig. 9.28a und nehmen an, daß die Strömung dort *nicht* durch die innere Reibung der Flüssigkeit bestimmt ist. Sie soll dem

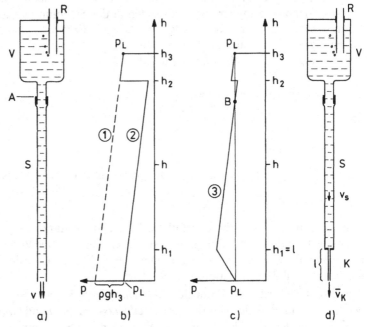

Fig. 9.28 Zur Infusionsströmung. a) ohne, d) mit angeschlossener Kanüle. b) und c) stellen die zugehörigen Verläufe des statischen Drucks dar

Bernoullischen Strömungsgesetz (Abschn. 9.1.2) folgen. Die Strömungsgeschwindigkeit v ist im ganzen Schlauch S gleich, weil der Querschnitt überall gleich groß ist und ein einheitlicher Massestrom besteht (Massenerhaltungssatz). Würde man den Auslauf durch einen Stopfen schließen, dann würde der Druck von oben nach unten linear auf den Wert

$$p(h = 0) = p_L + \varrho\, g\, h_3 \qquad (9.60)$$

ansteigen (Gerade ① in Fig. 9.28 b), bzw. vom Wert $p_L + \varrho\, g\, h_3$ auf den Wert p_L linear nach oben hin absinken. Ist der Auslauf offen, dann gilt nach dem Bernoullischen Strömungsgesetz für die Höhe $h = 0$ und für die Höhe h die Gleichung

$$p_L + \frac{1}{2}\, \varrho\, v^2 = p(h) + \frac{1}{2}\, \varrho\, v^2 + \varrho\, g\, h,$$

d.h. der Druck in der Höhe h ist

$$p(h) = p_L - \varrho\, g\, h, \qquad (9.61)$$

ist also längs des ganzen Zuleitungsschlauches kleiner als der äußere Luftdruck und nimmt linear von p_L auf den Wert $p_L - \varrho\, g\, h_2$ ab (Gerade ② in Fig. 9.28 b). An der Stelle h_2 erfolgt ein Sprung des Druckes, weil der Querschnitt auf denjenigen des Vorratsgefäßes ansteigt und die Geschwindigkeit dort auf ≈ 0 absinkt. Insbesondere ist also an der Schlauchanschlußstelle A der Druck kleiner als der äußere Luftdruck. Besteht dort eine Undichtigkeit, dann werden von außen Luftbläschen in den Infusionsstrom hineingedrückt, sie werden in der Strömung mitgeführt und werden beim Einströmen in eine Körperader zur Luftembolie führen. – Die Ausströmungsgeschwindigkeit v erhält man aus dem Bernoullischen Strömungsgesetz durch Anwendung auf die Höhen $h = h_3$ und $h = 0$,

$$p_L + \varrho\, g\, h_3 = p_L + \frac{1}{2}\, \varrho\, v^2, \qquad (9.62)$$

oder

$$v = \sqrt{2\, g\, h_3}\,. \qquad (9.63)$$

Das ist das *Torricellische Ausströmungsgesetz*. Die Massenstromstärke folgt zu

$$I_m = \varrho\, A_S\, v = \varrho\, \pi\, r_S^2\, \sqrt{2\, g\, h_3}\,. \qquad (9.64)$$

Man kann in diesem Strömungsfall die Massenstromstärke steigern, wenn man das Vorratsgefäß höher hinaufhängt, aber das ist eine ungünstige Verfahrensweise, weil I_m proportional zur Wurzel aus der Höhe h_3 ist. Günstiger ist die Vergrößerung des Radius r_S, weil I_m proportional zu r_S^2 ist.

Wir diskutieren jetzt den Fall der *angeschlossenen Kanüle* (Fig. 9.28 d). Sie soll so beschaffen sein, daß die Strömung in ihr *reibungs-bestimmt* und *laminar* ist. Dann muß am Eingang der Kanüle auf jeden Fall $p_1 = p(h_1) > p_L$ sein, und bei homogener Kanüle besteht in ihr ein lineares Druckgefälle. Von h_1 an gilt nach oben die gleiche

Betrachtung wie an Hand von Fig. 9.28a diskutiert: man hat ein lineares Druckgefälle (Gerade ③). Erst oberhalb der Stelle B sinkt der Druck unter p_L ab. Druck (und Druckverlauf) und Strömungsgeschwindigkeit (v_S und v_K) stellen sich so ein, daß nach dem Massenerhaltungssatz wieder ein einheitlicher Massenstrom besteht, $I_S = I_K$. Nach Gl. (9.32) ist also

$$I_S = v_S \varrho A_S = \varrho \frac{\pi a^4}{8 \eta l} (p_1 - p_L) = \frac{1}{R_K} (p_1 - p_L), \tag{9.65}$$

wobei R_K der Strömungswiderstand der Kanüle ist (Gl. (9.35)). Auf der anderen Seite folgt aus dem Bernoullischen Strömungsgesetz, angewandt auf $h = h_3$ und $h = h_1$

$$p_L + \varrho g h_3 = p_1 + \varrho g h_1 + \frac{1}{2} \varrho v_S^2$$

oder

$$p_1 - p_L = \varrho g (h_3 - h_1) - \frac{1}{2} \varrho v_S^2 \tag{9.66}$$

und

$$v_S = \sqrt{2 g (h_3 - h_1) - \frac{2}{\varrho} (p_1 - p_L)}. \tag{9.67}$$

Man kann v_S in Gl. (9.65) eintragen und dann $p_1 - p_L$ berechnen, oder man trägt aus Gl. (9.66) die Größe $p_1 - p_L$ in Gl. (9.65) ein und kann die Größe der Strömungsgeschwindigkeit v_S im Zuleitungsschlauch berechnen. Das letztere Verfahren führt auf die Gleichung

$$v_S = - A_S R_K + \sqrt{A_S^2 R_K^2 + 2 g (h_3 - h_1)}. \tag{9.68}$$

Aus dem ersten Teil von Gl. (9.65) folgt dann auch der Druckabfall über der Kanüle

$$p_1 - p_L = R_K A_S v_S \varrho = R_K I_m. \tag{9.69}$$

Gl. (9.68) kann in aller Regel näherungsweise gelöst werden, weil $A_S R_K$ groß gegen $2 g (h_3 - h_1)$ ist. Dann gilt die Näherungsformel

$$v_S \approx \frac{g}{A_S R_K} (h_3 - h_1), \tag{9.70}$$

Beispiel 9.8 Wir berechnen einige zahlenmäßige Ergebnisse für die Infusionsströmung. – Die Aufhängehöhe sei $h_3 - h_1 = 60$ cm. Die Kanüle habe den lichten Durchmesser $d_K = 0{,}3$ mm $= 0{,}3 \cdot 10^{-3}$ m, und sie habe die Länge $l (= h_1) = 30$ mm $= 0{,}03$ m. Der Zuleitungsschlauch-Durchmesser sei $d_S = 5$ mm, sein Querschnitt ist also $A_S = 19{,}6 \cdot 10^{-6}$ m^2. Für die Infusionsflüssigkeit nehmen wir der Einfachheit halber Wasser an, dessen dynamische Viskosität $\eta = 1 \cdot 10^{-3}$ Ns m^{-2} ist (Tab. 9.1).

Ohne angeschlossene Kanüle (Fig. 9.28a) nimmt der statische Druck im Zuleitungsschlauch mit wachsendem Abstand h vom Ausflußort linear gemäß Gl. (9.61) ab. Ist die Schlauchanschlußstelle A in der Höhe $h = 40\,\mathrm{cm} = 0,4\,\mathrm{m}$, dann ist dort der statische Druck

$$p\,(h = 0,4\,\mathrm{m}) = p_\mathrm{L} - \varrho\,g\,h = p_\mathrm{L} - 10^3\,\mathrm{kg\,m^{-3}} \cdot 10\,\mathrm{m\,s^{-2}} \cdot 0,4\,\mathrm{m}$$

$$= p_\mathrm{L} - 4 \cdot 10^3\,\mathrm{N\,m^{-2}} = p_\mathrm{L} - 40\,\mathrm{mbar}\,.$$

Aufgrund dieses Unterdruckes würde bei einer Undichtigkeit Luft eingedrückt werden und damit die Gefahr einer Luftembolie bestehen. Für den Fall der angeschlossenen Kanüle (Fig. 9.28 c) berechnen wir zunächst den Widerstand der Kanüle gemäß Gl. (9.37), wobei wir als Stromstärke die Massenstromstärke zugrundelegen. Dann ist der Strömungswiderstand

$$R_\mathrm{K} = \frac{8\,\eta\,L}{\varrho\,\pi\,a^4} = \frac{8 \cdot 1 \cdot 10^{-3}\,\mathrm{N\,s\,m^{-2}} \cdot 0,03\,\mathrm{m}}{10^3\,\mathrm{kg\,m^{-3}} \cdot 1,6 \cdot 10^{-15}\,\mathrm{m^4}} = 15 \cdot 10^7\,\frac{\mathrm{N}}{\mathrm{m^2}}\,\frac{1}{\mathrm{kg\,s^{-1}}}\,. \tag{9.71}$$

Somit wird die Größe

$$A_\mathrm{S}\,R_\mathrm{K} = 19,6 \cdot 10^{-6}\,\mathrm{m^2}\,15 \cdot 10^7\,\frac{\mathrm{N}}{\mathrm{m^2}}\,\frac{1}{\mathrm{kg\,s^{-1}}} = 2940\,\frac{\mathrm{m}}{\mathrm{s}}\,. \tag{9.71a}$$

Die Vergleichsgröße ist

$$2\,g\,(h_3 - h_1) = 2 \cdot 10\,\mathrm{m\,s^{-2}}\,0,6\,\mathrm{m} = 12\,\mathrm{m^2\,s^{-2}}\,, \tag{9.71b}$$

und somit ist in der Tat $A_\mathrm{S}^2\,R_\mathrm{K}^2 = 8,6 \cdot 10^6\,\mathrm{m^2\,s^{-2}} \gg 2\,g\,(h_3 - h_1) = 12\,\mathrm{m^2\,s^{-2}}$. Wir können also die Näherungsformel (9.70) anwenden,

$$v_\mathrm{S} = 6\,\mathrm{m^2\,s^{-2}}/2940\,\mathrm{m\,s^{-1}} = 2 \cdot 10^{-3}\,\mathrm{m\,s^{-1}} = 2\,\mathrm{mm\,s^{-1}}\,. \tag{9.72}$$

Damit wird die Massenstromstärke $I_m = A_\mathrm{S}\,\varrho\,v_\mathrm{S} = 40\,\mathrm{mg\,s^{-1}}$ und die Druckdifferenz an der Kanüle

$$p_1 - p_\mathrm{L} = R_\mathrm{K} \cdot I_m = 60\,\mathrm{mbar} \triangleq 45\,\mathrm{mm\,Hg}\,. \tag{9.73}$$

Man beachte: erfolgt die Infusion intravenös, dann muß der Ausgangsdruck der Kanüle die Summe aus Luftdruck und intravenösem Druck sein. – Wir sehen auch aus Gl. (9.70), daß jetzt der Massestrom proportional zur Aufhängehöhe wächst, aber insbesondere unabhängig von A_S ist und wesentlich durch den Strömungswiderstand R_K der Kanüle bestimmt ist, der selbst stark von ihrem Durchmesser abhängt.

Die Benutzung der Näherungsgleichung (9.70) bedeutet, daß der Flüssigkeitsstrom durch die Gleichung gegeben ist

$$I_m = A_\mathrm{S}\,\varrho\,v_\mathrm{S} = \varrho\,\frac{g\,(h_3 - h_1)}{R_\mathrm{K}} = \frac{p_1 - p_\mathrm{L}}{R_\mathrm{K}}\,, \tag{9.74}$$

d.h. der Druckunterschied an der Kanüle

$$p_1 - p_\mathrm{L} = \varrho\,g\,(h_3 - h_1) \tag{9.75}$$

ist, und dem vollen Höhenunterschied $h_3 - h_1$ entspricht. Der Staudruck $\frac{1}{2}\,\varrho\,v_\mathrm{S}^2$ ist in diesem Fall – wie die Rechnung zeigt – vernachlässigbar ($p_{\mathrm{Stau}} = 2 \cdot 10^{-5}\,\mathrm{mbar}$). Das trifft immer zu, wenn die Strömungsgeschwindigkeit – wie hier – sehr gering ist. Damit ist jetzt längs der ganzen Schlauchleitung S der Flüssigkeitsdruck *größer* als der äußere Luftdruck. Man beachte aber: wird in die Zuleitung ein Tropfenzähler eingesetzt (Sichtglas), so muß das Regulierventil (etwa eine einstellbare Schlauchklemme) unterhalb des Tropfenzählers angebracht werden, damit an allen Schlauchverbindungen ein Flüssigkeitsdruck besteht, der größer als der äußere Luftdruck ist.

Die mittlere Geschwindigkeit $\bar{v}_K$ in der Kanüle läßt sich mittels des Massenerhaltungssatzes berechnen (Gl. (9.7)),

$$\varrho\,\bar{v}_K\,A_K = I_K = I_S = \varrho\,v_S\,A_S,$$

also $$\bar{v}_K = v_S \frac{A_S}{A_K} = v_S \left(\frac{5}{0,3}\right)^2 = 278\,v_S = 555\,\text{mm}\,\text{s}^{-1} \approx 0,5\,\text{m}\,\text{s}^{-1}.$$

Sie ist in unserem Beispiel etwas größer als die Strömungsgeschwindigkeit des Blutes in einer großen Vene.

9.2 Elektrischer Gleichstrom

Der elektrische Strom ist eine Bewegung von elektrischen Ladungsträgern; er wird dadurch verursacht, daß ein elektrisches Feld auf bewegliche Ladungsträger wirkt. Betrag und Richtung der Trägergeschwindigkeit folgen aus der Größe der elektrischen Feldstärke und aus der räumlichen Gestalt des elektrischen Feldes. Wir stellen daher eine Diskussion elektrischer Felder voran.

9.2.1 Elektrische Felder, metallische Körper, Kapazität

Mit verschiedenen Spannungsquellen kann man statische Spannungsmesser (Elektrometer, Abschn. 7.3.1) kalibrieren und mit ihnen Spannungen messen. In Fig. 9.29 sind zwei metallische Körper A_1 und A_2 von verschiedener Form aufgezeichnet. Sie sind mittels eines metallischen Drahtes leitend miteinander verbunden, und einer der Körper ist mit einem weiteren metallischen Draht an die + 200 V-Klemme einer Gleichspannungsquelle angeschlossen. Die andere Klemme ist geerdet, ebenso wie eine Klemme des Spannungsmessers V (über „Erdung" s. Abschn. 7.3.2 und 7.6.4). Die Spannungsmessung ist damit gleichzeitig eine Messung des elektrischen Potentials, denn die Spannung U ist gleich der Potentialdifferenz, $U = \varphi(A) - \varphi(\text{Erde})$, und das Potential eines geerdeten Punktes haben wir gleich null gesetzt. Wir bringen den Elektrometeranschluß S zuerst zur Berührung mit dem Körper A_1 (Spannungsanzeige $U = 200\,\text{V}$) und umfahren die Oberfläche von A_1. An allen Punkten (z. B. auch bei den

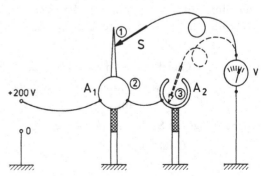

Fig. 9.29
Metallische Körper sind äquipotentiale Körper, ihre Oberflächen sind Äquipotentialflächen, ▨▨▨ Isolator

Punkten ① und ②) wird die gleiche Spannung gemessen, und das gleiche gilt auch für die Punkte auf dem Körper A_2: *die Oberflächen der metallischen Körper sind Äquipotentialflächen*. Weiter messen wir, daß die Spannungen von A_1 und A_2 einander gleich sind: *zwischen metallischen Körpern, die leitend miteinander verbunden sind, besteht keine Spannung, sie haben das gleiche Potential*. Beide Aussagen gelten, *solange in den metallischen Körpern oder vom einen zum anderen kein elektrischer Strom fließt* (Abschn. 9.2.4.3), also im sogenannten „statischen Fall". Mit der Hilfe metallischer Körper, die wir jetzt *Elektroden* nennen, kann man leicht verschiedene Formen elektrischer Felder herstellen. Man erhält eine bildliche Darstellung, wenn man im Zwischenraum zwischen den Elektroden weitere Äquipotentialflächen und die Feldlinien einzeichnet, die ja auf ihnen senkrecht stehen (Fig. 7.27).

Elektrisches Feld und Spannung im *Plattenkondensator* haben wir schon kennengelernt (Fig. 7.27a): es handelt sich innerhalb des Plattenbereiches um ein homogenes Feld, die elektrische Feldstärke ist konstant, und zwischen Spannung U an den Elektroden und elektrischer Feldstärke E besteht nach Gl. (7.49) der Zusammenhang

$$U = Ed, \qquad E = \frac{U}{d}, \tag{9.76}$$

wenn d der Plattenabstand ist (Gl. (7.52)). Am Plattenrand besteht ein *Streufeld*, in welchem die Äquipotentialflächen gekrümmt sind (Fig. 7.26).

Stellt man zwei kugelförmige metallische Elektroden in einem Abstand voneinander auf und verbindet sie mit der + und − -Klemme einer Spannungsquelle, so hat man einen elektrischen Dipol mit dem *Dipolfeld* der Fig. 7.9 und den Äquipotentialflächen nach Fig. 7.29. – In Fig. 9.30 ist eine Anordnung aus zwei Elektroden skizziert, die als Kondensator mit weit ausgreifendem Streufeld aufzufassen ist. Das elektrische Feld ist noch leidlich auf einen „Innenraum" beschränkt und die ungleichen Plattengrößen bewirken, daß die elektrische Feldstärke an der kleineren Platte viel größer ist als an der großen. – Ganz anders ist das elektrische Feld zwischen einem metallischen Stab in einem metallischen Hohlzylinder (Fig. 9.31) beschaffen. Es ist praktisch vollständig auf das Innere beschränkt. Das elektrische Feld hat hier, wieder abgesehen vom Rand, eine zylindersymmetrische Form.

Alle metallischen Körper, zwischen denen eine elektrische Spannung U besteht, tragen elektrische Ladung Q, denn sonst könnte von ihnen kein elektrisches Feld verursacht sein, durch das die Spannung definiert ist. Die felderzeugende Ladung und die Spannung sind einander streng proportional, $Q \sim U$, es gilt also die Gleichung

$$Q = C \cdot U. \tag{9.77}$$

Durch diese Gleichung wird die *Kapazität* C der Anordnung definiert:

$$\text{Kapazität} \overset{\text{def}}{=} \frac{\text{Ladung}}{\text{Spannung}}, \qquad C \overset{\text{def}}{=} \frac{Q}{U}. \tag{9.78}$$

Hieraus folgt die SI-*Einheit der Kapazität*

$$[C] = \frac{\text{Coulomb}}{\text{Volt}} = \frac{\text{C}}{\text{V}} = \text{Farad} = \text{F}. \tag{9.79}$$

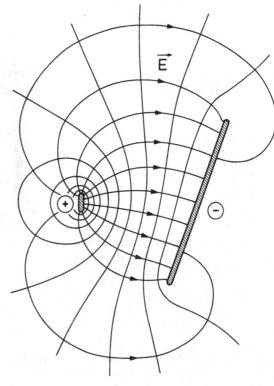

Fig. 9.30
An der kleinen Elektrode ist die Feldliniendichte und damit die Feldstärke größer als an der größeren. Die Spannung zwischen zwei aufeinander folgenden Äquipotentialflächen ist 1/10 der Gesamtspannung

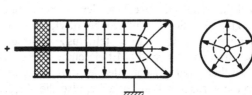

Fig. 9.31
Zylinderkondensator; --- eine Äquipotentialfläche; rechts: ein Querschnitt

Ein elektrisches Bauelement, dessen Arbeitsweise darauf beruht, daß es eine Kapazität besitzt, nennen wir einen *Kondensator*. Wir kennen bereits den Platten- und den Zylinderkondensator (Fig. 9.31). Die Kapazität des Plattenkondensators ist

$$C = \varepsilon_0 \frac{A}{d},$$
(9.80)

wobei A die Plattenfläche und d der Abstand der beiden Platten ist. Man muß hinzufügen, daß die Kapazität auch von den dielektrischen Eigenschaften des Stoffes abhängt, der den Plattenzwischenraum ausfüllt (Abschn. 11.1). Gl. (9.80) gilt für Vakuum und praktisch auch für Luft. Insoweit ist die Kapazität dann nur eine Funktion der Geometrie der Anordnung.

Mit dem Plattenkondensator zeigt man die wechselweise Abhängigkeit von Ladung und Spannung, sowie Kapazität. Man lädt einen Plattenkondensator auf (Ladung

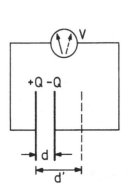

Fig. 9.32 Bei Vergrößerung des Plattenabstandes von d auf d' steigt die Spannung an, wenn die Ladung konstant gehalten wird

Fig. 9.33 Drehkondensator als Kondensator einstellbar variabler Kapazität (Pohl, Einf. i.d. Physik II)

$+Q$ und $-Q$ auf den beiden Platten, Fig. 9.32) und vergrößert den Plattenabstand d auf d' bei nicht-geänderter Ladung, also isolierten Platten: man mißt eine ansteigende Spannung. Nach Gl. (9.80) wird nämlich die Kapazität verkleinert, und damit muß bei fester Ladung Q nach Gl. (9.77) die Spannung ansteigen. Erhöht man auf der anderen Seite bei festem Plattenabstand die Ladung Q um meßbare Beträge, dann steigt die gemessene Spannung U proportional zur Ladung Q an. – Eine variable Kapazität wird insbesondere zu Zwecken der Veränderung der Frequenz von hochfrequenten elektrischen Schwingungen benötigt, und man kann dafür einen *Drehkondensator* benutzen (Fig. 9.33). Er besteht aus zwei Serien von Metallsegmenten, die voneinander isoliert montiert sind. Mittels einer Drehachse kann man das eine System in den Zwischenraum zwischen den Platten des anderen Systems hineindrehen. Man variiert so die wirksame Plattenfläche, also die Kapazität.

Die industriell hergestellten Kondensatoren werden in gewissen Kapazitätsabstufungen geliefert. Aus ihnen kann man durch geeignete Schaltungen alle Zwischenwerte, die man wünscht, herstellen. Die Grundbeispiele enthält Fig. 9.34.

Beispiel 9.9 Ein ebener Plattenkondensator habe die Fläche $A = 1\,\text{cm}^2$ und den Plattenabstand $d = 1\,\text{mm}$. Die Kapazität ist

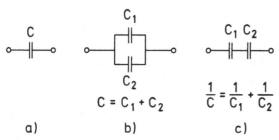

Fig. 9.34
a) Zeichnungs-Schaltsymbol für einen Kondensator,
b) Parallelschaltung zweier Kondensatoren,
c) Hintereinanderschaltung zweier Kondensatoren;
C Gesamtkapazität

$$C = 8{,}85 \cdot 10^{-12}\,\frac{C}{Vm}\,10^{-4}\,m^2/10^{-3}\,m = 0{,}885 \cdot 10^{-12}\,F \approx 10^{-12}\,F = 1\,pF\,.$$

Kondensatoren mit Kapazitäten der Größenordnung 1 μF werden als „Elektrolyt-Kondensatoren" ausgeführt; grob gesagt, sind solche Werte schon als „groß" zu bezeichnen.

Die Gleichung $Q = C \cdot U$ vermittelt keine Einsicht in die Feldkonfiguration. Genaueres erfährt man durch Untersuchung der *Ladungsverteilung* auf metallischen Körpern und ihren Zusammenhang mit der elektrischen Feldstärke. Wir benutzen ein Elektrometer als Ladungsmesser und übertragen von verschiedenen Punkten eines geladenen Körpers Ladung auf das Elektrometer, indem wir mit einer kleinen metallischen, isolierten Kugel („Löffel", s. Abschn. 7.3.2) zunächst den Körper berühren, dadurch Ladung von ihm abnehmen, dann mit der Kugel die „Klemme" des Elektrometers berühren und dadurch die Ladung auf das Elektrometer übertragen. So finden wir, daß sich vom Punkt ① in Fig. 9.29 viel Ladung, vom Punkt ② weniger, und vom Punkt ③ keine Ladung übertragen läßt. Wir schließen: im Innern metallischer Körper ist keine elektrische Ladung vorhanden, und die an der Oberfläche der metallischen Körper vorhandene Ladung ist so verteilt, daß an Stellen starker Krümmung (Punkt ① in Fig. 9.29) die *Flächenladungsdichte* (Ladung durch Fläche, eine „flächenbezogene" Größe, s. Abschn. 4.3) größer als an Stellen schwacher Krümmung (Punkt ② in Fig. 9.29) ist. Große Ladung bedeutet, daß von einem solchen Punkt viele Feldlinien ausgehen, d. h. die Feldstärke ist dort groß. Die Befunde lassen sich in einer einzigen Beziehung zusammenfassen, daß nämlich Flächenladungsdichte σ und elektrische Feldstärke E einander proportional sind, wobei die Proportionalitätskonstante universell gleich der elektrischen Feldkonstante ist,

$$\frac{dQ}{dA} = \sigma = \varepsilon_0\,E\,. \tag{9.81}$$

Es sei nochmals betont, daß gleichzeitig die elektrische Feldstärke auf der Oberfläche eines metallischen Körpers im „statischen Fall" senkrecht steht. An der scharfen Spitze eines metallischen Körpers ist die Ladungsdichte σ groß und ebenso die elektrische Feldstärke (Fig. 9.35).

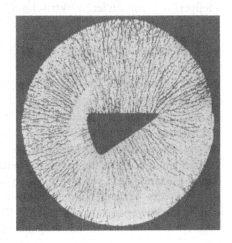

Fig. 9.35
Bild des elektrischen Feldes eines geladenen Metallkörpers (Grießkörner in Rizinusöl)

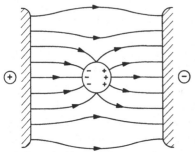

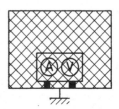

Fig. 9.36 Isolierte, ungeladene Metallkörper werden im elektrischen Feld äquipotentiale
Körper, in ihrem Innern besteht kein
elektrisches Feld

Fig. 9.37 „Faraday-Käfig" zur Abschirmung elektrischer Störfelder

Die Ausbildung der metallischen Körper als äquipotentiale Körper hat ihren Grund in
der großen Zahl von leicht beweglichen Ladungsträgern, nämlich Elektronen, in den
Metallen. Hieraus resultiert auch ein besonderes *Verhalten metallischer Körper, die –
zunächst ungeladen – in ein elektrisches Feld gebracht* werden. Zuerst durchdringt
das elektrische Feld den Körper. Dadurch wird eine Kraft auf die beweglichen
Ladungsträger ausgeübt, und es erfolgt im metallischen Körper eine Trennung von
negativer und positiver Ladung. Dieser Vorgang heißt *Influenz*. Der Influenzvorgang
ist also durch Trägerbewegung ausgelöst. Sie schreitet solange fort, bis das elektrische
Feld an der Oberfläche senkrecht steht und die Feldlinien an den Oberflächenladun-
gen enden. Damit ist der metallische Körper wieder ein äquipotentialer Körper
geworden, in seinem Innern besteht kein elektrisches Feld. (Obwohl also auf der
Oberfläche des Körpers teils positive, teils negative Ladungen sitzen, ist diese
Oberfläche eine Äquipotentialfläche!). In Fig. 9.36 ist der Sachverhalt skizziert, und
Fig. 9.37 enthält eine Skizze einer der Hauptanwendungen: mit einem metallischen,
geerdeten Hohlkörper, der auch als engmaschiges Netz ausgebildet sein kann
(sogenannter *Faraday*-Käfig) schirmt man empfindliche Meßeinrichtungen und
Meßgeräte gegen äußere elektrische Störfelder ab.

9.2.2 Elektrischer Strom und seine Wirkungen

9.2.2.1 Stromstärke, Ladung, Stromdichte In Abschn. 7.3.2 wurde gezeigt, daß es
elektrische Leiter und Isolatoren gibt. Durch elektrische Leiter kann ein elektrischer
Strom, d.h. ein Strom elektrischer Ladungsträger fließen. Zur Ausbildung des
elektrischen Stromes sind zwei Voraussetzungen zu erfüllen: *erstens* müssen
verschiebliche *Ladungsträger* vorhanden sein, *zweitens* muß ein *elektrisches Feld*
vorhanden sein. Ohne die Erfüllung beider Voraussetzungen kommt kein elektrischer
Strom zustande. Als *positive Richtung* des elektrischen Stromes bezeichnen wir die
Richtung des verursachenden elektrischen Feldes. Positive Ladungsträger führen
damit eine Bewegung aus, die mit der Richtung des Stromes übereinstimmt, während
negative Ladungsträger sich umgekehrt bewegen.

Besteht durch einen Leiterquerschnitt ein elektrischer Strom, so wird in einer Zeitspanne Δt eine Ladung ΔQ durch den Querschnitt passieren, und damit ist die elektrische Stromstärke

$$\text{Stromstärke} \overset{\text{def}}{=} \frac{\text{Ladung}}{\text{Zeit}}, \qquad I \overset{\text{def}}{=} \frac{\Delta Q}{\Delta t}, \tag{9.82}$$

oder auch $I = \mathrm{d}Q/\mathrm{d}t$. Diese Definition ist völlig analog zu derjenigen für allgemeine Strömungen (Abschn. 9.1.1). Es folgt für die SI-*Einheit der elektrischen Stromstärke*

$$[I] = \frac{\text{Coulomb}}{\text{Sekunde}} = \frac{\text{C}}{\text{s}} = \text{Ampere} = \text{A} \,. \tag{9.83}$$

Da man im SI aus meßtechnischen Gründen die Stromstärke als Basisgröße und das *Ampère* als *Basiseinheit* eingeführt hat, so ist die elektrische Ladung eine abgeleitete Größe und ihre Definitionsgleichung lautet gemäß Gl. (9.82)

$$\text{Ladung} \overset{\text{def}}{=} \text{Stromstärke} \cdot \text{Zeit}, \qquad \Delta Q \overset{\text{def}}{=} I \Delta t, \tag{9.84}$$

so daß die SI-Einheit für die Ladung

$$[Q] = \text{Ampere} \cdot \text{Sekunde} = \text{A s} = \text{C} \,. \tag{9.85}$$

Wegen der Wahl der Stromstärke als Basisgröße werden sehr viele Größen, in denen die Ladung auftritt mit der Einheit As, nicht mit C versehen. Z.B. ist die *elektrische Feldkonstante* (s. Gl. (7.9)) dann $\varepsilon_0 = 8,85 \cdot 10^{-12} \, \text{As V}^{-1} \, \text{m}^{-1}$, und mit dieser Einheitenbezeichnung werden wir sie hier ebenfalls benutzen.

Ist die Stromstärke I zeitlich variabel, also eine Funktion der Zeit t, dann ist die elektrische Ladung, die in dem Zeitintervall t_1 bis t_2 durch den Leiterquerschnitt geflossen ist

$$Q = \sum I \Delta t, \qquad Q = \int_{t_1}^{t_2} I(t) \, \mathrm{d}t, \tag{9.86}$$

vgl. Fig. 9.38. Die Ladung ist die Summe der Teilladungen, die im Intervall Δt durch einen Leiterquerschnitt transportiert wurde.

Die *elektrische Stromdichte* läßt sich aus der Stromstärke berechnen, indem man die Stromstärke durch die Querschnittsfläche dividiert ($j = I/A$), außerdem ist sie durch die Strömungsgeschwindigkeit $\vec{v}$ der Ladungsträger gegeben (vgl. Gl. (9.4) und (9.5)),

$$\vec{j} = \varrho \vec{v} = q n \vec{v}, \tag{9.87}$$

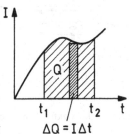

Fig. 9.38
Zusammenhang von Ladung Q und Stromstärke I

$\Delta Q = I \Delta t$

wobei ϱ die *räumliche Ladungsdichte* ($=$ Ladung durch Volumen, Einheit As m^{-3}) ist, und diese ist gleich dem Produkt aus Ladung q eines Ladungsträgers und Anzahldichte n der Ladungsträger. Die Stromdichte ist, wie aus Gl. (9.87) hervorgeht, ein Vektor, der die gleiche Richtung wie die Geschwindigkeit $\vec{v}$ der Ladungsträger hat.

Das Kennzeichen der elektrischen Ladung war, daß auf eine andere elektrische Ladung eine Kraft ausgeübt wird. Der *elektrische Strom*, also *bewegte Ladung*, hat neue, andere *Wirkungen*, und daher konnte man auf eine solche Wirkung die neue Basisgröße Stromstärke gründen.

9.2.2.2 Magnetische Wirkung des elektrischen Stromes Bringt man in die Nähe eines stromdurchflossenen Leiters (Metalldraht, flüssiger Leiter oder auch gasförmiger Leiter, z. B. Leuchtstoffröhre) eine kleine Magnetnadel, so beobachtet man, daß diese sich *quer* zum elektrischen Strom einstellt, Fig. 9.39. Auf die Magnetnadel wirkt demnach ein Drehmoment, ganz ähnlich wie auf Eisenfeilspäne in der Nähe eines Hufeisenmagneten. Ursache des Drehmomentes ist ein *magnetisches Feld*, das den stromdurchflossenen Draht umgibt. Fig. 9.40 enthält das Eisenfeilspäne-Bild des magnetischen Feldes in der Umgebung eines geraden Drahtes in einer Ebene senkrecht zum Strom: das Feld ist zylindersymmetrisch und besteht aus *geschlossenen Feldlinien*. Wickelt man einen Draht zu einer geraden Spule und fließt durch sie ein elektrischer Strom so entsteht ein Magnetfeld, dessen Feldlinien Fig. 9.41 enthält: wir beobachten erneut geschlossene Feldlinien, und im Innern der Spule besteht ein annähernd homogenes Magnetfeld. Im Äußeren ähnelt das Feld demjenigen eines Dipols. Wir halten fest: elektrische Ströme sind von Magnetfeldern umgeben, deren Feldlinien geschlossen sind. Man bezeichnet Magnetfelder daher auch als *Wirbelfelder*. Die *Richtung des Magnetfeldes* ermittelt man mit der Rechtsschraubenregel: die Richtung des Stromes ist die Achse einer Rechtsschraube, der Rechtsschraubensinn gibt die Richtung des Magnetfeldes.

Die Kraftwirkung zwischen einem stromdurchflossenen Leiter und einer Magnetnadel ist – wie jede Kraftwirkung – eine Wechselwirkungskraft, sie befolgt die Regel actio $=$ reactio (Abschn. 3.5.2). Das zeigt man mittels eines Stabmagneten und eines beweglichen Metallbandes als stromführendem Leiter: bei Stromfluß wickelt sich das Band um den Magneten herum (Fig. 9.42). Schließlich besteht auch zwischen zwei stromführenden Leitern eine Wechselwirkungskraft, die durch das Magnetfeld beider

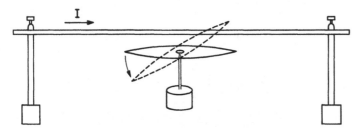

Fig. 9.39 Magnetische Wirkung des elektrischen Stromes: die Magnetnadel stellt sich senkrecht zum stromführenden Draht ein

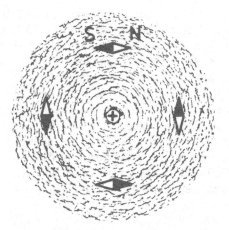

Fig. 9.40
Geschlossene magnetische Feldlinien
um einen geraden, stromführenden
Draht senkrecht zur Zeichenebene.
Die Richtung S–N gibt die Richtung
des Feldes

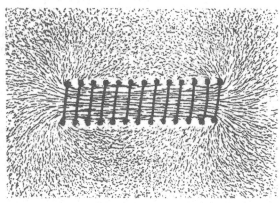

Fig. 9.41
Magnetfeld einer stromdurchflosse-
nen Spule (Pohl: Einf. i. d. Physik,
Band II)

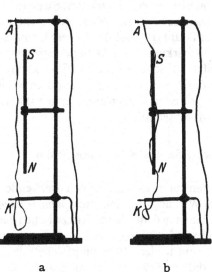

Fig. 9.42
Ein stromdurchflossener flexibler Lei-
ter schlingt sich um einen geraden
Permanentmagneten
(Pohl: Einf. i. d. Physik, Band II)

a   b

Leiter vermittelt wird: man beobachtet eine anziehende bzw. abstoßende Kraft (je nachdem die Ströme gleiche oder entgegengesetzte Richtung haben). Auf dieser Kraftwirkung des elektrischen Stromes (also *bewegter* Ladung) basiert die heutige Definition der Stromstärkeeinheit. Die *Stromstärke 1 Ampere (1 A) ist die Stärke eines zeitlich unveränderlichen Stromes durch zwei geradlinige, parallele, unendlich lange Leiter von vernachläßigbarem Querschnitt, die einen Abstand von* 1 m *haben und zwischen denen die durch den Strom hervorgerufene Kraft im leeren Raum je* 1 m *Drahtlänge der Doppelleitung* $2 \cdot 10^{-7}$ N *beträgt.* Fig. 9.43 enthält eine Skizze der Anordnung. Zwar handelt es sich um eine geringe Kraft, jedoch kann man sie durch Verwendung von Spulen erheblich vergrößern. – Wir fügen hinzu, daß mit der gewählten Definition der Stromstärkeneinheit gleichzeitig eine weitere Konstante, die wir später brauchen, die *magnetische Feldkonstante* μ_0 exakt festgelegt ist,

$$\mu_0 = 4\pi \cdot 10^{-7} \frac{N}{A^2} = 4\pi \cdot 10^{-7} \frac{Vs}{Am} = 1{,}257 \cdot 10^{-6} \frac{Vs}{Am}. \tag{9.88}$$

9.2.2.3 Chemische Wirkung des elektrischen Stromes Entsprechend Fig. 9.44 werden zwei Elektroden in ein Gefäß mit Wasser gebracht, das mit ein wenig Säure (z.B. H_2SO_4) angesäuert wurde. Bei Stromfluß beobachtet man die Entwicklung von Gasblasen an den beiden Elektroden: es entsteht gasförmiger Sauerstoff (links in der Figur) und Wasserstoff (rechts): der flüssige Leiter wird in seine chemischen Bestandteile zerlegt. Bei anderen flüssigen Leitern kann es auch zur Abscheidung von darin enthaltenen Stoffen an den Elektroden kommen, ohne daß Gasentwicklung einsetzt. Über den Mechanismus der elektrischen Leitung in Flüssigkeiten s. Abschn. 9.3.4.3. Die chemische Wirkung des Stromes ist früher zur gesetzlichen Festlegung der Einheit der Stromstärke benützt worden (Abschn. 9.3.4.3).

9.2.2.4 Wärmewirkung des elektrischen Stromes Bei metallischen Leitern beobachtet man keine chemische Wirkung, jedoch stellt man eine Wärmewirkung fest: ein ausgespannter Draht (Fig. 9.45) wird bei Stromdurchgang warm und dehnt sich daher aus. Die Wärmewirkung des elektrischen Stromes tritt bei jedem Leiter, mit Ausnahme der Supraleiter (Abschn. 9.3.2.2), auf. – Elektrische Stromkreise kann man vor Überlastung durch zu großen Strom dadurch schützen, daß man eine „Schmelzsicherung" einbaut: sie enthält einen geeignet gewählten „dünnen" Draht, der bei zu großer Stromstärke durchschmilzt.

9.2.3 Meßgeräte für den elektrischen Strom

Die genauesten und am häufigsten verwendeten Meßgeräte beruhen auf der magnetischen Wirkung und sind *Drehspulinstrumente.* Der Meßstrom durchfließt eine kleine Spule. Sie ist in dem Magnetfeld zwischen den Polen eines Hufeisenmagneten so montiert, daß sie sich um eine Achse drehen kann, die senkrecht zur Richtung des Magnetfeldes und in der „Windungsfläche" der Spule liegt. Eine geeignete Spiralfeder sorgt dafür, daß bei Stromlosigkeit die Spule in ihrer Ruhelage, oder

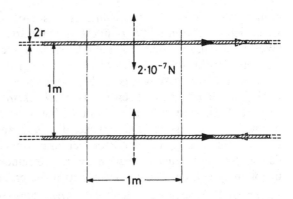

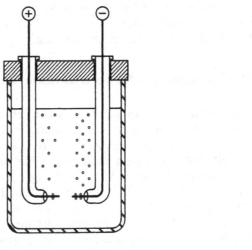

Fig. 9.43
Die Kraft zwischen den stromdurchflossenen Drähten einer Doppelleitung definiert
die Größe der Stromstärke. Gleiche
Stromrichtung führt zur Anziehung, un-
gleiche zur Abstoßung

Fig. 9.44
Chemische Wirkung des elektrischen
Stromes: Wasser wird in die gasförmigen
Komponenten Wasserstoff und Sauer-
stoff zerlegt (links Sauerstoff, rechts Was-
serstoff)

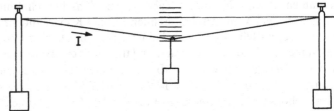

Fig. 9.45 Demonstration der Wärmewirkung des elektrischen Stromes

„Nullage" verharrt. Fließt Strom durch die Spule, so bewirkt das Magnetfeld ein
Drehmoment, das proportional zur Stromstärke ist, und die Spule bewegt sich aus der
Nullage heraus. Sie nimmt einen solchen „Ausschlag" an, der durch einen mit der
Spule verbundenen Zeiger angezeigt wird, daß das durch die Spiralfeder ausgeübte,
rücktreibende Drehmoment das antreibende, durch den Stromfluß hervorgerufene
kompensiert. Höheres antreibendes Drehmoment, also größerer Strom, führt zu
größerem Ausschlag. Die Instrumente können so gebaut werden, daß der Zeigeraus-

schlag proportional zur Stromstärke ist, insbesondere kehrt er also die Richtung um, wenn sich die Stromrichtung ändert. Wechselt der Strom seine Richtung zu schnell (Wechselstrom, s. Abschn. 10), dann kann die Spule wegen ihrer Trägheit nicht folgen und zeigt den Ausschlag Null, obwohl evtl. ein großer Strom fließt (!). Wechselströme müssen vor der Messung mit Drehspulinstrumenten erst gleichgerichtet werden.

Geringere Genauigkeit haben die *Weicheiseninstrumente*, sie sind jedoch auch für Wechselstrom verwendbar. Der durch eine feststehende Spule fließende Meßstrom magnetisiert zwei kleine Eisenstücke, die dann aufeinander eine abstoßende Kraft ausüben, unabhängig von der Stromrichtung. Eines der beiden Stücke ist fest montiert, das andere mit einem Zeigermeßwerk verbunden. Die Anzeige ist nicht ganz unabhängig von der Frequenz eines etwa gemessenen Wechselstromes.

In Sonderfällen wird auch noch das *Hitzdrahtinstrument* verwendet. Der Meßstrom erwärmt einen dünnen Draht, dessen Verlängerung nach dem Schema von Fig. 9.45 zur Bewegung eines Zeigers benutzt wird. Das Instrument läßt sich bis zu beliebig hohen Wechselstromfrequenzen benutzen.

9.2.4 Strömungsgesetze für den elektrischen Strom

9.2.4.1 Strom-Spannungs-Kennlinie, elektrischer Widerstand, elektrischer Leitwert

Das elektrische Feld bewirkt die Bewegung der Ladungsträger, d.h. den elektrischen Strom. Da elektrische Feldstärke und Spannung nach Gl. (7.52) miteinander verknüpft sind, kann man auch sagen: die elektrische *Spannung* ist die *Ursache* des *elektrischen Stromes*. Die Spannung – oder nach Gl. (7.51) die Potentialdifferenz – spielt also beim elektrischen Strom die gleiche Rolle wie bei den Fluiden die Druckdifferenz. Zur Untersuchung des Zusammenhangs von Stromstärke I und Spannung U bedienen wir uns einer Schaltung nach Fig. 9.46. An den zu untersuchenden „Leiter" L legen wir eine einstellbar variable Spannung U, indem wir die Klemmen P und N durch Kabel unter Zwischenschaltung eines Strommessers (Amperemeter) A mit den Leiterenden K_1 und K_2 verbinden. Außerdem legen wir an K_1 und K_2 mittels zweier Kabel einen Spannungsmesser (Voltmeter) V. Wir messen zusammengehörige Werte U und I und tragen sie einerseits in eine Tabelle, andererseits in ein U, I-Diagramm ein. In Tab. 9.2 sind die Meßdaten zweier Leiter, nämlich eines Konstantan-Drahtes und einer Metallfadenglühlampe eingetragen, Fig. 9.47a enthält die zugehörigen *Strom-Spannungs-Kennlinien*. Zur Kennzeichnung elektrischer Leiter hinsichtlich ihres Leitvermögens führen wir nun – ganz analog zu den Leitern von

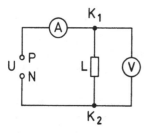

Fig. 9.46
Schaltbild der Schaltung zur Messung des Zusammenhangs von Strom und Spannung für einen Leiter *L*

Tab. 9.2 Meßdaten von Strom und Spannung bei zwei verschiedenen Leitern

Konstantandraht			Metallfadenglühlampe		
$\dfrac{U}{\text{Volt}}$	$\dfrac{I}{\text{Ampere}}$	$\dfrac{U}{I}\bigg/\dfrac{\text{V}}{\text{A}}$	$\dfrac{U}{\text{Volt}}$	$\dfrac{I}{\text{Ampere}}$	$\dfrac{U}{I}\bigg/\dfrac{\text{V}}{\text{A}}$
0	0		0	0	
1	1	1	0,3	1	0,3
2	2	1	0,6	2	0,3
3	3	1	1,2	3	0,4
4	4	1	2,4	4	0,6
5	5	1	5,0	5	1,0

Fluiden, vgl. Abschn. 9.1.5 und Gl. (9.35) – den *elektrischen Widerstand R*, bzw. den *elektrischen Leitwert G* durch die Definitionsgleichungen

$$\text{Widerstand} = \frac{1}{\text{Leitwert}} \overset{\text{def}}{=} \frac{\text{Spannung zwischen den Enden des Leiters}}{\text{Stromstärke durch den Leiter}} \tag{9.89}$$

$$R = \frac{1}{G} \overset{\text{def}}{=} \frac{U}{I}$$

ein. Die SI-Einheiten dieser Größen sind dementsprechend

$$[R] = \frac{\text{Volt}}{\text{Ampere}} = \frac{\text{V}}{\text{A}} = \text{Ohm} = \Omega \tag{9.90}$$

$$[G] = \frac{\text{Ampere}}{\text{Volt}} = \frac{\text{A}}{\text{V}} = \text{Siemens} = \text{S}. \tag{9.91}$$

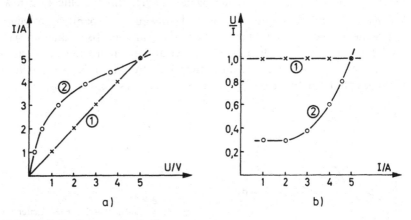

Fig. 9.47 a) Abhängigkeit des Stromes von der Spannung,
b) Verhältnis von Spannung und Stromstärke als Funktion der Stromstärke für zwei verschiedene Leiter (s. Text)

Bei der Verwendung des *Wortes Widerstand* im deutschen Sprachgebrauch ist zu beachten, daß es einerseits die durch Gl. (9.89) definierte *physikalische Größe* bezeichnet. Andererseits wird es auch zur Bezeichnung des *Dinges* benutzt, das einen elektrischen Widerstand besitzt. Im Angelsächsischen unterscheidet man deutlich zwischen „resistance" und „resistor".

In Tab. 9.2 ist das Verhältnis $R = U/I$ für jedes Wertepaar (U, I) berechnet. Beim Konstantandraht ist R, unabhängig von U bzw. I, konstant, bei der Glühlampe wächst R mit U bzw. I an. Es gibt also offenbar Leiter, bei denen $R = $ const ist, und solche, bei denen R von U bzw. I abhängt. Die Gründe für diese Abhängigkeit müssen im einzelnen untersucht werden. Bei der Metallfadenglühlampe rührt die Abhängigkeit daher, daß der Draht sich erwärmt (dies ist ja der Zweck der Glühlampe), und daß der Widerstand von der Temperatur abhängt (Abschn. 9.3.2.2).

Leiter, bei denen das Verhältnis U/I, also der Widerstand $R = $ const ist, d. h. nicht von der Spannung U bzw. von der Stromstärke I abhängt, nennt man *ohmsche Leiter*, für sie gilt das *Ohmsche Gesetz*, daß die *Spannung proportional zur Stromstärke ist*,

$$U = R \cdot I, \quad \text{bzw.} \quad I = G \cdot U, \tag{9.92}$$

wobei die Größe R bzw. G die Proportionalitätskonstante ist.

Fig. 9.47a und b enthalten die Graphen der hier diskutierten Zusammenhänge. Beim Leiter ① (Konstantandraht) sind Spannung und Strom einander proportional, der Zusammenhang I, U ist linear; beim Leiter ② (Glühlampe) ist das nicht der Fall. Der Widerstand $R = U/I$ des Leiters ① ist, wie aus Fig. 9.47b hervorgeht, konstant, es handelt sich um einen ohmschen Leiter, und es ist $R = 1$ Ohm $= 1\,\Omega$. Dieser Wert kann jetzt auch in der ersten Zeile in Tab. 9.2 beim Konstantandraht eingetragen werden. Beim Leiter ② (Metallfadenglühlampe) steigt der Widerstand mit wachsender Spannung, bzw. wachsendem Strom an. Nur bei kleinen Strömen läßt sich ebenfalls ein konstanter Wert des Widerstandes angeben, $R = 0,3\,\Omega$, und dieser Wert kann in die erste Zeile von Tab. 9.2 bei der Metallfadenglühlampe eingetragen werden.

Wir haben hier durchweg die Stromstärke als aus der Spannung folgend angesehen und dementsprechend die Stromstärke in Diagrammen als Ordinate verwendet. Sehr häufig werden die Koordinatenachsen vertauscht, man trägt die Spannung U (die man für einen bestimmten Strom braucht) als Funktion der Stromstärke I auf. Ein U, I-Diagramm heißt *Kennlinie* (Charakteristik) des Leiters. Fig. 9.48 enthält einige

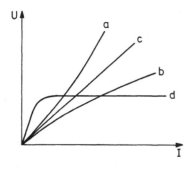

Fig. 9.48
Kennlinien verschiedener Leiter. a) Metall, b) Kohle (z. B. veraltete Kohlenfaden-Glühlampe), c) Ohmscher Widerstand, d) VDR (voltage dependent resistor)

Kennlinien verschiedener Leiter: a entspricht der Metallfadenglühlampe, b entspricht einer (veralteten) Kohlefadenglühlampe, c ist die Kennlinie eines ohmschen Leiters, d ist besonders interessant, weil nach einem anfänglich hohen Wert der Widerstand rasch absinkt (man kann damit Geräte gegen „Einschaltstöße" schützen).

9.2.4.2 Resistivität und Leitfähigkeit
Der Widerstand bzw. Leitwert eines Leiters hängt von der geometrischen Form ab. Im einfachsten Fall eines zylindrischen oder prismatischen Körpers, z. B. eines Drahtes der Länge l und des Querschnitts A findet man den Zusammenhang

$$R = \varrho \, \frac{l}{A} \quad \text{bzw.} \quad G = \frac{1}{\varrho} \, \frac{A}{l} = \sigma \, \frac{A}{l}. \tag{9.93}$$

Die Proportionalitätskonstante ϱ wird *Resistivität*[1]), die reziproke Größe $\sigma = 1/\varrho$ *Leitfähigkeit* genannt. Die Größe ϱ bzw. σ ist eine Stoffkonstante, einige Werte sind in Tab. 9.3 zusammengestellt. Die SI-Einheiten sind

$$[\varrho] = [R] \, \frac{[A]}{[l]} = \Omega \, \frac{\text{m}^2}{\text{m}} = \Omega \cdot \text{m} \tag{9.94a}$$

$$[\sigma] = [\varrho^{-1}] = [\varrho]^{-1} = \Omega^{-1} \text{m}^{-1} = \text{S} \cdot \text{m}^{-1}. \tag{9.94b}$$

Wir sehen, daß Silber die größte Leitfähigkeit besitzt, gefolgt von Kupfer, das ihm nahekommt. Die Gruppe von Silber bis Graphit bezeichnet man als elektrische Leiter. Germanium (Ge) und Silizium (Si) sind Halbleiter, und Bernstein, Glas, Hartgummi stellen Isolatoren dar, ebenso ist insbesondere Porzellan ein Isolator.

Tab. 9.3 Elektrische Leitfähigkeit und Resistivität einiger Stoffe

Stoff	$\dfrac{\sigma}{\Omega^{-1}\text{m}^{-1}}$	$\dfrac{\varrho}{\Omega \cdot \text{m}}$	Stoff	$\dfrac{\sigma}{\Omega^{-1}\text{m}^{-1}}$	$\dfrac{\varrho}{\Omega \cdot \text{m}}$
Silber	$6{,}25 \cdot 10^7$	$1{,}6 \cdot 10^{-8}$	Blutserum	$1{,}19$	$0{,}84$
Kupfer	$5{,}88 \cdot 10^7$	$1{,}7 \cdot 10^{-8}$	Blut	$0{,}625$	$1{,}6$
Aluminium	$3{,}12 \cdot 10^7$	$3{,}2 \cdot 10^{-8}$	Muskelgewebe	$0{,}5$	2
Eisen	$1{,}15 \cdot 10^7$	$8{,}7 \cdot 10^{-8}$	Fettgewebe	$0{,}03$	33
Konstantan	$0{,}20 \cdot 10^7$	$50 \cdot 10^{-8}$	Bernstein	10^{-20}	10^{20}
Graphit	10^4 bis 10^5	10 bis $100 \cdot 10^{-6}$	Glas	10^{-13}	10^{13}
Germanium	$2{,}17 \cdot 10^{-4}$	4600	Hartgummi	10^{-17}	10^{17}
Silizium	$4{,}34 \cdot 10^{-8}$	$2{,}3 \cdot 10^7$			

---

1) Statt Resistivität (engl. resistivity) findet man häufig noch die Bezeichnung „spezifischer Widerstand". Sie ist falsch, wenn man mit „spezifisch" massenbezogene Größen bezeichnet (Abschn. 5.5.2).

Beispiel 9.10 Ein in Schaltungen häufig verwendetes Verbindungskabel besteht aus Kupfer und habe die Länge $l = 1\,\mathrm{m}$ und den Querschnitt $A = 1\,\mathrm{mm}^2$ (Durchmesser der Kupferader $d = 1,13\,\mathrm{mm}$). Der elektrische Widerstand dieses Kabels ist nach Gl. (9.93)

$$R = \varrho\,\frac{l}{A} = 1,7 \cdot 10^{-8}\,\Omega\mathrm{m}\,\frac{1\,\mathrm{m}}{1 \cdot 10^{-6}\,\mathrm{m}^2} = 1,7 \cdot 10^{-2}\,\Omega = 17\,\mathrm{m}\Omega.$$

Meßgeräte und Schaltelemente in elektrischen Schaltkreisen haben im allgemeinen einen Widerstand, der ein Vielfaches dieses Betrages ausmacht (viele Ohm bis Kiloohm und Megohm). Daher können in Schaltkreisen, wie in Fig. 9.46 und weiteren, die Verbindungsleitungen i.a. als „widerstandslos" ($R = 0$) betrachtet werden.

Beispiel 9.11 Viele Meßwerte sucht man in elektrische Signale umzuwandeln, weil man diese leicht verstärken und dann an einem anderen Ort registrieren kann. Das trifft zum Beispiel auch für Messungen des Blutdruckes mit Hilfe eines Katheters zu. Fig. 9.49 enthält eine schematische Skizze eines solchen Druck-Umformers (Maße: etwa 60 mm Länge, 25 mm Durchmesser). Die flüssigkeitsgefüllte Druckleitung führt zu einer Erweiterung, um eine erhöhte Kraft ($F = A \cdot p$) auf die Abschlußmembran zu erhalten. An der Membran ist ein Stift S befestigt, und daran sind mittels eines Quersteges zwei Drähte D_1 und D_2 angebracht, die fest mit den Kontaktstücken P_1 und P_2 verbunden sind. Von diesen gehen die elektrischen Zuleitungen nach außen. Bei Druckänderungen in der Flüssigkeit werden die Drähte D_1 und D_2 gedehnt, und das bewirkt, daß sich ihr elektrischer Widerstand ändert. Durch die Dehnung werde der Draht von der Länge l auf $l + \Delta l$ verlängert. Dabei ändert sich wegen der Querkontraktion (Gl. (6.12)) der Radius von r auf $r + \Delta r$ (Δr negativ!), so daß der elektrische Widerstand nach Gl. (9.93)

$$R = \varrho\,\frac{l + \Delta l}{\pi\,(r + \Delta r)^2} = \varrho\,\frac{l}{\pi\,r^2}\,\frac{1 + \dfrac{\Delta l}{l}}{\left(1 + \dfrac{\Delta r}{r}\right)^2} \approx R_0\left(1 + \frac{\Delta l}{l} - 2\,\frac{\Delta r}{r}\right)$$

wird. Für den Zusammenhang zwischen der relativen Längenänderung $\Delta l/l$ und der relativen Radiusänderung $\Delta r/r$ mit der Zugspannung σ_z benutzen wir die Gl. (6.8) und (6.12), woraus für den durch die Dehnung geänderten Widerstand die Gleichung

$$R = R_0\left(1 + \frac{\Delta l}{l} + 2\,\mu\,\frac{\Delta l}{l}\right) = R_0\left(1 + \frac{\sigma_z}{E} + 2\,\mu\,\frac{\sigma_z}{E}\right)$$

folgt. Oder, die relative Widerstandsänderung ist

$$\frac{\Delta R}{R_0} = \frac{R - R_0}{R_0} = (1 + 2\,\mu)\,\frac{\Delta l}{l} = (1 + 2\,\mu)\,\frac{\sigma_z}{E}. \tag{9.95}$$

Zunächst sehen wir, daß die relative Widerstandsänderung von der gleichen Größenordnung ist wie die erreichbare relative Längenänderung, denn nach Tab. 6.1 ist die Querkontraktionszahl rund $\mu = 0,35$, also der Faktor $1 + 2\,\mu = 1,7$. Es sei etwa die zu registrierende Druckänderung

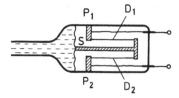

Fig. 9.49
Druck-Umformer: variiert der Flüssigkeitsdruck (etwa in einem Katheter), dann wird der elektrische Widerstand der Drähte D_1 und D_2 durch Dehnung verändert

$\Delta p = 50\,\text{mbar}$, und der Membranquerschnitt sei $A_0 = 7{,}8 \cdot 10^{-5}\,\text{m}^2$ (1 cm Durchmesser). Die Kraftänderung auf der Membranfläche ist damit $\Delta F = \Delta p \cdot A_0 = 0{,}4\,\text{N}$. Der Stift S überträgt je die Hälfte dieser Kraft auf die beiden Drähte, die den Durchmesser $d = 0{,}2\,\text{mm}$ haben mögen. Der Drahtquerschnitt ist $A_D = 3{,}14 \cdot 10^{-8}\,\text{m}^2$ und damit die Zugspannung, der jeder Draht ausgesetzt ist $\sigma_z = 0{,}2\,\text{N}/3{,}14 \cdot 10^{-8}\,\text{m}^2 = 63{,}5\,\text{bar}$. Handelt es sich etwa um Kupferdrähte, so entnehmen wir Tab. 6.1 für den Elastizitätsmodul $E = 1{,}2\,\text{Mbar}$. Setzen wir diese Zahlenwerte in den letzten Teil von Gl. (9.95) ein, so folgt für die relative Widerstandsänderung

$$\frac{\Delta R}{R_0} = (1 + 2\mu)\frac{\sigma_z}{E} = 1{,}7\,\frac{63{,}5\,\text{bar}}{1{,}2\,\text{Mbar}} \approx 1 \cdot 10^{-4} = 0{,}1\,\%_0 .$$

Solch kleine Widerstandsänderungen sind mit einem gewissen Aufwand mit genügender Genauigkeit meßbar (s. z.B. Abschn. 9.2.5.4). – Die in technischen Geräten erreichbaren Widerstandsänderungen sind größer, weil einerseits auch die Resistivität selbst zugspannungsabhängig ist (und dadurch die Widerstandsänderung vergrößert) und weil andererseits besonders günstige Stoffe gefunden werden konnten.

Setzt man den für einen prismatischen Körper geltenden Widerstandswert nach Gl. (9.93) in Gl. (9.89) oder (9.92) ein, so entsteht

$$I = G \cdot U = \sigma\,\frac{A}{l}\,U .$$

Wir ordnen die Größen etwas um, so daß die Gleichung entsteht

$$\frac{I}{A} = \sigma\,\frac{U}{l} . \tag{9.96}$$

Nun ist Stromstärke I durch Querschnitt A gleich Stromdichte, $I/A = j$ (Abschn. 9.1.1), und Spannung U durch Länge l (Abstand der Elektroden zwischen den Enden des prismatischen Körpers) gleich Feldstärke E im Leiter, und damit folgt aus Gl. (9.96)

$$j = \sigma \cdot E \quad \text{bzw.} \quad \vec{j} = \sigma\,\vec{E} . \tag{9.97}$$

Dieser Zusammenhang zwischen Stromdichte und Feldstärke gilt nicht nur – wie bei unserer Herleitung – für prismatische oder zylindrische Leiter, sondern auch lokal an jeder Stelle eines ausgedehnten, stromdurchflossenen Leiters, und zwar als Vektorgleichung: die Strömungsrichtung stimmt an jeder Stelle mit der Feldrichtung überein (s. dazu auch Abschn. 9.5.1). Für den Fall, daß σ, bzw. ϱ konstant ist, stellt Gl. (9.97) eine andere Schreibweise des Ohmschen Gesetzes dar.

9.2.4.3 Spannungsabfall, Spannungsteiler-(Potentiometer-)Schaltung
In Abschn. 9.2.1 haben wir festgestellt, daß die Oberflächen der metallischen Körper „im statischen Fall" Äquipotentialflächen sind. In diesem Fall fließt weder im Innern noch an der Oberfläche ein elektrischer Strom. Abgesehen von der „Austrittsspannung" herrscht auch im Innern das gleiche Potential wie an der Oberfläche. Ein Draht, durch den ein elektrischer Strom fließt, ist dagegen *nicht* ein äquipotentialer Körper. Wir zeigen dies mit einer kleinen Schaltung, die in Fig. 9.50a wiedergegeben ist. Der Widerstand R_0 sei groß gegenüber dem der Zuleitungsdrähte (s. Beispiel 9.10). Fließt

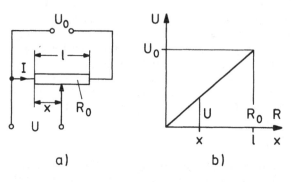

Fig. 9.50
a) Potentiometerschaltung
b) im unbelasteten Fall ist die abgegriffene Spannung proportional zum
abgegriffenen Widerstand, $U = U_0 x/l$.

durch R_0 der Strom I, dann ist die an R_0 bestehende Spannung nach Gl. (9.92) $U_0 = I R_0$. Der Widerstand sei etwa ein einfacher gerader Draht konstanten Querschnitts und überall konstanter Leitfähigkeit, vielleicht auf einen Isolator aufgewickelt, jedoch so, daß der mit einem Schleifkontakt abgegriffene Teilwiderstand R proportional zum Abstand x des Abgriffs vom linken Ende ist. Fährt man mit dem Schleifkontakt am Widerstand entlang und mißt die Spannung U als Funktion von x, dann stellt man einen linearen Zusammenhang fest (Fig. 9.50 b), nämlich $U = U_0 x/l$. Man beschreibt dies mit den Worten: längs des Widerstandes R_0 besteht bei Stromdurchgang ein linearer *Spannungsabfall* (oder Spannungsanstieg (!)), $dU/dx = U_0/l$ = const.

Das gefundene Ergebnis läßt einen wichtigen Schluß auf die Strom*dichte* in einem homogenen Leiter zu: Nach Gl. (9.97) ist die Stromdichte $j = \sigma \cdot E$; wegen $E = dU/dx$ = const und σ = const ist also in dem homogenen Draht auch die Stromdichte j in jedem Punkt gleich, im Gegensatz zu den Flüssigkeitsströmungen (vgl. Abschn. 9.1.4 und Fig. 9.17).

Die wichtigste *Anwendung* der Schaltung Fig. 9.50 ist die *Spannungsteiler-* oder Potentiometer-*Schaltung*. Da die abgegriffene Spannung U proportional zum Abstand x war und dieser Abstand proportional zum Widerstand R, so war die gemessene Spannung

$$U = \frac{R}{R_0} U_0, \tag{9.98}$$

d.h. die Gesamtspannung U_0 wurde im Verhältnis R (abgegriffener Widerstand) : R_0 (Gesamtwiderstand) geteilt. Durch Verschiebung des Abgriffs kann man jede Spannung zwischen 0 und U_0 einstellen. Allerdings muß hinzugefügt werden, daß diese einfache Betrachtungsweise nur gilt, solange am Abgriff wiederum ein Gerät angeschlossen ist, das selbst einen hohen (Eingangs-) Widerstand hat; genauer: er muß groß gegen R sein. In dem in Physiologie und Biophysik häufig vorliegenden Fall, daß man *kleine Spannungen* an Zellmembranen und ähnlichem *messen* will, richtet man die Schaltung von vornherein so ein, daß durch den Abgriff überhaupt kein Strom entnommen wird, um das biologische Objekt als Spannungsquelle nicht zu beeinflussen. Die zu messende Spannung wird im *Kompensationsverfahren* gemessen. Fig. 9.51 enthält eine Skizze der Schaltung. Im Meßzweig mit der zu messenden

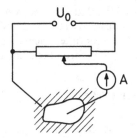

Fig. 9.51
Messung der elektrischen Spannung zwischen Zytoplasma und Zelle mit Hilfe des Kompensationsverfahrens

Spannung befindet sich ein Strommeßgerät hoher Empfindlichkeit, mit dem man lediglich darauf achtet, daß *kein* Strom angezeigt wird, daß also die Meßspannung durch die Spannungsteilerschaltung genau kompensiert wird. Man verschiebt also den Spannungsabgriff so lange, bis das Strommeßgerät keinen Ausschlag zeigt, dann ist die zu messende Spannung der Zelle gleich der abgegriffenen (man muß dabei auch auf richtige Polung der Spannungsquellen achten). Mit modernen elektronischen Spannungsmessern mit sehr großem Eingangswiderstand kann man die Spannung an biologischen Objekten auch direkt messen.

9.2.4.4 Elektrische Leistung In Abschn. 7.6.4 haben wir gezeigt (Definition der Spannung), daß bei einer Verschiebung der Ladung Δq zwischen zwei Punkten, zwischen denen die Spannung U besteht, die Arbeit

$$\Delta W = \Delta q \, U$$

verrichtet wird. Geschieht die Verschiebung in der Zeitspanne Δt, so ist die erbrachte *Leistung*

$$P = \frac{\Delta W}{\Delta t} = \frac{\Delta q}{\Delta t} U = I \cdot U. \tag{9.99}$$

Besteht also an einem Leiter die elektrische Spannung U und fließt durch ihn ein elektrischer Strom der Stärke I, dann ist die elektrische Leistung durch den Ausdruck Gl. (9.99) gegeben.

Für die Einheit der Leistung war in Abschn. 7.6.2 das Watt festgelegt worden, Watt = Joule durch Sekunde. Aus Gl. (9.99) folgt auch die Beziehung Watt = Ampere mal Volt, $W = A \cdot V$.

Die im Leiter verrichtete Arbeit wird in Wärme umgesetzt (Erwärmung des Leiters durch Stöße der bewegten Ladungsträger mit den Atomen oder Molekülen des Leiters, Abschn. 9.3.2.2). Man nennt diese Wärme die *Joulesche Wärme*. Fließt bei der angelegten Spannung U der Strom I während der Zeit t, dann ist entsprechend Gl. (9.99) die erzeugte Wärmemenge

$$\dot{Q} = P \cdot t = U \cdot I \cdot t = I^2 R t = \frac{U^2}{R} t. \tag{9.100}$$

Beispiel 9.12 Eine Glühlampe trägt den Aufdruck 60 W/220 V. Bei der Betriebsspannung $U = 220$ V fließt dann nach Gl. (9.99) der Strom $I = P/U = 60$ W/220 V $= 0{,}273$ A $= 273$ mA. –

Für die Leistung einer Heizplatte sei der Wert $P = 1\,000\,\text{W}$ angegeben. Der bei $U = 220\,\text{V}$ fließende Strom hat die Stärke $I = 1\,000\,\text{W}/220\,\text{V} = 4{,}55\,\text{A}$. Eine eingebaute Sicherung muß den Aufdruck 6A haben (die genormte, nächst kleinere Stromstärke ist 4A), wenn nicht beim Einschalten die Sicherung den Stromkreis unterbrechen soll.

9.2.5 Elektrische Netzwerke

9.2.5.1 Kirchhoffsche Gesetze

In Fig. 9.52 sind eine Anzahl Leiter („Widerstände") und Spannungsquellen (Netzgerät N mit der Spannung U_N, Batterie B mit der Spannung U_B) zu einem *Netzwerk* zusammengeschaltet. An den *Knotenpunkten* (z.B. 3 und 4) sind mehrere *Zweige* des Netzwerks (z.B. 1–3, 3–4 und 3–5 im Knoten 3) miteinander verbunden. Zum Knoten 3 fließt der Strom I_{13} hin, die Ströme I_{34} und I_{35} fließen von 3 weg. Da sich im Punkt (Knoten) 3 (man denke an eine Klemme oder die Lötstelle von 3 Drähten) keine Ladung dauernd anhäufen und auch keine Ladung dauernd hervorquellen kann, muß vom Punkt 3 ebensoviel Ladung wegfließen wie hinfließt, d.h. es muß $I_{13} = I_{34} + I_{35}$ sein. Bei den fluiden Strömungen galt eine ganz entsprechende Überlegung und führte zur Kontinuitätsgleichung, bzw. zum Massenerhaltungssatz (Abschn. 9.1.1). Hier drücken wir den Erhaltungssatz der Ladung aus durch das *1. Kirchhoffsche Gesetz*: In einem Knotenpunkt (Verzweigungspunkt) eines Netzwerkes ist die Summe der hinfließenden Ströme gleich der Summe der wegfließenden Ströme.

Zwischen den Knotenpunkten eines Netzwerkes herrscht eine Spannung. Im Beispiel von Fig. 9.52 liegt zwischen 1 und 2 die Spannung $U_{12} = U_N$ eines Netzgerätes, zwischen 5 und 4 die Spannung einer Batterie $U_{54} = U_B$. Im Zweig 3–5 fließt der Strom I_{35} durch den Widerstand R_{35} und erzeugt den Spannungsabfall $U_{35} = I_{35} \cdot R_{35}$; ein gleiches gilt für die anderen Zweige. Wir machen nun ein Gedankenexperiment. Wir nehmen eine Ladung Q und führen sie längs der Zweige einer geschlossenen *Masche* des Netzwerkes entlang (solche Maschen sind z.B. 3–5–4–3 oder 1–3–4–2–1 oder 1–3–5–4–2–1). Längs jedes Zweiges verrichten oder gewinnen wir die Arbeit $W_{mn} = Q \cdot U_{mn}$, je nachdem wir gegen die Richtung oder mit der Richtung des elektrischen Feldes der Spannung U_{mn} laufen. Würden wir bei einem geschlossenen Umlauf um eine Masche Arbeit aufwenden müssen, so würde in der umgekehrten Richtung Arbeit gewonnen und wir hätten ein Perpetuum Mobile, weil der identische Zustand wieder erreicht, aber dabei Arbeit gewonnen wurde. Dies ist unmöglich, und daher muß die Umlaufspannung null sein. Das ist das *2. Kirchhoffsche Gesetz*: Die

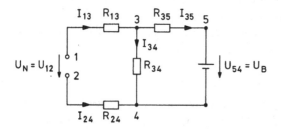

Fig. 9.52 Zu den Kirchhoffschen Gesetzen

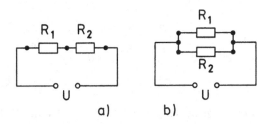

Fig. 9.53
a) Hintereinanderschaltung
b) Parallelschaltung von zwei Widerständen
R_1 und R_2

Summe aller Quellenspannungen und Spannungsabfälle längs einer beliebigen, geschlossenen Schleife (Masche) eines Netzwerkes ist Null.

Die Kirchhoffschen Gesetze gelten auch für Wechselstrom. Als Schaltelemente können dann neben Widerständen und Spannungsquellen auch Kondensatoren, Spulen, Transistoren, usw. auftreten.

Die *Anwendung der Kirchhoffschen Gesetze* zeigt, daß man ganze Netzwerke oder Teile davon durch einen einzigen Widerstand ersetzen kann. Die einfachsten Fälle zeigt Fig. 9.53. Bei der *Hintereinanderschaltung* von Widerständen (Fig. 9.53a) folgt aus dem 1. Kirchhoffschen Gesetz, daß die Ströme durch beide Widerstände gleich sind, und aus dem 2. Kirchhoffschen Gesetz folgt, daß die angelegte Spannung U gleich der Summe der Spannungen U_1 und U_2 an den Widerständen R_1 und R_2 ist, $U = U_1 + U_2 = IR_1 + IR_2 = IR$, d.h. der *Gesamtwiderstand* R (der Widerstand des Ersatzleiters) ist

$$R = R_1 + R_2 \tag{9.101}$$

(vgl. damit Gl. (9.39)). Bei der *Parallelschaltung* von Widerständen (Fig. 9.53b) folgt aus dem 1. Kirchhoffschen Gesetz, daß die Summe der Ströme durch R_1 und R_2 gleich dem Gesamtstrom ist, mit dem die Spannungsquelle belastet wird, also $I = I_1 + I_2$. Aus dem 2. Kirchhoffschen Gesetz folgt, daß die angelegte Spannung U gleich den beiden Spannungen U_1 und U_2 an den Widerständen R_1 und R_2 ist: $U = U_1 = U_2$, oder $IR = I_1 R_1 = I_2 R_2$. Daraus folgt für den Gesamtwiderstand bzw. den Gesamtleitwert

$$\frac{1}{R} = \frac{1}{R_1} + \frac{1}{R_2}, \qquad G = G_1 + G_2 \tag{9.102}$$

(vgl. Gl. (9.44)).

9.2.5.2 Strom- und Spannungsmesser Die genauesten, direkt anzeigenden Strommeßgeräte sind Drehspulinstrumente (Abschn. 9.2.3). Die Meßspule, durch welche der Meßstrom fließt, hat einen elektrischen Widerstand R_i, genannt der *Innenwiderstand*. Wegen dieses Innenwiderstandes liegt beim Meßstrom I an den Enden der Spule die Spannung $U_i = I \cdot R_i$. Daraus folgt, daß jedes Strommeßgerät auch in ein Spannungsmeßgerät umkalibriert werden kann. Fig. 9.54 zeigt zwei einander entsprechende Skalen eines Meßgerätes mit dem Innenwiderstand $R_i = 100\,\Omega$. Es folgt: an *Strommeßgeräten* besteht ein vom Meßstrom I abhängiger Spannungsabfall $U_i = IR_i$, durch

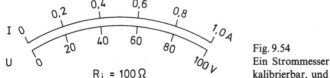

Fig. 9.54
Ein Strommesser ist auch als Spannungsmesser kalibrierbar, und umgekehrt

*Spannungs*messer fließt ein Strom, dessen Stärke $I_i = U/R_i$ von der Meßspannung U abhängt. Es kann von Bedeutung sein, diese Spannungen bzw. Ströme bei Präzisionsmessungen zu berücksichtigen. Moderne elektronische Meßgeräte haben einen extrem hohen Innenwiderstand, so daß Korrekturen bei der Spannungsmessung kaum nötig sind.

9.2.5.3 Spannungsquellen Fig. 9.55 enthält eine typische Schaltung von Spannungs- quelle und „Verbraucher"-Widerstand R. Mit dem Spannungsmesser wird die Spannung an den „Klemmen" der Spannungsquelle gemessen, das Strommeßgerät mißt den Verbraucherstrom, der gleichzeitig der *Belastungsstrom* der Spannungsquelle ist. Verkleinert man den Verbraucherwiderstand R, so wächst der Belastungsstrom der Spannungsquelle und gleichzeitig mißt man eine abfallende Klemmenspannung U_K. Vielfach ist die Abnahme der Klemmenspannung linear (Fig. 9.55b), d.h. sie folgt der Gleichung

$$U_K = U_q - R_q \cdot I. \qquad (9.103)$$

Damit haben wir den *inneren Widerstand* R_q der Spannungsquelle definiert. Wird kein Strom entnommen ($I = 0$), dann ist die Klemmenspannung U_K gleich der *Quellenspan- nung* U_q, und in aller Regel gibt man für Spannungsquellen diese Größe U_q an. Wird der Belastungsstrom immer größer, dann stellt die Extrapolation der Gerade in Fig. 9.55b bis zum Schnittpunkt mit der Abszissenachse den *Kurzschlußstrom* I_K dar. Er ist dadurch gekennzeichnet, daß die Klemmenspannung auf $U_K = 0$ abgesunken ist, und das ist dann der Fall, wenn der äußere Widerstand $R = 0$ ist, man also einen Kurzschluß hergestellt hat. Man kann zwar den Kurzschlußstrom zu messen versuchen, dabei können aber Beschädigungen der Spannungsquelle auftreten. Man nimmt besser eine Belastungskennlinie auf – und extrapoliert sie bis $U_K = 0$

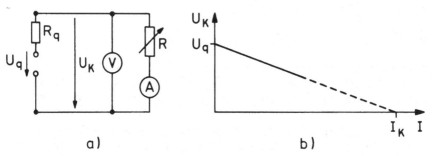

Fig. 9.55 Klemmenspannung U_K und Belastungsstrom I einer Spannungsquelle
a) Schaltung, b) mit wachsendem Belastungsstrom I sinkt die Klemmenspannung U_K ab

(Fig. 9.55 b) – oder setzt, sofern U_q und R_q bekannt sind, in Gl. (9.103) $U_K = 0$, dann folgt der Kurzschlußstrom zu

$$I_K = \frac{U_q}{R_q}. \tag{9.104}$$

Die Messung der Spannung einer Quelle mit hohem Innenwiderstand R_q erfordert ein Spannungsmeßgerät, das nur einen sehr kleinen Strom zur Anzeige benötigt, also einen hohen Innenwiderstand R_i (Abschn. 9.2.5.2) hat. Man kann auch das in Abschn. 9.2.4.3 beschriebene Kompensationsverfahren anwenden.

Beispiel 9.13 Beim Bleiakkumulator ist für einen bestimmten Typ $R_q = 0,02\,\Omega$. Die Quellenspannung einer Zelle des Blei-Akkus ist $U_q = 2\,V$, also der Kurzschlußstrom $I_K = 100\,A$. – Eine Monozelle für Geräte, sogenannte Leak-proof-Ausführung, hat in frischem Zustand die Quellenspannung $U_q = 1,67\,V$. Bei Belastung mit $R = 5,6\,\Omega$ ist die Klemmenspannung auf $U_K = 1,58\,V$ abgesunken, der Belastungsstrom ist dabei $I = U_K/R = 1,58\,V/5,6\,\Omega = 0,28\,A$. Nach Gl. (9.103) ist damit der innere Widerstand $R_q = (U_q - U_K)/I = 0,32\,\Omega$, und schließlich der Kurzschlußstrom $I_K = U_q/R_q = 5,19\,A$.

9.2.5.4 Brückenschaltung Das in Fig. 9.56 dargestellte Netzwerk, die Brückenschaltung, wird in sehr vielen Meßgeräten verwendet. In den vier Zweigen liegen vier „Widerstände". Zwischen den Knoten a und b wird eine konstante Spannung (z. B. eine Batterie oder ein Netzgerät, meist von der Größenordnung einiger Volt) angelegt, zwischen den Knoten c und d wird die Spannung gemessen, es fließt also gegebenenfalls je nach Meßgerät ein (i. a. kleiner) Strom. Zwei Betriebsarten sind möglich.

Erstens: die Brücke ist abgeglichen. Wenn die vier Widerstände im Verhältnis

$$\frac{R}{R_x} = \frac{R_1}{R_2}, \qquad R_x = \frac{R_2}{R_1} R, \tag{9.105}$$

stehen, ist die Spannung $U_{cd} = 0$, im Brückenzweig c–d fließt kein Strom. Diese Arbeitsweise verwendet man z. B. in den handelsüblichen „Widerstandsmeßbrücken". Dabei wird der unbekannte Widerstand R_x mit dem bekannten Widerstand R verglichen, sofern das Verhältnis R_1/R_2 (Gl. (9.105)) bekannt ist. Durch Drehknöpfe

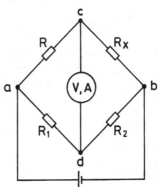

Fig. 9.56 Wheatstonesche Brückenschaltung

kann man sowohl R als R_1/R_2 so lange verändern, bis – wie man sich ausdrückt – die Brücke stromlos ist (keine Anzeige am Brückenmeßgerät, daher kein kalibriertes Meßgerät nötig).

Zweitens: die Brücke ist nicht abgeglichen. Verändert sich der Widerstand in einem Zweig der zunächst abgeglichenen Brücke, z.B. R_x, infolge der Veränderung einer anderen Größe, von der R_x abhängt, so ist die Brückenspannung U_{cd} nicht mehr null, die Brücke ist nicht mehr abgeglichen, und es fließt ein Brückenstrom I_{cd}, dessen Größe ein Maß für die Veränderung von R_x ist. Ist zum Beispiel R_x von der Temperatur abhängig, dann kann R_x als „Temperaturfühler" verwendet werden und das Brückenmeßgerät ist in „Temperatur" kalibrierbar; im Druckumformer Fig. 9.49 wird der Widerstand der Drähte (R_x!) durch Dehnung geändert, das Brückenmeßgerät kann als „Druckmeßgerät" kalibriert werden. – Mit der Brückenschaltung kann man große Meßempfindlichkeit erreichen. Die Schaltung ist auch bei Wechselstrom anwendbar.

9.2.5.5 Einschaltvorgang eines Stromkreises mit Kondensator Ein Grundelement von Netzwerken der Elektronik ist die *R-C-Kombination, genannt das R-C-Glied,* Fig. 9.57. Wird mit dem Schalter S zum Zeitpunkt $t = 0$ eine konstante Gleichspannung U angelegt, dann setzt ein *Einschaltvorgang* ein: es fließt so lange ein Strom, bis die Kondensatorspannung $U_C = U$ geworden ist.

Nach dem 2. Kirchhoffschen Gesetz ist die angelegte konstante Spannung U zu jedem Zeitpunkt t gleich der Summe der am Widerstand und am Kondensator bestehenden Spannungen,

$$U = R \cdot I(t) + U_C(t) = R I(t) + \frac{1}{C} Q(t), \qquad (9.106)$$

wenn $Q(t)$ die zur Zeit t vom Kondensator aufgenommene Ladung ist. Wir differenzieren Gl. (9.106) einmal nach der Zeit t und erhalten unter Benützung von Gl. (9.82)

$$0 = R \frac{dI(t)}{dt} + \frac{1}{C} \frac{dQ(t)}{dt} = R \frac{dI}{dt} + \frac{1}{C} I, \qquad \text{oder} \qquad \frac{dI}{dt} = -\frac{1}{RC} I. \qquad (9.107)$$

Eine Funktion, die sich bei einmaliger Differentiation reproduziert, ist die Exponentialfunktion (vgl. Abschn. 6.5.3). Es folgt aus Gl. (9.107)

$$I = I_0\, e^{-\frac{t}{RC}} = \frac{U}{R}\, e^{-\frac{t}{RC}}. \qquad (9.108)$$

Wir haben die zunächst unbestimmte Konstante I_0 durch den Ausdruck $I_0 = U/R$ ersetzt: bei $t = 0$ liegt, weil der Kondensator noch keine Ladung trägt, die volle Spannung U am Widerstand R. Aus Gl. (9.108) folgt für den zeitlichen Verlauf der

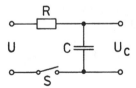

Fig. 9.57
R-C-Glied mit der Eingangsspannung U und der Ausgangsspannung U_C

Spannung am Widerstand und am Kondensator

$$U_R = IR = U e^{-\frac{t}{RC}}, \qquad U_C = U - U_R = U\left(1 - e^{-\frac{t}{RC}}\right). \qquad (9.109)$$

In Fig. 9.58 sind I, U_R und U_C aufgezeichnet. Wie man sieht, werden die Endwerte von Spannung und Strom theoretisch erst nach unendlich langer Zeit erreicht – praktisch dann, wenn Spannung oder Strom kleiner geworden sind als der kleinste vom verwendeten Meßgerät noch angezeigte Wert dieser Größen –, die wesentlichen Änderungen erfolgen in einer charakteristischen Zeit $\tau = RC$, genannt die *Zeitkonstante* des R-C-Gliedes. Nach dieser Zeit sind U_R und I auf den e-ten Teil ihrer Anfangswerte abgeklungen, und die Ausgangsspannung = Kondensatorspannung weicht dann nur noch um U/e vom Endwert U ab. Fig. 9.59 enthält den Verlauf der Ausgangsspannung U_C, wenn die Eingangsspannung U periodisch ein-aus-geschaltet wird. Ist die Zeitkonstante RC klein (Fig. 9.59a) gegen die Einschaltdauer, dann folgt die Ausgangsspannung der Eingangsspannung formgetreu, bei wachsendem RC ist das nicht mehr der Fall, der taktartige Spannungsverlauf wird verzerrt übertragen.

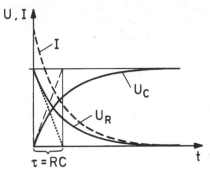

Fig. 9.58
Spannungs- und Stromverlauf an bzw. in den Schaltelementen des R-C-Gliedes nach Einschalten einer konstanten Spannung U

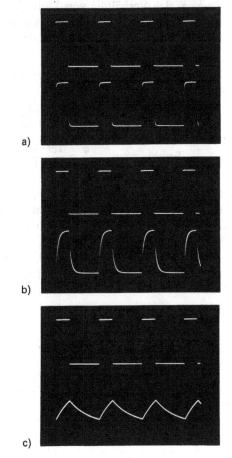

a)

b)

Fig. 9.59
Eingangsspannung U (oben) und Ausgangsspannung U_C (unten) eines R-C-Gliedes nach Fig. 9.57 bei taktmäßigem Anlegen der Spannung U
a) die Zeitkonstante τ ist klein gegen die Einschaltzeit (Taktzeit),
b) die Zeitkonstante τ hat einen mittleren Wert,
c) die Zeitkonstante τ ist groß gegen die Taktzeit

c)

9.3 Mechanismus der elektrischen Leitung

9.3.1 Ladungsträger

Die atomaren Bestandteile der Materie tragen elektrische Ladung: die Elektronen der
Atomhülle haben die Ladung $q = -e$, die Atomkerne tragen die Ladung $q = Ze$. Das
elektrisch neutrale Atom enthält in der Hülle Z Elektronen, die die Kernladung in
ihrer Wirkung nach außen hin kompensieren (Abschn. 5.3). Soll in der Materie Strom
fließen, so müssen frei bewegliche Elektronen und/oder Ionen vorhanden sein. Ionen
entstehen bei der Ionisation der Atome, d.h. durch Abspaltung von Elektronen:
$H \rightarrow H^+ + e^-$, $He \rightarrow He^+ + e^-$, auch $He \rightarrow He^{++} + 2e^-$, $Na \rightarrow Na^+ + e^-$, usw.
Sind freie Elektronen vorhanden, so können auch negative Ionen gebildet werden:
$H + e^- \rightarrow H^-$, $Cl + e^- \rightarrow Cl^-$, $SO_4 + 2e^- \rightarrow SO_4^{--}$, usw. Auf die Ladungsträger
übt die elektrische Feldstärke E die Kraft $F = qE$ aus, die Masse der Ladungsträger
bestimmt ihre Trägheit, mit der sie dem Feld folgen. Wichtig ist daher die *spezifische
Ladung*, das Verhältnis von Ladung und Masse. Es ist für Elektronen besonders
groß, für große Moleküle und andere „große Teilchen" ist es relativ klein und
verschwindet natürlich bei ungeladenen Körpern. Einige Zahlenwerte:

Elektron:
$$\frac{q}{m} = \frac{1{,}6 \cdot 10^{-19}\,\text{As}}{0{,}91 \cdot 10^{-30}\,\text{kg}} = 1{,}76 \cdot 10^{11}\,\text{As kg}^{-1}$$

Proton:
$$\frac{q}{m} = \frac{(q/m,\ \text{Elektron})}{1836{,}15} = 9{,}58 \cdot 10^{7}\,\text{As kg}^{-1}$$

Erythrozyten:
$$\frac{q}{m} \approx \frac{1{,}9 \cdot 10^{-12}\,\text{As}}{97 \cdot 10^{-15}\,\text{kg}} = 20\,\text{As kg}^{-1}.$$

Stoffe sind auch dann elektrisch leitend, wenn zwar in ihnen keine Ladungsträger
erzeugt werden, aber von außen Ladungsträger ihnen zugeführt werden. Diese
Bedingung muß z.B. für das Vakuum erfüllt sein (Abschn. 9.3.6). Üblicherweise leitet
auch Luft den elektrischen Strom nicht, sondern ist ein Isolator. In Fig. 9.60 ist eine
Anordnung skizziert, wo dennoch Strom zwischen den beiden Platten des Kondensators fließt. In der darunterbefindlichen Kerzenflamme werden (wie in allen genügend

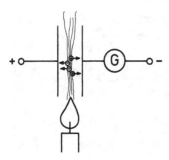

Fig. 9.60
Luft im Zwischenraum eines Plattenkondensators
ist dann elektrisch leitend, wenn Ladungsträger
hineingebracht werden

heißen Flammen) auch Ionen der Verbrennungsprodukte erzeugt und diese wandern mit dem heißen Gasstrom in den Raum zwischen den Platten hinein. Im dort vorhandenen elektrischen Feld werden die positiven Ionen zur einen, die negativen zur anderen Platte abgeführt: sie bilden zusammen einen elektrischen Strom *einheitlicher* Richtung, der gemessen wird.

9.3.2 Elektrische Leitung in Metallen

9.3.2.1 Elektrische Leitfähigkeit der Metalle Fig. 7.12 enthält ein Bild für das Zustandekommen der metallischen Bindung (Abschn. 7.3.5.3). Die bei Annäherung der Atome zum Aufbau des Kristallgitters frei werdenden äußeren Elektronen der Atome (rund ein Elektron von jedem Atom), die insgesamt für die Bindung sorgen, sind praktisch frei beweglich und folgen einem angelegten elektrischen Feld. Sie sind die Ladungsträger, die in den Metallen den elektrischen Strom bilden. In den Metallen erfolgt also die Trägerbewegung wegen der negativen Ladung der Elektronen grundsätzlich entgegengesetzt zur Feldrichtung (letztere war in Abschn. 9.2.2.1 als konventionelle Stromrichtung definiert worden). Auf Grund der skizzierten, einfachen Vorstellung könnte man schließen, daß alle festen Stoffe elektrische Leiter sind. Das ist nicht der Fall; warum in bestimmten Stoffen die freie Beweglichkeit der Elektronen zur metallischen Leitung führt und in anderen entweder die Leitfähigkeit viel geringer als die der Metalle (Halbleiter) oder praktisch null ist (Isolatoren) hat erst die Quantenmechanik erklärt.

Man kann die im Metall frei beweglichen Elektronen wie die Moleküle eines Gases (Abschn. 8.1) als „Elektronengas" beschreiben. Insbesondere gibt es für sie eine Verteilungsfunktion der Geschwindigkeiten. Sie weicht allerdings von der in Fig. 8.1 dargestellten Maxwellschen Verteilungsfunktion ab, wenn auch richtig bleibt, daß hohe Temperatur zu großer mittlerer kinetischer Energie gehört. Die mittlere thermische Geschwindigkeit der Elektronen liegt bei rund $\bar{v}_{\mathrm{th}} = 1000\,\mathrm{km\,s^{-1}}$ (bei Wasserstoffgas von Zimmertemperatur war $\bar{v}_{\mathrm{th}} \approx 2\,\mathrm{km\,s^{-1}}$). Wird Spannung an ein Metallstück angelegt, dann kommt es (in Analogie zum Wind in einem Gas) zu einer *Driftbewegung* des Elektronengases, entgegengesetzt zur Feldrichtung. Die daraus resultierende Stromdichte $\vec{j}$ ist nach Gl. (9.87)

$$\vec{j} = - e\, n\, \vec{v}. \qquad (9.110)$$

In metallischem Kupfer ist die Anzahldichte n der Elektronen dadurch gegeben, daß etwa ein Elektron jedes Kupferatoms als frei gelten kann. Daraus berechnet man $n = 8,45 \cdot 10^{22}\,\mathrm{cm^{-3}}$. Legen wir etwa einen Strom von $I = 2,5\,\mathrm{A}$ durch einen Draht vom Querschnitt $A = 2,5\,\mathrm{mm^2}$ zugrunde, dann ist die daraus folgende Stromdichte $j = I/2,5\,\mathrm{mm^2} = 1\,\mathrm{A\,mm^{-2}} = 100\,\mathrm{A\,cm^{-2}}$. Es folgt aus Gl. (9.110) für die Driftgeschwindigkeit $v = j/ne = 0,074\,\mathrm{mm\,s^{-1}}$. Die Driftgeschwindigkeit ist also ganz erheblich viel kleiner als die mittlere thermische Geschwindigkeit der Elektronen. Trotzdem fließt der elektrische Strom sofort nach Einschalten einer Spannung, weil die Ursache für die Driftbewegung, das elektrische Feld, sich längs eines Drahtes mit

Lichtgeschwindigkeit ausbreitet, die Elektronen also sofort eine wirkende Kraft erfahren.

Die Anzahldichte der Träger in den Metallen ist unabhängig von der elektrischen Feldstärke, also kommen variierende Stromstärken dadurch zustande, daß die Driftgeschwindigkeit sich der Feldstärke, also der angelegten Spannung entsprechend einstellt. Immer dann, wenn eine konstant wirkende Kraft keine Beschleunigung, sondern eine von ihr abhängige, konstante Geschwindigkeit hervorruft, können wir dies als Folge einer Reibungskraft ansehen. Das erklärt auch, warum der elektrische Strom durch einen Leiter zur Erwärmung führt (Abschn. 9.2.2.4). In Analogie zur Stokesschen Formel Gl. (9.47) schreiben wir für die Driftgeschwindigkeit der Elektronen

$$v = u^- E, \qquad \vec{v} = -u^- \cdot \vec{E}. \tag{9.111}$$

Man nennt u^- die *Beweglichkeit* der Elektronen (das Minuszeichen deutet das Vorzeichen der Ladung des Trägers an). Für die Metalle gilt $u^- = 10$ bis $100 \dfrac{\text{cm}}{\text{s}} \left/ \dfrac{\text{V}}{\text{cm}} \right.$. D. h. bei der Feldstärke von $E = 1$ V/cm wäre die Driftgeschwindigkeit der Elektronen $v = 10$ bis $100 \dfrac{\text{cm}}{\text{s}}$. Die angegebene Feldstärke ist schon recht hoch, woraus die relativ hohe Driftgeschwindigkeit folgt. Tragen wir den Ausdruck für v in Gl. (9.110) ein, so entsteht

$$\vec{j} = e n u^- \vec{E}, \tag{9.112}$$

und daraus folgt für die Leitfähigkeit σ durch Vergleich mit Gl. (9.97)

$$\sigma = e n u^-. \tag{9.113}$$

Die Formel drückt aus, daß die Leitfähigkeit umso größer ist, je größer die Anzahldichte der freien Träger und je größer ihre Beweglichkeit ist. Hat man die Resistivität $\varrho = 1/\sigma$ gemessen, so kann das Produkt $n u^-$ angegeben werden, und nach Kenntnis von n auch die Beweglichkeit u^-.

9.3.2.2 Temperaturabhängigkeit der Resistivität bzw. der Leitfähigkeit Der elektrische Widerstand eines Leiters (im einfachsten Fall ein Draht) ist in der Regel temperaturabhängig. Wir ziehen den durch die thermische Ausdehnung (Abschn. 8.3.1) des Leiters verursachten (kleinen) Anteil von der gemessenen Änderung des Widerstandes ab und erhalten dann die *Temperaturabhängigkeit der Resistivität des Stoffes* (bei Drähten Benützung von Gl. (9.93)). Man findet für einen mehr oder weniger großen Temperaturbereich, daß die Resistivität linear von der Temperatur ϑ abhängt, d.h. daß sie der Gleichung

$$\varrho(\vartheta) = \varrho_0 (1 + \beta_\varrho \vartheta) \tag{9.114}$$

folgt. Man nennt β_ϱ den Temperaturkoeffizienten des elektrischen Widerstandes. Seine SI-Einheit ist K^{-1}, und bei vielen reinen Metallen findet man in einem sogar sehr großen Bereich (Temperatur des flüssigen Stickstoffs bis zur Schmelztemperatur des Metalles) $\beta_\varrho \approx (1/250) K^{-1}$, und außerdem bei den Metallen immer positives

Vorzeichen: der Widerstand der Metalle nimmt mit wachsender Temperatur zu. Für Abschätzungszwecke kann man $\beta_\varrho = (1/273)\,\mathrm{K}^{-1}$ setzen, und dann ergibt sich nach Einführung der thermodynamischen Temperatur $T = (273,15 + \vartheta/°C)\,\mathrm{K}$ (vgl. Gl. (8.9)) für Metalle das sehr einfache Gesetz

$$\varrho(T) = \varrho_0 \frac{T}{273\,\mathrm{K}}, \tag{9.115}$$

d. h. die Resistivität wäre proportional zu T. Die Daten für Kupfer als Beispiel (Fig. 9.61) machen die Abweichungen von diesem linearen Zusammenhang deutlich. Auf der Abhängigkeit des Widerstandes von der Temperatur beruhen die *Widerstandsthermometer*, worauf in Abschn. 8.2.4.1 und 9.2.5.4 hingewiesen wurde. Da die Widerstandsänderungen bei kleinen Temperaturänderungen klein sind, wird häufig eine Messung mittels der Brückenschaltung notwendig (Abschn. 9.2.5.4). Größere Widerstandsänderungen sind natürlich schon in der einfachen Strom-Spannungs-Kennlinie beobachtbar: der Leiter ② in Abschn. 9.2.4.1 ergab im untersuchten Bereich eine Änderung des Widerstandes mit der Stromstärke. Sie rührt nicht daher, daß der Widerstand eine Funktion der Stromstärke oder der Spannung ist, sondern daß der Strom den Draht erwärmt (Joulesche Wärme, Abschn. 9.2.4.4) und R temperaturabhängig ist.

Da die Resistivität $\varrho = 1/\sigma$ ist, so bedeutet wachsende Resistivität sinkende Leitfähigkeit. Letztere ist durch $n\,u^-$ bestimmt (Gl. (9.113)). In Metallen ist die Anzahldichte n der freien Träger praktisch unabhängig von der Temperatur, es muß

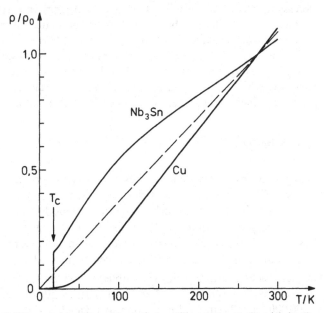

Fig. 9.61 Abhängigkeit der Resistivität ϱ von der thermodynamischen Temperatur T. Gestrichelt: Zusammenhang gemäß Gl. (9.115). Ausgezogen: (relative) Meßwerte für reines Kupfer und für die Legierung Nb_3Sn (Supraleiter mit der Übergangstemperatur $T_c = 18\,\mathrm{K}$)

also letztlich die Beweglichkeit der Träger mit wachsender Temperatur des Leiters sinken. Nun geraten mit wachsender Temperatur die Ionen des Kristallgitters des Metalles in heftigere thermische Bewegung, die mittlere freie Weglänge der Elektronen sinkt, und daher, so kann man zeigen, steigen die Reibungsverluste (= Energieverluste bei den Zusammenstößen der Elektronen mit den Gitterionen) der Elektronen an; die Driftgeschwindigkeit, also die Beweglichkeit wird vermindert. – Der Einfluß von Eigenschaften des Kristallgitters wird auch darin sichtbar, daß *Legierungen* Temperaturkoeffizienten des elektrischen Widerstandes haben können, die deutlich von denen der reinen Metalle abweichen. Interessant sind insbesondere solche Legierungen, bei denen β_ϱ *wesentlich reduziert* ist. Das gilt z.B. für Manganin und Konstantan, Legierungen, für die β_ϱ nur rund 1/400 des Wertes der reinen Metalle hat. Diese Legierungen werden benutzt, um Präzisionswiderstände für elektrische Schaltungen herzustellen; auch der Leiter, den wir in Abschn. 9.2.4.1 zur Demonstration des ohmschen Gesetzes benutzten, war ein Konstantandraht (Daten in Tab. 9.2). – Für besondere Schaltungen braucht man auch Materialien mit besonders großem Temperaturkoeffizienten des elektrischen Widerstandes, und diese findet man unter den Halbleitern (Abschn. 9.3.3).

Die wichtigste Entdeckung bei der Erniedrigung der Temperatur war die *Supraleitung* (Kamerlingh-Onnes, 1911): unterhalb einer bestimmten, erstaunlich scharf definierten Temperatur, der *Übergangstemperatur* T_c (auch kritische Temperatur genannt) wird der Widerstand bestimmter Metalle Null (bei Hg ist $T_c = 4,153$ K). In Fig. 9.61 erkennt man für Nb_3Sn die Übergangstemperatur $T_c = 18$ K. Man ist daran interessiert, Stoffe mit möglichst hohen Übergangstemperaturen zu finden, um evtl. widerstandslose Leitungen bauen und damit die Leitungsverluste in Elektrizitätsnetzen wesentlich herabsetzen zu können. Die bisher (1986) höchste erreichte Übergangstemperatur ist $T_c = 125$ K bei einem keramischen Werkstoff der Zusammensetzung $Tl_2Ba_2Ca_2Cu_3O_{10}$ (neuerdings mit ähnlichen Stoffen T_c schon höher). – Die Metalle mit großer Leitfähigkeit (Cu, Ag, Au) werden nicht supraleitend. Das Phänomen selber hat letztlich zu einer wesentlichen Vertiefung des Wissens über die festen Stoffe geführt.

9.3.3 Halbleiter

Dazu gehören die heute technisch besonders wichtigen Elemente Germanium (Ge) und Silizium (Si), und auch viele Legierungen aus zwei und mehr Komponenten (InSb, GaAs, usw.). Die Halbleitertechnologie hat die moderne Elektronik ermöglicht, wobei sich herausgestellt hat, daß wichtige Phänomene *Grenzflächenerscheinungen* (Abschn. 12.5.2) sind. Sie treten dann auf, wenn zwei Halbleiter aneinanderstoßen und mit metallischen Kontakt-Elektroden versehen werden (z.B. der Transistor).

Die elektrische Leitfähigkeit der Halbleiter ist wesentlich kleiner als die der Metalle, ihre Resistivität daher viel größer. Zum Beispiel gilt für reinstes Germanium $\varrho\,(0\,°C) = 500\,000 \cdot 10^{-6}\,\Omega\text{m}$, während man aus Tab. 9.3 für Kupfer $\varrho = 0,017 \cdot 10^{-6}\,\Omega\text{m}$ entnimmt. Die Leitfähigkeit der Halbleiter ist aber stark von Zusätzen anderer Stoffe abhängig. Werden diese planvoll eingebracht, so spricht man von *Dotierung*, sonst von

Verunreinigung. Die sogenannte Eigenleitfähigkeit, die oben angegeben wurde, zu messen, erfordert extrem reines Material. Die Dotierung der Halbleiter erlaubt es, *Halbleiter* mit bestimmter, *gewünschter Leitfähigkeit* herzustellen; die Trägeranzahldichte ist ungefähr gleich der Anzahldichte der eingebrachten Fremdatome. Je nach der Art dieser Atome erhält man als freie Träger Elektronen – es entsteht n-leitendes Material (n = negativ) – oder sogenannte Löcher, d.h. daß an der Stelle des eingebrachten Atoms ein Elektron fehlt (Defektelektron), was ebenso wirkt wie eine positive Ladung – es entsteht p-leitendes Material (p = positiv). Die p-Leitung kann man sich veranschaulichen: in einer voll-besetzten Garage ist eine Bewegung von Automobilen dann möglich, wenn eine Lücke vorhanden ist, die Fortbewegung der Fahrzeuge in der einen Richtung bedeutet gleichzeitig eine Fortbewegung der Lücke (also des Loches) in umgekehrter Richtung. Mit „Löchern" in Halbleitern kann man genauso Physik betreiben wie mit positiv geladenen Trägern. Grundsätzlich können in einem Halbleiter sowohl Elektronen wie Löcher zur Leitfähigkeit beitragen, wenn auch in n-Material die Elektronen, in p-Material die Löcher praktisch allein den elektrischen Strom bilden. Die elektrische Leitfähigkeit setzt sich aus derjenigen, die durch die positiven Träger bestimmt wird, wie derjenigen der negativen Träger zusammen; anstelle von Gl. (9.113) gilt

$$\sigma = e n^+ u^+ + e n^- u^-, \tag{9.116}$$

wobei u^+ und u^- die Beweglichkeiten der Träger, n^+ und n^- ihre Anzahldichten sind. Tab. 9.4 enthält einige Daten der Beweglichkeiten. Die Tabelle ist durch Daten für Ionen in wäßrigen Lösungen ergänzt.

Aus Tab. 9.4 ist ersichtlich, daß die Trägerbeweglichkeit in Halbleitern deutlich höher als diejenige der Elektronen in Metallen ist. Trotzdem sind die Halbleiter „schlechte" Leiter. Das liegt daran, daß die Anzahldichte der Träger in den Halbleitern viel kleiner

Tab. 9.4 Trägerbeweglichkeiten in verschiedenen Stoffen und wäßrigen Lösungen

$$\text{Einheit:} \quad \frac{\frac{cm}{s}}{\frac{V}{cm}} = \frac{cm^2}{Vs}$$

Stoff	Elektronen	Löcher	wäßrige Lösung ($\vartheta = 20\,°C$)	
Diamant	1 800	1 200	H^+	$3{,}26 \cdot 10^{-3}$
Silizium	1 900	425	Li^+	$0{,}35 \cdot 10^{-3}$
Germanium	3 900	1 700	Na^+	$0{,}45 \cdot 10^{-3}$
InSb	77 000	1 000	K^+	$0{,}67 \cdot 10^{-3}$
GaAs	4 000	240	Ca^{++}	$0{,}53 \cdot 10^{-3}$
Metalle	10 bis 100	–	OH^-	$1{,}80 \cdot 10^{-3}$
			Cl^-	$0{,}68 \cdot 10^{-3}$
			SO_4^{--}	$0{,}68 \cdot 10^{-3}$

als in den Metallen ist. Sie unterscheiden sich aber auch noch in anderer Hinsicht von den Metallen. Diese haben einen positiven Temperaturkoeffizienten der Resistivität (Abschn. 9.3.2.2), d.h. der Widerstand steigt mit wachsender Temperatur. Gerade umgekehrt verhalten sich Halbleiter; ihr Widerstand fällt mit wachsender Temperatur, der Temperaturkoeffizient der Resistivität ist daher negativ und sogar dem Betrage nach etwa 10mal größer als bei Metallen ($\beta_\varrho \approx - 4 \cdot 10^{-2} \, \mathrm{K}^{-1}$). Widerstände (= Dinge) aus solchem Material nennt man NTC-Widerstände (Negativ-Temperatur-Coeffizient). Zu den NTC-Materialien gehört auch Kohlenstoff, wie er in den Kohlefadenlampen verwendet wird (Fig. 9.48, Kennlinie b). – Es gibt auch Halbleitermaterialien, die bei Überschreiten einer bestimmten Temperatur dramatisch zu einem positiven β_ϱ übergehen (Positiv-Temperatur-Coeffizient) derart, daß in einem relativ kleinen Temperaturintervall ein Anstieg des Widerstandes um mehrere Zehnerpotenzen erfolgt (PTC-Widerstand). NTC- und PTC-Widerstände werden in Schaltungen zu Steuerungs-, Regelungs- und Überwachungszwecken eingesetzt.

9.3.4 Elektrische Leitung in Flüssigkeiten

9.3.4.1 Elektrische Leitfähigkeit von Flüssigkeiten, insbesondere von wäßrigen Lösungen Ein einfaches Experiment läßt das Wesentliche der Stromleitung durch Flüssigkeiten erkennen. Ein Glasgefäß, Fig. 9.62, wird mit zwei metallischen Elektrodenblechen versehen und über eine Glühlampe als Stromindikator mit einer Spannungsquelle verbunden. Zunächst fließt kein Strom, weil Luft nichtleitend ist. Füllt man destilliertes Wasser ein, fließt ebenfalls noch kein Strom. Destilliertes Wasser leitet den elektrischen Strom praktisch nicht. Erst wenn Stoffe gelöst werden, kommt ein Strom zustande, allerdings muß es sich um bestimmte Stoffe handeln. Löst man Zucker auf, so fließt kein Strom. Aber schon eine kleine Prise gewöhnlichen Kochsalzes führt zu einem Strom, der die Glühlampe hell aufleuchten läßt, und weiteres Hinzufügen von Salz erhöht den Strom kaum mehr.

Aus dem Sachverhalt schließen wir, daß Kochsalz in wäßriger Lösung große Mengen von Ladungsträgern zur Verfügung stellt, und daß dies z.B. bei Zucker nicht möglich ist. Da NaCl als fester Stoff ionisch gebunden ist, d.h. die Gitterplätze von den Na^+- und Cl^--Ionen eingenommen werden, erwarten wir, daß in der wäßrigen Lösung ebenfalls diese Ionen vorhanden sind. Um sie herum lagern sich wahrscheinlich die Dipole der Wassermoleküle (Fig. 8.19), und dadurch werden die elektrischen

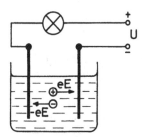

Fig. 9.62 Die elektrolytische Zelle

Anziehungskräfte zwischen den beiden „hydratisierten" Ionen so weit vermindert, daß sie getrennt bleiben (Abschn. 11.1). Daß tatsächlich eine Auftrennung der Moleküle in zwei Teilchen besteht, ergaben bereits die experimentellen Resultate über den osmotischen Druck (Abschn. 8.4.3) und über die Gefrierpunkterniedrigung bzw. Siedepunkterhöhung (Abschn. 8.10.4), und diese Daten zeigen auch, daß die Zerlegung in zwei Ionen schon besteht, noch ehe ein elektrisches Feld angelegt ist. In wäßrigen Lösungen sind also positive und negative Ionen als Ladungsträger vorhanden (über ihre Anzahldichte s. nachfolgenden Abschn. 9.3.4.2).

Das entwickelte Modell gestattet eine einfache Berechnung der Leitfähigkeit und damit die Diskussion der interessierenden Parameter. Haben die Ionen die Ladung $z^+ e$ und $z^- e$ und sind ihre Anzahldichten n^+ und n^-, dann ergibt sich aus Gl. (9.87) für die Stromdichte

$$j = z^+ e n^+ v^+ + z^- e n^- v^- . \qquad (9.117)$$

Für die Ermittlung der Trägergeschwindigkeiten v^+ und v^- kann man die Stokessche Reibungsformel Gl. (9.47) zugrundelegen. Die Radien der kugelförmig angenommenen (evtl. hydratisierten) Ionen seien r^+ und r^-, die dynamische Viskosität der Flüssigkeit werde mit η bezeichnet. Aus der Gleichheit von antreibender elektrischer Kraft und Reibungskraft folgt

$$z^+ e E = 6 \pi r^+ \eta v^+ , \qquad z^- e E = 6 \pi r^- \eta v^- . \qquad (9.118)$$

Die Trägergeschwindigkeiten ergeben sich demnach als proportional zur elektrischen Feldstärke E,

$$v^+ = \frac{z^+ e}{6 \pi r^+ \eta} E = u^+ E, \qquad v^- = \frac{z^- e}{6 \pi r^- \eta} E = u^- E; \qquad (9.119)$$

u^+ und u^- sind die *Ionen-Beweglichkeiten*. Aus Gl. (9.119) liest man ab, daß sie umso größer sind, je kleiner die Trägerradien sind und je kleiner die dynamische Viskosität ist. Im allgemeinen werden die beiden Beweglichkeiten für die beiden Ionensorten verschieden sein. Daraus folgt dann auch, daß ihre Geschwindigkeiten verschieden ausfallen, und man hat eine Entmischung der Ionen zu erwarten, die man auch messen kann. Wir setzen jetzt die rechte Seite von Gl. (9.117) gleich dem Produkt aus Leitfähigkeit σ mal elektrischer Feldstärke E (vgl. Gl. (9.97)) und erhalten für die elektrische Leitfähigkeit

$$\sigma = z^+ e n^+ u^+ + z^- e n^- u^- = \frac{e^2}{6 \pi \eta} \left(\frac{(z^+)^2}{r^+} n^+ + \frac{(z^-)^2}{r^-} n^- \right). \qquad (9.120)$$

Hierin kommt erneut die Abhängigkeit der Leitfähigkeit vom Ionenradius und von der dynamischen Viskosität η, sowie von den Anzahldichten n^+ und n^- zum Ausdruck. Man achte bei der Anwendung auf die korrekte Berücksichtigung der Ionisierungsstufe z der Ionen: $AlCl_3$ ergibt ein dreifach positiv geladenes Al-Ion, d.h. $z^+ = 3$ (und diese Zahl geht als Quadrat in Gl. (9.120) ein), und drei einfach geladene Cl-Ionen ($z^- = 1$), so daß $n^- = 3 n^+$.

Verwendet man zur *Messung der Leitfähigkeit* eine Anordnung, bei welcher Länge l und Querschnitt A des Leiters so einfach wie bei einem Draht angegeben werden können, dann kann man die Formel (9.93) benützen, um aus gemessenen Daten von Strom I und Spannung U, also $G = I/U$, die Leitfähigkeit σ zu ermitteln. In aller Regel ist die Geometrie der Anordnung aber weniger einfach. Dann nimmt man eine Vergleichsmessung zu Hilfe. Zunächst schreiben wir für den Leitwert

$$G = \sigma C_Z \qquad (9.121)$$

und definieren durch diese Gleichung die Leitfähigkeits-*Zellenkonstante* C_Z (für $1/C_Z$ findet man auch den Ausdruck „Widerstandsformfaktor", oder auch „Widerstandskapazität"). Die SI-Einheit der Größe C_Z ist m. Man ermittelt die Zellenkonstante für die gewählte Anordnung durch Messung des Leitwertes für eine Flüssigkeit von bekannter Leitfähigkeit. Der so bestimmte Wert kann dann bei unveränderter Geometrie bei der Messung unbekannter Leitfähigkeiten benutzt werden.

9.3.4.2 Dissoziation, Temperaturabhängigkeit der Leitfähigkeit der Elektrolyte Die Aufspaltung des gelösten Stoffes in Ionenform nennt man elektrolytische *Dissoziation*. NaCl dissoziiert in Wasser praktisch vollständig in die Ionen Na^+ und Cl^-. Derartige Stoffe, die praktisch vollständig dissoziieren, nennt man *starke Elektrolyte*, nur teilweise dissoziierende Stoffe sind *schwache Elektrolyte*. Zu den ersteren gehören die starken Säuren und ihre Salze: HCl, H_2SO_4, $NaCl$, KCl, $CaCl_2$, $CaSO_4$, $CuSO_4$, usw., sowie die starken Basen (Laugen), z. B. $NaOH$. Diese Stoffe sind demnach auch in der Zellflüssigkeit der organischen Zelle, einer wäßrigen Lösung von Salzen, vollständig dissoziiert. Die Ladung der Ionen entspricht allgemein der chemischen Wertigkeit: Na^+, K^+, Ca^{++}, Cl^-, SO_4^{--}, usw.

Die *Temperaturabhängigkeit der elektrischen Leitfähigkeit* von wäßrigen Lösungen starker Elektrolyte folgt gemäß Gl. (9.120) aus der Temperaturabhängigkeit der dynamischen Viskosität des Lösungsmittels. Demnach steigt nach Tab. 9.1 die Leitfähigkeit mit wachsender Temperatur an, d. h. der Temperaturkoeffizient der Resistivität β_ϱ ist negativ. – Hier ist zu ergänzen, daß auch flüssige, wasserfreie Schmelzen von Stoffen, die ionische Bindung haben, den elektrischen Strom leiten, wenn in der Schmelze genügend viele Ionen vorhanden sind. Das gilt z. B. für die Gläser. Erwärmt man einen Glasstab ausreichend, aber ohne daß er schmilzt, so setzt schon dann ein geringer Strom ein, und dies führt zu weiterer „ohmscher" Erwärmung. Der Stab schmilzt schließlich unter erheblicher Steigerung der Stromstärke durch, selbst wenn die äußere Erwärmung beendet ist.

Bei den *schwachen Elektrolyten* ist die Temperaturabhängigkeit der Leitfähigkeit weitaus größer als aus der dynamischen Viskosität folgen würde. Das liegt daran, daß hier der *Dissoziationsgrad* des gelösten Stoffes selbst stark von der Temperatur abhängt. Ist c_0 die Stoffmengenkonzentration bei der Einwaage, dann bedeutet der Dissoziationsgrad α, daß die Konzentration der Ionen $c^+ = c^- = \alpha c_0$ ist. Die Konzentration des restlichen, nichtionisch gelösten Anteils ist dann $c = (1 - \alpha) c_0$. Das „Massenwirkungsgesetz" besagt, daß die Beziehung gilt

$$\frac{c^+ c^-}{c} = \frac{\alpha^2}{1 - \alpha} c_0 \sim e^{-w_D/kT}, \qquad (9.122)$$

wobei k die Boltzmann-Konstante (Gl. (8.23a)), T die Temperatur und w_D die Energie darstellt, die man braucht, um ein gelöstes Molekül in seine Ionen zu spalten. Diese Energie steht hier in Konkurrenz zur thermischen Energie kT. Der Exponentialfaktor beschreibt vor allem die starke Temperaturabhängigkeit des Dissoziationsgrades α und auch sein Verhalten bei starker Verdünnung der Lösung (c_0 klein) richtig. Es ist hier nicht nötig, die Diskussion weiter fortzuführen, wir haben aber noch zu bemerken, daß auch Wasser selbst ein schwacher Elektrolyt ist: sein Dissoziationsgrad ist bei Zimmertemperatur sehr klein, die Stoffmengenkonzentration der Wasserstoffionen ist $c^+ = 10^{-7}\,\mathrm{mol\,l^{-1}}$ (und daher der „p_H-Wert" von Wasser $p_H(H_2O) = -\log(c^+ \cdot \mathrm{mol^{-1}\,l}) = -\log(10^{-7}) = +7$). Der Dissoziationsgrad schwacher Elektrolyte in der organischen Zelle kann ebenfalls klein sein, jedoch muß man die Verhältnisse genauer untersuchen, insbesondere falls die Konzentration des gelösten Stoffes gering ist.

9.3.4.3 Ladungs- und Materietransport in flüssigen Leitern; Faradaysche Gesetze Im Gegensatz zu den Metallen, wo die Metallionen bei der Stromleitung an ihren Gitterplätzen verbleiben und die freien Elektronen Träger des elektrischen Stromes sind, werden bei der elektrolytischen Leitung die Ionen des Elektrolyten transportiert. Man hat also Veränderungen des Elektrolyten zu erwarten. Diese machen sich an den Elektroden bemerkbar, indem die Ionen nach Ausgleich ihrer Ladung als Atome abgeschieden werden, jedoch verdecken in vielen Fällen Sekundärreaktionen die Primärprozesse. Dazu gibt es gewisse Grenzflächenerscheinungen, die später besprochen werden (Abschn. 12.6).

Destilliertes Wasser hat wegen seines geringen Dissoziationsgrades eine sehr geringe Leitfähigkeit. Wird eine kleine Menge einer starken Säure hinzugefügt, als Beispiel H_2SO_4, dann wird der Strom vor allem durch die SO_4^{--} und H^+-Ionen getragen. Die positiven Wasserstoff-Ionen (hydratisierte Protonen) wandern zur negativen Elektrode (Kathode), sie werden als *Kationen* bezeichnet. Bei ihrer Neutralisation bilden sich durch Elektronenaufnahme zunächst Wasserstoffatome, die an der Oberfläche der Kathode adsorbiert werden, sich zu H_2-Molekülen vereinigen, die schließlich ein Gasbläschen bilden und aufsteigen (Fig. 9.44). Die negativen SO_4^{--}-Ionen wandern zur Anode (es sind die *Anionen*); die dort sich abspielenden, teilweise recht komplizierten Entladungsvorgänge führen unter Elektronenabgabe schließlich zur Freisetzung von Sauerstoffgas, das an der Anode in Form von Bläschen aufsteigt (Fig. 9.44). So ergibt sich hier also letztlich eine *Zersetzung von Wasser*, die Lösung wird dadurch konzentrierter. Man macht sich leicht klar, daß die Elektronenabgabe an der Anode und die Elektronenaufnahme an der Kathode durch die Strömung von Elektronen in den metallischen Leitern des äußeren Stromkreises bewerkstelligt wird.

In einer *Lösung von* $CuSO_4$ *in Wasser* befinden sich Cu^{++}- und SO_4^{--}-Ionen. Die Cu^{++}-Ionen bewegen sich zur *Kathode*, nehmen dort zwei Elektronen auf und werden als neutrale Kupfer-Atome abgeschieden, $Cu^{++} + 2e^- = Cu$. Besteht die *Anode* aus massivem Kupfer, so gehen dort – unter Vernachlässigung von Zwischenschritten – Cu^{++}-Ionen in Lösung, was einer Abgabe von 2 Elektronen entspricht. Letztlich erfolgt also ein Transport von Cu von der Anode zur Kathode.

Fließt der elektrische Strom I während der Zeit t durch einen elektrolytischen Leiter, so ist die transportierte elektrische Ladung $Q = It$ (Gl. (9.84)). Da jedes an „seiner" Elektrode eintreffende Ion dort seine Ladung ze abgibt (oder aufnimmt), so sind die an Anode bzw. Kathode eintreffenden Ionen-Anzahlen

$$N_1 = \frac{Q}{z_1 e} \quad \text{und} \quad N_2 = \frac{Q}{z_2 e}. \tag{9.123}$$

Jedes Ion führt die Masse $m(1)$, bzw. $m(2)$ mit sich. Infolgedessen werden in der Zeit t die Massen

$$m_1 = N_1 m(1) \quad \text{und} \quad m_2 = N_2 m(2) \tag{9.124}$$

abgeschieden. Einsetzen von Gl. (9.123) in Gl. (9.124) und Erweiterung mit der Avogadro-Konstante N_A ergibt für die Massen

$$m_1 = \frac{m(1)}{z_1 e} Q = \frac{m(1) N_A}{z_1 e N_A} Q = \frac{M_{\text{molar}}(1)}{z_1} \frac{Q}{F} = M_{\text{äq}}(1) \frac{1}{F} Q,$$
$$m_2 = \frac{M_{\text{molar}}(2)}{z_2} \frac{Q}{F} = M_{\text{äq}}(2) \frac{1}{F} Q, \tag{9.125}$$

Hier haben wir, wie vielfach üblich, die „Äquivalentmasse" $M_{\text{äq}} = M_{\text{molar}}/z$ eingeführt. Außerdem ergibt sich die Größe $F = N_A e$ als universelle Konstante, genannt die *Faraday-Konstante* mit dem Wert $F = 96\,485\,\text{As mol}^{-1}$. Wie aus Gl. (9.125) hervorgeht, sind abgeschiedene Masse und transportierte Ladung einander proportional (*1. Faradaysches Gesetz*). Aus Gl. (9.125) liest man auch das *2. Faradaysche Gesetz* ab: das Verhältnis der abgeschiedenen Massen ist bei gleicher transportierter Ladung – abgesehen von der Wertigkeit – gleich dem Verhältnis der relativen Atommassen,

$$m_1 : m_2 = M_{\text{äq}}(1) : M_{\text{äq}}(2) = \frac{A_r(1)}{z_1} : \frac{A_r(2)}{z_2}. \tag{9.126}$$

Beide Faradayschen Gesetze folgen aus einer gemeinsamen Beziehung. Dividieren wir beide Seiten von Gl. (9.123) durch die Avogadro-Konstante N_A, dann erhalten wir für das Verhältnis von transportierter Ladung Q und abgeschiedener (transportierter) Stoffmenge v

$$\frac{Q}{v} = z N_A e = z F. \tag{9.127}$$

Aus dieser Gleichung kann man *beide* Faradayschen Gesetze ableiten, braucht sich also eigentlich nur diese Gleichung zu merken.

Beispiel 9.14 Die Proportionalität von transportierter Ladung und abgeschiedener Masse drückt man auch als *elektrochemisches Äquivalent* aus: der Ladung $Q = 1\,\text{As}$ entspricht eine bestimmte Masse, die aus Gl. (9.125) berechnet werden kann (oder die auch experimentell als Gewichtszu- oder abnahme einer Elektrode gemessen werden kann). Zur Berechnung setzt man in Gl. (9.125) $Q = 1\,\text{As}$, $F = 96\,485\,\text{As mol}^{-1}$, die Wertigkeit z und die molare Masse des Ions ein (Silber: $z = 1$, $M_{\text{molar}} = 107,9\,\text{g mol}^{-1}$). So ergibt sich die Entsprechung

$$Q = 1\,\text{As} \; \hat{=} \; m_{\text{Silber}} = \frac{107,9\,\text{g mol}^{-1}}{96\,485\,\text{As mol}^{-1}} \cdot 1\,\text{As} = 1{,}118\,\text{mg} \; (\text{für Ag}^+\text{-Ionen})$$

$$Q = 1\,\text{As} \; \hat{=} \; m_{\text{Kupfer}} = \frac{1}{2}\,\frac{63{,}55\,\text{g mol}^{-1}}{96\,485\,\text{As mol}^{-1}} \cdot 1\,\text{As} = 0{,}329\,\text{mg} \; (\text{für Cu}^{++}\text{-Ionen}).$$

Zusatzbemerkung Die Definition der *Einheit der elektrischen Stromstärke* basierte früher auf der chemischen Wirkung: 1 Ampere sollte diejenige Stromstärke sein, die in 1 Sekunde aus einer wäßrigen Silbernitrat-(AgNO$_3$-)Lösung die Masse $m = 1{,}118\,\text{mg}$ Ag an der Kathode abscheidet. Die Messung der Stromstärke war also auf eine Wägung (und eine Zeitmessung) zurückgeführt.

9.3.5 Elektrophorese und Iontophorese

9.3.5.1 Elektrophorese Von den großen Molekülen des Gewebes organischer Materie tragen die Eiweiße (Albumin, Globulin) in der Regel eine relativ große elektrische Ladung, wogegen zum Beispiel die Saccharide ungeladen sind. Die für diagnostische Zwecke notwendige Bestimmung des Eiweißgehaltes zum Beispiel von Serum kann mit der Ultrazentrifuge versucht werden, scheitert jedoch bei den Globulinen daran, daß die verschiedenen Globulinarten relative Molekülmassen haben, die alle nahe bei 180 000 liegen (Albumin 72 000). So war es von großer Bedeutung, als man fand, daß diese Eiweiße sehr verschiedene elektrische Ladung tragen, die zudem noch von dem p_H-Wert des umgebenden Mediums abhängt, also in gewissen Grenzen einstellbar ist. Bringt man ein Serum als „Elektrolyt" in ein elektrisches Feld, so werden die positiven und negativen Ionen ihrer Beweglichkeit und Ladung entsprechend an die Anode bzw. Kathode wandern, und sie werden räumlich getrennt nachweisbar (und auch getrennt erzeugbar). Die Beweglichkeiten u der Albumin- und Globulin-Moleküle im Serum liegen im Bereich von 1 bis $10 \cdot 10^{-5}\,\dfrac{\text{cm}}{\text{s}} \bigg/ \dfrac{\text{V}}{\text{cm}}$. Sie sind rund 100-mal kleiner als die der einfacheren Ionen in wäßriger Lösung (Tab. 9.4), was vor allem ihren wesentlich größeren Abmessungen zuzuschreiben ist (vgl. Gl. (9.119)).

Im Laboratorium verwendet man häufig die *Zonen-Elektrophorese*. Man bringt einen Trägerelektrolyt (Flüssigkeit) auf einen Träger (im einfachsten Fall ein Streifen Filterpapier, Fig. 9.63, aber auch Acetatfolie, Agargel oder Stärkegel). Das zu zerlegende Gemisch wird auf dem Träger aufgebracht (Stelle 1 in Fig. 9.63). Nach Anlegen einer Spannung von der Größenordnung 220 V wandern die makromolekularen Ionen auf dem Träger zu den entsprechenden Elektroden. Nach einer gewissen Zeit sind die Komponenten getrennt, die positiven Ionen befinden sich an den Stellen 2 und

Fig. 9.63
Elektrophorese. Die Komponenten des bei 1 aufgetragenen Gemisches wandern im elektrischen Feld an verschiedene Orte je nach Ladung und Beweglichkeit

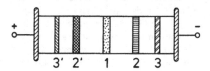

3' 2'   1   2 3

3, die negativen bei 2′ und 3′. Nach Anfärbung sind diese Orte sichtbar; aus der gebrauchten Zeit und der zurückgelegten Strecke kann man die Wanderungsgeschwindigkeit der Ionen ermitteln. Daraus folgt dann (und vor allem aus der Erfahrung) die Größe der Ionen. So ließen sich z. B. die α-, β- und γ-Globuline voneinander und vom Albumin trennen.

Bei der *Elektrofokussierung* nutzt man aus, daß die elektrische Ladung der Großmoleküle von dem p_H-Wert (also dem „Säuregrad") des Elektrolyten abhängt, in dem sie sich befinden. Insbesondere kann die Ladung bei einem bestimmten p_H-Wert, der von der Molekülsorte abhängt, zu null abgebaut sein. Dies ist der *isoelektrische* p_H-*Wert*. Man verwendet eine mit einem Gel beschichtete Platte, in welcher ein Gradient des p_H-Wertes besteht. Mittels zweier Elektroden und einer angelegten Spannung erzeugt man in der beschichteten Platte ein elektrisches Feld, dessen Richtung parallel zum p_H-Gradienten verläuft. Die Ionen der Probe wandern entsprechend ihrer Ladung im elektrischen Feld, ändern dabei aber die Ladung, weil sie in Gebiete mit verschiedenem p_H-Wert kommen. Die Wanderung hört dort auf, wo die Ionenladung zu Null geworden ist, weil dann keine elektrische Kraft mehr auf ein Ion wirkt. Der Wanderungsvorgang kommt hier also nach einiger Zeit zum Stillstand. Die Ionen wandern zu ihrem jeweiligen isoelektrischen Punkt: sie werden dort gesammelt oder „fokussiert". Fig. 9.64 zeigt die Fotografie einer solchen Gel-Platte

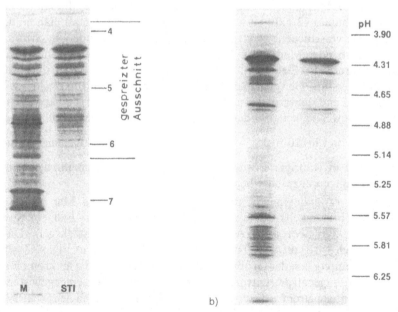

Fig. 9.64 Elektrofokussierung, Verbesserung der Auflösung durch Gelplatten mit verschiedenen Gradienten des p_H-Wertes
a) Protein-Gemisch M und Soyabohnen-Tripsin-Inhibitor STI,
b) Ausschnitt aus Teilfigur a), gespreizt, zwei verschiedene Mengen des aufgebrachten Stoffes STI, 15 μl (links), 5 μl (rechts) einer Lösung der Massenkonzentration $w = 7$ mg/ml (Aufnahme überlassen von BIO-RAD Laboratories, München)

nach Ende der Ionenwanderung und nach Färbung. Man kann sowohl den Absolutwert wie den Gradienten des p_H-Wertes der Aufgabenstellung anpassen. Z. B. sind in Fig. 9.64 das linke und das rechte „Spektrum" für STI (Soyabohnen-Tripsin-Inhibitor) mit verschiedenen Gradienten gewonnen worden.

9.3.5.2 Iontophorese Historisch von Bedeutung war die Iontophorese als ein Verfahren um Medikamente von außen mit Hilfe des elektrischen Stromes als Ionen in ein Gewebe einzubringen. Man legt eine kleine Metallelektrode auf die Haut auf, wobei das Medikament sich zwischen Elektrode und Haut befindet. Eine zweite, großflächige Elektrode wird an anderer Stelle leitend aufgelegt. Bei angelegter Spannung besteht an der kleineren Elektrode die größere elektrische Feldstärke (vgl. Fig. 9.30), dort ist die Ionenwanderungsgeschwindigkeit am größten, und auf diese Weise wird das Medikament in das Gewebe wandern. Das Verfahren war wichtig, wenn man Allgemeinwirkungen eines Präparates ausschalten wollte.

9.3.6 Elektrische Leitung im Vakuum

9.3.6.1 Vakuum und Ladungsträger Absolutes „Vakuum", d.h. ein völlig materiefreier Raum ist eine Fiktion. Trotz bester Pumpen besteht auch im „Ultrahochvakuum" ein Restgasdruck. Wenn wir hier von „elektrischer Leitung im Vakuum" sprechen, soll es sich um Stromdurchgang durch einen Raum handeln, in welchem der Gasdruck so weit herabgesetzt ist, daß die Moleküle von der einen zur anderen Gefäßwand ohne Zusammenstoß mit anderen Molekülen hinüberfliegen, ihre mittlere freie Weglänge (Abschn. 8.4.1) also groß gegenüber den wesentlichen Dimensionen des Gefäßes ist. Stromdurchgang ist nur dann möglich, wenn Ladungsträger aus den Gefäßwandungen oder aus den zum Zweck der Stromleitung eingebrachten Elektroden freigesetzt werden. Das größte Reservoir freier Ladungsträger (Elektronen) haben die Metalle. Um aus ihnen Elektronen zu befreien, muß für jedes Elektron ein bestimmter, von der Stoffart abhängiger Energiebetrag, die *Austritts-Energie* $e\,\Phi_a$ (auch Austrittsarbeit genannt; e Elementarladung), zugeführt werden. Sie wird in der Einheit „Elektronenvolt" (Abschn. 7.6.4.2) angegeben und liegt für die Metalle etwa im Bereich von 1,4 bis 5,3 eV.

9.3.6.2 Photoemission Bestrahlung eines Metalles mit Licht in einer Anordnung gemäß Fig. 9.65 (Photozelle) zeigt, daß durch Licht Elektronen ausgelöst werden

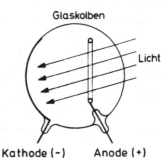

Fig. 9.65 Schema einer Photozelle

können (genannt *Photoeffekt*). Lichtstrahlung besteht nach Einstein (1905) aus einer Strömung von „Lichtpaketen", die wir *Lichtquanten* nennen. Jedes von ihnen hat die Energie $E = h \cdot f$, wobei h die *Planck-Konstante* und f die Frequenz des Lichtes ist. Die Frequenz bestimmt die Farbe des Lichtes. Im Maximum der Lichtempfindlichkeit des Auges (Fig. 14.62) ist die Farbempfindung „grün"; die zugehörige Wellenlänge ist $\lambda = 555$ nm und die Frequenz $f = 5,4 \cdot 10^{14}$ Hz, und damit die Quantenenergie $E = 2,25$ eV (Zusammenhang zwischen Wellenlänge, Frequenz und Quantenenergie in Fig. 14.1). Die Mindestenergie, die ein Lichtquant haben muß, wenn es ihm möglich sein soll, ein Elektron aus dem Stoff zu befreien, auf den es fällt, ist gleich der Austrittsarbeit $e \, \Phi_a$, also

$$E_{min} = e \, \Phi_a = h \cdot f_{min}. \tag{9.128}$$

Diese Gleichung führt zu zwei Aussagen: 1) bei gegebener Austrittsarbeit eines Stoffes kann nur diejenige Lichtstrahlung zur Elektronenfreisetzung führen, deren Frequenz $f > f_{min}$ aus Gl. (9.128) ist; 2) will man Lichtstrahlung einer bestimmten Frequenz f zur Auslösung von Elektronen einsetzen, so muß Material ausgesucht werden, dessen Austrittsarbeit $e \, \Phi_a < h \cdot f$ ist. Gl. (9.128) zeigt, daß man zu photoelektrischen Messungen eine geeignete Photozelle aussuchen muß.

Unter der Voraussetzung, daß die Energiebedingung $h \cdot f > e \, \Phi_a$ erfüllt ist, messen wir mit der Photozelle von Fig. 9.65 bei Bestrahlung der Kathode mit Licht und nach Anlegen einer Spannung zwischen Kathode $(-)$ und Anode $(+)$ im Außenkreis einen elektrischen Strom, der gleich dem Strom ist, der in der Photozelle von den an der Kathode ausgelösten Elektronen bei ihrer Bewegung zur Anode gebildet wird. Ist die Spannung genügend groß, dann werden alle ausgelösten Elektronen zur Anode geführt, wir haben dann einen *spannungs*unabhängigen Strom, einen *Sättigungsstrom* (horizontales Kurvenstück der Kurve ⓐ in Fig. 9.66). Die Größe des Sättigungsstromes ist proportional zum Lichtstrom, d.h. hier zur Quantenstromstärke, die auf die Kathode fällt. Die Lichtstrahlung wird in einen Elektronenstrom umgesetzt, der mit elektronischen Hilfsmitteln noch verstärkt werden kann. Die Photozelle kann auch zur Messung des mit dem Licht verknüpften *Energiestromes* verwendet werden. Das ist von Bedeutung, wenn man etwa die Reaktion des menschlichen Auges auf Licht

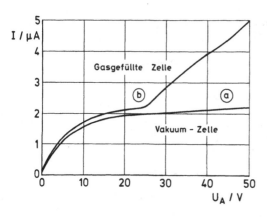

Fig. 9.66
Strom-Spannungs-Kennlinien von zwei verschiedenen Photozellen bei jeweils konstanter Lichteinstrahlung

quantitativ bestimmen will. – Neben der Photozelle gibt es noch andere Schaltelemente, die lichtempfindlich sind und für derartige Messungen eingesetzt werden können: Photoelemente geben einen von der einfallenden Lichtstrahlung abhängigen Strom ab, Photowiderstände haben einen von der einfallenden Lichtstrahlung abhängigen Widerstand. Es sei ferner bemerkt, daß mittels nachfolgender Verstärker (insbesondere dem „Photoelektronenvervielfacher", auch kurz „Multiplier" genannt, vgl. Fig. 15.23) die Empfindlichkeit eines photoelektrischen Wandlers so weit erhöht werden kann, daß einzelne Lichtquanten registriert werden können.

9.3.6.3 Thermische Emission von Elektronen In einem evakuierten Glaskolben mögen sich zwei metallische Elektroden befinden (es handelt sich um eine Diode). Eine von ihnen sei heizbar ausgebildet und dient als *Kathode*. Ihr gegenüber steht die *Anode*, die gegenüber der Kathode in der Regel positive Spannung hat. Wird die Kathode ausreichend geheizt, dann fließt ein Elektronenstrom von der Kathode zur Anode: durch die Heizung der Kathode sind Elektronen aus dem Metall verdampft (die Austrittsarbeit entspricht der Verdampfungswärme). Die konventionelle Stromrichtung ist gemäß Abschn. 9.2.2.1 entgegengesetzt zur Elektronenbewegung, also von der Anode zur Kathode gerichtet.

Fig. 9.67 enthält das Schaltschema und einige charakteristische Strom-Spannungs-Verläufe, also *Kennlinien der Diode*. Bei einstellbar variablem Heizstrom I_f der

Fig. 9.67
Hochvakuum-Elektronenröhre als Diode. Auch die Röntgenröhre ist eine Diode (U_a = 10 bis 100 kV)
a) Schaltschema, b) und c) Kennlinien

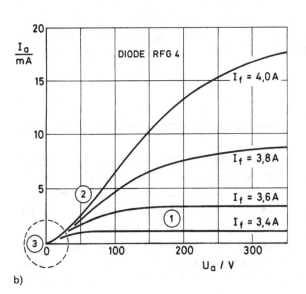

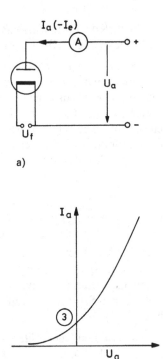

b)

c)

Kathode (Heizspannung U_f) erhält man verschiedene Kennlinien. Größerer Heiz-strom, d.h. höhere Kathodentemperatur führt zu größerem Anodenstrom. Man unterscheidet drei Bereiche.

a) *Sättigungsstromgebiet* (Bereich ①): Die elektrische Feldstärke an der Kathode ist durch eine große Anodenspannung so hoch, daß alle Elektronen, die die Kathode verlassen, vollständig an die Anode abgeführt werden. Dann hängt der gemessene Strom nur von der Kathodentemperatur ab. Dieser *Sättigungsstrom* kann in aller Regel nur in Anordnungen mit Reinmetallkathoden gemessen werden. Derartige Dioden sind auch die Röntgenröhren (Abschn. 15.3.1). Ihr Anodenstrom wird durch Einstellung der Kathodenheizung gesteuert.

b) *Raumladungsgebiet* (Bereich ②): Die Elektronen treten bei der „Verdampfung" aus der Kathode stets mit sehr kleiner Geschwindigkeit aus, halten sich also bei kleiner Anodenspannung relativ lange Zeit in der Nähe der Kathode auf. Da sie negativ geladen sind, so besteht in diesem Betriebszustand eine merkliche räumliche Ladung („Raumladung") vor der Kathode. Sie kann so groß sein, daß das elektrische Feld, das von der Anode ausgeht, vollständig von der Kathode abgeschirmt ist, weil die elektrischen Feldlinien schon vorher an den negativen Ladungen im Raum enden. In diesem Zustand hängt der Anodenstrom I_a von der Anodenspannung ab (im Gegensatz zum Sättigungsstrombereich), und zwar gilt

$$I_a = \text{const} \cdot U_a^{3/2}, \tag{9.129}$$

wobei die Konstante von der Geometrie der Diode abhängt und experimentell ermittel wird. Das Gesetz Gl. (9.129) heißt Raumladungsgesetz.

c) *Anlaufstromgebiet* (Bereich ③): Selbst wenn die Anodenspannung auf $U_a = 0$ vermindert wird, fließt noch ein Elektronenstrom zur Anode (er werde hier I_0 genannt) und sogar noch in einem gewissen Bereich negativer Anodenspannung, $U_a < 0$. Es können also auch noch Elektronen gegen das elektrische Feld anlaufen. Daraus entnimmt man, daß die Elektronen eine Anfangsgeschwindigkeit haben müssen, d.h. die Kathode nicht mit der Geschwindigkeit Null verlassen. Für die Kennlinie findet man jetzt den Verlauf

$$I_a = I_0 \, e^{\frac{eU_a}{kT}}, \tag{9.130}$$

wobei U_a eine ne g a t i v e Größe ist. Mit wachsender negativer Anodenspannung nimmt der Elektronenstrom exponentiell (also rasch) ab.

Aus dem Vergleich der Kennlinien in den drei beschriebenen Bereichen ergibt sich: ist die Anodenspannung negativ, so fließt durch die Diode (fast) kein Strom, ist die Anodenspannung positiv, so fließt ein (relativ großer) Strom. Die Diode leitet den elektrischen Strom nur, wenn die Anode positive Spannung gegenüber der Kathode hat.

9.3.6.4 Die Elektronenröhre als Gleichrichter (Gleichrichterdiode) Idealisiert hat die Kennlinie der Diode den in Fig. 9.68 skizzierten Verlauf: bei positiven Spannungen arbeitet die Diode im *Durchlaßbereich* als sehr kleiner Widerstand, bei negativen

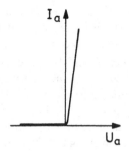

Fig. 9.68 Idealisierte Kennlinie eines Gleichrichters

Spannungen im *Sperrbereich* als unendlich großer Widerstand. In Fig. 9.69 und 9.70 sind zwei typische Schaltungen für die Verwendung von Gleichrichtern wiedergegeben.

Das Schaltsymbol für den Gleichrichter ist so gemeint, daß die Spitze des Dreiecks die Durchlaßrichtung im konventionellen Sinn anzeigt. Die Spannungsquelle liefere eine Spannung U_1, die bezüglich „Erde" (= Potential null, „Erdung" s. Abschn. 7.3.2) positiv wie negativ sein kann, z. B. in Form einer sinusförmigen Wechselspannung. Die Diode sperrt, wenn die Klemme Q negative Spannung gegen 0 hat; ist die Spannung von Q positiv, so läßt die Diode Strom durch. Durch den Belastungswiderstand R bekommt man also immer nur in der positiven Halbwelle der Spannung einen sinusförmigen Strom I_2, in der negativen Halbwelle ist der Strom Null. Der Strom hat also immer die gleiche Richtung, er ist „pulsierend". Der Strom I_2 erzeugt am Widerstand R die Spannung U_2 und diese ist im Durchlaßfall praktisch gleich U_1,

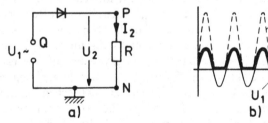

Fig. 9.69 Einweg-Gleichrichter: am Verbraucher(-Widerstand R) besteht eine pulsierende Gleichspannung
a) Schaltung, b) zeitlicher Verlauf der Spannungen

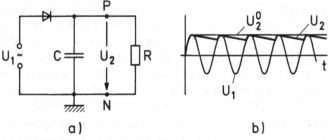

Fig. 9.70 Glättung der pulsierenden Gleichspannung durch einen Kondensator
a) Schaltung, b) zeitlicher Verlauf der Spannungen

wenn der Widerstand der Diode im Durchlaßfall sehr klein gegen R ist. Die Funktion des Gleichrichters, die Gleichrichtung der Wechselspannung, ist demnach hier diese, daß die eine Halbwelle der Wechselspannung abgeschnitten wird.

Eine Verbesserung der Form der gleichgerichteten Spannung erreicht man in der Schaltung der Fig. 9.70 durch Einschaltung eines „Glättungskondensators" C. In der Durchlaßrichtung des Gleichrichters wird der Kondensator durch den Durchlaßstrom aufgeladen. Seine Spannung folgt in der ersten Halbwelle der positiven Spannung U_1 bis sie ihr Maximum erreicht hat. Sinkt sie wieder ab, dann sind zwei Fälle zu unterscheiden. Liegt am Ausgang PN der Schaltung kein Verbraucher ($R = \infty$), so behält die Kondensatorspannung praktisch ihren Gleichwert U_2^0, weil – abgesehen von Leckströmen – durch die Diode kein Entladungsstrom in Sperrichtung fließen kann. Wird der Gleichrichter durch den Widerstand R belastet, so entlädt sich in der Sperrphase der Kondensator mit der Zeitkonstante $\tau = R \cdot C$ (Abschn. 9.2.5.5). Die Kondensatorspannung U_2 wird in dieser Phase umso weniger absinken, je größer τ gegen die Periodendauer $T = 1/f$ der Wechselspannung ist (f ihre Frequenz). Man erhält eine „wellige" Gleichspannung wie in Fig. 9.70b angedeutet. In diesem Fall ist die während einer Periode dem Kondensator entzogene Ladung $\Delta Q = I \cdot T$ klein gegenüber der mittleren Ladung $Q = U_{1,\max} \cdot C$ des Kondensators.

9.3.6.5 Die Elektronenröhre als steuerbares Schaltelement (Triode)   Bringt man in die Diode zwischen Kathode und Anode eine dritte Elektrode ein, an welche von außen eine Spannung angelegt werden kann, so kommt man zur *Triode*. Die dritte Elektrode nennt man meist das *Gitter*. Es besteht aus einem Drahtnetz oder einer lockeren Drahtspirale, also aus Drähten und „Löchern". In der Regel beträgt die Anodenspannung etwa $U_a = 100$ bis $200\,V$, so daß die Röhre, wenn das Gitter ohne Bedeutung wäre, als Diode im Raumladungsgebiet (Abschn. 9.3.6.3) arbeiten würde. Ob, und wohin Ladungsträger jedoch fließen, hängt von der auf sie wirkenden Kraft, besonders auch von der elektrischen Feldstärke in der Umgebung der Kathode ab. Die elektrische Feldstärke wird dort durch die elektrischen Spannungen Gitter-Kathode (genannt *Gitterspannung*) und Anode-Kathode (genannt *Anodenspannung*) bestimmt. Da das Gitter näher an der Kathode liegt als die Anode, kann insbesondere mit Hilfe der Gitterspannung die elektrische Feldstärke und damit der zur Anode fließende Strom beeinflußt werden. Das Gitter (dann auch *Steuergitter* genannt) beläßt man im Betrieb der Triode ständig auf negativem Potential gegenüber der Kathode, so daß kein Elektronenstrom zum Gitter möglich ist. Wird die Gitterspannung *stark negativ* gewählt, dann fließt kein Anodenstrom, das Gitter ist „elektrisch geschlossen". Bei weniger stark negativer Gitterspannung beginnt ein Elektronenstrom durch das Gitter hindurch zur Anode zu fließen, und so ist durch variable Gitterspannung der Anodenstrom steuerbar, ohne daß das Steuergitter selbst Strom aufnimmt (man spricht von „leistungsloser Steuerung"; vgl. auch Fig. 9.71 b).

Im Betrieb (vgl. Fig. 9.71) ist die Anoden-Betriebsspannung U_a eine feste Spannung, und in die Anodenzuleitung wird der Arbeitswiderstand R_a geschaltet. Die Gitterspannung U_g wird auf einen geeigneten negativen Wert U_g^0 eingestellt. Wird ihr

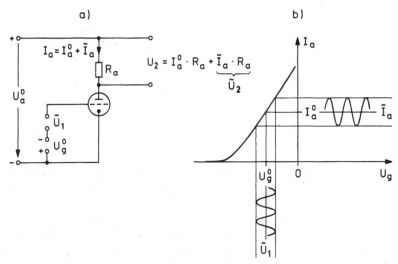

Fig. 9.71 Die Triode gestattet die Verstärkung einer Wechselspannung
a) Schaltung, b) Verlauf von Gitterspannung U_g und Anodenstrom I_a beim „Arbeitswiderstand" R_a

eine Wechselspannung $\tilde{U}_1$ überlagert (Fig. 9.71 b), dann fließt ein entsprechend variierender Anodenstrom, bestehend aus dem Gleichstrom I_a^0 plus der Wechselstromkomponente $\tilde{I}_a$. Die Wechselstromkomponente erzeugt am Arbeitswiderstand R_a die Wechselspannungskomponente $\tilde{U}_2 = \tilde{I}_a \cdot R_a$, und diese ist – das ist der Sinn dieser Schaltung – größer als die Eingangswechselspannung $\tilde{U}_1$ am Gitter, d.h. die *Triode* wird als *Spannungsverstärker* verwendbar, $\tilde{U}_2/\tilde{U}_1 > 1$. – Es versteht sich, daß es meist nicht nur darauf ankommt, eine bestimmte Verstärkung zu erhalten, sondern daß es auch auf formgetreue Verstärkung ankommt.

In der modernen Elektronik werden Hochvakuum-Elektronenröhren noch verwendet, wenn große Spannungen auftreten. Der ganz überwiegende Teil der Elektronik bedient sich dagegen der Halbleiter-Bauelemente. Die einfachen Verstärker verwenden als Drei-Elektroden-Bauteil den Transistor (Abschn. 12.5.2).

9.3.6.6 Die Elektronenstrahlröhre Wird in der Triode die Anode mit einer Öffnung versehen, dann passieren die Elektronen diese und laufen als Elektronenstrahl, besser „Elektronenbündel" in den hinter der Anode befindlichen, hochevakuierten Raum hinein. Man bildet das Triodensystem Kathode-Gitter-Anode so aus, daß das Elektronenbündel auf einen Fluoreszenzschirm fokussiert werden kann. Der Auftreffort ist als Leuchtfleck sichtbar. Fig. 3.3 enthält ein schematisches Bild, an Hand von Fig. 9.72 diskutieren wir die Elektronenablenkung, d.h. das Schreiben des Elektronenstrahls auf dem Leuchtschirm.

Ist U_A die Spannung Kathode-Anode, dann haben alle Elektronen, die die Anode passieren die gleiche kinetische Energie $W_{kin} = e\,U_A = \frac{1}{2}\,m\,v_A^2$. Bis zum Leuchtschirm

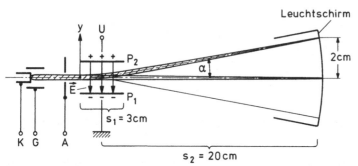

Fig. 9.72 Elektronenstrahlröhre des Elektronenstrahloszillographen. Kathode K, Gitter G und Anode A dienen der Formung des Elektronenbündels. Die Ablenkspannung U gestattet die Führung des Elektronenstrahls über den Leuchtschirm

werden die Elektronen in Strahlrichtung nicht mehr beschleunigt, sie treffen also dort mit dieser Energie auf und erzeugen das Fluoreszenzlicht. Im Bereich der *Ablenkplatten* P_1 und P_2 werden die Elektronen senkrecht zur Strahlrichtung abgelenkt, wenn an die Platten die Meß-Spannung = Ablenkspannung U gelegt wird. Sie erzeugt zwischen den Platten ein elektrisches Feld der Feldstärke $E = U/d$ ($d =$ Plattenabstand), so daß die Elektronen eine Kraft $F = eE$ in y-Richtung erfahren. Nachdem der Plattenbereich durchlaufen ist, haben die Elektronen eine bestimmte Geschwindigkeitskomponente senkrecht zur Strahlrichtung erhalten, sie laufen dann bis zum Leuchtschirm geradlinig weiter und treffen außerhalb der Achse auf den Leuchtschirm. Es seien dazu einige Zahlenwerte angegeben. Die Länge des Ablenkplattenbereichs sei $s_1 = 3\,\text{cm}$, der Plattenabstand $d = 0,5\,\text{cm}$, die Bildschirmentfernung sei $s_2 = 20\,\text{cm}$. Bei der Anodenspannung $U_A = 1250\,\text{V}$ erreichen die Elektronen eine Geschwindigkeit v_A, die rund 7 % der Lichtgeschwindigkeit ist, $v_A = 2,1 \cdot 10^7\,\text{m\,s}^{-1}$. Sie durchqueren den Ablenkplattenbereich in $t_1 = 1,4 \cdot 10^{-9}\,\text{s}$ $= 1,4\,\text{ns}$. Die Elektronenstrahlröhre ist daher sehr gut geeignet, ein „Bild" einer schnell veränderlichen Ablenkspannung zu schreiben. Die restliche Laufzeit bis zum Bildschirm ist $t_2 = 9,3\,\text{ns}$. – Wichtig ist es anzugeben, wie groß die Ablenkspannungen sein müssen. Will man etwa eine Ablenkung um 2 cm aus der Achse erreichen, so muß bei den hier gewählten Daten die Ablenkspannung $U = 42\,\text{V}$ sein. Bei kommerziellen Geräten findet man Angaben der „Eingangsempfindlichkeit" zum Beispiel von $U = 5\,\text{mV}$ für eine derartige Ablenkung. In einem solchen Gerät ist daher ein elektronischer Verstärker für die y-Richtung enthalten, der die Eingangsspannung auf die notwendige Ablenkspannung verstärkt (im Beispiel rund 10 000fache Verstärkung).

Die Elektronenstrahlröhre ist das wesentliche Bauelement des *Elektronenstrahl-Oszillographen*. Die horizontale (Schreib-)Ablenkung (x-Richtung) erfolgt durch ein weiteres Plattenpaar, an dem eine Sägezahnspannung liegt (Fig. 3.3). Der Rücklauf des Strahls ist in der Regel durch eine Intensitätssteuerung unsichtbar. – Es bleibt noch darauf hinzuweisen, daß auch Magnetfelder zur Ablenkung des Elektronenstrahls benützt werden (z. B. in Fernsehbildröhren; Erklärung der Kraftwirkung s. Abschn. 9.4.2).

9.3.7 Elektrische Leitung in Gasen

9.3.7.1 Träger-Erzeugung Gase bestehen aus elektrisch neutralen Atomen bzw. Molekülen; sie sind also zunächst keine Leiter. Legt man aber eine ausreichend große Spannung an die Elektroden einer gasgefüllten Röhre (Gasdruck i.a. kleiner als 1 bar), so mißt man einen elektrischen Strom durch die Röhre. Dies ist nur möglich, wenn freie, bewegliche Ladungsträger im Gasraum vorhanden sind; sie werden – in geringer Menge – durch die überall anwesende radioaktive Umgebungsstrahlung oder die Höhenstrahlung (Abschn. 15.3.5) erzeugt. Die bei der Stromleitung in Gasen sich abspielenden Vorgänge besprechen wir anhand der gasgefüllten Photozelle; ihre Strom-Spannungs-Kennlinie ist in Fig. 9.66, Kurve ⓑ dargestellt: Bis zur Spannung $U \approx 20$ Volt hat die Kennlinie den gleichen Verlauf wie diejenige der Vakuumzelle, für $U > 20$ Volt wächst die Stromstärke mit wachsender Spannung an. Das ist nur möglich, wenn zusätzliche Ladungsträger in der Zelle erzeugt werden.

Wir verfolgen *ein* an der Kathode startendes – durch ein Lichtquant ausgelöstes – „primäres" Elektron auf seinem Weg durch den Gasraum von der Kathode zur Anode. Auf diesem Weg wird es durch das elektrische Feld beschleunigt, und es wird gelegentlich mit einem Atom bzw. Molekül zusammenstoßen. Ist seine im Feld aufgenommene kinetische Energie E_{kin} groß genug, so kann das primäre Elektron aus der Elektronenhülle des Stoßpartners ein „sekundäres" *Elektron* herausschlagen. Das Restatom bleibt positiv geladen, als *positives Ion*, zurück, durch diesen Prozeß der *Stoßionisation* ist ein *Ionenpaar* (Elektron und Ion) *erzeugt* worden. Zur Abtrennung des Elektrons vom Atom bzw. Molekül muß die für die Atome bzw. Moleküle jeweils erforderliche Ionisierungsenergie $E_{Ionisierung}$ (Größenordnung einige bis einige zwanzig Elektronenvolt, Abschn. 7.6.5.1, 15.1.1) aufgebracht werden, Ionisierung kann also nur stattfinden, wenn $E_{kin} > E_{Ionisierung}$. Im elektrischen Feld wird das Ion zur Kathode und werden das sekundäre und das primäre Elektron (das bei der Stoßionisation die Ionisierungsenergie abgegeben hat) zur Anode beschleunigt. Dabei können durch die Elektronen neue Ionisationsprozesse erfolgen, so daß, ausgelöst von dem einen primären Elektron, insgesamt $N > 1$ Elementarladungen von der Kathode zur Anode geflossen sind. (Der kürzere Weg eines sekundären Elektrons wird durch das zugehörige positive Ion gerade zum ganzen Weg ergänzt!). Bei dem Multiplikationsprozeß (der Strom wird N-mal so groß) wächst die Zahl der Träger lawinenartig an, man spricht von einer *Trägerlawine*.

Die positiven Ionen der gebildeten Trägerpaare treffen auf die Kathode und können dort Elektronen auslösen (je nach ihrer kinetischen Energie löst jedes 1000ste oder 100ste ein Elektron aus). Auch die im Gasraum beim Stoß der Elektronen auf die Atome bzw. Moleküle nach deren „Anregung" (Abschn. 15.1.2) ausgesandten Lichtquanten können dies an der Kathode tun. Man muß nun zwei Fälle unterscheiden.

Ist bei relativ kleiner Elektrodenspannung der Multiplikationsfaktor N klein, so daß alle von unserem Primärelektron herrührenden Ionen und Quanten an der Kathode weniger als *ein* Elektron auslösen, so wird beim Ausschalten des Lichts auf die

Kathode, das ja nötig war, um das Primärelektron aus der Kathode auszulösen (natürlich läuft der oben geschilderte Prozeß viele Male *nebeneinander* ab), der Strom durch die Gasstrecke aufhören, oder – wie man sagt – die *Entladung* erlöschen. Wir haben es mit einer *unselbständigen Gasentladung* zu tun.

Bei Steigerung der Spannung an den Elektroden wird eine Spannung erreicht, bei der alle geschilderten Folgeprozesse des primären Elektrons gerade wieder *ein* Elektron aus der Kathode auslösen, das primäre Elektron „hat sich einen Nachfolger geschaffen", beim Ausschalten des Lichts bleibt die Entladung bestehen, sie ist *selbständig* geworden. Die Spannung, bei der dies geschieht, nennt man *Zündspannung*, bei dieser Spannung „zündet" eine *selbständige Gasentladung*.

Ist die angelegte Spannung auch nur etwas größer als die Zündspannung, dann würde die Trägervermehrung und damit der Entladungsstrom lawinenartig immer weiter ansteigen bis zur Zerstörung der Entladungsröhre durch Überhitzung. Dies kann man nur verhindern durch Vorschalten eines den Strom begrenzenden Widerstandes. Diese wichtige Maßnahme ist unbedingt zu beachten.

Die hier geschilderten Vorgänge spielen (mit verschiedener Gewichtung) eine bedeutende Rolle bei verschiedenen Nachweisgeräten für ionisierende Strahlung (Abschn. 15.3.3, 15.3.5, 15.4.6.1).

9.3.7.2 Niederdruck-Gasentladung Solche Entladungen fallen durch farbige Leuchterscheinungen auf, die von der Art des Füllgases abhängen. Das Leuchten kommt dadurch zustande, daß die im Feld beschleunigten Elektronen beim Zusammenstoß mit Gasatomen oder Molekülen nicht nur ionisieren, also ein Trägerpaar bilden können, sondern daß sie auch – und zwar schon bei einer kinetischen Energie, die kleiner als die Ionisierungsenergie ist, eben der *Anregungsenergie* (vgl. Abschn. 15.1.1) – die Atome/Moleküle anregen können. Bei der „Abregung" (Rückkehr des angeregten Atoms (Energie E_2) in einen energetisch niedrigeren Zustand oder in den Grundzustand (Energie E_1, Abschn. 15.1.1)) wird ein Lichtquant der Frequenz f entsprechend der Quantenenergie $hf = E_2 - E_1$ ausgesandt.

In dem Entladungsrohr Fig. 9.73a (Glas, 10 bis 20 mm Durchmesser, 20 bis 100 cm Länge) befinde sich Luft oder ein Edelgas vom Druck etwa 1 mbar. An den Elektroden liege (Vorwiderstand!) eine Spannung von einigen 100 bis 1 000 Volt. Man sieht zwei markante Leuchterscheinungen: das *negative Glimmlicht* und die *positive Säule*. Ersteres ist für eine kalte Kathode kennzeichnend. Verwendet man eine geheizte Kathode, Fig. 9.73b (in der lichttechnischen Anwendung werden meist beide Elektroden als solche ausgebildet; Betrieb mit Wechselspannung!), so ist nur die positive Säule zu sehen, weil die heiße Kathode genügend viele Elektronen liefert. Diesen Entladungstyp nennt man auch *Bogenentladung*. In der positiven Säule sind Ionen und Elektronen in gleicher Anzahldichte neben den Neutralteilchen vorhanden; man nennt diesen Zustand der Materie ein *Plasma*. Es sei erwähnt, daß heute die Physik der Plasmen eine große Rolle spielt und daß z.B. die Sternatmosphären solche Plasmen sind.

Wird der Gasdruck um einige Zehnerpotenzen verkleinert, dann sind die markanten

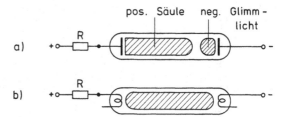

Fig. 9.73
Gasentladungsröhren a) mit kalter Kathode, b) mit Glühkathode

Leuchterscheinungen verschwunden und man beobachtet eine grünliche Fluoreszenzstrahlung, die von der Glaswand ausgeht. Sie wird von schnellen Elektronen ausgelöst, die auf die Glaswand auftreffen. Bei diesem niedrigen Gasdruck zeigt sich außerdem vor der Kathode eine intensive, in der Achse konzentrierte Leuchterscheinung, die sich hinter einer durchbohrten Kathode fortsetzt; man nennt diesen Teilchenstrahl *Kanalstrahl*. Es handelt sich um die positiven Ionen des Betriebsgases, die auf die Kathode zufliegen. An ihnen hat J. J. Thomson die ersten Ergebnisse über die Zusammensetzung der natürlichen Elemente aus *Isotopen* gefunden, indem er den Ionenstrahl durch Umlenkung in einem Magnetfeld hinsichtlich der Masse analysierte. Moderne Geräte dieser Art sind die *Massenspektrometer*, die zur Stoffanalyse eingesetzt werden.

9.3.7.3 Gasentladungslampen. a) *Glimmlampe* (Glimm-Spannungsanzeigelampe). Der Abstand Kathode-Anode ist auf einige mm verringert, so daß als Leuchterscheinung der Entladung nur noch das negative Glimmlicht übrig geblieben ist; es umschließt die Kathode. Diese Lampe wird im Spannungsprüfer verwendet und findet als Anzeigelampe für Spannungen im Bereich 100 bis 500 V Verwendung. Bei Gleichspannung bedeckt das Glimmlicht nur die Kathode (negativer Spannungspol). Bei Wechselspannung springt die Leuchterscheinung im Rhythmus der Netzfrequenz ($f = 50\,\text{Hz}$) von der einen zur anderen Elektrode um, wir sehen beide Elektroden bedeckt. Man kann also auch die Spannungsart erkennen.

b) *Niederdruck-Metalldampflampen* Fig. 9.73 b zeigt das Prinzip dieser Lampen. Die Füllung besteht aus einem Edelgas (meist Argon, aber auch Neon) vom Druck $p \approx 1\,\text{mbar}$; das Metall, dessen Dampf das Betriebsgas sein soll und für dessen Lichtstrahlung man sich interessiert, ist in geringer Menge (Milligramm) eingefüllt. Die Entladung brennt nach Anlegen der Spannung zunächst im Edelgas und erwärmt das Lampengefäß. Dadurch verdampft etwas Metall, sein Dampfdruck steigt an, ebenso die Stromstärke, was zu weiterer Erwärmung, also zu erneutem Druckanstieg führt, usw. Die schließliche Strombegrenzung erfolgt durch den im Stromkreis befindlichen Widerstand (bei Wechselstrombetrieb eine Drosselspule, vgl. Abschn. 10.2.3, oder der innere Widerstand eines Transformators, Abschn. 10.5), so daß ein stationärer Betriebszustand erreicht wird, in welchem die Entladung praktisch im Metalldampf erfolgt (man sagt „brennt"), und die Lichtstrahlung des Metalldampfes emittiert wird.

Bei der *Quecksilberdampflampe* besteht das eingefüllte (eingedampfte) Metall aus

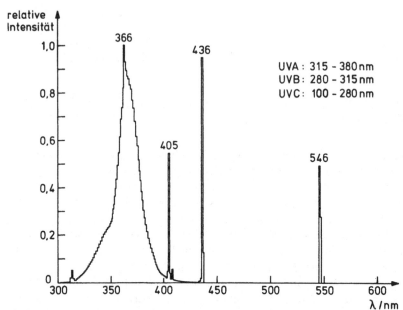

Fig. 9.74 Lichtstrahlungsspektrum einer Leuchtstofflampe, die in Solarien und zur Behandlung der Psoriasis verwendet wird. Entladungsgas Quecksilberdampf, Verstärkung der Intensität bei der UV-Wellenlänge $\lambda = 366$ nm durch einen Leuchtstoff

einigen kleinen Hg-Kügelchen. Die positive Säule emittiert neben bläulichweißem sichtbarem Licht eine starke Ultraviolettstrahlung. Diese kann aber nur nach außen treten, wenn das Entladungsgefäß UV-durchlässig ist; das ist z. B. bei Quarz der Fall (Quarzlampe). Die Lampe wird zu Bestrahlungszwecken benützt, das menschliche *Auge muß vor der UV-Strahlung durch eine Schutzbrille geschützt werden.* – Bei der *Natrium-Dampflampe* mit der bekannten intensiven gelben Strahlung brennt die Gasentladung im Natrium-Dampf. – In der *Leuchtstoff-Lampe* (fälschlich häufig Neon-Röhre genannt) brennt die Gasentladung in einem Hg-Argon-Gemisch. Das Hg emittiert wieder eine intensive UV-Strahlung. Die Glaswand wird mit Leuchtstoffen ausgekleidet (CaO, MgO, SrO, $MgWO_4$), die durch die UV-Strahlung und durch aufprallende Elektronen zur Emission von sichtbarem Licht veranlaßt werden. Die Farbe wird durch die Art der Leuchtstoffe bestimmt. Ohne diese Leuchtstoffe und bei geeignetem Glas tritt die UV-Strahlung aus dem Entladungsrohr aus und wird zur Luftentkeimung benutzt (vgl. auch Fig. 9.74). – Die Hg-*Höchstdruck-Lampe* mit einem Betriebsdruck von $p = 4$ bis 50 bar gehört eigentlich nicht in diese Reihe. Sie wird hier erwähnt, weil sie im Gegensatz zur Hg-Niederdrucklampe, die die Linienstrahlung des Hg emittiert, wegen des hohen Gasdrucks ein breites, kontinuierliches Strahlungsspektrum abgibt.

9.3.7.4 Elektrizitätsleitung in Gasen unter Normaldruck Bei einem Gasdruck von $p = 1$ bar ist die mittlere freie Weglänge der Gasmoleküle und der Elektronen im Entladungsgas erheblich kleiner als bei der Niederdruckentladung. Infolgedessen muß die Betriebsspannung erheblich heraufgesetzt werden (10 bis 50 kV), es sei denn, daß die Kathode als Glühkathode viele Elektronen bereitstellt. Die entstehenden Entladungen sind durch große Strom*dichten* ausgezeichnet, und aus diesem Grunde sind die Verhältnisse viel komplizierter. Mit kalten Elektroden erhält man eine (evtl. nur kurzzeitige) *Funkenentladung*, die durch einen scharf begrenzten Funkenkanal gekennzeichnet ist. Demgegenüber sind die eigentlichen *Bogenentladungen* weiter ausgedehnt, und sie entstehen, wenn die Kathode als Glühkathode arbeitet, wenn dort also die Temperatur sehr hoch ist (3000 bis 3500 K). Die Betriebsspannung sinkt dann auf die Größenordnung $U \approx 100$ V ab. Bogenentladungen werden technisch z. B. bei der Elektroschweißung benutzt.

9.4 Magnetfelder

9.4.1 Magnetfeld und magnetische Feldstärke

In Abschn. 9.2.2.2 haben wir die magnetische Wirkung des elektrischen Stromes festgestellt: ein elektrischer Strom ist von einem Magnetfeld umgeben, das durch die Ausübung eines *Drehmomentes* auf eine Magnetnadel nachgewiesen wird. Die Drehung einer Magnetnadel wird auch im Magnetfeld der Erde beobachtet: dasjenige Ende der Magnetnadel, welches zum *geographischen Nordpol* zeigt, bezeichnen wir als den *Nord-* oder *Pluspol der Magnetnadel*, das andere Ende ist der *Süd-* oder *Minuspol*. Die Magnetnadel ist ein mehr oder weniger großer *magnetischer Dipol*, dessen physikalisch-magnetische Eigenschaft durch sein *magnetisches (Dipol-)Moment* bestimmt ist. Die Richtung vom Süd- zum Nordpol der Magnetnadel definieren wir jetzt als die *Richtung des magnetischen Dipols* (es handelt sich um einen Vektor; vgl. damit die Definition des elektrischen Dipolmomentes in Abschn. 7.3.4). Mit dieser Übereinkunft definieren wir dann als *Richtung eines* beliebigen *Magnetfeldes* die Richtung des magnetischen Momentes einer im Feld eingestellten Magnetnadel, s. Fig. 9.40. Diese Definition führt zur *Rechtsschraubenregel* für die Richtung des Magnetfeldes: Feldrichtung und Stromrichtung sind einander zugeordnet wie Drehrichtung und Fortschreitungsrichtung einer Rechtsschraube (Korkenzieher).

Umfahren eines geraden, stromdurchflossenen Drahtes mit einer Magnetnadel (Fig. 9.40) oder Darstellung der Magnetfelder beliebiger stromdurchflossener Leiter mittels Eisenfeilicht zeigen, daß die Feldlinien geschlossene Kurven sind (Fig. 9.41; besonders deutlich auch in Fig. 9.75). Die Magnetfelder einer geraden Spule und eines stabförmigen Magneten erweisen sich zudem als ähnlich (Fig. 9.76), und daher kann man der Vorstellung folgen, daß auch das Magnetfeld eines Magnetstabes durch innere, atomare Ströme verursacht wird. Das entspricht in der Tat der heutigen Vorstellung vom Zustandekommen des Magnetismus der Stoffe.

Die Wirkung eines Magnetfeldes auf eine Magnetnadel, also einen magnetischen Dipol, der das magnetische Dipolmoment $\vec{p}_m$ trägt, benützen wir zur *Definition und Messung der magnetischen Feldstärke $\vec{H}$*. Wir gehen ähnlich wie im Fall elektrischer

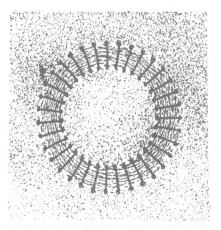

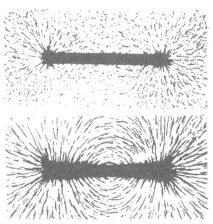

Fig. 9.75 Magnetfeld einer Ringspule mit den geschlossenen magnetischen Feldlinien
(Pohl: Einf. i. d. Physik, Band II)

Fig. 9.76 Magnetfeld einer langen Spule (oben)
und eines Stabmagneten (unten) (Pohl:
Einf. i. d. Physik, Band II)

Dipole im elektrischen Feld vor. An Hand von Fig. 7.13 haben wir gezeigt, daß ein
elektrischer Dipol in ein elektrisches Feld hineingedreht wird, also auf ihn ein
Drehmoment ausgeübt wird. Das gleiche geschieht mit einem magnetischen Dipol im
magnetischen Feld. Wir schreiben für das Drehmoment

$$\vec{M} = \vec{p}_m \times \vec{H}.$$ (9.131)

Die völlig analoge Formulierung für elektrische Dipole im elektrischen Feld enthält
Gl. (11.4). Es handelt sich dabei um das äußere oder Vektor-Produkt (vgl. Gl. (3.29))
aus magnetischem Dipolmoment und magnetischer Feldstärke. Das Drehmoment
steht als Vektor senkrecht sowohl auf $\vec{p}_m$ als $\vec{H}$. Der Betrag des Drehmomentes (Länge
des Drehmomentenvektors) ist nach Gl. (3.30)

$$M = |\vec{M}| = p_m H \sin \alpha,$$ (9.132)

wobei α der Winkel zwischen $\vec{p}_m$ und dem Magnetfeld $\vec{H}$ ist.

Mit Hilfe eines kleinen magnetischen Dipols wird die Meßeinrichtung Fig. 9.77
aufgebaut. Mittels der großen Spule erzeugt man das zu messende Magnetfeld.
Geeignete Ausbildung der Spule als lange, eng und gleichmäßig gewickelte Spule

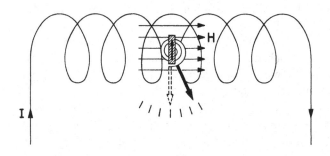

Fig. 9.77
Magnetometer zur Definition und
Messung der magnetischen Feld-
stärke H

gestattet die Erzeugung eines im Spuleninnern *homogenen Magnetfeldes H*, dessen Feldlinien parallel zu der Spulenachse verlaufen (Fig. 9.41). Es bewirkt eine Drehung des anfänglich senkrecht zur Spulenachse und damit senkrecht zu den Feldlinien stehenden Dipols; sie kann durch Spannen einer Spiralfeder rückgängig gemacht und damit das Drehmoment gemessen werden. Man findet, daß das Drehmoment proportional zur Stromstärke *I* durch den Spulendraht, proportional zur Windungszahl *n* der Spule und umgekehrt proportional zur Länge *l* der Spule ist, also

$$M = C \cdot \frac{n \cdot I}{l}. \tag{9.133}$$

Der Vergleich mit Gl. (9.132), in der $\sin \alpha = 1$ zu setzen ist, weil beim Versuch der Dipol immer senkrecht zu *H* gestellt wurde, legt es nahe, die *Feldstärke in der Spule*

$$H = \frac{n\,I}{l} \tag{9.134}$$

zu setzen. Dadurch ist die *magnetische Feldstärke H* und auch *ihre* SI-*Einheit*

$$[H] = \frac{[I]}{[l]} = \frac{A}{m} \tag{9.135}$$

definiert. Bei vorgegebenen Daten der Spule und der Stromstärke sind demnach in Gl. (9.133) alle Größen mit Ausnahme von *C* bekannt. Also kann aus einer Messung des Drehmomentes die Größe $C = p_m$, d.h. vollends auch das magnetische Moment des verwendeten magnetischen Dipols ermittelt werden. Wir haben damit ein kalibriertes Magnetometer und können mit ihm jedes andere Magnetfeld messen.

9.4.2 Kraft auf Ströme und bewegte Ladungen im Magnetfeld

Bringen wir einen vom Strom *I* durchflossenen Leiter (Draht) der Länge *l* in ein Magnetfeld der Feldstärke *H* (vgl. Fig. 9.78), so beobachten wir eine Kraft *F* auf den Leiter, etwa als Ausschlag eines Kraftmessers oder einer Waage, an der der Leiter befestigt ist. Steht der Leiter parallel zu den Feldlinien von *H*, so ist die Kraft Null; sie ist maximal, wenn der Draht senkrecht zu den Feldlinien steht und hat den Betrag

$$F = \mu_0 H \cdot I \cdot l, \tag{9.136}$$

wobei μ_0 die bereits in Gl. (9.88) angegebene *magnetische Feldkonstante* ist. Das

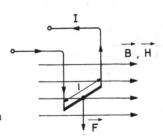

Fig. 9.78
Im Magnetfeld wird auf einen stromdurchflossenen
Leiter eine Kraft ausgeübt

Produkt $\mu_0 H = B$ nennt man die *Kraftflußdichte* (oder *Induktion*) des magnetischen Feldes, so daß man Gl. (9.136) auch schreiben kann

$$F = B \cdot I \cdot l. \tag{9.137}$$

Die Wirkungslinie der Kraft steht immer senkrecht zu der aus dem Draht und einer durch den Draht gehenden Feldlinie gebildeten Ebene, die Richtung finden wir, wenn wir den Stromrichtungspfeil auf dem kürzesten Weg in die Feldrichtung drehen; der dieser Drehung mit Hilfe einer Rechtsschraube zuzuordnende Fortschreitungspfeil gibt dann die Richtung des Kraftpfeils.

Von besonderer Bedeutung ist die *atomistische Umdeutung* der Gl. (9.136). In dem stromführenden Leiter bewegen sich die Elektronen mit der Driftgeschwindigkeit v (Gl. (9.110)), beim Leiterquerschnitt A ist die Stromstärke $I = A q n v$, wenn n die Anzahldichte der Ladungsträger der Ladung q ist. Wir setzen diesen Ausdruck in Gl. (9.136) ein und erhalten

$$F = \mu_0 q n v A l \cdot H = \mu_0 q n v V \cdot H, \tag{9.138}$$

mit $V = A l$ das Volumen des Leiters. Die Größe nV ist die Gesamtzahl der Ladungsträger, die sich im Leiter bewegt, also ist die im Magnetfeld auf **einen**, sich mit der Geschwindigkeit v bewegenden Ladungsträger ausgeübte Kraft

$$\vec{f} = q\vec{v} \times \vec{B}; \qquad \vec{B} = \mu_0 \vec{H}. \tag{9.139}$$

Wir haben der Gl. (9.139) sogleich die korrekte vektorielle Form gegeben. Die Kraft auf einen stromdurchflossenen Leiter kommt dadurch zustande, daß auf jeden einzelnen Ladungsträger der Ladung q, der sich mit der Geschwindigkeit $\vec{v}$ in einem Magnetfeld der Kraftflußdichte $\vec{B}$ bewegt, die durch Gl. (9.139) gegebene Kraft ausgeübt wird. Diese besondere Kraft heißt *Lorentz-Kraft*. Im Draht müssen die Ladungsträger dem leitenden Medium folgen. Bewegen sich Ladungsträger aber in einem Gas oder im Vakuum, so folgen sie der Wirkung der Lorentz-Kraft, werden also, weil $\vec{f}$ senkrecht auf $\vec{v}$ und $\vec{B}$ steht, von der geradlinigen Bahn abweichen, insbesondere können sie Kreisbahnen zurücklegen. Das trifft z.B. in modernen Teilchenbeschleunigern zu, die in der Strahlentherapie Verwendung finden.

Beispiel 9.15 *Messung der Strömungsgeschwindigkeit des Blutes.* Obwohl die Elektronen in einem Draht diesem „Strömungskanal" folgen müssen, kann man messen, daß sie in einem Magnetfeld Kräfte erfahren, die sie von ihrer Bahn ablenken. Fig. 9.79 enthält die Skizze einer Anordnung, in welcher ein elektrischer Strom I durch einen quaderförmigen Leiter fließt. Senkrecht zur Zeichenebene, und zwar in die Zeichenebene hinein bestehe ein Magnetfeld $\vec{B}$. Infolge der Lorentzkraft Gl. (9.139) wirkt auf jeden Ladungsträger eine Kraft, die ihn aus der

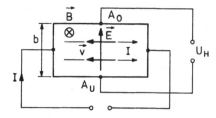

Fig. 9.79
Zur Entstehung der Hall-Spannung U_H, Erläuterung im Text

geradlinigen Bahn ablenkt. Damit tritt an der Oberseite A_o des Leiterstücks in Fig. 9.79 zu Beginn des Stromflusses oder nach Einschalten des Magnetfeldes ein Überschuß an negativen, an der Unterseite A_u ein Defizit an negativer Ladung, also eine positive Aufladung ein. A_o und A_u wirken nun wie ein Plattenkondensator, es entsteht ein elektrisches Feld $\vec{E}$, das so lange anwächst, bis die nach unten treibende elektrische Feldkraft $\vec{F} = e\vec{E}$ gleich der nach oben treibenden Lorentzkraft $\vec{f} = e\vec{v} \times \vec{B}$ ist, also die Feldstärke $\vec{E} = \vec{F}/e = \vec{f}/e = \vec{v} \times \vec{B}$ geworden ist. Von nun an wirkt auf die Elektronen die Gesamtkraft Null und sie bewegen sich wieder auf geraden, in der Figur horizontalen, Bahnen. Wegen des auf diese Weise entstandenen Feldes $\vec{E} = \vec{v} \times \vec{B}$ herrscht zwischen A_o und A_u die Spannung

$$U_H = E \cdot b = vBb = \mu_0 Hvb; \tag{9.140}$$

sie wird *Hall-Spannung* genannt, ihre Entstehung heißt „Hall-Effekt".

Aus der Hall-Spannung kann die Drift- = Strömungsgeschwindigkeit der Ladungsträger sehr einfach ermittelt werden, indem Gl. (9.140) nach v aufgelöst wird. – Diejenigen Ladungsträger, die im Blut mitgeführt werden, sind z.B. die Erythrozyten. Auf die Größe ihrer Ladung ($q = 1,9 \cdot 10^{-12}$ As) kommt es aber, wie man aus Gl. (9.140) sieht, nicht an. Kennen wir die Strömungsgeschwindigkeit v, so ist die Blutstromstärke als Massenstromstärke nach Gl. (9.2) und Gl. (9.5) bei einem Querschnitt A der Blutbahn

$$I_{Blut} = A j = A \varrho v = A \varrho \frac{U_H}{\mu_0 bH}. \tag{9.141}$$

Für die Dichte des Blutes kann man den Wert $\varrho = 1 \cdot 10^3\,\mathrm{kg\,m^{-3}}$ verwenden, dann ist I zahlenmäßig gleich der Volumenstromstärke (Gl. (9.2)).

Eine Skizze zur Anwendung enthält Fig. 9.80. Die Stirnflächen der beiden Kontaktstücke zur Spannungsabnahme stellen die beiden Elektroden A_o und A_u dar, die wir bei der Herleitung von Gl. (9.140) benutzten (s. oben). Der Abstand b ist der Abstand dieser beiden Kontaktstücke. Ein typischer Wert ist $b = 1\,\mathrm{cm} = 10^{-2}\,\mathrm{m}$ (lichter Blutbahndurchmesser etwa $d = 8\,\mathrm{mm}$, Blutbahnquerschnitt daher $A = 5 \cdot 10^{-5}\,\mathrm{m^2}$) bei einer Kraftflußdichte $B = 0,02\,\mathrm{Vs\,m^{-2}}$. Für eine Strömungsgeschwindigkeit $v = 10\,\mathrm{cm\,s^{-1}}$ (vgl. Beispiel 9.7) ist dann die zu messende elektrische Spannung nach Gl. (9.140)

$$U_H = 0,1\,\mathrm{m\,s^{-1}} \cdot 0,02\,\mathrm{Vs\,m^{-2}} \cdot 0,01\,\mathrm{m} = 20\,\mu\mathrm{V}. \tag{9.142}$$

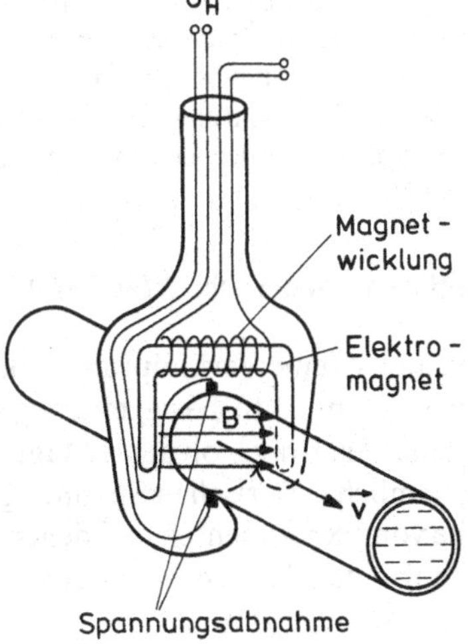

Fig. 9.80
Messung der Strömungsgeschwindigkeit geladener Teilchen (Meß-Sonde für die Messung der Strömungsgeschwindigkeit v des Blutes)

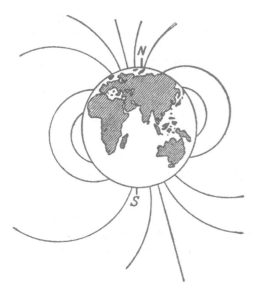

Fig. 9.81 Das Magnetfeld der Erde (Pohl: Einf. i. d. Physik, Bd. II)

Die Hall-Spannung folgt auch schnellen Schwankungen der Strömungsgeschwindigkeit. Mit Nutzen setzt man daher als elektrisches Anzeigeinstrument einen Elektronenstrahl-Oszillographen ein (Fig. 3.3).

Beispiel 9.16 *Magnetfeld der Erde.* Fig. 9.81 enthält das Bild des magnetischen Feldes in der Umgebung der Erde. Seine Form ähnelt der eines Dipols. Insbesondere besitzt das Feld an jeder Stelle eine der Erdoberfläche parallele „Horizontal"-Komponente. Die magnetischen Pole stimmen nicht genau mit den geographischen Polen überein, auch schwankt ihre Lage zeitlich etwas. Die Abweichung der Richtung der Horizontalkomponente von der geographischen Nord-Süd-Richtung nennt man Deklination (in unseren Breiten etwa 3° West), der Winkel zwischen Feldrichtung und Horizontalebene heißt Inklination. Die Horizontalkomponente hat in unseren Breiten etwa den Wert $H = 23,87 \, \text{A m}^{-1}$. Sie ist also gleich dem Feld, das man mit einer langen Spule erzeugen könnte, wenn man $n = 2387$ Windungen auf einen Meter nehmen würde und durch diese Spule die Stromstärke $I = 10 \, \text{mA}$ fließen würde. – Gemäß unserer Vorschrift über die Angabe der Richtung des Magnetfeldes aus der Einstellung einer Magnetnadel ist die Richtung des Magnetfeldes der Erde von Süden nach Norden: der magnetische Pol im Norden der Erde ist der magnetische Südpol, der Pol im Süden ist der magnetische Nordpol.

9.4.3 Zeitlich veränderliche Magnetfelder: elektromagnetische Induktion

Wir sahen, daß es eine Verknüpfung elektrischer Vorgänge mit magnetischen gibt: ein elektrischer Strom, d.h. bewegte Ladung, ist mit einem Magnetfeld verknüpft. Es entsteht daher die Frage, ob auch Magnetfelder mit elektrischen Strömen, bzw. deren Ursache, nämlich elektrischen Spannungen, bzw. elektrischen Feldern verknüpft sind. Eine Reihe von Experimenten, bei denen wir den Elektronenstrahl-Oszillographen als Beobachtungs- und Meßgerät benützen, soll uns diese Verknüpfung, die Induktions-erscheinungen, aufzeigen.

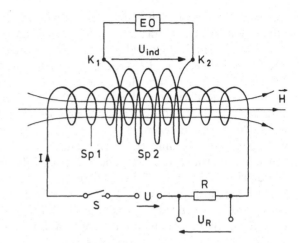

Fig. 9.82
Grundversuche zur elektromagnetischen Induktion; s. Text

a) In der Anordnung der Fig. 9.82 erzeugen wir mit der Spule Sp 1, die wir Feldspule nennen, durch Einschalten des Schalters S ein Magnetfeld $\vec{H}$. Seine Feldlinien sind im Innern der Feldspule und an deren Rand in Fig. 9.82 gezeichnet, sie schließen sich im Außenraum (nicht gezeichnet). Spule Sp 2, die wir Induktionsspule nennen, umfaßt die Feldspule und damit auch die darin verlaufenden Feldlinien; ihre Klemmen K_1, K_2 seien mit einem Spannungsmesser, z. B. dem Elektronenstrahl-Oszillographen EO, verbunden. Zwischen K_1 und K_2 auftretende, zeitlich veränderliche Spannungen U_{ind} lenken den Elektronenstrahl des EO vertikal aus. Um auch verfolgen zu können, wie sich das Magnetfeld in der Feldspule zeitlich ändert, legen wir in die Zuleitung zu Sp 1 einen Widerstand R passender Größe; der magnetfelderzeugende Strom I erzeugt an R einen zu I und damit zu $H = nI/l$, also zur magnetischen Feldstärke proportionalen Spannungsabfall U_R. Sowohl U_{ind} als auch U_R legen wir zweckmäßigerweise an einen sogenannten Zweistrahl-Oszillographen, damit wir beide Spannungen untereinander auf dem selben Bildschirm verfolgen können. Fig. 9.83 enthält das Oszillogramm,

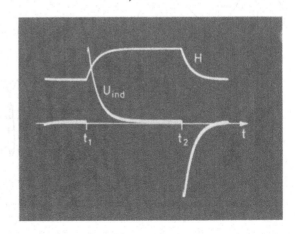

Fig. 9.83
Oben: Verlauf des Magnetfeldes H beim Einschalten des Stromes durch Spule Sp 1 in der Schaltung Fig. 9.82; unten: Verlauf der Induktionsspannung U_{ind}. Registrierkurven mit dem Elektronenstrahloszillographen aufgenommen

wenn wir zur Zeit t_1 den Schalter S schließen und zu einer späteren Zeit t_2 wieder öffnen, und zwar oben den zeitlichen Verlauf der magnetischen Feldstärke H (bzw. von $B = \mu_0 H$) in der Feldspule, unten den zeitlichen Verlauf der Spannung U_{ind} an den Klemmen K_1, K_2 der Induktionsspule. Als wichtiges Ergebnis finden wir: Nur während H (bzw. B) sich zeitlich ändert, entsteht eine *Induktionsspannung*; sie hat beim Aufbau (Vergrößerung der Feldstärke), bzw. Abbau (Verkleinerung der Feldstärke) entgegengesetzte Richtung. Vergrößerung bzw. Verkleinerung der Feldstärke können wir zeichnerisch darstellen, indem wir die Anzahl der Feldlinien durch die Spule Sp 1 vermehren bzw. vermindern: der Abstand der Feldlinien voneinander wird dadurch kleiner bzw. größer, d.h. ihre Dichte (Anzahl der Feldlinien durch Querschnitt der Spule) wird größer bzw. kleiner. Diese Ausdrucksweise: „hohe Feldstärke entspricht hoher Feldliniendichte, kleine Feldstärke entspricht kleiner Feldliniendichte" ist uns von den elektrischen Feldern geläufig, s. z. B. Fig. 9.30 oder Abschn. 7.3.4. Wir machen von diesem Bild insbesondere bei den Induktionserscheinungen Gebrauch.

b) In der Anordnung der Fig. 9.84 verändern wir die gegenseitige Lage der Induktionsspule Sp 2 und eines Stabmagneten SN, indem wir den Stabmagneten der Spule oder die Spule dem Stabmagneten nähern, bzw. sie voneinander entfernen. Bei jedem dieser Vorgänge ändert sich die Anzahl der Feldlinien durch die Induktionsspule, und während des Änderungsvorganges entsteht wie unter a) eine Induktionsspannung.

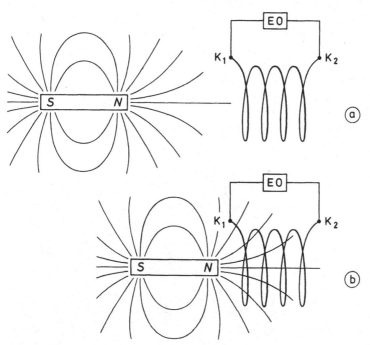

Fig. 9.84 Eine Induktionsspannung entsteht auch bei einer gegenseitigen Bewegung von Permanentmagnet und Induktionsspule (s. Text), ebenso beim Umdrehen des Magneten

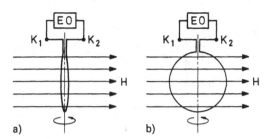

Fig. 9.85
Eine Induktionsspannung entsteht auch bei
der Änderung der Orientierung der Induktionsspule

c) In der Anordnung der Fig. 9.85 verdrehen wir eine einwindige ($n = 1$) oder
mehrwindige (n) Induktionsspule in einem Magnetfeld H bzw. B (z. B. im homogenen
Feld im Innern der Feldspule Sp 1 von Fig. 9.82). Auch dabei ändern wir die Zahl der
Feldlinien durch die Induktionsspule und erhalten während des Drehvorgangs eine
Induktionsspannung. Drehen wir die Spule aus der Stellung der Fig. 9.85a (Spulenfläche senkrecht zu den Feldlinien) über die Stellung der Fig. 9.85b (Spulenfläche
parallel zu den Feldlinien) hinaus um mehr als 90°, so kehrt die Induktionsspannung ihre Richtung um; läßt man die Induktionsspule im Magnetfeld rotieren, so
entsteht eine *Wechselspannung.*

Die Versuche zeigen, daß *eine induzierte Spannung entsteht, wenn sich die „Anzahl der
Feldlinien", die durch die Induktionsspule,* genauer gesagt durch die Fläche A der
Induktionsspule, *hindurchgeht, zeitlich ändert.*

Zur *quantitativen Beschreibung* des Induktionsvorganges müssen wir das anschauliche
Maß „Anzahl der Feldlinien durch eine Fläche" durch das quantitative Maß
„magnetischer Fluß" ersetzen. Dazu greifen wir auf Abschn. 9.1.1 zurück: dort wurden
Stromstärke I und Stromdichte $\vec{j}$ einer fluiden Strömung definiert. Die Stromstärke I
ist die Materiemenge, die in der Zeiteinheit durch einen Querschnitt fließt. In der
Technik wird diese Größe auch Durchfluß genannt, allgemein kann man die
Stromstärke auch als „Fluß" des fluiden Stoffes bezeichnen. An Hand von Fig. 9.2 war
erläutert worden, daß es beim „Fluß" darauf ankommt, welche Orientierung der
betrachtete Querschnitt relativ zum Vektor der Strömungsgeschwindigkeit $\vec{v}$, also zum
Vektor der Stromdichte $\vec{j}$ ($= \varrho\,\vec{v}$) hat. Fig. 9.86a enthält nochmals eine Skizze für einen
beliebigen Winkel α zwischen Querschnitt und Stromdichte. Wir lesen ab, daß der
„Fluß" oder die Stromstärke I des fluiden Stoffes bei bekannter Stromdichte $\vec{j}$ diejenige
Menge des Stoffes ist, die durch den Querschnitt $A_\perp$ (lies „A senkrecht") $= A \cos\alpha$
erfaßt wird, d.h.

$$I = j \cdot A_\perp = j \cdot A \cos\alpha. \tag{9.143}$$

(Der Fluß ist maximal, wenn $\alpha = 0°$, er ist gleich Null, wenn $\alpha = 90°$, also der
Querschnitt A parallel zum Stromdichtevektor $\vec{j}$ orientiert ist). – In Analogie zum Fluß
fluider Stoffe definieren wir den *magnetischen Fluß* Φ, indem wir die Entsprechung
vornehmen $\vec{j} \triangleq \vec{B}$ und $I \triangleq \Phi$, so daß der magnetische Fluß durch einen Querschnitt A,
z. B. durch eine einzelne Drahtwindung (Fig. 9.86b)

$$\Phi = B \cdot A_\perp = B \cdot A \cos\alpha. \tag{9.144}$$

Ist die Fläche nicht eben und ist auch das Magnetfeld nicht homogen, dann sieht man

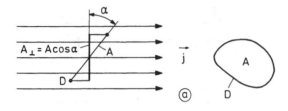

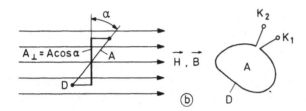

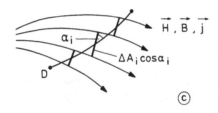

Fig. 9.86
Zur Definition der physikalischen Größe „Fluß"
a) Fluß von Fluiden, b) und c) magnetischer Fluß;
D Umrandung der Bezugsfläche, im elektromagnetischen Fall ein Draht mit den Anschlußklemmen
K_1 und K_2

aus Fig. 9.86c, daß der Gesamtfluß sich aus den Teilbeträgen zusammensetzt, die man erhält, wenn man eine geeignete stückweise Unterteilung der Fläche vornimmt. Der magnetische Fluß ist schließlich ein Integral über die gekrümmte Fläche

$$\Phi = \int\limits_A B \cos \alpha \, dA. \tag{9.145}$$

In Abschn. 9.4.2 haben wir die Größe $\vec{B}$ die *Kraftflußdichte* oder *Induktion* des Magnetfeldes $\vec{H}$ genannt. Gl. (9.144) zeigt, daß der magnetische Fluß dann auch als „magnetischer Kraftfluß" und auch als „Induktionsfluß" zu bezeichnen ist; die Kraftfluß*dichte* ist gleich Kraftfluß durch Fläche.

Mit Hilfe des durch Gl. (9.145) definierten magnetischen (Kraft-)Flusses Φ sind wir in der Lage, das *Induktionsgesetz* (Faraday) zu formulieren: die Induktionsspannung an der Unterbrechungsstelle (Klemmen K_1 und K_2, s. Fig. 9.86b) einer geschlossenen Leiterschleife von n Windungen ist gleich der zeitlichen Änderung (man sagt auch „Änderungsgeschwindigkeit") des umfaßten magnetischen (Kraft-)Flusses

$$U_{ind} = -n \frac{d\Phi}{dt}. \tag{9.146}$$

Das negative Vorzeichen besagt folgendes: die induzierte Spannung hat in der geschlossenen Leiterschleife einen (Induktions-)Strom zur Folge. Dieser – und dementsprechend die Induktionsspannung – ist so gerichtet, daß das von ihm erzeugte

Magnetfeld (also das Magnetfeld der Induktionsspule!) die entgegengesetzte Richtung hat wie das induzierende Magnetfeld (also das Magnetfeld der Feldspule Sp 1). Man nennt dies die *Lenzsche Regel*; sie ist Ausdruck eines allgemeinen Naturprinzips, formuliert von LeChatelier und Braun: Jede äußere Einwirkung auf ein System ruft eine Veränderung des Systems hervor, welche die äußere Einwirkung zu verhindern sucht.

Mittels des Induktionsgesetzes Gl. (9.146) sind die experimentellen Ergebnisse, die wir oben unter a), b) und c) angegeben haben, erklärt: bei a) wurde der magnetische Fluß durch Ein- und Ausschalten des Magnetfeldes verändert; bei b) wurde durch Ändern der gegenseitigen Lage der Induktionsspule und eines Stabmagneten der magnetische Fluß durch die Induktionsspule verändert; bei c) wurde durch Drehen der Induktionsspule der Winkel α zwischen Spulenfläche und Feld verändert, und damit ebenfalls der magnetische Fluß durch die Induktionsspule.

Ergänzung Die Induktionsspannung ermöglicht auch die *Messung des magnetischen Flusses* und damit der *magnetischen Kraftflußdichte*, bzw. der Feldstärke ($H = B/\mu_0$). Dreht man etwa die Induktionsspule mit der Fläche A und der Windungszahl n in Fig. 9.85 aus der Stellung a) in die Stellung b), oder – was auf das gleiche hinauskommt – zieht man die Spule aus der Stellung a) ganz aus dem Feld B heraus, so ändert sich der Fluß durch die Spule von $\Phi_{\text{Anfang}} = B \cdot A \cos \alpha = B \cdot A$ über viele kleine Teiländerungen $d\Phi$ auf $\Phi_{\text{Ende}} = B \cdot A \cos 90° = 0$. Summiert man die Teiländerungen $d\Phi = -\dfrac{1}{n} U_{\text{ind}} dt$ (nach Gl. (9.146)) auf, dann entsteht

$$\int_{\Phi_{\text{Anfang}}}^{\Phi_{\text{Ende}}} d\Phi = \Phi_{\text{Ende}} - \Phi_{\text{Anfang}} = -\frac{1}{n} \int_{t_{\text{A}}}^{t_{\text{E}}} U_{\text{ind}} \, dt \, ,$$

oder, weil $\Phi_{\text{Ende}} = 0$,

$$\Phi_{\text{Anfang}} = \frac{1}{n} \int_{t_{\text{A}}}^{t_{\text{E}}} U_{\text{ind}} \, dt = \frac{1}{n} S_U \, . \tag{9.147}$$

Ist der „Spannungsstoß" S_U gemessen, dann folgt der zu messende magnetische Kraftfluß Φ_{Anfang} (vor Beginn der ausgeführten Änderung auf $\Phi_{\text{Ende}} = 0$) aus Gl. (9.147). Aus dem Fluß folgt außerdem die magnetische Kraftflußdichte B, weil $\Phi_{\text{Anfang}} = B \cdot A$. Insgesamt ist damit die zu messende Kraftflußdichte

$$B = \frac{1}{n \cdot A} S_U \, . \tag{9.148}$$

Der Spannungsstoß $S_U = \int U_{\text{ind}} \, dt$ kann mit einem *Ladungs*-Meßgerät gemessen werden: Hat die gesamte Induktionsschleife einschließlich Meßgerät den Widerstand R_S, so fließt der Induktions*strom* $I_{\text{ind}} = U_{\text{ind}}/R_S$, und es wird $S_U = R_S \cdot \int I_{\text{ind}} dt = R_S \cdot Q$, wo Q die gesamte, während des Vorgangs geflossene Ladung ist.

Die SI-*Einheit des magnetischen (Kraft-)Flusses* folgt aus Gl. (9.146): $[U] = [\Phi]/[t]$ zu

$$[\Phi] = [U] \cdot [t] = \text{Volt} \cdot \text{Sekunde} = \text{V s} = \text{Weber} = \text{Wb} . \qquad (9.149)$$

Damit wird die SI-*Einheit der (Kraft-)Flußdichte* (oder Induktion) nach Gl. (9.144)

$$[B] = [\Phi]/[A] = \frac{\text{V} \cdot \text{s}}{\text{m}^2} = \frac{\text{Wb}}{\text{m}^2} = \text{Tesla} = \text{T} . \qquad (9.150)$$

Eine ältere Einheit der magnetischen (Kraft-)Flußdichte ist das Gauß = G $= 10^{-4}$ Tesla $= 10^{-4}$ T. Aus der magnetischen (Kraft-)Flußdichte ergibt sich die magnetische Feldstärke H durch $H = B/\mu_0$ (μ_0 in Gl. (9.88)). In Abschn. 11.2 wird gezeigt, daß dieser Zusammenhang modifiziert wird, wenn der Stoff, in welchem ein magnetisches Feld besteht, selbst magnetisierbar ist.

Die Induktionsexperimente zeigen, daß an den Klemmen eines ringförmig geschlossenen Leiters, d.h. einer einwindigen Spule, eine zeitlich veränderliche Spannung entsteht. Ursache jeder Spannung ist aber ein elektrisches Feld: es muß hier so beschaffen sein, daß bei einem geschlossenen Umlauf mit einer Probeladung Arbeit verrichtet wird (daher auch der Name „Umlaufspannung"). Das heißt wiederum, daß in *diesem* zeitlich veränderlichen *elektrischen Feld*, im Gegensatz zu den in Abschn. 7.3.4 besprochenen elektrischen Feldern, *geschlossene Feldlinien* existieren: wir nennen dieses Feld ein *Wirbelfeld*. Wir können nunmehr das Ergebnis der Induktionsversuche so formulieren: Zeitlich veränderliche magnetische Felder sind von zeitlich veränderlichen, geschlossenen elektrischen Feldlinien umgeben. Maxwell hat diesem Sachverhalt den analogen Sachverhalt hinzufügt: Zeitlich veränderliche elektrische Felder sind von zeitlich veränderlichen, geschlossenen magnetischen Feldlinien umgeben. Zeitlich veränderliche elektrische und magnetische Felder sind also in diesem Sinne miteinander zu einem sogenannten *elektromagnetischen Feld* verknüpft.

9.5 Der menschliche Körper unter dem Einfluß elektrischer Spannungen, Ströme und Felder

9.5.1 Strömungsfeld in Leitern beliebiger räumlicher Ausdehnung

Legt man an zwei Punkte P_1 und P_2 eines ausgedehnten Leiters eine Spannung U_{12} an, so besteht im ganzen Leiter ein elektrisches Feld, s. Fig. 9.87. Ist σ die elektrische Leitfähigkeit und $\vec{E}$ die elektrische Feldstärke, dann ist nach Gl. (9.97) die elektrische Stromdichte $\vec{j} = \sigma \vec{E}$ an jedem Punkt im Leiter. Die genaue Verteilung von elektrischer Feldstärke und Stromdichte, sowie die Lage der Äquipotentialflächen sind nicht nur durch die Spannung U_{12} bestimmt, sondern auch durch die „Randbedingung": an der Oberfläche muß der Stromdichtevektor tangential zur Oberfläche liegen, weil kein Strom über die Grenze hinüber oder herüber fließen kann. Daraus

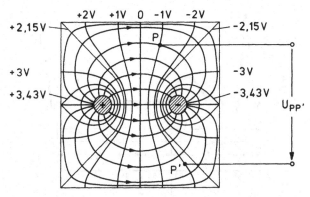

Fig. 9.87 Äquipotentiallinien und Stromlinien = Feldlinien in einer quadratischen, elektrisch leitenden Folie. Angelegte Spannung 10 V, Potential der linken Elektrode +5 V, der rechten −5 V, der Symmetrielinie 0 V. Spannung zwischen P und P' ist $U_{PP'} = \varphi_P - \varphi_{P'} = -1\,\text{V} - (-2\,\text{V}) = 1\,\text{V}$

folgt, daß dort die Feldstärke ebenfalls parallel zur Oberfläche liegt, und weiter, daß die Äquipotentialflächen *senkrecht* zum Rand stehen, im Gegensatz zum „statischen Fall" in Abschn. 9.2.1. Fig. 9.87 enthält eine Skizze der Feldlinien und Äquipotentiallinien.

Mit einem (hochohmigen) Spannungsmesser kann man im Leiter die Spannung zwischen zwei beliebigen Punkten P, P' messen. Sie ist gleich der Potentialdifferenz zwischen ihnen, $U_{PP'} = \varphi(P) - \varphi(P')$ und damit von den Potentialangaben an den Äquipotentialflächen ablesbar, auf denen die Punkte P, P' liegen. Kann das Bild der Äquipotentialflächen durch Messung bestimmt werden, dann können auch die Feldlinien eingezeichnet werden, denn sie stehen auf ihnen senkrecht.

Im menschlichen Körper wird ein elektrisches Strömungsfeld vor allem vom Herzen als Spannungsquelle verursacht. Bei allen lebenden Zellen besteht zwischen dem Äußeren und dem Zellplasma im Innern eine elektrische Membranspannung (Fig. 9.88a). Sie

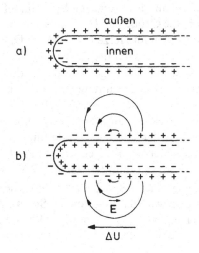

Fig. 9.88
a) Ladungsverteilung bei der lebenden Zelle im polarisierten Zustand: im Außenraum besteht kein elektrisches Feld
b) während des Depolarisationsvorganges besteht im Außenraum ein meßbares elektrisches Feld

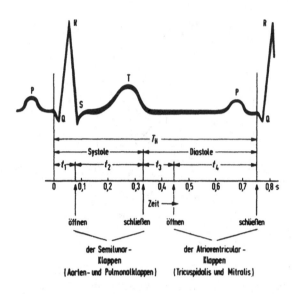

Fig. 9.89
Spannungsverlauf zwischen zwei Ableitungselektroden (z. B. 1 und 2 in Fig. 9.90) beim EKG

gibt nach außen zunächst zu keinem elektrischen Feld Anlaß. Wird eine Erregung einer Zelle eingeleitet (Fig. 9.88 b), so breitet sich eine Änderung der Membranspannung über die Zelle aus, bemerkbar an einem äußeren elektrischen Feld, und das gleiche gilt, wenn die Zelle wieder in ihren Ausgangszustand zurückkehrt. Man spricht bei der Erregungseinleitung von Depolarisation, bei der Wiederherstellung des Ausgangszustandes von Repolarisation der Zelle. Die Folge der Depolarisation/Repolarisation ist also, daß die Zelle zu einer kleinen Spannungsquelle ΔU wird. Der Herzmuskel wird erregt, indem eine Erregungswelle, beginnend am Sinusknoten, sich über den ganzen Muskel ausbreitet. Dabei werden gleichzeitig größere Bereiche von Zellen polarisiert, die Einzelspannungen ΔU addieren sich zur Spannung einer ausgedehnten Spannungsquelle. Sie kann vereinfacht als eine Spannungsquelle mit einem positiven und einem negativen Pol mit der Spannung U_{Dipol} aufgefaßt werden, wobei beim Erregungsablauf sich sowohl die Größe von U_{Dipol} als auch die Richtung der Verbindungslinie zwischen den beiden Polen im Herzen verändern. Diese Spannungsquelle stellt man durch den „Herzdipol" dar. Er hat die Richtung jener Verbindungslinie und eine der Spannung U_{Dipol} entsprechende Länge. Die durch den Herzdipol (man würde besser Zweipol sagen) beschriebene Spannung erzeugt im ganzen Körper ein räumliches elektrisches Strömungsfeld. Zwischen zwei beliebigen Punkten P und P' dieses Strömungsfeldes kann man eine Potentialdifferenz $U_{PP'}$ (einen Spannungsabfall) messen; sie ändert sich zeitlich infolge der zeitlichen Änderung von U_{Dipol} und der zeitlichen Änderung der Richtung des Herzdipols. Registriert man $U_{PP'}$, so nennt man die entstehende Kurve ein Elektrokardiogramm (EKG, Fig. 9.89; siehe dazu auch Beispiel 7.7).

Die Messung eines EKG bedeutet also die Messung von elektrischen Spannungen zwischen ausgewählten Punkten des Strömungsfeldes im menschlichen Körper, z. B. – und häufig angewandt – wie in Fig. 9.90 skizziert (Meßanordnung nach Einthoven). Die Gliedmaßen stellen dabei praktisch nur die „Leitungen" zum Rumpfströmungs-

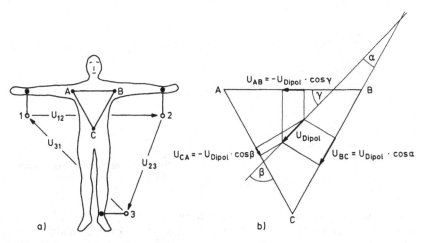

Fig. 9.90 a) EKG-Ableitungen an den Extremitäten
        b) Einthoven-Dreieck für die gemessenen Spannungen

feld dar, weil die Spannungsabfälle $U_{A,1}$, $U_{B,2}$ und $U_{C,3}$ längs der Gliedmaßen vernachlässigbar klein sind. Idealisiert betrachtet, mißt man die drei Spannungen U_{12}, U_{23} und U_{31} zwischen den auf einem gleichseitigen Dreieck liegenden Punkten A, B und C, in dessen Mitte der Herzdipol als Spannungsquelle (physikalisch bzw. elektrotechnisch gesprochen als „aktiver Zweipol") liegt. Aus dem 2. Kirchhoffschen Gesetz (Abschn. 9.2.5.1) folgt zunächst, daß

$$U_{12} + U_{23} + U_{31} = 0$$

sein muß; die Messung von zwei dieser Größen würde also genügen, trotzdem registriert man meist alle drei (oder mehr, bei komplizierteren Schaltungen; oder nur eine, bei transportablen Kleingeräten). Nun hat Einthoven gezeigt, daß in einem „unendlich ausgedehnten", homogenen Leitermedium unter den obigen Voraussetzungen (aktiver Zweipol in der Mitte des gleichseitigen Meßstellendreiecks, s. Fig. 9.90b) die gemessenen Spannungen $U_{AB} = -U_D \cos\gamma$, $U_{BC} = U_D \cos\alpha$ und $U_{CA} = -U_D \cos\beta$ sind. Die drei Winkel α, β und γ sind nicht unabhängig voneinander, sondern es ist $\beta = 60° + \alpha$, $\gamma = 60° - \alpha$. Damit läßt sich aus *zwei* gemessenen Spannungen (z. B. U_{AB} und U_{BC}) für jeden Zeitpunkt die Größe $U_D = U_{Dipol}$ und eine Richtung (α) des Herzdipols herleiten.

Da das Meßdreieck eine ebene Figur ist und die Spitze des Dipolvektors eine räumliche Kurve durchläuft, kann man allein mit dieser Messung nur das Verhalten der Projektion des Dipolmomentes auf die Dreiecksebene verfolgen. Die Ermittlung der räumlichen Orientierung erfordert eine weitere Messung an einer Meßstelle D (Ableitung 4) außerhalb der Dreiecksebene. Die Spannungen U_{12}, U_{23} und U_{24} gestatten dann grundsätzlich sowohl die Größe als auch die räumliche Orientierung des Dipols vollständig zu ermitteln. Das wird aber häufig nicht ausgeführt, der Arzt zieht seine Schlüsse auf Grund seiner Erfahrung und des Vergleiches mit Normverläufen.

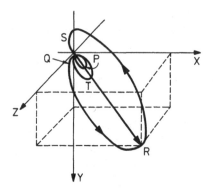

Fig. 9.91
Die Spitze des Herzvektors beschreibt eine räumliche Kurve während einer Pulsperiode

Aus zusammengehörigen Momentanwerten z. B. der Spannungen U_{12}, U_{23} und U_{24} – Fig. 9.89 gibt den zeitlichen Verlauf von U_{12} wieder – kann man also den zugehörigen Momentanwert des Herzvektors konstruieren. Trägt man die aufeinander folgenden Momentanwerte in ein rechtwinkliges x, y, z-Koordinatensystem ein, derart, daß der Anfang des Vektors immer im Ursprung liegt, so beschreibt die Spitze des Vektors die in Fig. 9.91 dargestellte räumliche Kurve, die den Erregungsablauf am Herzmuskel wiedergibt. – Abschließend sei bemerkt, daß man das elektrische Strömungsfeld durch eine größere Anzahl von Meßstellen ausmessen kann und in neuerer Zeit Bilder vom Erregungsablauf gewinnen konnte, bei denen die recht komplizierte, ausgedehnte Herz-„Spannungsquelle" durch mehrere „Klemmen" beschrieben werden kann, nämlich durch Überlagerung von Dipol (Zweipol, zwei Klemmen), Quadrupol (Vierpol, vier Klemmen), und höheren Polen.

9.5.2 Der menschliche Körper als Leiter

Der Körper besteht aus Muskel-, Binde-, Knorpel-, Knochen-, Nervengewebe. Das sind Zellverbände, bestehend aus Membranen, Zytoplasma, Zellkern, usw. Daten für die Zusammensetzung der Zellflüssigkeit enthält Tab. 5.4. Wesentlicher Bestandteil ist Wasser mit gelösten Stoffen, insbesondere darunter Elektrolyte: der Körper ist ein elektrolytischer Leiter. Für die Leitfähigkeit findet man im Mittel

$$\sigma \approx 0.3\,\Omega^{-1}\,\mathrm{m}^{-1}, \tag{9.151a}$$

so daß die Resistivität

$$\varrho = \frac{1}{\sigma} \approx 3\,\Omega\,\mathrm{m} \tag{9.151b}$$

ist. Verschiedene Gewebearten haben verschiedene Leitfähigkeit bzw. Resistivität. Die Resistivität von Haut (Fettgewebe) ist etwa 10-mal so groß wie die von Muskelgewebe. Aus den angegebenen Daten kann man den elektrischen Widerstand von Hand zu Hand abschätzen: die Länge des Leiters ist $l = 2\,\mathrm{m}$, der Durchmesser $d \approx 8\,\mathrm{cm}$, also der

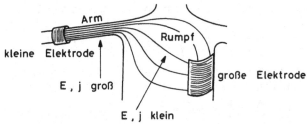

Fig. 9.92 Die sogenannte „indifferente" Elektrode ist eine großflächige Elektrode, an welcher die Stromdichte klein ist. Die kleine Elektrode ist die „differente" Elektrode mit großer Stromdichte, also großer elektrischer Wirkung

Widerstand nach Gl. (9.93)

$$R_{\text{Hand-Hand}} = \varrho \frac{l}{A} = 3\,\Omega\,\text{m} \frac{2\,\text{m}}{5 \cdot 10^{-3}\,\text{m}^2} = 1\,200\,\Omega = 1,2\,\text{k}\Omega. \qquad (9.152)$$

Bei einer Messung findet man einschließlich des Übergangswiderstandes Elektrode-Haut die Werte

$$R_{\text{Hand-Hand}} = 1\,200\,\Omega, \qquad R_{\text{Hand-Rumpf}} = 600\,\Omega.$$

Wir behandeln erst später (Abschn. 13.7.5) den Körper im elektromagnetischen Feld, halten hier aber schon fest, daß sein Widerstand (elektrolytischer Leiter) bis zu einer Frequenz von $f = 1\,\text{MHz}$ ein reiner Wirkwiderstand ist, d.h. Strom und Spannung sind „in Phase", allerdings nimmt mit wachsender Frequenz eines angelegten elektrischen Wechselfeldes der Widerstand etwas ab. Der Widerstand Hand-Hand nimmt zwischen $f = 50\,\text{Hz}$ und $f = 150\,\text{kHz}$ von $R = 1\,200\,\Omega$ auf $R = 550\,\Omega$ ab. Bei allen Widerstandsmessungen muß man für einen guten Kontakt zwischen aufgelegten Elektroden und Haut sorgen, was mittels eines zwischengelegten nassen Tuches (Elektrolytlösung) bewerkstelligt wird. Sind die Elektroden verschieden groß, so ist die Stromdichte ($j = I/A$) an der kleineren Elektrode größer und das gleiche gilt für die elektrische Feldstärke ($j = \sigma E$; s. auch Fig. 9.30). Die größere Elektrode wird als die „indifferente" Elektrode bezeichnet (Fig. 9.92).

Fließt elektrischer Strom durch den Körper, so kommt es zu Wärmewirkungen und chemischen Wirkungen. Für die *Wärmewirkung* greifen wir auf die Gleichungen in Abschn. 9.2.4.4 zurück. Ist die elektrische Leistung $P = U \cdot I$, dann ist die im Körper erzeugte *Joulesche Wärme*

$$Q = P \cdot t = U \cdot I \cdot t = I^2 R \cdot t = \frac{U^2}{R} t, \qquad (9.153)$$

wenn der elektrische Strom I während der Zeit t besteht. Die in der Zeiteinheit erzeugte Wärme, die Wärmeleistung, ist $\dot{Q} = P$. Man verwendet für praktische Berechnungen die eine oder andere Teilgleichung von Gl. (9.153), je nachdem welche Größe man als primär bekannt und festgelegt ansehen muß. Einsetzen des bekannten Ausdrucks für den elektrischen Widerstand eines zylindrischen Körpers, $R = \varrho \frac{l}{A}$ (Gl. (9.93)), zeigt, daß die Wärmewirkung proportional zum Volumen V des Körpers ist,

$$\dot{Q} = P = I^2 \varrho \frac{l}{A} = \varrho \frac{I^2}{A^2} (l \cdot A) = \varrho \frac{I^2}{A^2} V. \qquad (9.154)$$

Mit der Stromdichte $j = I/A$ folgt für die *Wärmeleistungsdichte* (Wärmeleistung durch Volumen)

$$\dot{Q}_V = \frac{Q}{V} = \varrho j^2 = \sigma E^2. \qquad (9.155)$$

Die Wärmeleistungsdichte gibt die lokale Wärmeerzeugung an. An einer großflächigen (indifferenten) Elektrode ist die Stromdichte kleiner als an einer kleinflächigen, also ist die Wärmeerzeugung an der großflächigen Elektrode kleiner als an der kleinflächigen. Bei gleichem stromführendem Gewebsquerschnitt, also gleicher Stromdichte ist die Wärmeerzeugung im Gewebe größerer Resistivität größer als in solchem kleiner Resistivität. Insbesondere ist also bei kleinflächigen Elektroden, die auf der Haut aufliegen (Fettgewebe), die Erwärmung in der Regel größer als im tiefer liegenden Muskelgewebe und kann dort zu Verbrennungen führen.

Die *chemische Wirkung* beim Stromdurchgang durch die Gewebezelle beruht darauf, daß die Komponenten des Elektrolyten (z.B. Na^+ und Cl^-) in verschiedene Richtungen wandern, also in der Zelle eine Entmischung auftritt. Schon dies kann zu Zellnekrose führen. Unter Umständen treten die Ionen durch die Zellwandung hindurch, und in der Nähe der Elektroden entstehen Salzsäure (Anode) oder Natronlauge (Kathode). Die Größe der Wirkung ist eine Funktion der Stromdichte, es entsteht eine Koagulationsnekrose durch Säure an der Anode, durch Lauge an der Kathode.

9.5.3 Empfindungen und Wirkungen bei Gleichstrom und niederfrequentem Wechselstrom

Da die Zellen des lebenden Gewebes wesentlich elektrische Eigenschaften haben, ist das Studium ihrer Beeinflussung durch den elektrischen Strom besonders wichtig. Bei beabsichtigten oder unbeabsichtigten Berührungen spannungsführender Elektroden, Apparateteile, usw. ist stets davon auszugehen, daß der menschliche Körper ein (elektrolytischer) Leiter ist. Auf dem Fußboden eines Gebäuderaumes stehend ist der Mensch stets „geerdet" (wenn nicht sein Schuhwerk elektrisch isoliert, oder der Fußboden einen isolierenden Belag hat). Wird eine geerdete Elektrode berührt, in Fig. 9.93 der metallische Körper 2, dann fließt kein Strom durch den menschlichen Körper, Mensch und Elektrode haben gleiches elektrisches Potential. Wird dagegen die Elektrode 1 berührt, dann fließt ein von deren Spannung abhängiger Strom.

Fließt Gleichstrom oder technischer Wechselstrom durch den menschlichen Körper, so empfindet man bei kleiner Stromstärke zunächst ein „Kribbeln", bei Stromerhöhung kommt es zur Verkrampfung von Muskeln; man kann die Hand nicht mehr öffnen und die Elektrode nicht mehr loslassen. Diese Empfindungen sind in Tab. 9.5 zusammengestellt, ebenso einige Bereiche pathologischer Wirkungen. Am gefährlichsten und meist tödlich ist der Bereich III. Bei bekanntem Körperwiderstand kann

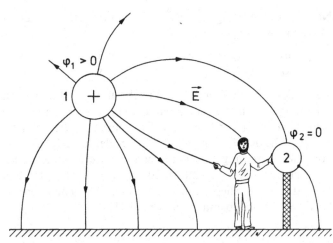

Fig. 9.93 Feldverlauf zwischen einer spannungsführenden Elektrode 1 und geerdeten Wänden (auch Fußboden) und einer anderen, geerdeten Elektrode 2. Der geerdete Mensch kann gefahrlos weitere geerdete Körper berühren, er verkörpert lediglich eine zusätzliche Erdung. Gefährliche Ströme können durch ihn fließen, wenn er Elektrode 1 berührt, diese also durch sich selbst erdet

man z. B. für den Bereich I die zulässige Spannung angeben. Aus der maximalen Stromstärke $I = 25\,\mathrm{mA}$ folgt mit dem Körperwiderstand $R = 1{,}2\,\mathrm{k\Omega}$ eine zulässige Spannung

$$U = I \cdot R = 25\,\mathrm{mA} \cdot 1{,}2\,\mathrm{k\Omega} = 30\,\mathrm{V}\,. \qquad (9.156)$$

Tab. 9.5 Empfindungen und Wirkungen beim Stromdurchgang durch den menschlichen Körper. Die angegebenen Zahlwerte beziehen sich darauf, daß 50% der Personen diese Empfindungen haben

Empfindung	Strombahn		
	Hand-Rumpf-Hand		Hand-Rumpf-Fuß
	Gleichstrom	Wechselstrom $(f = 50\,\mathrm{Hz})$	Wechselstrom $(f = 50\,\mathrm{Hz})$
	I/mA	I/mA	I/mA
Kribbeln	7	2	3,4
Lösungshemmung	35	12	16

Pathologische Wirkung

Bereich I	Empfindungsbeginn bis Lösungshemmung	$I = 0$ bis $25\,\mathrm{mA}$
Bereich II	Blutdrucksteigerung, Herzunregelmäßigkeit, noch erträglich	$I = 25$ bis $80\,\mathrm{mA}$
Bereich III	Bewußtlosigkeit, Herzflimmern	$I = 80$ bis $3\,000\,\mathrm{mA}$
Bereich IV	Reversibler Herzstillstand	$I \approx 3\,\mathrm{A}$

Nach den einschlägigen VDE-Bestimmungen und DIN-Normen sind folgende Maximalspannungen zulässig:

Berührungsspannung $U_{max} = 65\,V$

Schrittspannung $U_{max} = 90\,V$.

Kein elektrisches Gerät darf nach außen führende und dadurch berührbare, spannungsführende Teile haben, deren Spannungen höher als $U = 65\,V$ sind. Unter Schrittspannung versteht man die Spannung, die beim Schreiten über den Boden zwischen beiden Füßen besteht, wenn der Boden selbst stromführend ist. Bei der normalen Spannung des technischen Wechselstromnetzes in Deutschland, $U = 220\,V$, und bei einem Körperwiderstand von $R = 1\,k\Omega$ ergibt sich der Strom $I = 220\,mA$; diese Stromstärke liegt nach Tab. 9.5 im gefährlichen Bereich III. Bei $U = 110\,V$ (USA) liegt $I = 110\,mA$ ebenfalls im Bereich III.

9.5.4 Wirkung des elektrischen Stromes auf den Nerv

Legt man mittels aufgelegter metallischer Elektroden eine elektrische Spannung an einen Teil des menschlichen Körpers oder an einen einzelnen Nerv (*Neuron:* mit kürzeren, Dendriten genannten Fortsätzen und *einem* langen, Neurit genannten, Fortsatz von bis zu 1 m Länge beim Erwachsenen), so fließt ein elektrischer Strom durch das Gewebe bzw. die Zellen oder die Nervenzelle. Zwischen dem Äußeren und dem Inneren einer lebenden Zelle besteht im Ruhezustand die Membranspannung $U = 90\,mV$, wobei das Innere negativ geladen ist (Fig. 9.88a). Nach dem Anlegen des äußeren elektrischen Feldes kann eine „Depolarisation" der Zelle einsetzen, d. h. eine Änderung der angegebenen Membranspannung. Dies ist der elektrische Vorgang der Nervenreizung, sie führt zu Muskelzuckungen (Kontraktionen), wobei nach der anfänglichen Reizung das elektrische Feld ausgeschaltet werden kann, die Reizung gibt nur den Wirkungseinsatz (Triggerung), die Nervenzelle antwortet darauf selbständig, insbesondere repolarisiert sie sich wieder nach Aufhören des Reizes. Ist der fließende Strom schwach, so kann die Diffusion der Depolarisation entgegenwirken. Die Änderung der Polarisation hängt wesentlich von der Strom*dichte* ab. Eine genügend große Stromdichte kann demnach auch lokal den Ablauf normaler Erregungsvorgänge stören, z. B. bei Hinderung der Erregungsbildung am Herzen zum Tode führen.

Der erzeugte Reiz hängt von der Stromstärke I bzw. der Stromdichte j ab. Es gibt dabei aber eine Schwellenstromdichte bzw. eine Schwellenspannung, genannt *Reizschwelle*. Ferner hängt die erzielte Reizung vom Zeitverlauf des Reizstromes ab. Es muß die Polarisation abgebaut werden, wozu eine bestimmte Ladung $\Delta Q = I\,\Delta t$ nötig ist. Sie muß in einer so kurzen Zeit zugeführt werden, daß die Diffusion nicht wieder ab- oder aufbauend entgegenwirkt. Daher ist der elektrische Reiz so lange proportional zur Ladung ΔQ wie Ausgleichsprozesse keine Rolle spielen. Ferner ist die erzielte Wirkung noch abhängig von der Stromrichtung.

Diejenige Stromstärke bzw. Stromdichte, unterhalb derer auch bei beliebig langer

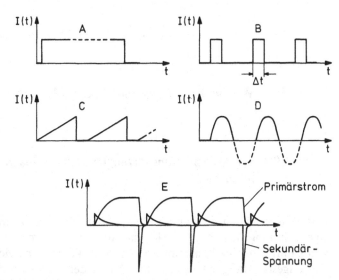

Fig. 9.94 Stromverläufe bei der Elektro-Reizstrom-Therapie

Einwirkung keine Reizwirkung (Muskelkontraktion) auftritt, nennt man Rheobase. In der Praxis verwendet man zur elektrischen Reizung sehr verschiedene Zeitfunktionen der Stromstärke (Fig. 9.94). Bei *A* handelt es sich um Ein- und Ausschalten eines Gleichstromes. *B* bedeutet eine Folge kurzer Strompulse, bei *C* wird ein Schwellstrom verwendet: der Strom steigt linear an und fällt wieder auf Null zurück, und dies wird periodisch wiederholt. Bei *D* handelt es sich um einen Wechselstrom, bei dem durch eine einfache Diodengleichrichtung nur eine Halbwelle verwendet wird. Schließlich zeigt der Verlauf *E* an, daß beim periodischen Einschalten eines Transformators (Abschn. 10.5) an der Sekundärseite sehr hohe Spannungsspitzen auftreten, die benutzt werden.

Beispiel 9.17 Ein Herzschrittmacher arbeitet mittels elektrischer Erregung der Nerven des Herzmuskels, worauf dieser den erwünschten Kontraktionszyklus durchläuft. Durch eine große Vene wird eine isolierte Drahtelektrode aus einer Platinlegierung in den rechten Ventrikel bis unterhalb der Trikuspidalklappe eingeführt und dort verankert, das freie Drahtende wächst an der Verankerungsstelle als die „differente" Elektrode ein, die großflächige „indifferente" Elektrode wird an anderer Stelle implantiert. Der elektrische Schrittmacher-Generator entlädt im Pulsrhythmus einen Kondensator über diese beiden Körperkontakte, wobei an der differenten Elektrode die größte Stromdichte besteht. Der elektrische Puls hat die Dauer von $t = 1$ bis $2\,\text{ms}$. Die (meßbare) Reizschwelle liegt bei $U = 1\,\text{V}$, jedoch wird die Generatorspannung auf rund $U = 5\,\text{V}$ eingestellt. Der Kondensator, dessen Ladung den Stromstoß ergibt, hat die Kapazität von rund $C = 4\,\mu\text{F}$. Die Ladung bei der Reizerregung ist demnach gemäß Gl. (9.77) $Q = CU = 4 \cdot 10^{-6}\,\text{F} \cdot 5\,\text{V} = 20 \cdot 10^{-6}\,\text{As} = 20\,\mu\text{C}$. Die Stromstärke I des Entladepulses ist $I = Q/t = 20 \cdot 10^{-6}\,\text{As}/1 \cdot 10^{-3}\,\text{s} = 20\,\text{mA}$.

10 Wechselspannung und Wechselstrom

10.1 Wechselspannungserzeugung durch elektromagnetische Induktion

Das Prinzip für die Erzeugung *sinusförmiger Wechselspannung* enthält Fig. 10.1. In einem (homogenen) Magnetfeld (das auch von einem Permanentmagneten erzeugt sein kann) wird eine Spule um eine Achse senkrecht zur Zeichenebene mit konstanter Winkelgeschwindigkeit ω gedreht. Der in der Zeit t durchlaufene Drehwinkel ist $\alpha = \omega t$ (s. Abschn. 3.2.2.1). Der bei einem bestimmten Winkel α durch die Spule gehende magnetische Fluß Φ ist durch die magnetische Flußdichte B und die eingezeichnete Fläche $A_\perp = A \cos \alpha$ gegeben (vgl. Gl. (9.144) und Fig. 9.86 b):

$$\Phi = A_\perp \cdot B = A B \cos \alpha = \hat{\Phi} \cos \omega t, \tag{10.1}$$

er ist also zeitlich variabel. Ist n die Anzahl der Windungen der Spule, dann entsteht an ihren Enden gemäß dem Faradayschen Induktionsgesetz Gl. (9.146) die Induktionsspannung

$$U_{\text{ind}} = - n \frac{\mathrm{d}\Phi}{\mathrm{d}t} = n \omega \hat{\Phi} \sin \omega t = \hat{U} \sin \omega t. \tag{10.2}$$

Dies ist eine sinusförmige Wechselspannung: Sie wechselt periodisch mit der Periodendauer $T = 2\pi/\omega$ zwischen den Scheitelwerten $+\hat{U}$ und $-\hat{U}$ hin und her, die Frequenz ist $f = 1/T = \omega/2\pi$. Fig. 10.2 zeigt den zeitlichen Verlauf des magnetischen Flusses Φ nach Gl. (10.1), der die Spule durchsetzt, und die erzeugte Induktionsspannung U_{ind} nach Gl. (10.2). Beim gleichen magnetischen Fluß würde ein schneller laufender Generator (höhere Winkelgeschwindigkeit ω) nicht nur eine höhere Frequenz der Wechselspannung, sondern auch eine höhere Spannung erzeugen, weil auch der Scheitelwert $\hat{U}$ der Wechselspannung nach Gl. (10.2) proportional zur Winkelgeschwindigkeit ω ist.

Aus Fig. 10.2 erkennt man, daß magnetischer Fluß und Induktionsspannung beide sinusförmig sind, daß sie aber niemals zur gleichen Zeit durch ihre Maximalwerte (Scheitelwerte) oder durch Null hindurchgehen: magnetischer Fluß und Induktionsspannung sind gegeneinander *phasenverschoben*. Die induzierte Spannung „eilt dem magnetischen Fluß um den Phasenwinkel $\pi/2$ nach"; d.h. die induzierte Spannung erreicht ihren Maximalwert eine Viertelperiode $T/4$ *später* als der Fluß. Man kann dies aus den Zeitfunktionen in Gl. (10.2) und (10.1) ablesen: Es ist stets $\sin \omega t = \cos (\omega t - \pi/2)$. Der *Phasenwinkel* (das Argument bei der cos-Funktion) des

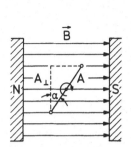

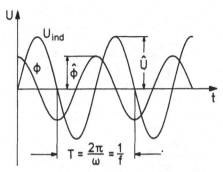

Fig. 10.1 Erzeugung einer sinusförmigen Spannung durch Drehung einer Spule im
homogenen Magnetfeld

Fig. 10.2 Magnetischer Fluß Φ und Induktionsspannung U_{ind} in der Anordnung
Fig. 10.1 sind sinusförmig, aber phasenverschoben

magnetischen Flusses $(\cos \omega t)$ und der Induktionsspannung $(\cos (\omega t - \pi/2))$ unterscheiden sich um $\pi/2 = 90°$ derart, daß $\cos \omega t$ für $t = 0$ den Wert 1, $\cos (\omega t - \pi/2)$ für $\omega t - \pi/2 = 0$, d.h. $t = \pi/2\omega = T/4$ den Wert 1 besitzt.

Wird eine sinusförmige Wechselspannung an einen Leiter angelegt, dann besteht in seinem Innern ein elektrisches Wechselfeld, was zu einer Elektronenbewegung wechselnder Richtung führt. Da die Elektronengeschwindigkeit gering ist (Abschn. 9.3.2.1), kommen die Elektronen nicht „voran", sondern bewegen sich nur um Bruchteile eines Mikrometers hin und her. (In Abschn. 9.3.2.1 fanden wir $v = 0,074\,\mathrm{mm\,s^{-1}}$, so daß die Verschiebung in einer Halbperiode bei $f = 50\,\mathrm{Hz}$, oder $T/2 = 10^{-2}\,\mathrm{s}$, von der Größenordnung $v \cdot T/2 = 0,74\,\mu\mathrm{m}$ ist.) Das bedeutet, daß in einer vollen Periodendauer (also für alle Zeiten) durch einen Leiterquerschnitt keine Ladung transportiert wird. Unabhängig wie groß im Einzelfall die Trägerverschiebung auch sei, definieren wir den *reinen Wechselstrom* nunmehr durch die Gleichung

$$Q = \int_0^T I(t)\,\mathrm{d}t = 0. \tag{10.3}$$

In Fig. 10.3 sind verschiedene Zeitverläufe von Strömen wiedergegeben. Die Teilfigur d) enthält den Verlauf eines nicht-sinusförmigen Stromes, der zudem kein reiner Wechselstrom ist, er enthält noch einen Gleichstromanteil. – Auch das EKG, Fig. 9.89, stellt eine nicht-sinusförmige Spannung dar (Frequenz ist die Pulsfrequenz). Sie wäre eine reine Wechselspannung, wenn die Flächeninhalte der verschiedenen Ausschläge um die „isoelektrische Linie" herum in Summe Null wären.

Die *Messung des Wechselstromes* (oder der *Wechselspannung*) kann mit einem Elektronenstrahl-Oszillographen erfolgen (Fig. 3.3). Je nach den Eigenschaften des Gerätes kann von der Frequenz 0 (Gleichspannung) bis zu Frequenzen im Bereich von 100 MHz gemessen werden. Technische Wechselströme mit der Frequenz $f = 50\,\mathrm{Hz}$ bzw. der Periodendauer $T = 1/f = 0,02\,\mathrm{s}$ (in Europa; in den USA ist i.a. $f = 60\,\mathrm{Hz}$) werden mit direkt anzeigenden Meßgeräten gemessen. Das in Abschn. 9.2.3 beschriebene Drehspulinstrument eignet sich nicht, weil bei der Frequenz $f = 50\,\mathrm{Hz}$

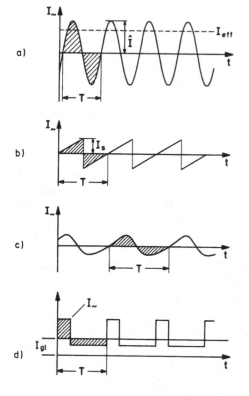

Fig. 10.3
Periodische Stromverläufe
a) sinusförmiger Wechselstrom, mit dem Scheitelwert $\hat{I}$ (lies I-Dach),
b) dreieckförmiger Wechselstrom (Sägezahn-Wech-
selstrom),
c) allgemeiner Wechselstrom,
d) Gleichstrom I_{gl} mit überlagertem Wechselstrom
(sog. Richtstrom)

das Meßwerk wegen seiner Trägheit in der Nullage stehen bleibt. Auch jedes andere
Instrument, das den Mittelwert des Stromes messen würde, ist ungeeignet, denn dieser
Mittelwert Q/T (in der Zeit T transportierte Ladung Q durch die Zeit T des
Stromflusses) ist nach der Definitionsgleichung (10.3) Null, weil $Q = 0$ ist. Eine
Anzeige kann man in diesem Fall mittels eines vorgeschalteten Gleichrichters
(Abschn. 9.3.6.4) erhalten, der nur eine Halbwelle durchläßt: die Anzeige entspricht
dann dem Mittelwert des einseitig pulsierenden Stromes. – Die technischen
Wechselstrom- und Wechselspannungs-Meßgeräte werden in *effektiven Strom-* und
Spannungswerten kalibriert. Man führt sie wie folgt ein: Ein Wechselstrom durchläuft
im Lauf der Periode T alle Werte zwischen einem Maximum und einem Minimum der
Stromstärke (entsprechendes gilt für eine Wechselspannung). Es fragt sich, welcher
Wert als *die* Stromstärke angegeben werden soll. Beim sinusförmigen Strom
(Fig. 10.3a) könnte man den Scheitelwert $\hat{I}$ angeben, und diese Angabe wäre eindeutig.
Wir brauchen aber eine Vorschrift für beliebige Stromverläufe und greifen daher auf
die Wärmewirkung des elektrischen Stromes zurück (Abschn. 9.2.4.4). Sie ist nach
Gl. (9.100) in einem Leiter mit dem Widerstand R in einem Zeitelement dt durch die
Wärmemenge $dQ_{Wärme} = I^2(t)\,R\,dt$ gegeben, ist also proportional zum Quadrat der
Stromstärke und daher unabhängig von der Richtung des Stromes. In jeder Periode T
wird die Wärmemenge

Fig. 10.4
Ein Sinusstrom des Scheitelwerts $\hat{I}$ hat die gleiche Wärmewirkung wie ein Gleichstrom der Stärke $\hat{I}/\sqrt{2}$

$$Q_{\text{Wärme}} = \int_0^T I^2(t)\,R\,\mathrm{d}t \tag{10.4}$$

an den Leiter abgegeben. Die gleiche Wärmemenge würde ein Gleichstrom abgeben, dessen Stärke man aus

$$I_{\text{gl}}^2\,R\cdot T = Q_{\text{Wärme}} \tag{10.5}$$

berechnet. Da dieser Gleichstrom den gleichen Effekt (= Wirkung) hat, nennt man seine Stromstärke die *Effektivstromstärke des Wechselstromes*:

$$I_{\text{eff}}^2\,R\,T = \int_0^T I^2(t)\,R\,\mathrm{d}t\,. \tag{10.6}$$

oder $\quad I_{\text{eff}}^2 = \dfrac{1}{T}\int_0^T I^2(t)\,\mathrm{d}t\,.$ $\qquad\qquad$ (10.7)

Für einen *Sinus-Strom* nach Fig. 10.3 a, nämlich $I = \hat{I}\sin\omega t$ ergibt sich bei Berechnung des Integrals

$$I_{\text{eff}} = \frac{\hat{I}}{\sqrt{2}}\,. \tag{10.8}$$

Dies ist in Fig. 10.4 veranschaulicht: dort ist $I^2 = \hat{I}^2\sin^2\omega t$ aufgezeichnet. Da die schraffierten Flächen gleich groß sind, erkennt man anschaulich, daß die Fläche unter der $\sin^2$-Kurve gleich der Fläche unter der $\hat{I}^2/2$-Horizontale ist.

In Analogie zu Gl. (10.8) hat eine *Sinus-Spannung* des Scheitelwertes $\hat{U}$ den Effektivwert

$$U_{\text{eff}} = \frac{\hat{U}}{\sqrt{2}}\,. \tag{10.9}$$

Bei anderer Form (zeitlichem Verlauf) des Stromes ist die Verknüpfung von I_{eff} (bzw. U_{eff}) mit einem ausgezeichneten Wert von I (bzw. U) durch einen anderen Faktor gegeben; für den Stromverlauf in Fig. 10.3 b (Sägezahn-Stromverlauf) ist $I_{\text{eff}} = I_{\text{s}}/\sqrt{3}$ und $U_{\text{eff}} = U_{\text{s}}/\sqrt{3}$.

Bei einem in Effektivwerten kalibrierten Hitzdrahtmeßwerk (Abschn. 9.2.3), bei dem direkt die Wärmewirkung durch die Ausdehnung eines Drahtes gemessen wird, stimmt die Kalibrierung für alle Stromformen. Bei einem Weicheisenmeßwerk (Abschn. 9.2.3) hängt die Anzeige bei gleichem Effektivwert von der Form des Stromes ab. Mit modernen elektronischen Schaltungen kann man Meßwerke bauen, die nicht nur die oben genannte Gleichrichterwirkung besitzen, sondern die den Strom quadrieren,

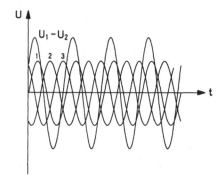

Fig. 10.5
Die drei Wechselspannungen $U_{1,0}$, $U_{2,0}$ und $U_{3,0}$
des Drehstromnetzes

dann den Mittelwert bilden, daraus die Quadratwurzel ziehen und diesen Wert anzeigen. Solche Meßgeräte sind heute im Handel erhältlich.

Strom- und Spannungsangaben bei Wechselstrom erfolgen in aller Regel durch Angabe der Effektivwerte. So bedeutet die Spannung $U = 220\,V$ für das städtische Netz, daß dies die Effektivspannung ist. Die Spannung pendelt damit zwischen den Scheitelwerten $\hat{U} = \pm\,220\,V \cdot \sqrt{2} = \pm\,311\,V$ in der Sekunde 50mal hin und her. Beim Wechselspannungsnetz ist gewöhnlich ein Pol der Steckdose mit Erde verbunden. Das Netz ist jedoch im allgemeinen ein 4-Leiter-Netz: ein Leiter ist stets mit Erde verbunden, die drei anderen haben jeweils die gleiche Effektiv-Spannung von $220\,V$ bezüglich des Nulleiters. Es sind aber diese drei Spannungen $U_{1,0}$, $U_{2,0}$ und $U_{3,0}$ selbst gegeneinander phasenverschoben und zwar um je den Phasenwinkel $120° = 2\pi/3$. Fig. 10.5 enthält ein Bild der Spannungen. Die mit $U_1 - U_2$ bezeichnete Kurve stellt den Verlauf der Spannung $U_{1,2}$ *zwischen* zwei spannungführenden Leitern dar (genannt die „verkettete Spannung" im Gegensatz zur „Phasenspannung" eines einzelnen Leiters gegen den Nulleiter). Der Effektivwert dieser Spannung ist $U_{1,2} = U_{1,0} \cdot \sqrt{3} = 380\,V$, die Maximalspannung also $\hat{U}_{1,2} = U_{1,2} \cdot \sqrt{2} = 537\,V$, sie ist ziemlich hoch und macht die sorgfältige Beachtung von Sicherheitsvorschriften erforderlich. – Viele elektrische Antriebe werden aus dem Dreileiter-Netz betrieben. Handelt es sich um Motoren, dann ist der Drehsinn von der Reihenfolge der Phasenspannungen abhängig, man kehrt ihn also um, wenn man beim Anschluß zwei Phasen vertauscht. – Für derartige Vierleiter-Netze hat sich der Name „Drehstrom-Netz" eingebürgert (auch Drei-phasen-Spannung(snetz)).

10.2 Kondensator und Spule im Wechselstromkreis

10.2.1 Wirkwiderstand (Gleichstromwiderstand) eines Leiters

Wird an einen Leiter eine Gleichspannung U gelegt, so fließt ein Gleichstrom I. Das Verhältnis $R = U/I$ bzw. $G = I/U$ haben wir Widerstand bzw. Leitwert des Leiters genannt (Abschn. 9.2.4.1). Legen wir eine Wechselspannung an einen Leiter, so fließt ein Wechselstrom. Sind Wechselspannung und Wechselstrom in Phase, d. h. erreichen sie zu gleichen Zeitpunkten Maxima bzw. Minima oder Nulldurchgänge, so hat das Verhältnis $R = \hat{U}/\hat{I} = U_{\text{eff}}/I_{\text{eff}}$ bzw. $G = \hat{I}/\hat{U} = I_{\text{eff}}/U_{\text{eff}}$ den gleichen Wert wie bei der Messung mit Gleichstrom. Die Joulesche Leistung (Wärme*wirkung*) des Gleichstroms ($P = UI = I^2 R = U^2 \cdot G$) ist die gleiche wie die mittlere Leistung eines Wechselstroms gleichen Effektivwertes $I_{\text{eff}} = I$ ($P = U_{\text{eff}} I_{\text{eff}} = I^2_{\text{eff}} \cdot R = U^2_{\text{eff}} \cdot G$). Diesen Widerstand nennen wir *Gleichstromwiderstand* (weil es der mit Gleichstrom gemessene Widerstand des Leiters ist) oder besser *Wirkwiderstand*; entsprechend sprechen wir vom *Wirkleitwert*.

10.2.2 Kondensator

Fig. 10.6a enthält das Schaltbild. Steigt die angelegte Wechselspannung $U_{\sim}$ an, so wird der Kondensator geladen, sinkt die Spannung wieder ab, so wird der Kondensator entladen, usw. Die fortwährende Auf- und Entladung des Kondensators bedeutet, daß in den Zuleitungsdrähten ein Wechselstrom fließt. Während ein Kondensator einen Gleichstrom nicht „durchläßt" (außer einem kurzen Ladestromstoß, sein Wirkwiderstand ist $R = \infty$), wird Wechselstrom durchgelassen. Für den Zusammenhang zwischen Strom, Spannung und Ladung des Kondensators gilt (vgl. Abschn. 9.2.1)

$$dQ = I\,dt \quad \text{und} \quad Q = C \cdot U, \quad \text{also} \quad I = C\frac{dU}{dt}. \tag{10.10}$$

Bei einer angelegten Wechselspannung $U = \hat{U}\cos\omega t$ fließt also der Strom

$$I = -\omega C\hat{U}\sin\omega t = \hat{I}\cos\left(\omega t + \frac{\pi}{2}\right), \tag{10.11}$$

woraus für den Scheitelwert des Stromes

$$\hat{I} = \omega C \hat{U} \tag{10.12}$$

folgt. Fig. 10.6b enthält den Spannungs- und Stromverlauf. Beide Größen sind *phasenverschoben*: der Strom eilt der Spannung um $90° = \pi/2$ *voraus*. Aus Gl. (10.12) ist ersichtlich, daß der Strom $\hat{I}$ der Spannung $\hat{U}$ proportional ist – und dies gilt auch für

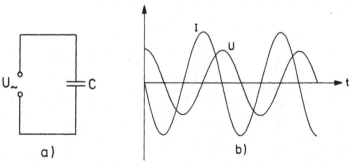

Fig. 10.6 Die Wechselspannung U an einem Kondensator bewirkt den Wechselstrom I durch den Kondensator

die Effektivwerte –, und daher können wir für den *Kondensator* aus dem Verhältnis von Spannung durch Strom in Analogie zu Gl. (9.89) den *Wechselstromwiderstand Z* definieren

$$Z_{\text{Kondensator}} = \frac{\hat{U}}{\hat{I}} = \frac{U_{\text{eff}}}{I_{\text{eff}}} = \frac{1}{\omega C} = \frac{1}{2\pi f C}. \tag{10.13}$$

Der Wechselstromwiderstand des Kondensators ist ein *Blindwiderstand* (Abschn. 10.3), er ist um so kleiner, je größer die Kapazität C und je größer die Frequenz f des Wechselstromes ist. Man muß sich dabei aber merken, daß auch eine Phasenverschiebung zwischen Strom und Spannung besteht. Über $[C]$ = Farad = F, vgl. Abschn. 9.2.1. Die SI-Einheit von $Z_{\text{Kondensator}}$ ist Volt/Ampere, vgl. Abschn. 10.2.3.

10.2.3 Spule

Fig. 10.7a enthält das Schaltbild. Wird eine Wechselspannung $U_{\sim}$ angelegt, dann fließt durch die Spule ein Wechselstrom, der ein zeitlich veränderliches Magnetfeld erzeugt, so daß in der Spule ein zeitlich veränderlicher magnetischer Fluß besteht. Er induziert *in der Spule selbst* eine Spannung, die *Selbstinduktionsspannung*, die an den gleichen Klemmen der Spule entsteht, an denen auch die äußere Wechselspannung angelegt wurde. Man definiert als *Induktivität L* der Spule die Größe, die die Selbstinduktionsspannung mit dem fließenden Wechselstrom verbindet,

$$U_{\text{ind, Spule}} = -L \frac{dI}{dt}. \tag{10.14}$$

Die Induktivität L kennzeichnet die Spule hinsichtlich ihrer *Wechselstrom*eigenschaften. Die SI-*Einheit der Induktivität* folgt aus der Definitionsgleichung (10.14) zu $[L]$ = Vs/A = Henry = H. – Wegen der Induktivität einer Spule s. Gl. (13.56).

Wir nehmen an, daß die Spule aus widerstandslosem Draht hergestellt wurde, ihr Wirkwiderstand (Abschn. 10.2.1) also $R = 0$ ist. Daher würde ein Gleichstrom unendlich groß werden. Das wird bei Wechselstrom durch die Selbstinduktionsspannung verhindert: es besteht Spannungsgleichgewicht, äußere angelegte Spannung U und Selbstinduktionsspannung U_{ind} sind einander entgegengesetzt gleich, wenn ein

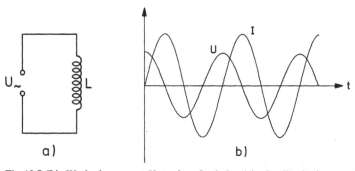

Fig. 10.7 Die Wechselspannung U an einer Spule bewirkt den Wechselstrom I durch die Spule

Wechselstrom $I = \hat{I} \sin \omega t$ fließt. Ist die angelegte Spannung $U = \hat{U} \cos \omega t$, dann folgt aus $U_{\text{ind}} = -U$

$$U_{\text{ind}} = -L \frac{dI}{dt} = -\omega L \hat{I} \cos \omega t = -U = -\hat{U} \cos \omega t, \qquad (10.15)$$

also für den Zusammenhang der Scheitelwerte der angelegten Spannung $\hat{U}$ und des fließenden Stromes $\hat{I}$

$$\hat{U} = \omega L \cdot \hat{I}. \qquad (10.16)$$

Der Wechselstromwiderstand einer Spule, die keinen Wirkwiderstand besitzt, ist also

$$Z_{\text{Spule}} = \frac{\hat{U}}{\hat{I}} = \frac{U_{\text{eff}}}{I_{\text{eff}}} = \omega L = 2\pi f \cdot L; \qquad (10.17)$$

er ist proportional zur Induktivität L und zur Frequenz f.

Die angelegte Spannung $U = \hat{U} \cos \omega t$ und der durch die Spule fließende Wechselstrom $I = \hat{I} \sin \omega t$ sind in Fig. 10.7b aufgetragen. Man sieht, daß der Strom der Spannung um die Zeit $T/4$ bzw. den Winkel $90° = \pi/2$ *nacheilt*, d.h. der Strom hat sein Maximum um die Zeit $T/4$ später als die Spannung. Der Wechselstromwiderstand der Spule ist wie der des Kondensators ein *Blindwiderstand* (Abschn. 10.3). Seine SI-Einheit ist $[Z] = \text{V/A}$; das Verhältnis V/A nennt man hier „scheinbares Ohm" $= \Omega_S$.

10.2.4 Wirkwiderstand, Spule und Kondensator in Serie geschaltet

Bei der Zusammenschaltung von Wechselstromwiderständen treten für Strom und Spannung besondere Verhältnisse auf, weil die Einzelwiderstände frequenzabhängig sind. Eine der Grundschaltungen ist die Serienschaltung von Wirkwiderstand R, Spule (Induktivität L) und Kondensator (Kapazität C), Fig. 10.8. Der Gesamtwiderstand, *Impedanz* genannt, ist gleich der Summe der Einzelwiderstände (Abschn. 9.2.5.1, Gl. (9.101)). Hier muß aber beachtet werden, daß, abgesehen vom Wirkwiderstand R, die anderen beiden Blindwiderstände zu einer Phasenverschiebung von Strom und Spannung führen. Man erhält daher für die *Impedanz* der Serienschaltung nicht einfach die Summe der Widerstände, sondern den komplizierteren Ausdruck

$$Z = \sqrt{R^2 + \left(\omega L - \frac{1}{\omega C}\right)^2}; \qquad (10.18)$$

die Phasenverschiebung φ zwischen Strom und Spannung wird durch die Gleichung

$$\tan \varphi = \frac{1}{R}\left(\omega L - \frac{1}{\omega C}\right) \qquad (10.19)$$

Fig. 10.8
Elektrischer „Zweipol" bestehend aus Wirkwiderstand R, Spule L und Kondensator C, die in Reihe geschaltet sind

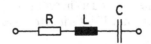

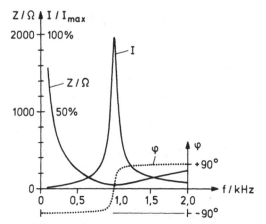

Fig. 10.9 Impedanz Z, Stromstärke I/I_{max} und Phasenverschiebung φ zwischen Spannung und Strom bei dem Zweipol Fig. 10.8, dargestellt als Funktion der Frequenz f (im Strommaximum ist $Z = R$, hier $R = 10\,\Omega$)

angegeben. Fig. 10.9 enthält eine Darstellung der Impedanz Z als Funktion der Frequenz f einer angelegten Wechselspannung. Man sieht, daß bei einer bestimmten Frequenz, nämlich dort wo $\omega L = 1/\omega C$, die Impedanz ein Minimum hat, und dieses ist nach Gl. (10.18) genau $Z = R$. Bei dieser Frequenz ist außerdem die Phasenverschiebung nach Gl. (10.19) Null: Strom und Spannung sind in Phase. Diejenige Frequenz f, bei der die Impedanz Z ein reiner Wirkwiderstand ohne Phasenverschiebung ist, nennt man die *Resonanzfrequenz* der Schaltung (oder des „Schwingkreises", vgl. Abschn. 13.7.2),

$$f_{res} = \frac{\omega_{res}}{2\pi} = \frac{1}{2\pi\sqrt{LC}}. \tag{10.20}$$

Bei der üblichen Netzfrequenz $f = 50\,\text{Hz}$ befindet man sich mit normalen Schaltmitteln immer in einem Bereich weit unterhalb der Resonanz. Ist die Induktivität etwa $L = 1$ Millihenry $= 1\,\text{mH}$ und die Kapazität $C = 10$ Picofarad $= 10\,\text{pF}$, dann ist nach

Gl. (10.20) die Resonanzfrequenz $f_{res} = \dfrac{1}{2\pi}(1 \cdot 10^{-3}\,\text{VsA}^{-1} \cdot 10 \cdot 10^{-12}\,\text{AsV}^{-1})^{-1/2}$ $= 1{,}6\,\text{MHz}$.

Da die Impedanz Z von der Frequenz abhängt, trifft dies bei einer bestimmten angelegten Spannung auch für den Strom zu, der damit ebenfalls frequenzabhängig wird. Ein solches Verhalten eines Gerätes (Zweipol, Verstärker usw.) wird dadurch bezeichnet, daß man vom *Frequenzgang* (des Zweipols, der Verstärkung) spricht. Sollen durch eine elektrische Schaltung zeitlich variable Spannungen oder Ströme übertragen werden, dann ist es wichtig zu wissen, ob diese formgetreu übertragen werden, oder ob wegen vorhandener Resonanzfrequenzen einzelne Frequenzen eines Frequenzgemisches besonders hervorgehoben oder unterdrückt werden. Zum Beispiel erwartet man, daß ein EKG formgetreu geschrieben und nicht verzerrt aufgezeichnet wird.

10.3 Leistung des Wechselstromes

Wir haben in Abschn. 10.2.4 gesehen, daß ein allgemeiner Wechselstromwiderstand zu einer Phasenverschiebung zwischen Strom und Spannung führt. Wir halten an der in Abschn. 9.2.4.4 getroffenen Definition der elektrischen Leistung als Produkt aus Stromstärke und Spannung fest und erhalten damit die momentane Wechselstromleistung. Unter der *Leistung des Wechselstromes* verstehen wir dann aber den *Mittelwert* der momentanen Leistung in einer Periode T, also

$$P = \frac{1}{T} \int_0^T I(t) \cdot U(t)\, \mathrm{d}t = \frac{1}{T} \int_0^T \hat{I} \cos(\omega t - \varphi)\, \hat{U} \cos \omega t\, \mathrm{d}t$$

$$= \frac{1}{2}\, \hat{I}\hat{U} \cos \varphi = I_{\mathrm{eff}}\, U_{\mathrm{eff}} \cos \varphi.$$

(10.21)

Diese Leistung ist die *Wirkleistung*. Besteht keine Phasenverschiebung zwischen Strom und Spannung ($\varphi = 0$), dann gilt die einfache, vom Gleichstrom bekannte Formel, $P = I_{\mathrm{eff}} U_{\mathrm{eff}}$. Die Phasenverschiebung $\varphi = 0$ besteht für alle Frequenzen, wenn die Schaltelemente eines Schaltkreises weder Kapazität noch Induktivität besitzen. Ist dagegen der Schaltkreis insgesamt *rein* kapazitiv oder induktiv wirksam, dann ist die Phasenverschiebung $\varphi = 90°$ und $\cos \varphi = 0$, also verschwindet die Wirkleistung. Den Grund dafür kann man aus Fig. 10.6b ablesen: Maximaler Strom (Ladestrom des Kondensators) tritt immer dann auf, wenn die Spannung Null ist, maximale Ladung des Kondensators (also maximale Spannung) besteht dann, wenn der Strom Null geworden ist, und diejenige Ladung, die man zum Laden des Kondensators braucht, gewinnt man immer wieder vollständig zurück, wenn der Kondensator sich wieder ins Netz entlädt. – Ähnliches gilt auch für das Schaltelement „Spule". Ein Schaltelement oder ein ganzer Schaltkreis, der zur Phasenverschiebung $\varphi = \pm 90°$ führt, in dem also keine Wirkleistung umgesetzt wird, hat einen *Blindwiderstand*. Diese Bezeichnung haben wir schon in Abschn. 10.2.2 und 10.2.3 eingeführt.

Beispiel 10.1 Bei einem rein induktiven oder rein kapazitiven Verbraucher ist die Wirkleistung Null, man braucht keine Stromrechnung zu bezahlen. Da aber z.B. die Ladeströme eines Kondensators die Netzkabel des Elektrizitätswerkes belasten (erwärmen!), so verlangt dieses von den Großverbrauchern die Einhaltung bestimmter Belastungsbedingungen. Ein solcher Großverbraucher ist z.B. das in der Strahlentherapie benutzte Betatron zur Erzeugung hochenergetischer Elektronen- und/oder Röntgen-Strahlung. Zur Vermeidung der Blindströme schaltet man parallel zur Spule des Betatrons einen Kondensator, so daß Gl. (10.20) erfüllt ist; aus dem Netz werden dann nur noch die Verluste dieses Schwingkreises gedeckt (und bezahlt), vgl. Abschn. 13.7.2.

10.4 Wiedergabe elektrischer Pulse mittels einfacher Schaltmittel

10.4.1 *R-C*-Glied

Dieses Beispiel wurde schon in Abschn. 9.2.5.5 behandelt und dort als Einschaltvorgang eines Kreises mit Wirkwiderstand R und Kondensator C besprochen. Das R-C-Glied ist ein „Vierpol", die Ausgangsspannung U_a an den beiden Ausgangsklemmen ist mit der Eingangsspannung U_e an den beiden Eingangsklemmen in einer durch die Schaltelemente gegebenen Weise verknüpft. Fig. 9.59 enthielt verschiedene Spannungsverläufe der Ausgangsspannung, wenn die Zeitkonstante $\tau = RC$ der Schaltung verschiedene Werte hatte. Es ergab sich, daß ein rechteckiger Spannungspuls durch den Vierpol um so stärker verformt wird, je größer τ gewählt wird.

10.4.2 *R-L*-Glied

Fig. 10.10 enthält die Schaltskizze dieses Vierpols. Stromkreise mit Induktivitäten sind insbesondere solche, die Transformatoren (Abschn. 10.5) oder Elektromagnete enthalten. Auch das R-L-Glied ist ein Vierpol. Ausgangsspannung U_a und Eingangsspannung U_e sind in einer durch die Induktivität L und den Wirkwiderstand R bestimmten Weise miteinander verknüpft. Das R-L-Glied hat die Zeitkonstante $\tau = R/L$, und die Verformung rechteckiger Spannungsverläufe wird wieder durch die Wahl der Zeitkonstante bestimmt. Man wird τ so wählen, daß vorgegebene Eingangs-Spannungsverläufe möglichst wenig verformt werden. – Neben dieser selbstverständlich erscheinenden Forderung gibt es aber sowohl für den R-L- wie für den in Abschn. 10.4.1 besprochenen R-C-Vierpol eine ganz andere Verwendungsweise, nämlich für *Rechenoperationen*, wenn man die Zeitkonstanten dafür geeignet wählt: Mit dem R-L-Vierpol können Spannungen im mathematischen Sinn *differenziert* werden, der R-C-Vierpol eignet sich zur Spannungs*integration*.

10.5 Der Transformator

Der Transformator dient dazu, um Wechselspannungen an die vom Verbraucher geforderten anzupassen. Die übliche Netzspannung ist $U_{eff} = 220\,\text{V}$, jedoch benötigt man zur Heizung der Glühkathode einer Röntgenröhre ca. $U = 20\,\text{V}$, und für die

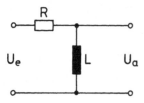

Fig. 10.10
Ein *R-L*-Glied, aufgefaßt als ein Vierpol-Schaltelement

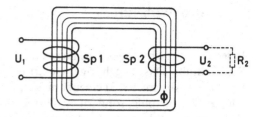

Fig. 10.11 Schema des Transformators

Erzeugung der Hochspannung von Diagnostik- oder Therapieröhren werden Spannungen von 20 kV bis 200 kV benötigt. Fig. 10.11 enthält eine Prinzipskizze eines Transformators. Auf einen geeignet dimensionierten Eisenkern, – der einen wesentlichen Beitrag zum Gewicht des Transformators gibt – wird einerseits eine Primärspule Sp 1 mit n_1 (Kupferdraht-)Windungen gebracht, andererseits eine Sekundärspule Sp 2 mit der Windungsanzahl n_2. Legt man an die Primärspule Sp 1 eine Wechselspannung U_1 (Primärspannung), so fließt in dieser Spule ein Wechselstrom. Er erzeugt ein magnetisches Wechselfeld, dessen Feldlinien fast ausschließlich im geschlossenen Eisenkern verlaufen (magnetische Eigenschaften der Materie in Abschn. 11.2). Die Gesamtheit dieser Feldlinien bestimmt den magnetischen Wechselfluß (Abschn. 9.4.3), der die Sekundärspule Sp 2 (zu mehr als 90 %, der Rest wird Streufluß genannt) durchsetzt und in dieser nach dem Induktionsgesetz Gl. (9.146) eine Wechselspannung U_2 (Sekundärspannung) induziert. Die Primär- und Sekundärspannung stehen, falls der Streufluß Null ist, in einem nur durch die Anzahlen n_1 und n_2 der Windungen der Primär- und Sekundärspule gegebenen Verhältnis,

$$\frac{U_2}{U_1} = -\frac{n_2}{n_1}. \tag{10.22}$$

Soll die Sekundärspannung also 1 000 mal so groß wie die Primärspannung sein, dann muß die Sekundärspule 1 000 mal so viele Windungen wie die Primärspule haben.

Das Spannungsverhältnis Gl. (10.22) gilt zunächst für den Leerlauf des Transformators, also ohne angeschlossenen Verbraucher. Wird ein Verbraucher angeschlossen, symbolisiert durch den Widerstand R_2, dann fließt an der Sekundärseite der Verbraucherstrom I_2. Dieser erzeugt selbst ein Magnetfeld im Eisenkern, und dadurch kommt eine Rückwirkung auf die Primärseite zustande, so daß dort ebenfalls ein höherer Strom fließt. Das ist der auf der Primärseite meßbare „Verbraucherstrom" I_1. Das magnetische Feld im Eisen wird dennoch – wie man zeigen kann – kaum geändert, jedoch passen sich die Ströme I_2 und I_1 immer so an, daß letztlich der Energiesatz erfüllt ist: die an der Sekundärseite entnommene Leistung muß an der Primärseite hineingesteckt werden, also $I_2 U_2 = I_1 U_1$. Mit Gl. (10.22) folgt daraus, daß die Ströme (Belastungsströme) im umgekehrten Verhältnis der Windungszahlen stehen, $I_2 : I_1 = n_1 : n_2$. Diese einfache Beziehung gilt aber nur solange wie man die durch I_1 und I_2 an Primär- und Sekundärspule erzeugten Spannungsabfälle gegen U_1 bzw. U_2 vernachlässigen kann.

10.6 Wirbelströme

In jedem Querschnitt des Eisenkerns eines Transformators besteht ein magnetischer Wechselfluß. Das zugehörige elektrische Wirbelfeld mit seinen geschlossenen Feldlinien (Abschn. 9.4.3) erzeugt nicht nur Induktionsspannungen in der Sekundär- und der Primärspule, sondern es führt auch in jedem Querschnitt des Eisenkerns zu einer Elektronenbewegung, also einem elektrischen *Wirbelstrom*. Er ist Anlaß für „Verluste", weil die Elektronen eine Reibung erfahren, bestimmt durch die Resistivität des Eisens.

Auch in jedem anderen elektrischen Leiter, durch den ein magnetischer Fluß verläuft, der sich zeitlich ändert, entstehen Wirbelströme. Sie werden industriell zur Werkstoff-Aufheizung benützt, und sie finden in der medizinischen Wärmetherapie Anwendung (Abschn. 13.7.5).

Wie mit den Versuchen, die in Fig. 9.84 und 9.85 skizziert sind, gezeigt wurde, kommt eine Induktionsspannung, also auch ein elektrisches Wirbelfeld, auch dann zustande, wenn ein Leiter so in einem magnetischen Feld bewegt wird, daß durch eine abgegrenzte Fläche sich der magnetische Fluß ändert. Das geschieht zum Beispiel auch dann, wenn etwa ein massives Kupferstück (hohe elektrische Leitfähigkeit) so durch ein Magnetfeld hindurchbewegt wird, daß der magnetische Fluß durch jede eingezeichnete Fläche (Fig. 10.12) deshalb verändert wird, weil *vor* dem Magnetfeld kein Fluß, *im* Magnetfeld voller Fluß besteht. Die Flußänderungsgeschwindigkeit ist proportional zur Geschwindigkeit v, also sind auch die Wirbelströme proportional zu v, und damit sind es auch die elektrischen Verluste. Diese Verluste führen zu einer Bremsung (auf die in Bewegung geratenen Elektronen wirkt durch das Magnetfeld eine Kraft, die die Bewegung hemmt). Man benützt diese Wirbelstrombremsung in den moderneren Ausführungen des Fahrrad-Ergometers (Abschn. 7.6.3.4).

Wirbelströme, also auch Wirbelstromverluste werden vermieden, wenn man die Ausbildung der elektrischen Ströme verhindert. Das geschieht beim Transformator durch Lamellierung des Eisenkerns (mit isolierenden Zwischenschichten) senkrecht zum Querschnitt sowie Verwendung von legierten Eisenblechen hoher Resistivität; entsprechend verfährt man auch bei anderen Problemen dieser Art.

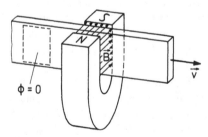

Fig. 10.12 Wirbelstrombremsung eines Leiters, der in ein Magnetfeld hineingeführt wird

11 Materie im elektrischen und magnetischen Feld

11.1 Isolierende (nicht-leitende) Stoffe im elektrischen Feld

Leiter enthalten freie Ladungsträger, die bei Anlegen einer Spannung dem elektrischen Feld folgen und den elektrischen Strom bilden (Abschn. 9.2.2.1). Bringt man einen *isoliert aufgestellten Leiter* in ein elektrisches Feld, dann führt die Verschiebung der Ladungsträger zu einer solchen Ladungsverteilung auf der Oberfläche des Leiters, daß schließlich das elektrische Feld im Leiterinnern Null wird: Der Vorgang heißt Influenz und wurde in Abschn. 9.2.1 besprochen (vgl. auch Fig. 9.36).

Isolierende Stoffe enthalten *keine freien Ladungsträger*, jedoch sind diejenigen Ladungsträger vorhanden, die die Atome und Moleküle des Stoffes aufbauen. Es ist daher zu erwarten, daß in den isolierenden Stoffen eine Verschiebung der in den Atomen und Molekülen *gebundenen* Ladungsträger entsteht. Ein einfaches Experiment zeigt dieses. Legt man an die Klemmen eines Kondensators (in Fig. 11.1 ein Plattenkondensator, Plattenabstand d) eine Spannung U, so fließt kurzzeitig ein Ladestrom; die in der Schalterstellung 1 aufgelaufene elektrische Ladung ist $Q_0 = C_0 \cdot U$. Nach der Ladung besteht im Plattenkondensator das elektrische Feld $E = U/d$. Wir

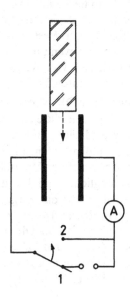

Fig. 11.1
Grundversuch zu den dielektrischen Eigenschaften
der Stoffe

Tab. 11.1 Dielektrizitätskonstanten ε einiger Stoffe

Vakuum	1,000 000	Bernstein	2,2 bis 2,9
trockene Luft (1,013 bar, 0 °C)	1,000 594	Buna S	3,7
Wasser (20 °C)	80,3	Glas	3 bis 15
Glycerin (20 °C)	41,1	Polyäthylen	2,3
Äthanol (20 °C)	25	Steatit	5,5 bis 6,5
Chloroform (20 °C)	4,8	Rizinusöl	4,6
Äthyläther (20 °C)	4,33		
Benzol (20 °C)	2,28		

schieben nun zwischen die Platten eine Scheibe isolierenden Materials ein: man beobachtet während des Einbringens das Auffließen einer zusätzlichen Ladung Q_{Zusatz}. Nach Umlegen des Schalters in Stellung 2 wird der Kondensator *ent*laden: man mißt das Abfließen der Ladung $Q_{\text{mit}} = Q_0 + Q_{\text{Zusatz}}$, wodurch das vorherige Auffließen beider Ladungen bestätigt wird. Wir nennen den Isolator ein *Dielektrikum*. Da der Kondensator *mit* Dielektrikum bei fester Spannung U mehr Ladung aufgenommen hat als *ohne* Dielektrikum, ist seine Kapazität mit Dielektrikum vergrößert,

$$C_{\text{mit}} = \frac{Q_{\text{mit}}}{U}, \qquad C_0 = C_{\text{ohne}} = \frac{Q_0}{U} = \frac{Q_{\text{ohne}}}{U}, \qquad C_{\text{mit}} > C_{\text{ohne}}. \qquad (11.1)$$

Wir definieren als *Dielektrizitätskonstante* (abgekürzt: DK) des Stoffes die Größe

$$\varepsilon \overset{\text{def}}{=} \frac{C_{\text{mit}}}{C_{\text{ohne}}} = \frac{\text{Kapazität mit Dielektrikum}}{\text{Kapazität ohne Dielektrikum}}. \qquad (11.2)$$

Da man hier die DK als Verhältnis zweier Größen einführt, so bezeichnet man sie auch als „relative DK". Man bezieht aber *alle* Angaben der DK auf das „Vakuum", daher sprechen wir hier nur von der Dielektrizitätskonstanten. Unter Verwendung einer Gleichspannung findet man Werte der DK wie sie in Tab. 11.1 wiedergegeben sind. Über Ergebnisse bei Verwendung von Wechselspannung siehe unten. Wie die Tab. 11.1 zeigt, ist die DK von Wasser besonders groß, Luft hat praktisch die DK $\varepsilon = 1$, das Vakuum hat durch Definition die DK $\varepsilon = 1$,

Mit der Einführung einer DK ist der Sachverhalt zwar beschrieben, aber noch nicht erklärt. Da beim Experiment die elektrische Spannung konstant gehalten wurde, so ist auch die elektrische Feldstärke unverändert. Auf die Kondensatorplatten ist aber die Zusatzladung Q_{Zusatz} aufgeflossen, und von dieser müssen Feldlinien ausgehen. Sie müssen demnach schon auf der Oberfläche des eingebrachten Materiestückes enden (Fig. 11.2). Das ist möglich, wenn dort durch das elektrische Feld eine Oberflächenladung erzeugt worden ist, die das entgegengesetzte Vorzeichen wie die Zusatzladung hat. Damit ist das *Dielektrikum polarisiert* worden. Quantitativ wird unter Polarisation das Verhältnis von Oberflächenladung durch Fläche verstanden, also hier $P = Q_{\text{Zusatz}}/A = Q_{\text{Zusatz}} \cdot d/A \cdot d = Q_{\text{Zusatz}} d/V$, wobei $V = A \cdot d$ das Volumen des Dielektrikums ist. Das Produkt aus Ladung mal Abstand haben wir schon früher als *Dipolmoment p_e* bezeichnet (Gl. (7.11)). Damit ist die *Polarisation des Dielektrikums*

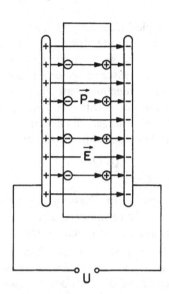

Fig. 11.2
Durch ein elektrisches Feld $\vec{E}$ wird ein Dielektrikum
polarisiert, es entsteht die Polarisation $\vec{P}$

$$P = \frac{p_e}{V},\tag{11.3}$$

also gleich der räumlichen *Dipolmomentdichte*. Das bedeutet, daß jedes Volumenelement ΔV ein elektrisches Dipolmoment erhalten hat, das gleich $P \Delta V$ ist. Im atomaren Bild wird dies wie folgt erklärt.

Wir betrachten zunächst das *Wassermolekül*, das ein Beispiel für alle diejenigen Moleküle ist, die ein *permanentes elektrisches Dipolmoment* $\vec{p}_e$ haben (vgl. Abschn. 7.3.4 und 7.3.5.2). Unter der Wirkung eines elektrischen Feldes $\vec{E}$ erfährt jeder einzelne Dipol das Drehmoment

$$\vec{M} = \vec{p}_e \times \vec{E}\tag{11.4}$$

und wird dadurch in das Feld hineingedreht (s. auch Fig. 7.13). Die *Dipole werden* also *ausgerichtet*, und dadurch entsteht die makroskopische Polarisation. Dieser Mechanismus gilt für alle Stoffe, deren Atome oder Moleküle ein permanentes Dipolmoment haben. Für sie und auch für *alle anderen Stoffe* gibt es noch einen zweiten Mechanismus: das elektrische Feld verschiebt die Elektronenhülle und die positiv geladenen Atomkerne etwas gegeneinander, weil die auf negative und positive Ladungen ausgeübten Kräfte entgegengesetzt gerichtet sind. Es entsteht damit ein *induziertes Dipolmoment*, das immer in Richtung des Feldes liegt und das in erster Näherung proportional zur Feldstärke ist. Dagegen sieht man bei den permanenten Dipolen die Abhängigkeit von der elektrischen Feldstärke nicht sofort: es handelt sich dort um eine Konkurrenz zwischen ausrichtender Wirkung des elektrischen Feldes und desorientierender Wirkung der thermischen Stöße. Die Polarisation durch permanente Dipole ist daher temperaturabhängig. Das ist bei den Körperflüssigkeiten nicht von großer Bedeutung, weil der menschliche Körper praktisch dauernd die gleiche Temperatur hat.

Die hohe DK des Wassers (vgl. Tab. 11.1) ist von großer Bedeutung für Wasser als Lösungsmittel. Gelöste Ionen umgeben sich stets mit einer Hydrathülle von Wasserdipolen, die sich um die Ionen orientiert anlagern (Fig. 8.19). Elektrische Feldlinien, die zwischen gelösten Ionen verlaufen, enden daher zum Teil in unmittelbarer Umgebung an den Wasserdipolladungen, und damit wird die elektrische Coulomb-Kraft zwischen den Ionenladungen um den Faktor ε vermindert. Das gilt für alle Ladungen, die sich in einem Medium mit der DK ε befinden. Allgemein lautet damit das Coulombsche Gesetz (Gl. (7.8)) in einem solchen Fall

$$F = \frac{1}{\varepsilon} \frac{1}{4\pi\varepsilon_0} \frac{Q_1 Q_2}{r^2}. \tag{11.5}$$

Zwischen Ionen, die in Wasser gelöst wurden, wird also die Anziehungskraft etwa um den Faktor $\varepsilon = 80$ vermindert, und daher reicht die thermische Bewegung dann aus, um in der Lösung einmal gelöste Ionen als solche zu halten.

Wird die DK anstelle von Gleichspannung mit *Wechselspannung* gemessen, dann erweist sie sich als *von der Frequenz abhängig*. Bei einem Stoff mit permanenten Dipolmomenten werden sich bei geringen Frequenzen die Dipole zunächst noch dem Feld folgend umorientieren können. Mit wachsender Frequenz macht sich bemerkbar, daß die Moleküle sich in einer viskosen Flüssigkeit befinden: sie können dem Feld nicht mehr exakt folgen. Bei genügend hohen Frequenzen können sie dem Feld überhaupt nicht mehr folgen und bleiben – abgesehen von ihrer thermischen Bewegung – praktisch regellos, unpolarisiert liegen. Die DK sinkt dann auf den Wert, der allein noch durch die induzierte Polarisation gegeben ist. Schließlich wird man bei weiter gesteigerter Frequenz in den Bereich der Lichtfrequenzen kommen, wo die Folge der Polarisation die optische Brechung des (durchsichtigen) Stoffes ist. In Fig. 11.3 ist der Verlauf der DK von reinem Wasser als Funktion der Frequenz aufgezeichnet. Man sieht, daß der Abfall der DK in einem relativ scharfen Frequenzbereich auftritt. Da in diesem Bereich die Viskosität wesentlich ist, was zur Reibung führt, so entsteht in diesem Bereich Reibungswärme, das Wasser wird warm.

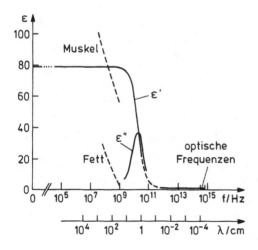

Fig. 11.3
Abhängigkeit der DK ε von Wasser von der Frequenz f des elektrischen Wechselfeldes. Eingetragen ist auch der Verlauf der DK für Muskel- und Fettgewebe. Die Abszisse λ ist die zur Frequenz f gehörige, sich mit der Lichtgeschwindigkeit c ausbreitende Welle, $\lambda = c/f$

Das wird heute in den Mikrowellenherden ausgenutzt. Medizinisch wird ebenfalls zur Gewebserwärmung Mikrowellentherapie benutzt. Man arbeitet bei der Frequenz $f = 2,45\,GHz$. Andere Bestrahlungseinrichtungen arbeiten im Dezimeterbereich (433,92 MHz), oder mit sog. Kurzwelle (27,12 MHz), wo andere Erwärmungsvorgänge ausgenützt werden (Abschn. 13.7.5). In Fig. 11.3 sind zwei verschiedene Kurven, ε' und ε'', aufgezeichnet. Die erste repräsentiert die „reelle" DK, die zweite den „imaginären Anteil", der den Energieentzug aus der Hochfrequenzstrahlung beschreibt, hervorgerufen durch Reibung, und der damit zu einer Phasenverschiebung zwischen Polarisation und anregendem Feld führt („$\cos\varphi$" in Gl. (10.21)). Schließlich kann man aus Fig. 11.3 auch noch eine charakteristische Zeit, die *Relaxationszeit*, entnehmen: Ist die Schwingungsdauer des elektrischen Feldes groß gegen diese Zeit, dann kommen die Dipole mit dem Feld mit, ist sie klein dagegen, dann folgen sie dem Feld nicht mehr. Die Relaxationszeit kann also etwa als der Kehrwert derjenigen Frequenz abgelesen werden, bei der die DK auf die Hälfte abgesunken ist. Aus Fig. 11.3 entnimmt man $f = 18,2\,GHz$, also $T_{Relax} = 1/f = 5,5 \cdot 10^{-11}\,s$.
Organisches Gewebe hat wegen der mit Ladung bzw. elektrischem Dipolmoment versehenen großen Moleküle (Proteine, Nucleinsäuren, Aminosäuren), zellularer und sub-zellularer Bestandteile eine um mehrere Zehnerpotenzen größere DK als Wasser. Sie fällt aber ebenfalls (in gewissen Stufen) mit wachsender Frequenz ab; bei hohen Frequenzen ist die DK des Gewebes diejenige von Wasser (Fig. 11.3).

11.2 Materie im Magnetfeld

Wir gehen ähnlich dem elektrischen Fall vor und untersuchen das Magnetfeld in einer Spule, die mit Materie gefüllt ist. Dazu greifen wir auf das Induktionsexperiment, dargestellt in Fig. 9.82, zurück. Wird die Spule Sp 1 mit einem Eisenkern versehen, dann sind die Induktionsspannungen wesentlich größer als ohne Eisenkern. Wird nach dem Einschalten des Feldes der Kern von Hand entfernt, dann wird dabei ebenfalls ein großer Induktionsspannungsstoß beobachtet. Es folgt, daß durch die Materie eine Erhöhung des magnetischen Flusses, also auch der Flußdichte B erfolgt ist: die Materie ist magnetisiert worden. Ähnlich wie im elektrischen Fall schreiben wir für die Flußdichte $B_{mit} = B_{ohne} + B_{Zusatz} = B_{ohne} + M$ und nennen M die *Magnetisierung* der Materie. Sie ist analog wie im elektrischen Fall auch beschreibbar als *magnetische*, *räumliche Dipolmomentdichte*. Wir definieren die magnetische Eigenschaft eines Stoffes durch seine *Permeabilität* μ, wobei

$$\mu \stackrel{def}{=} \frac{\text{magnetische Flußdichte mit Materie}}{\text{magnetische Flußdichte ohne Materie}} = \frac{B_{mit}}{B_{ohne}}. \tag{11.6}$$

Der Zusammenhang zwischen der Flußdichte $\vec{B}$ in einem magnetisierbaren Stoff (also B_{mit}) und der magnetisierenden Feldstärke $\vec{H}$ lautet damit

$$\vec{B} = \mu\,\vec{B}_0 = \mu\,\mu_0\,\vec{H}. \tag{11.7}$$

Eine einfache Vorstellung über die Magnetisierung kann davon ausgehen, daß man mit Eisen Permanentmagnete erzeugen kann. Sie stellen große magnetische Dipole dar (Feldlinienbild in Fig. 9.76). Unterteilt man sie in kleinere Stücke, so findet man stets erneut Dipole, niemals „Monopole". Die Suche nach einzelnen magnetischen „Ladungen" ist bislang erfolglos geblieben. Man kann sich daher vorstellen, daß bei der Magnetisierung atomare Dipole ausgerichtet werden. Die Verhältnisse sind jedoch komplizierter. Man unterscheidet im wesentlichen drei Gruppen von Stoffen.

1. *Paramagnetische Stoffe.* Es handelt sich um Stoffe, deren Atome bzw. Moleküle ein permanentes magnetisches Moment tragen: ein um einen Atomkern umlaufendes Elektron stellt einen Kreisstrom dar, der in seiner Umgebung ein Magnetfeld erzeugt, das ein „Dipolfeld" ist (Fig. 7.10), der atomare Kreisstrom ist einem atomaren magnetischen Dipol äquivalent. Enthält ein Atom mehrere Elektronen in seiner Hülle, so addieren sich die atomaren magnetischen Dipolmomente bei einem paramagnetischen Stoff gerade so, daß das ganze Atom ein magnetisches Dipolmoment trägt. Ein magnetisches Feld orientiert die Atomdipole und verursacht so die Magnetisierung. Ähnlich wie im elektrischen Feld hängt auch hier die Permeabilität von der Temperatur des Stoffes und bei einem magnetischen Wechselfeld von dessen Frequenz ab. Die Permeabilität der paramagnetischen Stoffe ist positiv und größer als eins (Tab. 11.2), d. h. solche Materie im Magnetfeld vergrößert die Flußdichte B. Auffallend ist die große Permeabilität von flüssigem Sauerstoff. Bringt man flüssigen Sauerstoff in ein *inhomogenes* Magnetfeld (Fig. 11.4), so sieht man, daß der Sauerstoff heftig in die Inhomogenität hineinströmt, dorthin, wo die Feldstärke zunimmt, Die Deutung dieses Effektes besteht darin, daß die permanenten magnetischen Dipolmomente der O_2-Moleküle zunächst in die Feldrichtung hineingedreht werden. In dieser Stellung erfahren die Dipole eine Kraft in Richtung wachsender Feldstärke. Eine solche Kraft hatten wir schon an Hand der Fig. 7.13 für die Lage A eines (elektrischen) Dipols im inhomogenen (elektrischen) Feld gefunden.

2. *Diamagnetische Stoffe.* Ihre Permeabilität ist $\mu < 1$. Das bedeutet, daß die Materie zwar magnetisiert wird, aber die Flußdichte wird verkleinert, die Magnetisierung des Stoffes ist umgekehrt zum äußeren Feld orientiert. Beispiele für diamagnetische Stoffe

Tab. 11.2 Permeabilität μ einiger paramagnetischer Stoffe

Vakuum	1,000 000
Aluminium	1,000 02
Platin	1,000 264
Mangan	1,000 730
Sauerstoff, Gas, 1 bar	1,000 001 7
Sauerstoff, flüssig	1,003 6

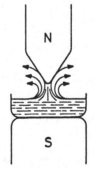

Fig. 11.4 Flüssiger Sauerstoff wird in Richtung wachsender Feldstärke in ein Magnetfeld hineingezogen

sind Wasserstoff, Kupfer, Wasser, NaCl, und insbesondere Wismut. Diamagnetismus haben *alle* Stoffe, jedoch überwiegt bei den Stoffen mit permanenten atomaren Dipolen ihr Paramagnetismus den Diamagnetismus.

Die Atome enthalten sämtlich Elektronen, die sich in einem einfachen Atommodell auf Kreisbahnen um den Kern bewegen. Das Hineinbringen des Stoffes in ein Magnetfeld oder das Einschalten eines Magnetfeldes erzeugt eine Induktionsspannung in diesen kleinen Elektronenbahnen, und diese ist gerade so beschaffen, daß sie eine Wirkung hervorruft, die der Ursache entgegenwirkt (vgl. das Minuszeichen in Gl. (9.146); *Lenzsche Regel*). Sie erzeugt eine Bremsung bzw. eine Beschleunigung der Elektronen gerade so, daß eine Verminderung des angelegten Magnetfeldes entsteht.

3. *Ferromagnetische Stoffe.* Ihre Permeabilität ist wesentlich größer ($\mu \approx 1000$) als die der paramagnetischen Stoffe. Sie kommt dadurch zustande, daß permanente atomare Dipole sich in ganzen Bezirken (genannt *Weißsche Bezirke*) vollständig parallel zueinander ausrichten, so daß die Bezirke ein großes magnetisches Moment besitzen. Ohne äußeres Feld sind diese Momente noch ungeordnet, bei Anwendung eines Magnetfeldes klappen erstens die Bezirke mit „falscher" Richtung des magnetischen Momentes in die „richtige" Richtung um, zweitens drehen sich bei hohen Feldstärken die Einzeldipole der Bezirke noch in das Feld hinein. Der Zusammenhang zwischen Magnetisierung M und magnetisierendem Feld H, die „Magnetisierungskurve", ist wegen dieser komplexen Prozesse nicht einfach. Man kann die Magnetisierungskurve mit einer Anordnung nach Fig. 11.5a aufnehmen. Der durch die Toroidspule fließende Strom I erzeugt dort die magnetische Feldstärke H. Im zu untersuchenden Stoff, mit dem die Toroidspule gefüllt ist, entsteht die Kraftflußdichte $B = \mu\mu_0 H$ (Gl. (11.7)). Man arbeitet z. B. mit Wechselstrom und erhält an den Klemmen der Induktionsspule die Induktionsspannung U_{ind} und durchfährt dabei die Magnetisierungskurve periodisch. Die Magnetisierungskurve hat eine Form wie in Fig. 11.5b wiedergegeben: sie zeigt *Hysterese*, d.h. von einem hohen Wert der magnetischen Feldstärke herkommend durchläuft man nicht die ursprüngliche Kurve rückwärts, sondern beim Feld $H = 0$ bleibt eine Magnetisierung übrig, die man *remanente Magnetisierung* M_r nennt. Man muß das Feld umkehren und bis auf einen bestimmten Wert steigern, die *Koerzitiv-Feldstärke* H_k, um die remanente Magnetisierung zu beseitigen. Die gestrichelt gezeichnete Kurve N durch den Ursprung erhält man nur, wenn man mit völlig unmagnetischem Material beginnt (jungfräuliche

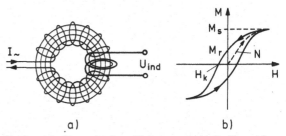

a)   b)

Fig. 11.5 Messung der Magnetisierung M eines Stoffes mit dem Elektronenstrahl-Oszillographen (Aufnahme der Magnetisierungskurve, Messung mit Wechselstrom)

Kurve). Die Größe M_s ist die *Sättigungsmagnetisierung*, die bei hohem Magnetfeld H erhalten wird. Wir erkennen jetzt die Möglichkeit der Erzeugung von makroskopischen Permanentmagneten: das Material wird bis zur Sättigung magnetisiert und dann H auf den Wert Null herabgesetzt, das Materiestück bleibt magnetisiert zurück.

Ferromagnetische Stoffe sind neben Eisen auch Kobalt, Nickel, sowie Legierungen aus Stoffen, die selbst nicht ferromagnetisch sind (z. B. die Heuslerschen Legierungen Cu_2MnAl, MnAs). Das ist besonders interessant und zeigt, daß Ferromagnetismus eine bestimmte Struktur des Stoffes voraussetzt. Außerdem eröffnet dieser Befund den Weg zur Herstellung vieler ferromagnetischer Stoffe als Legierungen. Moderne Magnetstoffe sind Verbindungen seltener Erden mit sehr großer remanenter Magnetisierung und großer Koerzitiv-Feldstärke. Derartige Stoffe haben eine sehr bauchige Hysterese-Kurve. Beim Betrieb mit Wechselstrom führen sie zu hohen Verlusten im Magnetstoff. Daher verwendet man für Transformatoren (also im Wechselstrombetrieb) möglichst „weiche" magnetische Stoffe mit einer sehr schlanken Magnetisierungskurve.

Ändert man die Temperatur eines ferromagnetischen Stoffes, so findet man, daß oberhalb einer bestimmten Temperatur, der *Curie-Temperatur* des Stoffes, der Ferromagnetismus verschwindet, die Materie ist nur noch paramagnetisch. Bei dieser Temperatur wird die Magnetisierung der Weißschen Bezirke aufgebrochen. Diese Temperatur ist bei Fe: $\vartheta_C = 770\,°C$, Co: $\vartheta_C = 1127\,°C$, Ni: $\vartheta_C = 358\,°C$. Es gibt auch Stoffe mit sehr niedriger Curie-Temperatur. Sie können bei Zimmertemperatur paramagnetisch sein. Für Gadolinium ist $\vartheta_C = 19\,°C$ und für Dysprosium $\vartheta_C = -188\,°C$.

12 Grenzflächen

12.1 Oberfläche einer Flüssigkeit

Die Moleküle einer Flüssigkeit üben aufeinander anziehende Kräfte aus. Man nennt sie Kohäsionskräfte; sie wurden in Abschn. 7.3.5.4b) besprochen und als van-der-Waals-Kräfte erkannt. Die van-der-Waals-Kräfte werden mit wachsendem Molekülabstand r rasch sehr klein, denn sie fallen proportional zu $1/r^7$ ab (Tab. 7.2). Daher braucht man für die Beurteilung der Molekülwechselwirkung in der Flüssigkeit nur mit den nächsten, evtl. noch mit den zweitnächsten Nachbarn zu rechnen: die Kraft hat eine geringe *Reichweite L*. Um ein herausgegriffenes Molekül (Fig. 12.1) im Innern der Flüssigkeit sind andere Moleküle ungeordnet gelagert, und sie sind dauernd in Bewegung, so daß im zeitlichen und räumlichen Mittel die Vektorsumme der Kräfte auf das herausgegriffene Molekül verschwindet.

Anders liegen die Verhältnisse für ein Molekül nahe der Oberfläche (Fig. 12.1). Dort bleibt eine nur nach innen gerichtete resultierende Kraft übrig, und nach wie vor wirken die horizontal gerichteten Kräfte. Die nach innen gerichteten Kräfte erzeugen in der Flüssigkeit einen *Binnendruck*, dessen Größe von den Molekularkräften abhängt, und der in Wasser den Wert $p_i \approx 10\,000$ bar erreicht. Der Binnendruck entspricht einem Stempeldruck und ist wie dieser in der Flüssigkeit „allseitig" (Abschn. 6.4.1), also *isotrop*. Der Binnendruck ist in der ganzen Flüssigkeit konstant, er überwiegt auch den Schweredruck in der Regel weit, aber er fällt in der Randzone der Dicke L (Fig. 12.1) auf Null ab. In der Randzone fallen auch die horizontal wirkenden Kräfte, und dementsprechend der horizontal wirkende Druck, ab, aber nur auf den Wert $p_i/2$. Daraus folgt, daß der Druck in der Oberflächenschicht der Dicke L an-isotrop, nichtallseitig ist. In der Oberfläche wirkt eine tangentiale *Oberflächen-„Spannung"*. Würde man in die Oberfläche einen Schnitt der Länge l legen, so würde man bemerken, daß es einer Kraft S bedarf, um den Schnitt zusammenzuhalten. Wir definieren daher quantitativ als

$$\text{Oberflächenspannung} \overset{\text{def}}{=} \frac{\text{Kraft}}{\text{Länge}}, \qquad \gamma = \frac{S}{l}. \qquad (12.1)$$

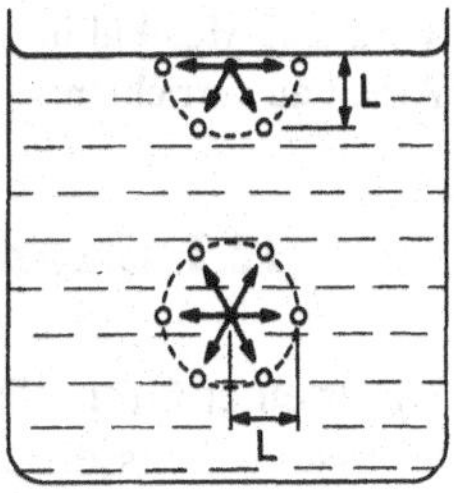

Fig. 12.1 Die Molekularkräfte sind von der kurzen Reichweite L

Tab. 12.1 Oberflächenspannung γ einiger Flüssigkeiten; Einheit 10^{-3} N/m = dyn/cm

Stoff	Temperatur/°C	γ	Stoff	Temperatur/°C	γ
Äthanol	20	22,8	Wasser	0	75,6
	120	13,4		20	72,8
	240	0,1		30	71,2
				60	66,2
Äther	20	16,9		90	60,8
Rizinusöl	18	36,4		150	48,6
Glyzerin	20	59,4		240	28,6
Quecksilber	20	465		300	14,4
				370	0,5

Für die SI-*Einheit der Oberflächenspannung* ergibt sich $[\gamma] = $ N/m. Häufig wird noch die cgs-Einheit dyn/cm $= 10^{-3}$ N/m benutzt. Tab. 12.1 enthält einige Zahlenwerte. Wie man sieht, ist die Oberflächenspannung stark temperaturabhängig. Bei der kritischen Temperatur (Abschn. 8.10.2), bei welcher Flüssigkeit und Dampf nicht unterscheidbar sind, und oberhalb deren die flüssige Phase nicht mehr existiert, verschwindet die Oberflächenspannung.

Wegen der an der Oberfläche einer Flüssigkeit auf ein herausgegriffenes Molekül nach innen gerichteten Kraft muß eine Arbeit verrichtet werden, um das Molekül aus dem Flüssigkeitsinnern in die Oberfläche zu bringen, und dabei wird die Flüssigkeitsoberfläche vergrößert. Diese Vergrößerung geschieht gegen die Oberflächenspannung. Der Energiesatz fordert, daß die Arbeit zum Hereinbringen des Moleküls in die Oberfläche gleich der Arbeit ist, die gegen die Oberflächenspannung zu verrichten ist. Zur Herstellung einer bestimmten Oberfläche bedurfte es also einer Energie, die in der Oberfläche enthalten ist und *Oberflächenenergie* heißt. Die *Oberflächenenergiedichte* als flächenbezogene Energie ist gleich der Oberflächenspannung,

$$\text{Oberflächenenergiedichte} = \text{Oberflächenspannung}. \tag{12.2}$$

Man erkennt dies auch aus einer Dimensionsbetrachtung:

$$\text{Energie/Fläche} = \text{Kraft} \cdot \text{Länge/(Länge)}^2 = \text{Kraft/Länge}.$$

Die Oberflächenenergiedichte, ausgedrückt in Nm/m^2 = J/m^2, ist demnach numerisch gleich der Oberflächenspannung, die in Tab. 12.1 angegeben wurde.

Beispiel 12.1 Der Querschnitt eines Wassermoleküls ist etwa $a = (6 \cdot 10^{-10}\,\text{m})^2 = 36 \cdot 10^{-20}\,\text{m}^2$. Wird dies Molekül in die Oberfläche gebracht, so ist bei $\vartheta = 20\,°C$ (Zahlenwert aus Tab. 12.1) die Arbeit zu verrichten $w = a \cdot \gamma = 10^{-20}\,\text{m}^2 \cdot 72,8 \cdot 10^{-3}\,\text{N/m} = 2,6 \cdot 10^{-20}\,\text{J} \approx 0,16\,\text{eV}$.

12.2 Grenzflächen

Unter einer Grenzfläche versteht man die Grenze zwischen zwei Phasen eines Stoffes (Wasser – Wasserdampf, Eis – Wasserdampf) oder von zwei Stoffen (Wasser –

Äther), die auch in verschiedenen Aggregatzuständen sein können (Wasser – Luft, Kupfer fest – Kupfer-Ion in Lösung). Durch die Grenzfläche hindurch geht der Binnendruck p_i (A) des Stoffes A in denjenigen, p_i (B), des Stoffes B über. Der räumliche Bereich, in dem dies geschieht, ist eine *Grenzschicht* mit einer durch die Molekularkräfte bestimmten Dicke. In der Grenzschicht besteht die Grenzschichtspannung (= Grenzschicht-Energiedichte). Sie braucht weder mit der einen noch mit der anderen Oberflächenspannung der Stoffe A oder B übereinzustimmen. Während man die Kräfte zwischen gleichen Molekülen (A–A) *Kohäsionskräfte* nennt (Abschn. 12.1), werden Kräfte zwischen ungleichen Molekülen (A–B) als *Adhäsionskräfte* bezeichnet. Auch sie sind van-der-Waals-Kräfte und sind in der Grenzfläche wirksam. Da auch im Festkörper Molekularkräfte als Kohäsionskräfte wirken, so haben auch Festkörper einen Binnendruck und eine Grenzflächenspannung. Bei einem System aus Flüssigkeit oder Festkörper einerseits und Gasphase andererseits wirken in der Flüssigkeit bzw. im festen Körper starke Kohäsionskräfte, während die Kohäsionskräfte im Gas praktisch verschwinden. Die auf die Grenzfläche auftreffenden Gasmoleküle erfahren an dieser eine Adhäsionskraft; sie können *adsorbiert* werden, wenn sie ihre gerichtete kinetische Energie auf die ungeordnete thermische Bewegung der Moleküle im Festkörper bzw. in der Flüssigkeit übertragen. Dadurch werden die Eigenschaften der Grenzfläche in vielfältiger Weise geändert. Je nach der sich einstellenden Oberflächenkonzentration (dem *Bedeckungsgrad*) oder – falls eine partielle Lösung in der Grenzschicht stattfindet – nach der Konzentration dieser Lösung ändern sich auch die Oberflächen- oder Grenzflächenspannung und der Binnendruck.

12.3 Verdampfungs-, Sublimations- und Lösungswärme (bzw. -Energie)

Überführt man ein Molekül aus dem Innern einer Phase in das Innere der anderen Phase, so ist eine Arbeit zu verrichten. Sie ist gleich der Arbeit zur Überführung aus dem Innern in die Grenzfläche und zur Überführung aus der Grenzfläche ins Innere der anderen Phase. Bei der Verdampfung kommen ebenfalls beide Anteile vor: wird das Molekül aus der Grenzschicht in die Dampfphase überführt, so wirken immer noch die Anziehungskräfte der Grenzschicht; die ganze Überführungsenergie ist hier etwa gleich der doppelten Grenzschichtenergie. Sie wird der thermischen Energie der Flüssigkeit bzw. des festen Körpers entnommen. Bei der Lösung eines festen Stoffes in einer Flüssigkeit kann man sagen, daß es sich ebenfalls um eine Verdampfung handelt. Die Lösungswärme ist in der Regel aber viel kleiner als die Verdampfungswärme, weil zu den Kräften der ein Oberflächenmolekül bindenden Umgebungsmoleküle des Festkörpers die Kräfte der umgebenden Flüssigkeitsmoleküle hinzukommen, und diese haben die entgegengesetzte Richtung. In wäßrigen Lösungen lagern sich auch die Wasserdipole um gelöste Ionen und setzen dadurch Energie frei, so daß die gesamte, bei der Lösung eines Stoffes frei-gesetzte oder aufgewandte Energie die Summe aus der „Lösungswärme" und der „Hydratationswärme" ist. Einen gewissen Vergleich kann man an Hand der folgenden Werte anstellen: Die molare Verdampfungswärme von NaCl ist $\Lambda_v = 167,5$ kJ/mol, die von NaJ ist $\Lambda_v = 160$ kJ/mol, also etwa gleich groß. Dagegen ist die beim Auflösen des Stoffes in Wasser aufgewandte Energie für NaCl $\Lambda_L = 4,2$ kJ/mol, bei der Auflösung von NaJ in Wasser wird sogar die Energie $\Lambda_L = -6,5$ kJ/mol freigesetzt.

Beispiel 12.2 Wie oben gesagt, ist die ganze Überführungsenergie aus der flüssigen in die Dampfphase etwa gleich der doppelten Grenzschichtenergie, also nach Beispiel 12.1 die molekulare Überführungsenergie $w' = 6 \cdot 10^{-20}$ J. Auf der anderen Seite ist die mittlere thermische Energie eines Moleküls bei der Temperatur $\vartheta = 50\,°C$, $T = 323,15$ K,

$$w_{th} = \overline{\frac{1}{2}mv^2} = \frac{3}{2}kT = \frac{3}{2} \cdot 1,38 \cdot 10^{-23}\,JK^{-1} \cdot 323,15\,K = 6,7 \cdot 10^{-21}\,J.$$

Die mittlere thermische Energie der Moleküle ist nur rund 1/9 der molekularen Überführungsenergie. Unter diesen Bedingungen haben nur wenige Moleküle in der Flüssigkeit zufällig („statistisch") eine ausreichende Energie, um die Flüssigkeit zu verlassen. Erhöhung der Temperatur führt aber zu einem raschen Anstieg der Anzahl der verdampfenden Moleküle.

12.4 Makroskopische Phänomene, Oberflächenspannung

Am deutlichsten werden Oberflächenphänomene beobachtet, wenn der betrachtete Körper praktisch nur aus der Grenzschicht („nur aus Oberfläche") besteht: es handelt sich dann um Flüssigkeitsfilme wie z.B. eine Seifenlamelle. Derartige Flüssigkeitshäute kann man z.B. in einem Rahmen R mit verschieblichem Drahtbügel D erzeugen (Fig. 12.2), wobei die Flüssigkeit den Rahmen und Bügel benetzt. Die Benetzungshaut umschließt auch den beweglichen Bügel, so daß man es, wie im unteren Teil von Fig. 12.2 gezeichnet, mit *zwei* Grenzschichten zu tun hat. Mit geeigneten Gewichtstücken kann man die gesamte durch die Oberflächenspannung ausgeübte Kraft $F = 2S$ messen. Wird der Bügel dann um die Strecke Δx verschoben, so ist die Arbeit $\Delta W = F\Delta x = 2S\Delta x$ zu verrichten. Dabei werden beide Seitenflächen je um die Fläche $l\Delta x$ vergrößert. Also ist die Arbeit je Flächeneinheit, d.h. die Oberflächenenergiedichte

$$\frac{\Delta W}{\Delta A} = \gamma = \frac{2S\Delta x}{2l\Delta x} = \frac{S}{l}, \tag{12.3}$$

und die gesamte, am Bügel D angreifende Kraft

$$F = 2S = \gamma 2l. \tag{12.4}$$

Dieses Ergebnis hätten wir auch aus dem Begriff der Oberflächenspannung als Kraft durch Länge herleiten können. Hier ergibt sich, daß die Kraft F unabhängig davon ist, wie weit die Lamelle schon vergrößert oder verkleinert ist. Eine ebene Flüssigkeitshaut unterscheidet sich also ganz typisch von einer ebenen elastischen Membran: der Drahtbügel D in Fig. 12.2 ist im labilen Gleichgewicht, denn, wird das Gewichtsstück zu klein gewählt, dann schnurrt die Lamelle vollständig zusammen, wird es zu groß gewählt, dann wird die Lamelle bis zum Zerreißen ausgedehnt.

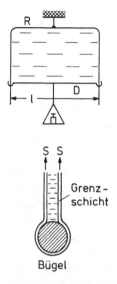

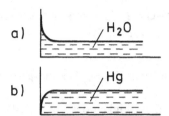

Fig. 12.3 Randwinkel einer a) benetzenden (Wasser) und einer b) nicht-benetzenden Flüssigkeit (Quecksilber)

Fig. 12.2 Messung der Oberflächenspannung γ nach der Bügelmethode, $S = \gamma \cdot l$

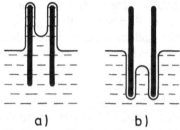

Fig. 12.4 Kapillar-Aszension a) und -Depression b) bei einer benetzenden und nicht-benetzenden Flüssigkeit

Da es einer Arbeit bedarf, um ein Molekül aus dem Innern einer Flüssigkeit in die Oberfläche zu bringen, so wird dabei seine potentielle Energie vergrößert. Die potentielle Energie eines abgegrenzten Flüssigkeitsvolumens (eines Tropfens) ist daher umso größer, je größer die Oberfläche ist. Die kleinste Oberfläche bei konstantem Volumen hat ein Tropfen, wenn er kugelförmig ist (die Kugeloberfläche ist eine „Minimalfläche"). Ist ein Flüssigkeitstropfen keinen äußeren Kräften unterworfen, so nimmt er Kugelgestalt an, das ist besonders deutlich an kleinen Quecksilber-Tröpfchen zu beobachten.

Die Grenzflächenspannungen verursachen die Erscheinungen der *Kapillarität*. Grenzt eine Flüssigkeit an eine Gefäßwand, dann treten auch Adhäsionskräfte zwischen der Wand und den Flüssigkeitsmolekülen auf. Die Flüssigkeitsoberfläche stellt sich senkrecht zur Summe aller angreifenden Kräfte ein. Bei den eine Wand *benetzenden Flüssigkeiten* überwiegen die Adhäsionskräfte zwischen Wand und Flüssigkeit, so daß sich die Flüssigkeitsoberfläche der Wand anschmiegt (Fig. 12.3a). Ein Beispiel ist Wasser an einer fettfreien Wand. *Nichtbenetzende Flüssigkeiten* haben selbst eine große Oberflächenspannung (Quecksilber als Beispiel, vgl. Tab. 12.1), die Kohäsionskräfte überwiegen die Adhäsionskräfte zur Wand (Fig. 12.3b). Unter den Kapillaritätserscheinungen versteht man insbesondere das Hochsteigen von benetzenden Flüssigkeiten (Wasser) in dünnen Röhren (Kapillar-Aszension) sowie das Absenken des Flüssigkeitsspiegels (Kapillar-Depression) nichtbenetzender Flüssigkeiten (Fig. 12.4a und b). Die Kapillardepression führt zu Meßfehlern bei Ablesungen von Hg-Manometern, wenn etwa die beiden Schenkel eines solchen Manometers verschiedene Durchmesser haben.

12.5 Elektrische Phänomene an der Grenzfläche zweier fester Stoffe

12.5.1 Grenzfläche Metall-Metall (Thermospannung)

Die hohe elektrische Leitfähigkeit der Metalle ist durch ihre große Anzahldichte freier Elektronen verursacht (Abschn. 9.3.2.1). Werden zwei verschiedene Metalle A und B mit den Elektronen-Anzahldichten n_A und n_B durch Löten oder Schweißen in engen atomaren Kontakt gebracht, so kommt es zu Diffusionsströmen der Elektronen von A nach B und umgekehrt. Der Diffusionsstrom vom Metall mit der größeren Elektronenanzahldichte (z.B. n_A), A → B ist größer als der umgekehrte, B → A. Da die Elektronen elektrisch geladen sind, lädt sich Metall B negativ auf, der sich einstellende Ladungsüberschuß führt zu einem rücktreibenden elektrischen Feld, das eine solche Stärke erreicht, daß die Diffusionsströme A → B und B → A gerade gleich groß, der gesamte Diffusionsstrom also Null wird. Das entstandene Feld herrscht nur in einer Grenzschicht sehr kleiner Dicke (10 bis 100 Atomabständen), aber es bedeutet, daß zwischen den beiden Metallen eine elektrische Potentialdifferenz, also eine elektrische Spannung entsteht, die einem Potential„sprung" gleichkommt (Fig. 12.5a). Es handelt sich um eine innere Spannung U_G, die *Galvani-Spannung* genannt wird. Ihre Größe hängt von den Trägerdichten n_A und n_B und insbesondere von der Temperatur T ab. Die Galvani-Spannung kann nicht direkt mit einem Spannungsmesser gemessen werden. Schaltet man jedoch zwei Metalle gemäß Fig. 12.5b zusammen und werden die Verbindungsstellen auf verschiedene Temperaturen T_1 und T_2 gebracht, dann fallen $U_G(T_1)$ und $U_G(T_2)$ verschieden aus, kompensieren sich also nicht, und damit ist außen eine *Thermospannung* U_{thermo} meßbar. Für sie gilt in erster Näherung Proportionalität mit der Temperaturdifferenz

$$U_{thermo} = U_G(T_1) - U_G(T_2) = e(T_1 - T_2). \tag{12.5}$$

Die Größe e nennt man die *Thermokraft*. Die Anwendung des „Thermoelementes" zur Temperaturmessung haben wir schon in Abschn. 8.2.4.2 besprochen.

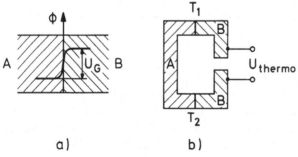

a)   b)

Fig. 12.5 a) Zwischen zwei verschiedenen Metallen A und B bildet sich eine innere Spannung U_G aus
b) Schaltung zweier verschiedener Metalle als „Thermoelement"

12.5.2 Grenzfläche Halbleiter-Halbleiter

Halbleiter-Materialien (Silizium, Germanium) können durch Dotierung so hergestellt werden, daß sie negativ- oder positiv-leitend sind (Abschn. 9.3.3). Stoßen N- und P-Material aneinander, so ergeben sich besondere Erscheinungen, weil die Natur der Ladungsträger bezüglich ihrer elektrischen Ladung nicht gleich ist: das eine Material (N) enthält Elektronen als negative Ladungsträger, das andere „Löcher", die sich wie positive Ladungsträger verhalten. Eine solche Kombination läßt den elektrischen Strom nur in einer Richtung hindurch, man hat einen *Gleichrichter*. Hat nämlich das elektrische Feld die in Fig. 12.6 gezeichnete Richtung, dann ist Stromdurchgang möglich, weil die negativen Ladungsträger in das P-Material, die Löcher in das N-Material hinübergeschwemmt werden. Wird aber die Feldrichtung umgekehrt, dann streben die Ladungsträger auseinander, die Grenzschicht verarmt an Ladungsträgern und wird nichtleitend, der Stromfluß unterbleibt. Die P-N-Dioden finden in der modernen Elektronik umfangreiche Verwendung.

Die bei den P-N-Dioden auch ohne Anlegen einer äußeren Spannung bestehende Grenzschicht hat eine Grenzschichtspannung, die temperaturabhängig ist. Schaltet man zwei P-N-Dioden wie ein Thermoelement, dann ergibt sich ein Thermoelement, dessen Thermokraft in der Regel etwa 1 000mal so groß wie die eines Metall-Metall-Thermoelementes ist.

Der *Transistor* enthält zwei N-P-Grenzflächen (Fig. 12.7, sog. N-P-N-Transistor), die man als zwei Dioden auffassen kann. Die Zone B, die *Basis*, wird so dünn ausgebildet, daß sie praktisch im ganzen eine Grenzschicht darstellt. Wird die Spannung bei B so weit angehoben, daß die Diode Basis-*Emitter* (E) leitet, dann werden viele Elektronen in die Grenzschicht geschwemmt und damit wird der ganze Transistor leitend, es fließt ein *Kollektor*-Strom (C: Kollektor). Man hat damit ein über die Basis-Spannung steuerbares elektrisches Schaltelement, das eine Stromverstärkung aufweist. Transistoren sind ein Grundelement der Verstärker-Schaltungen der modernen Elektronik.

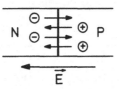

Fig. 12.6
Trägerbewegung in der Grenzschicht zweier Halbleiter bei Strom-„Durchlaß"

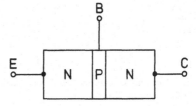

Fig. 12.7
Schema des NPN-Transistors. Die P-Schicht ist
dünner als die mittlere freie Weglänge der Elektronen aus den N-Schichten

12.6 Elektrische Phänomene an der Grenzfläche mit Elektrolyten

12.6.1 Grenzfläche Metall-Elektrolyt

Wir betrachten ein konkretes Beispiel: eine massive Silber-Elektrode möge in wäßriger $AgNO_3$-Lösung der Anzahldichte n (Stoffmengenkonzentration $c = n/N_A$) stehen. In ihr sind die $AgNO_3$-Moleküle vollständig dissoziiert, die Lösung enthält Ag^+-Ionen (Anzahldichte n_0^+) und NO_3^--Ionen (Anzahldichte n_0^-) mit $n_0^+ = n_0^- = n$. Zunächst sei die Lösung bis an die Silber-Elektrode heran elektrisch neutral. Über die Berührungsfläche hinweg ist aber Teilchen- und Ladungsaustausch möglich. Das metallische Silber ist ein Kristall, in dem an den Gitterplätzen positive Ionen um ihre Ruhelage schwingen, und dazwischen ist ein freies Elektronengas vorhanden (Fig. 7.12, Abschn. 9.3.2.1). Zur Loslösung eines Gitterions aus dem Gitterverband ist eine Loslösungsarbeit notwendig. Würde sich der Silberkristall im Vakuum befinden, so würden sich wegen der thermischen Bewegung Silberatome (Ion + Elektron) loslösen, d.h. verdampfen, und über dem Silberstück würde sich ein Sättigungsdampfdruck p_s bzw. eine Sättigungsdampfdichte n_s (mit $p_s = n_s k T$) ausbilden (dynamisches Gleichgewicht, Abschn. 8.10.2). In der wäßrigen Lösung „verdampfen" jedoch Silber*ionen* in die Lösung hinein, und unmittelbar über der Silberfläche bildet sich ein Sättigungsdruck (Lösungsdruck π_s, osmotischer Druck) bzw. eine Sättigungs-Anzahldichte n_s^+ (mit $\pi_s = n_s^+ k T$) des gelösten = „verdampften" Stoffes aus (es handelt sich auch hier um ein dynamisches Gleichgewicht). Der wesentliche Unterschied der beiden „Verdampfungsvorgänge", Atome ins Vakuum (oder in die Luft), Ionen in die Lösung, liegt darin, daß beim Lösungsvorgang der Ag^+-Ionen die metallische Elektrode negativ geladen zurückbleibt (Fig. 12.8a). Es bildet sich eine Art geladener Plattenkondensator aus, eine elektrische Doppelschicht, in der ein elektrisches Feld herrscht (Potential $\Phi(x)$ in Fig. 12.8b). Dieses Feld hat eine solche Richtung, daß es weitere Ionen, die in Lösung gehen wollen, zurücktreibt (Kondensation!). Das Feld bewirkt auch, daß die Ionenanzahldichte vom Wert n_s^+ unmittelbar an der Elektrode innerhalb der sie umgebenden Grenzschicht mit der

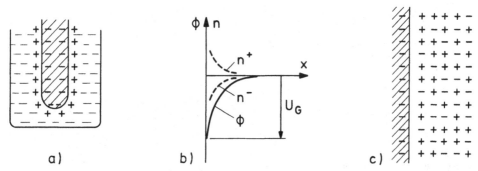

a)   b)   c)

Fig. 12.8   Zum Zustandekommen der Grenzschichtspannung U_G an der Grenzschicht Metall-Elektrolyt; Erläuterung im Text

Dicke einiger Mikrometer auf den Wert n_0^+ in der Lösung abfällt. Dem elektrischen Feld in dieser Grenzschicht entspricht eine Grenzschichtspannung U_G, die analog zur barometrischen Höhenformel (Gl. (6.31)) berechnet werden kann: die Dichte n^+ der gelösten Ionen im elektrischen Feld (Fig. 12.8b) verhält sich genauso wie die Dichte eines Gases im Schwerefeld, in beiden Fällen handelt es sich um die Konkurrenz von thermischer Energie und potentieller Energie im Feld, so daß bei der Temperatur T

$$n_0^+ = n_s^+ \, e^{-\frac{zeU_G}{kT}}, \tag{12.6}$$

oder, nach der Galvanispannung $U_G = \Phi_{\text{Lösung}} - \Phi_{\text{Metall}}$ aufgelöst,

$$U_G = \frac{1}{z}\frac{kT}{e} \ln \frac{n_s^+}{n_0^+} = \frac{1}{z} \, 59{,}5 \, \text{mV} \log \frac{n_s^+}{n_0^+} \quad \text{für} \quad T = 300 \, \text{K}. \tag{12.7}$$

Hier ist z die Wertigkeit der in Lösung gehenden Ionen; im Falle des Silbers ist $z = 1$. Gl. (12.7) wird *Nernstsche Gleichung* genannt. Der Druck π_s heißt nach N e r n s t Lösungsdruck, er ist eine Stoffeigenschaft, ebenso wie der Dampfdruck. Ist bei einem Metall der Sättigungs- oder „Lösungsdruck" bzw. die Sättigungsanzahldichte n_s^+ kleiner als n_0^+ in der Lösung, so scheiden sich Ionen am Metall ab, es wird positiv gegen die Lösung aufgeladen bis das jetzt entstehende Feld der Grenzschicht, das umgekehrt zum oben diskutierten Feld gerichtet ist, eine weitere Abscheidung verhindert. Gl. (12.7) enthält auch diesen Fall: ist $n_s^+ < n_0^+$, so wird U_G negativ.

Die hier besprochene Anordnung aus Metall und Elektrolyt stellt eine sogenannte *nichtpolarisierbare Elektrode* dar. Wird von außen, etwa nach Zusammenbau zu einem galvanischen Element (Abschn. 12.6.2), beim Durchgang elektrischen Stromes Ladung transportiert, dann wird dieser Strom unter Aufrechterhaltung der Galvanispannung U_G an der Elektrode widerstandsfrei durch die Grenzschicht hindurch transportiert. Solche Elektroden sind wichtig, wenn man Membranspannungen an biologischen Objekten messen will.

12.6.2 Galvanische Elemente

Die Grenzflächenspannung (Galvanispannung) U_G Metall-Elektrolyt kann nicht direkt gemessen werden. Taucht man jedoch zwei verschiedene Metalle in einen gemeinsamen Elektrolyten ein (Cu und Zn in H_2SO_4-Lösung), dann erhält man ein galvanisches Element, dessen Spannung gleich der Differenz der beiden verschiedenen Grenzflächenspannungen ist, $U = U_G(1) - U_G(2)$. – Auch bei der Spannungsmessung mittels metallischer Elektroden an biologischem Material mit den darin enthaltenen Elektrolyten mißt man eine derartige Spannungsdifferenz. Ihre Messung wirft besondere Probleme auf und führt zur Benutzung der im vorhergehenden Abschnitt beschriebenen nichtpolarisierbaren Elektroden. – Beim Stromdurchgang durch das einfache Cu/Zn-Element würde entweder Cu an der Zn-Elektrode oder Zn an der Cu-Elektrode abgeschieden (Abschn. 9.3.4.3), das Element würde seine Spannung verlieren. Das wird durch einen anderen Aufbau verhindert: Man stellt die Cu-Elektrode in eine $CuSO_4$-Lösung, die Zn-Elektrode in eine $ZnSO_4$-Lösung und trennt die beiden Elektrolyte durch eine poröse Scheidewand, die möglichst nur die Säurerest-Ionen durchlassen soll. Diese Anordnung ist das veraltete Daniell-Element. Auch bei allen moderneren technischen Elementen (= Batterien, Akkumulatoren) wird dafür gesorgt, daß beim Stromdurchgang die elektrochemisch wirksame Konfiguration erhalten bleibt. Beim *Bleiakkumulator* werden zwei Bleiplatten in den Elektrolyt Schwefelsäure getaucht. Sie überziehen sich mit Bleisulfat ($PbSO_4$). Die Differenz der Grenzschichtspannungen ist Null, weil beide Elektroden-Elektrolyt-Konfigurationen gleich sind. Wird an die Platten eine Spannung gelegt, dann wird der *Akkumulator geladen*. Es laufen an den Elektroden per saldo die Reaktionen ab

$$\text{Anode:} \quad PbSO_4 + SO_4^{--} + 2H_2O \rightarrow PbO_2 + 2H_2SO_4 \tag{12.8}$$

$$\text{Kathode:} \quad PbSO_4 + 2H^+ \quad\quad\quad \rightarrow Pb + H_2SO_4. \tag{12.9}$$

Die beiden Platten werden bei der Ladung zu verschiedenen Stoffen, man erhält ein galvanisches Element mit der Spannung $U = 2\,V$. Bei *Entladung* wird der im äußeren Stromkreis fließende Strom durch eine Wanderung der Ionen im Elektrolyten geschlossen, und an den Elektroden erfolgen die Reaktionen

$$\text{Anode:} \quad PbO_2 + 2H^+ + H_2SO_4 \rightarrow PbSO_4 + 2H_2O \tag{12.10}$$

$$\text{Kathode:} \quad Pb + SO_4^{--} \quad\quad\quad \rightarrow PbSO_4. \tag{12.11}$$

Bei der Entladung wird die Ungleichheit der Elektroden wieder abgebaut. Der *Ladungszustand* eines Bleiakkumulators wird an der Säurekonzentration gemessen: bei Ladung wird sie größer, bei der Entladung kleiner, und ihr Wert ändert sich proportional zur Ladung, die durch den Akkumulator geflossen ist. Die Spannung ist dagegen nur geringfügig vom Ladungszustand abhängig und bricht erst zusammen, wenn die Entladung praktisch vollständig erfolgt ist.

Leitfähigkeitsmessungen an Flüssigkeiten können dadurch verfälscht werden, daß beim Stromdurchgang an den Elektroden Grenzflächenspannungen entstehen, die zu Gegenspannungen führen und damit den Strom herabsetzen. Zur Vermeidung muß mit Wechselspannung gemessen werden. Es kann sich dann keine Polarisation der Elektroden einstellen.

Beispiel 12.3 Ein Akkumulator, wie er im Automobil verwendet wird, trägt die Aufschrift $U = 12\,V$, und die „Kapazität" wird mit $45\,Ah$ angegeben. Ein solcher Akkumulator enthält 6 Zellen mit der Einzelspannung $U_z = 2\,V$. Die Zellen sind hintereinander geschaltet (Fig. 12.9). Die „Kapazität" ist die elektrische Ladung, die bei der Ladung in jeder Zelle gespeichert wurde, $Q = 45\,Ah = 162\,kAs = 162\,kC$. Die bei der Ladung aufgewandte Energie, die zur Verrichtung von Arbeit dann wieder (maximal) zur Verfügung steht, ist $W = 12\,V \cdot 162\,kAs = 1,94\,MJ$.

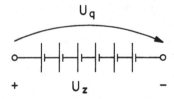

Fig. 12.9
Werden galvanische Zellen hintereinandergeschaltet, dann addieren sich die Einzelspannungen U_z zur Gesamtspannung U_q

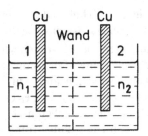

Fig. 12.10
Schema eines „Konzentrations"-Elementes

12.6.3 Grenzfläche Elektrolyt-Elektrolyt

In dem in Fig. 12.10 dargestellten Element sollen zwei Kupfer-Elektroden 1 und 2 in Kupfersulfatlösungen stehen, die verschiedene Teilchenkonzentrationen n_1 und n_2 haben. Um direkte Vermischung der Elektrolyte zu verhindern, werden sie durch eine poröse Wand getrennt. Zwischen den Kupferelektroden besteht eine („Quellen"-) Spannung, die gleich der Differenz der Galvanispannungen (Gl. (12.7)) an den Elektroden 1 und 2 ist,

$$U = U_G(1) - U_G(2) = \frac{1}{z}\frac{kT}{e}\ln\frac{n_1}{n_0} - \frac{1}{z}\frac{kT}{e}\ln\frac{n_2}{n_0}$$

$$= \frac{1}{z}\frac{kT}{e}\ln\frac{n_1}{n_2} = \frac{1}{2}\, 59{,}5\,\text{mV}\log\frac{n_1}{n_2} \quad \text{bei} \quad T = 300\,\text{K}. \tag{12.12}$$

Die Spannung hängt nur vom Verhältnis der Elektrolyt-Konzentrationen ab, die Anordnung heißt Konzentrationselement. Seine Spannung ist hier für den Idealfall angegeben, daß an der Grenzfläche keine Ionendiffusion durch die Wand stattfindet (s. Abschn. 12.6.4).

12.6.4 Diffusionsspannung an der Grenzfläche zweier Elektrolyte

In Fig. 12.11 a grenzen – durch eine Wand getrennt, welche die Diffusion der Ionen ungehindert erlaubt – zwei Elektrolyt-Lösungen gleicher Teilchenanzahldichten n (oder Stoffmengenkonzentrationen $c = n/N_A$) aber verschiedener Kationensorten

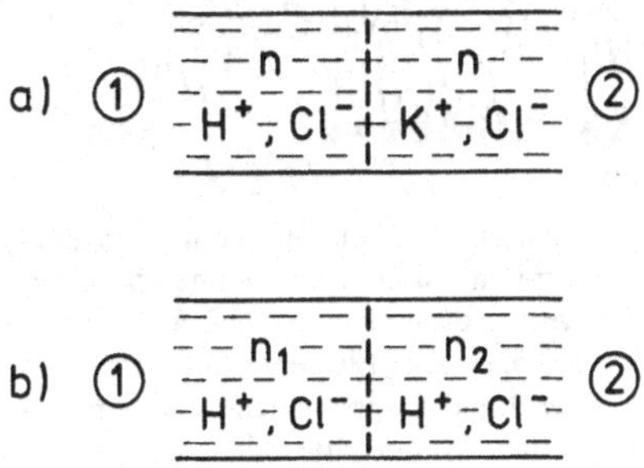

Fig. 12.11
Beweglichkeit und Konzentration bestimmen beide die Spannung eines Elementes
a) zwei verschiedene Ionensorten gleicher Konzentration,
b) gleiche Ionen verschiedener Konzentration (es sei $n_1 > n_2$)

aneinander; in Fig. 12.11 b haben die aneinander grenzenden Elektrolyte verschiedene Anzahldichten bei gleicher Ionensorte.

Im Falle a diffundieren die H^+-Ionen schneller nach rechts als die K^+-Ionen nach links, während die Cl^--Ionen-Diffusionsströme in beiden Richtungen (links → rechts, rechts → links) zunächst gleich sind. Auf diese Weise tritt rechts ein Überschuß, links ein Defizit an positiver Ladung auf, es entsteht ein von rechts nach links gerichtetes elektrisches Feld, das die schnelleren H^+-Ionen bremst, die langsameren K^+-Ionen beschleunigt und einen Überschußstrom von Cl^--Ionen von links nach rechts bewirkt. Ist so der durch die Trennwand hindurchgehende elektrische Strom in beiden Richtungen gleich groß, d.h. insgesamt Null geworden, so besteht zwischen rechts (positiv) und links (negativ) eine stationäre *Diffusionsspannung*

$$U_{diff} = \frac{kT}{e} \ln \frac{u(H^+)}{u(K^+)}. \tag{12.13}$$

Die Größen $u(H^+)$ und $u(K^+)$ sind die Beweglichkeiten der H^+- bzw. K^+-Ionen (vgl. Abschn. 9.3.4.1).

Im Falle b in Fig. 12.11 sind wegen der verschiedenen Teilchenzahldichten, $n_1 > n_2$, zunächst die Diffusionsströme durch die Trennwand nach rechts größer als die nach links. Dabei sind die H^+-Ionen schneller als die Cl^--Ionen, so daß wieder rechts ein positiver Ladungsüberschuß auftritt bis sich wie im Falle a ein stationärer Zustand mit der *Diffusionsspannung*

$$U_{diff} = \frac{kT}{e} \frac{u(H^+) - u(Cl^-)}{u(H^+) + u(Cl^-)} \cdot \ln \frac{n_1}{n_2} \tag{12.14}$$

einstellt. Man sieht, daß die Diffusionsspannung gleich derjenigen nach Gl. (12.12) wird, wenn die Beweglichkeit einer Ionensorte diejenige der anderen weit überwiegt.

Ein Beispiel für eine *Diffusionsspannung* ist die *Membranspannung der lebenden Zelle*. Fig. 12.12 zeigt eine Skizze des Aufbaus der biologischen Elementarmembran. Sie ist

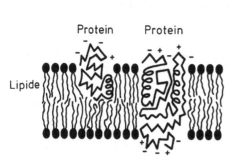

Fig. 12.12 Eine lebende Zelle wird vom Extrazellularraum durch eine Zellmembran getrennt, dargestellt ist der Aufbau der biologischen Elementarmembran mit der Lipid-Doppelschicht und eingelagerten Protein-Molekülen

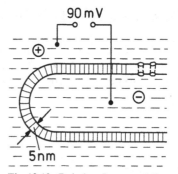

Fig. 12.13 Zwischen Intra- und Extrazellularraum besteht die Membranspannung von 90 mV

eine Moleküldoppelschicht (Bilayer), die zu rund 80 % aus Lipiden und zu 20 % aus Proteinen besteht, welch letztere auch die Lipidschicht ganz durchdringen können. Die Lipide treten als gefaltete Moleküle auf, der Kopf trägt ein elektrisches Dipolmoment, das in der Membranfläche liegt. Diese Dipole sind regellos orientiert. Im Inneren und Äußeren befinden sich wäßrige Lösungen verschiedener Stoffe. Tab. 5.4 enthält eine Zusammenstellung dieser Stoffe. Membranspannung und Membrandicke der lebenden Zelle sind in Fig. 12.13 angegeben. Daraus berechnet sich die elektrische Feldstärke in der Membran zu

$$E = \frac{U}{d} = \frac{90 \cdot 10^{-3}\,\text{V}}{5 \cdot 10^{-9}\,\text{m}} = 18 \cdot 10^6\,\frac{\text{V}}{\text{m}} = 18\,\frac{\text{MV}}{\text{m}}. \tag{12.15}$$

Die Richtung des Feldes weist von außen nach innen. Wir können die Membran als Kondensator mit dem Plattenabstand $d = 5$ nm auffassen. Dann ist die Kapazität je Flächeneinheit nach Gl. (9.80) unter Berücksichtigung der Dielektrizitätskonstanten $\varepsilon \approx 5$ der Membran nach Gl. (11.2)

$$\frac{C}{A} = \varepsilon\varepsilon_0\frac{1}{d} = 5 \cdot 8{,}85 \cdot 10^{-12}\,\frac{\text{As}}{\text{Vm}}\bigg/5 \cdot 10^{-9}\,\text{m} = 8{,}85 \cdot 10^{-3}\,\text{F}\,\text{m}^{-2}.$$

Da wir damit Spannung und Kapazität kennen, läßt sich auch die Flächenladungsdichte angeben (Gl. (9.81))

$$\sigma = \frac{Q}{A} = \frac{C}{A}\,U = 8{,}85 \cdot 10^{-3}\,\text{F}\,\text{m}^{-2} \cdot 90 \cdot 10^{-3}\,\text{V} \approx 8 \cdot 10^{-4}\,\frac{\text{As}}{\text{m}^2}. \tag{12.16}$$

Instruktiv ist, von wieviel Elementarladungen diese Ladungsdichte verursacht wird. Wir dividieren σ durch die Elementarladung e und erhalten

$$N = \frac{1}{e}\,8 \cdot 10^{-4}\,\frac{\text{As}}{\text{m}^2} = \frac{8 \cdot 10^{-4}\,\text{As}\,\text{m}^{-2}}{1{,}6 \cdot 10^{-19}\,\text{As}} = 5 \cdot 10^{15}\,\frac{1}{\text{m}^2}, \tag{12.17}$$

oder, anders ausgedrückt: die Ladungsdichte ist

$$\sigma = N \cdot e = 5 \cdot 10^{15}\,\frac{e}{\text{m}^2}. \tag{12.18}$$

Im Innern der Zelle ist die Stoffmengenkonzentration der K^+-Ionen etwa 6mal so groß wie die der Na^+- und Cl^--Ionen zusammen. Die restliche Stoffmenge, die für den Ladungsausgleich nötig ist, rührt von verschiedenen anderen, auch schweren Molekülionen her. Außen ist die Summe der Stoffmengenkonzentrationen von Na^+ und K^+ nur wenig größer als diejenige von Cl^-, es kommen aber auch hier noch einige Molakülionenanteile (positiver wie negativer Ladung) hinzu. Besonders wichtig ist das Verhältnis der Stoffmengenkonzentrationen von Na und K: es gilt Na^+ (innen): Na^+ (außen) $= 1:10$, K^+ (innen): K^+ (außen) $= 30:1$. Bei Erregung einer Nervenzelle wird diese am einen Ende „depolarisiert", wobei ein Ausgleich der Na- und K-Konzentrationen zwischen innen und außen erfolgt. Na^+-Ionen diffundieren in das Innere, K^+-Ionen diffundieren hinaus. Dadurch wird das Innere positiv geladen, die Membranspannung kehrt ihr Vorzeichen um, es werden $+ 30$ mV gemessen. Die Depolarisation breitet sich längs der ganzen Zelle mit einer Geschwindigkeit aus, die zwischen 0,6 und 1 m s^{-1} liegt. Die Repolarisation erfolgt vom gleichen Ende her wo die Depolarisation begann: Na-Ionen diffundieren aus der Zelle aus, K-Ionen in die Zelle hinein, bis die Ausgangsverhältnisse wieder hergestellt sind.

Beispiel 12.4 *Ladungsänderung bei der Depolarisation.* – Die Membranspannung der lebenden Zelle ändert sich bei der Depolarisation von $U_1 = -90$ mV auf $U_2 = +30$ mV. Das bedeutet, daß die Flächenladungsdichte $\sigma_1 = +5 \cdot 10^{15}$ e/m^2 an der Außenwand (mit negativem Vorzeichen an der Innenwand) auf den Wert

$$\sigma_2 = -5 \cdot \frac{30}{90} \cdot 10^{15} \frac{e}{m^2} = -\frac{1}{3} \cdot 5 \cdot 10^{15} \frac{e}{m^2}$$

wechselt. Es wird demnach im Mittel eine Elementarladung $+e$ durch $-\frac{1}{3} e$ ersetzt, oder: die Ladung $\frac{4}{3} e = 1,333\, e$ strömt bei der Depolarisation für jeden Ladungsträger durch die Membran hindurch. – Instruktiv ist auch die Angabe des mittleren Abstandes der Ladungsträger auf der Wand der polarisierten Zelle. Wir nehmen etwa ein quadratisches Netz mit der Kantenlänge δ an, so daß jede Elementarladung die Fläche $a = \delta^2$ in Anspruch nimmt. Die durch Gl. (12.17) angegebene Anzahl N nimmt die Fläche $A = 1$ m^2 ein, also $N \cdot \delta^2 = 1$ m^2. Daraus folgt $\delta = \sqrt{1/N}$ m $= 14$ nm. Verglichen mit der Membrandicke von 5 nm sind die Ladungsträger also nur „dünn gesät".

Größe und Vorzeichen der Membranspannung hängen von allen Ionen, die durch die Membran diffundieren können ab, aber auch von den nichtdiffundierenden Ionen (z. B. Eiweiß). Insgesamt wirkt auf alle Ionen nur *ein* elektrisches Feld und es entsteht eine bestimmte Membranspannung. Das sich einstellende elektrische Gleichgewicht ist von Donnan untersucht worden. Wir können hier nicht darauf eingehen.

12.6.5 Grenzflächen mit Isolatoren

Bringt man zwei Isolatoren mit verschiedener Dielektrizitätskonstante in engen, molekularen Kontakt, so werden die Elektronenwolken eines „Grenzmoleküls" wegen der verschiedenen Dielektrizitätskonstanten derart verformt, daß die Elektronen am Körper mit der größeren DK eine größere Aufenthaltswahrscheinlichkeit haben. Beim schnellen Trennen der Isolatoren bleibt dann der Körper mit größerer DK negativ geladen zurück (*Reibungselektrizität*).

Auch kolloidal gelöste Teilchen, z.B. Eiweißmoleküle, sind an der Oberfläche geladen, d.h. es bildet sich an der Grenzfläche eine elektrische Doppelschicht aus. Dabei spielt Adsorption (Chemiesorption) eine große Rolle. Die Ladung verhindert die Koagulation und sie ist für die elektrophoretische Wanderung maßgebend, jedoch wird dabei ständig die Ladung umgebaut, weil positive und negative Ladungen sich in verschiedener Richtung bewegen. Lyophobe (hydrophobe) Kolloide lagern kein Lösungsmittel an, lyophile (hydrophile) Kolloide bilden eine Solvathülle (Eiweiß, Stärke, Gummi, Harze, usw.).

13 Schwingungs-Vorgänge

13.1 Schwingungen mechanischer Systeme

In Fig. 13.1 a bis e sind einige einfache Systeme der Mechanik skizziert, die periodische Bewegungen ausführen können. Bringt man sie durch einen Anstoß aus ihrer Ruhelage (= Gleichgewichtslage) heraus, so werden *rücktreibende Kräfte* abwechselnd beschleunigend und bremsend wirksam, die zu einer periodischen Bewegung, einer *Schwingung* um die Ruhelage führen. In allen praktischen Fällen treten auch hemmende Kräfte auf, die dem System Energie entziehen und zur Folge haben, daß das System nach einer längeren oder kürzeren Zeit wieder zur Ruhe kommt: die *freie Schwingung* ist grundsätzlich *gedämpft*. Nur wenn die dämpfenden Kräfte verschwinden würden, könnte die freie Schwingung unendlich lange fortdauern.

Wir nennen im folgenden ein schwingungsfähiges System häufig kurz einen „*Schwinger*" oder „*Oszillator*". Im einfachsten Fall ist die rücktreibende Kraft $F_{\text{rück}}$ proportional zur Auslenkung x des Schwingers aus der Ruhelage. Für die in Fig. 13.1 dargestellten Oszillatoren gilt dies zumindest für kleine Werte von x. Wir können dann schreiben

$$F_{\text{rück}} = -Dx. \tag{13.1}$$

Das Minuszeichen besagt, daß die Richtung von $F_{\text{rück}}$ der Richtung von x entge-

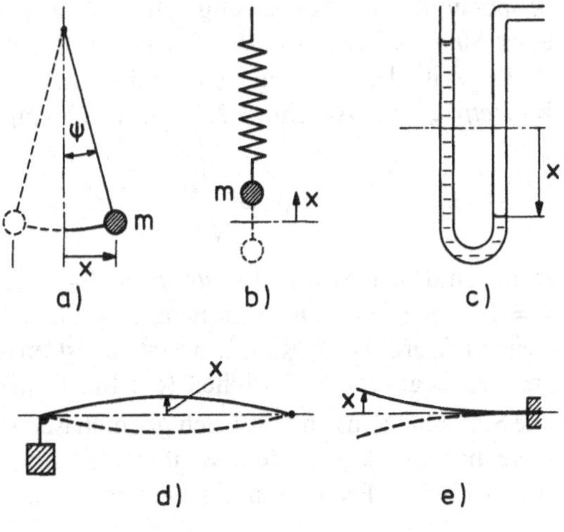

Fig. 13.1
Verschiedene schwingungsfähige Systeme
(Schwinger, Oszillatoren)
a) Fadenpendel,
b) Federpendel,
c) Flüssigkeitssäule als Schwinger,
d) gespannte Saite als Schwinger,
e) einseitig eingespannte Blattfeder als Schwinger

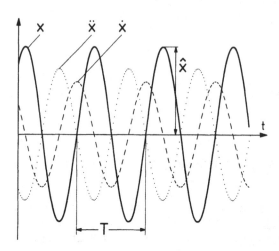

Fig. 13.2
Schwingungsgröße $x(t)$, Geschwindigkeit $\dot{x}$ und Beschleunigung $\ddot{x}$ bei einer Sinus-Schwingung

gengesetzt ist; die Größe D nennt man *Richtgröße* (hier auch *Richtkraft*; Dimension Kraft durch Länge). Die „Trägheit" des Schwingers wird durch die Masse m verkörpert. Vernachlässigt man die hemmenden (dämpfenden) Kräfte, so lautet die Bewegungs-Differentialgleichung nach dem II. Newtonschen Axiom (Masse mal Beschleunigung gleich wirkender Kraft, Gl. (3.22))

$$m\ddot{x} = -Dx. \tag{13.2}$$

Gesucht ist eine Funktion $x = x(t)$, die nach zweimaligem Differenzieren bis auf das Vorzeichen und eine Konstante reproduziert wird. Das leisten die trigonometrischen Funktionen, und daher ist Lösung von Gl. (13.2), also die Funktion, die den Bewegungsablauf beschreibt,

$$x = \hat{x}\sin(\omega t + \varphi_0). \tag{13.3}$$

Diese Funktion ist in Fig. 13.2 aufgezeichnet. Wir halten fest: eine rücktreibende Kraft proportional zur Auslenkung führt zu einer sinusförmigen periodischen Bewegung, einer *Sinus-Schwingung*. Prüft man durch Einsetzen von Gl. (13.3) in Gl. (13.2) die Richtigkeit der Lösung, so findet man, daß die Größe ω, die *Kreis-* oder *Winkelfrequenz* (Abschn. 3.2.2.1) der Schwingung, aus Trägheit m und Richtkraft D folgt:

$$\omega^2 = \frac{D}{m}, \qquad \omega = \sqrt{\frac{D}{m}}. \tag{13.4}$$

Damit sind auch *Schwingungsfrequenz* $f = \omega/2\pi$ und *Schwingungs-* oder *Periodendauer* $T = 1/f$ festgelegt. Die Frequenz f ist umso größer (die Schwingungsdauer umso kleiner), je größer die Richtkraft ist; sie ist umso kleiner (die Schwingungsdauer umso größer), je größer die Trägheit (die Masse m) des Oszillators ist.

Die Sinus-Schwingung läßt sich geometrisch sehr einfach darstellen. Auf einem Kreis laufe mit der konstanten Winkelgeschwindigkeit ω die Spitze eines Zeigers um (Fig. 13.3); die Projektion des Zeigers auf die vertikale Achse stellt $\sin(\omega t + \varphi_0)$, die

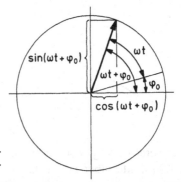

Fig. 13.3
Die Achsenprojektionen eines mit konstanter Winkelgeschwindigkeit umlaufenden Zeigers der „Länge eins" stellen Sinusschwingungen dar

Projektion auf die horizontale Achse $\cos(\omega t + \varphi_0)$ dar. Wir nennen die Größe $\varphi = \omega t + \varphi_0$ den *Phasenwinkel* (anzugeben in Winkelgraden (°) oder Radiant (rad)), $\varphi_0 = \varphi(t = 0)$ ist der *Nullphasenwinkel*. Die momentane Sinusgröße $x(t) = \hat{x}\sin\varphi = \hat{x}\sin(\omega t + \varphi_0)$ ist die *Phase der Schwingung*, die maximale Auslenkung $x_{max} = \hat{x}$ (lies: x Dach) die *Amplitude* der Sinusschwingung. Beide Größen, $\hat{x}$ und φ_0, können nicht durch Einsetzen von $x(t)$ in Gl. (13.2) ermittelt werden, es handelt sich vielmehr um zwei freie Konstanten, die der Experimentator durch von ihm ausgewählte *Anfangsbedingungen* festlegt. Z.B. sei bei $t = 0$ auch $x(0) = 0$ gefordert, dann muß $\varphi_0 = 0$ in Gl. (13.3) eingetragen werden. Soll bei $t = 0$ aber mit der maximalen Auslenkung $\hat{x}$ begonnen werden, so wird $\hat{x}$ „von Hand" eingestellt und $\varphi_0 = \pi/2$ ist einzutragen. Siehe dazu auch die nachfolgende Ergänzung.

In Fig. 13.2 sind auch noch die Graphen von $\dot{x} = dx/dt$ (Geschwindigkeit) und von $\ddot{x} = d^2x/dt^2$ (Beschleunigung) eingezeichnet. Man sieht, daß, wie durch Gl. (13.2) gefordert, $\ddot{x}$ genau den an der Achse gespiegelten Verlauf von x hat (anders ausgedrückt: x und $\ddot{x}$ sind um 180° phasenverschoben), x und $\dot{x}$ sind hingegen um 90° phasenverschoben. Bei Durchgang durch die Gleichgewichtslage ($x = 0$) hat man maximale Geschwindigkeit, in den Umkehrpunkten ($x = \hat{x}$) die Geschwindigkeit Null, die Beschleunigung, also auch die Kraft, ist dort maximal.

Ergänzung: Die Differentialgleichung (13.2) ist eine solche zweiter Ordnung (2. Differentialquotient tritt als größte Ableitung auf). Sie hat zwei Fundamentallösungen, $x_1 = \sin\omega t$ und $x_2 = \cos\omega t$. Diese gehen niemals gleichzeitig durch Null hindurch, und aus ihnen folgt die allgemeine Lösung von Gl. (13.2) zu

$$x = A\sin\omega t + B\cos\omega t, \tag{13.5}$$

wieder mit zwei freien Konstanten A und B. Unsere Sinus-Funktion entspricht der Funktion $x(t)$ von Gl. (13.5): schreibt man den Ausdruck Gl. (13.3) unter Anwendung eines Satzes über trigonometrische Funktionen um, so wird

$$x = \hat{x}(\sin\omega t\cos\varphi_0 + \cos\omega t\sin\varphi_0),$$

d.h. es ist $A = \hat{x}\cos\varphi_0$, $B = \hat{x}\sin\varphi_0$, die Konstanten sind also ineinander umrechenbar.

In Fig. 13.4 ist eine ganz anders zustandekommende „Schwingung" aufgezeichnet. Es handelt sich um die Temperatur des menschlichen Körpers wie sie mit einem einfachen

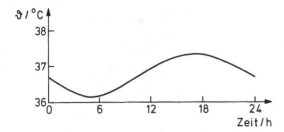

Fig. 13.4
Die Temperatur des menschlichen Körpers hat einen sinusähnlichen Tagesverlauf

Fieberthermometer verfolgt werden kann. Zwar ist die Temperatur des Menschen im Mittel eine Konstante, aber eine genaue Messung zeigt, daß sie einer etwa sinusförmigen Tagesschwankung unterliegt. Die Amplitude ist $\hat{\vartheta} = 0{,}5$ bis $0{,}7\,°C$, die Schwingungsdauer ist $T = 24\,h$. Verfolgung über größere Zeiträume kann weitere Periodizitäten ergeben (Zyklusschwankung der Temperatur des weiblichen Körpers). Es handelt sich hier um Temperaturschwingungen, die durch das Zusammenspiel vieler „Kräfte" in einem System mit Regelung zustandekommen (Abschn. 16).

Bei den in Fig. 13.1 dargestellten Schwingern kann man fast noch die Bewegung jedes Teils des Systems mit dem Auge verfolgen. Wir können aber die Frequenz so weit steigern, daß nur noch andere Sinnesorgane oder Meßinstrumente zum Schwingungsnachweis taugen: in der Akustik das Gehör, bei elektrischen Schwingungen die Rundfunkempfangsantenne mit Verstärker und Oszillograph, in der Optik das Auge und die Photoplatte. Speziell das *Gehör* ist ein *Frequenzmesser:* setzt man in Luft eine Lochsirene in Betrieb, die den Luftstrom aus einer Düse periodisch unterbricht, also die umgebende Luft periodisch „anstößt", so setzen sich diese Anstöße bis zum Gehör fort und werden dort als Ton wahrgenommen, dessen subjektive Höhe der Anstoßfrequenz entspricht. Wird die Umlauffrequenz der Sirene erhöht, so steigt die Tonhöhe an, bei Verminderung der Anstoßfrequenz sinkt die wahrgenommene Tonhöhe ab.

13.2 Dämpfung

Ein frei schwingendes System (freier Schwinger, freier Oszillator) kommt – wie in Abschn. 13.1 bereits erwähnt – nach längerer oder kürzerer Zeit zur Ruhe. Da ein solches System in jeder Schwingungslage, also jeder Schwingungsphase oder Auslenkung $x(t)$ sowohl potentielle als auch kinetische Energie besitzt (Auslenkung x bedeutet Arbeit gegen die rücktreibende Kraft, Geschwindigkeit $\dot{x}$ bedeutet kinetische Energie), wird ihm offenbar während seiner Bewegung andauernd Energie entzogen. Eine einfache Ursache für den Energieentzug bei mechanischen Schwingern ist die Wirkung einer *Reibungskraft*. Die Schwinger Fig. 13.1a und b erfahren Luftreibung, in c spielt die Flüssigkeitsreibung die wesentliche Rolle, bei d und e sind sowohl Luftreibung als auch Reibungsvorgänge in Festkörpern beteiligt. In anderen Systemen gibt es auch anderen Energieentzug (s. Abschn. 13.7.4). Wir gehen von dem in Abschn. 9.1.3 besprochenen Reibungsgesetz aus: Die Reibungskraft in Fluiden ist zur Geschwindigkeit proportional und ihr immer entgegengerichtet, $F_{\text{Reibung}} = - k \cdot \dot{x}$ mit

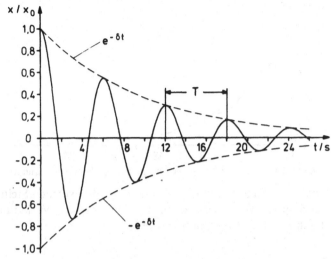

Fig. 13.5 Zeitlicher Verlauf einer Schwingungsgröße bei Vorhandensein von Dämpfung

dem *Reibungs-* oder *Dämpfungskoeffizienten k*. Damit gilt an Stelle von Gl. (13.2) die Gleichung

$$m\ddot{x} = -k\dot{x} - Dx,$$ (13.6)

oder, nach Division durch die Masse m und Umordnung

$$\ddot{x} + \frac{k}{m}\dot{x} + \frac{D}{m}x = \ddot{x} + 2\delta\dot{x} + \omega_0^2 x = 0.$$ (13.7)

Die Größe $\delta = k/2m$ nennen wir den *Abklingkoeffizienten* der Bewegung, außerdem haben wir jetzt $\omega_0^2 = D/m$ gesetzt, um ω_0 als Kreisfrequenz der dämpfungsfreien Bewegung zu kennzeichnen: diese Kreisfrequenz wird *Kenn-Kreisfrequenz*, $f_0 = \omega_0/2\pi$ *Kennfrequenz* des Schwingers genannt. Bei „schwacher Dämpfung" ist die Lösung von Gl. (13.7) immer noch eine Schwingung (eine „sinus-verwandte" Schwingung), wieder mit zwei freien Konstanten, aber es tritt ein zusätzlicher Faktor auf,

$$x = x_0 e^{-\delta t}\sin(\omega_d t + \varphi_0).$$ (13.8)

Das Kennzeichen der gedämpften freien Schwingung mit einer geschwindigkeits-proportionalen Reibungskraft ist, daß die *Amplitude exponentiell abnimmt*, auch ausgedrückt als „exponentiell abklingt", mit dem Abklingkoeffizienten δ. Außerdem ist jetzt die freie Schwingungs-Kreisfrequenz ω_d (f_d die *Eigenfrequenz*) kleiner als die Kennkreisfrequenz ω_0,

$$\omega_d = \sqrt{\omega_0^2 - \delta^2},$$ (13.9)

d. h. die Schwingungsdauer ist *größer*. Fig. 13.5 enthält den Graphen einer gedämpften Schwingung. Aus ihr kann der Dämpfungskoeffizient wie folgt ermittelt werden. Man liest die Schwingungsphase zu zwei Zeiten ab, die um die Schwingungsdauer T auseinanderliegen, also etwa zwei aufeinanderfolgende Amplituden auf der gleichen

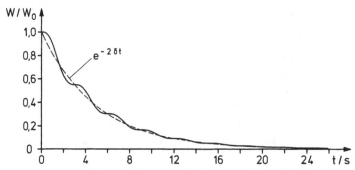

Fig. 13.6 Exponentieller Abfall der Energie eines gedämpften Oszillators

Seite. Die Sinus-Funktionswerte sind an zwei solchen Stellen wegen der Periodizität der Sinus-Funktion einander gleich. Daher ist das Verhältnis zweier Amplituden (die durch den Index n numeriert seien)

$$\frac{\hat{x}_{n+1}}{\hat{x}_n} = e^{-\delta T};$$ (13.10)

ihr Kehrwert ist das *Dämpfungsverhältnis* oder *Dekrement*. Der *natürliche* Logarithmus des Dekrementes, das (natürliche) *logarithmische Dekrement* Λ_n der *Amplituden* ist damit

$$\Lambda_n = \ln \frac{\hat{x}_n}{\hat{x}_{n+1}} = \delta T.$$ (13.11)

Die Schwingungsdauer T kann leicht gemessen werden, und dann kann auch der Abklingkoeffizient δ aus Gl. (13.11) ermittelt werden. Er ist nach Gl. (13.7) und (13.6) gleich $k/2m$, und damit läßt sich auch der Reibungskoeffizient k ermitteln, der die Dämpfung bestimmt.

Zur *quantitativen Angabe der Dämpfung der Amplituden* kann man die Einheit „Neper" benützen: das logarithmische Dekrement Λ_n, also eine dimensionslose Zahl, wird durch Hinzufügung des Kennwortes „Neper" (abgek. Np) angegeben. Ist also $\delta T = 1$, so ist $\Lambda_n = 1\,\mathrm{Np}$, und es folgt aus Gl. (13.10) für das Verhältnis zweier aufeinanderfolgenden Amplituden $\hat{x}_{n+1}/\hat{x}_n = 1/e = 0{,}368$.

Die Abnahme der *Energie des Schwingers* läßt sich aus dem Bewegungsablauf berechnen, denn es ist

$$W = W_{\mathrm{pot}} + W_{\mathrm{kin}} = \frac{1}{2} D x^2 + \frac{1}{2} m \dot{x}^2.$$ (13.12)

Für die Definition dieser Energien s. Abschn. 7.6.1.2 und 7.6.1.3. Fig. 13.6 enthält den zu der Schwingung der Fig. 13.5 gehörigen Verlauf der Energie des gedämpften Oszillators. Da im Ausdruck für die Energie W quadratische Größen (x^2 und $\dot{x}^2$) auftreten, erhält W den Faktor $e^{-2\delta t}$, klingt also schneller ab, nämlich mit dem Abklingkoeffizienten $\delta' = 2\delta = k/m$. Die wellige Struktur von W kommt dadurch zustande, daß Reibung immer nur dann erfolgt, wenn $\dot{x} \neq 0$, sie verschwindet also zu den Zeiten, wo der Oszillator seine Bewegung umkehrt. Das zeitliche *Abklingen der Energie* wird quantitativ in Anpassung an dasjenige der Amplituden angegeben. Man vergleicht die Energie in zwei Zeitpunkten, die um die Schwingungsdauer T auseinanderliegen. Dieses Verhältnis ist $e^{-2\delta T}$. Es wird wieder logarithmiert, jedoch nimmt man in diesem Fall den *dekadischen* Logarithmus, so daß das (dekadische) logarithmische Dekrement der *Energie*

$$\Lambda_d = \log(e^{2\delta T}) = 2\,\delta\,T\log e = 0{,}868\,\delta\,T, \tag{13.13}$$

und diese Größe wird mit dem Kennwort „Bel", abgekürzt B, versehen (zu Ehren von A.G. Bell, 1847–1922, Taubstummenlehrer und Professor der Physiologie), also $\Lambda_d = 0{,}868\,\delta\,T$ Bel $= 8{,}68\,\delta\,T \cdot 1/10$ Bel $= 8{,}68\,\delta\,T$ Dezibel $= 8{,}68\,\delta\,T$ dB.

Beispiel 13.1 Aus der gedämpften Schwingung in Fig. 13.5 entnimmt man die Schwingungsdauer $T = 6$ s. Das Verhältnis der Anfangsamplitude (1) zur nächsten (0,55) und zur darauffolgenden (0,3) ist $1/0{,}55 = 1{,}82$ und $0{,}55/0{,}3 = 1{,}83$, also im Mittel 1,825. Das logarithmische Dekrement folgt zu $\Lambda_n = \ln 1{,}825 = 0{,}6$ Neper $= \delta T$. Der Abklingkoeffizient ergibt sich nach Gl. (13.11) zu $\delta = 0{,}1\ \mathrm{s}^{-1}$. Das Energiedekrement folgt zu $\Lambda_d = 0{,}868 \cdot 0{,}6$ Bel $= 0{,}5208$ Bel $= 5{,}21$ dB.

Ergänzung: Die dargelegten Sachverhalte haben wir für den Fall einer linearen, durch $x(t)$ beschriebenen Schwingung formuliert. Sie gelten auch für andere Schwingungen, die durch *eine* Größe gekennzeichnet sind, z.B. die Pendelschwingung Fig. 13.1a, die durch den Drehwinkel ψ zu beschreiben ist. Eine Drehschwingung eines Körpers um eine Drehachse wird ebenfalls durch einen Drehwinkel beschrieben, die Richtgröße ist hier das auf den Winkel bezogene Drehmoment (Richtmoment genannt) einer Drillfeder, anstelle der Masse tritt das Trägheitsmoment.

Wie aus Gl. (13.9) hervorgeht, kann bei wachsender Dämpfung eine freie Schwingung nicht mehr zustandekommen: wenn $\delta = \omega_0$, dann wird die Eigen-Kreisfrequenz $\omega_d = 0$. Von diesem Wert an, und für weiter anwachsende Dämpfung beobachtet man nur noch ein exponentielles Abklingen der Anfangsauslenkung. Ist die Dämpfung sehr groß, dann ist dieser Abfall extrem langsam. Dieses Verhalten eines Schwingers bei verschiedenen Dämpfungen ist allgemein und hat wichtige Folgen. Wir besprechen hier eine *Anwendung auf Meßgeräte*. In aller Regel sind Meßgeräte so konstruiert, daß ihre Anzeige proportional dem Meßsignal ist. Das bedeutet, daß mit wachsender Signalgröße eine Richtgröße auftritt, die dem Ausschlag proportional und rücktreibend ist. D.h. jedes Meßgerät ist ein schwingungsfähiges System, ein Oszillator. Ist seine Dämpfung zu klein, dann wird das Meßgerät auf jedes zu messende Signal mit einer Schwingung reagieren, die natürlich unerwünscht ist. Daher wird bewußt eine geeignete Dämpfung eingebaut. Das verdeutlichen wir mittels Fig. 13.7. Eine rechteckförmige Spannung soll korrekt registriert werden; der gezeichnete „Kasten" ist das Meßgerät, dessen Dämpfung von außen eingestellt werden kann. Bei kleiner Dämpfung (Fig. 13.7a) erhält man einen äußerst störenden Einschwingvorgang, ehe der Endausschlag, der dem Meßwert entspricht, erreicht wird. Bei sehr großer Dämpfung (Fig. 13.7c) rührt sich das Meßgerät nicht recht von der Stelle, die Anzeige kriecht langsam auf den Endausschlag. Bei einer geeignet gewählten Dämpfung, nämlich so, daß der Abklingkoeffizient $\delta = \omega_0$ (Gl. (13.9)), geht die Anzeige am „schnellsten" an den Meßwert heran, häufig wird die Dämpfung ein wenig schwächer eingestellt (Fig. 13.7b).

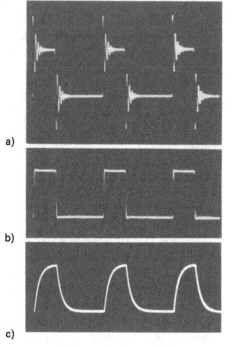

Fig. 13.7
Verarbeitung einer Rechteck-Eingangsspannung U_e
durch einen „schwarzen Kasten" mit Oszillator-
Eigenschaften zu einer Ausgangsspannung U_a
a) Dämpfung zu klein
b) Dämpfung fast richtig, noch geringfügiges Überschwingen
c) Dämpfung zu groß, starke Verformung

a)

b)

c)

Ein Beispiel eines zwar *periodischen*, aber *nicht-sinusförmigen Vorgangs* ist die *Kippschwingung*. Fig. 13.8a enthält ein Schaltbeispiel für eine elektrische Kipp-schwingung. Bei Einschalten der Gleichspannung U, die größer als die Zündspannung U_Z der Glimmlampe (etwa 100 Volt) sein muß, wird der Kondensator C des R-C-Gliedes aufgeladen. Bei Erreichen der Zündspannung zündet die Glimmlampe, so daß sich der Kondensator durch die Glimmlampe schnell entlädt. Ist die Spannung am Kondensator unter die Löschspannung U_L abgesunken, verlischt die Glimmlampe und der Kondensator wird erneut aufgeladen; der Vorgang wiederholt sich periodisch. Die am Kondensator und an der Glimmlampe bestehende „Ausgangsspannung" U_A hat den in Fig. 13.8b skizzierten Verlauf, sie ist eine *Kippspannung*. Macht man die Betriebsspannung U groß gegen U_Z, dann werden die ansteigenden Stücke gut linear, man erhält eine typische *Sägezahnspannung*, die z.B. als Ablenkspannung des Elektronenstrahl-Oszillographen verwendet werden könnte (Abschn. 9.3.6.6, s. auch Fig. 3.3).

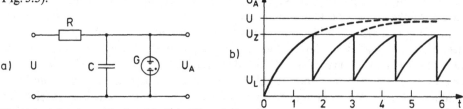

Fig. 13.8 a) Schaltung für eine elektrische Kippschwingung
b) Verlauf der Kippspannung, U_Z Zünd-, U_L Lösch-Spannung der Glimmlampe G

13.3 Schwingungs-Anfachung und Resonanz

Jedes schwingungsfähige System, jeder Schwinger, kann durch einen einmaligen „Anstoß" zu einer freien Schwingung veranlaßt werden. Diese erfolgt mit seiner *Eigenfrequenz* $f_d = \omega_d/2\pi$. Komplizierte Systeme, z. B. Moleküle, haben mehrere oder viele verschiedene Schwingungsformen, genannt *Eigenschwingungen*, in denen sie mit der zugehörigen Eigenfrequenz frei schwingen können. Fig. 13.9 gibt ein aus zwei gleichen Massen bestehendes Schwingungssystem mit vier verschiedenen Eigenschwingungen wieder. Eigenschwingungen sind dadurch gekennzeichnet, daß alle Teile des Systems zur gleichen Zeit durch die Ruhelage hindurchgehen.

Oszillatoren können auch mit jeder anderen Frequenz schwingen, wenn sie dauernd mit dieser Frequenz angeregt werden, also nicht mehr frei schwingen. Man spricht dann von *erzwungener Schwingung*. Zum Beispiel kann man dem Federpendel in Fig. 13.10 von außen jede Frequenz f_a aufprägen, indem man auf das Federpendel eine periodische Kraft dieser Frequenz f_a wirken läßt (dies ist die „erzwingende Kraft"). Man beobachtet nun, daß bei gegebener Amplitude der erzwingenden Kraft die *Amplitude der entstehenden Schwingung von der Frequenz f_a abhängt*. Bei einer bestimmten Frequenz $f_a = f_r$ ist die Amplitude der erzwungenen Schwingung besonders groß, die erzwingende Kraft ist dann mit dem Schwinger in *Resonanz*. Man erfühlt diese Resonanz bei dem Pendel Fig. 13.10 sehr leicht bei Anregung mit der Hand. Das Ergebnis der Messung der Amplitude der erzwungenen Schwingung als

Fig. 13.9 Eigenschwingungen eines Systems aus zwei gekoppelten Schwingern (Oszillatoren)

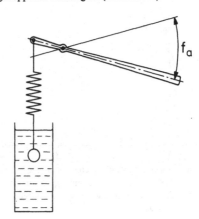

Fig. 13.10
Anregung eines flüssigkeits-reibungs-gedämpften Pendels zu Schwingungen mit der aufgeprägten Frequenz f_a

Funktion der Frequenz f_a ist in Fig. 13.11a wiedergegeben. Für eine vergleichende Übersicht sind die aufgezeichneten Verläufe in gewisser Weise normiert worden. Die Größe δ ist wieder der Abklingkoeffizient des Oszillators. Bei schwacher Dämpfung (δ klein) wird die Resonanz besonders scharf, geht die Dämpfung gegen Null, dann geht die Amplitude der erzwungenen Schwingung in der Resonanz gegen unendlich, und dann ist die Resonanzfrequenz f_r gleich der Eigenfrequenz des *ungedämpften* Oszillators (d.h. gleich der Kennfrequenz $f_0 = \omega_0/2\pi$ des Oszillators), $f_r(\delta = 0) = f_0$. Diese Größe wurde zur Normierung benützt. Mit wachsender Dämpfung (wachsender Abklingkonstante) verschiebt sich erstens die Resonanzfrequenz f_r zu kleineren Werten (und stimmt übrigens nicht ganz mit der Eigenfrequenz f_d des *gedämpften* Oszillators überein), und zweitens wird auch die Resonanz weniger ausgeprägt.

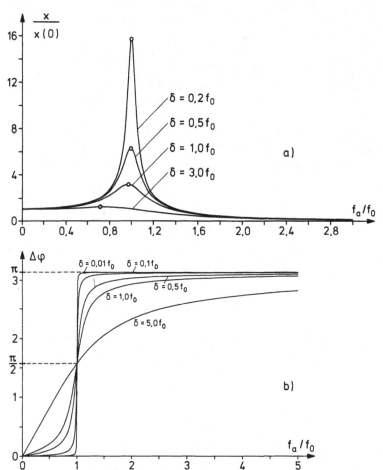

Fig. 13.11   a) Schwingungsamplituden eines mechanischen Pendels mit verschiedener Dämpfung in Abhängigkeit von der Anregungsfrequenz f_a; $x(0)$ ist die Amplitude der Anregung, wenn $f_a = 0$ ist. – b) Phasenverschiebung $\Delta\varphi$ zwischen anregender Kraft und ausgeführter Schwingung beim Pendel von Teilfigur a)

Die experimentelle Beobachtung zeigt unmittelbar, daß der Oszillator bei niedrigen Frequenzen der anregenden Kraft nachhinkt: der Oszillator hat eine *Phasenverschiebung*, die wir wegen des Nachhinkens mit $-\Delta\varphi$ bezeichnen. Auch die Phasenverschiebung $\Delta\varphi$ ist abhängig von der anregenden Frequenz, $\Delta\varphi = \Delta\varphi(f_a)$. Fig. 13.11 b enthält einige Verläufe der Phasenverschiebung. Auffallend ist, daß alle Kurven bei $f_a = f_0$, der Kennfrequenz (Eigenfrequenz des *ungedämpften* Oszillators) durch den Wert $\Delta\varphi_r = \pi/2 = 90°$ gehen. Will man demnach die Frequenz f_0 aus einem Resonanzexperiment ermitteln, dann mißt man am besten die Phasenverschiebung: dort wo diese $\Delta\varphi = \pi/2 = 90°$ beträgt, ist $f_a = f_0$. – Die Aufzeichnung Fig. 13.11 b zeigt ferner, daß bei hohen Frequenzen die Phasenverschiebung $\Delta\varphi = 180° = \pi$ ist: der Oszillator schwingt gegenphasig zur anregenden Kraft. *Bei sehr kleiner Dämpfung* verhält sich die Phasenverschiebung wie eine *Stufenfunktion*: für $f_a < f_0$ ist sie praktisch gleich Null, für $f_a > f_0$ praktisch gleich 180°, bei $f_a = f_0$ beträgt sie auch hier 90°.

Die „Einstellung der Resonanz" wird zur *Frequenzmessung* benutzt. Ein einfacher Frequenzmesser für Wechselstrom-Frequenzen ist der *Zungenfrequenzmesser*: eine Reihe von Blattfedern mit abgestuften Resonanzfrequenzen wird mittels einer von Wechselstrom durchflossenen Spule zu Schwingungen angeregt. Diejenige Blattfeder, deren Resonanzfrequenz mit der Frequenz des Wechselstroms übereinstimmt, zeigt die größte Schwingungsamplitude, was visuell beobachtet wird. – Hat man Wechselspannungen zu verstärken, in denen ein Frequenzgemisch enthalten ist – und das ist bei allen nicht rein sinusförmigen Schwingungen der Fall, wie z. B. beim EKG –, dann wird durch Schaltkreise, die schwingungsfähig sind, eine *frequenzabhängige Verstärkung* verursacht, die vermieden werden muß. Das geschieht dadurch, daß die Resonanzfrequenzen der Schaltkreise möglichst weit außerhalb des zu verarbeitenden Frequenzbereichs gelegt werden. Anders ausgedrückt: jeder Verstärker hat einen gewissen Bereich, in welchem die Verstärkung frequenzunabhängig ist. Die Abhängigkeit der Verstärkung von der Frequenz bezeichnet man als *Frequenzgang* der Verstärkung. Wir weisen nochmals darauf hin, daß auch die Dämpfung von Schaltkreisen geeignet gewählt werden muß, um das in Fig. 13.7 gezeigte Überschwingen zu vermeiden. Zusammenfassend kann man also sagen, daß die *formgetreue Wiedergabe beliebiger Schwingungsformen* immer nur mit einer gewissen Näherung möglich ist und Meßgeräte in Anpassung an die Meßaufgabe ausgewählt werden müssen. – Auch Maschinenteile, wie Antriebswellen, oder Bauwerke, wie Brücken, und andere Körper sind schwingungsfähige Körper. Werden sie durch eine periodische Kraft angeregt, so kommt es unter Umständen zu unzulässig großen Schwingungsamplituden, die den Körper zerstören (Marschkolonnen sollen auf Brücken nicht im Gleichschritt marschieren; das Dröhnen nicht ausgewuchteter umlaufender Maschinenteile muß abgestellt werden, nicht nur aus Gründen der Geräuschverminderung).

Wird ein Schwinger, der eine Dämpfung besitzt, durch eine äußere Quelle zu einer fortdauernden Schwingung angeregt, so bedeutet die Wirkung der Quelle, daß dem Schwinger stetig so viel *Energie zugeführt* wird, wie ihm durch diejenigen Prozesse, die die Dämpfung verursachen, verloren geht. Genau genommen handelt es sich um die Einhaltung von *zwei* Bedingungen, die man am einfachsten an einem Federpendel

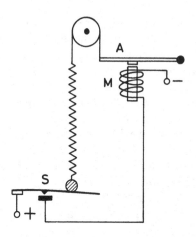

Fig. 13.12
Federpendel mit Selbststeuerung zur Ausführung
ungedämpfter Schwingungen

erläutert: eine Kraft als Quelle muß so wirken, daß sie eine Beschleunigung, nicht eine
Verzögerung, des Pendels mit sich bringt, es muß also die anregende Kraft
„phasenrichtig" wirksam werden. Zweitens muß die zugeführte Energie dann noch die
richtige Größe haben, sonst wächst die Amplitude an, oder sie nimmt ab, bis das
Gleichgewicht hergestellt ist. Es gilt also das allgemeine *Prinzip zur Erzeugung
ungedämpfter Schwingungen*, daß rechtzeitig einem Oszillator Energie zugeführt
werden muß. Bei sehr langsamen mechanischen Schwingungen wäre dies vielleicht
noch „von Hand" möglich. Für beliebige, auch nicht-mechanische, Schwingungen
braucht man aber ein Verfahren, das die Rechtzeitigkeit der Energiezufuhr in jeder
Schwingungsphase garantiert: das geschieht durch *Selbststeuerung* des Oszillators,
indem der Mechanismus der Energiezufuhr vom Oszillator selbst gesteuert wird.
Fig. 13.12 enthält die Skizze für einen solchen Selbststeuerungs-Mechanismus bei
einem Federpendel. In jeder Periode wird in der Nähe des unteren Umkehrpunktes der
Schalter S geschlossen, der Magnet M erregt, der Anker A angezogen und dadurch die
Feder ein kleines Stück gespannt; die zusätzliche Spannung beschleunigt die
schwingende Masse, und nach einer gewissen Zeit kann der Anker wieder losgelassen
werden: inzwischen ist der Pendelmasse bereits die in der vorhergehenden Periode
verloren gegangene Energie wieder zugeführt worden. Wichtig ist hier auch folgendes:
der Schwinger *muß* durch einen äußeren Anstoß einmal zum Schwingen gebracht
werden, er ist dann *selbsterhaltend*, läuft aber nicht von selbst an. Sehr viele technische
Schwingungssysteme sind *selbstentfachend:* sind die Bedingungen für eine Schwingung
gegeben, dann führt eine kleine Schwankung des Systems zu einer Oszillation, aus der
die Resonanzschwingung bis zu einer stabilen Schwingung angefacht wird.

13.4 Zwei gekoppelte Oszillatoren

In Fig. 13.13 sind zwei Pendel dargestellt, die zwei gekoppelte Oszillatoren darstellen:
die Blattfeder, die die beiden Pendel verbindet, stellt die *Kopplung* dar. Mit dieser kann
vom einen auf das andere Pendel eine Kraft ausgeübt werden, d.h. die Pendel können

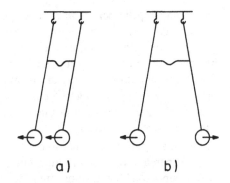

Fig. 13.13
Elastische Kopplung von zwei gleichen Pendeln:
das System hat zwei Eigenschwingungen a) und b)

a)   b)

sich gegenseitig beeinflussen. Es treten drei verschiedene Bewegungs-Grundformen auf.

a) Man lenkt gemäß Fig. 13.13a beide Pendel parallel zueinander aus. Dabei wird die Kopplung nicht beansprucht, beide Oszillatoren schwingen mit ihren Eigenfrequenzen, die sie ohne Kopplung hatten, und diese Bewegung ist auch eine Eigenschwingung des gekoppelten Systems mit der gleichen Frequenz.

b) Man lenkt entsprechend Fig. 13.13b genau entgegengesetzt zueinander aus, wodurch die Kopplung maximal beansprucht wird. Beide Pendel gehen wieder zur gleichen Zeit durch die Nullage hindurch, wir haben eine zweite Eigenschwingung, deren Frequenz höher liegt als die im Fall a) gefundene. Das rührt davon her, daß die Richtkraft mittels der Kopplungsfeder erhöht wurde.

c) Man lenkt nur ein Pendel aus und überläßt das System dann sich selbst. Man beobachtet, daß die Amplitude des ersten Pendels langsam abnimmt und dafür mittels der Kopplung das zweite Pendel angeregt wird, bis in einem bestimmten Zeitpunkt das erste Pendel in Ruhe ist und dafür das zweite die volle Amplitude übernommen hat. Der Vorgang läuft dann in umgekehrter Richtung in gleicher Weise ab, usw. So pendelt die Schwingungsenergie zwischen den beiden Oszillatoren hin und her. Die Reibung sorgt schließlich dafür, daß die ganze Energie aufgezehrt wird. In Fig. 13.14 sind die Schwingungsverläufe für beide Oszillatoren wiedergegeben. Es wurde dabei ein Fall zugrundegelegt, wo die Kopplung „schwach" ist, also sich die Frequenzen im oben besprochenen Fall a) und b) nur wenig unterscheiden. Die in Fig. 13.14 zutagetretende schnelle Schwingung entspricht der Frequenz der ungekoppelten Pendel oder des Falles a). Die langsame Schwingung dagegen entspricht der Differenz der Frequenzen

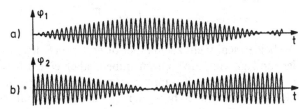

Fig. 13.14 Bei schwacher Kopplung zweier gleicher Pendel kommt es beim Anstoß eines der Pendel zu einer Schwebung bei beiden Pendeln

aus a) und b), die bei schwacher Kopplung gering ist. Einen derartigen Verlauf der Amplitude nennt man eine *Schwebung:* sie wird durch die Oszillation zweier gekoppelten Oszillatoren mit schwacher Kopplung verursacht. Wir stellen hier fest: bei der Schwebung erfolgt eine Energieübertragung vom einen auf den anderen Oszillator, und diese Energieübertragung nimmt eine bestimmte Zeit in Anspruch, die umso länger ist, je geringer die Kopplung ist. Dieser Transfer kann als klassisches Modell für die Übertragung auch von Energie von einem auf ein gleiches anderes Molekül angesehen werden.

d) Bei einem beliebigen Anstoß der beiden Pendel beobachtet man ebenfalls ein Hin- und Herpendeln der Schwingungsenergie, jedoch kommt keines der Pendel dabei zur Ruhe. Sind darüber hinaus auch noch die beiden Pendel, die gekoppelt wurden verschieden beschaffen, haben sie also verschiedene Eigenfrequenzen, dann führt bei einem beliebigen Anstoß jedes der Pendel immer noch eine periodische Bewegung aus, aber sie kann kompliziert sein. Man interessiert sich dann dafür, ob man die Bewegung als Summe – man sagt: als *Überlagerung – von reinen Sinus-Schwingungen* beschreiben kann. Hier sei im Vorgriff auf Abschn. 13.6.5.2 verwiesen. Fig. 13.30 enthält zwei periodische Bewegungen, die sich aus drei reinen Sinus-Schwingungen zusammensetzen. Das Bild der beiden periodischen Bewegungen ist recht verschieden, obwohl die Frequenzen der drei Komponenten gleich sind, es sind nur die Phasenwinkel gegeneinander verschieden groß. Kennt man die Frequenzen und die Amplituden $A(f)$ der einzelnen sinusförmigen Komponenten, so kennt man das *Frequenz-Spektrum.* Ein Gerät, mit welchem man das Frequenzspektrum mißt, ist ein *Spektrum-* oder *Spektral-Analysator,* kurz auch *Spektralapparat* genannt.

Wir haben uns bisher mit *linearen Oszillatoren* befaßt: die Schwingung wurde durch den zeitlichen Ablauf *einer* Koordinate beschrieben. Man sieht aber ohne weiteres, daß z.B. die in Fig. 13.1a und b dargestellten Oszillatoren auch räumliche Schwingungen ausführen können. Das dort gezeichnete Fadenpendel kann sogar zur Ausführung einer reinen Kreisbewegung in einer horizontalen Ebene senkrecht zur Zeichenebene veranlaßt werden, wenn man es richtig anstößt. Eine solche Bewegung erfordert zur Beschreibung zwei Koordinaten, $x(t)$ und $y(t)$, eine allgemeine räumliche Bewegung wird drei Koordinaten erfordern. Das gilt z.B. für jeden Oszillator des in Fig. 5.9 dargestellten Modells eines kristallisierten Festkörpers.

Fig. 13.3 läßt erkennen, daß eine ebene Kreisbewegung als Zusammensetzung aus zwei linearen Schwingungen aufgefaßt werden kann, wobei

$$x = A \sin \omega t$$
$$y = A \cos \omega t = A \sin \left(\omega t + \frac{\pi}{2} \right). \tag{13.14}$$

Die beiden senkrecht zueinander orientierten Schwingungen müssen gleiche Amplituden und gleiche Frequenzen haben, aber eine Phasenverschiebung von $\Delta \varphi = \pi/2 = 90°$. Eine solche Zusammensetzung kann man sehr einfach mit dem Elektronen-strahl-Oszillographen herstellen. An das Horizontal- und Vertikal-Ablenksystem legt man eine zu $x(t)$ bzw. $y(t)$ proportionale Wechselspannung der Frequenz $f = \omega/2\pi$: der Leuchtfleck des Elektronenstrahls auf dem Bildschirm beschreibt eine ge-

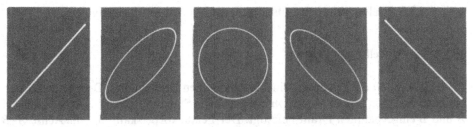

Fig. 13.15 Zusammensetzung zweier Sinusschwingungen in x und y zu einer ebenen Oszillation: Von links nach rechts: Änderung der Phasenverschiebung von 0° nach 45°, 90°, 135°, 180°

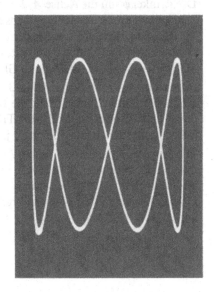

Fig. 13.16 Lissajous-Figur: Frequenz der y-Schwingung 4mal so groß wie die der x-Schwingung

schlossene Kurve. Sie ist je nach der Größe der Phasenverschiebung ein Kreis (Phasenverschiebung $\pi/2$, entsprechend Gl. (13.14)), oder eine Ellipse, deren Lage und Form ebenfalls von der Phasenverschiebung beider Spannungen abhängt, Fig. 13.15. Hier lassen sich auch solche Fälle studieren, bei denen die beiden Frequenzen für die beiden Ablenkungen nicht gleich sind. Bei Verstimmung erhält man stets dann geschlossene Kurven, wenn die Frequenzen im Verhältnis ganzer Zahlen stehen. Fig. 13.16 enthält ein Beispiel. Derartige Kurven heißen *Lissajous-Figuren*. Sie werden auch meßtechnisch benutzt. Man kann eine unbekannte Frequenz mit einer bekannten vergleichen und durch Abzählen das Frequenzverhältnis bestimmen (wenn es rational ist).

13.5 Viele gekoppelte Oszillatoren: Wellen auf Leitungen

13.5.1 Ein Modell einer Leitung

Fig. 13.17 enthält die Zeichnung eines mechanischen Drehpendels. Der Pendelkörper, bestehend aus den beiden Massen m, die auf einem Stab montiert sind, ist an einem bei A und B eingespannten Draht befestigt. Der Pendelkörper kann um die Achse $A–B$ Drehschwingungen ausführen, die beiden Massen bewegen sich dabei gegensinnig in die Zeichenebene hinein bzw. aus ihr heraus. Die Schwingungsphase wird durch den Drehwinkel ψ um die Achse $A–B$ beschrieben. Die Trägheit des Systems ist durch das Trägheitsmoment um die Drehachse, $J = 2\,m\,r^2$ bestimmt (Gl. (7.97)), die Richtgröße $^\circ D$ folgt aus dem rücktreibenden Drehmoment $M_{\text{rück}}$, das bei der Verdrillung des Drahtes zwischen A und B auftritt, und für welches der Ansatz gemacht werden kann $M_{\text{rück}} = -\,^\circ D \cdot \psi$, in Analogie zu Gl. (13.1). Die Kennwinkelfrequenz des Drehpendels folgt zu $\omega_0 = \sqrt{^\circ D/J}$ (vgl. Gl. (13.4)). An diesem Ausdruck erkennen wir einen uns schon bekannten Sachverhalt: die Kennfrequenz ist umso kleiner (die Schwingungsdauer umso größer) je größer die Trägheit des Schwingers ist, sie ist umso größer (die Schwingungsdauer umso kleiner) je größer die Richtgröße ist.

Wir gewinnen das *Modell einer Leitung*, wenn wir eine Vielzahl von Drehpendeln miteinander koppeln, indem wir einen langen, drillelastischen Metalldraht nehmen und auf ihm Querstege äquidistant befestigen, die Drillschwingungen um die Drahtachse ausführen können (Fig. 13.18). Die Kopplung der Oszillatoren miteinander ist eine elastische Kopplung mittels des Drahtes. Genau genommen ist diese

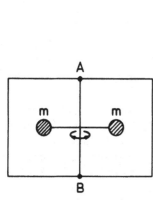

Fig. 13.17 Mechanisches Drehpendel: die Hantel m, m kann mittels des bei A und B eingespannten Drahtes Drillschwingungen ausführen

Fig. 13.18 Viele auf einem langen Draht aufgereihte Drehpendel bilden eine Pendelkette (Seitenansicht)

Leitung keine homogene Leitung, eine solche wäre etwa ein Draht allein, oder ein luftgefülltes Rohr für den Schall, oder eine Glasfaser für Licht. Demgegenüber wird unser Modell einer Leitung besser als *Pendel-* oder *Oszillatorenkette* zu bezeichnen sein. Wir untersuchen die *Ausbreitung von Vorgängen* auf der Pendelkette an Hand einiger ausgewählter Beispiele. Die Auslenkung der Querstäbe kann unmittelbar visuell beobachtet werden.

13.5.2 Ausbreitung eines Rucks und eines Pulses auf der Modelleitung

Am unteren Ende der Pendelkette ist ein Antriebsmechanismus angebracht, mit dem der unterste Quersteg zu bestimmten Bewegungen veranlaßt werden kann. Wir beobachten wie sich die übrigen, zunächst in Ruhe befindlichen Schwinger (Querstäbe) verhalten. Zuerst lenken wir den untersten Quersteg um einen bestimmten Winkel ψ_0 aus und halten ihn in dieser Lage fest: am unteren Ende der Modelleitung wurde ein „Ruck" als Störung angewandt. Wir beobachten, daß die anschließenden Pendel aufeinander folgend, eines nach dem anderen ebenfalls den Winkelausschlag ψ_0 annehmen. In zwei aufeinanderfolgenden Zeiten t_1 und t_2 wird das in Fig. 13.19a, b gezeichnete Bild beobachtet. Es zeigt, daß sich der Ruck, d.h. die Störung auf der Modelleitung „ausbreitet", und zwar mit einer bestimmten, meßbaren Geschwindigkeit. Diese Geschwindigkeit hängt von der Richtgröße der Einzelpendel und von der Trägheit der Einzelpendel ab.

Als nächstes lenken wir den ersten Oszillator am unteren Ende der Kette kurze Zeit aus seiner Ruhelage aus und führen ihn in diese wieder zurück. Wir beobachten, daß sich längs der Kette ein Torsionspuls nach oben ausbreitet, also fortgeleitet wird

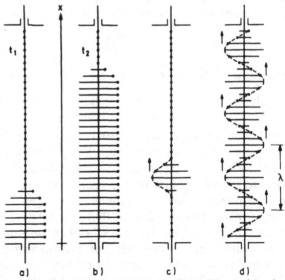

Fig. 13.19 Ausbreitung verschiedener „Störungen" auf der Pendelkette, s. Text (Frontansicht der Pendelkette)

(Fig. 13.19c). Es wird auf diese Weise offenbar Energie fortgeleitet: der erste Oszillator erhielt bei der Auslenkung potentielle (Dreh-)Energie und überträgt diese in Form kurzzeitiger Auslenkungen auf die nachfolgenden Oszillatoren, wobei während der Ausführung einer Auslenkung eines Einzelpendels dieses sowohl kinetische wie potentielle Energie enthält.

13.5.3 Ausbreitung einer Sinuswelle auf der Modelleitung

Der erste Oszillator wird in Form einer fortdauernden Sinusschwingung mit einer beliebig gewählten (aufgezwungenen) Frequenz f ausgelenkt. Man beobachtet, daß sich eine „Sinus-Welle" auf der Leitung ausbreitet (Fig. 13.19d). Aufeinanderfolgende Momentaufnahmen zeigen, daß zu jedem Zeitpunkt auf der ganzen Leitung eine sinusförmige Verteilung der Drillwinkel ψ besteht. D.h. der Drillwinkel ist eine Sinusfunktion des *Ortes* x auf der Leitung (genau genommen ist hier x als Ort eines Oszillators eine nicht-kontinuierliche Variable, wir können auf die Betrachtung dieser Feinheit aber verzichten). Aus einer solchen Momentaufnahme lesen wir eine *Wellenlänge* λ der Sinuswelle ab, z.B. als Abstand zweier aufeinanderfolgender Pendel mit maximalen Winkelausschlägen aus der Zeichenebene heraus oder in die Zeichenebene hinein, oder auch irgend zweier aufeinanderfolgender gleicher Schwingungsphasen ψ.

Betrachten wir einen einzelnen Oszillator an einem beliebigen Ort x, so stellen wir fest, daß jeder Oszillator eine Sinus-Schwingung (Funktion der *Zeit*) mit der gleichen, nämlich der aufgeprägten Frequenz f ausführt. Beide Sinus-Abhängigkeiten (von Zeit und Ort) werden durch einen einzigen Ausdruck für den Drillwinkel (d.h. die Schwingungsphase) als einfache Sinuswelle beschrieben

$$\psi = \hat{\psi} \sin\left(2\pi f t - \frac{2\pi x}{\lambda}\right). \tag{13.15}$$

Hier ist $\hat{\psi}$ wieder die *Amplitude*, die Größe $\varphi(x, t) = 2\pi f t - \dfrac{2\pi x}{\lambda}$ der *Phasenwinkel*, der als Funktion von Zeit und Ort die tatsächliche Schwingungsphase (den Drillwinkel als Funktion von Zeit und Ort) bestimmt.

An der fortlaufenden, sich auf der Pendelkette als Modelleitung ausbreitenden Welle können wir die Ausbreitung (auch Fortpflanzung genannt) der Welle noch mit dem Auge verfolgen: Wir fixieren am Anfang der Leitung einen Oszillator, erfassen zum Beispiel seine Amplitude und versuchen, mit dem Auge der Leitung entlang blickend die Fortpflanzung dieser Amplitude zu verfolgen. Mit etwas Übung gelingt dies leicht, und dann sehen wir deutlich das Bild einer auf der Leitung bestehenden sinusförmigen Auslenkungsverteilung, die sich scheinbar starr auf der Leitung entlangschiebt. Die Geschwindigkeit mit der sich eine Schwingungsphase (also ein bestimmter Auslenkungswinkel) auf der Leitung fortpflanzt, nennt man die *Phasengeschwindigkeit* c der Welle. Wellenlänge, Frequenz und Phasengeschwindigkeit hängen miteinander zusammen: In der Schwingungsdauer $T = 1/f$, die vergeht, bis ein Oszillator (periodisch) die gleiche Schwingungsphase erreicht, ist die vorhergehende, gleiche Schwingungsphase genau um die Strecke $\Delta x = \lambda$ weitergekommen; also ist die Phasengeschwindigkeit = Weg einer Schwingungsphase durch die gebrauchte Zeit

$$c = \frac{\lambda}{T} = f \cdot \lambda. \tag{13.16}$$

Dies ist ein ganz allgemein gültiger Zusammenhang, gültig zum Beispiel auch für Schallwellen oder auch elektromagnetische Wellen (Lichtstrahlung).

Wenn wir nun mittels eines geeigneten Generators den ersten Oszillator mit verschiedenen Frequenzen f auslenken und die jeweils zugehörige *Phasengeschwindig-keit* messen, so stellen wir fest, daß diese für unsere Pendelkette als Modelleitung unabhängig von der Frequenz eine Konstante ist, allein *durch* die *Daten der Leitung bestimmt* (Trägheit und Richtgröße der Oszillatoren). Das gilt auch allgemein: das Ausbreitungsmedium bestimmt durch seine Eigenschaften die Phasengeschwindigkeit sich ausbreitender Wellen.

13.5.4 Reflexion einer sich auf einer Pendelkette (Leitung) ausbreitenden Welle

Bisher haben wir nicht besonders auf das obere Ende der Leitung geachtet. Wir beobachten die Vorgänge jetzt am oberen Ende der Leitung, und zwar für zwei verschiedene Fälle: einmal werde die Leitung am oberen Ende festgehalten (*fester Leitungsabschluß*) und zum anderen möge der oberste Oszillator völlig frei schwingen können, jedoch natürlich noch an die Leitung angekoppelt sein (*„freier" Leitungsab-schluß*). Für diese beiden Fälle des Leitungsabschlusses wiederholen wir zunächst die Versuche von Abschn. 13.5.2. Wir finden, daß der Ruck oder der Puls sich längs der Leitung ausbreitet und am oberen Ende der Leitung *reflektiert* wird, und zwar bei festem Abschluß so, daß die Schwingungsphase ihr Vorzeichen umkehrt, d. h. der Phasen*winkel* um 180° vermehrt wird; beim freien Abschluß erfolgt die Reflexion ohne Änderung des Vorzeichens der Schwingungsphase, der Phasenwinkel ändert sich nicht. Wir sehen an diesem Ergebnis, daß offenbar nur bei einer bestimmten Beschaffenheit des Leitungsendes keine Reflexion erfolgt.

Schließlich wiederholen wir auch den Versuch aus Abschn. 13.5.3. Wir beobachten, daß die hinlaufende Welle reflektiert wird und vom oberen Ende wieder zurückläuft. Die rücklaufende Welle addiert sich zur hinlaufenden Welle, so daß der Drillwinkel jetzt $\psi = \psi_{\text{hin}} + \psi_{\text{rück}}$. Hin- und rücklaufende Welle haben je nach dem Abschluß der Leitung (fest oder lose) verschiedene Phasenverschiebungen (= verschiedene Ver-schiebungen des Phasenwinkels). Wir beobachten aber eine neue *Schwingungsart:* eine sogenannte *stehende Welle* oder stehende Schwingung, die bei der Addition – oder wie wir auch sagen, der „Interferenz" – der hin- und rücklaufenden fortschreitenden Welle resultiert. Diese Schwingung ist so beschaffen, daß alle Punkte der Leitung gleichzeitig durch die Nullage passieren. Das ist in Fig. 13.20 für die beiden Fälle des losen und des festen Leitungsabschlusses aufgezeichnet. Derartigen Schwingungen sind wir schon bei zwei gekoppelten Pendeln begegnet sowie beim System in Fig. 13.9. Ebenso wie dort bezeichnen wir auch hier die stehende Welle als *Eigenschwingung der Pendelkette* (Leitung). Mathematisch wird eine solche Eigenschwingung durch die Funktion

$$\psi = \hat{\psi} \sin(2\pi f t) \cdot \sin\left(\frac{2\pi x}{\lambda}\right) \tag{13.17}$$

beschrieben, wobei allerdings die Wellenlänge λ in die Leitungslänge L „passen" muß. Das kann durch die richtige Einstellung der Frequenz des Antriebsgenerators bewerkstelligt werden. Es muß nämlich, wie aus Fig. 13.20a ablesbar ist $n \cdot \lambda/2 = L$ sein, und damit folgen aus Gl. (13.16) die *Eigenfrequenzen* der Pendelkette mit festen Enden zu

$$f_e = n \cdot \frac{c}{2L}; \tag{13.18}$$

es ist dabei n eine ganze Zahl, die Eigenfrequenzen liegen äquidistant.

Anstelle eines festen oder losen Abschlusses der Pendelkette oder Leitung, an dem der sich ausbreitende Vorgang (Ruck, Puls, Welle) reflektiert wird, können wir auch einen völlig *reflexionsfreien Abschluß* herstellen: Puls oder Welle transportieren Energie, es fließt längs der Pendelkette bzw. Leitung ein Energiestrom (Energie durch Zeit) und zwar bei der Pendelkette in der Form von kinetischer und potentieller Energie der Schwingungsbewegung der Oszillatoren. Wenn wir diesen Energiestrom am Ende der Leitung durch einen „Widerstand" dauernd verzehren (bei der Pendelkette Abschluß durch eine Reibungsbremse, die Energie in Wärme verwandelt), kann ein ankommender Vorgang nicht mehr reflektiert werden. Diesen Fall hatten wir bei den Versuchen in Abschn. 13.5.2 und 13.5.3 verwirklicht. Eine derart abgeschlossene Leitung verhält sich wie eine unendlich lange Leitung, bei der ebenfalls keine Reflexion zustandekommt. Man nennt den für diesen Abschluß der Leitung notwendigen Widerstand den *Wellenwiderstand der Leitung.*

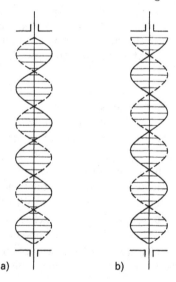

a)   b)

Fig. 13.20
Zwei Eigenschwingungen der Pendelkette bei
a) festem und b) losem Abschluß
a) $L = n\lambda/2$ $(n = 6)$,
b) $L = (n + \frac{1}{2})\lambda/2$ $(n = 5)$

13.6 Schallwellen

13.6.1 Schallfeld-Wechselgrößen

Durch Übertragung periodischer oder nicht-periodischer Bewegungen mechanischer Systeme können in gasförmigen, flüssigen und festen Stoffen Schallwellen erzeugt werden. In ihnen erfolgen Druck-, Dichte-, Geschwindigkeits- und auch Temperaturschwankungen, die sinusförmig sein und sich im Medium ausbreiten können. Dem konstanten mittleren Druck p und der konstanten mittleren Dichte ϱ überlagern sich additiv der *Schallwechseldruck* $p_\sim$ bzw. die *Schallwechseldichte* $\varrho_\sim$, und die Bewegung der Materie in der Schwingung oder Welle wird durch die *Schallwechselgeschwindigkeit*, genannt die *Schallschnelle*, $v_\sim$ beschrieben; die Schnelle ist eine gerichtete Größe, also ein Vektor. Der zeitlich sinusförmige Verlauf dieser Größen wird durch

$$p(t) = p + p_\sim = p + \hat{p}\sin(\omega t + \varphi_p) \tag{13.19}$$

$$\varrho(t) = \varrho + \varrho_\sim = \varrho + \hat{\varrho}\sin(\omega t + \varphi_\varrho) \tag{13.20}$$

$$v(t) = v_\sim = \hat{v}\sin(\omega t + \varphi_v) \tag{13.21}$$

wiedergegeben. In Gasen kann man sich die Schallwechselgeschwindigkeit (Schallschnelle) als „Wechselwind" vorstellen. Da Geschwindigkeit v = Weg x durch Zeit t ist, allgemein $v = \mathrm{d}x/\mathrm{d}t$ (Gl. (3.9)), so kann man aus dem zeitlichen Verlauf der Schallschnelle auch den zeitlichen Verlauf der Materieverschiebungen $x_\sim$ in der Schallwelle ermitteln: $x_\sim = \int v_\sim\,\mathrm{d}t$. Aus der Sinusfunktion in Gl. (13.21) wird durch die Integration eine Cosinus-Funktion; es gilt also für die „Auslenkung" oder „Elongation" der Materie in der Schallwelle

$$x(t) = x_\sim = -\frac{\hat{v}}{\omega}\cos(\omega t + \varphi_v) = \hat{x}\sin\left(\omega t + \varphi_v - \frac{\pi}{2}\right); \quad \hat{x} = \frac{\hat{v}}{\omega}; \quad \varphi_x = \varphi_v - \frac{\pi}{2}.$$
$$\tag{13.22}$$

Eine periodische Erregung der Materie kann durch eine schwingende Schallquelle erfolgen (Stimmgabel, Lautsprechermembran), aber auch durch einen zerhackten Luftstrahl (Lochsirene), der eine periodische Störung in Luft erzeugt; nichtperiodische Erregungen sind der Explosionsknall oder das Geräusch des Straßenlärms. Die subjektive Empfindung (Tonhöhe) ist durch die Frequenz $f = \omega/2\pi$ bestimmt. *Hörschall* liegt im Frequenzbereich $f = 20$ Hz bis 20 kHz (Kammerton a': $f = 440$ Hz; höchste Frequenz des Kunstgesangs f''': $f = 1396{,}9$ Hz in der Arie der Königin der Nacht in Mozarts Zauberflöte). Unterhalb $f = 20$ Hz sprechen wir von *Infraschall*, bei $f = 20$ kHz bis 1 GHz von *Ultraschall*, darüber von *Hyperschall*.

13.6.2 Ausbreitungs-(Fortpflanzungs-)Geschwindigkeit

Das Zustandekommen von Schallwellen ist wie bei jeder anderen Schwingung daran gebunden, daß die Materie Trägheit besitzt (gekennzeichnet durch ihre Dichte), und daß bei Verschiebungen von Teilen des materiellen Mediums rücktreibende Kräfte auftreten. Wird dazu noch Reibung wirksam, dann werden die Schallschwingungen und -Wellen gedämpft. In *Gasen* und *Flüssigkeiten* treten rücktreibende Kräfte bei Kompression und Dilatation auf, es gibt in ihnen Druckwellen, und diese sind *Longitudinalwellen*, d.h. in ihnen erfolgt die Auslenkung der Materie parallel zur Ausbreitungsrichtung (der Vektor der Schallschnelle-Amplitude $\hat{v}$ liegt in Ausbreitungsrichtung). Longitudinale Wellen gibt es auch in festen Stoffen, darüber hinaus gibt es in ihnen auch *Transversal-* oder *Quer-* oder *Scherungswellen*. In diesen erfolgt die Auslenkung senkrecht zur Ausbreitungsrichtung (auch die Torsionswelle auf der Pendelkette (Abschn. 13.5.3) ist eine Transversalwelle). Die rücktreibenden Kräfte werden quantitativ durch die Moduln der Elastizität beschrieben (Abschn. 6.3, 6.4 und 6.5). Rücktreibende Kräfte und Trägheit bestimmen die Ausbreitungsgeschwindigkeit (Phasengeschwindigkeit) der Schallwelle. Die Phasengeschwindigkeit der *Dehnungswellen* auf elastischen Stäben ist

$$c_{\text{Dehnung}} = \sqrt{E/\varrho}, \tag{13.23}$$

wobei E der Elastizitätsmodul, ϱ die Dichte des Stabmaterials ist. Die entsprechenden Ausdrücke für *Biegewellen* und auch Wellen in materiellen Blöcken sind komplizierter. *Torsionswellen* auf homogenen elastischen Drähten haben eine Phasengeschwindigkeit c_{Torsion} analog zu Gl. (13.23), jedoch ist E durch den Torsionsmodul G zu ersetzen. In *Gasen* und *Flüssigkeiten* ist die Phasengeschwindigkeit der (Longitudinal-)Wellen

$$c_{\text{Fluid}} = \sqrt{Q/\varrho}, \tag{13.24}$$

wobei Q der Kompressionsmodul, ϱ die (mittlere) Dichte des Fluids ist. Der Kompressionsmodul ist der Kehrwert der Kompressibilität $\varkappa$, $Q = 1/\varkappa$. Im Anschluß an Gl. (6.22) haben wir für Wasser der Temperatur $\vartheta = 20\,°C$ für die Kompressibilität $\varkappa = 46 \cdot 10^{-6}\,\text{bar}^{-1}$ angegeben. Aus Gl. (13.24) folgt dann bei der Dichte von Wasser von $\varrho\,(20\,°C) = 998{,}2\,\text{kg}\,\text{m}^{-3}$ die *Phasengeschwindigkeit des Schalls in Wasser* bei $\vartheta = 20\,°C$

$$c\,(\text{H}_2\text{O}) = \sqrt{\frac{1}{998{,}2\,\text{kg}\,\text{m}^{-3} \cdot 46 \cdot 10^{-6}\,\text{bar}^{-1}}} = 1475{,}7\,\frac{\text{m}}{\text{s}}.$$

In Eisen ist die Phasengeschwindigkeit der Dehnungswellen noch deutlich höher, $c\,(\text{Fe}) = 5170\,\text{m/s}$.

Bei der Anwendung von Gl. (13.24) auf *Gase* ist zu beachten, daß die Kompressionen und Dilatationen so schnell erfolgen, daß thermische Energie unter den komprimierten und dilatierten Materiebereichen nicht ausgetauscht werden kann. Die Volumenänderungen erfolgen adiabatisch, und damit ist die Temperatur ebenfalls eine Schallwechselgröße. In Gl. (13.24) ist der *adiabatische Kompressionsmodul* einzutragen. Aus der adiabatischen Zustandsgleichung für Gase (Abschn. 8.7.2) folgt $Q = \varkappa \cdot p$, wobei hier mit $\varkappa = C_p/C_v$ der Adiabatenexponent bezeichnet ist (nicht die Kompressibilität!). Damit ergibt sich für die *Schallgeschwindigkeit in Gasen* der Ausdruck

$$c = \sqrt{\frac{\varkappa p}{\varrho}} = \sqrt{\varkappa \frac{R T}{M_{\text{molar}}}}. \tag{13.25}$$

Tab. 13.1 Einige Daten zur Schallausbreitung

Stoff	Schallgeschwindigkeit m/s	Dichte kg/m^3	Wellenwiderstand kg/m^2 s
Wasser (20 °C)	1483	998,2	$1,480 \cdot 10^6$
Luft (p_n, T_n)	331	1,293	$0,000428 \cdot 10^6$
Fett	1470	970	$1,42 \cdot 10^6$
Knochenmark	1700	970	$1,65 \cdot 10^6$
Muskel	1568	1040	$1,63 \cdot 10^6$
Gehirn	1530	1020	$1,56 \cdot 10^6$
Knochen (kompakt)	3600	1700	$6,12 \cdot 10^6$

Mit wachsender Gastemperatur steigt die Schallgeschwindigkeit an. Sie hängt ferner von der Gasart ab (M_{molar}). Die Schallgeschwindigkeit in Wasserstoff ist etwa 3,7mal so groß wie in Luft unter sonst gleichen Bedingungen. Wichtig ist: die Schallgeschwindigkeit hängt, wie aus Gl. (13.25) hervorgeht, *nicht* vom Druck ab. Gl. (13.25) liefert für Luft der Temperatur $T = 300\,K$ und mit $M_{molar} = 29\,g\,mol^{-1}$ sowie $\varkappa = C_p/C_v = 7/5$ (Abschn. 8.5.2) den Wert

$$c_{Luft} = \sqrt{\frac{7}{5} \frac{8,31\,J\,mol^{-1}\,K^{-1} \cdot 300\,K}{29 \cdot 10^{-3}\,kg\,mol^{-1}}} = 347\,\frac{m}{s}. \tag{13.25a}$$

Tab. 13.1 enthält weitere Daten.

13.6.3 Wellenwiderstand (Schall-Kenn-Impedanz)

Ist der Druck in einem Körper oder in einem Medium räumlich völlig konstant, kommt keine lokale Schwingung und keine Welle zustande; soll eine Schallwelle entstehen, so ist eine lokale Druckänderung – ein Druckgradient – nötig. Er erzeugt eine Beschleunigung. Fassen wir den Schallwechseldruck $p_\sim$ als *Ursache*, die Schallschnelle $v_\sim$ als *Wirkung* des Wechseldrucks auf, so sind bei den hier zu diskutierenden Schallwellen Wechseldruck $p_\sim$ und Schnelle $v_\sim$ einander proportional. Wir nennen das Verhältnis

$$Z_w = \frac{\hat{p}_\sim}{\hat{v}_\sim} \tag{13.26}$$

den *Wellenwiderstand* des Mediums. Seine SI-Einheit ist $[Z_w] = N\,m^{-2}/m\,s^{-1}$ $= kg\,m^{-2}\,s^{-1}$. Bei einer Schallwelle in einem Gas in einem (unendlich) langen Rohr und bei Problemen, wo eine Schallwelle sich nur in einer Richtung ausbreitet (vgl. die Pendelkette in Abschn. 13.5), ist der Wellenwiderstand des Mediums gleich dem Produkt aus mittlerer Dichte ϱ und Ausbreitungsgeschwindigkeit c,

$$Z_w = \varrho \cdot c. \tag{13.27}$$

Daten des Wellenwiderstandes einiger Medien sind in Tab. 13.1 aufgenommen. Bei den festen Stoffen und den Flüssigkeiten liegt der Wellenwiderstand bei rund

$10^6\,\text{kg}\,\text{m}^{-2}\,\text{s}^{-1}$, bei Gasen ist er deutlich niedriger, aber er hängt, im Gegensatz zur Ausbreitungsgeschwindigkeit, vom Gasdruck ab und ist (weil $p = \varrho\,R\,T/M_{\text{molar}}$) proportional zum Gasdruck. So ist der Wellenwiderstand des Vakuums Null, es kommt keine Schallausbreitung zustande, obwohl Schallquellen im Vakuum schwingen können (Klingel in einem evakuierten Gefäß).

Wie für jede Welle ist das *Produkt aus Wellenlänge λ und Frequenz f gleich der Ausbreitungsgeschwindigkeit* (Phasengeschwindigkeit) c, nämlich $\lambda \cdot f = c$ (Gl.(13.16)). Die Frequenz ist allein durch die Schallquelle bestimmt und unabhängig vom Stoff, in welchem die Ausbreitung erfolgt. Da aber die Ausbreitungsgeschwindigkeit von der Stoffart (Tab. 13.1) und auch von der Art der Welle (longitudinal oder transversal) abhängt, hängt auch die Wellenlänge λ bei gegebener Frequenz f von der Stoffart ab. So gehört zum Kammerton a′ die Frequenz $f(\text{a}') \overset{\text{def}}{=} 440\,\text{Hz}$, und in Luft die Ausbreitungsgeschwindigkeit $c = 347\,\text{m}\,\text{s}^{-1}$, also die Wellenlänge $\lambda(\text{a}') = 347\,\dfrac{\text{m}}{\text{s}}\Big/440\,\text{Hz} = 0{,}789\,\text{m}$.

Das ist nicht etwa die Länge der Violin-A-Saite, die in der Grundschwingung schwingt, denn für die Schwingung auf einer Saite gilt eine andere Ausbreitungsgeschwindigkeit. Schallwellen treffen sehr häufig nach einem gewissen Weg der Ausbreitung in Luft auf eine Wand oder auf ein anderes Medium. Der Wellenwiderstand des ersten Mediums sei $Z_{\text{w}}(1)$, derjenige des zweiten Mediums (oder derjenige einer Wand) sei $Z_{\text{w}}(2)$. Auch die Ausbreitungsgeschwindigkeiten sind in den beiden Medien in der Regel verschieden, und damit auch die Wellenlängen. Die Schallfrequenzen sind jedoch, weil durch die Schallquelle bestimmt, einander gleich, $f_1 = f_2$. An der Grenzfläche erfolgt eine teilweise Reflexion der aus dem Medium 1 einfallenden Welle; der nicht reflektierte Teil tritt in das Medium 2 hinüber. Das Verhältnis der Druckamplituten $r = \hat{p}_{\text{refl}}/\hat{p}_{\text{einf}}$ nennt man (Druck-)Amplituden-Reflexionsfaktor. Für ihn findet man den Ausdruck

$$r = \frac{Z_{\text{w}}(2) - Z_{\text{w}}(1)}{Z_{\text{w}}(2) + Z_{\text{w}}(1)}. \tag{13.28}$$

Für die Reflexion der Welle an einer „Wand" (Medium 2) hat man den Wellenwiderstand der Wand, auch „Wandimpedanz" genannt, einzusetzen. Ist die Wand „starr", so ist $Z_{\text{w}}(2) \approx \infty$ und $r = +1$: es erfolgt vollständige Reflexion. Ist die Wand sehr „weich", so ist $Z_{\text{w}}(2) \approx 0$ und $r = -1$; es erfolgt ebenfalls vollständige Reflexion. Die Vorzeichen von r betreffen die hier nicht interessierende Phase der Schallfeld-Wechselgrößen. Ähnliche Verhältnisse sind uns schon an der Pendelkette (Abschn. 13.5.4) begegnet. Bei $Z_{\text{w}}(2) = Z_{\text{w}}(1)$ ist $r = 0$, d.h. keine Reflexion. Die Welle tritt vollständig von 1 nach 2 über: reflexionsfreier Anschluß 1 an 2.

13.6.4 Schallstrahlung, Intensität, Absorption

Oszillatoren als Schallquellen erzeugen in der Regel in ihrer Umgebung eine Welle, die sich mehr oder weniger kugelförmig nach allen Seiten ausbreitet. Nimmt man als Oszillator einen Kolben, der am Anfang eines Rohres zu Schwingungen angeregt wird,

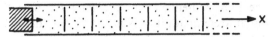

Fig. 13.21   Ein Kolbenstrahler führt in einer unendlich langen, luftgefüllten Leitung zu einer fortlaufenden
Schallwelle

die er auf die Luft im Rohr überträgt (Fig. 13.21), dann breitet sich im Rohr als
einer Leitung eine Welle aus, in welcher die Teilchen jedes Querschnitts in der gleichen
Phase der Schwingung sind, angedeutet durch die vertikalen Striche in Fig. 13.21. Eine
solche Welle ist eine einfache, oder *ebene Welle* (sie kann auf die angegebene Weise nur
mit einer gewissen Annäherung hergestellt werden). Für sie gilt für den Wechseldruck
und für die Schallschnelle

$$p_\sim = \hat{p}\sin\left(2\pi f t - \frac{2\pi x}{\lambda}\right), \qquad v_\sim = \hat{v}\sin\left(2\pi f t - \frac{2\pi x}{\lambda}\right), \qquad (13.29)$$

sowie nach Gl. (13.27) $\hat{v} = \hat{p}/\varrho\, c$. Schallwechseldruck und Schallschnelle sind in diesem
Fall „in Phase". Die Herstellung ebener Schallwellen wird für Anwendungen häufig
angestrebt, Hörschall soll sich dagegen meist im ganzen Raum ausbreiten.

Intensität   In einer sich ausbreitenden Welle wird *Energie transportiert* (daher „Schall-
strahlung"). Die in einem Volumen V enthaltene Schwingungsenergie E ist gleich der
Energiedichte w_E mal V, also $E = w_E V$ (Fig. 13.22). Im Medium schwingt die Materie der
Dichte ϱ mit der Wechselgeschwindigkeit $v_\sim = \hat{v}\sin\omega t$ hin und her; daraus ergibt sich die
Energiedichte $w_E = \frac{1}{2}\varrho\hat{v}^2$, die abwechselnd als kinetische und potentielle Energie (in
Summe w_E) vorhanden ist. Im Zeitelement Δt läuft die Welle um das Stück $c \cdot \Delta t$ weiter
und erfaßt ein entsprechendes rechts von V gelegenes Stück Materie. Aus dem Volumen V
wird die Energie $w_E \cdot A \cdot c \cdot \Delta t$ weitertransportiert (A der Querschnitt des betrachteten
Ausschnitts (Fig. 13.22)). Auf der linken Seite des abgegrenzten Volumens läuft ein
gleichlanges Wellenstück in V hinein, so daß die Gesamtenergie in V ungeändert bleibt.
Demnach erfolgt durch die Grenzfläche A von V (Fig. 13.22) ein *Energiestrom*

$$I_E = \frac{\Delta E}{\Delta t} = \frac{w_E A c \Delta t}{\Delta t} = A \cdot \frac{1}{2}\varrho\hat{v}^2 \cdot c, \qquad (13.30)$$

und die *Energiestromdichte* (Energiestrom durch Fläche, Intensität) ist

$$I = \frac{I_E}{A} = \frac{1}{2}\varrho\hat{v}^2 c. \qquad (13.31)$$

Fig. 13.22
Mit der Ausbreitung einer Welle wird Schwingungsenergie durch die Stirnflächen A eines Volumens V
transportiert, die Schwingungsenergie im Volumen V
bleibt ungeändert, I_E und I sind zeitliche Mittelwerte

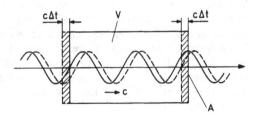

Diese Größe nennen wir *Schallintensität* oder *Schallstärke*. Ihre SI-Einheit ist Watt durch Meterquadrat $= \mathrm{W\,m^{-2}}$. Anstelle der Schnelle-Amplitude $\hat{v}$ können wir auch den *Effektivwert* v_{eff} der Wechselgeschwindigkeit verwenden. Wenn es sich um einen sinusförmigen Wechselvorgang handelt, ist der Zusammenhang zwischen $\hat{v}$ und v_{eff} der gleiche wie in Gl. (10.8) oder (10.9), also $\hat{v} = \sqrt{2} \cdot v_{\mathrm{eff}}$, und das gleiche gilt auch für den Druck, $\hat{p} = \sqrt{2} \cdot p_{\mathrm{eff}}$. Nun hängen nach Gl. (13.26) und (13.27) $p_{\sim}$ und $v_{\sim}$ miteinander zusammen, $p_{\sim} = Z_{\mathrm{w}} \cdot v_{\sim} = \varrho\, c \cdot v_{\sim}$, und damit kann man die Gleichung für die Schallintensität auch in der Form

$$I = \frac{1}{2}\,\hat{p} \cdot \hat{v} = p_{\mathrm{eff}}\,v_{\mathrm{eff}} = \frac{1}{Z_{\mathrm{w}}}\,p_{\mathrm{eff}}^2 = Z_{\mathrm{w}}\,v_{\mathrm{eff}}^2 \tag{13.32}$$

schreiben.

Im medizinischen Bereich werden Schallstrahlungen mit Intensitäten bis zu $I = 3\,\mathrm{W\,cm^{-2}} = 3 \cdot 10^4\,\mathrm{W\,m^{-2}}$ angewandt. Die aus solchen Intensitäten folgende Beanspruchung des biologischen Gewebes übersieht man, wenn man insbesondere den Schallwechseldruck ermittelt.

Beispiel 13.2 Ein *Ultraschalltherapiegerät* arbeitet mit der Frequenz $f = 870\,\mathrm{kHz}$ und erzeugt Schallstrahlung als angenähert ebene Welle über einen Strahlungsquerschnitt von $A = 4\,\mathrm{cm}^2$ Fläche. Die in diesem Schallstrahl abgestrahlte Leistung sei 10 W. – Wir wollen die übrigen Daten des Strahls berechnen. In Luft ist die Wellenlänge $\lambda(\mathrm{Luft}) = 340\,\frac{\mathrm{m}}{\mathrm{s}} \Big/ 870\,\mathrm{kHz} = 0{,}39\,\mathrm{mm}$. Tritt diese Strahlung in Muskel-Gewebe ein, dann ist dort die Wellenlänge $\lambda(\mathrm{Muskel}) = 1568\,\frac{\mathrm{m}}{\mathrm{s}} \Big/ 870\,\mathrm{kHz} = 1{,}8\,\mathrm{mm}$, ist also größer als in Luft, weil die Ausbreitungsgeschwindigkeit größer ist. Die Strahlungsintensität ist $I = 10\,\mathrm{W}/4\,\mathrm{cm}^2 = 2{,}5\,\mathrm{W\,cm^{-2}} = 2{,}5 \cdot 10^4\,\mathrm{W\,m^{-2}}$. Daraus folgen Effektivwerte von Wechseldruck und Schnelle, indem wir in Gl. (13.32) die Wellenwiderstandswerte der Tabelle 13.1 einsetzen:

$$p_{\mathrm{eff}}(\mathrm{Luft}) = \sqrt{2{,}5 \cdot 10^4\,\mathrm{W\,m^{-2}}\,0{,}414 \cdot 10^3\,\mathrm{kg\,m^{-2}\,s^{-1}}} = 32\,\mathrm{mbar}$$

$$v_{\mathrm{eff}}(\mathrm{Luft}) = \frac{p_{\mathrm{eff}}(\mathrm{Luft})}{Z_{\mathrm{w}}(\mathrm{Luft})} = \frac{3{,}2 \cdot 10^3\,\mathrm{N\,m^{-2}}}{0{,}414 \cdot 10^3\,\mathrm{kg\,m^{-2}\,s^{-1}}} = 7{,}7\,\frac{\mathrm{m}}{\mathrm{s}}.$$

Die entsprechenden Größen im Muskelgewebe ergeben sich zu

$$p_{\mathrm{eff}}(\mathrm{Muskel}) = \sqrt{2{,}5 \cdot 10^4\,\mathrm{W\,m^{-2}} \cdot 1{,}63 \cdot 10^6\,\mathrm{kg\,m^{-2}\,s^{-1}}} = 2\,\mathrm{bar},$$

$$v_{\mathrm{eff}}(\mathrm{Muskel}) = \frac{2 \cdot 10^5\,\mathrm{N\,m^{-2}}}{1{,}63 \cdot 10^6\,\mathrm{kg\,m^{-2}\,s^{-1}}} = 0{,}12\,\frac{\mathrm{m}}{\mathrm{s}}.$$

Wir sehen: Luft ist ein relativ „weiches" Material, der Wechseldruck ist gegenüber dem Luft-Gleich-Druck (gewöhnlicher Luftdruck) $p_{\mathrm{L}} = 1\,\mathrm{bar}$ zu vernachlässigen, die an der Schwingung beteiligten Luft-„Portionen" erreichen aber relativ hohe Geschwindigkeiten. Dagegen ist das Muskelgewebe relativ „hart" (ebenso wie alle Flüssigkeiten und festen Stoffe). Das entspricht der früher (Abschn. 6.4.1) schon besprochenen Inkompressibilität etwa von Wasser. Im Muskel erhält man erhebliche Drücke, also eine „Massage" mit hoher Frequenz, wenn auch die Schallschnelle relativ klein ist (und die tatsächlichen Verschiebungen der Flüssigkeitsteilchen ebenfalls sehr gering sind).

Beispiel 13.3 Ein *Ultraschall-Encephalographie-Gerät* arbeitet mit der Frequenz $f = 2\,MHz$. Es wird nicht im Dauerbetrieb verwendet, sondern im Pulsbetrieb, und dann erreicht man Schallintensitäten bis zu $I = 10\,W\,cm^{-2}$. Wir berechnen die Daten entsprechend Beispiel 13.2 für die Schallausbreitung im Gehirn. Zunächst ist die Wellenlänge $\lambda = 1530\,m\,s^{-1}/2 \cdot 10^6\,Hz$ $= 7,65 \cdot 10^{-4}\,m = 0,765\,mm$. Ferner ist

$$p_{eff} = \sqrt{10^5\,W\,m^{-2} \cdot 1,56 \cdot 10^6\,kg\,m^{-2}\,s^{-1}} = 4\,bar,$$

$$v_{eff} = \frac{4 \cdot 10^5\,N\,m^{-2}}{1,56 \cdot 10^6\,kg\,m^{-2}\,s^{-1}} = 0,25\,m\,s^{-1}.$$

Tatsächlich wird dieser Schallsender nur für die Zeit $t = 1\,\mu s$ bei Pulsfolgefrequenzen von 250 bis 2000 s^{-1} eingeschaltet, und damit geht die mittlere Leistung erheblich herunter. Für das Beispiel seien noch *Beschleunigung* und *Auslenkung* (Elongation) berechnet. Aus der Auslenkung $x_\sim$ (Gl. (13.22)) erhält man die Geschwindigkeit $v_\sim$ durch einmalige Differentiation ($v_\sim = dx_\sim/dt$) und daraus die Beschleunigung $a_\sim$ durch nochmalige Differentiation ($a_\sim = dv_\sim/dt$). Die Durchführung der Rechnung ergibt für den Zusammenhang der Amplituden bzw. der Effektivwerte (g ist – zum Vergleich – die Schwerebeschleunigung)

$$\hat{a} = 2\pi f \cdot \hat{v}, \quad a_{eff} = 2\pi f v_{eff} = 0,25\,\frac{m}{s}\,2\pi \cdot 2\,MHz = 3,14 \cdot 10^6\,m\,s^{-2} = 3 \cdot 10^5\,g. \tag{13.33}$$

$$\hat{x} = \hat{v}/2\pi f, \quad x_{eff} = \frac{v_{eff}}{2\pi f} = \frac{0,25\,m/s}{2\pi \cdot 2\,MHz} = 2 \cdot 10^{-8}\,m. \tag{13.34}$$

Es treten zwar hohe Beschleunigungen auf, die Elongation der schwingenden Materie ist jedoch klein und wird mit wachsender Frequenz immer kleiner. Die hier gefundenen Zahlenwerte sind typisch für Flüssigkeiten, für andere Stoffe muß man jeweils eine Neuberechnung vornehmen. Gl. (13.34) zeigt, daß die maximale Elongation (also die Elongationsamplitude) $\hat{x}$ von der Größenordnung $10^{-7}\,m$, also etwa 10 Moleküldurchmesser ist.

Absorption Bei der Bewegung erfolgt *Reibung*, bestimmt durch die dynamische Viskosität (Abschn. 9.1.3), als deren Folge gerichtete Geschwindigkeit in ungeordnete, thermische Geschwindigkeit verwandelt wird: der Stoff, in dem sich die Welle ausbreitet, wird warm. Die Reibungskraft selbst ist proportional zur Geschwindigkeit, also zur Schnelle, und bewirkt, daß Schnelle $v_\sim$ und Wechseldruck $p_\sim$ mit wachsender durchstrahlter Materiedicke exponentiell kleiner werden, d.h. die *Amplituden* nehmen vom Anfangswert $\hat{v}_0$ bzw. $\hat{p}_0$ an der Oberfläche der durchstrahlten Materie ab auf

$$\hat{v} = \hat{v}_0\,e^{-\alpha x}, \qquad \hat{p} = \hat{p}_0\,e^{-\alpha x}. \tag{13.35}$$

Es folgt daraus für die über eine Schwingungsdauer gemittelte Schallintensität am Ort x für einen „Parallel"-Strahl (ebene Welle)

$$I = I_0\,e^{-2\alpha x} = I_0\,e^{-\mu x}. \tag{13.36}$$

Hier ist α der stoff- und frequenzabhängige *Abklingkoeffizient*. Die Größe I_0 ist die Intensität des in die Materie eindringenden Schallstrahls am Ort $x = 0$. Es handelt sich nicht um die Intensität I_{00} des auf die Materie gestrahlten Schallstrahls. Gl. (13.28) zeigt, welcher Anteil an der Amplitude des auffallenden Strahls an der Oberfläche reflektiert wird, wenn die Wellenwiderstände verschieden sind. Da die Intensität durch das Quadrat der Wechseldruckamplitude bestimmt ist, s. Gl. (13.32),

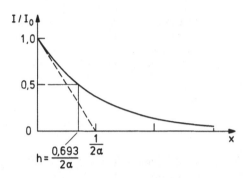

Fig. 13.23
Die Dämpfung einer Welle macht sich in einem exponentiellen Abfall der Intensität bemerkbar; h Halbwertsdicke

ist das Verhältnis von reflektierter Intensität I_r zu einfallender Intensität I_{00}

$$\frac{I_r}{I_{00}} = R = \left(\frac{Z_w(2) - Z_w(1)}{Z_w(2) + Z_w(1)}\right)^2, \tag{13.37}$$

und für die eindringende Intensität folgt

$$I_0 = I_{00} - I_r = I_{00}(1 - R) = I_{00}\frac{4 \cdot Z_w(1) Z_w(2)}{(Z_w(2) + Z_w(1))^2}. \tag{13.38}$$

Die in den Stoff eindringende Welle wird durch Reibung gedämpft, die Intensität nimmt exponentiell ab, es handelt sich um eine echte *Absorption* der Strahlung, denn die Strahlung wird in Wärme umgesetzt. Daneben kommt es aber immer zu einer *Streuung*, bei der die Strahlung nicht verschwindet, sondern ihre Richtung ändert. Mißt man die Abnahme der Strahlung für eine bestimmte Richtung, dann wird beides zusammen als *Schwächung* der Strahlung registriert mit dem *Schwächungskoeffizienten* $\mu = 2\alpha$ (Gl. (13.36)).

Fig. 13.23 enthält eine graphische Darstellung der exponentiellen Intensitätsabnahme. Dieses Absorptionsgesetz besagt, daß in gleichen Schichtdicken Δx die prozentuale Abnahme der Intensität immer die gleiche ist, denn aus Gl. (13.36) folgt

$$dI = -2\alpha I_0 e^{-2\alpha x}dx = -2\alpha I dx \quad \text{oder} \quad \frac{\Delta I}{I} = -2\alpha \Delta x. \tag{13.39}$$

Man charakterisiert die Intensitätsabnahme meist durch makroskopische Größen. Eine wichtige Größe ist die *Halbwertsdicke h*, nach welcher die Intensität auf die Hälfte abgeklungen ist. Aus der Forderung $I(h) = I_0/2 = I_0 \exp(-2\alpha h)$ folgt

$$h = \frac{\ln 2}{2\alpha} = \frac{0{,}693}{2\alpha} = \frac{0{,}693}{\mu}. \tag{13.40}$$

Man mißt h, indem man immer dickere Schichten in die Schallstrahlung stellt, bis die Intensität auf die Hälfte abgesunken ist; aus h kann man dann auch den Abklingkoeffizienten α nach Gl. (13.40) ermitteln. Das exponentielle Schwächungsgesetz besagt, daß nach aufeinander folgenden Schichten der Dicke h die Intensität immer um den Faktor 2 absinkt. Nach $3h$ ist also die Intensität auf $1/8$ der ursprünglichen abgeklungen. Letztlich bleibt aber auch bei großen Dicken immer etwas „übrig". Daher verwendet man die *Halb*wertsdicke als einzige, die Schwächung kennzeichnen-

Tab. 13.2 Halbwertsdicken h (Eindringtiefen) für Ultraschall

Stoff	h/cm bei $f = 0,9$ MHz	h/cm bei $f = 2,5$ MHz
Fett	7,7	2,8
Knochenmark	7,7	2,8
Muskel	2,7	1,0
Gehirn	3,6	1,3
Knochen	0,2	0,1
H_2O, destilliert	500	180

de Größe. Tab 13.2 enthält einige Angaben bei zwei verschiedenen Frequenzen: die „Eindringtiefe", gemessen durch die Halbwertsdicke h, sinkt mit wachsender Frequenz ab.

Die Schwächung der Strahlung nach Durchdringung einer bestimmten Schicht x wird auch im *Dämpfungsmaß Bel* bzw. *Dezibel* angegeben (vgl. die Diskussion der gedämpften Schwingung Abschn. 13.2). Der dekadische Logarithmus des Verhältnisses der Intensität I_0 am Anfang der Schicht zur Intensität I nach der Schicht x, das *logarithmische Dekrement* Λ_d, ist nach Gl. (13.36)

$$\log \frac{I_0}{I} = \Lambda_d = \log (e^{2\alpha x}) = 2\alpha x \cdot \log e = 0,434 \cdot 2\alpha x. \tag{13.41}$$

Aus Gl. (13.40) übernehmen wir die Beziehung $2\alpha = \frac{1}{h} \cdot \ln 2$ und erhalten

$$\Lambda_d = \ln 2 \cdot \log e \cdot \frac{x}{h} = 0,3 \frac{x}{h} \text{ Bel} = 3 \frac{x}{h} \text{ dB}. \tag{13.42}$$

Nach Passieren von Schichten der Dicke $x = h$ wird die Intensität um jeweils 3 dB geschwächt.

Beispiel 13.4 *Ultraschall-Echo-Encephalographie.* Wie in Fig. 13.24 skizziert, wird ein Schallgenerator an der einen Kopfseite aufgelegt. Er gibt Schallpulse (vgl. Abschn. 18.5.1) ab, z. B. für die Dauer von je 1 µs bei einer Folgefrequenz von 1000 Hz, auf jeden Puls folgt also eine lange Ruhezeit.

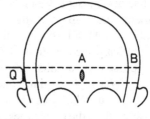

Fig. 13.24
Ultraschall-Encephalographie: Bild der aus den Schallpulsen gebildeten elektrischen Signale auf dem Oszillographenschirm. Schraffiert: Pulsreflexion an einer Inhomogenität A im Gewebe. Der Puls B rührt von der Reflexion des Schallpulses an der gegenüberliegenden Schädelwand her. Q Ultraschallgeber und Empfänger, x halber Schallweg. Weg für Hin- und Rücklauf $2x$, Schall-Laufzeit $t = 2x/c$

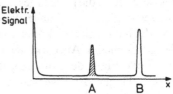

Hat der Generator die Frequenz $f = 4\,\mathrm{MHz}$, dann vollendet er in $1\,\mu s$ allenfalls 4 Vollschwingungen. Die Schallgeschwindigkeit ist im Gehirn $c = 1530\,\mathrm{m/s}$, der Schallpuls braucht zum Erreichen der bei $x = 16\,\mathrm{cm}$ liegenden Knochenwand B die Zeit $t = 10^{-4}\,\mathrm{s} = 100\,\mu s$. Beim Eintreffen auf diese wird ein Teil des Pulses reflektiert, weil die Wellenwiderstände von Gehirnmasse und Knochensubstanz verschieden sind (Tab. 13.1), und läuft wieder zur Quelle zurück. Der ganze Vorgang ist in $200\,\mu s$ abgeschlossen, bis zum nächsten Puls dauert es dann wieder $800\,\mu s$. Während des Durchlaufs des Pulses wird dieser geschwächt. Nehmen wir die Daten von Tab. 13.2 in Verbindung mit Gl. (13.42), dann ist die Dämpfung Λ_d $= 3 \cdot 16\,\mathrm{cm}/1{,}3\,\mathrm{cm} = 36{,}9\,\mathrm{dB} = 3{,}69\,\mathrm{B}$. Die Schallintensität wird also bei jedesmaliger Passage um den Faktor $10^{-3{,}69} = 1/5000$ geschwächt. Das gilt sowohl für den hin- wie für den rücklaufenden Puls. – In der Anwendung wird eine elektronische Verstärkung benützt, die das reflektierte Signal etwa so groß wie das Startsignal macht, so daß der Betrachter ein völlig symmetrisches Bild auf einem Oszillographen sieht, wie im unteren Teil von Fig. 13.24 angedeutet. Die Größe des reflektierten Anteils hängt vom Unterschied der Wellenwiderstände in der Gehirnmasse und im Schädelknochen ab und liegt bei 10% (Schwächung der Intensität um $1\,\mathrm{B} = 10\,\mathrm{dB}$). Liegen nun im inneren Bereich Gewebsveränderungen (A in Fig. 13.24) vor, die eine merkbare Änderung des Wellenwiderstandes mit sich bringen, so gehen von diesen Bereichen weitere Echos aus, die zwischen den Hauptmarken des Oszillogramms liegen, und die auf diese Weise sichtbar gemacht und lokalisiert werden können (vgl. dazu Abschn. 18.5).

13.6.5 Eigenschwingungen, Spektrum, Beugung der Schallwelle

13.6.5.1 Eigenschwingungen Wird eine Schallrohrleitung gemäß Fig. 13.21 nach der Länge L abgetrennt, so kann der „akustische" Abschluß auf verschiedene Weisen erfolgen, von denen wir zwei Arten kurz besprechen. *Erstens* kann man das Rohr mit einer Platte abschließen, *zweitens* kann man das Rohr einfach offen lassen. In beiden Fällen kommt es dann zur Reflexion der von der Quelle ausgehenden Schallwelle, und damit kommt es zu bestimmten Schwingungstypen, den *Eigenschwingungen* der im Rohr vorhandenen Luft; vgl. damit die schon in Abschn. 13.5 geführte Diskussion. Die beiden verschiedenen Abschlüsse können wieder damit bezeichnet werden, daß man von zwei verschiedenen *Abschlußwiderständen* spricht (im ersten Fall ist er unendlich, im zweiten Null). Die Eigenschwingungen sind dadurch gekennzeichnet, daß alle drei Größen, Wechseldruck, Schnelle und Auslenkung im Rohr ortsfeste „Knoten" und „Bäuche" haben, und daß jede dieser drei Größen zur gleichen Zeit durch die Schwingungsphase null hindurchgeht, aber nicht alle drei Größen gleichzeitig. Sie sind räumlich und zeitlich gegeneinander phasenverschoben. Die Wellenlängen der Eigenschwingungen passen so in das Schallrohr, daß bei Abschluß mit fester Platte $\frac{1}{2}$, 1, $1\frac{1}{2}$, 2, $2\frac{1}{2}$,... Wellenlängen im Rohr liegen. Für eine bildliche Darstellung kann man auf Fig. 13.20 zurückgreifen. Die linke Teilfigur gibt den Abschluß mit einer Platte wieder, wenn man die gezeichnete Auslenkung mit der Schnelle identifiziert: am Rohrende verschwindet die Schnelle dauernd. Die rechte Teilfigur entspricht dem offenen Ende, denn die Teilchen können am Rohrende frei ausschwingen. Identifizieren wir die gezeichneten Auslenkungen dagegen mit dem Wechseldruck, dann entspricht die linke Figur dem offenen, die rechte dem abgeschlossenen Rohr. Die möglichen Wellenlängen der Eigenschwingungen sind demnach diskrete Werte, die

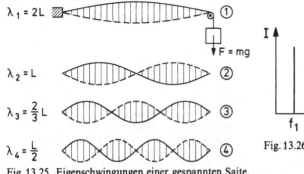

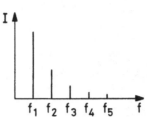

$\lambda_1 = 2L$ ①   Grundschwingung

$\lambda_2 = L$ ②

$\lambda_3 = \frac{2}{3}L$ ③

$\lambda_4 = \frac{L}{2}$ ④

Fig. 13.25 Eigenschwingungen einer gespannten Saite.
① Grundschwingung, ②, ③, ④ 1., 2. und
3. Oberschwingung

Fig. 13.26 Schematische Darstellung des
Intensitäts-Frequenz-Spektrums
einer im wesentlichen in der
Grundschwingung f_1 schwingenden Saite

zugehörigen Eigenfrequenzen folgen aus $f_n = c/\lambda_n$, das *Frequenzspektrum* enthält unendlich viele, diskrete Werte. Es folgt daraus, daß das Rohr auch *unendlich viele Resonanz-Frequenzen* besitzt, die man durchläuft, wenn man die Frequenz einer Schallquelle kontinuierlich verändert.

Einfacher zu übersehen sind die *Eigenschwingungen der gespannten Saite*. Wie aus Fig. 13.25 ersichtlich, sind die Wellenlängen der Eigenschwingungen

$$\lambda_n = \frac{2L}{n}, \qquad n = 1, 2, \dots \qquad (13.43)$$

Daraus folgen wieder unendlich viele, diskret liegende Eigenfrequenzen $f_n = c_{\text{Saite}}/\lambda_n$ (Fig. 13.26). Man kann sie berechnen, wenn man c_{Saite} kennt, also die Ausbreitungsgeschwindigkeit einer Welle *auf der Saite* (nicht in Luft!). Sie ist durch die Zugspannung σ und durch die Dichte ϱ des Saitenmaterials bestimmt,

$$c_{\text{Saite}} = \sqrt{\frac{\sigma}{\varrho}}. \qquad (13.44)$$

Dieser Ausdruck ist entsprechend dem für andere elastische Wellen (Gl. (13.23)) gebildet. Die Ausbreitungsgeschwindigkeit c_{Saite} kann durch Verändern der Zugspannung, also kontinuierlich, verändert werden (man ändert die Rückstellkraft). Dies ist die Methode, wie man ein Saiteninstrument „stimmt": da die Wellenlänge festliegt, so ändert man mittels c_{Saite} die Frequenz, bis die Tonhöhe korrekt ist.

13.6.5.2 Spektrum Wird eine Saite gezupft, so ist ihre Auslenkung zunächst nicht sinusförmig. Ihr Schwingungszustand muß durch Überlagerung vieler Eigenschwingungen (Fig. 13.26) beschrieben werden, die selbst mehr oder weniger rasch gedämpft werden, so daß die Saite dann fast nur noch in der Grundschwingung schwingt. Ein Beispiel einer zusammengesetzten Schwingung und das zugehörige Spektrum enthält Fig. 13.30. Man beachte: im Spektrum trägt man auf, welche Intensitätsverteilung als Funktion der Frequenz besteht, d.h. man trägt das *Quadrat* der Schwingungsamplitude auf. Das Mitschwingen mehrerer Eigenschwingungen tritt bei jeder Schallquelle auf und bestimmt die *Klangfarbe* (etwa der Musikinstrumente mit Grundton und

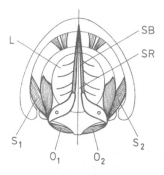

Fig. 13.27
Aufsicht auf den Bereich der Stimmbänder SB des
Kehlkopfes. SR Stimmritze, L Luftröhre, O_1, S_1
und O_2, S_2 Öffner-Schließer-Muskelpaare. o Drehachsen der Stellknorpel

Obertönen). Ein reiner Sinuston wird als „leer" empfunden. Bei einer Saite kann man
jede einzelne Eigenschwingung auch durch Anstreichen mit einem Bogen anregen,
wenn man mit locker aufgesetztem Finger die Lage eines Schwingungsknotens festlegt.
Das Organ zur Erzeugung der *menschlichen Stimme* ist der Kehlkopf mit den dort
aufgespannten Stimmbändern (Fig. 13.27). Durch das Öffner-Schließer-Muskelpaar
S_1, O_1 und S_2, O_2, werden der Spannungszustand der Stimmbänder SB und die
Öffnung der Stimmritze SR hauptsächlich bestimmt. Ist die Stimmritze geschlossen, so
wird sie bei einem bestimmten Druck der Ausatmungsluft aufgedrückt werden. Bei der
dann einsetzenden Strömung sinkt nach dem Bernoullischen Strömungsgesetz (Gl.
(9.15)) der Druck ab, die Stimmbänder schließen sich wieder. Darauf steigt der Druck
wieder an, die Stimmbänder werden erneut geöffnet usw. Auf diese Weise kommt eine
periodische *Modulation* des Luftdrucks in der Ausatmungsluft zustande, wobei die
Frequenz aus der eingestellten Spannung der Stimmbänder (wie bei einer Saite) folgt.
Die im Mund-Rachenraum befindliche Luft wird periodisch „angestoßen", und die
Resonanzen dieses Raumes führen zu Verstärkungen und Abschwächungen im
Frequenzspektrum. Dieses Frequenzgemisch wird als Stimme abgestrahlt (Sprache,
Gesang). Darin enthalten sind auch die Konsonantbeiträge (Zisch-, Lippen-Laute
usw.), so daß das Spektrum sehr komplex ist. Es bestimmt im ganzen die Tonhöhe, die
Art eines Vokals usw.

13.6.5.3 Beugung Eine fundamentale Eigenschaft aller Wellenstrahlungen ist die
Beugung. Wird in eine Wellenstrahlung ein Hindernis gestellt (Fig. 13.28), dann ist der
Schatten grundsätzlich nicht scharf begrenzt, sondern es tritt auch außerhalb des
geradlinig begrenzten Schattens Strahlung auf: Wellenstrahlung wird um Hindernisse
herum gebeugt. Die Erklärung erfolgt mit dem *Huygensschen Prinzip:* eine den
materie-erfüllten Raum durchlaufende Welle veranlaßt in jedem Punkt die Materie
zum Mitschwingen, und damit geht von dort eine neue Kugelwelle aus. Ersetzt man
auf einer Fläche konstanter Schwingungsphase (Kugel) die ankommende Welle durch
Oszillatoren, die gleichphasig schwingen, so ist die insgesamt von diesen Oszillatoren
ausgehende Welle die zeitliche und räumliche Fortsetzung der ankommenden Welle,
sie beschreibt korrekt die weitere Ausbreitung der ursprünglichen Welle. Im Fall der
elektromagnetischen Wellen werden wir dieses Prinzip auch ohne Bezug auf Materie
benützen können (Abschn. 14.4.2). Dementsprechend ersetzen wir die ankommende

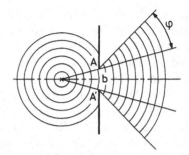

Fig. 13.28
Schema zur Beugung: Strahlung wird auch noch
in einem Winkelbereich des Schattens gemessen

Welle zwischen den Punkten A und A' in Fig. 13.28 durch eine Serie von Oszillatoren, die gleichphasig und synchron schwingen. Der Winkelbereich φ, in welchen zusätzlich Strahlung in das Schattengebiet hinein transportiert wird, ist von der Größenordnung Wellenlänge durch Ausdehnung des Hindernisses, in Formeln

$$\varphi \approx \frac{\lambda}{b} \qquad (13.45)$$

(vgl. Abschn. 14.4.2). Hier interessiert nur eine größenordnungsmäßige Übersicht. Hör-Schallwellen in Luft haben die Wellenlänge rund 0,1 bis 1 m. Die menschlichen „Ausdehnungen" sind ebenfalls von dieser Größenordnung, und infolgedessen wird der Hörschall um die üblichen Hindernisse herum gebeugt: wir hören um Ecken herum. Anders verhält sich Ultraschall. Dort ist die Wellenlänge von der Größenordnung 1 mm und geringer. Diese Strahlung wird nur wenig gebeugt, und daher kann man von Ultraschall-„Strahlen" sprechen, und mit ihnen als gerichteter Strahlung umgehen.

13.6.6 Ohr und Gehör des Menschen

Das menschliche Hörorgan ist das Ohr (Fig. 13.29a). Es wird in drei Bereiche mit verschiedener Funktion eingeteilt. Das äußere Ohr wirkt als Schalltrichter. Die

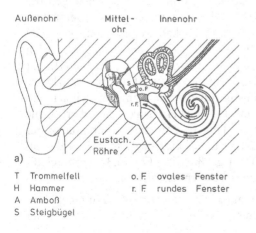

Außenohr   Mittel-   Innenohr
            ohr

T   Trommelfell   o. F   ovales Fenster
H   Hammer   r. F   rundes Fenster
A   Amboß
S   Steigbügel

a)

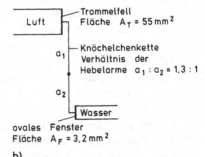

b)

Fig. 13.29
a) Schnittzeichnung des menschlichen Gehörs
b) Schema zur Kraftübertragung durch die Gehörknöchelchen

auftreffende Schallwelle wird zum Trommelfell geleitet, das das äußere Ohr abschließt und mit der Frequenz der einlaufenden Schallwelle schwingt. Im anschließenden Mittelohr bilden die in der Paukenhöhle befestigten Gehörknöchelchen (Hammer, Amboß und Steigbügel) ein gelenkiges Hebelwerk, welches die Schwingungen des Trommelfells an das Innenohr überträgt. Die Paukenhöhle enthält Luft des gleichen Druckes wie der Außenraum (Druckausgleich durch die eustachische Röhre). Das Innenohr schließt sich an das ovale Fenster an, eine Öffnung, die durch die Steigbügelplatte und ein elastisches Ringband verschlossen ist. Das Innenohr enthält mit dem Cortischen Organ auf der Basilarmembran das eigentliche Gehör, in welchem die Schallschwingungen in elektrische Nervenpulse transformiert werden. Die Auslenkungen der Steigbügelplatte sind gering (bis zu etwa 2 μm), sie erzeugen einen Schallwechseldruck auf die Flüssigkeit des Innenohres, die Perilymphe, die die Vorhoftreppe (scala vestibuli) und die Paukentreppe (scala timpani) erfüllt. Die Perilymphe hat bezüglich der Ausbreitung von Schwingungsvorgängen etwa die gleichen Eigenschaften wie Wasser. Infolgedessen sind nach Tab. 13.1 die Wellenwiderstände in der Luft und in der Perilymphe um Zehnerpotenzen verschieden. Bei der Schwingungsübertragung schwingen Trommelfell, Gehörknöchelchen und auch die sich ins Innenohr ausbreitende Schwingung mit der gleichen, durch die auftreffende Schallwelle bestimmten Frequenz, und diese bestimmt die wahrgenommene Tonhöhe.

Im Hörbereich sind die Schallwellenlängen deutlich größer als die geometrischen Maße des Ohres. Bei Sprechfrequenzen von $f = 300$ bis 3000 Hz ist die Wellenlänge in Luft $\lambda = c/f = 1,13$ bis 0,11 m. Im Innenohr ist sie wegen der etwa viermal so großen Ausbreitungsgeschwindigkeit (Tab. 13.1) viermal so groß. Demgegenüber ist die Länge des äußeren Gehörganges etwa 35 mm, das Trommelfell hat etwa 1 cm Durchmesser, der Hammer ist etwa 8 mm lang, der kürzeste Abstand zwischen Hammer und dem ihm gegenüberliegenden Vorsprung (Promontorium) ist nur 2 mm. Die Basilarmembran ist 35 mm lang (und als Schnecke aufgewunden), am ovalen Fenster ist sie 50 μm breit und verbreitert sich bis zum Ende auf 500 μm.

Das Trommelfell (Dicke 0,1 mm) schwingt nicht nach der Art einer am Umfang eingespannten elastischen Membran (wie bei einer Trommel), sondern wegen der Verwachsung mit dem Hammerstiel als starre Fläche um eine Achse am Trommelfellrand, also nach Art eines Türblattes (Fig. 13.29a). Das Schalleitungssystem bestehend aus Trommelfell, Gehörknöchelchen und Innenohr bis zum runden Fenster ist ein schwingungsfähiges Gebilde, das eine Resonanzfrequenz von etwa $f_r = 1400$ Hz hat und stark gedämpft ist (Abklingzeit etwa 2 ms). Infolgedessen ist die Resonanzkurve breit (vgl. Fig. 13.11a). Das wirkt sich günstig auf die Frequenzabhängigkeit der Hörempfindlichkeit aus. Oberhalb von etwa $f = 2$ kHz sinkt die übertragene Amplitude rasch ab, hier kommt aber zum Tragen, daß die Eigenfrequenz der Luftsäule des Gehörganges zwischen $f = 2$ kHz und 4 kHz liegt, so daß in diesem Bereich tatsächlich die Hörempfindlichkeit am größten ist (Fig. 13.31). Die Schallübertragung erfolgt bei höheren Frequenzen durch Knochenleitung.

Die Notwendigkeit einer geeigneten Schwingungsübertragung vom Trommelfell in das Innenohr folgt aus den stark differierenden Wellenwiderständen. Würde Schall direkt aus Luft auf Wasser treffen, so würde er praktisch vollständig reflektiert werden („schallharte" Wand). Die Gehörknöchelchenkette bewirkt tatsächlich nicht einen reflexionsfreien Anschluß. Nur bei $f = 800\,\mathrm{Hz}$ und $1600\,\mathrm{Hz}$ ist der Wellenwiderstand des Schalleitungssystems gleich dem der Luft, außerhalb dieser Frequenzen ist er größer. Nach Tab. 13.1 ist der Schall-Wellenwiderstand der Luft $Z_{\mathrm{w,L}} = 414\,\mathrm{kg\,m^{-2}\,s^{-1}}$, derjenige des Wassers (für die Perilymphe) $Z_{\mathrm{w,w}} = 1{,}5 \cdot 10^6\,\mathrm{kg\,m^{-2}\,s^{-1}}$. Damit errechnet sich für die an einer Grenzfläche Luft-Wasser (wenn das Trommelfell die Trennwand Luft-Wasser wäre, ohne den Übertragungsapparat der Hörknöchelchen) von Luft in Wasser übertretende Intensität nach Gl. (13.37) und (13.38) $I_0 = I_{00} \cdot (1 - R) = I_{00} \cdot 1{,}1 \cdot 10^{-3}$; nur 1 Promille der auffallenden Intensität I_{00} stünde für den „Hörvorgang" zur Verfügung, der Rest würde reflektiert. Anders mit dem Übertragungsapparat, von dem Fig. 13.29 b das Schema zeigt. Auf das Trommelfell wirkt der Schallwechseldruck $p_{\mathrm{eff,L}}$, also wirkt hier am „Übertragungshebel" die Kraft $p_{\mathrm{eff,L}} \cdot A_{\mathrm{T}}$. Der Hebel übt auf das ovale Fenster die Kraft $p_{\mathrm{eff,L}} \cdot A_{\mathrm{T}} \cdot a_1/a_2$ aus, und damit berechnet sich der Schallwechseldruck auf das Fenster (und die dahinter befindliche Perilymphe) aus $p_{\mathrm{eff,w}} \cdot A_{\mathrm{F}} = p_{\mathrm{eff,L}} \cdot A_{\mathrm{T}} \cdot a_1/a_2$. Mit den in Fig. 13.29 b angegebenen Zahlenwerten ist also das Druckverhältnis $p_{\mathrm{eff,w}}/p_{\mathrm{eff,L}} = (55\,\mathrm{mm^2}/3{,}2\,\mathrm{mm^2}) \cdot 1{,}3 = 22$. Gl. (13.32) gibt den Zusammenhang zwischen Schallintensität, effektivem Schallwechseldruck p_{eff} und Schallwiderstand. Für die in Luft auf das Trommelfell fallende Schallwelle ist hiernach $I_{00} = p_{\mathrm{eff,L}}^2/Z_{\mathrm{w,L}}$, und für die über das Hebelsystem auf die Perilymphe übertragene Intensität ergibt sich $I_0 = p_{\mathrm{eff,w}}^2/Z_{\mathrm{w,w}}$. Das Verhältnis I_0/I_{00} wird also jetzt

$$\frac{I_0}{I_{00}} = \left(\frac{p_{\mathrm{eff,w}}}{p_{\mathrm{eff,L}}}\right)^2 \cdot \frac{Z_{\mathrm{w,L}}}{Z_{\mathrm{w,w}}} = (22)^2 \cdot \frac{414}{1{,}5 \cdot 10^6} = 0{,}13\,.$$

Der Übertragungsapparat bewirkt demnach nicht „ideale Anpassung", ($I_0/I_{00} < 1$), er überträgt aber immerhin 13% der einfallenden Intensität: gegenüber den oben berechneten $1{,}1\,\%_{00}$ ein Gewinnfaktor 120.

Im Innenohr bilden Basilarmembran und Cortisches Organ den „Spektralapparat" für den Schall. Die Länge des Organs ist kleiner als die Wellenlänge, es kommt nicht zur Wellenausbreitung mit der Ausbildung mehrerer Maxima und Minima. Vielmehr wird nur etwas mehr als eine Halbwelle einer Schwingung ausgebildet, deren Maximum für hohe Frequenzen in der Nähe des ovalen Fensters liegt und sich für niedrigere Frequenzen zum Ende der Basilarmembran verschiebt. Interessant ist, daß die Analyse des Schalls nur hinsichtlich der Frequenzen der Komponenten erfolgt, die relativen Phasen sind ohne Bedeutung.

Die in Fig. 13.30a und b gezeichneten Schwingungen setzen sich aus drei Komponenten mit den Frequenzen f_0, $2f_0$ und $3f_0$ zusammen, wobei in der linken und rechten Teilfigur verschiedene Nullphasen der Komponenten angenommen wurden (zwischen den Komponenten bestehen also verschiedene Phasenverschiebungen). Infolgedessen ist der Verlauf der Summe der drei Schwingungen (Überlagerung genannt) in a und b deutlich verschieden. Das *Frequenzspektrum* ist aber in beiden Fällen gleich (angegeben sind die Amplituden $A(f)$ und die Intensitäten $I(f) \sim A^2(f)$), und das Gehör nimmt auch den gleichen Klang wahr.

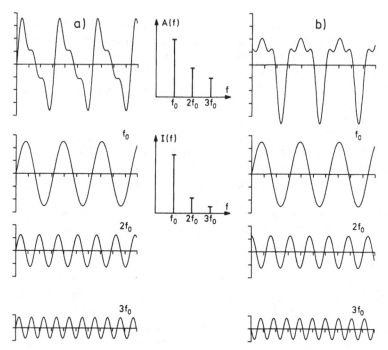

Fig. 13.30 Aus drei Schwingungen der Frequenzen f_0, $2f_0$ und $3f_0$ entstehen die Schwingungen a) und b) durch Überlagerung (= Addition). Sie unterscheiden sich in der Form, weil die relativen Phasenwinkel verschieden sind. Das Amplituden-$A(f)$ und das Intensitäts-$I(f)$-Spektrum sind in beiden Fällen gleich

Die *Hörempfindlichkeit* des menschlichen Gehörs wird durch Messung ermittelt (Audiogramm). Man verwendet einen Tonfrequenzgenerator, dessen Frequenz einstellbar variabel ist. Bei jeder Frequenz steigert man die Intensität von null an, und der Patient gibt durch Betätigen eines Schalters zu erkennen, wann er erstmalig den gesendeten Ton wahrnimmt. Beim gesunden Gehör ergibt sich so die unterste Kurve (gestrichelt gezeichnet) des Diagramms in Fig. 13.31. Ähnlich wird die Schmerzgrenze ermittelt (oberste Kurve). Die individuell verschiedenen Werte gruppieren sich um die folgenden „Standardwerte". Bei der Frequenz $f = 1\,\text{kHz}$ liegt die *Hörschwelle* bei einem effektiven Schallwechseldruck $p_{\text{eff}} = 2 \cdot 10^{-4}\,\mu\text{bar}$, die *Schmerzgrenze* bei $p_{\text{eff}} = 200\,\mu\text{bar}$. Das ist ein Abstand von 6 Zehnerpotenzen bezüglich des Schalldrucks. Mittels Gl. (13.32) berechnen wir die zugehörigen Schallintensitäten,

$$I_{\text{Hörschwelle}}(f = 1\,\text{kHz}) = \frac{1}{Z_{\text{w}}}\, p_{\text{eff}}^2 = 1 \cdot 10^{-12}\,\frac{\text{W}}{\text{m}^2}, \tag{13.46a}$$

$$I_{\text{Schmerzgrenze}}(f = 1\,\text{kHz}) = 1\,\frac{\text{W}}{\text{m}^2}. \tag{13.46b}$$

Bezüglich der Schallintensität ist der Hörumfang 12 Zehnerpotenzen (weil das Quadrat des Druckes ihn bestimmt). Das ist ein enormer „Meßbereich" des Gehörs.

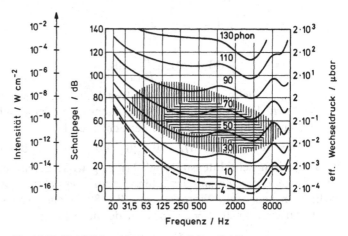

Fig. 13.31 Der Hörbereich des menschlichen Gehörs
≡ Bereich der Sprache
IIII Bereich der Musik
Die unterste Kurve stellt die Hörschwelle dar

Wie aus Fig. 13.31 hervorgeht, sind die Grenzen des Hörbereichs von der Frequenz abhängig, bei $f = 3\,\text{kHz}$ liegt die größte Empfindlichkeit. Normale Unterhaltungs-Schallgrößen liegen bei $p_{\text{eff}} = 0,2\,\mu\text{bar}$, $I = 10^{-6}\,\text{W\,m}^{-2}$, überschreiten also die Hörschwelle um mehrere Zehnerpotenzen. Das Umgehen mit solch großen Zahlenunterschieden bei Meßgrößen ist unhandlich. Daher hat man ein logarithmisches Maß eingeführt, das dem Weber-Fechnerschen Gesetz entspricht, wonach in manchen Fällen die Empfindungsstärke proportional zum Logarithmus der Reizgröße ist, die die Empfindung verursacht. Dieses Maß ist der Logarithmus des Verhältnisses der Intensität I zu der Intensität $I_{\text{Hörschwelle}}$, also $\log(I/I_{\text{Hörschwelle}})$, und diese Größe ist der *Schallintensitäts-Pegel P*. Ein derartiges logarithmisches Maß kann man auch für die anderen Schallwechselgrößen einführen und weitere „Pegel" definieren. Wir benützen hier *ausschließlich* den *Intensitäts-Pegel* und bezeichnen ihn einfach als *Schallpegel* oder auch kurz *Pegel*. Da nun die Intensität an der Hörschwelle von der Frequenz abhängt (Fig. 13.31), so hat man sich geeinigt, als *Normierungs-Intensität* I_{n} diejenige zum Norm-Schallwechseldruck $p_{\text{eff,n}} = 2 \cdot 10^{-4}\,\mu\text{bar}$ zu nehmen. Da $I = p_{\text{eff}}^2/Z_{\text{w}}$, so kürzt sich bei der Bildung des Intensitätsverhältnisses der Wellenwiderstand heraus. Es gilt daher für den Schallpegel P die Definitionsgleichung

$$P \overset{\text{def}}{=} \log\left[\frac{\text{Schallintensität (Energiestromdichte) } I}{\text{Norm-Intensität (bei } p_{\text{eff,n}} = 2 \cdot 10^{-4}\,\mu\text{bar}) \; I_{\text{n}}}\right] \tag{13.47}$$

$$= \log\frac{p_{\text{eff}}^2}{p_{\text{eff,n}}^2} = 2\log\frac{p_{\text{eff}}}{p_{\text{eff,n}}}.$$

Dieses logarithmische Maß (eine dimensionslose Zahl!) erhält den Einheitennamen Bel, den wir schon früher als Kennwort des Dämpfungsmaßes eingeführt haben (Gl. (13.13)). Damit lautet die Definitionsgleichung (13.47)

$$P = \log \frac{I}{I_n} \, \text{Bel} = 2 \log \frac{p_{eff}}{p_{eff,n}} \, \text{Bel} \tag{13.48}$$

$$= 10 \log \frac{I}{I_n} \, \text{dB} = 20 \log \frac{p_{eff}}{p_{eff,n}} \, \text{dB}.$$

Mittels dieser Definition ist die Schallpegel-Skala in Fig. 13.31 hinzugefügt worden. Bei der normalen Unterhaltungs-Schallintensität ist der effektive Schallwechseldruck $p_{eff} = 0{,}2 \, \mu\text{bar}$, ihr entspricht also der Schallpegel

$$P = 20 \log (0{,}2 \, \mu\text{bar}/2 \cdot 10^{-4} \, \mu\text{bar}) \, \text{dB} = 20 \cdot 3 \, \text{dB} = 60 \, \text{dB}.$$

Das logarithmische Intensitätsmaß bringt gewisse Eigentümlichkeiten mit sich. So bringt eine *Vervielfachung* der Intensität eine *Vermehrung* des Schallpegels mit sich: stellt man neben ein Motorrad mit $P = 80 \, \text{dB}$ ein zweites, gleiches, so wird die Intensität verdoppelt, $I = 2 \cdot I_M$, aber der neue Pegel ist

$$P(2 \cdot I_M) = 10 \log \frac{2 \, I_M}{I_n} \, \text{dB} = 10 \log 2 \, \text{dB} + 10 \log \frac{I_M}{I_n} \, \text{dB} = 3 \, \text{dB} + 80 \, \text{dB},$$

d.h. der Schallpegel wird nur um $3 \, \text{dB}$ vermehrt.

Beispiel 13.5 Zu den Lärmschutzbestimmungen hat das Bundesverwaltungsgericht 1974 erklärt, daß der Straßenlärm bei geöffnetem Fenster am Tage weniger als $P_T = 55 \, \text{dB}$, nachts weniger als $P_N = 45 \, \text{dB}$ zu betragen habe, sonst müssen Maßnahmen zur Lärmdämpfung ergriffen werden. Die *Differenz* dieser Pegel bestimmt den *Faktor*, um den die Schallintensität nachts kleiner als am Tage sein soll,

$$P_T - P_N = 10 \, \text{dB} = 10 \left(\log \frac{I_T}{I_n} \, \text{dB} - \log \frac{I_N}{I_n} \, \text{dB} \right) = 10 \log \frac{I_T}{I_N} \, \text{dB},$$

oder $\log \dfrac{I_T}{I_N} = 1, \qquad \dfrac{I_T}{I_N} = 10^1, \qquad \dfrac{I_N}{I_T} = \dfrac{1}{10}.$

Die Schallintensität muß nachts um den Faktor 10 geringer als am Tage sein.

Neben den physikalischen Größen Schallwechseldruck und Schallintensität hat man auch noch andere *Lautstärken* eingeführt, die auf einer Berücksichtigung der Empfindung des menschlichen Gehörs beruhen. Zum Beispiel bewertet man die Intensität eines Schalles der (scharfen) Frequenz f, – also nicht eines Frequenzgemisches –, mit Hilfe eines Schalles der Normfrequenz $f_n = 1000 \, \text{Hz}$ dadurch, daß man die Intensität des letzteren variiert und gerade so groß macht, daß die Versuchsperson beide Schalle als *gleich laut empfindet*. Die so gemessene *Lautstärke* erhält die *Einheit Phon* und den *Zahlenwert des Schallpegels des Vergleichstones*. Auf diese Weise gewonnene Kurven gleicher Lautstärke sind in Fig. 13.31 mit eingezeichnet und mit der zugehörigen Lautstärke in Phon bezeichnet. Sie sind durch Mittelwertsbildung der Ergebnisse an vielen Versuchspersonen gewonnen worden. Aus der Konstruktion dieser Kurven folgt, daß die phon- und die dB-Skala beim Normton $f_n = 1000 \, \text{Hz}$ übereinstimmen.

Schwieriger liegen die Verhältnisse, wenn die *Lautstärke eines Geräusches oder Klanges*, also für ein Frequenzgemisch, bestimmt werden soll. Man kann sich im

Tab. 13.3 Lautstärken einiger Geräusche in dB(A)

Preßluft-Sirene (7 m)	131	Büro mit Buchungsmaschinen	75
Kesselschmiede	125	Mittlerer Straßenverkehr	70
Preßlufthammer (1 m)	120	Unterhaltungssprache (1 m)	65
Sandstrahlgebläse (1 m)	115	Schwacher Straßenverkehr	50
Flugzeug mit Strahlantrieb (200 m)	115	Niedrigster Geräuschpegel	
Hupe (1 m)	110	in Wohnvierteln bei Nacht	40
Weberei	100	Blätterrauschen	30
Lastkraftwagen (7 m)	90	Rundfunksprecherstudio	20
Motorrad (7 m)	85	Schalltoter Raum (gut isoliert)	10
Personenkraftwagen (7 m)	80	Hörschwelle (jugendliches Ohr)	0

einfachsten Verfahren mit der Vergleichsmessung wie im vorigen Absatz begnügen, bestimmt also die Intensität eines 1000 Hz-Tones, der als gleich laut mit dem Geräusch empfunden wird, und legt auf diese Weise fest, wie laut das Geräusch, angegeben in der Einheit Phon ist. Wird z. B. ein Geräusch gleich laut empfunden wie der 1000 Hz-Ton des Schallpegels 60 dB, so hat das Geräusch die Lautstärke 60 phon. Tabellarische Zusammenstellungen der verschiedensten Geräusche in der Einheit Phon finden sich an verschiedenen Stellen der Literatur. Es besteht aber im Grundsatz keine Schwierigkeit, elektrische Pegelmesser aufzubauen, deren Frequenzgang demjenigen des menschlichen Gehörs angepaßt ist. In der Praxis verwendet man elektrische Filter, die mit A, B und C bezeichnet werden. Die Frequenzkurve des Filters A kommt dabei dem Frequenzgang des menschlichen Gehörs im Hörbereich am nächsten. Die mit den Filtern A, B und C gemessenen ,,bewerteten Schallpegel'' gibt man in den Einheiten dB(A), dB(B) und dB(C) an, dB(A)-Werte geben in vielen Fällen eine gute Übereinstimmung mit der subjektiv in Phon gemessenen Lautstärke. Tab. 13.3 enthält einige Lautstärkedaten in dB(A). Sie beziehen sich auf die Wahrnehmung durch das Gehör, sind also keine Kenndaten für die Schallquelle. Bei einer bestimmten Schallquelle muß man den Abstand angeben, an welchem die Lautstärke gemessen wird.

Ergänzung 1: In Gl. (13.41) und (13.42) wurde die *Schallabsorption* durch das logarithmische Dekrement Λ_d beschrieben. Dies bewirkt, daß Schallpegel und Absorption durch Addition bzw. Subtraktion verknüpft sind. Zur Intensität I_0 am Anfang einer Absorptionsschicht gehöre der Pegel P_0, nach einer bestimmten Materieschicht sei noch die Intensität I vorhanden, und der zugehörige Pegel sei P. Es gelten dann, wenn I_n wieder die Norm-Intensität bezeichnet, die Beziehungen

$$P_0 = \log \frac{I_0}{I_n}, \qquad P = \log \frac{I}{I_n}, \qquad \Lambda_d = \log \frac{I_0}{I}, \qquad -\Lambda_d = \log \frac{I}{I_0},$$

also ist (Erweiterung mit I_0 im Ausdruck für P)

$$P = \log\left(\frac{I_0}{I_n} \cdot \frac{I}{I_0}\right) = \log \frac{I_0}{I_n} + \log \frac{I}{I_0} = P_0 - \Lambda_d, \tag{13.49}$$

d.h. der Schallpegel nimmt um das logarithmische Dekrement der Schwächung durch den Absorber ab, $P = P_0 - \Lambda_d$.

Ergänzung 2: Es ist interessant festzustellen, daß der anatomische Aufbau des Gehörs und die dadurch gegebenen Empfindlichkeitsgrenzen die äußersten, physikalisch sinnvollen sind. Der kleinste hörbare Schallwechseldruck ist $p_{eff} = 2 \cdot 10^{-4} \, \mu bar$ (zugehörige Intensität $I = I_n = 1 \cdot 10^{-12} \, W \, m^{-2}$). Mittels der Gleichungen (13.34) und (13.32) berechnet man die effektive Schallschnelle und die Amplitude der Elongation und erhält

$$v_{eff} = \frac{I_n}{p_{eff}} = \frac{1}{2} \cdot 10^{-7} \, \frac{m}{s}, \tag{13.50}$$

sowie $\quad \hat{x} = \frac{\hat{v}}{2\pi f} = \sqrt{2} \frac{v_{eff}}{2\pi f} = 1{,}1 \cdot 10^{-11} \, m = 11 \, pm.$ \hfill (13.51)

„Wechselwindgeschwindigkeit" und Auslenkung sind demnach extrem klein. Die „Kleinheit" müssen wir an anderen Gegebenheiten messen. Das Trommelfell ist beidseitig von Luft des Druckes $p = 1 \, bar$ umgeben. Es wird daher erstens ständig beidseitig von einem gaskinetischen „Trommelfeuer" der Luftmoleküle getroffen. Die von außen einfallende Schallwelle führt zweitens zu den (kleinen) periodischen Verdichtungen und Verdünnungen der Luft, die eine „Modulation" der gaskinetischen Stöße in der Weise bewirken, daß das Trommelfell eine periodische Auslenkung ausführt, die dann als Schall wahrgenommen wird. Die gaskinetischen Stöße ergaben die gaskinetische Interpretation des Gasdrucks auf eine Wand ($p = nkT$, Gl. (8.24)). Wegen dieser statistischen Interpretation können wir auch von statistischen Druckschwankungen sprechen. Sie würden vom Gehör als ständiger Geräusch-Untergrund wahrgenommen (auch als „Rauschen" bezeichnet), wenn die Gehörempfindlichkeit entsprechend hoch wäre. Das ist durch den anatomischen Aufbau des Gehörs offenbar vermieden worden. Es bedeutet aber auch, daß das Gehör die den statistischen Schwankungen überlagerten „Signale" erst als Schall nachweist, wenn sie eine bestimmte Größe überschreiten. Man spricht davon, daß das „Signal zu Rausch"-Verhältnis einen bestimmten Wert überschreiten muß, der die Grenzempfindlichkeit darstellt.

Wir setzen die Diskussion hier etwas weiter fort, weil bei Anwendung „statistischer" Grundsätze immer sorgfältig abzuklären ist, auf welche Größen man ein Ergebnis der Statistik anwenden kann. Diese statistische Größe ist hier nicht der Gasdruck (=Luftdruck), sondern die auf das Trommelfell einfallende Molekülanzahl, die innerhalb einer halben Schwingungsdauer des Schallwechseldrucks die Bewegung des Trommelfells beeinflußt. Bei der Frequenz $f = 1000 \, Hz$ ist die halbe Schwingungsdauer $T/2 = 5 \cdot 10^{-4} \, s$. Beim Luftdruck $p = 1 \, bar$ und der Temperatur $T = 293 \, K$ ist die Molekülanzahldichte $n = p/kT = 2{,}47 \cdot 10^{25} \, m^{-3}$. Die auf eine Wand (also einseitig auf das Trommelfell) einfallende Molekül(Anzahl-)Stromdichte ist $j = \frac{1}{4} n v_{th}$, wobei v_{th} die mittlere thermische Molekülgeschwindigkeit ist (s. dazu Abschn. 8.1). Die Stromstärke I auf das Trommelfell ist das Produkt aus Stromdichte und Fläche A_{Tr} des Trommelfells, also $I = j \cdot A_{Tr}$. Schließlich folgt für die mittlere Anzahl der Moleküle, die in der halben Schwingungsdauer einfällt $\bar{N} = I \cdot T/2$, in Zahlen $\bar{N} = 8{,}5 \cdot 10^{19}$

Moleküle $(n = 2,47 \cdot 10^{25}\,\mathrm{m}^{-3}$, $v_{\mathrm{th}} = 500\,\mathrm{m\,s}^{-1}$, $A_{\mathrm{Tr}} = 55\,\mathrm{mm}^2 = 55 \cdot 10^{-6}\,\mathrm{m}^{-2}$, $T = 10^{-3}\,\mathrm{s}$). Auf diese Anzahl kann man ein Ergebnis der Statistik anwenden: die zugehörige Schwankung der Molekülanzahl (aus statistischen, hier gaskinetischen Gründen) ist $\Delta N = \sqrt{\bar{N}} = 9,2 \cdot 10^9$, die relative Schwankung ist also außerordentlich klein, aber dies ist noch nicht der wesentliche Punkt. Die bisher gewonnenen Daten gelten unabhängig voneinander für die beiden Seiten *eines* Trommelfells, $N_{\mathrm{rechts}} = \bar{N} \pm \Delta N$, $N_{\mathrm{links}} = \bar{N} \pm \Delta N$. Das Trommelfell reagiert nur auf die Differenz der beiden Anzahlen, und diese Differenz ist im Mittel (natürlich) Null, jedoch mit einer gewissen Fehlerbreite, und diese folgt nach den Regeln der Statistik aus den beiden Schwankungen, die wir für die beiden Seiten angegeben haben: die Fehlerbreite ist $\Delta N_{\mathrm{rechts-links}} = \sqrt{2} \cdot \Delta N = 13 \cdot 10^9$. Das Trommelfell erhält demnach ein „statistisches" Geräuschsignal, welches aus dieser Größe folgt. Wir vergleichen es mit dem Signal, das aufgrund der einfallenden Schallwelle einseitig vorhanden ist und legen dafür die Hörschwellendaten zugrunde.

Beim effektiven Schallwechseldruck $p_{\mathrm{eff}} = 2 \cdot 10^{-4}\,\mu\mathrm{bar}$ ist die relative Druckschwankung in der Schallwelle $p_{\mathrm{eff}}/1\,\mathrm{bar} = 2 \cdot 10^{-10}$, also die periodische Schwankung der Molekülanzahldichte $\Delta n_{\mathrm{eff}} = n \cdot 2 \cdot 10^{-10} = 2,47 \cdot 10^{25}\,\mathrm{m}^{-3} \cdot 2 \cdot 10^{-10}$ $\approx 5 \cdot 10^{15}\,\mathrm{m}^{-3}$. Wie im vorhergehenden Absatz berechnen wir hieraus zunächst die effektive Stromdichteschwankung Δj_{eff}, die effektive Molekülstromstärkeschwankung ΔI_{eff}, und schließlich die effektive Schwankung der Molekülanzahl von Halbperiode zu Halbperiode $\Delta N_{\mathrm{eff}} = \Delta j_{\mathrm{eff}} \cdot A_{\mathrm{Tr}} \cdot 5 \cdot 10^{-4}\,\mathrm{s}$. Es ergibt sich $\Delta N_{\mathrm{eff}} = 17 \cdot 10^9$: die effektive Schallwechsel-Molekülanzahl ist an der Hörschwelle um etwa 30 % größer als die statistische Schwankung der gaskinetisch auf das Trommelfell einfallenden Molekülanzahlen. Anders ausgedrückt: die Hörschwelle ist so tief, daß dort das Signal:Rauschverhältnis gerade etwa Eins ist. Unsere Daten sind zwar Abschätzungen (z.B. haben wir die Adiabasie der Kompressionen vernachlässigt), sie zeigen aber das Wesentliche, daß nämlich an der Hörschwelle das „Rauschen" gerade eben nicht mehr gehört wird.

Ergänzung 3: Bewegen sich eine Schallquelle (Schallsender) und ein „Hörer" (Schallempfänger) relativ zueinander (pfeifende Lokomotive, hupendes Automobil), dann wird vom Hörer eine Schallfrequenz f (Tonhöhe) registriert, die von der Frequenz f_0 verschieden ist, die ein in Ruhe befindlicher Empfänger von einer in Ruhe befindlichen Schallquelle der Frequenz f_0 empfängt. Die Frequenzverschiebung $(\Delta f = f - f_0)$ wird *Doppler-Effekt* genannt. Bewegen sich Sender und Empfänger mit der Geschwindigkeit v (>0) aufeinander zu, dann ist $f > f_0$, weil die vom Sender startenden Druckamplituden immer kleinere Wege bis zum Empfänger durchlaufen müssen, d.h. sie kommen mit kleinerem zeitlichem Abstand beim Empfänger an, als wenn Sender und Empfänger in Ruhe wären. Bewegen sich Sender und Empfänger mit der Geschwindigkeit v (<0) voneinander fort, dann müssen immer längere Wege zurückgelegt werden, es ist $f < f_0$. Quantitativ gilt für die *relative Frequenzverschiebung* im Fall $v/c \ll 1$ (s. die nachfolgende Beschreibung einer Anwendung)

$$\frac{\Delta f}{f_0} = \frac{f - f_0}{f_0} = \frac{v}{c}, \tag{13.52}$$

wobei c die Schallgeschwindigkeit im ruhenden Medium ist, in welchem sich Sender bzw. Empfänger bewegen. – Der Doppler-Effekt kann zur Messung der *Strömungsgeschwindigkeit des Blutes* verwendet werden. Parallel zu einem blutdurchflossenen Gefäß wird Ultraschallstrahlung eingestrahlt. Sie wird an den im Blut mitgeführten Teilchen (z.B. Erythrozyten) teilweise rückgestreut. Die Streuteilchen empfangen zunächst eine verminderte Frequenz (sie sollen sich vom Sender wegbewegen), und die von ihnen ausgehende rückgestreute Welle wird vom Empfänger, der in geeigneter Weise mit dem Sender zusammengebaut ist, mit um den gleichen Betrag nochmals verminderter Frequenz empfangen (bei den umgekehrten Strömungsverhältnissen ist die Frequenz erhöht). Für eine Abschätzung der Frequenzverschiebung nehmen wir für c die Schallgeschwindigkeit in Wasser, $c = 1483\,\text{m/s}$ (Tab. 13.1), die Blutströmungsgeschwindigkeit sei $v = -1\,\text{m/s}$, und die eingestrahlte Ultraschallfrequenz sei $f_0 = 2\,\text{MHz}$. Dann ist nach Gl. (13.52)

$$f - f_0 = 2 \cdot 2\,\text{MHz} \cdot \frac{(-1\,\text{m/s})}{1483\,\text{m/s}} = -2697{,}2\,\text{Hz}.$$

Diese Differenzfrequenz kann nach „Demodulation" als Ton der Frequenz $2697{,}2\,\text{Hz}$ registriert und auch direkt gehört werden, die Frequenz liegt im hörbaren Bereich. – Mißt man nur den Betrag der Frequenzänderung, $|f - f_0| = 2697{,}2\,\text{Hz}$, dann kann man arterielle und venöse Strömung in nahe beieinander liegenden Gefäßen nicht unterscheiden. Eine solche Unterscheidung erfordert auch noch die Registrierung des Vorzeichens der Frequenzänderung. – Besonderes Interesse gilt dem Auffinden von krankhaften Strömungszuständen, wie z.B. den Strömungsblockaden ($v = 0$), wo dann die Frequenzverschiebung verschwindet. – Ausführliche Beschreibung der Doppler-Methode in der Sonographie in Abschn. 18.5.5.

13.7 Elektromagnetische Schwingungen

13.7.1 Elektrische und magnetische Feldenergie

Die Schwingungen der Mechanik sind dadurch beschreibbar, daß das System abwechselnd potentielle Energie (gespannte Feder) und kinetische Energie (einer Masse) enthält, jedoch die Gesamtenergie (abgesehen von der Dämpfung) konstant bleibt, es erfolgt eine periodische Umwandlung der einen in die andere Energieform. Elektromagnetische Schwingungen entstehen dann, wenn elektrische Energie periodisch in magnetische Energie umgewandelt werden kann. Zunächst sei gezeigt, daß zwei fundamentale Schaltelemente, der *Kondensator* und die *Spule, elektrische* bzw. *magnetische* Energie enthalten können.

Wird ein Kondensator der Kapazität C aufgeladen, so fließen bei der jeweilig erreichten Spannung U Ladungsportionen $dQ = I\,dt$ durch die Zuleitung auf den Kondensator auf. Von der Spannungsquelle wird die elektrische Arbeit verrichtet (Abschn. 9.2.4.4)

$$W = \int\limits_0^T IU\,\mathrm{d}t = \int\limits_0^T U\,\frac{\mathrm{d}Q}{\mathrm{d}t}\,\mathrm{d}t = C \int\limits_0^T U\,\frac{\mathrm{d}U}{\mathrm{d}t}\,\mathrm{d}t = C \int\limits_0^{U_0} U\,\mathrm{d}U = \frac{1}{2}\,C U_0^2, \quad (13.53)$$

wenn U_0 die Spannung ist, auf die der Kondensator aufgeladen wird. Diese Energie enthält der Kondensator, denn er kann nach der Ladung isoliert werden und behält die Ladespannung; er kann sich wieder entladen, wenn er an einen Verbraucher angeschlossen wird, kann also die Energie wieder abgeben. Auf die Form des Kondensators kommt es nicht an. Sitz der elektrischen Energie ist das elektrische Feld, das den Raum im Kondensator erfüllt. Die in der Volumeneinheit enthaltene Energie, die *elektrische Energiedichte* ist (für den Plattenkondensator als Beispiel: $C = \varepsilon\,\varepsilon_0\,A/d$ und $U_0 = E\,d$)

$$w = \frac{W}{V} = \frac{1}{2}\varepsilon\,\varepsilon_0\,\frac{A}{d}\,(E\,d)^2\,\frac{1}{A\,d} = \frac{1}{2}\,\varepsilon\,\varepsilon_0\,E^2 = \frac{1}{2}\vec{E}\cdot\vec{D}, \quad (13.54)$$

wobei wir angenommen haben, daß das elektrische Feld in Materie der Dielektrizitätskonstante ε besteht, und es wurde – wie üblich – der Vektor $\vec{D} = \varepsilon\,\varepsilon_0\,\vec{E}$, genannt die *elektrische Verschiebungsdichte*, eingeführt. Damit sind wir unabhängig von äußeren Elektrodenkonfigurationen geworden: besteht in einem Raum ein elektrisches Feld, so verkörpert dieses den Inhalt des Raumes an *elektrischer Feldenergie*.

Wird in einer Spule ein magnetisches Feld aufgebaut, dann wird der elektrische Strom durch die Spule auf den gewünschten Wert gebracht werden. Bei diesem Vorgang muß eine Spannungsquelle immer gerade diejenige Spannung zur Verfügung stellen, die die Selbstinduktionsspannung kompensiert (Abschn. 10.2.3). Die Spannungsquelle muß demnach die Arbeit verrichten

$$W = \int\limits_0^T IU\,\mathrm{d}t = \int\limits_0^T I(-U_{\mathrm{ind}})\,\mathrm{d}t = \int\limits_0^T IL\,\frac{\mathrm{d}I}{\mathrm{d}t}\,\mathrm{d}t = L \int\limits_0^{I_0} I\,\mathrm{d}I = \frac{1}{2}\,L I_0^2, \quad (13.55)$$

wenn I_0 der Strom ist, der schließlich durch die Spule fließt. Die Größe L ist die (Selbst-)Induktivität der Spule. Wieder berechnen wir die *magnetische Energiedichte* beispielhaft für die gerade Spule der Länge l, der Windungszahl n und für einen Stoff der Permeabilität μ, der in der Spule enthalten sein soll. Für eine solche Spule gilt

$$L = \mu_0\,\mu\,\frac{n^2\,A}{l}, \quad (13.56)$$

wobei A der Querschnitt der Spule ist. So wird die *magnetische Energiedichte*

$$w = \frac{W}{V} = \frac{1}{2}\mu_0\,\mu\,\frac{n^2\,A}{l}\,\frac{(l\,H)^2}{n^2}\,\frac{1}{A\,l} = \frac{1}{2}\,\mu_0\,\mu\,H^2 = \frac{1}{2}\,\vec{H}\cdot\vec{B}. \quad (13.57)$$

Wir haben darin – wie üblich – sowohl die magnetische Feldstärke $\vec{H}$ wie die magnetische Flußdichte $\vec{B}$ zur Charakterisierung des Feldes benutzt. Wieder sind wir mit Gl. (13.57) unabhängig von speziellen Leiteranordnungen geworden: Gl. (13.57) ist gültig für jeden Raum, der von einem Magnetfeld erfüllt ist.

Beispiel 13.6 Nach Beispiel 9.17 wird bei einem *Schrittmachergerät* ein Kondensator $C = 4\,\mu\mathrm{F}$ mit der Spannung $U_0 = 5\,\mathrm{V}$ versehen und durch den Herzmuskel entladen. Die dabei vom Kondensator abgegebene Energie ist nach Gl. (13.53)

$$W = \frac{1}{2} \cdot 4 \cdot 10^{-6}\,\mathrm{F} \cdot 25\,\mathrm{V}^2 = 50 \cdot 10^{-6}\,\frac{\mathrm{A\,s}}{\mathrm{V}}\,\mathrm{V}^2 = 50\,\mu\mathrm{J}.$$

In Röntgen-Anlagen befinden sich Glättungskondensatoren mit $C = 1\,\mu\mathrm{F}$, die auf die Spannung $U_0 = 100\,000\,\mathrm{V} = 10^5\,\mathrm{V}$ aufgeladen werden. Ihr Energieinhalt ist

$$W = \frac{1}{2} \cdot 10^{-6}\,\mathrm{F} \cdot 10^{10}\,\mathrm{V}^2 = 5000\,\mathrm{J} = 5\,\mathrm{kJ}.$$

Beispiel 13.7 Beim *Herzkammerflimmern* ist die reguläre Reizung des Herzens gestört. Sie wird dadurch wieder zu koordinieren versucht, daß man einen kräftigen elektrischen Impuls eines Defibrillationsgerätes über den Bereich des Herzens entlädt, was z.B. durch aufgesetzte äußere Elektroden geschehen kann. Dabei wird ein Kondensator der Kapazität $C = 100\,\mu\mathrm{F}$ entladen, der vorher durch das Gerät auf $U_0 = 1500\,\mathrm{V}$ aufgeladen worden war. Die bei der Entladung applizierte Energie beträgt nach Gl. (13.53)

$$W = \frac{1}{2}\,C\,U_0^2 = \frac{1}{2} \cdot 100 \cdot 10^{-6}\,\frac{\mathrm{A\,s}}{\mathrm{V}}\,(1500\,\mathrm{V})^2 = 112{,}5\,\mathrm{J}.$$

Die Entladung erfolgt über einen (geschätzten) Patienten-Innenwiderstand von $R = 50\,\Omega$. Die zugehörige Entladungs-Zeitkonstante ist damit (Abschn. 9.2.5.5) $\tau = R\,C = 50\,\Omega \cdot 10^{-4}\,\mathrm{F} = 50 \cdot 10^{-4}\,\mathrm{s} = 5\,\mathrm{ms}$. Es handelt sich also um einen kurzen Entladungspuls verglichen mit der Herzschlagperiode. Der größte auftretende Entladungsstrom besteht am Anfang, also bei $t = 0$ und ist $I_0 = U_0/R = 1500\,\mathrm{V}/50\,\Omega = 30\,\mathrm{A}$, wovon natürlich nur ein geringer Anteil über den Herzmuskel fließt. Meist wird in die Zuleitung zum Patienten noch eine Drosselspule eingeschaltet, die durch ihre Induktivität die Form des Strompulses etwas verändert und ihn zeitlich etwas dehnt.

13.7.2 Der elektrische Oszillator (Schwingkreis)

Ein elektrischer Oszillator (Schwingkreis) besteht immer aus zwei Energiespeichern, einem Kondensator und einer Spule, zwischen denen Energie hin und her pendeln kann. Eine Grundschaltung enthält Fig. 13.32. Liegt der Schalter in Position 1, so wird der Kondensator auf die Spannung U_0 aufgeladen. Nach Umlegen in die Position 2 kann sich der Kondensator C über die Spule L entladen. Nach dem 2. Kirchhoffschen Gesetz (Abschn. 9.2.5.1) ist die Summe der Spannungen Null, also gilt unter Vernachlässigung des Widerstandes R, dessen Bedeutung nachher diskutiert wird,

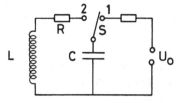

Fig. 13.32 Elektrischer Schwingungskreis mit Ver-
lustwiderstand R

$$U_L + U_C = 0 \quad \text{oder} \quad L\frac{\mathrm{d}I}{\mathrm{d}t} = -\frac{1}{C}\int I\,\mathrm{d}t. \tag{13.58}$$

Wir differenzieren einmal nach der Zeit t und erhalten

$$\frac{\mathrm{d}^2 I}{\mathrm{d}t^2} + \frac{1}{LC}I = 0. \tag{13.59}$$

Der Vergleich mit Gl. (13.2) zeigt: der elektrische Strom befolgt eine Schwingungs-Differentialgleichung, der zeitliche Verlauf des Stromes ist eine Sinus-Schwingung, und da wir bei $t = 0$ mit dem Strom $I = 0$ angefangen haben, so ist in der Schaltung in Fig. 13.32

$$I = I_0 \sin\omega\, t, \tag{13.60}$$

wobei wir allerdings die Amplitude I_0 des Stromes noch nicht kennen. Aus der Differentialgleichung (13.59) folgt aber die Kreisfrequenz (Winkelfrequenz) ω und die Frequenz f des Schwingstromes (als Wechselstrom)

$$\omega^2 = \frac{1}{LC}, \qquad 2\pi f = \omega = \frac{1}{\sqrt{LC}}, \qquad T = \frac{1}{f} = 2\pi\sqrt{LC}. \tag{13.61}$$

Die Spannung am Kondensator ergibt sich aus $U_C = -U_L = -L\dfrac{\mathrm{d}I}{\mathrm{d}t}$,

$$U = -\omega L \cdot I_0 \cos\omega\, t = U_0 \cos\omega\, t \tag{13.62}$$

(bei $t = 0$ war die angelegte Spannung $U = U_0$). Damit ist auch der noch fehlende Zusammenhang von I_0 mit U_0 bekannt: $\omega L \cdot I_0 = -U_0$, also

$$I_0 = -\frac{U_0}{\omega L}. \tag{13.60a}$$

Die Gleichungen (13.60), (13.60a) und (13.62) führen zu Fig. 13.33a und b. Sie zeigen, daß die elektrische Energie des *elektrischen Energiespeichers*, nämlich des Konden-

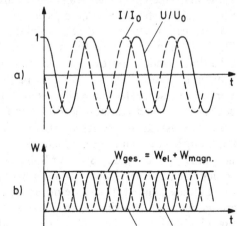

Fig. 13.33
a) Spannung am Kondensator und Strom durch die Spule des Oszillators Fig. 13.32
b) die elektromagnetische, gesamte Schwingungs-energie ist konstant, wenn $R = 0$ ist

sators (analog in der Mechanik beim Federpendel die Spannungsenergie der elastischen Feder) periodisch in magnetische Energie des *magnetischen Energiespeichers*, nämlich der Spule (beim Federpendel in die kinetische Energie der sich bewegenden Masse) umgewandelt wird: wir haben eine elektro-magnetische Schwingung. Es gelten der Reihe nach die folgenden Gleichungen

$$W_{el,max} = \frac{1}{2} C U_0^2 = \frac{1}{2} L I_0^2 = W_{magn,max}, \tag{13.63}$$

$$W_{gesamt}(t) = W_{el}(t) + W_{magn}(t) = \frac{1}{2} C U_0^2 \cos^2 \omega t + \frac{1}{2} L I_0^2 \sin^2 \omega t, \tag{13.64}$$

oder, wenn man für I_0 Gl. (13.60a) sowie Gl. (13.61) einträgt,

$$W_{gesamt}(t) = \frac{1}{2} C U_0^2 = W_{el}(t = 0) = const, \tag{13.65}$$

da $\sin^2 \omega t + \cos^2 \omega t = 1$ gilt. Die Gesamtenergie bleibt also wirklich dauernd konstant, und sie wurde durch das einmalige Aufladen des elektrischen Energiespeichers, nämlich des Kondensators, am Anfang dem System mitgegeben. Man kann auch sehen, daß dann, wenn am Kondensator die Spannung durch null passiert, der Strom maximal ist, und es gilt auch das Umgekehrte.

Der Widerstand R in der Schaltung Fig. 13.32 symbolisiere die *Verluste des Oszillators:* Wirkwiderstand der Schaltdrähte, dielektrische Verluste im Dielektrikum des Kondensators (s. die Diskussion im Anschluß an Gl. (11.5)), Ummagnetisierungs- und Wirbelstromverluste (Abschn. 10.6) im Füllmaterial der Spule. Infolge dieser Verluste ist die *Schwingung* des Oszillators *gedämpft* (vgl. Fig. 13.5). Es sei hier hinzugefügt, daß ein Oszillator auch dadurch gedämpft wird, daß er elektromagnetische Energie abstrahlt. Das gilt insbesondere für Oszillatoren, die als Antennen ausgebildet werden.

Will man eine *ungedämpfte Schwingung* eines elektrischen Oszillators erzeugen, benötigt man einen Selbststeuerungsmechanismus, der ausreichend schnell arbeitet und dem Oszillator phasenrichtig in jeder Periode die verlorengegangene Energie ersetzt. Dazu eignen sich insbesondere die Elektronenröhren, wie die Triode (Abschn. 9.3.6.5, Fig. 9.71), und die Transistoren (Abschn. 12.5.2, Fig. 12.7). Fig. 13.34a enthält das Schaltbild einer Anordnung zur Erzeugung einer ungedämpften elektrischen Schwingung, also eines „Wechselspannungs-Generators" oder „Senders". Die Wirkungsweise versteht man am besten an Hand von Fig. 13.32 und 13.34b. Legt man den Schalter S nach Aufladung von C von Position 1 nach 2, so entsteht ein gedämpfter Schwingungszug, aufgezeichnet in Fig. 13.34b zwischen ⓪-①. Die Kondensatorspannung hat dabei infolge der Dämpfung auf $U/U_0 = 0,55$ abgenommen. Denkt man sich im Zeitpunkt ① den Schalter S in Fig. 13.32 kurzzeitig wieder von 2 nach 1 und zurück nach 2 gelegt, so wird dem Kondensator C während dieses Schaltvorgangs so viel Ladung zugeführt, daß seine Spannung wieder auf $U/U_0 = 1$ ansteigt. Dann erfolgt ein neuer Schwingungszug ①-② mit Aufladung in ② usw. In der Schaltung Fig. 13.34a wird die Nachladung des Kondensators in jeweils der zweiten Halbwelle der Sinusspannung kontinuierlich vorgenommen, so daß nicht Aufladestöße (wie bei

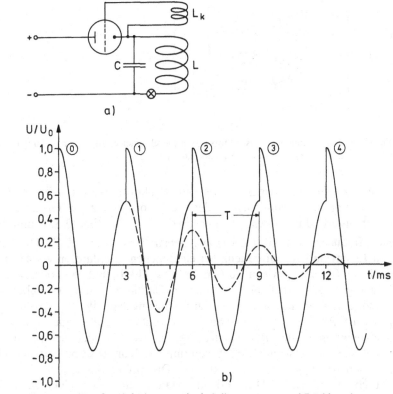

Fig. 13.34 Anfachung einer ungedämpften Schwingung mittels Selbststeuerung und Rückkopplung
   a) Schaltung des Senders (Generators)
   b) Wirkungsweise; bei ①, ②, ③, ④, usw. erfolgt eine Nachladung des Kondensators C. Ohne diese würde die Schwingung gedämpft abklingen (---). Die entstandene Schwingung enthält zunächst noch Oberwellen, die durch Filter ausgesiebt werden können, so daß eine reine Sinusspannung entsteht

①, ② usw.) entstehen. Trotzdem ist auch in diesem Fall die Schwingkreisspannung (U_C bzw. U_L) nicht rein sinusförmig, sie enthält „Oberwellen". – Die Triode in Fig. 13.34a wird mittels der Gitterspannung gesteuert: in der zweiten Halbwelle wird die Triode „geöffnet" (die Gitterspannung steigt ausreichend an), so daß Elektronen von der Kathode zur Anode fließen, und dies bedeutet, daß der Kondensator „nachgeladen" wird, seine Spannung steigt wieder auf den Anfangswert an. Die „rechtzeitige" Gittersteuerung geschieht mit Hilfe der Kopplungsspule L_k, die zusammen mit der Schwingspule L einen Transformator bildet. Durch ihn wird ein passender Teil der Schwingspannung an das Steuergitter der Triode „zurückgeführt": es handelt sich um eine *Rückkopplung*. Die *Entfachung* der Schwingung geschieht von selbst: eine kleine Störspannung (es genügt das Einschalten der Betriebsspannung) führt zu einer Schwingung kleiner Amplitude, die sich phasenrichtig aufschaukelt. Die eingeschaltete Glühlampe zeigt durch ihr Aufleuchten an, daß Schwingstrom fließt.

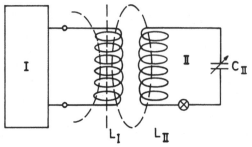

Fig. 13.35 Abstimmung eines Oszillators II, der mittels einer induktiven Kopplung mit dem Generator I mitschwingt, durch einen Drehkondensator C_{II}

Eine *freie Schwingung* eines elektrischen Oszillators erfolgt mit seiner *Eigenfrequenz* f_{d}, die sich von der *Kennfrequenz* f_0 des Oszillators je nach der Größe der „Dämpfung" (symbolisiert durch den Wirkwiderstand R in Fig. 13.32) unterscheidet. Die Kennfrequenz ist in Gl. (13.61) angegeben: $f_0 = 1/(2\pi\sqrt{LC})$. Die Unterscheidung von Eigen- und Kennfrequenz bei elektrischen Oszillatoren erfolgt an Hand einer analogen Gleichung wie in Abschn. 13.2, Gl. (13.9), und ebenso wie ein mechanischer Schwinger kann auch ein elektrischer Oszillator mit einer beliebigen Frequenz schwingen, wenn ihm diese, etwa durch eine angelegte Wechselspannung, aufgezwungen wird. Analog wie in Abschn. 13.3 diskutiert, gibt es auch bei den elektrischen Schwingkreisen eine *Resonanzfrequenz* f_{r}, bei der der Schwingstrom maximale Amplitude hat (und auch die Spannung am Kondensator maximal ist), und diese Resonanzfrequenz liegt bei kleiner Dämpfung nahe bei der Eigenfrequenz (Abschn. 13.3, Fig. 13.11a und b). Man kann daher elektrische Schwingkreise aufeinander *abstimmen*. Fig. 13.35 zeigt zwei „transformatorgekoppelte" Oszillatoren. Oszillator I sei ein Generator (Sender), s. Fig. 13.34a, er schwinge mit einer festen Frequenz f_{I}. Die Eigenfrequenz f_{II} von Oszillator II läßt sich durch einen Drehkondensator (mit einstellbar variabler Kapazität) verändern. Macht man $f_{\text{II}} = f_{\text{I}}$, so fließt im Oszillator II maximaler Schwingstrom, erkennbar an einem eingeschalteten Strommesser (z. B. Glühlampe), es besteht dann *Resonanz*, der Oszillator II ist auf die Frequenz f_{I} abgestimmt. Resonanz im Oszillator II kann auch erreicht werden, wenn man die Frequenz des Generators (Senders), also f_{I}, auf die festgehaltene Frequenz f_{II} von Oszillator II „abstimmt". Neben der hier besprochenen Abstimmungsweise mittels eines Kondensators gibt es auch die Möglichkeit, die Abstimmung induktiv auszuführen: die Resonanzbedingung für die Frequenzen enthält das Produkt aus Kapazität und Induktivität,

$$f_{\text{I}} = \frac{1}{2\pi\sqrt{L_{\text{I}}C_{\text{I}}}} = f_{\text{II}} = \frac{1}{2\pi\sqrt{L_{\text{II}}C_{\text{II}}}}, \qquad (13.66)$$

es genügt also, nur eine Größe variabel zu gestalten. Kalibrierte Oszillatoren, deren Eigenfrequenz einstellbar ist (Generatoren, Sender), werden zur Frequenzmessung benutzt.

13.7.3 Der elektrisch schwingende Dipol (Dipol-Oszillator)

Nach Gl. (13.61) bestimmen die elektrischen Daten von Kondensator und Spule die Eigenfrequenz des elektrischen Oszillators. Ist etwa $L = 1\,\text{mH}$, $C = 100\,\text{nF}$, so ist $LC = 10^{-3} \cdot 100 \cdot 10^{-9}\,\dfrac{\text{V s}}{\text{A}}\dfrac{\text{A s}}{\text{V}} = 10^{-10}\,\text{s}^2$, also $\omega = 10^5\,\text{s}^{-1}$ und die Kennfrequenz $f_0 = \omega/2\pi = 16\,\text{kHz}$. Eine Verkleinerung der elektrischen Daten führt auf größere Frequenzen: $L = 0{,}1\,\text{mH}$, $C = 100\,\text{pF}$ ergibt $f_0 = 1{,}6\,\text{MHz}$. Bei der Verkleinerung von L und C kommt man von selbst zu immer kleineren Abmessungen der Schaltelemente, schließlich bestehen sie nur noch aus einfachen Drahtstücken und Drahtbügeln, und Oszillatoren und Resonanzkreise bestehen dann nur noch aus einer einzigen Drahtwindung (Fig. 13.36). Wird der in Fig. 13.36 skizzierte Sender in Betrieb genommen, dann leuchtet das Glühlämpchen des Resonanz-Oszillators bei Abstimmung (z.B. Veränderung des Abstandes der Kondensatorplättchen durch Verbiegen des Drahtes) hell auf, man stellt jedoch fest, daß die Resonanz nicht sehr scharf ausgeprägt ist. Es zeigt sich sogar, daß man den Resonanz-Oszillator gemäß Fig. 13.37 vollständig bis zu einem geraden Draht aufbiegen kann, ohne daß sich der Schwingstrom stark ändert, und daß dieser Schwing„kreis" immer noch die Eigenschaften eines Resonanz-Oszillators hat. Die Form von elektrischem und magnetischem Feld ist völlig verändert, und Kondensator und Spule sind nicht mehr als getrennte Schaltelemente erkennbar. Im Draht fließt ein Schwingstrom, zwischen den Enden des Drahtes besteht eine Schwingspannung, das ganze Gebilde ist ein *Dipol* geworden, auf dem eine elektrische Schwingung besteht.

Alle in Abschn. 13.7.2 besprochenen Eigenschaften der elektromagnetischen Schwingung finden wir beim Dipol-Oszillator wieder. Versieht man den Dipol-Oszillator mit

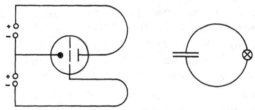

Fig. 13.36 Sender (links) und Anzeige-Oszillator (Detektor, rechts) für Hochfrequenz-(UHF = ultra high frequency) und Höchstfrequenz-(VHF = very high frequency) Schwingungen

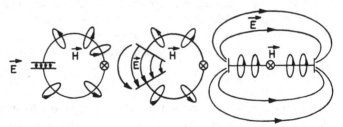

Fig. 13.37 Aufbiegen des Schwing-„Kreises" zum Dipol-Oszillator. Eingezeichnet sind elektrische und magnetische Feldlinien

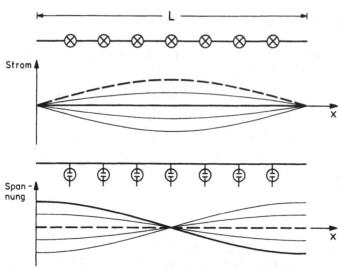

Fig. 13.38 Eigenschwingung des Dipol-Oszillators (Grundschwingung); Strom und Spannung sind zeitlich und örtlich um 90° phasenverschoben: in dem Zeitpunkt, in dem die Stromstärke im ganzen Draht Null ist, hat die Spannung zwischen 2 Festpunkten, z.B. den Enden des Dipols, ihr Maximum

Glühlämpchen zur Stromanzeige und mit Glimmlämpchen zur Spannungsanzeige, Fig. 13.38, so erkennt man am Aufleuchten dieser Anzeigelämpchen eine *Eigenschwingung des Dipol-Oszillators* mit der charakteristischen sinusförmigen Verteilung des Schwingstromes und der Spannung. Die Länge L des Dipols ist etwa gleich der halben Wellenlänge $\lambda/2$ der elektromagnetischen Schwingung.

Im mikroskopischen Bild bewegt sich im Leiter das Elektronengas als Kollektiv mit der Schwingungsfrequenz, bei hohen Frequenzen nehmen allerdings nur die Elektronen einer dünnen Oberflächenschicht des Leiters an der Bewegung teil: die Schwingung dringt immer weniger in den Leiter ein (Skin (= Haut)-Effekt). Die Verschiebungen des Elektronengaskollektivs werden mit wachsender Frequenz immer kleiner, sie haben bei $f = 100$ MHz die Größenordnung Nanometer.

Wie die Beobachtung zeigt, schwingt ein elektrischer Dipol dann in Resonanz zur anregenden Frequenz f_a, wenn seine *Länge* zur *Wellenlänge* der zu f_a gehörigen elektromagnetischen Welle in einem *halbzahligen Verhältnis* steht: $L/\lambda = n/2$, wobei $n = 1$ die Grundschwingung darstellt; $n = 2, 3, \ldots$ ergeben die Oberschwingungen mit entsprechend kürzerer Wellenlänge. Ebenso wie bei anderen Vorgängen mit Wellenausbreitung (Wellen auf Leitungen, akustische Wellen, Wellen auf Saiten, usw.) besteht zwischen Ausbreitungsgeschwindigkeit c, Wellenlänge λ und Frequenz f die Beziehung

$$c = \lambda \cdot f, \tag{13.67}$$

wobei für die elektromagnetischen Schwingungen die Ausbreitungsgeschwindigkeit c gleich der Lichtgeschwindigkeit ist, $c = 3 \cdot 10^8$ m/s. Ist die Länge des Dipols $L = 1,5$ m, dann ist die Wellenlänge der Grundschwingung ($n = 1$) $\lambda = 2 \cdot L = 3$ m, und die Frequenz der Grundschwingung ist $f = 3 \cdot 10^8\,\mathrm{m\,s}^{-1}/3\,\mathrm{m} = 100\,\mathrm{MHz}$. Man würde diese Frequenz auch als Resonanzfrequenz messen, wenn man an den Dipol eine Wechselspannung mit variabler Frequenz legen würde.

13.7.4 Elektromagnetisches Feld der Dipolantenne, elektromagnetische Strahlung

Das elektromagnetische Feld des Dipol-Oszillators breitet sich mit einer bestimmten Phasengeschwindigkeit in den Raum aus. Es war eine wesentliche Erkenntnis über die elektromagnetischen Felder, daß es zur Ausbreitung keines Mediums, keines „Äthers" bedarf. Im Vakuum (und praktisch auch in Luft) ist die Ausbreitungsgeschwindigkeit die *Lichtgeschwindigkeit*. In Fig. 13.39 sind einige Momentanbilder von Feldkonfigurationen zu wachsenden Zeiten aufgezeichnet. Man muß sich diese Konfigurationen rotationssymmetrisch um die Dipolachse vorstellen. Am Anfang besteht eine einfache Ladungstrennung (der Kondensator ist aufgeladen), das Feld ist ein reines elektrisches Dipolfeld (Fig. 7.9). Beginnt die Schwingung, dann bewegen sich die negativen Ladungen (Elektronen) zum positiv geladenen Ende, es entsteht ein entgegengesetzt zur Elektronenbewegung gerichteter Strom in *einer* Richtung, also auch ein Magnetfeld H mit ringförmig geschlossenen Feldlinien (Fig. 9.40). Das zusammenbrechende Magnetfeld hält den noch in der ursprünglichen Richtung fließenden Strom im Dipol aufrecht und bewirkt eine Aufladung mit umgekehrter Polarität wie am Anfang: in der Nähe des Dipols besteht nach der halben Schwingungszeit $t = T/2$ ein elektrisches Feld umgekehrter Richtung wie am Anfang. Es schließt sich eine neue Halbschwingung an usw. Wesentlich ist dabei dieses: nach $1/4$, $3/4$, ... der Schwingungsdauer T ist die Ladungstrennung auf dem Dipol immer verschwunden (es fließt dann maximaler Schwingstrom), also müßten auch die elektrischen Felder verschwunden sein; das ist aber nicht möglich, weil die Felder sich ja zunächst mit einer endlichen Geschwindigkeit vom Dipol ausgebreitet haben und die gleiche Zeit nötig wäre zum Wiederverschwinden. Daher muß sich das elektrische – schließlich das elektromagnetische – Feld von der Dipolantenne ablösen und als selbständiges Gebilde in den Raum hinauseilen. Das gilt auch für die magnetischen Feldkonfigurationen, so daß sich elektrisches und magnetisches Feld miteinander gekoppelt ausbreiten.

In großer Entfernung vom Dipol-Oszillator hat das elektromagnetische Feld eine einfache Struktur. Fig. 13.40 enthält eine Skizze. Die elektrische und die magnetische Feldstärke stehen beide senkrecht auf der Ausbreitungsrichtung, und sie sind beide

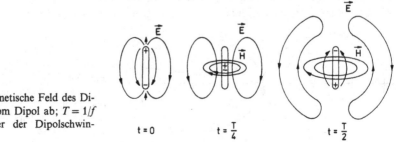

Fig. 13.39
Das elektromagnetische Feld des Dipols löst sich vom Dipol ab; $T = 1/f$ = Periodendauer der Dipolschwingung

$t = 0$ $t = \dfrac{T}{4}$ $t = \dfrac{T}{2}$

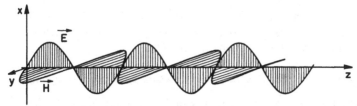

Fig. 13.40   Momentanbild des elektrischen und magnetischen Feldes eines Dipols (Dipolrichtung = x-Richtung) weit ab vom Dipol (sog. Fernzone). Die zu x bzw. y parallelen Geradenstücke unter den Sinuskurven stellen die Momentanwerte des elektrischen und magnetischen Wechselfeldes in einem Zeitpunkt t dar. Zum Zeitpunkt $t + \Delta t$ hat sich das ganze Bild um die Strecke $\Delta z = c \cdot \Delta t$ verschoben. E und H schwingen in Phase, transversal und immer in der gleichen Richtung (x bzw. y), die Welle ist linear polarisiert

gleichphasig (was in der Nähe des Dipols nicht stimmt), und außerdem stehen sie auch noch senkrecht aufeinander. Beide Feldvektoren schwingen senkrecht zur Ausbreitungsrichtung, die elektromagnetische Welle ist eine *Transversalwelle* (die Schallwellen in Luft waren dagegen Longitudinalwellen). Da die Feldvektoren an jedem Punkt dauernd in der gleichen Ebene schwingen, so ist die Welle *polarisiert*.

Die *Intensität der elektromagnetischen Welle* ist ebenso wie bei anderen Wellen durch ihre *Energiestromdichte* definiert (vgl. Abschn. 13.6.4), und sie ist hier durch den *Poynting-Vektor* gegeben,

$$S = EH, \qquad \vec{S} = \vec{E} \times \vec{H}, \qquad\qquad (13.68)$$

wobei die vektorielle Formulierung besagt: die Energiestromdichte ist ein Vektor, der mit E und H im Sinne der Rechtsschraubenregel verknüpft ist (Gl. (3.29)). Wie aus Gl. (13.68) hervorgeht, ist die SI-*Einheit der Intensität* $[S] = \text{V/m} \cdot \text{A/m} = \text{W m}^{-2}$. Eine Welle, mit welcher Energie transportiert wird, ist eine Strahlung (vgl. die Schallstrahlung, Abschn. 13.6.4), hier die *elektromagnetische Strahlung*, die von der Dipolantenne abgegeben wird. Die Berechnung des Poynting-Vektors und die Auftragung von S als Funktion der Strahlungsemissionsrichtung ϑ ergibt das um die Dipolachse rotationssymmetrische, torus-ähnliche Diagramm Fig. 13.41. Das Diagramm zeigt, daß ein Dipol-Oszillator in seiner Achse, also in Richtung der Elektronenbewegung keine Energie abstrahlt. Die maximale Strahlungsemission erfolgt senkrecht zur Dipolachse, also zur Elektronenbewegung. Man beachte: Voraussetzung für eine solche Abstrahlung ist, daß die Bewegung der Ladungsträger *nicht* mit konstanter Geschwindigkeit erfolgt, sondern daß die Träger beschleunigt sind, also z. B. ein Wechselstrom besteht. Ein Gleichstrom (konstante Elektronengeschwindigkeit) erzeugt lediglich ein zeitlich konstantes Magnetfeld.

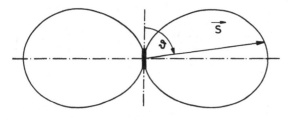

Fig. 13.41
Die Energiestromdichte (Intensität) $\vec{S}$ des Dipol-Oszillators ist rotationssymmetrisch um die Dipolachse und abhängig vom Winkel ϑ

13.7.5 Der menschliche Körper im elektromagnetischen Feld

13.7.5.1 Physikalische Grundlagen Die Wirkungen von *Gleichstrom* und *niederfrequentem Wechselstrom* wurden in Abschn. 9.2.2 besprochen: diagnostisch und therapeutisch handelt es sich dort um eine Reizwirkung auf Nerven. *Hochfrequenter Wechselstrom* der Frequenz $f > 0{,}3$ MHz hat eine Periodendauer, die weit unterhalb der Reaktionszeiten der Nerven liegt, seine Wirkung ist eine (reizlose) *Erwärmung* (Joulesche Wärme, Abschn. 9.2.4.4). Ihre Erzeugung erfolgt in der Weise, daß durch das hochfrequente elektrische Wechselfeld Teilchen in der Materie bewegt werden und dabei Reibung wirksam wird. Die Teilchen sind *erstens* die geladenen Ionen (Na^+, K^+, Cl^-, ...) in der Zelle, im Interzellularraum oder auch in den Flüssigkeitsströmen des Körpers, ebenso die dort vorhandenen größeren Molekül-Ionen und mit Ladung versehenen zellularen und sub-zellularen Bestandteile. *Zweitens* handelt es sich um die Bestandteile mit permanentem elektrischem Dipolmoment (auch der im ganzen Körper vorhandenen Wasser-Moleküle): auf sie wird im elektrischen Feld ein Drehmoment ausgeübt (Gl. (11.4)), die Moleküle drehen sich und bei dieser Drehung wird ein Reibungsmoment wirksam. Die Reibungskraft bzw. das Reibungsmoment führt dazu, daß das Ion bzw. das Molekül mit Dipolmoment zwar eine mechanische Schwingungsbewegung (sehr kleiner Amplitude) hin und her bzw. drehend mit der Frequenz des elektrischen Wechselfeldes ausführt, jedoch besteht wegen der Reibung eine Phasenverschiebung zwischen dem Wechselfeld und der Bewegung, so daß letztlich auch eine Phasenverschiebung zwischen Stromdichte und Feldstärke besteht, die für die Joulesche Wärme bestimmend ist.

Die Wirkung der Reibung (dynamische Viskosität) kann man durch eine *Relaxationszeit* τ kennzeichnen: würde man ein Gleichfeld einschalten, dann würde es wegen der Reibung die Zeit τ dauern, bis ein Teilchen die durch das Feld vorgeschriebene Bewegung ausgeführt hat (bei einem Ion bis es konstante Geschwindigkeit angenommen hat, bei einem Dipol bis er sich ins Feld eingestellt hat). Für die Wirkung eines elektrischen Wechselfeldes der Frequenz f, also der Periodendauer $T = 1/f$ kommt es nun darauf an, ob die Teilchen „mitkommen", also $T \gg \tau$ ist, oder ob sie nicht mitkommen, d.h. $T \ll \tau$ ist, und ein wichtiger „Umschlagsbereich" der Wirkung wird dort sein, wo $T \approx \tau$, oder genauer $2\pi f \cdot \tau = \omega \cdot \tau = 1$ ist.

Wir besprechen zunächst die *Ionenbewegung*. Die Relaxationszeit der *leichten Ionen* liegt in der Größenordnung $\tau_i = 10^{-12}$ bis 10^{-13} s, d.h. die kritische Frequenz liegt bei

$$f = \frac{1}{2\pi} \frac{1}{\tau_i} = 320 \text{ GHz}.$$ Bis zu den höchsten heute verwendeten Hochfrequenzfeldern für medizinische Zwecke mit einer Frequenz von 3 GHz muß man also davon ausgehen, daß die Ionen „mitkommen", und damit ist die elektrische Leitfähigkeit σ noch frequenzunabhängig und gleich dem Gleichstromwert σ_0. Es folgt dann, daß die lokale Wärmeleistungsdichte ($=$ elektrische Leistungsdichte) im zeitlichen Mittel (gemittelt über die Schwingungsperiode), vgl. Gl. (9.100), (9.155) u. Abschn. 10.3,

$$\dot{Q}_V = \bar{P}_V = j_{\text{eff}} \cdot E_{\text{eff}} = \sigma_0 E_{\text{eff}}^2 \tag{13.69}$$

ist, wobei der Index „eff" den Effektivwert der Wechselstromdichte bzw. der Wechsel-feldstärke kennzeichnet (vgl. Gl. (9.155) für Gleichstrom). Die Relaxationszeiten der *schweren Moleküle* sind wesentlich größer, so daß tatsächlich die Leitfähigkeit des organischen Gewebes mit wachsender Frequenz stetig sinkt: in Gl. (13.69) ist das frequenzabhängige σ einzusetzen.

Bei den *Dipolmolekülen* (z. B. Wassermoleküle in Wasser) liegen die Dinge etwas anders. Hier beschreibt man zunächst, weil der Stoff nichtleitend sein soll, die Wechsel-stromverhältnisse durch eine frequenzabhängige Dielektrizitätskonstante (DK, Abschn. 11.1). Das Nachhinken der Dipolmomente kann wieder mittels einer Relaxationszeit τ_d beschrieben werden, und es führt dazu, daß die DK „komplex" wird: man muß zwei Größen ε' (Realteil) und ε'' (Imaginärteil) anstelle einer Größe ε einführen. Beide Anteile sind selbst frequenzabhängig und ihr Verhältnis $\varepsilon''/\varepsilon'$ bestimmt hier die Phasenverschiebung zwischen elektrischer Feldstärke und der aus der Dipolbewegung folgenden Stromdichte. In Fig. 11.3 wurde der Verlauf von ε' und ε'' als Funktion der Frequenz aufgezeichnet. Etwas besonderes (Abfall von ε', Verlauf von ε'' durch ein Maximum hindurch) tritt nur in der Umgebung von $2\pi f\tau_d = 1$ auf. Das ist für $f = 18,2$ GHz der Fall, und daraus folgt hier die Relaxationszeit $\tau_d \approx 1 \cdot 10^{-11}$ s, sie ist um ein bis zwei Zehnerpotenzen größer als bei der Ionenleitung. Man wird also die Dipolrelaxation berücksichtigen müssen, wenn die Frequenz im angegebenen Bereich liegt.

Man kann nun beide Erwärmungsvorgänge in einem einzigen Ausdruck für die Wärmeleistungsdichte zusammenfassen:

$$\dot{Q}_V = \bar{P}_V = \varepsilon_0\, \varepsilon''\, 2\pi f E_{\text{eff}}^2 + \sigma_0\, E_{\text{eff}}^2, \tag{13.70}$$

oder auch

$$\dot{Q}_V = \bar{P}_V = \varepsilon_0\, \varepsilon'\, 2\pi f \cdot \tan\varphi \cdot E_{\text{eff}}^2, \tag{13.71}$$

wobei man φ den „Verlustwinkel" nennt, für den

$$\tan\varphi = \frac{\varepsilon''}{\varepsilon'} + \frac{\sigma_0}{\varepsilon'\, \varepsilon_0\, 2\pi f} \tag{13.72}$$

gilt. Im Bereich niedriger Frequenzen (bis etwa $f = 3$ GHz) kann die Größe $\varepsilon''/\varepsilon'$ bei Wasser vernachlässigt werden, der „Verlust", der hier der Gewinn an Joulescher Wärme ist, ist dann allein durch den Leitungsstrom verursacht, $\dot{Q}_V$ ist gleich dem Ausdruck Gl. (13.69). – Für das organische Gewebe findet man, daß sowohl ε'' als auch ε', Gl. (13.70) und (13.71), frequenzabhängig sind. Dies gilt auch für Frequenzen $f < 3$ GHz, und auch die elektrische Leitfähigkeit σ ist frequenzabhängig. Man muß demnach in Gl. (13.72) und (13.71) für jede Frequenz die zugehörigen Werte von σ sowie ε' und ε'' einsetzen. Vgl. auch Abschn. 9.2.4.4 und 9.5.2.

13.7.5.2 Einige Arten der Hochfrequenz-Wärme-Behandlung. a) Bei der *Diathermie* werden Frequenzen im Bereich $f = 0,3$ bis 1 MHz verwendet. Das entspricht Wellenlängen $\lambda = c/f = 1000$ bis 300 m; sie sind sehr groß, verglichen mit den Ab-messungen des menschlichen Körpers, und daher spielt die Wellennatur der elektro-magnetischen Strahlung keine Rolle. Bei der Diathermie werden zwei blanke Metall-

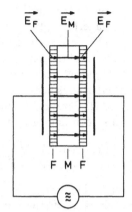

Fig. 13.42
Geschichtetes biologisches Gewebe bei der Bestrahlung mittels der Kondensatorfeldmethode
F Fettschicht (Unterhautzellgewebe), M Muskelgewebe

kontakte auf den zu behandelnden Körper aufgelegt und es wird eine bestimmte Wechselstromstärke eingestellt. Das Schema entspricht Fig. 13.42, jedoch mit aufliegenden Elektroden. Speziell diese Anordnung führt zu einer homogenen elektrischen Stromdichte j. Die Wärmeleistungsdichte im Gewebe diskutieren wir an Hand der Umschreibung von Gl. (13.69),

$$\dot{Q}_V = \sigma E_{\text{eff}}^2 = \varrho\, j_{\text{eff}}^2, \tag{13.73}$$

wobei $\varrho = 1/\sigma$ die Resistivität des Gewebes ist. Diese ist für verschiedene Gewebearten durchaus verschieden (Tab. 9.3), z. B. ist für das stark durchblutete Muskelgewebe $\varrho = 2,0\,\Omega\text{m}$, dagegen für Fettgewebe $\varrho = 33\,\Omega\text{m}$. Es wird daher das Unterhautfettgewebe bei den blanken, aufliegenden Elektroden besonders stark erwärmt mit der Gefahr der Verbrennung. Sind innere Organe von Fettschichten umgeben, so werden sie relativ wenig erwärmt, weil der Strom bevorzugt durch das äußere Muskelgewebe fließt, das um die Fettschicht herum besteht.

b) *Kurzwelle* heißt die Hochfrequenzbehandlung bei höheren Frequenzen im Bereich $f = 10$ bis $300\,\text{MHz}$, d.h. Wellenlängen $\lambda = 30$ bis $1\,\text{m}$.

Auch hier spielt der Wellencharakter der Strahlung noch keine Rolle. Es werden zwei Methoden angewandt, bei denen der elektrische bzw. der magnetische Feldanteil für die Auslösung der Hochfrequenzerwärmung verantwortlich ist: die Kondensatorfeld- und die Spulenfeldmethode.

Für die *Kondensatorfeldmethode* enthält Fig. 13.42 eine Anwendungsskizze. Die Elektroden sind vollständig von Isoliermaterial umschlossen, der Abstand vom Körper wird durch isolierende Distanzstücke fixiert. Zwar ist die Frequenz des elektrischen Feldes wesentlich höher als bei der Diathermie, aber sie ist noch nicht so hoch, daß die dielektrischen Verluste, verursacht durch die Relaxation der Wassermoleküle, von Bedeutung wären. Die Ionenbewegung verursacht vielmehr die Erzeugung Joulescher Wärme (Gl. (13.69)). Für die Anwendung ist das in Fig. 13.42 gezeichnete geschichtete „Dielektrikum" das charakteristische Beispiel. Das elektrische Wechselfeld ist horizontal orientiert, die elektrischen Feldlinien verlaufen senkrecht zu den Grenzflächen von Fett- und Muskelgewebe, und wegen der großen

Wellenlänge schwingt die elektrische Feldstärke an allen Punkten des Dielektrikums gleichphasig. Die vorgelagerten Luftschichten verringern einerseits die Gefahr von Hautverbrennungen, andererseits erfordern sie eine höhere Betriebsspannung (daher die gute Isolierung der Elektroden) und eine höhere Betriebsfrequenz als bei Diathermie, um ausreichende elektrische Feldstärke im Gewebe zu erreichen. Für das Verhältnis von Wärmeleistungsdichte im „Fettgewebe" und im „Muskelgewebe" ergibt ein einfaches Modell (Parallelschaltung von Wirkwiderstand und Kondensator sowohl für das Fett- als auch das Muskelgewebe) den Ausdruck

$$\frac{\dot{Q}_V(\text{Fett})}{\dot{Q}_V(\text{Muskel})} = \frac{\sigma_F}{\sigma_M} \cdot \frac{\sigma_M^2 + (2\pi f)^2 \, \varepsilon_M^2 \, \varepsilon_0^2}{\sigma_F^2 + (2\pi f)^2 \, \varepsilon_F^2 \, \varepsilon_0^2}, \tag{13.74}$$

wobei σ_F, σ_M die Leitfähigkeiten des Fett- und des Muskelgewebes, ε_F, ε_M die entsprechenden Dielektrizitätskonstanten sind. Die Anteile der Wärmeleistungsdichten verschieben sich mit wachsender Frequenz f in der Regel zugunsten der Erwärmung des Muskelgewebes. Während Gl. (13.74) bei der Frequenz $f = 10\,\text{MHz}$ wegen des vernachlässigbaren additiven *Frequenzterms* im Zähler und Nenner auf

$$\frac{\dot{Q}_V(\text{Fett})}{\dot{Q}_V(\text{Muskel})}\bigg|_{f=10\,\text{MHz}} = \frac{\sigma_M}{\sigma_F} \approx \frac{0.5\,\Omega^{-1}\,\text{m}^{-1}}{0.03\,\Omega^{-1}\,\text{m}^{-1}} = 16.7 \tag{13.75a}$$

führt (bevorzugte, unerwünschte Erwärmung des Fettgewebes wie bei der Diathermie), erhält man bei der Frequenz $f = 300\,\text{MHz}$

$$\frac{\dot{Q}_V(\text{Fett})}{\dot{Q}_V(\text{Muskel})}\bigg|_{f=300\,\text{MHz}} = \frac{\varepsilon_M^2}{\varepsilon_F^2}\frac{\sigma_F}{\sigma_M} \approx \frac{70^2 \cdot 0.03\,\Omega^{-1}\,\text{m}^{-1}}{20^2 \cdot 0.5\,\Omega^{-1}\,\text{m}^{-1}} = 0.735, \tag{13.75b}$$

weil bei höheren Frequenzen der additive *Leitfähigkeitsterm* vernachlässigt werden kann. Mit wachsender Frequenz wird die Tiefenwirkung verbessert. – Es macht sich hier bemerkbar, daß mit wachsender Frequenz das Verhältnis der elektrischen Feldstärken immer genauer durch $\varepsilon_F \cdot E_F = \varepsilon_M \cdot E_M$ bestimmt, also $E_F : E_M = \varepsilon_M : \varepsilon_F$ ist, während es bei niedrigen Frequenzen aus den Leitfähigkeiten folgt, $E_F : E_M = \sigma_M : \sigma_F$. In der Wirklichkeit bestehen bei Kurzwelle weder die durch Gl. (13.75a) noch die durch Gl. (13.75b) beschriebenen „reinen" Verhältnisse.

Bei der *Spulenfeldmethode* wird um den zu erwärmenden Körperteil (Arm, Bein) eine Spule gebracht. Das magnetische Wechselfeld ist aber nicht primär für die Erwärmung verantwortlich, sondern das durch Induktion entstehende elektrische Wirbelfeld, das zu den Wirbelstrom-„Verlusten" führt (Abschn. 10.6). Die Feldstärke des elektrischen Wirbelfeldes folgt aus der Änderungsgeschwindigkeit des magnetischen Flusses (Gl. (10.2)). Wird der zeitlich sinusförmige magnetische Fluß aber nach der Zeit differenziert, dann tritt als Faktor die Frequenz f auf, d.h. die elektrische Wirbelfeldstärke ist proportional zur Betriebsfrequenz. Nach Gl. (13.69) ist die Wärmeleistungsdichte proportional zum Quadrat der elektrischen Feldstärke, sie ist also hier proportional zum Quadrat der Betriebsfrequenz: man hat neben der Auswahl der effektiven Feldstärke auch noch die Möglichkeit, eine besonders geeignete Frequenz zur Erhöhung oder Verminderung der Erwärmung auszusuchen.

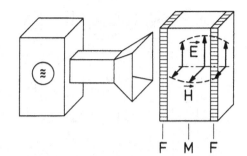

Fig. 13.43
Geschichtetes biologisches Gewebe im Mikro-
wellen-Strahlungsfeld

c) Seit einiger Zeit gibt es leistungsfähige Generatoren für *Höchstfrequenzen* (Mikrowellen) mit $f = 300$ bis $3000\,\mathrm{MHz}$ (Wellenlänge $\lambda = 1$ bis $0{,}1\,\mathrm{m}$). Fig. 13.43 enthält eine Prinzipskizze für die Anwendung. Der Sender strahlt mittels einer „Horn"-Antenne (Anpassung des Wellenwiderstandes) ein ebenes elektromagnetisches Feld auf den Körper ein, für den der gleiche Schichtaufbau angenommen wurde wie bei der Kurzwelle (Fig. 13.42). Die Struktur des elektromagnetischen Feldes entspricht Fig. 13.43, das Feld ist also grundsätzlich anders beschaffen als das Feld bei der Kondensatorfeldmethode: der Vektor des elektrischen Feldes (und auch des magnetischen Feldes) liegt parallel zur Grenzfläche der verschiedenen Gewebsschichten, außerdem schwingen wegen der kürzeren Wellenlänge nicht alle Punkte im bestrahlten Körper gleichphasig. In diesem Fall gilt für die elektrische Feldstärke, daß sie ungeändert durch die Grenzflächen hindurchgeht, es ist also hier $E_F = E_M$. Die Benützung von Gl. (13.69) oder Gl. (13.75 b) (ohne den Ausdruck $\varepsilon_M^2/\varepsilon_F^2$) führt dann auf

$$\frac{\dot{Q}_V(\text{Fett})}{\dot{Q}_V(\text{Muskel})} = \frac{\sigma_F}{\sigma_M} \approx \frac{0{,}03\,\Omega^{-1}\mathrm{m}^{-1}}{0{,}5\,\Omega^{-1}\mathrm{m}^{-1}} = 0{,}06, \tag{13.76}$$

d.h. die Erwärmung des Muskelgewebes ist nochmals deutlich verbessert. Nachteilig ist aber die geringe Eindringtiefe, s. Abschn. 13.7.6. – Es ist noch anzumerken, daß die gefundenen Zahlenwerte Abschätzungen darstellen, weil wir die Frequenzabhängigkeit der Leitfähigkeiten nicht berücksichtigt haben. Die Ergebnisse entsprechen aber der Erfahrung.

13.7.6 Strahlungsschwächung, Eindringtiefe

Jede elektromagnetische Strahlung, die in einem Stoff zu Erwärmung führt, wird dadurch *geschwächt*, d.h. die Energiestromdichte, also die Intensität nimmt als Funktion der durchquerten Dicke x der Materieschicht ab. Man zeigt, daß die Änderung der Intensität bei kleiner durchquerter Schichtdicke Δx proportional zu dieser und auch proportional zur eindringenden Intensität I ist, also

$$\Delta I = -\mu I \Delta x. \tag{13.77}$$

Die Größe μ bezeichnet man als *Schwächungskoeffizient*; er hängt von der Stoffart und von der Frequenz der Strahlung ab. Eine völlig analoge Gesetzmäßigkeit gilt auch für

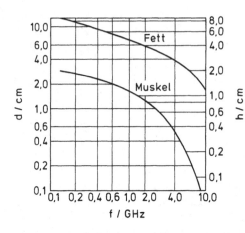

Fig. 13.44
Eindringtiefe d von elektromagnetischer Strahlung
in biologisches Gewebe; h Halbwertsdicke

die Schallstrahlung. Aus Gl. (13.77) folgt für die nach Passieren der Schichtdicke x übrig gebliebene Intensität

$$I = I_0\, e^{-\mu x} = I_0\, e^{-x/d} \qquad (13.78)$$

(vgl. Gl. (13.36)). Man nennt $d = 1/\mu$ die *Eindringtiefe* der Strahlung: nach Passieren der Schicht der Dicke $x = d$ ist die Intensität nur noch $e^{-1} = \dfrac{1}{e} = 0{,}368 = 36{,}8\,\%$ der Anfangsintensität, $I(d) = \dfrac{1}{e}\, I_0$. Fig. 13.44 enthält eine Graphik, aus der hervorgeht, daß die Eindringtiefe d mit wachsender Frequenz der Strahlung rasch absinkt, so daß mit wachsender Frequenz die Wärmeerzeugung immer stärker auf hautnahe Schichten beschränkt wird. Für verschiedene Anwendungen muß man daher Geräte mit verschiedenen Betriebsfrequenzen zur Verfügung haben. – Fig. 13.44 enthält noch eine weitere Ordinatenskala, die manchmal aus praktischen Gesichtspunkten bevorzugt wird: anstelle der Eindringtiefe d gibt man die *Halbwertsdicke* h an; das ist diejenige Schichtdicke $x = h$, bei welcher die Intensität auf die Hälfte geschwächt ist, $I(h) = I_0/2$. Es gilt der Zusammenhang $h = 0{,}693 \cdot d = 0{,}693/\mu$ (vgl. Gl. (13.40)).

14   Optik

Von Heinrich Hertz wurde 1887/88 gezeigt, daß die elektromagnetische Strahlung einer Dipolantenne die gleichen Eigenschaften wie die Strahlung hat, die wir mit dem Auge „sehen": Lichtstrahlung ist elektromagnetische Strahlung. Elektromagnetische Wellen sind uns damit in einem riesigen Wellenlängen- bzw. Frequenzbereich bekannt (Fig. 14.1): von den Radiowellen über das sichtbare Licht bis zur Röntgen- und Gammastrahlung. Wellenlänge λ und Frequenz f sind mit der Lichtgeschwindigkeit c durch Gl. (13.67), $c = \lambda \cdot f$, verknüpft. Wegen der physikalischen Gleichheit von Licht und elektromagnetischer Strahlung könnte man darauf verzichten, die Lehre vom Licht, die Optik, besonders darzulegen. Da der Mensch ein eigenes Sinnesorgan für Licht besitzt und die Vielfalt des Erlebens wesentlich auch durch den Lichtsinn vermittelt wird, gehen wir den umgekehrten Weg und behandeln anstelle der elektromagnetischen Strahlung das Licht als *das* wesentliche Beispiel. Ein großer Teil der Optik kann ohne Rückgriff auf die Wellennatur des Lichtes verstanden werden, man spricht dann von *Strahlen-* oder *geometrischer Optik*. In der *physikalischen Optik* werden die Vorgänge und Beobachtungen mittels der Wellennatur erklärt, und es gibt Phänomene, die nur so erklärt werden können.

14.1 Lichtquellen, Lichtgeschwindigkeit

Als Lichtquellen haben wir in Abschn. 9.3.7.3 verschiedene Arten von Gasentladungen kennengelernt. Zu den Lichtquellen gehören auch hocherhitzte feste Stoffe, z.B. der Glühdraht in der Glühlampe. Schließlich ist auch die Röntgen-Röhre im Betrieb eine Röntgen-Lampe, die elektromagnetische Strahlung emittiert. Die Farbe der Strahlung (die *Farbe des Lichtes*) wird durch die *Frequenz* der Strahlung bestimmt. Selten sind Lampen so beschaffen, daß sie nur eine Frequenz emittieren. Praktisch nur eine Frequenz emittiert die Niederdruck-Natrium-Lampe; das Spektrum einer Hg-Lampe enthält Fig. 9.74, vgl. auch Abschn. 15.1.2. Der Farbeindruck, den das Auge vermittelt, hängt vom Frequenzspektrum der Lampe ab. Eine besonders einfache Strahlungs-quelle ist der elektrische Dipol (Abschn. 13.7.4), und er ist ein gutes Modell für alle anderen Lichtquellen. Allerdings muß das Modell dahingehend erweitert werden, daß alle *natürlichen Lichtquellen* eine Vielzahl von *atomaren Dipolen* enthalten, die *regellos orientiert* sind. So kommt es, daß das elektromagnetische Feld der Lichtquelle nicht die einfache Struktur desjenigen des Dipols, entsprechend Fig. 13.40, hat. Es bleibt jedoch

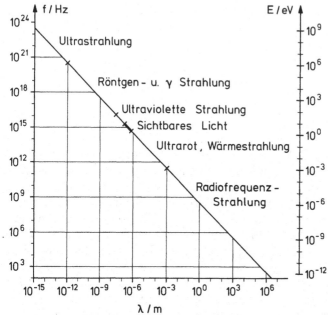

Fig. 14.1 Zusammenhang von Frequenz und Wellenlänge bei der elektromagnetischen Strahlung. Rechte Ordinate: Energie $E = h \cdot f$ eines Quants ($h = 6{,}626 \cdot 10^{-34}$ J s $= 4{,}14 \cdot 10^{-15}$ eV s)

bei der *Transversalität* der Lichtwelle: elektrischer und magnetischer Feldvektor schwingen immer senkrecht zur Ausbreitungsrichtung. Zeichnet man die zeitliche Abfolge des elektrischen Feldvektors an irgendeinem Ort im Raum in einem Querschnitt zur Ausbreitungsrichtung auf, so erhält man ein Bild, das Fig. 14.2a ähnelt: der elektrische Feldvektor ändert seine Orientierung und Länge regellos. Durch besondere Maßnahmen, die noch zu besprechen sind, kann man *Licht polarisieren*. In Fig. 14.2b ist linear polarisiertes Licht, in Fig. 14.2c zirkular polarisiertes Licht dargestellt (vgl. Abschn. 14.4.6).

In der sich ausbreitenden Lichtwelle wird elektromagnetische Strahlungsenergie transportiert, gemessen durch den zeitlichen Mittelwert des Vektors $S = E \cdot H$

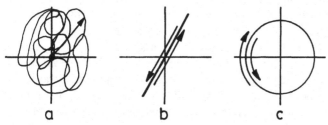

Fig. 14.2 Bild des zeitlichen Verlaufs des elektrischen Feldvektors in der Ebene senkrecht zur Ausbreitungsrichtung
a) unpolarisiert, b) linear polarisiert, c) zirkular polarisiert

(Gl. (13.68)). Dies ist die *Energiestromdichte* (Einheit Watt/Meterquadrat $= W\,m^{-2}$), die der exakte Ausdruck für die *Lichtintensität* ist. Aus Anlaß der Besprechung der Photoemission von Elektronen aus festen Stoffen bei Bestrahlung mit Licht (Abschn. 9.3.6.2) haben wir schon darauf hingewiesen, daß zur Erklärung die Einsteinsche Vorstellung zu Hilfe zu nehmen ist: Licht erweist sich neben einer elektromagnetischen Welle hier als ein Strom von *Lichtquanten*, deren jedes die Energie $E = h \cdot f$ hat, wobei h die *Planck-Konstante* ist. Die Lichtintensität ist dann auch ausdrückbar durch $I = \dot{N} h f$, wobei $\dot{N}$ die *Quantenstromdichte* ist (Anzahl der Quanten, die in 1 s die Fläche $1\,m^2$ durchqueren). Fig. 14.1 enthält an der rechten Ordinate eine Skala, aus der die Energie eines Quants abgelesen werden kann. Sichtbares Licht stellt Licht der Quantenenergie einiger eV dar, im Bereich der Gamma- und Ultrastrahlung steigt die Quantenenergie auf den Bereich GeV an und wird als *energiereiche Strahlung* bezeichnet (Abschn. 15). Im Bereich der sichtbaren Strahlung paßt die Quantenenergie zu den chemischen Reaktionsenergien. Die Lichtempfindung beginnt in der Netzhaut des Auges mit chemischen Umsetzungen, die dem Gehirn signalisiert werden und die Lichtempfindung auslösen.

Die auffallendste Erscheinung der Lichtausbreitung ist ihre ungeheure Geschwindigkeit. Scheinbar breitet sich Licht momentan aus. Es war daher eine der großen Leistungen der Astronomie, als es Olaf Römer 1676 gelang, aus der Verschiebung der Verfinsterungszeiten von Jupitermonden den Wert $c = 2,14 \cdot 10^8\,m\,s^{-1}$ zu ermitteln. Der heutige Wert ist exakt $c = 299\,792\,458\,m/s$ (Abschn. 2.1). Die Abweichung des Römerschen Wertes ist zwar groß, aber darauf kommt es nicht an: er zeigte, daß die Lichtgeschwindigkeit zwar groß, aber nicht unendlich groß ist. In der speziellen Relativitätstheorie von Einstein wird schließlich angenommen, daß die Lichtgeschwindigkeit eine fundamentale Naturkonstante ist: sie stellt die universelle, maximal mögliche Geschwindigkeit materieller Körper dar.

14.2 Strahlenoptik

14.2.1 Lichtstrahlen

Lichtstrahlen sind eine Abstraktion. Fig. 14.3 enthält die Darstellung eines *Lichtbündels*, das durch die Öffnung eines Gehäuses austritt, das eine Lampe enthält. Im Lichtbündel besteht ein Energiestrom, gegeben durch Energiestromdichte mal Querschnitt des Lichtbündels. Verengt man durch eine Blende den Querschnitt immer weiter, dann erhält man schmalere Lichtbündel, die eine immer bessere Annäherung an einen Lichtstrahl darstellen: ein Lichtstrahl hat den Querschnitt Null, in ihm besteht kein Energiestrom. Lichtstrahlen kann man zwar als Konstruktionshilfsmittel benützen, den Weg des Energietransportes aber muß man sich besonders überlegen. Das in Fig. 14.3 aus der Lampe austretende Lichtbündel hat den Öffnungswinkel = Raumwinkel (Abschn. 2.5) $\Delta\Omega$. Der Lichtstrahl hat den Öffnungswinkel $\Delta\Omega = 0$.

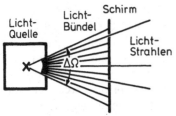
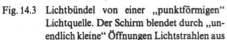
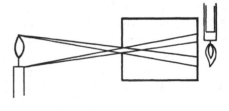

Fig. 14.3 Lichtbündel von einer „punktförmigen"
Lichtquelle. Der Schirm blendet durch „unendlich kleine" Öffnungen Lichtstrahlen aus

Fig. 14.4 Lochkamera

Von der *geradlinigen Ausbreitung des Lichtes* in homogenen Medien wird bei der *Lochkamera* Gebrauch gemacht (Fig. 14.4). Das „Bild" ist umso schärfer, je enger die Eintrittsöffnung der Kamera gewählt wird, es ist dann aber auch umso intensitäts-ärmer. Der Fortschritt der modernen Kamera gegenüber der Lochkamera besteht darin, daß die Öffnung wegen der Verwendung von Linsen bei Aufrechterhaltung der Bildschärfe wesentlich größer sein kann als bei der Lochkamera. – Fig. 14.5 enthält von einer primitiven Tintenfischart (Nautilus) eine Querschnittzeichnung durch das Auge, das als Lochkamera arbeitet. Es ist mit dem Meereswasser der Umgebung gefüllt und besitzt keine Linse.

14.2.2 Reflexionsgesetz, Spiegel

a) *Reflexionsgesetz.* Eine ebene, polierte Metallfläche *reflektiert* Licht *regulär.* Der einfallende Lichtstrahl, das Lot auf die Auftrefffläche und der ausfallende Strahl (Fig. 14.6) liegen in *einer* Ebene. Es gilt das *Reflexionsgesetz*

Einfallswinkel = Ausfallswinkel, $\alpha = \alpha'$.   (14.1)

Man beachte: *Winkel* werden immer *vom Lot zum Strahl* gemessen. Hat man gekrümmte Flächen, dann gilt das Reflexionsgesetz in jedem Punkt der Fläche, das Lot steht senkrecht auf der Tangentialebene. – Ist die Spiegelfläche rauh, dann erscheint die *Reflexion diffus.* Man kann sie sich noch in sehr kleinen, regellos orientierten Flächenelementen als regulär vorstellen.

Ein *ebener Spiegel* entwirft von einem Gegenstand ein vollkommen fehlerfreies Bild. Fig. 14.7 enthält eine illustrierende Skizze. Die von einem Punkt des Gegenstandes als

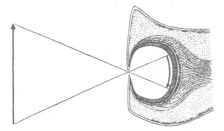

Fig. 14.5 Das Lochkamera-Auge einer Tintenfischart (Nautilus)

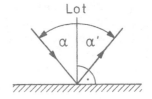

Fig. 14.6 Zum Reflexionsgesetz

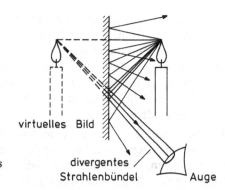

virtuelles Bild

Fig. 14.7
Ein ebener Spiegel entwirft ein virtuelles, aufrechtes   divergentes
„Bild" von gleicher Größe wie der „Gegenstand"   Strahlenbündel   Auge

Lichtquelle ausgehenden Strahlen eines Lichtbündels werden an der Spiegelfläche entsprechend dem Reflexionsgesetz reflektiert und bilden nach der Reflexion – ebenso wie vorher – ein divergentes Lichtbündel. Die rückwärtigen Strahlverlängerungen treffen sich in einem Punkt, von dem das Lichtbündel herzukommen scheint, dem *Bildpunkt*. Die Gesamtheit der Bildpunkte ist das Bild des Gegenstandes. Es erscheint beim ebenen Spiegel in gleicher Entfernung hinter dem Spiegel, wie der Gegenstand vor dem Spiegel steht. Die Bildgröße ist gleich der Gegenstandsgröße, das Längenverhältnis, genannt der *Abbildungsmaßstab* ist 1 : 1. Das beobachtende Auge stellt sich auf den scheinbaren Ausgangspunkt des einfallenden divergenten Strahlungsbündels ein und „sieht" dort den Bildpunkt. In das Bild wird keine Strahlungsenergie transportiert, das *Bild ist virtuell*. Es kann ohne Berücksichtigung des tatsächlich später benutzten Lichtweges konstruiert werden, die Konstruktion erleichtert die Aufzeichnung des Lichtweges.

b) *Kugelspiegel.* Fig. 14.8 enthält Zeichnungen zweier Kugelspiegel: die reflektierende Fläche ist ein Ausschnitt aus einer Kugelfläche. In Fig. 14.8a erfolgt die Benutzung als Konkav-, in Fig. 14.8b als Konvexspiegel. Die Symmetrieachse des Kugelspiegels ist seine *optische Achse*. Sie verbindet den Scheitel der Kugelfläche mit dem *Krümmungs-*

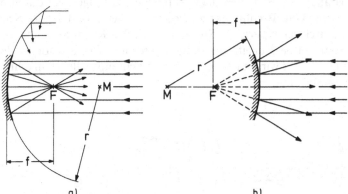

a)   b)

Fig. 14.8 Definition des Brennpunktes eines Kugelspiegels. a) Konkav-Spiegel (Hohlspiegel), b) Konvex-Spiegel (Wölbspiegel). – Achsenferne Strahlen (linke Figur oberer Bildrand) gehen am Brennpunkt vorbei: Öffnungsfehler des Spiegels

mittelpunkt, der im Abstand *r* vom Scheitel liegt (*r* Radius der Kugelfläche). Fällt ein achsenparalleles, rotationssymmetrisches Lichtbündel auf den Kugelspiegel ein, so durchläuft das Lichtbündel nach der Reflexion am Konkavspiegel einen gemeinsamen Punkt, den *Brennpunkt F* des Spiegels. Dieser Brennpunkt ist *reell*, in ihn wird Strahlungsenergie transportiert. Der Brennpunkt des Konvexspiegels ist *virtuell*, von ihm scheinen die reflektierten Strahlen herzukommen, er liegt hinter dem Spiegel, das Lichtbündel ist divergent.

In Fig. 14.8a sind auch einige achsenferne Parallelstrahlen zur optischen Achse eingezeichnet, an denen man erkennt, daß sie nicht durch den Brennpunkt *F*, sondern an ihm vorbeigehen. Die Schnittpunkte *aller* achsenparallelen Strahlen eines halbkugelförmigen Spiegels liegen in der Tat auf einer „Brennfläche", deren Schnittkurve mit der Zeichenebene als *Katakaustik* bezeichnet wird (man lege zur Illustration einen Fingerring auf den Tisch und strahle in ihn seitlich Licht hinein). Alle Kugelspiegel besitzen demnach einen *Öffnungs-* oder *sphärischen Fehler*: mit weiten Lichtbündeln werden die Bilder unscharf. Man vermeidet diesen Abbildungsfehler, indem man nur achsennahe Lichtbündel mit schwacher Neigung verwendet. Wenn im folgenden immer nur mit einem Bren*npunkt* gearbeitet wird, dann bedeutet dies eine Idealisierung. Der Brennpunkt hat einen bestimmten Abstand vom Scheitel des Spiegels, genannt die *Brennweite f*. Beim Konkavspiegel (Fig. 14.8a) ist $f = r/2$, beim Konvexspiegel (Fig. 14.8b) ist $f = -r/2$. Das Vorzeichen unterscheidet den Raum vor und hinter dem Spiegel.

c) *Abbildungsgleichung*. Gehen alle Strahlen eines kegelförmigen Lichtbündels von einem Gegenstandspunkt nach der Reflexion durch einen gemeinsamen Punkt hindurch, so definiert dies den Bildpunkt. Eventuell schneiden sich die rückwärtigen Verlängerungen, dann ist der Bildpunkt virtuell. Zur Feststellung, wo der Bildpunkt liegt, genügt es daher, nur zwei Strahlen wirklich zu verfolgen und mit ihnen die Lage des Bildes zu konstruieren. Die Auswahl erfolgt in der Regel aus den vier folgenden ausgezeichneten Strahlen, deren Verlauf leicht anzugeben ist (Fig. 14.9): der achsenparallele Strahl 1 geht nach Reflexion am Kugelspiel durch den Brennpunkt bzw. scheint vom Brennpunkt zu kommen), der Strahl 2 zum Scheitelpunkt wird symmetrisch reflektiert, der Strahl 3 durch den Krümmungsmittelpunkt wird in sich reflektiert (die Kugelfläche steht senkrecht auf dem Radius), der Strahl 4 durch den Brennpunkt wird nach der Reflexion achsenparallel (Umkehrbarkeit des Lichtweges von Strahl 1).

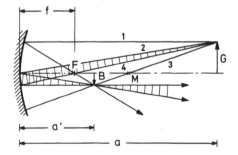

Fig. 14.9
Hauptstrahlen, die zur Konstruktion des Bildes benutzt werden.
1 Achsenparallelstrahl, 2 Scheitelstrahl, 3 Mittelpunktsstrahl, 4 Brennstrahl

Bezeichnen wir mit a den Abstand des Gegenstandes G vom Scheitel des Kugelspiegels, mit a' den Abstand des Bildes vom Scheitel (Gegenstands- oder Dingweite, Bildweite), dann kann man aus Fig. 14.9 die folgenden Abbildungsgleichungen ablesen:

$$\frac{1}{a} + \frac{1}{a'} = \frac{1}{f}, \qquad \frac{B}{G} = V_t = \frac{|a'|}{a}, \tag{14.2}$$

wobei wir als Abbildungsmaßstab V_t das Verhältnis von Bild- zu Gegenstandsgröße definiert haben. An Hand einiger Skizzen kann man sich leicht die gegenseitige Lage von Gegenstand und Bild klar machen, siehe dazu das nachfolgende Beispiel 14.1. Wichtig ist: wird der Gegenstand zwischen Scheitel und Brennpunkt aufgestellt, dann ist das Bild virtuell, es liegt hinter der Spiegelfläche, ist aufrecht, aber in das Bild wird keine Strahlungsenergie transportiert, es läßt sich also nicht auf einem Projektionsschirm auffangen.

Die in der Medizin verwendeten Ohren- und Augenspiegel sind Konkavspiegel von etwa $f = 25\,\text{cm}$ Brennweite. Sie dienen der Beleuchtung des Trommelfells bzw. des Augenhintergrundes mit Hilfe einer geeignet aufgestellten Lampe. Die eigentliche Beobachtung geschieht durch eine zentrale Öffnung von 1 cm $\varnothing$ im Spiegel. – Beim „Spiegeln" des Kehlkopfes dient der kleine Spiegel, der in den Rachenraum eingeführt wird, sowohl der Beleuchtung des Kehlkopfes wie seiner Betrachtung. Dieser Spiegel ist eben. Seine doppelte Verwendung erfordert Übung.

Beispiel 14.1 Der übliche Spiegel des Zahnarztes ist ein Konkavspiegel von 25 mm $\varnothing$ mit der Brennweite $F = 85\,\text{mm}$. Der Krümmungsradius ist demnach $r \doteq 2f = 170\,\text{mm}$. Bei der Benutzung wird der Spiegel so nahe an den Zahn herangebracht, daß die Gegenstandsweite etwa den Wert $a = 1\,\text{cm}$ hat. Der Gegenstand befindet sich also innerhalb der Brennweite, es entsteht hinter dem Spiegel ein virtuelles Bild, welches betrachtet wird (Fig. 14.10). Die Bildweite a' berechnen wir aus Gl. (14.2),

$$\frac{1}{a'} = \frac{1}{f} - \frac{1}{a} = \frac{a - f}{fa},$$

$$a' = \frac{fa}{a - f} = \frac{85\,\text{mm} \cdot 10\,\text{mm}}{10\,\text{mm} - 85\,\text{mm}} = -11{,}33\,\text{mm}.$$

Der Abbildungsmaßstab ergibt sich zu

$$V_t = \frac{|a'|}{a} = \frac{11{,}33\,\text{mm}}{10\,\text{mm}} = 1{,}13.$$

Das Bild ist nur schwach vergrößert, was auch erwünscht ist.

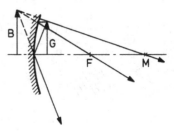

Fig. 14.10
Zur Entstehung eines virtuellen Bildes beim Konkavspiegel

14.2.3 Brechung des Lichtes, Brechungsgesetz

Es handelt sich um den Übergang von Licht aus einem durchsichtigen Stoff in einen anderen durchsichtigen Stoff (Luft–Wasser, Glas–Wasser usw.). Auf der Grenzfläche wird das Lot errichtet (Fig. 14.11a). Beim Durchgang des Lichtes wird der Lichtstrahl geknickt. Ist der *Ausfallwinkel β* kleiner als der *Einfallwinkel α* (Brechung zum Lot hin, z.B. beim Übergang von Luft in Wasser), dann nennt man den zweiten Stoff *optisch dichter*. Ist $β > α$ (Brechung vom Lot weg), dann ist der zweite Stoff *optisch dünner*. Dieser Fall ist für mehrere Strahlen in Fig. 14.11b gezeichnet: es handelt sich um eine Umkehrung des Lichtweges gegenüber Fig. 14.11a. Das *Brechungsgesetz* besagt, daß einfallender Strahl, Lot und ausfallender Strahl in einer Ebene liegen und daß Einfall- und Ausfallwinkel in einer Beziehung zueinander stehen, die nur von der Stoffkombination abhängt, so daß

$$\frac{\sin α}{\sin β} = n; \qquad (14.3)$$

n ist die *Brechzahl* der Stoffkombination. Ersichtlich handelt es sich dann um zwei optisch verschiedene Stoffe, wenn $n \neq 1$. Ein besseres Verständnis für diese Beziehung ergibt die Wellentheorie des Lichtes: die Ausbreitungsgeschwindigkeit = *Phasengeschwindigkeit* einer elektromagnetischen Welle *hängt von der Art des Stoffes* ab. Die „Lichtgeschwindigkeit" als Naturkonstante ist immer als Ausbreitungsgeschwindigkeit im Vakuum zu verstehen. In Fig. 14.12 sind Parallel-Lichtbündel aufgezeichnet, die eine Stoffgrenze durchqueren bzw. an ihr reflektiert werden. Die Schraffur deutet

Fig. 14.11
Brechung von Licht beim Übergang von einem in einen anderen Stoff mit verschiedener Brechzahl
a) Übergang von Luft nach Wasser,
b) Übergang von Wasser nach Luft mit Totalreflexion

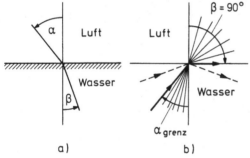

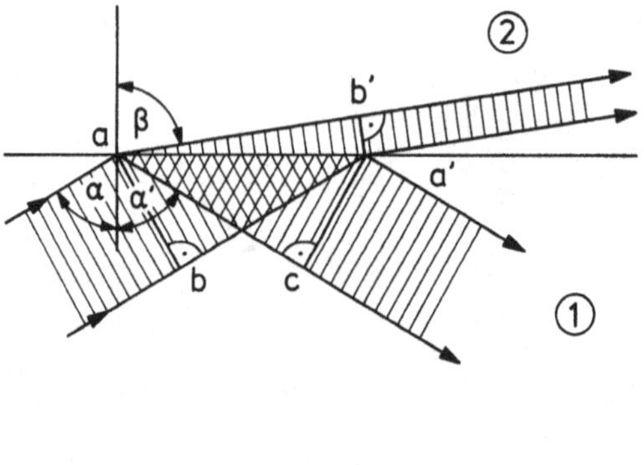

Fig. 14.12
Erklärung des Reflexions- ① und Brechungsgesetzes ② mit der Wellentheorie

gleiche Schwingungsphasen (Wellenebenen) an. Zum Beispiel müssen die Laufzeiten für das Licht von b nach a' gleich groß sein wie von a nach b' und von a nach c. Sind c_1 und c_2 die Lichtgeschwindigkeiten in den beiden Stoffen 1 und 2, dann ergibt sich

$$\frac{\sin\alpha}{\sin\beta} = \frac{c_1}{c_2}, \tag{14.4}$$

die Sinus der Winkel verhalten sich wie die Ausbreitungsgeschwindigkeiten. Ist c_0 die „Vakuum-Lichtgeschwindigkeit", dann definieren wir jetzt als *Brechzahl des Stoffes* das Verhältnis

$$c_0 : c = n, \qquad c = \frac{c_0}{n}, \tag{14.5}$$

und damit erhält Gl. (14.4) die Form

$$\frac{\sin\alpha}{\sin\beta} = \frac{n_2}{n_1} = n_{21}. \tag{14.6}$$

Die Brechzahl einer Stoffkombination ist gleich dem Verhältnis der Einzel-Brechzahlen (unter Beachtung der Reihenfolge!). Die Brechzahl des Vakuums ist nach Definition $n_{\text{Vakuum}} = 1$. Tab. 14.1 enthält einige Daten. Aus ihnen geht hervor, daß die Lichtgeschwindigkeit in den durchsichtigen Stoffen im sichtbaren Bereich kleiner als die Vakuumlichtgeschwindigkeit c_0 ist, weil $n > 1$. Aus Gl. (14.6) erkennt man das Meßverfahren für Brechzahlen: man kombiniert den Stoff unbekannter Brechzahl mit einem anderen, dessen Brechzahl man kennt und mißt Einfall- und Ausfallwinkel eines Lichtbündels.

Obwohl die Lichtgeschwindigkeit stoffabhängig ist, muß die allgemeine Beziehung $c = f \cdot \lambda$ in jedem Stoff gültig sein. Die Frequenz des Lichtes ist durch den Takt der Lichtquelle bestimmt, sie kann nicht stoffabhängig sein, und daher gilt

$$f = \frac{c}{\lambda} = \frac{c_0}{n}\frac{1}{\lambda} = \frac{c_0}{\lambda_0}. \tag{14.7}$$

Es folgt daraus, daß die *Wellenlänge* des Lichtes *stoffabhängig* ist, $\lambda = \lambda_0/n$. Es ist also nur dann korrekt, zur Charakterisierung der Farbe des Lichtes anstelle der Frequenz die Wellenlänge zu benutzen, wenn man die Vakuum-Wellenlänge angibt. Das wird häufig unterlassen und stattdessen die Wellenlänge in Luft angegeben, weil die Brechzahl von Luft nahe bei $n = 1$ liegt (Tab. 14.1).

Tab. 14.1 Brechzahlen einiger Stoffe. Benutztes Licht: Rotes Licht der Vakuum-Wellenlänge $\lambda = 650\,\text{nm}$

Luft (STPD)	1,00029	Wasser	1,33
Steinsalz	1,54	Flußspat	1,43
Kronglas	1,51	Quarzglas	1,46
leichtes Flintglas	1,60	Plexiglas	1,492
schweres Flintglas	1,75	Lexan	1,580
NaI	1,78	Kanadabalsam	1,542
Spezialglas 900403	1,89	α-Monobromnaphtalin	1,6582

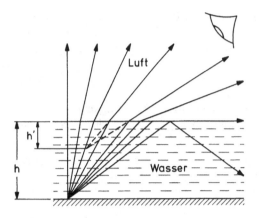

Fig. 14.13
Gewässer erscheinen dem Beobachter weniger tief, als sie tatsächlich sind

Obwohl die Daten in Tab. 14.1 alle ein $n > 1$ anzeigen, kann wegen der Quotientenbildung $n_{21} = n_2/n_1$ dieser Wert sowohl größer wie kleiner als Eins sein. Besondere Verhältnisse liegen vor, wenn $n_2 < n_1$, also $n_{21} < 1$ ist: es handelt sich um den Übergang von Licht aus einem optisch dichteren in einen optisch dünneren Stoff. Berechnet man aus Gl. (14.6) nämlich den Ausfallwinkel,

$$\sin \beta = \frac{1}{n_{21}} \sin \alpha, \tag{14.8}$$

so sieht man, daß β immer größer als α ausfällt (Fig. 14.11 b), aber von einem bestimmten Einfallwinkel $\alpha = \alpha_{grenz}$ an ist Gl. (14.8) nicht mehr lösbar: der Sinus von β würde größer als Eins sein müssen, was aufgrund der Definition der Winkelfunktion Sinus unmöglich ist. Bei $\alpha = \alpha_{grenz}$ ist $\beta = 90°$, der ausfallende Strahl verläuft in der Grenzfläche (Fig. 14.11 b). Wird der Einfallwinkel α weiter vergrößert, so gibt es keinen Übergang von Licht in das optisch dünnere Medium mehr, alles Licht wird an der Grenzfläche *total reflektiert*.

Beispiel 14.2 Der Boden eines Gewässers ($n = 1,33$) erscheint angehoben: das Auge des Beobachters stellt sich auf den rückwärtigen Schnittpunkt des ins Auge fallenden, divergenten Lichtbündels, das vom beleuchteten Boden herkommt, ein. Ein ebener Boden erscheint gekrümmt, weil man ihn unter verschiedenen Winkeln betrachtet (Fig. 14.13). Auch wenn der Beobachter senkrecht in das Gewässer „hineinsieht", erscheint der Boden angehoben; es gilt dann $h'/h = 1/n = 1/1,33 = 0,75$.

Die *Totalreflexion* von Licht hat besondere Bedeutung in der *Faseroptik*. Von einer Lichtquelle, die nahe der Stirnfläche eines Stabes aus durchsichtigem Material (Glas, Kunststoff) angebracht wird (Fig. 14.14), wird Licht eines großen Winkelbereiches über große Entfernungen (abhängig von den Lichtverlusten) und auch durch gebogene Stäbe fortgeleitet. Strahlen, die von innen auf den Rand des Stabes treffen, werden dort total reflektiert, wenn das umgebende Medium eine kleinere Brechzahl als das Fasermaterial hat (z. B. außen Luft; es werden aber auch Fasern mit von innen nach außen abgestufter Brechzahl hergestellt). Es gibt heute Fasern mit Durchmessern bis herab zu 10 μm = 1/100 mm, und man kann sie zu langen Bündeln zusammen-

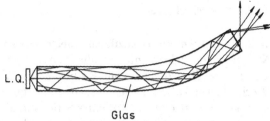

Glas

Fig. 14.14 Lichtfortleitung durch Totalreflexion in einem kreiszylindrischen „Lichtleiter",
L. Q. Lichtquelle

packen. Diese sind nach Art einer Litze beweglich und können zur Lichtfortleitung,
also als „flexible" Beleuchtungslampe Verwendung finden. Da ein Querschnitt von
$2 \times 2 \, mm^2$ bis zu 40 000 Fasern enthalten kann, so können mit einem solchen Bündel
aber auch 40 000 Informationseinheiten eines beleuchteten Beobachtungsfeldes
übertragen werden (z. B. ein Ausschnitt der Magenschleimhaut). Dafür müssen die
Fasern an beiden Enden des Lichtkabels die gleiche Ordnung haben (man spricht von
kohärenten Faserbündeln). Ein übertragenes Bild ist ein Lichtraster nach Art eines
Fernsehbildes. Ein Fernsehbild enthält etwa 200 000 Details, ist also dem Faseroptik-
bild noch überlegen. Fig. 14.15 enthält ein Beispiel für die Verwendung in der
Endoskopie. Mit Ziffer 5 ist das kohärente Faserbündel bezeichnet, mit dem mittels
des Objektives 6 und des Okulars 3 die Abbildung des Untersuchungsfeldes erfolgt.
Die Beleuchtung erfolgt mit dem Faserbündel 4, das um das Beobachtungsbündel
angeordnet ist.

Mit dem *Laser* stehen heute Lichtquellen zur Verfügung, die hohe Intensität in Form
eines schmalen Lichtbündels in eine Richtung abstrahlen. Laser sind besonders
geeignet, um mittels der Faseroptik hohe Lichtleistung in Körperhöhlen zu bringen,
wo dann gewisse operative Maßnahmen erfolgen können. – Schließlich ist
vorherzusehen, daß in der nahen Zukunft Fasern als Nachrichtenübertragungsmittel
Verwendung finden. Dieses Gebiet ist in schneller Entwicklung begriffen. Wichtig ist
hier, daß die einzelnen Fasern sorgfältig optisch voneinander isoliert sind, damit ein
„Übersprechen" sicher ausgeschlossen ist.

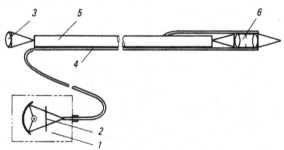

Fig. 14.15 Schema eines Endoskops, das mit zwei optischen Faserbündeln arbeitet: 4 zur Beleuchtung, 5 zur
Beobachtung
1 starke Lichtquelle, 2 Infrarot-Filter zur Absorption der „Wärmestrahlung", 3 Okular,
6 Objektiv-Linsen

14.2.4 Optische Linsen

14.2.4.1 Gekrümmte Grenzfläche zweier durchsichtiger Stoffe Ein Beispiel aus der Medizin ist die gekrümmte Hornhaut des Auges (Abschn. 14.2.5.2): eine kugelförmig gekrümmte Grenzfläche vom Radius r (Fig. 14.16) trennt die beiden Stoffe der Brechzahl n und n' (Luft mit $n = 1$, Hornhaut mit $n' = 1,34$) voneinander, wobei $n < n'$. Man konstruiert den Verlauf eines Strahls indem man das Lot auf die Grenzfläche zeichnet, – das durch den Krümmungsmittelpunkt M geht – und den Ausfallwinkel nach dem Brechungsgesetz Gl. (14.6) berechnet. Alle in Fig. 14.16a von links einfallenden Strahlen eines achsenparallelen und *achsennahen* Lichtbündels werden zum Lot hin gebrochen und treffen sich im rechtsseitigen Brennpunkt F' (Brennweite $f' > r$). Mit umgekehrtem Lichteinfall (Fig. 14.16b) findet man den linksseitigen Brennpunkt F. Beide Brennpunkte sind reell; vertauscht man die Brechzahlen bei gleicher Geometrie, dann werden die Brennpunkte virtuell, was uns hier nicht interessiert. Die Verbindungslinie der Brennpunkte ist die *optische Achse* (o.A.). Die beiden Brennweiten f und f' sind verschieden groß,

$$f = \frac{n}{n' - n} r, \qquad f' = \frac{n'}{n' - n} r. \tag{14.9}$$

Sie unterscheiden sich u. U. beträchtlich; aus Gl. (14.9) folgt $f : f' = n : n'$, also bei Luft – Glas $f' = 1,5 f$. – Dividiert man in Gl. (14.9) durch n bzw. n', so findet man

$$\varphi = \frac{n}{f} = \frac{n'}{f'} = \varphi' = (n' - n) \frac{1}{r}. \tag{14.10}$$

Die Kombination zweier optisch verschiedener Stoffe mit kugelförmig gekrümmter Grenzfläche besitzt als wesentliche optische Eigenschaft Brennpunkte, und die

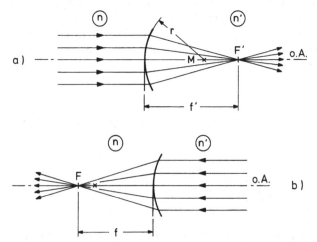

Fig. 14.16 a) eine gekrümmte Grenzfläche zwischen zwei optisch durchsichtigen Stoffen („brechende Fläche") besitzt einen Brennpunkt, Lage des rechtsseitigen Brennpunktes F'
b) Lage des linksseitigen Brennpunktes F; – o.A. = optische Achse

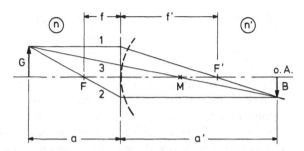

Fig. 14.17 Konstruktion des Bildes: in der Näherung der geometrischen Optik, d. h. für achsennahe
Strahlen werden die Strahlen an der Tangentialebene durch den Scheitel abgeknickt;
G Gegenstand, B Bild, a Gegenstandsweite, a' Bildweite

Kombination wird durch eine einzige Größe, die *Brechkraft* $\varphi = n/f$ gekennzeichnet.
Die SI-*Einheit der Brechkraft* ist der Definitionsgleichung (14.10) gemäß m^{-1}, genannt
Dioptrie: $[\varphi] = $ m$^{-1} = $ Dioptrie = dpt. Kleiner Krümmungsradius (d. h. starke Krümmung) ergibt große Brechkraft, außerdem kommt es auf den Unterschied der Brechzahlen n und n' an.

Ebenso wie der einfache Kugelspiegel hat auch die kugelförmige Trennfläche *ab-
bildende Eigenschaften*. Zur *Bildkonstruktion* genügt die Zeichnung weniger ausgezeichneter Strahlen (Fig. 14.17). Strahl 1 fällt vom Gegenstand kommend parallel zur Achse ein und geht durch den rechtsseitigen Brennpunkt. Strahl 2 verläuft durch
den linksseitigen Brennpunkt, wird also achsenparallel, und Strahl 3 hat genau die
Richtung des Lotes, geht also ohne Brechung durch die Grenzfläche hindurch. Der
Schnittpunkt der Strahlen nach der Brechung ergibt den Bildpunkt. Die Konstruktion
kann für jeden Punkt des Gegenstandes G ausgeführt werden und ergibt die Punkte
des Bildes B. Diese einfache Konstruktion ist für achsennahe Lichtbündel mit geringer
Neigung zur optischen Achse gültig. Bei wirklichen optischen Systemen ist die
Bildebene nur nahezu eben, es bestehen *Abbildungsfehler*, die dann besonders zum
Tragen kommen, wenn man nicht mehr im achsennahen Gebiet arbeitet.

Aus der Konstruktionszeichnung Fig. 14.17 liest man mittels des „Strahlensatzes" den
Abbildungsmaßstab ab

$$V_t = \frac{B}{G} = \frac{a' - f'}{f'} = \frac{f}{a - f}. \tag{14.11}$$

Durch Überkreuzmultiplikation folgt daraus die *Abbildungsgleichung*

$$(a - f)(a' - f') = ff'. \tag{14.12}$$

Diese Gleichung besagt: die Punkte in einer Ebene senkrecht zur optischen Achse, die
im Abstand a vom Scheitel der Grenzfläche liegt, werden in Punkte der Ebene im
Abstand a' abgebildet, und aus Gl. (14.11) folgt, in welchem Verhältnis die Größen von
Bild und Gegenstand zueinander stehen. Durch Gl. (14.12) sind Bild- und Gegenstandsebene einander zugeordnet. Anstelle von Gl. (14.12) wird meist eine andere, aus
ihr ableitbare Abbildungsgleichung benutzt: Ausmultiplikation und Division durch

$a \cdot a'$ ergibt $1 = f'/a' + f/a$, und nach Erweiterung mit den Brechzahlen n bzw. n'

$$\frac{n}{a} + \frac{n'}{a'} = \varphi, \tag{14.13}$$

mit der Brechkraft φ nach Gl. (14.10). Man erkennt hier leicht die bekannten Relationen, die in Fig. 14.16 aufgezeichnet sind: wird die Gegenstandsebene ins Unendliche gerückt ($a \to \infty$), dann folgt aus Gl. (14.13) $a' = n'/\varphi = f'$, d.h. die Bildebene ist die rechtsseitige *Brennebene* (durch den Brennpunkt, senkrecht zur optischen Achse). Soll die Bildebene sehr weit weg von der Trennfläche liegen ($a' \to \infty$), dann muß der Gegenstand in den Abstand $a = n/\varphi = f$ gebracht werden. Soll der Abbildungsmaßstab $V_t = 1$ sein (Abbildung 1:1), dann muß der Gegenstand bei $a = 2f$ aufgestellt werden, das Bild liegt bei $a' = 2f'$ und ist „umgekehrt".

Beispiel 14.3 Beim menschlichen Auge ist der äußere Krümmungsradius der Hornhaut (Cornea) ungefähr $r = 8\,\text{mm}$. Verändert man den äußeren Krümmungsradius durch Auflage einer Kontakt„linse", dann ändert man damit die Brechkraft der Hornhaut und kann so die Brechkraft des Gesamtauges korrigieren. – Nach Gl. (14.10) ist die Brechkraft $\varphi = (n' - n)\frac{1}{r}$. Wählt man für die Kontaktlinse einen Stoff der gleichen Brechzahl wie die Cornea, dann ist die Änderung der Brechkraft bei einer Radiusänderung um Δr

$$\Delta\varphi = -(n' - n)\frac{1}{r^2}\Delta r, \qquad \frac{\Delta\varphi}{\varphi} = -\frac{\Delta r}{r}.$$

Verkleinerung des Krümmungsradius bedeutet eine Erhöhung der Brechkraft. Soll zum Beispiel eine Korrektur der Brechkraft um $\Delta\varphi = +2\,\text{dpt}$ erreicht werden, dann ist bei der vorhandenen Brechkraft der Cornea von $\varphi = 43\,\text{dpt}$ die erforderliche Änderung des Radius

$$\Delta r = -\frac{r}{\varphi}\Delta\varphi = -\frac{8\,\text{mm}}{43\,\text{dpt}}\,2\,\text{dpt} = -0{,}37\,\text{mm},$$

d.h. der äußere Radius der Kontaktlinse muß nach dieser Abschätzung $r - \Delta r = 7{,}63\,\text{mm}$ sein. Die äußere Form der Kontaktlinse wird damit automatisch die einer Linse.

14.2.4.2 Optische Linsen Die einfachste optische Linse besteht aus einem durchsichtigen Körper der Brechzahl n_L (z.B. Glas), der durch zwei kugelförmige Flächen begrenzt ist und gleichzeitig den Raum vor der Linse (optisch durchsichtig mit der Brechzahl n) vom Raum hinter der Linse (optisch durchsichtig, Brechzahl n') trennt. Die Stoffe auf den beiden Seiten der Linse können optisch gleich (Luft – Luft) oder auch verschieden (Luft–Wasser) sein. In der Augenoptik kommt beides vor: beim Brillenglas sind die Außenmedien gleich (Luft), beim Auge selbst (auch evtl. einschließlich einer Kontaktlinse) sind die beiden Medien verschieden, nämlich Luft vor dem Auge und der Glaskörper des Augeninnern zwischen der Augenlinse und der Netzhaut. Wegen der medizinischen Anwendung müssen wir daher den allgemeinsten Fall, $n \neq n'$, darlegen. Die Krümmungsradien der die Linse begrenzenden Flächen seien r und r'. Eine einfache Anordnung ist in Fig. 14.18 skizziert, Fig. 14.19a, b und c enthält ähnliche Konfigurationen, die – was allgemein zutrifft – in zwei Gruppen

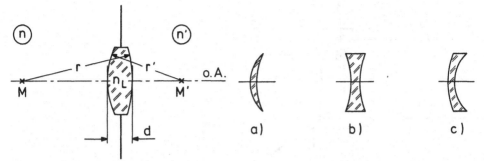

Fig. 14.18 Form einer optischen Sammellinse mit
kugelflächenförmiger Begrenzung

Fig. 14.19 a) Sammellinse, Bezeichnung L$^+$, b) und
c) Zerstreuungslinsen, Bezeichnung L$^-$

einzuteilen sind, in *Sammel-* und *Zerstreuungslinsen*. Der letztere Name ist irreführend, denn es handelt sich nicht darum, daß das Licht wie in einem trüben
Medium zerstreut wird.

Die optischen Eigenschaften der Linsen folgen aus dem Verlauf eines Strahlenbündels.
Jeder Strahl wird zweimal gebrochen, nämlich an der ersten und der zweiten
Grenzfläche. Wieder behandeln wir nur achsennahe, wenig geneigte Lichtbündel und
halten uns damit im Bereich der sogenannten *Gaußschen Dioptrik* auf. Dann kommt
man mit der Einführung der *Brennpunkte* und *zweier weiterer Paare* von *Kardinalpunk-
ten* und *-Ebenen* aus.

Die *Brennpunkte* ergeben sich als Schnittpunkte achsenparallel einfallender Lichtbündel: von rechts einfallend (Fig. 14.20) ergibt sich der linksseitige Brennpunkt *F*, von
links einfallend der rechtsseitige *F'*. Unklar bleibt die Definition der *Brennweite*. Dazu
verhilft eine wichtige Erkenntnis, die im Rahmen der Gaußschen Dioptrik entsteht.
Man extrapoliert ohne Rücksicht auf die tatsächliche Lage der Grenzflächen, also
auch ohne Rücksicht auf die tatsächlichen Knickpunkte der Strahlen des achsenparallel einfallenden Lichtbündels, die konvergenten Strahlen rückwärts bis zum
Schnittpunkt mit den zugehörigen Parallelstrahlen und findet, daß die Schnittpunkte
(in erster Näherung, Gaußsche Dioptrik (!)) auf einer Ebene liegen. Sie ist die zum
Brennpunkt zugehörige *Hauptebene* (*H* bzw. *H'*), der Durchstoßpunkt der optischen
Achse durch sie ist der *Hauptpunkt*. Die *optische Achse* (o.A.) ist dabei die

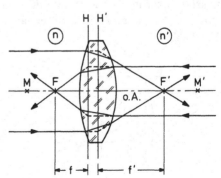

Fig. 14.20
Brennpunkte und Hauptebenen einer Sammellinse:
Die Brennpunkte sind „reell"

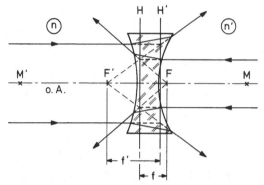

Fig. 14.21 Brennpunkte und Hauptebenen einer Zerstreuungslinse. Die Brennpunkte sind „virtuell": die Strahlen eines einfallenden, achsenparallelen Lichtbündels divergieren nach Passieren der Linse, sie scheinen von einem Punkt, dem Brennpunkt herzukommen

Verbindungslinie der Krümmungsmittelpunkte der beiden brechenden Kugelflächen. Es gibt also bei jeder Linse zwei Brennpunkte und zwei zugehörige Hauptpunkte (bzw. -ebenen). Die *Brennweite* ist dann definiert durch den Abstand Brennpunkt–Hauptpunkt, $f = \overline{FH}$, $f' = \overline{F'H'}$.

Die wesentliche Vereinfachung bei der *Bildkonstruktion* resultiert daraus, daß die physikalisch korrekten Strahlbrechungen in der geometrischen Optik durch Vorschriften über den Durchgang von Strahlen durch die Hauptebenen hindurch ersetzt werden können. In Fig. 14.22 ist eine Konstruktion ausgeführt und zwar für den Fall $n = n'$, also $f = f'$ (*unabhängig* von der Krümmung der Linsenflächen, s.u.). Ein achsenparalleler Strahl von der Spitze von G ausgehend wird bei H' abgeknickt, so daß er durch F' hindurchgeht. Ein Strahl, der auf den Hauptpunkt H zielt, wird vom Hauptpunkt H' mit gleicher Neigung fortgesetzt (an dieser Stelle ist die Vorschrift abzuändern, wenn $n \neq n'$) und schneidet den vorherigen Strahl in der Spitze des Bildes B. Zwei Strahlen allein bestimmen durch ihren Schnittpunkt schon die Lage des Bildes. Ein dritter Strahl, durch F gehend, wird bei H so abgeknickt, daß er dann achsenparallel wird, er geht dann ebenfalls durch den Bildpunkt. Damit ist die Lage des Bildes konstruiert. Man beachte: wir haben letztlich nur davon Gebrauch gemacht, daß wir von der Linse die Lage der Brenn- und Hauptpunkte kennen, auf die physische Form und Ausdehnung der Linse kam es für die Konstruktion nicht an. Form und Ausdehnung bestimmen aber den Transportweg für die Lichtenergie (s. Fig. 14.23).

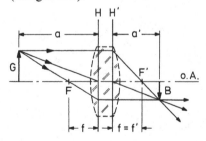

Fig. 14.22
Bildkonstruktion, wenn vor und hinter der Linse sich optisch gleiche Stoffe befinden ($n = n'$)

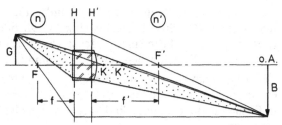

Fig. 14.23 Bildkonstruktion, wenn vor und hinter der Linse optisch verschiedene Stoffe vorhanden sind $(n \neq n')$

Wegen der Wichtigkeit für die Funktion des Auges wiederholen wir die Konstruktionsvorschrift für den Fall $n \neq n'$ (Fig. 14.23). Die Vorschrift für die achsenparallelen Strahlen bleibt ungeändert. Jedoch sind die vordere und hintere Brennweite nun verschieden voneinander, $f \neq f'$. Es gilt aber, wie auch bei der einzelnen brechenden Kugelfläche (vgl. Gl. (14.9)),

$$\frac{f}{f'} = \frac{n}{n'}, \qquad \varphi = \frac{n}{f} = \frac{n'}{f'}, \tag{14.14}$$

d. h. die optische Eigenschaft der Linse wird durch *eine* Größe, die *Brechkraft* $\varphi = n/f$ gekennzeichnet. Außerdem müssen wir die Konstruktionsvorschrift abändern für den Strahl, der auf den Hauptpunkt H (bzw. H') zielt: er wird nicht mehr parallel versetzt, sondern es gibt zwei neue Kardinalpunkte, genannt die *Knotenpunkte K* und *K'*, für die die Parallelversetzung gilt. Die Lage dieser Punkte braucht man, wenn man die Bildkonstruktion mit ihrer Hilfe ausführen will. Ihre Lagen lassen sich leicht angeben, weil der Abstand des Mittelpunktes der Strecke $\overline{KK'}$ vom Mittelpunkt der Strecke $\overline{HH'}$ gleich der Differenz der Brennweiten $(f' - f)$ und außerdem der Abstand der Knotenpunkte voneinander gleich dem Abstand der Hauptpunkte voneinander ist. In Fig. 14.23 wurde zur Betonung des Unterschiedes von Konstruktion und physikalischem Verlauf des Lichtbündels eine kleine Linse eingezeichnet. Ihre Größe bestimmt den *Licht-Energiestrom* und seinen Weg zum Bild. Würde man die Linse noch mit einer Blende versehen, dann könnte man durch variable Öffnung der Blende den Lichtstrom einstellen, der ins Bild gelangt, aber man würde die Lage des Bildes nicht verändern.

Die *Brechkraft einer Linse* (Fig. 14.18) hängt von den Krümmungsradien r und r' der begrenzenden Kugelflächen, den Brechzahlen n und n' der Stoffe auf den beiden Seiten der Linse, und von der Brechzahl n_L des Linsenmaterials ab. Die Brechkraft ist also nicht eine Eigenschaft nur der Linse, sondern auch der Umgebung, in die sie eingebettet ist (n, n'). In dem Fall, daß $n = n'$ und außerdem $n = 1$ (Linse in Luft), ist die Brechkraft

$$\varphi = \frac{1}{f} = \frac{1}{f'} = (n_L - 1)\left(\frac{1}{r} + \frac{1}{r'}\right) - \frac{(n_L - 1)^2}{n_L}\frac{d}{rr'}, \tag{14.15}$$

wobei d die Dicke der Linse im Zentrum ist. Beim Einsetzen von Zahlenwerten für r und r' muß man Vorzeichen beachten: zu M links, M' rechts (Fig. 14.18) gehören $r > 0$,

$r' > 0$ (beide positiv); zu M rechts, M' links (Fig. 14.19b) gehören r und $r' < 0$ (beide negativ); zu M rechts, M' rechts (Fig. 14.19a oder c) gehört $r < 0$ (negativ), $r' > 0$ (positiv). – Im allgemeinen wächst die Brechkraft einer Linse an, wenn die begrenzenden Kugelflächen stärker gekrümmt, also r oder r' kleiner werden.

Verwendet man anstelle von Kugelflächen als brechende Flächen Zylinderflächen, so entstehen sammelnde oder zerstreuende *Zylinderlinsen*. Für die Lichtstrahlenbündel in Ebenen senkrecht zur Zylinderachse gelten alle Betrachtungen von Abschn. 14.2.4 ebenfalls.

14.2.4.3 Abbildungsgleichung Aus Fig. 14.23 lesen wir zunächst mittels der „Strahlensätze" den *Abbildungsmaßstab*, d. h. das Verhältnis von Bild- zu Gegenstandsgröße ab

$$V_{\mathrm{t}} = \frac{B}{G} = \frac{a' - f'}{f'} = \frac{f}{a - f} , \tag{14.16}$$

(vgl. auch Gl. (14.61)), woraus sich die Abbildungsgleichung als eine Beziehung zwischen der Lage der Bildebene (Abstand a' von H') und derjenigen der Gegenstandsebene (Abstand a von H) ergibt:

$$(a - f)\,(a' - f') = ff'. \tag{14.17}$$

Formell sind Gl. (14.16) und Gl. (14.17) die gleichen wie Gl. (14.11) und Gl. (14.12). Beide Arten der optischen Abbildung werden also durch gleiche Gleichungsformen beschrieben. Gl. (14.17) und Gl. (14.12) nennt man auch *Newtonsche Abbildungsgleichung*: sie verknüpft die Abstände von Bild- und Gegenstandsebene von den zugehörigen Brennpunkten miteinander. Wir haben durch Gl. (14.14) die *Brechkraft* φ der Linse eingeführt und erhalten aus Gl. (14.17) durch Umformung (ähnlich wie beim Übergang von Gl. (14.12) zu Gl. (14.13)) die häufig benutzte Abbildungsgleichung

$$\frac{n}{a} + \frac{n'}{a'} = \varphi = \frac{n}{f} = \frac{n'}{f'}. \tag{14.18}$$

Es sei nochmals betont: diese Gleichung gilt für den allgemeinen Fall, daß die Brechzahlen vor und hinter der Linse verschieden sind. Sind sie gleich, dann erhalten wir durch Einsetzen von $n = n'$ die Form

$$\frac{1}{a} + \frac{1}{a'} = \frac{1}{f} = \frac{1}{f'}. \tag{14.18a}$$

In diesem Fall bezeichnet man auch $1/f$ als Brechkraft. – Die SI-*Einheit der Brechkraft* ist m^{-1} = Dioptrie = dpt, siehe auch Abschn. 14.2.4.1. Einem Brillenglas mit der Brechkraft $\varphi = 2\,\mathrm{dpt}$ kommt demnach die Brennweite $f = \dfrac{1}{2\,\mathrm{m}^{-1}} = 0{,}5\,\mathrm{m} = 50\,\mathrm{cm}$ zu.

Die bisher besprochenen Linsen waren *Sammellinsen*. Sie haben *reelle Brennpunkte*, geometrisch sind sie in der Mitte dicker als am Rand (Fig. 14.18, Fig. 14.19a). *Zerstreuungslinsen* haben *virtuelle Brennpunkte* (Fig. 14.21), geometrisch sind sie in der Mitte dünner als am Rand (Fig. 14.19b, c). Die Brennweiten von Zerstreuungslinsen geben wir mit negativem Vorzeichen an, ebenso ist die Brechkraft dann negativ: ein Brillenglas mit der Brennweite $f = -0{,}5\,\mathrm{m}$ hat die Brechkraft $\varphi = -2\,\mathrm{dpt}$, es handelt sich um eine Zerstreuungslinse. Mit Zerstreuungslinsen können grundsätzlich nur

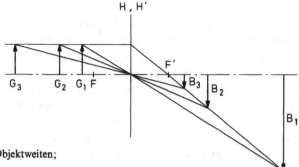

Fig. 14.24
Lage des Bildes bei verschiedenen Objektweiten;
Sammellinse

virtuelle Bilder entworfen werden, also Bilder, in welche keine Lichtenergie transportiert wird.

Zur *Veranschaulichung der Abbildungsgleichung* sind in Fig. 14.24 und Fig. 14.25 einige charakteristische Fälle aufgezeichnet, bei denen die Gegenstandsweite a systematisch verändert ist. In Fig. 14.24 ist a stets größer als die Brennweite f angenommen, außerdem haben wir $n = n'$ angenommen, und schließlich wurde zur Vereinfachung eine *dünne Linse* zugrundegelegt: dann fallen die beiden Hauptebenen und die beiden Hauptpunkte praktisch zusammen zu einer Hauptebene bzw. einem Hauptpunkt. Wie man sieht und auch rechnerisch mittels der Abbildungsgleichung (14.18a) bestätigt, rückt mit wachsendem Abstand des Gegenstandes von der Linse das Bild immer näher an den bildseitigen Brennpunkt heran. Geht $a \to \infty$, dann wird $a' = f' = f$, das Bild liegt in der Brennebene. Es wird dabei immer kleiner, es bleibt reell und umgekehrt. Für jedes Paar a, a' folgt aus Gl. (14.16) auch der Abbildungsmaßstab V_t. Ist $a = 2f$, dann ist auch $a' = 2f' = 2f$, und es ist der Abbildungsmaßstab $V_t = 1$, die Abbildung geschieht mit $B:G = 1:1$.

Wird ein abzubildender Gegenstand *innerhalb der Brennweite* aufgestellt ($a < f$), so zeigt die Zeichnung ausgezeichneter Strahlen, daß diese die Linse divergent verlassen,

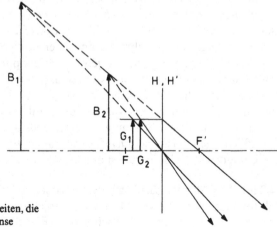

Fig. 14.25
Lage des Bildes bei verschiedenen Objektweiten, die
kleiner als die Brennweite sind; Sammellinse

nur die rückwärtigen Verlängerungen können zum Schnitt gebracht werden: das konstruierbare Bild ist ein *virtuelles Bild* (Fig. 14.25), es ist aufrecht, und in das Bild wird keine Lichtstrahlungsenergie transportiert.

Zur *Qualität der Abbildung* durch Linsen ist folgendes zu sagen. Man erwartet, daß nicht nur einem Punkt im Gegenstandsraum ein Punkt im Bildraum entspricht, sondern die Bilder müssen dem Gegenstand *ähnlich*, also ihm gleich bis auf einen Maßstabsfaktor sein, und dieser ist der Abbildungsmaßstab nach Gl. (14.16). Alle wirklichen Linsen erzeugen jedoch Bilder, die in verschiedener Weise verzerrt und unscharf sind, und die auch farblich nicht zu stimmen brauchen. Es ist das Bestreben der optischen Industrie, durch Linsen-Kombinationen diese Abweichungen, d.h. die Linsenfehler, so weit wie möglich zu verkleinern. Die geometrische Optik, die hier besprochen wurde, ist insoweit eine Idealisierung (vgl. Abschn. 14.2.6 und 14.3.2).

Ergänzung: Die Eigenschaft Sammel- oder Zerstreuungslinse ist davon abhängig, wie sich die Brechzahlen des Linsenmaterials n_L zu denjenigen der umgebenden Stoffe, n und n', verhalten. Baut man eine „Luftlinse" der Form Fig. 14.18 aus zwei Glasschalen zusammen und bringt sie in einen mit Wasser gefüllten Trog ($n = n' > n_L$), dann erweist sich diese Linse als Zerstreuungslinse, obwohl sie in der Mitte dicker als am Rand ist. Man kann ebenso eine „Luftlinse" der Form Fig. 14.19b herstellen: in Wasser wirkt sie wie eine Sammellinse.

14.2.5 Einige optische Geräte

Die Ausführung von *Bildkonstruktionen* bedarf nur der Kenntnis der Kardinalpunkte (Brennpunkte, Hauptpunkte, Knotenpunkte) eines optischen Systems. Der wirkliche Verlauf des Lichtbündels wird dagegen durch die Größe und Lage von Linsen und Blenden bestimmt. Die Linsenfassungen stellen dabei ebenfalls Blenden dar. Die Blenden, die den Gesamtstrom an Lichtenergie durch ein System für alle abbildenden Bündel bestimmen, nennt man auch *Pupillen*.

Für die Abbildung von sogenannten *Selbststrahlern* (Lichtquellen) wird das von ihnen ausgehende Licht benützt. *Nicht-Selbststrahler* werden mittels Lampen beleuchtet. Daß von ihnen ein Bild durch ein optisches System gebildet wird, hat zur Voraussetzung, daß von ihrem Rand oder ihren Strukturelementen ein *divergentes Lichtbündel* ausgeht, welches im jeweiligen Bildpunkt vereinigt wird. Der Öffnungswinkel dieser Lichtbündel kann klein sein, was manchmal durch die *Beleuchtungseinrichtung* (z.B. die Köhlersche, s. Abschn. 14.4.3.3) bewerkstelligt wird. Häufig entstehen solche von einem Nicht-Selbststrahler ausgehenden divergenten Lichtbündel auch durch diffuse Streuung. In einer vollständigen Theorie der Abbildung wird schließlich auch noch die *Lichtbeugung* am Objekt und an den den Strahlengang begrenzenden Blenden berücksichtigt.

14.2.5.1 Zwei (dünne) Linsen mit gemeinsamer optischer Achse Dies ist das Grundmodell für Linsensysteme wie Mikroskop-Objektive, Kamera-Objektive, auch Okulare sind meist Linsensysteme. Wir nehmen die Einzellinsen als dünn an, so daß jede Linse

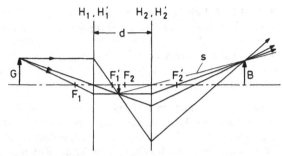

Fig. 14.26 Bildkonstruktion beim Zusammenwirken zweier dünner Linsen
   s Konstruktions-Hilfsstrahl

durch eine Hauptebene dargestellt werden kann. Fig. 14.26 enthält eine Skizze, d sei der Abstand der beiden Linsen. Man findet, daß die ganze Kombination wie *eine* Linse mit der Brechkraft

$$\frac{1}{f} = \frac{1}{f_1} + \frac{1}{f_2} - \frac{d}{f_1 f_2} \qquad (14.19)$$

wirkt; dabei ist angenommen, daß die Linsen in Luft angeordnet sind. Man pflegt den Befund so auszudrücken: die Brechkräfte der Linsen addieren sich zur Gesamtbrechkraft. Wie Gl. (14.19) zeigt, ist dies nicht korrekt, denn es muß noch der Ausdruck $-d/f_1 f_2$ addiert werden. Nur dann, wenn dieser Ausdruck klein gegen die Summe der Einzel-Brechkräfte $\varphi_1 = 1/f_1$ und $\varphi_2 = 1/f_2$ ausfällt, kann er entfallen (speziell bei $d = 0$, d. h. zusammenfallenden Linsen). Das muß insbesondere beachtet werden, wenn etwa eine Sammellinse (f_1 positiv) mit einer Zerstreuungslinse (f_2 negativ) zusammen verwendet wird. Z. B. sei $f_2 = -f_1$. Dann bleibt in Gl. (14.19) nur der Korrekturterm übrig, und die Brechkraft dieser Linsenkombination ist

$$\frac{1}{f} = -\frac{d}{f_1 \cdot (-f_1)} = \frac{d}{f_1^2}, \qquad (14.20)$$

sie hat also die Wirkung einer Sammellinse (Brechkraft positiv).

In gewissem Rahmen kann man gemäß Gl. (14.19) durch Verändern des Abstandes d zweier Linsen die Brechkraft kontinuierlich variieren, angepaßt an verschiedene optische Aufgaben. – In diesem Zusammenhang sei auf die *Zoom-Linsen* hingewiesen. Es handelt sich um ein System aus wenigstens drei Linsen, deren gegenseitige Abstände so verändert werden können, daß das Bild in fester Lage bleibt (Photoplatte), während der Abbildungsmaßstab kontinuierlich verändert werden kann. – Im menschlichen Auge ist eine Variation der Brechkraft bei normaler Benutzung ebenfalls notwendig (Akkommodation auf verschiedene Objekt-Entfernungen), weil die Bildfläche (die Netzhaut) immer den gleichen Abstand von der Augenlinse hat. Das Auge ist nun den technischen Systemen überlegen, weil es durch Änderung der Zugspannung des Ziliar-Muskels eine Verformung *einer* Linse (der Augenlinse) bewerkstelligt, nämlich eine Vergrößerung oder Verkleinerung der Krümmungsradien r und r' der begrenzenden Flächen bewirkt und so die Brechkraft verändert (vgl. Gl. (14.15)).

Beispiel 14.4 Der Augenarzt benützt Gl. (14.19) zur experimentellen Bestimmung der Brillenstärke. Er hat einen Satz von Brillengläsern zur Verfügung und kann durch Hintereinander-
setzen vor dem Auge des Patienten die richtige Kombination zusammenstellen. Das stellt wegen
der endlichen Abstände der Einzellinsen allerdings nur die erste Approximation dar. Die Kombination wird am Schluß durch eine Einzellinse ersetzt, deren Brechkraft der Kombination
entspricht.

Beispiel 14.5 Wir haben die Wirkung einer Kontaktlinse in Beispiel 14.3 durch die gewünschte
Abänderung des Krümmungsradius der Grenze Luft–Auge erklärt. Die tatsächliche geometrische Form der Linse ist dann die einer optischen Linse, und ihre Wirkung ist auch als Linse
zu erklären, wenn ihre Brechzahl von der der Kammer abweicht, was in der Regel der Fall ist.

14.2.5.2 Geometrische Optik des menschlichen Auges Fig. 14.27 enthält einen
waagrechten Schnitt durch das Auge und zum Vergleich das Schema einer photographischen Kamera. In Tab. 14.2 sind einige Daten des Auges zusammengestellt.
Nach der Lichteintrittsseite wird das Auge durch die Hornhaut abgeschlossen. Es folgt
die (vordere) Augenkammer mit dem Kammerwasser, daran schließt sich die
Augenlinse an. Die Brechkraft der Linse wird durch Betätigung des Ziliarmuskels
verändert (Änderung der Krümmung der Begrenzungsflächen). Der sich an die Linse
anschließende Glaskörper (corpus vitreum) ist eine gallertartige Masse mit der

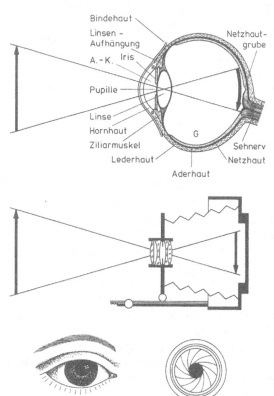

Fig. 14.27
Aufbau des menschlichen Auges und der
photographischen Kamera; im unteren Teil
der Figur: die Augenpupille entspricht der
veränderbaren „Blende". A.-K. Augenkammer, G Glaskörper

Tab. 14.2 Geometrisch-optische Daten des menschlichen Auges

Dicke der Hornhaut (Cornea)	0,8 mm
Krümmungsradius r der Hornhaut	7,83 mm
Brechzahl Kammerwasser und Glaskörper n'	1,3365
Augenlinse n_L	1,358
Augenpupille	2 bis 8 mm $\varnothing$
Abstand der Mitte der Hauptpunkte vom Scheitel der Hornhaut	1,475 mm
Abstand der Hauptpunkte bzw. der Hauptebenen voneinander	0,254 mm
Abstand der Knotenpunkte = Abstand der Hauptpunkte	0,254 mm
Vordere Brennweite f bei entspanntem Auge	17,055 mm
Hintere Brennweite f' bei entspanntem Auge	22,8 mm
Abstand der Mitte der Hauptpunkte von der Mitte der Knotenpunkte $= f' - f$	5,75 mm
Nahpunktentfernung in mittlerem Lebensalter	25 cm
Durchmesser der Netzhautgrube (Fovea)	0,3 mm

gleichen Brechzahl wie das Kammerwasser. Das Bild entsteht auf der Netzhaut, die die lichtempfindlichen Zellen (Stäbchen und Zäpfchen) enthält. Eine Schnittzeichnung der Netzhaut enthält Fig. 14.29. Die Struktur der Netzhaut ist für das „Erkennen", physikalisch für die (*Längen-*)*Auflösung*, wichtig. Die Eintrittsstelle des Sehnervs ist aus der Mitte etwas zur Nase und nach oben verschoben. Bei symmetrischer Stellung des Auges trifft die Achse des einfallenden Lichtbündels im gelben Fleck (2 mm $\varnothing$) auf die Netzhautgrube (0,3 mm $\varnothing$), in welcher die Dichte der Zäpfchen besonders groß ist. Dagegen ist die Eintrittsstelle des Sehnervs ein blinder Fleck. Die Augenpupille erscheint schwarz, weil von dem in das Auge einfallenden Licht nur etwa 1/1 000 wieder austritt.

Die *optischen Abbildungseigenschaften* folgen aus der Lage der Kardinalpunkte (Fig. 14.28). Da die Medien vorn (Luft) und hinten (Glaskörper) verschieden sind, so ist die vordere Brennweite von der hinteren verschieden. Mittels Gl. (14.14) entnehmen wir aus Tab. 14.2 für die

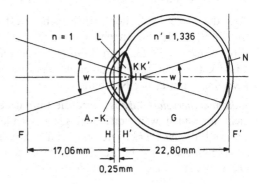

Fig. 14.28
Die optischen Kardinal-Punkte und -Ebenen
beim menschlichen Auge
A.-K. Augenkammer, G Glaskörper,
L Augenlinse, N Netzhaut, w Gesichts-
oder Sehwinkel; Haupt- und Knotenpunkte
liegen außerhalb der Linse

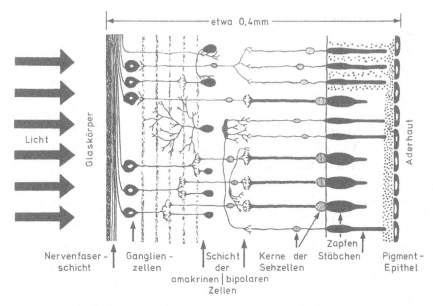

Fig. 14.29 Aufbau der Netzhaut des menschlichen Auges (S. Ramón y Cajal). Das einfallende Licht fällt zum größeren Teil nicht direkt auf die Stäbchen und Zäpfchen, sondern erst nach Reflexion am Pigment-Epithel

$$\text{Gesamtbrechkraft des entspannten Auges } \varphi_\infty = \frac{n}{f} = \frac{n'}{f'} = 58{,}6 \, \text{dpt}.$$

Die Gesamtbrechkraft des Auges setzt sich aus derjenigen der Grenzfläche Luft-Vordere Kammer (Hornhaut) und derjenigen der Augenlinse zusammen. Wir erhalten aus Gl. (14.10) für die

$$\text{Brechkraft der Grenzfläche Luft–vordere Kammer } \varphi_G = (n' - n)\frac{1}{r} = 43{,}0 \, \text{dpt}.$$

Ein ganz wesentlicher Anteil der Brechkraft wird also nicht durch die Augenlinse bewerkstelligt, sondern rührt von der gekrümmten vorderen Augenbegrenzung her. Es ergibt sich aus Gl. (14.19) unter Vernachlässigung des Gliedes mit d für die

$$\text{Brechkraft der entspannten Linse } \varphi_{L,\infty} = \varphi_\infty - \varphi_G = (58{,}6 - 43) \, \text{dpt} \approx 16 \, \text{dpt}.$$

Aus der Brechkraft der Grenzfläche Luft–vordere Kammer können wir mittels Gl. (14.9) auch die zugehörigen Brennweiten ermitteln: vordere Brennweite der Grenzfläche $f_G = 23{,}3 \, \text{mm}$, hintere Brennweite $f'_G = 31 \, \text{mm}$. Ein solches Auge ohne Linse kann nicht akkommodieren. Das Bild eines unendlich fernen Gegenstandes läge etwa 7 mm hinter der Netzhaut.

Akkommodiert das Auge, so wird die Linsenbrechkraft verändert, so daß das Bild eines nicht unendlich weit entfernten Gegenstandes auf der Netzhaut liegt. Der kleinste Abstand, die *Nahpunktentfernung*, auf den man einstellen kann, wandert im Laufe des Alters von etwa 7 cm bis auf 25 cm, im Alter schwindet die Akkommodationsfähigkeit. Die von der Augenlinse einzustellende Brechkraft für eine bestimmte Objektweite a

können wir aus Gl. (14.18) berechnen. Unter Vernachlässigung der Hauptpunktsver-schiebung bei der Akkommodation (etwa 0,2 mm) setzen wir in Gl. (14.18) $a' = 22,8\,\text{mm} = 22,8 \cdot 10^{-3}\,\text{m}$; $n' = 1,3365$; $n = 1$ und für a die Nahpunktentfernung a_N ein, so daß die geforderte Gesamtbrechkraft

$$\varphi = \frac{1}{a_N} + \frac{1,3365}{22,8 \cdot 10^{-3}\,\text{m}} = \frac{1}{a_N} + 58,6\,\text{dpt} = \Delta\varphi + \varphi_\infty. \tag{14.21}$$

Die Brechkraft $\Delta\varphi = 1/a_N$ wird derjenigen des entspannten Auges durch veränderte Krümmung der Linse hinzugefügt: beim Kleinkind ist $\Delta\varphi = \frac{1}{7}\,\text{cm}^{-1} = 14,3\,\text{dpt}$, beim Erwachsenen $\Delta\varphi = \frac{1}{25}\,\text{cm}^{-1} = 4\,\text{dpt}$.

Beispiel 14.6 Beim weitsichtigen Auge (*Hyperopie*) ist der Augapfel verkürzt, die Ebene des scharfen Bildes liegt bei entspanntem Auge hinter der Netzhaut. Beim kurzsichtigen Auge (*Myopie*) ist der Augapfel zu lang, bei entspanntem Auge liegt die Ebene des scharfen Bildes vor der Netzhaut. Eine Korrektur muß in der Weise erfolgen, daß bei Hyperopie die Brechkraft erhöht, bei Myopie vermindert wird. Eine Brille muß daher im ersten Fall physikalisch eine Sammel-, im zweiten eine Zerstreuungslinse sein. Ist die Abweichung des Augapfels von der Norm zum Beispiel $\Delta a' = \mp 1\,\text{mm}$, dann muß die Korrektur so erfolgen, daß die Gesamt-brechkraft des Auges verändert wird auf

$$\varphi = \frac{n'}{f' \mp 1\,\text{mm}} = \frac{1,3365}{(22,8 \mp 1) \cdot 10^{-3}\,\text{m}} \approx \frac{1,3365}{22,8 \cdot 10^{-3}\,\text{m}}\left(1 \pm \frac{1}{22,8}\right)$$
$$= 58,6\,\text{dpt} \pm 58,6\,\text{dpt}\,\frac{1}{22,8} = 58,6\,\text{dpt} \pm 2,57\,\text{dpt}. \tag{14.22}$$

Die Brillenstärke muß 2,57 dpt betragen, mit dem positiven Vorzeichen bei Hyperopie, dem negativen bei Myopie. Will man nun die Korrektur so ausführen, daß man eine Linse der Brechkraft 2,57 dpt einfach vor das Auge setzt, so wird dies unbefriedigend sein, weil nach Gl. (14.19) der Abstand zwischen Brillenglas und Auge zu beachten ist. Es muß daher noch eine individuelle Anpassung erfolgen.

Wie aus Fig. 14.27 hervorgeht, sind alle von der Augenlinse entworfenen *Bilder reell und umgekehrt.* Gleichwohl „sehen" wir die Gegenstände aufrecht, weil im Gehirn eine Umstellung des Bewußtseins erfolgt. Fig. 14.28 zeigt, daß die Bildgröße auf der Netzhaut vom *Sehwinkel w* abhängt: dies ist der Winkel, unter dem der Gegenstand betrachtet wird. Durch Heranholen eines Objektes an das Auge vergrößert man den Sehwinkel und damit die Bildgröße. – Auch die photographische Kamera entwirft umgekehrte Bilder (Fig. 14.27). Sie ist dem Auge zunächst insoweit unterlegen, als der Abstand Linse-Photoplatte verändert werden muß, wenn Gegenstände verschiedener Objektweiten abgebildet werden sollen. Die „Blende" des Photoapparates entspricht der Pupille des Auges, mit ihr regelt man den Lichtstrom, der auf die Platte trifft. Bisher ist es nicht gelungen, Weitwinkelobjektive zu bauen, die auch nur einigermaßen solch große Sehwinkel erfassen, wie es das Auge kann. Nur in einem Punkt ist das photographische Objektiv überlegen: man kann es aus verschiedenen Linsen verschiede-ner Glassorten zusammensetzen und damit den Farbfehler kompensieren (Abschn. 14.3.2).

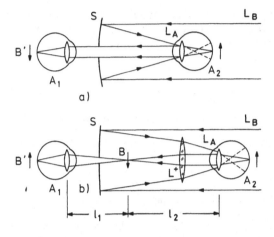

Fig. 14.30
Betrachtung des Augenhintergrundes des Patienten A_2 durch den Arzt A_1, S = Augenspiegel

Beispiel 14.7 *Untersuchung des Augenhintergrundes* durch visuelle Betrachtung. – Das Licht einer entfernten Lampe L_B (Fig. 14.30) wird durch den Augenspiegel konzentriert, Spiegel S und Augenlinse L_A erzeugen – je nach der Entfernung S–L_A – zwischen L_A und der Retina des Patienten A_2 ein Bild von L_B, das wiederum einen Teil der Retina beleuchtet. Es gibt nun zwei Methoden der Betrachtung, die in Fig. 14.30a und b dargestellt sind. Es werde bei Arzt (A_1) und Patient (A_2) ein emmetropes (normalsichtiges) Auge vorausgesetzt. Ist das Auge des Patienten entspannt, so entwirft dessen Augenlinse L_A ein Bild der Retina im Unendlichen, die ebenfalls entspannte Augenlinse des Arztes A_1 bildet dieses scharf auf die Retina des Arztes ab, so daß dort ein Bild der Patientenretina im Maßstab 1:1 entsteht. Würde der Patient – etwa auf das Auge des Arztes – akkomodieren, so läge das Bild seiner Retina im Endlichen; der Arzt könnte nur dann ein scharfes Bild der Patientenretina sehen, wenn der Abstand der beiden Augenlinsen gleich der Summe der beiden Akkomodationsabstände wäre – es sei denn, der Arzt würde vor seinem Auge eine Zerstreuungslinse verwenden. Der Problematik der Akkomodation des Patientenauges beugt man durch Verwendung einer Zwischen-(Sammel-)Linse L^+ vor dem Patientenauge vor. Sie entwirft in einem Abstand l_2, der kleiner als die Brennweite der Linse L^+ ist, ein Bild B der Retina, das reell und umgekehrt ist. Es kann vom Arzt in bequemer Distanz $l_1 + l_2$ betrachtet werden. Bei der Frage nach der Vergrößerung, die erzielt wird, vergleicht man mit einer Bildgröße, die man dann erzielen würde, wenn man die Patientenretina in 25 cm Entfernung vom Auge des Arztes aufstellen und direkt betrachten könnte: die Vergrößerung bei der Methode nach Fig. 14.30a ist dann etwa 12 bis 15fach, bei Fig. 14.30b nur etwa 5fach. Die Vergrößerung ist zwar geringer, aber der beobachtbare Ausschnitt größer, was u.U. als günstiger angesehen wird.

14.2.5.3 Strukturelle (Längen-)Auflösung des Auges Darunter wird die Begrenzung der Strukturerkennung auf Grund der Struktur der Netzhaut (Retina) verstanden. Die Netzhaut besitzt eine „körnige" Struktur, ähnlich wie die photographische Platte mit den lichtempfindlichen Silber-Bromid-Körnern (0,4 bis 0,7 μm ∅), die in der Emulsion unregelmäßig verteilt sind (Abstand einige μm). Die optische Struktur der Netzhaut ist durch die eingelagerten Sehzellen bestimmt: *Stäbchen* (Anzahl insgesamt etwa 130 Millionen), die für das Dämmerungssehen ausgerüstet sind und nur eine Hell-Dunkel-Unterscheidung vermögen, und *Zäpfchen* (etwa 7 Millionen), die für das

Sehen in hellem Licht angepaßt sind und Farben zu erkennen vermögen. In hellem Licht sieht man praktisch ausschließlich mit den Zäpfchen, in der Dämmerung geben nur die Stäbchen einen Lichteindruck. Die *Verteilung der Sehzellen* in der Netzhaut ist nicht gleichmäßig. Im Zentrum des gelben Flecks (2 mm $\varnothing$) liegt die Netzhautgrube (Fovea, 0,3 mm $\varnothing$), in welcher praktisch nur Zäpfchen mit der mittleren Anzahldichte von 40 000 mm^{-2} vorhanden sind. Ihr mittlerer Abstand ist damit rund 5 μm. Von den Zäpfchen hat jedes eine eigene Nervenleitung (Fig. 14.29), während außerhalb des gelben Flecks, wo praktisch nur Stäbchen vorhanden sind, rund 100 Stäbchen eine gemeinsame Nervenleitung besitzen. Die „Körnigkeit" ist außerhalb des gelben Flecks viel größer.

Strukturelemente eines Objektes werden nur wahrgenommen, wenn mindestens zwei Sehzellen auf der Netzhaut „angesprochen" werden. Der kleinste vorkommende Sehzellenabstand ist derjenige der Zäpfchen. In der Fovea ist dieser Abstand 5 μm, und dies ist die „Längenauflösung" der Netzhaut. Ihr entspricht der Sehwinkel $w = 5 \cdot 10^{-3}$ mm/17 mm $= 2,94 \cdot 10^{-4}$ rad $= 1'$. Bringt man ein Objekt in den Abstand $d = 25$ cm, dann muß es mindestens die Ausdehnung $\Delta y = 2,94 \cdot 10^{-4} \cdot 25$ cm $= 0,07$ mm haben, damit eine Struktur erkannt wird. Bei der Entfernung $d = 100$ m muß $\Delta y = 3$ cm sein. Im Bereich der Stäbchen ist die Auflösung viel schlechter wegen der gröberen Körnigkeit. Man fixiert daher in hellem Licht einen Gegenstand durch Bewegen des Auges, so daß das Bild in den gelben Fleck fällt. In der Dämmerung, wo die Zäpfchen ausfallen, sind die wahrgenommenen Bildkonturen viel weniger scharf, und das Fixieren ist nicht nützlich („bei Nacht sind alle Katzen grau, und man ist nicht sicher, ob es Katzen sind").

Im Anschluß an die Besprechung der Lichtbeugung haben wir noch die Grenzleistungsfähigkeit des Auges zu besprechen (Abschn. 14.4.3.1).

14.2.5.4 Vergrößerung Die optischen Geräte sind primär als Hilfsmittel für den Menschen entwickelt worden. Ihre Funktion wird auf diejenige des menschlichen Auges abgestimmt. Da der Abstand Augenlinse-Netzhaut konstant ist, so ist die Bildgröße nur davon abhängig, wie groß der Sehwinkel w ist (Fig. 14.28). Um mehr Einzelheiten eines Objektes zu erkennen, holt man es an das Auge heran: auch beim längerdauernden Betrachten eines Gegenstandes oder beim Lesen wird eine Distanz von 20 bis 25 cm als „angenehm" empfunden. Zum Zwecke der Angabe von Kenndaten optischer Geräte hat man durch Übereinkunft eine „konventionelle Sehweite" $s = 25$ cm festgelegt. Das Heranholen des Objektes ist bei fernen Objekten wie Sternen, Schiffen auf See usw. nicht möglich. Hier erzeugt man mit dem Fernrohr zunächst ein Zwischenbild, das man dann vergrößert. Der wesentliche Begriff ist also die

$$\text{Vergrößerung des Sehwinkels} \overset{\text{def}}{=} \frac{\text{Sehwinkel mit optischem Gerät}}{\text{Sehwinkel ohne optisches Gerät}},$$

$$V_w \overset{\text{def}}{=} \frac{w_{\text{mit}}}{w_{\text{ohne}}}. \tag{14.23}$$

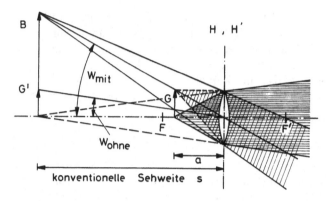

Fig. 14.31
Bildentstehung bei der Lupe

Es gibt optische Geräte, bei denen die Vergrößerung des Sehwinkels (meist schlechthin *Vergrößerung* genannt) gleich dem Abbildungsmaßstab $V_t = B/G$ ist (Lupe und Mikroskop). Bei den Fernrohren trifft das nicht zu.

14.2.5.5 Lupe Sie ist eine Sammellinse, die so benutzt wird, daß das zu betrachtende Objekt innerhalb der einfachen Brennweite liegt (Fig. 14.31). Es entsteht ein virtuelles Bild, das das Auge betrachtet. D.h. das ins Auge einfallende Lichtbündel ist divergent, es scheint vom virtuellen Bild herzukommen. Mit der Lupe bringt man also ein Objekt näher als den Nahpunktsabstand ans Auge heran, nämlich in einen Abstand, der kleiner als die Brennweite der verwendeten Linse ist. Man achtet bei optimaler Ausnützung der Lupe darauf, daß das Bild wiederum an der Stelle der konventionellen Sehweite liegt. Aus Fig. 14.31 liest man ab, daß hier die Winkelvergrößerung gleich dem Abbildungsmaßstab ist,

$$V_{\text{Lupe}} = \frac{w_{\text{mit}}}{w_{\text{ohne}}} = \frac{B}{G'} = \frac{B}{G} = V_t. \tag{14.24}$$

Da $B/G = a'/a = s/a$, so folgt aus der Abbildungsgleichung (14.18 a) unter Berücksichtigung, daß die Bildweite a' negativ ist

$$V_{\text{Lupe}} = 1 + \frac{|a'|}{f} = 1 + \frac{s}{f}. \tag{14.25}$$

Die Vergrößerung der Lupe ist umso größer, je kleiner die Brennweite der benutzten Sammellinse, d.h. je größer ihre Brechkraft ist, jedoch gibt es in der Handhabung praktische Grenzen. Bequem ist noch $f = 5\,\text{cm}$, $V = 6$. Bei $f = 1\,\text{cm}$ muß man unbequem nahe an das Objekt herangehen, würde aber $V = 26$ erreichen.

14.2.5.6 Mikroskop Bis zu 2000facher Vergrößerung benutzt man das Mikroskop. Es ist aus zwei Linsensystemen, *Objektiv* (dem Objekt zugewandt) und *Okular* (dem Auge zugewandt), aufgebaut (Fig. 14.32), die beide physikalisch Sammellinsen sind. Außerdem enthalten die Mikroskope noch eine Zwischenlinse – *Feldlinse* genannt –, deren Funktion im weiteren klar wird. Bei der Benutzung wird das Objektiv L_1 zwar nahe an das Objekt G herangeführt, jedoch bleibt die Objektweite a größer als die

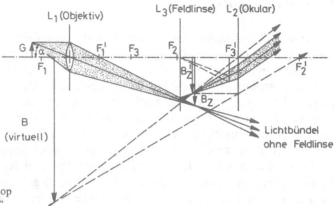

Fig. 14.32
Bildentstehung beim Mikroskop
α ist der „Gesichtsfeldwinkel"

Brennweite f_1 ($a > f_1$) des Objektivs, so daß dieses ein reelles Bild B_Z entwirft. Dieses Bild wird mit dem Okular L_2 als Lupe betrachtet, insgesamt entsteht das virtuelle Bild B. Man erkennt an der Zeichnung, daß das Lichtbündel, welches zur Spitze des Zwischenbildes B_Z verläuft sich weit von der optischen Achse entfernt. Hinter dem Okular folgt aber das menschliche Auge mit einer maximalen Pupillen-Öffnung von $\varnothing$ 10 mm: nur ein geringer Teil des das Okular verlassenden Lichtbündels würde in das Auge eintreten können, d.h. der tatsächliche *Gesichtsfeldwinkel* α, der in Fig. 14.32 eingezeichnet ist, wäre viel kleiner (man würde nur einen kleinen Teil von G sehen). Abhilfe bringt die Feldlinse. Sie wird so eingebaut, daß das Zwischenbild B_Z nahe bei der Hauptebene der Feldlinse liegt. In diesem Fall liegt das mittels der Feldlinse neu erzeugte Zwischenbild B_Z' nahe bei B_Z und hat nahezu die gleiche Größe, aber – und das ist der wesentliche Erfolg – das Lichtbündel wird scharf umgelenkt, so daß das volle Lichtbündel durch das Okular und die Augenpupille gelangen kann.

Für die Sehwinkelvergrößerung vergleicht man die Winkel unter denen das Bild B und das Objekt G in gleicher Entfernung gesehen werden. Man sieht, daß die Vergrößerung dann gleich dem Abbildungsmaßstab ist,

$$V_{\text{Mikroskop}} = V_t = \frac{B}{G} = \frac{B_Z}{G} \frac{B}{B_Z} = V_{\text{Objektiv}} \cdot V_{\text{Okular}}. \tag{14.26}$$

Die Gesamtvergrößerung des Mikroskops ist also das Produkt aus Objektiv- und Okularvergrößerung. Bei heutigen Verwendungszwecken ein und desselben Mikroskops ist eine Variation der Vergrößerung im Bereich von $V = 20$ bis $V = 1000$ erwünscht. Dies erreicht man durch einen Satz von zusammengehörigen Objektiven und Okularen. Die Abstufung ist genormt.

In Fig. 14.32 fehlt zur Vervollständigung des Strahlengangs noch die Einzeichnung des Auges. Auf seiner Netzhaut entsteht ein reelles Bild, das Licht scheint vom virtuellen Bild B herzukommen.

Wir haben hier nur die geometrisch-optische Funktionsweise des Mikroskops besprochen. Es fehlt noch die Berücksichtigung des Einflusses der Welleneigenschaft des Lichtes auf die erreichbare Auflösung (Abschn. 14.4.3.2).

14.2.6 Abbildungsfehler

Die durch Kugelflächen begrenzten Linsen vermitteln Abbildungen, die trotz einwandfreien Schliffes und völliger Homogenität des Linsenmaterials grundsätzlich nicht vollkommen sind. Zum einen besteht ein Farbfehler: s. Abschn. 14.3.2. Zum anderen bestehen weitere Fehler, die in Abschn. 14.2.6.1 und 14.2.6.2 besprochen werden. Abgesehen von diesen werden dem Auge ebenso wie der photographischen Kamera aber in der Regel Aufgaben gestellt, die sie grundsätzlich nicht erfüllen können: es soll nämlich der ganze Objekt*raum* in eine *Ebene* (Netzhaut, Photoplatte) scharf abgebildet werden. Das ist nach den Abbildungsgleichungen (14.18) oder (14.18a) nicht möglich, denn zu einer bestimmten Bildebene gehört genau eine Objektebene. Alle außerhalb dieser Objektebene liegenden Objektpunkte werden nicht als Punkte, sondern als mehr oder weniger große „Scheibchen" abgebildet, wie man aus Fig. 14.33 erkennt. Die Größe dieser Scheibchen hängt von der Weite des Lichtbündels ab. Wird eine kleine Blende gewählt, dann ist der Scheibchendurchmesser kleiner als bei großer Blende. Der tolerierbare Scheibchendurchmesser ist durch die Körnigkeit der photographischen Emulsion bzw. der Netzhaut bestimmt. Läßt man einen gewissen Scheibchendurchmesser δ als „noch scharf" zu, so kann man für jeden Blenden- (bzw. Pupillen-)Durchmesser die „Schärfentiefe" angeben. Darunter versteht man das Gebiet zwischen den beiden Objektweiten a_1 und a_2, für die der Scheibchendurchmesser kleiner als δ bleibt. Zwischen diesen beiden Objektweiten liegt die Objektweite derjenigen Ebene, auf die die Kamera bzw. das Auge eingestellt wurde.

Beispiel 14.8 Das menschliche Auge sei entspannt (Akkommodation auf ∞). Um welche Distanz weicht dann die Bildebenenlage von der Netzhautlage ab, wenn die Objektebene bei $a = 20\,\mathrm{m}$ liegt? Wir benützen Gl. (14.18) und (14.14) mit $n = 1$ (Luft), $n' = 1,3365$ (Kammerwasser), Brennweiten des entspannten Auges nach Tab. 14.2 $f = 17\,\mathrm{mm}$, $f' = 22,8\,\mathrm{mm}$:

$$\frac{n}{a} + \frac{n'}{a'} = \varphi_\infty = \frac{n'}{f'} = \frac{n}{f},$$

oder $\quad \dfrac{1}{a'} = \dfrac{1}{f'} - \dfrac{n}{n'}\dfrac{1}{a} = \dfrac{1}{f'}\left(1 - \dfrac{f}{a}\right).$

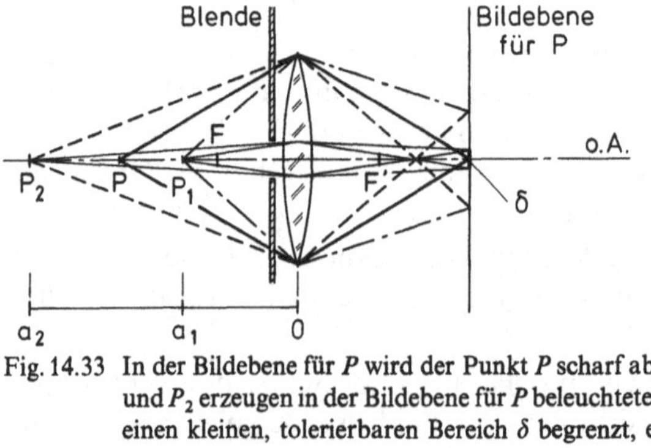

Fig. 14.33 In der Bildebene für P wird der Punkt P scharf abgebildet, die Lichtstrahlungen der Punkte P_1 und P_2 erzeugen in der Bildebene für P beleuchtete „Scheiben"; durch eine Blende werden sie auf einen kleinen, tolerierbaren Bereich δ begrenzt, er bestimmt die als Schärfentiefe bezeichnete Strecke $a_2 - a_1$

Es folgt für die Lage der Bildebene

$$a' = \frac{f'}{1 - \dfrac{f}{a}} = \frac{22,8\,\text{mm}}{1 - \dfrac{17\,\text{mm}}{20\,\text{m}}} = 22,8\,\text{mm} + 19,4\,\mu\text{m}\,.$$

Ein Punkt der Objektebene in 20 m Entfernung wird also erst 19,4 μm hinter der Netzhaut scharf (als Punkt) abgebildet. Auf der Netzhaut entsteht bei einem angenommenen Pupillendurchmesser von 5 mm damit ein „Scheibchen" mit dem Durchmesser $\delta = 4\,\mu\text{m}$. Er ist etwas kleiner als der Abstand zweier Sehzellen: es wird noch ein „scharfes" Bild wahrgenommen werden.

14.2.6.1 Sphärischer oder Öffnungs-Fehler Ein achsenparalleles Lichtbündel enthält sowohl achsennahe als auch achsenferne Strahlen. Die achsenfernen schneiden sich früher als die achsennahen, d. h. die Brennweite ist für die achsennahen Lichtbündel am größten (Fig. 14.34a, vgl. auch Fig. 14.8a für den Kugelspiegel). Je nach dem verwendeten Teillichtbündel müßte man in die Abbildungsgleichung verschiedene Brennweiten einsetzen. Man muß sich demnach mit einer mittleren Brennweite begnügen, und die Bilder werden unscharf, wenn das Lichtbündel zu weit ist.

Der sphärische Fehler macht sich auch dann bemerkbar, wenn ein geneigtes Parallelbündel eine Linse passiert (Fig. 14.34b). Es sollte sich dort vereinigen, wo der Zentralstrahl die Brennebene trifft. Statt eines Bildpunktes entsteht ein kometenähnliches Bild.

14.2.6.2 Astigmatismus Astigmatismus (Nicht-Punktförmigkeit) tritt bei der Abbildung von Punkten auf, die nicht auf der optischen Achse liegen. Er wird deutlich sichtbar, wenn die Abbildung durch ein enges Teilbündel erfolgt, das nur einen kleinen Teilbereich der Linse durchsetzt, insbesondere dann, wenn der Teilbereich außerhalb des Linsenzentrums liegt: er ist für solche „schiefen Bündel" nicht rotationssymmetrisch. Das Teilbündel hat nicht mehr *einen* Schnitt*punkt*, sondern *zwei*, in verschiedenen Entfernungen liegende, zueinander senkrechte Schnitt*linien* („Brenn-

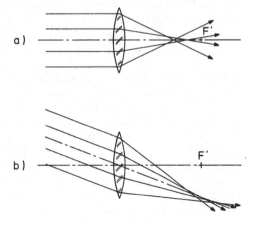

Fig. 14.34
a) Sphärischer Fehler von optischen Linsen
b) Koma eines schief einfallenden Parallel-Licht-bündels

linien"). Bei der Abbildung eines außeraxialen Punktes mit dem vollen, die Linse durchsetzenden Bündel entsteht durch das Zusammenwirken von sphärischem Fehler und Astigmatismus aller Teilbündel in der Bildebene der *Koma* genannte Bildfehler. Auch das *menschliche Auge* besitzt *Abbildungsfehler*, die durch den Aufbau bedingt sind. Sie werden aber deshalb nicht empfunden, weil das Gehirn sowieso aus dem Bildmosaik, das es von den Sehzellen geliefert bekommt, ein vollständiges Bild komponiert. Es würden sich auch Bildfehler, die die Konturen nur innerhalb des Durchmessers einer Sehzelle unscharf werden lassen, nicht von einer scharfen Kontur unterscheiden lassen. Anders liegen die Verhältnisse bei krankhaften Veränderungen: *Kurzsichtigkeit* (Myopie) und *Weitsichtigkeit* (Hyperopie) haben wir schon in Beispiel 14.6 besprochen. Der *Astigmatismus* des Auges wird durch eine nicht-kugelflächenartige Krümmung der Hornhaut verursacht. Sie ist in erster Näherung nach Art der Oberfläche eines Ellipsoides gekrümmt und hat zwei verschiedene Krümmungsradien in zwei zueinander senkrechten Achsen. Für achsenparallele Lichtbündel ist dann schon eine Korrektur nötig; das geschieht mittels einer Zylinderlinse.

14.3 Dispersion, Spektrum

14.3.1 Abhängigkeit der Brechzahl von der Farbe (Frequenz des Lichtes)

Mit den *Refraktometern* mißt man die Brechzahlen durchsichtiger Stoffe. Verwendet man verschiedenfarbiges Licht (Farbfilter), dann findet man, daß rotes Licht (Wellenlänge $\lambda = 700$ nm) schwächer, blaues Licht ($\lambda = 500$ nm) stärker gebrochen wird: die Brechzahl für rotes Licht ist kleiner als für blaues Licht. Die Abhängigkeit der Brechzahl von der Farbe des Lichtes heißt *Dispersion der Brechzahl* oder *optische Dispersion*. Fig. 14.35 enthält einige Verläufe der Brechzahl als Funktion der Wellenlänge (Vakuum-Wellenlänge $= c_0/f$). Im ganzen Bereich nimmt die Brechzahl mit wachsender Wellenlänge (fallender Frequenz) ab, wenn auch nur wenig. Im Ultravioletten (Wellenlänge $\lambda = 300$ nm) steigt dagegen die Brechzahl relativ stärker an. Einige Zahlenwerte enthält Tab. 14.3. Die in der Tabelle hinzugefügten Buchstaben bei der Angabe der Wellenlänge sind auffallende Wellenlängen in der Lichtstrahlung der Sonne und gehören zu bestimmten chemischen Elementen, die in

Tab. 14.3 Brechzahlen für einige Stoffe als Funktion der Wellenlänge des Lichtes

λ/nm	397 (H)	486,1 (F)	589,3 (D)	656,3 (C)
Wasser	1,3435	1,3371	1,3330	1,3312
Plexiglas 55		1,5014	1,4950	1,4928
Kronglas BK 1	1,5246	1,5157	1,5100	1,5076
Lexan		1,5995	1,5854	1,5800
Flintglas F 3	1,6542	1,6246	1,6128	1,6081

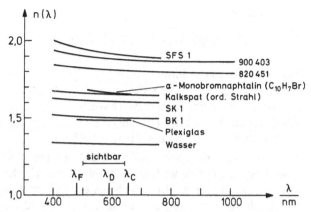

Fig. 14.35 Verlauf der Brechzahl verschiedener durchsichtiger Stoffe in Abhängigkeit von der (Vakuum-)Wellenlänge des Lichtes. SFS 1, SK 1, BK 1, 900 403, 820 451 sind (Firmen-) Bezeichnungen für optische Gläser

der Sonnenkorona vorkommen. Wie aus Fig. 14.35 hervorgeht, umfaßt der Wellenlängenbereich F–C gerade ungefähr den vom Auge als farbige Lichtstrahlung wahrgenommenen Bereich (Fig. 14.37), während D in der Nähe des Empfindlichkeitsmaximums der Lichtwahrnehmung liegt. Für den sichtbaren Bereich definiert man die mittlere relative Dispersion des durchsichtigen Stoffes durch

$$D_{\mathrm{m}} = \frac{n(\mathrm{F}) - n(\mathrm{C})}{n(\mathrm{D}) - 1}. \tag{14.27}$$

Für die in der Optik verwendeten Gläser (s. auch Tab. 14.3) liegen die Zahlenwerte von D_{m} im Intervall 0,05 bis 0,014.

14.3.2 Chromatischer oder Farb-Fehler der Linsen

Nach Gl. (14.15) ist die Brechkraft φ einer einfachen „dünnen" Linse (Dicke d klein gegen die Krümmungsradien r und r' der begrenzenden Kugelflächen)

$$\varphi = (n_{\mathrm{L}} - 1)\left(\frac{1}{r} + \frac{1}{r'}\right), \tag{14.28}$$

wobei n_{L} die Brechzahl des Linsenmaterials ist und angenommen ist, daß die Linse in Luft (Brechzahl $n = n' = 1$ auf beiden Seiten der Linse) benutzt wird. Hat die Brechzahl n_{L} eine Dispersion, so ist auch die Brechkraft der Linse von der Farbe des Lichtes abhängig. Für die Angabe des Farbfehlers der Linse benützt man die Differenz der Brechkräfte bei den durch die Buchstaben F und C gekennzeichneten Wellenlängen und erhält aus Gl. (14.28)

$$\Delta\varphi = (n_{\mathrm{L}}(\mathrm{F}) - n_{\mathrm{L}}(\mathrm{C}))\left(\frac{1}{r} + \frac{1}{r'}\right) = \frac{n_{\mathrm{L}}(\mathrm{F}) - n_{\mathrm{L}}(\mathrm{C})}{n_{\mathrm{L}}(\mathrm{D}) - 1}\,\varphi\,(n_{\mathrm{L}}(\mathrm{D})). \tag{14.29}$$

Daraus folgt

$$\Delta\varphi = D_{\mathrm{m}}\,\varphi\,(n_{\mathrm{L}}\,(\mathrm{D})), \qquad \frac{\Delta\varphi}{\varphi} = D_{\mathrm{m}}.\tag{14.30}$$

Die Größe D_{m} ist die durch Gl. (14.27) eingeführte Dispersion des Linsenmaterials. Die Daten aus Tab. 14.3 zeigen, daß größenordnungsmäßig $D_{\mathrm{m}} = 0,03 = 3\cdot 10^{-2} = 3\%$, also ist dies auch der relative Brechkraft-„Fehler" der Linse. Hat man etwa eine Linse der Brechkraft $\varphi = 1$ dpt (Brennweite $f = 1$ m), dann ist der Unterschied der Brennweiten für rotes und blaues Licht $\Delta f = 3$ cm.

Für die Farbfotografie und die Lichtspektroskopie ist die Beseitigung des Farbfehlers der Objektive wichtig. Das gelingt mittels der Kombination von wenigstens zwei Linsen in einem Objektiv. Nach der früher angegebenen Gleichung (14.19) für die Brechkraft der Linsenkombination ist diese die Summe der Einzel-Brechkräfte, $\varphi = \varphi_1 + \varphi_2$, wobei wir der Einfachheit halber, zur Erläuterung nur des Prinzips, den Korrekturterm weglassen. Der Farbfehler der Kombination ist damit gleich der Summe der Farbfehler

$$\Delta\varphi = \Delta\varphi_1 + \Delta\varphi_2 = D_1\,\varphi_1 + D_2\,\varphi_2.\tag{14.31}$$

Die Dispersion D_{m} ist im sichtbaren Gebiet eine positive Zahl. Soll also der Farbfehler verschwinden, so müssen die beiden Brechkräfte φ_1 und φ_2 verschiedenes Vorzeichen haben: man muß eine Sammellinse mit einer Zerstreuungslinse zusammenbauen (Fig. 14.36a). Da dabei natürlich die Gesamtbrechkraft nicht verschwinden darf, so muß man zwei verschiedene Glassorten mit verschiedenen Dispersionen und verschiedenen Brechzahlen verwenden. Auf diese Weise gelingt es, *Achromate* zu bauen (Fig. 14.36a), bei denen der Farbfehler für zwei Farben beseitigt ist. *Apochromate* sind Linsensysteme, wo – neben anderen Fehlern – der Farbfehler für drei Farben behoben ist (Fig. 14.36b).

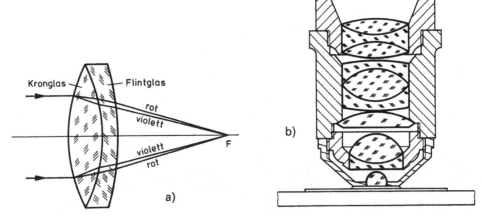

Fig. 14.36 a) Achromate sind Linsensysteme, bei denen der Farbfehler für zwei Farben aufgehoben ist (nach Schäfer-Bergmann),
b) Mikroskop-Objektiv als Apochromat: der Farbfehler ist für drei Farben aufgehoben (nach Stuart-Klages)

14.3.3 Geometrisch-optischer Farbfehler des menschlichen Auges

Aus Gl. (14.30) ergibt sich eine Abschätzung für den Farbfehler des Auges, wenn man für die Dispersion D_m vereinfachend den Wert für Wasser aus Tab. 14.3 einsetzt: $D_m = 0,018$, also

$$\Delta\varphi = 0,018 \cdot 58,6\,\text{dpt} = 1,055\,\text{dpt}. \tag{14.32}$$

Das ist eine Größenordnung, die man bei Fehlsichtigkeit üblicherweise schon durch Brillen auszugleichen versucht. Fig. 14.37 enthält als gestrichelt gezeichnete Kurve die Änderung der Brechkraft vom (fernen) Rot ($\lambda = 750\,\text{nm}$) bis zum Ultravioletten: im Blauen ändert sich die Brechkraft beträchtlich. Da der menschliche Organismus offenbar nicht in der Lage ist, im Auge ein System herzustellen, in welchem eine Farbkorrektur mittels verschiedener Stoffe erfolgt, so hilft sich das Auge auf andere Weise. Zunächst findet man, daß die Augenlinse von gelblicher Färbung ist: sie absorbiert im Ultravioletten und Violetten kräftig und beschneidet die Farbskala des aus der Linse in den Glaskörper gelangenden Lichtes. Es ist nicht so, daß etwa die Sehzellen im Blauen und Violetten weniger empfindlich wären als bei größerer Wellenlänge. Im Gegenteil vermögen Menschen, bei denen die Augenlinse durch eine Glaslinse ersetzt wurde, noch im UV zu sehen, wo der normalsichtige Mensch nichts mehr sieht. Die größte Brechkraftänderung im Violetten eliminiert das Auge demnach, indem es diese Strahlungsanteile durch Absorption in der Linse beseitigt.

Der Vergleich der Empfindlichkeitskurven ④ und ③ in Fig. 14.37 zeigt, daß beim Sehen mit den Stäbchen (Dämmerung) das Empfindlichkeitsmaximum bei der Wellenlänge $\lambda = 500\,\text{nm}$ liegt, während die Zäpfchen ein deutlich zu längeren Wellenlängen

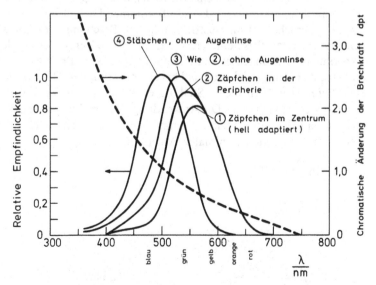

Fig. 14.37 Spektrale Empfindlichkeit verschiedener Bereiche des menschlichen Auges (ausgezogene Kurven) und Farbfehler des menschlichen Auges (gestrichelte Kurve, rechte Ordinate)

verschobenes Maximum haben. Wird die ins Auge fallende Intensität erhöht, dann wird in zunehmendem Maße mit den Zäpfchen gesehen, d.h. mit Sehzellen, deren Empfindlichkeitsmaximum mehr zum Roten verschoben ist, wo die Kurve des chromatischen Fehlers flacher verläuft. Bei Helligkeit sieht man mit den Zäpfchen, die zum gelben Fleck hin konzentriert sind. Wie der Vergleich der Kurven ② und ① zeigt, wird durch die gelbe Absorptionsschicht im gelben Fleck (Beispiel 14.11) eine weitere Verschiebung des Empfindlichkeitsmaximums zum Roten erreicht. Der Farbfehler des menschlichen Auges wird demnach nicht behoben, sondern durch sukzessive Beschneidung des Spektrums, angepaßt an die vorliegenden Lichtverhältnisse, soweit vermindert, daß er nicht mehr stört. – Über das Farbensehen s. Abschn. 14.3.5.

Ergänzung: Zum Zweck der Anpassung von Strahlungsnachweisgeräten, von Lampen und anderen Geräten an die Farbempfindung des menschlichen Auges gibt es nach DIN eine standardisierte Hellempfindlichkeitsfunktion für das hell- und das dunkeladaptierte Auge (photopisches und skotopisches Sehen). S. Abschn. 14.5.1, Fig. 14.61.

14.3.4 Spektrum, Spektralapparat

Säulenförmige Glaskörper mit ebenen Flächen nennt man Prismen. Meist geht man von dreieckigen Querschnitten aus, jedoch erfordern technische Anwendungen auch andere Formen (Umlenkprismen verschiedener Art; z.B. im Mikroskop, um durch einen abgeknickten Strahlengang eine bequemere Kopfhaltung des Beobachters zu ermöglichen). Fig. 14.38 enthält den Lichtbündelverlauf durch ein Prisma mit dreieckförmiger Grundfläche und dem *brechenden Winkel* φ. Ein einfarbiges, monochromatisches Parallellichtbündel wird aus Luft kommend beim Eintritt in das Glasprisma zum Lot hin gebrochen. Beim Austritt erfolgt die Brechung vom Lot weg, und wegen der geneigten zweiten Prismenfläche erhält man eine Vergrößerung des *Ablenkwinkels* δ. Experimentell beobachtet man beim Drehen des Prismas um seine Längsachse (senkrecht zur Zeichenebene), daß bei einer bestimmten Orientierung die Ablenkung δ ein *Minimum* hat. In dieser Stellung erweist sich der Verlauf des *Lichtbündels* als *symmetrisch* zum Prisma. Die Anwendung des Brechungsgesetzes Gl. (14.3) ergibt in diesem Fall den folgenden Zusammenhang zwischen brechendem Winkel φ und Ablenkwinkel δ_{min} der minimalen Ablenkung

$$\frac{\sin \dfrac{\varphi + \delta_{min}}{2}}{\sin \dfrac{\varphi}{2}} = n \,. \tag{14.33}$$

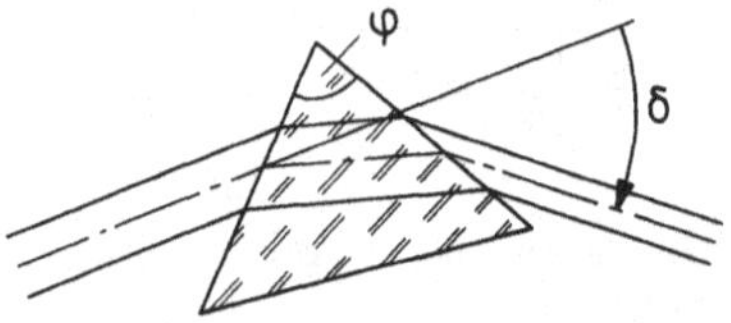

Fig. 14.38
Umlenkung eines Parallel-Lichtbündels durch ein Prisma, φ brechender Winkel, δ Ablenkwinkel

Speziell für kleine brechende Winkel φ und damit auch kleine Ablenkwinkel δ_{min} kann man die Sinus-Funktion durch das Argument ersetzen, so daß

$$\delta_{min} \approx (n-1)\,\varphi\,, \tag{14.34}$$

d. h. der Ablenkwinkel ist proportional zum brechenden Winkel. Er ist außerdem umso größer, je größer die Brechzahl des Prismenmaterials ist. Flintglasprismen zeigen entsprechend den Daten in Tab. 14.1 eine größere Lichtbündelablenkung als Kronglasprismen.

Ergänzung: In der Augenoptik verwendet man zur Korrektur eines schielenden Auges prismatische sphäro-zylindrische Brillengläser. Die sphärische und zylindrische Brechkraft wird dabei wie üblich in dpt angegeben, die prismatische Ablenkung δ in *Prismendioptrien*, wobei man 1 pdpt $\hat{=} \tan \delta = 0,01$ setzt (Ablenkwinkel $\delta = 0,01$ rad $= 0,573° = 34,4'$).

Beispiel 14.9 Im Normalfall sind die Achsen der beiden Augen des Menschen parallel orientiert und werden von der Muskulatur gleichsinnig und parallel bewegt. Beim Fixieren in hellem Licht treffen die Achsen der einfallenden Lichtbündel das Zentrum der Netzhautgrube. Diese hat etwa 0,3 mm Durchmesser und daher fallen auch noch Lichtstrahlen in die Netzhautgrube, die im Winkel um etwa $\alpha = 0,3\,\text{mm}/17\,\text{mm} = 0,018\,\text{rad} = 1,03° = 62'$ abweichen, d. h. nach beiden Seiten um je $31'$. Eine dauernde Schiefstellung einer Augenachse kann nun durch ein Prisma mit angepaßtem brechendem Winkel φ korrigiert werden, so daß Parallel-Lichtbündel in beiden Augen an die gleiche Stelle der Netzhaut gelangen. Fig. 14.39 zeigt die Wirkung. Aus Gl. (14.34) folgt bei einer Brechzahl des Glases von $n = 1,5$, daß $\varphi = 2\,\delta$ sein muß. Beträgt die Schiefstellung $\delta = 10'$, dann muß der brechende Winkel $\varphi = 20'$ betragen. Der Ablenkwinkel $\delta = 10'$ entspricht der Prismenbrechkraft von rund 1/3 pdpt. – Für das Training der Augenmuskulatur benützt man auch eine Serie von Ablenkprismen verschiedener brechender Winkel und schiebt sie vor dem Auge vorüber. Mittels eines einzelnen Prismas umgekehrter Orientierung wie in Fig. 14.39 (Spitze nach oben) versucht man auch eine die Muskulatur umtrainierende Dauer-Korrektur der Schiefstellung der Augenachse.

Da die durchsichtigen Stoffe, insbesondere die Gläser, eine Dispersion besitzen, hängt der Ablenkwinkel durch ein Prisma von der Farbe des Lichtes (gekennzeichnet durch Wellenlänge oder Frequenz) ab. Das wird in den *Prismen-Spektralapparaten* ausgenutzt, um das Licht einer Lampe in die darin enthaltenen Farbkomponenten zu zerlegen: man führt eine *Spektralanalyse* aus und gewinnt das *Spektrum der Lichtstrahlung der Lampe*. Fig. 14.40 enthält das Schema eines solchen Gerätes. Die

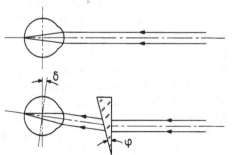

Fig. 14.39
Die Schiefstellung der Achse eines Auges kann durch ein Prisma korrigiert werden

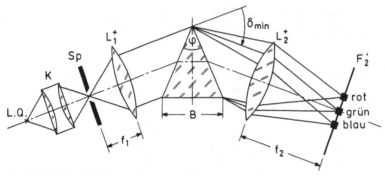

Fig. 14.40 Lichtbündelverlauf in einem Prismen-Spektralapparat
L.Q. Lichtquelle, K Kondensor, Sp Lichtquellenspalt, L_1^+, L_2^+ Sammellinsen

Lichtquelle L. Q. wird zunächst mit Hilfe eines *Kondensors* K auf einen *Eingangsspalt*
Sp des Gerätes abgebildet. Der Kondensor dient dazu, die Linse L_1^+ voll aus-
zuleuchten. Der Eingangsspalt kann mittels Schraubenmikrometer in seiner Breite
verstellt werden (Breite etwa 1/10 mm). Der Eingangsspalt spielt von da an die Rolle
der Lichtquelle, und er ist so eingebaut, daß er im Brennpunkt der ersten (Sammel-)
Linse L_1^+ steht. Dann tritt aus ihr ein Parallel-Lichtbündel aus, dessen Achse parallel
zur optischen Achse verläuft und auf das Prisma fällt. Beim Übergang in das Prisma
erfolgt die Brechung, die farbabhängig ist: es erfolgt schon bei der ersten Brechung eine
Auffächerung, das Prisma wird von verschieden-farbigen Parallel-Lichtbündeln
durchsetzt. Beim Ausfall aus dem Prisma wird die Auffächerung vergrößert. Auf die
(Sammel-)Linse L_2^+ fällt „paralleles Licht", wobei für jedes farbige Teillichtbündel ein
anderer Neigungswinkel zur optischen Achse gehört. Alle diese Parallel-Lichtbündel
werden in der Brennebene F_2 von L_2^+ vereinigt, jedoch ist der Vereinigungspunkt für
jeden Neigungswinkel, also jede Farbe ein anderer. Er kann exakt gezeichnet werden,
denn jedes geneigte Parallel-Lichtbündel darf so weit durch Parallelstrahlen ergänzt
werden, daß es einen Strahl enthält, der durch das Zentrum der Linse L_2^+ geht. Dünne
Linse vorausgesetzt, geht dieser Strahl ungebrochen durch die Linse und durchstößt
die Brennebene im Vereinigungspunkt des gesamten Parallel-Lichtbündels.

Der Spektralapparat vermittelt demnach eine optische Abbildung des Eingangsspaltes
Sp als Lichtquelle in die Brennebene der Linse L_2^+. Die Bilder erscheinen in der Farbe
des Lichtbündels, das zur Abbildung benutzt wird. Ein Spaltbild wird besonders
schmal, wenn der Eingansspalt stark verengt wird; es vermindert sich dann zwar die
gesamte Strahlungsenergie, nicht aber die Beleuchtungsstärke (= Intensität) im
Spaltbild.

Der Spektralapparat zerlegt die Lichtstrahlung in die darin enthaltenen Farben und
diese werden daher schlechthin als die *Spektralfarben* bezeichnet. Je nach dem in der
Bildebene des Spektralapparates verwendeten Meßgerät (Photozelle, Abschn. 9.3.6.2,
aber auch Photoplatte) kann die Intensitätsverteilung in der Bildebene, also *das
Spektrum* in verschiedener Weise aufgezeichnet werden. Fig. 9.74 enthält das
Spektrum einer mit Quecksilberdampf gefüllten Gasentladungs-Lampe (mit Leucht-
stoffzusatz): man erkennt eine gewisse Anzahl diskreter Farben, gekennzeichnet

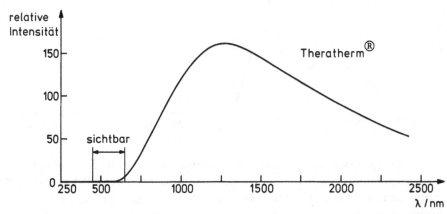

Fig. 14.41 Spektrum einer zur Strahlungs-Wärme-Therapie benutzten Lampe. Der Spektralbereich unterhalb etwa $\lambda = 800$ nm, also auch das sichtbare Licht, das bei der Behandlung stören würde, wird durch ein Filter absorbiert

durch ihre entsprechenden Wellenlängen. Das Spektrum ist ein *Linienspektrum:* der Name gibt den visuellen Eindruck in der Bildebene des Spektralapparates wieder, wenn ein Spalt als Lichtquelle benützt wird, also ein strich- oder linienförmiges Bild entsteht. Die bekannte gelbe Strahlung einer Natriumdampflampe liegt bei der Wellenlänge $\lambda = 600$ nm, das Spektrum besteht aber aus zwei eng benachbarten Linien (den „D-Linien") gelber Farbe. Je enger benachbart zwei Linien in einem Spektrum sind, umso schmaler wird man den Eingangsspalt des Spektralapparates wählen, damit es nicht zur Überlappung der Bilder kommt. Die Wellenoptik zeigt jedoch, daß es eine grundsätzliche Grenze für die Auflösung benachbarter Spektrallinien gibt.

Alle *leuchtenden Gase* emittieren *Linienspektren.* Ganz anders ist das Spektrum der *leuchtenden* (glühenden) *festen Stoffe* beschaffen, z.B. das der glühenden Bogenlampenkohle oder des glühenden Metallfadens einer Glühlampe. Ihre Spektren sind *kontinuierlich.* Fig. 14.41 enthält das Spektrum einer für die Strahlungs-Wärmebehandlung entwickelten Lampe (sog. Rotlichtlampe), deren Strahlung bis ins Ultrarot (oberhalb $\lambda = 1\,000$ nm) reicht. Das hier gezeigte Spektrum ist tatsächlich nicht dasjenige eines „nackten" leuchtenden Festkörpers (einer Temperatur von mehr als 2000 K), sondern es ist durch ein Rotfilter bei den kurzen Wellenlängen wesentlich in der Intensität vermindert worden, damit der Patient durch das „weiße" Licht der Lampe nicht gestört wird (vgl. auch Abschn. 15.2).

Die Spektralanalyse der Lichtstrahlung hat entscheidend zur Entwicklung der modernen Atomtheorie beigetragen. Wir kommen daher in Abschn. 15 darauf zurück.

14.3.5 Farbensehen

Die Zäpfchen im zentralen Bereich des Auges vermitteln den Farbeindruck der Lichtstrahlung. Die Vorgänge sind im einzelnen noch nicht geklärt. Es gibt drei Arten von Zäpfchen, deren Farbempfindlichkeitskurven (Fig. 14.42) einer Rot-, Grün- und

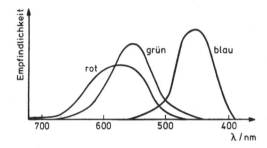

Fig. 14.42
Relative Farbempfindlichkeit der drei verschiedenen Zäpfchenarten der menschlichen Netzhaut

Blau-Empfindlichkeit entsprechen (Maximum bei $\lambda = 570$ nm, 535 nm und 455 nm). Die Farbempfindung wird durch Pigmente vermittelt, die durch auftreffendes Licht zu chemischen Reaktionen veranlaßt werden, und diese führen zur Signalabgabe an den Sehnerv.

In einer Farbentheorie wird gezeigt, daß aus drei Grundfarben die verschiedenen Farbeindrücke durch Farbmischungen entstehen. Die wichtigsten sind die *additive* und die *subtraktive Farbmischung*. Bei der additiven Farbmischung werden die drei Grundfarben aufeinander projiziert. Die Summe aller drei Grundfarben – richtig dosiert – ergibt „weiß“, obwohl, anders als bei einer leuchtenden Glühlampe, nicht alle Spektralfarben vorhanden sind. Bei anderer Dosierung entstehen auch „gelb“ und viele Purpurfarbtöne. Bei der subtraktiven Farbmischung wird der Farbeindruck registriert, der entsteht, wenn Licht durch ausgewählte Farbfilter hindurchgegangen ist. Weißes Licht, das ein Blau- und anschließend ein Gelbfilter durchquert hat, erscheint grün (bei der additiven Mischung würden gelb und blau eine weiß-ähnliche Farbe ergeben). Mittels dreier Filter läßt sich „schwarz“ erzeugen, dagegen kann „weiß“ auf subtraktive Weise nicht hergestellt werden. – Es sei darauf hingewiesen, daß der Ausdruck „subtraktiv“ den physikalischen Vorgang nicht richtig wiedergibt: es handelt sich um die Veränderung des Spektrums durch den multiplikativ anzuwendenden Transmissionsgrad eines Filters.

14.4 Wellenoptik

14.4.1 Überlagerung von Wellen, Interferenz

Eine Lichtquelle, speziell ein Dipolsender elektromagnetischer Wellen, oder eine Schallquelle, oder auch eine periodisch auf eine Wasserfläche tippende Spitze als Quelle von Wasser-Oberflächenwellen, strahlt eine Kugelwelle ab, die sich in den Raum (bzw. auf der Wasseroberfläche) mit der Ausbreitungsgeschwindigkeit c ausbreitet. Die Strahlung sei monochromatisch (monofrequent). In die Nähe dieser Strahlungsquelle Q_1 wird eine gleiche, konphas schwingende, Q_2, gebracht (Fig. 14.43). Die elektrische Feldstärke $\vec{E}$ des elektromagnetischen Feldes im Punkt P ist die Summe der Feldstärken, herrührend von Q_1 und Q_2, und sie ist im übrigen eine

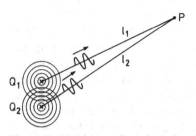

Fig. 14.43 Die Lichtamplitude im Aufpunkt P wird durch die Summe der Amplituden der Teilwellen bestimmt

Tab. 14.4 Phasendifferenz, Wegdifferenz und Amplitude bei der Überlagerung zweier Wellen herrührend von zwei gleichphasig schwingenden Quellen

$\Delta\varphi$	$l_1 - l_2$	Amplitude
0	0	$2E_0$
$\pi\,(180°)$	$\lambda/2$	0
2π	λ	$2E_0$
3π	$3\lambda/2$	0
4π	2λ	$2E_0$
5π	$5\lambda/2$	0
·	·	·

Sinusfunktion mit der Frequenz f. Die Wege l_1 und l_2, die das Licht von beiden Quellen bis zum Punkt P zurücklegen muß, sind im allgemeinen verschieden lang, und daher sind es auch die verstrichenen Zeiten, $t_1 = l_1/c$, $t_2 = l_2/c$. Die sich zur Zeit t in P treffenden Wellen, die wir überlagern, indem wir die Summe bilden, sind also zu verschiedenen Zeitpunkten von ihren Quellen gestartet, sie weisen in P einen *Phasenwinkelunterschied* $\Delta\varphi$ auf, welcher gegeben ist durch

$$\Delta\varphi = \omega\,(t_1 - t_2) = 2\pi f\,(t_1 - t_2) = \frac{2\pi f}{c}\,(l_1 - l_2) = \frac{2\pi\,(l_1 - l_2)}{\lambda}. \tag{14.35}$$

Es ergibt sich dann für die Summe der beiden Feldstärken (von denen jede einzelne die Amplitude $\vec{E}_0$ haben soll)

$$\vec{E} = \vec{E}_0 \cdot 2 \sin\,(2\pi f t - \varphi_0)\cos\frac{\Delta\varphi}{2}, \tag{14.36}$$

wobei φ_0 noch einen Nullphasenwinkel bedeutet, der beiden Wellen gemeinsam und für das weitere ohne Bedeutung ist. Gl. (14.36) stellt das wesentliche Ergebnis der Überlagerung der Wellen dar: an denjenigen Punkten im Raum, bei denen $\cos(\Delta\varphi/2)$ den Wert Null hat, verschwindet die Feldstärke dauernd. Wie die Zusammenstellung in Tab. 14.4 zeigt, ist das bei all den Punkten der Fall, wo der Unterschied der Laufwege, $l_1 - l_2$, ein *ungeradzahliges Vielfaches der halben Wellenlänge* ist. Dort ist der Unterschied der Phasenwinkel nach Gl. (14.35) π, 3π, 5π, ... In allen Raumpunkten dagegen, wo der Unterschied der Laufwege ein *geradzahliges Vielfaches der halben Wellenlänge* (= ganzzahliges Vielfaches der Wellenlänge) ist, ist die Amplitude der Schwingung maximal, nämlich gleich dem doppelten Wert der Einzelschwingungsamplitude. Es folgen also im Raum Stellen der *Auslöschung* (Amplitude 0) und der *Verstärkung* (Amplitude $2E_0$) aufeinander. Da die Lichtintensität proportional zum Amplitudenquadrat ist, so besteht ein entsprechendes stationäres Intensitätsmuster im ganzen Raum: dies ist das *Interferenzfeld* um die beiden

Strahlungsquellen herum. Ein solches Interferenzfeld, das auf der Überlagerung von Wellen beruht, ist gleichzeitig der experimentelle Beweis dafür, daß sich eine Strahlung oder ein Vorgang als Welle ausbreitet, und das Auffinden von *Interferenzerscheinungen beweist, daß dem betreffenden Vorgang eine Wellennatur zuzuschreiben ist.*

Normalerweise wird das Interferenzfeld von zwei Lichtquellen nicht beobachtet: schaltet man zwei Lichtquellen ein, so wird im ganzen Raum gleichmäßig die Lichtintensität verdoppelt und nicht im Raum abwechselnd zu null reduziert oder auf das Vierfache verstärkt. Voraussetzung für die Beobachtung eines stationären Interferenzbildes ist, daß die zu überlagernde Strahlung *kohärent* ist: Strahlung zweier im gleichen Takt schwingende Dipolantennen ist kohärent. Eine natürliche Lichtquelle enthält aber viele, regellos orientierte Dipole, die zudem, wie wir heute wissen, nicht unendlich lange Wellenzüge emittieren, sondern aufhören und neu beginnen, und die außerdem in ihrer relativen Phasenlage zueinander immer wieder gestört werden. Dieses Licht ist *inkohärent*; zur Beobachtung von Interferenzen mit natürlichem Licht bedarf es besonderer Vorkehrungen.

Es gibt eine ganze Reihe von „Interferenzanordnungen". Lediglich die Pohlsche soll wegen der besonderen Einsichtigkeit, und weil sie die angestellten Überlegungen leicht nachvollziehen läßt, diskutiert werden. In die Strahlung einer Hg-Lampe stellt man ein dünnes, durchsichtiges Glimmerblatt (Fig. 14.44). An ihm wird die Strahlung zum Teil an der Vorderseite, und ein weiterer Teil an der Rückseite reflektiert. Von der Projektionswand gesehen sieht der Beobachter zwei virtuelle Bilder L_1, L_2 der Lichtquelle in verschiedenem Abstand hinter dem Glimmerblatt. Alle Strahlung scheint von diesen Lichtquellen herzukommen, und da diese natürlich völlig synchron „schwingen", so haben wir damit interferenzfähiges, kohärentes Licht, auf welches wir die Gl. (14.36) anwenden können: im *gesamten* Raum vom Glimmerblatt bis zur Projektionswand besteht ein Interferenzfeld, in welchem räumlich Hell- und Dunkel-Stellen aufeinander folgen. Die Differenz der Wege $Q \rightarrow P$, auch Gangunterschied g genannt, bestimmt die Lage der Minima bzw. Maxima der Intensität. Dividiert man g durch die Wellenlänge,

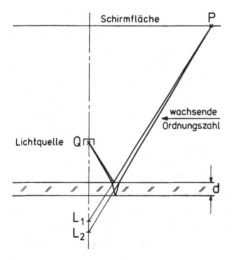

Fig. 14.44
Pohlsche Interferenzanordnung, L_1 bzw. L_2 sind Spiegelbilder der Lichtquelle an der Ober- bzw. Unterseite des Glimmerblattes der Dicke $d \approx 40\,\mu m$

dann erhält man die *Ordnung der Interferenz.* Ihr Maximum ist $N = 2nd/\lambda$ ($n = 1,6$ Brechzahl von Glimmer), also für $d = 0,04$ mm und $\lambda = 580$ nm (Hg-Lampe): $N = 221$. – Man sieht konzentrische Ringe.

14.4.2 Huygenssches Prinzip, Beugung am Spalt und an der Lochblende

Entsprechend der Skizze in Fig. 14.45 wird eine punktförmige Lichtquelle L.Q. im Brennpunkt einer Sammellinse L_1^+ aufgestellt. Es entsteht ein zur optischen Achse paralleles Lichtbündel. Wird in dieses eine zweite Sammellinse L_2^+ gebracht, so entsteht in deren Brennpunkt das Bild der Lichtquelle L.Q. Etwas neues beobachten wir, wenn in das Lichtbündel zwischen L_1^+ und L_2^+ ein Hindernis, hier ein Spalt, gebracht wird, dessen Weite verändert werden kann. Die geometrische Optik besagt, daß mit dem Spalt nur der Energiestrom zum Bild verändert werden kann, nicht die Bildlage oder die Bildgröße. Man beobachtet jedoch bei fortschreitender Verringerung der Spaltbreite b eine deutliche Verbreiterung des Bildes der Lichtquelle und außerdem noch weitere „Bilder", die neben dem geometrischen Bild auftreten: man beobachtet ein Interferenzstreifen-System. Die Beleuchtungsstärke auf dem Schirm (Lichtintensität) ist für diesen Fall in Fig. 14.45 als Funktion des Abstandes x vom Zentrum aufgezeichnet.

Ursache für die Ablenkung des Lichtes aus der durch die geometrische Optik vorgegebenen Bahn, also für die *Beugung des Lichtes* ist der in das Lichtbündel gebrachte Spalt. Von ihm gehen neue Parallel-Lichtbündel aus, die zur Achse geneigt sind. Das *Huygenssche Prinzip* liefert dafür die Erklärung. Zur Veranschaulichung einer Welle (Lichtwelle) verbinden wir die Orte gleicher Schwingungsphase (z.B. Wellenberge, Wellentäler) miteinander (angedeutet in Fig. 13.28). Wir erhalten Flächen gleicher Phase, die sich ausbreiten. Bei einer punktförmigen Lichtquelle sind diese Flächen Kugelflächen. In dem Parallel-Lichtbündel zwischen den Linsen L_1^+ und L_2^+ in Fig. 14.45 sind die Wellenflächen parallele Ebenen senkrecht zur Ausbreitungsrichtung. Die Ausbreitung einer Welle geschieht dann nach dem Huygensschen Prinzip wie folgt: auf einer festen Fläche im Raum, die die Form einer Wellenfläche hat, denken wir uns Oszillatoren, die durch die ankommende Welle zum

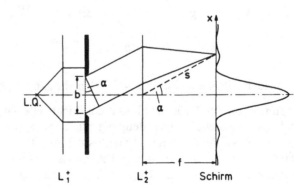

Fig. 14.45
Lichtbeugung an einem Spalt der
Breite b
L.Q. Lichtquelle, s Konstruktions-
Hilfsstrahl

Mitschwingen veranlaßt werden. Die Punkte einer Wellenfläche werden also als gleichphasige Oszillatoren (genannt Huygens-Zentren) aufgefaßt, die dann wieder Kugelwellen aussenden. Die Erregung in einem beliebigen Punkt (in Ausbreitungsrichtung) hinter der betrachteten Wellenfläche ergibt sich aus der Addition (= Interferenz) der Erregungen herrührend von allen ins Spiel kommenden Huygens-Zentren. In Abschn. 13.6.5.3 haben wir auf die gleiche Weise die Beugung der Schallwellen erklärt, und dort war es klar, daß die Oszillatoren materielle Teilchen (Luftmoleküle, und andere) waren. Die Ausbreitung von Licht erfolgt auch durch das Vakuum, daher hat es lange Zeit gedauert, bis der Huygensschen Erklärung der Lichtausbreitung zugestimmt wurde. Man kann die Beugung auch dadurch erklären, daß die materiellen Teilchen in der Blendenberandung als Oszillatoren wirksam werden.

Zur Erklärung der *Beugung am Spalt* in Fig. 14.45 ersetzen wir in der Spaltebene die ankommende ebene Welle durch gleichphasig mitschwingende Oszillatoren (angedeutet durch Punkte). Sie strahlen Kugelwellen ab, und damit kann Licht in jede Richtung α emittiert werden. Wir müssen jedoch, weil das Licht dieser Oszillatoren kohärent ist, das Überlagerungsprinzip anwenden, und daher fällt die Lichtemission in bestimmten Richtungen aus, in anderen erfolgt Verstärkung, die Lichtintensität wird also neu verteilt. In *Vorwärtsrichtung* ist die Wegdifferenz, der *Gangunterschied*, $g = 0$ für alle Teilwellen: dort liegt das Hauptmaximum der Intensitätsverteilung. Bei einem bestimmten Emissionswinkel ist der Gangunterschied zwischen der Welle, die am oberen Spaltrand startet und der Teilwelle, die in der Spalt*mitte* ihre Quelle hat gerade eine *halbe* Wellenlänge, und für diese Richtung gibt es für jeden Teilstrahl der oberen Spalthälfte immer einen aus der unteren, zu dem genau der Gangunterschied $\lambda/2$ besteht. So besteht im ganzen Lichtbündel zu dieser Richtung Auslöschung: dort liegt das erste Minimum der Intensitätsverteilung, und zu ihm gehört der Gangunterschied $g = 2 \cdot (\lambda/2) = \lambda$ zwischen dem Teilstrahl am oberen und unteren Spaltrand. – Wird der Beobachtungswinkel α vergrößert, so erreicht man schließlich eine Richtung, wo sich alle Teilwellen verstärken, darauf folgt eine Richtung mit Auslöschung usw.

Quantitativ ergibt sich für die Winkel α, unter denen (*außerhalb der Achse*) Verstärkung bzw. Auslöschung erfolgt, und damit für die Orte x auf dem Bildschirm, wo Maxima bzw. Minima der Intensitätsverteilung liegen (f Brennweite der Linse; $k = 1, 2, \ldots$)

$$\text{Maxima: } g \approx (2k + 1) \frac{\lambda}{2} = b \sin \alpha \approx b \frac{x_{max}}{f}, \qquad (14.37)$$

$$\text{Minima: } g = 2k \frac{\lambda}{2} = b \sin \alpha \approx b \frac{x_{min}}{f}. \qquad (14.38)$$

In beiden Fällen gilt also $\sin \alpha \sim \frac{1}{b} \lambda$, d. h. die ganze Beugungsfigur wird nur dann breit, wenn b von der Größenordnung der Lichtwellenlänge ist. Das führt meist zu der falschen Vorstellung, daß Beugung nur dann existiere, wenn die Beugungsöffnung (oder die Ausdehnung des Hindernisses) von der Größenordnung der Lichtwellenlänge, also klein, sei. Beugung gibt es jedoch immer; auch an der Türöffnung, nur führt sie dabei zu einer engen Beugungsfigur um das geometrische Bild.

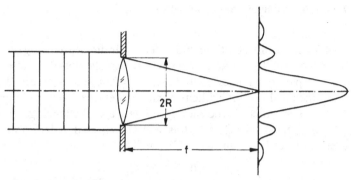

Fig. 14.46 Lichtbeugung an einer kreisrunden Öffnung

Nach dem Huygensschen Prinzip kommt es immer zur Lichtbeugung, wenn aus einer Wellenfront ein Teil ausgeblendet wird. Das ist insbesondere bei optischen Instrumenten von Bedeutung, wo Blenden und Linsenfassungen an verschiedenen Stellen Teile aus dem Strahlungsbündel ausblenden. Das physikalisch-optische Bild eines Punktes ist daher nicht ein Punkt, sondern ein Beugungsscheibchen, und dieses hat, im Gegensatz zu einem mathematischen Punkt, einen endlichen Radius. Er bestimmt die *Grenze der Leistungsfähigkeit optischer Instrumente bezüglich der Struktur-Auflösung.* In Fig. 14.46 falle von links ein exaktes Parallellichtbündel parallel zur optischen Achse auf die Linse ein. Nach der geometrischen Optik ist der Vereinigungspunkt der Brennpunkt im Abstand f von der Linse. Die Anwendung des Huygensschen Prinzips auf Oszillatoren in der Linsenfläche führt darauf, daß natürlich im Brennpunkt das Hauptmaximum der Intensitätsverteilung liegt (Gangunterschiede $g = 0$), aber in konzentrischen Ringen um das Hauptmaximum treten Minima der Intensitätsverteilung auf, wobei ihre Lagen durch

$$r_{min} = 0{,}610 \frac{\lambda}{R} f, \quad 1{,}116 \frac{\lambda}{R} f, \quad 1{,}619 \frac{\lambda}{R} f, \ldots \tag{14.39}$$

gegeben sind (sie sind nicht äquidistant). Wieder ist die Breite der Beugungsfigur durch das Verhältnis aus Wellenlänge λ und „Geometrie" (R) bestimmt. Nehmen wir als Abbildungswellenlänge diejenige des Empfindlichkeitsmaximums des Auges, $\lambda = 555$ nm, und für den Radius der die Beugung bestimmenden Linse $R = 1$ cm, ferner $f = 10$ cm, dann folgt für den Radius des ersten Minimums nach Gl. (14.39)

$$r_{min} = 0{,}61 \cdot 55 \cdot 10^{-9} \, \mathrm{m} \, \frac{10 \, \mathrm{cm}}{1 \, \mathrm{cm}} = 3{,}38 \, \mu\mathrm{m}. \tag{14.40}$$

Je nach den Umständen wird man diesen Radius als klein (d. h. vernachlässigbar) oder als groß empfinden. Werden die geometrisch-optischen Bildfehler (Abschn. 14.2.6) bis in diesen Bereich vermindert, dann ist die Beugung diejenige Größe, die die Auflösung von Strukturen letztlich begrenzt.

14.4.3 Anwendung: Auge und Mikroskop

14.4.3.1 Auge Die bestimmende Blende für die Begrenzung der Strukturauflösung ist die Augenpupille. Ihr Radius bei hellem Tageslicht ist etwa $R = 1$ mm, die Brennweite des entspannten Auges (Tab. 14.2) $f' = 22,8$ mm. Für die Wellenlänge setzen wir diejenige des Empfindlichkeitsmaximums ein bei photopischem Sehen, $\lambda = 555$ nm. Wir müssen noch berücksichtigen, daß die Wellenlänge in der Augenflüssigkeit (Glaskörper) kleiner als in Luft ist (Gl. (14.7)), so daß der Radius des Beugungsscheibchens auf der Netzhaut nach Gl. (14.39)

$$r_{\min,\,\text{Auge}} = 0,61\,\frac{555 \cdot 10^{-9}\,\text{m}}{1,3365}\,\frac{22,8\,\text{mm}}{1\,\text{mm}} = 5,77\,\mu\text{m} \tag{14.41}$$

ist. Der Abstand der Zäpfchen im Bereich der größten Auflösung des Auges in der Netzhautgrube ist etwa 5 µm (Abschn. 14.2.5.3). Das Auge ist demnach bezüglich der Auflösung = Strukturerkennung optimal gebaut: die Körnigkeit der Netzhaut ist von der gleichen Größe wie die grundsätzliche Auflösungsgrenze auf Grund der Wellennatur des Lichtes. Ein strukturell feinerer Aufbau hätte keinen Sinn.

14.4.3.2 Mikroskop Als bestimmende Blende für die Auflösungsgrenze nehmen wir die Fassung der ersten Objektivlinse (Durchmesser einige mm). Fig. 14.47 enthält eine nicht-maßstabsgerechte Skizze. Wir diskutieren zunächst den Fall der Abbildung von drei kleinen Lichtquellen P_1, P_2 und P_3 (*selbstleuchtende Objekte*). In der Bildebene des Zwischenbildes werden die geometrisch-optischen Bilder P_1', P_2' und P_3' entworfen. Anstelle von Bildpunkten erhalten wir Beugungsscheibchen. Die Radien der ersten Minima dieser Scheibchen folgen aus Gl. (14.39), nach Ersatz der Brennweite f durch

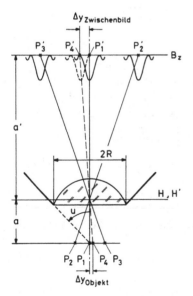

Fig. 14.47
Zur Begrenzung der Auflösung des Mikroskops wegen der Beugung an der Objektiv-Öffnung

die Bildweite a', zu

$$r'_{\text{min}} = 0{,}61 \frac{\lambda}{R} a' = 0{,}61 \frac{\lambda}{R} \frac{a'}{a} a = 0{,}61 \frac{\lambda}{R} V_t a, \tag{14.42}$$

wobei $V_t = a'/a$ der Abbildungsmaßstab der Objektivlinse ist, das heißt die Objektivvergrößerung. Die genaue Theorie ergibt anstelle der Größe a/R bzw. anstelle von $R/a = \tan u$ den Ausdruck $\sin u$, wobei u der in Fig. 14.47 gezeichnete Winkel vom Objektpunkt zum Objektivrand ist.

Das Zwischenbild des Objektivs wird mit der Okularlupe betrachtet. Erfolgen keine neuen wesentlichen Begrenzungen des Lichtbündels, dann wird das ganze Beugungsbild weiter vergrößert, und dieses ist es, was das Auge schließlich sieht. Die Auflösung wird damit nicht mehr verändert, sie ist durch das Objektiv bestimmt. Quantitativ müssen wir den Radius des Beugungsscheibchens als einen Abstand uminterpretieren, den man *im Objektraum* mindestens einhalten muß, wenn man noch eine Struktur erkennen will (Maximum der Intensitätsverteilung um P'_4 als Bildpunkt von P_4 im ersten Minimum um P'_1: sogenannte Rayleighsche Grenzlage). Dieser Abstand folgt aus Gl. (14.42) durch Division durch die Objektivvergrößerung V_t. Die Formel für die Auflösungsgrenze des Mikroskops aufgrund der Wellennatur des Lichtes lautet damit

$$\Delta y_{\text{min, Objekt}} = 0{,}61 \frac{\lambda}{n \sin u}. \tag{14.43}$$

Wir haben dabei noch berücksichtigt, daß sich zwischen Deckglas und Objektiv eine *Immersionsflüssigkeit* der Brechzahl n befindet: die Größe $n \sin u$ heißt *numerische Apertur* des Objektivs. Es sei zum Beispiel die numerische Apertur $n \sin u = 1{,}4$, und es werde grünfarbiges Licht (Maximum der Hellempfindlichkeit des menschlichen Auges) der Wellenlänge $\lambda = 555$ nm benützt. Für die Auflösungsgrenze ergibt sich aus Gl. (14.43)

$$\Delta y_{\text{min, Objekt}} = 0{,}61 \frac{555 \cdot 10^{-9}\,\text{m}}{1{,}4} = 242\,\text{nm} = 0{,}24\,\mu\text{m}. \tag{14.44}$$

Nimmt man den Zelldurchmesser mit etwa $20\,\mu\text{m}$ an, so wird man mit der durch Gl. (14.44) gegebenen Auflösungsgrenze noch Feinheiten der Zelle beobachten können.

Die Wirkung der Immersionsflüssigkeit ist in Fig. 14.48 erläutert. In der linken Hälfte ist Luft als Medium zwischen Deckglas und Objektiv angenommen: wegen der kleinen

Fig. 14.48
Eine Immersionsflüssigkeit erhöht den zur Abbildung benutzten Lichtstrom und vergrößert die numerische Apertur

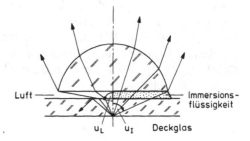

Brechzahl von Luft ($n = 1$), verglichen mit Glas ($n = 1,5$) kann nur ein kleiner Lichtkegel, der von einem Objekt ausgeht (etwa 41°) zur Abbildung genutzt werden. Wird ein Immersionsöl eingebracht, dessen Brechzahl gleich der des Glases ist, dann kann der ganze durch die Linse bestimmte Lichtkegel ausgenutzt werden. Man erhält demnach eine Lichtstromerhöhung, aber auch, wie man zeigen kann, eine Verbesserung der Auflösung (Faktor $1/n$ in Gl. (14.43)).

Für die *Abbildung nicht-selbstleuchtender Objekte* ergibt sich als Auflösungsgrenze ebenfalls Gl. (14.43). Voraussetzung ist dabei, daß von den Punkten des Objektes, die *beleuchtet* werden, inkohärente Lichtbündel ausgehen, denn dann können die Lichtintensitäten unabhängig voneinander addiert werden. Werden aber bei der Beleuchtung (etwa durch Lichtbeugung am Objekt) kohärente Lichtbündel erzeugt, dann muß man zuerst die Lichtamplituden in der Bildebene addieren (Interferenz) ehe man (durch quadrieren) die Intensitätsverteilung in der Bildebene ermittelt. Es bleibt auch dabei bei Gl. (14.43). In Sonderfällen kann die Interferenzfähigkeit des im Objekt gebeugten Lichtes vorteilhaft ausgenützt werden (s. Phasenkontrastmikroskop, Abschn. 14.4.3.3).

Abgesehen von apparativen Maßnahmen kann eine wesentliche und *grundsätzliche Verbesserung der Mikroskop-Auflösung* nach Gl. (14.43) nur erreicht werden durch Verwendung von Licht kürzerer Wellenlänge, also von blauem oder ultraviolettem Licht. Das bringt Probleme der Bildbeobachtung mit sich, die man durch Fluoreszenzschirme lösen kann. Einen wesentlichen Fortschritt hat das *Elektronen-Mikroskop* gebracht. Grundlage dieses Mikroskops ist die vom Durchgang von Elektronen durch (dünne) Materieschichten gewonnene Erkenntnis, daß man auch mit ihnen Beugung beobachten kann. D.h. aber, daß auch die Elektronen-Ausbreitung als Welle abläuft. Damit hat man eine Teilchen-Welle-Dualität, die auch schon beim Licht aufgefallen war: beim Photoeffekt (Abschn. 9.3.6.2) mußte man Licht als Strömung von Lichtquanten, also Teilchen auffassen, dagegen bei der Beugung als Welle. Die „Materiewelle" der Elektronen hat die Wellenlänge

$$\lambda_e = \frac{h}{p} = \frac{hc}{pc}, \tag{14.45}$$

mit h = Planck-Konstante. Die Größe c ist die Lichtgeschwindigkeit (nicht die Geschwindigkeit der Elektronen!). Mit einer Genauigkeit von 1 ‰ gilt

$$hc = 1,240 \text{ keV} \cdot \text{nm}. \tag{14.46a}$$

Die Größe $p \cdot c$, Impuls des Elektrons mal Lichtgeschwindigkeit, hat die Dimension Energie, wird also zweckmäßig in keV eingesetzt, dann ergibt sich aus Gl. (14.45) die Wellenlänge in nm. Für den Zusammenhang zwischen der Größe pc und der kinetischen Energie E der Elektronen benützen wir die vollständige relativistische Gleichung (gültig auch für sehr hohe Elektronengeschwindigkeiten nahe bei der Lichtgeschwindigkeit),

$$p^2 c^2 = E^2 \left(1 + 2\frac{mc^2}{E}\right) \tag{14.46b}$$

Tab. 14.5 Kinetische Energie von Elektronen und zugeordnete Wellenlänge nach Gl. (14.46c)

$\dfrac{E}{\mathrm{keV}}$	$\dfrac{pc}{\mathrm{keV}}$	$\dfrac{\lambda_e}{\mathrm{nm}}$
10	101,6	0,0122
50	231,5	0,00536
100	334,96	0,0037
200	494,4	0,0025
500	872,3	0,0014

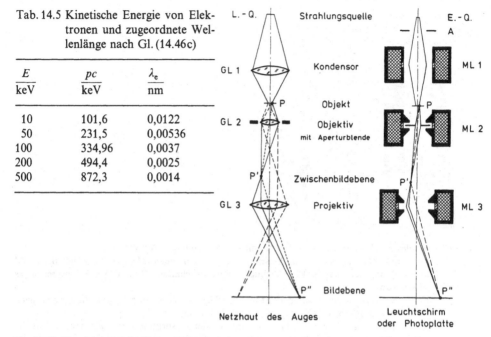

Fig. 14.49 Vergleich der Optik des Licht- und des Elektronen-Mikroskops (magnetischer Typ) GL 1, GL 2 Glaslinsensysteme, GL 3 Glaslinsensystem (Okular) + Augenlinse, ML 1,2,3 Magnetische Linsen, P Objektpunkt, P' Zwischenbildpunkt, P'' Bildpunkt, L.-Q. Lichtquelle, E.-Q. Elektronenquelle, A Anode (Elektrode zur Beschleunigung der Elektronen) (nach M. v. Ardenne)

mit $mc^2 = 511$ keV = „Ruhenergie" der Elektronen. Für die Elektronenwellenlänge λ_e folgt dann aus Gl. (14.45) unter Benutzung von Gl. (14.46a)

$$\lambda_e = \frac{hc}{E\sqrt{1 + 2\dfrac{mc^2}{E}}} = \frac{1{,}240\ \mathrm{keV}}{E\sqrt{1 + 2 \cdot \dfrac{511\ \mathrm{keV}}{E}}}\ \mathrm{nm}\ . \qquad (14.46c)$$

Man trage E in keV ein und erhält die Wellenlänge in Nanometer. Einige Zahlenwerte sind in Tab. 14.5 wiedergegeben. Sie zeigen, daß man erheblich kleinere Wellenlängen zur Verfügung bekommt. Die Wellenlängen können so klein gewählt werden, daß man eigentlich schon in atomare Dimensionen hineinsehen können sollte, jedoch ist die numerische Apertur des Elektronenmikroskops nur etwa 1/100, und damit liegt die Auflösungsgrenze bei $5 \cdot 10^{-10}$ m = 0,5 nm. In Fig. 14.49 sind Licht- und Elektronenmikroskop einander gegenübergestellt, um die grundsätzliche Ähnlichkeit des Aufbaus zu zeigen. Die Elektronenquelle ist ähnlich wie diejenige der Elektronenstrahlröhre aufgebaut (Abschn. 9.3.6.6), man hat es jedoch hier mit erheblich größeren Anodenspannungen zu tun. Fig. 14.50 enthält einige mikroskopische Aufnahmen, um die Leistungsfähigkeit der Technik zu demonstrieren.

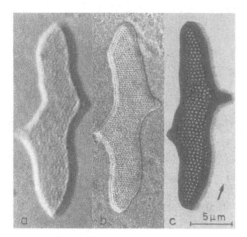

Fig. 14.50   Vergleich mikroskopischer Verfahren mit unterschiedlicher „Auflösung"
a) Lichtmikroskop, Interferenz-Phasenkontrast einer in einem Medium mit hoher Brechzahl
($n = 1,7$) eingebetteten Kieselsäureschuppe. Porendurchmesser 0,2 μm: Auflösungsgrenze des
Mikroskops
b) Raster-Elektronenmikroskop (REM). Oberflächenansicht einer Kieselsäureschuppe nach
Aufbringen zerstäubten Goldes („sputtering"-Verfahren)
c) Transmissions-Elektronenmikroskop. Infolge der Absorption der Elektronen durch die
Kieselsäure erscheint die Schuppe kontrastreich auf hellem Hintergrund. Die im Vergleich zum
REM (Teilfigur b) deutlich bessere Detailinformation beruht auf dem höheren Auflösungsver-
mögen des Transmissions-Elektronenmikroskops, besonders sichtbar an der Darstellung des
Bürstensaumes an der rechten Seite der Schuppe. Kontrastverstärkung durch Bedampfung mit
einer dünnen Schicht Au/Pd (Bedampfungsrichtung in Pfeilrichtung) (Aufnahme von K. V. Kowallik,
Düsseldorf)

14.4.3.3 Phasenkontrast-Mikroskop   Die übliche Mikroskopiertechnik besteht darin,
Präparate anzufärben und zu beleuchten. Das Bild auf der Netzhaut läßt an Hand der
Farbgrenzen die Struktur erkennen. Führt die Färbung nicht zum Erfolg oder kann
man sie nicht anwenden, dann sind die Bilder flau und in der Intensität wenig diffe-
renziert. Von Zernike (1935) wurde eine Methode zur Abhilfe gefunden, nämlich der
„Phasenkontrast".

Ein einfaches Phasenkontrastmikroskop ist in Fig. 14.51a skizziert. Wir beschreiben
zunächst den *Beleuchtungs-Strahlengang*. Die Lichtquelle L. Q. und die Linsen L_1^+ und
L_2^+ bilden zusammen mit den einstellbaren Blenden S_0 und S_1 die Köhlersche
Beleuchtungseinrichtung. Sie wird – mit Varianten – auch beim Normalmikroskop
verwendet und dient der Erfassung von möglichst viel Licht zur Beleuchtung des
Präparates P (ihre Funktion wird mit „Kondensor" bezeichnet). Die Linse L_1^+ entwirft
ein Bild der Lichtquelle bei S_1. Weil der Abstand $S_1 - L_2^+$ gleich der Brennweite von
L_2^+ gewählt wird, besteht nach Passieren von L_2^+ ein Parallel-Lichtbündel, das auf das
Präparat P fällt. Die Linse L_3^+ schließlich entwirft in der rechtsseitigen Brennebene
von L_3^+ ein Bild S_2 der Lichtquelle. Daran anschließend besteht ein divergentes
Lichtbündel des Beleuchtungslichtes.

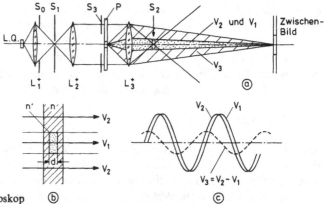

Fig. 14.51 Phasenkontrastmikroskop   ⓑ   ©
a) Skizze mit Strahlengang, b) durch den Präparateinschluß der Brechzahl n' erfährt die
durchgehende Welle V_1 eine Phasenverschiebung, dargestellt in c)

Der *geometrisch-optische Strahlengang* zur *Abbildung des Präparates* P ist wie folgt
beschaffen. Das Präparat P wird ein wenig vor dem linksseitigen Brennpunkt der Linse
L_3^+ (Objektiv-Linse des Mikroskops) aufgestellt. Sein reelles Bild liegt demnach weit
entfernt auf der rechten Seite von L_3^+ und ist – der Relation von Bild- und
Gegenstandsweite nach Gl. (14.11) entsprechend – vergrößert, die Bildebene ist die
Zwischenbildebene des Mikroskops. Nun ist, wie schon früher gesagt (Abschn. 14.2.5)
Voraussetzung zur physikalischen Erzeugung eines Bildes, daß von den Strukturelementen des Objektes divergente Strahlenbündel ausgehen. Wäre das Beleuchtungs-
bündel, das die Linse L_2^+ verläßt ein streng achsenparalleles Parallelbündel, so wäre
die geforderte Divergenz nicht gegeben. Man verwendet daher eine nichtpunktförmi-
ge, „ausgedehnte" Lichtquelle: das Lichtbündel, das L_2^+ verläßt, enthält dann
„unendlich viele" Parallellichtbündel, deren Achsen einen kleinen Winkelbereich um
die optische Achse erfüllen, und damit besteht an jedem Objektpunkt das zur
Bilderzeugung notwendige divergente Lichtbündel. Man verengt nun die Blenden S_0
und S_1 so weit, bis das Abbildungslichtbündel für das Präparat P nur einen schmalen
Bereich um die optische Achse erfüllt. Dieses Lichtbündel ist in Fig. 14.51a durch
Punktung wiedergegeben. Es bleibt dabei die Lage des Bildes S_2 der Lichtquelle
unverändert.

Wir kommen jetzt zur Erläuterung des *Phasenkontrastverfahrens*. Dafür dürfen wir
annehmen, daß das Beleuchtungslichtbündel ein streng achsenparalleles Parallellichtbündel ist. Dann fällt auf das Präparat P eine ebene Welle ein. Das Präparat P sei
durchsichtig und habe die Brechzahl n, darin eingeschlossen sei die zu betrachtende
Struktur, also das Objekt, welches ebenfalls durchsichtig sei und aus einem Stoff
der Brechzahl n' bestehe (Fig. 14.51b). Durchsichtigkeit soll hier heißen, daß die
Amplitude der einfallenden ebenen Lichtwelle nicht durch Absorption vermindert
wird. Dennoch wird die einfallende Lichtwelle durch das Objekt *verändert*, weil dieses
eine andere Brechzahl als die Umgebung (das Restpräparat) hat. Die *veränderte Welle*
ist gleich der einfallenden ebenen Welle + einer vom Objekt ausgehenden Kugelwelle,
die eine Phasenverschiebung von 90° gegenüber der ebenen Welle hat. Diese

Kugelwelle ist die Beugungswelle am Objekt. Das sei zunächst noch etwas erläutert. Die Veränderung der einfallenden ebenen Welle in der Vorwärtsrichtung können wir so beschreiben (Fig. 14.51 b): der durch das Objekt hindurchgehende Teil V_1 der ebenen Welle V_2 erfährt eine Phasenverschiebung gegenüber V_2, weil die optischen Wege beider Teilwellen verschieden sind, nämlich auf der Strecke d die Größen $n \cdot d$ für V_2 und $n' \cdot d$ für V_1. Daraus folgt die Differenz der Phasenwinkel

$$\Delta\varphi = 2\pi\, \frac{(n - n')\, d}{\lambda}, \tag{14.47}$$

wenn λ die Wellenlänge des verwendeten Lichtes ist. Diese Phasenverschiebung ist in Fig. 14.51 c als Verschiebung der beiden Wellen V_1 und V_2 sichtbar. Die Welle V_1 ist die durch das Objekt veränderte einfallende Welle V_2, und die Differenz $V_3 = V_2 - V_1$ ist die Abweichung der neuen Welle (mit Objekt) von der einfallenden (ohne Objekt), sie ist gleichzeitig der Anteil der Beugungswelle „in Vorwärtsrichtung". In Fig. 14.51 c ist diese Differenzwelle mit eingezeichnet, und dabei erkennt man die oben schon berichtete Phasenverschiebung von 90° zwischen Beugungswelle und einfallender Welle. Die *Amplitude* der Beugungswelle ist umso kleiner, je geringer die Wirkung des Objektes, also die Phasenverschiebung $\Delta\varphi$ nach Gl. (14.47) ist, und zwar ist diese Amplitude proportional zur Phasenverschiebung $\Delta\varphi$. Beides, die Phasenlage (90°) und die Amplitude ($\sim \Delta\varphi$) der Beugungswelle sind für das Folgende wichtig.

Die beiden Teilwellen V_1 und V_2 sind in dem in Fig. 14.51 a gepunktet gezeichneten Lichtbündel enthalten. Die Amplituden beider Wellen sind gleich, und daher ergeben sie in der Bildebene die gleiche Intensität: das Objekt bleibt unsichtbar. Überlagert man beide Wellen interferierend, dann entsteht die von der konstanten Hintergrundintensität „1" abweichende Intensität $\left(1 - \frac{1}{4}(\Delta\varphi)^2\right)$. Weil aber $\Delta\varphi \ll 1$ ist ($n - n'$ klein und/oder d klein), kann man die Abweichung von 1 nicht erkennen. Wir befassen uns nun mit dem anderen Teil der Kugelwelle (Beugungswelle), der vom Objekt ausgeht und nicht in Vorwärtsrichtung läuft. Er geht nicht „verloren", sondern ein Teil wird von der Linse L_3^+ erfaßt und ebenfalls in die Bildebene transportiert (schraffiertes Lichtbündel in Fig. 14.51 a). Das gepunktet und das schraffiert gezeichnete Lichtbündel überlappen sich nur wenig, und das eröffnet die Möglichkeit für einen Eingriff. Man bringt an die Stelle S_2 ein schwach absorbierendes Plättchen in der Größe des dort bestehenden Bildes der Lichtquelle, welches einerseits die Lichtintensität im gepunktet gezeichneten Lichtbündel herabsetzt und andererseits die in ihm enthaltenen Lichtwellen im Phasenwinkel um 90° verschiebt. Aus dem Objektbereich gelangen die beiden Lichtwellen V_1 und V_3 in der Bildebene zur Interferenz, und diese beiden Wellen haben jetzt eine Differenz der Phasenwinkel von 180°, sie sind gegenphasig und schwächen sich: das Quadrat der Summenamplitude bestimmt die Intensität, also wird diese im Bereich des Bildes des Objektes vermindert, und dies ist der gewünschte Kontrast. Man muß dazu noch eine quantitative Überlegung anstellen. Die Summe der Amplituden von V_1 und V_3 in der Bildebene ist von der Größenordnung $1 - \Delta\varphi$, also ist das Quadrat der Amplitude $(1 - \Delta\varphi)^2 \approx 1 - 2\Delta\varphi$: wir haben nicht mehr eine Intensitätsmodulation, die durch $(\Delta\varphi)^2$ bestimmt und damit unsichtbar ist, sondern sie ist jetzt durch $\Delta\varphi$ in der ersten Potenz bestimmt, der Kontrast ist wesentlich erhöht und damit beobachtbar. Beim Phasenkontrastverfahren wird demnach ein im Objekt erzeugter Phasenunterschied in einen Intensitätsunterschied durch geeignete „Phasenschieber" gewandelt. Es gibt verschiedene Varianten dieser Technik, z. B. kann sich bei anderer Phasenlage auch das Bild des Objektes hell vom Hintergrund abheben. Die Arbeit mit dem Phasenkontrastverfahren erfordert einige Übung.

14.4.4 Optische Gitter, spektrales Auflösungsvermögen

14.4.4.1 Optisches Gitter Das Gitter ist Grundlage für viele wichtige Anwendungen: die Strukturanalyse von Kristallen und anderen Stoffen, auch von großen Biomolekülen, erfolgt auf Grund der Vorstellung, daß an den Strukturelementen dieser Stoffe Lichtbeugung (oder Beugung anderer Wellenstrahlung) erfolgt. Hier dagegen untersuchen wir die Wirkungsweise des Gitters und das spektrale *Auflösungsvermögen der Spektral-Apparate*. In der Anordnung von Fig. 14.45 ersetzen wir den Einzelspalt durch viele parallele, gleiche und äquidistante Spalte (Fig. 14.52). Um das Grundsätzliche darzulegen, sei angenommen, daß die Spalte sehr schmal seien: $b \ll \lambda$, so daß die Spalte „viele geordnete, isotrop strahlende" Lichtquellen sind. Sie strahlen alle synchron und gleichphasig (eintreffende ebene Welle). Nach Passieren des Gitters müssen die Wellen also überlagert werden, wir erhalten ein Interferenzbild in der Bildebene der Sammellinse L_2^+, die ohne Gitter ein scharfes Bild der Lichtquelle entwerfen würde.

Wir erhalten maximale Verstärkung der Lichtwellen zunächst natürlich in Vorwärtsrichtung (Null-Maximum), wo das geometrisch-optische Bild entstehen würde. In davon abweichenden Richtungen α kommt es zu weiteren Maxima, wenn der Gangunterschied g des Lichtes aus den Huygens-Zentren zweier aufeinander folgender Spalte ein ganzzahliges Vielfaches der Wellenlänge λ ist. Ist d die Gitterkonstante (es ist die „Strukturkonstante" des Gitters), dann gilt für diese

Hauptmaxima: $g = d \sin\alpha = k\,\lambda.$ (14.48)

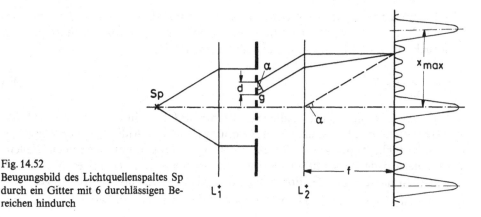

Fig. 14.52
Beugungsbild des Lichtquellenspaltes Sp durch ein Gitter mit 6 durchlässigen Bereichen hindurch

Die Hauptmaxima in der Bildebene liegen bei $x_{max} \approx f \frac{\lambda}{d} k$, und ihre Lage hängt von der Wellenlänge, also der Farbe des Lichtes ab. Die Größe k ($= 0, 1, 2, \ldots$) nennt man die *Ordnung des Spektrums*. Die nullte Ordnung gehört zum geometrisch-optischen Spaltbild in Vorwärtsrichtung. Bei Verwendung von weißem Licht ist es selbst weiß. In allen anderen Ordnungen entsteht ein Spektrum des Lichtes der verwendeten Lichtquelle: blaues Licht wird weniger stark als rotes Licht gebeugt. Das Spektrum wird auf einen umso größeren Bereich auseinandergezogen, je kleiner die Gitterkonstante d ist. Die wachsenden Ordnungen erscheinen nebeneinander, mit größeren Winkeln kommt es allerdings zu Überlappungen. Gitterspektrometer sind daher meist so gebaut, daß man in einer bestimmten, eingestellten Ordnung mißt.

Die Angabe der Minimum-Lagen ist etwas komplizierter. Das liegt daran, daß es genügt, wenn das Licht aller Spalte, zusammengenommen und phasenrichtig nach Art einer Vektorensumme addiert, die Amplitude Null ergibt. Ist N die Anzahl der Spalte, dann erhält man zwischen den Hauptmaxima der Ordnung k auf diese Weise genau $N - 1$ Minima und jeweils dazwischenliegend noch weitere $N - 2$ Neben-Maxima. Die Intensität in den Nebenmaxima ist bei einigermaßen großer Anzahl N der Striche klein. Wichtig ist aber, daß auf Grund dieser Intensitätsverteilung die *Hauptmaxima* eine gewisse *Breite* haben, was in Fig. 14.52 gezeichnet ist. Will man zwei verschiedene Wellenlängen λ und $\lambda + \Delta\lambda$ des Spektrums noch *getrennt* wahrnehmen, dann dürfen ihre Hauptmaxima nicht zu nahe beieinander liegen. Wir *definieren* als gerade noch trennbar die Rayleighsche Grenzlage (vgl. die Diskussion beim Mikroskop, Abschn. 14.4.3.2): trennbar ist der Wellenlängen„abstand" $\Delta\lambda$, wenn das Hauptmaximum zu $\lambda + \Delta\lambda$ gerade in das 1. Nebenminimum zur Wellenlänge λ fällt. Man kann diese Größe $\Delta\lambda$ als die *spektrale Auflösung* des Spektralapparates bezeichnen: ein *gutes* Gerät besitzt dann eine *kleine* Auflösung. Diese Bezeichnung ist etwas unglücklich, und man verwendet daher auch das *spektrale Auflösungsvermögen:* es ist das Verhältnis $\lambda/\Delta\lambda$ für die Rayleighsche Grenzlage. Dann hat ein *gutes* Gerät ein *großes* Auflösungsvermögen, und der Begriff wird auch auf andere Geräte übertragen, wo es auf ein „Trennvermögen" ankommt.

14.4.4.2 Spektrales Auflösungsvermögen von Gitter und Prisma Die in der vorhergehenden Ziffer geschilderte Definition der Rayleighschen Grenzlage führt zu dem Ausdruck für das spektrale *Auflösungsvermögen des Gitters*

$$\frac{\lambda}{\Delta\lambda} = k N, \tag{14.49}$$

wobei N die Gesamtzahl der Spalte (Strichzahl) ist. Beste Gitter haben $N = 100\,000$ auf 10 cm Breite und haben daher in 1. Ordnung ($k = 1$) ein Auflösungsvermögen von $\lambda/\Delta\lambda = 100\,000$. Bei der Wellenlänge $\lambda = 550$ nm kann man mit ihnen noch Wellenlängenunterschiede $\Delta\lambda = 550$ nm/100 000 = 5,5 pm trennen. Solch hohes Auflösungsvermögen ist meist nur in der Forschung nötig, nicht für Labor-Untersuchungen.

In Abschn. 14.3.4 und an Hand von Fig. 14.40 haben wir den Prismen-Spektralapparat besprochen, ohne sein Auflösungsvermögen anzugeben. Es ist ebenfalls begrenzt. Das liegt daran, daß auch bei Verwendung großer Linsen schließlich das Prisma selbst aus dem Lichtbündel einen Teil abgrenzt, und die daraus folgende Beugung bedingt, daß eine Spektrallinie nicht beliebig scharf ist. Das *apparative Auflösungsvermögen* rührt von dieser apparativen Breite her, und man findet für den *Prismenapparat*

$$\frac{\lambda}{\Delta\lambda} = B\,\frac{\Delta n}{\Delta\lambda}, \tag{14.50}$$

wobei B die Basisbreite des in vollem Querschnitt ausgenützten Prismas und $\Delta n/\Delta\lambda$ die Dispersion des Prismenmaterials bezeichnet. Zum Beispiel enthält die bekannte gelbe Strahlung der Natrium-Dampf-Lampe eine Spektral-Doppellinie bei der Wellenlänge $\lambda = 600$ nm mit dem Wellenlängenabstand $\Delta\lambda = 0,6$ nm. Um diese Linien aufzulösen, deren Farbunterschied mit dem Auge nicht wahrgenommen werden kann, also getrennt (etwa auf einer Photoplatte) zu beobachten, braucht man das Auflösungsvermögen $\lambda/\Delta\lambda = 600$ nm/0,6 nm $= 1\,000$. Für gängige Gläser folgt dann aus Gl. (14.50), daß die Basisbreite eines Prismas mindestens $B = 3$ cm sein muß.

14.4.5 Dünne Schichten

Dünne Schichten – z.B. Ölschichten auf Wasser – fallen häufig durch schillernde Farben auf. Diese Farben kommen durch eine Interferenzerscheinung des auffallenden Lichtes zustande, aus dessen Spektrum einige Farben durch Interferenz ausgelöscht werden und daher nur ein Teil reflektiert wird. Eine Anwendung findet diese Art von Interferenzphänomenen in der *Interferenzfiltern*. Sie werden eingesetzt, wenn es darauf ankommt, auf eine einfache Weise „monochromatisches" Licht herzustellen und mit ihm zu arbeiten. In Fig. 14.53a und b ist das Grundschema gezeichnet. Man stellt (zwischen zwei Schutzglasplatten) eine dünne Schicht der Brechzahl n mit konstanter Dicke $d\,(\approx 1\,\mu\text{m})$ her. Diese Schicht ist auf beiden Seiten mit einer hochreflektierenden Zusatzschicht vom Reflexionsvermögen $R \approx 90\%$ versehen. Fällt ein paralleles Lichtbündel senkrecht auf die dünne Schicht ein, so wird an der Grenzfläche der Bruchteil R der einfallenden Intensität reflektiert. Derjenige Anteil, der in die dünne Schicht eintritt (10%) erfährt in der Schicht – wie in Fig. 14.53a dargestellt – eine Mehrfachreflexion, die austretenden Strahlen (1, 2, 3, ... in Fig. 14.53a) haben gegeneinander einen Gangunterschied $g = 2\,d$, sie interferieren und

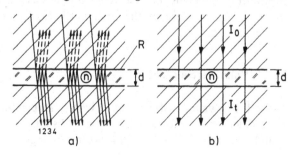

Fig. 14.53
Funktionsweise eines Interferenzfilters
a) Erläuterung, b) Benutzungsweise

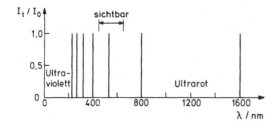

verstärken sich nur dann, wenn $g = \lambda$, 2λ, 3λ, ..., also $g = k\lambda$ ($k = 1, 2, ...$), oder $\lambda = 2d/k$ ist, und λ ist dabei die Lichtwellenlänge in der dünnen Schicht der Brechzahl n. Diese Wellenlänge ist von der Wellenlänge λ_0 in Luft oder im Vakuum verschieden (Gl. (14.7)), $\lambda = \lambda_0/n$. Die Bedingung für die Wellenlängen, die sich verstärken, wird damit

$$\lambda_0 = \frac{2nd}{k}, \qquad k = 1, 2, ... \tag{14.51}$$

Schon bei kleiner Abweichung $\Delta\lambda$ der Wellenlänge von der Bedingung Gl. (14.51) löschen sich die interferierenden Wellen aus. Es wird also nur ein schmaler Spektralbereich, eine „Spektral-Linie" durchgelassen. Wegen der hohen Reflexion handelt es sich immer nur um einige Prozent der einfallenden Lichtintensität.

Für eine dünne Schicht der Brechzahl $n = 1{,}5$ und der Dicke $d = 0{,}533\,\mu m$ enthält Fig. 14.54 eine schematische Darstellung der durchgelassenen Wellenlängen. Jede „Linie" hat tatsächlich eine bestimmte Breite (Breite $\Delta\lambda$ einige Hundertstel der Wellenlänge λ_0), die umso geringer ist, je größer der Reflexionsfaktor R gewählt wurde (umso mehr Teilwellen tragen zur Interferenz bei). Wie man sieht, ist das Interferenzfilter grundsätzlich nicht in der Lage, eine einzige Farbe durchzulassen. Es werden daher Zusatzfilter verwendet, die das einfallende Spektrum zunächst auf einen gewünschten Bereich begrenzen. In diesem kann das Filter die gewünschte Wellenlänge dann herausfiltern. Derartige Filter können praktisch für jede gewünschte Wellenlänge hergestellt werden. Ihre Monochromasie wird durch Angabe des Wellenlängenintervalles gemessen, das das Filter durchläßt, z.B. $\Delta\lambda = \pm 5\,nm$ bei der Wellenlänge $\lambda_0 = 546\,nm$.

Eine Weiterentwicklung stellen die *Verlauf-Interferenzfilter* dar. Sie werden als dünne Schicht von z.B. 10 cm Länge hergestellt, deren Dicke auf dieser Länge gleichmäßig „verläuft", also keilförmig ist. Je nach dem Ort eines einfallenden Lichtbündels, das möglichst schmal einzustellen ist, wird das entsprechende Wellenlängenintervall durchgelassen.

14.4.6 Polarisiertes Licht

14.4.6.1 Erzeugung polarisierten Lichtes, Doppelbrechung Das elektromagnetische Feld einer einzelnen Dipolantenne (Abschn. 13.7.4) ist streng linear polarisiert (Fig. 13.40): der elektrische Feldvektor schwingt in einer Ebene, die die Ausbreitungsrichtung enthält, und diese Ebene hat eine feste Orientierung. Außerdem ist die elektromagnetische Welle *transversal*: der elektrische Feldvektor schwingt senkrecht zur Ausbreitungsrichtung. Das elektromagnetische Feld einer natürlichen Lichtquelle ist ebenfalls transversal, aber es ist nicht polarisiert, die Spitze des elektrischen Feldvektors beschreibt in der Ebene senkrecht zur Ausbreitungsrichtung in einem Raumpunkt prinzipiell eine beliebige Kurve. Das ist symbolisch in Fig. 14.2a wiedergegeben. Erfolgt die Bewegung der Spitze des elektrischen Feldvektors längs einer festen Geraden (Fig. 14.2 b), dann hat man *linear polarisiertes Licht*, und erfolgt die Bewegung des elektrischen Feldvektors auf einer Kreisbahn, dann liegt *zirkular polarisiertes Licht* vor (Fig. 14.2c). Das natürliche Licht kann man *immer durch zwei Komponenten linear polarisierten Lichtes* beschreiben, deren Schwingungsebenen senkrecht aufeinander stehen. Es kann auch *immer durch zwei Komponenten zirkular polarisierten Lichtes* beschrieben werden, und zwar mit Rechts- und Links-Drehsinn. Beide Beschreibungen sind völlig gleichwertig. Es gibt nun Stoffe, wo in der Wechselwirkung des Lichtes mit der Materie eine verschiedene Einwirkung auf die eine oder die andere Komponente eintritt, so daß nach Passieren des Stoffes polarisiertes Licht vorliegt.

Bestimmte durchsichtige, kristallisierte Stoffe haben die Eigenschaft der *optischen Doppelbrechung*: bei Einstrahlung eines Lichtbündels entstehen an der Grenzfläche *zwei* gebrochene Lichtbündel unter zwei verschiedenen Brechungswinkeln. Die beiden Lichtbündel erweisen sich als *linear* und *senkrecht zueinander polarisiert*. Nur in besonderen Einstrahlungsrichtungen unterbleibt auch in diesen Stoffen die Doppelbrechung, und zwar in genau zwei Richtungen, den *beiden optischen Achsen des Kristalls*. Es gibt auch Stoffe, die *optisch einachsig* sind, sie haben nur eine (oder zwei zusammenfallende) optische Achse: ihr kristalliner Aufbau ist symmetrischer als der der optisch zweiachsigen Kristalle.

Einer der bekanntesten, optisch doppelbrechenden, einachsigen Stoffe ist Kalkspat, $CaCO_3$. Mit ihm demonstriert man die Polarisation der bei der Brechung entstehenden beiden polarisierten Lichtbündel (Fig. 14.55). Ist der Kalkspat-Kristall genügend dick, dann laufen die beiden entstehenden Lichtbündel so weit auseinander, daß sie nach Passieren des Kristalls völlig getrennt sind. Diese beiden Lichtbündel durchlaufen dann einen wassergefüllten Trog, in dem eine geringe Menge Silberchlorid (AgCl) kolloidal gelöst ist. Die gelösten Partikel geben (ähnlich wie Staub in Luft) zu *Streulicht* Anlaß. In der Anordnung der Fig. 14.55 kann der Kalkspat-Kristall um die Achse $A - A$ gedreht werden. Bei einer solchen Drehung beobachtet man, daß der nicht-abgeknickte Strahl seine Lage beibehält. Da er korrekt dem erwarteten Verlauf

Fig. 14.55
Ein zu den Kristallachsen geeignet geschnittener Kalkspatkristall K spaltet ein einfallendes Lichtbündel in zwei Teillichtbündel auf, die senkrecht zueinander linear polarisiertes Licht enthalten. Bei Drehung des Kristalls um die Achse *A–A* wandert das abgeknickte (außerordentliche) Lichtbündel mit

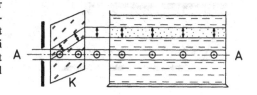

folgt (keine Brechung, weil der Einfallswinkel $\alpha = 0°$ ist), so ist er der *ordentliche Strahl.* Der andere, abgeknickte Strahl läuft bei Drehung des Kristalls um den ordentlichen Strahl herum und ist der *außerordentliche Strahl* (optisch zweiachsige Stoffe haben zwei außerordentliche Strahlen). Weiterhin zeigt die Beobachtung des Streulichtes der beiden Strahlen, daß die Streu-Intensität nicht bei jeder Winkelstellung des Kristalls die gleiche ist. In der gezeichneten Lage des Kristalls sieht man den o. Strahl nicht. Ist der Kristall so weit gedreht worden, daß der a. o. Strahl hinter dem o. Strahl liegt, dann hat der o. Strahl maximale Streuintensität. Das umgekehrte Verhalten gilt für den a. o. Strahl. In der gezeichneten Lage ist er mit maximaler Streuintensität zu sehen. Die Erklärung für dieses Verhalten der Streuintensität liegt im Polarisationszustand des o. und des a. o. Strahls begründet: die beiden Teilbündel sind senkrecht zueinander linear polarisiert. Das Streulicht wird durch den elektrischen Feldvektor, der auf die Atom-Elektronen wirkt, angeregt. Die Streupartikel strahlen wie Dipolantennen, sie haben deren Ausstrahlungsdiagramm (Fig. 13.41). In der gezeichneten Position wird der o. Strahl nicht gesehen, weil der elektrische Feldvektor in diesem Teilbündel senkrecht zur Zeichenebene steht. Der a. o. Strahl erscheint mit maximaler Intensität, weil in ihm der elektrische Feldvektor parallel zur Zeichenebene orientiert ist. Bei Drehung des Kristalls wird die Streuintensität des o. Strahls immer größer, diejenige des a. o. Strahls nimmt ab. Bei Drehung um 90° liegt der elektrische Feldvektor im o. Strahl in der Zeichenebene, derjenige des a. o. Strahls senkrecht dazu. Die Lage der beiden Polarisationsebenen ist demnach durch die Struktur des Kristalls gegeben, sie werden bei Drehungen des Kristalls mitgeführt.

Der *Nachweis der Polarisation durch Streuung* ist ein sehr einfaches Hilfsmittel, das auch in anderen Bereichen des elektromagnetischen Spektrums angewandt wird (Kurzwelle, cm-Wellen, Röntgen-Strahlung). Durch Streuung entsteht auch (Teil-)Polarisation: Streulicht, das man beobachtet, kann nicht Komponenten von denjenigen Oszillatoren enthalten, deren Achsen zum Beobachter gerichtet sind.

Wir sehen: bei Doppelbrechung entsteht *linear polarisiertes Licht,* deckt man eines der beiden Teillichtbündel ab, dann steht linear polarisiertes Licht zur Verfügung. Der (Kalkspat-)Kristall ist *Polarisator.* Fig. 14.56 enthält die Zeichnung des *Nicolschen Prismas* (einfach „Nicol" genannt). Bei ihm wird der o. Strahl durch eine geschickte Kombination zweier Kalkspathälften der gleichen Orientierung herausgenommen: an der Kittstelle tritt der o. Strahl in den Kanada-Balsam-Kitt ein, dessen Brechzahl ist jedoch für den ordentlichen Strahl niedriger als diejenige des Kalkspates, und daher erfolgt an der Kittstelle Totalreflexion des o. Strahls, nur der außerordentliche Strahl kann die Kittstelle passieren.

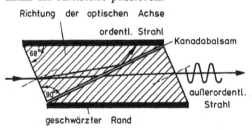

Richtung der optischen Achse
ordentl. Strahl
Kanadabalsam
68°
90°
außerordentl. Strahl
geschwärzter Rand

Fig. 14.56
Aufbau des „Nicol". Eine moderne Version ist das Glan-Thompson-Prisma mit Einfalls- und Ausfallsflächen, die senkrecht zum Lichtbündel stehen

Tab. 14.6 Brechzahlen doppelbrechender Stoffe (Na-D-Licht, $\lambda = 589\,\text{nm}$) und von Kanada-Balsam. $n_{\text{a.o.}}$ ist richtungsabhängig: Werte gelten für Lichtstrahl im Stoff senkrecht zur optischen Achse

Einachsige Kristalle	$n_{\text{o.}}$	$n_{\text{a.o.}}$	
Kalkspat	1,6584	1,4864	
Quarz	1,5442	1,5553	
Eis	1,3091	1,3105	
Zweiachsige Kristalle	n_α	n_β	n_γ
Rohrzucker	1,5382	1,5654	1,5708
Glimmer (Muskovit)	1,5649	1,6003	1,6058
Gips	1,5208	1,5228	1,5298
Kanada-Balsam	$n = 1,542$		

Tab. 14.6 enthält Brechzahlen einiger doppelbrechender Soffe, und von Kanada-Balsam. Einige bekannte Stoffe, wie Rohrzucker, Glimmer, Gips sind optisch zweiachsig, man erhält in ihnen zwei a.o. Strahlen, die sich bei der Brechung nicht regulär verhalten. Die Angaben n_α, n_β, n_γ beziehen sich auf drei zueinander senkrecht stehende Achsen des Kristalls, was hier nicht weiter diskutiert werden kann.

Große „Nicols" sind teuer. Es ist daher wichtig, daß Licht auch auf andere Weise polarisiert hergestellt werden kann. Es gibt Kristalle, in denen die eine Polarisationsrichtung stärker als die andere absorbiert wird (*Dichroismus*). Schon nach einer kurzen Strecke (1 mm) bleibt praktisch nur eine Polarisationsrichtung übrig (Jod, Turmalin, Jod-Verbindungen). Man bettet auch kleine Kriställchen dieser Stoffe orientiert in eine Kunststoffolie ein (erreicht man durch Streckung der Folie) und erhält damit großflächige Polarisatoren, deren Durchlässigkeit allerdings geringer als die der Nicols ist.

14.4.6.2 Zirkular polarisiertes Licht Man geht von *linear polarisiertem Licht aus* und läßt es z.B. auf einen dünnen Glimmer-Kristall (ein „Glimmerblatt") der Dicke d fallen (Fig. 14.57). Bei geeigneter Orientierung des Kristalls wird das linear polarisierte

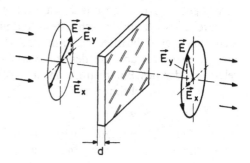

Fig. 14.57
Beim Durchgang linear polarisierten Lichtes durch einen doppelbrechenden Stoff kann zirkular polarisiertes Licht erzeugt werden

Licht mit dem elektrischen Vektor $\vec{E}$ in zwei Teilwellen aufgespalten, die senkrecht zueinander polarisiert sind und unter Beibehaltung ihrer Schwingungs-(= Polarisations-)Ebenen den Kristall in gleicher Richtung durchqueren (Vektoren $\vec{E}_x$ und $\vec{E}_y$ in Fig. 14.57). Im Kristall sind die Ausbreitungsgeschwindigkeiten c_x und c_y für die beiden Lichtwellen verschieden, d.h. die Brechzahlen n_x und n_y sowie die Wellenlängen λ_x und λ_y sind für die gegebene Ausbreitungsrichtung und die beiden verschiedenen Polarisationsebenen verschieden. Die beiden senkrecht zueinander schwingenden Teilwellen, die am Anfang des Kristalls ihre Schwingungen „in Phase" ausführten, sind nach Passieren des Kristalls nicht mehr in Phase, weil die gebrauchten Zeiten t_x und t_y zum Durchqueren des Kristalls verschieden sind. Beim Austritt aus der Schicht der Dicke d besteht die Differenz der Phasenwinkel

$$
\begin{aligned}
\Delta\varphi &= 2\pi f(t_x - t_y) = 2\pi f\left(\frac{d}{c_x} - \frac{d}{c_y}\right) = 2\pi\left(\frac{d}{\lambda_x} - \frac{d}{\lambda_y}\right) \\
&= 2\pi\frac{d}{\lambda}(n_x - n_y)
\end{aligned}
\tag{14.52}
$$

(vgl. Gl. (14.35)). Bei gegebener Wellenlänge λ des Lichtes und gegebener Differenz $n_x - n_y$ der Brechzahlen (gegebener Kristall in gegebener Orientierung) hängt die Phasendifferenz $\Delta\varphi$ noch von der Dicke d ab. Man kann sie gerade so wählen, daß $\Delta\varphi = \pi/2 = 90°$ ist. Dann haben die beiden senkrecht zueinander schwingenden Teilwellen nach Passieren des Kristalls eine solche Phasenverschiebung, daß ihre Summe einen Feldvektor $\vec{E} = \vec{E}_x + \vec{E}_y$ ergibt, der auf einem Kreis um die Ausbreitungsrichtung umläuft (Fig. 14.57): wir haben *zirkular polarisiertes Licht*. Da eine Phasendifferenz $\Delta\varphi = 90°$ einer Viertelschwingung entspricht, nennt man einen entsprechenden Kristall ein „$\lambda/4$-Plättchen". Ein solches, geeignetes $\lambda/4$-Plättchen aus Glimmer hat die Dicke $d = 0,035\,\text{mm}$ für Na-D-Licht der Wellenlänge $\lambda = 589\,\text{nm}$. Es sei hinzugefügt, daß ein $\lambda/2$-Plättchen (der doppelten Dicke wie ein $\lambda/4$-Plättchen) die lineare Polarisation des einfallenden Lichtes aufrechterhält, aber die Polarisationsebene um 90° dreht. Wählt man eine beliebige andere Dicke d, dann entsteht elliptisch polarisiertes Licht, bei dem die Spitze des $\vec{E}$-Vektors auf einer Ellipse umläuft.

14.4.6.3 Polarisator und Analysator

Ein *Polarisator* filtert aus dem einlaufenden Licht eine bestimmte Polarisationsrichtung heraus. Wird ein gleicher Polarisator hinter den ersten gesetzt und wird ihm die gleiche Orientierung gegeben, so tritt das bereits polarisierte Licht ungehindert durch den zweiten Polarisator hindurch. Wird der zweite jedoch um die Achse des Lichtbündels um 90° gedreht, dann wird von der ankommenden polarisierten Strahlung nichts hindurchgelassen. Der zweite Polarisator hat also die Funktion des *Analysators*: wird die Orientierung des Analysators relativ zu der des Polarisators um den Winkel α gedreht (Fig. 14.58), dann ist die durchgelassene Lichtintensität

$$
I = I_0 \cos^2 \alpha
\tag{14.53}
$$

(Fig. 14.58b). Ursprünglich wird die Komponente $\vec{E} = \vec{E}_0 \cos\alpha$ des elektrischen Feldes hindurchgelassen: die Intensität ist proportional zum Quadrat der Feldstärke.

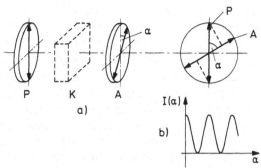

Fig. 14.58 a) Polarisator (P)–Analysator (A)–Schema zur Messung der Drehung der Polarisationsebene durch einen optisch aktiven Körper (K)
b) durchgelassene Lichtintensität $I(\alpha)$ in Abhängigkeit vom Drehwinkel α des Analysators im Leerversuch

Bei einer vollen Umdrehung des Analysators wird – was unmittelbar verständlich ist – zweimal die Intensität Null und die maximale Intensität durchlaufen. Mißt man die Intensität Null, dann weiß man, daß die auf den Analysator einfallende Strahlung linear polarisiert ist und die Polarisationsebene senkrecht auf der Durchlaßebene des Analysators steht. Da der Intensitätsverlauf für die Umgebung von $\alpha = 90°$ (oder $270°$) ein relatives Minimum darstellt, ist die visuelle Einstellung des Minimums nicht ausreichend genau, besser sind die Halbschattenapparate (s. Abschn. 14.4.6.5).

14.4.6.4 Drehung der Polarisationsebene durch feste Stoffe Wir nehmen zunächst einfarbiges Licht (etwa Licht einer Na-Dampflampe) und benützen eine Polarisator-Analysator-Anordnung nach Fig. 14.58, wobei die Stellung $\alpha = 90°$ eingestellt wird (Intensität Null, genannt: *gekreuzte Stellung*). Zwischen Polarisator und Analysator wird ein Quarz-Kristall gebracht, bei dem durch geeigneten Schliff und Orientierung dafür gesorgt wird, daß der Lichteintritt entlang seiner optischen Achse erfolgt (optisch einachsiger Kristall, Tab. 14.4). Dann dürfte sich am Polarisationszustand des Lichtes nichts ändern. Tatsächlich beobachtet man aber eine Aufhellung des Lichtbündels, man muß den Analysator „nachdrehen" um erneut Dunkelheit zu erhalten. Es folgt daraus, daß der Quarz-Kristall eine neue Eigenschaft hat: er *dreht die Polarisationsebene* und der Drehwinkel ist derjenige, um den man den Analysator nachdrehen muß. Ist der Drehsinn im mathematisch positiven Sinn (entgegen dem Uhrzeiger) bezüglich der Ausbreitungsrichtung des Lichtes, so ist der Kristall *positiv*- oder *rechtsdrehend*, im umgekehrten Fall *negativ*- oder *linksdrehend*. Untersucht man verschiedene Quarz-Kristalle, ohne sie besonders auszusuchen, so findet man, daß es sowohl rechts- als auch linksdrehenden Quarz gibt, in der Natur mit offenbar gleicher Häufigkeit.

Die Eigenschaft eines Stoffes, die Polarisationsebene von Licht zu drehen heißt *optische Aktivität*. Ihr Vorkommen ist bei festen Stoffen an die Kristallstruktur gebunden (flüssiger Quarz ist nicht optisch aktiv): es muß eine wendelartige Struktur vorliegen. Dann würde nämlich eine linear polarisierte Welle, die man in eine rechts- und linkszirkulare Komponente zerlegt, deswegen gedreht werden, weil diese beiden Komponenten verschiedene Ausbreitungsgeschwindigkeiten haben, hervorgerufen durch die Wendelstruktur des Stoffes (genannt *zirkulare Doppelbrechung*). – Zwar ist die optische Aktivität bei festen Stoffen an eine bestimmte Kristallstruktur gebunden, der Stoff muß aber nicht doppelbrechend sein.

Die Drehung der Polarisationsebene ist für feste Stoffe proportional zur durchquerten Schichtdicke. Daher wird das (stoffabhängige) *Drehungsvermögen* α durch das Verhältnis Drehungswinkel durch Schichtdicke definiert; die Einheit ist z. B. °/mm. Quarz ist optisch einachsig, daher genügt nur eine Angabe für das Drehungsvermögen: $\alpha = 21,7\,°/mm$. Bei den optisch zweiachsigen Kristallen gibt man das Drehungsvermögen bezüglich beider Achsen an. So findet man für Rohrzucker in kristalliner Form $\alpha = +2,2\,°/mm$ und $\alpha = -6,4\,°/mm$.

Wichtig ist die Beobachtung, daß das Drehvermögen von der Farbe des Lichtes abhängt, $\alpha = \alpha\,(\lambda)$. Ähnlich wie die Abhängigkeit der Brechzahl von der Wellenlänge als Dispersion bezeichnet wurde (Abschn. 14.3.1), bezeichnet man die Wellenlängenabhängigkeit des Drehvermögens als *Rotationsdispersion*. Verwendet man für den beschriebenen Versuch mit Quarz weißes Licht, dann gibt es im Spektrum eine oder mehrere Farben (Wellenlängen), deren Polarisationsebenen um 90° gedreht werden, die also bei gekreuzter Stellung von Polarisator und Analysator nicht durchgelassen werden. Im ursprünglich weißen Spektrum fehlen im durchgelassenen Licht diese Farben vollständig und andere Farben werden mehr oder weniger geschwächt: man erhält bei keiner Stellung des Analysators Dunkelheit, und der visuelle Farbeindruck des durchgelassenen Lichtes ist der einer Mischfarbe (z. B. gibt es auch Purpurfarbtöne) der zudem noch davon abhängt, welche Winkelstellung der Analysator hat. Es kann auch der Farbeindruck „weiß" entstehen, obwohl einige Spektralfarben fehlen (s. auch Abschn. 14.3.5).

14.4.6.5 Drehung der Polarisationsebene durch Flüssigkeiten, Saccharimetrie Es gibt Flüssigkeiten, flüssige Lösungen und Gase, die ebenfalls die Polarisationsebene des Lichtes drehen. Da in ihnen kein geordneter Zustand wie in einem Kristall vorliegt, so ist das Drehvermögen durch den Bau der Einzelmoleküle bestimmt. Jedes einzelne der Moleküle, das für die Drehung verantwortlich ist, muß einen schraubenförmigen Aufbau besitzen (Chiralität genannt). Ebenso wie bei makroskopischen Rechts- und Linksschrauben sind entsprechende Molekülformen Spiegelbilder voneinander, und diese Spiegelbilder sind nicht identisch: man kann sie nicht einfach durch eine Drehung des Moleküls wieder zur Deckung bringen. Ein Beispiel ist das Milchsäure-Molekül (Fig. 14.59), das die Konfiguration eines Tetraeders hat. Im Zentrum befindet sich ein C-Atom, in den vier Ecken befinden sich die Gruppen COOH und CH_3, sowie H und OH. Vertauscht man die H- und die OH-Gruppe (Spiegelung an der Mittelebene), dann entsteht die gespiegelte Konfiguration (man unterscheidet D (rechts) und L (links) Konfiguration; neue Bezeichnung ist in der Einführung begriffen). Derartige Wendel- oder Schraubenkonfigurationen stellen sich dem Licht in jeweils gleicher Weise dar, unabhängig von der zufälligen Orientierung eines Moleküls in der Flüssigkeit (Fig. 14.60). Aus der D- oder L-Konfiguration kann man die Drehweise (+ oder −, d.h. rechts oder links) nicht ablesen, sie muß experimentell bestimmt werden (z. B. D(−)- und L(+)-Milchsäure bekannt) und hängt vom Lösungsmittel ab.

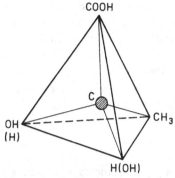

Fig. 14.59 Die D- und L-Konfiguration des Milchsäure-Moleküls entsteht durch Vertauschung der H- und OH-Gruppe

Fig. 14.60 Rechts- (R)- und Links- (L)-Schraubensinn eines Moleküls sind unabhängig von seiner Orientierung zum einfallenden Licht

Insbesondere Rohrzucker (identisch mit dem aus Zuckerrüben gewonnenen Zucker) dreht auch in wäßriger Lösung die Polarisationsebene, und zwar nach rechts (+). Das in Fig. 14.58 skizzierte Polarimeter kann auch zur Messung der Drehung der Polarisationsebene von Flüssigkeiten benutzt werden (*Saccharimeter* zur Bestimmung des Zuckergehaltes einer Flüssigkeit): anstelle des festen Körpers K wird eine mit der interessierenden Flüssigkeit gefüllte Küvette eingesetzt. Zur Erhöhung der Einstellgenauigkeit der „gekreuzten" Stellung von Analysator A und Polarisator P bedient man sich eines Kunstgriffs. In einer Hälfte des Lichtbündels, das den Polarisator verläßt, wird ein weiterer Polarisator hinzugefügt, dessen Polarisationsebene um den Winkel $\beta = 1$ bis $10°$ gegenüber der des Polarisators gedreht ist. Die Intensitätsabnahme im Bereich dieses „Hilfs-Nicols" ist, – weil durch $\cos^2 \beta$ bestimmt – vernachlässigbar. Mit dem Analysator A kann man dann entweder die eine oder die andere Hälfte des betrachteten Gesichtsfeldes auf „dunkel" einstellen, Fig. 14.61 a und b, oder – und das ist der Sinn des Hilfs-Nicols – man stellt auf gleiche Helligkeit beider Teilflächen ein („Halbschatten-Apparat"), Fig. 14.61 c. Diese Analysatorstellung läßt sich mit einer Winkelgenauigkeit von $1'$ finden, was darauf beruht, daß die Gesamthelligkeit erheblich herabgesetzt ist (man arbeitet mit gekreuzter Stellung) und dann das Auge Helligkeitsunterschiede besonders gut wahrnimmt. Man hat also einen bedeutenden meßtechnischen Vorteil gewonnen.

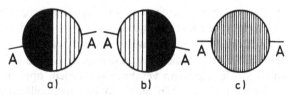

Fig. 14.61 Im Halbschatten-Polarimeter (s. Text) erscheint – bei wesentlich reduzierter Gesamt-Helligkeit – entweder die eine oder die andere Hälfte des betrachteten Gesichtsfeldes „dunkel" (Teilfigur a) und b)) je nach der durch $A - A$ angezeigten Winkelstellung des Analysators. Die Meßeinstellung des Analysators erfolgt durch Einstellung gleicher Helligkeit in beiden Hälften (Teilfigur c))

Die Drehung der Polarisationsebene durch Flüssigkeiten ist erheblich geringer als durch feste Stoffe. Das *Drehvermögen reiner Flüssigkeiten* wird daher durch den Drehwinkel je Dezimeter der durchquerten Flüssigkeit definiert. Z.B. ist Nicotin linksdrehend, $\alpha = -162° \, dm^{-1}$ bei der Temperatur $\vartheta = 20\,°C$ und für Licht der Wellenlänge $\lambda = 589\,nm$ (gelbe D-Linie des Natrium-Spektrums).

Bei *Lösungen* erweist sich der Drehwinkel α proportional zur Länge l der Flüssigkeitsschicht und zur Massenkonzentration ϱ des gelösten Stoffes (Abschn. 5.5.3.3). Man schreibt

$$\alpha = [\alpha]_{\vartheta}^{\lambda} \, l \, \varrho \,, \tag{14.54}$$

und definiert durch diese Gleichung das *Drehvermögen* $[\alpha]$ des gelösten Stoffes in der Lösung (Angabe des Lösungsmittels erforderlich). In der Regel gibt man das Drehvermögen in der Einheit $°/(dm\,g\,cm^{-3})$ an. Z.B. gilt für eine wäßrige Rohrzuckerlösung bei der Wellenlänge der Natrium-D-Linie $\lambda = 589\,nm$ und bei der Temperatur $\vartheta = 20\,°C$ der Wert $[\alpha]_{20}^{D} = +66,5\,°/(dm\,g\,cm^{-3})$. Wird eine bestimmte Drehung α gemessen, so ermittelt man durch Gl. (14.54) die Massenkonzentration ϱ des gelösten Stoffes,

$$\varrho = \frac{\alpha}{l} \frac{1}{[\alpha]_{\vartheta}^{\lambda}} \,. \tag{14.55}$$

Den optisch aktiven Stoffen kommt in den biologischen Stoffen erhebliche Bedeutung zu. Fermente, Vitamine, Hormone sind optisch aktiv. Von ihnen gibt es sowohl rechts- als linksdrehende Modifikationen (*Enantiomere*), und manchmal ist nur eine Form verträglich oder wirksam. Die Aufklärung der Funktion der optischen Aktivität im biologischen Leben ist nicht abgeschlossen. Die Frage, warum eine Bevorzugung der einen oder der spiegelbildlichen Konfiguration erfolgt, ist von großer allgemeiner Bedeutung. Z.B. bildet Zuckerrohr immer nur rechtsdrehenden Zucker. Die Weinsäure-Moleküle kommen rechts- und linksdrehend vor, sowohl als kristallisierter Stoff wie in Lösung. Die Traubensäure enthält eine 50%ige Mischung beider Enantiomere und ist daher optisch nicht aktiv. Eine solche Mischung wird *Racemat* genannt. Schließlich gibt es die Meso-Weinsäure, bei der durch verschiedene Stellung zweier asymmetrischer Kohlenstoffatome schon im Einzelmolekül eine Kompensation der Links- und Rechts-Drehung erfolgt; eine Trennung der Enantiomere ist hier nicht möglich. – Proteine höherer Organismen sind ausnahmslos aus Aminosäuren einer asymmetrischen Reihe (der L-Reihe) aufgebaut. Werden D-Aminosäuren zugeführt, so werden diese nicht aufgenommen, oder sie wirken gar als Gifte. Bei der Herstellung chemischer Präparate kann es sein, daß stets Racemate hergestellt werden, daß jedoch tatsächlich pharmazeutisch wirksam nur eines der Enantiomere ist (oder daß sie beide verschieden wirksam sind, L- und D-Thyroxin). Dementsprechend sind diese Stoffe, die dann verabreicht werden, optisch aktiv, sie stören evtl. bei polarimetrischen Messungen. Z.B. ist das Ampicillin (synthetisches Penicillin-Präparat) eine D(−)-Konfiguration, es ist linksdrehend. Wegen der eventuellen Störung polarimetrischer Messungen durch optisch aktive Stoffe, die im untersuchten Zusammenhang nicht interessieren, wird *Saccharimetrie* nicht mehr mittels Messung der Drehung der Polarisationsebene von Licht betrieben. Es werden kolorimetrische Verfahren benutzt (Abschn. 14.5.3). – Bisher hat man nur im Bereich der Kernphysik (beim β-Zerfall der Atomkerne, Abschn. 15.4.2) Beweise für die Existenz von Kräften (Wechselwirkungen) gefunden, die einen nichtspiegelsymmetrischen Aufbau der Materie bewirken könnten.

14.5 Lichtmessung, Absorption, Extinktion

14.5.1 Lichtmessung (Photometrie)

Die Intensität der elektromagnetischen Strahlung ist als Energiestromdichte definiert (Abschn. 13.7.4), die SI-Einheit ist $J/s\,m^2 = W/m^2$. In der Photometrie wird berücksichtigt, daß vom Auge nur ein kleiner Teil des elektromagnetischen Spektrums als Licht wahrgenommen wird, und daß die Empfindlichkeit des Auges zudem farbabhängig ist (Fig. 14.37). Die spektrale Lichtempfindlichkeit des menschlichen Auges ist individuell verschieden. Daher muß man auf einen Mittelwert über viele Versuchspersonen zurückgreifen und diesen Mittelwert zur *physikalischen* Standard- oder Bezugsgröße erheben. *Erstens* stellt man fest, daß sowohl bei photopischem (helladaptiertem) Sehen als auch bei skotopischem (dunkeladaptiertem) Sehen (und auch bei allen Zwischenhelligkeiten: „mesopisches Sehen") ein Maximum der Lichtempfindlichkeit bei einer Wellenlänge λ_{max} auftritt. Die Lichtempfindlichkeit, bezogen auf dieses Maximum nennen wir die *relative spektrale Hellempfindlichkeit V*, und diese ist farbabhängig. Fig. 14.62 enthält die beiden Verläufe für photopisches Sehen, $V(\lambda)$, und skotopisches Sehen, $V'(\lambda)$. Ihre jeweiligen Maxima, $V = 1$ bzw. $V' = 1$, liegen bei den Wellenlängen $\lambda_{max} = 555\,nm$ bzw. $\lambda'_{max} = 507\,nm$; bei mesopischem Sehen liegt das jeweilig zugehörige λ_{max} bei einem Wert zwischen diesen beiden. – *Zweitens* müssen wir verschiedene Helligkeitsbereiche, bei denen „Sehen" erfolgt (photopisch – mesopisch – skotopisch) durch verschiedene *physikalische photometrische (Licht-)Äquivalente* bewerten.

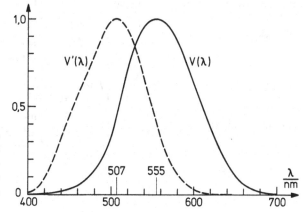

Fig. 14.62
Relative spektrale Hellempfindlichkeit (spektraler Hellempfindlichkeitsgrad) des menschlichen Auges (genormt) für photopisches bzw. skotopisches Sehen ($V(\lambda)$ bzw. $V'(\lambda)$), DIN 5031 (3)

Wir definieren zuerst die „Licht-(Strahlungs-) Größen", die wir dann mit den „Energie-(Strahlungs-) Größen" verknüpfen werden. Die Strahlungsenergie, die, bezogen auf die Zeit, von einer Strahlungsquelle ausgeht, wird im SI in der Einheit Joule/Sekunde = Watt angegeben. Ihr entspricht ein *Lichtstrom*; man gibt ihn in der SI-*Einheit Lumen* = lm an, Formelzeichen $\Phi_{\text{visuell}} = \Phi_{\text{vis}}$. An Hand von Fig. 14.3 haben wir besprochen, daß aus dem gesamten Lichtstrom einer Lichtquelle mittels einer Blende ein Lichtbündel mit dem Raumwinkel (Öffnungswinkel) $\Delta\Omega$ ausgeblendet wird. Nur an solchen Lichtbündeln führt man Messungen aus, mit denen man die Stärke verschiedener Lichtquellen vergleicht: man rechnet auf die *Lichtstärke* I_{vis} der Lichtquelle zurück, indem man die Größe „raumwinkelbezogener Lichtstrom" bildet,

$$\text{Lichtstärke} \overset{\text{def}}{=} \frac{\text{Lichtstrom in den Raumwinkel } \Delta\Omega}{\text{Raumwinkel } \Delta\Omega}, \qquad I_{\text{vis}} \overset{\text{def}}{=} \frac{\Delta\Phi_{\text{vis}}}{\Delta\Omega}. \qquad (14.56)$$

Die SI-*Einheit der Lichtstärke* ist die Basisgröße Cand̲ela (Betonung auf der zweiten Silbe) abgekürzt cd,

$$[I_{\text{vis}}] = \frac{[\Phi_{\text{vis}}]}{[\Omega]} = \frac{\text{lm}}{\text{sr}} = \text{cd} \qquad (14.56\text{a})$$

(über sr = Steradiant s. Abschn. 2.5). – Die entsprechende Energie-(Strahlungs-) Größe heißt *Strahlstärke* I_E (s. Tab. 14.7). Dividiert man die Lichtstärke einer Lichtquelle durch die Größe der strahlenden Fläche $A_{\text{str}\perp}$ (A-Strahler, senkrecht; Definition s. Tab. 14.7), dann erhält man die *Leuchtdichte* L_{vis},

$$L_{\text{vis}} = \frac{I_{\text{vis}}}{A_{\text{str}\perp}} = \frac{\Delta\Phi_{\text{vis}}}{\Delta\Omega \cdot A_{\text{str}\perp}}; \qquad [L_{\text{vis}}] = \frac{\text{cd}}{\text{m}^2} = \frac{\text{lm}}{\text{sr}\,\text{m}^2}. \qquad (14.57)$$

Tab. 14.7 Gegenüberstellung von Energiegrößen und Lichtgrößen
(Ω = Raumwinkel, $[\Omega]$ = sr = Steradiant (Abschn. 2.5); Index str = Strahler, Index empf = Empfänger)

Energiegrößen			Definition	Lichtgrößen		
Größe	Symbol	Einheit		Einheit	Symbol	Größe
Strahlungsstrom	Φ_E	Watt; W	–	Lumen; lm	Φ_{vis}	Lichtstrom
Strahlstärke	I_E	$\dfrac{\text{W}}{\text{sr}}$	$I = \dfrac{\Delta\Phi}{\Delta\Omega}$	$\dfrac{\text{lm}}{\text{sr}} = \text{cd}$ $= \text{Candela}$	I_{vis}	Lichtstärke
Strahldichte	L_E	$\dfrac{\text{W}}{\text{m}^2 \cdot \text{sr}}$	$L = \dfrac{I}{A_{\text{str}\perp}}{}^*)$	$\dfrac{\text{cd}}{\text{m}^2}$	L_{vis}	Leuchtdichte
Bestrahlungsstärke	E_E	$\dfrac{\text{W}}{\text{m}^2}$	$E = \dfrac{\Phi}{A_{\text{empf}}}$	$\dfrac{\text{lm}}{\text{m}^2}$	E_{vis}	Beleuchtungsstärke

*) $A_{\text{str}\perp} = A_{\text{str}} \cdot \cos\beta$

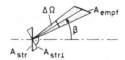

„Helle" Lichtquellen sind solche mit großer Leuchtdichte (s. Tab. 14.8). Die zur Leuchtdichte L_{vis} zugehörige Energiegröße wird als *Strahldichte* L_E bezeichnet (vgl. Tab. 14.7). Das Spektrum einer Strahlungsquelle wird durch die *spektrale Strahldichte* $L_E(\lambda)$ beschrieben (entsprechend auch die *spektrale Strahlstärke* durch $I_E(\lambda)$), wobei $L_E(\lambda)\,\Delta\lambda$ die Strahldichte im Wellenlängenintervall $\Delta\lambda$, und dann $L_E = \int L_E(\lambda)\,d\lambda$ die Gesamt-Strahldichte der Quelle ist (beachte: L_E und $L_E(\lambda)$ haben verschiedene Dimension).

Die Lichtgrößen betreffen die physiologische Wirkung, die Strahlgrößen die physikalische Ursache. Sie können durch eine farb-, d.h. frequenz- bzw. wellenlängenabhängige Funktion $K(\lambda)$ miteinander verknüpft werden,

$$I_{vis}(\lambda) = K(\lambda) \cdot I_E(\lambda), \qquad L_{vis}(\lambda) = K(\lambda) \cdot L_E(\lambda). \tag{14.58a}$$

Der Verlauf von $K(\lambda)$ ist bereits durch die relative spektrale Hellempfindlichkeit $V(\lambda)$ bestimmt (Fig. 14.62), denn diese Größe beschreibt das Verhältnis der physiologischen Wirkungen bei den Wellenlängen λ und $\lambda_{max}(= 555\,\text{nm})$, $V(\lambda) = I_{vis}(\lambda)/I_{vis}(\lambda_{max})$ $= K(\lambda)/K(\lambda_{max})$ bei gleicher physikalischer Ursache, $I_E(\lambda) = I_E(\lambda_{max})$ (analog für skotopisches (dunkeladaptiertes) und mesopisches Sehen). Daraus folgt

$$K(\lambda) = V(\lambda) \cdot K(\lambda_{max} = 555\,\text{nm}) = K_m \cdot V(\lambda). \tag{14.58b}$$

Mit der Kenntnis von $K(\lambda) = K_m \cdot V(\lambda)$ (es fehlt noch der Wert von K_m) erhalten wir für die gesamte Lichtstärke I_{vis} bzw. Leuchtdichte L_{vis} einer Lichtquelle (Lampe)

$$I_{vis} = K_m \int I_E(\lambda) \cdot V(\lambda)\,d\lambda, \qquad L_{vis} = K_m \int L_E(\lambda) \cdot V(\lambda)\,d\lambda. \tag{14.58c, d}$$

Die Integration ist dabei über den Wellenlängenbereich auszuführen, in dem $V(\lambda)$ nicht Null ist, d.h. das Auge „sieht".

Die Gl. (14.58a) bis (14.58d) zeigen, daß zur Verknüpfung der Lichtgrößen mit den Strahlungs-(= Energie-)Größen nur noch die Konstante K_m festgelegt werden muß. Dies geschieht mittels der Definition der Lichtstärke-Einheit Candela.

Früher wurde die *Einheit der Lichtstärke* mit Hilfe einer „Normkerze" oder einer „Norm-Lichtquelle", zuletzt mittels des „Schwarzen Körpers" (Abschn. 15.2) festgelegt, in jedem Fall durch eine Lichtquelle, die ein mehr oder weniger ausgedehntes Spektrum emittiert. Eine solche Definition impliziert die Größe $V(\lambda)$. Die *neue Definition* (1979) bezieht sich demgegenüber auf eine monofrequente Lichtquelle der Normfrequenz $f_n = 540 \cdot 10^{12}\,\text{Hz}$; sie entspricht in Luft vom Normdruck $p_n = 1{,}01325\,\text{bar}$ bei der Temperatur $\vartheta = 20\,°\text{C}$ und der absoluten Feuchtigkeit $f_a = 9{,}9\,\text{g/m}^3$ der Lichtwellenlänge $\lambda_n = 555\,\text{nm}$, also derjenigen Wellenlänge, für die die relative spektrale Hellempfindlichkeit für Tages-(helladaptiertes)Sehen ihr Maximum hat (das war die Absicht bei der Festlegung dieser Normfrequenz). Damit lautet die *Definition:* Eine Strahlungsquelle der Frequenz f_n strahlt in eine herausgegriffene Richtung mit der *Licht*stärke $I_{vis} = 1\,\text{cd} = 1\,\text{lm sr}^{-1}$, wenn in dieser Richtung die *Strahl*stärke $I_E = (1/683)\,\text{W sr}^{-1}$ beträgt. – Der „ungerade" Wert 1/683 in der Definition der Candela rührt daher, daß die neue Definition mit der alten gleichwertig sein sollte.

Eintragen der Normbedingungen in Gl. (14.58 a) und (14.58 b) führt auf

$$K_m = \frac{1\,\mathrm{lm\,sr}^{-1}}{(1/683)\,\mathrm{W\,sr}^{-1}} = 683\,\mathrm{lm\,W}^{-1}. \tag{14.58e}$$

Diese Größe wird *photometrisches Äquivalent* genannt. Sie gestattet, zusammen mit der relativen spektralen Hellempfindlichkeit $V(\lambda)$, nach Gl. (14.58 c, d) die *Bewertung der Lichtstrahlung einer Lampe wie sie dem photopischen Sehen mit dem Auge entspricht.* Die Bewertung bei anders adaptiertem Sehen erfolgt analog. Wir geben sie für das skotopische Sehen an: dabei hat man die entsprechende relative spektrale Hellempfindlichkeit $V'(\lambda)$ (Fig. 14.62) in Gl. (14.58 c, d) einzutragen. Bezüglich der Ermittlung der noch fehlenden Konstanten K'_m soll an der Definition der Lichtstärkeneinheit Candela festgehalten werden, – sie soll für alle Adaptionen gelten –, und das bedeutet, daß

$$K'_m \cdot V'(\lambda = 555\,\mathrm{nm}) = K_m \cdot V(\lambda = 555\,\mathrm{nm}) = 683\,\mathrm{lm\,W}^{-1}. \tag{14.58f}$$

Aus Fig. 14.62 entnehmen wir $V'(\lambda = 555\,\mathrm{nm}) = 0{,}402$ und $V(\lambda = 555\,\mathrm{nm}) = 1$ (was wir schon kennen); daher hat das *photometrische Äquivalent K'_m für skotopisches Sehen* den Wert

$$K'_m = 683\,\mathrm{lm\,W}^{-1}/0{,}402 = 1699\,\mathrm{lm\,W}^{-1}. \tag{14.58g}$$

Das Produkt $K'_m \cdot V'(\lambda)$ gestattet dann gemäß Gl. (14.58 c, d) die Bewertung der Lichtstrahlung wie sie dem skotopischen Sehen mit dem Auge entspricht.

Wir sehen: der Übergang von Strahlungs-Energie-Größen zu Lichtgrößen gemäß Gl. (14.58 c, d) erfaßt die Bewertung der Strahlung nur hinsichtlich der verschiedenen Spektralbereiche, die das Auge bei verschiedenen Helligkeiten „sieht", eine Bewertung mittels einer „absoluten" Lichtempfindlichkeit erfolgt nicht. – Abschließend sei noch darauf hingewiesen, daß man im Falle der Akustik und des Gehörs auf die Einführung bewerteter Schallgrößen verzichtet hat.

Beispiel 14.10 Übliche Lampen (Glühlampen) strahlen Licht gleichmäßig – „isotrop", wie wir annehmen wollen – in den vollen Raumwinkel $\Omega = 4\pi\,\mathrm{sr}$. Wird bei 100 W elektrischer Leistung rund 5 % in sichtbare Strahlung umgesetzt, so ist der Strahlungsstrom $\Phi_E = 100\,\mathrm{W} \cdot 0{,}05 = 5\,\mathrm{W}$. Die Strahlstärke, d.h. der raumwinkelbezogene Strahlstrom folgt zu $I_E = 5\,\mathrm{W}/4\pi\,\mathrm{sr} = 0{,}4\,\mathrm{W/sr}$. Laser-Lichtquellen für Laborzwecke dagegen haben einen Strahlstrom von nur 1 mW. Sie zeichnen sich aber dadurch aus, daß ihre Strahlung wie ein „Bleistiftstrahl" in einen ganz kleinen Raumwinkel emittiert wird, der einem halben Öffnungswinkel von nur 1' entspricht. Die Strahlungsemission erfolgt also extrem anisotrop, nämlich in den sehr kleinen Raumwinkel $\Omega = 2{,}66 \cdot 10^{-7}\,\mathrm{sr}$. Daher erhält man beim Laser eine erheblich größere Strahlstärke $I_E(\mathrm{Laser}) = 10^{-3}\,\mathrm{W}/2{,}66 \cdot 10^{-7}\,\mathrm{sr} = 3{,}76\,\mathrm{kW/sr}$, die Strahlstärke ist rund 10000mal so groß wie diejenige der Glühlampe. Hinzu kommt, daß die Laser-Strahlung stets außerordentlich monochromatisch (monofrequent) ist (He-Ne-Laser $\lambda = 632{,}8\,\mathrm{nm}$), während das Spektrum der Glühlampe ein Kontinum ist. Eine Glühlampe emittiert daher in einem dem Laser entsprechenden schmalen Wellenlängenbereich Strahlung, die um viele Zehnerpotenzen schwächer als die Laserstrahlung ist. Laser-Strahlung ist in der Regel viel intensiver als Glühlampenstrahlung, es gibt daher für Laserstrahlung strenge Sicherheitsvorschriften. – Laser,

Tab. 14.8 Lichtquellen und Beleuchtungsstärken

Leuchtdichten verschiedener Lichtquellen, Einheit cd/m^2

Sonne	rund $1{,}5 \cdot 10^9$	Mond	rund $3 \cdot 10^3$
Nachthimmel	$1 \cdot 10^{-3}$		
Lichtbogen	$18 \cdot 10^7$	Xe-Höchstdrucklampe	bis 10^{10}
Hg-Hochdrucklampe	$60 \cdot 10^7$	Glühlampenwendel	0,5 bis $3{,}5 \cdot 10^7$
matt. Glühlampenkolben	bis $3 \cdot 10^5$	Leuchtstofflampe	3 bis $7 \cdot 10^3$

Gesamtlichtstrom, Einheit lm

Glühlampe	25 W	215	Leuchtstofflampe	25 W	1 350
	60 W	620		65 W	3 350
	200 W	2 900			

Beleuchtungsstärken, Einheit lx

heller Sonnenschein	5 500 bis 70 000
Tageslicht, bedeckter Himmel	900 bis 2 000
Sollwert für Straßenbeleuchtung	0,5 bis 30
Innenbeleuchtung:	
Arbeitsplatz, grobe Arbeit	50 bis 100
feine Arbeit	300 bis 1 000
sehr feine Arbeit	1 000 bis 4 000

die im medizinischen Gebrauch zum „Schneiden" von Gewebe verwendet werden, arbeiten mit Strahlungsleistungen von 10 W bis 100 W.

Die *Beleuchtungsstärke* E_{vis} der Empfängerfläche (Arbeitstisch) definiert man als auffallenden Lichtstrom dividiert durch die Empfängerfläche A_{empf}. Die SI-*Einheit der Beleuchtungsstärke* ist $lm/m^2 = Lux = lx$. Es gibt Vorschriften für die Mindest-Beleuchtungsstärke für verschiedene Arten von Aufenthaltsräumen und Arbeitsplätzen (Beispiele in Tab. 14.8).

Der *Vergleich verschiedener Lichtquellen* geschieht mit *Photometern*. Bei den *subjektiven Photometern* werden zwei kleine Flächen, die von den zu vergleichenden Lampen beleuchtet werden, miteinander in der Weise verglichen, daß auf gleiche Beleuchtungsstärke eingestellt wird, indem der Abstand der beiden Lichtquellen von der Fläche so lange variiert wird, bis die Beleuchtung dem Beobachter als gleich erscheint. Die Lichtstärken der Lampen stehen dann wegen der verschiedenen Raumwinkel im Verhältnis der Quadrate der Abstände (Abschn. 2.5). – Bei den *objektiven Photometern* verwendet man Meßgeräte, die den auffallenden Lichtstrom in eine elektrische Spannung oder einen elektrischen Strom wandeln. Es eignen sich dazu Photozellen, Photoelemente, Photowiderstände, deren spektrale Empfindlichkeit an diejenige des Auges angepaßt wird.

14.5.2 Lichtempfindlichkeit des menschlichen Auges

Zwischen der Leuchtdichte eines leuchtenden Objekts und der Beleuchtungsstärke (bzw. Leuchtdichte) des Bildes bei der optischen Abbildung, also speziell beim „Sehen" eines Bildes mittels der Retina des Auges, besteht ein einfacher Zusammenhang. Fig. 14.63 stellt (vereinfacht) den optischen Apparat Auge bei der Betrachtung einer leuchtenden Fläche A_S der Leuchtdichte $L_{vis,S}$ in der Entfernung a (Objektweite) dar. Die Pupille der Fläche A_P bestimmt den ins Auge eintretenden Lichtstrom (Gl. (14.57))

$$\Phi_{vis,S} = L_{vis,S} \cdot A_S \cdot \Omega_S = L_{vis,S} \cdot A_S \cdot \frac{A_P}{a^2}. \tag{14.59}$$

Vernachlässigt man die Absorption längs des gesamten Lichtweges (echte Absorption und Lichtstreuung in der Linse und im Kammerwasser), sowie Abbildungsfehler des optischen Systems, so geht der gesamte Lichtstrom nach Gl. (14.59) ohne Verlust durch die Bildfläche A_R auf der Retina (A_R ist das geometrisch-optische Bild von A_S). Das Lichtbündel erzeugt nach Gl. (14.58) daher im Bild die Leuchtdichte $L_{vis,R}$, wobei

$$L_{vis,R} \cdot A_R \cdot \Omega_R = \Phi_{vis,R} = \Phi_{vis,S} = \Phi_{vis} \tag{14.60a}$$

mit $\Omega_R = A_P/a'^2$, ist. Daraus folgt

$$L_{vis,R} = L_{vis,S} \cdot \frac{A_S}{A_R} \cdot \frac{a'^2}{a^2}. \tag{14.60b}$$

Nun ist das Verhältnis der Flächen A_R/A_S gleich dem Quadrat des Abbildungsmaßstabes V_t^2. Ist n die Brechzahl des Stoffes vor dem Auge ($n = 1$ für Luft), n' die Brechzahl des Glaskörpers ($n' = 1,336$), so folgt aus Gl. (14.16) zusammen mit Gl. (14.18) für den Abbildungsmaßstab

$$V_t = \frac{\dfrac{a'}{n'}}{\dfrac{a}{n}} = \frac{n\,a'}{n'\,a}, \tag{14.61}$$

so daß Gl. (14.60b)

$$\frac{L_{vis,R}}{n'^2} = \frac{L_{vis,S}}{n^2} \tag{14.60c}$$

lautet. Die Größe Leuchtdichte dividiert durch Brechzahlquadrat ist also bei der

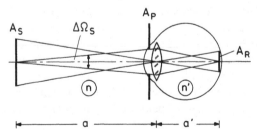

Fig. 14.63
Zur Beleuchtungsstärke der Netzhaut
Index: S Strahlungs- = Lichtquelle,
       R Retina,
       P Augenpupille

optischen Abbildung konstant. Das ist ein allgemein gültiger Zusammenhang; im Spezialfall $n = n'$ ist die Leuchtdichte konstant. In unserem Fall (Auge, $n = 1$, $n' = 1,336$) wird die Leuchtdichte am Ort der Retina

$$L_{\text{vis},\text{R}} = n'^2 L_{\text{vis},\text{S}} = 1,78 \, L_{\text{vis},\text{S}} \, . \tag{14.60d}$$

Die *Beleuchtungsstärke* $E_{\text{vis},\text{R}}$ *auf der Retina* (Lichtstrom dividiert durch beleuchtete Fläche) ergibt sich zu

$$E_{\text{vis},\text{R}} = \frac{\Phi_{\text{vis}}}{A_{\text{R}}} = L_{\text{vis},\text{S}} \, \frac{n'^2}{n^2} \frac{A_{\text{P}}}{a'^2} = 1,78 \, L_{\text{vis},\text{S}} \, \frac{A_{\text{P}}}{a'^2} \, . \tag{14.62}$$

Da die Bildweite a' beim Auge praktisch eine Konstante ist (Länge des Augapfels), so ist die Beleuchtungsstärke $E_{\text{vis},\text{R}}$ der Retina proportional zur Leuchtdichte des leuchtenden Objektes $L_{\text{vis},\text{S}}$ und zur Fläche der Augenpupille. Da sich diese den jeweiligen Verhältnissen selbstregelnd anpaßt, so kann als *Maß für die Lichtempfindlichkeit des menschlichen Auges* die *Leuchtdichte des Objektes* $L_{\text{vis},\text{S}}$ herangezogen werden. Photopisches Sehen (mit den Zäpfchen der Retina) findet für $L_{\text{vis},\text{S}} \gtrsim 10 \, \text{cd/m}^2$ statt, nur skotopisches Sehen erfolgt bei Leuchtdichten $L_{\text{vis},\text{S}} \lesssim 10^{-3} \, \text{cd/m}^2$. Der gesamte Empfindlichkeitsbereich des Auges im Bereich der Objektleuchtdichten erstreckt sich von $2 \cdot 10^{-6} \, \text{cd/m}^2$ bis $2 \cdot 10^5 \, \text{cd/m}^2$, das ist ein Bereich von 11 Zehnerpotenzen! Beim menschlichen Gehör waren wir auf einen ähnlich großen „Nachweisbereich" von 12 Zehnerpotenzen gestoßen (Abschn. 13.6.6). Die obere Grenze des Hörbereichs war die Schmerzgrenze. Oberhalb der oberen Grenze des „Sehbereichs" kommt es zur Blendung mit evtl. Dauerschädigungen.

Wie der gefundene Ausdruck (Gl. (14.62)) zeigt, ist die Beleuchtungsstärke auf der Retina unabhängig vom Abstand der Lichtquelle. Das ist dadurch verursacht, daß genau entsprechend zur Abstandsänderung auch die Bildgröße auf der Retina geändert wird. Beide Abhängigkeiten kompensieren sich.

Im Bereich der großen Leuchtdichten werden auch die Stäbchen voll angeregt, sie geben aber das Signal nicht weiter. Der weit nach niedrigen Leuchtdichten ausgedehnte Empfindlichkeitsbereich wird auch dadurch verursacht, daß die Stäbchen zu größeren Paketen (etwa 100) mit einer gemeinsamen Nervenleitung verbunden sind. Es braucht also nur auf das ganze Paket irgendwo Licht aufzutreffen um ein Signal auszulösen, während von den Zäpfchen jedes einzelne getroffen werden muß. Das bedeutet, daß das Sehen mit den Stäbchen 100 mal empfindlicher als mit den Zäpfchen ist. Außerdem brauchen die Zäpfchen im Durchschnitt etwa zwei Lichtquanten zur Anregung, während die Stäbchen mit einem auskommen. Man erwartet daher für das skotopische Sehen eine Empfindlichkeitssteigerung etwa um den Faktor 200. – Im Empfindlichkeitsmaximum bei $\lambda = 550 \, \text{nm}$ ist die Energie eines Lichtquants $h\nu = 3,6 \cdot 10^{-19} \, \text{J}$. Das Auge kann also schon sehr geringe Energien nachweisen.

14.5.3 Absorption und Extinktion

Auch die durchsichtigen Stoffe zeigen eine Abschwächung der Lichtstrahlung, genannt *Extinktion* (Auslöschung). Sie wird in einer Anordnung gemäß Fig. 14.64 gemessen.

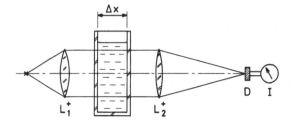

Fig. 14.64
Anordnung zur Messung der Extinktion.
D lichtelektrischer Strahlungsdetektor

Als Registrierinstrument kann z.B. ein Photoelement Verwendung finden. Die Lichtquelle kann eine Glühlampe sein mit dem vollen kontinuierlichen Spektrum, bei Bedarf werden aber auch andere, insbesondere Quecksilberdampf-Lampen verwendet. Die modernen Extinktions-Meßgeräte sind mit Farbfiltern oder sogar kleinen Spektrometern ausgestattet, um die Wellenlänge, mit der gemessen werden soll, aus der Lampenstrahlung auszufiltern (z.B. Interferenzfilter, Abschn. 14.4.5). In der Regel steht so jede gewünschte Wellenlänge zwischen $\lambda = 380$ und $1\,000$ nm zur Verfügung.

Das Einschieben eines durchsichtigen Stoffes in das Lichtbündel (Fig. 14.64) erzeugt eine Abnahme der Strahlungs-Intensität. Ist die Schichtdicke Δx klein, dann beobachtet man immer, daß die Abnahme ΔI proportional zur eingestrahlten Intensität I und zur Schichtdicke Δx ist. Bei dünnen Schichten gilt demnach

$$\mathrm{d}I = -\mu I \mathrm{d}x. \tag{14.63}$$

Die Größe μ ist der *Schwächungskoeffizient*. Er hängt in der Regel stark von der Wellenlänge ab, man muß also zu Zahlenangaben die Angabe der Wellenlänge des Lichtes hinzufügen. Grundsätzlich erfolgt die Lichtschwächung auf zwei Weisen: einerseits durch echte *Absorption*, bei der ein Molekül des Stoffes Lichtquanten aus der Strahlung aufnimmt, andererseits durch *Streuung*, wo Elektronen mitschwingen und dadurch selbst strahlen und damit die eintreffende Strahlung zerstreuen, wodurch das durchgehende Strahlenbündel geschwächt wird.

Die Gleichung (14.63) kann man integrieren, man setzt dabei voraus, daß μ nicht selbst noch von x abhängt, was in aller Regel zutrifft. Es entsteht

$$I = I_0 \mathrm{e}^{-\mu x}, \tag{14.64}$$

das *Lambertsche Extinktionsgesetz*: die Lichtintensität fällt längs der Materieschicht exponentiell ab. Das entspricht dem Intensitätsverlauf, den wir auch für Schallstrahlung gefunden haben, Gl. (13.36), ebenso allgemein für elektromagnetische Strahlung, Gl. (13.76). Kann man die Intensität für mehrere Schichtdicken x messen, dann kann man I, oder besser I/I_0 als Funktion der Schichtdicke x aufzeichnen und erhält für $\log(I/I_0)$ eine linear abfallende Gerade, denn aus Gl. (14.64) folgt

$$\log(I/I_0) = -\mu x \log \mathrm{e} = -\mu x \cdot 0{,}434. \tag{14.65}$$

Meist mißt man mit einer Norm-Schichtdicke x_n und gibt für diese die *Extinktion* an

$$E = \log \frac{I_0}{I} = 0{,}434\,\mu x_\mathrm{n}. \tag{14.66}$$

Sie ist eine reine Zahl, und man kann gemäß Gl. (14.66) dann den Schwächungskoeffizienten μ ermitteln:

$$\mu = \frac{1}{0{,}434} \frac{E}{x_n}. \tag{14.67}$$

Bei der Größe der Schwächung, also der Extinktion, kommt es nicht nur auf die Größe des Schwächungskoeffizienten μ an, sondern auf das Produkt $\mu \cdot x$. Man kann die *mittlere Reichweite R* des Lichtes durch diejenige Strecke angeben, nach welcher die Intensität auf $1/e$ abgesunken ist. Dafür folgt aus Gl. (14.64)

$$R = \frac{1}{\mu}. \tag{14.68}$$

Z. B. ist für reines Wasser $\mu = 0{,}0024\,\mathrm{mm}^{-1}$ ($\lambda = 770\,\mathrm{nm}$) und damit die Reichweite $R = 1/0{,}0024\,\mathrm{mm}^{-1} = 416{,}67\,\mathrm{mm} = 41{,}67\,\mathrm{cm}$. Für schweres Flintglas findet man $\mu = 0{,}0046\,\mathrm{mm}^{-1}$ ($\lambda = 770\,\mathrm{nm}$), also die Reichweite $R = 21{,}74\,\mathrm{cm}$. Die Wellenlängenabhängigkeit macht sich in diesem Falle durch leicht grünliche Färbung bemerkbar. Interessant ist auch die Angabe der Anzahl der Wellenlängen, die zur Reichweite gehört. Bei Wasser sind es rund 550 000 Wellenlängen. Ein anderes Extrem ist Gold (dünne Metallfolien). Dort ist die Reichweite sehr klein, die Intensität des eindringenden Anteils (der Hauptteil des auffallenden Lichtes wird reflektiert) sinkt bei $\lambda = 546\,\mathrm{nm}$ schon nach 0,02 Wellenlängen auf $1/e$ ab.

Beispiel 14.11 Absorption von Licht haben wir schon bei der Diskussion des Farbfehlers des menschlichen Auges (Abschn. 14.3.3) als wesentlich zu seiner Verminderung erkannt. Im Bereich des gelben Flecks wird das einfallende Lichtspektrum nochmals deutlich beschnitten. Fig. 14.65 enthält das Ergebnis einer Messung der Absorption des Pigmentepithels der menschlichen Netzhaut im Bereich des gelben Flecks als Funktion der Wellenlänge (nach Hillenkamp u. Mitarbeitern). Die Absorption A ist dabei durch die Gleichung definiert

$$A = \frac{I_0 - I}{I_0} = 1 - 10^{-E}; \tag{14.69}$$

sie wird in % angegeben. Aus Fig. 14.65 geht hervor, daß das Spektrum vor allem im kurzwelligen Bereich, wo der Farbfehler ansteigt, am stärksten geschwächt wird.

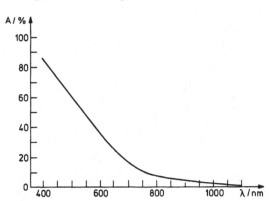

Fig. 14.65
Wellenlängenabhängigkeit der Lichtabsorption des Pigmentepithels der Netzhaut im Bereich der Macula (gelber Fleck)

Extinktionsmessungen an Flüssigkeiten sind ein wichtiges Hilfsmittel der medizinischen Diagnostik. Man verwendet Küvetten, in denen die Flüssigkeitsschichtdicke meist $x = 10\,\text{mm}$ ist. Der Lichtempfänger kann eine Photozelle sein. Nach Einstellen der gewünschten Wellenlänge mißt man die Extinktion (mehrfach) im Vergleich zu einem „Leergefäß" (Reflexions-Korrektur), evtl. auch im Vergleich zu einer Normflüssigkeit, und läßt mit einem Rechenwerk sogleich den interessierenden Schwächungskoeffizienten und, falls nötig und möglich, die Konzentration eines interessierenden Stoffes berechnen und ausdrucken. Fig. 14.66 enthält ein Meßergebnis für den Schwächungskoeffizienten von oxygeniertem Hämoglobin und desoxygeniertem Hämoglobin in physiologischer Konzentration ($c = 150\,\text{g/l}$) in einem großen Wellenlängenintervall. Die hellrote Färbung des oxygenierten Hämoglobins rührt vor allem von dem Verlauf des Schwächungskoeffizienten im Bereich um $\lambda = 560\,\text{nm}$ her. Die Messung der Extinktion in engen Spektralbereichen wird häufig – nicht gerade glücklich – als *Kolorimetrie* bezeichnet. Die verwendeten Geräte heißen *Kolorimeter*.

Die *molekulare Vorstellung* über die *Extinktion* hat davon auszugehen, daß die Moleküle des absorbierenden Stoffes durch Einzelprozesse einzelne Lichtquanten aus dem Lichtbündel aufnehmen. Auf diesen Primärprozeß können verschiedene Sekundärprozesse folgen: Licht der gleichen oder einer anderen Frequenz kann reemittiert werden, die Energie kann in Wärme (also kinetische Energie) bei Stößen verwandelt werden, sie kann auch von anderen Molekülen als Anregungsenergie aufgenommen werden usw. Für den Primärprozeß gibt es eine von der Farbe (Frequenz oder Wellenlänge) abhängige Wahrscheinlichkeit, und diese geben wir durch einen *Wirkungsquerschnitt* für Lichtabsorption an (vgl. die Diskussion über gaskinetische Stöße in Abschn. 8.4.1): *wenn* ein Lichtquant diesen Querschnitt „trifft", dann soll es mit Sicherheit aus dem Lichtbündel entfernt werden. Dieser Wirkungsquerschnitt werde mit σ_E bezeichnet. Wir erwarten dafür die Größenordnung des Molekülquerschnitts (aber auch Null, wenn die Absorptionswahrscheinlichkeit verschwindet). Für die einfallende Lichtintensität I stellt sich dann die absorbierende

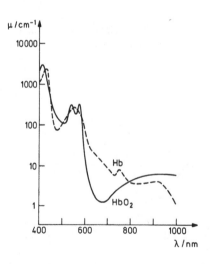

Fig. 14.66
Schwächungskoeffizient μ von Hämoglobin (Hb)-
und Oxy-Hämoglobin (HbO$_2$)-Lösungen

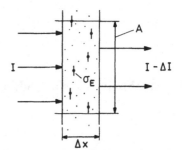

Fig. 14.67
Für die Lichtabsorption ist ein Absorptionswir-
kungsquerschnitt σ_E bestimmend

Schicht wie in Fig. 14.67 skizziert dar. Ist n die Anzahldichte der absorbierenden Teilchen mit dem Wirkungsquerschnitt σ_E, so stellen diese insgesamt den Wirkungs- querschnitt $A_E = \sigma_E n\, A\, \Delta x$ dem Lichtbündel entgegen. Das Verhältnis von ausge- löschter Intensität ΔI zur einfallenden Intensität I ist dann gleich dem Verhältnis von versperrter Fläche A_E zu Gesamtfläche A, oder

$$\frac{\Delta I}{I} = \frac{A_E}{A} = \sigma_E n\, \Delta x = \mu\, \Delta x. \qquad (14.70)$$

Wir haben damit einen molekulartheoretischen Ausdruck für den Schwächungskoeffi- zienten gefunden, $\mu = \sigma_E n$, und er zeigt, daß μ proportional zur Teilchenanzahldich- te, also zur Dichte des absorbierenden Stoffes ist. Eine derartige Proportionalität wird nicht immer gefunden. Besteht sie aber, was z. B. für verdünnte Lösungen häufig zutrifft, dann gilt für die Extinktion das *Beersche Gesetz*: Die Extinktion ist proportional zur Dichte bzw. Konzentration des gelösten Stoffes, $E = \varrho\, E_{\text{spezifisch}}$, mit $E_{\text{spezifisch}}$ die spezifische = arteigene Extinktion.

Aus der Extinktion kann man in diesem Fall auf die Konzentration schließen. Wichtig sind die Abweichungen: sie zeigen, daß die absorbierenden Moleküle sich gegenseitig beeinflussen, die Absorptionsprozesse sind nicht mehr unabhängig voneinander. Das kann auch zutreffen, wenn mehrere absorbierende Molekülsorten vorhanden sind.

Extinktionsmessungen werden auch zum *Studium von Vorgängen* angewandt, die in einem Präparat zeitlich ablaufen. Werden dadurch neue absorbierende Moleküle mit einer charakteristischen Absorptionswellenlänge erzeugt, dann kann an dieser der zeitliche Ablauf des Vorgangs untersucht werden. Das wird insbesondere mit Enzymen ausgeführt. Bei gewissen Erkrankungen treten Enzyme aus den Zellen aus. Man fügt der Probe eine Testsubstanz hinzu, mit der das Enzym eine Umsetzung (als Katalysator) bewirkt. Man verfolgt die zeitliche Veränderung der Extinktion des zugesetzten Stoffes.

15 Strahlung – insbesondere energiereiche Strahlung

Den Transport oder die Strömung von Energie haben wir bisher in der Form der *Schall-* und der *Lichtstrahlung* kennengelernt. Bei der Frage der Beeinflussung des biologischen Gewebes durch Strahlung kommt es darauf an, wie groß die *Energie der Strahlungsquanten* ist, verglichen mit den Energiebeträgen, die im Gewebe vorkommen und die Struktur oder die Funktion bestimmen. Die für das Zelleben maßgebenden Energien liegen sämtlich im Bereich der chemischen Energien, haben also die Größenordnung 1 eV. Groß dagegen sind unter Umständen schon Energien von 10 eV, sicher aber von 100 eV an aufwärts. Das ist, wie ein Blick auf Fig. 14.1 lehrt, der Bereich der elektromagnetischen *UV-Strahlung* und noch kürzerer Wellenlängen. *Röntgen-Strahlung* hat Quantenenergien von 1 bis 100 keV. Sie kommt noch im wesentlichen durch Prozesse zustande, die mit der Elektronenhülle der Atome zu tun haben. Atom*kerne* dagegen führen bei Energieänderungen zu Beträgen der Größenordnung 1 MeV, und darüber liegt das Gebiet der Hochenergiestrahlung (Höhenstrahlung, Ultrastrahlung). Vom Standpunkt der Quantenenergie, d. h. der quantenhaften Wechselwirkung, sind dagegen die Radiowellen (auch die Ultrakurzwelle) ohne Bedeutung, und das gleiche gilt für die Schallstrahlung.

Nachdem man gelernt hat, aus der Materie einzelne Atome oder Atomkerne zu isolieren und sie durch geeignete Beschleunigung mit einer einstellbaren Geschwindigkeit zu versehen und damit zu einem ausgerichteten Teilchenbündel zu formen, kennen wir heute auch *Teilchenstrahlung.* Jedes Teilchen führt darin seine Masse mit sich, die *Energie der Teilchenstrahlung* besteht in der *kinetischen Energie* der Teilchen. Die Einsteinsche Relativitätstheorie zeigt, daß Masse und Energie einander äquivalent sind ($E = mc^2$), und daher unterscheidet man bei Teilchenstrahlung die Gesamtenergie (einschließlich mc^2) und die kinetische Energie (Gesamtenergie minus mc^2). Auch im Bereich der Teilchenstrahlungen gibt es kinetische Energien im Bereich einiger eV (und darunter; vgl. thermische Energie Abschn. 8.1), es stehen heute aber auch kinetische Energien in der Größenordnung GeV zur Verfügung.

Wir haben im folgenden die *Erzeugung* und *Messung* energiereicher Strahlung zu besprechen.

15.1 Atom- und Molekülspektren

15.1.1 Energie der Atom- und Molekülzustände

In Abschn. 7.3.5.1 und 7.6.5.1 haben wir das elementare Bohrsche Modell des Wasserstoff-Atoms besprochen. Ein Elektron führt eine Kreisbewegung um den Kern des Atoms (Proton) aus. Beim Bahnradius $a_H = 0{,}53 \cdot 10^{-10}$ m ist die Bahngeschwindigkeit $1/137$ der Lichtgeschwindigkeit, die Umlaufsfrequenz des Elektrons ergibt sich zu $f = 6{,}6 \cdot 10^{15}$ Hz und liegt im Bereich der Lichtfrequenzen (Fig. 14.1). Nach dem Bohrschen Modell können die Elektronen der Atomhülle sich nur auf bestimmten Bahnen bewegen, deren Radien der Bedingung $a_n = n^2 a_H$ (Gl. (7.68)) genügen, wobei n die ganzen, natürlichen Zahlen durchläuft ($n = 1, 2, \ldots$) und als *Hauptquantenzahl* bezeichnet wird. Zu jeder „Bahn", d.h. zu jedem *Zustand* gehört eine bestimmte Energie (= potentielle + kinetische Energie eines Elektrons). Diese ist nach Gl. (7.69)

$$E_n = -\frac{1}{2}\frac{e^2}{4\pi\varepsilon_0}\frac{1}{a_H}\frac{1}{n^2}. \tag{15.1}$$

Eine Auftragung dieser Energien enthält Fig. 7.31. In Fig. 15.1 sind die gleichen Zustände aufgezeichnet, und an der Ordinate läßt sich die jeweilige *Anregungsenergie* ablesen. Der tiefste Zustand des Wasserstoff-Atoms, sein *Grundzustand* ($n = 1$) hat die Anregungsenergie $E_A = 0$. Die höher liegenden Zustände ($n = 2, 3, \ldots$) erreicht man durch Zufuhr der entsprechenden Anregungsenergie, zum Beispiel den ersten angeregten Zustand durch Zufuhr der Anregungsenergie $E_A = 10{,}2$ eV. Der energeti-

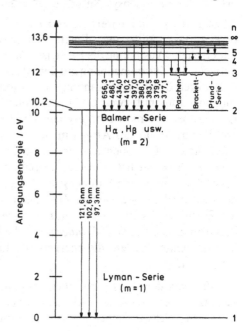

Fig. 15.1
Energieschema des Wasserstoff-Atoms; alle Wellenlängenangaben in nm. Zusammenfassung zu Serien entsprechend Gl. (15.2)
Lyman-Serie: Vakuum-Wellenlängen, alle anderen sind Wellenlängen in Luft (trocken, $\vartheta = 15°$ C, Normdruck)

sche Abstand vom Grundzustand bis zur oberen Grenze des Diagramms ($n = \infty$) ist gleich der *Ionisierungsenergie* (13,6 eV); sie muß aufgewandt werden, wenn Elektron und Proton voneinander getrennt werden sollen, wobei sie im Endzustand unendlich weit voneinander entfernt und beide in Ruhe sind. Die Ionisierung aus einem angeregten Zustand heraus erfordert eine um die Anregungsenergie verminderte Energie.

Die Quantenmechanik zeigt, daß die Vorstellung von Elektronenbahnen um den Atomkern nicht zutrifft, die Elektronen der Atomhülle bilden wolkenartige Verteilungen um den Atomkern aus, die bestimmte Strukturen haben. Zu ihrer Beschreibung werden weitere Quantenzahlen benötigt, insbesondere die *Drehimpuls-quantenzahlen*: zum Beispiel die „Bahndrehimpulsquantenzahl" l, für die bei gegebenem n die Werte $l = 0, 1, 2, \ldots, n - 1$ zulässig sind, und die „Spinquantenzahl" (Spin = Eigendrehimpuls des Elektrons) $s = 1/2$. In der Elektronenhülle eines elektrisch neutralen Atoms sind Z Elektronen enthalten (Abschn. 5.3). Sie besetzen die quantenmechanisch ermittelten Zustände der Reihe nach: zuerst die energetisch am tiefsten liegenden der K-*Schale* ($n = 1$) mit zwei Elektronen, dann die L-*Schale* ($n = 2$) mit 8 Elektronen, die M-*Schale* ($n = 3$) mit 18 Elektronen usw. (N-, O-, P-, $\cdots$ Schale). Die Systematik der Besetzung ist durch das *Pauli-Prinzip* der Quantenmechanik festgelegt. In jeder durch n gegebenen (Haupt-)Schale kann sich nur eine bestimmte, maximale Anzahl von Elektronen aufhalten, und diese ist durch die zugelassenen Bahndrehimpulsquantenzahlen l und den Elektronen-Spin gegeben. In jeder *Unter-schale*, die durch n und l beschrieben wird, haben $2 \cdot (2l + 1)$ Elektronen Platz, in der durch n gegebenen *Hauptschale* $2n^2$ Elektronen. Dieser Aufbau der Elektronenhülle erklärt das Periodensystem der Elemente (Fig. 5.10).

In einem Atom mit mehreren Elektronen sind die untersten Schalen der Reihe nach voll besetzt. Die „äußersten" Elektronen bilden eine nicht vollständige Schale oder Unterschale (Ausnahme die Edelgase), und diese Elektronen sind meist die „chemisch aktiven". Im Zusammenhang mit den Atomspektren stellen sie die „Leuchtelektronen" dar, mittels derer Lichtstrahlungs-Emission und -Absorption erfolgt. Als ein Beispiel für ein Atom mit zwei Leuchtelektronen ist in Fig. 15.2 das Energieschema des Quecksilber-Atoms wiedergegeben. Die beiden äußersten Elektronen befinden sich im Grundzustand des Atoms in der P-*Schale* ($n = 6$), die Energie zur Entfernung eines dieser Elektronen aus der Elektronenhülle des Atoms (Ionisierung) beträgt $E = 10,438$ eV; sie haben beide den Bahndrehimpuls Null (Bezeichnung des Zustan-des $6^1 S_0$). Erfolgt eine Anregung des Atoms, dann ändert im einfachsten Fall nur eines der beiden Elektronen seinen Zustand. Hierher gehören die vier mit 6 P bezeichne-ten Zustände. Es folgen zwei mit 7 S bezeichneten Zustände, wo eines der beiden Elektronen sich in der Q-*Schale* ($n = 7$) befindet usw. Auf weitere Einzelheiten kann hier verzichtet werden, die energetische Lage der Zustände läßt sich aus Fig. 15.2 entnehmen.

Die *Zustände der Moleküle* (s. auch Abschn. 7.6.5.2) haben eine größere Mannigfaltig-keit als die der Atome, weil Moleküle auch noch im ganzen rotieren können und das Kerngerüst Schwingungen ausführen kann. Die quantenmechanische Beschreibung

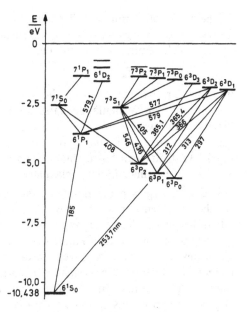

Fig. 15.2
Grundzustand ($E = -10{,}438$ eV) und einige An-
regungszustände des Quecksilber-Atoms (vgl. dazu
Abschn. 15.1.1, 3. Absatz); alle Wellenlängenangaben in nm. Ausschnitt aus dem Spektrum s.
Fig. 9.74. – Das negative Vorzeichen der Energie
hängt damit zusammen, daß die Gesamtenergie des
ionisierten Atoms (Ion und Elektron unendlich weit
auseinander) gleich Null gesetzt wurde

führt zu Quantenzahlen der Rotation und der Schwingung, die neben den
Quantenzahlen der gemeinsamen Elektronenhülle einen Zustand definieren und seine
energetische Lage bestimmen. Die größten Energiebeträge sind aufzuwenden, wenn
das Molekül durch Änderung der Elektronenzustände angeregt wird, die nächst
kleineren sind für die Anregung von Schwingungen und Rotationen notwendig. In
klassischer Ausdrucksweise: die Elektronen bewegen sich schnell um das Kerngerüst
herum, das selbst „langsame" Schwingungen und Rotationen ausführt.

15.1.2 Emissions- und Absorptionsspektrum

Atome und Moleküle in einem angeregten Zustand können spontan (mit einer
gewissen Übergangswahrscheinlichkeit) in einen energetisch tiefer liegenden Zustand
übergehen und die frei werdende Energie als elektromagnetische Strahlung abgeben.
Die Energiedifferenzen liegen bei den Atomen in der Größenordnung einiger
Elektronenvolt, die Strahlung ist damit (s. Fig. 14.1) sichtbare Lichtstrahlung. Das gilt
auch für die Elektronenübergänge in den Molekülen. Weil die Energiebeträge
innerhalb der Schwingungs- und Rotationsanregungen deutlich niedriger sind, wird
eine Energieänderung, die nur Schwingung oder Rotation eines Moleküls betrifft, so
klein, daß die Lichtemission im Roten und Ultraroten des elektromagnetischen
Spektrums liegt.

Als Beispiel sind in Fig. 15.1 durch vertikale Striche „Übergänge" des H-Atoms aus
einem angeregten Zustand in einen energetisch tiefer liegenden anderen angeregten
Zustand angedeutet. Derartige Übergänge faßt man in Serien zusammen (die Quantenzahl m bezeichnet hier den Endzustand der jeweiligen Übergänge). Die *Balmer-Serie*,

die beim Zustand mit $m = 2$ endet, hat historisch große Bedeutung gehabt. Die Differenz der Energien zwischen Anfangs- und Endzustand ist gleich der Quantenenergie hf der emittierten Strahlung,

$$hf = E_n - E_m,\qquad\qquad\qquad (15.2)$$

und aus der Frequenz f folgt die Wellenlänge λ gemäß $\lambda = c/f$. Diesen Weg der Berechnung der Wellenlänge kann man nur gehen, falls man das Energieschema bereits kennt, was heute für viele Stoffe zutrifft. Der experimentelle Ausgangspunkt war und ist aber die Untersuchung des *Spektrums* eines (evtl. unbekannten) Stoffes. Fig. 15.3 enthält einen Ausschnitt aus dem *Emissionsspektrum* des atomaren Wasserstoffs, und zwar die Balmer-Linien, gekennzeichnet durch $m = 2$, $n = 3, 4, \ldots$ in Gl. (15.2). Aus dem Energieschema des Quecksilber-Atoms, Fig. 15.2, kann man entnehmen, welche Quantenenergien bei Strahlungsemission vorkommen können. Es kommen allerdings nicht alle Übergänge (also Wellenlängen) vor, die man aus den Energiezuständen kombinieren kann: nach der Quantenmechanik sind bestimmte Übergänge um viele Zehnerpotenzen unwahrscheinlicher („intensitäts-schwache" Übergänge) als andere; man spricht von „Auswahlregeln". Außerdem kann ein angeregtes Atom immer nur nacheinander eine bestimmte Serie von Lichtquanten abgeben, wenn es aus einem angeregten Zustand schließlich in den Grundzustand übergeht. In einer Hg-Dampf-Lampe sind viele Atome enthalten, die durch eine Gasentladung angeregt werden. Die Strahlung der Lampe enthält daher das ganze Emissions-Spektrum. Wie ein Vergleich des Energieschemas Fig. 15.2 mit dem Spektrum einer für Bestrahlungszwecke eingesetzten Hg-Lampe in Fig. 9.74 zeigt, ist die Hauptkomponente in dem gewählten Ausschnitt das Linientriplett $\lambda = 405$, 436 und 546 nm; das Triplett $\lambda = 365{,}1$, 365,4 und 366 nm ist in der breiten Struktur bei „366" enthalten, die von dem der Lampe zugesetzten Leuchtstoff herrührt.

Linienspektren der in Fig. 15.3 (und auch Fig. 9.74) gezeigten Art werden von leuchtenden *Gasen* emittiert. Wird umgekehrt auf ein Gas Licht mit kontinuierlichem Spektrum eingestrahlt (Glühlampenlicht), dann können die Atome Energie absorbieren, indem Elektronen in einen angeregten Zustand gehoben werden. Im durchgehenden Licht ist dann die Intensität der entsprechenden Linien vermindert: man erhält ein *Absorptionsspektrum*. Bekannt sind die Absorptionslinien im kontinuierlichen Spektrum der Sonne: es sind die von Fraunhofer entdeckten Absorptionslinien der

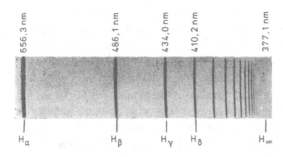

Fig. 15.3
Ausschnitt aus dem Linien-Spektrum des Wasserstoff-Atoms: Balmer-Serie
(s. Fig. 15.1)

Gase, die in der merklich kühleren Außenzone der Sonne vorhanden sind. Licht-absorption ist auch ein Primärprozeß bei der *Extinktion* (Abschn. 14.5.3). Die in Fig. 14.66 aufgezeichneten Absorptionsdaten stammen aus der Messung eines Absorp-tionsspektrums (dort einer Flüssigkeit, es handelt sich nicht um ein Linienspektrum). Die *Emissions- und Absorptionsspektren der Moleküle* sind erheblich viel linienreicher als die der Atome. Werden diese Spektren mit einem Spektralapparat geringen Auflösungsvermögens betrachtet, so sieht man scheinbar nicht auflösbare Banden. Molekülspektren werden daher auch als Bandenspektren bezeichnet.

15.2 Thermische Strahlung fester Stoffe

Feste Stoffe und Flüssigkeiten haben eine so hohe Dichte, daß die äußersten Elektronen der Atome bzw. Moleküle sich stark stören. In den Metallen führt dies zu den freien Elektronen, die die Leitfähigkeit verursachen (Abschn. 9.3.2.1). Werden feste Körper so stark erhitzt, daß sie Licht abstrahlen, so erhält man kein Linien-spektrum mehr, sondern ein kontinuierliches Spektrum. Das abgestrahlte Licht ist elektromagnetische Strahlung, sie kann nur durch die den festen Stoff aufbauenden geladenen Teilchen (Elektronen und Ionen) erzeugt werden, und zwar durch ihre thermische Bewegung, die wiederum der Temperatur des festen Körpers entspricht. Man mißt das emittierte Spektrum mit Thermoelementen (mehrere hintereinanderge-schaltet zu einer Thermosäule) oder lichtempfindlichen Widerständen (Photowider-stand), welch letztere insbesondere im Roten, also bei Strahlung größerer Wellenlänge, die schon nicht mehr sichtbar ist, empfindlich sein müssen.

Für einen *schwarzen Strahler* (ein Körper, der jede *auffallende* Strahlung völlig absorbiert; vgl. die nachfolgende Ergänzung) findet man Spektren wie sie in Fig. 15.4 wiedergegeben sind. Der schraffierte Teil liegt im sichtbaren Gebiet. Er macht nur einen kleinen Teil der Strahlungsemission aus. Selbst bei der Temperatur $T = 2000\,\text{K}$ ($\vartheta = 1727\,°\text{C}$), wo der strahlende Körper hell weiß leuchtet, liegt der weitaus größte Teil des Spektrums im Roten und Ultraroten, und dieser Teil wird vom menschlichen Auge nicht mehr „gesehen", wohl aber noch mit den Temperatur-Rezeptoren der menschlichen Haut „gefühlt". Man nennt die thermische Strahlung fester Stoffe manchmal auch (unglücklich) „Temperaturstrahlung" oder einfach „Wärmestrah-lung". Man erkennt aus dem Spektrum, daß Glühlampen für Beleuchtungszwecke sehr unökonomisch sind, weil der größte Teil des in Strahlung verwandelten Anteils der hineingesteckten elektrischen Energie im nichtsichtbaren Gebiet liegt; bei einer 100 W Glühlampe beträgt der sichtbare Anteil etwa 3 W.

Die spektrale Verteilung der Strahlung des schwarzen Körpers wird durch das von Max Planck gefundene und nach ihm benannte Strahlungsgesetz beschrieben, das erstmals das *Wirkungsquantum h* enthielt (*Planck-Konstante* $h = 6,63 \cdot 10^{-34}\,\text{J s}$). Die Strahldichte = Energiestrom durch Raumwinkel und Strahlerfläche, senkrecht zur strahlenden Fläche (s. Tab. 14.5) im Wellenlängenintervall $\lambda \ldots \lambda + \text{d}\lambda$ ist

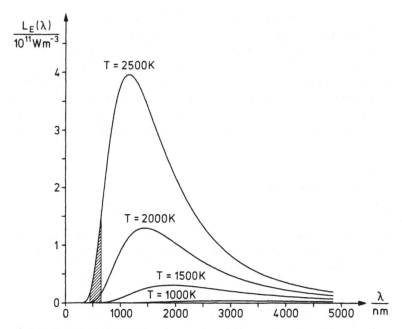

Fig. 15.4 Spektrale Strahldichte $L_E(\lambda)$ eines schwarzen Strahlers bei verschiedenen Temperaturen nach Gl. (15.3); schraffiert: sichtbare „Strahlung" = sichtbares Licht

$$\frac{dE_\lambda}{dt \cdot dA_{str} \cdot d\Omega} = L_E(\lambda)\,d\lambda = \frac{1}{\pi}\frac{c_1}{\lambda^5}\frac{1}{e - 1}\,d\lambda. \tag{15.3}$$

$L_E(\lambda)$ heißt spektrale Strahldichte, einige Verläufe für verschiedene Temperaturen T des festen Körpers enthält Fig. 15.4. Die beiden Konstanten c_1 und c_2 sind universelle Konstanten, sie haben die Werte

$$c_1 = 2\pi hc^2 = 3{,}74 \cdot 10^{-16}\frac{W\,m^2}{sr}, \qquad c_2 = \frac{hc}{k} = 1{,}44 \cdot 10^{-2}\,K\,m. \tag{15.4}$$

Die Strahlungsleistung, die in den vollen Halbraum vor einer strahlenden Fläche emittiert wird, erhält man durch eine Integration über den Winkelbereich bis zum Raumwinkel $\Omega = 2\pi$ (unter Berücksichtigung, daß Strahlung, die nicht senkrecht zur strahlenden Fläche abgegeben wird, um den Faktor $\cos\beta$ geringer ist (Lambertsches Cosinusgesetz), mit β = Winkel zwischen Emissionsrichtung und Lot auf die strahlende Fläche). Es ergibt sich

$$\frac{dE_\lambda}{dt \cdot dA_{str}} = \pi L_E(\lambda)\,d\lambda. \tag{15.5a}$$

Die gesamte Ausstrahlung, den Strahlungsstrom, erhält man durch Integration über alle Wellenlängen,

$$\frac{dE}{dt \cdot dA_{str}} = \sigma T^4.$$ (15.5b)

Dies ist das *Stefan-Boltzmannsche Gesetz* mit der Stefan-Boltzmann-Konstante $\sigma = 5{,}67 \cdot 10^{-8}\,\mathrm{W\,m^{-2}\,K^{-4}}$. Die Strahlungsemission steigt mit wachsender Temperatur erheblich, nämlich mit der vierten Potenz der Temperatur, an. Außerdem kann man aus Gl. (15.3) und entsprechend aus Fig. 15.4 entnehmen, daß die Strahlung mit wachsender Temperatur immer „weißer" wird, denn das Maximum des Spektrums verschiebt sich vom Ultrarot zum Ultraviolett (*Wiensches Verschiebungsgesetz*), die Strahlungsemission im kurzwelligen Teil des Spektrums steigt relativ stärker an als im langwelligen Teil.

Ergänzung: Gl. (15.3) wird als Strahlungsgesetz des „schwarzen Strahlers" bezeichnet. Bringt man Körper mit verschiedener Oberflächenbeschaffenheit auf gleiche Temperatur (schwarz und weiß gestrichener Heizkörper), dann stellt man fest, daß sie verschieden stark strahlen (leicht mit der Hand in der Nähe des Heizkörpers zu fühlen): der schwarze Körper strahlt stärker als der weiße. Man sagt, das *Emissionsvermögen* ist verschieden. Die Erfahrung lehrt ferner, daß ein dunkler Körper sich bei auftreffender Strahlung stärker erwärmt als ein heller (dunkler Mantel im Frühjahr, heller Anzug im Sommer): das *Absorptionsvermögen* ist ebenfalls verschieden. Das größte Absorptionsvermögen besitzt ein Körper, der alle einfallende Strahlung jeder Wellenlänge vollständig schluckt: er hat das Absorptionsvermögen $\alpha = 1 = 100\%$. Er erscheint dem Beobachter im auffallenden Licht schwarz, weil keinerlei Strahlung zurückkommt. Z.B. erscheint deshalb die Augenpupille schwarz. Einen solchen Körper nennt man einen (ideal) schwarzen Körper. Stellt man zwei Körper im Vakuum einander gegenüber, so werden sich die Temperaturen durch Strahlungs-Emissions- und Absorptionsvorgänge ausgleichen, und zwar so, daß die emittierten und die absorbierten Strahlungsströme einander gleich sind. Die beiden Körper seien mit 1 und 2 bezeichnet, die Strahlungsströme, die sie sich zustrahlen, seien Φ_1 und Φ_2, die Absorptionsvermögen seien α_1 und α_2. Im thermischen Gleichgewicht ist der Strahlungsstrom von 1 mal dem Absorptionsvermögen von 2 gleich dem Strahlungsstrom 2 mal dem Absorptionsvermögen von 1, also

$$\Phi_1 \cdot \alpha_2 = \Phi_2 \cdot \alpha_1, \qquad \Phi_1 : \alpha_1 = \Phi_2 : \alpha_2.$$ (15.6)

Man schließt weiter, daß *für jeden Körper* das *Verhältnis* von Strahlungsstrom zu Absorptionsvermögen das gleiche, und damit eine universelle Funktion der Wellenlänge und Temperatur ist,

$$\frac{\Phi_1}{\alpha_1} = \frac{\Phi_2}{\alpha_2} = \frac{\Phi_{\text{schwarzer Körper}}(\lambda, T)}{1}, \quad \text{wobei allgemein } \alpha = \alpha(\lambda).$$ (15.7)

Gl. (15.7) zeigt, daß ein beliebiger, nicht-schwarzer Körper, gekennzeichnet durch sein *Absorptions*vermögen einen Strahlungsstrom emittiert, der um den Faktor $\varepsilon(\lambda) = \alpha(\lambda)$, sein *Emissions*vermögen ε kleiner ist als derjenige eines sonst gleichen, aber schwarzen Körpers der gleichen Temperatur: die Strahlung des schwarzen Körpers ist die maximal mögliche, und daraus resultiert das große Interesse, sein Strahlungsgesetz genau zu kennen und zu verstehen. – Die Angabe des Strahlungsstromes, der zwischen zwei Körpern übergeht, ist in einer geschlossenen Formel nur angebbar, wenn die Geometrie einfach ist. Ein innerer Körper (Oberfläche A_1, Temperatur T_1, Emissionsvermögen $\varepsilon_1 (=\alpha_1)$) werde von einem äußeren Körper vollständig umschlossen (Oberfläche A_2, Temperatur T_2, Emissionsvermögen $\varepsilon_2 (=\alpha_2)$), z.B. handle es sich um konzentrische Kugeln verschiedener Radien, Zylinder (Vernachlässigung der Randeffekte), auch um zwei großflächige, parallele Ebenen (ebenfalls Vernachlässigung der Randeffekte). Dann ist der Strahlungsstrom, der von 2 nach 1 übergeht

$$\Phi_{\text{Strahlung}, 2\to 1} = A_1 \frac{\sigma}{\dfrac{1}{\varepsilon_1} + \dfrac{A_1}{A_2}\left(\dfrac{1}{\varepsilon_2} - 1\right)} (T_2^4 - T_1^4). \tag{15.8}$$

Der angegebene Ausdruck Gl. (15.8) enthält sowohl den Fall $T_2 > T_1$, $\Phi_{2\to 1}$ positiv: beide Körper strahlen, aber der Strom von außen nach innen ist größer als von innen nach außen, als auch den Fall $T_2 = T_1$ (thermisches Gleichgewicht, kein Netto-Strahlungsstrom) und $T_2 < T_1$, $\Phi_{2\to 1}$ negativ: Netto-Strom von innen nach außen. – Gl. (15.8) setzt voraus, daß ε nur wenig von λ abhängt.

Beispiel 15.1 Für die menschliche Haut findet man das Absorptionsvermögen $\alpha = 0,5$ bis $0,8$; es hängt von der Pigmentierung ab. Weiße Kleidung hat $\alpha = 0,3$, für blanke Metallteile ist $\alpha = 0,1$. – Der menschliche Körper verliert ebenfalls Wärme durch Strahlung, wenn seine Temperatur größer als die der Umgebung ist. Sei die Hauttemperatur $\vartheta_1 = 36\,°C$ ($T_1 = 309$ K), s. Fig. 8.8, dann ist nach dem Stefan-Boltzmannschen Gesetz Gl. (15.5b) die je Quadratmeter der Körperoberfläche in der Sekunde abgegebene Energie

$$\dot{E}_{\text{Strahlung}} = 5,67 \cdot 10^{-8} \frac{\text{W}}{\text{m}^2} (309)^4 = 517 \frac{\text{W}}{\text{m}^2}. \tag{15.9}$$

Das ist eine beachtliche Energieabstrahlung. Sie kommt aber nicht voll zur Geltung, weil aus der Umgebung (Wände eines Raumes) Wärme zugestrahlt wird. Die Wandstrahlung ist ebenfalls beträchtlich: nehmen wir $\vartheta_2 = 20\,°C$ ($T_2 = 293$ K) an, dann führt das Stefan-Boltzmannsche Gesetz auf eine Wandstrahlungsstromdichte $\dot{E}_{\text{Strahlung, Wand}} = 418$ W m^{-2}. Den tatsächlichen Wärmeverlust des unbekleideten Menschen schätzen wir mittels Gl. (15.8): die Körperoberfläche sei $A_1 = 1,9\,\text{m}^2$, die gesamte Wandfläche $A_2 = 80\,\text{m}^2$, das Emissionsvermögen der Körperoberfläche sei $\varepsilon_1 = 0,7\ (=\alpha_1)$, dasjenige der Wand $\varepsilon_2 = 0,3\ (=\alpha_2)$. Dann ist nach Gl. (15.8)

$$\Phi_{2\to 1} = 1,9\,\text{m}^2 \frac{5,67 \cdot 10^{-8}\,\text{W m}^{-2}\,\text{K}^{-4}}{\dfrac{1}{0,7} + \dfrac{1,9}{80}\left(\dfrac{1}{0,3} - 1\right)} ((293\,\text{K})^4 - (309\,\text{K})^4)$$

$$= 1,9\,\text{m}^2 \cdot 0,67 \cdot 5,68 \cdot 10^{-8}\,\text{W m}^{-2} \cdot (-1,75 \cdot 10^9) = -126\,\text{W}. \tag{15.10}$$

$$\Phi_{1\to 2} = +126\,\text{W}.$$

Der Wärmeverlust durch Strahlung kann demnach durch Einstrahlung von außen wesentlich herabgesetzt werden (Sonneneinstrahlung im Sommer). Der wesentliche Anteil der Strahlung des menschlichen Körpers liegt im Ultraroten: das Maximum des zur Temperatur $\vartheta = 36\,°C$ ($T = 309$ K) gehörenden Spektrums (vgl. Fig. 15.4) liegt bei der Wellenlänge $\lambda = 9\,000$ nm $= 9\,\mu$m. –

Will man lokale Temperaturerhöhungen (etwa wegen Entzündungsprozessen) messend verfolgen, so benötigt man ultrarotempfindliche Strahlungsempfänger. – Die Abkühlung eines Körpers durch Strahlung hängt davon ab, wie groß das Verhältnis von Körperoberfläche zu Volumen (bzw. zur Masse und damit zum Energieinhalt) ist (gilt auch für Wärmeverlust an die umgebende Luft durch Wärmeleitung). Bei Neugeborenen ist dies Verhältnis deutlich größer als bei Erwachsenen. Deshalb muß bei Neugeborenen besonders auf die Gefahr der Unterkühlung geachtet werden. Eine Abschätzung mag dies verdeutlichen. Es seien ein Erwachsener vom Gewicht $m_E = 75\,\mathrm{kg}$ und der Körpergröße $l_E = 1{,}75\,\mathrm{m}$ sowie ein Säugling mit $m_S = 5\,\mathrm{kg}$, $l_S = 0{,}58\,\mathrm{m}$ zugrundegelegt. Die Körperoberfläche läßt sich aus diesen Daten mittels einer von D. DuBois und E. F. DuBois angegebenen Formel (Nomogramm in Geigy-Tabellen) berechnen: $A_E = 1{,}9\,\mathrm{m}^2$, $A_S = 0{,}27\,\mathrm{m}^2$. Mit der Annahme, daß die mittlere Dichte des menschlichen Körpers in beiden Fällen gleich ist, ist das Verhältnis der Gewichte gleich dem Verhältnis der Volumina, $m_E : m_S = V_E : V_S = 15 : 1$, also

$$\frac{A_S}{V_S} : \frac{A_E}{V_E} = \frac{A_S}{A_E} \cdot \frac{V_E}{V_S} = \frac{0{,}27\,\mathrm{m}^2}{1{,}9\,\mathrm{m}^2} \cdot 15 = 2{,}13\,.$$

Das Verhältnis von Körperoberfläche zu Volumen (oder Gewicht) ist beim Säugling um den Faktor 2 größer als beim Erwachsenen.

15.3 Röntgenstrahlung

15.3.1 Erzeugung und Eigenschaften der Röntgenstrahlung

Die Röntgenstrahlung wurde 1895 durch W. C. Röntgen bei Experimenten mit Gas-Entladungen hoher Betriebsspannung entdeckt.

Fig. 15.5 enthält die Schnittzeichnung einer heutigen Röntgenröhre (nach Coolidge), Fig. 15.6 ein Schaltbild für den Betrieb der Röhre. Sie ist eine hoch-evakuierte Glühkathodenröhre (Abschn. 9.3.6.3), die als Diode im Sättigungsbereich arbeitet (Abschn. 9.3.6.4). Der Kathode K steht in wenigen cm Entfernung die Anode A gegenüber (auch Antikathode genannt), zwischen Kathode und Anode wird eine Spannung von 10 bis 100 kV gelegt. Der Emissionsstrom der Kathode und damit der Elektronenstrom, der zur Anode gelangt, wird mittels der Heizung der Glühkathode eingestellt. Der Wehnelt-Zylinder dient dazu, eine Bündelung und damit Fokussierung der Elektronen zu erreichen, wodurch auf der Anode ein scharfer

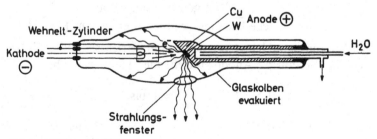

Fig. 15.5 Schema einer Röntgen-Röhre mit Glühkathode

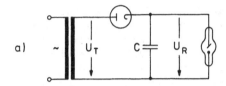

a)

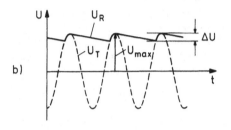

b)

Fig. 15.6
a) Einweg-Gleichrichter-Schaltung
(Abschn. 9.3.6.4) zum Betrieb einer Röntgenröhre,
am Kondensator C entsteht die Betriebs-Richt-
spannung U_R
b) Spannungsverläufe der Schaltung a); die Be-
triebs-Gleichspannung U_R besitzt eine Welligkeit
ΔU, und man nennt $\Delta U/U_{max}$ die Pulsation; U_T ist
die Wechsel-Hochspannung, die mittels eines
Transformators erzeugt wird

Quellpunkt der Röntgenstrahlung entsteht. Das ist besonders wichtig für Diagnostik-
Röhren, mit denen man Schattenbilder erzeugt. Die Anoden-(Gleich-)Spannung wird
mit einer Gleichrichterschaltung nach Fig. 15.6 hergestellt. Die Elektronen werden von
dem zwischen Anode und Kathode bestehenden elektrischen Feld beschleunigt. Sie
erreichen die Anode mit der kinetischen Energie, die sie im elektrischen Feld gewinnen,
indem sie die volle Betriebsspannung U_A frei durchfallen (Hochvakuum!),

$$E_{kin} = \frac{1}{2} m v_A^2 = e U_A \qquad (15.11)$$

(vgl. Abschn. 7.6.4.2). Ist die Betriebsspannung $U_A = 100\,kV$, so ist die Elektronenenergie $E_{kin} = 100\,keV$. Aus Gl. (15.11) ergibt sich für diesen Fall die Aufprallge-
schwindigkeit $v_A = (2 \cdot 10^5 \cdot 1{,}6 \cdot 10^{-19}\,J/9{,}11 \cdot 10^{-31}\,kg)^{1/2} = 1{,}88 \cdot 10^8\,m\,s^{-1}$, was
immerhin schon 63 % der Lichtgeschwindigkeit ist (man müßte eigentlich „relativi-
stisch" rechnen; hier ohne Bedeutung).

Die auf die Anode aufprallenden Elektronen erzeugen die *Röntgenstrahlung*, die *elektromagnetische Strahlung* ist. Die *Intensität der Röntgenstrahlung* ist die *Energiestromdichte* (Poynting-Vektor, Gl. (13.66)), zu messen in $W\,m^{-2}$. Der *Wirkungsgrad*
bei der Strahlungserzeugung wird durch das Verhältnis von Röntgenstrahlungsstrom
(in den vollen Raumwinkel 4π) zu aufgewandter elektrischer Leistung definiert,

$$\eta \overset{\text{def}}{=} \frac{\text{Röntgenstrahlungsstrom}}{\text{elektrische Leistung des Elektronenstroms } (= I \cdot U_A)} . \qquad (15.12)$$

Der Wirkungsgrad hängt von der Röhrenbetriebsspannung U_A bzw. von der Energie
$E_A = E_{kin}$ der auf die Anode auftreffenden Elektronen ab,

$$\eta = (1 \text{ bis } 1{,}5) \cdot 10^{-9} Z \frac{U_A}{\text{Volt}} = (1 \text{bis } 1{,}5) \cdot 10^{-9} Z \frac{E_A}{\text{Elektronenvolt}}, \qquad (15.13)$$

wobei Z die Kernladungszahl des Anodenmaterials ist. Da der Wirkungsgrad
proportional zu U_A ansteigt, so steigt der Röntgenstrahlungsstrom proportional zum

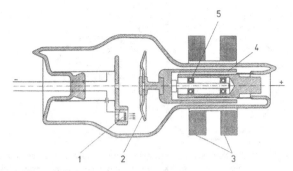

Fig. 15.7 Moderne Hochleistungs-Röntgenröhre mit Drehanode
   1 Glühkathode mit Wehnelt-Zylinder, 2 Drehanode, 3 Ständerwicklung des Antriebsmotors,
   4 Motorläufer mit der darauf montierten Anode 2, 5 Kugellager der Anodenachse

Quadrat der Betriebsspannung an. Eine zehnprozentige Erhöhung der Spannung vermehrt den Strahlungsstrom um 20 %, während mit einer ebensolchen Stromerhöhung nur eine 10%ige Strahlungsstromerhöhung erzielt wird. Von der Proportionalität mit Z rührt die bevorzugte Verwendung „schweren" Anodenmaterials her (nicht nur). Bei einer Wolfram-Anode ($Z = 74$) und $U_A = 100$ kV folgt aus Gl. (15.13) der Wirkungsgrad $\eta = 7,4 \cdot 10^{-3} = 7,4\,‰$: der Anteil, der in Strahlung umgesetzt wird, ist verschwindend, der Hauptteil, praktisch die ganze Elektronenenergie, wird in Wärme verwandelt. Bei hohen Elektronenenergien ist der Wirkungsgrad größer, er steigt dann aber schwächer an als gemäß Gl. (15.13): bei $E_A = 10$ MeV ist $\eta = 30$ %. Ist der Elektronenstrom $I = 10$ mA bei $U_A = 100$ kV, dann wird an der Anode die Leistung $P = I \cdot U_A = 10 \cdot 10^{-3}$ A $\cdot 100 \cdot 10^3$ V $= 1000$ W $= 1$ kW umgesetzt, und zwar in einem kleinen Auftrefffleck von nur einigen mm Durchmesser. Die Anode muß daher sehr gut gekühlt werden (z.B. hohle Anode mit Wasserkühlung, Fig. 15.5), außerdem verwendet man Anoden aus Stoffen möglichst hohen Schmelzpunktes (Wolfram) und bettet sie in einen Stoff hoher Wärmeleitfähigkeit ein (Kupfer). Hochleistungsröhren werden auch mit Drehanode ausgerüstet (Fig. 15.7). Die Anoden erhalten in der Regel eine schräg zur Auftreffrichtung der Elektronen gestellte Oberfläche, um den Strahlungsaustritt zu erleichtern. Dadurch wird der Auftreffbereich der Elektronen bezüglich einer Richtung verbreitert, was auch eine günstigere thermische Beanspruchung der Anode ergibt. Die daneben hervorgerufene Vergrößerung des Entstehungsbereichs der Strahlung wird kompensiert, indem die Strahlung benutzt wird, die senkrecht zum Elektronenstrahl austritt (Verminderung der scheinbaren Quellenfläche). Man macht sich die Schrägstellung auch zunutze, um bei rechteckigem Elektronenbündelquerschnitt eine kleine scheinbare Strahlungsquelle zu erreichen („Strichfocus" nach Goetze, s. Fig. 15.7).

Die für medizinische Zwecke wichtige Röntgen-Bremsstrahlung (s. folgenden Abschn. 15.3.2) wird nicht isotrop vom Auftreffpunkt emittiert. Bei mäßiger Elektronengeschwindigkeit ähnelt die Winkelverteilung der Strahlungsemission derjenigen der geraden Dipolantenne (Fig. 13.41). Je größer die Geschwindigkeit der Elektronen ist, umso mehr wird die Strahlung in die Vorwärtsrichtung emittiert (Fig. 15.8).

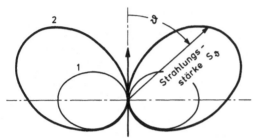

Fig. 15.8 Die Röntgen-Strahlung wird nicht isotrop emittiert, das Ausstrahlungsdiagramm ähnelt dem des Dipoloszillators (Kurve 1); es wird mit wachsender Elektronengeschwindigkeit v immer stärker vorwärts gerichtet: Kurve 2 (der Pfeil deutet die Bewegungsrichtung der Elektronen an), $v/c = 0,3$, kinetische Energie der Elektronen $E_{kin} = 24,7\,keV$

Die Eigenschaften der Röntgenstrahlung, die ihre Verwendung bestimmen und auch ihren Nachweis gestatten, sind die folgenden:

1. Röntgenstrahlung ionisiert Luft (und andere Gase),
2. sie kann Materie durchdringen, die nicht durchsichtig ist,
3. sie regt Leuchtstoffe zur Fluoreszenz an,
4. sie schwärzt Photoplatten,
5. sie wird durch elektrische oder magnetische Felder nicht abgelenkt.

Die Nichtablenkbarkeit führte bereits nach der Entdeckung zu der Vermutung, daß Röntgenstrahlung elektromagnetische Strahlung sei. Der Beweis dafür wurde durch Beugung und Interferenz von Röntgenstrahlung geliefert.

15.3.2 Das Spektrum der Röntgenstrahlung

Das Spektrum der Röntgenstrahlung ist auf Grund des Energiesatzes auf einen bestimmten Bereich der Wellenlänge bzw. der Frequenz beschränkt. Alle Elektronen haben gemäß Gl. (15.11) die gleiche kinetische Energie. Gibt ein Elektron seine ganze Energie in einem einzigen Akt als elektromagnetische Strahlung ab, so entsteht ein Lichtquant der gleichen Energie, und dieses besitzt die *maximal mögliche Frequenz* bzw. die *minimal mögliche Wellenlänge*. Es gilt mit Gl. (15.11)

$$h f_{max} = e U_A, \qquad \lambda_{min} = \frac{c}{f_{max}} = \frac{ch}{e U_A} \tag{15.14}$$

Der Zusammenhang von Maximalfrequenz bzw. Minimalwellenlänge und Betriebsspannung ist demnach universell, und zwar ergibt sich durch Einsetzen der Naturkonstanten e, c und h

$$f_{max} = 242 \cdot 10^{12}\,Hz = 242\,THz\,\frac{U_A}{V} = 0{,}242\,EHz\,\frac{U_A}{kV},$$

$$\lambda_{min} \cdot U_A = 12{,}4 \cdot 10^{-10}\,kV\,m. \tag{15.15}$$

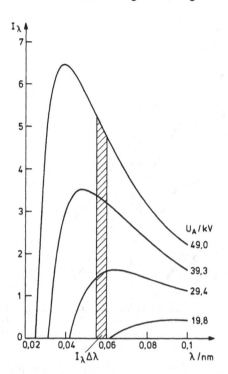

Fig. 15.9
Röntgenstrahlungsspektrum (Brems-Spektrum) einer Röhre mit dicker Anode für verschiedene Betriebsspannungen U_A. Die Ordinatenwerte sind proportional zur Größe Strahlungsstärke/Wellenlängenintervall

Die Gleichung, die λ_{min} mit U_A verbindet, heißt auch *Duane-Hunt*sches Gesetz. Wir haben darin die Größe 10^{-10} m mit Absicht abgespalten, weil diese Größe gerade etwa dem Atomradius entspricht. Gl. (15.14) haben wir schon benutzt, um das Diagramm Fig. 14.1 aufzuzeichnen, denn es wurde die Lichtquantenenergie hf in eV ausgedrückt. Fig. 15.9 enthält das Röntgen-Strahlungsspektrum einer Röhre mit Wolfram-Anode. Es läßt deutlich das Duane-Huntsche Gesetz erkennen: mit steigender Betriebsspannung U_A verschiebt sich die Minimal-Wellenlänge zu kleineren Werten. Es handelt sich im übrigen um ein *kontinuierliches Spektrum* und stellt das sog. *Bremsstrahlungs-Spektrum* dar. Die eingeschossenen Elektronen stoßen im Anodenmaterial mit den darin enthaltenen Elektronen und Atomen bzw. Ionen und Atomkernen zusammen. Dabei verlieren sie kinetische Energie, sie werden gebremst, ihre Energie wird in Gitterschwingungen umgewandelt, die Anode erwärmt. Unter den Wechselwirkungsvorgängen gibt es auch solche, bei denen die Elektronen in den lokalen (starken) elektrischen Feldern der Atomkerne Ablenkungen erfahren, und dabei wird mit einer gewissen Wahrscheinlichkeit elektromagnetische Strahlung emittiert, deren kurzwelliger Teil die Röntgenstrahlung ist.
Die Ordinatenskala in Fig. 15.9 stellt folgende Größe dar: Der Flächeninhalt im Wellenlängen-Intervall $\Delta\lambda$, also $I_\lambda \Delta\lambda$ ist die *Intensität im Wellenlängenintervall $\Delta\lambda$*. Die gesamte abgestrahlte Strahlungsstromdichte ist durch Summation (Integration) über den gesamten Wellenlängenbereich zu ermitteln. Dies ist der Flächeninhalt unter der I_λ-Kurve. – Das Spektrum kann auch in die Frequenz-Skala umgerechnet werden,

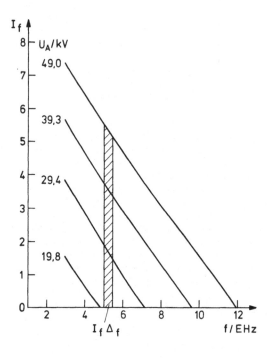

Fig. 15.10
Strahlungsspektren von Fig. 15.9, dargestellt in Abhängigkeit von der Frequenz f der Röntgenstrahlung

denn es ist $\lambda = c/f$. Dabei entsteht Fig. 15.10: $I_f \Delta f$ stellt jetzt die Intensität im Frequenzintervall Δf dar. Es mußte bei der Umrechnung darauf geachtet werden, daß auch das Wellenlängenintervall $\Delta \lambda$ in das zugehörige Frequenzintervall Δf umgerechnet wird, so daß wegen $\lambda = c/f$

$$I_\lambda(\lambda)\, d\lambda = I_\lambda(\lambda) \frac{d\lambda}{df}\, df = I_\lambda\left(\lambda = \frac{c}{f}\right) \cdot \left(-\frac{c}{f^2}\right) df = -I_f df. \qquad (15.16)$$

Das Minuszeichen entsteht deshalb, weil mit *wachsender Wellenlänge* die Frequenz *abnimmt*.

Die in Fig. 15.9 und 15.10 enthaltenen Spektren gelten für eine sogenannte „dicke" Anode: sie ist dick gegenüber der Reichweite der Elektronen in der Materie (Abschn. 15.4.6.3). Ist die Anode dagegen „dünn", dann ist das *Frequenzspektrum* sehr einfach: die Strahlungsintensität ist bis zur Maximalfrequenz für alle Frequenzen gleich groß („rechteckförmiges" Spektrum).

Eine weitere Form des Spektrums ergibt sich, wenn man nicht nach der Intensität (= Energiestromdichte), sondern nach der *Quanten-Stromdichte* (= Lichtquanten-Teilchenstromdichte) fragt. Sie ist gleich der Energiestromdichte dividiert durch die Energie eines Lichtquants hf, also $\dot{N} = I_f/hf$. Das Spektrum steigt bei kleinen Quantenenergien noch stärker an als gemäß Fig. 15.10. Dadurch wird deutlich, daß relativ viele Quanten niedriger Energie in der Bremsstrahlung enthalten sind. Meßgeräte für Röntgenstrahlung (Abschn. 15.3.3) sind entweder Intensitätsmeßgeräte, oder sie messen die Quantenstromdichte (Zählrohr). Sollen die Anzeigen mitein-

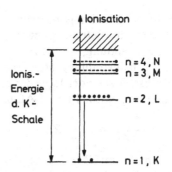

Fig. 15.11
Besetzung der tiefsten Elektronenschalen eines schweren Elementes und Zustandekommen der charakteristischen Röntgenstrahlung; der eingezeichnete Übergang von $n = 2$ nach $n = 1$ wird als „K" (Endzustand) – „α" (nächst-benachbarter höherer Anregungszustand) – „Linie" bezeichnet

ander verglichen werden, so müssen sie – evtl. mittels Kenntnis des Energiespektrums – ineinander umgerechnet werden.

Neben der Bremsstrahlung wird auch *charakteristische Strahlung* emittiert: sie ist charakteristisch für das Material der Anode und stellt ein *Linienspektrum* dar. An der Art dieses Spektrums erkennt man die Art des Anodenmaterials, und daher wird das charakteristische Spektrum auch zur Materialanalyse benutzt. – Die Linienstrahlung entsteht dadurch, daß zunächst ein einfallendes, schnelles Elektron (bei ausreichender Energie) aus einem Atom der Anode ein Elektron einer *inneren Schale* (K-, L-, M-Schale; Hauptquantenzahl $n = 1$, 2 und 3) herausschlägt. Das Atom wird in einer inneren Schale ionisiert, in der entsprechenden abgeschlossenen Elektronenschale entsteht ein Loch. In dieses Loch kann unter Abgabe der charakteristischen Strahlung ein Elektron einer höheren Schale springen (Fig. 15.11). Alle Übergänge, die durch Auffüllung eines Loches der K-Schale enden, ergeben die *Röntgen-K-Strahlung*, enden sie auf der L-Schale, dann entsteht die L-Strahlung usw. Fig. 15.12 enthält ein

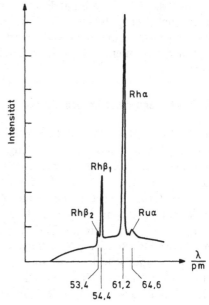

Fig. 15.12
Röntgenstrahlungsspektrum einer mit relativ niedriger Spannung betriebenen Röhre ($U_A = 31{,}8\,\text{kV}$) mit Rhodium (Rh)-Anode. Auf dem Bremskontinuum (vgl. Fig. 15.9) sitzen die Linien des charakteristischen Spektrums (sämtlich K-Linien) auf. Die Ruthenium (Ru)-Linie rührt von einer Verunreinigung der Anode her

charakteristisches Strahlungsspektrum. Um die Linienstrahlung deutlich „sichtbar" zu machen, darf die Betriebsspannung nicht allzu hoch gewählt werden. Für die medizinische Anwendung, wo die Betriebsspannung etwa 100 kV ist, ist die Gesamtintensität der Linienstrahlung ohne Bedeutung, wichtig ist nur die Bremsstrahlung. Zur groben Abschätzung der Lage der Röntgenlinien werde die durch den Faktor Z^2 abgeänderte Energieformel des H-Atoms benützt (Gl. (15.1)).

$$E_n = -\frac{1}{2}\frac{e^2}{4\pi\varepsilon_0}\frac{1}{a_H}\frac{1}{n^2}Z^2 = -13,6\,\text{eV}\,\frac{1}{n^2}Z^2. \tag{15.17}$$

Beim Wolfram-Atom ($Z = 74$) ist die Bindungsenergie in der K-Schale ($n = 1$) $E_1 = -74,5\,\text{keV}$ (Meßwert = 69,51 keV). Die Elektronen-Mindestenergie zur Auslösung von charakteristischer K-Strahlung ist also $eU_A = 74,5\,\text{keV}$. Es wird ein K-Elektron ganz abionisiert. K-Strahlung entsteht, wenn z. B. ein Elektron aus der L-Schale in das K-Schalenloch übergeht (vgl. Fig. 15.11). Die daraus entstehende Quantenenergie ist $hf = |E_2 - E_1| = 55,9\,\text{keV}$, $\lambda = 0,022$ nm (Meßwert $\lambda = 0,021$ nm). Wie aus dem Entstehungsmechanismus hervorgeht, hängt die Frequenz bzw. Wellenlänge der charakteristischen Strahlung nicht von der Betriebsspannung ab (anders als die Bremsstrahlung), nur ihre Intensität ist betriebsspannungsabhängig.

Schließlich bleibt noch zu erläutern, woher unser Wissen um die *Wellenlänge der Röntgenstrahlung* stammt. Durch v. Laue, Friedrich, Knipping und Tank wurde 1912 gezeigt, daß Röntgenstrahlung Beugung zeigt, ebenso wie Licht. Damit war bewiesen, daß Röntgenstrahlung eine Wellenstrahlung ist. Die Beugung (und Interferenz) muß durch besonders geeignete Gitter hervorgerufen werden, und hierfür wurden Kristalle verwendet. Ihre Gitterkonstante paßt zur Röntgenwellenlänge und hat die Größenordnung 10^{-10} m. Daher sind die Beugungswinkel groß und meßbar (Abschn. 14.4.4.1). Durch das Experiment wurde mit der Wellennatur des Röntgenlichtes auch der gitterartige Aufbau der Kristalle bewiesen und die Größe der Gitterkonstante ermittelt. Heute wird mittels Röntgenbeugung eine Vielfalt von Strukturfragen untersucht, auch im Bereich der Chemie der hochmolekularen Verbindungen.

15.3.3 Messung der Röntgenstrahlung

Mit der Eigenschaft der Röntgenstrahlung, die Luft zu ionisieren, gehört Röntgenstrahlung, ebenso wie die Strahlung der radioaktiven Stoffe, zur *ionisierenden Strahlung*. Die Messung der Strahlung geschieht überwiegend durch Messung der erzeugten Ionisation. Sie ist auf einfache Weise möglich, und dieses Verfahren bildete auch die Grundlage für die lange Zeit benutzte Einheit „Röntgen" = R. Die ionisierende Wirkung besteht z. B. darin, daß die in der Strahlung enthaltenen Lichtquanten aus den Atomen und Molekülen ein Elektron ablösen, also ein *Ionenpaar* hinterlassen (Photoeffekt). Die freigesetzten Elektronen haben – nach dem Energiesatz – eine kinetische Energie, die gleich der Energie der Lichtquanten minus der Energie zur Ionisation (Ionisierungsenergie) ist. Sie hängt damit auch davon ab, aus welcher Schale des Atoms die Ionisierung erfolgt, und das freigesetzte Elektron kann

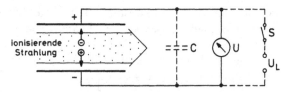

Fig. 15.13 Schema einer Ionisationskammer (z.B. eines „Taschendosimeters") zur Messung der durch Röntgenstrahlung ausgelösten Ionisation in Luft. U_L Ladespannung, S Schalter; der veränderbare Kondensator C dient der Einstellung des Meßbereichs

damit eine so hohe Energie haben, daß es selbst zur ionisierenden Strahlung gehört, also weitere Ionenpaare erzeugen kann. Die Ionisierung der Materie ist also mit dem *Primärprozeß* noch nicht abgeschlossen. – Über die weiteren Prozesse der Wechselwirkung von Röntgenstrahlung mit Materie s. Abschn. 15.3.4f).

Die Messung der Ionisation geschieht durch Messung des *Ionisationsstromes* in *Ionisationskammern*. Sie stellen im einfachsten Fall einen Plattenkondensator dar, der vor Beginn einer Messung aufgeladen wird (Ladespannung U_L, Fig. 15.13) und durch den Ionisationsstrom im Füllgas Luft wieder entladen wird. Erwartet man hohe Strahlungsströme, also hohe Ionisationsströme, so kann, wie in Fig. 15.13 angedeutet, zur Ionisationskammer ein elektrischer Kondensator C (nicht als Ionisationskammer ausgebildet) parallel geschaltet werden, wodurch sich die Gesamtkapazität erhöht (Fig. 9.34). Wird durch Ionisation ein Ionenpaar erzeugt, so werden durch das angelegte elektrische Feld das negative und positive Ion sofort getrennt, sie bewegen sich beide zur zugehörigen Elektrode und bilden während der Bewegung im Innern einen elektrischen Strom, der einen gleichen Strom im Außenkreis hervorruft. Der Kondensator wird dadurch entladen, die Spannung am Meßinstrument sinkt ab. Man beachte: es wird darauf geachtet, daß die Ladespannung U_L hinreichend hoch ist, damit (trotz nachfolgendem Absinken der Spannung) ein ausreichend großes elektrisches Feld vorhanden ist, um die Ionenpaare möglichst alle zu den Elektroden zu führen und die *Rekombination* möglichst klein zu halten. Zur Physik des Ionisationsstromes ist zu bemerken: die gebildeten Elektronen wandern regelmäßig schneller zur Anode als die positiven Ionen zur Kathode wandern, weil ihre Beweglichkeit größer als die der Ionen ist. Insgesamt führen aber die Elektronen und die Ionen zu einem Strom *gleicher* Richtung im Außenkreis, und das Integral über den Strom, also die insgesamt transportierte Ladung, die die Spannung des Kondensators vermindert, ist gleich *einer* Elementarladung, wenn *ein* Elektron und *ein* einfach positiv geladenes Ion erzeugt wurden (Gl. (9.86). Ein entsprechend dem Prinzip von Fig. 15.13 gebautes Meßgerät für die Praxis (Füllhalter-Ionisationskammer) ist in Fig. 7.7 aufgezeichnet. Zur Anzeige der (Rest-)Spannung der Kammer dient der Ausschlag eines metallisierten Quarzfadenbügels. Das Meßgerät ist „integrierend", der Abfall der Anzeige entspricht der insgesamt während der Meßzeit akkumulierten elektrischen Ladung. Ist Q_L die Anfangsladung, $Q_L = C U_L$ (Gl. (9.77)), und fließt während der Zeitspanne Δt der Ionisationsstrom I_i, dann wird in dieser Zeit die Ladung um $\Delta Q = I_i \Delta t$ vermindert, und entsprechend sinkt auch die Spannungsanzeige ab: $\Delta U = \Delta Q / C$. Ist der Ionisationsstrom konstant (konstante Strahlung der Röntgenröhre), dann beobachtet man eine konstante Abnahmegeschwindigkeit des Ausschlags, abgelesen wird aber stets der Endstand des Ausschlags, und dieser stellt die Summe aller Ladungsabnahmen dar, es wird über den Ionisationsstrom integriert.

$$\Delta Q = \sum \Delta Q_i = \sum I_i \Delta t \rightarrow \int I_i \, dt. \tag{15.18}$$

In Beispiel 15.2 besprechen wir eine Schaltung einer Ionisationskammer, wo der Ionisationsstrom eine *Auf*ladung des Meßkondensators erzeugt.

Beispiel 15.2 In der Ionisationskammer nach Fig. 15.14 wird eine feste Betriebsspannung (z. B. 220 V) an die elektrische Hintereinanderschaltung von Spannungsmesser (beispielsweise ein Quarzfadenelektrometer wie in Fig. 7.7) und Ionisationskammer gelegt. Das Elektrometer (Kapazität C_2) ist vor der Messung „geerdet" (entladen, vgl. Fig. 15.14), die ganze Spannung $U (= 220 \text{ V})$ liegt an der Ionisationskammer (Kapazität C_1). Fließt ein Ionisationsstrom und wird die Erdverbindung aufgehoben, so teilt sich die Ladung ΔQ, die aufgrund des Ionisationsstromes I_i auf die untere Platte von C_1 und auf das Elektrometersystem fließt (Gl. (15.18)) auf C_1 und C_2 im Verhältnis $C_1 : C_2$ auf. Die Ladung auf dem Elektrometer wächst auf

$$Q_2 = \frac{\Delta Q \cdot C_2}{C_1 + C_2} \tag{15.19}$$

an. Das Elektrometer zeigt dann die zu ΔQ proportionale Spannung

$$U_2 = \frac{Q_2}{C_2} = \frac{\Delta Q}{C_1 + C_2} = \int_0^t I_i \, dt / (C_1 + C_2) \tag{15.20}$$

an.

Das Experimentieren mit der Ionisationskammer im Röntgen-Strahlungsfeld benützen wir, um empirisch ihr Verhalten an Hand von einstellbar variabler Strahlung zu prüfen. Bei einer bestimmten eingestellten Betriebsspannung der Röntgenlampe ist der Ionisationsstrom der Ionisationskammer proportional zum Anodenstrom der Röhre, also zur Strahlungsintensität, und dies findet man bei jeder eingestellten Anodenspannung. D. h.: Vervielfachung des Strahlungsstromes in die Ionisationskammer erzeugt dort eine dazu proportionale Ionisierung. Unter Berücksichtigung von Gl. (15.18) folgt: die in der Ionisationskammer erzeugte elektrische *Ladung ist proportional zur* in die Kammer eingeströmten *Strahlungsenergie*, und von dieser wird nur derjenige Teil

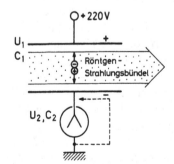

Fig. 15.14
Ionisationsmeßgerät mit ansteigender Anzeige
$--\rightarrow$ Entladung des Elektrometers vor Beginn einer Messung

gemessen, der zu Ionisierung führt. Der Rest geht ohne Folgen durch die Kammer hindurch, oder gibt zu anderen Prozessen Anlaß.

Da im SI die elektrische Ladung in der Einheit As, die Masse eines Körpers in kg gemessen wird, so wird die ionisierende Wirkung der Strahlung definiert durch die in der Masseneinheit des durchstrahlten Körpers erzeugte Ladung (beiderlei Vorzeichen)

$$\text{Ionendosis} \overset{\text{def}}{=} \frac{\text{erzeugte Ladung}}{\text{Masse}}, \qquad D_J = \frac{Q}{m}, \tag{15.21}$$

wobei $[D_J]$ = As/kg (es handelt sich um eine massenbezogene, also spezifische Größe, Abschn. 4.2). Eine viel verwendete besondere Einheit ist das *Röntgen* (Einheitenzeichen R) mit dem gesetzlich festgelegten Wert

$$1 \, \text{Röntgen} = 1 \, \text{R} = 2{,}58 \cdot 10^{-4} \, \frac{\text{As}}{\text{kg}}, \tag{15.22}$$

wobei die Ionisation in Luft gemeint ist. Da beim Normzustand der Luft (STPD: $\vartheta = 0 \, ^\circ\text{C}$, $p = 1{,}01325 \, \text{bar}$, trocken) ihre Dichte $\varrho = 1{,}293 \, \text{kg m}^{-3}$ beträgt (Tab. 4.1), gilt für das Luftvolumen $V = m/\varrho = 1 \, \text{kg}/1{,}293 \, \text{kg m}^{-3}$, d.h. es entspricht 1 kg Luft dem Luftvolumen $V = (1/1{,}293) \, \text{m}^3$ (STPD), und damit ist für Normluft auch

$$1 \, \text{R} = 2{,}58 \cdot 10^{-4} \, \frac{\text{As}}{\text{kg}} \triangleq \frac{2{,}58 \cdot 10^{-4} \, \text{As}}{\dfrac{1}{1{,}293} \, \text{m}^3} = 3{,}33594 \cdot 10^{-4} \, \frac{\text{As}}{\text{m}^3}. \tag{15.23}$$

Die ältere Definition von 1 R weicht von der gesetzlichen nur um 0,8‰ ab. – Über den allgemeinen Dosisbegriff siehe Abschn. 15.3.5.

Bei der Definition der Ionendosis wurde vom Spektrum der Röntgen-Strahlung nicht gesprochen, es kam nur auf die erzeugte Ladung an. Es ist aber im Einzelfall zu prüfen, ob eine Ionisationskammer eine wellenlängenabhängige Empfindlichkeit hat. Man gibt für genauere Dosismesser der Röntgenstrahlung Korrekturfaktoren an (= Dosis/Ablesewert), die in einem großen Energieintervall der Quanten den Wert 1 haben können (Fig. 15.15).

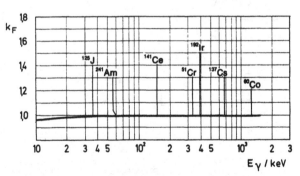

Fig. 15.15 Korrekturfaktor k_F eines Dosimeters als Funktion der Quantenenergie; die eingezeichneten Elementsymbole bezeichnen die radioaktiven Nuklide, deren Gamma-Strahlung zur Eichung benutzt wurde

Bei einer Röntgenstrahlen-Applikation kann es von Bedeutung sein zu wissen, mit welcher Geschwindigkeit eine Dosis aufgebaut wird. Diese Information vermittelt die *Ionen-Dosisleistung*, definiert durch die Dosisänderung ΔD_J dividiert durch die Zeitspanne Δt, in der die Dosisänderung erfolgt. Nach Gl. (15.21) ist diese Größe gleich dem Ionisationsstrom I_i in der Masseneinheit des durchstrahlten Körpers,

$$\dot{D}_J = \frac{dD_J}{dt} = \frac{1}{m} \cdot \frac{dQ}{dt} = \frac{1}{m} I_i, \qquad [\dot{D}_J] = \frac{A}{kg} \quad \text{oder} \quad \frac{R}{h}. \tag{15.24}$$

Die Ionisationsströme sind häufig klein (Beispiel 15.3), zur Messung sind besondere Verfahren entwickelt worden (Beispiel 15.4).

Beispiel 15.3 Ein Ionen-Dosisleistungsmesser zeige $\dot{D}_J = 20\,\text{mR/h}$ an. Es folgt daraus ein Ionisationsstrom nach Gl. (15.24) in Norm-Luft von

$$I_i = 20 \cdot 10^{-3} \frac{1}{h} \cdot \frac{1}{3} \cdot 10^{-9} \frac{As}{cm^3} = 1{,}85 \cdot 10^{-15} \frac{A}{cm^3}. \tag{15.25}$$

Hat eine Ionisationskammer, die mit Norm-Luft gefüllt ist das Volumen $V = 2\,\text{cm}^3$, so ist der zu messende Strom $I = 2\,\text{cm}^3 \cdot I_i = 3{,}7 \cdot 10^{-15}\,\text{A}$. Sind die erzeugten Ionen einfach geladen, dann ist der Ionen-Anzahlstrom

$$I_p = \frac{3{,}7 \cdot 10^{-15}\,\text{A}}{1{,}6 \cdot 10^{-19}\,\text{As}} = 23\,124\,\text{s}^{-1}. \tag{15.26}$$

Beispiel 15.4 *„Ratemeter"* (engl.) *als Dosisleistungsmesser.* Fig. 15.16 enthält das Prinzipschaltbild. Jedes Strahlungsquant, das zu einer Ionisierung führt, gibt zu einem bestimmten kleinen Strom I Anlaß (während die Ionenpaare sich zu den Elektroden bewegen). Er führt zu einer Spannung $U_i = I R$ am Widerstand R. Ist der Vorgang beendet, dann wird die volle Kammerspannung wiederhergestellt. Die Pulsspannung U_i wird verstärkt und das Ausgangssignal über einen Gleichrichter dem Kondensator C zugeführt. Parallel zu ihm liegt ein Strommeßgerät mit einem hohen Innenwiderstand R_s. Jeder Ionisationspuls führt zu einer Ladungszufuhr auf C, wodurch die Spannung ein wenig ansteigt (Fig. 15.16b); sie sinkt danach wieder ab, weil der Kondensator sich über R_s entlädt. Man wählt C und R_s so, daß das Produkt

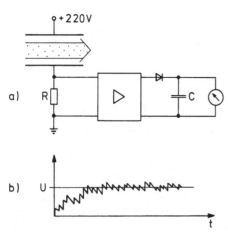

Fig. 15.16
Schema eines Dosisleistungsmessers als integrierendem Meßgerät: es wird die mittlere Spannung U des Kondensators C angezeigt

$\tau = R_s \cdot C$, die Entlade-*Zeitkonstante* (Abschn. 9.2.5.5), „lang" ist, nämlich groß gegenüber dem zeitlichen Abstand zweier Ladungsportionen. Dann erhält man an C den gezeichneten Verlauf. Das Strommeßgerät zeigt den Mittelwert des Stromes an, er ist dem Mittelwert des Ionisationsstromes, d.h. der Dosisleistung proportional. Das Meßgerät besitzt grundsätzlich eine große Trägheit: seine Einstellzeit auf den Mittelwert ist von der Größenordnung der gewählten Zeitkonstante τ, sie kann im Bereich von 10 s liegen. – Die Schaltung ist ein Ratenmesser (ratemeter): sind die elektrischen Ladungspulse am Eingang des Verstärkers alle gleich groß, dann ist die Anzeige proportional zur Folgefrequenz.

15.3.4 Schwächung, Absorption und Härte von Röntgen- und Gamma-Strahlung

In das Strahlenbündel einer Röntgenlampe wird eine Materieschicht gebracht (Fig. 15.17) und mit einer Ionisationskammer die Ionendosisleistung, also die Strahlstromstärke und damit die Intensität der Röntgenstrahlung als Funktion der Schichtdicke x gemessen. Man findet eine Abnahme der Dosisleistung, wenn x wächst: die Strahlung wird beim Durchgang durch Materie geschwächt. Wir müssen Einzelheiten des Experimentes diskutieren, um sein Ergebnis richtig deuten zu können.

a) Das Experiment gibt zunächst die Aussage: die *ionisierende Wirkung* der Strahlung hat nach Passieren der Materieschicht abgenommen. Wir übertragen dieses Ergebnis auf den *Strahlungsstrom*, weil wir davon ausgehen, daß die ionisierende Wirkung um so größer ist, je größer der Strahlungsstrom ist.

b) Wir wissen, daß das Spektrum der Röntgenlampe kontinuierlich ist, also „viele" Wellenlängen enthält. Man muß das Experiment daher mit monofrequenter Strahlung verschiedener Frequenzen durchführen und verwendet dafür die charakteristische (Linien-)Strahlung, oder monoenergetische Gamma-Strahlung der Atomkerne (Abschn. 15.4). Dann findet man, daß die Strahlungsintensität (Energiestromdichte) I in einer dünnen Schicht der Dicke Δx eine Abnahme $-\Delta I$ erfährt, die proportional zur vorhandenen Intensität I und zur Schichtdicke Δx ist,

$$-\Delta I = \mu I \Delta x, \tag{15.27}$$

d.h. nach einer Schichtdicke x ist noch die Intensität

$$I = I_0 \, e^{-\mu x} = I_0 \exp\left(-\frac{\mu}{\varrho}\varrho x\right) \tag{15.28}$$

vorhanden, und damit sagt Gl. (15.27) auch, daß in der Schicht Δx an der Stelle x die

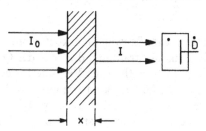

Fig. 15.17
Nach Durchqueren einer Materieschicht der Dicke x ist die Intensität I_0 auf I vermindert, die gemessene Dosisleistung $\dot{D}$ ist entsprechend kleiner

Intensität

$$\Delta I = \mu\, I_0 \exp\left(- \mu x\right) \cdot \Delta x \qquad\qquad (15.27\,\mathrm{a})$$

„absorbiert" worden ist. Die Intensität nimmt gemäß Gl. (15.28) nach Maßgabe des *linearen Schwächungskoeffizienten* μ exponentiell ab. Das ist die gleiche Gesetzmäßigkeit wie für die Extinktion des sichtbaren Lichtes (Gl. (14.63)), sowie die Schwächung der Schallstrahlung, Gl. (13.35) und (13.36). Bei der Integration des Schwächungsgesetzes Gl. (15.27) mußte Unabhängigkeit des Schwächungskoeffizienten von der durchquerten Schichtdicke vorausgesetzt werden: das entspricht – Homogenität der durchsetzten Schicht vorausgesetzt – der Annahme, daß ein Strahlungsquant seine physikalische Eigenschaft, nämlich seine Energie bzw. Frequenz oder Wellenlänge, bis zum Wechselwirkungsvorgang, der zum Ausscheiden aus dem Strahlungsbündel führt, nicht ändert.

Im zweiten Teil von Gl. (15.28) wurde eine häufig verwendete Formulierung eingeführt: statt mit dem linearen Schwächungskoeffizienten μ rechnet man mit dem *Massenschwächungskoeffizienten* μ/ϱ und gibt statt der linearen Schichtdicke x die *Massenbedeckung* $\varrho \cdot x$ an. Die Massenbedeckung ist eine flächenbezogene Größe (Abschn. 4.2). Sie ist die Masse, die auf der Flächeneinheit aufgebaut ist, ihre SI-Einheit ist $(\mathrm{kg\,m^{-3}}) \cdot \mathrm{m} = \mathrm{kg\,m^{-2}}$ oder $\mathrm{g\,cm^{-2}}$. Diese Größe ist deshalb von praktischer Bedeutung, weil sie sich leicht durch Wägung des Materiestückes und Ausmessung seiner Fläche ermitteln läßt. Der Massenschwächungskoeffizient wird in $\mathrm{m^{-1}}/(\mathrm{kg\,m^{-3}}) = \mathrm{m^2\,kg^{-1}}$ bzw. $\mathrm{cm^2\,g^{-1}}$ angegeben, je nach der für die Massenbedeckung gewählten Einheit. – Als Maß für die *Eindringtiefe* kann man diejenige Dicke x_e angeben, bei welcher die Strahlungsintensität auf $1/e$ der Anfangsintensität abgesunken ist. Aus Gl. (15.28) folgt (vgl. auch Gl. (14.68))

$$x_e = \frac{1}{\mu}, \qquad (\varrho x)_e = \frac{\varrho}{\mu}. \qquad\qquad (15.29)$$

Der Ausdruck Eindringtiefe ist etwas irreführend: die Strahlung durchdringt beliebige Schichtdicken, wenn auch die Intensität nach Gl. (15.28) exponentiell abnimmt. Im Gegensatz dazu ist bei korpuskularer energiereicher Strahlung (Abschn. 15.4.6) die Eindringtiefe als Reichweite der Strahlung besser definiert. – Anstelle der Eindringtiefe x_e findet auch die *Halbwertsdicke* $d_{1/2}$ Verwendung: dort ist die Intensität auf die Hälfte abgeklungen (vgl. auch Gl. (13.40)),

$$d_{1/2} = \frac{\ln 2}{\mu} = 0{,}693\, x_e. \qquad\qquad (15.30)$$

c) Der lineare Schwächungskoeffizient μ hängt stark von der Frequenz der Röntgen- bzw. Gamma-Strahlung, d.h. von der Quantenenergie $E_\gamma = hf$ oder der Wellenlänge ab. Fig. 15.18 enthält die Verläufe für einige wichtige Stoffe. Aufgezeichnet sind die Massenschwächungskoeffizienten als Funktion der Quantenenergie E_γ. Da drei Einzelprozesse der Wechselwirkung der Strahlung mit Materie zur Schwächung beitragen, sind die entsprechenden Schwächungskoeffizienten und deren Summe

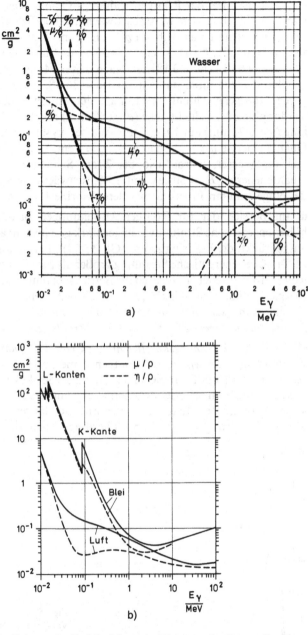

Fig. 15.18 Massen-Schwächungs-Koeffizienten für die Schwächung der Röntgen- oder Gamma-Strahlung
in a) Wasser, b) Luft und Blei als Funktion der Quantenenergie $E_\gamma = hf$
μ/ϱ Schwächung, η/ϱ Energieabsorption, τ/ϱ Photoeffekt, σ/ϱ Compton-Effekt, $\varkappa/\varrho$ Paarbildung. Die Differenz $\mu/\varrho - \eta/\varrho = \mu_{streu}/\varrho$ stellt den Massen-Schwächungs-Koeffizienten für
die Schwächung durch Streuung dar

eingezeichnet. Bei der Röntgenstrahlungs-Quantenenergie $E_\gamma = 50\,\text{keV} = 0,05\,\text{MeV}$ lesen wir für Blei den Massenschwächungskoeffizienten $\mu/\varrho = 5\,\text{cm}^2\,\text{g}^{-1}$ ab. Die Dichte von Blei ist nach Tab. 4.1 $\varrho = 11,3\,\text{g}\,\text{cm}^{-3}$, also der lineare Schwächungskoeffizient $\mu = 5\,\text{cm}^2\,\text{g}^{-1} \cdot 11,3\,\text{g}\,\text{cm}^{-3} = 56,5\,\text{cm}^{-1}$ und die Eindringtiefe nach Gl. (15.29) $x_e = 1/\mu = 0,018\,\text{cm} = 0,18\,\text{mm}$. Nach dieser Materieschicht der Dicke $d = 0,18\,\text{mm}$ ist allerdings die Intensität erst auf $1/e = 36,8\,\%$ abgesunken. Für eine Abschirmung gegen Röntgenstrahlung wird man sich damit nicht zufrieden geben können. Verdopplung der Schichtdicke ($d = 0,36\,\text{mm}$) führt auf $13,5\,\%$, eine weitere Verdopplung ($d = 0,72\,\text{mm}$) auf $1,8\,\%$. – Für Wasser ergibt sich aus Fig. 15.18 bei der gleichen Quantenenergie $\mu/\varrho = 0,2\,\text{cm}^2\,\text{g}^{-1}$, $x_e = 5\,\text{cm}$. Der menschliche Körper, bestünde er nur aus Wasser, würde also bei $20\,\text{cm}$ Schichtdicke eine Röntgenstrahlung der Quantenenergie $E_\gamma = 50\,\text{keV}$ auf $1,8\,\%$ schwächen (vierfache Eindringtiefe), $98,2\,\%$ der eingestrahlten Intensität würden absorbiert.

d) Im Bereich der für Röntgen-Anwendungen benutzten Quantenenergien wird höher-energetische Strahlung weniger stark geschwächt als niederenergetische. Anders ausgedrückt: die Eindringtiefe x_e (Gl. (15.29)), bzw. Halbwertsdicke $d_{1/2}$ (Gl. (15.30)) ist für höher-energetische Strahlung größer als für nieder-energetische. Da die mittlere Röntgen-Quantenenergie durch die Betriebsspannung der Röhre bzw. die Elektronenenergie bestimmt ist (Abschn. 15.3.2), so bedeutet dies: *mit hoher Betriebsspannung* erzeugt man *„sehr durchdringende"* oder *„harte"*, mit niedriger Betriebsspannung *„wenig durchdringende"* oder *„weiche" Strahlung*.

e) Weil der *Schwächungskoeffizient* stark *von der Quantenenergie abhängt*, wird das kontinuierliche *Spektrum* der Röntgenlampe durch Absorption in Materieschichten *verformt*. Bis in den Therapiebereich (E_γ bis zu 500 keV) sinkt der Schwächungskoeffizient mit wachsender Quantenenergie allgemein ab. Im Spektrum werden daher in jedem Material die Quanten kleiner Energie stärker absorbiert, die *Strahlung wird härter*, sie wird *gefiltert*, wobei allerdings auch die Gesamtintensität abnimmt.

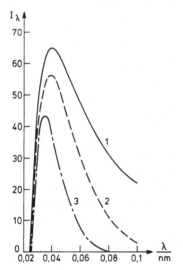

Fig. 15.19
Verformung des Bremsspektrums aus der Platin-Anode einer mit $U = 49\,\text{kV}$ betriebenen Röntgenröhre durch Filterung
1 ungefiltert, 2 Filterung mit 0,5 mm Al, 3 Filterung mit 2 mm Al (Ordinate proportional zu Strahlungsstärke/Wellenlängenintervall)

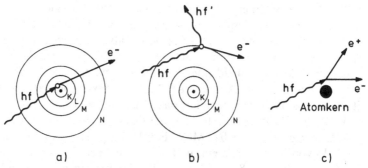

Fig. 15.20 Elementarprozesse bei der Wechselwirkung von Quantenstrahlung mit Materie
a) Photoeffekt (an Elektronen der inneren Schalen)
b) Compton-Effekt (an Elektronen der äußeren Schalen)
c) Paarbildung (im elektrischen Feld in unmittelbarer Nähe des Atomkerns)

Fig. 15.19 enthält ein Meßergebnis für Filterung durch Aluminium-Schichten. Filterung wird angewandt, um die Belastung der menschlichen Haut herabzusetzen. Nach Gl. (15.27 a) ist die größte Absorption ΔI immer bei $x = 0$, und die Verteilung der Absorption ist umso stärker auf die oberflächennahen Schichten komprimiert, je größer der Schwächungskoeffizient ist. – Die Verformung („Härtung") des Röntgenspektrums ist der Grund, warum man bei Schwächungsexperimenten mit der kontinuierlichen Strahlung nur mit einer gewissen Näherung das Gesetz Gl. (15.28) findet: bei logarithmischer Auftragung der gemessenen Dosis sollte man wegen $\ln (I/I_0) = -\mu x$ eine Gerade finden, man erhält aber eine nach unten durchhängende Kurve, wenn man das Meßergebnis des Experimentes Fig. 15.17 in dieser Weise aufzeichnet.

f) Mehrere *elementare Wechselwirkungsprozesse* bestimmen die Schwächung der Röntgen- und Gamma-Strahlung: Photoeffekt ($\mu_{\text{Photo}} \equiv \tau$), Comptoneffekt ($\mu_{\text{Compton}} \equiv \sigma$), Paarbildung ($\mu_{\text{Paar}} \equiv \varkappa$) und Rayleigh-Streuung (μ_{R}). Für verschiedene Energiebereiche sind die einzelnen Prozesse von unterschiedlicher Bedeutung (vgl. Fig. 15.18a). Bei niedrigen Energien überwiegt bei schweren Elementen der Photoeffekt (Fig. 15.18 b), bei den leichten Elementen die Streuung. – Beim *Photoeffekt* (Fig. 15.20a) wird das Quant in einer Elektronenschale des Atoms (K-, L- usw.) absorbiert, und dafür wird aus dieser Schale ein Elektron emittiert. Dieses erhält die kinetische Energie $E_{\text{kin}} = hf - E_{\text{Ionisation}}$. Das Quant verschwindet vollständig, es wird „echt" absorbiert, statt seiner erhält man ein Elektron, das im „Absorber" weiter ionisieren kann. Der Photo-Absorptionskoeffizient τ sinkt mit wachsender Quantenenergie ab (Fig. 15.18), weist aber auch Sprünge auf: an diesen Stellen ist die Quantenenergie so hoch, daß von da an Photoeffekt in der nächst-inneren Schale, – zu der eine höhere Ionisierungsenergie gehört – möglich ist (bezüglich des kontinuierlichen Röntgenstrahlungsspektrums stellen sich die Sprünge als „Absorptionskanten" dar). – Beim *Compton-Effekt* (Fig. 15.20b) handelt es sich um einen „elastischen Stoß" eines Quants mit einem freien oder schwach gebundenen Elektron. Dabei wird dem Elektron eine kinetische Energie E_{kin} übertragen, das Quant bleibt bestehen, jedoch mit verminderter Energie hf', wobei nach dem Energiesatz $hf' = hf - E_{kin}$. Das Quant scheidet aus dem Primärstrahlungsbündel durch Streuung aus, gleichzeitig wird dadurch Energie „echt" absorbiert, daß das Elektron Energie übernimmt; es kann im Absorber ionisieren. – Schließlich wird bei der *Paarbildung* (Fig. 15.20c) das Quant im elektrischen Feld eines Atomkerns „materialisiert" in ein Elektron (Ladung e^-) und ein Positron (Ladung e^+, gleiche Masse wie das Elektron), es wird ein Elektron-Positron-Paar gebildet, das Quant verschwindet (also echte Absorption). Elektron und Positron erhalten zusammen die kinetische Energie $E_{kin}(e^-) + E_{kin}(e^+)$ $= hf - 2 m_e c^2 = hf - 1{,}022\,\text{MeV}$. Paarbildung setzt also erst bei Quantenenergien oberhalb von etwa 1 MeV ein, und in diesem Energiebereich ist der Photoeffekt bedeutungslos (Fig. 15.18a). – Insbesondere bei niedrigen Energien kann die Rayleigh-Streuung zur Schwächung wesentlich beitragen: das elektrische Wechselfeld der Strahlung bringt Elektronen in den Atomen der Materie als „Dipolantennen" zum Mitschwingen. Diese strahlen dann selbst Röntgenstrahlung ab, besonders stark in der Richtung senkrecht zum Primärstrahlenbündel (Ausstrahlungsdiagramm s. Fig. 13.41). Man weist dies in einer Anordnung gemäß Fig. 15.21 nach. Das Strahlungsmeßgerät wird gegenüber der direkten Strahlung abgeschirmt, nach Einbringen des Absorbers P wird Streustrahlung angezeigt, besonders bei leichten Absorbern (Wasser, Paraffin). Diese Streustrahlung entsteht auch in biologischem Gewebe. Sie führt einerseits zu einer Strahlenbelastung auch außerhalb des Primär-Strahlen-Bündels, andererseits bei photographischen Röntgenaufnahmen zu einer Schleierschwärzung.

Der gesamte Schwächungskoeffizient μ ist die Summe der einzelnen Koeffizienten,

$$\mu = \mu_R + \tau + \sigma + \varkappa, \tag{15.31a}$$

vgl. Fig. 15.18a. Die bei den Elementarprozessen entstehenden freien Elektronen übertragen durch Ionisation ihre kinetische Energie auf den Absorber (Abschn. 15.4.6.3) und bestimmen dadurch die *absorbierte Energie*. Man zerlegt daher auch den Schwächungskoeffizienten μ (bzw. μ/ϱ) in einen Energieabsorptionskoeffizienten η (bzw. η/ϱ) und den Streukoeffizienten μ_{streu} (bzw. μ_{streu}/ϱ), so daß anstelle von Gl. (15.31a) auch

$$\mu = \eta + \mu_{streu} \tag{15.31b}$$

geschrieben wird. Daten für η sind ebenfalls in Fig. 15.18 enthalten. Die absorbierte Energie bestimmt die Energiedosis (Abschn. 15.3.5). Die Ansprechwahrscheinlichkeit eines Strahlungsmeßgerätes, dessen Wirkungsweise auf Ionisation beruht, ist für die

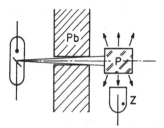

Fig. 15.21
Gleichzeitig mit Strahlungsabsorption wird Strahlung auch gestreut; Nachweis mit einem Zählrohr Z (Abschn. 15.3.4e) Pb: Blei-Abschirmung mit Öffnung, genannt Kollimator

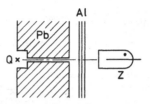

bei den Wechselwirkungsvorgängen entstehenden schnellen Elektronen (direkt-
ionisierende Strahlung) größer als für Röntgen- oder Gamma-Strahlung (indirekt-
ionisierende Strahlung). Daher findet man bei einem Absorptionsexperiment nach
Fig. 15.22 bei Verwendung dünner Materieschichten zunächst einen *Anstieg* der
Zählrate; erst bei dickerer Schicht folgt der exponentielle Abfall gemäß Gl. (15.28).

Ergänzung: 1. Die Absorption der Röntgen- oder Gamma-Strahlung steigt mit
wachsender Kernladungszahl Z des Absorbers stark an ($\sim Z^5$). Das ist die Grundlage für die Röntgen-Durchleuchtung und -Photographie: schwere Elemente im
menschlichen Körper werfen einen Absorptionsschatten. So wird das Knochengerüst
im wesentlichen wegen des Ca-Gehaltes ($Z = 20$) dargestellt (vgl. Fig. 6.25). Andere
Körperpartien müssen durch Injektion oder andere Aufnahme eines Stoffes mit einem
Schwerelement als Kontrastmittel sichtbar gemacht werden (Barium, $Z = 56$, auch
Jod, $Z = 53$).

2. Die *photographische Wirkung* der Röntgenstrahlung beruht auf ihrer ionisierenden
Wirkung, wodurch Elektronen an die Ag^+-Ionen in den AgBr-Kriställchen wandern
können. Das „latente Bild" wird durch einzelne Ag-Atome gebildet, die bei der
„Entwicklung" der photographischen Schicht ein ganzes Kristallkorn zur Ausscheidung von Silber, also zur Schwärzung bringen. Die Schwärzung ist hier eine Funktion
des Produktes aus Strahlungsintensität und Belichtungszeit; bei sichtbarem Licht ist
die Beziehung komplizierter.

3. Röntgen- und Gamma-Strahlung regen einige Stoffe zur *Fluoreszenz* an: solange
Strahlung auffällt, emittiert der „Leuchtstoff" sichtbares Licht, der Leuchtstoff ist ein
„Frequenzwandler". Man kann die Fluoreszenz zur Strahlungsmessung verwenden,
indem man das Licht des Szintillators (so genannt, weil er für jedes Quant einen kurzen
Lichtblitz emittiert) auf eine Metallelektrode fallen läßt, aus welcher durch Photoeffekt Elektronen befreit werden (Abschn. 9.3.6.2). Diese werden in einem unmittelbar
angeschlossenen „Multiplier" vervielfacht (Fig. 15.23), dann erfolgt eine weitere
elektronische Verstärkung, so daß der *Strahlungsenergiestrom als Röntgen-* bzw.
Gamma-Quantenstrom in der Form einer Zählrate gemessen wird. Von dem Namen
Szintillator stammt auch die Bezeichnung Szintigramm für eine auf diese Weise
gemessene Verteilung der Strahlungsemission aus einem Körper.

4. Röntgen- und Gamma-Strahlung können auch mit einem Auslöse- oder einem
Proportional-*Zählrohr* registriert werden: Die einfallenden Quanten lösen durch
Photoeffekt *aus der Wand* des Zählrohres Elektronen aus, die ihrerseits das im
Zählrohr enthaltene Betriebsgas ionisieren (Ionisation durch die Quanten im Gas
selbst ist demgegenüber vernachlässigbar).

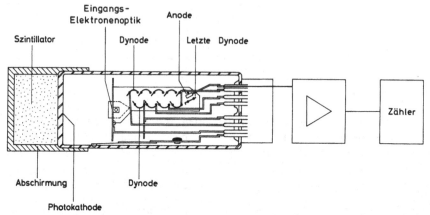

Fig. 15.23 Szintillationsdetektor für Gamma- und Röntgenstrahlung. Das im Szintillator erzeugte Licht löst an der Photokathode Elektronen aus, die im angeschlossenen Elektronenvervielfacher (von Dynode zu Dynode) vervielfacht (verstärkt) werden. Der angeschlossene Verstärker (▷) erzeugt die elektrischen Signale, die mit dem Zähler gezählt werden

15.3.5 Strahlendosis, Strahlendosisleistung

Die Strahlenwirkung in biologischer Materie beginnt mit einem physikalischen Elementarprozeß, der Ionisation eines Atoms oder Moleküls. Die in „energiereicher Strahlung" zur Verfügung stehende Quantenenergie oder kinetische Energie von Teilchen ist groß gegenüber den atomaren Anregungs- oder Ionisationsenergien. Infolgedessen hat man davon auszugehen, daß die Ionisation nicht-selektiv in den Atomen oder Molekülen erfolgt. Die Folge einer Ionisation ist ein „Strahlenschaden", ein Bruch eines Moleküls an einer nicht vorhersagbaren Stelle, die Bildung von Radikalen. Solche Radikale können sich wieder korrekt zusammenfinden, dann ist der Strahlenschaden geheilt. Kommt es nicht dazu, dann kann durch den Stoffwechsel der zerstörte Stoff ausgeschieden werden, oder es kann zum Zelltod kommen. Bleibende Schäden und evtl. Erbgutänderungen treten ein, wenn aus den erzeugten Radikalen „falsch" geordnete neue Moleküle entstehen, die nicht ausgeschieden werden.

Nach der geschilderten Vorstellung wird es für die biologische Wirkung einer Strahlung auf die Anzahl der erzeugten Strahlenschäden ankommen, und diese ist etwa proportional zu der in einem Materiestück (Gewebestück) der Masse Δm abgegebenen (= absorbierten) Energie ΔE. So kommt man auf ein für die biologische Wirkung adäquates Maß, die *Energiedosis*, indem man definiert

$$\text{Energiedosis} \overset{\text{def}}{=} \frac{\text{absorbierte Energie } \Delta E}{\text{Masse } \Delta m}, \qquad D_E = \frac{\Delta E}{\Delta m}; \qquad (15.32)$$

mit der SI-*Einheit* $[D_E] = \text{J kg}^{-1} = \text{Gray} = \text{Gy}$. Die Energiedosis ist ebenso wie die Ionendosis eine massenbezogene, also spezifische Größe, sie ist aber ganz unabhängig von der Ionendosis definiert. Wir können beide Größen ineinander umrechnen. Dazu benötigt man die Kenntnis der mittleren Energie $\bar{w}$ zur Bildung eines Ionenpaares. In

Luft gilt bei Quantenenergien größer als etwa 20 keV, daß $\bar{w} = 33,7$ eV ist; der Betrag schwankt von Stoff zu Stoff zwischen 27 und 34 eV. Mittels der absorbierten Energie ΔE werden $\Delta N = \Delta E/\bar{w}$ Ionenpaare erzeugt, ihre Gesamtladung ist $\Delta Q = e \cdot \Delta N$, so daß mit der *Ionisierungskonstanten* $k_J = \bar{w}/e$

$$D_E = \frac{\Delta E}{\Delta m} = \frac{\bar{w} \cdot \Delta N}{\Delta m} = \frac{\bar{w}}{e} \frac{\Delta Q}{\Delta m} = \frac{\bar{w}}{e} D_J = k_J \cdot D_J , \tag{15.33}$$

also speziell für Luft

$$D_E(L) = \frac{33,7 \, \text{eV}}{e} \cdot D_J = 33,7 \, \text{V} \cdot D_J(L) . \tag{15.33a}$$

Ist die Ionendosis $D_J = 1 \, \text{R} = 2,58 \cdot 10^{-4} \, \text{As kg}^{-1}$, so folgt aus Gl. (15.33a)

$$D_E = 33,7 \, \text{V} \cdot 2,58 \cdot 10^{-4} \, \text{As kg}^{-1} = 8,69 \cdot 10^{-3} \, \text{J kg}^{-1} = 8,69 \, \text{mGy} . \tag{15.33b}$$

Es gilt also die Entsprechung

$$1 \, \text{R} \triangleq 8,69 \, \text{mGy} . \tag{15.34}$$

Anmerkung: Die ältere Energiedosis-Einheit 1 rad (Kunstwort, abgeleitet aus radiation absorbed dose) war festgelegt als $1 \, \text{rad} = 10^{-2} \, \text{J kg}^{-1} = 10 \, \text{mGy}$.

Es ist sehr lehrreich, sich eine Vorstellung von der Energiedosis als physikalischer Größe zu machen. Es werde angenommen, daß bei einer Bestrahlung mit energiereicher Strahlung im ganzen menschlichen Körper in jedem kg Masse die Energie 10 J absorbiert wird. Das ist die Energiedosis $D_E = 10 \, \text{Gy}$ als „Ganzkörperbestrahlung". Würde diese Energie vollständig in Wärme umgewandelt, dann wäre die Temperaturerhöhung von 1 kg Wasser (als Modell für biologisches Gewebe) nach Abschn. 8.5.1 (c spezifische Wärmekapazität von Wasser)

$$\Delta T = \frac{\Delta E}{\Gamma} = \frac{\Delta E}{\Delta m} \frac{\Delta m}{\Gamma} = \frac{D_E}{c} = \frac{10 \, \text{J kg}^{-1}}{4,1868 \, \text{kJ kg}^{-1} \text{K}^{-1}} = 0,0024 \, \text{K} = 2,4 \, \text{mK} . \tag{15.35}$$

Die Temperaturerhöhung ist also völlig zu vernachlässigen. Gleichwohl ist die biologische Wirkung fatal: bei dieser Ganzkörperbestrahlung tritt der Tod in wenigen Tagen ein. – Aus der ermittelten Temperaturerhöhung von 2,4 Millikelvin sieht man, daß die Messung der Energiedosis im Kalorimeter außerordentlich genaue Temperaturmessungen erfordern würde. Ionisationsdosimeter sind dagegen viel einfacher und genauer, sie messen jedoch primär die Ionendosis, nicht die Energiedosis.

An der Erdoberfläche unterliegt der Mensch der *natürlichen Strahlenbelastung*, hervorgerufen durch die radioaktive *Umgebungsstrahlung* und die *Höhenstrahlung*. Diese Dosis ist rund 1 mGy im Jahr, sie ist offensichtlich ungefährlich. Bei der Strahlentherapie werden am Ort eines Tumors zwischen 30 und 100 Gy angewandt. Bei Röntgenaufnahmen liegt die Strahlenbelastung zwischen 1 und 100 mGy.

Der Körper, in welchem es auf die Strahlendosis ankommt, ist gewöhnlich nicht ein Luftvolumen. Die Umrechnung der Dosis in Luft in die Dosis in einem anderen Stoff bedarf der sorgfältigen Berücksichtigung der physikalischen und biologischen

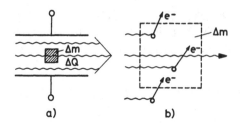

Fig. 15.24
In kleinen Bereichen einer Ionisationskammer
genügender Größe herrscht Elektronengleichgewicht

Gegebenheiten. In der Praxis der Bestrahlungsplanung wird man auch Vergleichsmes-
sungen an einem Phantom anstellen. Wichtig ist folgendes: in einem ausgedehnten
Körper bestehe in einem herausgegriffenen kleinen Volumenelement ΔV (Masse Δm)
Elektronengleichgewicht. Das heißt, es diffundiere genau so viel Energie und Ionisation
aus dem Volumenelement hinaus wie von außen hereindiffundiert (Fig. 15.24). Messung der Ionisation und damit Bestimmung der Ionendosis heißt dann Messung in
diesem Gleichgewichtszustand. Bringt man in ein Medium eine luftgefüllte Ionisationskammer, in welcher im eigentlichen Meß-(Teil-)Volumen Elektronengleichgewicht mit der Restluft herrscht (die einzuhaltenden Bedingungen müssen im Einzelfall
geprüft werden), so wird dort die volumenbezogene Ionendosis $D_{J,V}$ (Luft) gemessen.
Die Dosis im Medium ist in diesem Fall um den Faktor größer (oder kleiner) um den
sich der Schwächungskoeffizient der Strahlung im Medium von demjenigen in Luft
unterscheidet,

$$D_{J,V}(M) = D_{J,V}(L)\frac{\mu_M}{\mu_L}. \tag{15.36}$$

Für die massenbezogene Ionendosis gilt der Zusammenhang

$$D_{J,m} = \frac{Ladung}{Masse} = \frac{Ladung}{Volumen}\frac{Volumen}{Masse} = D_{J,V}\frac{1}{\varrho}, \tag{15.37}$$

so daß Gl. (15.36) für die massenbezogene Dosis

$$D_{J,m}(M) = D_{J,m}(L)\frac{(\mu/\varrho)_M}{(\mu/\varrho)_L} \tag{15.38}$$

ergibt. Es kommt hier also auf das Verhältnis der Massen-Absorptionskoeffizienten an.

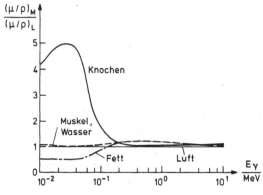

Wie Fig. 15.25a zeigt, ist der Umrechnungsfaktor insbesondere für
Knochensubstanz und unterhalb
einer Quantenenergie von 0,2 MeV
deutlich von eins verschieden. Das
entspricht dem, daß in Stoffen mit
größerer Kernladungszahl Z die Ab-

Fig. 15.25a
Massenabsorptionskoeffizienten verschiedener biologischer Stoffe (M) relativ zu Luft (L)
in Abhängigkeit von der Quantenenergie E_γ

sorption verglichen mit Luft stark ansteigt. Für Muskelgewebe und Wasser ist der Umrechnungsfaktor dagegen nahe bei eins.

Beispiel 15.5 *Energiedosis* D_E (M) *in einem beliebigen Stoff* (M) *und Ionendosis* D_J (L) *in Luft* (L). – Nach Gl. (15.33) gilt in beiden Stoffen

$$D_E(M) = k_J(M) \cdot D_J(M), \qquad D_E(L) = k_J(L) \cdot D_J(L).$$

Division dieser beiden Gleichungen ergibt

$$D_E(M) = \frac{k_J(M)\,D_J(M)}{k_J(L)\,D_J(L)}\,D_E(L) = \frac{\bar{w}(M)}{\bar{w}(L)}\,\frac{(\mu/\varrho)_M}{(\mu/\varrho)_L}\,D_E(L).$$

Für die Norm-Luft übernehmen wir die Beziehung Gl. (15.33a) und finden unter Benützung der Zahlenwerte

$$D_E(L) = 33{,}7\,\text{V} \cdot D_J(L) = 33{,}7\,\text{V} \cdot 2{,}58 \cdot 10^{-4}\,\text{As} \cdot \frac{D_J(L)}{2{,}58 \cdot 10^{-4}\,\text{As}} = 8{,}69\,\text{mGy} \cdot \frac{D_J(L)}{1\,\text{R}},$$

oder allgemein

$$D_E(M) = \frac{\bar{w}(M)\,(\mu/\varrho)_M}{\bar{w}(L)\,(\mu/\varrho)_L} \cdot 8{,}69\,\text{mGy}\,\frac{D_J(L)}{R}. \tag{15.39}$$

Der mittlere Energieaufwand zur Bildung eines Ionenpaares $\bar{w}(M)$ unterscheidet sich nicht sehr von dem für Luft, $\bar{w}(L)$, was aber bei genaueren Rechnungen berücksichtigt werden muß.

Die biologische Wirkung der durch Strahlung ausgelösten Ionisation ist um so größer, je größer die Ionisationsdichte, d. h. die Anzahl der Ionenpaare je Weglängeneinheit ist. Um dies im *Strahlenschutz* berücksichtigen zu können, hat man die „biologischen Dosisgrößen" *Äquivalentdosis* und *effektive Dosis* eingeführt. Die Ionisierungsdichte hängt nicht nur von der Energie der Strahlung, sondern auch von der *Strahlungsart* (Röntgen-, Gamma-, Elektronen-, Protonen- usw. Strahlung) ab. Dem wurde durch die Einführung von *Strahlungs-Bewertungsfaktoren* q Rechnung getragen. Der Faktor q (Tab. 15.1) gibt an, wieviel mal größer die biologische Wirkung der betrachteten Strahlung als die von Photonen- (Röntgen- und Gamma-) und Elektronenstrahlung ist, die jede für sich die gleiche biologische Wirkung aufweisen und für die man $q = 1$ setzt. Für die so bewertete Strahlung gibt man die *Äquivalentdosis* H an (H von engl. hazard), die durch die Gleichung

$$H = q \cdot D_E \tag{15.40a}$$

definiert ist. *Einheit der Äquivalentdosis* ist das Sievert, also $[H]$ = Sievert = Sv. Gray (Einheit der Energiedosis) und Sievert sind *verschiedene Namen* für die *gleiche Einheit* und bringen die verschiedene biologische Bewertung der betreffenden Strahlung zum Ausdruck. Die Äquivalentdosis $H = 10\,\text{Sv}$ einer Strahlung mit dem Bewertungsfaktor $q = 10$ heißt, daß die biologische Wirkung dieser Strahlung, obwohl sie im Gewebe nur die Energiedosis $D_E = 1\,\text{Gy} = 1\,\text{J kg}^{-1}$ appliziert hat, so groß ist wie die biologische Wirkung einer Röntgen-, Gamma- oder Elektronenstrahlung, die in diesem Gewebe die Energiedosis $D_E = 10\,\text{Gy} = 10\,\text{J kg}^{-1}$ appliziert. Zur Sprachvereinfachung sagt man: die Äquivalentdosis zu der betrachteten Energiedosis $D_E = 1\,\text{Gy}$ ist $H = 10\,\text{Sv}$.

Darüber hinaus besteht – insbesondere bei geringen Dosen – ein merklicher Unterschied in der *Strahlenempfindlichkeit* verschiedener Gewebearten. Sie wird bei der Abschätzung des Strahlenrisikos durch Einführung von *Gewebe-Wichtungsfaktoren* w_T (T von engl.

Tab. 15.1 Strahlungs-Bewertungs- (bzw. Wich-
tungs-)Faktoren q (bzw. w_R) für verschiedene Strahlungsarten

Photonen, alle Energien	1
Elektronen, Positronen, alle Energien	1
Neutronen, Energie $< 10\,\text{keV}$	5
$10\,\text{keV} \ldots 100\,\text{keV}$ und $2\,\text{MeV} \ldots 20\,\text{MeV}$	10
$100\,\text{keV} \ldots 2\,\text{MeV}$	20
$> 20\,\text{MeV}$	5
Protonen außer Rückstoßprotonen,	
Energie $> 2\,\text{MeV}$	5
$0{,}1\,\text{MeV} \ldots 2\,\text{MeV}$	$15 \ldots 5$
Alphateilchen, Spaltfragmente,	
schwere Ionen	20

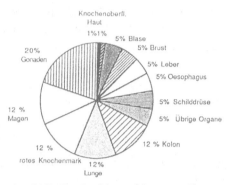

Fig. 15.25 b Gewebewichtungsfaktoren w_T. Ihre
Summe ist $1 = 100\%$

tissue = Gewebe) berücksichtigt. Fig. 15.25 b zeigt ein Sektordiagramm dieser w_T-Werte.
Sie sind so gewählt, daß ihre Summe den Wert Eins = 100 % ergibt, und sie werden
entsprechend dem Fortschritt der Erkenntnisse auch verändert. Kennt man die Äquivalentdosen H_T, die in den einzelnen Körperteilen oder Organen oder auch bestimmten Gewebearten bestehen, dann ist die *effektive Dosis* definiert als das gewichtete Mittel
der Äquivalentdosen H_T, nämlich

$$H_{\text{eff}} = w_T \cdot H_T . \tag{15.40 b}$$

Die Gewebewichtungsfaktoren w_T sind neben den Strahlungsbewertungsfaktoren q
wichtig bei der Abschätzung des Strahlenrisikos als einer Wahrscheinlichkeitsaussage
für die Entstehung einer strahleninduzierten Erkrankung.

Die Verabreichung einer zu applizierenden medizinischen Dosis auf ein bestimmtes Organ
erfolgt nach einem vom Arzt festgelegten *Zeitplan*: auf einzelne Bestrahlungssitzungen, in
denen im Zeitintervall Δt_i die Dosis ΔD_i erreicht wird, folgen bestrahlungsfreie
Zeitintervalle $\Delta t_i'$. Die Gesamtdosis ist

$$D = \sum \Delta D_i . \tag{15.41}$$

Die *zeitbezogene, mittlere Dosis* folgt daraus zu

$$\dot{D} = \frac{\sum \Delta D_i}{\sum (\Delta t_i + \Delta t_i')} = \frac{D}{t} , \qquad [\dot{D}] = \text{W kg}^{-1} = \text{Gy s}^{-1} . \tag{15.42}$$

Dabei ist $t = \sum (\Delta t_i + \Delta t_i')$ die gesamte, für die Durchführung des Bestrahlungsplanes
gebrauchte Zeit. Während einer einzelnen Bestrahlungsphase ist auch die *Dosisleistung*
von Interesse. Sie ist ebenso definiert wie die Ionendosisleistung (Gl. (15.24)),

$$\dot{D} = \frac{dD}{dt} , \qquad [\dot{D}] = \text{W kg}^{-1} = \text{Gy s}^{-1} . \tag{15.43}$$

Die hier definierten Größen Dosisleistung und zeitbezogene, mittlere Dosis entsprechen
den in der Mechanik definierten Größen Momentangeschwindigkeit und mittlere
Geschwindigkeit.

Tab. 15.2 Mittlere effektive Dosis der Bevölkerung der Bundesrepublik Deutschland im Jahr 1990 in mSv

1	*Natürliche Strahlenexposition*	
1.1	durch kosmische Strahlung	ca. 0,3
1.2	durch terrestrische Strahlung von außen im Mittel	ca. 0,5
	durch Aufenthalt im Freien (5 h/Tag)	ca. 0,1
	durch Aufenthalt in Gebäuden (19 h/Tag)	ca. 0,4
1.3	durch Inhalation von Radon-Folgeproduktion im Mittel	ca. 1,3
	durch Aufenthalt im Freien (5 h/Tag), vorläufige Abschätzung	ca. 0,2
	durch Aufenthalt in Gebäuden (19 h/Tag)	ca. 1,1
1.4	durch inkorporierte natürliche radioaktive Stoffe	ca. 0,3
	Summe der natürlichen Strahlenexposition	ca. 2,4
2	*Zivilisatorische Strahlenexposition*	
2.1	durch kerntechnische Anlagen	< 0,01
2.2	durch Anwendung ionisierender Strahlen und radioaktiver Stoffe in der Medizin	ca. 1,5 *) **)
2.3	durch Anwendung radioaktiver Stoffe und ionisierender Strahlung in Forschung, Technik und Haushalt (ohne 2.4)	< 0,01
2.3.1	Industrieerzeugnisse	< 0,01
2.3.2	technische Strahlenquellen	< 0,01
2.3.3	Störstrahler	< 0,01
2.4	durch berufliche Strahlenexposition (Beitrag zur mittleren Strahlenexposition der Bevölkerung)	< 0,01
2.5	durch besondere Vorkommnisse	0
2.6	durch Fall-out von Kernwaffenversuchen	< 0,01
2.6.1	von außen im Freien	< 0,01
2.6.2	durch inkorporierte radioaktive Stoffe	< 0,01
	Summe der zivilisatorischen Strahlenexposition	ca. 1,55
3	*Strahlenexposition durch den Unfall im Kernkraftwerk Tschernobyl im Mittel*	
3.1	von außen	ca. 0,02
3.2	durch inkorporierte radioaktive Stoffe	< 0,01
	Summe der Strahlenexposition durch den Unfall im Kernkraftwerk	ca. 0,025

*) Der Schwankungsbereich dieses Wertes beträgt ca. 50 %.
**) Abschätzungen in der ehemaligen DDR zeigten, daß die durchschnittliche Strahlenexposition durch medizinische Anwendungen nicht mehr als 1 mSv (effektive Dosis) betrug bei etwas geringerer Untersuchungshäufigkeit als in der Bundesrepublik Deutschland. Daraus folgt, daß durch die Herstellung der Einheit Deutschlands der Durchschnittswert nicht wesentlich verändert wurde.

Durch die *Strahlenschutzverordnung* 1989 (und ihre Vorgänger) sind räumliche Bereiche um Röntgen-Anlagen und um alle *Quellen ionisierender Strahlung* festgelegt worden: Sperrbereich, Kontrollbereich, betrieblicher Überwachungsbereich, nicht-betrieblicher Überwachungsbereich und schließlich „allgemeines Staatsgebiet". Sie unterscheiden sich dadurch, daß in ihnen bereichsweise abnehmende direkt-ionisierende oder nicht-direkt-ionisierende (diese Bezeichnung gilt für Neutronen) Strahlung besteht. Für sich dort aufhaltende Personen – sei es beruflich oder nicht-beruflich – muß eine zeitliche

Begrenzung der Aufenthaltsdauer und auch die ständige Überwachung der aufgenommenen effektiven Dosis (evtl. auch für einzelne Körperteile) erfolgen.

Die begrenzenden Daten sind anhand von Erfahrungswerten bezüglich einer strahleninduzierten Erkrankung (insbesondere Krebs-Erkrankung) festgelegt, deren Erarbeitung
im Bereich der Medizin liegt. – In keinem Gebiet menschlicher Tätigkeit ist in wenigen
Jahrzehnten ein so großer intellektueller und finanzieller Aufwand erfolgt, wie bei der
Ausarbeitung stichhaltiger Regeln zum Schutz der Bevölkerung vor ionisierender
Strahlung. In der Bundesrepublik Deutschland wird regelmäßig darüber berichtet, wie
groß die effektive Dosis der Bevölkerung in einem abgelaufenen Jahr war. Tab. 15.2
enthält die Zusammenstellung für das Jahr 1990. Es fällt dabei auf, daß der größte Anteil
in diesem Jahr von der natürlichen Strahlenexposition herrührt.

15.4 Radioaktivität und Kernstrahlung

15.4.1 Bindungsenergie der Atomkerne

In Abschn. 5.2, 5.3, 7.5 und 7.6.6 wurden schon einige Grundtatsachen bezüglich des
Aufbaus der Atomkerne besprochen. Wir fassen hier zusammen: im Atomkern sind Z
Protonen (Gesamtladung $+Ze$) und N Neutronen (ungeladen) vorhanden, wobei die
Neutronenzahl N – abgesehen vom Kern ^{3}He (Tab. 15.3) – mindestens gleich der
Protonenzahl Z ist und bis zum Ende des Periodensystems auf etwa $N = 1,6 Z$
ansteigt. Die relative Atommasse A_r liegt nahe bei der Nukleonenzahl $A = Z + N$. Ein
„Nuklid" ist ein vollständiges Atom, es enthält in der Hülle Z Elektronen mit der
Gesamtladung $-Ze$. Isotope sind Nuklide mit gleicher Kernladungszahl Z, sie
gehören zum gleichen chemischen Element und stehen im Periodensystem an gleicher
Stelle (Fig. 5.10). Ein Nuklid X erhält die Symbolbezeichnung $^A_Z X_N$, wobei die Angabe
von N nur mitgeführt wird falls notwendig. Tab. 15.3 enthält Daten einiger Nuklide,
auf die wir noch zu sprechen kommen. Daten für Sauerstoff enthält Fig. 5.7. Die Masse
der Nuklide ist $m = A_r m_u$, wobei m_u die atomare Masseneinheit darstellt. Sie ist gleich
1/12 der Masse des Nuklids ^{12}C, s. Tab. 5.2. Die Natur der anziehenden Kräfte
zwischen den elementaren Bausteinen der Kerne ist bisher nicht aufgeklärt, wir
sprechen von der „Kernkraft". Sie hat eine nur kurze Reichweite von etwa 10^{-15} m.
Für den *Radius eines Atomkerns* kann man die empirische Formel benützen

$$R = r_0 A^{1/3}, \tag{15.44}$$

mit $r_0 = (1,1 \text{ bis } 1,3) \text{ fm} = (1,1 \text{ bis } 1,3) \cdot 10^{-15}$ m. Die Atomkerne haben alle etwa die
gleiche Dichte, die alle irdischen Materiedichten weit übertrifft (s. Beispiel 15.6).

Beispiel 15.6 Nach Gl. (15.44) folgt für das Volumen der Kerne (s. Fig. 2.10) $V = \frac{1}{3} 4\pi R^3$
$= \frac{1}{3} 4\pi r_0^3 A$, d.h. es wächst proportional zur Nukleonenzahl (also zur Masse). Da die relative
Atommasse $A_r \approx A$ ist, so ist die Dichte der Kernmaterie

Tab. 15.3 Kerndaten und relative Häufigkeiten einiger Nuklide

Element	Nuklid	Z	N	A	relat. Häufigkeit im natürlichen Isotopengemisch
Wasserstoff	^{1}H	1	0	1	99,985
(Deuterium)	^{2}H ≡ D	1	1	2	0,015
(Tritium)	^{3}H ≡ T	1	2	3	10^{-9}
Helium	^{3}He	2	1	3	$1,3 \cdot 10^{-4}$
	^{4}He	2	2	4	100
Eisen	^{54}Fe	26	28	54	5,82
	^{56}Fe	26	30	56	91,66
	^{57}Fe	26	31	57	2,19
	^{58}Fe	26	32	58	0,33
Cobalt	^{59}Co	27	32	59	100
Molybdaen	^{92}Mo	42	50	92	15,84
	^{94}Mo	42	52	94	9,04
	^{95}Mo	42	53	95	15,72
	^{96}Mo	42	54	96	16,53
	^{97}Mo	42	55	97	9,46
	^{98}Mo	42	56	98	23,78
	^{100}Mo	42	58	100	9,63
Technetium	Tc	43			(kommt in der Natur nicht vor)
Iod	^{127}I	53	74	127	100

$$\varrho_{\text{Kern}} = \frac{\text{Masse}}{\text{Volumen}} \approx \frac{A\,m_u}{\dfrac{1}{3}4\pi\,r_0^3\,A} = \frac{3}{4\pi} \cdot \frac{m_u}{r_0^3} = \frac{3}{4\pi} \frac{1,66 \cdot 10^{-27}\,\text{kg}}{(1,3 \cdot 10^{-15}\,\text{m})^3} \qquad (15.45)$$

$$= 1,8 \cdot 10^{17}\,\text{kg m}^{-3}.$$

Die Masse der Atomkerne setzt sich aus den Massen der darin enthaltenen Protonen und Neutronen zusammen. Sie ist jedoch *nicht* gleich der Summe der Protonen- und Neutronenmassen, sondern sie ist systematisch *kleiner*, also

$$m_{\text{Kern}} < N\,m_n + Z\,m_p,$$
$$m_{\text{Nuklid}} < N\,m_n + Z\,m_p + Z\,m_e = N\,m_n + Z\,m_H. \qquad (15.46)$$

Der Differenzbetrag ist gleich der bei der Bindung freigesetzten *Kernbindungsenergie* (Einsteinsche Beziehung: Energie gleich Masse mal Quadrat der Lichtgeschwindigkeit, $W = m\,c^2$), so daß diese

$$E_{\text{Bindung}} = (N\,m_n + Z\,m_p)\,c^2 - m_{\text{Kern}}\,c^2. \qquad (15.47)$$

Die Kernbindungsenergie steigt von $E_B = 2{,}225\,\text{MeV}$ beim Nuklid Deuterium auf $E_B = 1\,783\,\text{MeV}$ beim Nuklid ^{235}U an (im Vergleich dazu sind die Elektronen-Hüllenbindungsenergien zu vernachlässigen, sie bestimmen jedoch die chemischen

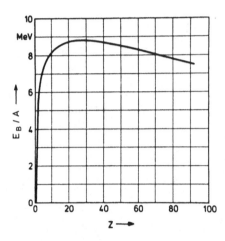

Fig. 15.26
Verlauf der Kernbindungsenergie je Nukleon (E_B/A) als Funktion der Kernladungszahl Z

Energien, Abschn. 7.3.5.2). Die Kernbindungsenergien betreffen immer den *Grundzustand des Kerns*. Es gibt, ebenso wie in der Atomhülle, auch angeregte Zustände. Sie liegen energetisch im Bereich von keV bis zu vielen MeV. Ein angeregter Atomkern kann, abgesehen von anderen Prozessen, durch Emission von elektromagnetischer Strahlung, genannt *Kern-Gamma-Strahlung*, in den Grundzustand übergehen. Die dabei abgestrahlte Quantenenergie liegt ebenfalls im Bereich von keV bis MeV. Das Spektrum ist ein Linienspektrum, und man kann ebenso wie bei den Atomen ein *Energieschema* eines Atomkerns zeichnen, aus dem die Quantenenergie elektromagnetischer Strahlung abzulesen ist (z.B. Fig. 15.29).

Ergänzung: Fig. 15.26 enthält die Auftragung der Größe E_B/A, also der *Bindungsenergie je Nukleon*. Tatsächlich ist die gezeichnete Kurve nicht glatt; besonders große Bindungsenergien bedeuten besondere Stabilität eines Kerns. Abgesehen von den leichten Kernen kann man als Durchschnittswert angeben: die Bindungsenergie je Nukleon ist rund 8 MeV. Grundsätzlich wichtig ist, daß erstens bei der Zusammenfügung leichter Atomkerne (unterhalb $A = 56$) in der Regel Energie freigesetzt wird: man hofft so aus der *Kernfusion* Energie gewinnen zu können; zweitens *Spaltung großer Atomkerne* (Uran) ebenfalls Freisetzung (großer) Energien bedeutet, was zur Energiegewinnung durch Kernspaltungsreaktoren führte.

15.4.2 Die Strahlung der radioaktiven Stoffe

Nur wenige Monate nach der Entdeckung der Röntgenstrahlung durch Röntgen fand Becquerel, daß Uranerz eine der Röntgenstrahlung ähnliche Strahlung emittiert, die Materie durchdringen kann, Photoplatten schwärzt und die Luft ionisiert. Diese Strahlung aus in der Natur vorhandenen Stoffen kommt vor allem bei den „schweren" Elementen (am Ende des Periodensystems) vor. Wir kennen davon mehrere Arten. Sie stammen aus den Atomkernen und sind z.T. (α, β-Strahlung) mit einer Umwandlung des Kerns verbunden.

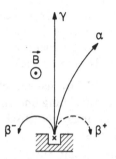

Fig. 15.27 Bahnspuren von Alpha-Teilchen, wie sie als Wassertröpfchenspuren in einer Wilson-Kammer beobachtet werden können (in der Aufnahme ist auch die Spur eines besonders hochenergetischen Teilchens enthalten) (Philipp, Naturwiss. **14** (1926) 1203)

Fig. 15.28 Bahnverlauf der radioaktiven Strahlung in einem Magnetfeld $\vec{B}$ (schematisch)

a) α-*Strahlung*. Die Strahlung hat geringes Durchdringungsvermögen, ihre Reichweite in Luft ($p = 1,013$ bar) ist einige cm (Fig. 15.27, Tab. 15.4). Sie wird von magnetischen und elektrischen Feldern wie ein zweifach positiv geladenes Teilchen ($q = 2\,e$) abgelenkt (Fig. 15.28). Die relative Atommasse der Teilchen der Strahlung ist $A_r(\approx A) \approx 4$, die kinetische Energie ist einige MeV, die Teilchengeschwindigkeit etwa 1/10 der Lichtgeschwindigkeit. Es handelt sich um He-Atomkerne, d. h. um Teilchen mit 2 Protonen und 2 Neutronen, die aus dem Mutterkern emittiert werden. Dabei vermindert sich die Kernladung des Mutterkerns um zwei Einheiten, die Nukleonenzahl um 4 Einheiten. Es entsteht demnach ein neues Element, welches ein Isotop desjenigen Elementes ist, welches zwei Plätze vor dem Mutterelement im Periodensystem steht. Zum Beispiel handelt es sich bei der Strahlungsquelle der Fig. 15.27 um das Element $^{212}_{83}\text{Bi}$ (historischer Name Thorium C), das durch α-Strahlung (α-Teilchen-Emission; α-Zerfall) in das Element $^{208}_{81}\text{Tl}$ (historischer Name Thorium C″) übergeht.

b) β-*Strahlung*. Sie wurde historisch zuerst aufgefunden, weil ihr Durchdringungsvermögen der Materie größer als das der α-Strahlung ist. Die Strahlung ist leicht durch Magnetfelder ablenkbar (Fig. 15.28), es handelt sich um geladene Teilchen mit negativer Ladung $q = -e$, die als Elektronen identifiziert wurden. Die Geschwindigkeiten der Teilchen erreichen bis zu 99 % der Lichtgeschwindigkeit, sie sind jedoch nicht einheitlich. Die Erklärung dessen hat große Schwierigkeiten gemacht und zur Einführung eines neuen Elementarteilchens geführt, des *Neutrinos*. Dieses wird gleichzeitig mit dem Elektron aus dem Kern emittiert, und damit kann die Energie auf beide Teilchen verschieden aufgeteilt sein, was die kontinuierliche Verteilung der Elektronengeschwindigkeit erklärt. Später wurden auch β-Strahler gefunden, die positiv geladene Teilchen mit der gleichen Masse wie die Elektronen emittieren. Man nennt sie *Positronen*. Unter β-Strahlung versteht man vielfach β⁺- und β⁻-Strahlung gemeinsam.

Durch die β-Strahlung wird die Kernladung um eine Einheit erhöht (β⁻) oder um eine Einheit vermindert (β⁺), das Folgeelement ist also im Periodensystem um eine Position nach rechts bzw. nach links gerückt: es hat eine Elementumwandlung stattgefunden (β-Zerfall). Die Teilchen der β-Strahlung (Elektron bzw. Positron und zugehöriges Neutrino) werden bei der β-Emission „geboren", indem im Kern ein Neutron in ein Proton + Elektron + Antineutrino bzw. ein Proton in ein Neutron + Positron + Neutrino zerfällt.

c) *γ-Strahlung.* Sie ist elektromagnetische Strahlung, hat die gleichen Eigenschaften wie Licht und Röntgenstrahlung und entsteht beim Übergang eines Kerns aus einem angeregten Zustand in einen energetisch tiefer liegenden Zustand; eine Kernumwandlung findet dabei nicht statt.

Alle drei *Strahlungsarten* – mit Ausnahme der Neutrinos, die die Masse und die Ladung Null haben – stellen *ionisierende Strahlungen* dar. Die häufig gebrauchte Bezeichnung „radioaktive" Strahlung gibt Anlaß zu Irrtümern: die Strahlung selbst ist nicht radioaktiv. – Fig. 15.29 enthält zur Illustration des Zusammenhangs von Kernzustand und radioaktiver Strahlung das Energieschema des zu Bestrahlungszwecken benutzten Cobalt-60-Kerns. Es handelt sich um das Nuklid $^{60}_{27}$Co, dessen Kern sich mit einer *Halbwertszeit von* $T_{1/2} = 5{,}27$a (s. Abschn. 15.4.3) unter Emission von β⁻-Strahlung (Maximalenergie der Elektronen 0,32 MeV) zum Kern des Nuklides $^{60}_{28}$Ni umwandelt. Dabei wird dieser Kern nicht im Grundzustand gebildet, sondern fast ausschließlich in dem bei der Anregungsenergie von 2,50 MeV gelegenen Zustand. Von diesem aus erfolgen dann nacheinander die beiden γ-Übergänge zum Grundzustand, wobei zwei Quanten mit den Energien von 1,17 und 1,33 MeV emittiert werden. Sie werden therapeutisch zu Bestrahlungen (mit hohen Dosen) verwendet. Diese Strahlung stammt demnach nicht aus dem Nuklid ^{60}Co, sondern aus dem Nuklid ^{60}Ni (gleichwohl spricht man von Cobalt-60-Strahlung). Im Spektrum der γ-Strahlung (aufgenommen mit einem NaI-Szintillator + Elektronenvervielfacher, Fig. 15.23) erkennt man die beiden γ-Linien. Der Rest des Spektrums ist durch das spezielle Nachweisinstrument verursacht.

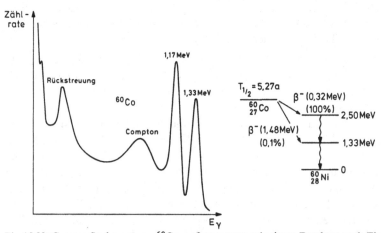

Fig. 15.29 Gamma-Spektrum von ^{60}Co, aufgenommen mit einem Detektor nach Fig. 15.23

15.4.3 Gesetz des radioaktiven Zerfalls, Aktivität, Halbwertszeit

Die Anzahl ΔZ der in der Meßzeit Δt mit einem Meßgerät registrierten (und aus einer radioaktiven Quelle emittierten) Teilchen bestimmt die *Zählrate* $\Delta Z/\Delta t (= \dot{Z})$ als Anzahl der Zählereignisse dividiert durch Meßzeit. Da die registrierten Teilchen aus der Umwandlung von Atomkernen in Folgekerne herrühren, so ist die Zählrate proportional zu der *Anzahl der* in der Quelle erfolgenden *Strahlungsemissionsakte je Zeiteinheit*, und diese Größe nennt man die *Aktivität A* der radioaktiven Strahlungsquelle, $A \sim \dot{Z}$. Die Aktivität einer radioaktiven Quelle (einer Stoffprobe) nimmt stets zeitlich ab. Fig. 15.30a gibt ein Beispiel für eine Messung der Aktivität einer β^+-aktiven Strahlungsquelle, die Kerne des Nuklids ^{82}Rb enthält. Dieses Meßergebnis – zusammen mit vielen weiteren – zeigt, daß die Aktivität der radioaktiven Stoffe zeitlich *exponentiell abklingt*, zu beschreiben durch

$$A = A_0\, e^{-\lambda t}, \tag{15.48}$$

worin A_0 die *Anfangsaktivität* ist und λ die *Abklingkonstante* der Aktivität des Stoffes kennzeichnet. Wählt man eine Auftragung der Aktivität in einem Koordinatenpapier mit logarithmisch geteilter Ordinate, dann muß sich nach Gl. (15.48) eine abfallende Gerade als Funktion der Zeit ergeben, denn es ist

$$\log A = \log A_0 - \lambda\, t \log e. \tag{15.49}$$

Fig. 15.30b zeigt dies.

Für die *Aktivität* eines radioaktiven Stoffes folgt aus der Definition (Anzahl durch Zeit) die SI-*Einheit* s^{-1}. Sie ist gleichzeitig die Einheit für die *Umwandlungsrate* oder *Zerfallsrate*,

$$[A] = s^{-1} = \text{Becquerel} = \text{Bq}. \tag{15.50}$$

Der Name Becquerel für die Einheit s^{-1} (reziproke Sekunde) darf nur zur Aktivitätsangabe benutzt werden (s^{-1} = Hertz darf nur für Frequenzangaben benutzt werden). Die ältere Einheit der Aktivität ist 1 Curie = 1 Ci = $3,700 \cdot 10^{10}\, s^{-1}$ = $3,7 \cdot 10^{10}$ Bq = 37 GBq (Giga-Becquerel).

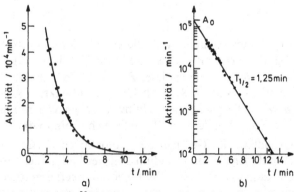

Fig. 15.30 Abfall der Aktivität des radioaktiven Nuklids ^{82}Rb a) linear, b) logarithmisch geteilte Ordinate der Aktivität

Da mit der Emission eines Teilchens eine Umwandlung (ein Zerfall) eines „Mutterkerns" in einen „Tochterkern" stattfindet, so ist die Aktivität gleich der Abnahme der Anzahl N der Mutterkerne je Zeiteinheit („Umwandlungsrate" oder „Zerfallsrate"),

$$A = -\frac{dN}{dt}. \tag{15.51}$$

Für die Aktivität gilt das Exponentialgesetz Gl. (15.48), aus Gl. (15.51) folgt, daß die Exponentialfunktion auch für $N = N(t)$ gilt: die Anzahl der noch nicht zerfallenen Kerne in der radioaktiven Quelle nimmt mit wachsender Zeit exponentiell ab, und zwar mit der gleichen *Zerfallskonstante* λ, mit der die Aktivität abklingt,

$$N = N_0 \, e^{-\lambda t}. \tag{15.52}$$

Wir wenden nochmals Gl. (15.51) an und finden

$$A = -\frac{dN}{dt} = \lambda N_0 \, e^{-\lambda t} = \lambda N, \tag{15.53}$$

die Aktivität ist gleich dem Produkt aus Zerfallskonstante und vorhandener Anzahl der radioaktiven (Mutter-)Kerne ($A_0 = \lambda N_0$ ist die Anfangsaktivität). Wir können auch schreiben

$$dN = -\lambda N \, dt, \tag{15.54}$$

und diese Gleichung stellt das *Gesetz des radioaktiven Zerfalls* dar: die Anzahl dN der in der Zeit dt sich umwandelnden Kerne ist proportional der Anzahl der im Zeitpunkt t (noch) vorhandenen, nicht-zerfallenen Kerne.

In der Praxis wird anstelle der Zerfallskonstanten zur Beschreibung des Zeitverlaufs meist die *Halbwertszeit* $T_{1/2}$ angegeben. Es ist diejenige Zeit, nach welcher von der Anfangsstoffmenge noch die Hälfte vorhanden (die andere Hälfte zerfallen) ist:

$$\frac{N_0}{2} = N_0 \exp(-\lambda T_{1/2}), \tag{15.55}$$

woraus

$$T_{1/2} = \frac{\ln 2}{\lambda} = \frac{0{,}693}{\lambda} \tag{15.56}$$

folgt. Nach Ablauf jeweils dieser Zeit ist die Stoffmenge auf die Hälfte abgesunken. Fig. 15.31 enthält eine Skizze: vom Nuklid ^{226}Ra (Radium) mit der Halbwertszeit $T_{1/2} = 1602$ a ist nach dieser Zeit noch die halbe Stoffmenge vorhanden, nach 3204 a noch 1/4, nach 6408 a noch 1/8. Die radioaktive Substanz verschwindet also niemals ganz. – Die gemessenen Halbwertszeiten von radioaktiven Stoffen erstrecken sich ·über einen sehr großen Wertebereich (Tab. 15.4).

Grundlage des Gesetzes des radioaktiven Zerfalls der Nuklide ist ein statistischer Prozeß der Kernumwandlung. Bisher konnte kein äußerer Parameter gefunden, der die Radioaktivität beeinflußt. Die Atomkerne emittieren Strahlung „von selbst", jeder einzelne Kern hat eine (die gleiche) Wahrscheinlichkeit, innerhalb der Zeitspanne Δt (z.B. 1 s) sich (radioaktiv) umzuwandeln. Daher kann man eine *mittlere Lebensdauer*

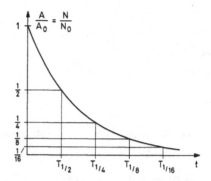

Fig. 15.31
Nach Ablauf der Halbwertszeit $T_{1/2}$ sind die
Aktivität und die Stoffmenge auf die Hälfte vermin-
dert (z. B. $T_{1/2} = 1602$ a für ^{226}Ra)

der Kerne (eines einheitlichen Stoffes) angeben (Beispiel 17.4). Sie ergibt sich zu

$$\tau = \frac{1}{\lambda} = T_{1/2} \frac{1}{0{,}693} = 1{,}44\,T_{1/2}. \tag{15.57}$$

Der Kehrwert der Zerfallskonstanten λ ist gleich der mittleren Lebensdauer τ eines radioaktiven Kerns.

Beispiel 15.7 Die *Einheit der Aktivität* $1\,\mathrm{Ci} = 37\,\mathrm{GBq}$ hat man früher an die Aktivität des Nuklids ^{226}Ra angeschlossen. Seine Halbwertszeit ist $T_{1/2} = 1\,602$ a. Nach Gl. (15.57) ist die Zerfallskonstante

$$\lambda = \frac{0{,}693}{1\,602\,\mathrm{a}} = \frac{0{,}693}{1\,602 \cdot 3{,}156 \cdot 10^7\,\mathrm{s}} = 1{,}37 \cdot 10^{-11}\,\mathrm{s}^{-1}.$$

Da die Aktivität $A = \lambda \cdot N$ ist, so folgt für ^{226}Ra bei $A = 1\,\mathrm{Ci} = 37 \cdot 10^9\,\mathrm{s}^{-1}$ die Anzahl N der Kerne in der Quelle zu

$$N = \frac{A}{\lambda} = \frac{37 \cdot 10^9\,\mathrm{s}^{-1}}{1{,}37 \cdot 10^{-11}\,\mathrm{s}^{-1}} = 2{,}7 \cdot 10^{21}. \tag{15.58}$$

Das ergibt die Stoffmenge $v = N/N_A = 2{,}7 \cdot 10^{21}/6 \cdot 10^{23}\,\mathrm{mol}^{-1} = 4{,}5\,\mathrm{mmol}$, also die Masse $m = v \cdot M_{\mathrm{molar}} = 4{,}5\,\mathrm{mmol} \cdot 226\,\mathrm{g\,mol}^{-1} = 1{,}02\,\mathrm{g}$. Man hatte früher die Einheit Curie als die Aktivität von 1 g ^{226}Ra definiert; sie ist unter Verwendung der heutigen Bestwerte der eingehenden physikalischen Größen gleich $3{,}652 \cdot 10^7$ Zerfällen je Sekunde, was später zu $3{,}700 \cdot 10^7$ aufgerundet wurde.

Beispiel 15.8 Eine ^{60}Co-*Tele-Gamma-Bestrahlungseinrichtung* habe die Aktivität $A = 1\,000\,\mathrm{Ci}$ $= 37\,000\,\mathrm{GBq}$. Es soll die Dosisleistung in der Entfernung $r = 30$ cm angegeben werden. – Man kann die Berechnung direkt unter Berücksichtigung der Quantenenergie der Strahlung und des Absorptionskoeffizienten in Luft für diese Strahlung ausführen. Wir gehen hier einfacher den in der Praxis häufig eingeschlagenen Weg und greifen auf eine in Tabellen wiedergegebene Größe zurück, die *Dosisleistungskonstante* $\dot{D}^0$. Die Dosisleistung (Dosis durch Zeit, $\dot{D}$, Gl. (15.24) und (15.43)) ist proportional zur Aktivität der Quelle (also zur Anzahl der Strahlungsemissionsvorgänge in der Zeiteinheit), und sie ist umso kleiner je weiter das Meßgerät von der Strahlungsquelle entfernt ist. Für die Abhängigkeit vom Abstand r gilt, daß die Dosisleistung umgekehrt proportional zum Quadrat des Abstandes r ist (nämlich umso kleiner, je kleiner der Raumwinkel $\Delta\Omega = A/r^2$ (Fig. 15.32) des Empfängers ist). Die Proportionalitätskonstante, deren Zahlenwert von der Art des radioaktiven Strahlers abhängt, ist die Dosisleistungskonstan-

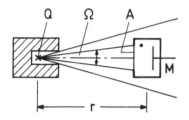

Fig. 15.32
Zur Berechnung der Strahlendosis in der Entfernung r von einer radioaktiven Strahlungsquelle Q. Das Dosis-Meßgerät M hat ein Strahlen-Eintrittsfenster A der Fläche A (Punkt: Norm-Bezeichnung für „gas-gefüllt")

te $\dot{D}^0$ (nach DIN „spezifische Gammastrahlenkonstante"),

$$\dot{D} = \dot{D}^0 \frac{A}{r^2}. \tag{15.59}$$

Man kann $\dot{D}^0$ entweder berechnen, oder man mißt die Dosisleistung $\dot{D}$ eines Strahlers in der Entfernung r und bildet die Größe

$$\dot{D}^0 = \dot{D} \frac{r^2}{A}. \tag{15.60}$$

Die Dosisleistungskonstante erhält als Einheit diejenige der Dosisleistung (Gray/Stunde oder Röntgen/Stunde) mal Meter^2 durch Curie (oder Becquerel), also $\dot{D}^0 = \mathrm{Gy}\,\mathrm{m}^2\,\mathrm{Ci}^{-1}\,\mathrm{h}^{-1}$ oder $\mathrm{R}\,\mathrm{m}^2\,\mathrm{Ci}^{-1}\,\mathrm{h}^{-1}$ oder $\mathrm{Gy}\,\mathrm{m}^2\,\mathrm{Bq}^{-1}\,\mathrm{h}^{-1}$. – Für die oben gestellte Aufgabe findet man für die Ionen-Dosisleistungskonstante des Strahlers ^{60}Co in den Tabellen $\dot{D}_J^0 = 1{,}32\,\mathrm{R}\,\mathrm{m}^2/\mathrm{Ci}\,\mathrm{h}$. Aus Gl. (15.59) folgt für die Tele-Gamma-Einrichtung

$$\dot{D}_J = 1{,}32 \frac{\mathrm{R}\,\mathrm{m}^2}{\mathrm{Ci}\,\mathrm{h}} \frac{1000\,\mathrm{Ci}}{(0{,}3\,\mathrm{m})^2} = 14667 \frac{\mathrm{R}}{\mathrm{h}}. \tag{15.61}$$

Der Absorber, in welchem diese Dosisleistung entsteht, ist bei Bestrahlungen nicht Luft, sondern Wasser (Muskelgewebe), es ist also ein Umrechnung gemäß Gl. (15.36) bzw. (15.38) notwendig. Sie entfällt hier, weil nach Fig. 15.25 im hier zur Debatte stehenden Energiebereich der Quanten (ab 1 MeV) der Umrechnungsfaktor den Wert 1 hat. In einer Stunde wird damit mit der Tele-Gamma-Einrichtung im Muskelgewebe die Dosis $D_J = \dot{D}_J \cdot 1\,\mathrm{h} = 14667\,\mathrm{R}$ appliziert, was etwa 127 Gy entspricht.

Tab. 15.4 Daten für einige radioaktive Nuklide und Ionisierungsdichte von α-, Elektronen- und Gammastrahlung in Normluft

Nuklid	$T_{1/2}$	λ/s^{-1}	E_α/MeV	R/cm	Ionisierungsdichte in Norm-Luft
^{232}Th	$1{,}4 \cdot 10^{10}\,\mathrm{a}$	$1{,}6 \cdot 10^{-18}$	4,05	2,49	
^{226}Ra	$1{,}6 \cdot 10^{3}\,\mathrm{a}$	$1{,}4 \cdot 10^{-11}$	4,88	3,3	
^{228}Th	$1{,}9\,\mathrm{a}$	$1{,}2 \cdot 10^{-8}$	5,52	3,98	10000 Ionenpaare
^{222}Rn	$3{,}83\,\mathrm{d}$	$2{,}1 \cdot 10^{-6}$	5,59	4,05	auf 1 cm, bei
^{218}Po	$3{,}05\,\mathrm{min}$	$3{,}8 \cdot 10^{-3}$	6,12	4,66	Reichweiten bis
^{214}Po	$1{,}5 \cdot 10^{-4}\,\mathrm{s}$	$4{,}2 \cdot 10^{+3}$	7,83	6,91	zu 10 cm
^{212}Po	$3 \cdot 10^{-7}\,\mathrm{s}$	$2{,}3 \cdot 10^{6}$	8,95	8,95	
Elektronenstrahlung: $E_e/\mathrm{MeV} =$			0,1	10	
			1	300	100 Ionenpaare
			10	4000	auf 1 cm
Gamma-Strahlung: keine Reichweite angebbar					1 Ionenpaar auf 1 cm

15.4.4 Radioaktive Zerfallsreihen, radioaktives Gleichgewicht

Die schwersten radioaktiven Nuklide sind ^{238}U und ^{235}U. Sie zerfallen durch α-Strahlung zu ^{234}Th, bzw. ^{231}Th ($T_{1/2} = 4,5 \cdot 10^9$a bzw. $7,07 \cdot 10^8$ a). Die Folgeelemente sind selbst wieder radioaktiv (β^--Strahler), und die darauf folgenden wiederum (teils β^--, teils α-Strahler). So läßt sich eine ganze Kette von Mutter- und Tochter-Nukliden verfolgen, bis schließlich stabile Blei-Isotope erreicht sind. Hat man zu einem bestimmten Zeitpunkt ein radioaktives Isotop isoliert, so wird dieses zerfallen, es entstehen die Folgeprodukte, und so baut sich in einem radioaktiven Präparat die ganze Reihe der Folgeprodukte auf. Die Reihe bricht beim ersten Folgeprodukt ab, das nicht radioaktiv ist. Wir kennen heute vier radioaktive Reihen, deren Anfangs-nuklide die Nukleonenzahlen $A = 238$ ($4 \times 59 + 2$), 235 ($4 \times 58 + 3$), 232 (4×58) und schließlich $A = 237$ ($4 \times 59 + 1$) haben. Die Aufgliederung in Vierergruppen entspricht der Vorstellung, daß evtl. α-Teilchen ($A = 4$) wesentliche Strukturelemente dieser Kerne sind. Fig. 15.33 enthält die vier Zerfallsreihen. Die Reihe, die mit $A = 237$ beginnt, ist erst in neuerer Zeit künstlich erzeugt worden: ihr langlebiges Anfangs-nuklid ^{237}Np (Neptunium) hat die Halbwertszeit $T_{1/2} = 2 \cdot 10^6$a und ist damit zu kurzlebig im Vergleich zum Alter der Erde ($3,5 \cdot 10^9$a), es ist in der Natur bereits „ausgestorben". Zwar konnte man die verschiedenen radioaktiven Stoffe an Hand ihrer Halbwertszeiten gut unterscheiden, aber es hat stets eine gewisse Zeit gedauert, bis man die Nuklide an der richtigen Stelle des Periodensystems einordnen konnte. Daher haben sich bis heute noch einige alte Namen erhalten, z.B.

$$^{238}_{92}\text{U} \overset{\alpha}{\to} \text{UX}_1, \quad \text{also} \quad \text{UX}_1 \equiv \, ^{234}_{90}\text{Th},$$

$$^{234}_{90}\text{Th} \overset{\beta^-}{\to} \text{UX}_2, \quad \text{also} \quad \text{UX}_2 \equiv \, ^{234}_{91}\text{Pa}\,.$$

Die radioaktiven Reihen enthalten auch *Verzweigungen*: an diesen Stellen kann das Nuklid mit einer gewissen Wahrscheinlichkeit (Verzweigungsverhältnis) den einen oder anderen Zerfall ausführen. Ein Beispiel ist

$$^{222}_{86}\text{Rn} \overset{\alpha}{\to} \, ^{218}_{84}\text{Po} \begin{array}{c} \overset{\beta^-}{\nearrow} \, ^{218}_{85}\text{At} \;(0,02\%) \searrow \alpha \\[2pt] \searrow \, ^{214}_{82}\text{Pb} \;(99,98\%) \nearrow \beta^- \end{array} \, ^{214}_{83}\text{Bi} \qquad (15.62)$$

In allen natürlichen radioaktiven Reihen ist auch ein radioaktives Edelgas enthalten (Radon $\equiv \, ^{222}_{86}$Rn, Thoron (Tn) und Actinon (An), sämtlich Isotope des Elementes mit $Z = 86$). An der Erdoberfläche wird daher aus allen Gesteinen ein radioaktives Gas abgegeben, das einen Teil der natürlichen Strahlenbelastung des Menschen verursacht.

In einer *radioaktiven Reihe* bestehen einfache Beziehungen für *Erzeugung* eines Nuklids (aus dem vorherigen) und *Zerfall* (in das nachfolgende). Die Quelle enthalte zunächst nur *ein* radioaktives Nuklid (Index 1; etwa durch chemische Trennung aus einem Gemisch gewonnen). Es gilt dann, wie man aus der Definition der Aktivität, Gl. (15.54), erkennt,

a)

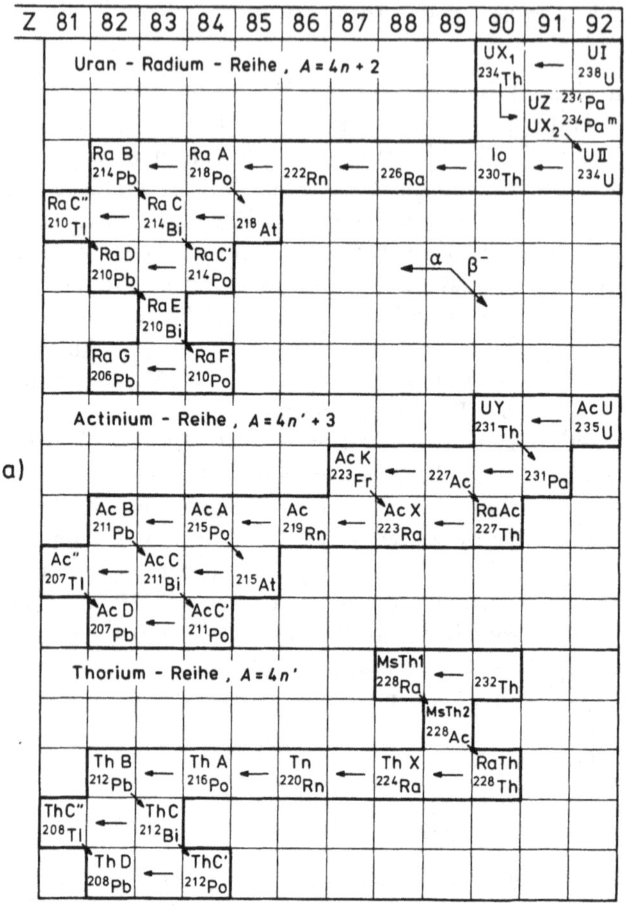

Uran – Radium – Reihe, $A = 4n + 2$

Z	81	82	83	84	85	86	87	88	89	90	91	92
										UX$_1$ ^{234}Th ←		UI ^{238}U
											UZ ^{234}Pa / UX$_2$ ^{234}Pa^m	
		Ra B ^{214}Pb ←		Ra A ^{218}Po ←		^{222}Rn ←		^{226}Ra ←		Io ^{230}Th ←		U II ^{234}U
	Ra C" ^{210}Tl ←		Ra C ^{214}Bi ←		^{218}At							
		Ra D ^{210}Pb		Ra C' ^{214}Po			← α β$^-$					
			Ra E ^{210}Bi									
		Ra G ^{206}Pb		Ra F ^{210}Po								

Actinium – Reihe, $A = 4n' + 3$

Z	81	82	83	84	85	86	87	88	89	90	91	92
										UY ^{231}Th ←		Ac U ^{235}U
							Ac K ^{223}Fr ←		^{227}Ac ←		^{231}Pa	
		Ac B ^{211}Pb ←		Ac A ^{215}Po ←		Ac ^{219}Rn ←		Ac X ^{223}Ra ←		RaAc ^{227}Th		
	Ac" ^{207}Tl ←		Ac C ^{211}Bi ←		^{215}At							
		Ac D ^{207}Pb		AcC' ^{211}Po								

Thorium – Reihe, $A = 4n'$

Z	81	82	83	84	85	86	87	88	89	90	91	92
								MsTh1 ^{228}Ra ←		^{232}Th		
									MsTh2 ^{228}Ac			
		Th B ^{212}Pb ←		Th A ^{216}Po ←		Tn ^{220}Rn ←		Th X ^{224}Ra ←		RaTh ^{228}Th		
	ThC" ^{208}Tl ←		ThC ^{212}Bi									
		Th D ^{208}Pb		ThC' ^{212}Po								

b)

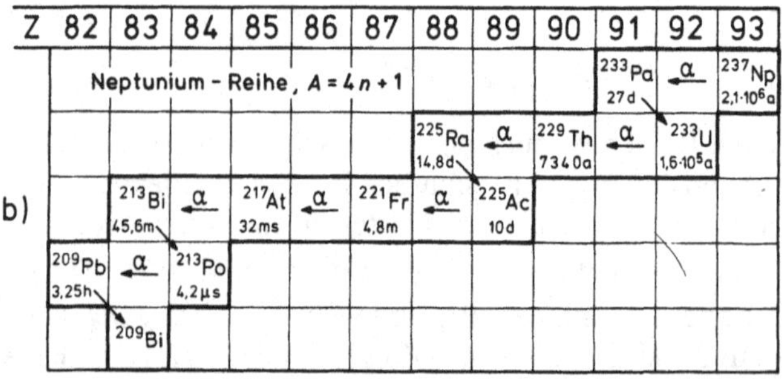

Neptunium – Reihe, $A = 4n + 1$

Z	82	83	84	85	86	87	88	89	90	91	92	93
										^{233}Pa 27 d ← α	^{237}Np 2,1·10^6 a	
							^{225}Ra 14,8 d ← α	^{229}Th 7340 a ← α	^{233}U 1,6·10^5 a		
		^{213}Bi 45,6 m ← α	^{217}At 32 ms ← α	^{221}Fr 4,8 m ← α	^{225}Ac 10 d						
	^{209}Pb 3,25 h ← α	^{213}Po 4,2 μs									
		^{209}Bi									

Fig. 15.33 Die drei natürlichen Zerfallsreihen a) und die Neptunium-Reihe b). Uran-Radium-Reihe $n = 51$ bis 59, Neptunium-Reihe $n = 52$ bis 59, Thorium-Reihe $n' = 52$ bis 58, Actinium-Reihe $n' = 51$ bis 58

$$\frac{dN_1}{dt} = -\lambda_1 N_1$$

$$\frac{dN_2}{dt} = +\lambda_1 N_1 - \lambda_2 N_2 \qquad (15.63)$$

$$\frac{dN_3}{dt} = \qquad +\lambda_2 N_2 - \lambda_3 N_3$$
$$\vdots$$

Außer dem Anfangsnuklid beginnen alle anderen mit der Teilchen-Anzahl $N_i = 0$. Ihre Anzahlen werden aber langsam aufgebaut, überschreiten ein Maximum und nehmen schließlich alle ab. Fig. 15.34 enthält die Nuklid-Anzahlen eines beliebigen Beispiels einer radioaktiven Reihe von nur drei Gliedern. Das dritte ist stabil, bei $t \to \infty$ geht $N_3 \to N_1^0$. Ein „Gleichgewicht" ist dann erreicht, wenn von einem Stoff gleichviel nachgebildet wird, wie auch zerfällt. Man nennt dies das „säkulare Gleichgewicht": dann ist $dN_i/dt = 0$, und damit gilt für die Verhältnisse der Stoffmengen (oder Teilchenanzahlen)

$$N_i : N_{i-1} = \frac{1}{\lambda_i} : \frac{1}{\lambda_{i-1}} = T_{1/2,i} : T_{1/2,i-1} . \qquad (15.64)$$

Tatsächlich wird dieses säkulare Gleichgewicht nicht erreicht, es gibt aber einen Anhaltspunkt über die Stoffmengen in einer radioaktiven Reihe. Es wird deshalb nicht erreicht, weil letztlich alle beteiligten Stoffe zerfallen, also für alle $dN_i/dt < 0$ ist: die Aktivität $A_i = \lambda_i N_i$ eines Stoffes der Reihe ist letztlich immer etwas größer als diejenige des vorherigen Reihengliedes.

Beispiel 15.9 In der Medizin wird in neuerer Zeit für Funktionstest und Szintigraphie (die Bezeichnung rührt von der Verwendung eines Szintillationsdetektors als Meßdetektor her, Fig. 15.23) das radioaktive Nuklid Technetium $^{99m}_{43}$Tc verwendet. In der Natur kommt Technetium nicht vor. Der obere Index „m" heißt „metastabil". Wie Fig. 15.35 zeigt, ist ^{99m}Tc Glied einer radioaktiven Reihe, die mit $^{99}_{42}$Mo ($T_{1/2} = 66,02$ h) beginnt. Dieses Nuklid wird in Kernreaktoren als Spaltprodukt (Spalt-Molybdaen) oder durch Kernreaktionen mittels Neu-

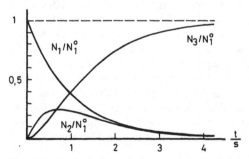

Fig. 15.34 Verlauf der relativen Teilchenzahlen einer beliebigen dreigliedrigen radioaktiven Zerfallsreihe

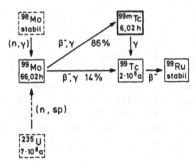

Fig. 15.35 Elemente der Zerfallsreihe von ^{99}Mo

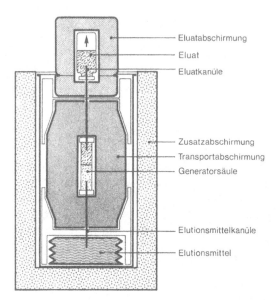

Eluatabschirmung
Eluat
Eluatkanüle

Zusatzabschirmung
Transportabschirmung
Generatorsäule

Elutionsmittelkanüle
Elutionsmittel

Fig. 15.36 Laboratoriumsanordnung zur Gewinnung von Technetium aus radioaktivem Molybdaen (Molter, M.: Chemikerzeitung **103** (1979) 41)

troneneinfang aus dem Nuklid ^{98}Mo erzeugt. In 86% der Zerfälle wandelt sich ^{99}Mo unter β^--Emission (maximale kinetische Energie der Elektronen 1,284 MeV) in das metastabile ^{99m}Tc um, welches dann mit der Halbwertszeit von $T_{1/2} = 6,02$ h in seinen Grundzustand ^{99}Tc übergeht. Die dabei emittierte Kern-γ-Strahlung der Energie $E_\gamma = 143$ keV ist die interessierende Strahlung. Der nachfolgende β^--Zerfall, der zu ^{99}Ru führt, hat die Halbwertszeit $T_{1/2} = 2,14 \cdot 10^5$ a, wir behandeln ^{99}Tc als stabil. Wir haben eine dreigliedrige Zerfallsreihe, Fig. 15.34 entsprechend. – Es ist wichtig zu wissen, welche Verunreinigungen durch Zusatzelemente vorhanden sind, worauf hier nicht eingegangen werden kann. Wir beschreiben nur ein Verfahren der Gewinnung von ^{99m}Tc aus ^{99}Mo: Fig. 15.36. Das radioaktive ^{99}Mo ist als Molybdat auf Aluminiumoxid (einem „keramischen" Stoff) oberflächlich ziemlich fest adsorbiert. Beim radioaktiven Zerfall des Nuklids ^{99}Mo erfährt der Endkern (Impulserhaltung!) einen so großen Rückstoß, daß er von der adsorbierenden Oberfläche abgelöst wird. Wird das Präparatgefäß mit einer Elutions-Flüssigkeit (z.B. physiologische Kochsalzlösung) eluiert (durchgespült), dann wird der Rückstoßkern mit dieser als TcO$_4^-$ praktisch quantitativ mitgeführt und damit abgetrennt. Fig. 15.36 enthält eine solche Anordnung mit den notwendigen Abschirmungen und einem kleinen Auffangkölbchen. Es ist evakuiert, beim Durchstechen der Kanülen wird das Elutionsmittel durch die „Generator"-säule hindurchgesaugt. – Die Halbwertszeit des Ausgangsstoffes ^{99}Mo ist $T_{1/2} = 66,02$ h $= 2,75$ d. Vom Herstellungsort bis zum Verwendungsort verstreicht durch den Transport eine gewisse Zeit, die Aktivität der Muttersubstanz klingt dabei ab, die Aktivität des gebildeten ^{99m}Tc steigt an, Fig. 15.37. Wird nach Ablauf von 2 Tagen eluiert, dann wird zu diesem Zeitpunkt das gesamte ^{99m}Tc entnommen, neues Tc wird gebildet und die ^{99m}Tc-Aktivität beginnt im Generator neu anzusteigen usw. Die Aktivität des entnommenen Eluats klingt mit der Halbwertszeit von $T_{1/2} = 6,02$ h ab.

Beispiel 15.10 Für alle Anwendungen ist es wichtig zu wissen, welche *Stoffmenge* bzw. *Masse eines radioaktiven Stoffes* verabreicht werden muß, wenn eine bestimmte Aktivität gewünscht

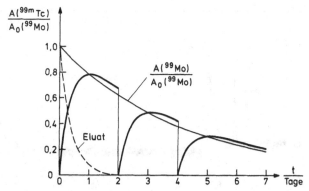

Fig. 15.37 Abfall der Aktivität der Muttersubstanz ^{99}Mo in der „Generatorsäule", Fig. 15.36, und Anstieg der Tc-Aktivität im Generator (stark ausgezogen) nach jeweiliger Extraktion. Die Aktivität von Tc ist in Wirklichkeit um 14% geringer (s. Fig. 15.35).

wird. Wir schreiben Gl. (15.53) zu diesem Zweck um,

$$A = \lambda N = \lambda \frac{N}{N_A} N_A = \lambda \nu N_A, \tag{15.65}$$

wobei N_A die Avogadrokonstante ist. Da für die Stoffmenge $\nu = m/M_{molar}$ (Gl. (5.10)) gesetzt werden kann, so ergibt sich für die *molare Aktivität* bzw. die *spezifische Aktivität*

$$\frac{A}{\nu} = \lambda N_A \quad \text{bzw.} \quad \frac{A}{m} = \lambda \frac{N_A}{M_{molar}}. \tag{15.66a, b}$$

Bei Elutionssäulen (Beispiel 15.9) für ^{99m}Tc erreicht man im Eluat die Aktivitätskonzentration $c_A = 10\,\text{mCi/ml}$ Lösung (bzw. die spezifische Aktivität $10\,\text{mCi/g}$ Lösung). Wir berechnen aus dieser Angabe die Masse ^{99m}Tc, die sich in der Lösung befindet. Es ist $M_{molar}(\text{Tc}) = 99\,\text{g/mol}$ einzusetzen, und dann folgt aus Gl. (15.66b)

$$m(^{99m}\text{Tc}) = 10 \cdot 10^{-3} \cdot 37 \cdot 10^9\,\text{s}^{-1} \frac{1}{3{,}2 \cdot 10^{-5}\,\text{s}^{-1}} \frac{99\,\text{g/mol}}{6 \cdot 10^{23}\,\text{mol}^{-1}}$$
$$= 1{,}9 \cdot 10^{-9}\,\text{g} \approx 2\,\text{ng}. \tag{15.67}$$

Der Massenanteil des radioaktiven Stoffes in der Lösung, $w = 2\,\text{ng}/1\,\text{g} = 2 \cdot 10^{-9}$, ist also sehr gering.

Auf die gleiche Weise berechnet man auch die ^{60}Co-Masse, die in dem Tele-Gamma-Gerät nach Beispiel 15.8 eingesetzt werden muß. Für die Aktivität $A = 1\,000\,\text{Ci}$ erhält man aus Gl. (15.66) $m = 0{,}9\,\text{g}$.

15.4.5 Energie der Strahlung der radioaktiven Stoffe

Die Bindungsenergien der Nuklide sind heute weitgehend bekannt, und daher kann die Energie berechnet werden, die bei einem bestimmten radioaktiven Zerfall freigesetzt wird. Wir benützen die Einsteinsche Beziehung der Äquivalenz von Masse und Energie, $E = mc^2$. Ist die Summe der Massen der Folgeprodukte kleiner als die Masse

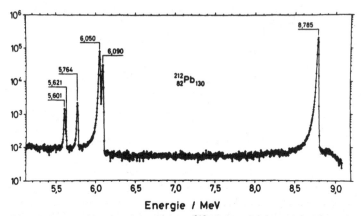

Fig. 15.38 α-Strahlungsspektrum einer ^{212}Pb Strahlungsquelle. Dieses Nuklid zerfällt durch zwei aufeinanderfolgende β-Zerfälle in ^{212}Bi und in ^{212}Po. Beide Nuklide zerfallen auch durch α-Zerfall, die „Linie" bei 8,785 MeV gehört zu Po, alle übrigen Linien gehören zu Bi

des Mutterkerns, dann wird Energie freigesetzt, die als kinetische Energie der Folgeteilchen in Erscheinung tritt, in Formeln

$$m_A c^2 - m_\alpha c^2 - m_{A'} c^2 = Q = E_{kin}(A') + E_{kin}(\alpha), \qquad (15.68)$$

wobei A der Mutter-, A′ der Tochterkern ist und α symbolisch für α-, β⁻- oder β⁺-Strahlung steht. Energie wird freigesetzt, wenn Q positiv ist (einfach genannt der Q-Wert des Zerfalls). Ergibt sich aus den Kernmassen ein negativer Q-Wert, dann kann der Zerfall nicht stattfinden. Gl. (15.68) ist für die Kernmassen aufgeschrieben, sie gilt auch für die Nuklidmassen, jedoch muß dann beim β⁺-Zerfall Q um $2 m_e c^2$ = 1,02 MeV reduziert werden. Über γ-Energien s. Abschn. 15.4.2c).

Die Aufteilung der freigesetzten Energie auf die Endprodukte wird noch durch den Impulssatz geregelt und führt dazu, daß das leichte Teilchen (α, β, γ) praktisch die ganze Energie mitnimmt, die Rückstoßenergie ist dagegen zu vernachlässigen, sie ist aber endlich und bei chemischen Prozessen u. U. von großer Bedeutung (s. Beispiel 15.9). Außerdem kann auch die Rückstoßenergie im biologischen Gewebe zu Schädigungen führen. Fig. 15.38 enthält das Energiespektrum eines α-Strahlers, Fig. 15.39 dasjenige eines β-Strahlers. Ein γ-Spektrum enthält Fig. 15.29.

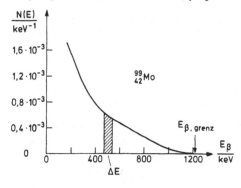

Fig. 15.39
Elektronenspektrum des β-Strahlers ^{99}Mo; $N(E) \cdot \Delta E$ gibt die relative Anzahl der β-Teilchen im Energieintervall ΔE

Die α- und die γ-*Spektren* sind *Linienspektren*. Die verschiedenen Energien der Linien kommen dadurch zustande, daß bei einem Kernzerfall der Endkern in einem angeregten Zustand entstehen kann, die restliche Energie wird bei einem nachfolgenden Übergang frei. In besonderen Fällen kann ein Zerfall auch aus einem angeregten Zustand des Mutterkerns erfolgen. Dann wird mehr Energie frei, als aus Gl. (15.68) folgt. – Die β-*Spektren* sind *kontinuierlich* bis zu einer bestimmten *oberen Grenzenergie*, und diese folgt aus Gl. (15.68). Wie schon in Abschn. 15.4.2 gesagt, kommt das kontinuierliche Elektronenspektrum dadurch zustande, daß gleichzeitig mit dem Elektron (oder Positron) noch ein weiteres Teilchen, das Antineutrino (bzw. Neutrino), emittiert wird. Die Summe aus Elektronen- und Neutrinoenergie (und Rückstoßenergie des Restkerns) ist gleich der Zerfallsenergie, bzw. der Grenzenergie: an der oberen Grenze übernimmt das Neutrino keine Energie. Z.B. hat die obere Grenzenergie des in Beispiel 15.9 auftretenden β-Strahlers ^{99}Mo den Wert $E_{grenz} = 1,284\,\text{MeV}$.

15.4.6 Schwächung (Absorption) von Kernstrahlung in Materie

15.4.6.1 Strahlungsdetektoren Soweit Kernstrahlung die Materie ionisiert, kann die *Ionisationskammer*, Abschn. 15.3.3, verwendet werden (über die Neutronenstrahlung s. Abschn. 15.4.6.5 und 15.5.2.2). Für γ-Strahlung wird häufig der *Szintillationsdetektor* verwendet (Fig. 15.23). Wir besprechen noch zwei weitere Detektoren.

a) Das *Geiger-Müller-Zählrohr* (Fig. 15.40) in einer vielfach verwendeten Form besteht aus einem dünnwandigen Metallrohr (ca. 2 cm ⌀, einige cm Länge) mit einem zentralen, elektrisch isolierten Draht (es handelt sich also um einen Zylinderkondensator). Zwischen äußerem Mantel und dem Draht liegt die „Zählspannung" U_Z von rund 1 kV. Das Rohr wird mit einem Gas (Luft, Argon) von etwa 0,1 bar Druck gefüllt. Ein eindringendes schnelles Teilchen erzeugt im Gas Ionenpaare, von denen die Elektronen zum Zähldraht laufen und in dessen Nähe wegen der dort vorhandenen großen elektrischen Feldstärke das Gas zusätzlich ionisieren. Das führt einerseits zu einem kurzdauernden Strompuls, der am Arbeitswiderstand das gewünschte Spannungssignal bewirkt, das weiter verstärkt wird. Andererseits wird das Feld in Drahtnähe durch die Ionenraumladung, die wegen des schnellen Abfließens der Elektronen und des dagegen langsamen Abfließens der Ionen entsteht, so weit geschwächt, daß die Entladung verlischt (Verbesserung des Löschens auch durch Alkohol-Zusatz). Dann ist das Rohr nach Abfluß der Ionen bereit, ein weiteres Teilchen zu registrieren. Es folgt daraus, daß nicht beliebig hohe Teilchenraten

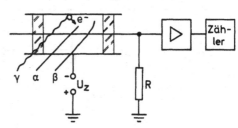

Fig. 15.40 Schema eines Geiger-Müller-Zählrohrs
R Arbeitswiderstand

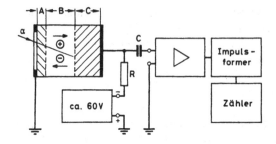

Fig. 15.41
Halbleiter-Sperrschicht-Detektor für Teilchenstrahlung. Die in der Zone *B* durch ein
energiereiches Teilchen erzeugten Ladungsträger führen zu einem elektrischen Signal am
Widerstand *R*. Es wird verstärkt ($\triangleright$) und
gezählt

registriert werden können (man muß die Zählraten auf „Totzeit" korrigieren). Das
Geiger-Müller-Zählrohr registriert γ-Quanten gewöhnlich, indem es die in der Wand
ausgelösten Elektronen registriert. Für β-Strahlung bringt man auch ein dünnwandi-
ges „Fenster" in der Wand an, ebenso für α-Strahlung; α-Strahler müssen manchmal
in das Zählrohr hineingebracht werden. Die Ansprechwahrscheinlichkeit ist 1 für
α-Strahlung, ≈ 1 für β-Strahlung und 10^{-3} für γ-Strahlung.

b) *Halbleiter-Sperrschicht-Detektor* (Fig. 15.41). Halbleiter wie Germanium und
Silizium können durch Dotierung mit Fremdstoffen in ihren elektrischen Eigenschaften so abgeändert werden, daß in einem homogenen Stück dieser Stoffe ein Teil (A) n-,
der andere (C) p-leitend ist (Abschn. 12.5.2). Legt man in Sperrichtung eine Spannung
an, dann kann man eine ladungsträgerfreie Zone (B) herstellen, die bis zu einigen mm
dick ist. In ihr besteht ein relativ großes elektrisches Feld. Ein schnelles Teilchen
(häufige Verwendung für α-Teilchen und andere schwere Teilchen wie Protonen, ^{15}N-,
^{12}C-Ionen usw.) erzeugt (auch) in der neutralen Zone Ionenpaare in Form von Elek-
tron-Loch-Paaren. Sie wandern zu den Elektroden und erzeugen am Arbeitswiderstand *R* einen Spannungspuls, der weiter verstärkt wird. – Diese Detektoren haben
einige mm Durchmesser und sind heute weit verbreitet. Die elektrische Signalgröße ist
proportional zur Teilchenenergie, wenn das einfallende Teilchen ganz im Material
abgebremst wird.

15.4.6.2 Schwächung von Strahlung schwerer Teilchen (α-Strahlung, Protonen, ^{12}C-,
^{15}N-, ^{16}O-Ionen usw.) Man benützt zum Beispiel eine Anordnung nach Fig. 15.42, in
welcher man sowohl den Abstand *d* zwischen Quelle Q und Detektor D variieren, als
auch den Gasdruck, also die Dichte ϱ der durchquerten Materie verändern kann.
Außerdem soll ein Detektor benutzt werden, bei dem die Größe des elektrischen
Signals, das durch ein einfallendes Teilchen erzeugt wird, proportional zu seiner

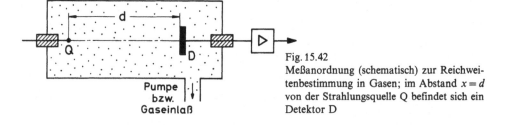

Fig. 15.42
Meßanordnung (schematisch) zur Reichwei-
tenbestimmung in Gasen; im Abstand $x = d$
von der Strahlungsquelle Q befindet sich ein
Detektor D

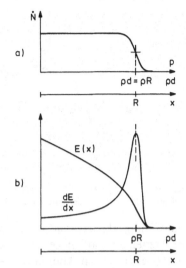

Fig. 15.43
a) Zählrate $\dot{N}$ in der Anordnung Fig. 15.42 bei Änderung des Gasdrucks und damit der durchquerten Materiemenge
b) Restenergie $E(x)$ und Bremsung = Energieverlust dE auf der Strecke dx, dividiert durch dx, beides in Abhängigkeit von x

Energie ist (z. B. Halbleiterdetektor nach Abschn. 15.4.6.1 b)). Wir gehen wie folgt vor: Man wählt einen festen Abstand d und stellt in der Apparatur – bei Vakuum beginnend – wachsenden Luft- (bzw. Gas-)Druck ein. Wir beobachten zuerst die Teilchen*anzahl*, die der Detektor registriert: sie bleibt *zunächst praktisch konstant* und sinkt dann erst bei einem ziemlich scharf definierten Druck p auf Null ab (Fig. 15.43 a). Wir schließen, daß alle α-Teilchen unserer Quelle noch die Materieschicht mit der Massenbedeckung $\varrho \cdot d$ ($\varrho \sim p$, Gl. (8.15c)) durchqueren können; ist die Massenbedeckung größer (weiter wachsender Druck), dann erreicht kein α-Teilchen mehr den Detektor. Der gefundene Wert $\varrho \cdot d$ ist gleich der *Massen-Reichweite* $\varrho \cdot R$ der α-Teilchen, und wir haben die Dichte gerade so eingestellt, daß dann die geometrische *Reichweite* $R = d$ ist.

Während der Registrierung der den Detektor erreichenden Teilchenanzahl beobachten wir auch die Teilchen*energie* und stellen fest, daß diese bei Vermehrung der Massenbedeckung $\varrho \cdot d$ ($\sim p \cdot d$) *ständig abnimmt* (Fig. 15.43 b). Wir schließen, es erfolgt *Bremsung*, das schnelle Teilchen gibt bis zur Reichweite seine ganze kinetische Energie an die durchsetzte Materie ab. Dabei bleibt die Teilchenbahn der schweren Ionen praktisch geradlinig, was darauf beruht, daß die Stoßpartner bei der Bremsung die Elektronen der Atome sind (die ionisiert werden), und die Masse der Elektronen klein gegenüber derjenigen der schweren, schnellen Ionen ist. Fig. 15.44 zeigt zwei geradlinige Ionenbahnen; auch aus Fig. 15.27 geht die Geradlinigkeit der Ionenbahnen sowie die gute Definiertheit der Reichweite hervor.

Fig. 15.45 enthält *Reichweitedaten* für p-, d- und α-Teilchen in Luft vom Druck $p = 1,01325$ bar (Normdruck) als Funktion der Teilchenenergie (rechte Ordinatenskala); die Massenreichweiten können an der linken Ordinatenskala abgelesen werden. Die α-Strahlung der natürlich-radioaktiven Elemente hat in Normluft eine Reichweite von wenigen cm (Tab. 15.4), die zugehörigen Massen-Reichweiten sind geringer als $10\,\text{mg cm}^{-2}$. Natürliche α-Strahlung kann man daher durch geringe Materie-

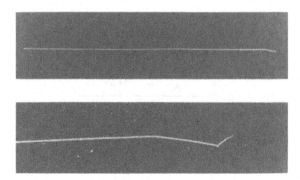

Fig. 15.44 Einzelne Teilchenspuren von α-Teilchen, sichtbar gemacht in wasserdampfübersättigter Luft (Wilson-Kammer): Kondensstreifen (Wilson, Proc. Roy. Soc. London (A) **87** (1912) 277)

schichten vollständig absorbieren, also abschirmen (Blatt Papier!). Ähnlich gering sind die Reichweiten der natürlichen α-Strahlung in anderen Stoffen; für $E_\alpha = 3\,\text{MeV}$ ist die Massen-Reichweite in Aluminium $\varrho \cdot R = 3,5\,\text{mg cm}^{-2}$, in Gold ist sie $\varrho \cdot R = 9\,\text{mg cm}^{-2}$. Die geometrische Reichweite R in Gold ist viel kleiner als in Aluminium, weil die Dichte ϱ von Gold 9mal so groß wie diejenige von Aluminium ist: $R = 1,3\,\mu\text{m}$ in Al, $R = 0,47\,\mu\text{m}$ in Au.

Wir haben unsere Überlegungen primär auf die Abhängigkeit der Teilchenanzahl und Teilchenenergie von der Massenbedeckung abgestellt, und zwar indem wir die Materiedichte bei gegebenem Teilchenweg veränderten. Ein völlig entsprechendes Verhalten dieser Meßgrößen findet man, wenn man die Materiedichte festhält, aber die Schichtdicke d variiert. Für eine solche experimentelle Untersuchung muß man bei der Anordnung nach Fig. 15.42 beachten, daß bei Veränderung von d der Raumwinkel des Detektors geändert wird und schon daraus eine systematische, aber berechenbare Änderung der Teilchenanzahl erfolgt, die den Detektor erreicht. Die Reichweite ist dennoch leicht feststellbar.

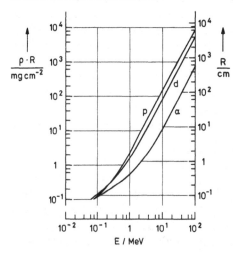

Fig. 15.45
Reichweite R und Massenreichweite $\varrho \cdot R$ von Protonen (p), Deuteronen (d) und α-Teilchen (α) in Luft vom Druck $p = 1,013\,\text{bar}$

Die Meßkurven in Fig. 15.43a und b können wir neu interpretieren, indem wir davon ausgehen können, daß wir die Materiedichte ϱ festhalten und dafür den Abstand d zwischen Quelle und Detektor geändert hätten: der Verlauf der Teilchenstromstärke $\dot{N}$ sagt, daß diese bis zur Reichweite ungeändert bleibt, dagegen nimmt die Energie der Teilchen längs ihrer Bahn kontinuierlich ab (gemessen immer nach Passieren einer bestimmten, eingestellten Wegstrecke). Wir charakterisieren die Energieabnahme quantitativ durch die *lineare Bremsung S* und definieren diese durch den Energieverlust dE eines Teilchens, bezogen auf die Strecke dx, also $S = dE/dx$ bzw. als *Massenbremsung*, bezogen auf die durchquerte Masse $d(\varrho x)$, also $S_m = dE/\varrho\,dx$ $= \dfrac{1}{\varrho}\dfrac{dE}{dx}$. Rechnerisch muß man also die $E(x)$-Kurve differenzieren, experimentell vergrößert man den Abstand d um ein kleines Stück Δx, mißt die Energieabnahme ΔE und dividiert diese durch die Abstandsvergrößerung. Eine gleichzeitige *Messung der Ionisierung* zeigt nun, daß die Bremsung gleich der Energie zur Erzeugung der Ionisation ist: die Bremsung erfolgt in der ganz überwiegenden Hauptsache durch Ionisierung der Atome der durchquerten Materie. Die *Bremsung* – und damit auch die *Ionisierungsdichte* – längs der Teilchenbahn erweist sich als *geschwindigkeits- bzw. energieabhängig*. Das geht aus der Kurve für dE/dx in Fig. 15.43b hervor und ist ein typisches Ergebnis, das für alle schweren Teilchen und bis zu hohen Einschußenergien von der Größenordnung mehrerer 100 MeV gilt: mit der längs der Bahn kleiner werdenden Energie $E(x)$ steigt die Bremsung dE/dx an, um dann kurz vor dem Ende der Bahn ein deutlich ausgeprägtes, evtl. sehr scharf erscheinendes Maximum zu durchlaufen. Dieses heißt nach seinem Entdecker *Bragg-Maximum*, die ganze Kurve auch *Bragg-Kurve*. Das Maximum tritt bei der Teilchenenergie von etwa 0,1 MeV auf. Für Protonen in Al ist die Massenbremsung im Bragg-Maximum beispielsweise $dE/\varrho\,dx = 450\,\text{keV/mg cm}^{-2}$. – Man beachte den völlig anderen Verlauf der Schwächung verglichen mit Röntgen-Strahlung: hier tritt die größte Ionisation – und damit auch biologische Wirkung – am Ende der Teilchenbahn, bei der Reichweite, auf, während Röntgen- und Gamma-Strahlung die größte Energieabsorption an der Materieoberfläche erfahren. Aus diesem Befund resultiert die Absicht, „Strahlung schwerer Ionen" therapeutisch zu benutzen, wenn es auf hohe Tiefendosen ankommt (Abschn. 15.4.6.6).

Fig. 15.27 enthält ein Bild von α-Teilchenspuren wie man sie in einer Wilsonschen Nebelkammer als Wassertröpfchen in wasserdampfgesättigter Luft und auch in Photoemulsionen beobachten kann. Genauere Inspektion zeigt von der Teilchenbahn in gewissen Abständen abgehende stark gewinkelte Bahnen mit „dünner" Ionisation. Es handelt sich um Elektronen, die bei der Ionisierung eines Atoms zufällig eine große kinetische Energie von einigen keV erhalten. Sie werden δ-*Strahlen* genannt und übertragen ihre Energie ebenfalls auf den durchquerten Stoff, jedoch in größerer Entfernung von der Hauptbahn. Nun kommt es für die biologische Wirkung wesentlich auf die Dichte der Ionisierung an, also auf die unmittelbare Nähe der Bahn. „Nähe" der Hauptbahn wird als das die Hauptbahn umgebende Gebiet definiert, in welchem diejenigen von den Atomen abionisierten Elektronen zur Ruhe kommen, auf die beim Ionisierungsvorgang maximal ein bestimmter Energiebetrag, z.B. 100 eV, übertragen worden ist. Die damit erfaßte Energieübertragung eines schnellen Teilchens auf einen Stoff ist der *Lineare Energie-Transfer* (LET) mit der Einheit keV/cm oder keV/mg cm^{-2}, also der gleichen Einheit wie die Bremsung. Zahlenmäßig ist der LET immer kleiner als die Bremsung.

15.4.6.3 Schwächung von Elektronenstrahlung Bringt man zwischen eine Quelle schneller Elektronen und einen Detektor, der die ankommende Anzahl der Elektronen $\dot{N}(x)$ registriert (Anordnung ebenso wie in Fig. 15.22, Q ist dann Elektronenquelle), eine Materieschicht, so findet man mit wachsender Dicke x eine rasche Abnahme der Zählrate: Fig. 15.46 zeigt ein Meßergebnis an den Elektronen des β-Strahlers $^{204}_{81}$Tl (β^{-}-Grenzenergie 0,77 MeV, Halbwertszeit $T_{1/2} = 3,9$ a). Bei logarithmischer Auftragung erweist sich der Abfall der Zählrate zunächst als exponentiell (also ebenso wie bei γ-Strahlung), dann aber als deutlich steiler. Meist erreicht man nicht die Zählrate Null, weil ein schwacher Untergrund von Bremsstrahlung durch die Elektronen erzeugt wird. Die „praktische Reichweite" R_p der Elektronen definiert man durch Extrapolation wie in Fig. 15.46 gezeigt; die maximale Reichweite $R_β$ unterscheidet sich etwas davon. Fig. 15.47 enthält eine Zusammenstellung von Meßdaten für monoenergetische Elektronen. In den β-Strahlern hat man Elektronenquellen mit kontinuierlichem Spektrum, für derartige Elektronenstrahler gelten etwa die gleichen Reichweitenwerte, wenn man als Energie die Grenzenergie des Spektrums nimmt und für diese die Reichweite aus Fig. 15.47 abliest. Der Vergleich mit Fig. 15.45 zeigt, daß die Elektronen-Reichweiten rund tausendmal größer als die der Ionen sind.

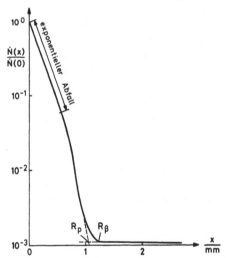

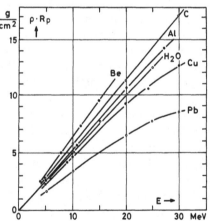

Fig. 15.46 Absorption der β-Strahlung des Nuklids ^{204}Tl durch Aluminium
R_p nennt man „praktische Reichweite", $R_β$ ist die Reichweite der schnellsten Elektronen des β-Spektrums (vgl. Fig. 15.39). Der „Rest" für $x > R_β$ ist ein sekundärer Effekt

Fig. 15.47 Massenreichweite $\varrho \cdot R_p$ von Elektronen einheitlicher Energie in verschiedenen Stoffen

Die *lineare Bremsung* $S = dE/dx$ bzw. Massenbremsung $S_m = dE/d(\varrho x)$ ist bei Elektronen, wie schon die große Reichweite zeigt, wesentlich geringer als die bei Ionen, und das gleiche gilt auch für die Ionisierungsdichte. In Tab. 15.4 sind neben Daten einiger α-Strahler auch Angaben über die Ionisierungsdichte enthalten, und zwar in der Form der Anzahl der Ionenpaare, die auf 1 cm Weg in Normluft gebildet werden. Auch diese Zahlen sagen, daß die Ionisierungsdichte für Elektronen wesentlich kleiner als für Ionen ist. Die Ionisierungsdichte durch Elektronen durchläuft ebenfalls bei niedrigen Energien ein Maximum, sie fällt mit wachsender Energie ab – ebenso die Bremsung –, durchläuft bei der Elektronenenergie $E = 1$ MeV ein Minimum und steigt dann wieder langsam an. Stoßpartner der schnellen Elektronen sind in Materie die Elektronen der Atomhülle, die die gleiche Masse haben. Daher sind, im Gegensatz zu den Bahnen schwerer Ionen, die Elektronenbahnen stärker gewinkelt (Gesetze der Mechanik für elastische Stöße s. Abschn. 7.7.1), so daß auch Rückstreuung entstehen kann. Die Reichweite, die man als durchquerte Schichtdicke mißt, ist kürzer als die tatsächliche Länge des Weges eines Elektrons, und die Schwächung eines Elektronenbündels erfolgt auch durch Streuung. Daneben wird einem Elektronenbündel auch dadurch Energie entzogen, daß die Elektronen in Materie Röntgen-Bremsstrahlung erzeugen können. Nach Gl. (15.13) ist der Wirkungsgrad bis zu Elektronenenergien von einigen 100 keV gering, er steigt aber mit größerer Elektronenenergie an, und bei 10 bis 100 MeV ist der Energieverlust (abhängig von der Stoffart) durch Röntgenstrahlungserzeugung gleich demjenigen durch Ionisation und überwiegt bei noch höheren Elektronenenergien. Man erhält daher bei sehr hohen Elektronenenergien in der Materie ein Strahlungsgemisch: neben schnellen Elektronen im Strahlenbündel sind auch γ-Quanten vorhanden, und diese werden mittels Paarbildung und Compton-Effekt (Abschn. 15.3.4e)) zu weiteren Elektronen, Positronen und γ-Quanten führen.

15.4.6.4 Schwächung von Gamma-Strahlung Siehe Abschn. 15.3.4. Die Intensität der Strahlung fällt exponentiell mit wachsender durchquerter Materieschicht ab: nach beliebiger Schichtdicke bleibt immer noch Strahlung übrig, und daher spricht man hier nicht von einer Reichweite. Beispiel 15.11 erläutert dies.

Beispiel 15.11 Die Art der *Abschirmung einer radioaktiven Strahlungsquelle* richtet sich nach der Dosis, die im Außenraum zugelassen ist und muß dann auf Grund der Teilchenart und der Aktivität der Quelle berechnet werden. Hier werden einige Überlegungen für die Mo-Tc-Quelle von Beispiel 15.9 angestellt. In der Generatorsäule ist der β-Strahler ^{99}Mo eingeschlossen, dessen β-Grenzenergie $E_{grenz} = 1,2$ MeV ist. Die Reichweite in Aluminium ist nach Fig. 15.47 $\varrho R = 500$ mg cm^{-2}, oder $R = 0,5$ g cm$^{-2}/2,7$ g cm$^{-3} = 0,18$ cm ≈ 2 mm. Eine relativ dünne Aluminium-Abschirmung würde also ausreichen. Die Elektronen geben jedoch zu Röntgenbremsstrahlung Anlaß. Der Wirkungsgrad ist nach Gl. (15.13) $\eta = 1 \cdot 10^{-9} \cdot 13 \cdot 10^6$ $= 1,3\%$. Je nach der ^{99}Mo-Aktivität erhält man daher eine Röntgenstrahlungsquelle, auf die die Abschirmung abzustellen ist. Aus Fig. 15.18 entnehmen wir für die Quantenenergie $E_\gamma = 1$ MeV den Massen-Schwächungskoeffizienten für Blei zu $\mu/\varrho = 0,065$ cm^2/g, oder $\mu = 0,065$ cm^2 g$^{-1} \cdot 11,3$ g cm$^{-3} = 0,73$ cm^{-1}. D.h. auf der Blei-Dicke von $x_e = 1/\mu = 1,36$ cm fällt die Strahlungs-Intensität erst auf $1/e = 37\%$ ab. Vor allem gegenüber dieser Röntgen-Strahlung muß ein dicker Blei-Abschirmmantel verwendet werden (vgl. Fig. 15.36). – Anders liegen die Verhältnisse für das ^{99m}Tc-Eluat. Die Quantenenergie ist $E_\gamma = 143$ keV. Aus Fig. 15.18 entnimmt man wieder für Blei $\mu/\varrho = 3$ cm^2 g^{-1}, also $\mu = 33{,}9$ cm^{-1}, so daß $x_e = 0{,}03$ cm $= 0{,}3$ mm. Zur Abschirmung genügt „Bleiglas" mit einigen mm „Bleigleichwert". Bei 3 mm Bleigleichwert wäre die Strahlungsreduktion $(1/e)^{10} = 4{,}54 \cdot 10^{-5}$, was vielleicht ausreicht. Genauere Daten kann man nur bei genauer Kenntnis der Aktivität der Strahlungsquelle angeben.

15.4.6.5 Schwächung von Neutronenstrahlung Freie Neutronen haben eine Masse, die etwas größer als diejenige der Protonen ist. Infolgedessen ist eine radioaktive Umwandlung (β^--Zerfall) zum Proton möglich. Sie findet mit der Halbwertszeit $T_{1/2} = 615$ s $= 10{,}25$ min statt. Die maximale Energie der Zerfallselektronen ist $E_{grenz} = 782$ keV. In der Regel werden Neutronen in Materie in Atomkernen eingefangen (s. Abschn. 15.5). – Neutronenquellen sind Einrichtungen, in denen Kernreaktionen stattfinden, bei denen Neutronen aus den beteiligten Kernen ausgelöst werden. Auch Kernreaktoren sind (starke) Neutronenquellen, die dort vorhandenen Neutronen haben ein kontinuierliches Energiespektrum mit einem Maximum bei niedrigen Energien (Größenordnung 1 eV und geringer). Da Neutronen ungeladen sind, kann man sie nicht mittels elektrischer oder magnetischer Felder zu einem Neutronenbündel einheitlicher Richtung formen. „Strahlen" von Neutronen muß man vielmehr mittels Ausblendung herstellen (Verwendung von „Spalten", genannt Kollimatoren). Wegen der fehlenden Ladung wirken Neutronen primär nicht ionisierend. Werden sie nicht bei Zusammenstößen mit Atomkernen, von denen sie keine elektrische, abstoßende Kraft – wie z. B. α-Teilchen – erfahren, absorbiert, so führen sie mit diesen elastische (oder unelastische) Stöße aus. Von großer Bedeutung für die Schwächung sind die elastischen Stöße. Besonders das Wasser in biologischem Gewebe, mit den darin enthaltenen Wasserstoffkernen, führt zu großem Energieaustausch: die Wasserstoffkerne haben praktisch die gleiche Masse wie die Neutronen, daher kann bei einem elastischen Stoß jeder Energiebetrag zwischen Null und der vollen Neutronenenergie auf das Proton übertragen werden (vgl. Abschn. 7.7.1), das Neutron behält die Restenergie. Im Mittel sehr vieler Stöße überträgt ein Neutron bei einem elastischen Zusammenstoß mit einem Proton die Hälfte seiner Energie als kinetische Energie auf das Proton, und dieses, weil geladen, führt zur Ionisation und damit zur Gewebeschädigung. Für primär nichtionisierende Strahlung (gilt also auch für Photonen) hat man eine Größe eingeführt, die den ersten Schritt bei der Schwächung, also eine Energieübertragung, beschreibt, die KERMA – kinetic energies released in material –, definiert durch

$$K \stackrel{\text{def}}{=} \frac{\text{Summe der Anfangsenergien aller geladenen Teilchen in einem Volumen}}{\text{Masse des Volumens}}, \qquad (15.69)$$

wobei alle diejenigen geladenen (direkt-ionisierenden) Teilchen herangezogen werden, die *unmittelbar* durch das nichtgeladene Primärteilchen erzeugt werden. Für die Einheit der Kerma gilt nach Gl. (15.69) $[K] = $ J kg^{-1}. Ist der bestrahlte Körper klein gegenüber der Länge des Weges, den Neutronen im Körper bis zu ihrem Einfang zurücklegen, dann stellt die Kerma gleichzeitig die Energiedosis dar. Sonst müssen weitere Prozesse berücksichtigt werden: Einfang des Neutrons in den Atomkernen

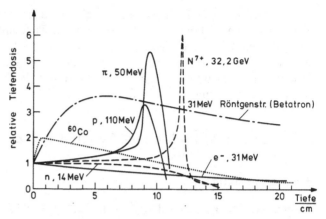

Fig. 15.48
Relative Tiefendosis energiereicher Strahlung in Gewebe
π π-Mesonen, p Protonen, N^{7+}
vollständig ionisierte Stickstoff-
atome, e^- Elektronen, ^{60}Co
Kern-Gammastrahlung aus dem
Nuklid ^{60}Co

des Gewebes, insbesondere Bildung des Nuklids Deuterium $^2H \equiv D$, wobei die
Kernbindungsenergie von 2,225 MeV als Gammastrahlung freigesetzt wird; oder
Einfang im ^{14}N-Kern, wobei Protonen mit einer kinetischen Energie von rund
0,6 MeV entstehen, außerdem entsteht der β^--aktive Kern ^{14}C. Wir können die sich
dadurch aufbauende Dosis hier nicht weiter verfolgen.

15.4.6.6 Zusammenfassung Die Wechselwirkung energiereicher Strahlung mit biologischem Gewebe hat verschiedene charakteristische Dosisverteilungen zur Folge. Wir
geben dazu lediglich eine vergleichende Darstellung in Fig. 15.48 wieder. Sie stellt die
relative Tiefendosis für verschiedene Strahlungsarten dar. Man erkennt, daß
besonders die energiereiche Strahlung schwerer Ionen (einschließlich π-Mesonen)
hohe Dosen in der Tiefe des Materials ermöglicht: am Ende der Teilchenbahn, in einer
der Teilchenreichweite entsprechenden Tiefe ergibt das Bragg-Maximum die größte
Dosis. Das ist an einem Protonen-Bündel von 8 MeV in Luft direkt beobachtbar,
Fig. 15.49a.

a)

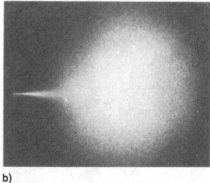

b)

Fig. 15.49 a) Protonenstrahl der Energie $E = 8$ MeV in Luft; Reichweite etwa $R = 85$ cm; deutlich sichtbar
am Ende der Reichweite das Bragg-Maximum (Aufnahme von C. Rolfs, Münster)
b) Elektronenstrahl der Energie $E = 150$ keV in Luft. Wesentlich stärkere Streuung der
Elektronen; vgl. Fig. 15.48

Anders bei Gamma-, Röntgen- und auch Elektronenstrahlung: hier ist die Oberflächendosis am größten. Um einen Herd in der Tiefe mit hoher Dosis zu bestrahlen und dabei die Oberfläche (Haut) zu schonen, dreht man die Strahlungsrichtung um den Herd (Pendelbestrahlung). – Fig. 15.49b zeigt die breite Auffächerung eines Elektronenstrahls in Luft (vgl. mit Fig. 15.49a) und die dadurch wesentlich „breitere" ionisierende Wirkung in der Tiefe des Materials (vgl. Fig. 15.48).

15.5 Wechselwirkung von Kernstrahlung mit Atomkernen

15.5.1 Kernreaktionen

Die erste Kernreaktion wurde 1919 von Rutherford in der Wilsonschen Nebelkammer beobachtet: α-Teilchen einer natürlich radioaktiven Quelle mit einer kinetischen Energie von einigen MeV zeigen an der Wassertröpfchenspur geradlinige Bahnen, aber gelegentlich endet die Bahn vorzeitig, und statt dessen entspringen unter bestimmten Winkeln zwei neue Bahnen, deren Spuren verschieden lang sind und eine verschiedene Ionisationsdichte zeigen. Fig. 15.50 enthält eine solche Aufnahme, die eine Kernreaktion eines α-Teilchens mit einem Stickstoff-Kern der Luft zeigt, wobei ein Proton (lange Spur) und ein Sauerstoff-Kern entsteht (kurze Spur). Man schreibt die Kernreaktion wie eine chemische Reaktion,

$$^{14}_{7}\text{N} + {}^{4}_{2}\text{He} \rightarrow {}^{17}_{8}\text{O} + {}^{1}_{1}\text{H}, \tag{15.70}$$

oder abgekürzt

$$^{14}_{7}\text{N}\,(\alpha, \text{p})\,{}^{17}_{8}\text{O}. \tag{15.71}$$

Wir bemerken zwei Erhaltungssätze: die Summe der Kernladungen bleibt konstant $(7 + 2 = 8 + 1)$, und die Nukleonenzahl bleibt konstant $(14 + 4 = 17 + 1)$. Es handelt

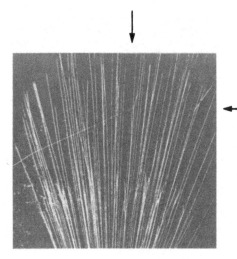

Fig. 15.50
Ein (seltenes) Kernreaktionsereignis eines α-Teilchens mit einem Stickstoffkern in Luft (Blackett, P. M. S.; Lee, D. S.: Proc. Roy. Soc. London (A) **136** (1932) 324)

sich also um eine Neugruppierung der Gesamtzahl der Nukleonen. Für die Energetik gelten die gleichen Begriffe wie bei chemischen Reaktionen (Abschn. 7.6.5.3). Exotherm ist eine Reaktion, wenn Energie freigesetzt wird, endotherm ist sie, wenn Energie verbraucht wird. Bei den chemischen Reaktionen werden die Energien aus Bindungsenergien der Elektronenhüllen entnommen, bei den Kernreaktionen werden sie den Kernbindungsenergien entnommen. Die Kernbindungsenergien bestimmen die Kernmassen (und die Nuklidmassen, Abschn. 15.4.1), und daher folgt die Reaktions-energie Q (positiv heißt exotherm, negativ heißt endotherm) aus dem Unterschied der Nuklidmassen vor und nach der Reaktion,

$$Q \stackrel{\text{def}}{=} m(^{14}\text{N})\, c^2 + m(\alpha)\, c^2 - (m(^{17}\text{O}) + m(\text{p}))\, c^2. \qquad (15.72)$$

Soll eine endotherme Reaktion ermöglicht werden, so muß am Anfang kinetische Energie zusätzlich zugeführt werden (schnelles eingeschossenes Teilchen, das die Reaktion auslöst).

15.5.2 Neutronen und künstliche Radioaktivität

15.5.2.1 Erzeugung von Neutronen In der Natur kommen Neutronen nur gebunden in den Atomkernen vor, zusammen mit Protonen. Neutronenerzeugung geschieht mittels Kernreaktionen: man benutzt energiereiche Deuteronen-, Protonen- oder α-Strahlung und beschießt damit eine geeignete Materieschicht (genannt „target" = Zielscheibe), die beispielsweise ebenfalls Deuteronen oder Tritonen enthält. Speziell diese Targets stellen sehr ergiebige Neutronenquellen dar, bei denen die Energie der Neutronen mehrere MeV ist (schnelle Neutronen). Eine einfache, im Laboratorium verwendbare Neutronenquelle ist die Radium-Beryllium-Neutronenquelle. Sie wird als möglichst feinkörnige Mischung eines radioaktiven α-Strahlers (z.B. Ra) mit Beryllium-Pulver hergestellt (Reichweite der α-Teilchen ist nur gering!). Es läuft die Kernreaktion

$$^{9}_{4}\text{Be} + ^{4}_{2}\text{He} \rightarrow ^{12}_{6}\text{C} + ^{1}_{0}\text{n}, \qquad ^{9}\text{Be}(\alpha, \text{n})\,^{12}\text{C} \qquad (15.73)$$

ab. Die Energietönung, d.h. die Reaktionsenergie ist $Q = +5{,}7\,\text{MeV}$. Es entstehen schnelle Neutronen, allerdings ist das Spektrum der Neutronen nicht monoenergetisch (Bremsung der α-Teilchen, angeregte Zustände des Endkerns ^{12}C, mehrere radio-aktive Strahler im Gleichgewicht).

15.5.2.2 Messung von Neutronen Neutronen sind (ebenso wie Photonen = Gamma- oder Röntgen-Quanten) primär nicht-ionisierende Teilchen, sie sind „indirekt-ionisierend", im Gegensatz zu den geladenen, „direkt-ionisierenden" Teilchen. Die Messung von Neutronen, d.h. ihrer Anzahl und ihrer Energie ist wesentlich komplizierter als die Messung geladener Teilchen.

Eine Meßmethode besteht in der Umwandlung der Neutronenstrahlung in direkt-ionisierende Strahlung (Abschn. 15.4.6.5). In wasserstoffhaltigen Stoffen (z.B. gasförmige Kohlenwasserstoffe, auch festes Paraffin) erzeugen schnelle Neutronen

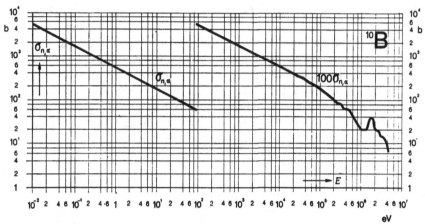

Fig. 15.51 Reaktionswahrscheinlichkeit von Neutronen mit ^{10}B-Kernen, ausgedrückt durch den Wirkungsquerschnitt σ eines Bor-Kerns gegenüber Neutronen (Einheit b = barn = 10^{-24} cm^2) in Abhängigkeit von der Neutronenenergie E

durch elastische Stöße schnelle Protonen. Die Messung ihrer Anzahl und Energie gibt Auskunft über Anzahl und Energie der auslösenden Neutronen; das Verfahren ist aufwendig.

Kann man auf die Messung der Neutronenenergie verzichten, dann wird häufig wie folgt verfahren. In einem ausreichend großen Volumen eines wasserstoffhaltigen Stoffes werden eindringende schnelle Neutronen durch mehrfache, aufeinander folgende Stöße mit den Wasserstoffkernen abgebremst: bei einem einzelnen Stoß verlieren sie im Mittel die Hälfte ihrer Energie, nach 10 Stößen ist ihre Energie also im Mittel auf den Bruchteil $(1/2)^{10} = 1/1\,024$ herabgesetzt. Bevor die Neutronen von den Wasserstoff-Kernen unter Bildung je eines Deuterium-Kerns eingefangen werden, bilden sie in dem wasserstoffhaltigen Stoff ein „thermisches Neutronengas" (thermalisierte Neutronen). Thermische Neutronen werden von bestimmten Atomkernen (z.B. Bor, Cadmium, und weitere) mit besonders großer Wahrscheinlichkeit eingefangen. Manchmal folgt auf den Einfang eine Kernreaktion, deren Reaktionsprodukte zur Registrierung der Neutronen geeignet sind. Ein Beispiel ist das Nuklid ^{10}B. Mit fallender Neutronenenergie steigt der Einfang-Wirkungsquerschnitt (gleichbedeutend mit der Einfang-Wahrscheinlichkeit) kontinuierlich an (Fig. 15.51), und es entstehen schnelle α-Teilchen gemäß der Reaktion

$$^{10}\text{B} + \text{n} \rightarrow {}^4_2\text{He} + {}^7_3\text{Li}, \qquad {}^{10}\text{B}\,(\text{n}, \alpha)\,{}^7\text{Li}. \tag{15.74}$$

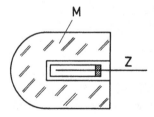

Fig. 15.52
Ein Neutronendetektor, der alle einfallenden Neutronen im Moderator M (Paraffin, Kunststoff) bremst, Z ist ein mit BF$_3$-Gas gefülltes oder mit BF$_3$-Gas-Zusatz versehenes Zählrohr, in dem die Reaktion (15.74) abläuft und die α-Teilchen registriert werden

Man verwendet ein Zählrohr, welches mit einem borhaltigen Molekülgas gefüllt ist (BF_3), und welches die α-Teilchen registriert. Fig. 15.52 enthält ein häufig verwendetes Meßgerät: ein großer Paraffin- oder Polyäthylen-Körper (Dicke 10 cm) umgibt ein BF_3-Zählrohr. Unabhängig vom Spektrum der einfallenden Neutronen werden alle Neutronen auf thermische Geschwindigkeit gebremst, und die im Zählrohr entstehenden α-Teilchen gestatten die Messung des einfallenden Neutronenstroms.

15.5.2.3 Künstliche Radioaktivität, Aktivierung Da Neutronen keine elektrische Ladung tragen, wirkt zwischen ihnen und den Atomkernen eines Stoffes keine abstoßende elektrische Kraft, sondern sie können leicht in Atomkerne eindringen und geben so zu Kernreaktionen Anlaß. In Abschn. 15.5.2.2 haben wir den dadurch möglichen Neutronennachweis mittels α-Emission besprochen. Neben diesen Kernreaktionen treten auch einfache Einfangreaktionen auf: es entsteht ein Isotop des Einfangkerns, denn seine Neutronenzahl wird um eins erhöht. Bei einem solchen Einfang wird das Neutron im Kern gebunden, d.h. es wird seine Bindungsenergie in Form von Einfang-Gamma-Strahlung freigesetzt. Der Einfang eines Neutrons durch ein Proton (Wasserstoffkern) führt zum Deuteron und zur Emission eines Gamma-Quants der Energie $E_\gamma = 2{,}225$ MeV. Diese Energie ist die Bindungsenergie des Kerns $^2H \equiv D$. Der Neutronen-Einfang kann selektiv bei bestimmten Neutronenenergien erfolgen, allgemein erfolgt er aber mit großer Häufigkeit bei thermischen Energien. Fig. 15.53 gibt eine einfache Laboratoriumsanordnung wieder. Im einen Teilstück eines Paraffin-Klotzes von etwa 20 bis 30 cm ⌀ und 20 cm Höhe wird eine Ra-Be-Neutronenquelle eingesetzt. Die von der Quelle emittierten Neutronen werden durch die Zusammenstöße mit den Wasserstoffkernen thermalisiert: das Paraffin wirkt als *Moderator*. Zwischen die beiden Blöcke bringt man ein Silberblech. In den beiden, im natürlichen Silber mit etwa gleicher Häufigkeit vorhandenen, isotopen Kernen ^{107}Ag und ^{109}Ag finden die Einfangreaktionen statt

$$^{107}_{47}Ag\,(n, \gamma)\, ^{108}_{47}Ag \quad \text{und} \quad ^{109}_{47}Ag\,(n, \gamma)\, ^{110}_{47}Ag\,. \tag{15.75}$$

Es entstehen also zwei *neue isotope Kerne*, und man findet, daß beide *radioaktiv* sind, durch β^--Zerfall mit den Halbwertszeiten $T_{1/2} = 2{,}42$ min bzw. $T_{1/2} = 24{,}4$ s in die Kerne $^{108}_{48}$Cd bzw. $^{110}_{48}$Cd übergehen. Man sagt: Silber wurde durch thermische Neutronen *aktiviert*, die entstandene Radioaktivität bezeichnet man als *künstliche*

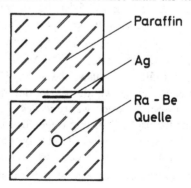

Fig. 15.53
Einfache Vorrichtung zur Aktivierung von Stoffen.
(z.B. Silber, Ag) durch langsame Neutronen

Tab. 15.5 Einige radioaktive Nuklide, ihre Strahlungen und Verwendungsarten (x γ: mehrere Gamma-Linien; *: Zerfallskette beginnend mit dem Nuklid mit der größten Halbwertszeit), EC Elektroneneinfang

Nuklid	Halbwertszeit	Strahlung	Verwendung
59-Eisen	45 d	β^-, x γ	Eisenkinetik
67-Gallium	78 h	EC, x γ	Szintigraphie
113m-Indium*	^{113}Sn, 115 d	EC, x γ	Szintigraphie
	^{113m}In, 1,66 h	γ	
123-Iod	13 h	γ	Schilddrüsenszintigraphie
125-Iod	60 d	EC, γ	Markierung
131-Iod	8,04 d	β^-, x γ	Leberszintigraphie
			Schilddrüsenszintigraphie
132-Iod*	^{132}Te, 78 h	β^-, 2 γ	Schilddrüsenfunktionstest
	^{132}I, 2,3 h	β^-, x γ	
42-Kalium	12,4 h	β^-, x γ	K-Haushalt
57-Kobalt	270 d	EC, x γ	
58-Kobalt	71 d	EC, β^+, x γ	Resorptionstest
64-Kupfer	12,5 h	β^- (keine γ)	
		EC, β^+, γ (1,34 MeV)	Cu-Stoffwechsel
24-Natrium	15 h	β^-, x γ	Na-Haushalt
32-Phosphor	14,3 d	β^- (1,7 MeV)	Therapie
197-Quecksilber	65 h	EC, x γ	
203-Quecksilber	47 d	β^-, γ	Szintigraphie
86-Rubidium	18,7 d	β^-, (1,08 MeV)	Myokarddurchblutung
75-Selen	121 d	EC, x γ	Szintigraphie
85-Strontium	64 d	EC, x γ	Knochen-Szintigraphie
99m-Technetium	6,02 h	γ	Szintigraphie, Schilddrüsenfunktionstest
133-Xenon	5,27 d	β^-, x γ	Ventilation, Durchblutung
90-Yttrium	64,2 h	β^- (2,27 MeV) (1,75 MeV)	Hypophyse-Implantation

Radioaktivität. In Fig. 15.35 ist die entsprechende Möglichkeit zur Erzeugung des Isotops ^{99}Mo, welches der Gewinnung von ^{99m}Tc dient, angedeutet.

Man kann inzwischen eine große Anzahl künstlich radioaktiver Stoffe herstellen. Am häufigsten wird dazu der große Neutronenfluß in einem Kernreaktor benutzt. Tab. 15.5 enthält eine Auswahl von im Handel erhältlichen radioaktiven Isotopen nebst Angabe der Verwendung. Bei der Anwendung hat man zu beachten, daß ein radioaktives Nuklid auch während des Versandes zum Anwendungsort zerfällt, und daß die medizinische Wirkung wegen des weitergehenden Zerfalls im Körper und der Ausscheidungsgeschwindigkeit einen bestimmten zeitlichen Verlauf hat, er ist auch bei der Auswertung von Meßergebnissen zu berücksichtigen (Beispiel 15.14).

Eine wichtige Entdeckung war bei den künstlich radioaktiven Stoffen, daß es auch den

Positronen-Zerfall gibt, z. B. bei

$$_{11}^{22}\text{Na} \xrightarrow[2,6\,\text{a}]{\beta^+} {}_{10}^{22}\text{Ne}, \qquad _{11}^{21}\text{Na} \xrightarrow[23\,\text{s}]{\beta^+} {}_{10}^{21}\text{Ne}. \tag{15.76}$$

Die gleiche Umwandlung des Ausgangskerns kommt auch dann zustande, wenn anstelle der Positronen-Emission der Kern ein Elektron seiner eigenen Hülle einfängt. Der *Elektronen-Einfang* (EC = electron capture) ist ein zum β^+-Zerfall konkurrierendes Prozeß. Da dadurch ein Loch in der K-Schale entsteht, so folgt dem Elektronen-Einfang die charakteristische Röntgenstrahlung des Folgeelementes nach. Ein Beispiel ist der β^+-Zerfall von ^{81}Rb, bei dem gleichzeitig mit einer bestimmten Wahrscheinlichkeit auch EC auftritt (s. Beispiel 15.13).

Beispiel 15.12 *Zeitlicher Anstieg der Aktivität bei der Aktivierung.* Eine zu aktivierende Materieprobe habe den Querschnitt A und die Dicke Δx (klein gegen die Reichweite der Neutronen). In ihr sei die Anzahldichte der aktivierbaren Kerne N_1. Die Neutronenstromdichte sei $\dot{n}$, und σ sei der Wirkungsquerschnitt für den Aktivierungsprozeß (d.h. der „effektive Kernquerschnitt" für den Einfangprozeß). Die Anzahl der im Volumen $\Delta V = A \cdot \Delta x$ in der Zeiteinheit stattfindenden Einfangprozesse (vgl. Fig. 14.67 sowie Abschn. 8.4.1) ist dann

$$\dot{Z} = A\,\Delta x\,\dot{n}\,\sigma\,N_1. \tag{15.77}$$

Diese Anzahl ist gleich der Anzahl der in der Zeiteinheit neu-entstehenden, radioaktiven Kerne $N_2 \cdot \Delta V$, und sie ist gleichzeitig gleich der Abnahme der Anzahl der inaktiven Kerne $N_1 \cdot \Delta V$. Nach der Bildung mögen die aktiven Kerne mit der Zerfallskonstanten λ_2 zerfallen (sie emittieren dabei die Strahlung, an welcher wir interessiert sind). Für Erzeugung und Zerfall gelten damit die beiden Gleichungen

$$\dot{N}_1 = -\dot{n}\,\sigma\,N_1, \tag{15.78a}$$

$$\dot{N}_2 = +\dot{n}\,\sigma\,N_1 - \lambda_2\,N_2 \tag{15.78b}$$

(wir haben Gl. (15.77) durch das Volumen $\Delta V = A\,\Delta x$ der Probe dividiert, um Gleichungen für die Anzahldichten N_1 und N_2 zu gewinnen). Nun kann man zeigen, daß häufig selbst bei großem Wirkungsquerschnitt und bei den heute zur Verfügung stehenden Neutronenstromdichten $\dot{n}$ die Änderung der Anzahldichte der inaktiven Ausgangskerne zu vernachlässigen ist, so daß man unter dieser Voraussetzung in Gl. (15.78a) auf der rechten Seite $N_1 = N_1^0$ als konstant annehmen kann, und dies ebenso auf der rechten Seite von Gl. (15.78b). Diese Gleichung hat dann die Lösung

$$N_2 = \frac{\dot{n}\,\sigma\,N_1^0}{\lambda_2}\,(1 - e^{-\lambda_2 t}). \tag{15.79}$$

Fig. 15.54 stellt den zeitlichen Verlauf der Anzahldichte N_2 dar. Man sieht, daß selbst bei langer Aktivierungszeit ($t \to \infty$) nicht mehr als

$$N_{2,\,\text{sätt}} = \frac{\dot{n}\,\sigma\,N_1^0}{\lambda_2} \tag{15.80}$$

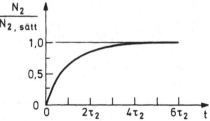

Fig. 15.54
Anstieg der Anzahldichte radioaktiver Kerne während der Neutronenbestrahlung: „Aktivierung"

aktive Kerne je Volumeneinheit erzeugt werden können: dies ist die Sättigungs-Anzahldichte der aktiven Kerne. Beschränkt man sich bezüglich der Zeit t zur Aktivierung auf eine Zeitspanne, die gleich der doppelten Halbwertszeit $T_{1/2}$ des aktiven Stoffes 2 ist, also nach Gl. (15.57)

$$t = 2\,T_{1/2}(2) = 2 \cdot 0{,}693 \cdot \frac{1}{\lambda_2}, \tag{15.81}$$

dann ist die erreichte Anzahldichte nach Gl. (15.79)

$$N_2 = \frac{\dot{n}\,\sigma\,N_1^0}{\lambda_2}\,(1 - \exp(-2 \cdot 0{,}693)) = \frac{3}{4}\,N_{2,\,\text{sätt}}. \tag{15.82}$$

Man erreicht also schon 75 % des Sättigungswertes Gl. (15.80). – Würde man etwa ^{99}Mo ($T_{1/2} = 66$ h), s. Beispiel 15.9, durch (n, γ)-Prozesse aus ^{98}Mo erzeugen wollen, so hätte man, um 75 % des Sättigungswertes zu erreichen $t = 2 \cdot 66$ h $= 5{,}5$ Tage zu „aktivieren".

Beispiel 15.13 Zur Untersuchung der Lungen-Ventilation bevorzugt man ein schnell zerfallendes radioaktives Gas. In neuerer Zeit wird zu diesem Zweck das Element Brom (in fester Form als NaBr) mit schnellen α-Teilchen (eines Zyklotrons) bestrahlt. Es findet eine Kernreaktion statt, die das Nuklid ^{81}Rb ergibt. Dieses zerfällt (s. Fig. 15.55) durch β⁺-Zerfall und durch Elektronen-Einfang (EC) mit der Halbwertszeit $T_{1/2} = 4{,}6$ h in das metastabile Krypton-Isotop ^{81m}Kr. Nach Ende der Aktivierung wird das Präparat in wäßrige Lösung überführt und in einer Generatorsäule ähnlich wie in Beispiel 15.9 direkt mit dem Atemgas eluiert. Das mitgeführte radioaktive Gas emittiert γ-Strahlung mit der Quantenenergie $E_\gamma = 190$ keV (leicht zu messen), wodurch die ^{81m}Kr-Kerne mit einer Halbwertszeit von 13 Sekunden in ihren Grundzustand übergehen. – Für Untersuchungen dieser Art bedarf es der aufeinander abgestimmten Zusammenarbeit von Physiker (bei der Erzeugung des radioaktiven Isotops) und Arzt (bei der Anwendung).

Beispiel 15.14 *Biologische und effektive Halbwertszeit.* Nach einmaliger Applizierung eines radioaktiven Stoffes wird an einem bestimmten Organ nach einer gewissen Zeit eine gewisse maximale Radioaktivität gemessen. Die Aktivität klingt anschließend ab, einerseits weil die radioaktiven Nuklide des applizierten Stoffes unter Abgabe der Kernstrahlung zerfallen (physikalische Zerfallskonstante λ, Halbwertszeit $T_{1/2}$ (phys)), andererseits weil die radioaktiven Nuklide in Moleküle eingebaut werden, die durch Stoffwechselvorgänge ausgeschieden werden. In vielen Fällen kann man annehmen, daß die Ausscheidungsrate der radioaktiven Nuklide, dN/dt (biol), proportional zur noch vorhandenen Menge N ist, so daß

$$\frac{\mathrm{d}N}{\mathrm{d}t}\,(\text{biol}) = -\alpha N. \tag{15.83}$$

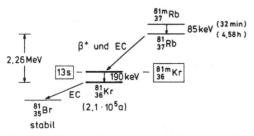

Fig. 15.55 Das Zerfallsschema des radioaktiven Nuklids ^{81}Rb, wobei als Zwischenglied radioaktives Krypton-Gas entsteht; Zeitangaben bedeuten Halbwertszeiten

Damit gilt für den zeitlichen Abfall der im Organ vorhandenen radioaktiven Nuklide

$$\frac{dN}{dt} = \frac{dN}{dt}\,(\text{biol}) + \frac{dN}{dt}\,(\text{phys}) = -\alpha N - \lambda N = -\lambda_{\text{eff}} N. \tag{15.84}$$

Die Stoffwechselvorgänge vergrößern also die Zerfallskonstante λ zur effektiven Zerfallskonstante $\lambda_{\text{eff}} = \alpha + \lambda$. Für den zeitlichen Verlauf der *im Organ* vorhandenen Menge des radioaktiven Stoffes gilt damit

$$N = N_0\, e^{-(\alpha+\lambda)t} = N_0\, e^{-\lambda_{\text{eff}} t}, \tag{15.85}$$

und daraus folgt die effektive Halbwertszeit für den radioaktiven Stoff im Organ (vgl. Gl. (15.56))

$$\frac{1}{T_{1/2}\,(\text{eff})} = \frac{1}{T_{1/2}\,(\text{biol})} + \frac{1}{T_{1/2}\,(\text{phys})}, \tag{15.86}$$

oder

$$T_{1/2}\,(\text{eff}) = \frac{T_{1/2}\,(\text{phys}) \cdot T_{1/2}\,(\text{biol})}{T_{1/2}\,(\text{phys}) + T_{1/2}\,(\text{biol})}. \tag{15.87}$$

Die mit einem Strahlungsmeßgerät meßbare Aktivität ist das Produkt aus physikalischer Zerfallskonstante und vorhandener Menge, $A = \lambda \cdot N = \lambda N_0 \exp(-\lambda_{\text{eff}} \cdot t)$, die Aktivität nimmt also mit der effektiven Halbwertszeit $T_{1/2}\,(\text{eff})$ ab. Für alle Jod-Isotope ist in der Schilddrüse $T_{1/2}\,(\text{biol}) \approx 138$ d. Mit dem radioaktiven Isotop ^{128}J $(T_{1/2}\,(\text{phys}) = 25\,\text{min})$ mißt man daher gemäß Gl. (15.87) die effektive Halbwertszeit $T_{1/2}\,(\text{eff}) \approx T_{1/2}\,(\text{phys})$, mit dem Isotop ^{129}J $(T_{1/2}\,(\text{phys}) = 1,6 \cdot 10^7\,\text{a})$ dagegen $T_{1/2}\,(\text{eff}) = T_{1/2}\,(\text{biol})$.

15.5.3 Kernspaltung

Nach der Entdeckung der künstlichen Radioaktivität wurde versucht, durch Absorption von thermischen Neutronen Elemente herzustellen, die jenseits der bis dahin bekannten Elemente im Periodensystem liegen. Man suchte die Reaktionen auszuführen

$$^{235}_{92}\text{U} + \text{n} \rightarrow {}^{236}_{92}\text{U}, \qquad {}^{238}_{92}\text{U} + \text{n} \rightarrow {}^{239}_{92}\text{U}, \tag{15.88}$$

und ihr Stattfinden anhand der Eigenschaften der Endprodukte zu verifizieren. H a h n und S t r a s s m a n n führten diese Untersuchungen mit chemischen Methoden an winzigen Mengen der erzeugten Stoffe aus. Überraschend fanden sie wiederholt Elemente, die nicht die Eigenschaften von Elementen hatten, die auf Uran folgen konnten, sondern von Erdalkalien und Alkalien. Die Erklärung war schließlich, daß der Urankern nach Einfang eines Neutrons in zwei etwa gleich große Bruchstücke aufbricht, also eine *Kernspaltung* erfolgt. Von größter Bedeutung ist – was alsbald gefunden wurde –, daß gleichzeitig zwei bis drei Neutronen freigesetzt werden, und daß mit diesen die Kernspaltung sich selbst weiter fortsetzen kann, also eine Kettenreaktion einsetzen kann. Heute haben wir das folgende Bild der Reaktionen, die von schnellen und langsamen Neutronen mit den schwersten Elementen ausgelöst werden.

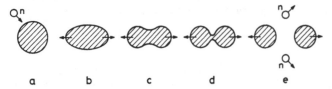

Fig. 15.56 Modellvorstellung zur Kernspaltung: a bis e soll die zeitliche Entwicklung symbolisieren

Erstens spalten die Kerne in Bruchstücke, die zwei etwas verschiedenen Massengruppen angehören: die Nukleonenzahlen liegen um etwa $A = 100$ und etwa $A = 140$. (Zur leichteren Gruppe gehört auch das Nuklid ^{99}Mo („Spaltmolybdän"). In Beispiel 15.9, Fig. 15.35, wurde diese Erzeugungsweise als Alternative angegeben).

Zweitens läßt sich nur ^{235}U mit thermischen, also langsamen Neutronen, zur Spaltung veranlassen (und mit schnellen Neutronen), während ^{238}U auch noch die kinetische Energie schneller Neutronen zur Spaltung benötigt. Es muß also für die Spaltung eine energetische Spaltbarriere geben. Die Spaltung kann man sich dann entsprechend Fig. 15.56 vorstellen: nach Einfang eines Neutrons beginnt der Kern wie ein Flüssigkeitstropfen zu schwingen; überschreitet die Deformation eine gewisse Größe, wozu eine bestimmte Schwingungsenergie nötig ist, dann kommt es zur Spaltung.

Drittens liegt die bei der Spaltung freigesetzte Energie je Prozeß bei 200 MeV, ist also wesentlich größer als die bei „gewöhnlichen" Kernreaktionen auftretenden Reaktionsenergien und erst recht als die bei chemischen Verbrennungsprozessen (< 1 eV je Prozeß) vorkommenden. Das macht die Ausnützung der Spaltung zur Energiegewinnung jeder anderen Energieerzeugung vom Standpunkt des spezifischen Brennwertes (Abschn. 7.6.5.4) aus überlegen.

Viertens tritt neben der Kernspaltung tatsächlich auch der Prozeß gemäß Gl. (15.88) auf, man kann also „Transurane" erzeugen. Im Reaktor konnte man alle Elemente bis $_{100}$Fm (Fermium) erzeugen, z.T. erfolgt die Bildung neuer Elemente dabei über radioaktive Zerfälle. Das gilt z.B. für die unmittelbar auf Uran folgenden Elemente,

$$^{238}_{92}U\,(n, \gamma)\ ^{239}_{92}U\ \xrightarrow[23{,}54\,\text{min}]{\beta^-}\ ^{239}_{93}Np\ \xrightarrow[2{,}35\,\text{d}]{\beta^-}\ ^{239}_{94}Pu\ \xrightarrow[2{,}44 \cdot 10^4\,\text{a}]{\alpha}\ ^{235}_{92}U \cdots \longrightarrow . \quad (15.89)$$

Es entsteht dabei das Element ^{239}Pu, das selbst durch thermische Neutronen spaltbar ist. In jedem mit Uran betriebenen Reaktor entsteht Plutonium, und ein nicht unbeträchtlicher Teil der Energieerzeugung erfolgt im üblichen Reaktor mittels des dort gebildeten und sofort wieder benutzten Plutoniums.

Die Energieerzeugung durch Kernspaltung erfolgt durch eine (steuerbare) Kettenreaktion. Ein Schema enthält Fig. 15.57. Die Anzahl der Spaltprozesse nach dem n-ten Prozeß ist auf 2^n angewachsen. Die Reaktion kann explosionsartig anwachsen, wenn nicht Verlustprozesse für die Neutronen eingeschaltet werden. In den Reaktoren ist die Konzentration an thermisch spaltbarem ^{235}U zu gering um eine Explosion möglich zu machen. Die Steuerung erfolgt mittels starker Neutronenabsorber (aus Cadmium oder Bor). Daneben ist ein wesentliches Bauelement der Moderator, der die möglichst

Kettenreaktion (schematisch)

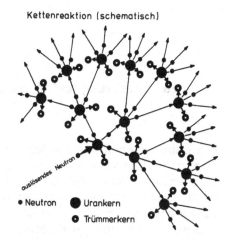

Fig. 15.57
Schematische Darstellung einer Kettenreaktion von
Neutronen mit Uran

• Neutron   ⬤ Urankern

◉ Trümmerkern

schnelle Bremsung der entstehenden schnellen Neutronen bis herunter in den thermischen Bereich bewerkstelligt. Man nimmt dafür Wasser oder auch Graphit. Innerhalb des spaltbaren Materials (Uran) entsteht durch die Spaltprodukte eine sehr große Radioaktivität. Ihr Austritt aus dem Reaktor muß durch besondere Maßnahmen sicher verhindert werden.

16 Steuerung und Regelung

Eine ganze Reihe meßbarer Größen im menschlichen Organismus ist zeitlich konstant: Temperatur, Blutdruck, CO_2-Gehalt des Blutes und weitere. Dennoch sind sie nicht völlig konstant; auf äußere oder innere Einwirkungen reagiert der menschliche Körper mit mehr oder weniger großen Änderungen dieser Größen. Herauszufinden, auf welche Ursachen dabei welche Änderungen folgen, gilt als fundamentale Aufgabe medizinischer Forschung und ist eine wichtige Hilfe für Diagnostik und Therapie. Für viele Ursache-Wirkungs-Relationen sind Zusammenhänge gefunden worden, die zeigen, daß der menschliche Körper einem geregelten System gleichkommt. Solche Systeme sind der physikalischen Analyse zugänglich. Man kann daher versuchen, die zur Beschreibung von Steuer- und Regelvorgängen in Physik und Technik geschaffenen Begriffe auf Vorgänge im menschlichen Körper zu übertragen. Es versteht sich, daß die Aufklärung der Regelmechanismen schwierig sein kann, weil im menschlichen Körper viele Einzelvorgänge zusammenwirken und die Isolierung einzelner Vorgänge kompliziert ist.

16.1 Steuerung

Die den Steuer- und Regelvorgängen zugrunde liegenden Begriffe und Abläufe machen wir uns am besten an Hand eines einfachen und durchsichtigen Beispiels klar. In Fig. 16.1 soll an einen Verbraucher (z.B. die Glühlampe W) eine zwar nach Wunsch veränderbare, aber auf dem gewünschten Wert U_A zeitlich konstant gehaltene Gleichspannung gelegt werden. Es steht eine Spannung U zur Verfügung, die nicht konstant ist, sondern, wie in Fig. 16.2 dargestellt, von einem Gleichwert $\bar{U}$ eine Abweichung ΔU, eine *Störung*, zeigt. Wir erzeugen die veränderbare Spannung U_A durch ein Potentiometer P mit dem Abgriff (Gleitkontakt) G, den wir mit Hilfe eines Spindeltriebs Sp, einem „*Stellglied*", verstellen können.
Zwischen der Spannung U_G am Gleitkontakt G, der Stellung des Gleitkontaktes y auf einer Skala Sk, der Länge l des Potentiometers und der Eingangsspannung U besteht ein bekannter Zusammenhang (Abschn. 9.2.4.3, $y = U_G \cdot l/U$). Steuerung der Ausgangsspannung bedeutet nun, daß wir die Spindel mit der Handkurbel HK auf denjenigen Wert y einstellen, der sich nach dem bekannten Zusammenhang aus der gewünschten Spannung U_G und der gerade herrschenden (am Spannungsmesser V (Fig. 16.1) abgelesenen) Spannung U ergibt; bei zeitlicher Änderung von U (Fig. 16.2)

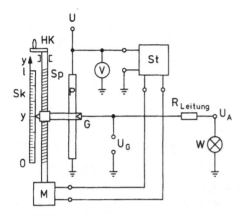

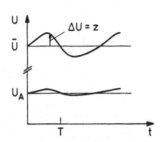

Fig. 16.1 Schaltkreis zum Betrieb eines Verbrauchers W (Glühlampe) mit einer Spannung U_A, die aus der Betriebsspannung U mittels eines Potentiometers hergestellt wird

Fig. 16.2 Eine Schwankung ΔU der Betriebsspannung U im Schaltkreis Fig. 16.1 bewirkt auch eine Schwankung der Spannung U_A am Verbraucher

erfordert dies eine entsprechende zeitliche Änderung von y. Statt mit der Handkurbel können wir die Drehung der Spindel mit einem Motor M vornehmen. Wir speisen ihn aus dem *Steuerglied* St, das durch Messung von U und Errechnung von y nach dem bekannten Zusammenhang eine entsprechende Motordrehung bewirkt, also bezüglich der „Störung ΔU" programmiert ist. Wir wollen auf Einzelheiten dieses Steuerglieds nicht eingehen. Wir erkennen aber, daß bei diesem Steuervorgang die beabsichtigte Wirkung, nämlich die Konstanthaltung der Spannung am Verbraucher W, nicht unter allen Umständen erreicht wird; denn: Ändern wir zum Beispiel die Belastung (Einschalten mehrerer Glühlampen), so sinkt infolge dieser zusätzlichen Störung sowohl durch den Widerstand der Leitung ($R_{Leitung}$, Fig. 16.1) als durch die Veränderung des Spannungsteilerverhältnisses (Abschn. 9.2.4.3) die Spannung U_A. Und bezüglich *dieser* Störung ist unser Steuerglied *nicht* programmiert. Wollen wir derartiges verhindern, so müssen wir die interessierende Größe dauernd beobachten (messen), die *an ihr* erzielte Wirkung mit der beabsichtigten Wirkung vergleichen und dem Stellglied einen aus dem Vergleich resultierenden Befehl zuführen. Aus dem nicht geschlossenen Wirkungskreis „Steuerung" müssen wir einen geschlossenen Wirkungskreis „Regelung", einen *Regelkreis*, machen.

16.2 Regelung, Regelkreis

Wir möchten also, daß die Spannung U_A an unserem Verbraucher zeitlich konstant bleibt, trotz der verschiedenen Störungen – der zeitlichen Schwankung der Eingangsspannung, dem lastabhängigen Spannungsabfall an Potentiometer und Leitung, u.a. –, kurz, wir möchten *alle* Störungen aus*regeln*. Der Einfachheit halber betrachten wir nur eine Störung, die in Fig. 16.2 dargestellte Schwankung der

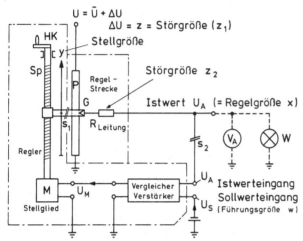

Fig. 16.3 Ausbau der Schaltung Fig. 16.1 zu einer Regelschaltung für die Spannung U_A am Verbraucher

Eingangsspannung, anhand der Fig. 16.3. Ist die „Dauer" der Störung groß (Fig. 16.2, $T \approx 10$ min), so können wir die Regelung von Hand bewerkstelligen. Wir beobachten die Lichtstärke der Glühlampe W oder besser deren Spannung U_A, die den *Istwert* der *zu regelnden Größe* (der *Regelgröße*; allgemeine Bezeichnung x) darstellt, an einem Spannungsmesser V_A (Fig. 16.3) mit dem Auge, vergleichen ihn mit dem in unserem Gehirn (dem *Vergleicher*) gespeicherten *Sollwert* (allgemeine Bezeichnung w) der Regelgröße und melden an die die Kurbel drehende Hand „Rechts"- oder „Links"-Drehung.

Allgemein ausgedrückt: Wir führen dem *Stellglied* den Befehl zu, die *Stellgröße* y so lange zu verändern, bis die *Sollwertabweichung* $(x - w)$ Null geworden ist. Bei diesem Vorgang sind das Auge, das Gehirn als Speicher und Vergleicher, und die Handkurbel mit Spindel als Stellglied zum *Regler* geworden, während das Potentiometer mit seinem Abgriff G als *Regelstrecke* fungiert.

Ist die Dauer der Störung klein (Fig. 16.2, $T \approx 1$ s), so müssen wir das Subjekt Mensch in unserem oben geschilderten Regler durch passende elektronische Elemente ersetzen, welche die gleichen Funktionen objektiv ausführen. In Fig. 16.3 ist dies dargestellt: In den Vergleicher werden Istwert U_A (x) und Sollwert U_S (w) (aus einer Spannungsquelle konstanter Spannung) eingegeben. Aus der Differenz $U_A - U_S$ ($x - w$) bildet der Vergleicher je nach Vorzeichen von $x - w$ eine positive oder negative Spannung U_M, die dem Motor zugeführt wird. Dieser dreht die Spindel des Potentiometers so lange und verändert damit die *Stellgröße* y, bis die Störung ausgeregelt, d. h. $x - w = 0$ geworden ist.

Wir erkennen: In einem geregelten System muß die Sollwertabweichung $x - w$ der Regelgröße x in eine passende Stellgröße y verwandelt werden. Diese muß an die Regelstrecke *zurückgeführt* werden, so daß wiederum die Regelgröße x beeinflußt wird. Wir nennen das auf diese Weise in sich *geschlossene System* einen *Regelkreis*. Die *Rückführung* kann in zweierlei Weise erfolgen. Je nach der Polarität der Spannung U_M,

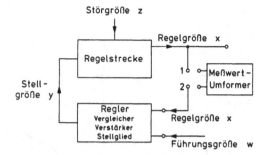

Fig. 16.4 Grundschema einer Regelschaltung

die wir dem Motor zuführen, wird die Störung verstärkt oder sie wird vermindert. Im ersten Fall sprechen wir von positiver Rückkopplung oder *Mitkopplung*, im zweiten Fall von negativer Rückkopplung oder *Gegenkopplung*. In unserem Regelkreis ist nur die Gegenkopplung eine vernünftige Rückführung. Die Mittkopplung spielt eine Rolle bei der Schwingungsanfachung (Hochfrequenzgenerator, Sender, Abschn. 13.7.2).

Eine Erweiterung der Aufgabe eines Regelkreises kann darin bestehen, daß die Regelgröße x zwar konstant gehalten werden soll, aber ihr Sollwert irgendwelchen vorgegebenen äußeren Bedingungen, einer *Führungsgröße* (w) angepaßt werden soll. Dann muß an den Sollwerteingang (Fig. 16.3) eine diesen Bedingungen entsprechende Spannung gelegt werden. Sind die Regelgröße x und die Führungsgröße w nicht selbst eine Spannung, so müssen sie durch einen Wandler oder Umformer (Meßwert-, Sollwertwandler, Meßwert-, Sollwertumformer, z.B. Umformung einer Beleuchtungsstärke durch eine Photozelle, Abschn. 9.3.6.2, einer Temperatur durch ein Thermoelement, Abschn. 8.2.4.2) in eine Spannung – allgemein „ein elektrisches Signal" – umgeformt werden. Solche Wandler oder Umformer heißen auch Meßglieder.

In der Regeltechnik werden die am Beispiel von Fig. 16.3 geschilderten Teile und Funktionsgrößen in einem „Blockschema" nach Fig. 16.4 zusammengefaßt.

Die *Wirkungsweise unseres Modellregelkreises* nach Fig. 16.3 können wir relativ einfach übersehen. Wir betrachten zunächst Regler und Regelstrecke getrennt, indem wir den Regelkreis an den Stellen s_1 und s_2 auseinander schneiden. Für die Abhängigkeit der Ausgangsspannung U_A der Regelstrecke von der Stellung des Gleitkontaktes G gilt im Falle sehr kleiner Belastung W des Potentiometers Gl. (9.98)

$$U_A = U\frac{y}{l}; \qquad y = \frac{l}{U}U_A. \qquad \{y = s_0\,x\}^1) \qquad (16.1)$$

U_A ist also proportional zu y: verändern wir y zu irgendeinem Zeitpunkt momentan um Δy, so ändert sich U_A momentan um $\Delta U_A = (U/l) \cdot \Delta y$ (vgl. Fig. 16.5a); wir sprechen von einer *Proportionalstrecke*.

Dann betrachten wir den Regler. Liegt am Eingang die vom Sollwert U_S abweichende, gestörte Ausgangsspannung $\breve{U}_A$, also die Sollwertabweichung $\Delta U_S = \breve{U}_A - U_S$, so entsteht am Ausgang des Vergleichers und Verstärkers die zu ΔU_S proportionale

---

[1]) In { } fügen wir die in der Regeltechnik gebrauchten Formelzeichen bei.

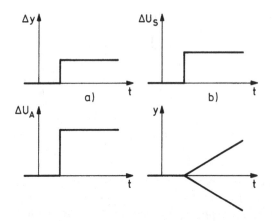

Fig. 16.5 a) Wird in der Schaltung Fig. 16.3 an der Schnittstelle s_1 die Stellgröße y sprungartig um Δy
geändert, so ändert sich U_A ebenfalls sprungartig um ΔU_A
b) wird hinter der Schnittstelle s_2 eine Abweichung ΔU_S vom Sollwert erzeugt, dann läuft die
Stellgröße y linear mit der Zeit zu größeren oder kleineren Werten

Motorspannung U_M, der Motor dreht sich mit der zu U_M proportionalen Drehfrequenz ω_M, die Spindel verschiebt den Gleitkontakt G mit der zu ω proportionalen
Geschwindigkeit dy/dt, so daß diese proportional zu ΔU_S wird:

$$\frac{dy}{dt} = \underset{(+)}{-}\, C_R\,(\breve{U}_A - U_S) = \underset{(+)}{-}\, C_R\, \Delta U_S. \qquad \{\dot{y} = \underset{(+)}{-}\, V \cdot (x - w)\} \qquad (16.2)$$

C_R ist die alle Proportionalitätskonstanten zusammenfassende Reglerkonstante, V ein
allgemeiner Verstärkungsfaktor. Das Minus- bzw. Pluszeichen in Gl. (16.2) entspricht
einer Gegen- bzw. Mitkopplung und kann z.B. durch Vertauschen der Anschlüsse am
Motor erzeugt werden. Verändern wir also zu irgendeinem Zeitpunkt die Reglerein-
gangsspannung um ΔU_S, so entsteht am Reglerausgang eine Verschiebung mit
konstanter Geschwindigkeit (Fig. 16.5 b); wir sprechen dennoch von einem *Integralregler*, weil die Stellgröße

$$y = \int \frac{dy}{dt}\, dt = \underset{(+)}{-}\, V \cdot \int (x - w)\, dt.$$

Nunmehr fügen wir Regelstrecke und Regler an den Schnittstellen s_1 und s_2 wieder
zusammen. Dann müssen Gl. (16.1) und (16.2) gleichzeitig gelten; setzen wir Gl. (16.1)
in Gl. (16.2) ein, so erhalten wir eine einfache Differentialgleichung, deren Lösung

$$U_A(t) = (\breve{U}_A - U_S) \exp\left(-\frac{t}{\tau}\right) + U_S \qquad \text{mit } \tau = \frac{l}{C_R\, U} \qquad (16.3)$$

lautet. Dabei haben wir angenommen, daß bis zum Zeitpunkt $t = 0$ die Ausgangsspannung U_A den Sollwert U_S hat (Istwert = Sollwert), in diesem Zeitpunkt durch
eine Störung der Istwert auf $\breve{U}_A$ springt, also momentan die Sollwertabweichung
$\Delta U_S = \breve{U}_A - U_S$ entsteht. In Fig. 16.6 ist dargestellt, wie sich auf Grund von Gl. (16.3)
infolge der Wirkung des Reglers der Istwert von U_A zeitlich ändert. Im Falle der

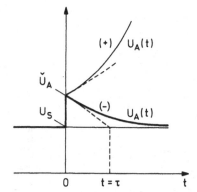

Fig. 16.6
Nach Verbinden der Schnittstellen s_1 bzw. s_2 wird
eine Sollwertabwicklung $\breve{U}_A - U_S$ „ausgeregelt"

Gegenkopplung (negatives Zeichen in Gl. (16.2)) wird die Störung mit der Zeitkonstanten τ „ausgeregelt"; im Falle der Mitkopplung (positives Zeichen in Gl. (16.2))
wächst die Sollwertabweichung exponentiell an.

16.3 Regler

Das Kernstück des Regelkreises ist der *Regler* (Fig. 16.4). Er enthält den Istwert-Soll-
wert-Vergleicher und vor allem einen Verstärker, dessen Eigenschaften das Zeitverhalten des ganzen Regelkreises bestimmt. Bei unserem Modellregler ergab sich, daß er
eine Stellgröße liefert, die proportional zum Integral der Sollwertabweichung ist; der
Regler war daher als Integralregler zu bezeichnen. An den Regler werden besonders
hohe Anforderungen bezüglich Störungsfreiheit gestellt. In elektronischen Schaltungen werden daher heute vielfach „stark gegengekoppelte" Operationsverstärker verwendet. Die Grundschaltung enthält Fig. 16.7. Der Operationsverstärker besitzt eine
sehr große Verstärkung (z.B. $V = 10^6$fach). Vom Ausgangssignal U_A wird der
Bruchteil βU_A auf den Eingang als Rückmeldung zurückgeführt, so daß die beiden
Gleichungen gelten

$$U_A = V U_1, \qquad U_E = U_1 + \beta U_A. \tag{16.4}$$

Aus Gl. (16.4) folgt

$$U_A = \frac{V}{1 + \beta V} U_E \approx \frac{1}{\beta} U_E, \tag{16.5}$$

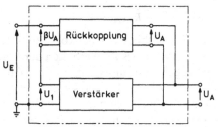

Fig. 16.7
Rückgekoppelter Verstärker als Regelverstärker

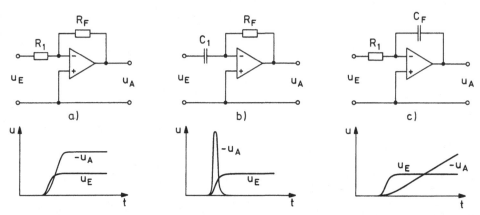

Fig. 16.8 Die Art der Rückkopplung bestimmt die Eigenschaften des Regelverstärkers
  a) Proportionalregler (Gl. (16.6))
  b) Differentialregler (Gl. (16.7))
  c) Integralregler (Gl. (16.8))

sofern die Verstärkung V des Verstärkers ohne Rückführung sehr groß ist. Das bedeutet, daß die Ausgangsspannung U_A unabhängig von V ist; und das ist das wesentliche Ergebnis: durch die Rückführung werden Störungen des Verstärkers von der Ausgangsspannung ferngehalten, die im übrigen proportional zur Eingangsspannung U_E ist.

Die drei *Grundtypen der Regler* sind der *Proportional-, Differential-* und *Integralregler*. Ihre Funktionsweise können wir uns mit dem stark gegengekoppelten Operationsverstärker klarmachen, wenn wir verschiedene Arten der Gegenkopplung benützen. Die Gegenkopplung erfolgt im *Proportionalregler* (Fig. 16.8a) mit Wirkwiderständen, im *Differentialregler* (Fig. 16.8b) mit einer *R-C*-Kombination und im *Integralregler* (Fig. 16.8c) mit einer *C-R*-Kombination. Der Zusammenhang von Ausgangsspannung u_A und Eingangsspannung u_E ist in diesen drei Fällen

$$u_A = -\frac{R_F}{R_1} u_E, \tag{16.6}$$

$$u_A = -R_F C_1 \frac{du_E}{dt}, \tag{16.7}$$

$$u_A = -\frac{1}{R_1 C_F} \int u_E \, dt \tag{16.8}$$

(Index F: Feedback = Rückkopplung). Die drei Schaltungen ergeben ein charakteristisch verschiedenes Zeitverhalten der Verstärker bzw. Regler, wenn eine momentane Änderung der Eingangsspannung erfolgt, und dieses Zeitverhalten ist in den unteren Teilfiguren von Fig. 16.8a bis c skizziert (Verhalten bei einer etwa sprungartigen Änderung der Eingangsspannung). Häufig kombiniert man die Grundtypen, um bestimmte Eigenschaften auszunützen. Besonders interessant ist der Proportional-Differential-

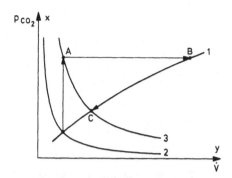

Fig. 16.9 Zur Atmungsregelung

Regler (PD-Regler). Er antwortet auf einen Sprung der Eingangsgröße schnell mit einem großen Ausgangssignal, daran schließt sich das Proportional-Verhalten an: man erhält eine wesentlich verkürzte Einstellzeit.

Beispiel 16.1 Die *Regelung der Atmung* geschieht, indem der CO_2-Partialdruck (Abschn. 8.4.2) und die Wasserstoff-Ionen-Konzentration (der p_H-Wert) des Blutes als Regelgrößen („zu regelnde Größen") konstant gehalten werden. Erhöhter CO_2-Partialdruck (und verminderter p_H-Wert) führt zu einer Stellgröße y, die die Ventilation $\dot{V}$ der Lunge erhöht (Kurve 1 in Fig. 16.9). Erhöhte Ventilation führt (bei einer konstanten körperlichen Leistung) zu Abatmen von CO_2: Kurve 2. Der Schnittpunkt der beiden Kurven ist der geregelte Arbeitspunkt der Atmung. Wird durch plötzlich erhöhte Leistung der Sauerstoff-Verbrauch und damit auch die CO_2-Produktion erhöht (Übergang zum Punkt *A* auf der Kurve 3, die zu erhöhter Leistung gehört), so steigt die Ventilation zunächst zum Punkt *B* an, und durch die hohe Ventilation wird vermehrt CO_2 abgeatmet, bis der neue Gleichgewichtspunkt *C* erreicht ist.

17 Statistik

17.1 Stichprobe und Merkmal

Die Statistik befaßt sich mit der Auswertung und Bewertung von Daten physikalischer Größen, die als Ergebnis von Messungen, Versuchen, Verfahren, Vorgängen usw. praktisch oder grundsätzlich nicht mit Sicherheit vorhersagbar sind. Diese Daten fallen bei mehrfacher Ausführung der Messung, des gleichen Versuches usw. nicht gleich aus, sondern haben eine *Streuung*. Aus der „unendlich" oft möglichen Anzahl von gleichen Messungen bilden die tatsächlich ausgeführten eine *Stichprobe*, und die Daten sind die *Meßwerte* oder *Merkmale* der interessierenden Größe, die der Messung unterliegt. Man hat den *Umfang* und das *Auswahlkriterium* der Stichprobe stets anzugeben: „100 männliche Studenten im 18. Lebensjahr"; Umfang der Stichprobe: 100, Auswahlkriterium: männliche Studenten im 18. Lebensjahr. Die Größe, die in der Stichprobe gemessen wird, kann die Körperlänge sein, (auf Befragung) das Geburtsgewicht, die Blutsenkungsgeschwindigkeit, der Zuckergehalt des Urins usw. Eine Stichprobe stellen auch 100 Patienten dar, an denen ein bestimmter operativer Eingriff vorgenommen wurde. Die zu messende Größe ist die Mortalität (z. B. 8 von 100 Patienten), das zu „messende" Merkmal betrifft eine Ja-nein-Aussage.

Die Stichprobe wird im medizinischen Bereich so beschaffen sein, daß die Individuen eine gewisse biologische Streuung bezüglich mehrerer Größen haben, die nicht interessieren, und daß die Messung nur *eine* Größe betrifft (Messung des Gewichtes, aber nicht der Körperlänge). Physikalische Stichproben können anders beschaffen sein: die Atomkerne eines radioaktiven Stoffes sind alle gleich, dennoch ist die Zeitspanne, die bis zum Zerfall verstreicht (dies ist die beobachtete Größe), nicht mit Sicherheit vorhersagbar, diese Zeitspanne ist eine *Zufallsgröße* oder *statistische Größe*. Ebenso sind in der Stichprobe von 100 Studenten die Körperlänge, das Gewicht, die Anzahl der Erythrozyten in $1\,mm^3$ Blut usw. statistische Größen.

Die *Merkmale* oder *Meßwerte* können in zwei Gruppen eingeteilt werden: es gibt Merkmale mit *kontinuierlicher Werteskala* oder mit *diskontinuierlicher* (oder *diskreter*) Werteskala. Eine kontinuierliche Werteskala haben die Zeit, die Länge, das Gewicht, die Blutsenkungsgeschwindigkeit, die Molekülgeschwindigkeit in Gasen. Eine diskrete Werteskala haben die Familiengröße (Anzahl der Familienmitglieder), die Behaarung des Menschen (Anzahl der Haare), die Anzahl der roten Blutkörperchen in $1\,mm^3$ Blut.

17.2 Systematische und zufällige Abweichungen

Sorgfalt bei der Planung und Ausführung von Messungen gestattet die Ausschaltung *systematischer Abweichungen*. Maßstäbe, Uhren, Thermometer usw. müssen stimmen, sie dürfen keine Kalibrierungs- oder mechanischen Fehler haben. Bei der Ablesung von Zeigerinstrumenten, Flüssigkeitsmanometern usw. achtet man auf parallaxenfreie Ablesung durch Verwendung von Skalen, die mit einem Spiegel unterlegt sind. Spannungsmessungen mit Elektrolytelektroden werden stromfrei ausgeführt (evtl. mit Kompensationsverfahren, Abschn. 9.2.4.3). Hängt die zu messende Größe von der Temperatur ab (dynamische Viskosität bei der Blutsenkungsgeschwindigkeit), so muß diese möglichst konstant und auf dem vorgeschriebenen Wert gehalten werden.

Das Aufspüren systematischer Fehler kann sehr mühsam sein. Nach ihrer Ausschaltung wird dennoch in der Regel eine *Streuung der Meßwerte* gefunden. Die gemessene Größe erweist sich insoweit als eine statistische Größe, die Abweichungen der Meßwerte voneinander bezeichnen wir als *zufällige Abweichungen* (statistische Fehler). Die „Abweichung" ist also eine statistische oder Zufallsgröße.

17.3 Häufigkeit (Häufigkeitsverteilung) und Wahrscheinlichkeit, Stab- und Staffeldiagramm

Eine *Häufigkeitsverteilung für die Meßwerte einer Größe* erarbeitet man, indem man in einer Stichprobe ermittelt, *wie oft* die verschiedenen Meßwerte vorkommen: man bestimmt die Häufigkeit H_i des Meßwertes i der betrachteten Größe. Derartigen „Verteilungen" sind wir mehrfach begegnet: Geschwindigkeitsverteilungsfunktion der Moleküle eines Gases (Fig. 8.1; Merkmal: Geschwindigkeit, Häufigkeit: Anzahl der Moleküle im Geschwindigkeitsintervall), Strahlungsspektrum des schwarzen Strahlers (Fig. 15.4; Merkmal: Wellenlänge oder Frequenz, Häufigkeit: Intensität), Spektrum der Röntgenstrahlung (Fig. 15.9, 15.10, 15.12; Merkmal: Wellenlänge oder Frequenz, Häufigkeit: Intensität). Bei all diesen Häufigkeitsverteilungen war das Merkmal kontinuierlich.

Eine Häufigkeitsverteilung für das diskrete Merkmal „Anzahl der Kinder" (Werteskala 0, 1, 2, ...) in einer Stichprobe von 64 Familien enthält Fig. 17.1a. Es handelt sich

Fig. 17.1
a) Häufigkeit der Anzahl der Kinder je Familie in einer Stichprobe von 64 Familien, aufgezeichnet als Stabdiagramm,
b) Staffeldiagramm der kumulativen, relativen Häufigkeit zum Stabdiagramm in a)

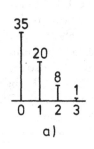

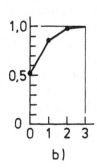

um ein *Stabdiagramm*: beim Merkmal i (z. B. „2 Kinder") wird ein „Stab" einer Länge aufgetragen, die der Häufigkeit H_i ($= H_2 = 8$) entspricht. Die *Summe der Häufigkeiten* ist gleich dem Umfang N der Stichprobe,

$$\sum H_i = N \tag{17.1}$$

(hier $35 + 20 + 8 + 1 = 64$). Dividiert man die experimentellen (absoluten) Häufigkeiten H_i durch den Umfang der Stichprobe, so erhält man die *relative Häufigkeit* h_i, also

$$h_i = \frac{H_i}{N} = \frac{H_i}{\sum H_i}. \tag{17.2}$$

Die relative Häufigkeit ist immer kleiner als eins, sie kann in Prozent angegeben werden, und es gilt anstelle von Gl. (17.1)

$$\sum h_i = \frac{1}{N} \sum H_i = \frac{N}{N} = 1 = 100\%. \tag{17.3}$$

Man sagt: die relativen Häufigkeiten sind „auf 1 normiert".

Fragen wir danach, wieviel Familien *höchstens* 0, 1, 2, ... Kinder haben, müssen wir alle Anzahlen (Häufigkeiten) zusammenzählen, die zu 0, 0 oder 1, 0 oder 1 oder 2, ... Kindern gehören; das sind der Reihe nach 35, 55, 63 und 64 (alle!) Familien. (Man überlege sich selbst das Verfahren bei der Frage danach, wieviel Familien *mindestens* eine vorgegebene Anzahl von Kindern haben.) Die so gewonnenen Häufigkeiten nennt man *kumulative Häufigkeiten*. Trägt man diese Häufigkeiten in einem Diagramm auf, so ergibt sich das *Staffeldiagramm*. Für die Verteilung von Fig. 17.1a ist das zugehörige Staffeldiagramm in Fig. 17.1 b aufgezeichnet, und zwar in der Weise, daß die kumulativen *relativen* Häufigkeiten aufgezeichnet wurden. Der *Streckenzug des Staffeldiagramms* mündet in den Zahlenwert 1 ein, weil die Summe aller relativen Häufigkeiten nach Gl. (17.3) gleich eins ist. – In Abschn. 17.4.1 besprechen wir ein weiteres Beispiel für eine Häufigkeitsverteilung mit diskreter Werteskala des Merkmals. Ferner gehört in diese Kategorie die sogenannte Poisson-Verteilung.

Besitzt das Merkmal eine kontinuierliche Werteskala, müssen wir zur Gewinnung einer Häufigkeitsverteilung anders vorgehen, weil – dies ist ein wichtiger Punkt – hier die Frage nach dem Auftreten eines bestimmten Merkmalwertes sinnlos ist. Als Beispiel besprechen wir die „Lebensalterstatistik" der Medizin-Studenten des ersten Studiensemesters in einem Physik-Hörsaal. Bei der Frage danach, wer von den Anwesenden 19 Jahre alt ist, melden diejenigen sich, deren Lebensalter zwischen dem 19. und 20. Lebensjahr liegt (evtl. muß man die Frage offenbar dahingehend verschärfen), sie gehören zu einem *Merkmalsintervall* der Breite 1 Jahr. Reduziert man das Intervall auf 0,5 Jahre (Lebensalter 19,0 bis 19,5 Jahre), so melden sich weniger Personen, Reduktion auf 0,25 Jahre vermindert die Anzahl weiter, und geht man mit der Intervallbreite gegen Null, will also die Anzahl ermitteln, die *genau* das Lebensalter 19 Jahre hat, so ist diese Anzahl Null (abgesehen davon, daß man noch den genauen Geburtszeitpunkt definieren müßte). Durch die Intervallteilung haben wir die Werteskala *diskretisiert*. Wir wählen das Intervall 1 Jahr und tragen die zugehörige Anzahl (die Häufigkeit) in der Mitte des Intervalls als „Säule" auf: man spricht von

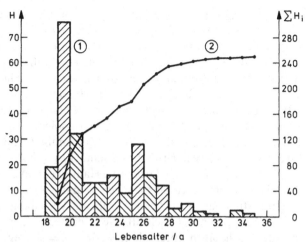

Fig. 17.2 Häufigkeit *H* des Lebensalters der Studenten im Lebensalterintervall 1 Jahr in einem 1. Semester: schraffiert das Säulendiagramm ①, der Streckenzug mit horizontalen „Treppenstufen" ist das Histogramm; der Streckenzug ② ist das zugehörige Staffeldiagramm der kumulativen Häufigkeit $\sum H_i$ und stellt die Anzahl der Studenten dar, die höchstens das durch die Abszissenwerte gegebene Lebensalter haben (beginnend bei 18 Jahren)

einem Säulendiagramm. Meist wird das *Histogramm* aufgezeichnet: man verbindet die Säulenenden durch einen *Treppenzug* wie er in Fig. 17.2 wiedergegeben ist. Aus dem Histogramm gewinnen wir durch Berechnung der *kumulativen Häufigkeit* das *Staffeldiagramm* genauso wie bei Merkmalen mit diskreter Werteskala. Durch den in Fig. 17.2 gezeichneten Streckenzug der kumulativen Häufigkeit (rechte Ordinatenskala), der *grundsätzlich eine monoton ansteigende Funktion* darstellt, erhält man ein Bild der Anzahl der Studenten, die höchstens 19, 20, ...Jahre alt sind.

Wesentlich für alle Häufigkeitsverteilungen eines Merkmals mit kontinuierlicher Werteskala ist ein weiterer Schritt. Da mit Verkleinerung des Merkmalsintervalls (bzw. Vergrößerung) die Häufigkeiten entsprechend kleiner (bzw. größer) werden, gewinnt man eine *von der Intervallgröße unabhängige* Verteilung, indem man die absolute Häufigkeit H_i und auch die relative Häufigkeit h_i durch die jeweils gewählte Intervallgröße Δa_i teilt,

$$p_i = \frac{h_i}{\Delta a_i} = \frac{1}{N} \frac{H_i}{\Delta a_i}. \tag{17.4}$$

Diese Größe p_i ist eine „bezogene" Größe, sie hat eine andere Dimension als die relative Häufigkeit (im Beispiel, das in Fig. 17.2 dargestellt ist, hat sie die Einheit Jahr^{-1}), wir nennen sie die *Häufigkeitsdichte* (bei Merkmalen mit kontinuierlicher Werteskala). Ist umgekehrt die Häufigkeitsdichte p_i gegeben, dann folgt daraus bei gegebenem Merkmalsintervall Δa_i die zugehörige relative Häufigkeit zu

$$h_i = p_i \cdot \Delta a_i. \tag{17.5}$$

Einerseits ist der Schritt zur Definition der Häufigkeitsdichte begrifflich unerläßlich, andererseits ist er auch praktisch, weil man eventuell Anlaß hat, bei einer Befragung oder Messung verschiedene Intervallbreiten Δa_i zuzulassen, und dann ist die Größe $p_i = h_i/\Delta a_i$ davon unabhängig. Wir erkennen ferner, daß wir bei Verkleinerung der Intervallteilung in Fig. 17.2 aus dem Histogramm eine glatte Kurve erhalten würden, und auch der Streckenzug der kumulativen Häufigkeit würde zu einer glatten Kurve führen. Bei den Verteilungsfunktionen, die wir früher kennengelernt haben (Geschwindigkeitsverteilungsfunktion der Moleküle eines Gases, Strahlungsspektrum des schwarzen Strahlers, Spektrum der Röntgenstrahlung), hat es sich um glatte Funktionen gehandelt. Der Übergang zu solchen Funktionen wird durch einfache Formeln der Differential- und Integralrechnung vermittelt: Ist die Häufigkeitsdichte (auch Wahrscheinlichkeitsdichte genannt) $p(x)$ für ein Merkmal x mit kontinuierlicher Werteskala, dann ist die relative Häufigkeit, oder die Wahrscheinlichkeit, mit der das Merkmal im Intervall zwischen x und $x + \mathrm{d}x$ liegt, die Größe $p(x)\,\mathrm{d}x$. Diese Interpretation haben wir bei den früheren Verteilungsfunktionen angewandt, und in Fig. 17.2 entsprechen die schraffierten Rechtecke dieser Größe. Soll nun der Meßwert in einem beliebigen Intervall $x = X_0 \ldots x = X$ liegen, dann hat man dafür die kumulative Häufigkeit P zu bilden, anstelle einer Summe entsteht ein Integral,

$$P(X_0 \leqq x \leqq X) = \int_{X_0}^{X} p(x)\,\mathrm{d}x.$$ (17.6a)

Im *exakten Sprachgebrauch* nennt man *nur diese Funktion* die Verteilungsfunktion oder Häufigkeitsfunktion. Aus ihr folgt umgekehrt die Dichtefunktion $p(X)$ (an der Stelle X) durch Differentiation,

$$p(X) = \frac{\mathrm{d}P(X)}{\mathrm{d}X}.$$ (17.6b)

Auf diesen Zusammenhang kommen wir in Abschn. 17.4.2 zurück.

Beispiel 17.1 Fig. 2.13 enthält das Meßergebnis für die Häufigkeitsverteilung der menschlichen Reaktionszeit. Die Zeit ist ein Merkmal mit kontinuierlicher Werteskala. Sie wurde disktretisiert, indem ein Zeitraster mit der Intervallbreite $\Delta a = 10\,\mathrm{ms}$ elektrisch vorgegeben wurde. Weitere Diskussion s. Beispiel 17.3.

Beispiel 17.2 Bei der Untersuchung einer Stichprobe kann es praktisch sein, sofort die Verteilungsfunktion zu messen, ohne den Umweg über die Häufigkeits- oder Wahrscheinlichkeitsdichte zu gehen. Ein Beispiel ist die Ermittlung der *Korngrößenverteilung* in einem Granulat oder Pulver: Man benützt Siebe wachsenden Lochdurchmessers. Ist die Stichprobe sehr einheitlich,

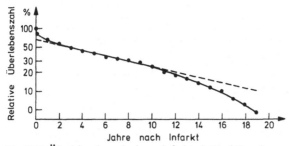

Fig. 17.3 Überlebende nach einem Infarkt als Funktion der verstrichenen Zeit

dann steigt die Verteilungsfunktion bei einem bestimmten Lochdurchmesser (= Merkmal) abrupt an. Auch dabei liegt eine Diskretisierung des Merkmals vor. – Im medizinischen Bereich wird die *Mortalität* bezüglich einer Krankheit statistisch erfaßt, indem z. B. nach der Diagnose oder nach einem Eingriff die Anzahl der Überlebenden (Merkmal „Überlebensdauer") über 1, 2, 3, ... Jahre hinaus registriert wird. Fig. 17.3 enthält ein Beispiel für die Überlebensdauerverteilung nach einem Myocard-Infarkt: es handelt sich um eine kumulative Häufigkeitsverteilung. – Der statistische *radioaktive Zerfall* der Atomkerne wird nicht an Hand der Zählung der überlebenden Kerne (Merkmal: Zeit) verfolgt, sondern mittels der Aktivität A (Abschn. 15.4.3). Sie stellt eine Häufigkeitsdichte für die Lebensdauer eines radioaktiven Kerns dar, denn die Anzahl der im Zeitintervall Δt nach Ablauf der Zeit t zerfallenden Kerne ist $\Delta N = A \Delta t = A_0 \exp(-\lambda t) \Delta t$, d.h. dies ist die Anzahl der Kerne, die im Zeitintervall $t \dots t + \Delta t$ zerfallen und damit die gleiche Zeit „gelebt" haben. $\Delta N/\Delta t$ ist also die Häufigkeitsdichte.

17.4 Häufigkeitsverteilung, Normalverteilung

17.4.1 Ein Beispiel: Häufigkeitsverteilung der Erythrozyten-Konzentration

In Zählkammern von definiertem Volumen zählt man die Anzahl der roten Blutkörperchen unter dem Mikroskop aus. Die gemessene Anzahl wird durch das Volumen dividiert und ergibt die Konzentration (Anzahldichte). Die Messung wird mehrere Male wiederholt. Bei 20 Zählungen möge man die in Tab. 17.1 zusammengestellten Konzentrationen gefunden haben (linker Teil der Tabelle). Die einzelnen Messungen streuen. Einzelne Meßwerte kommen mehrfach vor. Im rechten Teil der Tabelle sind die Meßwerte geordnet und für jeden ist die Häufigkeit H_j seines Vorkommens in der Stichprobe aufgezeichnet, wie sie sich aus dem linken Teil der Tabelle ergibt. Die letzte Spalte enthält die relative Häufigkeit h_j. Die Summe der relativen Häufigkeiten ergibt den Wert 1, und es ist $\sum_j H_j = 20$ der Umfang der Stichprobe.

Tab. 17.1 Durch Zählung ermittelte Anzahldichte (Konzentration) der roten Blutkörperchen (links) und Häufigkeit der Anzahldichten (Konzentrationen) (rechts)

Nr. i	$n_i/10^6\,\text{mm}^{-3}$	Nr. i	$n_i/10^6\,\text{mm}^{-3}$	Nr. j	$n_j/10^6\,\text{mm}^{-3}$	H_j	h_j
1	4,8	11	4,8	1	4,5	2	0,10
2	4,9	12	4,6	2	4,6	2	0,10
3	4,7	13	4,7	3	4,7	3	0,15
4	5,0	14	4,6	4	4,8	5	0,25
5	5,0	15	4,8	5	4,9	4	0,20
6	4,9	16	4,9	6	5,0	3	0,15
7	4,8	17	5,1	7	5,1	1	0,05
8	4,5	18	5,0			$\overline{\sum H_j = 20}$	$\overline{\sum h_j = 1{,}00}$
9	4,7	19	4,8				
10	4,5	20	4,9				

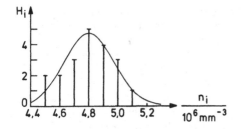

Fig. 17.4
Häufigkeitsverteilung der Anzahl der Erythrozyten in der Volumeneinheit (Konzentration der Erythrozyten) nach Tab. 17.1

In der Zusammenstellung in Tab. 17.1 wurde das Merkmal „Anzahl der Erythrozyten je mm³" in Intervalle geteilt: alle Anzahlen im Intervall $\Delta n = 0{,}1 \cdot 10^6 \, \text{mm}^{-3}$ wurden zu einer „Klasse" zusammengefaßt.

Das Stabdiagramm Fig. 17.4 zeigt deutlich die *Streuung* der Einzelmessungen. Der *wahrscheinlichste Wert* der Konzentration ist derjenige mit der größten Häufigkeit bzw. relativen Häufigkeit ($4{,}8 \cdot 10^6 \, \text{mm}^{-3}$). Je weiter die Messungen vom Wert mit der größten Häufigkeit abweichen, umso seltener werden sie. Die Verteilung ist aber einigermaßen symmetrisch.

17.4.2 Normalverteilung – Gauß-Verteilung

Wenn die Streuung der Meßdaten durch das Zusammenwirken vieler Ursachen zustandekommt, die man weder im einzelnen übersieht, noch zu übersehen braucht (s. dazu Abschn. 17.2), so kann man – wie die mathematische Analyse zeigt – häufig davon ausgehen, daß die einzelnen Meßwerte x um den w a h r e n W e r t μ, im Sinne der Theorie um den „Erwartungswert", nach Maßgabe der *Normalverteilung*, oder *Gauß-Verteilung* streuen. Diese Häufigkeitsfunktion enthält zwei Parameter, den *Erwartungswert* μ, um den herum die Daten streuen, und die Streuung σ, die ein Maß dafür ist, wie „breit" die Häufigkeitsfunktion ist,

$$H(x) = \frac{C}{\sqrt{2\pi}\,\sigma} \exp\left(-\frac{(x-\mu)^2}{2\sigma^2}\right). \tag{17.7}$$

Oft wird die Aufgabe gestellt, diese Häufigkeitsfunktion an die gemessene Häufigkeitsverteilung bestmöglich anzupassen und die Parameter μ und σ dementsprechend zu bestimmen. Eine solche angepaßte Kurve ist in Fig. 17.4 hinzugefügt worden, die Parameter μ und σ sowie der Normierungsfaktor C wurden aus den Meßdaten ermittelt (s. Abschn. 17.5). Der Wert von C ist proportional zur Gesamtzahl der Messungen und hat nichts mit der Streuung oder dem Erwartungswert zu tun. Mit $C = 1$ stellt Gl. (17.7) die eigentliche *Normalverteilung* oder *Gauß-Verteilung* $p(x)$ dar,

$$p(x) = \frac{1}{\sqrt{2\pi}\,\sigma} \exp\left(-\frac{(x-\mu)^2}{2\sigma^2}\right), \qquad P(X) = \int_{-\infty}^{x} p(x)\,\mathrm{d}x, \tag{17.8}$$

$$P(\infty) = \int_{-\infty}^{+\infty} p(x)\,\mathrm{d}x = 1. \tag{17.9}$$

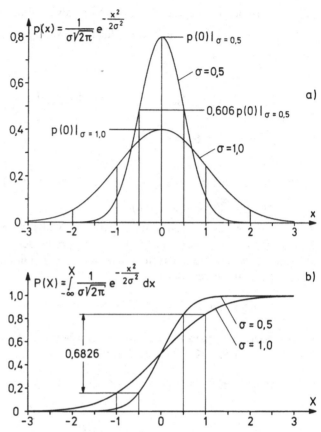

Fig. 17.5 Normalverteilung (Gauß-Verteilung) für zwei verschiedene Werte der Streuung σ beim Erwartungswert $\mu = 0$
a) Wahrscheinlichkeitsdichte $p(x)$, b) Wahrscheinlichkeit $P(X)$

Es ist also $H(x)$ (experimentelle Häufigkeitsverteilung) $= C p(x)$, und C ermittelt man aus der Wertetabelle bzw. dem Stabdiagramm: ist Δx_i die Intervallteilung, dann setzt man

$$\sum H_i \Delta x_i = C \int_{-\infty}^{+\infty} p(x)\, \mathrm{d}x = C, \qquad (17.10)$$

und damit ist C berechenbar. – Fig. 17.5 enthält Normalverteilungen für zwei verschiedene Werte der Streuungs-Parameter σ: der kleinere Wert, $\sigma = 0.5$, beschreibt eine Verteilung mit geringerer Streuung als diejenige mit dem größeren Parameterwert $\sigma = 1.0$. Die verschiedenen Maximalwerte von $p(x)$ rühren davon her, daß beide Funktionen auf 1 normiert sind. Das zeigt auch der Verlauf von $P(X)$: in beiden Fällen geht $P \to 1$, wenn X gegen unendlich geht. Die in Abschn. 17.3 gegebene Interpretation der Häufigkeitsdichte bedeutet hier, daß $p(x)\,\mathrm{d}x$ die Wahrscheinlichkeit ist, daß ein Meßwert im Intervall $x \ldots x + \mathrm{d}x$ liegt.

Wir stellen noch einige Werte für die Normalverteilung zusammen.

1. Bei $x = \mu$ (dem Erwartungswert) liegt das Maximum, dort ist $\exp(-0) = 1$, also

$$p(\mu) = \frac{1}{\sqrt{2\pi}\,\sigma}. \tag{17.11}$$

2. Bei $(x - \mu)^2 = \sigma^2$, also $x - \mu = \pm\,\sigma$, ist $\exp\left(-\frac{1}{2}\right) = 0{,}606$, und es folgt aus Gl. (17.8)

$$p(\mu \pm \sigma) = 0{,}606\,p(\mu) \tag{17.12}$$

s. Fig. 17.5.

3. Bei $(x - \mu)^2 = 2\sigma^2$, also $x - \mu = \pm\,\sqrt{2}\,\sigma$ ist $\exp(-1) = 0{,}368$ und damit

$$p(\mu \pm \sqrt{2}\,\sigma) = 0{,}368\,p(\mu). \tag{17.13}$$

4. Die Wahrscheinlichkeit dafür, daß ein Meßwert x zwischen a und b liegt, $P(a \leq x \leq b)$, folgt aus Gl. (17.6a) und entspricht der Fläche unter der $p(x)$-Kurve zwischen den Abszissenwerten $x = a$ und $x = b$. Dieser Wert kann auch aus der $P(X)$-Kurve abgelesen werden:

$$P(a \leq x \leq b) = \int\limits_a^b p(x)\,\mathrm{d}x = P(b) - P(a). \tag{17.14}$$

Insbesondere liest man ab, daß die Wahrscheinlichkeit dafür, daß ein Meßwert im Intervall $\mu - \sigma \leq x \leq \mu + \sigma$ liegt, den Wert hat

$$P(\mu - \sigma \leq x \leq \mu + \sigma) = \int\limits_{\mu-\sigma}^{\mu+\sigma} p(x)\,\mathrm{d}x = 0{,}683 = 68{,}3\,\%. \tag{17.15}$$

17.5 Auswertung der Daten einer Stichprobe, arithmetisches Mittel und empirische Standardabweichung

Eine Stichprobe enthält eine endliche Anzahl von Meßwerten. Sie sollen in aller Regel zur Angabe *eines* Wertes als Ergebnis der Messung verarbeitet werden, und man möchte eine Angabe über die *Meßunsicherheit* hinzufügen, d.h. über die Streuung der Meßergebnisse. Im rechten Teil von Tab. 17.1 haben wir die Merkmale geordnet und damit eine „Rangfolge" festgelegt und die zugehörigen Häufigkeiten notiert. Der *wahrscheinlichste Wert* des Merkmals ist derjenige Wert x_w, für den die größte Häufigkeit oder relative Häufigkeit gemessen wurde: in Tab. 17.1 ist $n_w = 4{,}8 \cdot 10^6\,\mathrm{mm}^{-3}$ ($H_4 = 5$). Aus der Rang-Aufstellung entnimmt man auch den *Zentral*- oder *Medianwert*. Es ist das arithmetische Mittel aus dem Merkmal des kleinsten und des höchsten

Ranges: $n_z = \frac{1}{2}(4{,}5 + 5{,}1) \cdot 10^6\,\mathrm{mm}^{-3} = 4{,}8 \cdot 10^6\,\mathrm{mm}^{-3}$. Aus dem Unterschied von x_w und x_z kann man auf eine Unsymmetrie der Verteilung schließen: Bei der Verteilung Fig. 17.2 ist $x_w = 19\,\mathrm{a}$ und $x_z = 26{,}5\,\mathrm{a}$.

Der *arithmetische Mittelwert* der Meßwerte ist durch

$$\bar{x} = \frac{1}{N} \sum_i x_i = \frac{1}{N} \sum_j H_j x_j = \frac{\sum_j H_j x_j}{\sum_j H_j} = \sum_j h_j x_j \tag{17.16}$$

definiert. Der zweite und dritte Teil dieser Definition zeigt, daß die Häufigkeiten H_j die *Gewichte* der *verschiedenen* Meßergebnisse sind, und N ist gleich der Summe der Gewichte. Für die Daten in Tab. 17.1 ergibt sich

$$\bar{n} = 4,80 \cdot 10^6 \, \text{mm}^{-3}. \tag{17.17}$$

Da man den arithmetischen Mittelwert unter Benutzung aller Messungen berechnet hat, nimmt man in der Regel an, daß er „genauer" sei als ein einzelner Meßwert. Eine solche Aussage bedarf des Rückgriffs auf eine Theorie.

Zunächst stellen wir fest, daß das arithmetische Mittel so gebildet ist, daß die Summe der Abweichungen aller Meßergebnisse von dem Mittel gerade Null ergibt,

$$\sum_i (\bar{x} - x_i) = 0 \tag{17.18}$$

(kann als Rechenkontrolle benützt werden). Will man die *Streuung der Meßwerte* kennzeichnen, so führt man zunächst die *empirische Varianz*

$$s^2 = \frac{1}{N-1} \sum_i (\bar{x} - x_i)^2 \tag{17.19}$$

ein und definiert damit die *empirische Standardabweichung* der *Häufigkeitsverteilung der Meßwerte der Stichprobe:*

$$s = + \sqrt{s^2} = \sqrt{\frac{1}{N-1} \sum_i (\bar{x} - x_i)^2}. \tag{17.20}$$

Eine Auswertung der Daten in Tab. 17.1 liefert für diese Stichprobe die Standardabweichung $s = 0,17 \cdot 10^6 \, \text{mm}^{-3}$. – Eine einfache *Abschätzung für s* findet man auch durch Kurvendiskussion von $p(x)$: die Verteilung hat zwei Wendepunkte bei $\mu \pm \sigma$; aus einer gemessenen Verteilung $H(x)$ kann man die Wendepunkte meist gut ermitteln.

Die in Fig. 17.4 eingezeichnete Häufigkeitsverteilung (abgesehen vom Faktor C ist sie eine Normalverteilung) wurde mittels Gl. (17.7) berechnet, wobei der Erwartungswert μ durch $\bar{x}$ (Gl. (17.16)) und σ durch die Standardabweichung s (Gl. (17.20)) ersetzt wurde. Die Zulässigkeit dieses Ersatzes ist in der Wahrscheinlichkeitstheorie untersucht worden: wenn man zwar den „wahren Wert" oder „Erwartungswert" einer zu messenden Größe nicht kennt, aber annehmen kann, daß die Abweichungen der Meßwerte von dem Erwartungswert „statistisch" sind, dann folgt aus der Zugrundelegung einer Normalverteilung, daß das arithmetische Mittel $\bar{x}$ eine bestmögliche Annäherung an den Erwartungswert μ ist und das gleiche gilt für den Ersatz von σ durch die Standardabweichung. – Auf die Angabe der Meßunsicherheit kommen wir in Abschn. 17.6 zurück.

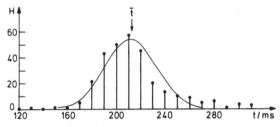

Fig. 17.6 Häufigkeitsverteilung H der menschlichen Reaktionszeit t (Fig. 2.13) und Vergleich mit einer Normalverteilung (ausgezogene Kurve)

Beispiel 17.3 Bei der in Fig. 2.13 dargestellten Verteilung der menschlichen Reaktionszeit (Hinweis in Beispiel 17.1) ist das Merkmal „Zeit" in 10 ms-Intervalle unterteilt worden. Das arithmetische Mittel, also die mittlere Reaktionszeit, ergibt sich zu $\bar{t} = 212,3$ ms. Der wahrscheinlichste Wert (größte Häufigkeit) liegt bei $t_w = 210$ ms, der Zentral- oder Medianwert bei $t_z = 210$ ms. Die Standardabweichung in der Stichprobe ist $s_t = 21$ ms (Fig. 17.6).

Beispiel 17.4 In Abschn. 15.4.3 wurde darauf hingewiesen, daß der radioaktive Zerfall der Atomkerne ein „statistischer Vorgang" ist. Wir berechnen einen Mittelwert der Lebensdauern der radioaktiven Kerne wie folgt. Nach dem Zerfallsgesetz Gl. (15.52) nimmt die Anzahl der radioaktiven Kerne, wenn zur Zeit $t = 0$ die Anzahl N_0 vorhanden war, entsprechend

$$N = N_0 \exp(-\lambda t) \tag{17.21}$$

exponentiell ab. Daraus ergibt sich die Anzahl der zur Zeit t im Intervall $t \ldots t + \mathrm{d}t$ zerfallenden Kerne, also der Kerne mit der Lebensdauer zwischen t und $t + \mathrm{d}t$ durch Differentiation zu

$$\mathrm{d}N = N_0 \cdot \lambda \cdot \exp(-\lambda t) \cdot \mathrm{d}t \, (\equiv H_j), \tag{17.22}$$

und diese Anzahl (sie ist positiv; das bei der Differentiation entstehende Minuszeichen sagt nur: Abnahme von N) ist identisch mit der Häufigkeit H_j der Kerne mit der angegebenen Lebensdauer. Damit ist es möglich, nach Gl. (17.16) den Mittelwert $\bar{t} = \tau$ der Lebensdauern zu bilden:

$$\bar{x} = \frac{\sum x_j H_j}{\sum H_j} \; \hat{=} \; \bar{t} = \frac{\int\limits_0^\infty t \, \mathrm{d}N}{\int\limits_0^\infty \mathrm{d}N}; \tag{17.23}$$

weil hier t eine kontinuierliche Werteskala besitzt, wird aus der Summe ein Integral. Wir erhalten

$$\bar{t} = \frac{\int\limits_0^\infty t \, N_0 \, \lambda \exp(-\lambda t) \, \mathrm{d}t}{\int\limits_0^\infty N_0 \, \lambda \exp(-\lambda t) \, \mathrm{d}t} = \frac{1}{\lambda}. \tag{17.24}$$

Die mittlere Lebensdauer $\bar{t} = \tau$ der radioaktiven Kerne ist gleich dem Kehrwert der Zerfallskonstante λ.

Zusatzbemerkung. 1. Meßverfahren und *Ablesegenauigkeit* müssen auf die Eigenschaften des Objektes und den Meßzweck abgestimmt sein. Die Längenmessung des Menschen mit der auf 1/10 mm ablesbaren Schiebelehre ist unnötig genau. Die

Messung der Reaktionszeit mit einer Uhr, die nur volle Sekunden abzulesen gestattet, ist zu ungenau; die Messung mit einer elektronischen Uhr, die 1 ms zu messen gestattet, ist zu genau. Die Messung der Temperatur des menschlichen Körpers muß mindestens auf 1/10 Grad genau möglich sein, weil der interessierende Temperaturbereich nur wenige Grad umfaßt.

2. *Statistische Meßfehler,* die die Abweichung v_i des Meßwertes x_i vom arithmetischen Mittel $\bar{x}$ darstellen, $v_i = \bar{x} - x_i$, streuen um den Wert $v = 0$. Damit stellen die Kurven in Fig. 17.5 *Fehlerverteilungsfunktionen* dar, auch *Gaußsche Fehlerfunktionen* genannt.

3. In Abschn. 17.6.2 und 17.6.3 beschreiben wir genauer, auf welche Weise man zu einem Meßwert $\bar{x}$ die hinzuzufügende *Meßunsicherheit* u gewinnt, so daß das Endergebnis einer Messung $x_E = \bar{x} \pm u$ lautet. Häufig mißt man mehrere Größen $x, y, \ldots$ und berechnet aus ihnen eine andere Größe (z.B. den Kugelinhalt aus einem gemessenen Durchmesser). Man habe also die Größe

$$z = f(x, y, \ldots) \tag{17.25}$$

zu berechnen. Die Meßunsicherheiten u (von $\bar{x}$), v (von $\bar{y}$) usw. bewirken auch eine Unsicherheit der Größe z. Man geht wie folgt vor: Zunächst berechnen wir aus den Meß-Mittelwerten

$$\bar{z} = f(\bar{x}, \bar{y}, \ldots), \tag{17.26}$$

dann bilden wir die Ableitungen $f_x, f_y, \ldots$ der Funktion f nach den Variablen $x, y, \ldots$ und behandeln dabei immer die übrigen Variablen als Konstanten (Bildung des „partiellen Differentialquotienten"). Dann ist die Meßunsicherheit w von $\bar{z}$

$$w = \sqrt{f_x^2 u^2 + f_y^2 v^2 + \ldots}. \tag{17.27}$$

Diese Gleichung stellt das *Gaußsche Fehlerfortpflanzungsgesetz* dar.

Beispiel 17.5 Es sei das Volumen von Erythrozyten zu ermitteln, von denen die Dicke d und der Durchmesser $2R$ einzeln gemessen worden seien. Als Approximation legen wir die Form eines abgeplatteten Rotationsellipsoides zugrunde. Das Volumen ist dann

$$V = \frac{4\pi}{3} \frac{d}{2} R^2.$$

Es folgt

$$V_d = \frac{\partial V}{\partial d} = \frac{4\pi}{3} \frac{1}{2} R^2 \quad \text{und} \quad V_R = \frac{\partial V}{\partial R} = \frac{4\pi}{3} d \cdot R$$

und damit die relative Meßunsicherheit des berechneten Volumens

$$\frac{w_V}{V} = \sqrt{\frac{1}{d^2} u_d^2 + 4 \frac{1}{R^2} v_R^2}. \tag{17.28}$$

Man wird darauf achten, daß besonders die Dickenmessung mit geringer Meßunsicherheit ausfällt.

17.6 Statistischer Test, Vertrauensbereich und Meßunsicherheit

17.6.1 Statistischer Test

Darunter versteht man die Überprüfung von Datenmaterial daraufhin, ob Meßwertstreuungen, auch Abweichungen von einer Hypothese oder Theorie „statistisch zulässig" sind. Das wird an Hand von Verteilungsfunktionen geprüft, die mit gewissen Wahrscheinlichkeiten Abweichungen gestatten. Für derartige Tests sind verschiedene, den Fragestellungen angepaßte Verfahren auf der Grundlage entsprechender Verteilungsfunktionen entwickelt worden (z. B. der „χ^2-Test"). Wir gehen darauf hier nicht ein, sondern besprechen das Verfahren zur Gewinnung einer Angabe für die Meßgenauigkeit bzw. der Meßunsicherheit, die aus den Abweichungen der Meßwerte folgt.

17.6.2 Vertrauensbereich und Meßunsicherheit bei bekannter Standardabweichung

Es werde angenommen, die Standardabweichung σ für eine bestimmte Messung, die auf einem *bestimmten Meßverfahren* beruht, sei *bekannt*. Dann ist also $s = \sigma$. Es mögen N Messungen ausgeführt worden sein, $\bar{x}$ sei das aus ihnen gebildete arithmetische Mittel (Gl. (17.16)). Aus diesem einen Wert wollen wir ermitteln, wie groß der Erwartungswert μ der gemessenen Größe ist, der den Meßdaten zugrundeliegt. Eine solche Angabe ist nicht möglich, wohl aber kann man angeben, daß der Erwartungswert mit einer bestimmten *Wahrscheinlichkeit* in einem gewissen *Bereich* liegt. Wir legen die Normalverteilung für die Meßwerte zugrunde. Der aus ihnen gebildete Mittelwert ist selbst eine statistische Größe, für die die Wahrscheinlichkeitsdichte gilt

$$p(\bar{x}) = \frac{1}{\sqrt{2\pi}\,\frac{\sigma}{\sqrt{N}}} \exp\left(-\frac{(\bar{x}-\mu)^2}{2\frac{\sigma^2}{N}}\right). \tag{17.29}$$

Aus Gl. (17.29) können wir ganz entsprechend wie in Abschn. 17.4.2 schließen, mit welcher Wahrscheinlichkeit $\bar{x}$ in einem vorgegebenen Intervall um den Erwartungswert μ herum liegen wird. Hier lautet die Fragestellung anders: aus einem bestimmten Mittelwert $\bar{x}$ wollen wir eine Aussage über den Erwartungswert μ machen. Das gelingt, weil in Gl. (17.29) $\bar{x}$ und μ nur in Form der Differenz $\bar{x} - \mu$ auftreten. Entsprechend Gl. (17.15) finden wir aus der Normalverteilung Gl. (17.29), daß der Erwartungswert μ im Intervall

$$\bar{x} - \frac{\sigma}{\sqrt{N}} \leqq \mu \leqq \bar{x} + \frac{\sigma}{\sqrt{N}} \tag{17.30}$$

mit der Wahrscheinlichkeit (auch *statistische Sicherheit* genannt)

$$P\left(|\bar{x}-\mu| \leqq \frac{\sigma}{\sqrt{N}}\right) = 0{,}683 = 68{,}3\,\%$$

liegt. Der Erwartungswert μ liegt in dem breiteren Intervall

$$\bar{x} - \frac{2\sigma}{\sqrt{N}} \leqq \mu \leqq \bar{x} + \frac{2\sigma}{\sqrt{N}} \tag{17.31}$$

mit der Wahrscheinlichkeit (statistischen Sicherheit)

$$P\left(|\bar{x} - \mu| \leqq 2\,\frac{\sigma}{\sqrt{N}}\right) = 0{,}954 = 95{,}4\,\%.$$

Es ist üblich, dieses Ergebnis anders zu formulieren: bei dem *Vertrauensniveau* $1 - \alpha$ = 68,3 % liegt der Erwartungswert μ (irgendwo) in dem *Vertrauensbereich* $\pm\,\sigma/\sqrt{N}$ um den Meßwert $\bar{x}$ herum. Entsprechend kann man auch Gl. (17.31) umformulieren. In verschiedenen Anwendungsbereichen hält man sich an verschiedene, vereinbarte Vertrauensniveaus. Wegen einer manchmal zutage tretenden Bevorzugung des 95 %- *Vertrauensniveaus* geben wir noch den hierzu gehörigen Vertrauensbereich an:

$$\bar{x} - 1{,}965\,\frac{\sigma}{\sqrt{N}} \leqq \mu \leqq \bar{x} + 1{,}965\,\frac{\sigma}{\sqrt{N}}. \tag{17.32}$$

Wir nennen den auf solche Weise eingegrenzten Erwartungswert das *Ergebnis* x_E der Messung, und die Größe $u = 1{,}965\,\sigma/\sqrt{N}$ ist seine *Meßunsicherheit* (bei dem Vertrauensniveau $1 - \alpha = 95\,\%$; man muß dieses stets angeben!) Damit geben wir das Ergebnis einer Messung in der Form

$$x_E = \bar{x} \pm u = \bar{x} \pm 1{,}965\,\frac{\sigma}{\sqrt{N}} \tag{17.33}$$

an. – Die Gleichungen (17.30) bis (17.33) sind auch dann anwendbar, wenn überhaupt nur eine einzelne Messung ausgeführt wird, also $N = 1$ ist, allerdings muß, wie schon gesagt, die Standardabweichung für das Meßverfahren in diesem Fall bekannt sein.

17.6.3 Vertrauensbereich und Meßunsicherheit bei unbekannter Standardabweichung

Die Auswertung einer Messung, die aus N Einzelmessungen besteht, beginnt mit der Berechnung des Mittelwertes $\bar{x}$ und der Standardabweichung s (aus Gl. (17.20)). Die Argumentation in Abschn. 17.6.2 zur Gewinnung eines Vertrauensbereichs für den Erwartungswert μ läßt sich nicht in gleicher Weise durchführen, weil in der Normalverteilung jetzt nicht nur $\bar{x}$, sondern auch der Ersatz für $\sigma/\sqrt{N}$, die Größe $s/\sqrt{N}$, selbst eine statistische Größe ist. Man muß, wie die Theorie zeigt, die Verteilungsfunktion für die Kombination $t = (\bar{x} - \mu)/(s/\sqrt{N})$ untersuchen. Wir können hier keine Einzelheiten besprechen, sondern stellen nur die Ergebnisse zusammen. Das *Ergebnis* x_E einer Messung mit dem Mittelwert $\bar{x}$ geben wir wieder in der Form $x_E = \bar{x} \pm u$ an, wobei wir für die *Meßunsicherheit* die Größe

$$u = t \cdot \frac{s}{\sqrt{N}} \tag{17.34}$$

Tab. 17.2 Meßunsicherheitsparameter t in Abhängigkeit vom Vertrauensniveau $1 - \alpha$ und von der Anzahl N der Messungen

N	$1 - \alpha = 68{,}3\%$ t	$1 - \alpha = 95\%$ t
2	1,8	13
3	1,32	4,30
4	1,20	3,18
5	1,15	2,78
10	1,06	2,26
20	1,03	2,09
100	1,00	1,98

benutzen und dabei den Parameter t entsprechend dem gewählten Vertrauensniveau einsetzen. Eine Auswahl von Zahlenwerten für t enthält Tab. 17.2. Der Vergleich mit den Daten in Gl. (17.30) und Gl. (17.32) zeigt, daß bei gegebenem Vertrauensniveau die Grenzen des Vertrauensbereichs für das Ergebnis x_E größer werden: die Meßunsicherheit ist größer geworden, weil die empirische Standardabweichung selbst eine statistische Größe ist. – Gl. (17.34) läßt sich *nicht* anwenden, wenn nur eine einzelne Messung ausgeführt wird, also $N = 1$ ist, weil dann die empirische Standardabweichung nicht bestimmt ist (und nach Gl. (17.20) formell ∞ wird).

Beispiel 17.6 Für die Häufigkeitsverteilung der Erythrozyten-Konzentration (Abschn. 17.4.1) ergab sich der Mittelwert $\bar{n} = 4{,}80 \cdot 10^6\,\text{mm}^{-3}$ (Gl. (17.17)) mit der Standardabweichung $s = 0{,}17 \cdot 10^6\,\text{mm}^{-3}$. Es lagen $N = 20$ Einzelmessungen vor. Zur Angabe der Meßunsicherheit u entnehmen wir aus Tab. 17.2 den Meßunsicherheitsparameter $t = 2{,}09$ beim Vertrauensniveau $1 - \alpha = 95\%$. Damit ist $u = 2{,}09 \cdot 0{,}03 \cdot 10^6\,\text{mm}^3 = 0{,}08 \cdot 10^6\,\text{mm}^{-3}$. Wir geben damit das Endergebnis in der Form an

$$n_E = \bar{n} \pm u = 4{,}80 \cdot 10^6\,\text{mm}^{-3} \pm 0{,}08 \cdot 10^{-6}\,\text{mm}^{-3} \qquad (17.35)$$

(abgekürzt: $n_E = 4{,}80(8) \cdot 10^6\,\text{mm}^{-3}$). Das heißt also – um es noch einmal zu sagen –: der wahre Wert (Erwartungswert) der Erythrozyten-Konzentration liegt mit der Wahrscheinlichkeit 95% im Intervall $(4{,}72\ \text{bis}\ 4{,}88) \cdot 10^6\,\text{mm}^{-3}$ und mit der Wahrscheinlichkeit 5% außerhalb dieses Intervalls. Eine andere Ausdrucksweise lautet: Die statistische Sicherheit für die Lage des Erwartungswertes im angegebenen Intervall ist 95%, die Überschreitungswahrscheinlichkeit ist 5%. – Das Ergebnis Gl. (17.35) kann auch als

$$n_E = 4{,}80 \cdot 10^6\,(1 \pm 1{,}7 \cdot 10^{-2})\,\text{mm}^{-3} \qquad (17.36)$$

angegeben werden. Anders ausgedrückt: beim Vertrauensniveau $1 - \alpha = 95\%$ ist die relative Meßunsicherheit $u/\bar{n} = 1{,}7 \cdot 10^{-2} = 1{,}7\%$.

18 Physikalische Grundlagen
einiger bildgebender Verfahren der Medizin

18.1 Rechner-unterstützte Tomographie
(CT = Computer Assisted Tomography)

Die Rechner-unterstützte Tomographie ist ein nicht-invasives Verfahren, mit dem Schnittbilder (griech. $\tau o\mu\acute{\eta}$ = Schnitt, $\gamma\varrho\alpha\varphi\acute{\eta}$ = Zeichnung) gewonnen werden, die morphologische und physiologische Daten des Organismus wiedergeben. Das Verfahren besteht aus drei Hauptschritten: *Erstens* Bildung eines elektrischen Signals aufgrund von physikalischen und/oder chemischen Eigenschaften des Objektes, *zweitens* elektronische Verarbeitung des Signals und Ablage der in ihm enthaltenen Informationen in einem elektronischen Speicher, *drittens* Auslesen der im Speicher enthaltenen Information und ihre bildliche Darstellung, z. B. auf einem Oszillographenschirm. Der dritte Schritt ist Standard der Fernsehbildtechnik und wird daher hier nicht besprochen.

Das Verfahren gestattet es, aus einer auswählbaren Schicht der Dicke Δz (Fig. 18.1) des Objektes Signale zu erhalten, die aus mehr oder weniger großen Teilvolumina $\Delta V = \Delta x \cdot \Delta y \cdot \Delta z$ stammen und die in ihrer Summe die ausgewählte Schnittebene oder den in ihr ausgewählten Teilbereich vollständig überdecken. In der Regel erfolgt die Schichtauswahl durch Vorschub der Meßeinrichtung oder durch Bewegung des – meist liegenden – Objektes durch die Meßeinrichtung hindurch bzw. an ihr vorbei.

Ein elektronischer *Speicher* enthält nur eine begrenzte, endliche *Anzahl diskreter Speicherplätze*, an denen ein Signal bzw. eine Information eingeschrieben und bis zum Abruf festgehalten werden kann. Die Zuordnung von Speicher*platz* und Koordinatentripel x, y, z im Objekt erfolgt bei den verschiedenen Tomographie-Verfahren auf verschiedene Weise. Die Anzahl der benutzbaren Plätze ist durch die technischen Möglichkeiten bestimmt. Will man in einer Objektebene (z = const) eine Ortsauflösung von z. B. 1 mm × 1 mm erreichen, so müssen, wenn das Objekt der menschliche Körper mit einem Querschnitt von etwa 300 mm × 300 mm ist, insgesamt $300 \times 300 = 9 \cdot 10^4$ Speicherplätze für diese Ebene zur Verfügung gestellt werden, was bei den heutigen Speichern kein Problem ist. Mit der gleichen Anzahl von Speicherplätzen kann man auch ein feineres Koordinatenraster überdecken, z. B. 0,1 mm × 0,1 mm, allerdings ist dann das objektseitige Gesichtsfeld auf die Fläche von 30 mm × 30 mm beschränkt. Ob dabei die Detailerkennbarkeit bei unveränderter Größe des oszillographischen Bildes verbessert wird, hängt davon ab, ob bei der feineren Rasterung bereits eine grundsätzliche Grenze der Ortsauflösung des Verfahrens unterschritten wird und ob die Verkleinerung des auf mehr Plätze verteilten Signals tolerierbar ist.

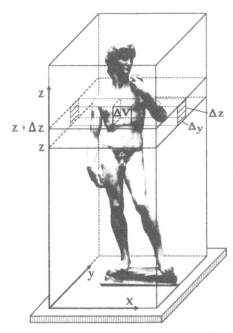

Fig. 18.1
Bei der Röntgen-CT wird in einer wählbaren Schicht zwischen z und $z + \Delta z$ die Strahlungsschwächung in den einzelnen Volumenelementen $\Delta V = \Delta x \, \Delta y \, \Delta z$ der Schicht ermittelt

Das an einem *Speicherplatz* eingeschriebene Signal bzw. die eingeschriebene Information ist eine *Zahl*, die aus den interessierenden Eigenschaften eines beim Ort x, y, z gelegenen Volumenelementes $\Delta V = \Delta x \cdot \Delta y \cdot \Delta z$ des Objektes gewonnen wird. Diese Zahl stellt beispielsweise die Wasserstoffmenge in einem Volumenelement der Größe $\Delta V = 1 \, mm^3$ dar. Für das dem Speicherplatz *zugeordnete Volumenelement* hat sich die Bezeichnung „Voxel" eingebürgert; das Wort ist in Analogie zu der Wortbildung „Pixel" als Bezeichnung für ein Bildelement (picture element) einer bildlichen Darstellung gewählt worden.

Die *Signalverarbeitung* selbst, die zu der im Speicher abgelegten Verteilung der Signale einer Objektebene $S = S(x, y)$ oder auch mehrerer Schnittebenen $S = S(x, y; z)$ führt, bedarf schneller und umfangreicher mathematischer Prozeduren, die mit dem zum Tomographiegerät gehörenden Rechner ausgeführt werden. Auf Schnelligkeit kommt es insbesondere an, wenn auch Bewegungsabläufe beobachtet und dargestellt werden sollen, wozu mindestens 10 Bilder je Sekunde nötig sind.

Die *bildliche Darstellung* des Inhaltes des elektronischen Speichers (3. Schritt der Tomographie) bedarf der Zuordnung von gespeicherter Zahl, z. B. Wasserstoffgehalt in einem Voxel, zu einem visuellen Merkmal. Im einfacheren und weithin vorliegenden Fall ist dies die Helligkeit des zugeordneten Pixels eines Oszilloskop-Bildes (sog. Grauwertdarstellung). Im komfortableren Fall kann Farbe eingearbeitet werden, indem z. B. „große Zahl" durch die Farbe „rot" eines farbenfähigen Bildschirmes, „kleine" durch „blau" (allgemein Benutzung der Spektralfarben) wiedergegeben wird. Das führt zu bunten Bildern, die neben der Grauwertdarstellung wertvoll sein können. Eine interessante

Möglichkeit eröffnet sich für den Fall, daß an jedem Speicherplatz mehrere, verschieden-artige, interessierende Größen gespeichert worden sind (Abschn. 18.4.7, Ergänzung), denen verschiedene Farben zugeordnet werden, und von denen jede eine eigene „Grauwertdarstellung" erhält. Durch Überlagerung können ganz neue Farbeindrücke entstehen, die u.U. neue Befunde anzeigen. – Schließlich wird bei der „Digitalen Subtraktions-Angiographie" (DSA) davon Gebrauch gemacht, daß eine „Leeraufnah-me" des Objektes durch eine Aufnahme nach Applizierung eines Kontrastmittels überlagert wird und der Rechner die Leeraufnahme von der Kontrastaufnahme „digital" subtrahiert.

Die mathematischen Anteile der CT-Verfahren können hier natürlich nur jeweils kurz angedeutet werden. Die großen Erfolge aller Tomographieverfahren sind einerseits den elektronischen Rechenverfahren, andererseits aber der intensiven Zusammenarbeit von Ärzten, Biologen, Chemikern, Ingenieuren, Physikern und Mathematikern zu verdanken. Bei der in den nächsten Abschnitten folgenden Besprechung der verschiedenen Verfahren werden wir uns in diesem Physikbuch im wesentlichen nur mit der *Physik der Signalbildung* befassen.

18.2 Röntgen-CT (Transmissions-CT)

18.2.1 Strahlungsschwächung und Röntgen-CT

Die Eigenschaften der im Bereich der Medizin verwendeten Röntgenstrahlung, ihre Wechselwirkung mit Materie und die Methoden zu ihrem Nachweis sind in Abschn. 15.3 behandelt worden. Bei der folgenden Beschreibung des CT-Verfahrens können wir daher darauf zurückgreifen.

Üblicherweise verwendet man in der Medizin die Röntgenstrahlung zur Herstellung einer photographischen Aufnahme (Fig. 18.2). Vom Fokus F (Quellpunkt) einer Röntgenröhre geht ein divergentes Röntgenbündel RB aus und durchsetzt das zu untersuchende Objekt Ob. Jedes Teilbündel TB*) der Strahlungsstromstärke I_E am Eintritt von Ob wird längs

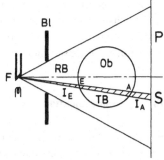

Fig. 18.2
Schema der medizinischen Röntgen-Aufnahme. F Fokus der Röntgen-Röhre: Auftreffort der Elektronen von der Kathode und Emissionsort der Röntgen-Strahlung, Bl Blende, RB Röntgen-Bündel, Ob Objekt, P Photoplatte

---

*) Unter „Teilbündel" (TB) soll ein Bündel kleinen Querschnitts verstanden werden, das im folgenden auch häufig als „Strahl" (= Achse des Teilbündels) bezeichnet wird.

seines Weges durch das Objekt geschwächt, tritt mit der Strahlungsstromstärke I_A aus Ob aus und schwärzt ein Flächenelement S der Photoplatte P.

Die *physikalische Eigenschaft* des Objektes, die zu einem Bild führt, ist demnach die Schwächung der Röntgenstrahlung in Materie, quantitativ ausgedrückt durch den *Schwächungskoeffizienten* μ (Abschn. 15.3.4). Abgesehen von der Wellenlänge der Röntgenstrahlung hängt der Schwächungskoeffizient von der Elektronendichte (nicht von der Massendichte) in der Materie ab. Da im menschlichen Körper verschiedene Gewebearten vorhanden sind, ist dort der Schwächungskoeffizient μ eine Funktion des Ortes x, y, z, $\mu = \mu(x, y, z)$. In jedem Teilbündel TB von Fig. 18.2 ist die Gesamtschwächung abhängig von allen Einzelschwächungen in den durchquerten Voxeln. In Verallgemeinerung von Gl. (15.28) gilt

$$I_A = I_E \, e^{-\int_E^A \mu(x, y)\, ds},\tag{18.1}$$

wobei s der Weg durch das Objekt längs TB ist. Dabei hebt sich in der Regel Knochensubstanz wegen des Ca-Gehaltes (hohe Elektronenzahl im Atom) deutlich im photographischen Bild ab. Eine Differenzierung von Weichteilgewebearten ist schwieriger (vgl. hingegen Abschn. 18.5).

Das *Ziel der Röntgen*-CT ist es, anstelle der Überlagerungen bei der photographischen Aufnahme, Zahlenwerte für die Schwächung in jedem einzelnen, durch das Verfahren isolierbaren Voxel zu gewinnen, also $\mu(x, y, z)$ zu messen. Das kann in einer bestimmten Reihenfolge geschehen. Das in Fig. 18.2 gezeichnete Röntgen-Bündel wird durch Bleiabschirmungen oberhalb und unterhalb der Zeichenebene auf einen flachen, fächerförmigen Bereich beschränkt, so daß bei geeigneter Lagerung des Untersuchungsobjektes nur eine Schicht mit den Koordinaten z bis $z + \Delta z$ (Δz einige mm) durchstrahlt wird (Fig. 18.1). Dabei wird die Messung der Schwächung in den Voxeln $\Delta x, \Delta y, \Delta z$ ausgeführt. Es bleibt die elektronisch zu lösende Aufgabe, die Schnittschicht auf einem Bildschirm sichtbar zu machen. Die Röntgen-CT-Bilder sind also solche „im Lichte" des Schwächungskoeffizienten der durchstrahlten Materie. Wenn man die Messungen mit aneinander anschließenden Werten von z ausführt, also letztlich den Schwächungskoeffizienten in einem ganzen Volumen kennt, kann man sich für eine bildliche Darstellung auch beliebig zur z-Achse geneigte Schnitte aussuchen, ohne daß es weiterer Bestrahlungen etwa eines Patienten bedarf. – Eine evtl. weitergehende Analyse der Meßdaten zum Zweck der Ermittlung der Zusammensetzung der Materie in einem Voxel behandeln wir hier nicht.

18.2.2 Strahlprojektion

Ein einfaches Beispiel diene der Erläuterung der Aufgabe. Das zu untersuchende Objekt setze sich aus 4 verschiedenen Materiestücken mit verschiedenen Schwächungskoeffizienten $\mu_1, \ldots, \mu_4$ zusammen, die jeweils konstant seien, so daß sie als Modell für vier Voxel dienen. Diese vier Schwächungskoeffizienten seien zu ermitteln. Zu diesem Zweck blendet man durch einen „Kollimator"-Kanal Pb-Pb (Fig. 18.3) ein schmales Röntgen-Strah-

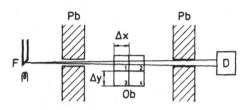

Fig. 18.3
Anordnung für einen Parallel-scan: Ausblendung eines schmalen Röntgenbündels durch einen Blei-Kollimator Pb...Pb; die hintere Blende soll die Streustrahlung absorbieren. D Detektor, Ob Objekt, bestehend aus vier verschiedenen Materiestücken

lungsbündel der Strahlungsstromstärke I_E aus. Es durchläuft hintereinander die Voxel 1 und 2, der austretende Strahlstrom ist nach Gl. (18.1) bzw. Gl. (15.28)

$$I_{A,12} = I_E \, e^{-(\mu_1 + \mu_2)\Delta x} \qquad (18.2)$$

und wird im Detektor D (Abschn. 15.3.3) gemessen. Eine Verschiebung der Meßanordnung (Quelle und Detektor, einschließlich Kollimator und zweiter Blende) um Δy, oder des Objektes um $-\Delta y$ führt zur Messung der Schwächung durch die Voxel 3 und 4 und ergibt

$$I_{A,34} = I_E \, e^{-(\mu_3 + \mu_4)\Delta x}. \qquad (18.3)$$

Logarithmiert ergeben beide Gleichungen die Summen der Schwächungskoeffizienten.

$$-\frac{1}{\Delta x} \ln \frac{I_{A,12}}{I_E} = \mu_1 + \mu_2 =: a_{12} \qquad (18.2a)$$

$$-\frac{1}{\Delta x} \ln \frac{I_{A,34}}{I_E} = \mu_3 + \mu_4 =: a_{34}. \qquad (18.3a)$$

Aus den beiden aus der Messung erhaltenen Werten a_{12} und a_{34} lassen sich die Schwächungskoeffizienten nicht einzeln ermitteln. Man dreht daher zur Gewinnung weiterer Informationen entweder die Meßanordnung oder das Objekt um 90°, so daß das Strahlungsbündel jetzt 1, 3 und 2, 4 durchläuft. Die Meßwerte sind dann

$$I_{A,13} = I_E \, e^{-(\mu_1 + \mu_3)\Delta y}, \qquad (18.4)$$

$$I_{A,24} = I_E \, e^{-(\mu_2 + \mu_4)\Delta y}, \qquad (18.5)$$

also $$-\frac{1}{\Delta y} \ln \frac{I_{A,13}}{I_E} = \mu_1 + \mu_3 =: a_{13}, \qquad (18.4)$$

$$-\frac{1}{\Delta y} \ln \frac{I_{A,24}}{I_E} = \mu_2 + \mu_4 =: a_{24}. \qquad (18.5a)$$

Aus den vier experimentell gewonnenen Größen a_{12}, a_{34}, a_{13} und a_{24} lassen sich immer noch nicht die Größen $\mu_1, ..., \mu_4$ einzeln berechnen. Der Grund ist, daß die Meßwerte nicht unabhängig voneinander sind: es ist nämlich $a_{12} + a_{34} = a_{13} + a_{24} = \mu_1 + \mu_2 + \mu_3 + \mu_4$. Man benötigt also noch eine weitere Messung, z. B. nach einer Drehung um 45°. – Will man bei einem komplizierten Objekt die μ-Werte aller Voxel bestimmen, so muß man die in Fig. 18.3 skizzierte Anordnung entsprechend oft ver-

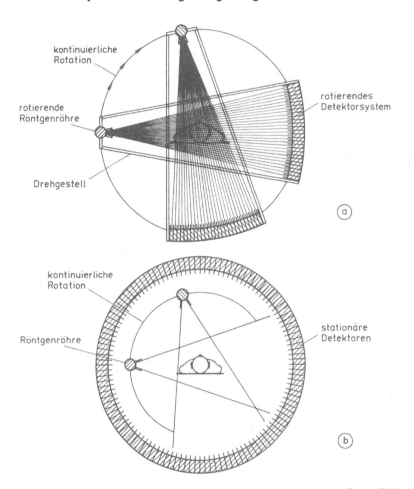

Fig. 18.4   Moderne Tomographie-Einrichtungen der Röntgen-CT mit Strahlenfächer (Fächer-scan).
a) Röntgenröhre und Detektorsystem sind fest miteinander verbunden und umfahren beide gemeinsam das Objekt,
b) ein Kranz stationärer Detektoren umgibt das Objekt, bewegt wird nur die Strahlungsquelle

schieben und drehen, bis das Objekt abgetastet ist, eine mühsame und zeitaufwendige Prozedur.

Zu einem einsatzfähigen Verfahren gelangt man erst, wenn man viele Teilbündel nebeneinander, und entsprechend viele Detektoren verwendet, deren Signale durch eine Elektronik gleichzeitig verarbeitet und gespeichert werden. Fig. 18.4a und b stellen zwei gebräuchliche Anordnungen dar. Die Röntgenquelle wird mit einem Fächer-Kollimator ausgerüstet (sog. Fächer-scan). In Fig. 18.4a werden Quelle, Kollimator und Detektoren gemeinsam in Winkelstufen um das Objekt herumgeführt, in Fig. 18.4b ist der Vollkreis mit feststehenden Detektoren belegt, so daß eine Bewegung von Quelle und Kollimator genügt. Dabei werden einige hundert Detektoren in 360 Positionen (Abstand etwa 1 Grad!) eingesetzt. Als Detektoren dienen schmale NaI-Kristalle mit angeschlossenen Multipliern (Fig. 15.23) oder Proportionalzählrohre. Beide Detektorarten gestatten neben der Registrierung der in einer vorgegebenen Meßzeit einfallenden Photonen auch die Bestimmung der Photonenenergie, so daß durch elektronische Diskriminierung diejenige Wellenlänge der Strahlung ausgewählt werden kann, bei der man μ messen möchte. – Was die *Meßgenauigkeit* der Schwächungskoeffizienten im Rahmen des CT-Verfahrens anlangt, so kann man relative Unterschiede des Schwächungskoeffizienten bis herunter zu etwa 0,5 % messen.

Die *Meßergebnisse* der Röntgen-Tomographie liegen zunächst als Detektorsignale vor, deren Größe proportional zum jeweiligen Strahlstrom I_A ist, der einen Detektor erreicht. Einerseits wird jedem Teilbündel ein Speicherplatz zugeordnet, der durch zwei Koordinaten bestimmt ist, nämlich durch den Abstand r, mit dem der Strahl am Koordinatenanfangspunkt $x = y = 0$ (Fig. 18.5) vorbeigeht, und durch seinen Neigungswinkel ϕ. Alle gemessenen Detektorsignale bzw. Strahlstromstärken werden also mit einem Koordinatenpaar r, ϕ versehen, $I_A = I_A(r, \phi)$, und sie werden bei den Speicherplätzen eingeschrieben, die beiden Koordinaten zugeordnet sind. – Andererseits werden die Orte im Objekt (also auch die Orte der Voxel) wie üblich durch die Koordinaten x, y in einer Schnittebene festgelegt. Man kann sie auch in einem gedrehten Koordinatensystem r, s angeben, dessen Drehwinkel gegenüber dem x, y-System gleich dem Strahlwinkel ϕ gewählt wird. Die Abszissenachse dieses „neuen" Koordinatensystems ist dann die Senkrechte auf das Teilbündel vom Ursprung O, auf der der Abstand r des Teilbündels von O aus gemessen wird. Die Ordinatenachse mit der Bezeichnung s (Fig. 18.5) ist die Achse von TB. Beide Koordinatenpaare x, y und r, s hängen durch die Gleichungen

$$x = r \cos \phi - s \sin \phi, \qquad y = r \cos \phi + s \sin \phi \qquad (18.6)$$

zusammen, und in Gl. (18.1) sind für x und y diese Größen in $\mu(x, y)$ einzusetzen. Der Integrationsweg s liegt auf dem Teilbündel E … A mit $r = $ const und $\phi = $ const.

Der erste Schritt der Auswertung durch den Rechner ist die Bildung der Größen

$$p(r, \phi) = -\ln(I_A(r, \phi)/I_E) = \int_E^A \mu(x, y) \, ds. \qquad (18.7)$$

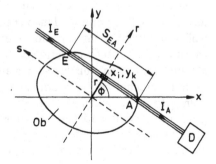

Fig. 18.5
Schema zur Messung der Strahlprojektion(en) mit Lage des raumfesten Koordinatensystems x, y und der von der Orientierung des Röntgenstrahls abhängigen Lage des r, s-Koordinatensystems. Einzelbezeichnungen s. Figur 18.2

Man nennt $p(r, \phi)$ die *Strahlprojektion*. Die Strahlprojektionen spielen bei den Rückprojektionsverfahren zur Bilderstellung eine bedeutende Rolle (Abschn. 18.2.3). Man kann Gl. (18.7) noch eine weitere einfache Interpretation geben. Es sei S_{EA} die Länge der Strecke von Eingang E bis Ausgang A des Objektes längs eines Strahls (Fig. 18.5), so daß auch gilt

$$p(r, \phi) = \int_E^A \mu(x, y)\, ds = S_{EA}\, \frac{\int_E^A \mu(x, y)\, ds}{S_{EA}} = S_{EA} \cdot \bar\mu. \tag{18.8}$$

Man erkennt, daß die Strahlprojektion proportional zum mittleren Schwächungskoeffizienten $\bar\mu$, oder auch daß der mittlere Schwächungskoeffizient gleich der Strahlprojektion dividiert durch die Strecke S_{EA} im Objekt ist.

18.2.3 Bildgewinnung bei der Röntgen-CT

Es ist ein wichtiges mathematisches Problem, ob man überhaupt, und wie man aus Integralen über 1-dimensionale, gerade Wege E–A die interessierende 2-dimensionale Funktion $\mu(x, y)$ ermitteln kann. Das Problem ist schon 1917 von J. Radon einer Lösung zugeführt worden. Wir beschränken uns hier auf eine kurze Beschreibung einiger Verfahren, die in der Praxis benutzt werden.

Das erste Verfahren führt auf eine Erweiterung des Gleichungssystems Gl. (18.2a) bis (18.5a). Anstelle der kontinuierlichen Variablen x, y bzw. r, ϕ führt man diskrete, durch Indizes gekennzeichnete Koordinaten ein und löst das Integral in eine endliche Summe über Voxel auf dem jeweiligen Strahl auf. Dabei entsteht aus Gl. (18.8) die Gleichung

$$p_{mn} = p(r_m, \phi_n) = \sum_E^A \mu(x_i, y_k)\, \Delta s_{ii'}, \tag{18.9}$$

wobei x_i, y_k die Lage der Voxel auf dem herausgegriffenen Strahl kennzeichnet, und wobei die (abgekürzte) Bezeichnung $\Delta s_{ii'}$ die Ausdehnung des Voxels in Richtung des Strahls bezeichnet. Es entsteht dadurch ein System linearer Gleichungen, auf deren linken Seiten der Reihe nach alle Meßwerte stehen. Hat man z. B. 100 Winkelstellungen benutzt ($n = 1$ bis 100) und je 100 r-Werte ($m = 1$ bis 100), dann hat man $100 \cdot 100 = 10\,000$ Strahlprojektionen gemessen. Zu jedem Strahl gehört eine Auswahl von Punkten x_i, y_k, die aus Gl. (18.6) folgen, wenn man auf dem Strahl von Punkt zu Punkt geht (jeweiliger Schritt $\Delta s_{ii'}$). Insgesamt wird man ebenso viele Koordinatenpaare mit μ-Werten belegen wollen wie man Strahlprojektionen zur Überdeckung des Objektes gemessen hat. Es treten demnach $10\,000$ μ-Werte auf der rechten Seite des Gleichungssystems Gl. (18.9) auf, und nach ihnen muß das System aufgelöst werden. Das ist eine formidable Aufgabe, die nur von schnellen Rechnern in angemessener Zeit bewältigt werden kann, damit das Tomogramm in Sekunden bis Minuten zur Verfügung steht. Die auf diese Weise gewonnene Verteilung des Schwächungskoeffizienten wird häufig mit $\hat\mu(x_i, y_k)$ bezeichnet und ist eine Approximation an das im Objekt vorhandene $\mu(x, y)$; eine Approximation, die um so besser ist, je mehr Strahlprojektionen man messen und verarbeiten (!) kann.

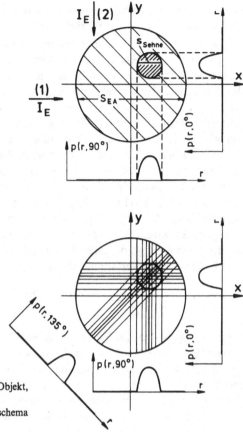

Fig. 18.6
a) Strahlprojektionen $p(r, \phi)$ bei einem einfachen Objekt, aufgezeichnet für $\phi = 0°$ und $90°$, r variabel
b) Addition von drei Strahlprojektionen als Grundschema zur Bilderstellung durch Rückprojektion

Das zweite Verfahren ist mehr geometrischer Natur und soll an Hand von Fig. 18.6a erläutert werden. Die Figur stellt eine Objektkonfiguration dar, bei der die größere Scheibe einen kleineren, eine kleinere, exzentrisch gelagerte Scheibe einen größeren Schwächungskoeffizienten besitzen soll. Vereinfachend soll angenommen werden, daß das kleinere μ sogar vernachlässigbar gegenüber dem größeren ist, also $\mu = 0$ gesetzt werden kann. Sämtliche Strahlen, die an der kleinen Scheibe vorbeigehen, erfahren keine Schwächung, weil die Strahlung nur ein Gebiet mit $\mu = 0$ durchquert. Dann ist nach Gl. (18.1) $I_A = I_E$ und nach Gl. (18.7) $p = 0$. Anders bei den Strahlen, die die kleine Scheibe durchqueren. Bei ihnen ist $I_A < I_E$ und, wenn wir μ als konstant annehmen, ist nach Gl. (18.7) das auftretende Integral gleich $\mu \cdot S_{Sehne}$ (Fig. 18.6a). Passiert der Strahl durch den Mittelpunkt der kleinen Scheibe, dann ist S_{Sehne} maximal (gleich dem Durchmesser), also I_A am kleinsten und p am größten. Tangiert der Strahl die kleine Scheibe, dann ist $S_{Sehne} = 0$, also $I_A = I_E$ und $p = 0$. Insgesamt entsteht ein Verlauf von p wie er in Fig. 18.6a für zwei Orientierungen von Strahlungsquelle (I_E) und Detektor-Bewegung (Parallelscan, parallel zur y-Achse, (1), und parallel zur x-Achse, (2)), aufgezeichnet ist. Man kann sich eine mehr oder weniger große Anzahl von Parallel-scans vorstellen, wobei das ganze Objekt mit verschiedenen Winkelstellungen abgefahren wird.

Wir gehen jetzt zu einer rein qualitativen Beschreibung über. Dazu nehmen wir S_{EA} von Gl. (18.8) für alle Richtungen im Objekt als gleich an und versuchen, nur aus den Strahlprojektionen und ohne Berücksichtigung der Detailkenntnis, die wir vom Objekt des Beispiels haben, direkt ein Bild zu konstruieren. Der Rechner sucht zu jedem Objektpunkt x, y alle diejenigen Strahlen aus, die durch x, y hindurchgehen, sich also dort schneiden. Dann verteilt er auf jedem einzelnen Strahl den Zahlenwert der Strahlprojektion gleichmäßig, ordnet also allen Punkten eines Strahls den gleichen Schwächungskoeffizienten zu, nämlich den jeweils mittleren Wert $\bar{\mu}$ dieses Strahls nach Gl. (18.8). Diese gleichmäßige Aufteilung folgt daraus, daß man nicht weiß, wie die Schwächung auf dem Strahl verteilt ist. Schließlich werden die durch alle Teilbündel, welche durch das herausgegriffene Voxel x, y gehen, in diesem Voxel erzeugten $\bar{\mu}$-Werte addiert. Das ist als Beispiel für drei Winkel in Fig. 18.6b skizziert. Man sieht, daß das Hauptschwächungsgebiet gefunden wird, daß aber das Verfahren in der ganzen übrigen Fläche Schwächungskoeffizienten erzeugt, die nicht zu vernachlässigende Artefakte darstellen. Man hat mit dem beschriebenen Verfahren die Größe gebildet

$$\hat{\mu}(x_i, y_k) = \sum_n \frac{p(x_i \cos \phi_n + y_k \sin \phi_n, \phi_n)}{S_{EA}}, \tag{18.10}$$

um eine Approximation für $\mu(x, y)$ zu erhalten und nennt dieses Verfahren *Rückprojektion* der Strahlprojektionen. Eine Verbesserung ist erforderlich. Das geschieht durch eine „Faltung" genannte Operation mit einer Filterfunktion, wodurch die Strahlprojektionen mit Ausläufern versehen werden, die negative Zahlenwerte haben und bei der anschließenden Rückprojektion den Untergrund aufheben. Das ganze geschilderte Verfahren trägt auch den Namen *rekonstruktive Tomographie*.

Bei dem dritten hier zu beschreibenden Verfahren geht man davon aus, daß die Verteilung $\mu(x, y)$ sich zusammensetzen läßt aus vielen (im Grundsatz unendlich vielen) sinus- und cosinus-artigen Verteilungen. Die „Welligkeit" dieser Funktionen kennzeichnet man durch die „Wellenzahl". Relativ glatte Verteilungen kommen mit kleiner Wellenzahl aus, stark gekräuselte benötigen Funktionen mit höheren Wellenzahlen. Man kann nun die gestellte Aufgabe, – $\mu(x, y)$ aus den Strahlprojektionen zu berechnen –, in den Variablen „Wellenzahl" ausdrücken, nachdem man eine nach F o u r i e r benannte Transformation ausgeführt hat. Dabei kann man weitgehend schon bestehende Theorien anwenden und mit bekannten Verfahren arbeiten. Es ist auch möglich, Filterfunktionen einzubauen, und es zeigt sich auch, daß die *Fourier*-Transformation die Zeitdauer der Berechnung nicht wesentlich verlängert, weil es inzwischen sehr schnelle Rechner-Prozeduren für solche Transformationen gibt. Mit einer gefilterten Fourier-analytischen Methode erhält man zufriedenstellende Bilder, die in wenigen Sekunden fertiggestellt sind.

Bei allen drei Verfahren liegen die Grenzen der Genauigkeit darin, daß eine kontinuierliche Funktion durch Werte in einem Koordinatenraster x_i, y_k approximiert werden muß, weil man nur endlich viele Strahlprojektionen messen kann. Schließlich sind auch die Zahlenwerte der Strahlprojektionen von begrenzter Genauigkeit. Eine Auswahl unter den

Verfahren ist auch unter dem Gesichtspunkt zu treffen, welche schnellen Rechner zur Verfügung stehen.

Ergänzung: Die Strahlung der in der Medizin verwendeten Röntgen-Röhren ist nicht monoenergetisch, sondern weist ein breites Frequenzspektrum auf (Abschn. 15.3.2). Es wird in der Regel durch Filter absichtlich verändert, so daß die Strahlung niedrigerer Quantenenergie relativ zu derjenigen hoher Quantenenergie geschwächt wird (Abschn. 15.3.4, d) und e), Fig. 15.19). Die Strahlung wird „gehärtet", diejenige mit hohem Durchdringungsvermögen nimmt relativ zu. – Eine solche Härtung der Strahlung tritt auch während der Passage der Strahlung durch das Untersuchungsobjekt bei der Röntgen-CT auf, weil der Schwächungskoeffizient von der Quantenenergie abhängt (Fig. 15.18). Partien, die näher dem Ausgang des Strahlungsbündels aus dem Objekt liegen, scheinen geringere Schwächungskoeffizienten zu besitzen als Partien näher dem Eingang. Das wirkt sich besonders aus, wenn nebeneinander (also bei verschiedenem r oder ϕ) Bündel durch Gebiete mit hohem Z (Knochen) und kleinem Z (Weichteilgewebe) passieren. Auch liegen Objektteile „hinter" Stoffen mit hohem Z im „Schatten". Es kommt zu Kontrastveränderungen und zu Abschattierungen im Bild, die Artefakte sind und unerwartete Stoffveränderungen vortäuschen. Einen Ausweg bietet die bereits erwähnte Auswahl der Quantenenergie durch die Spektralempfindlichkeit des Detektors. Es kann auch nützlich sein, das Spektrum der Röntgen-Röhre durch geeignete Kombination von Filtern aus Stoffen mit verschiedenen Absorptionskanten (Fig. 15.18) zu verändern und zu formen, so daß seine Breite vermindert wird.

18.3 Szintigraphie (Emissions-CT), SPECT und PET

18.3.1 Szintigraphie, SPECT = Single Photon Emission CT

Bei den Szintigraphie und SPECT genannten Verfahren wird dem zu untersuchenden Objekt mittles Infusion, Injektion oder auf andere Weise eine mit einem radioaktiven Stoff versetzte Materiemenge verabreicht und anschließend die zeitliche und räumliche Verteilung des radioaktiven Stoffes vermöge der nach außen abgegebenen Strahlung (γ-Strahlung) mittels Detektoren außerhalb des Untersuchungsobjektes aufgenommen. Der Name *Emissions*-CT ist damit verständlich, der Name *Szintigraphie* rührt daher, daß durch die Strahlung in Szintillations-Detektoren Licht erzeugt wird, das der Beobachtung und Registrierung zugänglich ist (Fig. 15.23).

Es sind heute weit mehr als zweitausend radioaktive Nuklide bekannt. Tab. 15.5 enthält Daten einer Reihe von ihnen, die derzeit in der Medizin verwendet werden. Einige weitere sind in Tab. 18.1, Abschn. 18.3.2 aufgeführt. Diese Stoffe sollen, wenn appliziert, im menschlichen Körper weder pharmazeutisch noch physiologisch wirksam sein. Sie dienen nach dem Einbau in ausgewählte Moleküle als Markierung, um das Verhalten bzw. den Verbleib dieses Stoffes bzw. der Moleküle, in die sie eingebaut worden sind, verfolgen zu können. Die in Frage stehenden radioaktiven Stoffe können heute im einschlägigen Handel bezogen werden. Liegt ihre HWZ im Bereich weniger Minuten (meist bei den β^+-Quellen, s. Abschn. 18.3.2), dann müssen sie an Ort und Stelle mit einer geeigneten Einrichtung hergestellt werden (Beispiel 15.13). Nach Verabreichung klingt die außerhalb meßbare Strahlung zeitlich mit der effektiven HWZ ab (Beispiel 15.14).

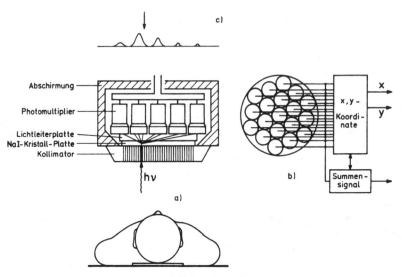

Fig. 18.7 *Anger*-Kamera zur Szintigraphie und SPECT
a) Beispiel der Positionierung von Kamera und Untersuchungsobjekt
b) Aufsicht auf das Raster von Photomultipliern und Schema der elektronischen Schaltung
c) Signalverteilung herrührend von dem Lichtblitz eines γ-Quants: Pfeil, elektronisch ermittelter Ort des Szintillationsblitzes und damit des Auftreffortes des Quants auf der Szintillatorscheibe

Unabhängig von der Art der radioaktiven Quelle (α-, β⁻-, β⁺-, γ-Strahlung) kann außerhalb des Objektes nur γ-Strahlung nachgewiesen werden, weil nur diese ein genügendes Durchdringungsvermögen für bis zu 20 cm dicke Gewebsschichten hat.

Fig. 18.7 enthält eine Skizze eines viel verwendeten Typs einer *Szintigraphie-Kamera* (nach Anger). An der dem Untersuchungsobjekt zugewandten Seite der Kamera befindet sich ein großflächiger Vielkanal-Kollimator, Fig. 18.7a). Seine materiellen Stege sind so beschaffen, daß nur Strahlung innerhalb eines durch Öffnung und Länge der Kanäle gegebenen Winkels durchgelassen wird; die Stege sind also dicker bei härterer γ-Strahlung. Die durchgelassene Strahlung in der Art der Teilbündel wie bei der Röntgen-CT fällt auf eine große NaI(Tl)-Kristallplatte (z. B. 30 cm ⌀, 10 bis 25 mm Dicke), wird dort absorbiert und löst dabei das Szintillationslicht aus, dessen Spektrum vom Sichtbaren bis ins Ultraviolett reicht. Dieses Licht fällt durch die Lichtleiterplatte hindurch auf die Photokathoden eines Rasters von Photomultipliern, wo jedes an den Kathoden ausgelöste Elektron um den Faktor 10^5 bis 10^6 vermehrt wird. Die so verstärkten Signale werden in einer elektronischen Schaltung weiterverarbeitet. Üblicherweise werden etwa 20 Multiplier verwendet, in Sonderfällen auch deutlich mehr (z. B. 66 bei einer Großflächen-Kamera mit einem objektseitigen Gesichtsfeld von 40 cm × 60 cm), manchmal weniger. Das Szintillationslicht, das durch ein *einzelnes* γ-Quant ausgelöst wird, verteilt sich, wie in Fig. 18.7a angedeutet auf alle vorhandenen Photomultiplier, jedoch erhalten diejenigen Photokathoden, die nahe dem Szintillationsquellpunkt liegen, mehr Licht als die weiter entfernten. Das führt bei den einzelnen Photomultipliern zu entsprechenden, verschieden großen Signalen wie in der Teilfigur c) gezeichnet ist und für die in der Teilfigur a) gezeichnete Multiplier-Reihe zutreffen mag. Ein elektronischer Analysator oder ein Rechner, dem die Signale zugeführt werden, prüft einerseits, ob die Summe der Signale eines einzelnen Szintillationsblitzes der erwarteten γ-Quantenenergie entspricht (Fig. 18.7 b), und stellt andererseits anhand der Verteilung der Signale (Teilfigur c)) auf die verschiedenen Multiplier den Szintillationsquellpunkt, d. h. seine Koordinaten x und y in der Szintillatorebene, fest. Im elektronischen Speicher wird an dem Platz, der dem Koordinatenpaar x, y zugeordnet ist, die Zahl „eins" (bzw. ein elektronisches Normsignal) addiert. Im Laufe der fortschreitenden Datenaufnahme entsteht auf diese Weise im Speicher die Häufigkeitsverteilung der Szintillationsquellpunkte und damit ein abrufbares Bild, das der Verteilung der Quellstärke der γ-Strahlung im Objekt entspricht. Wie unmittelbar aus Fig. 18.7 ersichtlich, besitzt die Kamera keine Tiefenauflösung in Strahlungsrichtung, weil sich die Strahlung aus hintereinanderliegenden Voxeln im Winkelbereich eines Kollimatorkanals addiert: das Bild stellt eine Projektion der radioaktiven Quellen auf die Szintillatorebene dar. Dennoch ist durch verschiedene Positionierungen der *Anger*-Kamera, also durch verschiedene Projektionen, auch eine Aussage über die räumliche Verteilung möglich, und schließlich haben auch Ganzkörper-Aufnahmen ihren eigenen Wert.

Die *Genauigkeit* der Festlegung der Quellpunkte senkrecht zur Einstrahlungsrichtung liegt bei 5 mm, ist also relativ schlecht. Eine Verbesserung wird durch Verwendung sehr schmaler Multiplier erreicht. Es gibt auch Multiplier, in deren Innerem durch Zusatzelektroden die Möglichkeit besteht, den Auslöseort der Elektronen zu ermitteln. Weiter besteht die Variante, den Szintillator selbst sehr fein zu unterteilen (0,8 cm Raster) und die Teile einzeln auszulesen. Schließlich hat man Halbleiter-Detektor-Anordnungen vom Rastermaß 2 mm entwickelt, bei denen der Szintillator entfällt, weil im Halbleitermaterial die γ-Quanten direkt in elektrische Signale gewandelt werden. Dabei ergibt sich der Vorteil, daß wegen des höheren Energie-Auflösungsvermögens gestreute Strahlung leichter unterdrückt werden kann.

Soll die Szintigraphie-Kamera mit *Tiefenauflösung* ausgestattet werden, muß der Kollimator, – da andere Fokussierelemente, wie Linsen, für γ-Strahlung nicht zur Verfügung stehen – so verändert werden, daß er wenigstens wie eine Lochkamera arbeiten kann. Eine solche *Anger*-Kamera, die den *Ort der Quelle* der γ-Strahlung auch in der Tiefe z des Objektes feststellen kann, ist in Fig. 18.8 dargestellt. Die Kanäle des Vielkanal-Kollimators müssen zu diesem Zweck auf einen „Fokus" (F_1, F_2) zielen, liegen also z. B. räumlich auf Kreiskegeln um die z-Achse. Das bringt den Nachteil, daß das Objekt Punkt für Punkt (Voxel für Voxel) durch Verschiebung der Kollimator-Detektor-Anordnung in x, y- und z-Richtung abgetastet werden muß, was die Aufnahme-Zeit wesentlich verlängert. Die Verwendung von zwei Anordnungen (Fig. 18.8) bringt eine Halbierung dieser Zeit. Diese Art von Tomographie-Kamera ist daher besonders zur Untersuchung kleiner Objektbereiche geeignet.

Bei der Durchführung einer tomographischen Aufnahme dieser Art ist darauf zu achten, daß die Wechselwirkung der verwendeten γ-Strahlung mit dem Detektor nur durch Photoeffekt erfolgt und der Compton-Effekt, der sowohl eine Streuung als eine

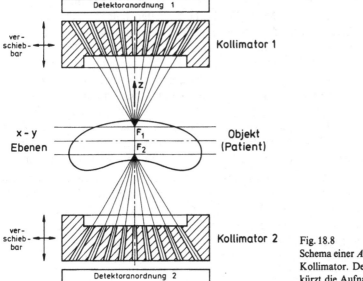

Fig. 18.8
Schema einer *Anger*-Kamera mit Fokus-
Kollimator. Der Doppelkollimator ver-
kürzt die Aufnahmezeit

Energiereduktion bewirkt, möglichst vermieden wird. Das verlangt eine geeignete
Auswahl der Quelle (nämlich der Energie ihrer γ-Strahlung) und des dafür geeigneten
Szintillators im Detektor (z. B. NaI/Tl oder Wismuth(Bi)-Germanat, $Bi_4Ge_3O_{12}$, BGO).
Weiter ist zu beachten, daß wegen der kleinen Raumwinkel der Kamera wesentlich
weniger Quanten den Detektor erreichen als bei der Röntgen-CT. Der Heraufsetzung der
Menge des applizierten radioaktiven Stoffes sind aber Grenzen gesetzt, die im Zusammen-
hang in Abschn. 18.3.3 diskutiert werden.

Die *Aufnahmetechnik* mit der *Anger*-Kamera erfolgt vielfach gemäß dreier Varianten.
Erstens kann man die Kamera parallel zur Kollimatorfläche (Fig. 18.7) bewegen, z. B. in
einem wählbaren Abstand entlang dem menschlichen Körper als Untersuchungsobjekt.
Man erhält nach Zusammensetzung von Teilbildern ein Ganzkörper-Szintigramm.
Zweitens wird bei der eigentlichen Tomographie die Kamera auf einem Kreisbogen um
das Untersuchungsobjekt herumgeführt. Elektronisch kann man aus den Signalen
diejenigen aussuchen, die einem mehr oder weniger breiten Streifen auf dem Kreisbogen
zugeordnet sind. Man mißt also wie bei Röntgen-CT eine Serie von Projektionen unter
verschiedenen Winkeln. *Drittens* kann man mit einer Kamera, die mit einem Kollimator
mit Fokus-Eigenschaft ausgestattet ist, durch geeignetes Heranbewegen an das Untersuchungsobjekt interessierende Bereiche in der Tiefe des Objektes untersuchen.

Die mathematische Auswertung der im Speicher abgelegten Verteilung bis zu quantitativen Aussagen über die im Objekt lokal (im Voxel) vorhandene Radioaktivität, d. h. die
Gewinnung eines tomographischen Bildes im „Licht" der Radioaktivität ist ebenso wie
bei der Röntgen-CT dadurch erschwert, daß die Schwächung der γ-Strahlung im Objekt
berücksichtigt werden muß, jetzt jedoch in einer weitergehenden Komplizierung. Die

Schwächung ist in der Tat nicht vernachlässigbar; z. B. hat der Weichteil-Schwächungs-koeffizient für die häufig benutzte 143-keV-γ-Strahlung aus ^{99m}Tc den Wert $\mu = 0{,}15\,\text{cm}^{-1}$. Auf 10 cm Weg (Gehirnzentrum zum Rand) wird die Strahlung um den Faktor $e^{-1{,}5} = 0{,}22$ geschwächt, d. h. nur 22 % der emittierten Strahlung gelangen zum Rand des Objektes. Wesentlich ist dabei auch, daß die Schwächung von Quellpunkt zu Quellpunkt verschieden stark ist. Dieser Sachverhalt wird im Zusammenhang in Abschn. 18.3.2 besprochen.

18.3.2 PET = Positronen-Emissions-Tomographie

Die Positronen-Emissions-Tomographie ist besonders in den letzten Jahren entwickelt worden und ist eine Szintigraphie unter Benutzung von β$^+$-Strahlungsquellen. Beim β$^+$-Zerfall geht der radioaktive Ausgangskern in einen Endkern mit um eins erniedrigter Kernladungszahl über (Abschn. 15.4.2). Dies geschieht, indem der Ausgangskern ein Positron (ein einfach positiv geladenes Teilchen der gleichen Masse wie ein Elektron) und gleichzeitig ein masseloses, ungeladenes Neutrino emittiert. Da damit im Endzustand 3 Teilchen vorliegen (Positron, Neutrino und Endkern), so ist, abgesehen von der geringen Rückstoßenergie des Endkerns, das Energiespektrum der Positronen (und das der Neutrinos) nicht scharf, sondern erstreckt sich als kontinuierliches Spektrum von $E(\beta^+) = 0$ (E_{Neutrino} maximal) bis zu seinem Maximalwert $E_{\text{max}}(\beta^+)$ ($E_{\text{Neutrino}} = 0$), der praktisch gleich der Zerfallsenergie ist. Man kann für unsere Zwecke meist mit der mittleren Positronenenergie $E(\beta^+) = (1/3)\,E_{\text{max}}(\beta^+)$ rechnen. Tab. 15.5 enthält eine Zusammenstellung einiger „schwerer" β$^+$-Strahler, Tab. 18.1 einiger „leichter" β$^+$-Strahler, die ebenfalls heute benutzt werden.

Die *Neutrinos* verlassen die Quelle und das Objekt wechselwirkungsfrei und ergeben kein Signal in einem Detektor. Die *Positronen* sind elektrisch geladen, also ionisierende Teilchen, sie haben in Materie eine von ihrer Energie abhängige Reichweite. Entsprechende Zahlenwerte sind in Tab. 18.1 angegeben. Sie gelten dort für die Positronen der größten im Spektrum vorhandenen Energie, werden daher auch maximale Reichweiten genannt. Die Daten ergänzen die Angaben in Fig. 15.47 zu kleineren Energien hin. Bei den Positronen (oder Elektronen) der Energie im Bereich von 0,5 bis 3 MeV kann man zur Berechnung der Reichweite R die einfache Formel

$$R = \varrho \cdot x = \left(0{,}52\,\frac{E}{\text{MeV}} - 0{,}09\right)\frac{\text{g}}{\text{cm}^2} \qquad (18.11)$$

benutzen.

Tab. 18.1 Daten einiger β$^+$-Strahler für die PET

Nuklid	HWZ/min	$E_{\text{max}}(\beta^+)$/keV	$R_{\text{max}}/\text{g}\,\text{cm}^{-2}$
^{11}C	20,4	960	0,41
^{13}N	9,94	1198	0,533
^{15}O	2,04	1732	0,81
^{18}F	109,7	633	0,24

Die Reichweite wird also in Form der Massenbedeckung $\varrho \cdot x$ angegeben (Abschn. 15.3.4) und kann in die Wegstrecke x umgerechnet werden, wenn die Dichte ϱ des durchlaufenen Stoffes bekannt ist. Da die Dichte von Wasser $\varrho_{\mathrm{Wasser}} = 1\,\mathrm{g\,cm}^{-3}$ ist, können die Zahlenwerte der letzten Spalte in Tab. 18.1 als „cm Wegstrecke" in Wasser uminterpretiert werden; für Weichteilgewebe dürfen die gleichen Zahlenwerte für Abschätzungen benützt werden. Es folgt: die Positronen der in Tab. 18.1 angegebenen β^+-Quellen werden im Gewebe im Bereich von einigen mm um den Ort des Kernzerfalls herum abgebremst, und zwar – wie man ausrechnen kann – in etwa 10^{-10} s. Ist ein Positron zur Ruhe gekommen, zerstrahlt es mit irgendeinem der in beliebiger Menge in der Materie vorhandenen negativ geladenen Elektronen unter Abgabe der gesamten (Ruh-)Energie von $2 \cdot m_e c^2 = 2 \cdot 511\,\mathrm{keV}$ in zwei γ-Quanten, die (wegen Impuls- und Energiesatz) diametral zueinander emittiert werden. Jedes einzelne Zerstrahlungsquant hat damit eine weit höhere Energie als die bei der Röntgen-CT verwendeten Röntgen-Quanten. Da die Abbremsung der Positronen im Bereich einiger mm erfolgt, so ist auch die *Ortsauflösung* bei der PET einige mm.

Im Gegensatz zu der in Abschn. 18.3.1 beschriebenen Einrichtung für Single Photon Emission-CT kann man hier einfacher und genauer, ähnlich wie bei der Röntgen-CT messen. Man bringt das Objekt in das Zentrum eines Kreisringes von etwa 100 cm ⌀ (Fig. 18.9), der mit vielen Detektoren (Größenordnung 100; heute meist aus Wismuth-Germanat, BGO) bestückt ist, die für die jeweils auftreffenden γ-Quanten von 511 keV ein elektrisches Signal abgeben. Erreicht nun ein γ-Quant einen der vorhandenen Detektoren und ein zweites Quant der gleichen Energie einen weiteren Detektor, so prüft die elektronische Schaltung, ob die beiden Detektoren gleichzeitig angesprochen haben, ob also eine „Koinzidenz" vorliegt und damit die beiden Quanten von einem gemeinsamen Zerstrahlungsort stammen. Die Schaltung definiert dabei „gleichzeitig" als „innerhalb des Zeitintervalls von einigen Nanosekunden (10^{-9} s)", so daß Signale mit Laufzeitunterschieden zum einen und zum anderen Detektor, und zwar für alle verschiedenen Entstehungsorte im Objekt, nicht verworfen werden. Auf diese Weise definieren je zwei „koinzidente" Detektoren einen schmalen Kanal (Fig. 18.9), der das Quell-Voxel ΔV_q

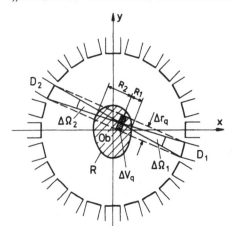

Fig. 18.9
Bei der PET befindet sich das Untersuchungsobjekt zum Beispiel im Mittelpunkt eines vollständig mit Detektoren belegten Kreises. Zwei in Koinzidenz geschaltete Detektoren D_1 und D_2 bestimmen die Gerade, auf welcher das Quell-Voxel ΔV_q der γ-Strahlung liegt. Einzelheiten im Text, auch der Benutzungsart SPECT, wo evtl. nur ein Detektor benutzt wird

sowie die Ausbreitungsgeraden der in entgegengesetzter Richtung auseinander fliegenden γ-Quanten enthält. Er entspricht dem Verlauf eines Teilbündel TB der Röntgen-CT, Fig. 18.5. Nach Abschluß der Datenaufnahme kann daher ähnlich wie dort mit einem einfachen Rückprojektionsverfahren die Verteilung des applizierten Radionuklids im Objekt ermittelt werden.

Die *Auswertung der Meßdaten* (Zählraten der Detektoren) *sowohl* bei der Single Photon- *als auch* der Positronen-Emissions-CT steht zunächst vor der Aufgabe der quantitativen Erfassung des Zusammenhangs zwischen der Aktivität des radioaktiven Stoffes, der Auswahl der Strahlrichtung (Kollimatorkanal bei SPECT, bzw. Verbindungsgerade zweier gleichzeitig ansprechenden Detektoren bei PET) sowie der Strahlungsschwächung durch das Objekt. Wir besprechen dies im folgenden unter Hinweis auf Fig. 18.9. Die Benutzung nur eines Detektors, D_1 oder D_2 allein, oder beider unabhängig voneinander, würde SPECT entsprechen. Werden beide Detektoren „in Koinzidenz" geschaltet, handelt es sich um PET. Ein Stück weit können die wesentlichen Züge beider Aufgaben gemeinsam behandelt werden.

Dem Objekt wird vor der Untersuchung eine Aktivitätsmenge A_0 zugeführt, die sich ungleichmäßig verteilt. Im Voxel $\Delta V_q = \Delta V(x_q, y_q, z_q) = \Delta x_q \Delta y_q \Delta z_q$ (die Bezeichnungsweise ist etwas aufwendig, um bei den nachfolgenden Integrationen Quellorte und Strahlungswege sorgfältig unterscheiden zu können) an der Stelle x_q, y_q, z_q sammele sich eine Aktivität ΔA_0 an, so daß dort eine wegen des radioaktiven Zerfalls zeitlich abnehmende Aktivitätskonzentration $a(x_q, y_q, z_q) = \Delta A_0/\Delta V_q$ besteht. Die Zerfalls-γ-Strahlung geht von ΔV_q aus isotrop nach allen Seiten in den Raumwinkel 4π. Auf den Detektor D_1 in Fig. 18.9 (für D_2 gilt gleiches, interessiert aber im Moment nicht) trifft der in den Raumwinkel $\Delta\Omega_1$ emittierte Anteil $\Delta\Omega_1/4\pi$, vermindert um den Schwächungsfaktor für die γ-Strahlung auf dem Weg vom Voxel ΔV_q zum Objektrand im Abstand R_1, so daß die Zählrate des Detektors

$$\left\{\frac{\Delta N}{\Delta t}\right\}_{\Delta V_q} = \frac{\Delta\Omega_1}{4\pi}\, a(x_q, y_q, z_q)\, \Delta x_q \Delta y_q \Delta z_q \exp\left(-\int_{x_q, y_q, z_q}^{R_1} \mu(x, y, z)\, ds\right) \text{ ist.} \qquad (18.12)$$

Wie bisher ist $\mu(x, y, z)$ der ortsabhängige Schwächungskoeffizient im Objekt. Wir haben dabei angenommen, daß der Detektor die Ansprechwahrscheinlichkeit 1 hat, also jedes eintreffende Quant registriert wird. Die Integrationsvariable s sagt, ebenso wie bei der Röntgen-CT, daß über den geraden Weg $\Delta V_q \to R_1$, also den „Strahl" zu integrieren ist. Wir gehen wie bisher davon aus, daß Schichten mit $z_q = $ const und von konstanter Dicke Δz_q untersucht werden. Daher lassen wir im folgenden die Variable z_q weg, müssen aber anstelle von a die auf die Fläche bezogene Aktivität einführen: $a(x_q, y_q, z_q) \cdot \Delta z_q$. Zur Vereinfachung der Schreibweise werden wir für diese Größe $a(x_q, y_q)$ schreiben. Man hat bei zahlenmäßigen Angaben dann zu beachten, daß es sich bei der so geschriebenen Größe um eine auf die Fläche $\Delta x_q \Delta y_q$ bezogene Aktivität handelt; in μ entfällt die Koordinate z. Aus Gl. (18.12) folgt für die Gesamtzählrate in D_1 durch Addition (Integration) der Strahlung aus allen auf dem geraden Weg von R_2 nach R_1 gelegenen Voxel (Fig. 18.9)

$$\frac{\Delta N}{\Delta t} = \frac{\Delta\Omega_1}{4\pi}\int_{R_1}^{R_2}\left[a(x_q, y_q)\exp\left(-\int_{x_q, y_q}^{R_1}\mu(x, y)\, ds\right)\right] dx_q\, dy_q. \qquad (18.13)$$

Obwohl $\Delta\Omega_1$ für die verschiedenen Voxel verschieden ist, haben wir es als konstanten Faktor vor das Integral gesetzt, indem wir es als geeigneten Mittelwert betrachten: Das ist erlaubt, wenn die Breite des Detektors klein gegen die verschiedenen Abstände Voxel-Detektor ist.

Bei der *Single Photon Emission*-CT werden wie in Abschn. 18.3.1 dargelegt Kollimatoren eingesetzt, deren Kanäle die räumliche Lage $R_2 \ldots R_1$ der Strahlungsbündel längs denen die Schwächung erfolgt und längs denen auch die radioaktiven Quellvoxel zu summieren sind, bestimmen. Infolgedessen kann der Gl. (18.13) bezüglich des Integrals über die Quellenkoordinaten die gleiche Form gegeben werden wie bei der Aufsummierung der Schwächung, und dies in völlig analoger Form wie bei der Röntgen-CT. Man kennzeichnet wie in Gl. (18.6) die Lage eines Quellvoxels anstelle von x_q, y_q durch r_q (Strahlabstand vom Ursprung des Koordinatensystems) und s_q (Wegkoordinate auf dem Strahl im Objekt). Damit erhält Gl. (18.13) die Form

$$\frac{\Delta N}{\Delta t} = \frac{\Delta\Omega_1}{4\pi} \, \Delta r_q \int_{R_1}^{R_2} \left[a(x_q, y_q) \exp\left(- \int_{x_q, y_q}^{R_1} \mu(x, y) \, ds \right) \right] ds_q, \qquad (18.14)$$

wobei dann Δr_q die Voxelbreite ist (Fig. 18.9). Nach der Datenaufnahme (Meßwerte linke Seite der Gl. (18.14)) ist aus Gl. (8.14) $a(x_q, y_q)$ zu ermitteln für ein szintigraphisches Bild. Diese Aufgabe ist wesentlich schwieriger als bei der Röntgen-CT, weil neben der gesuchten Größe a noch eine weitere, orts- und wegabhängige Größe (μ und die Schwächung) auftritt. Hierauf gehen wir nicht weiter ein.

Anders liegen die Dinge bei der *Positron-Emissions*-CT. Hier läuft das eine Quant in den Detektor D_1, das gleichzeitig emittierte zweite Quant in den Detektor D_2, und nur Quanten, deren gerader Weg innerhalb eines, abhängig vom Quellort und den Detektororten ganz wenig variierenden, mittleren Raumwinkels $\Delta\Omega$ liegen, bewirken ein Koinzidenzsignal. Die Wahrscheinlichkeit, daß eine Koinzidenz registriert wird, ist demnach gleich der Wahrscheinlichkeit, daß das erste Quant in den Raumwinkel $\Delta\Omega$ läuft (diese Wahrscheinlichkeit ist gleich $\Delta\Omega/4\pi$), multipliziert mit der Wahrscheinlichkeit, daß das zugehörige 2. Quant in die entgegengesetzte Richtung emittiert wird, und diese Wahrscheinlichkeit ist, wegen der Koinzidenzbedingung, gleich eins. So bleibt für die koinzidente Emissionsrate die Wahrscheinlichkeit $\Delta\Omega/4\pi$. Nach der Emission haben die beiden Quanten Schicksale, die nicht mehr korreliert sind, nämlich eine evtl. Absorption, bestimmt durch den Schwächungskoeffizienten μ, auf den Strecken $x_q, y_q \to R_1$ bzw. $x_q, y_q \to R_2$ (Fig. 18.9). Die entsprechenden Wegkoordinaten im Objekt seien s_1 bzw. s_2, also die Absorptionswahrscheinlichkeiten (so kann man Gl. (18.1) interpretieren)

$$W_1 = \frac{I_1}{I_0} = \exp\left(- \int_{x_q, y_q}^{R_1} \mu(x, y) \, ds_1 \right),$$

$$(18.15\text{a, b})$$

$$W_2 = \frac{I_2}{I_0} = \exp\left(- \int_{x_q, y_q}^{R_2} \mu(x, y) \, ds_2 \right).$$

Die Gesamtwahrscheinlichkeit für eine Koinzidenz ist das Produkt aller drei Wahrscheinlichkeiten,

$$W_{\text{Koinz.}} = \frac{\Delta\Omega}{4\pi} \cdot W_1 \cdot W_2.$$

Anstelle von Gl. (18.13) bzw. Gl. (18.14) – d. h. wieder Ausführung der Ersetzung x_q, y_q durch r_q und s_q – erhält man die Koinzidenzrate bei der PET

$$\left\{\frac{dN}{dt}\right\}_{\text{koinz}} = \frac{\Delta\Omega}{4\pi} \Delta r_q \int_{R_1}^{R_2} \left[a(x_q, y_q) \exp\left(-\int_{x_q, y_q}^{R_1} \mu(x, y)\, ds_1 \right) \cdot \right.$$

$$\left. \exp\left(-\int_{x_q, y_q}^{R_2} \mu(x, y)\, ds_2 \right) \right] ds_q. \tag{18.16}$$

Im Sinne der im Anschluß an Gl. (18.13) begründeten Abspaltung des Faktors $\Delta\Omega$ ist Δr_q auch gleichbedeutend mit der Breite des in Fig. 18.9 gestrichelt gezeichneten Kanals, der D_1 mit D_2 verbindet. Das Produkt der Exponentialfunktionen kann zu einer Funktion zusammengefaßt werden ($e^a \cdot e^b = e^{a+b}$). Beachtet man, daß der Weg s_1 umgekehrt orientiert ist wie s_2, dann kann man die beiden in der noch übrig gebliebenen Exponentialfunktion auftretenden Integrale zu einem von R_1 bis R_2 zu erstreckenden Integral vereinigen und erhält als Formel für die Koinzidenzrate

$$\left\{\frac{dN}{dt}\right\}_{\text{koinz}} = \frac{\Delta\Omega}{4\pi} \Delta r_q \int_{R_1}^{R_2} a(x_q, y_q)\, ds_q \cdot S(1, 2) \tag{18.17}$$

mit dem wesentlich vereinfachten *Schwächungsfaktor*

$$S(1, 2) = \exp\left(-\int_{R_1}^{R_2} \mu(x, y)\, ds \right). \tag{18.18}$$

Der Schwächungsfaktor $S(1, 2)$ ist nunmehr unabhängig vom Ort des Voxels und kann für die benutzte γ-Strahlung in einer getrennten Messung mit einer externen Quelle der gleichen Strahlungsart für jede Strahlrichtung und Position des Objektes vor der eigentlichen PET-Messung ermittelt werden. Er steht dann im elektronischen Speicher zur

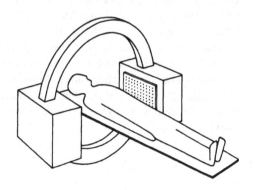

Fig. 18.10
Skizze einer kommerziellen Einrichtung für die PET
mit zwei miteinander verbundenen Meßköpfen, die
um das Objekt herum geschwenkt werden können

Verfügung. Die linke Seite von Gl. (18.17) ist als Meßgröße ebenfalls im Speicher enthalten. Für die noch zu ermittelnde Größe, die Verteilung des Radionuklids in der ausgewählten Schnittebene z_q folgt aus Gl. (18.17)

$$\int_{R_1}^{R_2} a(x_q, y_q)\, ds_q = \frac{4\pi}{\Delta\Omega}\, \frac{1}{\Delta r_q}\, \frac{1}{S(1,2)} \left\{\frac{dN}{dt}\right\}_{\text{koinz}}. \tag{18.19}$$

Der Vergleich mit Gl. (18.7) lehrt, daß die linke Seite die Rolle der Strahlprojektion der Röntgen-CT übernommen hat. Man kann daher die dort beschriebenen Verfahren benutzen, um ein „Radioaktivitätsbild" zum Beispiel durch Rückprojektion zu gewinnen.

18.3.3 Strahlenbelastung

Die Verwendung radioaktiver Stoffe bei der Szintigraphie (Emissions-CT) bringt eine gewisse Strahlenbelastung des menschlichen Körpers mit sich, hervorgerufen durch die ionisierende Wirkung der energiereichen α-, β^--, β^+- oder γ-Strahlung, die beim radioaktiven Zerfall entsteht. Die Beurteilung der Strahlenbelastung – auch bei allen anderen Diagnostik- und Therapiemethoden, bei denen Radionuklide Verwendung finden – erfordert die Kenntnis der im biologischen Gewebe deponierten Energiedosis D_E (Einheit J/kg, Abschn. 15.3.5, Gl. (15.32)ff.).

Nach der Applikation verteilt sich das Radionuklid auf die verschiedenen Organe und Gewebe des Körpers, wird dort für kürzere oder längere Zeit gespeichert und schließlich durch verschiedene Stoffwechselprozesse wieder ausgeschieden. Iod zum Beispiel sammelt sich in der Schilddrüse allmählich an, nach etwa 2 Std. sind etwa 30 % der applizierten Menge (Maximalwert) in diesem Organ vorhanden und verlassen anschließend den Organismus wieder. Technetium (Beispiel 15.9) hingegen, ebenfalls in der Schilddrüsendiagnostik verwendet, hat nur eine kurze Aufenthaltsdauer im Organ, „läuft also durch", und wird durch Magen und Darm ausgeschieden.

Die Strahlenbelastung des Gesamtorganismus ist demnach von der Verteilung und der Aufenthaltsdauer des Radionuklids abhängig, wobei nicht nur der im herausgegriffenen Organ selbst deponierte, sondern – im Falle z. B. eines γ-strahlenden Nuklids – auch der im Nachbarorgan verweilende Anteil beiträgt, dessen Strahlung auf das herausgegriffene Organ als äußere Bestrahlung einwirkt. Die Aufenthaltsdauer des Radionuklids ist natürlich zunächst durch den radioaktiven Zerfall selbst bestimmt (Halbwertszeit $T_{1/2}$ (phys)), sodann häufig wesentlich abgeändert (verkürzt) durch die Ausscheidungsvorgänge. Die einfachstmögliche Annahme für eine quantitative Beschreibung der Ausscheidung ist – in Analogie zum radioaktiven Zerfallsgesetz, Gl. (15.54) – die Proportionalität von dN/dt zur jeweils vorhandenen Anzahl der Nuklidteilchen (Beispiel 15.14),

$$\frac{dN}{dt} = -\lambda_{\text{biol}} N, \tag{18.20}$$

mit λ_{biol} = „biologische Zerfallskonstante", $T_{1/2}$ (biol) = ln $2/\lambda_{biol}$ die „biologische Halbwertszeit". Der zeitliche Verlauf

$$N(t) = N_0 \, e^{-\lambda_{biol}t}, \tag{18.21}$$

der daraus folgt, ist tatsächlich meist komplizierter; dazu hängt λ_{biol} auch noch von
verschiedenen Faktoren des Individuums, vom Alter, krankhaften Zuständen, auch evtl.
Medikamenten, u. a. ab. Radioaktiver Zerfall und Ausscheidung zusammen ergeben den
zeitlichen Verlauf gemäß (vgl. Gl. (15.85))

$$N = N_0 \, e^{-(\lambda_{biol} + \lambda_{phys})t} = N_0 \, e^{-\lambda_{eff}t}, \tag{18.22}$$

wobei N_0 die Anzahl der Radionuklide bei $t = 0$ ist. Man sieht, daß die effektive
Zerfallskonstante größer, also die effektive HWZ sowohl kleiner als $T_{1/2}$ (phys) und
als $T_{1/2}$ (biol) ist.
Die Aktivität, die aus Gl. (18.22) folgt,

$$A(t) = \lambda_{phys} \cdot N(t) = \lambda_{phys} N_0 \, e^{-\lambda_{eff}t} = A_0 \, e^{-\lambda_{eff}t}, \tag{18.23}$$

bestimmt die Emission energiereicher Strahlung, also die Strahlenbelastung. Die Formel
gibt die Abhängigkeit von wichtigen Parametern wieder, dennoch ist die Berechnung der
Strahlenbelastung des Körpers durch applizierte Radionuklide wegen der Unsicherheit
der Kenntnis der Verteilung und der biologischen Halbwertszeit sowie der evtl.
Kompliziertheit des Strahlungsfeldes (α-, β⁻-, β⁺-, Röntgen- und γ-Strahlung) nicht
einfach und nur durch umfangreiche Rechenprogramme annähernd zu lösen.

Beispiel 18.1 *Dosisabschätzung für die Szintigraphie der Schilddrüse.* Als Beispiel soll die Strahlendosis für ein einzelnes Organ, also eine *Teilkörperdosis* im Sinne einer Abschätzung aufgrund der
bisherigen Darlegungen berechnet werden. Die Masse der Schilddrüse ist $m = 20$ g, ihre Dichte werde
mit $\varrho = 1$ g cm^{-3} angesetzt, so daß das Volumen $V = 20$ cm^3 ist. Bei Annahme einer Kugelgestalt ist
ihr Durchmesser $d = 3,37$ cm. Das als Beispiel applizierte Nuklid $^{131}_{53}$I ist ein β⁻-Strahler mit der
HWZ $T_{1/2}$ (phys) = 8,02 d. Der Zerfall erfolgt zum Nuklid $^{131}_{54}$Xe, und zwar mit der Wahrscheinlichkeit von 90,4 % in den angeregten Zustand ($^{131}_{54}$Xe*), der bei der Energie von 364 keV liegt. Aus
diesem Zustand erfolgt der Übergang direkt in den Grundzustand mit 79 % Wahrscheinlichkeit unter
Emission von γ-Strahlung der Quantenenergie $E = 364$ keV. Diese Strahlung wird für die Szintigraphie benützt und außerhalb des Untersuchungsobjektes gemessen.
Die β⁻-Strahlung von $^{131}_{53}$I besteht aus Elektronen mit einer von Null an ansteigenden Energie bis
zur maximalen Energie $E_{max}(β^-) = 0,608$ MeV, die mittlere Energie der Zerfallselektronen ist
$E_1 = (1/3) E_{max}(β^-) = 0,2$ MeV. Die biologische Halbwertszeit für das Element Iod ist beim gesunden Erwachsenen $T_{1/2}$ (biol) ≈ 138 d, woraus gemäß Gl. (15.87) die effektive HWZ
$T_{1/2}$ (eff) $= 7,56$ d $= 6,53 \cdot 10^5$ s folgt.

Die für diagnostische Zwecke üblicherweise applizierte radioaktive Menge, d. h. Aktivität liegt in der
Größenordnung von $A_{appl} = 2$ bis 4 MBq (≈ 50 bis 100 μCi), wovon nach 2 Std. etwa 30 % in der
Schilddrüse gespeichert sind. Wir beginnen die weitere Rechnung zu diesem Zeitpunkt maximaler
Aktivitätskonzentration mit $A_0 = 1$ MBq, $a_0 = A_0/V = 5 \cdot 10^4$ Bq/cm^3. Die Strahlenbelastung des
Organs während der Speicherzeit wird später abgeschätzt. Die Reichweite der Elektronen für die
mittlere Elektronenenergie $E_1 = 0,2$ MeV ist $R = 0,5$ mm (in Wasser). Die innerhalb unseres
kugelförmigen Schilddrüsenmodells emittierten Elektronen werden also – bis auf eine Randschicht –

ihre Energie im Schilddrüsengewebe vollständig abgeben. Um auch Fälle beschreiben zu können, bei denen die Energieabgabe im interessierenden Organ nicht vollständig ist, schreibt man für die deponierte Energie je Elektron

$$E = p \cdot E_1 \tag{18.24}$$

und sieht p als eine Zahl zwischen 0 und 1 vor. Für unsere Rechnung ist praktisch $p = 1$ zu nehmen. Für die Energiedosis kommt es nun noch auf die Anzahl der radioaktiven Zerfälle an. Im ganzen Schilddrüsenvolumen findet in der Zeit Δt die Anzahl von $\Delta N = A(t) \cdot \Delta t$ Zerfällen statt. Die dabei deponierte Energie ist das Produkt aus E von Gl. (18.24) und der Anzahl ΔN. Die Energiedosis D_E folgt durch Division durch die Masse der Schilddrüse (s. Gl. (15.32)),

$$\Delta D_E(t) = \frac{1}{m} p E_1 A(t) \Delta t = \frac{1}{m} p E_1 A_0 e^{-\lambda_{eff} t} \cdot \Delta t, \tag{18.25}$$

so daß die Dosisleistung (oder Dosisrate)

$$\dot{D}_E(t) = \frac{1}{m} p E_1 \cdot A(t) = \frac{1}{m} p E_1 \cdot A_0 e^{-\lambda_{eff} t} \tag{18.26}$$

ist. Die Gesamtdosis bis alle Radioaktivität abgeklungen ist, erhält man durch Integration von $t = 0$ bis ∞:

$$D_E = \int_0^\infty \dot{D}(t)\, dt = \frac{1}{m} p E_1 \cdot A_0 \cdot \frac{1}{\lambda_{eff}} = \frac{1}{m} p E_1 \cdot A_0 \cdot \frac{T_{1/2}(eff)}{\ln 2}. \tag{18.27}$$

Allerdings ist bei sehr langlebigen inkorporierten Radionukliden die Integration bis zu $t = \infty$ natürlich nicht sinnvoll, man nimmt daher für Vergleichszwecke eine der Lebenserwartung entsprechende Zeitspanne, vereinbarungsgemäß von $t = 0$ bis $t_e = 50$ Jahre. Zur Gl. (18.27) tritt dann ein dosis-verminderter Faktor $1 - \exp(-\lambda_{eff} t_e)$ hinzu. Die so modifizierte Gleichung wird vielfach benützt. Die in Gl. (18.25) bis (18.27) auftretende Größe A_0/m, d.h. die auf die Masse bezogene Aktivität wird als „spezifische Aktivität" bezeichnet.

Im konkreten Einzelfall muß zur Abschätzung der Strahlenbelastung berücksichtigt werden, ob noch ein Bewertungsfaktor q (auch Strahlenartwichtungsfaktor w_R genannt) anzubringen ist, durch den der verschieden großen Schädigung bei verschiedenen Strahlungsarten Rechnung getragen wird. Tab. 15.1 enthält einige Zahlenwerte. Die auf diese Weise der biologischen Wirkung angepaßte Dosis wird „Äquivalentdosis" genannt, Symbol H, Einheit ebenfalls J/kg, Einheitenname Sievert (Sv), Gl. (15.40). In unserem vorliegenden Beispiel (Elektronen) ist $q = 1$, so daß die Äquivalentdosis

$$H_{Schilddrüse} = q \cdot D_E = 1 \cdot \frac{1}{0{,}02\,kg} \cdot 1 \cdot 0{,}2\,MeV \cdot 10^6\,Bq \cdot \frac{7{,}56\,d}{\ln 2}$$

$$= 1{,}5\,J/kg = 1{,}5\,Sv \tag{18.28}$$

ist. Der Beitrag, herrührend vom Speichervorgang kann abgeschätzt werden: Wir nehmen für diesen Vorgang einen linearen (zeitproportionalen) Anstieg von $A = 0$ auf A_0 innerhalb der Speicherzeit $t_{Sp} = 2$ Stunden, so daß die mittlere Aktivität gleich $A_0/2$ ist, und damit

$$H_{Sp} = 1 \cdot \frac{1}{m} p E_1 \cdot \frac{A_0}{2} t_{Sp} = 5{,}76\,mSv \tag{18.29}$$

ist. Diese Dosis ist gegenüber der Gesamtdosis Gl. (18.28) vernachlässigbar.

Um zu zeigen, welch weitere Detailüberlegungen eine Rolle spielen können, seien noch zwei Ergänzungen betrachtet. Bisher wurde so getan als ob alle Elektronen ihre gesamte Energie im Organ deponieren würden. Das ist nicht richtig für Elektronen aus einer Randschicht des kugelförmigen Organs, deren Dicke etwa als die Hälfte der Reichweite der schnellen Elektronen angesetzt werden kann. Diese Elektronen haben die Chance, aus dem Organ auszutreten, wodurch die Organdosis vermindert und dafür das Nachbarorgan belastet wird. Etwa 20% der Elektronen werden in der Randschicht emittiert und davon werden nur einige Prozent tatsächlich in der Umgebung Energie deponieren. D. h. diese Verminderung der Organdosis ist vernachlässigbar. Die zweite Ergänzung ist wichtiger. Sie betrifft die γ-Strahlung, die von dem Kern ^{131}Xe nach dem β^--Zerfall emittiert wird. Nach Maßgabe des dafür bestehenden Schwächungskoeffizienten (Abschn. 15.3.4) passiert sie das in Frage stehende Organ und den ganzen Körper. Für die Strahlenbelastung des Organs ist der Energieabsorptionskoeffizient (Gl. (15.31 b)) maßgebend. Er beträgt für Wasser ($\varrho = 1\,\mathrm{g\,cm}^{-3}$) nach Fig. 15.18 $\eta/\varrho \approx 3 \cdot 10^{-2}\,\mathrm{cm}^{-1}$. Für unsere Kugel mit dem mittleren Absorptionsweg $\Delta x \approx r = 1,7\,\mathrm{cm}$ wird also nach Gl. (15.27) der Bruchteil $\Delta E/E = \eta \cdot \Delta x$ oder $\Delta E \approx$ 364 keV $\cdot 3 \cdot 10^{-2}\,\mathrm{cm}^{-1} \cdot 1,7\,\mathrm{cm} = 18,6\,\mathrm{keV} \approx 20\,\mathrm{keV}$ je Zerfallsquant absorbiert. D. h. die Gammastrahlung trägt weitere 10% (Energie je Zerfallselektron $E_1 = 200\,\mathrm{keV}$) zur Energie und Äquivalentdosis bei.

Insgesamt belastet die im Organ inkorporierte Aktivität (30% der applizierten) das Organ mit der „inneren" Äquivalentdosis $H_i \approx 1,5$ (bis 2) Sv. Die restlichen 70% der applizierten Aktivität sind im Körper verteilt. Ein Teil der dort emittierten γ-Strahlung erreicht das Organ als „äußere" Strahlung. Nimmt man homogene Verteilung an, so kann man eine einfache Abschätzung über die zusätzliche Belastung machen und findet als „äußere Äquivalentdosis" etwa $H_a \approx 2\,\mathrm{mSv}$, was wiederum im Rahmen der Abschätzung vernachlässigbar ist. Wir sehen: sowohl die Elektronen als auch die γ-Strahlung des im Körper verteilten applizierten Radio-Nuklids belasten den ganzen Körper. Die Berechnung der Ganzkörper-Dosis setzt die Kenntnis der Verteilung der Strahlungsquellen, der daraus resultierenden Elektronen- und Gamma-Energiedosis in den einzelnen Teilen (Organen) des Körpers und die durch Wichtungsfaktoren zu berücksichtigende Strahlenempfindlichkeit der einzelnen Organe voraus. Die Summe der gewichteten Teilkörper-Äquivalentdosen ergibt dann die sogenannte effektive Ganzkörperdosis. – Zum Vergleich sei erwähnt, daß bei Röntgendiagnostik-Aufnahmen die Teil- bzw. Ganzkörperdosis im Bereich 1 bis 100 mSv liegt.

Wie in dem Beispiel gezeigt, ist die Strahlenbelastung der Organe vor allem durch die schnellen Elektronen des β^--Zerfalls von ^{131}I verursacht. Daher ist man schon seit längerer Zeit bei der Diagnostik zu den Nukliden ^{123}I ($T_{1/2} = 13,3\,\mathrm{h}$) oder ^{125}I ($T_{1/2} = 60\,\mathrm{d}$) übergegangen. Sie sind zwar teurer in der Herstellung, zerfallen aber durch *Elektroneneinfang* (Abschn. 15.5.2.3), d.h. ohne Emission schneller Elektronen, gefolgt von einer 159 keV- bzw. 35 keV-γ-Strahlung und (weicher) Röntgenstrahlung aus der Hülle des Folgenuklids ^{123}Te bzw. ^{125}Te. Letztere erzeugt zwar auch ionisierende Elektronen, aber in wesentlich geringerem Maß als die β-Elektronen. So ergibt sich eine erhebliche Reduzierung der Strahlenbelastung und es wird die Anwendung höherer Aktivitäten möglich.

18.4 Kernspin-Tomographie (KST) *)

18.4.1 Vorbemerkung

Das Verfahren beruht auf dem Verhalten der magnetischen Dipole der Atomkerne (Abschn. 18.4.2) in magnetischen Gleich- und Wechselfeldern, für das die Gleichung (9.131) $\vec{D} = \vec{p}_m \times \vec{H}$ grundlegend ist. Sie besagt, daß im Magnetfeld $\vec{H}$ auf einen magnetischen Dipol mit dem Dipolmoment $\vec{p}_m$ ein Drehmoment $\vec{D}$ ausgeübt und dadurch der Dipol in das Feld hineingedreht, also „ausgerichtet" wird. Hier sei daran erinnert, daß die Physik zwei Beschreibungen für das Magnetfeld am Ort des Dipols kennt: $\vec{H}$, die magnetische Feldstärke mit der Einheit A/m und $\vec{B}$, die magnetische Flußdichte mit der Einheit Tesla, T = Vs/m². Beide Größen hängen durch die Gleichung $\vec{B} = \mu \mu_0 \vec{H}$ (Gl. (11.7)) zusammen: Die magnetische Feldkonstante μ_0 bewirkt die Einheitenumrechnung, mit der Permeabilität μ wird berücksichtigt, daß die magnetische Flußdichte $\vec{B}$ die durch das Magnetfeld $\vec{H}$ erzeugte Gesamtmagnetisierung des Stoffes mit enthält. Die KST befaßt sich mit Stoffen, die in der allgemeinen Terminologie als diamagnetisch bezeichnet werden (Abschn. 11.2) und deren zusätzliche Magnetisierung durch die evtl. ausgerichteten Kerndipole geringfügig ist. Die Permeabilität ist damit bis auf etwa 1/10 000 gleich eins, sie kann durch $\mu = 1$ ersetzt werden und entfällt daher bei allen bei der KST verwendeten Formeln. Wir folgen dem allgemeinen Brauch und geben alle Formeln in der Schreibweise mit der Flußdichte $\vec{B}(= \mu_0 \vec{H})$ an. Gleichzeitig wird der Buchstabe μ frei für die Bezeichnung des magnetischen Dipolmomentes. In der gewählten Schreibweise lautet z. B. Gl. (9.131) $\vec{D} = (\vec{p}_m/\mu_0) \times (\mu_0 \vec{H}) = \vec{\mu} \times \vec{B}$, woraus ersichtlich ist, daß das zu benutzende Dipolmoment $\vec{\mu} = \vec{p}_m/\mu_0$ einheitenkorrekt umzurechnen ist. Das ist bei den Daten der Tab. 18.2 bereits geschehen.

18.4.2 Der Atomkern als magnetischer Dipol und als Kreisel, gyromagnetisches Verhältnis, Larmor-Frequenz

Neben Ladung und Masse (Abschn. 5.3) haben die Atomkerne einen (Eigen-)Drehimpuls. Verbindet man mit dem Drehimpuls die Vorstellung einer Rotation, so versteht man, daß die Atomkerne mit ihrer rotierenden Ladung elektrische Ringströme verkörpern und daß sie daher auch ein magnetisches Dipolmoment, ein *kernmagnetisches Moment* μ tragen. Tab. 18.2 enthält in Spalte 3 einige gemessene Zahlenwerte wie sie erhalten werden, wenn ein solcher Dipol vollständig in ein Magnetfeld hineingedreht wäre, soweit nach der Quantenmechanik möglich. Die Zahlenwerte für die angegebenen Nuklide sind meist positiv, d. h. das magnetische Moment ist meist gleichsinnig zum Drehimpuls des Atomkerns orientiert, was der einfachen Vorstellung der rotierenden positiven Kernladung entspricht. Jedoch kommt auch umgekehrte Orientierung vor, was davon herrührt, daß der Atomkern nicht nur aus den positiv geladenen Protonen besteht, sondern auch Neutronen enthält. Sie sind ungeladen, tragen aber, wie die Messungen gezeigt haben, ein negatives magnetisches Moment. Wir betrachten hier den Atomkern als elementares Teilchen – was er aber nicht ist –, und bezeichnen seinen Drehimpuls – wie sonst bei Elementarteilchen üblich – mit „Spin", also hier *Kernspin*, Formelbuchstabe I.

---

*) Auch „Magnetresonanz-Tomographie" und (vielfach) MRI = Magnetic Resonance Imaging.

Tab. 18.2 Zusammenstellung einiger Kerndaten solcher Nuklide, die für KST interessant sind. Zu Spalte 3. Das sogenannte „Kernmagneton" μ_K als spezielle Einheit für Kernmomente hat den Wert $\mu_K = 5{,}0507865 \cdot 10^{-27}$ Nm/T $= 3{,}15245166 \cdot 10^{-8}$ eV/T. Man gibt den Wert der magnetischen Kernmomente „bezogen auf μ_K", also das Verhältnis μ/μ_K an. Dabei ist μ der maximal mögliche Meßwert bei quantenmechanischer „Parallelstellung" des Dipols im Feld (Abschn. 18.4.2 und 18.4.3). Für ^{13}C ist $\mu/\mu_K = 0{,}70216$, also $\mu = 2{,}2135 \cdot 10^{-8}$ eV/T. Für das Neutron ist $\mu/\mu_K = -1{,}91304275$. Zu Spalte 4. Gyromagnetisches Verhältnis $\gamma/2\pi$ in MHz/T, vgl. Gln. (18.30) und (18.32). Sind magnetisches Moment $\vec{\mu}$ und Kerndrehimpuls $\vec{I}$ entgegengesetzt gerichtet (^{17}O, ^{43}Ca), so ist γ negativ; Gl. (18.30). In diesem Fall verläuft die Präzessionsbewegung mit umgekehrtem Drehsinn wie in Fig. 18.12 gezeichnet, und im Energieschema müssen die Vorzeichen der m-Werte umgekehrt werden (Abschn. 18.4.3)

Nuklid	Kernspin-quanten-zahl I	kernmagn. Moment bezogen auf μ_K μ/μ_K	gyromagn. Verhältnis $\gamma/2\pi$ in MHz/T	Häufigkeit im natürlichen Isotopengemisch in %	rel. Empfindlich-keit bei gleicher Anzahl Kerne u. gleichem Feld B	rel. Empfind-lichkeit korrig. mit natürlicher Häufigkeit
1	2	3	4	5	6	7
^{1}H	1/2	2,79847386	42,58	99,98	1	1
^{12}C	0	0	–	98,89	0	0
^{13}C	1/2	0,70216	10,72	1,11	$1{,}59 \cdot 10^{-2}$	$1{,}8 \cdot 10^{-4}$
^{14}N	1	0,40357	3,08	99,64	$1{,}01 \cdot 10^{-3}$	$1{,}0 \cdot 10^{-3}$
^{17}O	5/2	$-1{,}8930$	$-5{,}77$	0,04	$2{,}91 \cdot 10^{-2}$	$1{,}1 \cdot 10^{-3}$
^{19}F	1/2	2,6275	40,06	100	$8{,}30 \cdot 10^{-1}$	$8{,}3 \cdot 10^{-1}$
^{23}Na	3/2	2,2161	11,26	100	$9{,}27 \cdot 10^{-2}$	$9{,}3 \cdot 10^{-2}$
^{31}P	1/2	1,1306	17,24	100	$6{,}64 \cdot 10^{-2}$	$6{,}6 \cdot 10^{-2}$
^{39}K	3/2	0,3909	1,99	93,08	$5{,}08 \cdot 10^{-4}$	$4{,}7 \cdot 10^{-4}$
^{43}Ca	7/2	$-1{,}31$	$-2{,}87$	0,14	$6{,}40 \cdot 10^{-3}$	$9{,}3 \cdot 10^{-6}$

Die für die einzelnen Atomkerne als individuelle Werte gemessenen kernmagnetischen Momente ersetzt man bei der KST weitgehend durch eine andere zweckmäßig gewählte Größe, das *gyromagnetische Verhältnis* γ, das das magnetische Moment mit dem Drehimpuls verknüpft,

$$\vec{\mu} = \gamma \vec{I}. \tag{18.30}$$

Seine Einheit folgt aus denen von $\vec{\mu}$ und $\vec{I}$ und ist s^{-1}/T, wobei s^{-1} als Einheit der Winkelfrequenz (Rotations-Winkelfrequenz des Dipols) gemeint ist. Aus ihr folgt die gewöhnliche (Umlauf-)Frequenz durch Division durch 2π. Die Zahlenwerte in Spalte 4 von Tab. 18.2 gelten für diese (Umlauf-)Frequenz mit der Einheit MHz/T.

Nach der *Quantenmechanik* ist der Drehimpuls $\vec{I}$ der atomaren Teilchen (Elementarteilchen, Atomkerne, Elektronen und weitere) ein Vielfaches der Größe $\hbar = h/2\pi$ mit h = Planck-Konstante, und dieses Vielfache ist durch die *Kernspin-Quantenzahl* I bestimmt, die je nach dem vorliegenden Kern ganz- oder halbzahlig ist: $I = 0, 1/2, 1, 3/2, \dots$ Z.B. $I = 1/2$ für den Wasserstoff-Kern (das Proton), $I = 7/2$ für den Kern des Nuklids ^{43}Ca, s. Tab. 18.2, Spalte 2. Bei allen Kernen mit $I = 0$ ist auch das kernmagnetische Moment $\mu = 0$, was z.B. für den Kern des in biologischer Materie sehr häufigen Nuklids ^{12}C zutrifft. Ist $I \neq 0$, dann ist (in aller Regel) auch $\mu \neq 0$, aber dennoch etwa um den Faktor 2000 kleiner als das magnetische Moment, das die Elektronen der Atomhülle tragen und das den Para- und Ferromagnetismus der Materie verursacht (Abschn. 11.2). Auch bei makroskopisch diamagnetischen Stoffen (siehe die Vorbemerkung zu Abschn. 18.4.1) ist es schwierig, den kleinen Kernmagnetismus zu messen. Eine wichtige *Meßmethode für den Kernmagnetismus* ist diejenige, die zur *Kernspintomographie* weiterentwickelt werden konnte.

Wird ein Stück Materie, das Atome mit kernmagnetischen Momenten enthält (wie z.B. der menschliche Körper), in ein Magnetfeld gebracht, so werden die magnetischen Momente ausgerichtet, so daß der ganze Körper einen großen kernmagnetischen Dipol darstellt (Fig. 18.11). Dieses einfache Bild, das im Ergebnis richtig ist, verdeckt allerdings eine Reihe von atomar-mikroskopischen Sachverhalten, die für das Verständnis der KST

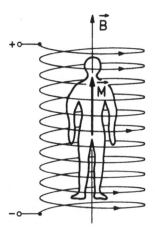

Fig. 18.11
Der menschliche Körper wird beim Einbringen in ein Magnetfeld $\vec{B}$ aufgrund der in Gewebe und Organen enthaltenen kernmagnetischen Dipole magnetisiert, er wird physikalisch ein großer Dipolmagnet $\vec{M}$, der parallel zur Feldrichtung orientiert ist

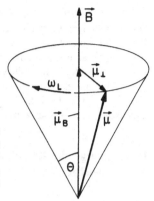

Fig. 18.12
Die einzelnen Kernmagnete $\vec{\mu}$ führen mit der Winkelgeschwindigkeit ω_L eine Präzessionsbewegung im Magnetfeld $\vec{B}$ aus, weil sie mit einem Drehimpuls verknüpft sind. Die Parallelkomponenten $\vec{\mu}_B$ addieren sich in einem makroskopisch großen Materiestück zum gesamten Dipolmoment $\vec{M}$ (Fig. 18.11), die Querkomponenten $\vec{\mu}_\perp$ heben sich zu Null auf, wenn nicht besondere Maßnahmen ergriffen werden wie bei der KST

wichtig sind. Zunächst haben die Kerndipole „Schwierigkeiten", dem Feld $\vec{B}$ zu „folgen", weil sie untrennbar mit einem Drehimpuls behaftet sind. Sie folgen dem Magnetfeld nur so, wie ein mechanischer Kreisel dem Gravitationsfeld folgt (Abschn. 7.7.3). Das ausgeübte Drehmoment $\vec{D} = \vec{\mu} \times \vec{B}$ bewirkt eine Änderung des Kern-Drehimpulsvektors $\vec{I}$ gemäß $\mathrm{d}\vec{I}/\mathrm{d}t = \vec{D} = \vec{\mu} \times \vec{B}$, Gl. (7.100), und, wenn man diese Gleichung mit dem gyromagnetischen Verhältnis γ (Gl. (18.30)) multipliziert, dann ergibt sich

$$\frac{\mathrm{d}\vec{\mu}}{\mathrm{d}t} = \gamma\,\vec{\mu} \times \vec{B}\,. \tag{18.31}$$

Die Gleichung sagt, daß die Änderung $\mathrm{d}\vec{\mu}$ des Dipolvektors $\vec{\mu}$ senkrecht steht auf $\vec{\mu}$ und $\vec{B}$. Die Bewegung erfolgt also wie in Fig. 18.12 aufgezeichnet und wird *Präzessionsbewegung* genannt. Der Öffnungswinkel Θ des gezeichneten Kegels (*Präzessionswinkel*) ist nicht durch $\vec{B}$ oder $\vec{\mu}$ bestimmt, sondern (klassisch; vgl. die Ergänzung) durch die Orientierung, die der Dipol zufällig beim Einschalten des Feldes oder beim Hineinbringen des Körpers in das Feld hat. Aus Gl. (18.31) berechnet man die Winkelgeschwindigkeit (Winkelfrequenz) ω_L bzw. die Dreh-(Umlauf-)Frequenz f_L des Kerndipols $\vec{\mu}$ um die Richtung des Feldes $\vec{B} = (0,0,B = \text{const})$, genannt *Larmorfrequenz*, zu

$$\omega_{\text{Larmor}} = \omega_L = \gamma \cdot B \quad \text{bzw.} \quad f_L = \omega_L/2\pi = \frac{\gamma}{2\pi} B\,. \tag{18.32}$$

Die Larmorfrequenz ist ebenfalls unabhängig vom Präzessionswinkel Θ. Für die Kernspins heißt dies: alle magnetischen Dipole (z. B. im ganzen menschlichen Körper) führen um ein überall gleiches Magnetfeld B eine gleichartige Präzessionsbewegung aus. In der Summe führen die Präzessionsbewegungen der vielen in einem makroskopisch großen Körper vorhandenen Dipole allein *nicht* zu einer meßbaren Gesamtmagnetisierung, weil zunächst keine Bevorzugung irgendwelcher Präzessionswinkel Θ vorhanden ist. Erst die Einbeziehung der Energie ergibt eine solche Bevorzugung, s. Abschn. 18.4.3.

Ergänzung: Die *Quantenmechanik* läßt für die Präzessionswinkel Θ nicht mehr alle Werte zu, sondern nur solche, bei denen die *Komponente des Drehimpulses* I_B in Richtung von $\vec{B}$ die Werte $I_B = m\hbar$ hat mit $m = -I, \ -I+1, \ldots, +I$. ($I$ = Kernspin-Quantenzahl, Tab. 18.2, Spalte 2), was zu $2I+1$ Winkelstellungen führt mit $\cos \Theta = m/\sqrt{I(I+1)}$. Man sagt: es besteht *Richtungsquantelung*. Zum Beispiel läßt die Quantenmechanik für das magnetische Moment des Wasserstoffkerns wegen der Richtungsquantelung nur die beiden Einstellwinkel $\Theta = 54{,}7°$ und $180° - 54{,}7°$ zu, was weit entfernt von Parallel- oder Antiparallelstellung zum Feld $\vec{B}$ ist (das war übrigens der Sinn der im ersten Absatz dieses Abschnittes getroffenen Feststellung der quantenmechanisch möglichen vollständigen Einstellung). Bei ^{43}Ca ($I = 7/2$, Tab. 18.2) sind die beiden Extremwinkel $\Theta = 28{,}1°$ und $180° - 28{,}1°$, dazwischen gibt es noch 6 weitere gleichberechtigte Winkel Θ.

18.4.3 Energie des Kerndipols im Magnetfeld, Magnetisierung im thermischen Gleichgewicht

Bei der Präzessionsbewegung „fühlen" die Kerndipole, daß es eine Vorzugsrichtung gibt, denn die verschiedenen Einstellungen Θ unterscheiden sich energetisch. Bei Überführung eines Dipols von einer Richtung in eine andere muß Arbeit verrichtet werden, d. h. die potentielle Energie hängt von der Richtung Θ ab,

$$W_{\text{pot}} = -\mu B \cos \Theta = -\mu_B \cdot B, \tag{18.33}$$

wobei μ der Betrag des magnetischen Momentes, B derjenige der magnetischen Flußdichte, und $\mu_B = \mu \cos \Theta$ die Komponente des magnetischen Momentes in Richtung von $\vec{B}$ ist. Es wurde hierbei $W_{\text{pot}}(90°) = 0$ gesetzt (vgl. Abschn. 7.6.3.1).

Klassisch haben also die Parallel- und die Antiparallel-Orientierung zum Feld die beiden verschiedenen potentiellen Energien $W_{\text{pot, p}} = -\mu B$ und $W_{\text{pot, a}} = +\mu B$. Sie unterscheiden sich um $\Delta W_{\text{pot}} = 2\mu B$, und die Dipole wollen diesem Gefälle der potentiellen Energie folgen.

Die quantenmechanische Beschreibung sagt: zur Komponente des magnetischen Momentes μ_B gehört die Drehimpulskomponente I_B, und es gilt, der Gl. (18.30) entsprechend,

$$\mu_B = \gamma I_B = \gamma \hbar \cdot m \tag{18.34}$$

mit $m = -I, \ldots, +I$. Für die quantenmechanisch erlaubten Einstellwinkel folgen daraus die potentiellen Energien

$$W_{\text{pot}} = -(\gamma \hbar m) \cdot B = -(\gamma m B) \cdot \hbar, \quad m = -I, \ldots, +I. \tag{18.35}$$

Im ersten Teil von Gl. (18.35) findet man das „maximale magnetische Moment in Feldrichtung" $\gamma \hbar \cdot I$ wieder. Dieser Wert ist in Spalte 3, Tab. 18.2 angegeben. Im zweiten Teil erkennt man eine Schreibweise der Quantenmechanik: Energie = $h \cdot \nu = \hbar \cdot \omega$. Der energetische Abstand zweier Zustände mit den Quantenzahlen m und $m + 1$ ist $\Delta W_{\text{pot}} = W_{\text{pot}}(m + 1) - W_{\text{pot}}(m) = \gamma B \cdot \hbar = \omega_{\text{Larmor}} \cdot \hbar$. Die Unabhängigkeit der Larmorfrequenz vom Präzessionswinkel erscheint energetisch als konstanter Energieabstand. Für Wasserstoff, $I = 1/2$, ist $\mu_{B,\text{max}} = (1/2)\gamma \hbar$ und damit $\Delta W_{\text{pot}} = \gamma B \hbar = 2\mu_{B,\text{max}} \cdot B$, was gleich dem klassischen Wert aus Gl. (18.33) ist.

Bevor sich die Kern-Gesamtmagnetisierung eines makroskopischen Körpers ausbildet, sind die zugelassenen Winkel Θ, d. h. die zugelassenen Energiezustände, durch die kernmagnetischen Dipole mit gleichen Anzahlen besetzt. Anders ausgedrückt, sind die verschiedenen Zustände der potentiellen Energie gleich besetzt. Eine Magnetisierung kommt erst dadurch zustande, daß die Winkel und damit die Energiezustände ungleich besetzt werden: es werden mehr Dipole mit kleinen Winkeln vorkommen als mit großen, d.h. es werden die energetisch tiefer liegenden Zustände häufiger besetzt als die höher liegenden. Dafür gibt es zwei Gründe. Erstens können die Dipole spontan in eine andere Richtung „umklappen", was ein äußerst seltener Prozeß ist. Zweitens befinden sich alle Kerndipole in einer materiellen Umgebung der Temperatur $T \approx 300$ K. Die Atome und Moleküle sind in thermischer Bewegung, und da ihre Bestandteile (Elektronen und Kerne) selbst elektrisch geladen sind, so werden dadurch fluktuierende elektromagnetische Felder erzeugt, die die erwarteten Übergänge, d.h. die Energieabgabe an die Umgebung wesentlich beschleunigen. Eine Mangetisierung stellt sich demnach erst nach einer mehr oder weniger langen Zeit, der *Relaxationszeit*, z.B. 1 Sekunde, ein. Dabei ist wesentlich, daß durch die genannten Felder auch Absorptionsprozesse erfolgen, durch die Dipole aus der Richtung von B wieder herausgedreht, also in Zustände höherer Energie zurückbefördert werden. Es kommt zu einem „thermischen Gleichgewicht", das durch den Unterschied der potentiellen Energien zweier Einstellungen (Zustände) und die thermische Energie kT (k Boltzmann-Konstante, Abschn. 8.3.3) bestimmt ist, z.B. bei Wasserstoff

$$\frac{n_{\text{antiparallel}}^{(m=-1/2)}}{n_{\text{parallel}}^{(m=+1/2)}} = \exp\left(-\Delta W_{\text{pot}}/kT\right) = \exp\left(-2\mu B/kT\right). \tag{18.36}$$

Der Exponentialausdruck heißt „Boltzmann-Faktor". Er sagt aus, wie groß das Besetzungszahlverhältnis für die verschiedenen, durch die Quantenzahl m gegebenen Energiezustände ist, und er bestimmt die Magnetisierung im thermischen Gleichgewicht. Bei der Temperatur des menschlichen Körpers $T = (273,16+37)$ K $= 310,16$ K ist $kT = 4,28 \cdot 10^{-21}$ J $= 2,67 \cdot 10^{-2}$ eV. Aus Tab. 18.2 entnimmt man das magnetische Moment des *Wasserstoff*-Kerns $\mu = 2,8\,\mu_K = 8,8 \cdot 10^{-8}$ eV/T. Mit der magnetischen Flußdichte $B = 1$ T folgt $\Delta W_{\text{pot}} = 2\mu B = 17,6 \cdot 10^{-8}$ eV. Das Verhältnis $2\mu B/kT = 6,6 \cdot 10^{-6}$ ist damit sehr klein, was heißt, daß die thermische Energie nur einen winzigen Unterschied der Besetzungszahlen hervorruft bzw. zuläßt,

$$\frac{n_{\text{ap}}}{n_{\text{p}}} = e^{-6,6 \cdot 10^{-6}} = 0,999\,993\,4. \tag{18.37}$$

Anders ausgedrückt: sind 1 Million Protonen im niedrigeren (unteren) Energiezustand, also in Feldrichtung orientiert, dann sind 1 Million minus 7 Protonen noch immer entgegengesetzt orientiert. Daß trotzdem der Kernmagnetismus meßbar ist und zu einem bildgebenden Verfahren geführt hat, liegt daran, daß einerseits in makroskopischen Volumina, z.B. 1 mm^3 Wasser, sehr viele (ca. $7 \cdot 10^{19}$) Protonen enthalten sind und andererseits es eine Methode gibt, den (Kern)-Magnetisierungsvektor zu einer zeitlichen Bewegung zu veranlassen, die ohne Störung durch das starke, zeitlich konstante Magnetfeld B verfolgt und mit großer Empfindlichkeit gemessen werden kann (Abschn. 18.4.4).

18.4.4 Signalbildung und Signalaufnahme bei der KST

Der Zusammenhang zwischen der klassischen Präzessionsfrequenz (Larmorfrequenz ω_L, Gl. (18.32)) und der Winkelfrequenz ω, die zur Quantenenergie $\hbar\omega$ als Abstand zwischen zwei aufeinander folgenden Energiezuständen m mit verschiedenen Dipolorientierungen gehört (Gl. (18.35)), nämlich

$$\omega_L = \omega = \gamma B \qquad\qquad\qquad (18.38)$$

ist die *Grundlage für die Signalbildung* bei der KST. Bringt man einen Körper, dessen Kernmagnete in einem konstanten Magnetfeld B ausgerichtet sind (im Sinne von Abschn. 18.4.3) in ein elektromagnetisches Wechselfeld der Frequenz $f = f_L = \omega_L/2\pi$ (in der Medizintechnik wird hier von „Bestrahlung" gesprochen; diesem Brauch schließen wir uns an), stellt man also *Resonanz* zwischen Präzession und Wechselfeld her, dann ergibt sich durch Absorptions- und Emissionsprozesse eine Umbesetzung der Orientierungszustände der Dipole im Feld $\vec{B}$. Sie kann so gestaltet werden, daß der *Vektor der Gesamtmagnetisierung*, den wir im folgenden stets mit $\vec{M}$ bezeichnen, im ganzen eine Bewegung vollführt, die man klassisch beschreiben und als Induktionsspannung messen kann. Es seien einige *Zahlenwerte* vorausgeschickt: Die Resonanzfrequenz läßt sich aus Spalte 4 von Tab. 18.2 leicht mittels Gl. (18.38) berechnen. Neben Flußdichten von $B = 1$ T sind auch solche bis herunter zu $B = 0{,}1$ T üblich, zu hohen Flußdichten kommt man durch Verwendung von supraleitenden Feldspulen (die den technischen Aufwand natürlich vergrößern) in den Bereich $B = 10$ T. Diese beiden Werte entsprechen für Wasserstoff Frequenzen im Bereich $f = 4\,\text{MHz}$ bis $400\,\text{MHz}$. Dafür folgt aus $f \cdot \lambda = c$, Gl. (13.16), der *Wellenlängen*bereich $\lambda = 75\,\text{m}$ bis $0{,}75\,\text{m}$. Verglichen damit kann man die Abmessungen des Menschen als „klein" bezeichnen. Das Objekt wird also homogen bestrahlt, Feldstärke und Phase sind an allen Punkten gleich, wenn man nicht absichtlich zu einer inhomogenen Bestrahlung übergehen will. Eine hohe Kraftflußdichte $\vec{B}$ ist vorteilhaft, weil dann im thermischen Gleichgewicht eine höhere Anfangsmagnetisierung zur Verfügung steht, Gl. (18.36), die Anzahl der antiparallel orientierten Dipole nimmt ab. Dementsprechend müßte man eine höhere Bestrahlungsfrequenz verwenden. Dem steht der Nachteil gegenüber, daß mit wachsender Frequenz (etwa proportional zu $f^{-1/2}$) die *Eindringtiefe d* des elektromagnetischen Wechselfeldes abnimmt, wovon Fig. 13.44 einen Eindruck vermittelt. Zu den kleineren Frequenzen findet man die Angaben für Weichteilgewebe: bei $f = 1\,\text{MHz}$ ist $d = 91\,\text{cm}$, bei $f = 10\,\text{MHz}$ $d = 22\,\text{cm}$, bei $f = 41\,\text{MHz}$ $d = 11\,\text{cm}$. Bei hohen Frequenzen wird also das Objekt bzgl. der Tiefe nicht mehr homogen bestrahlt. – Interessant ist auch die Berechnung der *Quantenenergie*. Es handelt sich um Ultrakurzwellenstrahlung, die Quantenenergie liegt wie im Anschluß an Gl. (18.36) angegeben im Bereich einiger μeV, also weit unterhalb einer möglichen Gewebeschädigung durch Ionisation. Allenfalls wäre eine Erwärmung wie bei Kurzwelle möglich, jedoch ist die angewandte Strahlungsleistung viel geringer. Die KST ist insoweit ein ideales Tomographie-Verfahren.

Die *Signalbildung* und die *Messung* des bei der KST erzeugten Kernmagnetismus erfolgt nach Einbringen des Objektes O (Fig. 18.13) in das homogene Magnetfeld $\vec{B}$ (hinreichend

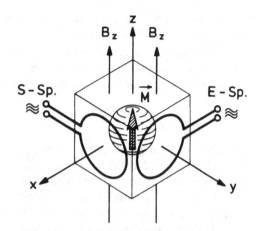

Fig. 18.13
Prinzipanordnung zur Messung der Kernmagneti-
sierung und für die Kernspin-Tomographie

große Feldspule, Orientierung in z-Richtung, Feldkomponente $B_z = B$), mittels zweier
Spulen (resp. Spulenpaare, die das Objekt umfassen), deren Windungsflächen senkrecht
aufeinander stehen: Die *Sendespule* S-Sp., parallel zur y-z-Ebene, die *Empfangsspule*
E-Sp. parallel zur x-z-Ebene. Die Feldspule ist von Gleichstrom durchflossen, dessen
Größe das Feld $\vec{B}$ bestimmt. Die Sendespule wird von hochfrequentem Wechselstrom der
Bestrahlungsfrequenz f_1 durchflossen. Ohne Objekt entsteht am Empfänger kein Signal,
mit dem Objekt nur dann, wenn sein Magnetisierungsvektor $\vec{M}$ von der Orientierung
parallel zur z-Achse abweicht und eine Bewegung (Rotation) um die z-Achse ausführt.
Dann entsteht an der Empfangsspule E-Sp. eine Induktionsspannung, die das gewünschte
Signal darstellt und registriert wird.

Die Bewegung des Magnetisierungsvektors $\vec{M}$ wird durch das magnetische Wechselfeld B_1
der Sendespule in Gang gesetzt. Es ist in der x-y-Ebene in x-Richtung orientiert und hat
z. B. den zeitlichen Verlauf

$$B_x = 2 B_1 \cos \omega_1 t, \quad \text{vektoriell:} \ \vec{B}_1 = 2 B_1 (\cos \omega_1 t, 0, 0), \tag{18.39}$$

wobei die Flußdichte-Amplitude B_1 wesentlich kleiner als die Flußdichte des Hauptfeldes
B ist. Die Absicht ist es, die Frequenz $f_1 = \omega_1/2\pi$ des Wechselfeldes durchzustimmen, so
daß auch die Resonanz $\omega_1 = \omega_L$ durchfahren wird. Nun kann man sich das magnetische
Wechselfeld in zwei Teile zerlegt denken,

$$\overset{\curvearrowright}{\vec{B}_1} = \vec{B}_{\text{rechts}} = B_1 (\cos \omega_1 t, - \sin \omega_1 t, 0), \tag{18.40a}$$

$$\overset{\curvearrowleft}{\vec{B}_1} = \vec{B}_{\text{links}} = B_1 (\cos \omega_1 t, + \sin \omega_1 t, 0), \tag{18.40b}$$

die im Uhrzeigersinn bzw. entgegengesetzt als Vektor in der x-y-Ebene mit der
Winkelgeschwindigkeit $-\omega_1$ und ω_1 umlaufen. Nur eines von ihnen, das rechts-
rotierende Feld stimmt hinsichtlich des Drehsinnes mit der Präzessionsbewegung der
Einzeldipole μ überein (wenn γ positiv ist), und nur dieses Feld führt zu den folgenden
Phänomenen.

Man denke sich in ein Koordinatensystem $x', y', z' = z$ versetzt, das sich mit der Winkelgeschwindigkeit ω_1 um die $z' = z$-Achse dreht. In ihm zeigt das Feld $\vec{B}_{\text{rechts}}$ stets in die x'-Richtung. Es ist zeitlich konstant und übt auf den zunächst in z-Richtung liegenden Vektor $\vec{M}$ ein Drehmoment aus, das in die y'-Richtung weist und $\vec{M}$ in diese Richtung, zur y'-Achse hin kippt, und zwar mit einer bestimmten Winkelgeschwindigkeit (analog zu Gl. (18.32)),

$$\omega_N = \gamma B_1 \qquad (18.41)$$

(N deutet auf die „Nutations"-Bewegung des Kreisels, sie ist in diesem Buche nicht behandelt und wird auch nicht gebraucht). Da B_1 sehr klein gegen B ist, so ist ω_N (sehr) klein gegen die Larmorfrequenz. Gehen wir nun wieder zurück in das raumfeste System, so werden also zwei Rotationen gemeinsam ausgeführt: der sich „langsam" zur y'-Achse neigende Magnetisierungsvektor $\vec{M}$ rotiert mit der durch den Sender bestimmten Winkelgeschwindigkeit ω_1 um die z-Achse. Eine bildliche Darstellung der resultierenden Spiralbahn der Spitze von $\vec{M}$ enthält Fig. 18.14 (linke Teilfiguren). Die Spitze des Vektors $\vec{M}$ beschreibt also in einer gedachten raumfesten Kugel eine Spiralbahn vom Nord- zum Südpol und zurück. Diese Spiralbewegung würde sich ab-auf-ab-auf... fortsetzen, wenn sie nicht durch Dämpfungsmechanismen „gedämpft" würde. Auf der Spiralbahn läuft der Magnetisierungsfaktor in eine neue Gleichgewichtsbahn ein, die er stationär mit dem Öffnungswinkel Θ eines Präzessionskegels mit der Winkelgeschwindigkeit ω_1 durchläuft, wobei

$$\tan \Theta = \gamma B_1 / (\gamma B - \omega_1). \qquad (18.42)$$

Solche Dämpfungsmechanismen werden uns im folgenden ausführlicher beschäftigen (Relaxationszeiten T_1 und T_2) weil sie die Grundlage unseres bildgebenden Verfahrens sind.

Gl. (18.42) zeigt, daß im Resonanzfall $\omega_1 = \omega_L = \gamma B$ die neue Bahn des makroskopischen Dipols $\vec{M}$ in der x-y-Ebene liegt und dort mit der Frequenz ω_L um die z-Achse rotiert. In dieser Lage wird in der Empfangsspule E-Sp. das größtmögliche Induktionssignal mit der Frequenz $f_L = \omega_L/2\pi$ erzeugt.

Fig. 18.14 zeigt die Verhältnisse für den Fall der Resonanz. Wird in diesem Fall nach einer gewissen Zeit das magnetische Wechselfeld (also der Sender) abgeschaltet, so rotiert $\vec{M}$ unter dem erreichten Winkel α mit der Präzessionsfrequenz ω_L zunächst weiter. Durch die Einschaltdauer des Feldes B_1 (die Pulsdauer), ist es möglich, jeden Winkel zwischen $\alpha = 0°$ und $\alpha = 180°$ zu erhalten. Ist $\alpha = 90°$ bzw. $180°$, so spricht man von einem 90-*Grad*- bzw. 180-*Grad-Puls*. Es gibt Gründe, warum manchmal eine vollständige Umkehr des Magnetisierungsvektors gewünscht wird. Bei der KST mit schnellen Bildfolgen werden die Pulse α auf wenige Grad verkürzt.

In Fig. 18.13 ist nur eine einfache und kleine Anordnung gezeichnet, sie trifft aber auch für größere Objekte zu. Bei Ganzkörper-Tomographie wird der ganze Körper des Menschen in eine entsprechend große Feldspule eingeschoben und einem, ebenfalls entsprechend großen, einheitlichen Wechselfeld $\vec{B}_1$ ausgesetzt, worauf sich der gesamte Dipol wie beschrieben verhält. Dies gilt auch für Teilbereiche, auch für Voxels, wenn sie genügend

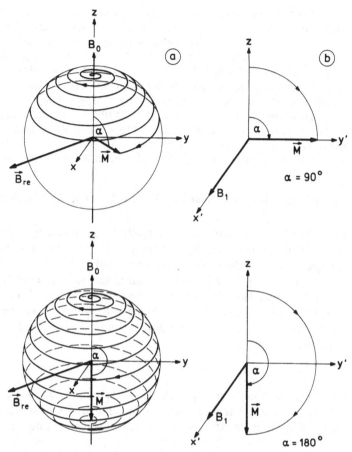

Fig. 18.14 a) Spiralbahn des Magnetisierungsvektors $\vec{M}$, dargestellt im raumfesten x, y, z-Koordinatensystem nachdem das hochfrequente magnetische Wechselfeld der Resonanzfrequenz $f_{\rm L}$ in der Sendespule S-Sp. (Fig. 18.13) eingeschaltet wurde. Während $\vec{M}$ eine volle Umdrehung (360°) um die z-Achse ausführt, neigt sich der Vektor um den Winkel $360° \cdot B_1/B$. Mit den Zahlenwerten des Beispiels 18.2 also um 0,09°. – Oberes Bild für einen $\alpha = 90°$-Puls, unteres für einen 180°-Puls. $\vec{B}_{\rm re} = \vec{B}_{\rm rechts}$ gemäß Gl. (18.40 b)

b) Bahn des Magnetisierungsvektors $\vec{M}$, dargestellt im rotierenden $x', y', z' = z$-Koordinatensystem

viele magnetische Kerndipole enthalten, so daß die gewählte Beschreibung zulässig ist. Alle Teildipole addieren sich zum Gesamtdipol $\vec{M}$, auch in Bewegung.

Die hier gewählte Beschreibung ist die der klassischen Physik, unbeachtet blieben die Einzeldipole der Atomkerne, die ihre Präzessionsbewegung ausführen. Die Quantenmechanik läßt für sie nur Umbesetzungen der verschiedenen Orientierungszustände (also Umklapp-Prozesse) und Änderungen der relativen Phasen zu. Wir gehen darauf nicht weiter ein; die Quantenmechanik führt zu den gleichen Ergebnissen wie die klassische Physik.

Beispiel 18.2 *Zahlenwerte von Frequenzen und Zeiten für Wasserstoff.* In einem Magnetfeld der Flußdichte $B = 1\,\mathrm{T}$ ist die Larmorfrequenz nach Tab. 18.2 $\omega_L = 2\pi \cdot 42{,}6 \cdot 10^6\,\mathrm{s}^{-1}$ $= 267{,}7 \cdot 10^6\,\mathrm{s}^{-1}$. Die Dauer einer Vollschwingung des magnetischen Wechselfeldes bei Resonanz folgt daraus zu $T_L = 1/f_L = 1/42{,}6 \cdot 10^6\,\mathrm{s}^{-1} = 2{,}3 \cdot 10^{-8}\,\mathrm{s}$. Mit adäquaten Sendern (teures Einrichtungsteil!) werden Flußdichten $B_1 = (1/4)\,\mathrm{mT} = 2{,}5 \cdot 10^{-4}\,\mathrm{T}$ erreicht. Daraus folgt für die Winkelgeschwindigkeit des Dipolvektors, der sich im rotierenden System zur y'-Achse neigt und die im Ruhesystem die Ganghöhe der Spiralbahn bestimmt $\omega_N = \gamma B_1 = 66{,}9 \cdot 10^3\,\mathrm{s}^{-1}$, also die zugehörige Schwingungsdauer $T_N = 2\pi/\omega_N = 9{,}39 \cdot 10^{-5}\,\mathrm{s} \approx 10^{-4}\,\mathrm{s} = 100\,\mu\mathrm{s}$. Die Zeit für einen 90°-Puls ist davon 1/4, also $T_N(90°) = 25\,\mu\mathrm{s}$. So lange bleibt der Sender eingeschaltet, wenn der Dipol im Resonanzfall, $\omega_1 = \omega_L$ in die x-y-Ebene gekippt werden soll. Während dieser Zeit werden $T_N/T_L = 1087$ Schwingungen ausgeführt. – Für einen 180°-Puls verdoppeln sich die Zahlenwerte.

18.4.5 Relaxation, Free Induction Decay (FID, freier Induktionszerfall), Echo

Die in Fig. 18.11 skizzierte makroskopische Magnetisierung, der in der quantenmechanischen Beschreibung eine Veränderung der Verteilung der Kernmomente auf den Energiezustand mit der niedrigsten Energie und die höher liegenden (bei Wasserstoff nur einen) entspricht, geht nicht „sofort" vonstatten, sondern erfordert eine gewisse Zeit, die durch die *longitudinale* (oder Spin-Gitter-)*Relaxationszeit* T_1 charakterisiert wird. Mißt man die Magnetisierung M_z in z-Richtung = Richtung des Magnetfeldes $\vec{B}$, so findet man einen zeitlichen Verlauf wie er in Fig. 18.15 für einige Gewebe dargestellt ist und durch die Gleichung

$$M_z = M_{z0}\,(1 - \mathrm{e}^{-t/T_1}) \tag{18.43}$$

beschrieben werden kann. T_1 ist dabei die Zeit, in der M_z auf 0,63 des Endwertes M_{z0} angestiegen ist. M_{z0} hängt von der Anzahldichte der Kernmomente im betreffenden Stoff ab; die Kurven in Fig. 18.15 sind auf den einheitlichen Endwert 1 normiert.

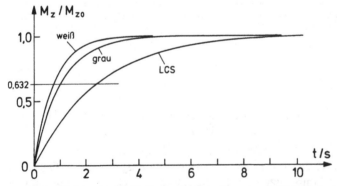

Fig. 18.15   Zeitlicher Anstieg der (longitudinalen) z-Komponente M_z für drei verschiedene Stoffe: weiße und graue Hirnsubstanz und LCS (liquor cerebro spinalis = Gehirn-Rückenmarks-Flüssigkeit). Aufgezeichnet ist M_z/M_{z0}, daher verlaufen alle Kurven für große Zeiten gegen 1. M_{z0} hängt ebenso wie die Relaxationszeit T_1 von der Gewebeart ab

Der funktionale Zusammenhang (Exponentialfunktion mit T_1) in Gl. (18.43) für die Magnetisierung in Feldrichtung gilt ganz unabhängig vom Anfangszustand bei $t = 0$, also nach einem 90°-Puls, wo $M_z(0) = 0$ ist, ebenso wie nach einem 180°-Puls, wo $M_z(0) = -M_{z0}$ ist, d. h. im letzten Fall gilt für den Wiederaufbau der Magnetisierung in z-Richtung

$$M_z = M_{z0} (1 - 2e^{-t/T_1}).\tag{18.44}$$

Diesen Verlauf nennt man *Inversions-Erholung* (Inversion Recovery, IR).

Eine zweite Beobachtung ist von (noch größerer) Bedeutung für die Tomographie: Beobachtet man nach dem 90°-Puls das Empfangssignal, herrührend von dem in der x-y-Ebene umlaufenden Magnetisierungsvektor $\vec{M}$, so wird, abgesehen von der periodischen Zeitfunktion ein abklingender Verlauf der Amplitude gemessen (Fig. 18.16),

$$U_{\text{ind}} = U_0\, e^{-t/T_2},\tag{18.45}$$

wo T_2 die *transversale* (oder Spin-Spin-)*Relaxationszeit* genannt wird. Tab. 18.3 enthält[4] einige Daten für den Bereich des menschlichen Kopfes. Sie zeigen, daß meist T_2 deutlich kleiner als T_1 ist. Beide Zeiten sind der Grund für die im allgemeinen langen Patientenliegezeiten bis zur Fertigstellung eines guten KST-Bildes. – Das physikalische Phänomen, das nach Abschalten des HF-Feldes zu dem sehr typischen, in Fig. 18.16 gezeichneten Verlauf führt, heißt *Freier Induktions-Zerfall* (Free Induction Decay, kurz FID).

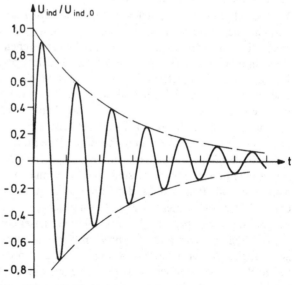

Fig. 18.16   Zeitliches Abklingen des Induktionssignals nach einem 90°-Puls, im wesentlichen hervorgerufen durch die magnetische Dipol-Dipol-Wechselwirkung

Tab. 18.3   Relaxationszeiten T_1 (longitudinal) und T_2 (transversal) für einige ausgewählte Bereiche im menschlichen Kopf, gemessen bei der magnetischen Flußdichte $B = 0,3$ T; (w): weiße, (g): graue Hirnsubstanz

Bereich	T_1/ms	T_2/ms
Corpus callosum/Balken (w)	380	80
Pons/Brücke (w)	445	75
Medulla oblongata/verläng. Rückenmark (w)	475	100
Cerebellum/Kleinhirn (g)	585	90
Cerebrum/Hirn (g)	600 [1])	100 [2])
Seitl. Ventrikel/Gehirn-Rückenmarks-Flüssigkeit	1155	145
Mark (in der Schädeldecke)	320	80

Messung in vivo, Spin-Echo-Zeit 15 ms; bei [1]) 60 ms, bei [2]) 7 ms

Der Wiederaufbau der Magnetisierung in z-Richtung, IR, erfolgt durch den gleichen Mechanismus, der auch bei der Einbringung eines unmagnetisierten Körpers in ein Magnetfeld zur Magnetisierung führt; s. Abschn. 18.4.3, Magnetisierung im thermischen Gleichgewicht. Es wirken lokale hochfrequente Magnetfelder, die durch die Molekularbewegung moduliert sind: Spin-Gitter-Wechselwirkung; „Gitter", obwohl in biologischer Materie ein Festkörpergitter nicht vorhanden, wohl aber bei jedem einzelnen kernmagnetischen Dipol eine stoffliche Umgebung – wie in einem Gitter – vorhanden ist, die Energie aufnehmen und abgeben kann, wenn bei Umbesetzungen der Energieniveaus (Quantenzahl m) sich die Magnetisierung M_z in z-Richtung ändert (daher auch der Name „longitudinale" Relaxationszeit T_1).

Der im allgemeinen schnellere Abbau der Quermagnetisierung nach einem 90°-Puls (Magnetisierungsvektor $\vec{M}$ in der x-y-Ebene, $M_z = 0$) beruht vor allem auf der magnetischen Wechselwirkung der kernmagnetischen Dipole untereinander (fälschlich Spin-Spin-Wechselwirkung genannt). Ein einzelner magnetischer Dipol erzeugt in seiner Umgebung ein Magnetfeld, ebenso wie dies bei einem makroskopischen Stabmagneten, oder einer Magnetnadel, der Fall ist, s. Fig. 9.76 und 9.84. In kondensierter Materie steht daher ein einzelner Dipol unter dem Einfluß eines zeitlich schwankenden Magnetfeldes, das dazu führt, daß zwei kernmagnetische Dipole sich abwechselnd anziehen und abstoßen, wobei die Anziehung überwiegt. Ihre Stärke hängt neben dem Abstand zweier magnetischer Dipole auch davon ab, wie lange Zeit zwei herausgegriffene Dipole auf diese Weise miteinander korreliert sind. – Eine atomar-mikroskopische Vorstellung von der nach einem 90°-Puls bestehenden Situation zeigt, daß die Kernmagnete ihre quantenmechanisch zulässigen Energiezustände mit gleicher Häufigkeit besetzt haben (Wegfall der z-Magnetisierung), aber daß ihre gegenseitige Phasenlage bei der Präzession so gekoppelt ist, daß der makroskopische Dipol in der x-y-Ebene um die z-Achse rotiert. Schon geringfügige Änderungen der Anfangsphasenlagen der Einzeldipole führen wegen der hohen Präzessionsfrequenz bereits zur Zerstörung der Phasenkopplung und insoweit zu einem Auseinanderlaufen der Kernmagnete, noch ehe sie sich wieder am Aufbau der longitudinalen Magnetisierung beteiligen. Neben der „Spin-Spin"-Wechselwirkung sind

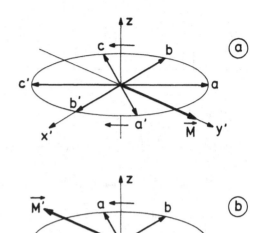

Fig. 18.17   Zum Zustandekommen von Spin-Echos

dabei auch Feldinhomogenitäten am Werk, so daß die *effektive transversale Relaxations-zeit* T_2^* in aller Regel deutlich kleiner als T_2 ist.

Durch einen genialen Trick (E. L. Hahn) kann man erneut ein Signal und evtl. noch mehrere weitere Signale aus der Gesamtheit derjenigen Dipole „abrufen", die noch nicht in die z-Richtung abgewandert sind. Man denke sich wieder in ein Koordinatensystem versetzt, das sich nach dem 90°-Puls mit $\omega_1 = \omega_L$, also der Präzessionswinkelfrequenz um die z-Achse dreht. Dann sieht man den Magnetisierungsvektor $\vec{M}$ in Richtung der y'-Achse liegend und beobachtet, daß einzelne Dipole rechts herum, andere links herum sich aus $\vec{M}$ ablösen, wodurch die „Länge von $\vec{M}$" abnimmt. In Fig. 18.17a ist eine Momentaufnahme im rotierenden System dargestellt. Diejenigen Dipole, die im raumfe-sten System zu schnell werden, sind mit $a, b, c, \dots$ (je nach ihrer abweichenden Winkelgeschwindigkeit), diejenigen, die zurückbleiben mit $a', b', c', \dots$ bezeichnet. Wenn nun, dies der Trick, nach einer gewissen Zeit T_I ein weiterer, dieses Mal invertierender, also 180°-Puls eingeschaltet wird, werden alle Dipole *um die x'-Achse* um 180° gedreht, d. h. die ganze x'-y'-Dipolebene wird um die x'-Achse umgeklappt. Dabei wird der Restvektor M' in die $-y'$-Richtung gedreht, die Dipole b und b' bleiben liegen, alle Dipole, die voreilten, finden sich zurückgeworfen, alle, die weit weg von der $-y'$-Achse waren, finden sich nach vorn geworfen (Fig. 18.17b). Da alle Dipole ihre Wanderung im alten Sinn fortsetzen, laufen sie jetzt in die $-y'$-Richtung zusammen und geben nach der Zeit $2 \cdot T_I$ Anlaß zu einem erneuten großen Signal, genannt ein *Spin-Echo*; $2 \cdot T_I = T_E$ heißt *Echo-Zeit*. Fig. 18.18 zeigt die Signalfolge bei mehrfachem Abruf mittels 180°-Pulsen. Das Bild zeigt, daß die transversalen Relaxationszeiten T_2^* und T_2 sich getrennt bestimmen lassen. Das ist der Sinn der gewählten Pulsfolge (nach H. Y. Carr und E. M. Purcell). – Zur Sache selbst ist zu sagen, daß die Gewinnbarkeit eines Echos daran liegt, daß das Abwandern der

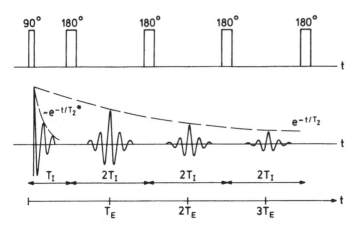

Fig. 18.18   Mehrfaches Abrufen von Spin-Echos durch wiederholte Anwendung von 180°-Pulsen. Aus den Signalen der Echofolge läßt sich die transversale Relaxationszeit T_2 ermitteln. Die Einzelechos klingen mit der effektiven transversalen Relaxationszeit T_2^* ab

Dipole wegen einer festen Feldkonstellation umkehrbar ist, dagegen das diffusionsartige Auseinanderdriften nicht (Relaxationszeit T_2 als charakteristische Größe), weshalb das Meß-Signal endgültig gemäß T_2 verschwindet.

Damit sind die wesentlichen Grundbegriffe erläutert: Magnetisierung im großen homogenen Magnetfeld, Kippung der Magnetisierung mittels eines resonanten HF-Pulses zum Zweck der Signalerzeugung, Phasen-Defokussierung und Abrufen von Echos mittels Refokussierung.

18.4.6 Räumliche Auflösung, Kodierungen

Im Gegensatz zur chemisch-analytischen kernmagnetischen Spektroskopie hat es die medizinische KST mit viel größeren Objekten – dem menschlichen Körper – zu tun. Eine einfache Vergrößerung der Abmessungen der für die Spektroskopie verwendeten Apparate würde zu keinen brauchbaren Bildern führen, weil die räumliche Auflösung viel zu gering wäre. P. C. Lauterbur hat 1973 gezeigt, daß durch eine veränderte Gestaltung des großen, magnetisierenden Feldes die für die gewünschte Struktur-Erkennbarkeit nötige Auflösung erzielbar ist. Er gewann das Bild allerdings noch mittels eines Rückprojektionsverfahrens, das heute durch andere Aufnahmetechniken abgelöst ist.

Die Erzeugung der registrierbaren elektrischen Spannungs-Signale für die Kernspintomographie ist in den vorhergehenden Abschnitten 18.4.2–5 beschrieben. Die Signale sollen als erstes gestatten, die Verteilung der interessierenden Stoffe – von denen wir uns hier auf Wasserstoff beschränken – in Form der Anzahl Δn in den Voxels des Volumens $\Delta V = \Delta x \cdot \Delta y \cdot \Delta z$ an den Stellen x, y, z zu ermitteln, worauf dann ein Bild als Verteilung der Anzahldichte $\Delta n / \Delta V$ aufgezeichnet wird. Es soll grundsätzlich dabei bleiben, daß erstens nur *eine* Sendespule (Sendeantenne) und zweitens nur *eine* Empfangsspule

(Empfangsantenne) verwendet wird, wobei die letztere sogar entfallen kann, wenn man den Sender z. B. nach einem 90°-Puls genügend schnell auf Empfang umschalten kann. Wäre das magnetisierende Feld $\vec{B}$ absolut homogen, so sprächen bei Einstrahlung eines Hochfrequenzfeldes alle Voxel in gleicher Weise an. Das erzeugte Induktionssignal wäre eine undifferenzierte Summe über die Signale aller Voxel. Will man Signale der einzelnen Voxel unterscheiden, so darf die Resonanzbedingung $\omega_1 = \omega_L$ nur für ein herausgegriffenes Voxel gelten, d. h. $\vec{B}$ muß sich von Voxel zu Voxel ändern. Die Stärke der räumlichen Änderung von $\vec{B}$, also der Bereich der Gültigkeit der Resonanzbedingung Gl. (18.38), bestimmt dann die Größe des Voxels und damit das Auflösungs-Volumen.

Das skizzierte Ziel kann nur auf Umwegen erreicht werden. Das erste zu lösende Problem ist die Auffindung eines geeigneten Zusatzfeldes $\vec{B}_{Zusatz}$, mit dem man an verschiedenen Orten verschiedene Resonanzfrequenzen erreichen kann. Wir werden *in allen folgenden Abschnitten* das homogene Magnetfeld, mit dem wir es bisher zu tun hatten, als „Grund"- oder „Hauptfeld" mit $\vec{B}_0$ bezeichnen, das evtl. modifizierte mit $\vec{B}$, so daß $\vec{B} = \vec{B}_0 + \vec{B}_{Zusatz}$. Etwa gewünschte Feldstrukturen müssen fundamentalen physikalischen Gesetzen gehorchen, so daß u. U. ein großer technischer Aufwand erforderlich ist und dennoch das gewünschte Feld nur in einem gewissen Bereich (z. B. Raumkugel von bis zu 50 cm ⌀) und auch in diesem Bereich nur mit einer gewissen Näherung herstellbar ist. – Das zweite Problem folgt daraus, daß benachbarte Voxel, wenn sie mit verschiedenen Frequenzen zur Resonanz gebracht werden, sich in ihrer Präzessionsphase beeinflussen, wie wir dies anläßlich der Diskussion der Relaxationszeit T_2 beschrieben haben. Die Magnetisierung in der x-y-Ebene würde dann besonders schnell zerstört.

Das bei der KST angewandte Verfahren beruht auf der Verwendung von *drei magnetischen Zusatzfeldern*, die nach einem Programm wahlweise so geschaltet werden, daß *nur die z-Komponente des Hauptfeldes* mit drei Inhomogenitäten belegt wird, derart daß sie in x-Richtung und/oder in y-Richtung und/oder in z-Richtung linear anwächst bzw. fällt. Die Zusatzfelder selbst sind klein gegen das Hauptfeld $\vec{B}_0$, so daß an der Anfangsmagnetisierung $\vec{M}$ in z-Richtung praktisch nichts geändert wird. Bei einem linearen, räumlichen Anstieg nur der z-Komponenten der Zusatzfelder hängt die jeweilige Gesamtkraftflußdichte wie folgt von den Ortskoordinaten x, y, z im Objekt ab:

$$\vec{B} = (0, 0, B_0 + G_x \cdot x + G_y \cdot y + G_z \cdot z). \qquad (18.46)$$

G_x, G_y, G_z, die alle drei nur die z-Komponente des Feldes verändern, nennt man die *Feldgradienten*. Ihre Größe kann man einzeln mittels stromdurchflossener Zusatzspulen (sog. Gradientenspulen) einstellen und (möglichst schnell, Schaltzeit < 1 ms) für kurze Zeit (einige Millisekunden) einschalten. Auf das Problem des Aufbaus der Zusatzfelder, so daß in Gl. (18.46) die Gradienten über das Objektvolumen wirklich nicht noch selbst von x, y, z abhängen, wurde im vorhergehenden Absatz hingewiesen. Wir werden die Gradienten G stets als örtlich konstant annehmen.

Beispiel 18.3 Für ein *kommerzielles Gerät* sollen einige *Zahlenwerte* einen Begriff von den Größenordnungen geben: das Grundfeld $B_0 = 1$ T ist bis auf gewisse Abweichungen homogen, wobei angegeben wird, daß die größten Abweichungen auf der Oberfläche einer gedachten Kugel von 45 cm ⌀ auftreten und dort höchstens relative Werte von $\Delta B_0 / B_0 = \pm 3 \cdot 10^{-6}$ erreichen.

Das bedeutet, daß dort bei $B_0 = 1\,\text{T}$ höchstens Abweichungen vom homogenen Feld von $\Delta B_0 = \pm 3 \cdot 10^{-6}\,\text{T} = \pm 3 \cdot 10^{-3}\,\text{mT}$ bestehen. Dieser Zahlenwert ist mit den mittels Gradientenfeldern einzustellenden Zusatzfeldern zu vergleichen. Bei dem zugrunde gelegten Gerät können Feldgradienten bis zu $G_z = \Delta B/\Delta z = 10\,\text{mT/m}$ eingestellt werden. Der Unterschied der magnetischen Flußdichte zwischen Kugelzentrum und Kugelrand in z-Richtung, ist demnach $\Delta B = 10\,\text{mT/m} \cdot 1/2 \cdot 0,45\,\text{m} = 2,25\,\text{mT}$. Die Größe des Zusatzfeldes überschreitet die technisch höchstens vorhandene Unzulänglichkeit der Homogenität des Grundfeldes B_0 um den Faktor $2,25\,\text{mT}/3 \cdot 10^{-3}\,\text{mT} = 740$. Daraus ist der Schluß zu ziehen, daß die Meßdaten, die aus der Benutzung von Gradientenfeldern gewonnen werden, durch die Unvollkommenheit des Grundfeldes nicht verfälscht sind. – Ergänzt sei, daß die verwendete Hochfrequenzleistung des Senders bis zu $10\,\text{kW}$ betragen kann.

Die Folge eines Feldgradienten, z. B. G_x, ist, daß wegen der exakten Proportionalität von Larmor-(Präzessions-)Frequenz und Kraftflußdichte, Gl. (18.32), die Larmor-Frequenz sich über den örtlichen Bereich von x_{min} bis x_{max} (für diese gewählte Koordinate) linear mit der Ortskoordinate x ändert,

$$\omega_{\text{L}} = \gamma (B_0 + G_x \cdot x), \tag{18.47}$$

es liegt eine *Orts-Frequenz-Kodierung* vor. Dementsprechend erhält man nach der Anregung durch den Sender auf der Empfangsseite nicht eine einzelne Frequenz ω_{L}, sondern ein ganzes *Frequenzspektrum* nach Gl. (18.47), in welchem zu jeder vorkommenden Frequenz ein bestimmter Entstehungsort gehört. Die *Intensität* des empfangenen Signals ist dann ein *Maß für die Protonenzahl* im entsprechenden Voxel, dessen Ausdehnung in x-Richtung von dem verwendeten Frequenzraster abhängt.

In Fig. 18.19 ist der zeitliche Verlauf der Ausgangsspannung an den Klemmen der Empfänger-Induktionsspule (Fig. 18.13), hervorgerufen durch den Freien Induktionszerfall (FID) gezeichnet wie er auf einem Oszillographenschirm erhalten werden kann. Die Teilfigur 18.19a stellt ein Signal bei nur *einer* Präzessionsfrequenz aus dem Objekt, 18.19b bei *mehreren* Präzessionsfrequenzen dar. Beide Spannungsverläufe klingen mit der Relaxationszeit T_2^* ab.

Die im vorhergehenden Absatz beschriebene Orts-Frequenz-Kodierung erfordert es, daß zuerst aus dem *Zeitverlauf des Signals* das enthaltene *Frequenzspektrum* ermittelt wird. Diese Aufgabe wird mittels eines mathematischen Rechenprogramms von dem zu jedem

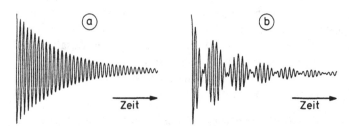

Fig. 18.19   Zeitliches Spannungssignal an der Empfängerspule E-Sp. (Fig. 18.13),
        a) wenn nur eine Präzessionsfrequenz beiträgt,
        b) falls mehrere Frequenzen beitragen

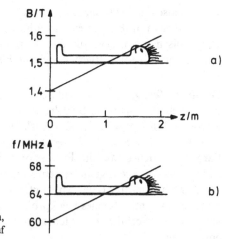

Fig. 18.20
a) Beispiel für einen linearen Feldanstieg mit $G_z = 0,1$ T/m,
und b) daraus folgender linearer Präzessionsfrequenz-Verlauf

Tomographen gehörenden Rechner ausgeführt. Die Rechenoperation nimmt mit schnellen modernen Rechnern nur bis zu 10 ms Zeit in Anspruch und bedeutet eine Analyse, die nach dem Mathematiker J. B. J. F o u r i e r benannt ist, auf den die grundlegende Beschreibung der Verknüpfung von Zeitverlauf und Frequenzspektrum zurückgeht. Ergänzt sei, daß die heutige digitale Aufnahme des Zeitsignals auch zu einem digitalen Frequenzraster führt. Es bestimmt das Ortsraster und damit die Voxelausdehnung.

Beim *Standard-Verfahren* werden die Feldgradienten G_x, G_y und G_z für drei verschiedene Aufgaben eingesetzt. Die *erste Aufgabe* ist die Auswahl des Objektquerschnittes (senkrecht zur z-Achse) mit einer bestimmten (Schicht-)Dicke Δz. Dazu wird der Gradient G_z eingeschaltet. Fig. 18.20 a enthält eine Skizze (Zahlenwerte für Wasserstoff). Hier ist $G_z = 0,1$ T/m (in der Praxis deutlich kleiner), und der zugehörige Präzessions-Frequenzbereich nach der Teilfigur b) $\Delta f_L = \Delta \omega_L / 2\pi = 8$ MHz, oder $\Delta f_L / \Delta z = 4$ MHz/m. Eine Schichtdicke von $\Delta z = 1$ mm entspricht daher dem Frequenzintervall $\Delta f_L = 4 \cdot 10^{-3}$ MHz $= 4$ kHz. Wird demnach während des eingeschalteten z-Gradienten die Frequenz $f_1 = 64$ MHz mit der Bandbreite ± 2 kHz eingestrahlt, dann wandert der zur Schicht $z = (1 \pm 0,5 \cdot 10^{-3})$ m gehörige makroskopische magnetische Dipol M aus der z-Achse in y'-Richtung heraus (vgl. Fig. 18.14). Man läßt nun den Sender so lange in Betrieb bis der Dipol M in der x-y-Ebene angekommen ist (90°-Puls), dann werden der Sender und danach auch der Gradient G_z ausgeschaltet. Da nach Abschalten des Gradienten in z-Richtung das Objekt wieder nur dem Feld B_0 unterliegt, sind die Präzessionsfrequenzen aller Dipole der Voxel gleich, das empfangene Signal wäre wieder eine undifferenzierte Summe der Einzelsignale, und dieses würde wieder als FID (Fig. 18.16) abklingen. Es könnten natürlich auch Echos abgerufen werden.

Die *zweite Teilaufgabe* bei der Bestimmung der Wasserstoffdichte in der jetzt ausgezeichneten Δz-Schicht läßt sich mittels Einschalten z. B. eines x-Gradienten in Angriff nehmen: dadurch entstehen in Parallelstreifen zur y-Achse verschiedene Präzessionsfrequenzen. Läßt man während der elektrischen Registrierung des FID den x-Gradienten eingeschaltet, liest also das FID-Signal aus (daher nennt man solche Gradienten *Auslesegradienten*), so erhält man im Prinzip einen zeitlichen Signalverlauf wie in Fig. 18.19b, der dann im elektronischen Speicher für eine Fourier-Analyse zur Verfügung steht, und aus dem letztlich die Wasserstoffverteilung im Objekt für Parallelstreifen zur y-Achse ermittelbar ist.

Die *dritte Teilaufgabe*, ein Bild der x-y-Δz-Schicht im Lichte der Protonenverteilung in den Voxeln Δx, Δy dieser Schicht zu gewinnen, ist erstmals von P. C. Lauterbur gelöst worden. Man läßt während des Auslesens des FID-Signals *beide* Gradienten G_x und G_y wirken, d. h. es werden beide gleichzeitig eingeschaltet, wodurch man in schräg liegenden Parallel-Streifen konstante Präzessionsfrequenzen erhält. Jedes Parallel-Streifensystem ist in der x-y-Ebene gegenüber dem Achsenkreuz um einen Winkel verdreht, der von dem Gradientenverhältnis G_x/G_y abhängt. Die schachbrettartige Überdeckung der x-y-Ebene gestattet dann mittels eines Rückprojektionsverfahrens die Bildgewinnung. Bei den heute verwendeten Verfahren werden meist die Einschaltzeiten der Feldgradienten zeitlich entkoppelt.

Die zeitliche Entkoppelung von G_x und G_y führt zu dem Zeitplan Fig. 18.21. Nach dem 90°-Hochfrequenz-Puls P (Zeile 1), der bei gleichzeitig eingeschaltetem Gradienten G_z wirkt (Zeile 2) wird für kurze Zeit (20 µs) G_y eingeschaltet (Zeile 3). Danach ist die Phasenlage in Streifen parallel zur x-Achse zwar gleich (Fig. 18.22), aber von Streifen zu Streifen in y-Richtung systematisch ansteigend bzw. fallend, es liegt eine *Orts-Phasen-Kodierung* vor. Im Anschluß wird der Gradient G_x eingeschaltet, während Orts-Frequenz-Kodierung (parallel zur y-Achse) ausgelesen (Zeile 4 in Fig. 18.21), und das FID-Signal (Zeile 5) gewonnen. Nach Aufnahme des ersten FID-Signals wird G_x ausgeschaltet. Anschließend wird die Magnetisierung des thermischen Gleichgewichts sich mit der Relaxationszeit T_1 wieder einstellen. Man wartet eine gewisse *Repetitionszeit* T_R und

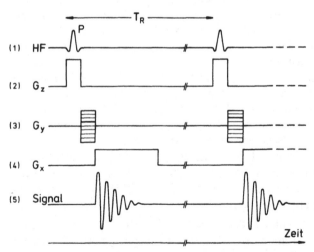

Fig. 18.21   Zeitplan für das Standardverfahren der KST. Die im Text beschriebene sukzessive Erhöhung des Gradienten G_y ist durch ein Stufendiagramm angedeutet

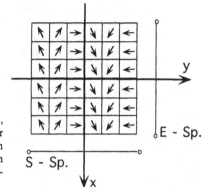

Fig. 18.22
Nach kurzzeitiger Anwendung eines Gradienten G_y (Fig. 18.21,
Zeile 3) sind die Phasenlagen der Magnetisierungsvektoren der
Voxel in Parallelstreifen zur x-Achse zwar gleich, aber von
Streifen zu Streifen fallend bzw. ansteigend entsprechend dem
durch G_y erzeugten linearen Verlauf der magnetischen Kraftfluß-
dichte B

beginnt erneut mit Zeile 1 und 2. Bei der Wiederholung wählt man aber von Mal zu Mal G_y größer oder kleiner, bis die Phasenlage in jedem Streifen einmal 360° durchlaufen hat (in Fig. 18.21 angedeutet für die erste Wiederholung). Da die Phasen in den Streifen durch die Größe $\gamma \cdot G_y \cdot y \cdot t_y$ (t_y die Einschaltdauer des Gradienten G_y) bestimmt sind, kann man anstatt G_y zu ändern seinen Wert fest lassen und statt dessen t_y systematisch verändern. Das Signal des FID kann z. B. mit dem Analog-Digital-Wandler in 256 Schritten abgefragt werden, ebenso können 256 Phasenstufen gewählt werden. Eine 2-dimensionale Fourier-Analyse belegt dann ein Raster von (256×256) x, y-Werten mit Signalgrößen. Sie stehen im elektronischen Speicher zur weiteren Auswertung zur Verfügung, also letztlich zur Gewinnung eines Bildes.

In allen modernen Verfahren, von denen es inzwischen viele gibt, werden auch Varianten der Pulsformen benutzt, die dazu dienen, schädliche Phasenverschiebungen, die die Signalgröße verkleinern, zu kompensieren. Der in Fig. 18.21 dargestellte Ablauf der Einzelschritte soll die Grundlage der KST verdeutlichen. – Es sind auch verschiedene Verfahrensvarianten vorgeschlagen worden und werden praktiziert. Z. B. ist mittels zweier Phasen- und einer Frequenz-Kodierung auch eine „drei-dimensionale Tomographie" möglich und durch geeignete Kombinationen können beliebige Schnitte durch das Objekt zur Abbildung gebracht werden.

18.4.7 Kontrast und seine Optimierung

Strukturen werden in einem tomographischen Bild erkannt, wenn sich die Signalgrößen, die zur Bilderstellung benutzt werden, in verschiedenen Teilen des Bildes ausreichend unterscheiden. Nun sind die Primärsignale der KST elektrische Spannungen, die in der Regel „klein" sind. Hinzu kommt, daß das FID-Signal, weil es abklingt, früher oder später im elektrischen „Rausch-Spannungs-Untergrund" verschwindet, es ist auch selbst „verrauscht" und besteht aus dem Signal des zu registrierenden Vorgangs plus Rauschspannung. Letztere ist eine regellose, mal positive, mal negative elektrische Spannung. Bei wiederholt aufgenommenen Signalen desselben Vorgangs heben sich die regellosen

Tab. 18.4 Massenanteil des Wassers in verschiedenen menschlichen Organen und
Geweben und in der Gehirn-Rückenmarks-Flüssigkeit (liquor cerebro
spinalis, LCS)

Graue Hirnsubstanz	84,3%
Weiße Hirnsubstanz	70,6%
Niere	81,0%
Herz	82,7%
Skelett-Muskelgewebe	79,2%
Lungengewebe	78,7%
Milz	79,0%
Leber	71,1%
Haut	69,4%
Knochen, Femurkortex	12,2%
LCS	98,0%

Rauschanteile bei einer Addition der Signalspannungen praktisch weg. Damit tritt das Vorgangs-Signal deutlicher aus dem Restuntergrund hervor. Für diese Mehrfach-Registrierungen eignet sich das Pulsverfahren der KST besonders gut (schon früher von R. R. Ernst eingeführt). Es nimmt allerdings u. U. lange Zeit in Anspruch, bis das Bild als ausreichend kontrastreich beurteilt wird.

Die Kernspintomographie soll sehr häufig ein Bild der Protonenverteilung (Wasser) in einem ausgewählten Gewebeschnitt geben, d. h. ein Bild als Verteilung der Protonen-Anzahldichte. Solche Bilder von menschlichem Gewebe werden im allgemeinen kontrastarm, flau ausfallen, weil der Wasseranteil sich in verschiedenen Weichgeweben nur wenig unterscheidet, s. Tab. 18.4 (natürlich Ausnahme Knochensubstanz, aber dafür gibt es die Röntgen-CT). Größere Variationen findet man bei der Durchmusterung der (bereits gemessenen) Relaxationszeiten (Tab. 18.3). Es ist daher interessant, die Signalgröße unter dem Aspekt der Abhängigkeit von T_1 und T_2 zu untersuchen.

Für ein Beispiel greifen wir auf Fig. 18.21 zurück. Der wesentliche Punkt ist, daß die *Repetitionszeit* T_R Einfluß auf die Signalgröße hat, weil die Anfangsmagnetisierung bei einer Wiederholung davon abhängt, ob sie sich in z-Richtung wieder vollständig oder nur teilweise eingestellt hat. Nach Schluß des 90°-Pulses ist die Magnetisierung M_z jedenfalls gleich null, sie erholt sich gemäß Gl. (18.43), ist also nach der Repetitionszeit T_R noch nicht auf M_{z0} angestiegen, sondern kleiner, nämlich

$$M_z(T_R) = M_{z0}\,(1 - e^{-T_R/T_1}). \tag{18.48}$$

Wird nicht „unendlich" lange gewartet, so spricht man von „teilweiser Sättigung" (partial saturation). Beim nächsten 90°-Puls wird die Magnetisierung $M_z(T_R)$ in die x-y-Ebene gekippt und das an der Empfangsspule meßbare Induktionssignal S klingt mit der transversalen Relaxationszeit T_2 ab (Abschn. 18.4.5), so daß für das FID-Signal gilt

$$S = K \cdot M_{z0}\,(1 - e^{-T_R/T_1}) \cdot e^{-t/T_2}. \tag{18.49}$$

Die Größe K hängt von den Abmessungen der Spulen und weiteren geometrischen Daten ab, sowie von der Umdrehungs- = Präzessionsgeschwindigkeit des Magnetisierungsvektors, was für die jetzige Betrachtung nicht interessiert. Wichtig ist, daß in M_{z0} die Protonenanzahl im Gewebe bzw. in einem Voxel, allgemein die Protonenanzahldichte, enthalten ist. Sind die Relaxationszeiten T_1 und T_2 bekannt, oder werden sie während einer tomographischen Aufnahme gemessen, was möglich ist, so kann also mittels Gl. (18.49) die Protonendichte in dem Voxel, aus dem das Signal kommt, bestimmt werden. Dies ist das Verfahren zur quantitativen Auswertung kern-spin-tomographischer Messungen.

Der *Kontrast* C ist proportional zur Differenz der Signalgröße aus zwei verschiedenen Geweben A und B mit den Wasserstoff-(Protonen-)Anzahldichten n_A und n_B, also nach Gl. (18.49)

$$C \propto n_A (1 - e^{-T_R/T_1(A)}) \cdot e^{-t/T_2(A)} - n_B (1 - e^{-T_R/T_1(B)}) \cdot e^{-t/T_2(B)}. \qquad (18.50a)$$

Der Kontrast nimmt von $t = 0$ an exponentiell ab, weil die Signale selbst abklingen. Am größten ist der Kontrast bei $t = 0$. Dies setzt man in Gl. (18.50a) ein, wodurch allerdings der Einfluß von T_2 im Beispiel verschwindet; man zieht Verfahren vor, bei denen das nicht der Fall ist. Da sich die beiden Wasserstoff-Anzahldichten n_A und n_B nicht wesentlich unterscheiden, setzen wir sie für unsere Diskussion einander gleich. Aus Gl. (18.50) erhält man nun das Maximum des Kontrastes als Funktion von T_R durch Differentiation nach T_R und Nullsetzen der Ableitung. Dieses Maximum liegt bei der Repetitionszeit

$$T_R(max) = \frac{T_1(A) \cdot T_1(B)}{T_1(A) - T_1(B)} \cdot \ln(T_1(A)/T_1(B)). \qquad (18.51)$$

Nach Tab. 18.3 ist für graue Hirnsubstanz $T_1(A) = 500\,ms$ und für weiße Hirnsubstanz $T_1(B) = 250\,ms$, woraus für die Repetitionszeit mit maximalem Kontrast aus Gl. (18.51) $T_R(max) = 346\,ms$ folgt (man beachte, daß wir hier $n_A = n_B$ gesetzt haben).

Genauere Angaben über den Kontrast werden immer in Form des Unterschiedes der „Signal-zu-Rausch"-Verhältnisse gemacht, weil die Erkennbarkeit von verschiedenen Strukturen immer auch davon abhängt, wie weit die Signale nicht-beseitigbar mit Rauschsignalen behaftet sind.

Gibt man sich mit kleinen Signalen zufrieden, indem man nur sehr kurze Repetitionszeiten wählt, d. h. sowohl $T_R \ll T_1(A)$ als auch $T_R \ll T_1(B)$, dann folgt aus Gl. (18.50a) (wiederum für $t = 0$)

$$C \propto n_A \frac{T_R}{T_1(A)} - n_B \frac{T_R}{T_1(B)}. \qquad (18.50b)$$

Unterscheiden sich die Anzahldichten n in verschiedenen Geweben nur geringfügig, dann werden die Strukturen also allein aufgrund der verschiedenen *longitudinalen* Relaxationszeiten T_1 (Abschn. 18.4.5) in den Geweben erkannt. Mit anderen Pulsfolgen ist es auch möglich, Strukturen aufgrund verschiedener *transversaler* Relaxationszeiten (Abschn. 18.4.5) T_2 zu sehen. Man kann also T_1-„Bilder" oder T_2-„Bilder" erzeugen, indem man äußere apparative Parameter ändert. Dabei ist es auch möglich, den Kontrast

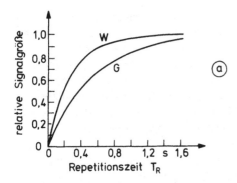

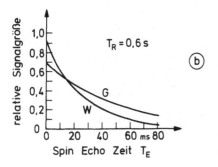

Fig. 18.23
Signalgrößenvergleich für weiße (W) und graue (G) Hirnsubstanz
a) bei dem Verfahren der teilweisen Sättigung (partial saturation) des Standardverfahrens Fig. 18.21. Der größte Kontrast, d. h. der größte Ordinatenabstand ergibt sich bei der
Repetitionszeit $T_R = 0,6$ s
b) beim Spin-Echo-Verfahren nach Fig. 18.18 mit einmaliger
Echo-Abrufung. Mit zunehmender Spin-Echo-Zeit kann der
Kontrast umgekehrt werden; die Repetitionszeit T_R gestattet
die Verschiebung des Umkehrpunktes

umzukehren, also nach Wunsch Strukturen hervorzuheben oder zu unterdrücken
(Fig. 18.23).

Ergänzung: Die wichtigste Aufgabe der KST, nämlich die bildliche Darstellung der Verteilung eines interessierenden Stoffes in den Geweben, erweist sich also als komplizierter als vermutet. Nachdem aus den Orts-Frequenz- und Orts-Phasen-kodierten Signalen mittels einer zweidimensionalen
Fourier-Analyse vom Rechner die x-y-Speicherplätze mit Signalgrößenwerten belegt wurden,
braucht man, um aus ihnen die Anzahldichten $n(x, y)$ in einem Voxel zu berechnen, den
Zusammenhang zwischen der Signalgröße S und den sie bestimmenden Werten von n, T_1, T_2, T_R und
evtl. weiterer Parameterzeiten (z. B. Echozeit T_E), die in einem Repetitionszyklus enthalten sind.
Auch muß man u. U. T_1 und T_2 für jedes einzelne Voxel messen. Man braucht also eine Gleichung
$S = F(n, T_1, T_2, T_R, \ldots)$, die die Signalgröße als Funktion der genannten Variablen darstellt. Im
Speicher kann dann an jedem Platz eine Zahl eingeschrieben werden, die drei Anteile enthält: n, T_1
und T_2, so daß drei verschiedene Bilder abgerufen werden können. Damit steht man weiter vor der
Möglichkeit der interaktiven Bildveränderung, ohne daß es weiterer Sitzungen mit dem Patienten
bedarf. Sind die drei Werte n, T_1, T_2 bekannt, nämlich aus einer Aufnahme ermittelt, so sind sie für die
Signalgröße $S = F(n, T_1, T_2, T_R, \ldots)$ feste Größen, und mittels der benutzten Funktion lassen sich
neue Signalgrößen *berechnen*, wenn man andere Werte der wählbaren Parameter $T_R, \ldots$ eingibt. So
kann man evtl. günstigere Betriebsparameter für eine erneute tomographische Aufnahme finden.

18.4.8 Schnelle Bildfolgen

Das bisher beschriebene Verfahren ist wegen des großen Zeitaufwandes nicht geeignet für die filmartige Darstellung von Bewegungsabläufen (Blutströmung im Herz, Peristaltik, und andere). Die neuere Entwicklung verläuft in Richtung auf wesentlich schnellere Bildfolgen. Bei 20 Bildern/s (Kinematographie) stehen für ein Teilbild nur 50 ms zur Verfügung. Da die KST auf der Erzeugung von Induktionssignalen beruht, so müssen in diesen 50 ms mehrfache zeitliche Änderungen des Magnetisierungsvektors ausgelöst werden. Es ist daher damit zu rechnen, daß das Signal/Rausch-Verhältnis und damit der Kontrast bei den schnellen Bildfolgen zunächst schlechter als bei Langzeitverfahren ist.

Eines der ersten Verfahren mit schnellerer Bilderstellung ist das EPI (Echo Planar Imaging)-Verfahren von P. Mansfield und Mitarbeitern (1977). Es ist auch Grundlage des FLEET-Verfahrens (Fast Low Angle Excitation Echo Technique), das wir an Hand von Fig. 18.24a besprechen wollen. Die Teilfigur 18.24b zeigt eine neuere Variante von FLEET (BEST = Blipped Echo Planar Single Pulse Technique), ein weiteres neueres Verfahren deutet schon durch seinen Namen FLASH (Fast Low Angle Shot) auf die schnelle Bilderstellung hin.

Zunächst sei an die Rahmenbedingungen für alle KST-Verfahren erinnert: Großes stationäres Magnetfeld B_0 (Grundfeld) in z-Richtung; Gradientenfelder G_x, G_y, G_z

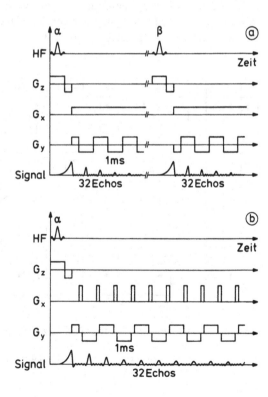

Fig. 18.24
Zeitliche Puls- und Signalfolgen beim a) FLEET-
und b) BEST-Verfahren für schnelle Bildfolgen

verändern praktisch nur dieses Längsmagnetfeld B_0 und zwar in der Weise, daß *ein* bestimmter Zahlenwert von G das Feld über einen ganzen Koordinaten*bereich* x oder y oder z ansteigen bzw. abfallen läßt; werden mehrere Gradienten gleichzeitig angewandt, dann addieren sich ihre Wirkungen; *eine* Sendespule (S-Sp. in Fig. 18.13), deren Achse parallel zur x-Achse liegt, *eine* Empfangsspule E-Sp. mit Achse parallel zur y-Achse (Fig. 18.13), wobei E-Sp. nur dann elektrische Induktionssignale abgibt, wenn der Magnetisierungsvektor $\vec{M}$ eine zeitlich veränderliche Komponente in der x-y-Ebene hat; Signalfrequenz von der Größenordnung der Trägerfrequenz = Präzessionsfrequenz $f_{\mathrm{L}} = \omega_{\mathrm{L}}/2\pi$, die moduliert ist durch die von den Feldgradienten erzeugten Abweichungen $\Delta f_{\mathrm{L}} = \gamma\,\Delta B/2\pi$ der Präzessionsfrequenzen der Voxel-Magnet-Dipole. Die Induktions-signale der Empfangsspule enthalten stets die Summe der Signale aus allen Voxeln und sind dann nur Funktionen *einer* Variablen, der Zeit t. In den angeschlossenen Verstärker-Schaltungen wird die hohe Trägerfrequenz (ca. 42 MHz bei $B_0 = 1$ T für Wasserstoff, Tab. 18.2) abgetrennt. Die dann noch interssierenden Frequenzen liegen im kHz-Bereich.

Der Hochfrequenz-Puls α im Verein mit dem z-*Gradienten* G_z (Fig. 18.24a und b) bewirkt die Schichtselektion $z \ldots z + \Delta z$ und Kippung des Magnetisierungsvektors (Kippwinkel kleiner als 90°). Die vorgesehene Umkehr von G_z soll schädliche Phasenverschiebungen rückgängig machen. Die Wirkung der beiden Gradienten G_x und G_y besprechen wir an Hand von Fig. 18.25, die die ausgewählte Schicht in der x-y-Ebene zeigt, aufgeteilt in 9 Voxel. Die Lagen der einzelnen Magnetisierungsvektoren in den Voxeln folgen aus den verschiedenen Präzessionsfrequenzen, die wiederum aus der lokalen Kraftflußdichte folgen. Sie setzt sich aus B_0 und der durch einen Feldgradienten verursachten Kraftfluß-dichte zusammen. Aufgezeichnet ist die Wirkung der Gradienten in den durch G_x, G_y und

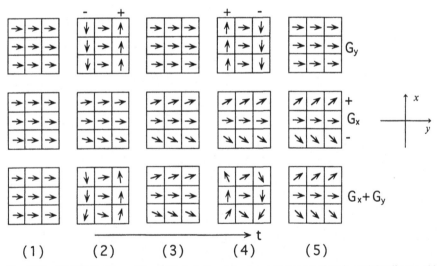

Fig. 18.25   FLEET-Verfahren (Fig. 18.24a). Aufgezeichnet sind als Modell die Zeit- und Gradienten-abhängigen Pläne der Orientierungen der Magnetisierung (alle von gleicher Größe angenommen) in 9 Voxeln einer durch den z-Gradienten G_z und den HF-Puls ausgewählten Ebene. In der Skizze x-Richtung vertikal, y-Richtung horizontal

auch $G_x + G_y$ gekennzeichneten Zeilen als Momentaufnahmen zu Zeitpunkten (1) bis (5), die den durch die G_y-Pulse gegebenen Zeitmarken entsprechen. Zum Zeitpunkt (1), unmittelbar nach Beendigung von Schichtauswahl und Kippung, sind die Dipole aller Voxel in Richtung der positiven y-Achse orientiert.

Beim Einschalten nur des x-Gradienten G_x bleibt die Orientierung der Magnetisierung in all denjenigen Voxeln unverändert, die dem Streifen mit $x = 0$ angehören. In Streifen mit x positiv $(+)$ erfolgt ein Herausdrehen aus der Ausgangslage in die eine, bei negativem $x(-)$ in die umgekehrte Richtung. Solange der Gradient besteht, geht die Drehung kontinuierlich in der gleichen Richtung weiter. In Voxeln, die weiter ab von $x = 0$ liegen, erfolgt die Drehung schneller als in Voxeln, die näher bei $x = 0$ liegen. Da im vorliegenden Fall, Fig. 18.24a, die Stärke von G_x nur etwa 10 % derjenigen von G_y ist, findet die durch G_x verursachte Drehung der Magnetisierungen langsamer statt als in der durch G_y verursachten.

Beim Einschalten nur des y-Gradienten G_y bleibt die Orientierung der Magnetisierung nunmehr in all denjenigen Voxeln unverändert, die dem Streifen $y = 0$ angehören, vgl. Fig. 18.25 zu allen Zeitpunkten (1) bis (5). Wegen der großen Stärke des Gradienten G_y werden die Magnetisierungsvektoren in den Parallelstreifen zu $y = 0$, also für positive und negative y rasch aus der Ausgangslage herausgedreht, so daß ihre Summe schnell kleiner wird, und damit auch das Induktionssignal schnell abklingt. Zum Zeitpunkt (2) sei eine Lage erreicht mit minimaler Magnetisierung. In diesem Zeitpunkt wird der y-Gradient G_y in seiner Richtung umgekehrt. Damit setzt eine Rückdrehung der Einzelmagnetisierungen ein, bis zum Zeitpunkt (3) wieder der Maximalwert erreicht wird, man erhält also ein Echo-Signal, jedoch jetzt nicht durch Anwendung eines 180°-Pulses (Abschn. 18.4.5), sondern durch Gradientenumkehr. Solche Signale werden als *Gradienten-Echos* bezeichnet. Man kann nun den Gradienten bestehen lassen bis auch das Echo abgeklungen ist (Zeitpunkt (4)) und dann G_y erneut umkehren, usw.

Bei der *gleichzeitigen Anwendung beider Gradienten*, $G_x + G_y$, addieren sich die Wirkungen, also die Drehwinkel, so daß als Summe die Struktur in der Zeile „$G_x + G_y$" in Fig. 18.25 entsteht. Bemerkenswert daran ist zunächst, daß die „Minima" des Magnetisierungsvektors bei den Zeitpunkten (2) und (4) tiefer werden: Beide Gradienten zusammen bringen einen rascheren Abbau der Magnetisierung als jeder einzelne Gradient. Dieser rasche Abbau ist auch in der Zeile „Signal" in Fig. 18.24a (ebenso in Fig. 18.24b) sichtbar. Die Betrachtung des Zeitplans für die G_y-Pulse zeigt darüber hinaus, daß der Abbau viel schneller erfolgt als etwa durch die Relaxationszeiten T_1 oder T_2 verursacht. Das Verfahren arbeitet demnach in einem Zeitbereich, wo Änderungen der Magnetisierung gemäß den Relaxationszeiten T_1 und/oder T_2 noch nicht merkbar sind. Weiter kann man versuchen, einen Kompromiß einzugehen. Einerseits ist bei kleinen Kippwinkeln (Größenordnung 1°) dieser sehr schnell erreicht, andererseits wird nur ein kleiner Teil der großen Magnetisierung in z-Richtung in die x-y-Ebene abgezogen. Es ist nur diese Komponente der Magnetisierung, die in der x-y-Ebene ihre Präzessionsbewegung ausführt, zur Signalbildung verwendet wird und schließlich dem Abbau anheimfällt. Übrig bleibt dann immer noch eine große z-Magnetisierung, die erneut „angezapft" werden kann. Wird z.B. der Kippwinkel $\alpha = 15°$ gewählt, so ist die in der x, y-Ebene liegende Komponente 25% ($= \sin 15°$) der Ausgangsmagnetisierung, und für die z-Komponente bleiben noch $\cos 15° = 0,965 = 96,5\%$. Die systematische Weiterentwicklung dieses Gedankens führt zum FLASH-Verfahren.

Das BLIP-Verfahren (Fig. 18.24b) hat offenbar den Vorteil, daß man die bei FLEET (Fig. 18.24a) auch während der G_y-Pulse bestehende Weiterdrehung durch das Feld des Gradienten G_x vermeidet und stattdessen nur in den Pausen von G_y die Drehung mittels des Gradienten fortsetzt, also in Stufen.

Bei der elektronischen Auswertung der Signale werden z. B. 126 Echo-Verläufe registriert, von denen jedes zu einer anderen Phasenlage in Bezug auf den x-Gradienten gehört. In jedem Echo wird ein Analog-Digital-Wandler eingesetzt, um den Induktionsspannungsverlauf aufzunehmen. So kann man, wie schon bei langsameren Verfahren eine 128×128-Signalmatrix aufbauen, die dann einer zweidimensionalen Fourier-Analyse unterworfen wird um letztlich ein Bild zu erhalten. Die Bemühungen gehen natürlich dahin, die Auflösungs-Abstände zu verkleinern, auch durch Verwendung von Signalmatrizen mit größerer Anzahl von Plätzen.

Zusammenfassend ist zu sagen, daß die schnellen Bildfolgen aus Gründen der Verfolgung von Bewegungsabläufen notwendig sind und daß sie mit ausreichender Auflösung gewonnen werden können, weil durch vielfache Repetitionen der Kontrast verbessert werden kann.

18.5 Sonographie, Ultraschall(US)-Tomographie

Bei den in den Abschnitten 18.2 bis 18.4 behandelten bildgebenden Verfahren (Röntgenstrahlungs-CT, Szintigraphie, Emissions-CT und Kernmagnetische Resonanz-Tomographie) wurden elektromagnetische Strahlung bzw. elektromagnetische Felder zur Bildgewinnung verwendet. Die Signalbildung erfolgte aufgrund von Eigenschaften der verschiedenen Baustoffe des menschlichen Körpers, die Volumeneigenschaften sind: Röntgenstrahlungs-Schwächung, Verteilung und Speicherung radioaktiver Stoffe und Magnetisierung der Materie. Die derzeit weit verbreitete Sonographie basiert dagegen auf Reflexionseigenschaften von ruhenden und bewegten Grenzflächen zweier verschiedener Gewebe (einschließlich materieller Strömungen von Partikeln) für *Ultraschallstrahlung*, gemessen mit einem *Ultraschallstrahl*. Man kann daher noch andere evtl. medizinisch relevante Informationen, insbesondere für die Weichteildiagnostik erhalten. Auch die schwieriger zu handhabende und zu interpretierende Ultraschall-Tomographie öffnet den Weg für weitere Informationen.

Schallwellen sind in Abschn. 13.6 dieses Buches behandelt worden, so daß im folgenden auf diese Grundlagen zurückgegriffen werden kann. Zudem sind dort schon einige Beispiele der Sonographie im Zusammenhang besprochen, sie werden hier nur nochmals erwähnt.

18.5.1 Schallgeber, Schallfeld, Schallstrahl

18.5.1.1 Schallquellen Schallwellen werden in einem materiellen Medium durch schwingende Körper (Schwinger, Oszillatoren) erzeugt. In der Ultraschall(US)-Sonographie werden als solche dünne Platten (Dicke d, Querabmessungen je nach Anwendung groß gegen oder von gleicher Größenordnung wie die Wellenlänge des US) aus piezoelektrischen Stoffen verwendet. Solche Stoffe sind kristalline Naturstoffe (Quarz, Turmalin u. a.) und synthetische keramische Stoffe (z. B. Blei-Zirkonat-Titanat, abgekürzt PZT), die sich bei Deformation durch Zug oder Druck, infolge der Verschiebung ihrer positiven gegen die negativen Ionen, an der Oberfläche aufladen (piezoelektrischer Effekt). Spannt man eine – im Falle eines Kristalls geeignet aus dem Kristall geschnittene – Platte aus einem derartigen Stoff in einen „Schraubstock" ein, dessen isolierte Backen mit einem Spannungsmesser verbunden sind, so mißt man bei Druckanwendung eine elektrische Spannung. Wird die Scheibe dem Wechseldruck einer Schallwelle ausgesetzt, so entsteht eine dem Druck proportionale Wechselspannung. Legt man umgekehrt an die Elektroden der frei in einem Medium stehenden Scheibe (einem Plattenkondensator entsprechend) eine Wechselspannung, so gerät sie in eine Dickenschwingung, die sich auf das umgebende Medium überträgt. Die Piezoscheibe kann also sowohl als Schallgeber als auch als Schallempfänger, kurz gesagt als *Wandler* (englisch transducer) verwendet werden: sie wandelt mechanische in elektrische Energie und umgekehrt.

Fig. 18.26 zeigt die Ausführung eines solchen Wandlers. Die hintere Dämpfungsschicht ist von besonderer Bedeutung, denn der ungedämpfte Schwinger würde bei Anlegen einer elektrischen Spannung variabler Frequenz nur in seiner Eigenfrequenz zu großen Schwingungsamplituden angeregt werden können (vgl. Abschn. 13.3 und Fig. 13.11), während der stark gedämpfte Schwinger in einem breiten Frequenzband angeregt und damit als Schallgeber verwendet werden kann. Darüber hinaus sorgt die Dämpfungsschicht für die Absorption der „nach hinten" ausgesandten Welle. Schließlich kommt der Dämpfung eine besondere Bedeutung im Pulsbetrieb des Wandlers zu. Die *Sonographie* arbeitet mit kurz dauernden *Schallpulsen* (Abschn. 18.5.4). Zur Erzeugung solcher Pulse wird an den Wandler als „Schallgeber" eine Wechselspannung der Dauer Δt_p von wenigen Perioden τ gelegt, bzw. ein elektrischer Puls, dessen Form der vorgelegten Aufgabe angepaßt ist. Der Geber soll dem angelegten elektrischen Signal folgen und seine Schwingung danach schnellstens einstellen. Beim Empfang auftreffender Schallpulse,

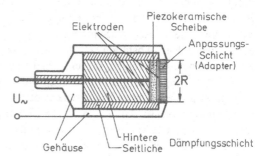

Fig. 18.26
Aufbau eines Piezo-Schallwandlers, schematisch.
$2R$ = Durchmesser der Piezoscheibe (des Planschwingers, Oszillators); sie kann auch rechteckige Form haben, und gewölbt sein

deren Form nicht immer rein sinusförmig ist, soll der Wandler als Empfänger ein formgetreues elektrisches Signal abgeben und danach schnell aperiodisch abklingen.

18.5.1.2 Schallfeld In der US-Diagnostik werden Schallschwingungen im Frequenzbereich $f = 1$ bis $10\,\text{MHz}$ verwendet, die sich im organischen Gewebe als *Longitudinalwellen* ausbreiten (Abschn. 13.6.2). Ihre Wellenlängen errechnen sich aus Gl. (13.16) und den in Tab. 13.1 angegebenen Schallgeschwindigkeiten zu $\lambda = 0,33$ bis $0,033\,\text{mm}$ in Luft und zu etwa $\lambda = 1,5$ bis $0,15\,\text{mm}$ in Wasser und allen Weichteilgeweben. Die linearen Ausdehnungen der Schallgeber-Anordnungen sind, abgesehen von Sonderfällen, von der Größenordnung 1 bis 10 cm und dann wesentlich größer als die Wellenlänge.

Ein einzelnes schwingendes Teilchen (z. B. ein pulsierendes Bläschen) würde in seiner materiellen Umgebung eine Kugelwelle erzeugen. Bei den US-Gebern schwingt jedoch eine ebene oder gekrümmte Fläche, es schwingen also viele Teilchen (Flächenelemente), und zwar gleichphasig (konphas). Jedes dieser Teilchen kann als Huygenssches Zentrum (Abschn. 13.6.5.3 und 14.4.2) betrachtet werden, die davon ausgehenden „elementaren" Kugelwellen interferieren im Raum vor (in Fig. 18.26 rechts von) der schwingenden Scheibe. In dem so entstehenden Interferenzfeld gibt es ortsfeste Stellen maximaler Schwingung ($p(t)$, $\varrho(t)$, $v(t)$, Gl. (13.19) bis (13.21), sind dort maximal) und ortsfeste Stellen der „Ruhe" (p, ϱ, v sind Null), ähnlich wie bei Beugung und Interferenz des Lichtes an einem Spalt (Fig. 14.45) oder an einer Lochblende (Fig. 14.46). Dort kann man die Interferenzen als helle und dunkle Streifen oder Kreise in der Brennebene einer Linse auf einem Schirm direkt sehen. Aus Fig. 14.46 entnimmt man, daß in der Symmetrieachse (z-Achse) die Intensität ein Maximum ist, seitlich schnell abfällt, bei $\tan \alpha = r_{\text{min}}/f \approx \sin \alpha = 0,61 \, \lambda/R$ Null wird (Gl. (14.39)) und daß sich daran rasch abnehmende Nebenmaxima anschließen.

Auch ohne Linse kann man bei geeigneter Anordnung diese Bündelstruktur beobachten: in unserem Fall eines Schallgebers also in der Symmetrieachse (z-Achse) ein Maximum der Intensität, die seitlich schnell abfällt und dann abwechselnd Minima und weitere Maxima aufweist, der Gl. (14.39) entsprechend. Man erhält mit einem Schallgeber nach Fig. 18.26 einen *Schallstrahl*, umgeben von schwachen hohlkegelförmigen Bündeln, die uns wegen ihrer Schwäche fortan nicht mehr zu interessieren brauchen.

18.5.1.3 Schallstrahl Fig. 18.27 zeigt das Schallfeld in einem nichtabsorbierenden Medium vor einem ebenen, kreisrunden Wandler (Planschwinger, Kolbenschwinger), dessen Radius $R = 10\,\lambda$ beträgt. In der Teilfigur 18.27a ist der Verlauf der Schalldruckamplitude $p_0(z)$ längs der z-Achse (Symmetrieachse, $r = 0$, senkrecht dazu die Koordinate r) aufgetragen. Für Abstände z vom Schwinger, die kleiner als $z_N = R^2/\lambda$ sind, im sogenannten *Nahfeld* zeigt $p_0(z)$ starke örtliche Schwankungen; für größere z, im *Fernfeld*, nimmt $p_0(z)$ umgekehrt proportional zu z ab. Außerhalb der Symmetrieachse, für $r > 0$, ist an jeder Stelle z in einer Ebene senkrecht zur z-Achse der Wert $p(z)$ kleiner als der Wert $p_0(z)$ auf der z-Achse. Auf den in Fig. 18.27b eingezeichneten Linien („Konturlinien") ist für jede Stelle z das Verhältnis $p(z)/p_0(z)$ kleiner als eins und konstant, also $\log(p/p_0)^2$, gemessen in dB, eine negative Größe. Während im Fernfeld diese Linien die Konturen

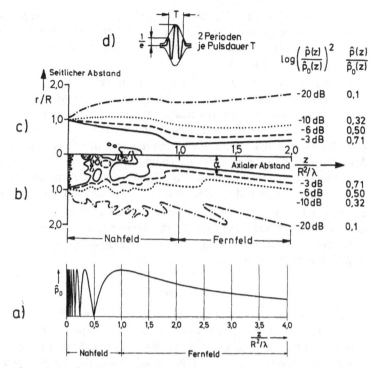

Fig. 18.27 Schallfeld vor einem ebenen, kreisförmigen Wandler (Planschwinger), Radius $R = 7,5$ mm, $f = 2$ MHz, $\lambda = 0,75$ mm bei $c = 1500$ m/s, $R/\lambda = 10$

a) Verlauf der Wechseldruck-Amplitude $\hat{p}_0$ auf der Symmetrieachse z (Wandlerachse); Abszisse: $z/(R^2/\lambda)$, $R^2/\lambda = 75$ mm

b) Konturlinien für konstantes Verhältnis $\hat{p}(z)/\hat{p}_0(z)$. Teilfiguren a) und b) bei Dauerschall

c) Konturlinien für einen Schallpuls nach Teilfigur d). b) und c) sind rotationssymmetrisch um z, Ordinate ist der seitliche Abstand r/R von der z-Achse

eines *Strahls* zeigen, ist im Nahfeld die durch die Interferenz der Elementarwellen hervorgerufene örtliche Modulation – wie schon auf der z-Achse – sehr stark. Nur im Fernfeld kann man daher von einem Schallstrahl sprechen. Das Schall-Interferenzfeld in Fig. 18.27 ähnelt dem Licht-Interferenzfeld in Fig. 14.46. Der Unterschied zwischen den beiden Anordnungen besteht darin, daß in Fig. 14.46 eine Linse im Feld vorhanden ist. Zur Kennzeichnung der *Breite* des Schallstrahls verwendet man üblicherweise jene Konturlinie (Fig. 18.27b), auf der die relative Schalldruckamplitude -6 dB $= -0,6$ Bel beträgt, d. h. $\log (p/p_0)^2 = -0,6$, oder $p \approx (1/2)\,p_0$ ist. Der *Winkel* dieser Konturlinie gegen die z-Achse folgt aus

$$\tan \alpha_{(-6\,\text{dB})} = 0,35\,\lambda/R, \tag{18.52}$$

hat also bei $R/\lambda = 10$ (dafür ist Fig. 18.27 gezeichnet) den Wert $\alpha = 2°$. Für die *Intensität* bedeutet dies wegen $I/I_0 = (p/p_0)^2$ einen Abfall in senkrechter Richtung zur z-Achse auf $I = 1/4\,I_0$, d. h. auf 25%, aber innerhalb dieses Kegels mit der Mantellinie $-6\,\mathrm{dB}$ fließt schon ein erheblicher Teil des gesamten Schallenergiestroms. – Eine andere Konturlinie ist diejenige, auf der der Wechseldruck $p = 0$ ist. Der zugehörige Winkel folgt aus $\tan\alpha_{(-\infty\,\mathrm{dB})} = 0{,}61\,\lambda/R$.

Die Fig. 18.27a und b gelten für Dauerschall. In der *Sonographie* verwendet man jedoch *kurze Schallpulse*, die z. B. nur 2 bis 4 Schwingungen enthalten. Ein solcher Puls ist nicht mehr monofrequent, sondern enthält ein ganzes (Fourier-)Spektrum von Frequenzen (bzw. Wellenlängen) kleinerer Amplitude in der Umgebung der Erregerfrequenz (Abschn. 18.5.5). Jede dieser Wellen erzeugt ein Interferenzfeld, dessen Maxima und Minima an verschiedenen Orten liegen und sich überdecken, was zu einer Glättung der Modulation des Nahfeldes führt. Fig. 18.27d zeigt die Konturen eines Schallpulses. Bei 2 Perioden je Puls und der Dauer von 1 µs hat er die Länge 1,5 mm in Weichteilgewebe.

Die beiden Figuren 18.27b und c lassen erkennen, daß der Schallstrahl bzw. -Puls an der Grenze zwischen Nah- und Fernfeld die kleinste Querausdehnung besitzt. Man spricht von einem „natürlichen Fokus". Er ist eine Eigenschaft des Interferenzfeldes des frei abstrahlenden Schallgebers.

18.5.2 Durchgang von Ultraschall durch Materie

18.5.2.1 Brechung Vergleicht man Fig. 18.27b und c mit Fig. 14.3, so bemerkt man eine Analogie zwischen den Lichtstrahlen eines von einer punktförmigen Lichtquelle ausgehenden Lichtbündels und den Konturlinien unseres „Schallstrahles" (den wir in diesem Sinne daher besser als „Schallstrahlenbündel" und die Konturlinien als Schallstrahlen bezeichnen würden; das ist aber nicht üblich). Man kann daher den „Schallstrahl" beim Durchgang durch Materie wie ein Lichtbündel in seine dünnen Teilstrahlen (Geraden) aufgelöst denken und entsprechend den Lichtstrahlen beschreiben.

Trifft ein Schallstrahl (besser also „Schallstrahlenbündel") bestehend aus dünnen „Einzelstrahlen" auf die Grenzfläche zwischen zwei Medien, in denen die Schallgeschwindigkeiten verschieden sind (Fig. 18.28), so tritt wie beim Licht (Abschn. 14.2.3) eine *Brechung* auf (Fig. 14.11) nach dem *Brechungsgesetz* Gl. (14.4) mit der Brechzahl $n = c_1/c_2$,

$$\frac{\sin\alpha}{\sin\beta} = \frac{c_1}{c_2}. \tag{18.53}$$

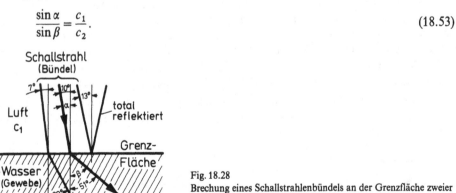

Fig. 18.28
Brechung eines Schallstrahlenbündels an der Grenzfläche zweier Medien

Der Unterschied zur Lichtbrechung besteht darin, daß die Schallgeschwindigkeit im dichteren Medium Wasser größer ist als in der dünneren Luft (Tab. 13.1): Der Schallstrahl wird beim Übergang zum dichteren Medium mit der größeren Schallgeschwindigkeit vom Lot weggebrochen. Ein aus Luft in Gewebe einfallender Schallstrahl wird daher evtl. schon bei kleinem Einfallswinkel total reflektiert. Der Grenzwinkel α_{grenz} (Abschn. 14.2.3) berechnet sich mit $\beta = 90°$ aus Gl. (18.53) mit $c_1 = 331\,m/s$ und $c_2 = 1500\,m/s$ zu $\alpha_{grenz} = 12{,}7°$. Ein Schallstrahl aus Luft würde bei einem Einfallswinkel größer als $12{,}7°$ zum Lot daher nicht in das Gewebe eindringen und bei kleinerem Winkel stark gebrochen (Fig. 18.28). Um dies sicher zu vermeiden und bei der Sonographie den Schallstrahl unabhängig vom Aufsetzwinkel des Wandlers auf die Körperoberfläche in das Gewebe übertragen zu können, muß man zwischen Wandler und Oberfläche ein Medium (Paste, Gel, stark wasserhaltig) mit gewebeähnlicher Schallgeschwindigkeit (eine Koppelschicht) einfügen. Im Weichteilgewebe selbst ist wegen der geringen Unterschiede in der Schallgeschwindigkeit (Tab. 13.1) die Brechzahl nahezu gleich eins, so daß dort praktisch keine Brechung und damit keine Abweichung vom nahezu geradlinigen Verlauf eintritt.

18.5.2.2 Reflexion An jeder Grenzfläche zwischen zwei Medien – gleich ob Licht oder Schall – tritt neben dem Durchgang einer Welle bzw. eines Strahls eine *Reflexion* auf. Die Grenzfläche wird mit Huygensschen Zentren besetzt, die durch die ankommende Welle angeregt werden (Abschn. 14.4.2) und ihrerseits wieder elementare Kugelwellen aussenden. Sind die Zentren regelmäßig angeordnet, d.h. liegen sie in einer „glatten" Fläche, deren Rauheit klein gegenüber der Wellenlänge der Strahlung ist, z.B. in einer Ebene oder auf einer Kugel, so interferieren die Huygenswellen wieder zu einer ebenen oder Kugel-Welle, es tritt „spiegelnde" Reflexion in einer durch das Reflexionsgesetz (Gl. (14.1)) gegebenen Richtung ein. Anderenfalls erhält man „diffuse" Reflexion nach allen Richtungen, was auch zu einer Zerstreuung der Strahlungsenergie führt und auch an kleinen Partikeln erfolgen kann.

Trifft ein Schallstrahlbündel der Intensität I_0 auf eine glatte Grenzfläche zwischen zwei Medien, gekennzeichnet durch die Wellenwiderstände (Abschn. 13.6.3) $Z_{W,1}$ und $Z_{W,2}$, senkrecht auf, so wird der Anteil

$$I_r = I_0 \cdot r^2 = I_0 \left\{ \frac{Z_{W,1} - Z_{W,2}}{Z_{W,1} + Z_{W,2}} \right\}^2 \tag{18.54}$$

senkrecht reflektiert, der Anteil $I_d = I_0 - I_r$ durchgelassen, r ist der Amplitudenreflexionsfaktor nach Gl. (13.28). Der Intensitätsreflexionsfaktor r^2 ist für alle Weichteilgrenzen kleiner als 1%. Von einem Schallstrahl steht also nach einer Reflexion an Weichteilgrenzen noch praktisch die ganze Intensität zur Verfügung und man erhält evtl. Reflexionen von einer Vielzahl hintereinander liegender Grenzflächen. Diese Folge von Reflexionen wird beendet, wenn Knochensubstanz oder gasgefüllte Räume vom Schallstrahl getroffen werden. Wie im folgenden Absatz dargelegt wird, wird der Schallstrahl auf seinem Weg durch Gewebe geschwächt, so daß die Stärke der reflektierten Strahlung vor allem deshalb abnimmt, weil die einfallende Intensität abnimmt.

18.5.2.3 Schwächung Beim Durchgang durch Materie wird der *Schallstrahl* durch Reibung und Streuung *geschwächt* (Abschn. 13.6.4). Schalldruck p und Schallschnelle v nehmen nach Gl. (13.35) mit dem Abklingkoeffizienten α, die Intensität I nimmt nach Gl. (13.36) mit dem Schwächungskoeffizienten $\mu = 2 \cdot \alpha$ exponentiell mit dem durchlaufenen Weg z ab. Anstelle von α bzw. μ gibt man meist die Halbwertsdicke oder „Eindringtiefe" h an (Gl. (13.40)). Alle drei Größen α, μ und h sind frequenz- und stoffabhängig, siehe Tab. 13.2. Die angegebenen Daten (es handelt sich um Anhaltswerte, die Daten für biologisches Gewebe zeigen starke Schwankungen) für nur zwei verschiedene Frequenzen erlauben allein nicht die Feststellung einer Gesetzmäßigkeit, jedoch scheint für die angegebenen Gewebearten gesichert, daß in dem diagnostisch interessierenden Frequenzbereich die Eindringtiefe h umgekehrt proportional zur Schallfrequenz f ist. Dann hat das Produkt $h \cdot f = G$, die „Gewebekonstante", für jede Gewebeart einen charakteristischen Wert. Ist er bekannt, dann folgt umgekehrt für jede Frequenz f die Eindringtiefe aus $h = G/f$, und damit kann man nach Gl. (13.42) das logarithmische Dekrement für die Schwächung auf der Strecke z im Medium in der Form ausdrücken

$$\Lambda_d = 3z/h \; \mathrm{dB} = 3\,\frac{z \cdot f}{G}\,\mathrm{dB}\,. \tag{18.55a}$$

Zum Beispiel ist für Muskelgewebe G (Muskel) $\approx 2,5\,\mathrm{MHz \cdot cm}$ und damit

$$\Lambda_d\,(\text{Muskel}) = 1,2\,\frac{z \cdot f}{\mathrm{cm\,MHz}}\;\mathrm{dB} \tag{18.55b}$$

(häufig findet man die Zahl 1,2 durch 1,0 ersetzt). Diese Gleichung kann nun im ganzen interessierenden Frequenzbereich benutzt werden. – Für praktische Abschätzungen genügt evtl. die Ermittlung der Eindringtiefe allein aus der Größe G. Zum Beispiel sieht man, daß bei der wesentlich erhöhten Frequenz $f = 50\,\mathrm{MHz}$ die Eindringtiefe absinkt auf $h\,(50\,\mathrm{MHz}) = 5 \cdot 10^{-2}\,\mathrm{cm} = 0,5\,\mathrm{mm}$. – Wenn eine Gesetzmäßigkeit nicht bekannt ist oder nicht interessiert, begnügt man sich für Vergleichszwecke mit Zahlenwerten nur bei einer Normfrequenz $f = 1\,\mathrm{MHz}$, und dann lautet Gl. (18.55b) für Muskelgewebe

$$\Lambda_d = 1,2\,\frac{\mathrm{dB}}{\mathrm{cm}} \cdot z = D \cdot z \tag{18.56}$$

mit dem Dämpfungsmaß $D = 1,2\,\mathrm{dB/cm}$ bei $f = 1\,\mathrm{MHz}$. So findet man in einer Tabelle: D (Schädelknochen) $= 20\,\mathrm{dB/cm}$, Lunge: $41\,\mathrm{dB/cm}$, Luft: $12\,\mathrm{dB/cm}$, Wasser: $0,0022\,\mathrm{dB/cm}$, stets für $f = 1\,\mathrm{MHz}$. Wir benützen diese Daten für eine wichtige Aussage: Es wurde schon festgestellt, daß an Knochensubstanz und an Luftgrenzen starke Schallreflexion erfolgt, also ein beträchtlicher Teil der Schallintensität nicht in Knochen oder gasgefüllte Hohlräume eindringt. Aus den Daten für das Dämpfungsmaß D folgt überdies, daß die eindringende Schallstrahlung besonders stark geschwächt wird, d. h. die genannten Stoffe bzw. Bereiche für Ultraschall praktisch undurchdringlich sind.

Außer durch Schwächung nimmt die Intensität des Schallstrahlenbündels analog zu einem Lichtbündel durch „optische Aufweitung" ab. Für eine punktförmige Lichtquelle (homozentrisches Bündel) ist I umgekehrt proportional zum Entfernungsquadrat,

$I \propto 1/z^2$. Das gleiche gilt für ein Schallstrahlenbündel nach Fig. 18.27 im Fernfeld. In Fig. 18.27 a nimmt der Schalldruck p wie $1/z$ ab, also die Intensität $I \propto p^2$ wie $1/z^2$. Man ist daher bestrebt Schallwandler zu bauen, die einen kleinen Öffnungswinkel bei schmalem Bündelquerschnitt erzeugen.

Beispiel 18.4 Eine Grenzfläche Fett (1)-Muskel (2) befinde sich in der Tiefe $z = 10$ cm im Objekt. Aus Tab. 13.1 entnimmt man die Wellenwiderstände $Z_W(2) = 1{,}63 \cdot 10^6 \, \text{kg m}^{-2} \text{s}^{-1}$ und $Z_W(1) = 1{,}43 \cdot 10^6 \, \text{kg m}^{-2} \text{s}^{-1}$, woraus sich der Amplitudenreflexionsfaktor $r = 0{,}065$ und der Intensitätsreflexionsfaktor $r^2 = 0{,}0043$ ergibt. Die mittlere Halbwertsdicke (Tab. 13.2) sei zu $h = 2$ cm angenommen. Der Strahl durchläuft hin und zurück 10 Halbwertsdicken, seine Intensität wird also durch Absorption um den Faktor $(1/2)^{10} \approx 10^{-3}$ geschwächt. Zusammen mit $r^2 = 4{,}3 \cdot 10^{-3}$ hat also das reflektierte Echo nur die – noch um die „optische Aufweitung" zu vermindernde Intensität $4{,}3 \cdot 10^{-6}$. – Will man Reflexe aus verschiedenen Tiefen vergleichen, so bedürfen die elektrischen Signale vor allem einer von der Tiefe z abhängigen Verstärkung; siehe dazu Abschn. 18.5.4.1.

18.5.3 Fokussierung

Die Sonographie beruht auf der Reflexion von Ultraschallstrahlen an Gewebegrenzflächen. Im Nahfeld (Fig. 18.27) kann von „Strahlen" nicht gesprochen werden, dieser Bereich (Länge ungefähr $z_N = R^2/\lambda$) ist praktisch nicht verwendbar. Man möchte ihn daher möglichst kurz halten, was durch $R < \lambda$ erreichbar wäre. Zur Erzielung einer kleinen lateralen Auflösungslänge (Abschn. 18.5.4.2) wiederum ist ein schmales, schlankes Bündel (Öffnungswinkel $\alpha \propto \lambda/R$, s. Abschn. 18.5.1) erwünscht, d.h. $\lambda < R$. Beide Forderungen widersprechen sich. Nun zeigt Fig. 18.27, daß an der Nahfeldgrenze die Bündelbreite am kleinsten ist, dort besteht ein „natürlicher Fokus". Man wird daher versuchen, durch künstliche Fokussierung des Strahlenbündels einen für die jeweilige Anwendung günstigen Kompromiß zu finden.

Eine „mechanische" Fokussierung kann man erreichen, indem man den Kolbenschwinger hohlspiegelartig krümmt (Fig. 18.29 a), was bei Verwendung einer Piezokeramik leicht herstellbar ist. Eine „optische" Fokussierung ist durch Vorschalten einer akustischen Linse (Fig. 18.29 b) aus Kunststoff vor den (z. B. ebenen) Kolbenschwinger (Fig. 18.29 c) möglich. Die akustische Sammellinse hat dabei die Form der optischen Zerstreuungslinse,

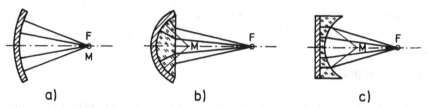

Fig. 18.29 Fokussierende Wandler (schematisch). F Fokus.
   a) gekrümmte Piezoscheibe
   b) kombiniert mit Kunststofflinse zur besseren Anpassung an das Objekt (Hautkontakt)
   c) ebene Piezoscheibe kombiniert mit fokussierender Linse

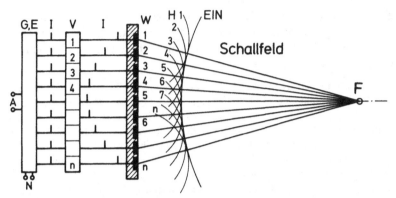

Fig. 18.30 $W_i (i = 1, ..., n)$ Piezowandler als Geber bzw. Aufnehmer. H_i Flächen gleicher Phase der von W_i emittierten Huygens-Wellen. EIN Einhüllende der H_i; bei entsprechender Zeitfolge der elektrischen Anregungspulse I ist EIN eine Kugel mit dem Mittelpunkt = Fokus F. V_i Verzögerungsglieder („Phasenschieber"). G, E elektrischer Pulsgenerator bzw. -Empfänger mit Auswerteeinheit. A Ausgang zum Bildgerät, N Netzanschluß

weil im Gegensatz zur Optik die Ausbreitungsgeschwindigkeit im Linsenmaterial (Plexiglas, $c = 2700$ bis $2800\,\mathrm{m/s}$) größer als die in Wasser und Gewebe (Tab. 13.1) ist. Auf gute Kontaktierung mit der Haut ist bei gekrümmten Schallgebern besonders zu achten. Sie wird bei gekrümmten Schwingern (Fig. 18.29 a) durch Vorsatz einer Linse (Fig. 18.29 b) erleichtert.

Eine veränderliche Fokuslänge (z_N) und damit steuerbare Gestaltung der Bündelform läßt sich durch elektronische Mittel erreichen. Ordnet man in einer Ebene (Fig. 18.30) oder auch einer gekrümmten Fläche eine Anzahl n gleicher Geber (Kolbenschwinger) der Größe d (einige Millimeter) an und betreibt sie mit einem Dauerstrich- oder Puls-Generator, so schwingen die n Geber als konphase Huygenszentren und man erhält das ebene Schallfeld eines ebenen Kolbenschwingers der Größe $n\,d$, wie in Fig. 18.27. Schaltet man aber in die Speiseleitungen der einzelnen Geber „Phasenschieber" ein, die bewirken, daß die Maxima der Pulse von außen nach innen ihren Geber immer später erreichen, die Geber also nicht mehr als konphase Huygenszentren schwingen, so sind die „äußeren" Pulse nach einer bestimmten Zeit schon weiter nach rechts gelaufen (Fig. 18.30) als die „inneren", die Fläche gleicher Phase ist jetzt gekrümmt, so als ob sie von einer hohlspiegelartigen Geberfläche emittiert wäre. Damit hat man es in der Hand, durch Steuerung der Phasenschieber Fokusort und Bündelgestalt aufeinander abzustimmen.

18.5.4 Sonographie

Die Ultraschall-Sonographie bezweckt die Ortung von anomalen Gewebeteilen, auch anomalen Bewegungen, die sich durch anomale Schallreflexionen bemerkbar machen. Sie hat in der Medizin als Bestandteil der Diagnostik schnell ein breites und sich ständig erweiterndes Anwendungsgebiet gefunden und konnte dabei auf Ergebnisse und Erfahrungen anderer Ortungsverfahren aufbauen, wie Echolot in der Schiffahrt, zerstörungsfreie Werkstoffprüfung in der Technik sowie Funkmeßtechnik, um nur einige zu nennen. Im Beispiel 13.4 ist bereits eine grundlegende Arbeitsweise beschrieben, so daß Abschn. 18.5.4.1 sich auf Ergänzungen beschränken kann.

18.5.4.1 A- und B-scan, Schwächungskompensation Ein gebündelter Schallstrahl in der Form eines Schallpulses wird durch Gewebe geschickt und erfährt auf seinem Weg eine mehr oder weniger große Anzahl von Reflexionen, wobei von jedem Reflexionsort, bei dem – abgesehen von Totalreflexion – stets nur ein Teil des Pulses reflektiert wird, eine Schallwelle zum Quellort, also zum Schallwandler zurückläuft. Zwei solcher Pulse sind in Fig. 18.31a als Momentaufnahme skizziert. Die Pulse sind hochfrequente Schallpulse ($f = 4\,\text{MHz}$ in Beispiel 13.4). Sie lösen an dem nunmehr als Empfänger geschalteten Wandler Wechselspannungen aus, die verstärkt und demoduliert werden. D. h. die hochfrequente Komponente wird herausgefiltert, die niederfrequente gleichgerichtet, so daß nur noch der zeitliche Umrißverlauf des Pulses verbleibt (Fig. 18.31b). Davor kann noch eine mehr oder weniger umfangreiche Signalverarbeitung geschaltet sein, die verschiedenen Zwecken dient. Die Empfangseinrichtung gebe ein elektrisches Signal ab, das den zeitlichen Verlauf der Schallintensität am Empfänger genügend genau wiedergibt und die grundsätzlichen Auflösungsgrenzen (Abschn. 18.5.4.2) nicht wesentlich verschlechtert.

Mit dem Umschalten des Wandlers auf Empfang wird gleichzeitig eine Uhr gestartet, die die Zeit bis zur Ankunft der Reflex-Pulse mißt und diese Zeit registriert. Damit kann das Signal zunächst als Funktion der Zeit in einem Speicher abgelegt und später abgerufen werden. Es kann auch direkt (mit vielfachen Wiederholungen, um ein gutes Bild zu erhalten) auf einem Bildschirm wiedergegeben werden, indem der Elektronenstrahl eines Oszilloskops proportional zur Zeit, d. h. mit konstanter Geschwindigkeit eine horizontale

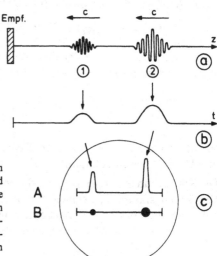

Fig. 18.31
Aus Ultraschallsignalen, (a), die in verschiedenen Tiefen an Gewebegrenzflächen durch Teilreflexion entstanden sind und zum Empfänger-Wandler zurücklaufen, werden elektrische Spannungspulse (1), (2) gebildet, deren zeitlicher Abstand in (b) den verschiedenen Laufzeiten entspricht. Die Pulse werden benutzt, um die Schreibspur eines Oszilloskops auszulenken (A-scan in (c)) bzw. den Elektronenstrahl hell zu tasten (B-scan in (c))

Spur schreibt, die bei Eintreffen eines Signals senkrecht zur Spur und proportional zur Signalgröße ausgelenkt wird. Diese Aufzeichnungsweise gab dem Verfahren den Namen A-*scan* („A" von Amplitude), s. Fig. 18.31 c mit Spur A; ebenso in Fig. 13.4.

Bei der zweiten Methode, dem B-*scan* („B" von engl. brightness = Helligkeit) wird die Schreibspur nicht ausgelenkt, sondern sie wird zum Zeitpunkt des Eintreffens eines Signals hell getastet. Die Helligkeit wird umso größer gewählt, je größer das Signal ist; Spur B in Fig. 18.31 c.

Aus beiden Bildern kann man nur dann auf die örtliche Lage im Gewebe und die relative Stärke der Reflexe schließen, wenn man die Zeitskala in eine Entfernungsskala umgerechnet sowie bezüglich der Signalgröße berücksichtigt hat, daß sowohl der Primärpuls des Schallgebers als auch der reflektierte Puls auf ihren jeweiligen Wegen zum Reflexionsort bzw. zurück geschwächt worden sind. Beides wird als Signalverarbeitung noch *vor* der Bildschirmwiedergabe ausgeführt.

Die *Tiefenskala z* folgt aus der Hin- und Rücklaufzeit t_L mittels der einfachen Gleichung $z = (1/2) c t_L$ mit c = Schallgeschwindigkeit im Gewebe. Die Schallgeschwindigkeiten unterscheiden sich in verschiedenen Weichteil-Gewebearten nur um einige Prozent. In diesem Größenbereich liegt dann auch der Fehler der Ortsbestimmung, wenn man eine Durchschnittsgeschwindigkeit verwendet.

Komplizierter und mit größeren Unsicherheiten behaftet, ist die *Schwächungskompensation*. Erzeugt der Wandler die Wechseldruckamplitude p_0 im Gewebe an der Stelle $z = 0$ (es gibt auch Geräte mit Vorlaufstrecke, so daß dann $z = 0$ besonders definiert werden muß), so klingt sie auf der Strecke bis z_1, dem Ort der angenommenen Gewebeänderung, auf $p(z_1) = p_0 \exp(-\alpha z_1)$ ab. Dort erfolge eine Reflexion mit dem Amplitudenreflexionsfaktor $r(z_1)$ entsprechend Gl. (18.54). Der reflektierte Puls klingt bis zur Ankunft beim Empfänger noch einmal um den gleichen Faktor ab, so daß die Wechseldruckamplitude dort $p_1(z_1) = p_0 \exp(-2\alpha z_1) \cdot r(z_1)$ ist. Daraus würde für das nach der elektronischen Verarbeitung vorliegende Intensitätssignal folgen

$$U_1(z_1) = U_0 r^2(z_1) e^{-2 \cdot 2\alpha z_1} = U_0 r^2(z_1) e^{-2\mu z_1}, \tag{18.57}$$

wobei wie bisher $\mu = 2\alpha$ der Schwächungskoeffizient ist. Zum Beispiel wäre für zwei Reflexe aus zwei verschiedenen Tiefen z_1 und z_2 nach Gl. (18.57)

$$\frac{U_1(z_1)}{U_0} = r^2(z_1) e^{-2\mu z_1}, \qquad \frac{U_1(z_2)}{U_0} = r^2(z_2) e^{-2\mu z_2}, \tag{18.58}$$

so daß Reflexe aus verschiedenen Tiefen, obwohl vielleicht zusammengehörig (Vorder- und Hinterwand eines Organs), evtl. stark verschieden große Signale ergeben würden.

Die Schwächungskompensation geschieht durch einen elektronischen Verstärker, dessen Verstärkungsfaktor V, beginnend mit dem Zeitpunkt der Umschaltung des Wandlers auf Empfang (Beginn der Aufzeichnung beim A- oder B-scan) kontinuierlich in der Weise erhöht wird, daß ein exponentieller Anstieg von V entsteht, ausgedrückt durch

$$V(t) = V_0 e^{+\mu v t} = V_0 e^{+\bar\mu c t}. \tag{18.59}$$

Die Erhöhung wird abgebrochen, und es wird neu mit $t = 0$ begonnen, wenn eine Schreibspur beendet ist. Ein Zahlenwert sei zur Illustration dessen angegeben, daß es sich nicht um einen kleinen Effekt handelt (s. auch Beispiel 18.4). Bei Muskelgewebe ist das logarithmische Dekrement der Intensitätsschwächung auf einem Weg der Länge z durch Gl. (18.55b) gegeben. Kommt ein Signal aus der Tiefe von 5 cm, so ist der einzutragende Weg $z = 2 \times 5\,\text{cm} = 10\,\text{cm}$, und wenn mit der Schallfrequenz $f = 5\,\text{MHz}$ gearbeitet wird, so ergibt Gl. (18.55b) $\Lambda_d = 60\,\text{dB}$ als Intensitätsabnahme. Anders ausgedrückt: die Intensität nimmt um den Faktor 10^{-6} ab. Die Schwächungskompensation erfordert damit den Verstärkungsfaktor 10^{+6}, wenn ein reflektierter Puls aus der angenommenen Tiefe zurückkommt. Es handelt sich, auch für die moderne Elektronik, um eine nicht unbeträchtliche Verstärkung.

In der Auswahl der Verstärkungskonstanten μ_V liegt eine gewisse Schwierigkeit. Zum einen kann man bei bekannter Gewebeart vielleicht auf einen tabellierten Wert des Schwächungskoeffizienten μ zurückgreifen. Zum anderen wird durch das Auffinden mehrerer Reflexe angezeigt, daß mehrere verschiedene Gewebearten mit voraussichtlich verschiedenen Schwächungskoeffizienten durchquert wurden. Dann muß man sich mit einem mittleren $\bar\mu$ zufriedengeben, und das gilt dann auch für die Verstärkungskonstante μ_V. – Eine weitere Schwierigkeit ist, daß der Schwächungskoeffizient μ von der Frequenz abhängt, wie wir in Abschn. 18.5.2 sahen. Das ist hier wichtig, weil mit Pulsen gearbeitet wird. Wie in Abschn. 18.5.5 gezeigt wird, enthält jeder Wellenpuls ein Frequenzspektrum, das um so breiter ist, je kürzer die Pulsdauer ist, und die Pulsform wird wegen der Frequenzabhängigkeit von μ bei der Passage durch das Gewebe verändert. Kommerzielle Geräte haben aus diesen Gründen die Möglichkeit, verschiedene Verstärkungskonstanten einzustellen und damit die Bilder je nach Interesse zu variieren, evtl. auch um Ausschnitte betrachten zu können.

Die Größe der Signale wird auch durch *geometrische Gegebenheiten* beeinflußt. In Abschn. 18.5.1.3 wurde gezeigt, daß das Schallstrahlenbündel im Fernfeld einen durch Wellenlänge λ und Wandlerdurchmesser D bestimmten Öffnungswinkel hat. Bei $D = 15\,\text{mm}$ und einer Strahlbreite, die dem Absinken der Seitenintensität um 6 dB entspricht ($I/I(0) = 1/4$, Absinken der Wechseldruckamplitude auf 1/2) ist dieser Winkel $\alpha_S = 2°$ (s. Gl. (18.52)) für $R/\lambda = 10$ (der Zeichnung der Fig. 18.27 entsprechend). Das stärkste Reflexsignal trifft beim Wandler ein, wenn die reflektierende Fläche senkrecht auf der Strahlrichtung und nicht weiter entfernt als ein Abstand z_{max} steht (s. Fig. 18.32). Dieser Abstand folgt unter Benutzung von Gl. (18.52) aus der Gleichung

$$\tan\alpha_S = \frac{D/2}{2\,z_{max}} = 0{,}35\,\frac{\lambda}{R}. \tag{18.60}$$

Im vorliegenden Fall heißt dies $z_{max} = 107\,\text{mm} = 10{,}7\,\text{cm}$. Liegt die reflektierende Fläche weiter weg, so sind die beim Wandler eintreffenden Pulse geometrisch breiter als D und damit geht Signalgröße verloren. Diese Verminderung der Reflexstärke durch die „optische Aufweitung" wird hier nicht weiter berücksichtigt. – Schließlich enthält Fig. 18.32 noch eine geneigte Reflexionsfläche im Abstand $z_{max}/2$. Sie wurde mit einem solchen Neigungswinkel β versehen, daß der in die Richtung $-\alpha_S$ zielende Strahl in die mit

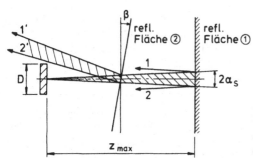

Fig. 18.32
Die Größe sonographischer Signale hängt auch von der räumlichen Lage einer reflektierenden Grenzfläche ab. D: Detektor (Schall-Empfänger)

2′ bezeichnete Richtung reflektiert wird, was mit den für Gl. (18.60) verwendeten Daten auf $\beta = 4°$ führt. Schon wenig geneigte Flächen können demnach dem Nachweis entgehen. Der Untersuchende wird dies durch Schwenken und Drehen der Ultraschallquelle zu vermeiden suchen.

Eine *Anwendung des* A-*scans* enthält Beispiel 13.4. Eine weitere, bei der die praktisch vollständige Reflexion wichtig ist, stellt beim Menschen die Untersuchung der Nasennebenhöhlen dar. Sie sind luftgefüllt. Mit einem Ultraschallstrahl kann daher von außen nur die dem Wandler anliegende Gewebeschicht betrachtet werden. Liegt jedoch ein Erguß von Flüssigkeit oder eine Gewebewucherung ins Innere vor, dann kann der Schall eindringen und man erhält Signale von der Vorder- bis zur Rückwand.

18.5.4.2 Ortsauflösung Ebenso wie bei anderen bildgebenden Verfahren gibt es auch bei der Sonographie grundsätzliche Grenzen der Ortsauflösung. Die bestimmenden Parameter rühren allgemein von der Wellennatur des Schalls, und speziell von der Verwendung von Schallpulsen her. Man unterscheidet eine *laterale Auflösungslänge*, quer zum Ultraschallstrahl (Koordinate x oder y) und eine *axiale Auflösungslänge* in Strahlrichtung (Koordinate z).

Die *axiale Auflösungslänge*, der Abstand zweier gerade noch getrennt sichtbaren Reflexionsflächen im Objekt, folgt aus der Länge $l = c \cdot \Delta t_p$ des Schallpulses. Wird ein Teil der Intensität des Pulses in der Tiefe z_1 reflektiert, so verläßt das Pulsende nach der Zeit Δt_p die Stelle $z = z_1$. In dieser Zeit ist der Anfang des nicht reflektierten Teils des Pulses zur Stelle $z = z_2$ gelaufen, wird dort – wieder teilweise – reflektiert und kommt nach der Zeit $t = 2(z_2 - z_1)/c = 2\Delta z/c$ an die Stelle z_1 zurück. Sollen beide Reflexpulse getrennt wahrgenommen werden können, so muß $t \geqq \Delta t_p$ sein. Die Auflösungslänge folgt dann aus

$$\Delta z_{min} = \frac{1}{2} c \Delta t_p. \tag{18.61}$$

Bei $f = 2\,\text{MHz}$, $\Delta t_p = 1\,\mu s$, $c = 1500\,\text{m/s}$ ergibt sich aus Gl. (18.61) $\Delta z_{min} = 0,75\,\text{mm}$, d. h. eine Wellenlänge.

Bemerkung: Einer weiteren Verkleinerung der axialen Auflösungslänge durch Verkleinerung der Pulslänge steht zum einen ein technisches Problem entgegen, daß nämlich solche Schallpulse noch mit ausreichender Intensität versehen sein müssen. Zum zweiten haben sehr kurze Pulse ein sehr breites Frequenzsspektrum (Abschn. 18.5.5) und benötigen bei der Signalverarbeitung entsprechende, mit großer Frequenzbandbreite ausgestattete Elektronik. Schließlich werden die Pulse, worauf schon hingewiesen wurde, durch die frequenzabhängige Schwächung deformiert und die Schwächung läßt sich nicht gut kompensieren. Es kann daher von Vorteil sein, zu längeren Pulsen zurückzukehren. In diesem Fall werden sich die reflektierten Schallpulse bei kleinem Abstand zum Teil überlagern und man muß bei der Signalverarbeitung besondere Techniken anwenden, die in der RADAR-Technik als Pulskompression bezeichnet werden. Dadurch können elektrische Pulse zeitlich komprimiert und damit nachträglich, nach Ankunft der Schallpulse, getrennt werden. Das ist wichtig bei der Sonographie sehr dünner Gewebeschichten, z. B. Haut.

Bei der *lateralen Auflösungslänge* handelt es sich um einen minimalen Abstand zweier Punkte x_1 und x_2, die in der gleichen Reflexionsebene z liegen. Fig. 18.33 enthält dazu eine Skizze. Das Strahlenbündel hat in der Ebene z eine Intensitätsverteilung I, deren Breite nach Abschn. 18.5.1.3 um so geringer ist, je kleiner λ/R ist. Das Schallstrahlenbündel sei mit seiner (Rotations-)Achse auf den Punkt mit der Koordinate x gerichtet. Da der Empfänger die reflektierte Strahlung, die auf ihn einfällt, summiert, so kann er bei *einer* Messung die Orte x_1 und x_2 nicht unterscheiden. Es müssen vielmehr mehrere Messungen ausgeführt werden: Mit dem Schallstrahlenbündel muß die Ebene bei z in dem interessierenden Bereich abgetastet, d. h. die Empfangssignalgröße in Abhängigkeit von der Lage x des Strahls registriert werden. Nun ist die Summe I_{refl} der an den Orten x_1 bzw. x_2 reflektierten Intensitäten proportional zu den jeweils einfallenden Intensitäten des Strahlungsbündels, welche einzeln durch den Abstand $x_1 - x$ bzw. $x_2 - x$ bestimmt sind und aus der Kurve I abgelesen werden können. Damit ist

$$I_{refl} \propto I(x_1 - x) + I(x_2 - x), \tag{18.62}$$

und man kann das Meßergebnis vorhersagen. Man zeichne die Intensitätskurve I in Fig. 18.33 in unveränderter Form zweimal auf: einmal zentriert um x_1 und ein zweites Mal um x_2, und man addiere beide Kurven. Der entstehende Verlauf stellt bis auf die

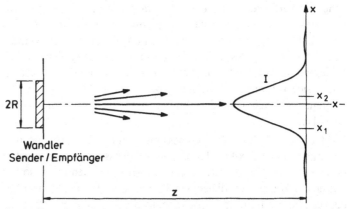

Fig. 18.33   Zur lateralen Auflösungslänge. In der Ebene z befinden sich mit dem Abstand $x_2 - x_1$ zwei einzelne, gleiche, schallreflektierende Voxel. – I: Intensitätsverteilung im Fernfeld des Sender-Schallstrahls. Bei $2R = 15$ mm (Fig. 18.27) und $z = 150$ mm wäre die $(-6\,dB)$-Breite $(I = (1/4)I_0)$ der Kurve $I(x)$ etwa 8 mm

„Empfindlichkeit" des Empfängers die Signalgröße als Funktion der Abtastkoordinate x dar. Heben sich zwei Maxima deutlich ab, so sind die Reflexorte getrennt beobachtet worden. Sind sie zu nahe beisammen, ergibt sich nur *ein* Maximum. Dazwischen gibt es einen Abstand, die laterale Auflösungslänge, wo die Kurve gerade noch oder gerade wieder zwei Maxima erkennen läßt. Die Erkennbarkeit hängt allerdings etwas vom Betrachter ab. Zum Gerätevergleich braucht man ein objektives Maß, z. B. daß Strukturen innerhalb einer Strahlbreite von $-6\,\mathrm{dB}$ (Druckabfall auf 1/2, Intensitätsabfall auf 1/4) nicht mehr auflösbar sind. Die tatsächlichen Verhältnisse liegen günstiger, was wiederum mit der Wellennatur des Schalls zusammenhängt. Fällt Strahlung auf den Schallempfänger nicht senkrecht, sondern unter einem anderen Winkel ein (z. B. ausgehend von den Punkten x_1 oder x_2 in Fig. 18.33), dann kommt es am Empfänger zu Interferenzerscheinungen. Sie bewirken eine winkelabhängige Empfindlichkeit. Sind Schallquelle und Empfänger gleich gebaut, dann ist diese Winkelabhängigkeit genau so scharf vorwärts orientiert wie es auch die erzeugte Schallstrahlung ist (sogenanntes Reziprozitätsprinzip). Die mathematische Operation der „Faltung" der Winkelverteilungen macht die Abhängigkeit der Signalkurve als Funktion von x (die sog. Punktbildkurve) schmäler. Man kann geringere Abstände auflösen, z. B. noch bis zu einer Grenze im Primärstrahlungsbündel, die durch $-3\,\mathrm{dB}$ gekennzeichnet ist (Druckabfall auf 0,7, Intensitätsabfall auf 1/2). – Praktisch kann man bei der Frequenz $f = 3,5\,\mathrm{MHz}$ und einem Wandlerdurchmesser von $D = 13$ bis 19 mm sowie einer Fokuslänge von 80 mm eine laterale Auflösungslänge von 1 bis 2 mm im Fokus erreichen.

Die angegebenen Auflösungslängen zeigen, daß von Organen und Gefäßen im menschlichen Körper geometriegetreue Bilder gewonnen werden können. Etwa beobachtete Echo-Feinstrukturen oder Gewebetexturen brauchen jedoch nicht den histologischen Gegebenheiten zu entsprechen.

18.5.4.3 Zweidimensionale Bilder, Tomographie Aus den bisherigen Abschnitten geht die generelle Verfahrensweise der Sonographie hervor: Tiefenabtastung durch Schallpulse mit Laufzeitmessung und daraus Gewinnung einer Tiefenskala zur Lokalisierung von Orten der Schallreflexion, Lateralabtastung durch seitliche Verschiebung der Schallquelle oder Schwenkung des Schallbündels in einem auswählbaren Sektor. Zweidimensionale Bilder werden aus eindimensional gewonnenen Registrierungen zusammengesetzt. Dabei lassen sich für verschiedene Aufgaben mehrere konstruktive Lösungen mit Oszillator-Plättchen als Schallwandler finden, auch mit insgesamt größeren und gekrümmten Oberflächen.

Da der Ultraschallwandler Abmessungen nur in der Größenordnung von mm bis cm hat und mittels eines flexiblen Kabels die Betriebsspannungen zugeführt und die Signalspannung an die Registriereinrichtung abgegeben werden kann, so kann der Arzt im Prinzip mit einem Handstück diejenigen Partien des Untersuchungsobjektes abfahren, die ihn interessieren. Überträgt er seine manuelle Führung auf ein kalibriertes Hebelwerk, so können die Ortskoordinaten und kann die Schallstrahlrichtung jeder Position registriert werden. Aus einem Speicher kann dann ein zweidimensionales Bild abgerufen werden. Fig. 18.34 zeigt das Verfahren für einen B-scan. Der Vorteil einer solchen Bildgewinnung

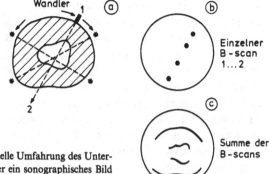

Wandler

ⓐ

ⓑ

Einzelner
B-scan
1...2

ⓒ

Summe der
B-scans

Fig. 18.34
Sonographisches Verfahren, bei dem durch manuelle Umfahrung des Untersuchungsobjektes mit einem einzelnen Schallgeber ein sonographisches Bild aufgebaut wird

ist, daß ihre Entstehung auf einem Leuchtschirm beobachtet und interessante Teile sofort neu abgetastet werden können.

Fig. 18.35 zeigt drei Anordnungen, bei denen größere Partien schneller erfaßt werden können, weil das Schallstrahlenbündel elektronisch selbsttätig einen ausgewählten ebenen Bereich überstreicht. Bei jeder der drei Anordnungen muß gewährleistet sein, daß der Schall reflexionsfrei in das Untersuchungsobjekt eintritt. Das führt bei der Anwendung von ebenen Schallquellen zu gewissen Verformungen der oberflächennahen Schichten. U. U. müssen Übergangsstücke benutzt werden, die sich einer gekrümmten Oberfläche des Körpers anpassen lassen.

Die Fig. 18.35a zeigt einen „mechanischen Scanner" mit drei umlaufenden Schallwandlern. Es wird immer nur derjenige Wandler aktiviert, der der Objektoberfläche am

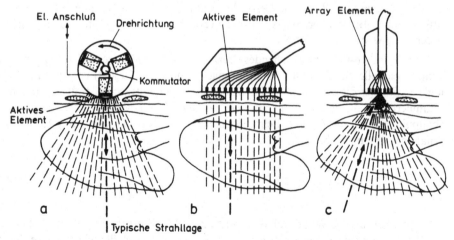

Fig. 18.35 Drei Schallgeber-Varianten zur Gewinnung eines sonographischen Bildes, wobei der Schallstrahl mittels maschineller oder elektronischer Steuerung die interessierende Gewebeschicht mehrfach abtastet

nächsten ist. Die im Objekt abgetastete Fläche entspricht einem Sektorwinkel bis zu 100°. Es gibt auch mechanische Scanner, bei denen nur ein Wandler benützt und motorisch in einem bestimmten Winkelbereich hin- und hergeführt („gewobbelt") wird.

Fig. 18.35b entsprechend wird eine lineare Anordnung von Schallwandlern (ein „array") der Reihe nach angesteuert, genannt „linear scan", wobei im Prinzip für jede Bildzeile ein Wandler zur Verfügung steht. Die Unterteilung in z. B. 64 kleine Wandler führt zu wesentlich schlechterer Auflösung, weil im natürlichen Fokus der Schallbündeldurchmesser etwa durch $d = 1,6 \, \lambda/D \cdot z_N$ gegeben ist, also bei Verkleinerung von D vergrößert wird. Ein Ausweg ist es, Gruppen von z. B. vier benachbarten Wandlern zusammenzuschalten und um je einen Wandlerabstand weiter zu schalten, so daß letztlich ein Bild mit 61 Zeilen aufgenommen wird.

In Fig. 18.35c ist schließlich gemeint, daß man eine elektronisch gesteuerte Schwenkung des Schallbündels ausführt und damit ein sektorförmiges Bild erhält (s. auch Abschn. 18.5.3).

Bezüglich des *Abtastrhythmus* wird man eine flimmerfreie und fortlaufende Bildwiedergabe anstreben, mit der auch zeitliche Abläufe z. B. Bewegungsabläufe im Herzen dargestellt werden können. Das erfordert eine Bildfrequenz von etwa $20 \, \mathrm{s}^{-1}$, so daß pro Bild 50 ms zur Verfügung stehen. Diese Zeit ist mit der Mindestzeit zum Aufbau *eines* Bildes zu vergleichen, wie sie aus der Schallpuls-Laufzeit folgt. Bei einem Bildfeld, das in 20 cm Tiefe liegt, ist die Gesamtlaufzeit auf der vollen Strecke hin und zurück 0,27 ms = 270 µs. Ein einzelner abgesandter Puls ergibt die Signale für eine geradlinige Strecke in z-Richtung (vertikal) eines Bildes. Die darauf liegenden Signale können nach Digitalisierung z. B. an 512 Koordinatenplätzen in einem Speicher abgelegt werden. Für ein quadratisches Bildraster braucht man 512 nebeneinander liegende solche Spalten, d. h. man benötigt die Zeit von $512 \cdot 270 \, \mu s = 138 \, ms$. Es folgt, daß man Kompromisse schließen muß. Zum Beispiel werden nur $1/4 \cdot 512 = 126$ Spalten geschrieben und zur Vervollständigung des Bildes die Leerstellen mit interpolierten Daten gefüllt. Man kann natürlich auch von vornherein das Bildraster verkleinern, was bei Untersuchung kleinerer Felder ohne weiteres möglich ist.

Ein der Röntgen-CT entsprechendes Verfahren einer *Ultraschall-Transmissions-CT* (Strahlungsquelle vor dem Objekt, Empfänger hinter dem Objekt) ist auf zwei Weisen möglich. *Erstens* durch Messung der *Schwächung* der Ultraschallstrahlung (auch mit kontinuierlicher Strahlung möglich) und *zweitens* durch Messung der *Laufzeit* von Schallpulsen durch das Objekt. Beim ersten Verfahren wird die Gleichung für die noch vorhandene Intensität benutzt,

$$I = I_0 \exp\left(- \int_E^A \mu \, ds \right), \tag{18.63}$$

wobei s der geradlinige Weg durch das Objekt zwischen Eintritt (E) und Austritt (A) des Schalls ist. Diese Gleichung entspricht Gl. (18.1). Aus den Meßergebnissen werden die Strahlprojektionen gebildet, s. Gl. (18.7) und es wird ein Bild des Objektes als bildliche Darstellung des Schwächungskoeffizienten, z. B. mittels Rückprojektion gewonnen. Man benötigt Messungen unter vielen Winkeln, wobei man Knochensubstanz und gasgefüllte Hohlräume, weil undurchdringlich, vermeiden muß. Die Schallschwächung erfolgt aufgrund echter Absorption (Wärme) und Streuung im Gewebe. Es wird geprüft, ob die ermittelten Werte von denen bei gesundem Gewebe abweichen.

Beim zweiten Verfahren benützt man, daß ein Schallpuls zur Durchquerung eines Wegelementes Δs die Zeit $\Delta t = \Delta s/c$ braucht. Die gesamte Durchquerungszeit des Objektes ist

$$t = \int_E^A \frac{\mathrm{d}s}{c}. \tag{18.64}$$

Hier stellt t direkt die Strahlprojektion von Gl. (18.7) dar, und c ist die ortsabhängige Schallgeschwindigkeit. Eine Auswertung der Strahlprojektionen (wieder braucht man viele Winkel) ergibt ein „Schallgeschwindigkeitsbild" des Objektes. Da die Schallgeschwindigkeit vom Elastizitätsmodul, bzw. vom Kompressionsmodul und der Dichte des Gewebes abhängt, s. Abschn. 13.6.2, kann man aus der Verteilung der Schallgeschwindigkeiten zum Beispiel unter der Annahme einer konstanten Dichte aller Weichteilgewebe Aussagen über ihre Elastizität gewinnen.

Bei beiden geschilderten, bisher nicht weit verbreiteten Verfahren besteht die Hauptschwierigkeit, daß es nicht sicher ist, inwieweit wirklich die Eigenschaften des Gewebes auf dem geradlinigen Weg zwischen Strahlungsquelle und Empfänger das Meßergebnis bestimmen, denn bei räumlich kontinuierlich oder auch sprunghaft variierenden Eigenschaften, die die Schallausbreitung bestimmen, sind gekrümmte Schallstrahlenwege und/oder solche mit Knicken möglich.

18.5.5 Geschwindigkeitsmessung, Doppler-Effekt und Doppler-Spektroskopie

Mit einem A- oder B-scan kann man ohne besondere Schwierigkeiten auch Bewegungsabläufe von interessierenden Gewebeschichten (z. B. im Herz) erfassen. Bei gleichbleibender Strahlorientierung werden die eindimensional gewonnenen Reflexdaten z. B. auf einem Papier-Registrierstreifen geschrieben, und zwar wiederholt, wenn gewünscht synchron mit dem Pulsschlag. Dieses Verfahren wird als M-(„M" von engl. motion)-*scan* bezeichnet.

Von großem Interesse ist die *Messung der Strömungsgeschwindigkeit* von Fluiden, insbesondere von Blut. Eine im Prinzip einfache Methode basiert auf dem Laufzeitunterschied von Schallpulsen, die sich parallel bzw. entgegengesetzt zur Strömung ausbreiten. Durch geeignete Positionierung von Sender und Empfänger an gegenüber liegenden Seiten des Gefäßes wird ein schräg zur Längsachse des Gefäßes verlaufendes Schallstrahlenbündel erzeugt. Man wechselt seine Richtung durch Vertauschen der Funktion von Sender und Empfänger. Nachteilig ist, daß die Methode die Isolierung des durchströmten Gefäßes erfordert, also invasiv ist. Ferner liegen die Laufzeitunterschiede im Nanosekundenbereich und erfordern relativ komplizierte Elektronik. Andererseits arbeitet das Verfahren bei jeder Art von Flüssigkeit, sie bedarf keiner mitgeführten Fremdteilchen.

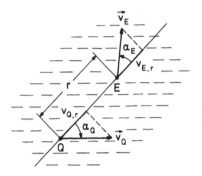

Fig. 18.36
Bezeichnungen beim Doppler-Effekt. In einem ruhenden Medium soll sich die Schallquelle Q mit der Geschwindigkeit v_Q, der Schallempfänger E mit der Geschwindigkeit v_E bewegen. Die Größe der Doppler-Frequenzverschiebung Δf_D hängt von der Differenz der Geschwindigkeits-Komponenten in Richtung der Verbindungslinie (Q → E) = r ab

Ein grundlegend anderes, nicht-invasives Verfahren, das geeignet ist, an verschiedenen Orten des Untersuchungsobjektes Strömungsgeschwindigkeiten direkt zu messen, beruht auf dem *Doppler-Effekt*. Darüber wurde mit einer gewissen Ausführlichkeit in Ergänzung 3 zu Abschn. 13.6.6 berichtet, worauf besonders hingewiesen sei. Bewegen sich in einem ruhenden Medium die Schallquelle Q (Fig. 18.36) mit der Geschwindigkeit v_Q und der Schallempfänger E mit der Geschwindigkeit v_E, dann stellt der Empfänger eine Schallfrequenz f_E fest, die von derjenigen Frequenz f_Q abweicht, mit der die Quelle ihre schallerzeugende Schwingung ausführt. Die Rechnung ergibt die veränderte Frequenz

$$f_E = f_Q \frac{1 - v_E/c \cos \alpha_E}{1 - v_Q/c \cos \alpha_Q}. \tag{18.65}$$

Es gibt drei Fälle, bei denen $f_E = f_Q$ ist: a) beide Geschwindigkeiten Null, b) beide Geschwindigkeiten gleich und die Winkel α_Q und α_E gleich, also Parallelbewegung von Quelle und Empfänger, c) schließlich beide Winkel gleich 90°, jedoch kann der letzte Fall nur zufällig in einem bestimmten Zeitpunkt vorkommen. Es gibt also im allgemeinen immer eine *Doppler-Verschiebung* $\Delta f_D = f_Q - f_E$, falls der Abstand r von Quelle und Empfänger sich mit einer bestimmten Geschwindigkeit ändert. Bei allen im menschlichen Körper vorkommenden Strömungen sind die Geschwindigkeiten (sehr) klein gegenüber der Schallgeschwindigkeit. Man kann daher anstelle von Gl. (18.62) die für $v_E/c \ll 1$ und $v_Q/c \ll 1$ gültige Gleichung

$$f_E = f_Q \left(1 - \frac{1}{c} (v_{E,r} - v_{Q,r}) \right) \tag{18.66}$$

benützen, wo $v_{E,r}$ bzw. $v_{Q,r}$ die Komponenten der Geschwindigkeiten v_E bzw. v_Q in der Richtung der Verbindungslinie von Quelle Q zu Empfänger E sind (Fig. 18.36); sie können positiv und negativ sein. Man sieht, daß es bei der empfangenen Frequenz auf die Größe der Relativgeschwindigkeit $v_{rel} = v_E - v_Q$ ankommt, wobei man das Vorzeichen beachten muß.

Trifft im menschlichen Körper eine Ultraschallwelle auf ein von einem Fluid durchströmtes Gefäß, dann kann die Strömungsgeschwindigkeit v_S mittels des Doppler-Effektes gemessen werden, wenn sich mit der Strömung Teilchen bewegen, die sich in ihren

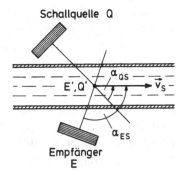

Fig. 18.37
Allgemeine Lage von Schallquelle Q und Schallempfänger E bei der
Messung der Geschwindigkeit v_S von in einer fluiden Strömung
mitgeführten Teilchen mittels Doppler-Effekt

akustischen Eigenschaften von denen des Fluids unterscheiden. Im Blutstrom sind dies die
Erythrozyten. Ihr Durchmesser (Scheibchen; Beispiel 9.5) ist 7,5 µm, sie sind also klein
verglichen mit der Schallwellenlänge von einigen hundert µm und streuen einen Teil der
über sie hinweggehenden Schallwelle, im Prinzip in alle Richtungen gleichmäßig (das wäre
übrigens auch der Fall, wenn sie in Ruhe wären). Dabei sind sie zunächst Empfänger, die
wir mit E' bezeichnen (Fig. 18.37). Ist f_Q die Frequenz des Schallsenders, der sich
außerhalb des Objektes in Ruhe befinde, dann folgt aus Gl. (18.66) die von den
Erythrozyten empfangene Frequenz (bewegter Empfänger) $f_{E'} = f_Q(1 - (1/c) v_{QS})$
$= f_Q(1 - (1/c) v_S \cos \alpha_{QS})$. Diese Frequenz ist die Quellenfrequenz $f_{Q'}$ der Streuwelle. Die
Streuwelle wird mit einem feststehenden Empfänger E außerhalb des Objektes aufgefan-
gen (Fig. 18.37). Man benützt von Gl. (18.66) den Quellenterm und erhält $f_E = f_{Q'} (1 - (1/c)$
$v_S \cos \alpha_{ES})$, also insgesamt (im zweiten Teil $\approx$, weil $v_S \ll c$)

$$f_E = f_Q \left(1 - \frac{1}{c} v_S \cos \alpha_{QS}\right) \left(1 + \frac{1}{c} v_S \cos \alpha_{ES}\right)$$

$$\approx f_Q \left(1 - \frac{1}{c} v_S (\cos \alpha_{QS} - \cos \alpha_{ES})\right). \qquad (18.67)$$

Eine Streuwelle empfängt man nur dann, wenn Strahl- und Empfangsrichtung nicht
senkrecht zur Strömungsrichtung gewählt sind. Häufig teilt man den Quellenschall-
wandler Q in zwei gleiche Teile, von denen der eine als Sender, der andere als Empfänger arbeitet: es wird nahezu in Rückwärtsrichtung gemessen. Dem entspricht
$\alpha_{ES} = 180° - \alpha_{QS}$, und dann folgt aus Gl. (18.67)

$$f_E \approx f_Q \left(1 - 2 \cdot \frac{1}{c} v_S \cos \alpha_{QS}\right). \qquad (18.68)$$

Der Faktor 2 rührt von der Doppelfunktion der streuenden Teilchen her, als Empfänger
und als Sender, so daß $\cos \alpha_{ES} = -\cos \alpha_{QS}$ wird. Das Vorzeichen von $\cos \alpha_{QS}$ zeigt an, ob
man größere oder kleinere Frequenzen als die eingestrahlte erhalten wird: die Doppler-
Verschiebung hängt von der Orientierung des Schallstrahlenbündels relativ zur Strömungsrichtung ab. Die Streustrahlungs*intensität* ist durch dasjenige Volumen mit
bestimmt, das das Überlappungsgebiet von Schallstrahlenbündel und winkelabhängiger

Meßempfindlichkeit darstellt. Die Meßunsicherheit für Δf_D und damit auch v_S wird damit auch durch diejenige für den Winkel α_{QS} beeinflußt. Die maximale Doppler-Verschiebung, mit der wir uns nur noch befassen, folgt aus Gl. (18.68) zu

$$(f_Q - f_E)_{max} = \pm 2 \frac{v_S}{c} f_Q. \tag{18.69}$$

Bei der elektronischen Auswertung wird die Amplitude der niederfrequenten Differenz-Welle der Frequenz $\Delta f_D = |f_Q - f_E|$ ermittelt (Herausfilterung von f_Q) und zusätzlich in einem besonderen Schritt das Vorzeichen der Doppler-Verschiebung.

Mit kontinuierlicher Schallstrahlung kann man messen, wenn die interessierende Strömung in der Nähe der Körperoberfläche verläuft. Will man in größerer Tiefe des Gewebes messen, allgemein an beliebigen Orten, muß die schon bei der Sonographie angewandte Pulstechnik benützt werden. Mit ihr läßt sich im Untersuchungsobjekt die Tiefe eingrenzen, die man in die Messung einbeziehen will, indem man nur solche reflektierten Signale akzeptiert, die zur entsprechenden Laufzeit gehören. Bei größeren Gefäßen wird man u. U. die Auswahl so treffen müssen, daß die im allgemeinen größeren Reflexe der beiden Wandungen, die der Schall durchdringt, nicht stören. Dann kann man auch die Aufgabe aufgreifen, die Verteilung der Strömungsgeschwindigkeit in einem Gefäßquerschnitt zu messen.

Die mit der Pulstechnik kombinierte Doppler-Verschiebungsmessung birgt zwei wesentliche Schwierigkeiten, sowohl die *Frequenz des eingestrahlten Pulses* als auch die *Spektralanalyse des reflektierten Pulses* betreffend.

Fig. 18.38a enthält die Zeichnung des Zeitverlaufs des Schallwechseldruckes $p(t)$ eines Schallpulses der Zeitdauer Δt_P. Alle Pulse einer Folge mögen die gleiche Form haben und der Abstand zweier Pulse sei groß gegenüber der Pulsbreite Δt_P (z. B. 1 ms verglichen mit einigen µs). Durch die sog. *Fourier-Analyse*, auf die schon in früheren Abschnitten hingewiesen wurde, wird gezeigt, daß und welche Frequenzen f grundsätzlich in einem pulsartigen Zeitverlauf eines Signals enthalten sind. Die Größe der verschiedenen Anteile $F(f)$ nennt man die zu einem Puls gehörige *Spektralfunktion*. Die zum Zeitverlauf der Fig. 18.38a gehörige Spektralfunktion ist in Fig. 18.38b aufgezeichnet. Sie folgt, wenn A die Amplitude des sinus-Pulses ist, der Gleichung

$$F(f) = A \Delta t_P \frac{\sin(\pi \Delta t_P (f_Q - f))}{2\pi \Delta t_P (f_Q - f)}. \tag{18.70}$$

Man sieht, daß f_Q bei dem kurz dauernden Puls die Rolle der sogenannten *Mittenfrequenz* spielt, und mit der größten Amplitude vorkommt. Deutlicher als die Spektralfunktion zeigt die Intensitätsverteilung Fig. 18.38c, also die Größe $F^2(f)$, daß die Intensitätsbeiträge der Teilwellen auf die nahe Umgebung der Mittenfrequenz beschränkt sein können, natürlich abhängig von der Pulsbreite Δt_P. Die *Frequenzbreite* $\Delta f = 2/\Delta t_P$ des Spektrums rechnet man bis zur ersten Nullstelle rechts und links des Maximums. Das *Spektrum* ist also *um so breiter*, je kürzer der *Ultraschallpuls* gewählt wurde. Ein kurzer Puls ist allerdings bezüglich der axialen Auflösungslänge günstig, Abschn. 18.5.4.2, Gl. (18.59). Man wird daher einen Kompromiß eingehen müssen.

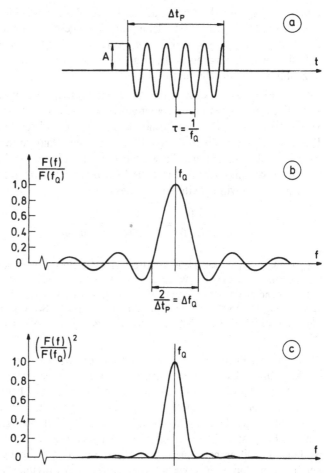

Fig. 18.38   Zum Zusammenhang zwischen sinusförmigem Druckverlauf in einem Schallpuls der Zeitdauer Δt_P (Teilfigur (a)) und dem zugehörigen Frequenzspektrum (Amplitudenspektrum) $F(f)$ nach Gl. (18.70), Teilfigur (b). Die Teilfigur (c) stellt das Intensitätsspektrum dar

Die bei der Sonographie und hier bei der Doppler-Verschiebungsmessung eingestrahlten, und natürlich ebenso die reflektierten, Pulse haben also eine Frequenzbreite. Das hat Auswirkungen auf die *Genauigkeit der Geschwindigkeitsmessung*. Nach Gl. (18.69) folgt aus einer Messung der Doppler-Verschiebung $v_S/c = (1/2)\,\Delta f_D/f_Q$. Für f_Q setzen wir die Mittenfrequenz ein und für die Meßunsicherheit von Δf_D den einseitigen Abstand zur ersten Nullstelle im Frequenzspektrum. So ergibt sich für die Meßunsicherheit der Strömungsgeschwindigkeit

$$\delta\left(\frac{v_S}{c}\right) = \frac{1}{2}\frac{1}{f_Q}\,\delta(\Delta f_D) = \frac{1}{2}\frac{1}{f_Q \cdot \Delta t_P}. \tag{18.71}$$

Nun ist $n = f_Q \cdot \Delta t_P$ die Anzahl der im Puls enthaltenen Schwingungen (vgl. Fig. 18.38 a), und daher ist die Unsicherheit der auf die Schallgeschwindigkeit bezogenen Strömungsgeschwindigkeit, $\delta(v_S/c) = (1/2) \cdot (1/n)$, gleich der Hälfte des Kehrwertes der im Schallpuls enthaltenen Schwingungen. In Fig. 18.38 a ist $n = 5$, also $\delta v_S = c/10$, was eine nicht akzeptable Meßunsicherheit bedeutet.

Das Ergebnis kann wesentlich verbessert werden. Es wird nicht nur *eine* Messung ausgeführt, sondern während einer gewissen *Sammelzeit* t_S benutzt man eine ganze Folge von Schallpulsen. Da die Pulslänge Δt_P (einige Mikrosekunden) klein ist gegen den Pulsabstand T (Größenordnung 100 μs), so führt man in der Sammelzeit t_S die Anzahl $m = t_S/T$ Messungen aus. Sie wirken sich aus, als ob der hochfrequente Puls um den Faktor m verlängert würde, was die Frequenzbreite entsprechend vermindert. So ist die erreichte Geschwindigkeits-Auflösungsgrenze

$$\delta\left(\frac{v_S}{c}\right) = \frac{1}{m}\frac{1}{2}\frac{1}{f_Q\,\Delta t_P} = \frac{1}{2 f_Q\,\Delta t_P\,t_S} = \frac{1}{2}\frac{1}{n \cdot m}. \tag{18.72}$$

Beispiel 18.5 Soll in der Tiefe $z = 10\,\text{cm}$ eine Geschwindigkeit gemessen werden, dann ist die Pulslaufzeit $t_L = 133\,\mu\text{s}$ (Wasser, $c = 1500\,\text{m/s}$). Diese Zeit werde als Pulswiederholzeit T genommen. Die Sammelzeit sei $t_S = 200\,\text{ms}$, also die Anzahl der Wiederholungen $m = t_S/T = 1500$. Mit einem Puls von $n = 5$ Schwingungen, die der Länge von $\Delta t_P = 1,67\,\mu\text{s}$ hat ($f_Q = 3\,\text{MHz}$), erreicht man die Meßunsicherheit $\delta v_S = c/2 \cdot 5 \cdot 1500 = 10\,\text{cm/s}$.

Beim zweiten Problem handelt es sich um die *Grenzen der Spektralanalyse*. Worum es hierbei geht, macht man sich am besten an Hand einiger Zahlenwerte zum Verfahren klar. Wir nehmen die Zahlen, die beim Beispiel 18.5 benutzt wurden. In der Tiefe $z = 10\,\text{cm}$ sei die zu messende Geschwindigkeit $v_S = 30\,\text{cm/s}$, und es werde mit $f_Q = 3\,\text{MHz}$ gearbeitet. Die bezüglich der Winkelabhängigkeit maximale Doppler-Verschiebung ist nach Gl. (18.69) (unter Weglassung des Vorzeichens) $\Delta f_D = 1,2\,\text{kHz}$. Das ist diejenige Differenzfrequenz $f = \Delta f_D$, die man nach Abzug der Grundfrequenz f_Q für den reflektierten Puls erwartet (zugehörige Schwingungsdauer $1/f = 800\,\mu\text{s}$). Ist die Strömungsgeschwindigkeit nicht eine feste Größe, sondern erstreckt sie sich über ein gewisses Intervall (z. B. weil man eine gewisse Fluidschicht erfaßt), dann erwartet man ein Spektrum von Differenzfrequenzen, und zwar ein niederfrequentes Spektrum (im hörbaren Bereich, wenn man das Signal einem Lautsprecher zuleitet). Die Messung dieses Spektrums bedeutet, daß man den Zeitverlauf des niederfrequenten Signals regelmäßig abtastet. Wiederholt man die Messung in Zeitabständen T, dann sagt das Abtast-(Sampling-)Theorem, daß nur solche periodischen Anteile gefunden werden, deren Periodendauern größer als $2\,T$ sind. Wählt man nun die Pulswiederholzeit möglichst kurz, jedoch so lang, daß sich Pulse nicht überlappen, also genau gleich der Pulslaufzeit $t_L = 133\,\mu\text{s} = T$, dann kann man also nur solche Frequenzen finden, die kleiner als $(1/2)\,T$, $f_{max} = 3,75\,\text{kHz}$, sind, und dies ist dann auch die größte Doppler-Verschiebung, die man in unserem Beispiel messen kann.

Das ausgeführte Beispiel kann zu einem allgemein gültigen Ergebnis erweitert werden. Ist die Pulswiederholzeit T, dann ist die größte meßbare Frequenz $f_{max} = (1/2)\,T$.

Wählt man die Abtastzeit = Pulswiederholzeit gleich der Laufzeit t_L eines Pulses aus der Tiefe z, $t_L = 2 \cdot (z/c)$, dann ist die größte Doppler-Verschiebungs-Frequenz $(\Delta f_D)_{max} = f_{max} = (1/2)\,T = (1/2) \cdot (c/2z)$, also die größte meßbare Strömungsgeschwindigkeit in der Tiefe z aus Gl. (18.69) berechenbar. Das Ergebnis ist eine Gleichung für das Produkt aus $v_{S,max}$ und Tiefe z

$$v_{S,max} \cdot z = \frac{1}{8}\frac{c^2}{f_Q}. \tag{18.73}$$

Mit den Daten des Beispiels findet man bei $z = 10\,cm$ für die maximal meßbare Strömungsgeschwindigkeit $v_{S,max} = 0{,}93\,m/s$. Die angegebenen Zahlenwerte für die Meßunsicherheiten bei der Doppler-Methode zeigen, daß die Entwicklung anderer Methoden mit höherer Genauigkeit sinnvoll ist.

Die *praktische Durchführung* der Puls-Doppler-Spektroskopie zur Gewinnung von zweidimensionalen Bildern ist bisher mit gewissen Vereinfachungen erfolgt. Es wird ein Ultraschallsender über das interessierende Gebiet geführt. Wenn man für jeden Reflex die Koordinaten x und y eines Voxels registriert, dann kann man nur noch *eine* Zahl in einem Speicher unterbringen, nicht ein ganzes Doppler-Verschiebungsspektrum, das einem Geschwindigkeitsspektrum entsprechen würde. Man kann sich aber darauf beschränken, nur eine bestimmte Geschwindigkeit und zwar aus einer wählbaren Ebene z zu speichern und sich dann ein Bild der Verteilung dieser Geschwindigkeit wiedergeben lassen. In der Regel werden mehrere Verfahren nebeneinander angewandt, und nicht zuletzt ist auch das Abhören der niedrigen Frequenzen durch den geübten Arzt bei der Doppler-Methode von Bedeutung.

Sachverzeichnis

Reich et al.
Dosimetrie ionisierender Strahlung

Grundlagen und Anwendungen

Nach einem Überblick über die historische Entwicklung der Dosimetrie, werden ihre physikalischen Grundlagen behandelt: die Strahlungsquellen, die Wechselwirkungen der Strahlung mit Materie und die Strahlungsdetektoren. Ein eigenes Kapitel ist der Erläuterung der in der Dosimetrie benutzten Begriffe und Meßgrößen gewidmet. Das Kernstück des Buches stellen die Kapitel über die theoretische und experimentelle Dosisermittlung dar, getrennt nach den verschiedenen Strahlenarten (Photonen, Elektronen, Neutronen) und Energiebereichen. Danach werden spezielle Anwendungen der Dosimetrie in der Strahlentherapie, der Röntgendiagnostik und bei der Messung sehr kleiner und sehr großer Dosen beschrieben. Im Kapitel „Dosimetrie im Strahlenschutz" werden u. a. Dosis-Wirkungsbeziehungen und die neuen Dosismeßgrößen im Strahlenschutz erläutert. Mit der Darstellung der Methoden zur Ermittlung der Körperdosis bei verschiedenen Expositionsbedingungen endet das Kapitel.

Drei Anhänge beschließen das Buch. Anhang A enthält tabellarische Übersichten über Meßgrößen, physikalische Konstanten und Meßverfahren sowie Informationen zur Eichpflicht für Dosimeter. Anhang B gibt eine praktische Anleitung zur gerätetechnisch bedingten Meßunsicherheit bei der Dosisermittlung und Anhang C enthält 19 Tabellen mit Daten zur Strahlenphysik. Die Tabellen geben dem Leser die Möglichkeit, aus gemessenen und theoretischen Daten die Dosis in einem Körper zu ermitteln.

Herausgegeben von Prof. Dr.
Herbert Reich,
Physikalisch-Technische
Bundesanstalt Braunschweig

Unter Mitarbeit von
Dr. U. Burmester,
Prof. Dr. G. Dietze,
Prof. Dr. D. Harder,
Prof. Dr. K. Hohlfeld,
Dr. H. M. Kramer,
Prof. Dr. H.-K. Leetz,
Prof. Dr. J. Rassow,
Prof. Dr. H. Reich,
Dipl.-Phys. B. Robrandt,
Dr. M. Roos u. Dr. J. O. Trier

1990. 415 Seiten
mit 150 Bildern
und 50 Tabellen.
16,2 × 22,9 cm.
Geb. DM 180,–
ÖS 1404,– / SFr 180,–
ISBN 3-519-03067-5

Preisänderungen vorbehalten.

B. G. Teubner Stuttgart

Krieger/Petzold

Strahlenphysik Dosimetrie und Strahlenschutz

Band 1: Grundlagen

Die dritte Auflage des ersten Bandes »Strahlenphysik, Dosimetrie und Strahlenschutz« wurde völlig neu überarbeitet und umgestaltet.

Zunächst werden in einer Einführung die für die Strahlenkunde wichtigsten Grundlagen, Begriffe und Modelle der Atomphysik dargelegt. Anschließend befaßt sich das Buch mit dem radioaktiven Zerfall, den dabei geltenden Gesetzmäßigkeiten und mit der natürlichen Radioaktivität. Die folgenden Abschnitte enthalten neben den für die Dosimetrie und die Strahlenmeßtechnik besonders wichtigen Wechselwirkungen von Photonen- und Elektronenstrahlung jetzt auch die Wechselwirkungen der schweren geladenen Teilchen und Neutronen. Das letzte Drittel des Buches behandelt die biologischen Grundlagen des Strahlenschutzes, die Strahlenwirkungen auf den Menschen, die natürliche und zivilisatorische Strahlenexposition und die aktuellen wissenschaftlichen Abschätzungen des durch Strahlenexposition entstehenden Risikos. Den Abschluß bildet ein Kapitel über die rechtlichen Grundlagen und praktischen Aspekte des Strahlenschutzes. Neben den grundlegenden Ausführungen enthält dieser Band aber auch eine aktuelle Sammlung wichtiger Daten zur technischen und medizinischen Radiologie in Form von Tabellen oder Grafiken.

Von Dr.
Hanno Krieger,
Klinikum Ingolstadt
und Dr.
Wolfgang Petzold

3., überarbeitete und erweiterte Auflage. 1992. 373 Seiten mit 119 Bildern, 75 Tabellen und 34 Beispielen. 16,2 x 22,9 cm. Kart. DM 46,– ÖS 359,– / SFr 46,– ISBN 3-519-23052-6

Preisänderungen vorbehalten.

B. G. Teubner Stuttgart